Deutsche Geschichte

Dritter Band

Das Reformationszeitalter

von

Johannes Bühler

Walter de Gruyter & Co.

vormals G. J. Göschen'sche Verlagshandlung - J. Guttentag, Verlagsbuchhandlung - Georg Reimer - Karl J. Trübner - Veit & Comp.

Berlin und Leipzig

1938

Deutsche Geschichte

Das Reformationszeitalter

Von

Johannes Bühler

Mit 16 Tafeln

Walter de Gruyter & Co.

vormals G. J. Göschen'sche Verlagshandlung - J. Guttentag, Verlagsbuchhandlung - Georg Reimer - Karl J. Trübner - Veit & Comp.

Berlin und Leipzig

1938

Archiv-Nr. 41 05 37
Druck von Walter de Gruyter & Co., Berlin W 35.
Printed in Germany

Inhaltsverzeichnis

Erstes Buch

Vom Mittelalter zur Reformation

Die bildenden Künste. — Der Humanismus. — Die gesellschaftlichen und wirtschaftlichen Zustände. — Das Reich: die Nöte des Reiches. Kaiser Maximilian. — Die Kirche. — Das Spätmittelalter als Voraussetzung der Reformation

Einleitung

Das Geheimnisvolle und Rätselhafte der Zeitwenden wird am deutlichsten sichtbar in der Zuweisung hervorragender, im vollen Lichte der Geschichte stehender Persönlichkeiten zu verschiedenen Epochen. So werden Franz von Assisi und Dante bald als höchste und reinste Verkörperung des Mittelalters, bald als seine Überwinder und als die Ersten der Renaissance gefeiert; ähnlich gilt Kaiser Friedrich II. den einen als mittelalterlicher, anderen als moderner Staatsmann und Mensch. Kaiser Maximilian wird dem Mittelalter oder der Neuzeit zugerechnet, je nachdem man in ihm mehr den „letzten Ritter" oder den Gönner der Humanisten und Renaissancekünstler sieht. Ja, bei den großen Bewegungen der Renaissance, des Humanismus und der Reformation selbst wird es, je tiefer man in ihre Ursprünge eindringt, desto fraglicher, ob sie nicht wenigstens in ihren früheren Erscheinungsformen doch stärker dem Mittelalter verhaftet als der Anbruch von Neuem sind.

Neben der an sich schon sehr schwierigen Abgrenzung der einzelnen Epochen, die immer durch tausende von Fäden mit der Vergangenheit verknüpft sind, steht einer klaren Scheidung der wichtigeren Erscheinungen des Kulturlebens von der Mitte des 13. bis zum Ende des 15. Jahrhunderts die Einstellung der Beurteiler und der jeweiligen Zeitströmungen zu Mittelalter, Renaissance, Humanismus und Reformation im Wege. Jedes dieser Worte hat für große Gruppen, zum Teil für ganze Völker, von vornherein einen sehr verschiedenen Inhalt und Klang. Menschen und Dinge, die sich den vorgefaßten Meinungen über eine Epoche nicht einfügen, werden der früheren oder der folgenden zugerechnet, wobei dann nur zu oft das Gesamtbild verwischt und Einzelnes überbetont wird. Besonders hat unter dem überwältigenden Eindruck der durch Luthers Wort und Tat hervorgerufenen Wandlungen das vor diesem Wendepunkt liegende Jahrhundert in der geschichtlichen Beurteilung viel von seiner Eigenbedeutung verloren und wurde überwiegend von der Reformation aus bewertet. Dies gilt nicht nur für solche Zustände des ausgehenden Mittelalters, welche von der katholischen oder protestantischen Auffassung bis zu einem gewissen Grad notwendig in ein günstigeres oder ungünstigeres Licht gerückt werden, sondern in vielen Fällen auch für die Beantwortung von Fragen, welche, wie etwa die nach dem Verhältnis der Renaissance zur deutschen Kultur, an sich mit einem kirchlichen Bekenntnis wenig oder nichts zu tun haben.

Einleitung

Bei unserer Darstellung des Übergangs vom Mittelalter zur Reformation ist das Augenmerk auf diese und das Mittelalter gerichtet, nicht um sie aneinander zu messen und festzustellen, welche Zeit die größere und bessere gewesen ist, sondern um die innere Dynamik eines der denkwürdigsten geschichtlichen Vorgänge in seinen Wurzeln zu erfassen. Zu diesem Zwecke untersuchen wir zunächst die hauptsächlichsten Lebenskreise je für sich; denn wenn auch die einzelnen Epochen der Geschichte von einem besonderen Lebensrhythmus und einer gerade ihnen eigentümlichen Zeitstimmung getragen sind, so machen sich doch die den geschichtlichen Verlauf bestimmenden Kräfte in Kunst und Wissenschaft, in den religiösen, sozialen und politischen Verhältnissen jeweils nicht im gleichen Umfange geltend. Erst wenn jedes Gebiet für sich erforscht ist, heben sich die großen Entwicklungslinien aus der Fülle des Geschehens ab. Dabei ist nicht in dem Grade, wie vielfach angenommen wird, die Summe des Guten und Bösen oder des für den Menschen Erfreulichen oder Unerfreulichen entscheidend; es kommt nicht so sehr darauf an, wie sehr sich da und dort Mißstände ausgebreitet haben, sondern darauf, in welchen Bezirken des öffentlichen und privaten Lebens die beharrenden und die auf eine Umwälzung hindrängenden Kräfte die stärkeren sind. Denn der Wirkungswert der einzelnen Faktoren für das geschichtliche Werden steht nicht ein für allemal fest, sondern wechselt mit den Zeitströmungen. In einem religiös bestimmten Zeitalter zum Beispiel nimmt die Religion in der Rangordnung der geschichtlichen Mächte einen anderen Platz ein als während einer religiös gleichgültigen Epoche. Wir suchen hier die einzelnen Lebensgebiete in der Reihenfolge darzustellen, die ihrer Bedeutung als wirkende Ursachen für den damaligen Geschichtsverlauf entspricht, so daß uns gewissermaßen die Dynamik der Geschichte selbst vom Mittelalter zur Schwelle der Reformation führt.

Erstes Kapitel

Die bildenden Künste

Kunst und Volk

Obwohl im Spätmittelalter die Stände streng voneinander geschieden waren, bildete das Volk doch eine organische Einheit; ebenso umfaßte die Kultur als wahre Volkskultur die gelehrten und die nicht gelehrten Berufe. Damit war die erste Voraussetzung dafür gegeben, daß die Kunst, auch die höchste Kunst, eine Angelegenheit des ganzen Volkes werden konnte. Aus einer den verschiedenen Ständen gemeinsamen volkhaften Grundstimmung heraus, die den Fürsten, Bürger und Bauern, den Doktor der Theologie oder Jurisprudenz und den des Schreibens Unkundigen an den Passions- und Fastnachtsspielen, an den kirchlichen Prozessionen und den weltlichen prunkvollen Aufzügen, am Jahrmarkttreiben und an den Darbietungen der Gaukler Gefallen finden ließ, traten alle Schichten bis zu einem gewissen Grad mit der gleichen inneren Aufnahmebereitschaft an die Betrachtung eines Kunstwerkes heran. Das änderte sich auch mit dem stärker hervortretenden fürstlichen Einfluß auf das Kunstleben zu Beginn des 16. Jahrhunderts nicht erheblich. In die Schlösser fand allerdings so manches Eingang, was zum Volke keine unmittelbare Beziehung mehr hatte, zum Beispiel ganze Zyklen mit Darstellungen aus der antiken Geschichte oder Mythologie; aber im großen und ganzen wurde die Kunst durch ihre fürstlichen Gönner in dieser Zeit noch keineswegs volksfremd. Trotz seiner großen Begeisterung für Renaissance und Humanismus blieb Kaiser Maximilian auch in seinem Verhältnis zu Kunst und Künstlern volksnah. Dies gilt auch für den Kurfürsten Friedrich den Weisen von Sachsen und für Albrecht von Brandenburg, wenigstens soweit sie die kirchliche Kunst förderten.

Neben der Gemeinsamkeit des Empfindens verband Künstler und Volk die Vertrautheit mit den meisten vom Künstler dargestellten Gegenständen, namentlich aus seinem reichsten und höchsten Schaffensgebiet: der religiösen Welt. Von der Grundlage der christlich-katholischen Lehre aus, die allen von Gott, vom Sinn und Zweck des irdischen Daseins, von Himmel und Hölle, vom Leben Christi und der Heiligen auf Erden bis ins einzelste hinein dieselben Anschauungen vermittelte, verstanden sich Künstler und Volk ohne weiteres. Aber auch anderes, das eigentlich dem humanistischen oder sonst dem höheren Bildungsgut angehört, war dem einfachen Manne nicht so fremd, wie oft angenommen wird. In einer Zeit, da viele geistig Regsame auch der unteren Schichten so manches von der Antike hörten, und da die Glückszufälle tatsächlich und noch mehr in der Einbildung von hoch und nieder eine unverhältnismäßig große Rolle spielten, kannte zum Beispiel nicht bloß der gelehrte Mann die Fortuna mit dem Glücksrad. Der düstere Ernst eines Blattes wie Dürers Melancholie machte auf den Bauern oder die Bürgersfrau, denen Prediger, Wahrsager, Ärzte und Kurpfuscher soviel von den für die leibliche und geistige Beschaffenheit eines Menschen ausschlaggebenden vier „Temperamenten" erzählten, kaum einen geringeren Eindruck als auf einen mit allen Geheimnissen der Astrologie und ähnlicher Wissenschaften vertrauten Gelehrten, der die Einzelheiten des Blattes zu erklären wußte. Abgesehen von den ihm wenig zugänglichen Erzeugnissen der reinen Hofkunst, hat das Volk den Einbruch der Renaissance gewiß nicht als etwas Fremdes abgelehnt, sondern im Gegenteil bereitwillig aufgenommen; sonst hätten sich die Formen der Renaissance nicht zuerst im Kunstgewerbe, gelegentlich auch im Zierwerk der hohen Kunst und in der gemalten Architektur (vgl. S. 12) uneingeschränkt durchgesetzt. Reine Renaissancekünstler sind Meister wie Dürer und der jüngere Holbein nur in ihren Entwürfen für das Kunsthandwerk, für Pokale, Leuchter, Waffen, Uhren, Schränke, Kamine, Brunnen und dergleichen. Erst gegen Ausgang der Epoche folgten dem Beispiel des Kunsthandwerkes zuerst die Kunstzweige, die schon immer eine besonders nahe Verwandtschaft mit dem Kunstgewerbe aufwiesen, wie der Bronzeguß mit den ausgezeichneten Arbeiten von Peter Vischers Söhnen, dann über die Nürnberger Kleinmeister (vgl. S. 46) und andere auch die Malerei und Graphik.

Die Vorstellungen religiösen Ursprungs und großenteils auch die des weltlichen Bildungsgutes waren nun freilich allgemein abendländisch, die religiösen noch dazu überzeitlich; aber der spätmittelalterliche Künstler hielt sich überraschend genau an die Wirklichkeit seiner eigenen Zeit und Umgebung und damit an das Leben seines Volkes, auch auf den Bildern, die Ereignisse längst entschwundener Epochen und jenseitige Dinge, wie etwa die Anbetung der Dreifaltigkeit, zum Gegenstand haben. Die Kunst des Spätmittelalters ist indes darum nicht weniger religiös als die des früheren und hohen Mittelalters, sie ist nur volkstümlicher, erdennäher und individualistischer wie ja auch die spätmittelalterliche Frömmigkeit selbst. Und wenn nun die weltliche Kunst, namentlich in der Malerei und in den eben hochkommenden graphischen Künsten des Holzschnittes und des Kupferstiches an Bedeutung gewinnt, so geschieht dies nicht auf Kosten der religiösen Kunst, sondern die weltliche tritt jetzt nur mehr als früher neben sie. Wie das ganze Kulturleben reicher und vielgestaltiger wird und immer weitere Volkskreise an ihm teilnehmen, so werden auch immer mehr Lebensgebiete in das Kunstschaffen mit einbezogen. Die ältere Schwester, die religiöse Kunst, behauptet jedoch während des ganzen Zeitraumes der Wertschätzung nach und in der Fülle und Großartigkeit der Leistungen unbedingt den Vorrang. Der volkstümliche Charakter der Kunst wurde dadurch nicht im mindesten beeinträchtigt, sondern im Gegenteil gefördert, eben weil die Volkskultur aufs engste mit den Formen des religiösen Lebens verwachsen war.

Der Frömmigkeit des Spätmittelalters verdankten die Künstler Aufträge in einem heute kaum noch vorstellbaren Ausmaße. So zählte zum Beispiel Köln bei 30000 Einwohnern 11 Stifte, 19 Pfarrkirchen, über 100 Kapellen, 12 Spitäler, 22 Klöster, 76 sonstige religiöse Konvente; Braunschweig bei ungefähr 18000 Einwohnern 20 Kapellen, 5 Klöster, 15 Kirchen, davon Sankt Blasien allein mit 26 Altären; Erfurt bei 3 bis 4000 Einwohnern 43 Kirchen und Kapellen. Die größeren Kirchen waren mit Altären, Einzelgruppen und Figuren wie Heiligem Grab, Pieta, Sakramentshäuschen, Grabdenkmälern, ferner mit Geräten und Gewändern für den Gottesdienst überreich ausgestattet. Selbst die Dorfkirchen hatten in der Regel drei Altäre, und nicht wenige der kleineren Kirchen auf dem Lande und in der Stadt konnten mit den großen wetteifern, wenn auch nicht an Zahl und äußerer Kostbarkeit, so doch nach dem künstlerischen Wert ihrer Einrichtungsgegenstände. Dazu kamen in der Nähe der Kirchen oft Ölberge, Darstellungen vom Leidenswege Christi und Kreuzigungsgruppen. Bei der ungeheuren Massenproduktion, hauptsächlich eine Folge der vielen Altarerneuerungen des 15. Jahrhunderts, wurde natürlich nicht jedes Altarbild und jede Heiligenfigur ein Kunstwerk ersten Ranges, aber auch die weniger bedeutenden Leistungen stehen meist über dem Durchschnitt dessen, was seit Ende des Barocks an religiöser Kunst hergestellt wurde, von der Fabrikware ganz zu schweigen, mit der selbst altehrwürdige Dome später verunziert wurden.

Künstler und Handwerker

Eine solche Fülle guter und zum Teil hervorragender Kunsterzeugnisse hat nur hervorgebracht werden können, weil die Kunst organisatorisch und wirtschaftlich noch ganz dem Handwerk eingefügt war; denn nur so war es möglich, daß Ungezählte die Technik ihrer Kunst vollständig beherrschen lernten, und daß auch nicht gerade reiche Klöster, Gemeinden und Körperschaften sich wirkliche Meisterwerke beschaffen konnten. Die Ausbildung ging rein handwerksmäßig vor sich und erstreckte sich gemäß der Haupttätigkeit der Maler und Bildschnitzer auf die kirchliche Kunst. So heißt es noch in einer Straßburger Zunftordnung vom Jahre 1516, ein Maler, der in der Stadt oder in ihrem Hoheitsgebiet seine Werkstatt aufmachen wolle, habe drei Meisterstücke zu fertigen: in Ölfarben eine stehende oder sitzende Maria mit dem Kindlein, mit Leimfarben ein Kruzifix mit einer Gruppe in einer Landschaft, etwa Maria, die anderen Frauen und Johannes, dabei die Juden zu Roß und zu Fuß, schließlich solle er ein ungefähr eine Elle großes geschnitztes Marienbild, einen Engel oder sonst ein junges Wesen in Gewändern in Farben fassen, vergolden und mit Lasur und anderer Zier versehen. Diese Stücke seien kunstgerecht aus eigenem Können ohne unzulässige Hilfsmittel zu fertigen; wer dies vermöge, dem könne man auch jegliches andere Stück in Auftrag geben. Der Maler oder Bildschnitzer hatte sich genau wie jeder andere Handwerker an die Wünsche des Bestellers zu halten. Dem Künstler wurden dabei nicht selten auch für geringfügige Einzelheiten Vorschriften gemacht. Der ehrsame Rat von Würzburg stimmte zum Beispiel darüber ab, ob der Adam am Marktportal der Marienkapelle einen Bart erhalten solle. Die Mehrheit der Ratsherren war für einen bartlosen Adam, und Tilman Riemenschneider schnitzte demgemäß den Adam ohne Bart.

Verdienst und soziale Stellung des Künstlers unterscheiden sich nicht von denen der übrigen Handwerker; die Lage des Handwerkers aber hatte sich im 15. Jahrhundert immer mehr verschlechtert (vgl. S. 154). Nicht selten erhielten Künstler vom Rate ihrer Stadt, nur um das Nötigste zum Leben zu verdienen, die Erlaubnis, nebenher noch einen anderen Beruf, zum Beispiel den eines Meßners, Eichmeisters oder Eisenwiegers, auszuüben. Wenn Künstler mehr verdienten als sonst ein Handwerksmeister, so verdankten sie dies in der Regel nicht der höheren Entlohnung ihrer persönlichen Arbeit, sondern ihrem Einkommen aus einem großen Werkstattsbetrieb. Es war nicht bloß eine scherzhafte Übertreibung, wenn Dürer im Oktober 1506 von Venedig aus seinem hochangesehenen und reichen Freunde Wilibald Pirkheimer schrieb: „Aber da ihr so groß geachtet daheim seid, werdet ihr nimmer auf der Gassen mit einem armen Maler zu reden wagen, es wär euch ein groß Schand mit dem Malerkerl . . . O, wie wird mich nach der Sonne frieren, hie bin ich ein Herr, daheim ein Schmarotzer".

Die Gleichstellung des Künstlers mit dem Handwerker brachte sicher auch für die Kunst selbst manche Nachteile mit sich. Schon Sandrart hat in seiner 1675 erschienenen „Teutschen Academie" darauf hingewiesen, wie „allerberühmteste deutsche Kunstmaler" dadurch gehemmt wurden, daß sie ihre Werke in allzu kleinen „Mahlstüblein" schufen. Aber wenn auch die durch wirtschaftliche Verhältnisse bedingte räumliche Beschränkung gewiß nicht der einzige und nicht der ausschlaggebende Grund dafür war, daß Holzschnitt und Kupferstich in der vor- und frühreformatorischen Zeit von den Deutschen mehr und mit größerem Erfolge als in allen anderen Ländern gepflegt wurden, haben solche äußeren Umstände die Hinwendung der deutschen Künstler zur Graphik doch wohl begünstigt. Hatte der Maler, der, wie die Werkverträge zeigen, bei größeren Arbeiten in der Regel auf Ratenzahlungen angewiesen war, gerade keinen Auftrag auszuführen, dann war es für ihn das Nächstliegende, Graphiken auf Vorrat herzustellen, die ihm ungleich billiger zu stehen kamen und die er weit leichter verkaufen konnte als die schon der teuren Farben wegen kostspieligen Gemälde. So hatten selbst die Schattenseiten des deutschen Kunstlebens jener Zeit ihr Gutes. Der Meister, der sich um sein tägliches Brot abquälen mußte und nicht selten — wie es sogar mitunter Dürer erging — in langer Arbeit kaum die Selbstkosten verdiente, blieb auch auf der Höhe seines Ruhmes innerlich und äußerlich ganz ein Mann aus dem Volke und fand darum wie die Künstler keiner anderen Epoche den Weg zum Herzen des Volkes, vor allem mit seinen freiesten, mit Stift und Grabstichel oft in sorgenvollen Stunden geschaffenen Werken.

Hätte das Wort Volkskunst in einer Zeit, die Volk als organische Einheit nicht mehr kannte, nicht eine eng begrenzte, die hohe Kunst fast ganz ausschließende Bedeutung erhalten, dann gäbe es für die Kunst und gerade für die erhabensten Kunstschöpfungen von etwa 1430—1530 keine treffendere Bezeichnung als Volkskunst trotz des Eindringens von Renaissance-Elementen. Künstler und Kunst wurzeln während dieser Epoche durchaus im Volkstum. Was sie abbilden, ist immer wieder das Volk, sei es dieses selbst oder seine Gedanken- und Gefühlswelt. Es ist deutsche Landschaft, es sind deutsche Menschen, auch wenn Szenen aus der Bibel, aus dem Leben der Heiligen ferner Länder, aus der griechisch-römischen Mythologie und Geschichte geschildert werden. Noch war man weit davon entfernt, Volk und niedere Schichten oder gar Proletariertum gleichzusetzen. Stiche wie Dürers „Ritter, Tod und Teufel" oder Holzschnitte wie Burgkmairs „Kaiser Maximilian" wandten sich genau so an das ganze Volk wie die Bauern- und Landsknechtsdarstellungen. Zahlreiche Holzschnitte, sowohl Einzelblätter wie Buchillustrationen, zeigen die verschiedenen Stände bei ihrer Arbeit auf dem Felde, in der Schreibstube, in der Künstlerwerkstatt, am Amboß, am Webschiff. Insbesondere boten die Planetenbilder, welche die Einwirkung der Gestirne auf die Menschen zum Gegenstande hatten, Gelegenheit, Mann und Frau bei ihren Vergnügungen und beruflichen Verrichtungen darzustellen. Selbst Bücher, die ihrer Art nach dem Humanismus zugehören, sind in ihrer Ausstattung und mit ihren Bildbeigaben volkstümlich gehalten. Wie im Volksliede des Spätmittelalters fast jede Regung der deutschen Seele widerklingt, so schufen die bildenden Künste an der Schwelle vom Mittelalter zur Reformation ein treues Abbild des deutschen Volkes in seiner äußeren Gestalt und in seiner inneren Haltung.

Künstler und Kunstwerk

Künstlernamen und die Signierung von Werken treten erst gegen Ende des 15. Jahrhunderts in größerer Zahl hervor. Gewöhnlich wird dies als ein Zeichen des erwachenden Individualismus gedeutet. Die Namenlosigkeit der bildenden Künstler im frühen und hohen Mittelalter ist jedoch wie das später immer mehr zunehmende Bekanntwerden von bestimmten Künstlerpersönlichkeiten wenigstens zunächst nicht geistesgeschichtlich, sondern wie die immer weitere Verbreitung des Individualismus überhaupt, wirtschaftlich und gesellschaftlich bedingt. Wer unter den Zeitgenossen keinen Eigennamen hatte, von dem hat auch die Überlieferung keinen Namen zu berichten. Solange nur der Mann in hoher Stellung in der Öffentlichkeit genannt wurde, und nur der Geistliche die Feder führte, wurde bloß der Stifter als Erbauer gerühmt und gelegentlich in einer Klosterchronik die Kunstfertigkeit eines Mönches hervorgehoben. Erst als das Bürgertum zu einer wirtschaftlichen und politischen Macht aufstieg und die Stadt im Reich und in den Landesfürstentümern zum Kulturmittelpunkt wurde, als ferner die städtisch-bürgerliche Geschichtschreibung einsetzte und immer mehr geschäftliche Aufzeichnungen vorgenommen wurden, erhielten auch die Namen von Künstlern Klang und Gewicht und wurden in den fürstlichen und städtischen Archiven festgehalten.

Zunächst tauchen die Namen von Dombaumeistern auf, als einer der ersten der des Meisters Erwin vom Straßburger Münster im Jahre 1284. Der leitende Architekt erlangt am frühesten eine seine Persönlichkeit heraushebende Stellung, weil er in gewisser Beziehung das Oberhaupt aller an einem Bau Beschäftigten ist, auch der Maler und Bildhauer, und mit ihm die Stadtgemeinde unmittelbar verhandelt. Mit der inneren Festigung der städtischen Gemeinwesen und mit dem steigenden Ansehen des Handwerkertums suchen viele Künstler einen dauernden Wohnsitz zu gewinnen. Immer weniger wandern von einer Bauhütte zur anderen. Im 15. Jahrhundert scheiden die Bildhauer und Maler überhaupt aus dem Bauhüttenverband aus, werden selbständige Handwerksmeister und erhalten so die Möglichkeit, sich einen „Namen" zu schaffen. Die weitaus überwiegende Mehrzahl tauscht allerdings nur die Anonymität des Handwerkertums gegen die des Bauhüttenmitgliedes ein. Verschiedene Umstände begünstigen aber doch im Laufe der Zeit das Hochkommen eines freilich noch an mancherlei Schranken der Überlieferung gebundenen Individualismus des Künstlers und des Kunstwerkes.

Die seit der Verbreitung der Bettelorden und seit der eifrigeren Pflege der Volksseelsorge stark zunehmende Volksfrömmigkeit verlangte wie in der Predigt, in den Andachtsübungen und in den religiösen Spielen so auch von den bildenden Künsten unmittelbare Einwirkung auf Verstand und Gemüt der einfachsten Kreise. Das ging aber nicht mit den Mitteln der bisherigen, im wesentlichen stilisierenden und typisierenden Kunst. Sollte das Volk von einem Kunstwerk belehrt und innerlich ergriffen werden, dann durfte die vom Künstler dargestellte Welt, waren die Heiligen noch so schön, edel und verklärt und die Bösewichte und Teufel noch so häßlich und abstoßend, doch nicht allzusehr von der Welt verschieden sein, die man aus eigener Erfahrung kannte. So zog der Realismus in die Kunst ein. Die Künstler arbeiten seit der Mitte des 15. Jahrhunderts in steigendem Maße nach der Natur und nach dem lebenden Modell. Bildet aber einmal der Realismus, auch wenn ihm wie dem gotischen die Wiedergabe des Wirklichen in seinen individuellen Erscheinungsformen nicht Selbstzweck, sondern meist in erster Linie Ausdrucksmittel für Seelisches von einer immer noch sehr konventionellen Haltung ist, ein wesentliches Element in der Kunst, dann kommt auch die Individualität des Künstlers stärker zur Geltung als in den vorwiegend auf Stilisierung und Typisierung abzielenden Epochen. Gerade wenn der Zeitgeschmack wie im ausgehenden Mittelalter weitgehendes Festhalten am Überlieferten verlangt und doch zugleich brennend

Neues begehrt, hebt sich die in Erfindung und Ausführung schöpferische, die individuelle Künstlerpersönlichkeit in ihrem eigenen Selbstbewußtsein und im Urteil der Mit- und Nachwelt deutlich von den Meistern ab, die ganz im Handwerklichen stecken bleiben.

Nachdem die Entwicklung bis zu diesem Grade fortgeschritten war, stellten sich gewissermaßen zwangsläufig so manche der auch vom modernen Kunstleben her bekannten Erscheinungen ein: der Künstler rühmt sein Werk nicht bloß aus berechtigtem Stolz, wie etwa der Baumeister Matthäus Ensinger im Berner Münster unter sein Standbild setzte: „machs na!", oder Maler, die in ihrer Inschrift bemerken: „quasi Apelle altero pingente", als hätts ein zweiter Apelles gemalt, oder „strigel magister cognomine quam (!) novit patria tota", Meister Strigel, ein Name, den das ganze Vaterland kennt; die Signatur soll nun auch den Absatz fördern und neue Besteller gewinnen. Diese aber, ob Fürsten, reiche Bürger oder einfache Handwerker, die als Auftraggeber für die große Kunst nur als Mitglieder von Körperschaften in Frage kommen, besaßen nicht selten ein überraschendes Verständnis für künstlerische Leistung. Wem die Natur den Sinn für Kunst beschieden hatte, dessen Auge war für die Vorzüge und Mängel eines Kunstwerkes geschult durch den Anblick so vieler herrlicher Schöpfungen in den Kirchen und auf öffentlichen Plätzen und der farbensatten Bilder, wie sie die kirchlichen und weltlichen Aufzüge, Mann und Frau in ihren Festgewändern boten. Das „Malerische" im ästhetischen Sinne, das wir heute an den Werken jener Zeit bewundern, ist ja ein Abglanz der damaligen Wirklichkeit. Und wie der Künstler dem Handwerk nicht nur zugerechnet wurde, sondern auch selbst mitunter handwerkliche Verrichtungen vornahm, so war andererseits der Handwerker nach unseren Begriffen in vielen Fällen ein Künstler, zum mindesten ein Kunsthandwerker. Die mannigfachen äußeren und inneren Beziehungen weitester Volkskreise zu Kunst und Künstlern übten sicher zahlreiche und tiefgehende, wenn auch im einzelnen nicht immer feststellbare Wirkungen auf die Kunstgestaltung aus.

In der zweiten Hälfte des 15. und in den ersten Jahrzehnten des 16. Jahrhunderts trugen noch keineswegs alle bedeutenderen Kunstwerke den Namen ihrer Schöpfer. Trotzdem darf sich wohl eine Darstellung des Kunstlebens, die wie die unsere keine fachwissenschaftlich-kunstgeschichtlichen Zwecke verfolgt, auf eine verhältnismäßig kleine Auswahl von Kunstwerken und zwar hauptsächlich der großen bekannten Meister beschränken. Das Auserlesene zeigt nämlich in diesem Falle, weil die damalige Kunst Volkskunst in dem von uns dargelegten Sinne war, nicht volksfremde Spitzenleistungen, sondern schließt den Durchschnitt mit ein und ist so Ausdruck des Ganzen. Eine Gruppierung der Künstler und Kunstwerke, die den Übergang vom Mittelalter zur Reformation erkennen läßt, ist nun freilich mit mancherlei Schwierigkeiten verbunden. Schon die sonst übliche Gliederung in Baukunst, Malerei und Plastik führt hier nicht zum Ziele. Von einer Darstellung der Baukunst sehen wir ab. Die Frührenaissance ist in der Architektur noch längere Zeit zu spärlich vertreten, als daß sie ein neues Stilempfinden breiterer Kreise bekunden würde, und die zahlreichen Gebäude und Innenräume im Renaissancestil oder wenigstens mit einzelnen Anlehnungen an ihn auf den Bildern sind doch nur gemalte und gezeichnete Architektur, selbst in den meisterhaften Ausführungen Holbeins des Jüngeren. Die bis in das 16. Jahrhundert hinein herrschende gotische Bauweise haben wir nach ihrer allgemein kulturgeschichtlichen Bedeutung bereits im zweiten Bande dieser Deutschen Geschichte gewürdigt und wiederholen davon hier nur, daß die der deutschen Spätgotik eigentümlichen und sie von der anderer Länder mehr oder weniger unterscheidenden Merkmale wie die Hallenform der Kirchen und die Nüchternheit der Außenarchitektur bei großer Vorliebe für überreiche Ornamentik im Innern noch immer im Einklang mit der mittelalterlichen Seelenhaltung stehen und die reformatorische Bewegung keineswegs ankündigen.

Malerei und Plastik lassen sich bei einem hauptsächlich die wesentlichen Zeitelemente berücksichtigenden Überblick nicht trennen, ohne innerlich Zusammengehöriges auseinanderzureißen, einmal weil einzelne Künstler auf beiden Gebieten Hervorragendes geleistet haben, vor allem aber, weil der für diese Epoche in erster Linie kennzeichnende Flügelaltar oft harmonisch Plastik und Malerei vereinigte. Schnitzfiguren und Gemälde schmückten das Innere des Altares, die Predella (Altarstaffel) und die zwei oder vier beweglichen Altarflügel, die je nach der Zeit des Kirchenjahres geschlossen oder geöffnet waren; der oberste Teil trug in seinem reichen architektonischen Schnitzwerk in der Regel ebenfalls Figuren. In den meisten Fällen wurde der Auftrag für einen solchen Altar einem Meister erteilt, der für die Gesamtausführung verantwortlich war. Das Werk, falls es signiert wurde, trug den Namen dieses Meisters, von der zweiten Hälfte des 15. Jahrhunderts an war er in der Regel ein Maler. Der Unternehmer-Meister überholte am Schlusse den aus seiner Werkstatt hervorgegangenen Altar, „um die verschiedenen Spuren zu verwischen, wo die von verschiedenen Gesellen gearbeiteten Teile aneinander grenzen". Wie weit ein Altar von dem Künstler, der ihn mit seinen Namen versah, eigenhändig ausgeführt ist, läßt sich meist nicht mehr feststellen, selbst wenn „manu propria", mit eigener Hand, oder ähnliches vermerkt ist. Dieses besagt nicht mehr, als daß bestimmt wenigstens ein Teil von dem Inhaber der Werkstätte selbst herrührt, lediglich bei den Flügelbildern darf man im allgemeinen annehmen, daß Inschriften auf ihnen tatsächlich den Künstler angeben. Nicht selten war ferner ein Unternehmer oder ein einzelner Meister Maler und Steinmetz, noch öfter Maler und Bildschnitzer zugleich, so daß also auch von den Künstlern aus Plastik und Malerei nicht grundsätzlich von einander zu scheiden sind.

Am ungezwungensten und mit der verhältnismäßig größten inneren Berechtigung lassen sich die Künstler dieses Zeitalters nach Landschaften gruppieren, wenn auch die führenden Meister, zumal der Dürergeneration, vor allem als Einzelpersönlichkeiten zu würdigen sind und die Entwicklungsgeschichte bei dieser Reihenfolge wiederholt dadurch unterbrochen wird, daß in manchen Fällen spätere Meister vor früheren angeführt werden müssen, beim älteren und jüngeren Holbein sogar der Sohn vor dem Vater. Immerhin schufen auch zur Zeit der Hochblüte die je nach Gegenden ungleichartigen wirtschaftlichen Grundlagen und verschiedenen seelischen Eigenschaften der Bevölkerung eigene Kunstprovinzen, deren Geist sich auch der von auswärts gekommene Meister nicht völlig entziehen konnte.

Wir beginnen mit der Überwindung der letzten Einseitigkeiten des spätmittelalterlichen Realismus um die Mitte des 15. Jahrhunderts. Als solche werden neben gewissen Eigentümlichkeiten der Raumgestaltung und dergleichen uns heute roh anmutende Darstellungen angesehen. Es ist schwer zu sagen, wie weit man hier von einer Freude am Rohen und Gemeinen sprechen darf, wie weit die abstoßenden Gestalten der jüdischen Priester und der Henkersknechte Christi dem Judenhaß entsprangen und Mitleid mit dem Heiland und Reue über die Sünden erwecken sollten, oder wie weit es sich lediglich um Vorstellungen und Empfindungen handelt, die zu dem Schönheitsbegriff späterer Generationen im Widerspruch standen und stehen. Welches Wohlgefallen fand z. B. der Verfasser der Limburger Chronik (um 1400) an der „Physiognomie und Gestalt" des Erzbischofs Kuno von Trier: „Er war ein herrlich stark Mann von Leibe und wohl gepersoniert und groß von allem Gebeine und hatte ein groß Haupt mit einer struppen weiten braunen Krulle, ein breit Antlitze mit paußenden Backen, ein scharf männlich Gesichte, einen bescheiden Mund mit Lefzen etlicher Maßen dicke. Die Nase war breit mit gerunden Naslöchern und in der Mitten niedergedrücket. Groß war das Kinn und hoch die Stirne, er hatte auch eine große Brust und Rötelfarb unter seinen Augen. Und stund auf seinen Beinen als ein Löwe und hatte gütliche Gebärden gen seinen Freunden. Und wann daß er zornig war, so paußeten und flodderten ihm seine Backen und stunden ihm herrlich und weislich und nit übel."

Leider sind nur wenige literarische Zeugnisse erhalten, die das volkstümliche Urteil über das Schöne, Erhabene und Herrliche so unmittelbar widerspiegeln wie diese Schilderung eines Kirchenfürsten; für die Ausdeutung der damaligen Kunstwerke wären sie von unschätzbarem Werte. Bei der geistesgeschichtlichen Erklärung aus dem Kunstwerke selbst irren und verwirren nur allzu leicht das Stilempfinden und die geistig-seelische Lage der eigenen Epoche. Soviel geht aber aus den spärlichen Dokumenten doch hervor, daß auch der eigentlich mittelalterlichen Welt von dem Augenblick an, als das Volk in seiner Gesamtheit am Kulturleben Anteil gewann und nahm, die Verbindung von Naturtreue und Schönheit als eine der Aufgaben des Künstlers galt. So berichtet die Limburger Chronik von dem um 1378 gestorbenen Maler Wilhelm von Herle, die Meister hätten ihn als den besten Maler in den deutschen Landen erachtet, weil er einen jeden Menschen so malte, als lebte er; und Eberhard Windecke erzählt von Kaiser Sigmund (1410—1437), er sei „ein also schöner Herre und Fürste gewesen", daß er einmal als einer der heiligen drei Könige und ein andermal als König David in Kreuzgängen von Mainzer Kirchen abgemalt wurde. Unter den mannigfachen äußeren und inneren Bedingungen und Ursachen des spätmittelalterlichen Realismus kommt also auch der Wurzel jeder großen Kunst eine entscheidende Bedeutung zu: der Sehnsucht nach Wahrheit und Schönheit.

Das niederdeutsche Gebiet

Als sich der Stilwandel zum spätmittelalterlichen Realismus anbahnte, schien es kurze Zeit, als sollte das westliche Niederdeutschland für die Entwicklung der Malerei eine ausschlaggebende Bedeutung gewinnen. Im letzten Drittel des 14. Jahrhunderts entstand hier der Hamburger Petrialtar, auch Grabower Altar genannt. Die Kreuzigungsgruppe im Innern des Schreins und die Szenen aus dem Alten und Neuen Testament auf den Außenflügeln weisen mit einem noch etwas ungefügen Wollen auf die neuaufkommende Richtung hin. Um 1400 verwertete Konrad von Soest, einer der größten Maler seiner Zeit, selbständig italienische Anregungen und zielte auf eine Vereinigung von wirklichkeitsnaher Darstellung mit idealistisch-frommer Auffassung ab. Der Altar von 1424 des Meister Franke für die Hamburger Johanniskirche läßt in der großzügigen Komposition und mit der von höchster Meisterschaft und edelstem Geschmack zeugenden Farbenbehandlung schon fast vergessen, daß auch seine Kunst noch die eines Übergangsstiles mit mancherlei nicht völlig ausgeglichenen Elementen ist.

Trotzdem gelang es Niederdeutschland nicht, im deutschen Kunstleben eine beherrschende Stellung zu erringen. Am ersten, möchte man annehmen, wäre hierzu Köln berufen gewesen, damals die größte und reichste Stadt Deutschlands, mit reger Kunsttätigkeit und in enger Berührung mit den Niederlanden, von denen gerade damals stärkste künstlerische Wirkungen ausgingen. Aber zunächst pflegte Köln bis etwa 1430 die edle, weiche Schönheit, die bereits das berühmte Veronikabild auszeichnet. Um 1430 kam dann der in Meersburg am Bodensee geborene Stephan Lochner nach Köln. Obwohl ihm der Realismus der niederländischen und der Bodenseekunst nicht fremd war, nahm er doch wohl aus einer gewissen inneren Verwandtschaft in seinem Schaffen die alte Kölner Kunstüberlieferung auf und schloß sie glanzvoll ab. Seine traditionsgebundene und doch auch in hohem Maße persönliche Kunst verkörperte noch einmal das Ideal jener paradiesisch schönen und glückseligen Welt, das aus der mystischen Klosterfrömmigkeit des 14. Jahrhunderts erblüht war. Die nach Lochner, der im Jahre 1451 als Kölner Ratsherr starb, in Köln führenden Meister lehnten sich stärker an niederländische Vorbilder an, wahrten sich aber noch ein Menschenalter lang eine gewisse Selbständigkeit. Schließlich verfiel Köln, das mit seinen eigenen vielen Kirchen und Kapellen und als Handelsmittelpunkt einen außerordentlich großen Bedarf an Bildern hatte, in eine so große Abhängigkeit von der niederländischen Kunst, daß es dadurch fast jede Eigenbedeutung in der Malerei verlor, ja sogar gewissermaßen von Deutschland losgelöst und in der Kunst eine Provinz der Niederlande wurde.

Obwohl die **Niederlande** politisch zum deutschen Reich gehörten und ihre Bewohner Niederdeutsche sind, war hier doch die Kunstentwicklung vom übrigen Deutschland getrennte Wege gegangen. Die prachtliebenden Herzöge von Burgund, bis 1477 als Lehensträger des Reiches Herren der Niederlande (vgl. S. 173), und die reichen Handelsherren der flandrischen Städte boten namentlich den Malern Gelegenheit und Mittel, von den Engen des Handwerkertums zu freiem Künstlertum aufzusteigen. Man braucht nur den Tiefenbronner Altar des Lukas Moser von 1431 mit dem 1432 vollendeten Genter Altar der Brüder van Eyck zu vergleichen, um sich den ungeheuren Abstand der deutschen von der niederländischen Tafelmalerei zu Beginn des spätmittelalterlichen Realismus zu vergegenwärtigen. Die Entwicklung ging ferner in den Niederlanden trotz gelegentlicher provinzieller Eigenarten im großen und ganzen einheitlich vor sich, während sie in Deutschland je nach der Gegend denkbar große Unterschiede und Gegensätze aufzuweisen hat. Wir wollen gewiß die hohe, feine Kunst eines Jan van Eyck nicht herabsetzen und nicht verkennen, daß die Deutschen von den Niederländern, namentlich von einem Rogier van der Weyden und einem Dirk Bouts viel lernen konnten und tatsächlich gelernt haben; wo aber das Verhältnis der Deutschen zu den Niederländern über die Aufnahme von Anregungen hinausging und zur länger dauernden Abhängigkeit wurde, wie dies in Niederdeutschland und zumal in Köln geschah, da wurden die Quellen für das Entstehen einer großen eigendeutschen Kunst verschüttet. In die Formensprache der Niederländer und in ihre vor allem auf das Malerische abzielende Kunst ließen sich der weitausgreifende Schwung der deutschen Phantasie und der unendliche Reichtum des deutschen Gemütes nicht bannen. An Menge der Erzeugnisse stand Niederdeutschland hinter Oberdeutschland auch jetzt nicht zurück, es gab auch dort immer noch Künstler, die wie der Kupferstecher Israel von Meckenem um 1500 und verschiedene Kölner und westfälische Maler Tüchtiges leisteten, aber so wie in Oberdeutschland wurde hier die Kunst nicht zum Spiegelbild des deutschen Wesens und keiner der niederdeutschen Meister reicht an die großen Maler Süddeutschlands heran.

Ähnliches wie für die Malerei gilt auch für die Schnitzkunst, wenigstens die des Niederrheins. Viel wurde hier aus Flandern eingeführt, im übrigen hielt man sich, so auch die vielgenannte Kalkarer Schule, an niederländische Vorbilder. In Lübeck dagegen wahrten die hier seit Ausgang des 13. Jahrhunderts blühende Schnitzkunst und auch die seit 1400 eifrig gepflegte Bildhauerkunst größere Selbständigkeit. Die mächtige Handels- und Gewerbestadt nahm die heimischen Kunsterzeugnisse teils selber auf, zum großen Teil wurden sie weithin ausgeführt, von Dänemark bis nach Finnland und Estland. Als die deutsche Plastik des Spätmittelalters um 1480 ihren Höhepunkt zu erreichen begann, sandte die Werkstätte des lübischen Meisters Bernt Notke ihre vorzüglichen Arbeiten in die Ostseeländer und nach Schweden. Der ungeheuerliche, mit erstaunlicher Kraft geformte Drache seiner Georgsdarstellung für die Stockholmer Hauptkirche von 1488 ist aus nordischer Phantasie geboren wie einst in heidnischer Zeit der Fenriswolf. Bei dem Sankt Georg des Henning von der

Heiden von 1504, jetzt in dem Lübecker Annenmuseum, ist der Drache nicht erhalten geblieben, die Wirkung war hier vielleicht noch stärker, da neben dem auf seinem sich hochaufbäumenden Rosse das Schwert schwingenden Ritter die Jungfrau kniet, die er von dem Ungetüm erlöst. In der Wiedergabe seelischer Vorgänge steht Benedikt Dreyer, 1507—1540 in Urkunden erwähnt, hinter den oberdeutschen Meistern nicht zurück.

Der im Jahre 1521 von dem Husumer Meister Hans Brüggemann für das Kloster Bordesholm vollendete, jetzt im Dom von Schleswig stehende Altar hält sich zwar im allgemeinen an das Vorbild der niederländischen Prachtaltäre, außerdem sind, wie damals vielfach üblich, graphische Blätter, hauptsächlich von Dürers kleiner Holzpassion, als Vorlage benutzt, die Gesamtausführung des riesigen Werkes ist aber doch als eine selbständige Leistung zu bewerten. Trotz der vielen Einzelteile und der Unzahl von Figuren bleibt der Gesamtaufbau klar und übersichtlich, die Figuren und Szenen zeugen von echt niederdeutscher Kraft und Empfindung, und das Ganze wirkt noch rein mittelalterlich, wenn auch Einzelheiten an die Formenwelt der Renaissance erinnern. In dieser seiner mittelalterlichen Haltung ist der Altar Meister Brüggemanns für das nichtrheinische Niederdeutschland besonders bezeichnend: hier herrschten bei Einzug der Reformation Geist und Lebensweise des Mittelalters noch viel ursprünglicher als in Oberdeutschland.

Das schwäbisch-alemannische Gebiet

Ulm

Die durch Handel und Gewerbefleiß wohlhabende Bürgerschaft von Ulm hatte den Ehrgeiz, eine Pfarrkirche zu bauen, die an Größe den mächtigsten Domen mindestens gleichkommen, wenn nicht gar sie übertreffen sollte. Übermütig spotteten die Ulmer, man könne das Straßburger Münster in ihren Dom wie in ein Futteral stecken. Mit dem plastischen Schmuck ihres riesigen Gotteshauses kamen dagegen die Ulmer geraume Zeit nicht recht vorwärts. Auch die 1420 in der hohen Vorhalle aufgestellten Figuren zeigten mit einigen Ausnahmen eine an den überkommenen Formen festhaltende, keineswegs überragende Werkstattkunst. Offensichtlich wünschten aber die Ulmer, die Hauptkirche ihrer Stadt sollte nicht nur die größte des Schwabenlandes sein, sondern sich auch durch Kunstwerke in der neu aufkommenden Art auszeichnen, außerdem ging man eben daran, das Äußere des Rathauses mit Statuen zu schmücken. Die Ratsherren suchten deshalb im Jahr 1427 einen jungen, vielversprechenden Meister, den zu Reichenhofen im Allgäu geborenen Hans **Multscher**, durch Verleihung des Bürgerrechtes und der Steuerfreiheit dauernd an ihre Stadt zu fesseln und übertrugen ihm auch als „geschworenem Werkmann" amtliche Verpflichtungen. Vierzig Jahre lang, bis zu seinem Tode, hielt Multscher der Stadt, die ihn so geehrt hatte, die Treue. Auch von auswärts, so von Wurzach in Württemberg und von Sterzing in Südtirol, wurden ihm große Aufträge zuteil.

Hans Multscher gebührt schon darum ein besonderer Platz in der deutschen Kunstgeschichte, weil er der erste Meister ist, bei dem sich die Vereinigung der für den spätmittelalterlichen Kunstbetrieb bezeichnenden Merkmale nachweisen läßt: eine Werkstatt, für die der Unternehmermeister verantwortlich signiert und in der die verschiedenen Kunstzweige ausgeführt werden, Stein- und Holzplastik und Malerei. Auch das allmähliche Zurückdrängen des Temperamentes des von auswärts gekommenen Künstlers durch den genius loci, den Geist der Stadt und Landschaft, und der in ihnen herrschenden Kunstüberlieferungen ist bei ihm wie bei so manchem der späteren großen Meister zu beobachten. Vieles bleibt freilich auch noch bei Multscher im Dunkel: wie weit er die aus seiner Werkstatt hervorgegangenen Plastiken selber schuf, welche der ihm oder seiner Werkstatt ohne andere Beweise als stilkritische Gründe zugeschriebenen Werke tatsächlich in enger Beziehung zu ihm stehen, und ob sein stilbildender Einfluß so weit reichte, wie von einzelnen Forschern angenommen wird. Doch schon das verhältnismäßig wenige ganz Sichere berechtigt dazu, Multscher „die erste wirklich greifbare Künstlerpersönlichkeit des 15. Jahrhunderts" zu nennen und ihm „die entscheidende Stilwende zum spätgotischen Realismus" zuzuschreiben. Seine Figuren bewegen sich von innen her aus eigener Kraft, nicht durch eine außer ihnen liegende Idee, sie sind monumental und nicht mehr flächig, sondern räumlich gestaltet, schaffen gewissermaßen selbst Raum um sich und stehen in den Gruppendarstellungen durch Formmotive zueinander in innerer Beziehung. Auf seinen Gemälden bleibt Multscher allerdings stärker im Herkömmlichen stecken. Er hält an dem gemusterten Goldgrund fest und geht bei seiner Komposition nicht, wie schon Lukas Moser vor ihm, vom Raum aus. Unter den Künstlern führt um diese Zeit in Deutschland die Plastik, nicht die Malerei, und Multscher ist auch in seinen Gemälden, so vor allem in seinen Wurzacher Tafeln, in erster Linie Plastiker. Die Einwirkung der Bildschnitzerei auf die Malerei beschränkt sich nicht auf die plastische Formung der Gestalten. In zunehmendem Maße wurden die Gewänder gemalt, als wären sie aus Holz geschnitten: mit scharfkantigen, knittrigen Falten, die, sich schiebend und aufbauschend, auf manchen Bildern nahezu ein Eigenleben zu führen scheinen. Wie weit dieser Stil durch die Technik der Schnitzkunst bedingt war, für die langzügige, weiche Falten schwerer zu bewältigen sind, ist ungewiß; jedenfalls trägt die weitere Ausbildung sowohl in der Bildschnitzerei als auch in der Malerei und Graphik einem Zeitgeschmack Rechnung, der in ähnlicher Weise auch auf anderen Gebieten zu beobachten ist.

Als Maler ist Multscher für den 1437 fertiggestellten Wurzacher Altar zwar sicher bezeugt, dagegen wurde bei dem 1458 abgelieferten Sterzinger Altar von einzelnen Forschern Multschers persönliche Leistung nur für die Schnitzfiguren angenommen, weil die derb realistische Darstellung des Wurzacher Altares nicht von derselben Hand wie die idealisierende der Sterzinger Tafeln herrühren könne. Nun stehen aber die Wurzacher Gemälde ästhetisch in einem größeren Gegensatz zu den gleichzeitigen Steinplastiken Multschers als die Sterzinger Schnitzfiguren zu den

Gemälden desselben Altares. Und selbst wenn Multscher die Sterzinger Altarbilder nicht selber gemalt hätte, so entstanden sie doch unter seiner Leitung und Verantwortung. Die scheinbar sich ausschließende Widersprüche umfassende seelische Spannweite und Entwicklungsfähigkeit sind nicht die geringsten der großen Vorzüge des Ulmer Meisters, und sie offenbaren mehr als irgendwelche einzelne Stilmerkmale vom Geiste seiner Zeit.

Wenige Jahre nach Multschers Tod gewann Meister Jörg Syrlin in Ulm einen Ruf, der den Multschers für die Nachwelt bald in den Schatten stellte. Die großartigste Leistung aus der Werkstatt Syrlins ist das Ulmer Chorgestühl. Der künstlerische Vorwurf ist echt mittelalterlich, in einem Zyklus von Einzelfiguren wird die Entwicklung der Gotteserkenntnis zum Christentum hin durch geschichtliche Persönlichkeiten des heidnischen Altertums wie Pythagoras, Seneca, Ptolemäus, der Sybillen von Tibur und Cumä und der jüdischen Prophetie dargestellt. Die Figuren sind teils Reliefs, teils vollrunde Brustbilder. In ihrer wundervollen Einfachheit übertreffen sie alle gleichzeitigen Arbeiten dieser Art. Trotzdem ist von keiner einzigen der Künstler bekannt. Da das Chorgestühl 86 Sitze, alle mit Verzierungen, zählt, und die Gesamtherstellung innerhalb sechs Jahren, von 1469—1475 bewältigt wurde, müssen gleichzeitig mehrere Künstler am Werke gewesen sein, wobei es fraglich ist, ob Syrlin mit eigener Hand einen dieser Köpfe geschnitzt hat. Nur seine Zugehörigkeit zur Schreinerzunft ist nachweisbar, und zwei noch erhaltene Schreinerarbeiten mit seiner Signatur, ein Betpult und ein prächtiger Schrank, tragen keinerlei Bildschmuck. Das schließt nun freilich nicht aus, daß Syrlin auch mit dem Handwerkszeug der Bildhauer meisterhaft umzugehen verstand, nur wissen wir nichts davon. In den Augen seiner Mitbürger minderte es übrigens seinen Ruhm nicht im geringsten, wenn er alle dem Bildschnitzer zustehenden Arbeiten an andere, an Gesellen seiner Werkstatt oder an selbständige Meister, weiter vergab. Nicht das Einzelne, und war es noch so köstlich, brachte Ansehen und eine gewisse Wohlhabenheit, sondern der Besitz eines Unternehmens, aus dem große und bedeutende Werke hervorgingen. Das Ulmer Chorgestühl ist denn auch tatsächlich in dem eigentlich schöpferischen Sinne Meister Syrlins Werk. Er gab ihm „den großartig reichen und klaren Rhythmus des Aufbaus", die architektonische Schönheit, der alle Einzelheiten untergeordnet sind. Unternehmer wie Multscher und Syrlin waren nicht nur insofern dem mittelalterlichen Zunftverband und Zunftgeist entwachsen, als sie einem Großbetrieb vorstanden, sondern auch dadurch, daß sie in ihrer Tätigkeit über die Schranken einer einzelnen Zunft in umfassender Weise hinausgriffen. So wird Syrlin mit größter Wahrscheinlichkeit auch die Zeichnung für den alten Altar des Ulmer Münsters zugeschrieben; aus seiner Werkstatt ging ferner 1482 der Brunnen vor dem Ulmer Rathaus, der „Fischkasten", mit seinen Steinmetzarbeiten hervor. Die Zierlichkeit der Brunnenfiguren, jugendlicher Ritter, steht in einem auffälligen Gegensatz zu der Einfachheit der Gestalten am Chorgestühl. Die Art, wie sich hier Syrlin nach dem mit der Zeit schnell wechselnden Geschmack richtet, ist für den Betrieb selbst einer künstlerisch so hochstehenden Werkstatt nicht weniger bezeichnend, als daß sie auch gering bezahlte Aufträge wie den mit Syrlins Namen prangenden Grabstein in der Dorfkirche von Oberstadion übernahm und dann für billiges Geld kaum noch mittelmäßige Arbeit lieferte.

Syrlin starb im Jahre 1491. Er vererbte die Werkstätte an seinen Sohn, Jörg Syrlin den Jüngeren, der das große Unternehmen seines Vaters noch bedeutend erweiterte. Der jüngere Syrlin war ebenfalls in erster Linie Schreiner, doch hat er auch nachweisbar selbst Figuren geschnitzt. Der handwerkliche Charakter überwiegt nun mehr und mehr, immerhin wurde trotz der Massenherstellung noch manche beachtliche Leistung erzielt. Ob die Schreinsfiguren des Blaubeurer Hochaltars, das herrlichste Werk der Ulmer Plastik, in nähere Beziehung zur Werkstatt Syrlins des Jüngeren stehen, ist allerdings fraglich. Da aus ihr die Chorstühle und wahrscheinlich das prachtvolle Schreinerwerk am Altar stammen, ist es nicht ausgeschlossen, daß Syrlin den Gesamtauftrag für den Altar erhalten hat, nur muß er dann dem Künstler der fünf großen Figuren ziemlich freie Hand gelassen haben. Man schreibt sie jetzt dem Ulmer Meister Michael Erhart oder seinem Sohn Gregor zu. In ihrer Monumentalität und in ihrem Zusammenhang überschreiten diese Figuren, in deren Mitte Maria mit dem Kinde in Haltung und Ausdruck wahrhaft als Himmelskönigin steht, die typisch ulmische Lieblichkeit ebenso wie zu Anfang der großen Kunstepoche Ulms die früheren Werke Multschers. In der Malerei haben die Ulmer Meister, besonders Bartholomäus Zeitblom, von dem überraschend viel erhalten geblieben ist, nach Multscher zwar über das Handwerkliche hinaus manch Ansehnliches geleistet, aber weder als Anreger noch in der Ausführung nach bewährter Kunstübung eine führende Rolle gespielt. Ein sehr begehrter Glasmaler war der Ulmer Hans Wild, der außer für seine Heimat unter anderem nach Urach, Tübingen, Straßburg und Salzburg lieferte. Die Frührenaissance zog hier später als in manchen anderen Gebieten mit dem Maler Martin Schaffner ein, der von 1508—1535 in Ulm nachweisbar ist.

Aus Ulm stammte wahrscheinlich der bekannte Nördlinger Maler Friedrich Herlin, der sich in seinen Hauptwerken, wie dem Nördlinger Sankt Georgsaltar nicht an die Ulmer, sondern an niederländische und Kölner Vorbilder anlehnt und trotz großer technischer Fertigkeit im Mittelmäßigen stecken blieb. Dagegen besitzt Nördlingen in dem Kruzifix und den es umgebenden Heiligenfiguren dieses Altars eines der besten Meisterwerke des ausgehenden 15. Jahrhunderts nach Art der südwestdeutschen Kunst. — Die Memminger Werkstätte der Strigel geht auf die Ulmer Schule zurück. Unter Bernhard Strigel, der sich als Maler von Familienbildnissen, namentlich als Hofbildnismaler Kaiser Maximilians einen Namen machte, nahm diese Werkstätte besonders in geschäftlicher Beziehung einen großen Aufschwung. Derartige Ausstrahlungen größerer Kunstmittelpunkte nach mittleren und kleineren Städten lassen sich ähnlich wie bei Ulm auch im übrigen Deutschland verfolgen. Die von Dapratzhauser 1501—1507 geschnitzten Büsten des Chorgestühles der Martinskirche zu Memmingen ziehen durch die wirklichkeitsnahe Darstellung zeitgenössischer Memminger Bürger und Bürgersfrauen die Aufmerksamkeit auf sich.

Oberrhein

In Ulm können wir als der ersten unter den oberdeutschen Städten eine durch mehrere Generationen sich fortsetzende, großzügige und weitreichende Kunstproduktion beobachten, die freilich gegen Ende der Epoche allmählich verebbte; dagegen nimmt der alemannische Westen in ihrem Anfang und dann wieder in ihren letzten Jahrzehnten eine führende Stellung im deutschen Kunstleben ein. Hier malte Lukas Moser die Tafeln des Tiefenbronner Altars, mit die frühesten, welche nahe an den primitiven „Naturalismus" heranreichen, hier wirkten mehrere der ersten bedeutenden Meister des Kupferstichs, von denen besonders Schongauer auch als Maler hervorragt. Von ihm ist leider nur ein Bild, die Madonna im Rosenhaag, wahrscheinlich vom Jahre 1475, erhalten; doch ist es um so wichtiger, als es wie kaum ein anderes Beispiel erkennen läßt, wie schnell und mit welchem Erfolge in diesen Gegenden die Malerei vom primitiven Realismus der noch um 1465 schaffenden Malergeneration zu einfacher Größe und zugleich zu einer das Volk besonders ansprechenden gemütvollen Lieblichkeit fortgeschritten ist. Zu diesem Umschwunge hat der Bildhauer Nikolaus Gerhaert der „von Leyen" signierte, wesentlich beigetragen. Um 1463 arbeitete er in Straßburg, wo er unter anderem mit dem Votivrelief des Konrad Busang, ferner mit Büsten von der Straßburger Kanzlei und dem Baden-Badener Kruzifixus Werke schuf, welche die früheren Steinmetzarbeiten dieser Epoche weit hinter sich ließen. Die Feinheit von Gerhaerts edlem Realismus erreichen selbst die Figuren des Ulmer Chorgestühls nicht, in der Freiheit der Erfindung sind diese allerdings überlegen. Der wohl vom Niederrhein oder von den Niederlanden stammende Meister hat weder in Straßburg, noch in anderen Orten, in denen er Aufenthalt nahm, Schule im eigentlichen Sinne gemacht, aber als starker Anreger hat er überall gewirkt, nicht zuletzt von Straßburg aus.

In dem um 1480 in der Nähe von Straßburg geborenen und 1545 in dieser Stadt gestorbenen Hans Baldung, genannt Grün, erwuchs dem Elsaß ein Künstler, der unmittelbar nach den Größten seiner Zeit zu nennen ist. Seine Lehrjahre wird er in einer Straßburger Werkstatt zugebracht haben, in Nürnberg hat er gearbeitet, vielleicht in der Werkstatt des wenige Jahre älteren Dürer, mit dem er bis zu dessen Tod in naher Verbindung blieb, auch die Kunst Grünewalds hat er gekannt. In seinen Gemälden, Zeichnungen und Holzschnitten ist er zuerst reiner Gotiker, dann nimmt er formell und inhaltlich Renaissanceeinflüsse auf und kehrt schließlich wie Cranach wieder mehr zur Gotik zurück. Er schuf Gemälde großen Umfanges, so den 1516 vollendeten Hochaltar im Freiburger Münster mit einer Krönung Mariä, ferner Holzschnittfolgen, Einzelblätter, Porträts und Glasgemälde. Allgemein anerkannt ist sein großartiges Kompositionstalent, das ihn wie in dem Holzschnitt mit dem von Engeln getragenen Leichnam Christi mitunter neue Wege beschreiten läßt, ebenso verlieh ihm seine kraftvolle Sinnlichkeit namentlich in Aktdarstellungen: Frauen mit dem Tod, Hexenweiber, allegorische Frauengestalten, Kampf des Herkules mit Antäus, eine eigene Stellung unter den führenden Meistern seiner Zeit. Man zählt ihn trotzdem in der Regel zu den Sternen zweiter Größe, weniger wegen mancher etwas schwächeren Arbeiten, oder weil er als Maler nicht so wie in seinen Holzschnitten räumliche Tiefenwirkungen erzielte, sondern weil dem sinnlichen Überschwang die seelische Kraft und der geistige Ausdruck nicht so ganz gleichkommen. Nun ist gewiß Baldung ein von den Strömungen, besonders den Unterströmungen seiner Zeit Mitgerissener, nicht in dem Grade wie Dürer oder der jüngere Holbein ihr überlegener Gestalter, auch ist sein Genius nicht so übermächtig wie der Grünewalds. Wie aber Baldung den Zusammenprall des Formwillens der Renaissance mit der mittelalterlichen Phantastik und das Ineinanderfließen spätmittelalterlichen Teufelsspukes und der Dämonie sowie des Okkultismus des Renaissance, etwa in seinen Hexenszenen oder seinem Saturnkopf, zu unmittelbarem Ausdruck bringt, ist doch als künstlerische Großtat zu werten. Fast vergessen ist Baldung als ein meisterhafter Darsteller religiöser Innerlichkeit. So ist, um nur dies eine zu nennen, die „Geburt Christi" (im Städelschen Institut zu Frankfurt) eine der ausdrucksvollsten, die es gibt, und wird wie wenige „dem Ernst der Stunde gerecht: hier ward einer geboren, dessen Schicksal es sein sollte, das Leid der Welt zu tragen".

Unter den Buchillustratoren dieser Zeit ragt der Straßburger Hans Weiditz hervor, der sich einige Jahre in Augsburg aufgehalten und dort von Burgkmair viel gelernt hatte. Weiditz lieferte zu verschiedenen humanistischen Werken zahlreiche Holzschnitte. Sie allein wären schon ein vollgültiger Beweis dafür, daß der oberrheinische Humanismus nicht nur eine gelehrte, sondern auch eine volksdeutsche Bewegung gewesen ist. Diese Holzschnitte geben ein vielseitiges und treues Abbild vom Tun und Treiben, besonders von der Arbeit des deutschen Volkes in der ersten Hälfte des 16. Jahrhunderts, und sie wirken trotz ihres Realismus „als Ganzes wie ein Märchen". Die gleichzeitige Schweizer Kunst, die von der oberrheinischen ihren romantischen Schwung empfangen hatte, fesselt ebenfalls schon vom Gegenständlichen her. Der verwegene kriegerische Sinn der damaligen Eidgenossen spricht aus den kecken Landsknechtsdarstellungen eines Urs Graf, der selbst ein eifriger Reisläufer war, und den Bildern eines Niklas Manuel genannt Deutsch, eines Vorkämpfers der Reformatoren im Feldlager und am Verhandlungstisch, von dessen Berner Totentanzzyklus voll grimmen Humors leider nur Abbildungen erhalten sind.

Von der oberrheinischen Plastik dieser Zeit ist das meiste dem Bildersturm und den kriegerischen Unruhen zum Opfer gefallen, doch berechtigen Figuren wie die des Isenheimer Altares aus der Werkstatt des Straßburger Meisters Niklaus Hagenauer zu dem Schlusse, daß die Kunst der Bildschnitzer hinter der der Maler nicht zurückstand. Wie der heilige Antonius, als wäre er der gefürstete Abt eines reichsfreien Klosters, im Isenheimer Altarschrein thront, sicher in seiner Würde und doch auch besorgt um das ewige und irdische Wohl der ihm Anvertrauten und bei ihm Zuflucht Suchenden, wie aus dem geistvollen Antlitz des heiligen Hieronymus, der sich dem Erzvater der Mönche zuwendet, die Weisheit, die Entsagung, das Vertrauen und die Gottesliebe der „Nachfolge Christi" eines Thomas von Kempen spricht, das ist die Selbstdarstellung einer sich ihrer Reife und ihres Reichtums bewußt gewordenen Kultur. In dem ungefähr 15 Jahre später, im Jahr 1526 entstandenen Schnitzwerk des Breisacher Altares scheint sich allerdings diese Kultur in sprudelnde Bewegung aufzulösen, aber wenn sich der Blick von den wogenden Formen des Mittelstücks, einer Krönung Mariä, auf die Nebenfiguren, einen Johannes den Täufer und einen Johannes den Evangelisten, richtet, dann vereinigt sich mit dem Eindruck der Bewegtheit der männlicher und jugendlicher Kraft; die Evangelisten in der Predella verkörpern schließlich gewissermaßen vier Typen des geistigen Arbeiters in verschiedenen Altersstufen: der Jüngling zeichnet in sich versunken seine inneren Gesichte auf, der junge Mann die ihm von außen kommende Offenbarung, der gereifte Mann, was er weiß, und der Greis vergißt über seiner Schau des Überirdischen, die Feder zu führen.

Hans Holbein der Jüngere

Neun Jahre nach Luthers Thesenanschlag, zur selben Zeit, als sich im Hochaltar der Breisacher Pfarrkirche das Spätmittelalter noch einmal ein Denkmal seines Glaubens und seines Geistes setzte, stand in Basel bereits der Meister auf der Höhe seines Ruhms, der von allen Künstlern dieser Epoche die geringste innere Bindung an das Mittelalter aufweist. Hans Holbein der Jüngere war im Jahr 1497 als zweiter Sohn des Malers Hans Holbein zu Augsburg geboren, hatte in der Werkstatt seines Vaters gelernt und war achtzehnjährig nach Basel gekommen. Nach kurzem Aufenthalt in der durch Kunst damals noch nicht berühmten Stadt berief ihn Schultheiß Jakob von Hartenstein nach Luzern und ließ durch ihn sein Haus mit Wandmalereien schmücken. Von Luzern aus besuchte Holbein Oberitalien und machte sich hier mit der Kunst der Renaissance vertraut. Im Jahre 1519 ließ er sich in Basel nieder. Der Zweiundzwanzigjährige war nun Meister in jedem Sinne des Wortes: ohne daß ihn seine frühesten Arbeiten als eine Art Wunderkind zeigen und ohne die Spuren eines schweren inneren Ringens, hatte er bereits seinen Stil gefunden. Noch im September dieses Jahres wurde er in die Basler Zunft aufgenommen, bald darauf heiratete er. In ungemein vielseitiger und rastloser Tätigkeit malte er Tafelbilder für Kirchen, Porträts, so die zweier gelehrter Humanisten, des Amerbach und des Erasmus von Rotterdam, zeichnete für große Holzschnittzyklen, darunter Illustrationen zum Alten Testament und einen Totentanz, entwarf Vorlagen für Glasgemälde und schuf für den Saal des großen Rates von Basel und für einen Bürger Wandgemälde. Die Unruhen des Bauernaufstandes und die der großen Kunst überhaupt abträglichen religiösen Kämpfe veranlaßten ihn, nach einer anderen Wirkungsstätte Ausschau zu halten. Der gefeierte Humanist Erasmus von Rotterdam, der seit 1520 in Basel weilte, verschaffte ihm Beziehungen zu dem englischen Staatsmann und Gelehrten Thomas Morus. Holbein reiste im Jahre 1526 nach England und blieb dort bis 1528, wo er nur Aufträge für Porträts bekommen zu haben scheint. Nach seiner Rückkehr traf er Basel in kaum geringerer Unruhe als zur Zeit, da er es verlassen hatte; in dem Bildersturm von 1529 gingen wohl auch manche seiner Werke zugrunde. Sein Ansehen bei den neuen Stadtherren war indes ebenso groß, wie zuvor bei den alten. Eine noch freie Wand des Rathaussaales ließ die Gemeinde von ihm ausmalen. Aber Basel, das Erasmus und andere seiner Gönner verließen, gefiel Holbein nicht mehr. Im Jahre 1532 begab er sich wieder nach England, wo er 1543 an der Pest starb. Seine Familie hatte er in Basel gelassen und während der elf Jahre nur einmal kurz besucht. Als ihn bei dieser Gelegenheit der Baseler Rat durch das Angebot eines Jahresgehaltes der Heimat zurückgewinnen wollte, versagte sich ihr Holbein, von dem sich jetzt in England die vornehme Welt bis hinauf zum Könige malen ließ, und dessen Kunst die Wände des königlichen Schlosses Whitehall in London und die der Halle des Stalhofes der deutschen Kaufleute anvertraut wurden.

Kein anderer deutscher Künstler hat sich die Anerkennung der ganzen Welt in dem Maße errungen wie der jüngere Holbein. Er genießt seinen Ruhm durchaus zu Recht. Als Porträtmaler steht er ebenbürtig neben den Größten aller Epochen, neben einem Dürer, Tizian, Velasquez, Rubens, van Dyk, Rembrandt. Er ist unter diesen Großmeistern der Bildnismalerei „der Meister der reinsten Sachlichkeit“. Holbein malte in diesen Gestalten nicht sich, nicht eine Idee, nicht einen Typus, sondern den Menschen, der eben vor ihm stand. Da sie aber alle, sei es für ihre Person oder kraft ihrer sozialen Stellung oder in der Regel aus beiden Gründen etwas zu bedeuten hatten, und er dies Bedeutende voll ausschöpfte, so ragen sie über das rein Private, Zufällige weit hinaus: der junge Amerbach ist der Sohn aus einem führenden Verlagshause, der sich wie ein vornehmer Künstler trägt, aber doch den gewinnbringenden und angesehenen Beruf des Juristen gewählt hat und Überdurchschnittliches darin leistet; Erasmus von Rotterdam, der international berühmte Gelehrte, selbstgefällig, unfehlbar, sarkastisch, geistreich, der unermüdliche Arbeiter, nicht gerade sehr männlich, aber doch alles in allem ein Charakterkopf, den man nie wieder vergißt, hat man ihn einmal gesehen; der greise Erzbischof Warham von Canterbury, der feingebildete Prälat mit vielen inneren und äußeren Erfahrungen, mit einer nicht gerade fröhlichen Frömmigkeit, von einer mehr passiven als aktiven Güte, unerschütterlich in den einmal gefaßten Beschlüssen; der Herr de Morette, der Grandseigneur des alten Frankreich vor Ludwig XIV.; der Herzog von Norfolk, der englische Hochadlige und Staatsmann vor vierhundert Jahren und von heute. Die Mädchen- und Frauenbildnisse offenbaren jedes ein Schicksal, nicht zuletzt das Bild seiner eigenen Frau, die Frau des acht bis zehn Jahre jüngeren Mannes, des berühmten Künstlers, der sich nicht mehr dauernd an Weib und Kinder fesseln ließ. Erst wenn man das Selbstbildnis Holbeins aus seinem Sterbejahre, diese kraftvolle Gestalt mit dem mächtigen Schädel, den sachlich ruhigen, doch keineswegs unguten Augen, neben dieses Familienbild hält, kann man einigermaßen verstehen, wie er nach der ersten Rückkehr aus England als Einunddreißigjähriger die Mutter seiner Kinder, die ihm noch weitere zwei schenken sollte, zu malen imstande war, als wäre sie in ihrer nun fast schon matronenhaften Schönheit zur Witwe geworden. Ein nicht mehr zu ergründendes Rätsel freilich ist es, wie dieser Vater, der seine Kinder so sah, wie es jenes Bild zeigt, zumal den damals achtjährigen Ältesten, nach zwei Jahren wieder und da für immer verlassen konnte.

Von den drei großen Künstlern jener Zeit stehen Dürer und Meister Grünewald dem Herzen des deutschen Volkes näher als der jüngere Holbein. Das scheinbar Mühelose seines Schaffens, die Selbstverständlichkeit, mit der sich bei ihm Inhalt und Form bis ins Letzte decken und mit der er die Formenwelt der Renaissance in sich aufnimmt, die völlige Beherrschung des Gemütes und der Phantasie durch den Verstand, kurz das restlose Aufgehen eines Menschen in der künstlerischen Existenz haben ihn, der sein Glück in der Fremde suchte und wohl auch fand, dem Volke, dem er entstammt, etwas entfremdet. Will man aber dem jüngeren Holbein wirklich gerecht werden, dann muß man sich zunächst an den Lebensweg seines Vaters erinnern. Dieser hat in der Übergangsepoche von der älteren zu der Kunst der Dürergeneration gewissermaßen auch schon für seinen Sohn mitgerungen, der unverkennbar dieselbe Art der Veranlagung aufweist. Alles, was die Kunst des Vaters auszeichnet (vgl. S. 26), findet sich beim Sohn wieder und zwar in vorzüglicherer, in vollendeter Weise. Es ist gewiß nicht erstaunlich, wenn der Jüngere darüber hinaus die Hemmungen der älteren Generation überwindet und schon früh das Ziel erreicht, das dem Vater noch unklar vorschwebte und gegen das diesem wohl immer wieder schwere Bedenken kamen. Es ist wohl anzunehmen, daß auch das äußere Schicksal des Vaters die Handlungsweise des Sohnes stark beeinflußte. Die urkundlichen Nachrichten melden vom älteren Holbein fast nur Geldverlegenheiten. Schon gealtert, sah er, einer der angesehensten Künstler, sich gezwungen, nochmals nach dem Wanderstab zu greifen. Als er um 1524 im Elsaß starb, ging der Rest seiner Habe in den Bauernunruhen zugrunde. Wer die Not im Elternhaus kennen gelernt hat, den schreckt sie nur zu leicht Zeit seines Lebens und läßt ihn in wirtschaftlichen Dingen nach dem Sicheren trachten.

In seiner Kunst ist der jüngere Holbein im Entscheidenden immer ein Deutscher gewesen und geblieben. So sehr er bereits als Zwanzigjähriger in gewisser Beziehung als ein Fertiger dasteht, hat er doch bis zum Ende seines Lebens immer strebend sich bemüht; seine Kunst wurde von Jahr zu Jahr edler, innerlich reicher. Auch darin erweist sich der jüngere Holbein ganz als Deutscher, daß er trotz des von seinem Vater ererbten Sinnes für Farbe in erster Linie Zeichner ist. Das beweist nicht nur sein riesiges graphisches Werk von mehr als zwölfhundert Holzschnitten, auch bei seinen Gemälden ist immer „die zeichnerisch angeschaute, zuerst mit dem

Stift fixierte Form die Grundlage". In der Bildanordnung, in seiner starken Betonung der Linie, in der Haltung und dem Ausdruck der Personen sind seine großen Tafelbilder durchaus deutsch. Wenn gesagt worden ist, „das deutsche Madonnenbild, das Dürer vorschwebte, hat Holbein zur gleichen Stunde verwirklicht", so gilt dies für das Verhältnis Holbeins zur Renaissance überhaupt. Er hat sie in einer Weise ohne Verleugnung der deutschen Art aufgenommen, wie es damals von den meisten führenden Künstlern erstrebt wurde. Holbein ist dies nur besser als jedem anderen gelungen, weil er, wie keiner in Deutschland, den inneren Organismus des Bildes beherrschte und sich ihm das Einzelne dem Ganzen bis zum letzten Rest ein- und unterordnete. Daher muten uns heute seine Werke unter den reinen Spätgotikern oder den noch stärker als er im Gotischen Wurzelnden als klassisch an, doch ist seine Klassik deutsch, die Klassik des Sachlichen, die trotz des Farbenglanzes und ihres inneren und formalen Reichtums der romanischen Klassik gegenüber nüchterner und trockener, dafür aber auch nerviger und kräftiger wirkt. Nicht die Schönheit der italienischen Renaissance, sondern die in den individuellen Gestaltungen sich offenbarende Wahrheit ist das Endziel der Kunst des jüngeren Holbein. Darin ist er wie nur irgendeiner unserer großen Künstler und Denker wesentlich deutsch, aber er zählt zu den wenigen Ausnahmen, in deren Werk sich das Wahre im deutschen Sinne ohne Suchen und Kämpfen abspiegelt. Wer den Menschen in allen Lebensaltern und in so verschiedenen Erscheinungsformen zu erfassen vermag, wem in gewaltigen Kompositionen wie etwa im „Triumpf des Reichtums" oder im „Triumpf der Armut" eine derart überquellende Erfindungsgabe entströmt, wer die Mutter Gottes oder den leidenden Christus wie Holbein der Jüngere gemalt und gezeichnet hat, der besitzt auch die Seelenkräfte in hohem Grade, welche dem Deutschen eigentümlich sind: Phantasie, Gemüt und Religiosität.

Augsburg

Unter den Städten der deutschen Kunst beginnt Augsburg um 1500 stärker hervorzutreten. Es war nun zum Mittelpunkt des Handels mit Oberitalien, besonders mit dem seegewaltigen Venedig, und durch die Fugger und andere große Kaufmannsfamilien zum Vorort des deutschen Frühkapitalismus geworden. Begeistert nahmen die führenden Augsburger Kreise die Anregungen des Humanismus und der Renaissance venezianischen Gepräges auf. Kaiser Maximilian, der Gönner der Humanisten und Förderer der schönen Künste, verweilte mit Vorliebe in dieser Reichsstadt. Dies alles zusammen ergab die Augsburg eigentümliche künstlerische Atmosphäre. Der wahrscheinlich zwischen 1465 und 1470 geborene Hans Holbein der Ältere gedieh allerdings nicht so recht in ihr. Wie weit eine unglückliche Hand in geschäftlichen Dingen und andere äußere Umstände daran schuld waren, ist nicht mehr zu ermitteln. Jedenfalls ist es sehr auffällig, daß er keine Aufträge für Porträts erhielt, obwohl seine Silberstiftzeichnungen bekannter Augsburger Persönlichkeiten wie des Abtes Konrad Mörlin und Jakob Fuggers eine einzigartige

Fähigkeit zur Charakterisierung zeigen und seine Menschendarstellungen auf Kirchenbildern eine große Freude an der Gestaltung individueller Züge verraten. Das Entscheidende war indes doch wohl, daß er in seiner Kunst gewissermaßen immer wieder von vorn anfing, ohne zu einem einheitlichen Stil zu gelangen. Zunächst rückte er von dem in den letzten Jahrzehnten des 15. Jahrhunderts herrschenden Realismus ab, doch nicht so, daß seine Bilder wie die Offenbarung von etwas Neuem, sondern eher wie die Wiederaufnahme von Veraltetem wirkten. Hierauf geriet er in den Bannkreis einer Richtung, die dann in Grünewald gipfelte, schließlich nahm er Formelemente der Renaissance auf. Dieser wiederholte, scheinbar von ernstem Ringen unbeschwerte Wechsel legt die Vermutung nahe, Holbein habe sich mit einer gewissen Oberflächlichkeit dem jeweils nächstliegenden Einfluß hingegeben. Dem widerspricht jedoch die Tatsache, daß schon andere vor ihm in Augsburg den Idealen der Renaissance huldigten und vor allem seine Art der Menschendarstellung, die ohne den Blick für das Wesenhafte und den ernsten Willen, es vollgültig zum Ausdruck zu bringen, nicht denkbar ist. Von einer den Künstlern jener Zeit selbst wenig wichtigen Fragestellung aus hat man darin ein Rätsel sehen wollen, daß Holbein zu Isenheim, wohin er übergesiedelt war, sein großes Bild „Brunnen des Lebens", Maria auf dem Throne unter zahlreichen Heiligen, „im Schatten des Grünewaldaltares" so ganz unbeeinflußt von diesem malen konnte. Die Probleme der damaligen Künstler waren eben nicht dieselben, welche die Kunsthistoriker der neueren Zeit beschäftigen. Holbein wollte und sollte vielleicht auch nach dem Wunsch seines Auftraggebers etwas von der Art schaffen, wie er es tat. Daß sich bei ihm, der sich selbst mehrere Jahre einer romantisch-barocken Strömung hingegeben hatte, jetzt nicht die Spur einer Einwirkung durch Grünewalds Isenheimer Altar findet, warnt vor einer allzustarken Betonung der Abhängigkeitsfrage bei ihm — und bei anderen. Der damalige und der heutige Begriff des geistigen Eigentums am Kunstwerk decken sich nicht. Kein Künstler trug Bedenken, von einem anderen Motive zu übernehmen. Immer wieder muß man sich daran erinnern, daß diese Künstler nicht von einer Akademie, sondern aus der Lehre einer Werkstätte kamen. All das hatte für die Kunst und die Künstler gegenüber neuzeitlichen Verhältnissen einen großen Zwang und doch wieder größere Freiheit zur Folge. Der „Brunnen des Lebens" mit seinen wundervollen Frauengestalten und noch verschiedene Arbeiten, so ein Sebastiansaltar, zählen zu den hervorragenderen Kunstwerken jener Zeit. Es sind in der Regel Einzelheiten, die seine Tafelbilder auszeichen, bei den einen die überraschende Lösung in der Komposition, bei anderen eine glückliche Verbindung alter und neuer Form oder feine, harmonische Farbenwirkung. Die Größe des entscheidenden Bahnbrechers oder die des Vollenders blieb dem älteren Holbein versagt. Immerhin ist er unter den zwischen den Zeiten Stehengebliebenen der bedeutendste Künstler, und die Tragik des Überganges ohne Erreichung des Endzieles ist bei ihm dadurch gemildert, daß er den Aufstieg seines Sohnes zur Höhe vollendeter Meisterschaft noch miterlebte.

Was das Glück dem älteren Holbein versagt hatte, spendete es Hans Burgkmair mit vollen Händen. Im Jahre 1473 in Augsburg als Sohn eines Malers geboren, wanderte er wohl bald nach dem Schluß seiner Lehrzeit in das Elsaß, wo er noch in Schongauers Werkstätte arbeitete, und dann nach Venedig. In seine Vaterstadt zurückgekehrt, ließ er sich 1498 als Meister in die Malerzunft aufnehmen. Schnell überflügelte er den etwa fünf Jahre älteren Holbein. Burgkmair hatte vor ihm schon dadurch viel voraus, daß er an Ort und Stelle die hochgepriesene Kunst Italiens kennen gelernt hatte. Damit war er für die Augsburger Humanisten der berufene Führer in der neuen Kunst. Da sie weitreichende Beziehungen und bei Kaiser Maximilian großen Einfluß besaßen, wurde er bald mit ehrenden und wohl auch gewinnbringenden Aufträgen betraut. Seine menschliche und künstlerische Veranlagung war gewissermaßen eigens für die günstigen Umstände geschaffen, die ihn emportrugen. Als er die prachtliebende, heitere Kunst Venedigs kennen lernte, der es mehr auf idealisierte Schönheit der menschlichen Gestalt und eine poetisch verklärte Darstellung der Natur als auf einen tiefen seelischen Inhalt ankam, fand er sich in dieser Welt sofort zurecht. Sein Eingehen in sie war aber keineswegs ein bloßes Nachahmen oder Nachempfinden, sondern das Aufnehmen von Artverwandtem. Wäre er nicht doch im Grunde ein Künstler von eigenem Wuchs gewesen, dann hätte Burgkmair nicht in dem, was seine Größe ausmacht, selbst einen Dürer übertroffen. Aber wenn auch Burgkmairs Farben weicher, glühender, stärker von Bewegung erfüllt sind und seine Kompositionen sich freier, schwungvoller und monumentaler aufbauen, so erstrecken sich diese Vorzüge doch zu sehr auf Formales, als daß sie die Kraft und das Ethos Dürers aufzuwiegen vermöchten. Eine leere Hülle ist immerhin auch bei Burgkmair das Formale nicht, und so kann sich sein Lebenswerk neben den Großen jener Zeit behaupten, obwohl es ihnen nicht in jeder Beziehung gleichwertig ist. Seine Gemälde, darunter eine Kreuzigungsgruppe von edelster Klassik und ein Selbstbildnis mit seiner Frau, eine der besten malerischen Leistungen dieser Epoche, und noch mehr die Zeichnungen, die er für die von Maximilian bestellten riesigen Holzschnittfolgen, die habsburgischen Ahnen, den Teuerdank, den Weißkunig und den Triumphzug des Kaisers, ausführte, haben außer ihrem künstlerischen Wert noch einen geschichtlich-dokumentarischen. Sie sind ein getreues Spiegelbild der Augsburger Früh- und Hochrenaissance, ganz wie sie Kaiser Maximilian auffaßte: „eine prächtige Stattlichkeit des Auftretens, eine vielfache Gewandtheit in der Umkleidung des Daseins mit einer fast überreichen Dekoration, nicht gerade eine sonderliche Tiefe und Festigkeit des Geistes."

Von Burgkmairs Kunst und Persönlichkeit ging eine starke Werbekraft aus. Vor allem stand die Augsburger Kunst noch lange unter seinem Einfluß. Sie ist weniger durch einzigartige Spitzenleistungen ausgezeichnet als durch das Blühen und Gedeihen aller Zweige der Kunst und des Kunstgewerbes auf stattlicher Höhe. Unter den Bildhauern, die hier hauptsächlich in Stein arbeiteten, ist Hans Bäuerlein mit der gemäldeartigen Anordnung seiner Reliefs die Parallele zu Holbein dem Älteren. Den Übergang zur Renaissance vollzogen Gregor Erhart, der in seiner viel beschäftigten Werkstatt auch für den Kaiser arbeitete, und Erharts Schwager Adolf Daucher, dem Jakob Fugger die Ausführung der Plastiken der Sankt Annenkirche übertrug. Seine aus Stein gemeißelten Fuggerepitaphe waren „helle Heroldsrufe der einziehenden neuen Mittelmeerkunst", in den Figuren und den Reliefs des Kapellenaltars schuf er aus der heimischen Überlieferung und aus italienischen Formelementen einen neuen Stil. Als Lehrling Bäuerleins und mit seiner ersten Werkstatt gehört der Steinbildhauer Loy Hering dem Augsburger Kunstkreis zu. Er ließ sich dann dauernd in Eichstätt nieder, als er für den Dom dieser Stadt ein lebensgroßes Sitzbild des heiligen Wilibald aus Stein meißelte, und wurde nun bald der begehrteste Bildhauer Oberdeutschlands, zumal für Grabdenkmäler in der damals üblichen Form des Epitaphs. Er setzte im großen und ganzen die gute Augsburger Tradition fort, nur in einfacherer Form und bei größeren Kompositionen in Anlehnung an Dürersche Holzschnitte. Mit dem nach 1554 gestorbenen Loy Hering und dem als Künstler erheblich bedeutenderen Maler des Marienaltares im Augsburger Dom, Christoph Amberger, der hauptsächlich durch seine Porträts bekannt ist und als Meister der Farbe hinter seinem Lehrherrn Burgkmair nicht zurücksteht, fand um 1560 die Entwicklung der Renaissance in Deutschland, welche trotz ihres bald geringeren, bald stärkeren fremden Einschlags deutschen Charakter trug, einen rühmlichen Abschluß.

Die Kunst des bairischen Stammes

Unter den alemannisch-schwäbischen Meistern haben nur die in Gebirgsgegenden Geborenen wie Multscher und einige Schweizer gelegentlich oder in ihrem Gesamtschaffen die Linie einer beschwingt harmonischen, im besten Sinne „bildschönen" Kunst überschritten. Im bairischen Stammesgebiet, dem auch Tirol und Österreich zugehören, herrscht dagegen eine oft nur mühsam gebändigte Lebenskraft und Lebensfreude vor, ein heftiger und kühner Stil, den meist ein sicherer Geschmack vor der Ausartung ins Maßlose bewahrt. An den frühen Realismus, wie ihn zwischen 1430 und 1440 Bilder von Multscher, von Witz und dem Meister des Tucheraltares zeigen, erinnern einige im Wiener Hofmuseum und in Graz aufbewahrte Bildtafeln. Der in München 1495 gestorbene Gabriel Mäleßkircher übernahm für eine 1474 gemalte Kreuzigung von den Passionsspielen burleske Züge, mit einer scheinbar bewußten Ablehnung der eben aus der Fremde eindringenden Elemente verband er ein ungewöhnlich feines Empfinden für Farbe.

Der Tiroler Michael Pacher wird unbestritten als der größte spätmittelalterliche Künstler des bairischen Stammes anerkannt. Er war Bildschnitzer und Maler zugleich. Die Beherrschung der beiden Künste hatte für ihn mehr als für jeden anderen zu bedeuten. In den hauptsächlich von ihnen gepflegten Zweigen der Plcstik, so vor allem in den Schnitzfiguren, haben die Deutschen reichlich ein Menschenalter früher als in der Malerei Vollkommenes geschaffen. Der Unterschied in der Entwicklung hier und dort mußte vor allem bei den Flügelaltären peinlich empfunden werden, da sie doch eine künstlerische Einheit bilden sollten. Die völlige Lösung des Problems gelang nur selten, am vollkommensten Michael Pacher mit seinem Altar für Sankt Wolfgang am Abersee im Salzkammergut. Es ist nicht nur die innere Übereinstimmung von Malerei und Plastik, welche diesen Altar in so einzigartiger Weise auszeichnet, denn wenn auch selten, so wurde sie doch auch sonst noch einige Male in annähernd gleichem Grade erreicht, sondern mehr noch die künstlerische Gesamtleistung. An monumentaler Auffassung kommt nichts in der deutschen Kunst des 15. Jahrhunderts dem Sankt Wolfgang-Altar gleich, an sprühendem Leben übertrifft ihn nichts. In den Einzelheiten der Durchbildung stehen die geschnitzten Figuren noch über der Malerei, eben weil ihr die Plastik in der Entwicklung so weit voraus war. Dafür stößt Pacher in der Malerei zu „absolut Neuem" vor. Hier ist zum erstenmal in Deutschland „das alte Bildschema bis auf den letzten Rest aufgelöst. Die Freiheit der Raumanlage schafft der Darstellung ein neues Fundament, löst sie aus dem Banne der flachen Reliefschicht. Die Bewegung ist nicht mehr in die Fläche eingespannt, und eine Verkürzung bedeutet nicht mehr krampfhafte Bemühung. Frei und leicht ordnen sich die Formen im Vor- und Hintereinander. Mit der neuen Raumbildung zusammen geht ein sicheres Gefühl für die Gleichberechtigung der belebten und unbelebten Natur, das als die zweite große Überraschung der Pacherschen Kunst genannt werden muß". Im Jahre 1481 hat Pacher den Sankt Wolfgang-Altar vollendet, gestorben ist er 1498 in Salzburg. Leider ist von seinen in diesen Jahren geschaffenen Werken nichts mehr erhalten. Aus Pachers Werkstatt hervorgegangene Meister haben noch fast ein Menschenalter lang die Tiroler und Salzburger Schnitzkunst maßgebend bestimmt; in der Malerei glaubt man seine Einwirkung bei dem 1519 in München gestorbenen Jan Pollak nachweisen zu können.

In der Münchner und überhaupt der altbairischen Kunst sind in der zweiten Hälfte des 15. und am Anfang des 16. Jahrhunderts die für das bairische Stammesgebiet kennzeichnenden Eigenschaften am stärksten ausgeprägt: ein widerklassisches Drängen und Wuchern der Formen auf den großen Altartafeln eines Jan Pollak und ihm verwandter Künstler; eine kernige erdgebundene Frömmigkeit voll rauschender Festesfreude in der geschnitzten Madonna von Thyrnau (1475); die Ausgelassenheit des Faschings in den Moriskatänzern (1480) des Erasmus Grasser; schließlich eine dem bairischen Wesen nicht fremde, wenn auch seltener hervortretende Weichheit in den Blutenburger Figuren. Werke wie die Deckplatte aus Stein vom Grabmal Kaiser Ludwigs des Baiern im Münchner Dom und die Figuren des großartigen Hochaltars von Kefermarkt bei Passau zeugen von einer hohen Kunst mehr allgemeinen Charakters. Zur altbairischen Eigenart gehörte von je die Zurückhaltung gegen das Fremde. So ist es nicht weiter erstaunlich, daß zu einer Zeit, als Nürnberg und Augsburg ihre Tore den Renaissanceeinflüssen öffneten, ein bairischer Bildschnitzer von ganz großer Begabung und ebenso großem Können, Hans Leinberger von Landshut, unbeirrt am heimischen Wesen festhielt. Seine zwischen 1520 und 1525 entstandene Landshuter Mutter Gottes ist Himmelskönigin und königliche Bäuerin des getreidereichen Niederbaiern zugleich, sein Christus in der Rast ein bairischer Herkules, der als gewaltiger göttlicher Dulder Sünde und Leid der ganzen Welt trägt.

Der um 1480 geborene Albrecht Altdorfer ist trotz seiner Zugehörigkeit zur Gruppe der sogenannten Donauschule in seiner höchst persönlichen Kunst weder stammesmäßig noch regional eng gebunden; aber das bairische Temperament städtischer Prägung besaß dieser Bürger Regensburgs, der einzigen größern freien Reichsstadt auf altbairischem Boden, in der typischen Form, die durch die Jahrhunderte öfter noch dem künstlerischen Menschen als der Kunst der bairischen Lande eine einzigartige, nicht selten mißverstandene Leichtigkeit gibt. Altdorfer entstammte einer wahrscheinlich schon seit längerer Zeit in Regensburg ansässigen Familie, sein Vater und einer seiner Brüder waren Maler, er selbst hat die Malkunst regelrecht erlernt, doch dürfte sein Hauptberuf, jedenfalls der, dem er Vermögen und die angesehene soziale Stellung in seiner Heimatstadt verdankte, der eines Baumeisters gewesen sein. In seinen späteren Jahren hatte er als Ratsmitglied verschiedene Ämter zu verwalten, er trat auch bei einzelnen wichtigen Anlässen der inneren Stadtpolitik führend hervor. Welchen Ruf er zu seiner Zeit als Maler und Zeichner genoß, ist schon daraus zu ersehen, daß er zu den von Kaiser Maximilian mit ehrenvollen Aufträgen bedachten Künstlern zählte. Für den Menschen und Künstler Altdorfer ist seine Anteilnahme an der Vertreibung der Juden aus Regensburg und dann an der Reformation sehr bezeichnend. Im Jahre 1519 verjagten die Regensburger die Juden und rissen ihre Synagoge nieder. Ähnlich wie die Nürnberger schon im 14. Jahrhundert an Stelle einer zerstörten Judenschule eine Marienkapelle errichtet hatten, so erbauten nun die Regensburger eine Kirche zur „Schönen Maria". Das Gotteshaus auf dem Platze der ehemaligen Synagoge wurde alsbald eine vielbesuchte Wallfahrt. Als Mitglied des inneren Rates hatte Altdorfer den Juden den Ausweisungsbefehl mitgeteilt, nun arbeitete er eifrig an der Ausschmückung der neuen Gnadenkirche. Die religiöse Erregung, die damals Regensburg ergriff, machte auf ihn einen tiefen Eindruck, der auch in seiner Kunst zu beobachten ist. Nach kaum zehn Jahren finden wir Altdorfer unter den Vorkämpfern der Reformation in Regensburg, und sein Eifer, die Wallfahrtskirche in ein evangelisches Gotteshaus umzuwandeln, war nicht geringer als früher der für die Verehrung der „Schönen Maria". Aber wie ihn sein Sturmlaufen gegen die Juden nicht gehindert hatte, die Erinnerung an die Synagoge unmittelbar vor der Zerstörung in stimmungsvollen Radierungen festzuhalten, so malte er auch noch als Anhänger der neuen Lehre fromme Marienbilder. Diese scheinbare Zwiespältigkeit war der Ausfluß einer Künstlernatur, die sich mit Rat und Tat der Zeitströmung hingab, ohne von ihrem Strudel die eigene Persönlichkeit verschlingen zu lassen. Die Grundkraft von Altdorfers Künstlertum ist die weitschweifende Phantasie, er läßt ihr wie nur je ein Romantiker die Zügel schießen, aber sie überschlägt sich nicht und erreicht immer ein festes Ziel. Unbekümmert, ohne jede Problematik greift er die Formen der Renaissance auf, dabei werden unter seiner Hand wie bei dem Bilde „Susanna im Bade" ungeheure Renaissancepaläste zu spätgotischen Märchenschlössern; die Geschichten des Alten und Neuen Testamentes, ebenso der Tod des Marcus Curtius zu einer deutschen Erzählung oder wie die „Ruhe auf der Flucht nach Ägypten", die „heilige Familie am Brunnen" und gar der Drachenkampf des heiligen Georg zu deutschen Märchen. Altdorfer hat wenigstens zeitweise einen größeren Werkstattbetrieb gehabt, für Kirchen und Klöster Altar- und sonstige Heiligenbilder gemalt, außerdem zahlreiche Kupferstiche und Zeichnungen für Holzschnitte ausgeführt. In dieser Beziehung unterscheidet er sich nicht von den übrigen Meistern seiner Zeit. Trotzdem hat seine Kunst über das Eigenpersönliche hinaus, das die großen Künstler dieser Epoche auszeichnet, einen stark subjektiven Charakter. Freier als jeder andere wandelt er die herkömmlichen religiösen Bildmotive nach den Eingebungen seiner Phantasie und seines Geschmackes um und schafft für fürstliche Auftraggeber und für das wohlhabende Bürgertum Bilder, „die weiter nichts als Bilder sein wollen", Rahmenbilder im modernen Sinne. Auffallend ist bei ihm die einzigartige Verbindung von einer nicht zu überbietenden Großartigkeit der Gesamtauffassung und Gesamtdurchführung eines Bildes oder einer Zeichnung mit einer merkwürdig sorgsamen Liebe für das Einzelne und Kleine. Im Vordergrunde wimmeln in zwei feindlichen Heerhaufen winzige Reiter, die vom wehenden Helmbusch bis zu den Sporen aufs sorgfältigste abgemalt sind, dahinter erhebt sich ein mächtiger Berg mit trotzigen Vesten, daneben breiten sich die Zelte eines Feldlagers, weite Seeflächen und Gebirge gehen in einen glühenden Abendhimmel über, dessen Wolken in einer wilden Riesenschlacht wogen: die Alexanderschlacht von Arbela, geschlagen von deutschen Rittern in einer deutschen Voralpenlandschaft unter einem Gewitterhimmel. Altdorfer besitzt eine merkwürdige Vorliebe für das kleine Bildformat, in das er nicht nur romantische Idyllen, sondern auch heroische Landschaften und Begebenheiten bannt; Berg und Wald hat er wie keiner vor ihm gemalt und gezeichnet.

Die Art, wie Altdorfer riesige Gebäude auftürmte, wie er in den hochragenden Märchenwald Menschlein hineinsetzte und als erster reine Landschaftsbilder gab, entspringt dem Temperament eines durchaus poetischen, fein kultivierten Menschen, dem seine Kunst gewiß sehr wichtig, aber doch nicht das Wichtigste in seinem Leben war. Daher auch seine große Freiheit gegenüber der künstlerischen Konvention seiner Zeit, ob er nun eine Kreuzigung oder Marienbilder malt, „wilde Männer", einen heiligen Georg oder antike Helden zeichnet. Was anderen die Hauptsache ist, wird bei ihm zur Nebensache: die Kreuzigung (Berlin) steht bei ihm im Zeichen der Ruhe, das Ungeheure ist vollbracht; auf dem Bilde „Susanna im Bade" strählt dem sittsam bekleideten Fräulein eine Dienerin die Haare, eine zweite macht ihm ein Fußbad zurecht: ein Idyll ohne jede Erotik. Diese innere Freiheit ließ Altdorfer auch Wirklichkeit und Poesie der Landschaft sehen und darstellen, den Menschen ihr ein- und zuweilen unterordnen. Seine Kunst ist als die eines echten Romantikers gewiß nicht volksfremd, hält man aber neben seine Bilder und Zeichnungen die des etwas jüngeren Passauers Wolf Huber, dann springt gerade bei der Gleichartigkeit der Themen und der Kunstrichtung der Unterschied in die Augen zwischen dem vornehmen und oft eigentliche Kunstliebhaber berücksichtigenden Ratsherrn, der das bairische Temperament besitzt, und dem Meister, der aus diesem Temperament urwüchsig seine „Volkskunst" schafft.

Die Kunst der Franken

Reich der Ostfranken wurde das deutsche Reich in amtlichen Schriftstücken und in Chroniken noch unter den sächsischen Kaisern genannt. Es lebte in dieser Bezeichnung die Erinnerung an das Frankenreich fort, dessen politisches Erbe mit der Vormachtstellung im Abendlande die Deutschen angetreten hatten. Der Name Ostfranken hatte aber auch, so lange er üblich war, eine gewisse sachliche Berechtigung, denn die fränkischen Lande umfaßten die Mitte des Reiches und verbanden den Süden mit dem Norden. Nun wurde freilich bei den Franken durch die politische Entwicklung und durch wirtschaftsgeographische Bedingungen die kulturelle Einheit früher und stärker als bei den anderen Stämmen durchbrochen. Man weiß es wohl, aber es ist uns kaum noch bewußt, daß Nymwegen, Köln, Trier, Kassel, Fulda, Weißenburg im Elsaß und Weißenburg in Baiern im Gebiete des fränkischen Stammes liegen. Das niederrheinisch-fränkische Land, soweit es nicht im burgundisch-flandrischen Kulturkreis aufging, ist dem Niederdeutschen zuzurechnen, wie ja auch die Niederfranken größtenteils der niederdeutschen Sprachgemeinschaft angehören. Am engsten blieb die kulturelle Verbindung zwischen den Ostfranken und den Franken des Mittelrheins; diese Gebiete nahmen wie schon früher so auch während dieser Epoche eine hervorragende Stellung im deutschen Kunstleben ein.

Nürnberg

Nürnberg unterschied sich schon dadurch von den übrigen großen fränkischen Städten, daß es von Anfang an eine weltliche, nicht eine Bischofsstadt gewesen ist. Die in wenig fruchtbarer Gegend gelegene Pegnitzstadt war ferner von Natur aus arm, nur durch den emsigen Gewerbefleiß und durch die bürgerliche Tüchtigkeit ihrer Bewohner gewann sie Ansehen und Wohlhabenheit. Lange Zeit in ihrer Selbständigkeit und freien Entwicklung bedroht durch einen kriegerischen und mächtig um sich greifenden Nachbarn, die Hohenzollern, die als die ehemaligen Burggrafen bis 1427 die Burg innehatten, waren den Nürnbergern wehrhafter Sinn und politische Klugheit Lebensnotwendigkeiten, dazu erwuchs ihnen als Folge der

Albrecht Dürer. Selbstbildnis. 1498
Madrid, Prado (Siehe Text S. 40)

Hans Holbein d. J. Selbstbildnis. 1543
Florenz, Uffizien (Siehe Text S. 24)

Hans Holbein d. J.
Des Malers Frau und Kinder. Um 1528
Basel, Kunstmuseum (Siehe Text S. 24)

Albrecht Dürer. Bildnis der Mutter. 1514
Kohlezeichnung (Siehe Text S. 45)

schwer erkämpften Unabhängigkeit ein stolzes Selbstbewußtsein. So entwickelten sich bei ihnen in erster Linie die Kräfte des Verstandes und Charakters, wenn ihnen auch als Menschen des Spätmittelalters weitschweifende Phantasie und überwallendes Gefühl nicht ganz fehlten. Das Kunstleben der Stadt entsprach recht und schlecht diesen materiellen und geistigen Voraussetzungen bis zu dem einzigartigen Anstieg, der Nürnberg alle anderen deutschen Städte in den bildenden Künsten überholen ließ, und der nie und nirgends das Ergebnis einer notwendigen Entwicklung und zwingender Umweltbedingungen, sondern immer ein Gnadengeschenk des Schicksals ist.

An dem sogenannten primitiven Realismus hat Nürnberg mit verschiedenen guten Bildern Anteil. Nicht ganz zwanzig Jahre später, zwischen 1450 und 1460 eröffnete Hans Pleydenwurff eine Werkstatt, durch die Nürnberg an der nun allenthalben aufkommenden, von der niederländischen Kunst angeregten Malweise Anschluß fand und darin sofort Ansehnliches leistete. Pleydenwurffs ehemaliger Geselle, Michael Wolgemut, weniger Künstler und mehr Handwerker als jener, ist der echte betriebsame Nürnberger Meister, der von überall her das Gute aufnimmt, rüstig mit zahlreichen Gesellen Bilder und Holzschnitte anfertigt und durch seine gediegenen, dem Zeitgeschmack angepaßten Arbeiten einen großen Kundenkreis zu gewinnen und zu befriedigen versteht. Im Jahre 1486 trat Dürer für drei Jahre als Lehrling in seine Werkstatt ein; wie Dürer selbst bezeugt, hat er dort viel gelernt, aber von den Gesellen, den „Knechten", auch viel leiden müssen. Doch nicht in der Malerei, sondern in der Plastik sollte Nürnberg, auch hierin der allgemeinen Entwicklung folgend, zuerst seinen Ruhm als Kunststadt gewinnen, den es, abgesehen von Dürer, überhaupt vornehmlich der Plastik verdankt. Über ihren hohen Kunstwert hinaus, kommt der Nürnberger Plastik noch eine allgemeine Bedeutung zu, weil sie neben dem Gotiker Veit Stoß zwei Meister, Adam Kraft und Peter Vischer den Älteren, aufweist, die von sich aus ohne den Einfluß der Renaissance zu einer deutschen Klassik vorgedrungen sind.

Am bekanntesten ist der Steinbildhauer Adam Kraft durch das nach der Inschrift 1493 bis 1496 ausgeführte Sakramentshaus der Lorenzkirche mit den Figuren von ihm und seinen beiden Altgesellen geworden, eine rein gotische Schöpfung: die Architektur herrscht über die Plastik, die Phantasie über die Wirklichkeit. Die Einwendungen gegen Krafts geistige Urheberschaft scheinen mir wenig überzeugend, derartiges architektonisches Können findet sich auch sonst bei Plastikern und Malern. Gegenüber den schwankenden, auf sogenannte innere Gründe sich stützenden Vermutungen halten wir an dem von den Inschriften angegebenen Tatbestand fest, und danach hat Adam Kraft unmittelbar nach dem Sakramentshaus das Relief an der Stadtwaage vollendet. Dessen einfache und klare Komposition und die drei höchst lebenswahren Figuren des Waagmeisters, seines Knechtes und des Kaufmanns haben nun allerdings die Schwelle der Gotik bereits überschritten, sie sind aber auch frei von Renaissanceeinflüssen. Als Klassiker im Sinne einer durch innere Wahrhaftigkeit, Einfachheit und Seelengröße vollkommenen Kunst erwies sich Adam Kraft auch in einem größeren Werke, in den Kreuzzugsstationen des Nürnberger Johannisfriedhofes. Sie waren sein letztes Werk. Im Jahre 1508 raffte der Tod den noch in voller Schaffenskraft stehenden Meister hinweg, der wohl die Tüchtigkeit der Nürnberger Art, aber nicht ihre Enge, Trockenheit und tüftelnde Vernunft besessen hatte.

Im Gegensatz zu dem innerlich ausgeglichenen Adam Kraft ist bei Veit Stoß Leben und Kunst ein brausender Sturm. Er siedelte im Jahre 1477 nach Krakau über, wo ihm zunächst ein von den deutschen Kaufleuten gestifteter Marienaltar übertragen wurde, eine gewaltige Aufgabe, da der im ganzen 13 Meter hohe Altar an Größe alle deutschen Flügelaltäre übertrifft und ausschließlich plastischen Schmuck erhielt. Die Komposition der Einzelteile: die sieben Freuden und Leiden Mariens, im Altarschrein ihr Tod, wirken beim ersten Anblick ruhig und in sich geschlossen, doch erschüttert bei näherem Zusehen die leidenschaftliche Erregtheit dieser Figuren, die sich selbst noch in den heftig bewegten, äußerst kunstvoll behandelten Gewändern entlädt. Die Erfüllung eines gottbegnadeten Lebens und sehnsuchtsvolle Trauer verbunden mit gläubiger Hoffnung lassen sich kaum eindringlicher gestalten als in der betend und sterbend zusammensinkenden Maria und in den sie umgebenden Aposteln. Die Einzelheiten des riesigen Werkes sind bis in die letzte Gesichtslinie und Gewandfalte hinein mit nicht zu überbietender Feinheit durchgeführt, wie überhaupt Veit Stoß als Bildschnitzer, Steinhauer und Maler, Kupferstecher und Modelleur eine ganz außergewöhnliche Begabung für die technische Seite der bildenden Künste besaß. Nachdem er in Krakau noch verschiedene andere Arbeiten, darunter Grabdenkmäler für König Kasimir IV. und für polnische Kirchenfürsten vollendet hatte, kehrte er im Jahre 1496 in guten Vermögensverhältnissen nach Nürnberg zurück. Hier erging es ihm wie seither ungezählten Auslandsdeutschen, die sich in der Heimat nicht mehr ganz zurechtfanden. Er fühlte sich in einer Geldangelegenheit betrogen und griff, wie wir ihm glauben dürfen, mit gutem Gewissen zur Selbsthilfe, indem er einen falschen Schuldbrief anfertigte. Nach zweijährigem Prozeß wurde er schuldig gesprochen, doch nicht geblendet, sondern, weil sich viele hochgestellte Gönner für ihn verwandten, nur „so linde wie noch nie einer durch beide Backen gebrannt". Damit hatte er für den Rest seines Lebens die bürgerliche Ehre verloren, die ihm auch ein Gnadenbrief Kaiser Maximilians von 1506 nicht wiedergeben konnte. Der Nürnberger Rat war über diesen Eingriff in seine Gerichtsbarkeit erst recht erbost, noch mehr über das Vorgehen von Stoß's Schwiegersohn, der, um die beleidigte Familienehre zu rächen, sich mit fränkischen Edelleuten verband, eine jahrelange Fehde gegen Nürnberg führte und es durch Beraubung von Kaufleuten und ähnliches schädigte. Der berühmte Künstler erhielt zwar immer noch mancherlei Aufträge, selbst aus Tirol und Italien, für die Lorenzkirche den „englischen Gruß", dessen Hauptstück zwei überlebensgroße Figuren in einem Rosenkranz sind; aber so wie in Krakau kam er in der Heimat nicht mehr vorwärts. Es stand hier seinem glücklichen Wiederaufstieg so manches im Wege: die mißliche Angelegenheit mit dem Schuldbrief, der Wettbewerb der Wolgemutschen Werkstatt, in der auch Schnitzarbeiten hergestellt wurden, das größere Ansehen des Adam Kraft auch als Künstler, und schließlich die Abkehr weiter Kreise von der spätgotisch-barocken Ausdrucksart, in der Veit Stoß wenigstens nach der formalen Seite hin wie kein anderer glänzte.

Während bei Adam Kraft die Klassik seiner letzten Werke unmittelbar neben der reinen Spätgotik seines Sakramentshauses steht, liegt bei Peter Vischer dem Älteren der Weg zu einer klassischen Formengebung auf ebenfalls rein deutscher Grundlage ganz offen. Peters Vater, Hermann, vielleicht ein gebürtiger Niederdeutscher, hatte sich im Jahre 1453 in Nürnberg niedergelassen und übte das hier sehr angesehene Handwerk eines Messinggießers aus. Anders als die meisten Rot- oder Gelbgießer, auch Rotschmiede genannt, beschränkte sich Hermann Vischer nicht auf den weitum begehrten Nürnberger Tand wie Leuchter, Ringe, Schellen, Gewichte, sondern stellte in seiner Gußhütte von Anfang an Werke größeren Ausmaßes her, so ein Taufbecken für die Wittenberger Stadtpfarrkirche. Peter Vischer lernte bei seinem Vater und erbte im Jahr 1488, ungefähr dreißig Jahre alt, dessen Gießhütte. Noch im gleichen Jahre zeichnete er den Entwurf für das Sebaldusgrab, schon hier „spricht er das krause Idiom der Spätgotik mit klassischem Wohllaut". In seinem jugendlichen Überschwang hatte er indes den sparsamen Nürnbergern zu hoch gegriffen, der gewaltige Erzbau war ihnen offensichtlich zu kostspielig, er kam in dieser Form nicht zur Ausführung. Vielleicht als Trägerfigur für das Sebaldusgrab bestimmt, das Vischer nebenher immer beschäftigte, goß er den auf einem Beine knieenden „Astbrecher", den man mit gutem Grunde dem „Diskuswerfer" zur Seite stellen darf: die knorrige Kraft des deutschen Bauern der federnden Athletik des griechischen Wettkämpfers. Nachdem Vischer zahlreiche Grabplatten und Grabdenkmäler ausgeführt hatte, darunter das große Grabmal für Erzbischof Ernst von Sachsen im Magdeburger Dom mit Apostelfiguren von einer in Deutschland bis dahin bei Erzgußwerken unbekannten monumentalen Auffassung, konnte der Meister endlich im Jahre 1507 „das gehäus zu des heiligen Himmelsfürsten Sant Sebolten Sarg von Messing zu machen" beginnen. Dieser kapellenartige Um- und Überbau aus Erz mußte zwar hinter dem ursprünglichen Entwurfe weit zurückbleiben, wurde aber sowohl als Ganzes wie in den Einzelheiten auch so noch technisch und künstlerisch ein Werk von höchstem Range. Beim Anblick der Statuetten des heiligen Sebaldus und der Apostel bedauert man allerdings das kleine Format einer an sich auf das Großartige abzielenden Kunst. Die von Kaiser Maximilian für sein Grabdenkmal in der Innsbrucker Hofkirche Peter Vischer in Auftrag gegebenen lebensgroßen Figuren des Königs Artus und Dietrichs von Bern boten dafür dem Nürnberger Meister Gelegenheit, sein Künstlertum voll zu entfalten. Das lebensfrohe ritterliche Heldentum des Mittelalters und das tragische der Völkerwanderungszeit sind hier in einzigartiger Weise verkörpert. Wie Artus

„kräftig dasteht, die Glieder reckt, fest am Boden haftend und doch fast zum Sprunge bereit, das ist die deutsch-klassische Formel für die freistehende Ritterfigur der Gotik" und eine wohl noch bewundernswertere Leistung ist es, wie bei Dietrich von Bern „an einer stehenden Gestalt in prangender Rüstung das Zusammensinken der Energien derart zum Ausdruck gebracht werden konnte". Im Jahre 1513 hat Peter Vischer diese Figuren vollendet, im nächsten Jahre überließ er die Arbeiten in der Gießhütte seinen Söhnen und führte bis zu seinem Tode am 7. Januar 1529 lediglich den geschäftlichen Teil seines Unternehmens fort. Seit 1513 war der Geist der Renaissance in die Vischersche Gießhütte eingezogen, die, solange Hermann und Peter der Jüngere lebten, den ihr vom Vater erworbenen Ruf wahrte und mehrte.

Dem ihm innewohnenden künstlerischen Gesetze folgend hatte Peter Vischer der Ältere auf das Klassische hingestrebt, aber mit der Gesinnung eines Gotikers. Mit großem Eifer sammelte und studierte er ältere gotische Skulpturen, wie es die Italiener mit den antiken taten. Das Ergebnis war für den Nürnberger Meister eine deutsche Klassik auf der Grundlage einer im 15. Jahrhundert bereits aufgegebenen Gotik. An sie erinnern die Rückkehr zu idealisierter Schönheit unter Verzicht auf das individuelle Charakteristische und die Wiederaufnahme der gotischen Schwingung. Trotzdem ist seine Kunst, abgesehen davon, daß sie nicht den nackten, sondern immer noch den bekleideten Körper als Ausgangs- und Zielpunkt nimmt, nicht altertümelnd, sondern modern im besten Sinne seiner Zeit und er übernahm auch, wohl nur mittelbar von der Renaissance, den echten Kontrapost. Alle Gestalten Peter Vischers des Älteren sind die Verkörperung von Typen, so wie sie seine Zeit sah, nicht zuletzt seine Selbstdarstellung am Sebaldusgrab, die zwar seine eigenen Gesichtszüge trägt, aber doch vor allem der Rotschmied, der Nürnberger Handwerksmeister ist.

Albrecht Dürer

Abstammung und Jugendzeit

Das deutsche Volk hält keinen seiner Künstler so hoch in Ehren wie Albrecht Dürer. Die Gründe hierfür wechseln mit den Auffassungen der einzelnen Epochen über Kunst und Künstler, manche Zeiten haben auch bloß ein mehr äußerliches Verhältnis zu ihm, zuweilen wird ein anderer Name öfter genannt und scheint helleren Klang zu gewinnen, aber es ist immer wieder Dürer, den das deutsche Volk unter den Meistern der bildenden Künste vor allen auf den Schild erhebt. Manch einer unter den Großen hat ihn in Einzelheiten übertroffen oder eine Seite des deutschen Wesens noch tiefer erfaßt und schärfer ausgeprägt, aber keiner ist so wie er von dem unermeßlichen Reichtum der deutschen Art erfüllt. Selbst da wo ihm das letzte Gelingen versagt blieb, steht er uns näher als die in ihrem Ringen Erfolgreicheren, liegt doch gerade in der Tragik des Unerfüllten und Unerfüllbaren ein Stück deutschen Schicksals beschlossen.

Einen Mann und Künstler wie Albrecht Dürer nur als das Ergebnis einer bestimmten Geschlechterfolge erklären zu wollen, wäre ebenso unsinnig wie die Ableitung seiner Eigenschaften lediglich aus Umwelt und Zeitlage; aber wie das Bauern- und dann Bürgergeschlecht der Dürer gerade in dieser Form, in dem Menschentum und Künstlertum Albrecht Dürers einen Heros deutscher Kunst hervorgebracht hat, ist doch auch und nicht zuletzt durch ein jahrhundertelang sich fortsetzendes Bluterbe bedingt, das sich in der geistigen und charakterlichen Veranlagung kundgibt. Als die heimatliche Scholle den deutschen Bauern infolge der steten Bevölkerungszunahme spärlicher zu ernähren begann, da zog mit so vielen anderen ein Urahn Dürers nach dem Osten und zwar nach dem um die Mitte des 13. Jahrhunderts durch den Mongoleneinfall entvölkerten Ungarn. Er ließ sich östlich der Theiß in einem Dorfe unweit des Städtchens Gyula nieder. Einige Generationen lang lebten hier die Dürer von Pferde- und Rinderzucht, die mehr Bewegungsfreiheit und bessere Erwerbsmöglichkeiten als das reine Ackerbauertum bot. Im Jahre 1410, als das Handwerk auch in den deutschen Kolonialstädten aufblühte, schickte einer dieser Dürer wohl seinen begabtesten und rührigsten Sohn namens Anton nach Gyula und ließ ihn eines der angesehensten Handwerke, das der Goldschmiede, erlernen. Anton blieb auch als Meister in dem Städtchen. Sein ältester, im Jahre 1427 geborener Sohn Albrecht wurde ebenfalls Goldschmied, der zweite Zaummacher, der dritte Priester. Albrecht wanderte nach Deutschland, hielt sich geraume Zeit in den Niederlanden auf, wo die Kunst der Goldschmiede unter dem Einfluß des burgundischen Hofes einen hohen Aufschwung genommen hatte, und ließ sich im Jahre 1455 in Nürnberg nieder. Hier nahm er bei Hieronymus Holper Arbeit, bis ihm, dem nun vierzigjährigen, der Meister seine Tochter Barbara, eine „hübsche, gerade Jungfrau" zur Ehe gab. Sie schenkte ihm achtzehn Kinder, unter ihnen am 21. Mai 1471 den zweiten Sohn, der in der Taufe den Namen Albrecht erhielt und der dem Namen Dürer unvergänglichen Ruhm verlieh.

Die Familie, der Albrecht Dürer entsproß, hat sich also, soweit die Kunde von ihr hinaufreicht, immer wieder der vor- und aufwärts tragenden Zeitwoge anvertraut und hat dann jeweils in beharrlicher und pflichttreuer Arbeit eine feste Grundlage für den Aufstieg zur nächsthöheren sozialen Stufe geschaffen. Des großen Künstlers Vaters war nicht nur ein fleißiger und tüchtiger Meister, sondern auch, wie sein Sohn bezeugt, ein besinnlicher und frommer Mann, der die Geschichte seiner Vorfahren aufzeichnete und dessen „höchst Begehren war, daß er seine Kinder mit Zucht wohl aufbrächte, damit sie vor Gott und den Menschen angenehm würden. Darum war sein täglicher Spruch zu uns, daß wir Gott lieb sollten haben und treulich gegen unseren Nächsten handeln." An seinem Sohn Albrecht hatte er „sonderlich ein Gefallen, da er sahe, daß er fleißig in der Übung zu lernen war." Er ließ ihn deshalb in die Schule gehen und, nachdem er dort schreiben und lesen gelernt, nahm er ihn zu sich in die Werkstatt. Als der junge Dürer bereits „säuberlich arbeiten kunnt", trug ihn seine „Lust mehr zu der Malerei, dann zum Goldschmiedwerk. Das hielt ich meinem Vater für." Den reute zwar die verlorne Zeit, aber er vereinbarte doch mit Michael Wolgemut 1486 für den nun Fünfzehnjährigen eine dreijährige Lehrzeit. Nach deren Beendigung schickte ihn der Vater auf Wanderschaft, von der er ihn im Jahre 1494 zurückberief. Wenige Monate nach seiner Ankunft in Nürnberg heiratete der junge Dürer die Jungfrau Agnes Frei, nachdem die Väter miteinander „gehandelt" hatten. Der Schwiegervater gab ihm „zur" Braut 200 Gulden, heute etwa 6000 Mark. Im nächsten Jahre richtete sich Dürer eine eigene kleine Werkstatt ein.

Dürers geistig-seelische Anlage

Dürers geistige Anlage erscheint manchem „dualistisch", jede Thesis habe eine Antithesis hervorgetrieben, andere finden die „Mannigfaltigkeit in seinem Tun" befremdlich. Aber sein Werk und seine Persönlichkeit sind im Grunde so wenig zwiespältig wie das zähe Beharren und die Beweglichkeit seiner Vorfahren. Was bei ihnen in den Geschlechterfolgen geteilt erscheint, vereinigt und steigert sich in seiner Persönlichkeit und in seinem Werke zu solchem Reichtum und zu solcher Größe, daß es manchem scheinen mag, die einzelnen Elemente stünden gegensätzlich zueinander. Außerdem hat er Zeit seines Lebens jede Anregung begierig aufgenommen und war so sehr in steter Entwicklung begriffen, daß ihm, wie er selbst einmal von sich sagte, nach drei Jahren jedes seiner Bilder mißfallen habe. Sobald man jedoch nicht von stilkritischen Theorien und Beobachtungen, sondern von seinem Lebensweg und seiner starken männlichen Persönlichkeit ausgeht, stellen auch sein Wollen und Wirken eine in sich geschlossene Einheit dar.

In der Werkstatt des Vaters hatte der Knabe eine vielseitige Ausbildung erhalten, da die Goldschmiede mancherlei Künste beherrschen mußten: Entwerfen vielgliedriger Kompositionen, genaues Zeichnen, figürliche Darstellung von Pflanzen, Tieren und Menschen, dazu die Technik des Treibens, Gravierens, Ziselierens. Die vorwiegend zeichnerische und plastische Schulung und die Fertigkeiten des Goldschmiedes haben Dürers Entwicklung stark beeinflußt. Bis zu einem gewissen Grad ist er immer mittelalterlicher Handwerker geblieben. Er konnte unendliche Mühe auf scheinbare Kleinigkeiten verschwenden, gewissenhafteste Sorgfalt in der Ausführung sowohl der bestellten als auch der für den freien Verkauf bestimmten Arbeiten war für ihn selbstverständliche Pflicht, bei der Wahl seines Materiales wie bei seinem Malverfahren sah er auf möglichst große Dauerhaftigkeit seines Werkes, und sein gelegentliches Abgleiten ins Virtuosenhafte ist vielleicht noch mehr durch den Ehrgeiz des Handwerksmeisters als durch den des Künstlers bedingt. Dürer hat aber auch von frühester Jugend an, zuerst wohl unbewußt, über die Grenzen des mittelalterlichen Handwerkertums hinausgestrebt und sie schon als Knabe überschritten. Das erste deutsche Selbstbildnis ist das eines Kindes, eine Zeichnung des dreizehnjährigen Dürer. Wie seine späteren Selbstporträts erkennen lassen, ist die äußere Ähnlichkeit gut getroffen. Dem, der das Blatt lediglich als

Talentprobe betrachtet, sagt das Blatt nicht viel mehr, als daß dieser anmutige, ernste Knabe bereits richtig zeichnen gelernt hat. Erinnert man sich indes daran, daß das Bild vom Spiegel abgelesen ist, dann drücken die weit geöffneten Augen und die halb erhobene Rechte mit dem ausgestreckten Zeigefinger das Erstaunen über die Entdeckung des eigenen Ich aus, freilich noch nicht der inneren Wesenheit, aber doch des Wunders: das bin ich. Außergewöhnlich war ferner die Art, wie der junge Dürer zur Malerei kam; das mit großen Opfern verbundene Eingehen des Vaters auf den Wunsch des Sohnes vielleicht noch mehr als dessen Entschluß, für die Kunst, zu der ihn seine „Lust" trug, eine zweite und harte Lehrzeit unter rohen Gesellen durchzumachen. Ganz unmittelalterlich mutet es an, daß er zur Unterstützung seiner Bitte den Vater zeichnete. In der Art aber, wie dieser auf den Wunsch des Lieblingssohnes einging, zeigte sich wiederum, daß die Dürers wohl bedachtsam und zäh, aber nichts weniger als unbeweglich waren. Es wird übrigens nicht nur die Freude am Malen gewesen sein, die auf den heranwachsenden Jüngling eine so starke Anziehungskraft ausübte. Wir sehen seine Vorfahren, sobald es ihnen möglich war, jeweils im Bunde mit der neuen Zeit neuen Zielen zustreben; kein Wunder, daß es nun den Enkel und Sohn eines Goldschmiedes nicht mehr bei der unter allen Künsten am meisten überlieferungsgebundenen litt und ihn zu der Kunst hindrängte, die eben vom Stilwandel einer neuen Kunstepoche am stärksten ergriffen wurde und sich anschickte, mit dem Kupferstich und noch mehr mit dem Holzschnitt wie keine andere Dienerin und Herrscherin des Zeitgeistes zu werden. In der Werkstätte des Wolgemut war davon allerdings noch nicht viel zu spüren, und das anders gerichtete Streben mag nicht der letzte Grund gewesen sein, weshalb der feinfühlige Jüngling unter der Rohheit der „Knechte" zu leiden hatte. Es war vornehmlich das Handwerkliche, worin Dürer sich hier weiter bilden konnte. Er schätzte auch dies in der späteren Rückschau als großen Gewinn: „In der Zeit verliehe mir Gott Fleiß, daß ich wol lernete"; seinem Vater aber dankte er am Ende seiner Lehrzeit dadurch, daß er ihn im Sonntagsgewand, den Rosenkranz in der Hand, malte. Solche Bildnisse von reinem Porträtcharakter waren in Deutschland um 1490 noch eine Seltenheit.

Gesellenzeit. Apokalypse

Seine Gesellenzeit brachte Dürer in den oberrheinischen Gebieten, hauptsächlich in Basel und Straßburg zu. Sein Pate war der berühmte Nürnberger Buchdrucker Anton Koburger, der ihm wohl auch Beziehungen zu Meistern verschaffte, die für Buchdrucker in diesen Städten arbeiteten. Dürers Buchillustrationen aus dieser Zeit sind, wie damals allgemein üblich, zierlich und flott gehalten, doch ragt die Zeichnung für eine Kreuzigungsgruppe eines Straßburger Missales (1493) weit über den Durchschnitt hinaus, und seine Naturstudien verraten bereits den kühnen und suchenden Künstler. In einem Selbstbildnis, einer Federzeichnung von 1492, hat Dürer eine schwer zu deutende Augenblicksstimmung der Wanderjahre festgehalten, vielleicht ein „dennoch" sich selbst oder der Welt gegenüber, vielleicht auch eine bohrende Frage an beide. Wie eine Beruhigung dieses Sturmes und ein innerer Abschluß der Wanderzeit wirkt das Selbstporträt von 1493. Er hat sich da in festlichem Gewande gemalt, die Rechte hält eine Distel, das Sinnbild der Männertreue. Die Inschrift „My Sach die gat/als es oben schtat" weist auf Dürers Gottvertrauen, vielleicht mit einem Einschlag von Sternenglauben hin. Die angespannte Beschäftigung mit sich selbst findet sich zwar das ganze Mittelalter hindurch, erst bei den Mönchen, dann durch die Mystik und die Seelsorge immer mehr auch in den weltlichen Ständen, aber diese Art der Selbstbezeugung ist doch etwas anderes und Neues.

Zwischen seiner Vermählung im Juli 1494 und der Eröffnung seiner Werkstatt im Jahre 1495 reiste Dürer nach Oberitalien. Wir wissen nichts Näheres über seinen Aufenthalt dort, das eine dürfte jedoch sicher sein, daß die kraftvolle und monumentale Kunst Mantegnas einen großen Eindruck auf ihn machte. Italienischer Einfluß mag es auch gewesen sein, daß er in mehreren Holzschnitten und Kupferstichen Aktdarstellungen gab, ein weiterer Schritt zur Überwindung der gotischen Unfreiheit in der Körperbehandlung. Sein Hauptwerk aus dieser Zeit und überhaupt seine größte Leistung neben den dreißig Jahre später gemalten Aposteln sind die Zeichnungen für die Holzschnittfolge zur Apokalypse. Die drängende Fülle der heftig bewegten Gestalten, die zackigen Umrißlinien und mancherlei Einzelheiten lassen diese Blätter zwar aus gotischem Empfinden geboren erscheinen, aber von der eigentlich mittelalterlichen Kunst sind sie als Zeugnisse eines durchaus persönlichen Erlebens weltenweit entfernt. Dem modernen Betrachter, der allzu sehr dazu neigt, seine von ganz anderen Voraussetzungen ausgehenden Vorstellungen auf die Kunst eines von dem seinen sehr verschiedenen Zeitalters zu übertragen, ist es ein Rätsel, daß sich Dürer unmittelbar nach Vollendung dieser Zeichnungen derart festlich zuversichtlich, voll männlichen und künstlerischen Selbstbewußtseins malen konnte wie in dem Selbstbildnis von 1498. Für den in seinem christlichen Glauben unerschütterlich Gegründeten bedeutete aber die Apokalypse weder den tragischen Weltuntergang der germanischen Vorzeit, noch den Zusammenbruch der Weltmaschine einer materialistischen Naturphilosophie, sondern das Weltende, gewiß voller Schrecken und Grauen, dem aber die Glorie des ewigen Himmelreiches folgt. Christus hat in seinem Leiden und Sterben Tod und Hölle überwunden. So war es die Logik des inneren Erlebens, daß Dürer nach den Zeichnungen für die Apokalypse eine zweite ähnliche Holzschnittfolge, die Passion, in Angriff nahm. Im Gegensatz zu den Passionsdarstellungen des 15. Jahrhunderts, die hauptsächlich das Mitleid mit dem Schmerzensmann und dadurch Reue über die eigenen Sünden erwecken wollten, kehrt Dürer, wenn auch in anderer, nicht mehr der objektiv-liturgischen, sondern einer persönlich frommen Haltung zu der Auffassung des früheren Mittelalters zurück, die in dem leidenden Christus den Dulderkönig und heldischen Sieger sieht. Stilkritische Untersuchungen weisen mit Recht auf die mancherlei gedanklichen und künstlerischen Unterschiede früherer und späterer Blätter hin, sowohl innerhalb der einzelnen Holzschnittfolgen, die Dürer nicht in einem Zuge fertigstellte, als auch in den Wiederholungen ein und desselben Gegenstandes. So hat Dürer im ganzen z. B. drei Passionsfolgen, ferner verschiedene Einzelblätter vom Leiden Christi gezeichnet und gestochen, doch alle diese Verschiedenheiten und Wandlungen heben die innere Geschlossenheit der Entwicklung von Dürers Kunst nicht auf. Vergegenwärtigt man sich sein Gesamtwerk von 1495—1500: die Apokalypse, die Große Passion, die Einzelholzschnitte wie etwa die Marter der Zehntausend, das Männer- und das Frauenbad, Kupferstiche wie die Heilige Familie mit der Heuschrecke, der verlorene Sohn, das Meerwunder, ferner die in Dresden aufbewahrten Altartafeln, die 1498 begonnenen Bilder für die Katharinenkirche in Nürnberg und die Porträts wie das des Oswald Krell, dann überrascht das Selbstbildnis von 1498 nicht im mindesten.

Dürer und die Renaissance

Dürer hatte einen ausgesprochenen Sinn für das Dokumentarische. Die Porträtkunst ist ihm deshalb wichtig, weil „das Gemäl die Gestalt des Menschen nach ihrem Sterben bewahrt". Die bisher genannten Selbstbildnisse und die Bilder seines Vaters halten alle einen für Dürer wichtigen Zeitpunkt fest, auch das Selbstporträt von 1498. Von jeher war er nicht bloß Handwerker, sondern auch Künstler gewesen, und als Künstler mochte er sich eben jetzt, da die Renaissance eine Lebensmacht für ihn wurde, in ganz besonderer Weise fühlen. Oft und oft ist es schon bedauert worden, daß er sich in ihren Bannkreis ziehen ließ. Gewiß hat Dürer unter ihrem Einfluß auf Jahre hinaus viel von seiner ursprünglichen künstlerischen Unbefangenheit eingebüßt. Die Frage, welche Richtung seine Kunst ohne die ein gut Teil seiner besten Kraft verzehrende Auseinandersetzung mit der Renaissance eingeschlagen hätte, liegt ebenso nahe wie die Antwort, seine Kunst wäre dann eine noch reinere und größere Offenbarung des deutschen Wesens geworden. Solche Erwägungen gehen indes von einer allzu engen Auffassung des Verhältnisses Dürers zur Renaissance aus. Für ihn war sie keine bloße Angelegenheit der Kunst, er konnte von dieser gewaltigen Zeitströmung seiner ganzen Natur nach so wenig unberührt bleiben wie später von der Reformation. In Dürer war der Trieb zu erkennen, zu lernen, zu lehren, kaum minder stark als der zu künstlerischer Gestaltung. Nun ist aber gerade die Vereinigung dieser Bestrebungen: des philosophischen Erkenntnisdranges, einer auf möglichst viele Wissensgebiete sich erstreckenden Lernbegier, eines lehrhaften Mitteilungsbedürfnisses und des Willens zur künstlerischen Form, ein Wesenselement der Renaissance. Die Berührung mit ihr mußte deshalb für Dürer zu einer Selbstbegegnung werden ähnlich der im Spiegelbild. Und diese Begegnung vollzog sich für ihn als ein ganz persönliches Erlebnis. Im Jahre 1497 war der Nürnberger Patrizier Wilibald Pirkheimer als begeisterter Bewunderer und Künder der Renaissanceideale nach siebenjährigem Aufenthalt in Italien in seine Heimatstadt zurückgekehrt und schloß hier alsbald engste Freundschaft mit Dürer. Sie bedeutete für diesen die Erfüllung sehnsuchtsvoll gehegter Wünsche. Er hatte schon längst die engen Schranken des Handwerkertums überschritten, was sich bisher vor allem in der Mannigfaltigkeit einer ungewöhnlich persönlichen Kunst ausdrückte. Das Eindringen in den Geist der Renaissance gab nun seinem Suchen und Ringen eine bestimmte Richtung, ließ ihn die von seiner Naturanlage gestellte Aufgabe, die ewig deutsche Aufgabe, klar erkennen: dem unendlichen Reichtum der deutschen Seele, dessen Gefahr die Formlosigkeit ist, in seiner Kunst eine feste Form zu geben.

Ein einzelner vermag solch ein Titanenwerk nicht ohne starkes Selbstbewußtsein zu vollbringen. Es fehlte Dürer gewiß nicht, aber er bedurfte seiner ganzen Art nach doch auch der Bestätigung durch andere, hierzu Berufene. Sie wurde ihm in vollem Maße zuteil durch seinen Freund Pirkheimer, der aus Italien eine ganz unmittelalterliche Wertschätzung der Kunst und des Künstlers mitbrachte, und dieser Freund war der erste Mann Nürnbergs, hoch angesehen am kaiserlichen Hofe und gefeiert von den Humanisten, den geistigen Führern der Nation. Sie wurden durch ihn aufmerksam auf Dürer, der ihren Beifall kaum weniger durch seine kunsttheoretischen Studien gewann als durch seine Kunst. Seinen Plan, in einem Werke alles für einen Künstler Wissenswerte darzustellen, hat er zwar nicht ausgeführt und erst 1525 seine Schrift „Von der Meßkunst" veröffentlicht, der kurz nach seinem Tode die Herausgabe seiner „Vier Bücher von menschlicher Proportion" folgte, aber sein Ruf als einer, der die Kunst nicht nur ausübte, sondern sich auch wissenschaftlich mit den Gesetzen der Kunst befaßte, war längst in den Humanistenkreisen gefestigt. Damit machte er für die Kunst in ihrem höchsten Sinne die Bahn frei in einem Deutschland, das die Siegesfahne nur dem geistigen Menschen reichte. Bloß als ausübendem Künstler wäre Dürer auch nie gelungen, worauf sich sein soziales Streben richtete, das von seinem künstlerischen nicht zu trennen ist: der Aufstieg zu einer von der Standeszugehörigkeit des Handwerkers unabhängigen gesellschaftlichen Anerkennung. Dieses Streben kam schon in den Selbstbildnissen von 1493 und 1498 zum Ausdruck. Jetzt, da er durch Pirkheimer in den Humanistenkreis eingetreten war, und im Hochgefühl der ersten Entdeckerfreude von vermeintlich ewig gültigen Kunstgesetzen schuf er das bekannteste seiner Selbstbildnisse, das die Jahreszahl 1500 trägt. Der Grundgedanke dieses Kunstgeheimnisses war, daß schon die Antike die Verhältniszahlen gekannt habe, auf denen die Schönheit und Vollkommenheit beruhe, daß also richtige Proportionen der einzelnen Körperteile untereinander das Idealbild des Menschen ergeben. Deshalb studierten auch so manche Renaissancekünstler mit unermüdlichem Eifer die Figuren der Antike und kam Dürer auf den Gedanken: „Wie die Alten die schönste Gestalt eines Menschen ihrem Abgott Apollo zugemessen haben, also wollen wir dieselben Maße brauchen zu Christo dem Herrn, der der Schönste aller Welt ist." Ähnliche Gedanken mochten ihn schon bewegt haben, als er jenes Selbstbildnis gemalt hat, und es ist kaum ein Zufall, daß es seine letzte Selbstdarstellung blieb, die eine Antwort auf die Frage: wer bin ich, geben sollte. Das Rätsel Dürer war nun für ihn gelöst, die Idee Dürer geformt; wenn er sich später malte oder zeichnete, tat er es aus anderen Gründen.

Den Glauben an die rationale Grundlage der Kunst hat Dürer bis zum Ende seines Lebens nicht mehr aufgegeben, wenn er auch später mancherlei Zweifel über den absoluten Wert dieser Theorien hegte. Seiner deutschen Natur konnte das Formalistische solcher Betrachtungsweise nicht genügen, und dem besinnlichen Denker Dürer konnte nicht entgehen, daß sein eigenes Schaffen nichts weniger als ausschließlich von der Vernunft und der Form her bedingt und bestimmt war. So hat ihn denn auch Italien während seines Aufenthaltes vom Herbst 1505 bis zum Frühjahr 1507 keineswegs überwältigt. Er genoß wie nur je ein Deutscher die Sonne und das freiere, leichtere Leben Venedigs; die soziale Stellung, die hier der Künstler einnahm, ließ ihn wehmütige Vergleiche ziehen mit den Verhältnissen, die ihn dann wieder in der Heimat erwarteten. Trotzdem dachte er nicht daran, die Enge seines Nürnberg auf die Dauer mit dem Glanz der damaligen Weltstadt Venedig zu vertauschen. Er wies Aufträge um mehr als zweitausend Dukaten zurück, um endlich nach Hause zu kommen. Er hatte auch nicht im mindesten den Eindruck einer Überlegenheit der venezianischen Malerei. Nicht auf Nachahmung, sondern auf Wettbewerb war seine Tätigkeit in Venedig eingestellt. Voll Stolz berichtet er seinem Freunde Pirkheimer von dem Erfolge, den er mit seiner Venediger Hauptarbeit, dem „Rosenkranzfest" erzielte, einem Altar für die Kapelle des Hauses der deutschen Kaufleute mit der Madonna und dem Kinde, die dem Kaiser und dem Papst je einen Kranz aus Rosen reichen: er habe nun auch alle die italienischen Maler zum Schweigen gebracht, die sagten, er wäre wohl im Stechen gut, wisse aber nicht mit Farben umzugehen. „Jetzt spricht jedermann, sie haben schöner Farben nie gesehen."

Dürer pflegte, wenn er eines seiner Werke mit einer ausführlichen Inschrift versah, sich als Nürnberger, „Noricus, Norimbergensis", zu bezeichnen. Zweimal aber nannte er sich „Germanicus", das eine Mal auf dem Rosenkranzfest, wohl um sich von den Italienern abzuheben. Auch seine niederländische Reise vom Sommer 1520 bis zum Sommer 1521 unternahm er nicht, um sich an außerdeutscher Kunst zu bilden. Was er in der Fremde suchte, waren neben geschäftlichen Dingen Anregungen allgemeiner Art, die dann freilich auch mittelbar seine Kunst befruchteten. Sie blieb in ihrem innersten Wesenskern germanisch-deutsch, auch nachdem um 1500 die Formenwelt des Südens stärkeren Einfluß auf ihn gewonnen hatte, und er im Glauben an die Normen der antiken Kunst mit Maßstab und Zirkel die letzten Geheimnisse der Kunst enträtseln zu können wähnte. Denn selbst in diesem Geiste geschaffene Werke, wie der Kupferstich „Adam und Eva" von 1504, sind zum mindesten im Beiwerk, das bei Dürer nie Nebensache ist, deutsch empfunden. Außerdem darf man bei der Beurteilung auch dieser Periode nicht beim einzelnen stehen bleiben, fallen doch in die gleiche Zeit so urdeutsche Werke wie die Holzschnittfolge des Marienlebens, der unvergeßliche kleine Kupferstich der ihr Kind stillenden Gottesmutter, verschiedene Altarbilder, von denen allerdings einige, wohl infolge seines Suchens, eine gewisse Unsicherheit zumal in der Komposition verraten. — Nach der Rückkehr aus Italien erhielt Dürer eine Reihe von Aufträgen für Altarbilder. Sie gehören, wie der Dreifaltigkeitsaltar für eine Nürnberger Kapelle, ohne Zweifel zu den überragenden deutschen Werken; aber Dürer lebt im deutschen Volke doch vor allem fort als der große Meister der Holzschnittfolgen: Apokalypse, Große und Kleine Passion und Marienleben, ferner der Kupferstichpassion, zahlreicher Einzelblätter religiösen und weltlichen Inhalts, der Zeichnungen für Kaiser Maximilian, gemalter, gezeichneter und gestochener Porträts und seines letzten und vollkommensten Werkes: der vier Apostel, die er seiner Vaterstadt als Geschenk überreichte.

Die drei Meisterstiche. Bildnisse. Die vier Apostel

Die sogenannten drei Meisterstiche sind gleich gewichtig in ihrer künstlerischen Gestaltung wie als Zeugnisse einer einzigartigen Zeitlage und als immerdar gültige Symbole. Das Blatt „Ritter, Tod und Teufel" gemahnt an das die Gemüter damals stärker als je erschütternde „memento mori!" Der Tod und Teufel nicht achtende Ritter verkörpert das Heldische der spätmittelalterlichen Zeitlage wie der Bamberger Reiter das des Hochmittelalters. Die „Melancholie" spiegelt die damalige Auffassung von dem melancholischen Temperament wider und versinnbildlicht die Niedergeschlagenheit des forschenden Geistes bei dem Gedanken an die Begrenztheit und Unvollkommenheit alles menschlichen Erkennens und die Schwermut des schöpferisch-tätigen Menschen in seinen toten, unfruchtbaren Stunden. „Hieronymus im Gehäus" schildert dagegen den gewissermaßen paradiesischen Frieden des offenbarungsgläubigen Gelehrten, dessen Forschen nicht ins Ziellose geht. — Die Porträtkunst Dürers wird oft als subjektiv bezeichnet. Sie ist es insofern, als er nur das wiederzugeben vermag, was sein eigenes Innere bewegt und wenn Gleichartiges in ihm mitschwingt. Bildnisse von Menschen einer ganz anderen Natur mißlingen ihm. Trotzdem ist der Umkreis seiner Bildnisse sehr weit, eben weil seine Seele so unendlich reich ist. Im allgemeinen liegt ihm das Männliche mehr als das Frauliche, lockt ihn das durchfurchte Greisenantlitz zu eingehenderem Studium als jugendliche Schönheit. Aber auch das Wesen der tüchtigen deutschen Hausfrau und kindliche Anmut sind ihm nicht verschlossen. Daß ihm die hohe Kunst der Porträtmalerei nicht fremd war, beweisen das Männerbildnis im Prado in Madrid und die Nürnberger Patrizierbilder, das Höchste aber gelang ihm, wenn ihm Bewunderung wie bei der Zeichnung Kaiser Maximilians von 1519 oder freundschaftliche Zuneigung und Verehrung die Hand führten. Auf einem der männlichsten Männerbildnisse aller Zeiten, dem des kaiserlichen Sekretärs Varnbühler, hatte Dürer vermerkt, er wolle ihn, den er einzig liebe, damit auch der Nachwelt bekannt machen; die Inschrift könnte aber auch einfach „der Freund" lauten wie die zu Melanchthons Holzschnittzeichnung „der Lehrer Germaniens", wobei wir uns diesen Kopf ebensogut in einer deutschen Dorfschule wie auf dem Lehrstuhl der berühmtesten Universität vorstellen können. Unter den verschiedenen, schon durch ihr Latein feierlich klingenden Bildinschriften reicht doch keine an die Feierlichkeit der deutschen Worte hin: „Das ist Albrecht Dürers Mutter. Die was alt 63 Jahre". Wir haben von seiner Mutter nur diese kurz vor ihrem Tode gemachte Kohlezeichnung, ein erschütterndes Denkmal der Mutter- und Sohnesliebe. Das also haben Leid und Sorge aus der Mutter von achtzehn Kindern gemacht, die als eine „hübsche gerade Jungfrau" Dürers Vater vor siebenundvierzig Jahren geheiratet hatte.

Dürer lag nichts ferner, als die Kunst nur um ihrer selbst willen auszuüben. „Durch das Malen mag angezeigt werden das Leiden Christi und wird gebraucht im Dienste der Kirchen". Und auch da, wo er sie in den Dienst der Welt stellte, Gestalten der Antike beschwor, Bildnisse Lebender malte und zeichnete, deutsche Landschaft schilderte, ging es ihm um das Ewige im Menschen und in der Kreatur. So war ihm seine Kunst ein Apostolat. Eine sinnvolle Fügung wollte es, daß die „Vier Apostel", Johannes, Petrus, Paulus und der Evangelist Markus vom Jahre 1526 sein letztes Werk wurden. Sie sind es auch in dem Sinne, daß sich darüber hinaus keine Steigerung von Dürers Kunst vorstellen läßt. Gegen Ende seines Lebens erklärte er Melanchthon, er habe nun erkannt, daß Einfachheit die höchste Zierde der Kunst sei. Die größtmögliche Einfachheit bei einer ungeheuren inneren Spannung ist erreicht. Als Zeichner und Maler ist hier Dürer gleich groß. Man hat in den vier Gestalten eine Verkörperung der vier Temperamente oder auch von Manneswürde und Heldentum sehen wollen. Beides ist richtig, der unvergleichliche Reichtum umschließt dies und noch unendlich mehr. Doch wozu alle derartigen Deutungsversuche, hat doch Dürer selbst klar genug gesprochen in seinen Unterschriften, Stellen aus den Episteln von Petrus, Johannes, Paulus und dem Evangelium des Markus mit vorausgehender kurzer Warnung an „alle weltlichen Regenten", „nit für das göttlich Wort menschliche Verführung" anzunehmen. Dürer hatte sich auch sonst schon zur Lehre Luthers bekannt (vgl. S. 304), sein letztes Werk ist Warnung und Bekenntnis im Geiste der Reformation, im Geiste Luthers. Dagegen sind alle nur auf irdischer Ebene sich bewegenden Erklärungen eitles Wortgepränge. — Schwächliche Zeiten, deren Blick kein festes Ziel mehr ins Auge zu fassen vermochte, wollten den „strebenden" Dürer, wollten die Persönlichkeit Dürers über sein Werk stellen. Wenn je so sind aber hier keine solchen Unterscheidungen angebracht. Dürer ist mit seinem Wollen und Vollbringen eine der großen, über alle Zeiten und alle Ortsgebundenheit hinaus- und hinaufreichenden deutschen Offenbarungen.

Schulhaupt im eigentlichen Sinne ist Dürer nie gewesen; aber die deutsche Kunst verdankt ihm mehr an Wegweisung als jedem anderen. Schon auf die Kunst seiner Zeit hat er von allen großen Meistern am stärksten eingewirkt, durch seine Kupferstiche und Holzschnitte wurden auch weit von ihm entfernte Künstler mit seiner Art vertraut. Von den Künstlern, die in Nürnberg selbst längere Zeit in näherer Beziehung zu ihm standen, zum Teil auch in seiner Werkstatt gearbeitet hatten, ist freilich keiner über ein gutes Mittelmaß hinausgekommen; immerhin haben der Nördlinger Hans Leonhard Schäufelein, Hans von Kulmbach, der sich einige Jahre in Krakau aufhielt, und Wolf Traut eine beachtenswerte Eigenart erreicht. Die letzten persönlichen Schüler Dürers, Hans Sebald, Barthel Beham und Georg Pencz, die sich vor allem durch Kupferstiche kleinen Formates, daher „Kleinmeister" genannt, einen Namen machten, gehören mit ihren späteren Arbeiten der nachreformatorischen Zeit an. Ihre glänzende Technik verbindet sie noch mit der großen Vergangenheit, doch trennen sie von ihr die stärkere unmittelbare Abhängigkeit von der italienischen Renaissance und das Fehlen tieferer innerer Ergriffenheit.

Die Gegenden am Main und Mittelrhein

Nürnberg war durch den Fleiß seiner Bewohner reich geworden, die Gegenden des Mittel- und Untermains und der Mittelrhein waren reich von Natur. In diesem Sonnen- und Weinland mit seinen bedeutenden Städten und zahlreichen Städtchen, wohlhabenden Klöstern und Adelsgeschlechtern fand die Kunst einen fruchtbaren Nährboden. Es mag ein Zufall sein, daß wir hier vom Suchen und Ringen der Künstler weniger erfahren als in den meisten anderen Gegenden Oberdeutschlands; aber es mutet uns doch fast wie selbstverständlich an, daß die Kennzeichen der größten Künstler in dieser üppigen Landschaft und auf dem uralten Kulturboden Reife und Selbstsicherheit gegenüber fremden Einflüssen sind.

Der gefeiertste Bildhauer und Bildschnitzer dieser Gebiete, Dill oder Tilman Riemenschneider, ist nun freilich außerhalb Frankens zu Osterode am Harz geboren, und war in seiner Kunst schon völlig ausgebildet, als er sich in der Bischofsstadt am Main niederließ. Er wurde 1483 zu Würzburg in die Zunft aufgenommen und starb dort im Jahre 1531. Im Laufe der Zeit gewann er in Würzburg und dessen weiterer Umgebung, so vor allem im Taubergrund, mit seiner großen Werkstatt eine beherrschende Stellung. Er schreckte zwar gelegentlich vor Neuerungen nicht zurück, so, als er bei dem Grabmal des Bischofs Rudolf von Scherenberg die bis dahin übliche Form der Tumba aufgab, aber im wesentlichen hielt er an dem ihm von jeher eigenen Kunststil fest. Er hatte damit den Geschmack der mainfränkischen Bevölkerung so gut getroffen, daß sie auch dann noch seiner Kunst vor der aller anderen Meister den Vorzug gab, als sich auch in der Plastik die Renaissance oder doch eine ihr verwandte Richtung durchsetzte. Riemenschneider verdankte dies, abgesehen von seiner hohen Meisterschaft, der glücklichen Übereinstimmung seiner auf harmonische Schönheit und eine gemäßigte Idealisierung abzielenden Kunst mit verwandten Zügen des unterfränkischen Volkscharakters. Es handelt sich dabei freilich nur um einzelne, allerdings wichtige Berührungspunkte, Riemenschneider hat die in Land und Volk beschlossenen Möglichkeiten keineswegs ausgeschöpft. Die Mainfranken sind fröhlicher, nerviger und tatbereiter als seine Gestalten. Sein Stil ist alles in allem ein überwiegend persönlicher Ausdruck seines eigenen Wesens, obwohl seine Kunst die gotische Überlieferung besonders treu wahrte und großenteils Werkstattarbeit war, bei der sich die einzelnen Ausführenden nicht genau unterscheiden lassen. Die einzelnen aus Stein gehauenen und aus Holz geschnitzten

Figuren Riemenschneiders und seine großen Altarwerke: der Hochaltar in Münnerstadt, Adam und Eva am Marktportal der Würzburger Marienkapelle, die Sandsteinmadonna im Würzburger Neumünster, der heilige Blutaltar in Rothenburg mit seiner einzigartigen, gefühlsgesättigten Abendmahlsdarstellung, die Altäre in Dettwang und Creglingen, Grabmäler für adlige Personen, die Tumba für Kaiser Heinrich II. und die Kaiserin Kunigunde in Bamberg und noch so vieles andere rufen in ihrer ruhigen, erhabenen, malerischen Schönheit in dem Beobachter jene Sammlung hervor, wie dies nur eine wahrhaft große Kunst vermag, aber als das Besondere und Einmalige in dieser Hoch-Zeit der Kunst erscheint es uns, daß Tilman Riemenschneider mit dem äußeren und inneren Reichtum der von ihm selbst geschaffenen und der aus seiner Werkstatt hervorgegangenen Werke einem großen deutschen Gau in so einzigartiger Weise den Stempel seiner Kunst aufzudrücken vermochte.

Der wahrscheinlich um 1460 im Untermaingau geborene und 1519 in Mainz gestorbene Bildhauer Hans Backofen bringt die bei Riemenschneider fehlenden Eigenschaften des main-rheinfränkischen Wesens zum Ausdruck: großzügige Bewegung verbunden mit standfester Kraft, beherrschtes Maßhalten trotz lebhaftesten Temperamentes und die Lust und Fähigkeit, scheinbar mühelos und ohne inneren Zwiespalt neue Wege einzuschlagen. Seine starke plastische Begabung verleiht ihm unter den Künstlern seiner Heimat eine Sonderstellung. Er hat in seiner großen Mainzer Werkstatt hauptsächlich Kreuzigungsgruppen und Grabdenkmäler ausgeführt, seine Madonnen erinnern an germanische Heldenjungfrauen. Das Denkmal des Erzbischofs Uriel von Gemmingen im Mainzer Dom bedeutet sowohl im Gegenständlichen als auch im Stil eine entscheidende Neuerung. Die Hauptfigur ist nicht wie sonst üblich das Bild des Verstorbenen, sondern ein mächtiges Kruzifix, unter dem die beiden Kirchenpatrone, der heilige Martin und der heilige Bonifaz, wahre Reckengestalten im geistlichen Gewande, den knieenden Erzbischof der Gnade Gottes empfehlen. Der gotische Ursprung dieser Kunst ist unverkennbar, aber wie hier die wuchtigen Gliedmaßen und nicht mehr die Gewänder die Formen bestimmen und wie hier alles vereinfacht wird, das ist nicht mehr Gotik im alten Sinne, das gehört schon jener neuen Kunst aus deutscher Wurzel an, der wir bereits bei Adam Kraft und Leinberger begegneten. Wenn Backofen seinen Bereich von Speier und Heidelberg bis Oberwesel und Frankfurt, Aschaffenburg und Wimpfen nicht in dem Maße wie Riemenschneider das östlich davon gelegene Gebiet beherrschte, so liegt dies wahrscheinlich daran, daß dem Mainzer Meister eine kürzere Wirkungszeit beschieden war, und daß er ausschließlich in Stein arbeitete.

Matthias Grünewald

Ungefähr derselben Gegend wie Backofen entstammt der Meister, der seit dem 17. Jahrhundert in der Kunstgeschichte den Namen Matthias Grünewald führt, wahrscheinlich aber Neithart hieß und in älterer Zeit auch Mathes von Aschaffenburg genannt wurde. Sein Geburtsjahr ist unbekannt; er starb 1528. Man wird ihn wohl als einen vielleicht um einige Jahre jüngeren Zeitgenossen Dürers betrachten dürfen. Es ist ein Sonderfall, daß von den näheren Lebensverhältnissen eines Künstlers, den die Mitlebenden Dürer und Cranach gleichachteten, so wenig bekannt ist, und daß er durch Jahrhunderte fast ganz in Vergessenheit geriet. Als man um 1870 Grünewald für weitere Kreise neu entdeckte, galt auch seine Kunst geraume Zeit als völlige Ausnahmeerscheinung. Sie ist es zwar nicht in dem Grade, wie man zuerst annahm, weil sich immer mehr herausstellt, daß sie sich inmitten gleichgerichteter Strömungen bewegt; aber Grünewald hebt sich aus ihnen doch nicht bloß durch den Qualitätsunterschied heraus. Wenn wir ihn als groß und eigenartig, als einen der drei größten deutschen Künstler jener Epoche bezeichnen, so besagt dies bei ihm noch etwas anderes als bei Dürer und Holbein. Deren Größe baut sich auf menschliche und künstlerische Eigenschaften auf, die gewiß außerordentlich sind, aber immerhin einer uns unmittelbar zugänglichen Welt angehören. Grünewald dagegen ist ein Daimonios, ein von der Gottheit Erfüllter, Hingerissener, sein Werk eine Offenbarung dieser Gottheit. Solche Offenbarung wurde uns Deutschen sonst durch keinen anderen bildenden Künstler zuteil, auch durch Rembrandt nicht, sondern nur durch religiöse Seher und durch die Musik.

Der Gott des Meisters von Aschaffenburg ist nun freilich nichts weniger als ein unbekannter Gott, er ist der Gott der Kirche, ihrer Lehrer und ihres Glaubenslebens. Es gibt kaum einen größeren Irrtum der Kunstdeutung als den, Grünewald von der Gemeinschaft dieser Kirche trennen zu wollen. Für die Symbolik im Menschwerdungsbilde des Isenheimer Altares ist der Nachweis erbracht, daß Grünewald im reichsten Maße die liturgischen Bücher ausgeschöpft hat. Aus ihnen und bei den Worten der Bibel hat man sich Rat zu holen, wenn uns Grünewalds Auffassung und Darstellung vor Rätsel stellt. Sein Gott und seine Glaubenswelt sind die der Kirche, er erfaßt sie nur ursprünglicher, unmittelbarer, tiefer, als die meisten Künstler seiner Zeit. Grünewalds „Verkündigung" ist z. B. keine bloße Idylle, er setzt die Worte des Lukasevangeliums unverfälscht in Kunst um und hält das Entsetzen der Jungfrau fest, vor die plötzlich ein Wesen aus einer anderen Welt tritt und ihr verkündigt, sie habe Gottes Sohn empfangen.

Wir müssen von Grünewald etwa vierhundert Jahre zurückgehen, um auf eine Erscheinung zu stoßen, die, zwar ebenfalls geheimnisvoll, durch eine gewisse innere Verwandtschaft doch einen ersten Zugang zu dem Geheimnis Grünewald bietet. Im 12. Jahrhundert erlitt auf dem Rupertsberg bei der Mündung der Nahe in den Rhein die große deutsche Seherin, die heilige Hildegard, ihre Gesichte. Im Jahre 1171 schrieb sie als Greisin einem Mönche, alle ihre Offenbarungen schaue sie in einem Lichte, unendlich heller als eine Wolke, welche die Sonne trägt. Immer wieder heben ihre Visionen an: „Ich schaute einen gewaltigen Lichtglanz, ich sah einen unermeßlich großen, ganz heiteren Glanz, dann sah ich wieder überaus hellglänzende Luft..." Schrecken naht sich ihr in Finsternis: „Da zogen von Westen

Lucas Cranach. Selbstbildnis. 1550
Florenz, Uffizien (Siehe Text S. 55)

Albrecht Dürer. Hans Burgkmair. 1517.
Hamburg, Kunsthalle (Siehe Text S. 27)

Peter Vischer d. Ä. Selbstbildnis vom Sebaldusgrab
Nürnberg, Sebalduskirche (Siehe Text S. 35)

Albrecht Dürer. Sein Lehrer Michael Wolgemut. 1516
Nürnberg, Germanisches Museum (Siehe Text S. 33)

ungeheure, dichte, schreckvolle Finsternisse herauf und breiteten sich vor der Lichtwolke aus". Licht und Finsternis sind angefüllt mit beglückenden oder Entsetzen erregenden Gestalten und Stimmen. Mit Recht wurde betont: „Alles ist Intuition bei Grünewald. Vor allem ist auch das, was man Räumlichkeit nennen kann, stärkstes, unmittelbares, inneres Erlebnis. Nie ist der Raum bei Grünewald eigentlich meßbar." Hildegard sagt von dem Licht, das sie schaut und in dem sie alles sieht: es ist „an keinen Ort gebunden, ich sehe an ihm keine Höhe, keine Länge und keine Breite". Die Schriften der Seherin vom Rhein und die Kunst des Meisters vom Main haben den ersten Ausgangspunkt miteinander gemeinsam: eine visionäre Lichtmystik, der von der Bibel, von der Liturgie und von der Legende dargebotene Stoffe den Inhalt geben. In der Wiedergabe und Ausgestaltung ihrer Gesichte unterscheiden sich dann freilich beide grundsätzlich, wenn sich auch selbst da noch Übereinstimmungen finden. Hildegard muß innerlich Geschautes durch das Mittel der Sprache verständlich zu machen suchen, während der Maler seine Gesichte mit Zeichnung und Farbe nachbildet, also immer im Bereich des Schaubaren bleibt. Dafür schreibt Hildegard ihre Eindrücke unmittelbar, so wie sie sie empfangen hat, nieder; Grünewald aber ruht nicht, bis er eine endgültige künstlerische Form gefunden hat. Im Gegensatz zu Dürer und überhaupt zu den meisten Deutschen ist er in erster Linie Maler, nicht Zeichner: Seine Gestalten, so stark und überzeugend sie an und für sich sind, empfangen ihr eigentliches Leben durch die Farbe. Obwohl Grünewald seine unglaublichen Farbenwirkungen nicht zuletzt durch eine mit allen erdenklichen Mitteln arbeitende Technik erzielt, ist ihm die Farbe im Grunde dasselbe wie der heiligen Hildegard das Licht ihrer Visionen: Gottes und seiner Kreatur Offenbarung. Und aus dem Religiös-Visionären entspringt auch die Fülle und die Wucht seiner Gestalten. Zur Kennzeichnung seiner darstellerischen Mittel mag man sich der Fachausdrücke der Kunstwissenschaft bedienen, wollte man aber seine Schöpfungen selbst schildern, dann müßte man die Sprache eines Jesaias und Jeremias, die Sprache der kirchlichen Hymnen und der großen Mystiker reden. Vor allem gilt dies von den Bildern des Isenheimer Altares, dem grandiosesten Werk der deutschen Malerei.

Die Gemälde für diesen Altar nahm Grünewald um 1508 in Angriff. Das unweit Kolmar gelegene Isenheim mit einem Antoniterkloster muß in dieser Zeit eine besondere Rolle im Kunstleben gespielt haben, da sich um 1517 auch Holbein der Ältere hier niederließ. War der Isenheimer Altar geschlossen, dann zeigten die beiden äußeren feststehenden Flügel den Einsiedlermönch Antonius und den heiligen Sebastian, die Außenseiten des ersten inneren Flügelpaares den gekreuzigten Christus, Maria in den Armen Johannes des Evangelisten, die mit erhobenen Händen knieende Maria Magdalena und auf der anderen Seite des Kreuzes Johannes den Täufer, der mit ausgestrecktem Finger auf Christus als das die Sünden der Welt tragende Lamm Gottes hinweist. Beim Aufschlagen dieses Flügelpaares verschwinden Antonius, Sebastian und die Kreuzigung, dafür erscheinen die Verkündigungsszene und auf dem rechten Flügel die Auferstehung Christi, dazwischen auf der Außenseite des zweiten beweglichen Flügelpaares die knieende Maria und musizierende Engel und nochmals Maria mit dem Kinde. Ist das zweite Flügelpaar geöffnet, dann erblickt man in der Mitte die geschnitzten Figuren des heiligen Antonius, Augustin und Hieronymus (vgl. S. 21 f.), daran anschließend, wieder von Grünewalds Hand, links die heiligen Einsiedler Antonius und Paulus im Gespräch und rechts eine der phantastischsten Szenen, die je ein Maler mit seinem inneren Auge geschaut und dann in leuchtenden Farben dargestellt hat: die Versuchung des heiligen Antonius. — Am Anfang der künstlerischen Konzeption der Kreuzigung stehen die Worte des Evangeliums: „Und von der sechsten Stunde an ward eine Finsternis über das ganze Land". In öder, nächtlicher Landschaft vollzieht sich die göttliche Tragödie. „Laß mich berauschen am Kreuze und Blute Deines Sohnes", wird in dem Hymnus „Es stand die Mutter voller Schmerzen" gefleht, dem Schöpfer dieses mit Wunden übersäten Christus ist die Bitte erfüllt. Jeremiae Wort: „Alle die ihr vorübergehet, schauet doch und sehet, ob irgend ein Schmerz sei wie mein Schmerz" wird in der Liturgie auf die unter dem Kreuz stehende Mutter Gottes bezogen: größerer Seelenschmerz als der der zurücksinkenden Maria Grünewalds ist nicht denkbar. — Der zweite Akt des Altares ist aus dem Licht geboren. Es setzt voll, aber das Überirdische erst andeutend auf dem Antlitz der von der Verkündigung erschreckten Maria ein, steigert sich in den folgenden Mariendarstellungen mit ihren reichen mystischen Beziehungen und bildet um den — wie es in einem Hymnus heißt — „über die Sterne aufsteigenden" Christus jene triumphale Sonne, die an den Gesang des Diakons bei der Wasserweihe am Karsamstag erinnert: „Jauchzt ihr göttlichen Geheimnisse, es erschalle die Drommete des Heils über den Sieg des gewaltigen Königs. Freue auch du dich Erde, und laß dich, umstrahlt von diesen Feuerblitzen und vom Glanze des ewigen Königs erleuchtet, von dem Gefühle durchdringen, daß aller Welt Finsternis von dir wich."

Die leidzerwühlten Gestalten des Isenheimer Altares, auch auf dessen Predella, und weitere Darstellungen des Leidens Christi, so eine „Verspottung Christi" (München, Alte Pinakothek) und „Christus am Kreuz" (Karlsruhe, Kunsthalle) haben manche zu einer einseitigen Beurteilung Grünewalds verleitet. Daß er nicht nur „der Romantiker des Schmerzes" ist, daß seine Seele und seine Kunst höchsten Jubel ebenso wie tiefsten Schmerz auszuschöpfen vermochten, das beweisen schon die Lichtszenen des Isenheimer Altares und ähnlich seine Stuppacher Madonna. Von anderer Art als alle früheren Bilder scheint das letzte zu sein, das wir von Grünewald kennen, eine im Auftrage des Kardinals Albrecht von Brandenburg für den Dom zu Halle gemalte Altartafel. Auch da hätte sich etwas Übergrausiges zum Vorwurf nehmen lassen. Nach der Legende wurden dem heiligen Erasmus die Gedärme mit einer Winde herausgedreht. Er und der heilige Moritz, den man sich damals oft als Mohren vorstellte, sollten Hauptgegenstand des Bildes werden, und der heilige Erasmus das Antlitz des Erzbischof Albrechts erhalten. Der Meister des

Isenheimer Altares verwandelt sich da plötzlich in den Hofmaler von selbstverständlicher Eleganz, abhold allem Maßlosen. Das Martyrium des heiligen Erasmus ist unauffällig durch die Winde, die er in der Hand trägt, angedeutet, der modisch gepanzerte Mohrenfürst spricht ungezwungen in graziöser Haltung zu dem deutschen Kirchenfürsten, der ein prunkvolles Meßgewand trägt. Mag sein, daß Grünewald mit dieser um 1525 entstandenen Altartafel, der köstlichsten vielleicht unter den vielen vortrefflichen jener Zeit, sich der in diesen Jahren auch bei einigen anderen Künstlern zu beobachtenden monumentalen Formgebung anschloß, aber eine Grünewaldsche Vision, wie alle seine übrigen Bilder ist auch dieses mit seinen überreichen strahlenden Farben. Für die Gesamtwürdigung Grünewalds ist von unschätzbarem Werte, daß neben dem Isenheimer Altar auch das Mittelbild des Halleschen Altares erhalten geblieben ist. Trotz des vielen, was von Grünewald verloren gegangen ist, vermögen wir doch auf diese Weise seine seelische und künstlerische Spannweite und seine Formkraft wenigstens einigermaßen zu erahnen.

Mitteldeutschland

Während des Hochmittelalters hatte Mitteldeutschland in der Plastik eine führende Stellung eingenommen. An diese Zeit, in der die Standfiguren und Reliefs des Naumburger Domes gemeißelt wurden, erinnern noch einige Meister von Rang, so Valentin Lendenstreich, aus dessen Werkstatt von 1479—1503 zahlreiche Arbeiten für Naumburg, Chemnitz, Annaberg und andere Städte hervorgingen und vor allem ein mit H. W. signierender Künstler von 1510—1525, dessen „Schöne Pforte" in Annaberg, ebenso wie das vielleicht auch von ihm herrührende Portal der Chemnitzer Schloßkirche und das Vesperbild in der Jakobikirche zu Goslar die spätgotischen Schranken durchbrechen, ohne sich von der bisher gleichzeitig vordringenden Renaissance beeinflussen zu lassen. In der Malerei besaß Mitteldeutschland keinen Künstler vom Range des H. W., doch immerhin manche tüchtige Meister mit größeren Werkstattbetrieben; im allgemeinen war es aber sowohl für die Malerei als auch für die Plastik in großem Umfange zu einem Einfuhrgebiet aus Oberdeutschland, namentlich aus Nürnberg geworden. Kurfürst Friedrich der Weise (1463—1525) hatte in Nürnberg und in den Niederlanden Vertrauensleute, die ihn ständig in Kunstangelegenheiten berieten und Kunstschätze für ihn besorgten, mit Dürer stand er in regem Verkehr, besuchte ihn persönlich in Nürnberg, ließ sich von ihm malen und gab ihm zwei große Altaraufträge für die Wittenberger Schloßkirche. Der Kurfürst wollte ihn sogar als Hofmaler in seine Dienste nehmen, doch konnte sich Dürer nicht entschließen, nach Wittenberg überzusiedeln. Dafür gelang es Friedrich dem Weisen, Lukas Cranach zur Übernahme des Amtes eines kurfürstlichen Hofmalers zu bewegen.

Lukas Cranach

Der 1472 geborene Lukas Cranach hat den Zunamen von seinem Geburtsort, dem oberfränkischen, zwischen Koburg und Hof gelegenen Städtchen Kronach. Mit einer von ihm im Jahre 1502 für das Wiener Schottenkloster gemalten Kreuzigung tritt er in den Gesichtskreis der Kunstgeschichte ein, von seinem früheren Leben und Werk ist nichts bekannt. Er muß aber schon damals einen guten Namen gehabt haben, sonst hätte ihn nicht um diese Zeit ein bedeutender Wiener Verleger zur Ausstattung eines großen Missales herangezogen und sich nicht der Rektor der Wiener Universität, Stephan Reuß, mit seiner Frau von ihm malen lassen. Dem Wiener Kreuzigungsbild folgte im nächsten Jahre ein zweites für das oberbairische Kloster Attel, außerdem sind aus dieser Zeit einige Holzschnitte, darunter eine Ölbergszene und zwei Darstellungen der Kreuzigung, eine Federzeichnung mit einem Liebespaar und ein Altarflügel mit dem heiligen Valentin erhalten. Alle diese Arbeiten zeigen Cranach als einen Künstler von leidenschaftlichem Temperament und besonders in der Malerei von hoher Meisterschaft. Im allgemeinen darf man diese Werke wohl dem Donaustil zurechnen, doch übertrifft Cranach damals an vorwärtsdrängendem Ungestüm alle gleichstrebenden Künstler. Die Atteler Kreuzigung weist zudem in der Komposition eine bis dahin unerhörte Neuerung auf: Christi Kreuz steht nicht mehr in der Mittelachse des Bildes, sondern schließt dessen eine Seite ab, die Kreuze der Schächer sind an den äußersten Rand der anderen gerückt, zwischen den im Grundriß ein Dreieck bildenden Kreuzen stehen Maria und Johannes.

Der Ruf Kurfürst Friedrichs des Weisen an Cranach im Jahre 1504 erging an einen durch und durch romantischen, kühn Neues wagenden Künstler. Er kam als einer der Höchstes versprechenden oberdeutschen Meister mit scheinbar unbegrenzten Entwicklungsmöglichkeiten nach Wittenberg — und lebte da nahezu ein halbes Jahrhundert als erfolgreicher, hochangesehener Bürger in gesicherter wirtschaftlicher und von Problemen unbeschwerter künstlerischer Existenz. Es ist schon viel darüber geklagt worden, daß es Cranach allzu leicht geworden sei, sich in Mitteldeutschland als Erster zu behaupten, daß die Luft der Kleinstadt Wittenberg und die Rückständigkeit Sachsens in Dingen der Kunst, namentlich der Malerei, jedes weitere Streben in ihm erstickt habe. Nun ist es gewiß schwer zu sagen, was aus Cranach in anderer Umgebung geworden wäre, immerhin sprechen manche Anzeichen dafür, daß er sein Talent nicht vergraben hat, sondern den ihm gemäßen Lebensweg gegangen ist. Wir sehen Cranach sich von Zeit zu Zeit zu Arbeiten aufschwingen, die hohen künstlerischen Anforderungen genügen. Selbst Außerordentliches geht ihm dann ebenso schnell und leicht von der Hand wie sonst seine Massenware. Alles, was wir von dem kurfürstlichen Hofmaler wissen, von dem biederen deutschen Manne, der seinem Herrscherhaus unentwegt die Treue hielt, als Greis von 78 Jahren dem unglücklichen Kurfürsten Johann Friedrich dem Großmütigen freiwillig in die Gefangenschaft folgte, der auch noch als Freund Luthers Aufträge von Bischöfen für Altarbilder erhielt und ausführte, weist darauf hin, daß Cranach ein Meister war, dessen tüchtige bürgerliche Art sich vor allem in der Führung eines großen Werkstattbetriebes bewährte. Er mühte sich nicht um das Höchste in der Kunst ab, vielleicht in der Erkenntnis, daß er es doch nicht erzwingen könne, sondern nahm es als Geschenk einer schöpferisch fruchtbaren Stunde hin. Mit einer nie erlahmenden Arbeitskraft vereinigte er praktischen Sinn für private und öffentliche Geschäfte. Einen Teil des durch die Kunst erworbenen Geldes verwendete er zum Ankauf einer Apotheke und eines Buch- und Papierladens. Wiederholt wurde er zum Ratsherrn gewählt, von 1537—1544 war er Bürgermeister von Wittenberg.

Die Mitlebenden sahen in Cranach den zweitgrößten Künstler nach dem „unvergleichlichen" Dürer oder zählten ihn mit Dürer und Grünewald zu den drei Größten. Daß er im Jahre 1515 mit den damals angesehensten Malern zur Ausstattung des Gebetbuches Kaiser Maximilians mit Randzeichnungen herangezogen wurde, beweist ebenfalls, wie hoch seine Kunst geschätzt wurde. Bis weit in das 19. Jahrhundert hinein änderte sich nichts an diesem Urteil über Cranach, nur daß in der neueren Zeit das Dreigestirn Dürer, Holbein, Cranach hieß. Mit der Wiederentdeckung Grünewalds wurde Cranach aus dieser vordersten Linie verdrängt. Als um 1900 das Problematische in den Mittelpunkt gestellt zu werden begann, ließ die Kunstgeschichtsschreibung fast nur noch die ersten bekannten Arbeiten Cranachs gelten, dann aber wandten ausübende Künstler gerade den als Werkstatterzeugnissen von angeblich geringem persönlichen Wert eine Zeitlang wenig beachteten Altersarbeiten ihre Aufmerksamkeit zu. Sie sollten mit ihrem sicheren Stilgefühl Wegweiser werden aus der Zerfahrenheit des Impressionismus und Expressionismus.

Von dem allgemeinen geschichtlichen Gesichtspunkt aus, der für unsere Betrachtungsweise maßgebend ist, wird man einen Meister, dem das deutsche Volk durch Jahrhunderte seine besondere Zuneigung schenkte, auch dann die ihm einst von den Besten der Nation gezollte Ehrfurcht nicht versagen, wenn es sich nun bei fortschreitendem Wissen um die tiefsten Kräfte der Kunst seiner Epoche erweist, daß er nicht in die Größenordnung eines Dürer oder Holbein einzureihen ist. Zunächst dürfen wir nicht vergessen, daß er während aller seiner Schaffensperioden Beiträge zum unvergänglichen Kunstbesitz unseres Volkes gegeben hat. Von seinen frühesten bekannten Werken haben wir schon gesprochen. Aus seinen ersten Wittenberger Jahren ist leider das meiste zugrunde gegangen. Das wenige, was davon an Altarbildern erhalten ist, zählt nicht gerade zu den hervorragenderen Leistungen jener Zeit. Dafür ist sein von Engeln gewappneter, eisenfest auf deutscher Erde stehender heiliger Georg, ein Holzschnitt von 1506, das idyllische Gegenstück zu Dürers Ritter, Tod und Teufel, ein Urbild unerschütterlichen deutschen Mannesmutes auch er. Im Sommer 1508 reiste Cranach nach den Niederlanden. Nach seiner Rückkehr folgte einer seiner glücklichsten und reichsten Lebensabschnitte im Sinne einer wahrhaft großen Kunst. Der Annenaltar für Torgau zeichnet sich vor allem durch die ruhige Klarheit der Komposition aus. Das jetzt im Dom zu Breslau aufbewahrte Marienbild mit der lieblichen deutschen Landschaft im Hintergrund ist eines der schönsten Madonnenbilder aller Zeiten, hinter ihm steht die Wörlitzer Maria mit weiblichen Heiligen nur wenig zurück. Mit „Venus und Amor" (Petersburg) malte er seine erste nackte Figur. Alle diese und noch einige Bilder stammen vom Jahre

1509, aus annähernd derselben Zeit seine besten Holzschnitte, „Parisurteil“, „Venus und Amor“, „Ruhe auf der Flucht nach Ägypten“, „Heiliger Hieronymus“ und drei Turniere mit klar geordneter drängender Fülle. So leicht, so anmutig, mit solch zartem Schmelz der Farben wußte damals keiner der deutschen Meister den Pinsel zu führen. Und dabei lebt in den Holzschnitten die Romantik der ersten Mannesjahre wieder auf. Erstaunlich ist es, wie dieser Meister des Lieblichen ungefähr gleichzeitig in weiteren Holzschnitten, „dem Leidensweg des Herrn mit einer wahren Inbrunst am Schrecklichen folgte“ und auch auf anderen Blättern in grausigen Marterszenen schwelgte. — Vor allem lebt Cranach im deutschen Volke durch seine Lutherbildnisse fort. Es sind deren eine Unzahl aus seiner Werkstatt hervorgegangen, das meiste dem Durchschnittsgeschmack angepaßte Massenware, aber auch einige Arbeiten von höherem künstlerischen Wert, so der kleine Kupferstich von 1520, der noch den hageren fanatischen Mönch zeigt. Ein ganz großer Wurf glückte Cranach mit dem Kupferstich von 1521 mit Luthers scharfgeschnittenem Profil; in seiner monumentalen Einfachheit und eindringlichen Wucht ist er den besten Bildnissen Dürers dieser Art ebenbürtig. Ähnlich hebt sich aus den vielen Fürsten- und gelegentlichen anderen Porträts dann und wann eines heraus, so das der Prinzessin Sybille von 1526, das des Dr. Scheuring von 1529 und die zwei von Herzog Heinrich dem Frommen von 1514 und 1527, in denen sich Cranachs schon in früheren Jahren bewiesene Kraft der Menschendarstellung immer wieder, wenn auch oft nach langen Abständen, offenbart.

Seit seiner niederländischen Reise sind bei Cranach trotz mannigfachster Qualitätsunterschiede und mancherlei Stilverschiedenheiten einige sich immer deutlicher abzeichnende Grundzüge seines Schaffens zu beobachten. Das Anmutige und Liebliche gewinnt besonders in den Gemälden mehr und mehr den Vorrang, im Zusammenhang damit die Vorliebe für zierliche Schlankheit, deshalb bevorzugt er im Gegensatz zu Dürer bei Frauendarstellungen mädchenhafte Erscheinungen. Weiterhin unterscheidet sich Cranach von den Großen seiner Zeit durch die Hinneigung zu einer bestimmten Manier, besonders in seinem Spätstil. Dies ist ihm vor allem zum Vorwurf gemacht worden. Und doch beruht sein Ruf neben seiner Beziehung zur Reformation vor allem auf den in dieser Manier gemalten modisch gekleideten oder nackten zierlichen Mädchen, die in großer Zahl in den bedeutenderen Sammlungen fast aller Länder erhalten sind. Wir haben uns hier nicht mit dem künstlerischen Wert oder Unwert dieser Werkstattproduktion auseinanderzusetzen, sondern möchten nur betonen, daß dieser Lösung der für den Deutschen doch immer schwierigen Aufgabe der Formgebung zum mindesten ein eigentümlicher Reiz nicht abzusprechen ist. Und auch in der Ausbildung seiner besonderen Manier steckt etwas vom Wesenhaften Cranachs, von seiner urdeutschen Art. Er hat sich von jeder Kunstrichtung, der er begegnete, anregen lassen, nicht zuletzt von den Italienern und Niederländern der Renaissance, aber immer wieder bricht in ihm der Gotiker durch. Was bei ihm Manier und Rückkehr zu längst aufgegebenen spätgotischen Formen scheint und zum guten Teil ist, hat seinen Grund nicht in dem Aufhören jeden künstlerischen Antriebes. Cranachs Altersstil bewegt sich in einer Richtung, die von der italienischen Hochrenaissance wegführt und einen neuen deutschen Stil vorbereitet, der in der Gotik wurzelt. Es geschieht dies freilich nicht mit dem Schwung der Jugend, die kämpferisch neuen Zielen zustrebt. Der rüstige Greis wandelt mit Behagen und nicht ohne Rücksicht auf den Geschmack des vornehmen Publikums ihm selbst längst vertraute Wege, seine Kunst ist Alterskunst, überreife Kunst und doch auch ein Anfang, weil sie von Quellen alter deutscher Überlieferung gespeist wird. Bei der nun in den verschiedenen Kulturländern Europas einsetzenden Entwicklung zu einer eigenen nationalen Kunst stand aber Deutschland, wenn auch nicht ganz abseits so doch im Hintergrund, und so überwiegt, trotz der stilbildenden und in manchem vorwärtsweisenden Wirkung von Cranachs Kunst der Eindruck, daß mit seinem Tode am 16. Oktober 1553 der Letzte des großen deutschen Kunstzeitalters zu Grabe ging.

Zweites Kapitel

Der Humanismus

Das Wesen des Humanismus

Als wir im vorigen Kapitel den volksdeutschen Charakter der Kunst des 15. und der ersten Jahrzehnte des 16. Jahrhunderts feststellten, erwähnten wir das vielerörterte Renaissanceproblem nur nebenher, um zu vermeiden, daß die stärkere Betonung der Frage nach der Herkunft der einzelnen Bestandteile die Gesamterscheinung und das Gesamtergebnis der damaligen Kunst in den Hintergrund rücke. Den Zugang zum geistigen Leben jener Epoche dagegen suchen wir von Renaissance und Humanismus aus zu gewinnen. Die Wissenschaft und Literatur jener Zeit sprechen nicht mehr so unmittelbar wie die Kunst zu uns. Nicht die Werke, sondern das Wirken der Gelehrten, Dichter und Schriftsteller sind deshalb für uns die Hauptsache. Im Mittelpunkt nun des damaligen Geisteslebens steht durch ihre Auseinandersetzung mit fast allen Zeitproblemen die Renaissancebewegung. Renaissance heißt zunächst „die Wiedergeburt, Erneuerung und Übernahme oder Umbildung der antiken Lebensform auf geistigem und künstlerischem Gebiet", ähnlich besagt der Humanismus, die „humanitatis studia" wie ihn die Zeitgenossen nannten, edle Bildung nach dem Beispiel der Antike. Um die Mitte des 19. Jahrhunderts begannen immer weitere Kreise das Wesen der Renaissance nicht nur im Aufleben der Antike zu sehen, sondern faßten unter „Renaissance" alle Bestrebungen und Erscheinungen des späteren Mittelalters zusammen, die man als die Grundlegung und den Ausdruck einer neuen Zeit betrachtete. So wurde Renaissance zu einem Epochebegriff, man sprach und spricht von einem Zeitalter der Renaissance, einem Zeitalter der Wiedergeburt zu einem innerlich freien, dem Diesseits zugewandten Menschentum nach dem autoritätsgebundenen und nur auf das Jenseits bedachten Mittelalter. Daneben bezeichnet Renaissance aber auch lediglich die Kunst oder den Kunststil, Humanismus die Wissenschaft und Literatur, überhaupt das von der neuen Bewegung getragene Geistesleben dieser Epoche. Ob Renaissance und Humanismus in ihrer allgemeinen Bedeutung dasselbe besagen, ist umstritten. Da die Entwicklung der künstlerischen und der geistigen Bestrebungen zumal in Deutschland nicht ganz in derselben Weise vor sich ging, empfiehlt es sich zu unterscheiden zwischen der Renaissance als der alle Lebensgebiete umfassenden neuen Zeitströmung, dem Humanismus als einer bestimmten Geistesrichtung in ihr und der den neuen Zeitgeist ausdrückenden Renaissance-Kunst. Diese Trennung ist auch deshalb angezeigt, weil später der Renaissance-Stil in der Kunst und der Humanismus als Bildungselement nicht mehr dieselbe innere Beziehung zueinander hatten und haben wie einst im eigentlichen Renaissance-Zeitalter.

Die Freude am Schönen war im Abendlande nie ganz erloschen, der Lobpreis der Schönheit nie völlig verstummt. Die mittelalterliche Kunst und Dichtung haben Herrliches geschaffen, und selbst Heilige haben nicht darauf verzichtet, die Wirkung ihrer Worte und ihrer Schriften durch sprachliche Schönheit zu erhöhen. Aber gegen die irdische, nicht auf das Jenseits bezogene Schönheit hegte das Mittelalter ein tiefes Mißtrauen, und große Asketen wie der heilige Bernhard von Clairvaux ließen sie selbst für Gotteshaus und Gottesdienst nur in einfachster Form gelten. Erst die Renaissance-Künstler und die Humanisten fanden durch die Antike wieder den freien Zugang zur Schönheit. Hatten sich die Mönche und Kleriker bisher an den alten Klassikern vielfach mit schlechtem Gewissen und unter Seelenängsten gefreut, rechnete der alternde Ritter seine Minnelieder zu den Jugendtorheiten, so wurden nun alle diese Bedenken bei den Humanisten durch die bedingungslose Begeisterung für die Antike aufgehoben. Sie sahen die Schönheit wieder mit den unbefangenen Augen der alten Heiden. Nicht mehr bloß im Gefolge des Himmlischen und Heiligen, nicht mehr nur als halb unfreiwilliges Zugeständnis an die menschliche Schwäche ward nun die Schönheit anerkannt, sondern sie wurde wieder auf den Thron erhoben als eine der großen Lebensmächte, der zu huldigen auch den Besten und Edelsten Ehre und Glück sei.

Die eindringende Beschäftigung mit den Schriften des Altertums als Born unvergänglicher, lebensvoller Schönheit und als Vorbilder für die eigene literarische Tätigkeit führte die Humanisten zu der Erkenntnis, daß die Antike sich auch ihrem inneren Gehalt nach in den Selbstbezeugungen anders darstelle als in der landläufigen Überlieferung und in den zusammengestückelten Zitaten der Scholastiker. „Zurück zu den Quellen" wurde deshalb einer der humanistischen Kampfrufe. Er blieb nicht auf die „schöne" Literatur beschränkt, auch von den Schriften der Philosophen, von der Bibel und von den Büchern der frühchristlichen Autoren suchte man den ursprünglichen Wortlaut und Wortsinn zu ermitteln. Mit einem Sammeleifer, wie ihn das Mittelalter höchstens für Reliquien oder Juwelen gekannt hatte, spürten die Humanisten alten Handschriften nach und stießen dabei auf manche verschollenen Werke, welche seitdem, wie etwa die Germania des Tacitus, zu dem wesentlichen Bildungsgut der abendländischen Menschheit zählen. Griechisch und Hebräisch wurden jetzt an vielen höheren Schulen gelehrt, um die in diesen Sprachen geschriebenen Quellen im Urtext zu lesen. Die Humanisten gingen ferner darauf aus, die alten Autoren aus dem Geist der Zeit zu verstehen, in der diese gelebt hatten. „In diesem ersten Erfordernis jeder historischen Kritik lag ein messerscharfer Abstand vom Mittelalter"; denn dieses dachte nicht daran, sich in den

Geist und die Umwelt zurückzuversetzen, woraus und worin ein Werk entstanden war. Es bedeutete einen wesenhaften Strukturwandel der geistigen Haltung, daß nun die antiken Quellen mit anderer Zielsetzung und mit anderen Methoden als früher durchforscht wurden. Die Humanisten übertrugen diese auch bald auf die Bibel, überhaupt auf jegliches Schrifttum vergangener Zeiten. Neben der Antike übte auf die Menschen der Renaissance die Naturerkenntnis einen mächtigen Zauber aus. Auch darauf wendeten sie den Grundsatz an: zurück zu den Quellen, was hier unmittelbare Naturbeobachtung hieß. Sie war zwar dem Mittelalter nicht völlig fremd, aber den eigentlichen Ausgangspunkt für das naturwissenschaftliche Studium hatte doch, namentlich im Schulbetrieb, die scholastische Behandlung der alten Autoren, vor allem des Aristoteles, gebildet.

Das humanistische Schönheits- und Wahrheitsideal wurde mit großer Begeisterung aufgenommen. Nicht nur Priester jeden Ranges, Mönche jeden Ordens, Lehrer, Juristen, Ärzte schlossen sich der humanistischen Bewegung an, sie zog auch Männer in ihren Bannkreis, die sich bis dahin nur selten mit schöngeistigen und gelehrten Dingen abgegeben hatten: Fürsten, adlige Herren und Kaufleute. Noch nie hatte im Mittelalter eine große geistige Bewegung in gleicher Weise Fromme und Unfromme erfaßt, die Schranken des Geburtsstandes und der Berufsgruppen überschritten und Zustimmung oder Ablehnung jedem einzelnen überlassen. Der Siegeszug des Humanismus wurde durch die allgemeine geistige Lage im 14. und 15. Jahrhundert ungemein erleichtert. Die Kultur des Abendlandes befand sich, wenn auch nicht auf jedem einzelnen Gebiet, so doch im großen und ganzen im Aufstieg. Ständig mehrten sich die Kulturgüter und erweiterte sich der Kreis derer, die Anteil an ihnen gewannen. Das Bildungsbedürfnis wuchs. Die Formen jedoch, in denen sich das vorwärts und aufwärts strebende Leben bewegte, waren weithin erstarrt. Jede Wissenschaft wurde nach der scholastischen Methode betrieben; die Zeit der großen Scholastiker aber war längst vorbei. Blutlos und verzwickt wie die Schulwissenschaft war auch die Schulsprache geworden, ein Latein, das mit der Sprache eines Cicero und Virgil, mit der Beschwingtheit eines Bonaventura und mit der Klarheit eines Thomas von Aquin nicht mehr viel gemein hatte. Doch nicht nur die Schulwissenschaft stockte; die Erneuerung des gesamten kirchlichen Lebens als der Grundlage der geistigen und sittlichen Kultur galt allgemein als das dringendste Anliegen der Zeit. Die Hoffnungen, die man für die Reform an „Haupt und Gliedern" auf die Reformkonzilien setzte, scheiterten indes kläglich (vgl. S. 212ff.).

Da verkündeten die Humanisten ihre Ideale. Der Gefahr der Unterdrückung, welche damals neu auftauchenden geistigen Bewegungen durch die Inquisition und andere öffentliche Gewalten drohte, entging der Humanismus durch den Optimismus, mit dem sowohl seine Anhänger wie die kirchliche Leitung an die Vereinbarkeit seiner Ideen und Ideale mit der christlichen Lehre glaubten. Unter den Humanisten gab es zwar wie auch sonst im Mittelalter Ungläubige, die sich nun natürlich der modischen Formen ihrer Zeit, also der humanistischen Ausdrucksweise bedienten. Die Wurzeln ihres Unglaubens lagen jedoch in ihrer eigenen persönlichen Einstellung, und ihre Beweise fußten auf der hochmittelalterlichen Philosophie der Averroisten. Im allgemeinen war das Schönheits- und Wahrheitsideal der Humanisten noch der für sie selbstverständlichen christlichen Weltanschauung eingegliedert. Wir erwähnten bereits Dürers Wort, wonach die Renaissancekunst die von der Antike gefundenen Gesetze der absoluten Schönheit auf die Darstellung Christi übertragen wollte (vgl. S. 42). Nichts anderes, mochte es scheinen, taten die Humanisten, wenn sie für Gott und die Heiligen, für das Wahre und Gute dieselben Redefiguren gebrauchten, mit denen einst die Römer und Griechen ihre Götter und die Tugend gepriesen hatten. Und hatten nicht schon die alten Kirchenväter und dann die großen Scholastiker sehr viel von der heidnischen Philosophie der christlichen Lehre eingebaut? In der mittelalterlichen Kirche gab es von jeher eine starke kulturfreudige Stimmung und zahlreiche Theologen, die das von Natur Gute, Wahre, Schöne hervorhoben. Diese Strömung und Richtung gewann jetzt, da eine mächtige Zeitwoge die Begeisterung für vor- und außerchristliche Kulturwerte hochtrug, mehr Anhänger als je. Die leichtfertige Art aber, in der so manche Humanisten von heiligen Dingen sprachen, erregte ebenso wie ihre zum Teil ungemein heftige Kritik kirchlicher Mißstände kein allzu großes Befremden. Das erste war man längst gewöhnt. Ist das Heilige so in den Alltag verwoben, wie dies im Mittelalter der Fall war, dann naht man sich ihm nicht immer mit feierlicher Geste und macht auch Witze mit ungewaschenem Munde darüber. Von den ernsten Angriffen der Humanisten aber fühlte sich die Kirche nicht unmittelbar betroffen. Weder die scholastische Methode, noch ein einzelnes scholastisches System war im Mittelalter als allgemeinverbindlich anerkannt worden. Die kirchliche Obrigkeit schritt erst dann ein, wenn ihre Dogmen mißachtet wurden. Dies vermieden aber die Humanisten, abgesehen von den verhältnismäßig wenigen Ungläubigen und gelegentlichen nicht weiter tragisch genommenen frivolen Äußerungen, „nicht aus abgefeimter Vorsicht, sondern ganz einfach, weil sie selbst an diese Dogmen glaubten". Übrigens war das Netz dieser Dogmen damals noch nicht so engmaschig, wie es später im Kampf gegen die Reformation, die Aufklärung und den modernen Unglauben wurde. Vor allem waren Geistliche und Laien aller Rangstufen von der Notwendigkeit weitgehender Reformen überzeugt, und heftiger konnten die Humanisten gegen das Lächerliche und Böse in der Kirche nicht losziehen, als es mißvergnügte Besserwisser, ehrlich Entrüstete und skandalfrohe Geschichtenerzähler seit Jahrhunderten getan hatten. So machte den Humanismus der kirchlichen und weltlichen Obrigkeit nichts verdächtig, Kaiser, Päpste, Fürsten und Bischöfe förderten ihn.

Gegen den Humanismus erhoben sich allerdings von verschiedenen Seiten her auch Widersacher. Von einzelnen wurde die Gefahr der humanistischen Kritik für die Kirche schon früh erkannt. Die Scholastiker hielten an dem nun fast dreihundert Jahre üblichen Wissensbetrieb nicht bloß aus Gewohnheit und Verbohrtheit fest.

Es bedeutete eben doch mehr als einen Wechsel der Methode, wenn nun an die Stelle der an streng logische Formen gebundenen Beweisführung das lockere Gefüge einer mit allen Mitteln der Überredung und Überzeugung arbeitenden Schriftstellerei treten sollte, die nur zu leicht sachliche Ungenauigkeit mit in den Kauf nahm, wenn nur der Leser oder Hörer ergötzt wurde. Oft beruhte die Gegnerschaft auf persönlichen Gehässigkeiten, zu denen die Gelehrten und Literaten von jeher neigen. Viele, welche die höheren Schulen besuchten oder besucht hatten, berührte der Streit um den Humanismus überhaupt nicht. Die Zahl derer, die ohne besonderes Interesse ihrem Brotstudium oblagen und dann in einem behaglichen Dasein aufgingen oder von der Berufsarbeit vollauf in Anspruch genommen wurden, war sicher nicht gering, dürfte sogar damals wie zu allen Zeiten erheblich überwogen haben. Diese träge oder den schönen Studien gegenüber gleichgültige Masse rechneten die Humanisten ohne weiteres zu ihren Feinden, zu den geistig stumpfen Dunkelmännern und nur auf ihren Gewinn Bedachten. Ihre Anprangerung war ein unerschöpfliches Thema für die Humanisten und mehrte ihren Ruhm, da sie selbst zum großen Teil, zufrieden mit einem unsicheren und bescheidenen Einkommen, als gefeierte Apostel der Wahrheit und Schönheit die Lande durchzogen.

Das wohlwollende oder doch wenigstens nicht feindselige Verhalten der kirchlichen und weltlichen Obrigkeit bewahrte die Humanisten vor Verfolgung und verhinderte, daß sie in die Enge eines Sektentums gerieten. Aber die äußere Freiheit, die sie dadurch erlangten, zog ihrem Wirken zugleich Grenzen. Die Schriften der Humanisten stehen größtenteils zu dem ungeheuren Aufwand an grundsätzlichen Erklärungen und allgemeinen Theorien, an Lobpreisungen der eigenen und Schmähungen der gegnerischen Sache in keinem rechten Verhältnis. Im einzelnen wurde auf den verschiedensten Wissensgebieten Tüchtiges geleistet; aber trotz der mehr philosophischen als philologisch-historischen geistigen Haltung brachte der Humanismus keine Denksysteme hervor, die sich in ihrer Geschlossenheit und allgemeinen Bedeutung mit denen der Scholastik messen könnten, und trotz zahlloser Verse keine Dichtungen wie etwa Walter von der Vogelweide, Wolfram von Eschenbach oder Dante. Die früheren Aufnahmen antiken Kulturgutes waren vom Geiste des Mittelalters getragen gewesen, der es jeweils nach einem kürzeren oder längeren Stadium der Anlehnung schöpferisch umgestaltete. Die Humanisten schlossen sich dagegen im Laufe der Zeit zum großen Teil enger an die antiken Vorbilder an und wurden ihnen gegenüber immer unfreier. Das lag einerseits an dem Glauben, die Antike sei an sich das schlechthin Vollkommene und ließe sich so, wie sie gewesen war, innerhalb des Christentums zu neuem Leben erwecken, und andererseits daran, daß, abgesehen von gelegentlichen Einzelfällen, eine auf freier Forschung ohne Rücksicht auf die kirchliche Autorität aufgebaute Weltanschauung und eine wirklich vom antiken Lebensgefühl getragene Literatur bei der damaligen Zeitlage nicht möglich waren.

Je eingehender die Forschung die unmittelbare Leistung des Humanismus untersucht, desto mehr scheint seine Bedeutung für das Entstehen der modernen Welt zusammenzuschrumpfen. Das mittelalterliche Überlieferungsgut überwog immer noch in der Kultur des 15. und des beginnenden 16. Jahrhunderts wenigstens der Menge nach sicher in Deutschland, wahrscheinlich auch in Italien. Außerdem läßt sich fast zu jeder der angeblich erst dem Humanismus eigentümlichen Erscheinungen Ähnliches aus dem Mittelalter feststellen. Schon die Mönche der Karolingerzeit hatten Handschriften antiker und frühchristlicher Autoren gesammelt und ihre Texte nach philologischen Grundsätzen neu herausgegeben; historische Kritik fehlte keineswegs gänzlich, so bezeichnet schon eine Urkunde Kaiser Ottos III. um das Jahr 1000 die Konstantinische Schenkung als ein „großes Lügengewebe". Die angeblich rein weltliche Renaissancestimmung hat unter anderen ein diesseitsfroher, unkirchlicher deutscher Fürst des Hochmittelalters vorweggenommen, der die Bußprediger und Beichtväter mit dem Psalmvers fortschickte: „Der Himmel allenthalben ist des Herrn, die Erde aber hat er den Menschenkindern gegeben." An Religiosität und selbst an kirchlichem Eifer stehen viele Humanisten hinter den Frommen des Mittelalters nicht zurück. Der Aberglaube blühte im Zeichen des Humanimus wie nur je, es wurden jetzt nur teilweise andere Formen, zumal solche mit wissenschaftlicher Verbrämung bevorzugt. Trotzdem fühlt man sich, nimmt man nach eigentlich mittelalterlichen Büchern Schriften von Humanisten zur Hand, wenn nicht gerade in eine neue Welt, so doch in eine andere Landschaft versetzt. Die irdischen Dinge stehen hier in einem anderen Lichte, sind von anderer Luft umgeben und zeigen andere Farben; was dort gelegentlich und zufällig erscheint, klein und unbedeutend, das wird hier die Regel, das Große und Wichtige. Indem der Humanismus irdische Schönheit um ihrer selbst willen und zwar auch als ein geistig-sittliches Gut erstrebte, indem er die antike Kultur neben der christlichen als etwas in sich Vollwertiges anerkannte und feine Bildung als Inhalt und Ziel des Lebens erkor, indem er dem gesunden Menschenverstand vor der formalistischen Schulwissenschaft den Vorzug gab, indem er die Einzelpersönlichkeit vor den mittelalterlichen korporativen Einungen in den Vordergrund rückte, trug er wesentlich zum Hochkommen einer Lebensstimmung und Geisteshaltung bei, die sich von dem mittelalterlichen Lebensgefühl und der mittelalterlichen Einstellung zum Diesseits und Jenseits immer weiter entfernten.

Der Beginn des Humanismus

Der Sinn für die schöne Form, überhaupt für das Formale, lag den Bewohnern Italiens von jeher im Blute. Für sie war es wirklich eine Renaissance, eine Wiedergeburt, als das Auge die Schönheit der antiken Kunst wieder entdeckte, und Maler, Bildhauer und Baumeister ihr nacheiferten, und als das Ohr sich wieder an der Eloquenz, an der volltönenden Beredsamkeit der alten römischen Klassiker und ihrer humanistischen Nachahmer ergötzte. Die Renaissance erhielt in ihrem Mutterlande außerdem durch die politische Sehnsucht einen mächtigen Auftrieb. Je mehr die Italiener von der Größe des alten Rom lasen, desto leidenschaftlicher hofften sie auf ihre politische Wiedergeburt. Für die übrigen Länder bedeutete nun diese ganze geistige, künstlerische und politische Bewegung zwar nicht das Auferstehen des eigenen Volksgeistes, aber auch nicht den plötzlichen Einbruch von etwas völlig Fremdem. Die gelehrte Bildung des ganzen Abendlandes ruhte ja von Anfang an auf den Schultern der Antike, und die einzelnen Volkskulturen hatten von ihr teils unmittelbar, teils durch das Christentum viel übernommen. Schon bisher hatte das höhere geistige Leben des Abendlandes wiederholt von einer stärkeren Beschäftigung mit dem antiken Kulturgut seinen Ausgang genommen oder zu ihr geführt: im 9. Jahrhundert unter den Karolingern, im 10. unter den sächsischen Ottonen, im 11. und 12. auf französischem Boden zum Teil im Gegensatz zu der asketischen Bewegung der Kluniazenser, zum Teil als Folge der Verschmelzung der französischen und anglo-normannischen Kultur in den von den englischen Königen beherrschten französischen Provinzen. Jede dieser „Renaissancen" hat über die Grenzen ihres Entstehungsgebietes hinaus Einfluß gewonnen, und die letzte von ihnen im Bunde mit anderen weltlichen Geistesströmungen, allerdings erst nur in engeren Kreisen, eine schon an die eigentliche Renaissance gemahnende Diesseitsstimmung hervorgerufen. Ferner hatte der Imperialismus des Hochmittelalters, dem ja nicht nur die Hohenstaufen, sondern auch das Papsttum und die Könige Frankreichs und Englands huldigten, mit seiner Anlehnung an das alte römische Kaiserrecht bis zu einem gewissen Grade die politische Renaissance vorausgenommen. Schließlich drang der Individualismus, von vielen als ein Hauptmerkmal der Renaissance betrachtet, seit der Auflösung der geistigen Einheit, wie sie dem bäuerlich-aristokratischen Zeitalter bis zum Investiturstreit eigentümlich gewesen war, mehr und mehr in alle Lebensgebiete ein und erfaßte immer weitere gesellschaftliche Schichten. So scheint die Bestimmung des Anfanges der Renaissance, des sogenannten Zeitalters der Renaissance, ungemein schwierig. Geht man jedoch nicht vom einzelnen aus, sondern von der Vereinigung der dem Humanismus und der Renaissance zugeschriebenen Kennzeichen und zwar mit der im vorigen Abschnitt geschilderten geschichtlichen Wirkung auf das geistige Leben, dann erscheint als der Erste der „neuen" Zeit, als der erste Humanist Petrarca: denn er vereinigt zum ersten Male jene Elemente in sich, die in ihrer Gesamtheit den Humanismus ausmachen. Die feierliche Dichterkrönung Petrarcas zu Rom am Ostersonntag 1341 war gewissermaßen der symbolische Akt der Thronbesteigung des Humanismus als einer geistigen Macht: „Unter ungeheurem Andrang und Jubel des Volkes, unter dem Schalle der Trompeten stieg Petrarca, gekleidet in ein Festgewand des Königs von Neapel, zum Kapitol hinauf. Oben hielt er eine Rede über das Wesen der Poesie und über die Bedeutung des Lorbeers. Dann krönte ihn der Senator Orso dell' Anguillara mit dem Kranze."

Die Voraussetzungen für die Aufnahme des Humanismus in Deutschland

Der Ackermann aus Böhmen

Petrarca hatte ebenso wie der politische und religiöse Revolutionär Cola di Rienzo (1313—1354) Fühlung mit Kaiser Karl IV. und Männern seines Hofes. Obwohl nun bei diesen, namentlich in den Arbeiten des kaiserlichen Notars Johann von Neumarkt und dann in der um 1400 entstandenen Prosadichtung „Der Ackermann aus Böhmen" des Johann von Saaz, Anregungen Petrarcas und anderer Italiener festzustellen sind, geht es doch zu weit, schon für diese Zeit von einem deutschen Humanismus im eigentlichen Sinne zu sprechen. Die Einwirkung auf Johann von Neumarkt war viel zu äußerlicher Art, als daß sie ihn zu einem wirklichen Humanisten gemacht hätte. Den Ackermann aus Böhmen aber konnte nur eine Auffassung dem Humanismus zuschreiben, die ihm nahezu alles Große und Bedeutende zuweisen zu müssen glaubte, was sich der herkömmlichen Meinung vom Mittelalter nicht einfügte. Der „Ackermann", der in Form einer Streitrede zwischen dem Tod und dem Kläger, dem er seine junge Frau geraubt hat, um die uralte Frage kreist: hat das irdische Leben an sich einen Wert, übertrifft in seinem straffen Aufbau und mit seiner gewaltigen, wahrhaft dichterischen Sprache allerdings jedes gleichzeitige deutsche Literaturdenkmal. Aber die Stilmittel, mit denen der Dichter sein nur ein schmales Bändchen füllendes Werk von ungeheurer Wucht formte, gehören ebenso noch überwiegend dem Mittelalter an wie seine Gedankenwelt und sein Weltbild. Will man den Ackermann um jeden Preis vom mittelalterlichen Boden loslösen und in ihm den Künder eines neuen Geistes sehen, dann käme eher noch die Reformation in Betracht, jedenfalls rückt ihn das auffallend unvermittelte „Dennoch des Glaubens" gegenüber der Bitternis und dem Widersinn dieser Welt in ihre Nähe.

Via antiqua. Devotio moderna. Brüder vom Gemeinsamen Leben

Seit dem Auftreten Petrarcas am Rhein und Cola di Rienzos in Böhmen vergingen noch etwa hundert Jahre, bis der Humanismus in Deutschland festen Fuß fassen konnte. Hier, wo er nicht wie in Italien unmittelbar dem Volksgeist entsprach, bedurfte es für seine Aufnahme erst einer allmählichen Vorbereitung breiterer Kreise. Im Laufe des 14. und besonders des 15. Jahrhunderts fanden immer mehr Bürger- und Bauernsöhne Zugang zur höheren Bildung, die im ganzen Abendlande mit der Erlernung der lateinischen Sprache begann. So gab es in Deutschland schon von der Mitte des 15. Jahrhunderts an eine ziemlich große Schicht, welche die in stetig zunehmendem Maße einströmenden humanistischen Anregungen aufzunehmen imstande war. Obwohl die einzelnen in der Regel durch persönliche Beziehungen für den Humanismus gewonnen wurden, boten ihm hier doch die Schulen, nicht wie in Italien die Fürstenhöfe, den stärksten Rückhalt, weshalb der deutsche Humanismus im allgemeinen sich enger mit dem Unterrichtswesen verknüpfte und überhaupt zum größten Teil pädagogisch gerichtet blieb. Die ersten Gönner des Humanismus an den deutschen Universitäten waren Vertreter der „via antiqua“, des alten Weges, die Anhänger des von Thomas von Aquin begründeten philosophischen und theologischen Systems. Das wurde damit zu erklären versucht, daß die Thomisten ebenso wie die Humanisten sich weniger mit den „termini“, den Begriffen, als mit den Dingen selbst beschäftigt hätten; zogen doch die Thomisten damals gegen die Okkamisten, die Anhänger der auf Okkam zurückgehenden Schule, mit dem Kampfruf zu Felde: „De terminis non curamus, nos imus ad res“, um die Begriffe kümmern wir uns nicht, wir gehen auf den Kern der Dinge los. Nun bestanden jedoch in Wirklichkeit zu jener Zeit zwischen den Thomisten und Okkamisten keineswegs mehr so tiefe Gegensätze, wie es nach den erbitterten Auseinandersetzungen und Anfeindungen beider Gruppen erscheint. Die Okkamisten beschäftigten sich mindestens im gleichen Maße mit den „Dingen“ selbst und mit naturwissenschaftlichen Studien, und Spitzfindigkeiten waren sie nicht mehr und nicht weniger als die Thomisten dieser Epoche verfallen. Deren Wohlwollen gegen die ersten deutschen Humanisten dürfte also weniger von irgendwelchen grundsätzlichen Übereinstimmungen veranlaßt gewesen sein, als durch die gemeinsame Gegnerschaft gegen die Okkamisten, welche die meisten Lehrstühle an den Universitäten innehatten. Sie von ihnen zu verdrängen, waren Thomisten und Humanisten gleichermaßen bestrebt, und von den humanistischen Angriffen gegen die Scholastik mußten sich zunächst die Vertreter der herrschenden Richtung beunruhigt fühlen.

Hatten die Vertreter der „via antiqua“ zum Humanismus meist Beziehungen gelegentlicher Art, so ebneten ihm die Anhänger der „devotio moderna“, der neuen Frömmigkeit, wenn auch unbeabsichtigt und mehr mittelbar, in vielfacher Hinsicht den Weg. Diese zwischen Hannover-Westfalen und der Zuidersee entstandene religiöse Bewegung hatte es nicht auf neue Lehren abgesehen, pflegte aber innerhalb des kirchlichen Lebens das alte Ideal christlicher Vollkommenheit auf eine Weise, die von der Umwelt als neuartig empfunden wurde und bereits mit dem Pietismus des ausgehenden 17. Jahrhunderts eine gewisse innere Verwandtschaft aufweist. Durch ernstes, gesammeltes und zurückhaltendes Wesen, durch Einfalt des Gemütes und gewissenhaftes Arbeiten suchten sie einen Seelenzustand zu erlangen, in dem sich eine möglichst gleichmäßige Innigkeit religiösen Fühlens und Denkens festhalten ließ. Zwei Organisationen verliehen diesen Bestrebungen Bestand und Stoßkraft: die Vereinigung der Brüder vom Gemeinsamen Leben, die, ohne sich durch die sogenannten ewigen Gelübde zu binden, in ordensähnlicher Gemeinschaft vereinigt waren, und die Kongregation von Windesheim, die der Ordensregel der Augustiner Chorherren folgte. Außer Handarbeit und Krankenpflege widmeten sich die Brüder vom Gemeinsamen Leben dem Abschreiben von Büchern und der Erziehung der Jugend. Teils hatten sie Schulen, noch öfter Erziehungs-

Albrecht Dürer, Eoban Hesse. 1526
Silberstiftzeichnung (Siehe Text S. 94)

Hans Holbein d. J., Erasmus. 1523
Basel, Kunstmuseum (Siehe Text S. 23 und S. 105)

Hans Holbein d. J., Bonifazius Amerbach. 1519
Basel, Kunstmuseum (Siehe Text S. 23)

Albrecht Dürer, Wilibald Pirkheimer. 1503
Kohlezeichnung (Siehe Text S. 100)

anstalten, in denen die eine benachbarte Schule besuchenden Knaben wohnten und bei ihren Arbeiten überwacht und gefördert wurden. Diese Anstalten übten eine große Anziehungskraft aus, und so kam es in Nordniederland, Nordwestdeutschland und Westfalen zu einer gewissen „allgemein verbreiteten Bildung in den Kreisen des wohlhabenden Bürgertums; eine Bildung von sehr enger, streng schulmäßiger und kirchlicher Art, die aber gerade dadurch geeignet war, das Volk in breiten Schichten zu durchdringen." Der Geist der devotio moderna spricht am reinsten und unmittelbarsten aus der um 1415 von dem Chorherrn der Windesheimer Kongregation Thomas von Kempen verfaßten „Nachfolge Christi". Sie ist mit Recht eines der berühmtesten Erbauungsbücher der Weltliteratur, voll eines überreichen und schon fast überreifen Wissens um die Nöte und die Tröstungen der christgläubigen Seele. Der von der devotio moderna bereitete Boden muß für die Aufnahme des Humanismus sehr günstig gewesen sein, sonst wären nicht so viele Schüler und ehemalige Zöglinge der Brüder vom Gemeinsamen Leben und Mitglieder der Windesheimer Kongregation begeisterte Humanisten geworden. Zum Teil mag dies, wie z. B. bei dem jungen Erasmus von Rotterdam, die Rückwirkung auf die strenge Erziehung gewesen sein, die Hauptsache war aber doch, daß die Anstalten der Brüder gründliche Kenntnisse in der lateinischen Sprache vermittelten und der Jugend den Sinn für das Ideale einpflanzten. Außerdem waren auch unmittelbare Berührungspunkte vorhanden. Schon Petrarca und manche seiner Nachfolger hatten die Weltflucht des Weisen und eine geläuterte, von jedem Übermaß sich ferne haltende Frömmigkeit gepriesen und geübt; die von ernsten Humanisten gerühmte stoische Philosophie hatte manches mit dem Puritanismus der devotio moderna gemeinsam, und wenn die Humanisten über die Begriffsspaltereien der Scholastik und die Aufgeblasenheit der okkamistischen Professoren, der Magistri nostri, spotteten, dann mochten sich die Leser der „Nachfolge Christi" der Geringschätzung der Definitionen, Disputationen und Quaestionen durch den frommen Thomas erinnern und seiner Sätze über die Gelehrten wie: „Wo sind nun alle jene Herren und Meister, die ihr zu ihren Lebzeiten im Glanze ihres wissenschaftlichen Ruhmes so gut gekannt habt? ... Sie schienen etwas zu sein, nun spricht kein Mensch mehr von ihnen" (1. Buch 3. Kapitel).

Schule und devotio moderna trugen in Deutschland nicht nur wesentlich zur Verbreitung des Humanismus bei, sie bestimmten hier großenteils auch seine weitere Entwicklung. Seine engere Verbindung mit dem Unterrichtswesen, seine pädagogischen Bestrebungen und der stärkere religiöse Einschlag bewahrten ihn davor, daß er gleich dem italienischen allzu sehr ins rein Literarische und der Loslösung von den übrigen geistigen und sittlichen Triebkräften der Zeit verfiel. Dadurch wurde der Hauptnachteil des deutschen Humanismus wenigstens etwas aufgehoben: seine fremde Herkunft. Während der italienische trotz seiner größeren Übereinstimmung mit dem heimischen Volksgeist wesentlich zu einer Angelegenheit der vornehmen Gesellschaft wurde, „suchte der Schlag von Bürgern und Bauern, aus denen damals die meisten geistigen Koryphäen unserer Nation erwuchsen, seinesgleichen an derber Lebenskraft", und diese derbe, volkstümliche Art übertrug sich zum guten Teil auch auf den deutschen Humanismus, der sich ja nicht auf die Abfassung lateinischer Gedichte und Prosaschriften beschränkte, sondern sich auch große Verdienste um die Pflege der deutschen Sprache, Literatur, Kunst und Gesinnung erwarb.

Die Entwicklung des Humanismus in Deutschland

In ungefähr fünfundsiebzig Jahren, von etwa 1450—1525, hat der deutsche Humanismus seine Entwicklung als große geistige Bewegung durchlaufen. Ihr Stand wird in der Regel an dem Verhältnis zur Antike und zum Mittelalter gemessen: der Frühhumanismus habe sich noch fast ganz auf die äußerliche Aneignung der neuen Formen beschränkt; dem älteren Humanismus wird dann bereits eine stärkere innere Beziehung zu ihnen zugesprochen, doch habe er noch in vielem eine schwankende Haltung eingenommen, und, wenn er sich vor endgültige Entscheidungen gestellt sah, keine der kirchlichen Überlieferungen preisgegeben und in vielem auch noch an der Scholastik festgehalten; erst auf dem Höhepunkt sei eine grundsätzliche Abkehr vom Mittelalter und die entschlossene Hinwendung zu den wirklichen und vermeintlichen ästhetischen, ethischen und wissenschaftlichen Idealen des Altertums erstrebt worden. Diese Einteilung ist nun keinesfalls als eine zeitliche Aufeinanderfolge in dem Sinne zu verstehen, daß eine Phase die andere abgelöst hat. Die Zeitangabe 1480 oder 1490 für den Beginn des älteren Humanismus und dann die Wende des 15. zum 16. Jahrhunderts für die Entfaltung der Hochblüte besagen nur, daß neben den vorhandenen Erscheinungen nun noch andere deutlicher hervortreten und mancherorts das Übergewicht gewinnen. Der Entwicklungsgang des deutschen Humanismus ist übrigens nicht einseitig nach der Einstellung zur Antike zu beurteilen, die Art der Betätigung, ob mehr literarisch oder pädagogisch, und namentlich das Verhältnis zu Christentum und Kirche sind nicht weniger zu berücksichtigen.

Die Gliederung des deutschen Humanismus in drei Stufen ist überhaupt nicht viel mehr als ein Notbehelf für eine erste Kennzeichnung der Hauptströmungen. Als freie geistige Bewegung, zunächst ohne jeden organisatorischen Mittelpunkt, dann mit nur lose zusammengeschlossenen literarischen Gesellschaften, den „sodalitates", hat er weder ein eindeutiges Programm aufzustellen noch seinen Anhängern irgendwelche Bindungen aufzulegen vermocht. Seine Forschungs- und seine vorwiegend ästhetischen und ethischen Wertungsgrundsätze schlossen stark subjektive Elemente in sich. Die Antike erwies sich bei tieferem Eindringen keineswegs als sichere Richtschnur. Sollten nur die Dichter und Schriftsteller der eigentlich klassischen Periode, ein Horaz, Virgil, Cicero als Muster dienen, oder durfte man auch den Stil früherer und späterer Autoren nachahmen? Welche Philosophen waren Quellen lauterer Wahrheit, Plato oder Aristoteles, die Stoiker oder die Epikuräer? Wie weit waren Christentum und Antike miteinander vereinbar? In dieser letzten und wichtigsten Frage schien zwar der Wille, von den wesentlichen Lehren des Christentums nicht abzuweichen, eine unüberschreitbare Grenze zu ziehen, doch ließen auch da die unabsehbaren Möglichkeiten in der Auslegung der Dogmen wie der antiken Philosophie der persönlichen Einstellung einen weiten Spielraum. Dabei stand es jedem einzelnen frei, ob, wie weit und wie lange er sich dem Humanismus anschließen wollte. Diese Unklarheiten traten besonders in der ersten Zeit der Verbreitung zutage und dann wieder, als die religiösen alle anderen Fragen in den Hintergrund zu drängen begannen. Auch die mancherlei Beziehungen der Humanisten untereinander blieben nicht ohne Einfluß auf ihre Parteinahme in einzelnen Punkten und bedingten wirkliche oder scheinbare Widersprüche in ihrer Auffassung; so verehrte Erasmus Rudolf Agricola und Alexander Hegius, die er in seiner Jugend persönlich gesehen und gehört hatte, und Celtes war mit Wimpfeling und Trithemius freundschaftlich verbunden. Nicht nur die verschiedenen Richtungen des Humanismus gingen gleichzeitig nebeneinander her, sondern manche Humanisten wechselten ihre Stellung oder wären je nach ihrem Stil, ihrer Forschungsweise oder Weltanschauung verschiedenen Abschnitten zugleich einzuordnen. Wir trennen deshalb in den folgenden Abschnitten jeweils die allgemeine Entwicklung von dem Leben und Wirken der einzelnen Humanisten, um deren Eigenart innerhalb der Gruppe, der sie vorwiegend zuzuzählen sind, nicht zu verwischen.

Der Frühhumanismus

Durch Deutsche, die in Italien studierten, durch Italiener, die sich kürzer oder länger in Deutschland aufhielten, durch die Schriften italienischer Humanisten fand der Humanismus Eingang in Deutschland. Je nach den geistigen Fähigkeiten, dem Charakter, den Interessen und der Stellung der einzelnen nahm er sofort verschiedene Formen an. Neben einem Nikolaus von Kues standen „die Schreiber und Studenten, denen die absonderliche Eleganz der neuklassischen Latinität in die Augen stach wie dem spießbürgerlichen Stutzer der Reiz eines ausländischen Kleiderschnitts“; neben hochangesehenen Patriziern, die in ihren Städten Mittelpunkte des Humanismus bildeten, wie der fromme Gossembrot in Augsburg, der tüchtige Gelehrte und Jurist Gregor von Heimburg in Nürnberg, der Stadtarzt Heinrich Steinhöwel in Ulm, und Fürsten, die wie Markgraf Johann der Alchimist und Pfalzgraf Friedrich der Siegreiche von der Pfalz die neue Richtung und ihre Vertreter förderten, warben richtige Tunichtgute und Habenichtse, „Poeten“ wie sie sich nannten, für den Humanismus. Diese Leute, die, wie der um 1410 geborene Peter Luder, zum Teil halb Europa durchwanderten, verbanden mit dem Stolz auf ihre schlechten Manieren und auf ihre Armut eine abgrundtiefe Verachtung allen Schulwissens. Dabei wog ihr eigenes literarisches Gepäck nicht gerade schwer, aber sie waren von dem Gefühl durchdrungen, daß „sie in dem wenigen die Zukunft mit sich führten“.

Abgesehen von Werken, welche, wie die des Nikolaus von Kues, meist nicht zur eigentlichen humanistischen Literatur zählen, sah es mit den lateinischen Veröffentlichungen des deutschen Frühhumanismus, der von etwa 1450 bis gegen 1490 gerechnet wird, nicht besonders verheißungsvoll aus. Selbst hohe Herren und ernste Gelehrte ahmten die italienischen Vorbilder, von denen Petrarcas Schriften erst jetzt in Deutschland weiteren Kreisen bekannt wurden und Enea Silvio Piccolomini (vgl. S. 126f.) in dieser Epoche den stärksten Einfluß ausübte, vielfach noch ungeschickt nach und schrieben sie ebenso wie die alten Autoren in großem Umfange ab, so daß ein seltsames Gemisch von den verschiedenen Stilstufen der lateinischen Sprache entstand. Die beliebteste literarische Form war die Epistel. Die Humanisten schrieben zahllose Briefe, oft weniger, um dem Empfänger etwas ihn unmittelbar Berührendes mitzuteilen, als weil sich auf diese Weise am besten mit erborgten und eigenen Floskeln, Sinnsprüchen und ähnlichem prunken ließ, die eigene Person in den Mittelpunkt gestellt, der persönliche Feind oder die Widersacher des Humanismus geschmäht und der Freund mit Lobsprüchen überhäuft werden konnte, wobei man dann von ihm als Antwort eine ähnliche Gegengabe erwartete. In der nächstfolgenden Epoche und vor allem in der Blütezeit des Humanismus gewann der Brief mehr an innerem Gewicht und nahm eine mit der literarisch-wissenschaftlichen Zeitschrift zu vergleichende Stellung ein, zumal als die Buchdruckerkunst eine größere Verbreitung fand und berühmte Humanisten Sammlungen ihrer Briefe herausgaben.

Durch die mit dem Frühhumanismus einsetzende rege Übersetzertätigkeit wurden der deutschen Literatur neue Stoffe und auch schon bekannte in so veränderter Form zugeführt, daß sie wie neue aufgenommen wurden; außerdem fühlten sich manche Schriftsteller zur Veröffentlichung von Werken in deutscher Sprache angeregt, die teils ein Mittelding zwischen Übertragung und freier Bearbeitung, teils selbständige Arbeiten darstellen. So wurde um 1460 das Dekameron des Boccaccio ins Deutsche übertragen; die Übersetzung von dessen „de claris mulieribus" ließ Niklas von Wyl unter dem Titel „Büchlein von den sinnrychen und erluchten Wybern" erscheinen. Der Sammelband „Translationen oder Teutschungen" des Niklas von Wyl enthielt unter anderem eine Novelle des Enea Silvio. Der Eichstätter Domherr Albrecht von Eyb bot in seiner „Margarita poetica", der poetischen Perle, ein lateinisches Handbuch für den Redner und Schriftsteller mit theoretischen Anweisungen und vielen Vorbildern: Auslesen aus römischen Prosaikern, namentlich Cicero, und aus Kirchenvätern, antike und humanistische geschichtliche Erzählungen, Dichterzitate und zahlreiche Reden. Seinem „Sittenspiegel" gab Eyb die Verdeutschung zweier Komödien des Plautus als Anhang, und in seinem bald weit verbreiteten „Ehebüchlein" stellte er ein antik-humanistisch-christliches Eheideal auf. Den meisten Anklang fand die deutsche Fabelsammlung „Esop" nach antiken Quellen von Steinhöwel, durch welche die bei den Deutschen von alters her beliebte Tierfabel wieder neu auflebte; ungefähr zwanzig Jahre später, im Jahr 1498, erschien in Lübeck der „Reynke de Voß", Reinecke Fuchs, der von einer niederländischen Vorlage ausging. Das Bestreben, das übernommene fremde Gut innerlich der heimischen Art anzugleichen, ist überhaupt einer der größten Vorzüge des Frühhumanismus, wenn es sich auch gelegentlich, wie bei Niklas von Wyl, mit dem Wunsche verquickte „lateinische Mannen" zu erziehen. Am stärksten trat die nationale Richtung des Frühhumanismus in der mit ihm beginnenden humanistischen Geschichtschreibung hervor.

Nikolaus von Kues

Der im Jahre 1401 als Sohn des Moselschiffers und Winzers Johann Chrypffs (Krebs) zu Kues unweit Trier geborene und 1464 zu Todi in Umbrien als Bischof von Brixen und Kardinal der römischen Kirche gestorbene Nikolaus von Kues wird in der Geschichte des Humanismus meist nur nebenher, oft überhaupt nicht erwähnt, weil er die engen Grenzen weit überschritten hat, welche die durchschnittliche Betrachtungsweise dem Humanismus zu ziehen pflegt. Und doch gehört dieser Denker und kirchliche Organisator seiner ganzen geistigen Haltung nach der Renaissance in ihrem edelsten und weitesten Sinne an und steht als der wohl größte und reichste Geist des 15. Jahrhunderts am Eingang des deutschen Humanismus.

Gegen den Willen seines Vaters, der in dem aufgeweckten und lernbegierigen Knaben nur den künftigen Erben seines Besitzes und Gewerbes sah, hatte der junge Nikolaus das Elternhaus verlassen, um zu studieren. Graf Manderscheid nahm sich seiner an, ließ ihn zuerst die berühmte Schule von Deventer in den Niederlanden und dann die Universität Padua besuchen, wo neben dem Rechtsstudium der Humanismus und die Naturwissenschaften blühten. Nach Deutschland zurückgekehrt, versuchte er sich in der juristischen Laufbahn, gab sie aber bald wieder auf, um sich der Theologie zuzuwenden.

Schon vor seiner Weihe zum Priester sammelte Nikolaus mit großem Eifer Handschriften römischer Autoren, später erwarb er sich auf einer Reise nach Konstantinopel auch zahlreiche griechische Manuskripte. Seine Bibliothek, die er dem Spital von Kues hinterließ, seine Freundschaft mit Enea Silvio und vor allem, daß Männer wie der Friese Agricola nicht zuletzt durch seinen Einfluß für den Humanismus gewonnen wurden, weisen Nikolaus von Kues selbst als Anhänger des Humanismus aus, der ihm freilich nicht wie den von der Zeitströmung Mitgerissenen Selbstzweck war. Wenn er die klare Schönheit der griechischen und römischen Klassiker auf sich wirken ließ, wenn er historische Kritik übte und z. B. „mit solider, aus dem Studium der Kirchenväter und der Konzilsakten erwachsener Gelehrsamkeit" die „Konstantinische Schenkung" als Fälschung bezeichnete, wenn er immer wieder auf die geschichtlichen und religiösen Quellenschriften, so auch auf den Koran, zurückging, wenn er sich in mathematische und naturwissenschaftliche Studien versenkte, so sollte ihm all das Mittel und Wege weisen für höchste und tiefste Erkenntnisse, für die Reform der Kirche und für die Versöhnung der religiösen Gegensätze.

Nikolaus von Kues hat als erster die auf Aristoteles zurückgehende Vorstellung überwunden, daß das Weltall eine hohle Kugel sei, in der die Planeten und Fixsterne um die Erde kreisten; schon vor Giordano Bruno lehrte er die räumliche und zeitliche Unbegrenztheit der Welt. Wie er diese als unendlich auffaßte, so kennt auch sein Wissensdrang keine Grenzen: in dem steten Fortschreiten zu immer neuen Erkenntnissen sieht er das Abbild der ewigen göttlichen Weisheit. Sein philosophischer und theologischer Zentralbegriff ‚docta ignorantia', die weise Unwissenheit, die Einsicht von der Unfaßbarkeit Gottes und von der Unerkennbarkeit des Unendlichen steht dazu keineswegs im Gegensatz. Die docta ignorantia ist Nikolaus der Ausgangspunkt für seine „Jagd nach der Weisheit" und die Grundlage jeglichen wahren Wissens. Er gelangte von da aus zu Ergebnissen, welche die Entwicklung der abendländischen Philosophie auf Jahrhunderte hinaus befruchteten, und hat namentlich „das Problem der Erkenntnis in seinen metaphysischen Tiefen und dem Reichtum seiner methodologischen Bezüge wie kein zweiter Denker seiner Zeit durchschaut". Bei seiner Beweisführung bedient er sich mit Vorliebe der Mathematik entnommenen Gleichnisse, wie überhaupt sein hoher Geistesflug viel von der kühlen Absolutheit des reinen Logikers an sich hat. Als Mystiker zielte er mehr auf Frömmigkeitsaffekte und praktisches Christentum ab, obwohl er auch hier die Eigenart seines Denkens nicht verleugnete und sich mit Meister Eckart, dessen Lehre er verteidigte, innerlich verwandt fühlte. Daß es dem Kusaner bei seinen mystischen Bestrebungen weniger auf Theorie und Spekulation ankam, hängt mit seinen Bemühungen um die Kirchenreform zusammen. Er suchte dabei nicht nur von jeher bekämpfte Übelstände abzustellen, sondern auch die sonst von kirchlichen Behörden mehr oder weniger geduldeten Auswüchse der Werkheiligkeit zu beschneiden, gegen die sich dann die späteren Humanisten, freilich ebenfalls erfolglos, mit den Waffen des Witzes und Spottes wandten.

Am erstaunlichsten ist die geistige Freiheit des frommen Kardinals. Als Mitglied einer Gesandtschaft, welche die morgenländische mit der römisch-katholischen Kirche versöhnen sollte, war der Kusaner 1438 nach Konstantinopel gekommen. In einem Kloster zu Pera fand er ein Exemplar des Koran, auch sonst lernte er auf dieser Reise verschiedene religiöse Anschauungen und Gebräuche des Ostens kennen. Die abendländischen religiösen Strömungen verfolgte er zeit seines Lebens mit größter Aufmerksamkeit, wozu ihn schon seine Anteilnahme an den Verhandlungen mit den Hussiten anregte. Allmählich reifte in ihm der Plan zu einer Darlegung dessen, was den monotheistischen Bekenntnissen gemeinsam sei. Als nach der Eroberung Konstantinopels 1453 der Glaubenskrieg der Mohamedaner auch nach Europa übergriff, führte der Kardinal sein Vorhaben aus. Er kleidete seine Schrift „Vom Glaubensfrieden" in die literarische Form einer Vision: „Der Herr des Himmels und der Erde hat das Seufzen der Ermordeten, der Gefesselten und Gefangenen gehört, die wegen der Religionsverschiedenheit leiden, und da alle, die ihretwegen verfolgen oder verfolgt werden, glauben, ihr Seelenheil fordere dies und ihr Schöpfer finde daran Gefallen, so hat sich der Herr seines Volkes erbarmt und genehmigt, daß die verschiedenen Religionen durch allgemeine Übereinkunft friedlich auf eine Religion zurückgeführt werden, die fortan unverletzlich sein soll." So kommen denn Vertreter von fast allen Religionen, die an einen Gott glauben, zusammen und besprechen sich. Das „Wort", der Logos, eigentlich Christus, Petrus und Paulus suchen nun nachzuweisen, daß sämtliche Religionen und Nationen in den letzthin entscheidenden Wahrheiten übereinstimmen: „Ihr werdet finden, daß überall derselbe Glaube vorausgesetzt wird". Kardinal Kues gibt zwar keine der christlichen Lehren preis, aber die Hochachtung, mit der er von jeder Religion spricht und die Bemerkung, daß „alle Verschiedenheit mehr im Ritus als in der Verehrung des einen Gottes gelegen sei", sprengen doch jede konfessionelle Enge. Mit feinstem psychologischem Verständnis dafür, daß eine Versteifung auf die alleinseligmachende Kirche und auf den päpstlichen Primat das große Versöhnungswerk von vornherein zum Scheitern bringen würde, ist als Ort der Beratung und als Mittelpunkt der gemeinsamen Religion nicht Rom, sondern Jerusalem, als ein den Juden, Mohamedanern und allen Christen heiliger Ort, gewählt, und „als der älteste" von allen Vertretern der Nationen und Religionsgemeinschaften ergreift zuerst ein Grieche das Wort. Nicht weniger rücksichtsvoll und klug ist es, daß keine „Ketzerei" genannt wird. Die Reformfragen der Hussiten und Wiklifiten werden dem Böhmen und dem Engländer in den Mund gelegt. Dem Böhmen, der sich darüber beklagt, daß die Verwandlung von Brot und Wein in Christi Fleisch und Blut doch schwer zu begreifen sei, läßt der Kusaner durch Paulus antworten: „Jene Verwandlung ist nur eine geistige, weil ganz entfernt von allem, was durch den Sinn erfaßbar ist". Außerdem sei der Empfang dieses Sakramentes, soweit es in sinnlichen Zeichen besteht, zur Seligkeit nicht unbedingt notwendig, für diese genüge es zu glauben und auf diese Weise das Brot des Lebens zu genießen. Auf die Frage des Engländers, was von den Sakramenten der Ehe, der Priesterweihe, der letzten Ölung und der Firmung, ferner was vom Fasten, von den kirchlichen Ämtern, von den Gebetsformeln usw. zu halten sei, erwidert Paulus: „Man muß der menschlichen Schwäche sehr oft Rechnung tragen, soweit es nicht gegen die ewige Seligkeit verstößt. Eine strenge Gleichheit in allen Stücken suchen, würde den Frieden stören". Da bei allen Völkern die Ehe durch eine Art Naturgesetz eingeführt sei und alle Religionen ein Priestertum hätten, und da das Christentum in beiden Einrichtungen eine besondere Reinheit der Auffassung bekunde, müsse hier doch eine Verständigung im Grundsätzlichen zu erzielen sein. Für das Fasten aber und ähnliches gelte: „Wo keine Übereinstimmung in der Art und Weise möglich sei, lasse man die Nationen unbeschadet des Glaubens und Friedens bei ihren Andachten und Zeremonien. Die Andacht gewinnt vielleicht sogar durch die Verschiedenheit". Religiöse Duldung ist zwar auch sonst der Renaissance nicht fremd; aber an Tiefe und Großzügigkeit der Auffassung reicht keiner der späteren Humanisten mehr an den Kusaner heran, auch nicht das der Religion gewidmete Kapitel der 1515 verfaßten „Utopia" des

Engländers Thomas Morus, worin ebenfalls der Religionskrieg aufs schärfste verurteilt und es für „unverschämt und abgeschmackt" erklärt wird, jemand mit Gewalt und Drohungen zu zwingen, das als wahr anzunehmen, was man selbst dafür hält.

Nur weniges konnten wir hier von der geistigen Haltung und Leistung des Nikolaus von Kues andeuten. Seine Schriften sind großenteils zu schwierig und in manchem auch zu zeitgebunden, als daß sie heute noch eine weite Verbreitung finden könnten. Mit seiner Tätigkeit als Kirchenreformer stand er auf einem verlorenen Posten (vgl. S. 215). So wird der Kusaner dem deutschen Volk kaum wieder je so gegenwartsnah werden, wie er es bei seiner geistigen und sittlichen Größe verdiente. Nie aber sollten wir Deutsche vergessen, daß der moselländische Schiffer- und Winzersohn die vielgerühmte geistige Weite der italienischen Renaissance und der letzten großen Humanisten von Weltruf, eines Thomas Morus und eines Erasmus von Rotterdam, bereits um die Mitte des 15. Jahrhunderts vorweggenommen hat.

Der ältere Humanismus

Um 1490 hatte der deutsche Humanismus das Stadium der Aufnahme fremder Anregungen und der ersten selbständigen Versuche soweit überwunden, daß er in steigendem Maße die Führung im Geistesleben zu übernehmen vermochte. Dies gelang ihm in der Zeit des älteren Humanismus hauptsächlich durch die schrittweise Eroberung der höheren Schule. Unter dem Westfalen Ludwig Dringenberg, einem Zögling der Brüder vom Gemeinsamen Leben, wurde die stark besuchte Schule in Schlettstadt zur Pflanzstätte des Humanismus im Elsaß. Alexander Hegius, ebenfalls aus einer dieser Brüderanstalten hervorgegangen, bildete seit 1469 an der Schule zu Wesel am Niederrhein und dann zu Deventer eine ganze Humanistengeneration heran. Einen Schüler des Hegius, den Johannes Murmellius, berief der in Deventer erzogene und hierauf in Italien mit den humanistischen Bestrebungen vollends vertraut gewordene Stiftspropst Rudolf von Langen zur Leitung der Domschule von Münster. Als zu Anfang des 16. Jahrhunderts die Blütezeit des Humanismus anbrach, folgten die bedeutenderen mittleren Schulen Nordwestdeutschlands den Grundsätzen eines Hegius und Murmellius, und von ihnen ausgebildete Lehrer waren auch in anderen norddeutschen Städten, z. B. in Rostock und Lübeck, tätig.

Diese Schulen hatten von früher her einen mehr oder weniger deutlich ausgeprägten geistlichen Charakter, ob sie nun unmittelbar wie die zu Deventer, Emmerich oder Münster unter einer kirchlichen Behörde standen, oder ein Geistlicher im Auftrage der Ratsherren die Aufsicht in einer städtischen Schule führte. Der Übergang zum Humanismus hatte für die Schulen eher eine Stärkung als eine Schwächung ihrer christlichen Einstellung zur Folge. Pietät, die Verehrung des Jüngers für den Meister, der ihm die neue Welt der edlen und schönen Studien, der ‚bonae litterae', erschloß, ist überhaupt einer der erfreulichsten menschlichen Züge des Humanismus. Und so pflegten die bedeutendsten Humanisten dieser Epoche, die Männer der

Praxis wie auch die Schriftsteller, den Geist der Frömmigkeit, den ihre Lehrer bei den Brüdern vom Gemeinsamen Leben in sich aufgenommen hatten. In religiöser Beziehung und auch in der grundsätzlichen Einschätzung der Wissenschaft vollzog der ältere deutsche Humanismus dem Mittelalter gegenüber keinen Gesinnungswechsel. Alle Wissenschaft hat der Gottes- und Nächstenliebe, und die klassischen Studien haben der Theologie zu dienen. Die Scholastik wird gelegentlich unbedingt gegen ihre Angreifer verteidigt und die christlichen Dichter des Altertums werden über die heidnischen gestellt. Von eigentlich humanistischer Auffassung zeugen die Forderung, daß das Studium zur Urbanitas, zur feinen Gesittung, hinleiten solle, und das Bestreben, die Unterrichtsmethoden zu vereinfachen und die Schüler möglichst schnell und gut für die Lektüre der römischen antiken und christlichen Schriftsteller vorzubereiten, schließlich die stärkere Betonung der Allgemeinbildung, der Altertumskunde, Geographie, Naturwissenschaften, Geschichte, auch der Literatur- und Kunstgeschichte. Der niederrheinisch-westfälische Humanismus dieser Epoche widmete sich der Durchführung dieser Grundsätze hauptsächlich im Schulunterricht. Der elsässische stand nicht weniger im Zeichen der Erziehung, doch trat er überdies in weit größerem Umfang mit Schriften an die Öffentlichkeit. Sie behandelten teils eigentlich pädagogische Fragen, teils zielten sie auf die Reform des Klerus und die geistige und sittliche Hebung des Volkes ab. Ähnlich wie der mit ihm hierin verwandte schlesische, suchte der elsässische Humanismus in Verbindung mit seinen sonstigen Bestrebungen das deutsche Nationalgefühl aufzurütteln (vgl. S. 124f.). — Unter den niederdeutschen biblisch-christlichen und den oberdeutschen christlich-nationalen Humanisten ragen hervor: Rudolf Agricola als eine der edelsten Erscheinungen des deutschen Humanismus, durch sein vielseitiges Wirken Wimpfeling, das anerkannte Haupt des elsässischen Humanismus, und Sebastian Brant als Verfasser des „Narrenschiffs".

Rudolf Agricola

Der 1443 in Baflo nördlich von Groningen geborene Roelof Huysmann, der seinen Namen in Agricola, Bauersmann, übersetzte, studierte noch ganz in der herkömmlichen Weise zu Erfurt und Löwen Philosophie und erwarb dabei die Grade eines Baccalaureus und Magisters. Dreiundzwanzig Jahre alt, bezog er die Universität von Pavia. Er begeisterte sich hier für den Humanismus und schloß enge Freundschaft mit Johann von Dalberg, der, später von Kurfürst Philipp zum Kurator der Heidelberger Universität ernannt, eine Hauptstütze des Humanismus in Deutschland wurde. Um sich die Mittel zu weiterem Studium, besonders zu der Erlernung des Griechischen zu verschaffen, nahm Agricola eine Stelle an der Kapelle des Herzogs von Ferrara an, der eine große Vorliebe für niederländische Musiker hatte. Im Jahre 1479 kehrte Agricola nach Deutschland zurück, hielt sich längere Zeit in Groningen auf und siedelte im Frühjahr 1484, einer Einladung Dalbergs folgend, nach Heidelberg über. Im nächsten Jahre begleitete er Dalberg, der seit

1482 Bischof von Worms war, nach Rom, erkrankte auf der Rückreise und starb am 27. Oktober 1485 in den Armen seines Freundes Dalberg.

Nach seiner Auffassung über das Verhältnis von Antike und Christentum, von Humanismus, Kirche und Theologie ist Agricola dem älteren Humanismus zuzurechnen. Dem Studium des klassischen Altertums maß er nur „als Mittel zu einer vertieften Auffassung der Heiligen Schrift" Wert bei, und von der Theologie sagte er einmal: „Im Gefühl meiner Unzulänglichkeit halte ich es für das beste, von ihr nicht zu reden und ihrer Majestät durch staunendes Schweigen zu huldigen." In seinem philosophischen Hauptwerk ‚De inventione dialectica' wendet er sich schroff gegen den scholastischen Lehrbetrieb und preist die „ungeheure, unermeßliche Kraft des menschlichen Geistes, die keine Schwierigkeiten kennt"; aber trotz seiner vielseitigen Aufnahmefähigkeit und seines Talents für humanistische Formgebung kommt er inhaltlich nicht wesentlich über die mittelalterliche Überlieferung hinaus, er vermag kein planvolles neues Ganze aufzubauen und bleibt meist in mehr oder weniger allgemeinen Anregungen wissenschaftlicher, erzieherischer oder religiöser Art stecken. So verraten seine Schriften und seine poetischen Versuche, mit denen er selbst wenig zufrieden war, allzusehr den Übergangscharakter jener Zeit. Selbst in scheinbar typisch humanistischen Äußerungen, z. B. dem Lobpreis der im Jenseits befriedigten Sehnsucht nach allem Wißbaren, entfernt er sich nicht wesentlich von ursprünglich christlich-mittelalterlichen Vorstellungen, beruht doch nach ihnen das Glück der Seligen im Himmel außer der auch von Agricola hervorgehobenen unmittelbaren Anschauung Gottes auf der Erkenntnis alles Geschaffenen im Schöpfer.

Trotz seiner Bindung ans Mittelalter sahen die Humanisten der germanischen Länder zu Rudolf Agricola mit einer Verehrung und Bewunderung auf, wie sonst kaum zu einem der Ihren. Die rückhaltlose Anerkennung, die ihm Männer der verschiedensten Richtung, ein Celtes, Wimpfeling, Erasmus von Rotterdam, Melanchthon zollten, beruhte weniger auf seinen Schriften als auf seiner einzigartigen, gewinnenden Persönlichkeit. Schon sein Äußeres machte auf die schönheitsbegeisterten Humanisten einen starken Eindruck. Der große Friese hatte einen kräftig gebauten Körper von edlem Ebenmaß, seine geschmeidige Kraft kam besonders in dem von ihm eifrig gepflegten Steinstoßen, Fechten und Ballspiel zur Geltung. Viel beachtet wurden sein stattlicher, kastanienbrauner Bart und seine auffallend schönen Hände. Alles, was die Humanisten hochschätzten, besaß er in seltener Harmonie: umfassende Gelehrsamkeit und ungewöhnliche Sprachkenntnisse. Er schrieb einen eleganten lateinischen Stil und sprach Latein so flüssig und wohllautend, daß sich die Italiener darüber wunderten. Dazu beherrschte er Griechisch, das Hoch- und Niederdeutsche, Französisch und mehrere italienische Dialekte; in seinen letzten Jahren lernte er noch Hebräisch. Er war mit den Theorien der bildenden Künste und der Musik vertraut, malte und zeichnete, war ein Meister der Orgel, Flöte und Laute und bezauberte als Sänger namentlich die Frauen. Trotz seiner gesellschaftlichen Erfolge und trotz seiner Scheu vor jeder festen Bindung, die ihn „die Schule für einen Kerker, die Ehe für unerträglichen Zwang, sein denkbar ungezwungenes Verhältnis zu dem großen Mäzen Dalberg für drückende Sklaverei" erklären ließ, verfiel er nicht der Sittenlosigkeit der meisten freizügigen Humanisten und hielt sich von deren Streitsucht frei. „Die Götter oder die Gestirne haben diesen hochbegabten Menschen der Erde nur gezeigt und mitten in seiner herrlichsten Entfaltung wieder entrissen", rühmte ihm, dem Deutschen, ein italienischer Humanist nach. Vielleicht hat aber gerade sein früher Tod — er starb zweiundvierzigjährig — die Erinnerung an ihn um so lebendiger erhalten und die in den Herzen seiner deutschen Freunde ausgestreute Saat um so reichere Früchte tragen lassen. Vom Humanismus war ja das Gefühl der Jugendlichkeit untrennbar, die meisten, die wie Agricola, ihr Leben ganz auf ihn gestellt hatten, begannen, wenn sie einmal das vierzigste oder gar das fünfzigste Jahr überschritten hatten, sich alt zu fühlen — Agricola machte hierin keine Ausnahme — und wurden grämlich, wenn sie wie Erasmus oder Wilibald Pirkheimer ein höheres Alter erreichten.

Wimpfeling und sein Streit mit Murner und Locher

Der am 25. Juli 1450 zu Schlettstadt geborene und am 15. November 1528 in seiner Vaterstadt gestorbene Jakob Wimpfeling hat die Entwicklung des Humanismus von Agricola an bis zur Zurückdrängung durch die Reformation miterlebt. In einer seiner ersten größeren Arbeiten, im „Stylpho", dem ersten humanistischen Lustspiel, geißelte er die Unbildung und Pfründenjagd vieler junger Geistlicher. Aus dem Satz von dem Gegenspieler des faulen und lüderlichen Stylpho „Wer die Philosophen und Universitäten vertilgt, vertilgt Rom und den Papst", spricht sowohl die humanistische Überzeugung Wimpfelings vom Werte der Wissenschaft als auch die noch auf die Konzilsepoche zurückweisende Auffassung von den Universitäten als den geistigen Führern der Christenheit, auf die auch der Papst zu achten habe. Die besondere Stellung Wimpfelings und seiner Straßburger Freunde innerhalb des Humanismus beruht zum guten Teil auf der Verbindung dieser beiden Ideenkreise. Mit seiner Dichtung „Der dreifache Glanz Mariens" griff er in den Kampf ein, den die elsässischen Humanisten im Bunde mit den Franziskanern gegen die Dominikaner für die Lehre der unbefleckten Empfängnis Mariae führten. Gegen den französischen König Karl VIII., der Kaiser Maximilians Braut heiratete (vgl. S. 184f.), schrieb Wimpfeling einige Gedichte, die er auch ins Deutsche übersetzte. Seine pädagogischen Hauptschriften „Wegweiser für die Jugend", „Die Jugend" und der zweite Teil seiner „Germania", die er auch unter dem Titel „Tutschland, zu Ere der Stadt Straßburg und des Rinstrommes" erscheinen ließ, geben Anweisungen für den Unterricht und die sittliche Erziehung der Jugend. Die Erörterungen, was von den bisher üblichen Schulbüchern zu übernehmen und worin sie zu verbessern, welche Schriftsteller und wie sie zu lesen sind, und welche antiken Autoren sich für die Jugend nicht eignen, mit welchen Mitteln die Fehler der Jugend zu bekämpfen und ihre guten Anlagen zu fördern sind, zeichnen sich durch gesundes und maßvolles Urteil aus. Sie enthalten auch manche feine Beobachtungen, wie etwa, daß es in jeder Sprache Ausdrücke gebe, die in ihr selbst nicht anstößig wirken, bei wörtlicher Übersetzung in eine andere jedoch Anstand und Zartgefühl verletzen. Nachdrücklich empfiehlt Wimpfeling neben der Lektüre der heidnischen die frühchristlichen Dichter, die hinter jenen im Stil nicht zurückständen und sie an Gehalt überträfen. Der Humanismus christlich-kirchlicher Richtung hat in diesen und ähnlichen Schriften Wimpfelings seinen reinsten Ausdruck gefunden. Wenn ihn manche Gelehrte als „Erzieher Deutschlands" feiern, so ist dies nicht ganz unberechtigt; denn bei dem großen Ansehen, das er noch zur Zeit der Hochblüte des Humanismus genoß, erstreckte sich sein Einfluß auch auf jene Männer, die dann, zuerst im lutherischen Sachsen, den Schulhumanismus auf christlicher Grundlage durchführten.

Die Bemühungen um das Schulwesen erweckten Wimpfeling von zwei Seiten Feinde. Seine Kämpfe haben ihm viel Verdruß bereitet, aber nicht wenig dazu beigetragen, ihn weithin bekannt zu machen. In seiner „Germania" nahm er zunächst Stellung gegen die Franzosenfreunde im Elsaß, führte dann aus, daß alle römischen Könige seit Karl dem Großen Deutsche gewesen seien, und bewies mit mannigfachen Gründen den deutschen Charakter des Elsaß. Der zweite Teil bietet neben verschiedenen staatspolitischen, theologischen und sozialen Darlegungen pädagogische Richtlinien und gipfelt in dem Vorschlag, der Rat der Stadt Straßburg solle eine Mittelschule, eine Art Gymnasium, die „Fechtschul" gründen. Gegen Wimpfelings „Germania" gab Murner eine „Nova Germania" heraus, in der die Beweise Wimpfelings für das Deutschtum des Elsasses und Karls des Großen zerzaust werden. Gegen die Hauptgründe der „Germania" ließ sich nun freilich nicht viel einwenden; aber im einzelnen hatte sich Wimpfeling, dem mehr eine begeisterte Darstellung für Unterrichtszwecke und nationalpolitische Ziele als kritische Forschung lagen, arge Blößen gegeben. Hier nun hakte der Franziskaner Thomas **Murner** ein. Seine Gegner warfen ihm vor, er habe als Parteigänger der Franzosen Wimpfelings Germania angegriffen, andere glaubten, der Bettelmönch habe zum Schutze der Straßburger Klosterschulen den Plan einer städtischen Schulgründung durch Verächtlichmachung der ganzen „Germania" untergraben und obendrein sich an dem Weltpriester Wimpfeling rächen wollen, der nach Humanistenart bei verschiedenen Gelegenheiten die Mißstände in den Klöstern aufs Korn nahm. Der Hauptgrund von Murners Vorgehen lag indes wohl in seiner Persönlichkeit selbst. Der 1475 zu Oberehnheim im Elsaß geborene Franziskaner hatte den Wissenschaftstrieb und den brennenden Ehrgeiz wie nur je ein Humanist und führte auch ein echt humanistisches Wanderleben. Aber er war weder auf den Humanismus, noch auf sonst eine Richtung eingeschworen, sein Mönchs- und Priesterberuf füllten ihn so wenig aus wie die Wissenschaft, wenn er auch viel von sich reden machte als Poet, der 1505 von Maximilian zum Dichter gekrönt wurde, als Lehrer, der sich ob seiner auffallenden Unterrichtserfolge vor dem Senat der Krakauer Universität wegen Zauberei zu verantworten hatte, und als Prediger, der mit seinem Grundsatz „verdorbene Ohren müssen gesalzene Predigten hören" eine ungewöhnliche Anziehungskraft auf die breiten Massen ausübte. Sein eigentliches Lebenselement war die Satire und die Polemik, am liebsten gegen die jeweiligen Tagesgrößen. Er brachte hierfür ausgezeichnetes Rüstzeug mit: eine scharfe Beobachtungsgabe für die Schwächen der Zeit und der einzelnen Menschen, eine packende, bildkräftige und derbe Sprache, die keine Bedenken weder des guten Geschmackes, noch irgendeiner Verantwortung gegenüber den Angegriffenen kannte. In seinem Kampfe für den katholischen Glauben ging es ihm dann allerdings mehr um die Sache (vgl. S. 324).

Es läßt sich denken, wie sehr es einen Mann wie Murner reizen mochte, dem gravitätischen und etwas galligen Wimpfeling, dem Haupt der Straßburger literarischen Gesellschaft, und mit ihm seinen Anhängern mit der Bloßstellung seiner wissenschaftlichen Schwächen eins auszuwischen. Einen Murner störte es bei diesem Vorhaben nicht im mindesten, daß er mit seiner „Nova Germania" nebenher die Sache der Franzosen im Elsaß förderte, und daß er Wimpfeling, der ihm manche Gefälligkeit erwiesen hatte, erst die Handschrift mit der Versicherung übersandte, er werde sie nicht veröffentlichen, um sie dann, nachdem er wohl von anderer Seite etwas über ihren Eindruck auf Wimpfeling gehört hatte, sofort in Druck zu geben, als sie wieder in seinen Händen war. So wurde die ganze Angelegenheit vom rein Wissenschaftlichen, um das es Murner nach seinen Angaben einzig ging, von Anfang an auf das Persönliche verschoben. Es entstand bald ein richtiger Gelehrten- und Literatenskandal daraus mit groben Beschimpfungen und Verdächtigungen auf beiden Seiten. — Womöglich noch mehr artete der Streit des Jakob Locher gegen Wimpfelings Kreis aus, obwohl Locher selbst diesem früher sehr nahe gestanden hatte und auch später noch eine Reihe von dessen Grundsätzen beibehielt. Die antiken Dichter schätzte er dagegen ungleich höher ein und empfahl deren uneingeschränkte Lektüre in den Schulen. Nun hatte Zingel, ein Anhänger Wimpfelings, den humanistischen Wissenschaften und der Beschäftigung mit den antiken Dichtern gegenüber der Theologie eine untergeordnete Rolle zugewiesen. Locher griff Zingel deswegen in zwei Flugschriften an. Wimpfeling und die Seinen fühlten sich mitgetroffen, und nun hob von beiden Seiten ein scharfes Streiten an. Locher verspottete die Theologen unter anderem damit, daß er eine Reihe von Sätzen in die scholastische Form einkleidete und ihre spitzfindigen Fragen parodierte, etwa: Utrum primus Adam viridi merdarit in horto? Hat Adam als erster im Paradiesgarten seine Notdurft verrichtet? Die Straßburger beantworteten die Frage in der unflätigsten Form. Wimpfeling verstieg sich in diesen Auseinandersetzungen zur Verwerfung der heidnischen Dichter überhaupt und verteidigte den Klerus auch in Dingen, in denen er ihm sonst selbst die gröbsten Vorwürfe machte. Es geht jedoch nicht an, aus solchen gelegentlichen Äußerungen auf eine schwankende Haltung Wimpfelings im Grundsätzlichen zu schließen und ihn deshalb als „Übergangserscheinung" zu bezeichnen.

Soweit sich Wimpfeling nicht in der Hitze des Kampfes zu Widersprüchen gegen seine eigene Überzeugung fortreißen ließ, nahm er in den Bildungsfragen der Jugend und im Kampf für die Kirchenreform, die den Inhalt seines Lebens bildeten, als christlich-kirchlicher und nationaler Humanist und als Kirchenreformer auf der Grundlage des Konstanzer und Basler Konzils jederzeit klar und folgerichtig Stellung. So verfaßte er, der treue Sohn seiner Kirche, 1510 auf Wunsch Kaiser Maximilians ein Gutachten, worin er Martin Mayrs „Beschwerden der deutschen Nation" vom Jahre 1457 wieder aufnahm und schrieb fünf Jahre später eine Gegenschrift zu des Enea Silvio „Germania" (vgl. S. 126f.), worin er diesem vorhält, er habe die deutschen Verhältnisse mit doppeltem Pinsel gemalt. Er lobe die Deutschen, um sie zu willigen Zahlern an die päpstliche Kasse zu machen, rühme aber Roms Verdienste um den Glauben der Deutschen über Gebühr. Müßten die Deutschen den Römern Geld geben, weil sie von ihnen den christlichen Glauben empfangen haben, so wären diese verpflichtet, nach Palästina Zins zu zahlen, weil ihnen von dort das Christentum gekommen sei. In seinen verschiedenen Gedichten und Schriften gegen die Auswüchse des Mönchtums rügt Wimpfeling auch die neuen Andachten und die Wunderwerke, womit die Mönche dem armen Volke das Geld aus der Tasche lockten. Die Deutschen seien selbst so gute Christen, daß sie auf die Neueinführungen der Italiener verzichten könnten: „Lasset die Fremden fort, wir Deutsche wollen nach deutscher Art leben!" Die Art der Mönche, Laien von den Pfarrkirchen weg in ihre Klöster zu locken, verspottete er in bissigen lateinischen Versen: „Geht es einem Schwein schlecht, so laufen von allen Seiten die Schweine herbei, leidet der Weltklerus, dann tuts keiner Kutte weh!" Nach Wimpfelings ganzer Vergangenheit war es ebenso selbstverständlich, daß er Luthers Auftreten erst als das Morgenrot einer besseren Zukunft begrüßte, wie daß er dann, als die Reformation mit der alten Kirche grundsätzlich brach, dieser die Treue hielt. Bitter schmerzte es ihn, daß manche seiner Freunde zur neuen Lehre übergingen und ihm in den letzten Lebensjahren sein Lieblingsschüler Jakob Sturm auf seine Mahnungen zur Antwort gab: „Bin ich ein Ketzer, so hant ihr mich zu einem gemacht". Es war die Tragik des humanistischen Reformkatholizismus von der Richtung Wimpfelings so gut wie von der freieren des Erasmus von Rotterdam, daß er keines seiner Ziele erreichte, sondern unbewußt Strömungen stärkte, die ihm in ihren Auswirkungen übler dünkten, als die schlimmsten kirchlichen Mißstände.

Sebastian Brant

Einer der vertrautesten Freunde und Mitstreiter Wimpfelings war der 1457 zu Straßburg als Sohn des Gastwirts zum Goldenen Löwen geborene Sebastian Brant. Zuerst Professor der Rechte in Basel, wurde er später als Syndikus und Stadtschreiber nach Straßburg berufen. Seine religiösen und nationalpolitischen Gedichte in lateinischer Sprache übertrafen an Schwung seine deutschen Verse.

Es läßt sich an ihm besonders gut beobachten, wie das an antiken Vorbildern durchgebildete Latein Schriftsteller vom Schlage Brants zu Leistungen befähigte, welche die Grenzen ihrer nüchternen und etwas unbeholfenen Art überschritten. Seinen Ruhm bei Mit- und Nachwelt verdankt er aber doch einem deutschen Werke.

Die Moralsatire mit religiösem Untergrund, seit der um 1160 von dem Benediktiner Heinrich von Melk verfaßten „Erinnerung an den Tod" in Deutschland heimisch, wurde eben jetzt, da die sich von den ständischen Bindungen loslösenden Intellektuellen sich über aller Stände Torheiten lustig machten, die große literarische Mode, die man in deutscher und lateinischer Sprache, in Prosa und in Versen pflegte. Die größte Anerkennung von den Zeitgenossen und die weiteste Verbreitung von Schriften dieser Art gewannen Brants „Narrenschiff" und des Erasmus „Lob der Torheit". Bei den damals gebräuchlichen Fastnachtaufzügen wurde gelegentlich ein mit allerlei Faschingsnarren besetztes Schiff auf dem Wasser herumgezogen oder auf Rollen mitgeführt. Brant erklärt in seiner Dichtung das Leben als großen Karneval, nimmt sich daraus die größten Narren vor, läßt sie in sein Narrenschiff einsteigen und nach Narragonien reisen. Trotz reichlicher Aufnahme antiken Stoffes ist das durch und durch volksdeutsche Narrenschiff keine humanistische Dichtung im eigentlichen Sinne, doch gehört es in einem weiteren dem deutschen Humanismus an, ja ist gewissermaßen eines seiner Hauptwerke. Die Zeitgenossen nahmen es wenigstens so auf, und ihr Urteil dürfen wir uns hier zu eigen machen, wo es darum geht, das damalige Leben und Erleben möglichst unmittelbar zu erfassen. Als das Narrenschiff im Februar 1494 erschien, geschmückt mit guten Holzschnitten, deren Vorlagen größtenteils vielleicht der junge Dürer in Basel gezeichnet hatte, wurde es mit einem ungeheuren Beifall aufgenommen. Die führenden Humanisten priesen Brant als den größten deutschen Dichter, als den Begründer einer neuen literarischen Gattung und Epoche, nannten das Narrenschiff mit Beziehung auf Dantes divina commedia eine divina satira; es wurde ins Lateinische, Niederländische, Niederdeutsche, Englische, Französische übertragen, Auflage folgte auf Auflage, man zählt vom 15. bis 16. Jahrhundert siebenundzwanzig deutsche, vierzehn lateinische, fünf niederländische, vier englische, vier französische, zwei niederdeutsche Ausgaben, teils in getreuer Wiedergabe, teils mit geistlichen und mönchischen Zutaten und protestantischen Abänderungen. Fastnachtsspiele und Gelegenheitsgedichte schöpften aus dem Narrenschiff, Thomas Murner und andere ahmten es nach, eine Fülle volkstümlicher Wendungen hat es aufgenommen und weitergegeben, nicht wenige neu geprägt. Seine Anziehungskraft auf ernstere Kreise verlor es erst im 17. Jahrhundert.

Während noch die Einleitungen zu den Neuausgaben im 19. Jahrhundert Inhalt und Sprache des Narrenschiffs rühmen, wird es von Neueren abfällig beurteilt. Es soll ein im Grunde hoffnungsloses Werk sein und „der ungeheure Erfolg sich nur aus dem Vorhandensein einer freudlosen Resignation in sehr weiten

Kreisen erklären". Die Diktion sei „hölzern, kein dichterischer Hauch belebe diese von redlichster Gesinnung eingegebenen Verse". Gegen die Auffassung, das Narrenschiff sei das Erzeugnis und der Ausdruck einer müden, verzagten Zeit, spricht jedoch unter anderem, daß es sich die höchste Bewunderung gerade auch der Humanisten erwarb, welche die Zukunft in rosenrotem Optimismus sahen. Wohl zittert in dem Buche die Angst, die Welt und das deutsche Reich stünden vor einer unsagbar großen Gefahr: „die Axt steht an dem Baum", und Brant ist weit entfernt von des Erasmus Paradoxon im „Lob der Torheit", die Narrheit sei es gerade, welche die Welt aufrecht erhält; aber hoffnungslos war deshalb Sebastian Brant keineswegs. Er wollte nicht zwecklos lachend die Wahrheit sagen, sondern hielt der Welt ihre Narrheiten vor, damit sie sich bessere. Eben darum nannte es der große Straßburger Prediger Geiler von Kaisersberg, der Freund von Brant und Wimpfeling, den „Spiegel des Heils" und legte es einer Predigtfolge zugrunde. Brants Sohn Onufrius trifft den Kern, wenn er von dem Werke seines Vaters sagt: „Es zeigt wie viel der Narren sind, / die eitle Torheit machte blind, / die tanzen will am Narrenseil. / Dies Schiff bringt uns der Seelen Heil: / Es lehrt uns aller Tugend Wesen, / wenn wir es mit Vernunft durchlesen, / bewahrt uns vor tötlichem Schaden / und führt uns zu himmlischen Gestaden."

Die Sorge für das Seelenheil, das war eines der Hauptanliegen der Zeit, und die Form von Brants „Seelsorge" kam ebenso wie seine Begeisterung für Kaiser und Reich in unübertrefflicher Weise dem Zeitgeschmack entgegen. Das, was wir heute unter einem Kunstwerk verstehen, ist nun das Narrenschiff freilich nicht. Der dichterische Vorwurf: das Leben ein Karneval, wird nicht streng durchgeführt, die Torheiten und Schwächen der Menschen werden oft langatmig aufgezählt und moralisierend beschrieben, nicht lebensvoll gestaltet. Es war aber doch kein bloßer Zufall, daß Murner mit seinen an vielen Stellen lebendigeren, derberen und straffer gegliederten Nachahmungen „Narrenbeschwörung", „Schelmenzunft" und anderen sein Vorbild nicht zu verdrängen vermochte, von dem er unbedenklich ganze Verse und Holzschnitte übernahm. So wird man z. B. auch heute noch dem Kapitel „Die Sau krönen" in Murners „Schelmenzunft", das beginnt: „Sus Sau, Grobianus heißt ein Schwein, / der nichts kann als ein Unflat sein", kaum den Vorzug geben, vor dem ihm als Muster dienenden Abschnitt im Narrenschiff, der anhebt: „Ein neuer Heiliger heißt Grobian /, den will jetzt feiern jedermann". Die Zeitgenossen aber mußten an der ungleich gehaltvolleren Darstellung Brants mit ihren Anspielungen auf volkstümliche und gelehrte Literatur und mit der Aufzählung der Stunden des Chorgebets: „Da hebt die Sau die Metten an / Die Primzeit ist im Eselston ,/ die Terz ist von Sankt Grobian / . . . Wenn dann die Sau zur Vesper klingt, / Unflat und Schandenlieder singt, / Wie schön macht die Complet sich dann, / Wenn man so voll noch singen kann", ungleich mehr Gefallen finden als an Murners handgreiflichen, altbekannten Zoten, der wohl ebenso wie Brant auf das Läuten der Sauglocke schilt, ihr aber selbst im gleichen Atemzug unflätigste Töne entlockt. Mochte Brant in seiner Dichtung noch so oft gegen die damals allgemein wenig beachteten Kunstregeln eines harmonisch gegliederten Aufbaus verstoßen und sich in prosaische Weitschweifigkeit verlieren, die Gesetze der Übereinstimmung von Gesinnung und Darstellungsweise hat er nicht verletzt. Darin ist das Narrenschiff ein Werk aus einem Guß. Wie sein Verfasser entsprach es durchaus dem damaligen Zeitideal rechtschaffener, biederer Tüchtigkeit, das der „Eitelkeit der Eitelkeiten" des Predigers Salomo neben der tiefernsten eine heitere Seite abzugewinnen verstand, sich nicht scheute, auch dem geistlichen und weltlichen Würdenträger die Narrenkappe aufzusetzen, und das selbst im Narrenwerk ehrliche Frömmigkeit und umständliche Förmlichkeit nicht missen mochte. Brants Narrenschiff behauptete deshalb so lange seine ursprüngliche Geltung, wie dieses Ideal währte.

Die Hochblüte des deutschen Humanismus

Seit der Wende zum 16. Jahrhundert wurden auch in Deutschland immer mehr Humanisten von der Hochstimmung der Renaissance durchdrungen: die alte Zeit ist abgetan, wir leben in einer großen und schönen Gegenwart und gehen einer noch herrlicheren Zukunft entgegen. Erst jetzt setzte eine grundsätzliche scharfe Gegnerschaft gegen das Mittelalter ein, wurden die Scholastiker allgemeiner heftig von den Humanisten angegriffen, und besonders die Mönche als die nur allzu zahlreichen Vertreter eines verrotteten Systems bodenloser Dummheit, finsterer Barbarei und gemeiner Unsittlichkeit mit Hohn und Spott übergossen. Der „homo humanus", der Mensch, der des Namens Mensch würdig ist, genießt wohl die Freuden des Lebens, doch in den edlen Formen, welche die antiken Dichter und Philosophen lehren, und wird so selbst Philosoph im Sinne der antiken Weltweisheit mit stark ethischem Einschlag, wobei er je nach seiner persönlichen Veranlagung mehr der stoischen oder der epikureischen Richtung folgt. Er ist auch Christ, doch nicht nur, wie er meint und will, auf der Grundlage des Evangeliums und der Kirchenväter, sondern mit seiner Betonung der natürlich-vernünftigen Elemente im Christentum zum guten Teil bereits im Geiste der Aufklärung. Er ist Philologe, um die Texte der alten Klassiker, der Bibel und der christlichen Väter richtig zu verstehen, auch um neu aufgefundene antike und mittelalterliche Handschriften herauszugeben und zu erläutern; sein höchstes Ziel ist hier der „homo trilinguis", der Mann der drei Sprachen, des Lateinischen, Griechischen und Hebräischen, in denen die Weisheit der Alten niedergelegt ist. Sein unersättlicher Wissensdurst läßt ihn aber auch mit kaum geringerem Eifer die Aufmerksamkeit auf die „realia" richten, auf die Naturwissenschaften und Mathematik, ferner auf die Geschichte und die mannigfachen Erscheinungen in Staat und Kirche. Vor allem will er sich einen Namen machen, berühmt werden, womöglich, wenn er die antike Verskunst meistert, wie einst Petrarca den Dichterlorbeer erwerben. So wird nun auch der deutsche Humanist weit mehr als bisher zum Schriftsteller, freilich auch nur zu oft zum Vielschreiber, denn die Feder muß ihm, dem nicht selten von Haus aus Unbemittelten, Gönner gewinnen, die ihm die Überreichung eines Werkes mit schwungvoller Widmung oder eines Lobgedichtes voll dick aufgetragener Schmeichelei mit klingender Münze, mit freigebiger Gastfreundschaft, mit einem Ehrensold oder einer Sinekure lohnen.

Obwohl den wenigsten dieser Humanisten eine streng geregelte Unterrichtstätigkeit lag, haben sie doch zur Einführung neuer wissenschaftlicher Methoden und Auffassungen an den Universitäten beigetragen. So allgemein und so vollständig wie an den Mittelschulen erfolgte die Aufnahme des Humanismus an den Universitäten freilich nicht. Es kam hier manchen Orts zu unendlichen Streitigkeiten, auch wechselte die Stellung der Vertreter der alten scholastischen Lehrweise zum Humanismus: in der Frühzeit mehr wohlwollend oder gleichgültig gegen ihn, gingen sie etwa um 1480 zum Gegenangriff über, sahen sich aber schließlich seit etwa 1520 doch genötigt, eine Reihe der humanistischen Forderungen zu erfüllen: das Studium des Griechischen und Hebräischen wurde eifrig gepflegt, beim Sprachenunterricht benutzte man von den Humanisten verfaßte Lehrbücher, man verzichtete auf die scholastischen Übersetzungen und Erklärungen antiker Autoren, namentlich des Aristoteles, auf deren Texte man nun unmittelbar zurückging, und die man nach den Gesichtspunkten des Humanismus erläuterte, schließlich erstrebte man auch ähnlich wie an den Mittelschulen eine möglichst vielseitige Allgemeinbildung. Diese methodischen und sachlichen Änderungen fanden hauptsächlich in der Artistenfakultät Einzug, die einigermaßen den oberen Klassen unserer humanistischen Gymnasien und der philosophischen Fakultät unserer Universitäten entsprach, doch auch an den anderen Fakultäten gingen die Anregungen der Humanisten nicht spurlos vorüber; denn schon das unmittelbare Quellenstudium mußte ihnen manche neue Antriebe geben. Die durch mehrere Jahrhunderte ausgebaute Organisation und Lehrweise der mittelalterlichen Universität ließ sich jedoch nicht in wenigen Jahrzehnten durch eine in vielem recht unklare Bewegung von Grund aus umstürzen, zumal da die Humanisten, sobald es sich um Einzelheiten handelte, keineswegs eine einheitliche Linie innehielten und zuweilen auch in ganz wesentlichen Punkten voneinander abwichen. Selbst Versuche, neben der Artisten- eine eigene Humanistenfakultät einzurichten, scheiterten; so ging z. B. das von Celtes in Wien unter dem Protektorat Kaiser Maximilians gegründete „collegium poetarum et mathematicorum" nach wenigen Jahren wieder ein. Die Reform der nicht so tief in das geistige Gefüge des Abendlandes eingreifenden Mittelschule war eben doch etwas anderes als die der Universität, und vor allem waren die an den Mittelschulen lehrenden, meist recht biederen Humanisten von anderem Schlage als die streitbaren Poeten, welche die Universitäten zu stürmen versuchten.

Trotz ihrer Unzulänglichkeit für letzte Entscheidungen besaßen die bedeutenderen Humanisten dieser Epoche eine gewisse geistige und zum Teil auch sittliche Größe, und es liegt über ihrem Leben, Dichten und Trachten der Zauber froher Hoffnung auf den

Beginn eines Goldenen Zeitalters, dem die schönen Künste, das klare Licht wissenschaftlicher Erkenntnis und eine von allen Schlacken des Aberglaubens und des Fanatismus gereinigte Religiosität die Weihe edelsten Menschentums verleihen sollten, und zugleich die Tragik des Zusammenbruchs dieser erträumten Welt, als die so heiß ersehnte Zeitenwende nun wirklich kam. Was sollte in der leidenschaftlichen Erregung des reformatorischen Umschwunges eine Dichtung überwiegend privaten Charakters, fromme Verse, Naturschilderungen, selige Erinnerung an Liebesfreuden und Klagen über die Schmerzen der Liebe, zumal da trotz gelegentlicher tiefer und echter Empfindungen, trotz manch guten Einfalles und manch glücklicher Formulierung der gelehrte Aufputz, ein immer wieder durchdringendes Schulschmäcklein und die jeder nachahmenden Poesie eigentümlichen Schwächen sich wie Mehltau auf die humanistische Dichtung legten. Meisterhaft hatten die Humanisten die Geißel des Spottes geschwungen, ihre Satiren zählten zu den gelesensten Schriften ihrer Zeit. Das „Lob der Torheit“ (vgl. S. 107) und die „Dunkelmännerbriefe“ (vgl. S. 95) sind in die Geschichte der Weltliteratur eingegangen, aber auch andere Veröffentlichungen ähnlicher Art, wie des tüchtigen Tübinger Schulmannes, Sprichwörter- und Schwanksammlers Heinrich Bebel „Triumpf der Venus“, worin sich alle Stände um die Gunst der Venus bewerben und diese den Mönchen als den geilsten die Siegespalme überreicht, haben eine zündende Wirkung erzielt. Doch vielen der munteren Spötter graute, als der von ihnen zuerst mit Jubel begrüßte Luther die glimmenden Funken zum gewaltigen Brand anfachte. Die meisten kehrten reumütig zur gelästerten Kirche zurück, nicht wenige fürchteten auch, die allgemeine leidenschaftliche Anteilnahme an den theologischen Fragen werde den „stinkenden Kutten“ aufs neue das Übergewicht im Geistesleben verschaffen.

Um 1525 war das Schicksal des deutschen Humanismus entschieden, er brachte zwar noch manche treffliche Werke hervor, besonders auf dem Gebiet der Geschichtsforschung und Geschichtsdarstellung; von einer beherrschenden war er jedoch in eine dienende Stellung herabgesunken. Aus der offenen, freien Welt zog er sich mehr und mehr in die Schulen und in das Arbeitszimmer des Gelehrten zurück; außerhalb dieser Bezirke verwandelte sich die leidenschaftliche Hingabe zweier Generationen an seine Ziele allmählich in eine Liebhaberei privater Art.

Aus der großen Zahl bedeutenderer Persönlichkeiten während der Hochblüte des Humanismus heben wir nur die wenigen hervor, die als Führer zum humanistischen Lebensideal betrachtet wurden. Hutten und Melanchthon übergehen wir dabei. Sie sind zwar allein von allen Humanisten im Bewußtsein des deutschen Volkes unmittelbar lebendig; aber sie verdanken dies in erster Linie ihrem Verhältnis zu Luther und zur Reformation. Die wenigen großen rein humanistischen Führerpersönlichkeiten aber aus dem Schatten ihrer kaum noch gelesenen Bücher in das helle Tageslicht zu rücken, dünkt uns eine nicht undankbare Aufgabe der deutschen Geschichtsschreibung, knüpfte sich doch bei einer wichtigen Grenzscheide unserer Vergangenheit an diese Männer die deutsche Hoffnung von mehr als einem halben Jahrhundert. Die Begeisterung, mit der sie und ihre Anhänger und Freunde um edle Menschlichkeit und die meisten von ihnen auch um deutsche Freiheit und Größe rangen, verleiht ihnen über ihre zeitgebundenen wissenschaftlichen und literarischen Bestrebungen hinaus jenen unvergänglichen Reiz, der dem starken Leben und Erleben innewohnt, und läßt uns ahnen, weshalb damals in den deutschen Landen Männer, die in der Sprache Roms so viel uns heute nicht mehr unmittelbar Ergreifendes redeten und schrieben, solch starken Widerhall finden konnten.

Konrad Celtes

Der Mainfranke Konrad Pickel war wie der Moselländer Nikolaus von Kues ein Winzersohn und entlief gleich diesem dem Vater, um zu studieren. Der damals (1477) Achtzehnjährige hatte bereits in der Heimat von einem Geistlichen tüchtig Latein gelernt, aber kaum schon etwas von Humanismus gehört, als er sich auf den Weg nach Köln machte. Im Jahre 1484 bezog Pickel die Heidelberger Universität und lernte hier Agricola kennen. Dessen überragende Persönlichkeit machte solchen Eindruck auf ihn, daß er fortan sein Leben dem Humanismus weihte. An allumfassender Begabung und edlem Menschentum kam er seinem gefeierten Vorbilde freilich nicht gleich; doch hatte die Natur den lebhaften, beweglichen, unruhigen und wißbegierigen Pickel, der sich nun lateinisch Celtes nannte, zum Humanisten geschaffen. Wenn sein Selbstbewußtsein gelegentlich zu eitler Ruhmsucht ausartete, sein leichtes Blut zur Leichtfertigkeit neigte, und sein Vielwissen nicht immer in die Tiefe ging, so trug auch das dazu bei, ihn zum „Erzhumanisten“ zu machen, der anders als der auch theologische und kirchenreformerische Zwecke verfolgende Erasmus und der leidenschaftliche politische Kämpfer Hutten jederzeit und in allem Humanist und nur Humanist blieb, und dem das Schicksal anders als etwa Mutian und Pirkheimer ersparte, an seinem Lebensabende von dem, wofür sie in ihren besten Jahren gekämpft hatten, abzurücken oder es als müden Alterstrost zu genießen.

Nach dem Tode des Agricola verließ Celtes Heidelberg, nur ein Jahr hatte er sich in dieser Stadt aufgehalten. Es folgten nun zwölf Wanderjahre durch ganz Deutschland, durch Polen, Böhmen, Italien. Selten verweilte er längere Zeit ununterbrochen an einem Orte, sehr kurz in Italien, wo er keine guten Erfahrungen machte, am längsten, einige Jahre, in Krakau, wo Künstler und Gelehrte inmitten der starken deutschen Kolonie hohes Ansehen genossen. Hatte er Geld, gab er es mit vollen Händen aus; saß er auf dem Trockenen, dann tröstete er sich mit philosophischen Grundsätzen. Die gewöhnlichen Zufälle des Wanderers, wie z. B. die Beraubung durch Buschritter, störten ihn im allgemeinen so wenig wie die Plackereien mit Gläubigern. Höhepunkte seines Wanderlebens waren seine Dichterkrönung zu Nürnberg im Jahre 1487 durch Kaiser Friedrich III. und seine Berufung an die Universität Ingolstadt im Jahre 1492. In seiner viel beachteten Antrittsrede verkündete er unter heftigen Ausfällen gegen die Scholastiker das neue Bildungsideal: wahre Erkenntnis der Dinge, Erforschung der Natur, Pflege der deutschen Geschichte und Landeskunde, die aus unmittelbarem Studium der Klassiker gewonnene Reinheit der lateinischen Sprache. Entrüstet klagte er dabei über die Bischöfe, die, statt Pfleger und Schirmherrn der Wissenschaften zu sein, an schnaubenden Rossen und dem Geheul einer langohrigen Meute Gefallen fänden. Aber der gestrenge Sittenrichter trieb es selbst nicht besser. So brach er eines schönen Tages flugs seine Vorlesungen ab, als ihn ein österreichischer Freund zur Weinlese einlud. Auch sonst hatten seine Hörer mancherlei Ursache, über ihn erbost zu sein. Sie erleichterten einmal ihr Herz mit einem Anschlag, darauf sie ihm vorwarfen, er schimpfe sie, von deren Geld er doch lebe, fortwährend Barbaren und wilde, dumme Kerle, tue bei seinen Vorlesungen den Mund nicht auf, sondern brummle, den faulen Kopf auf den Arm gestützt, unverständlich vor sich hin. Nun, der Kopf mag ihm oft schwer genug gewesen sein, gestatteten ihm doch nach einem seiner Gedichte die Musen neun Kannen Wein, denen Apoll die zehnte folgen lasse. Dazu machte ihm die Liebe mit Mädchen und Frauen durchaus eindeutigen Rufes allerlei zu schaffen. Sein Leben gewann erst einen festeren Halt, als ihm, dem nun Achtunddreißigjährigen, der große Humanisten- und Künstlerfreund Kaiser Maximilian den Lehrstuhl für Poesie an der Wiener Universität und die Leitung des „collegium poetarum et mathematicorum" übertrug. Celtes sammelte in den elf Jahren, die ihm noch zu leben beschieden waren, begabte und eifrige Schüler um sich, so Johann Turmair von Abensberg, genannt Aventinus, der später eine ausgezeichnete Geschichte Baierns verfaßte (vgl. S. 132), und trug durch seine Lehrtätigkeit, durch freundschaftliche Anregungen und durch seine eigenen literarischen Veröffentlichungen wesentlich dazu bei, daß nun doch das Programm seiner Ingolstädter Antrittsrede in Baiern und Österreich zum guten Teil verwirklicht wurde.

Celtes war also in Wien Professor für Poesie und Vorstand der Akademie für Dichtkunst und Mathematik geworden. Den Humanisten, die sich selbst gern als ‚poetae' bezeichneten und von Freund und Feind so genannt wurden, galten Dichtung und Mathematik nicht als Gegenpole. Georg von Peuerbach und Johann Regiomontanus, die im ganzen damaligen Abendlande bewunderten Bahnbrecher der modernen Astronomie (vgl. S. 114), hatten ein Menschenalter vor Celtes an der Wiener Universität lateinische Schriftsteller nach Humanistenart erklärt. Kopernikus, vierzehn Jahre jünger als Celtes, begann seine wissenschaftliche Laufbahn als Übersetzer griechischer Autoren, und seine schlichten religiösen Gedichte zählen zu den besten humanistischen dieser Art. Poesie, das hieß wissen und sehen, was Erde, Himmel und Hölle in sich schließen, das hieß den Sinn des Lebens richtig erfassen und dieser Erkenntnis gemäß leben, das hieß dem Wissen und allem menschlichen

Streben in Wort und Schrift und nicht zuletzt in kunstgerecht abgefaßten Gedichten Ausdruck verleihen. Und wie das Dichten und Erklären von Gedichten, so war auch die Mathematik eine „ars", eine Kunst, die Rätsel der Welt zu lösen. Von dieser Einstellung aus legte jene Zeit an die Dichtung andere Maßstäbe an als wir. Gelehrsamkeit, auch trockenes Sachwissen, nach unseren Begriffen mit jeder echten, zumal der lyrischen Poesie unvereinbar, wurde ebenso wie weitschweifiges Moralisieren als köstliche Würze eines guten Gedichtes geschätzt.

Den Ertrag seines Wanderlebens hat Celtes hauptsächlich in seinen vier Büchern „Amores" und in seinen Oden niedergelegt. Von seinen Liebesabenteuern erzählt er nicht ohne Leidenschaft und Witz, aber weder sein Schmerz über die Untreue der mit den Städten wechselnden Mädchen, noch seine Klagen über die Verständnislosigkeit dieser Venustöchter für seine schönen literarischen Huldigungsgedichte vermögen uns besonders zu ergreifen. Erfolgreich bemühte sich Celtes um die Einführung des humanistischen Schul- und Hofdramas in Wien und arbeitete wie andere Humanisten auf das Zusammengehen von eloquentia und pictura, von Literatur und bildenden Künsten, hin. Bei all seinen dichterischen und künstlerischen Bestrebungen durfte Celtes auf die rege Anteilnahme seines hohen Gönners Maximilian rechnen, der u. a. mit großem Vergnügen die Widmung der „Amores" mit einer gepfefferten Verteidigung der Laszivität und ein Gedicht entgegennahm, in dem ihm Celtes nach der Aufführung seines „Ludus Dianae" zum Dank für seine und seiner Mitspieler königliche Bewirtung als „Verächter der stinkenden Kutten" feierte.

Näher als die Liebesgeschichten und dramatischen Versuche berühren uns die Welt- und Naturbetrachtungen des Celtes. Sein Streben, die „Majestät der Natur zu erforschen", steigert sich ihm zu einem förmlichen Kult der physischen Weltordnung, dem er mannigfachen dichterischen Ausdruck verleiht. Die Erhabenheit der Alpenkette zieht ihn ebenso an wie die Lieblichkeit der Neckarlandschaft, der Anblick der in dem Schatten uralter Eichen liegenden Abteien entzückt ihn nicht minder als das Bild, das wehrhafte Burgen und reiche Städte dem Auge bieten. Nach dem Zeugnis seiner Freunde war er ein Liebhaber der Sonne, der Berge und der Wälder. In seinen Oden singt er davon, wie er sich im Waldesschatten und in der freien Himmelsluft der Gottheit näher fühle als zwischen den dumpfen Kirchenwänden, und wie ihm die Stille der Natur mehr zum Herzen rede als das Geschrei eines eingebildeten Pfaffen. Sein Verhältnis zur Natur beruht ohne Zweifel auf einem starken persönlichen Erleben, wie er denn auch bei der ihm eigenen Vorliebe für das Germanische auf seinen Reisen die Schönheit und Großartigkeit des Nordens entdeckte; doch spielte in seine Naturbegeisterung auch der humanistische Platonismus der Italiener herein. So sehr schon dieser allein „durch seine Wiedereinsetzung des jahrhundertelang entthronten Plato in seine königlichen Rechte" das abendländische Geistesleben für alle Folgezeit befruchtete, hatte er doch seine schlimmen und gefährlichen Schattenseiten, und gerade sie übten auf die deutschen Humanisten, so bereits auf Agricola, einen unwiderstehlichen Zauber aus. Der italienische Platonismus hatte mit dem echten Gold der platonischen Philosophie alle Mystik und Pseudomystik der ausgehenden Antike und jüdischer Geheimlehren, darunter auch der Kabbala, verschmolzen und mit den bedenklichsten Elementen der christlichen Theologie durchsetzt. Celtes ist einer der wenigen deutschen Humanisten, der sich in dieser Dunstwolke von Alchimie, Astrologie, Magie, Teufelsglauben und Hexenwahn einen gewissen Skeptizismus wahrte. Einem Freunde, der ihn unter Hinweis auf zahllose Zeugnisse fragte, was von den Luftfahrten und dem Wettermachen der Hexen zu halten sei, antwortete er: „Ich glaube dir gerne alles aufs Wort, sobald du mich durch eigenen Augenschein überzeugst, streue mir aber bitte nicht vorher Sand in die Augen."

Celtes war ein grimmiger Hasser der Pfaffen, der Mönche und Roms, wie er aber grundsätzlich zu Christentum und Kirche stand, ist schwer zu ermitteln. Als ihm die „gallische Krankheit" übel zusetzte, wallfahrtete er zur Mutter Gottes nach Altötting und dankte ihr, der „herrlichsten Jungfrau", die er so oft angerufen, für seine Genesung in einem Gedicht, das seine Leiden bis ins einzelnste schildert. Auch sonst hat er zu Ehren verschiedener Heiliger Gedichte verfaßt. Seine ganze Seelenhaltung war indes mehr „antik-naturalistisch" als christlich bestimmt, doch wollte er, wie so manche andere Humanisten, nichts davon wissen, daß man die Masse in die tieferen Geheimnisse einweihe, denn würde sie diese gleich den Philosophen verstehen, dann wäre sie nicht mehr zu halten. Ein inneres Verhältnis zur Reformation, hätte er sie noch erlebt, wäre von ihm wohl so wenig wie eine entschiedene Stellungnahme für die alte Kirche zu erwarten gewesen. Dagegen zeigt er in seiner besten Schrift, der „Stadt Nürnberg" einen auffallend klaren Blick für politische und wirtschaftliche Dinge. Seine größte und stärkste Liebe gehört seinem deutschen Vaterlande. Er spricht sie in verschiedenster Weise aus, am feierlichsten und ergreifendsten wohl am Schlusse seines ‚carmen saeculare', in der Anrufung der Planeten und des Tierkreises zur Jahrhundertwende: „Du, in dem die wandelnden Gestirne des Himmels ruhen und alles was auf Erden ist, neige unseren Bitten gütig dein Ohr. Deinen Namen und Deine Macht vermögen wir nicht zu erkennen; doch, wer Du auch bist, nimm Dich huldvoll der deutschen Lande an!"

Johann Reuchlin

Reuchlin wurde am 28. Dezember 1454 in Pforzheim geboren. Nachdem er die lateinische Schule der Stadt besucht hatte, schickte sein Vater, Verwalter des Pforzheimer Dominikanerklosters, den Fünfzehnjährigen an die Universität Freiburg im Breisgau. Markgraf Karl I. von Baden wählte bald darauf den jungen Studenten als Begleiter für einen seiner Söhne, der die Universität Paris besuchen sollte. Hier wurde Reuchlin ein Schüler des Johannes Heynlin vom Stein, mit dem er 1474 nach Basel übersiedelte. Heynlin vertrat als Theologe die scholastische Richtung des Realismus, war jedoch zugleich begeisterter Humanist. Er hatte schon früher in Basel gelehrt und förderte auch jetzt, obwohl nun in seinem Hauptamt Prediger, den Humanismus, der hier besonders auch in dem Buchdrucker und Verleger Amerbach einen festen Rückhalt gewann. Reuchlin hatte bereits in Paris mit dem Studium des Griechischen begonnen, dann in Basel bei einem Griechen weiteren Unterricht genommen und schließlich nach Ablegung des Magisterexamens in der Artistenfakultät nochmals in Paris kurz bei einem anderen Griechen sich in der Sprache des alten Hellas weitergebildet. Hierauf widmete sich Reuchlin in Orleans und Poitiers dem Rechtsstudium. Nach dessen Beendigung begab er sich im Jahre 1482 nach Tübingen, vielleicht in der Hoffnung auf einen Lehrstuhl für Jurisprudenz an der dortigen Universität.

Um diese Zeit bereitete Graf Eberhard von Württemberg eine Romreise vor. Er sah sich deshalb, wie es seit einiger Zeit bei ähnlichen Anlässen üblich geworden war, nach einem „Orator", einem Mann um, der die bei feierlichen Gelegenheiten gebräuchlichen Prunkreden in einer auch den Italienern Achtung abzwingenden Form halten konnte. Für diese Aufgabe kamen nur bekannte Humanisten in Betracht, die ja nicht umsonst neben der Bezeichnung ‚poetae' auch die von ‚oratores' führten. Nun hatte Reuchlin bereits einen guten Namen, weil er nicht nur elegant lateinisch schrieb und sprach, sondern auch unter allen Deutschen die besten Kenntnisse im Griechischen besaß. Dank seiner vorzüglichen juristischen Bildung war Reuchlin obendrein auch für anderes als bloße Reden zu gebrauchen, und so nahm ihn Graf Eberhard dauernd in seine Dienste. Nach der Rückkehr aus Italien lebte Reuchlin als Geheimer Rat des Grafen, Beisitzer am Hofgericht und Anwalt in Stuttgart. Neben seinen Berufsaufgaben oblag er nach wie vor mit großem Eifer den humanistischen Studien. Trotz seiner großen Bescheidenheit wurde er nun von den Humanisten als einer ihrer Führer gefeiert. Seine ausgebreiteten und gediegenen Kenntnisse, ein mehrmaliger Aufenthalt in Italien und persönliche Bekanntschaft mit den berühmtesten Humanisten des In- und Auslandes verliehen ihm hohes Ansehen. Er war noch mit Agricola befreundet gewesen, mit den Elsässer Humanisten hatte er in Basel enge Fühlung gewonnen, seine amtliche Stellung und die damit verbundenen Reisen machten ihn mit den meisten bedeutenderen süddeutschen Humanisten bekannt. Als ihn Kaiser Friedrich III. im Jahre 1492 in den Adelsstand erhob, war dies eine Anerkennung seiner Verdienste als Staatsmann und Gelehrter. Nach dem Tode Graf Eberhards im Barte am 24. Februar 1496 siedelte Reuchlin auf eine Einladung des Bischofs Johannes von Dalberg nach Heidelberg über, wo er nun auch in nähere Beziehung zu den Mitgliedern der „rheinischen Gesellschaft" trat und vom Kurfürsten Philipp von der Pfalz auf ein Jahr zu seinem Rat ernannt wurde. In dessen Auftrag reiste Reuchlin zur Erledigung verschiedener Angelegenheiten an der Kurie zum dritten Male nach Rom. Von dort zurückgekehrt, nahm er nach einem kurzen Aufenthalt in Heidelberg seinen Wohnsitz wieder auf seinem Landgut bei Stuttgart, übte das Amt eines Bundesrichters für die dem Schwäbischen

Bund angehörenden Fürsten aus, lebte indes hauptsächlich seinen Studien, denen er sich nach Niederlegung seiner öffentlichen Ämter 1513 ausschließlich widmete.

Als Zwanzigjähriger hatte Reuchlin bereits ein lateinisches Wörterbuch verfaßt, das durch die Aufnahme des Sprachschatzes der alten Klassiker und römischer Gesetzbücher mehr als die üblichen mittelalterlichen Nachschlagewerke dieser Art bot. Viel beachtet wurden seine zwei in flüssigem Latein geschriebenen Komödien. Mit der zweiten, dem „Henno", der von Heidelberger Studenten aufgeführt wurde, beginnt die lateinische Humanistenkomödie, die, formstrenger als die gleichzeitigen deutschen Passions- und Fastnachtsspiele aufgebaut, über die Schuldramen das spätere deutsche Drama vorbereiten half. Reuchlin hat ferner als der erste Deutsche, der im Auslande von Griechen das Griechische der klassischen Zeit lernte, entscheidend zur Einführung der griechischen Studien in Deutschland beigetragen. Seine größte wissenschaftliche Leistung, eine epochemachende Tat auf dem Gebiet der Philologie, war seine Begründung des hebräischen Studiums. Um 1492 begann er das Hebräische zu erlernen. Er erwarb sich darin vor allem mit Hilfe des jüdischen Leibarztes Friedrichs III. ausgezeichnete Kenntnisse. Mit seinen 1506 und 1518 herausgegebenen Werken ‚Rudimenta hebraica' und ‚De accentibus et orthographia linguae hebraicae' schuf er die ersten wissenschaftlichen Hilfsmittel zur Erlernung des Hebräischen. Es galt von da ab als die dritte der heiligen Sprachen, welche die Urquellen des Wahren und Schönen erschlössen, denn Reuchlin betonte nicht nur, daß der Grundsatz, immer auf den Urtext zurückzugehen, auch auf die Erforschung des Alten Testamentes anzuwenden sei; er wurde auch nicht müde, das Hebräische als eine dem Lateinischen und Griechischen ebenbürtige, ja sie an Vorzügen übertreffende Sprache zu rühmen. Das Hebräische schätzte Reuchlin aber noch aus einem anderen Grunde außerordentlich hoch ein. Er wollte in erster Linie nicht Philologe sein, der er tatsächlich in ganz hervorragender Weise war, sondern Philosoph, was er seiner ganzen Veranlagung nach nicht war. Da es ihm an echtem philosophischen Geist gebrach, verfiel er rettungslos einem abseitigen, geheimnisvollen Mystizismus, der von jeher Dilettanten in der Philosophie unwiderstehlich angezogen hat. Auf seiner zweiten Italienreise war Reuchlin mit den philosophischen Ansichten italienischer Humanisten bekannt geworden (vgl. S. 86f). Mit dem ihm eigenen eisernen Fleiß warf sich Reuchlin nun auf das Studium der Kabbala. Allerdings lehnte er Wahrsagerei, Alchimie und Astrologie ab, dafür suchte er in den zwei Werken „Vom wundertätigen Wort" und „Von der kabbalistischen Kunst" die kabbalistischen Geheimlehren mit ihrer Zahlen- und Buchstabensymbolik darzulegen. Man könne z. B. mit jedem der zweiundzwanzig hebräischen Buchstaben ein Alphabet beginnen. Diese von Gott dem Moses verkündeten Alphabete seien die Grundlagen des Glaubens, die heiligsten Zeichen. Aus solchen Buchstabenzusammensetzungen ergäbe sich unter anderem ein Name Gottes von zweiundvierzig Buchstaben, mit dem bereits der Prophet Jeremia Wunder gewirkt habe. Diese Kraft sei dann auf den Namen Jesu und sein Zeichen, das Kreuz, übergegangen. Mit- und Nachwelt erkannten die großen Verdienste Reuchlins um die Erforschung der hebräischen Sprache an, dagegen fand er schon zu seiner Zeit mit den kabbalistischen Studien wenig Anklang. Und doch waren sie, wenn auch nur mittelbar, der Anlaß, daß Reuchlins Name zum Feldgeschrei der jüngeren Humanisten wurde.

Reuchlins Streit mit Pfefferkorn

Der um 1507 in Köln getaufte Jude Pfefferkorn wollte mit allen erdenklichen Mitteln seine ehemaligen Glaubensgenossen zum Christentum bekehren. Zunächst versuchte er es mit dem „Judenspiegel", der die Wahrheit des Christentums beweisen und die Irrtümer der Juden zeigen sollte, der „Judenbeichte", in der die jüdischen Gebräuche verspottet wurden, und dem „Judenfeind", der die Vergehen der Juden gegen die Christen behandelt: ihren Wucher, ihre auf Christenmord abzielende Ausübung der Heilkunst, ihre Versuche, die Christen dem wahren Glauben abtrünnig zu machen und anderes mehr. In diesen 1507—1508 erschienenen Schriften wird als eines der besten Mittel, die Halsstarrigkeit der Juden zu brechen, die Wegnahme ihrer Bücher empfohlen. Pfefferkorn wandte sich dann an den Kaiser Maximilian, dem nach mittelalterlichem Recht die Juden als Kammerknechte mit ihrem Leben und ihrer Habe zu eigen waren, und erwirkte bei ihm einen Erlaß für die Einziehung der Judenbücher. Es wurde auch eine Menge davon zusammengetragen, doch stieß Pfefferkorn bei manchen Fürsten, so besonders bei dem Mainzer Erzbischof Uriel von Gemmingen, bei der Durchführung seiner Pläne auf Schwierigkeiten, weniger weil diese Herren für die Juden waren, als weil sie das Vorgehen des getauften Juden unter Berufung auf den Kaiser als Eingriff in ihre Rechte nicht dulden wollten. Außerdem bemühten sich die Judengönner am kaiserlichen Hofe um Aufhebung des Erlasses, und so ließ Maximilian den Juden ihre Bücher „bis auf weiteren Befehl" zurückgeben. Es sollten nun nach einer neuen Verfügung vier Universitäten und einige Privatpersonen, darunter Reuchlin, über die Judenbücher gehört werden. Reuchlin führte in seinem am 6. Oktober 1510 abgeschlossenen Gutachten aus, die eigentlichen Schmähbücher seien zu vernichten und ihre Besitzer zu bestrafen, der Talmud sei schwierig zu verstehen, es fände sich auch manches darin, was für die Wahrheit des christlichen Glaubens spräche, und es ginge nicht an, ohne weiteres das, was man für schlecht halte, einfach auszurotten, um sich den Kampf dagegen zu ersparen. Für die Kabbala trat Reuchlin bei seiner Vorliebe für sie selbstverständlich ein unter Hinweis auf Äußerungen Papst Sixtus IV. und auf Darlegungen des berühmten Picus von Mirandola, aus denen hervorgehe, wie sich die Lehren der Kabbala zur Stützung des christlichen Glaubens verwenden ließen. Gegen die jüdischen Bibelerklärungen, ferner gegen ihre sonstige Literatur, soweit sie nicht unter den Begriff der Schmähbücher falle, sei nichts einzuwenden, man ließe übrigens auch die gegen das Christentum verstoßenden antiken heidnischen Schriften unbehelligt. Der Gebrauch ihrer Predigt- und Gesangbücher schließlich sei den Juden nach den Bestimmungen der Kaiser und Päpste nicht zu verbieten. Reuchlin faßte sein Gutachten, von dem er wohl annahm, der Kaiser werde es persönlich einsehen, deutsch ab und flocht gelegentlich auch Ausfälle gegen die Leute ein, die den Talmud verbrennen wollten ohne ihn zu kennen, und gegen den „biffel oder esel", der diese Bücher durch den Kaiser vernichten lassen wolle, ohne sie zu verstehen; schließlich dürfe man den getauften Juden nicht ohne weiteres in allem Glauben schenken. Manche von ihnen kämen zu den Christen aus Neid, Haß, Furcht, Armut, Ehrgeiz, gehe es ihnen dann nicht nach Wunsch, dann laufen sie hin in die Türkei und werden wieder Juden, „doch will ich von diesen Schalksbuben hie nit geredet haben."

Reuchlin schickte sein Gutachten verschlossen und versiegelt an den Mainzer Erzbischof, Pfefferkorn hatte es wie die übrigen Gutachten in amtlichem Auftrag dem Kaiser zu überbringen und nahm bei dieser Gelegenheit Einsicht in das wohl bereits in der erzbischöflichen Kanzlei geöffnete Schriftstück. Dies war sein gutes Recht, da auch er später bei der weiteren Verfolgung der Angelegenheit Stellung dazu nehmen sollte. In seiner Wut über die Schwierigkeiten, welche dieses Gutachten seinem Vorhaben bereiten würde und erbost über den „biffel oder esel", die er richtig auf sich bezog, über die Anprangerung der übergelaufenen Juden, wodurch er sich offensichtlich persönlich betroffen fühlte, beging aber Pfefferkorn einen üblen Vertrauensbruch. Gegen das ihm auf dem Amtswege bekannt gewordene, nicht für die Öffentlichkeit bestimmte Gutachten ließ er 1511 eine Schmähschrift erscheinen, den „Handspiegel". An Grobheit übertrifft er mit seiner Häufung von Schimpfwörtern und Verdächtigungen die Ausfälle des Gutachters, besonders aber mußte Reuchlin außer dem Vertrauensbruch die rabulistische Art der Beweisführung des getauften Juden empören, der sich u. a. das Argument leistet: Nur wer die jüdischen Schriften nicht verstehe, könne den Judenhaß gegen die Christen leugnen, Reuchlin tue dies, also könne er nicht der Verfasser der unter seinem Namen gehenden wissenschaftlichen Werke über das Hebräische sein. Reuchlin antwortete auf den „Handspiegel" mit dem „Augenspiegel", der in verschiedenen Punkten die den jüdischen Schriften günstigen Bemerkungen des Gutachtens abschwächt und betont, es habe sich bei diesem darum gehandelt, eine sinnlose Vernichtung aller Judenbücher zu verhindern. Nachdem Reuchlin noch eine deutsche Ausgabe der in den „Augenspiegel" aufgenommenen Akten mit der Verteidigung seines Standpunktes hatte erscheinen lassen, tobte Pfefferkorn in einer neuen Schmähschrift, dem „Brandspiegel", wider die Juden, die man gleich schäbigen Hunden an einsamen Orten aussetzen und deren Kinder man mit Gewalt zur Taufe schleppen müsse. Inzwischen hatte sich auf Betreiben des Frankfurter Stadtpfarrers, eines Gönners von Pfefferkorn, die theologische Fakultät der Universität Köln, voran der Dominikaner und Ketzermeister Jakob Hochstraten, mit der Angelegenheit befaßt. Reuchlin, von dem gefährlichen Vorwurf, seine Schriften enthielten Ketzereien, erschreckt, zeigte zuerst ein fast unterwürfiges Entgegenkommen, griff aber auf die weitgehenden Forderungen und auf einen literarischen Angriff der Kölner hin abermals zur Feder und schrieb 1513 gegen sie und den „Brandspiegel" eine „Defensio". Diese Verteidigung wurde zu einer wichtigen Kampfschrift voll heftigster Schmähungen, aber auch ein Dokument ehrlichster Entrüstung und gediegener Gelehrsamkeit.

„Welche Bewegung müßte unter den adligen und nicht adligen Kriegsleuten entstehen . . ., wenn ihnen ein Redner mit der Kraft eines Demosthenes Anfang, Mitte und Ende dieses Handels darlegen und zeigen würde, wem es dabei um Christus, und wem es um den Geldbeutel zu tun gewesen . . ., zu jenen Starken würden sich die Poeten und Historiker gesellen, deren jetzt viele leben, die mich als ihren ehemaligen Lehrer wie billig ehren; sie würden das große mir von meinen Feinden zugefügte Unrecht ewigem Andenken übergeben und zu eurer hohen Schule unvergänglicher Schmach mein unschuldiges Leiden schildern." Damit hatte Reuchlin seine friedlichen Verhandlungen mit der Kölner Universität abgeschlossen. Bald darauf warnte die Kölner theologische Fakultät einen römischen Kardinal, es würden sich immer weniger scheuen, gegen die theologische Wahrheit anzukämpfen, falls man die leichtfertigen Poeten nicht dämpfe. Tatsächlich erhob sich nun wider die Kölner und überhaupt die Theologen scholastischer Richtung ein Sturm, heftiger noch als sie sich bei all ihren Besorgnissen hatten träumen lassen. Es ging dabei keineswegs um die Juden als solche. Die Humanisten sämtlicher Richtungen hatten nichts für sie übrig, ein Wimpfeling so wenig wie ein Celtes. Pfefferkorn und die Kölner wollten nur den Streitpunkt verschieben, wenn sie immer wieder behaupteten, Reuchlin begünstige die Juden. Er hatte bereits 1505 in einer deutschen Schrift als Grund für die lange Dauer der Verbannung der Juden von ihrem Vaterlande Palästina ihre bis auf den heutigen Tag fortgesetzten Sünden und Missetaten angegeben, und in seiner Defensio flehte er den Kaiser an, er solle den Kölnern, dieser Menschenpest und diesen habgierigen Vielfraßen erlauben, ja den strengen Befehl geben, die Juden als Schafe des Reiches nicht bloß zu scheren, sondern ihnen das Fell abzuziehen. Die Kölner sollen „das Judengold nehmen und besitzen, wenn ich dann nur Frieden habe". Während des ganzen Mittelalters waren die Hauptursachen des Judenhasses religiöser Fanatismus und wirtschaftliche Gründe gewesen, jetzt, da ein getaufter Jude diesen Streit heraufbeschworen hatte, wurden erstmals eigentlich antisemitische Stimmen laut. Im „Augenspiegel" sprach Reuchlin davon, Pfefferkorn habe als Jude eine teuflische Natur, Erasmus nannte ihn immer den „Beschnittenen" oder den „Halbjuden", der dem Christentum mehr geschadet habe als das ganze Judenpack. Daß der Vorwurf der Judenbegünstigung nur ein Vorwand von Reuchlins Gegnern war, geht schon aus dem Verhalten der Juden hervor. Von ihnen ist „das Lob Reuchlins nicht gesungen worden, nirgends in jüdischen ganz gleichzeitigen Quellen von seinem Streit die Rede". Pfefferkorns Erzählungen von der Freude der Juden über den „Augenspiegel" sind eitel Flunkereien. Reuchlin wollte aus Liebe zu seinen hebräischen Studien die jüdischen Schriften erhalten wissen; den meisten Humanisten waren auch sie gleichgültig, sie kämpften lediglich für die freie wissenschaftliche Forschung und gegen Scholastik und Ketzergericht.

Reuchlin suchte Unterstützung bei seinen alten elsässischen Freunden, aber sie schwiegen: Wimpfeling, dem er einen ausführlichen Bericht sandte, Sebastian Brant, Beatus Rhenanus, der berühmte Jurist Ulrich Zasius. Der Führer des Augsburger Humanismus, Konrad Peutinger, sprach es offen aus, daß die Feinde der Wissenschaft und die Ketzerrichter in Reuchlin die ganze ihnen unbequeme neue Richtung treffen wollten, während Pirkheimer Reuchlin zwar wiederholt in aller Öffentlichkeit zustimmte, aber ähnlich wie Erasmus am Fortgang des Streites wenig Gefallen fand und Reuchlin mit dem Hinweis abzulenken suchte, daß er damit nur den „nichtswürdigen Halbjuden" bekannt mache. In Wien, wo noch der Geist des Celtes lebendig war, traten unter anderen für Reuchlin ein der Staatsmann, Jurist, Dichter und Historiker Cuspinian und der junge Schweizer Vadian, der, vom Humanismus ausgehend, sich später als Geograph, Geschichtsschreiber und Kämpfer für die Reformation auszeichnete. Durch Erasmus erfuhren die englischen Humanisten von Reuchlins Kampf, und die bedeutendsten unter ihnen, wie John Colet und Thomas More, nahmen für ihn Partei. In Frankreich waren zwar König Ludwig XII. und die Pariser theologische Fakultät gegen den „Augenspiegel", mit dem sich diese in siebenundvierzig Sitzungen beschäftigt hatte, doch zollten auch hier einzelne hervorragende Männer der Gelehrsamkeit des Angegriffenen hohe Anerkennung.

Mutian und die Dunkelmännerbriefe

Das stärkste und schlagkräftigste Aufgebot für Reuchlin stellte Mutianus. Konrad Muth war am 14. Oktober 1471 in dem hessischen Städtchen Homburg geboren, hatte die Schule des Alexander Hegius in Deventer und die Erfurter Universität besucht und sich in Bologna den juristischen Doktor erworben. Nach seiner Rückkehr tat er kurze Zeit am hessischen Hofe Dienste und übernahm dann im Jahre 1503 ein Kanonikat am Marienstift zu Gotha. Hier verbrachte er bis zu seinem Tode zweiundzwanzig Jahre in einer von Wissenschaft, Kunst und schöngeistiger Geselligkeit veredelten Muße. ‚Beata tranquillitas' hatte Mutian auf eine Tafel über dem Eingang zu seinem geschmackvoll eingerichteten Hause schreiben lassen. Diese „glückselige Stille" bedeutet für Mutian mehr als das Freisein von Amtsgeschäften, sie war Leitstern seines ganzen Daseins. Er hat trotz seines großen Wissens und der Überlegenheit seines Urteils kein einziges Buch verfaßt. Briefe, die er in großer Zahl an seine vielen Freunde schrieb, und gelegentlich ein Gedicht, darauf beschränkte sich die literarische Tätigkeit dieses Mannes, der das Hervortreten in der Öffentlichkeit wohl noch mehr scheute als die Mühe, ein umfassenderes Thema wissenschaftlich oder literarisch zu behandeln. Seiner Überzeugung nach war das Beste, was er wisse, für die Menge überhaupt nicht geeignet. Seit er in Italien mit dem Neuplatonismus bekannt geworden war, beschäftigte er sich gelegentlich mit dem Geheimnisvollen, ohne sich aber in kabbalistische oder ähnliche Spekulationen zu verlieren. Manche seiner brieflichen Äußerungen scheinen die Grenzen der kirchlichen, ja sogar der christlichen Lehre zu überschreiten. Genau besehen sind sie aber doch nur Anspielungen auf die mancherlei Bestrebungen, dem Göttlichen auch außerhalb der christlichen Überlieferung nachzuspüren und in dieser eine tiefere, der breiten Masse unzugängliche und für sie nicht geeignete Weisheit zu suchen. Wenn Mutian z. B. einmal etwas verfängliche Ausführungen über Gott und Götter — „es ist nur ein Gott und eine Göttin; aber es sind viele Gestalten und Namen: Jupiter, Sol, Apollo, Moses, Christus, Luna, Ceres, Proserpina, Maria; doch hüte dich das auszubreiten ... in Sachen der Religion muß man sich der Decke von Fabeln und Rätseln bedienen —" plötzlich abbricht: „genug von diesen allzu hohen Dingen", so heißt das nicht nur, solches zu sagen ist gefährlich, sondern auch, wie einem anderen Briefe zu entnehmen ist, das Verlangen nach dem Verschleierten sei eine Sache schwacher und kleinmütiger Seelen. Grübeln und Spintisieren kommen dem homo tranquillus so wenig zu wie der Umsturz des Bestehenden und die Begründung einer neuen Philosophie, Kirche oder Staatsform. Man darf nach Mutian den handfesten Glauben der Menge nicht schwächen, sonst behalten „der Kaiser nicht mehr lange die weltliche, der Papst die geistliche Herrschaft und wir unser Eigentum; es würde alles wieder in das alte Chaos versinken, Gewalt und Willkür würden statt Gesetz und guten Sitten herrschen".

Diente das Briefschreiben den meisten Humanisten zur Befriedigung ihres Dranges, in der Öffentlichkeit von sich reden zu machen, so war für Mutian der Brief ein Mittel ganz persönlicher Aussprache. Sich in engem Kreise, womöglich mit jüngeren Leuten, gebildet über die Dinge der Bildung, voll munteren geistvollen Spottes über die Torheiten und Schwächen der Menschen zu unterhalten und in ernstem Zwiegespräch einen jugendlichen Heißsporn zu Vernunft und Maßhalten zu ermahnen, war für Mutian überhaupt die Würze seines Lebens. Er stand in engster Fühlung mit der nahe gelegenen Erfurter Universität, mit Professoren und Studenten, die gerne den gastfreien Mann in seinem gepflegten Gothaer Junggesellenheim aufsuchten. Obwohl er selbst dem Lehrkörper der Universität nicht angehörte, trug Mutian doch nicht wenig zu ihrem Ruhme als einer der hervorragendsten Pflanzstätten des Humanismus bei. Der Witzigste und Liebenswürdigste von Mutians Tafelrunde war Crotus Rubeanus, der Trinkfesteste und Versgewandteste Eobanus Hessus, der Leidenschaftlichste, dessen feuriges Temperament der Freund der beata tranquillitas vergeblich zu zügeln suchte, Hutten. Im Hause des Mutian wird Euricius Cordus so manche seiner bissigen Epigramme zum besten gegeben haben, die noch Lessing als Vorbild für seine Sinngedichte dienten. An dem tüchtigen Wesen des jungen Spalatin fand der bei seinem Landesherrn Friedrich dem Weisen hoch angesehene Gothaer Kanonikus solches Gefallen, daß er ihm diesen als Erzieher für den Kurprinzen Johann Friedrich empfahl, wie auch Justus Jonas seine Berufung zum Propste an die Allerheiligenkirche zu Wittenberg Mutian verdankte. Sie und die übrigen, die zur „grex Mutiana", zur Schar Mutians zählten, außerdem noch manche ihm ferner Stehende rief der Stiftsherr zu den Waffen wider die Feinde Reuchlins. Mutian war sich allerdings auch über die Kehrseite der ganzen Angelegenheit klar: es errege Ärgernis, wenn man die Würde der Kirche gleichsam durch jüdischen Schmutz stärken wolle, Reuchlin habe sich im Ton vergriffen; aber das waren nur für ganz Vertraute bestimmte Bemerkungen, wodurch der Kampf wider die Barbarei der Theologen und den Hochmut der Ketzerrichter keineswegs abgeblasen werden sollte. Spalatin veranlaßte Luther, den „Augenspiegel" zu lesen, und erhielt von ihm zwei zustimmende Briefe; vier Jahre später, am 14. Dezember 1518 schrieb Luther, angeregt durch Melanchthon, an Reuchlin: „An deiner Kraft sind schon die Hörner dieser Tiere nicht wenig gebrochen ... durch dich hat der Herr bewirkt, daß Deutschland wieder zu atmen begann, nachdem es durch die Schultheologie so viele Jahrhunderte gedrückt, ja fast vernichtet war."

Im März 1514 gab Reuchlin mit einem Vorworte Melanchthons, seines Großneffen und Schülers, eine Sammlung von Briefen heraus, in denen ihm in der gelehrten Öffentlichkeit hochangesehene Männer Beifall gespendet hatten: die ‚Clarorum virorum epistolae'. Im folgenden Jahre erschienen die ‚Epistolae obscurorum virorum'. Zunächst glaubten nicht wenige im Lager der Scholastiker, zumal außerhalb Deutschlands, einer aus ihren Reihen habe die Herzensergießungen der über Reuchlin und seine Gefolgschaft Empörten als Gegenstück zu den Briefen der ‚clari', der Berühmten, der Öffentlichkeit übergeben. Doch bald erscholl auf der einen Seite ein lautschallendes Hohngelächter, auf der anderen ein erbittertes Wutgeschrei. Die ‚obscuri', das waren keine Biedermänner, für die der Herausgeber die Bezeichnung „die Unbekannten" gewählt hatte, um die Überheblichkeit der ‚clari' anzuprangern; die ‚obscuri' entpuppten sich bei näherem Zusehen in ihren scheinbaren Selbstzeugnissen als „Dunkelmänner" von finsterster Dummheit und schwärzestem Lebenswandel. Da fragt im holprigsten Mönchs- und Küchenlatein den Ortuinus Gratius, einen der Kölner Wortführer, ein ‚obscurus', ob er eine Todsünde begangen habe, weil er Frankfurter Juden versehentlich für Magistri nostri, Theologieprofessoren, gehalten und ehrerbietigst gegrüßt habe, ein anderer berichtete, wie er mit Torgauer Bier toll und voll gesoffen, einen Poeten angerempelt habe, ein dritter wollte wissen, ob Juden nach der Taufe nicht mehr beschnitten wären, ein vierter bat um Aufschluß, ob Pfefferkorn als heimlicher Jude oder als ehemaliger Schächter immer noch so stinke, einer beklagt sich über die Frechheit, daß der humanistische Domprediger Johann Reyß von Würzburg die Predigt Bruder Jakobs nicht habe gelten lassen, wonach das, was in den Ablaßbriefen stehe, ebenso wahr sei wie das Evangelium; Magister Konrad von Zwickau äußert nebenher, daß ihm Gott sei Dank Essen, Trinken, Schlaf und Liebesfreuden wohl behagten, diese gelten freilich als sündhaft, aber gar so schlimm könne es nicht sein, man sei doch nicht stärker als Simson und weiser als Salomo, die auf diesem Gebiete allerlei geleistet hätten, und doch sei über den einen der Heilige Geist gekommen, und der andere sei nach der einstimmigen Lehre der Theologieprofessoren selig geworden. Die Themen, die hier und in drei Fortsetzungen 1515—1517 unter immer wiederkehrender Beziehung auf den Reuchlinschen Streit in den mannigfachsten Formen behandelt wurden, waren gewiß nicht neu; aber die Art, wie sich hier die Gegner des Humanismus scheinbar selbst darstellten, war etwas in der bisherigen Literatur unerhört Neues von bezwingender Komik und überzeugender Schlagkraft. Das Ganze ist ohne Zweifel stark übertrieben, doch nicht so übermäßig, zum mindesten nicht in dem zuerst erschienenen, die Wirkung ein für allemal entscheidenden Teil, daß die Vorstellung gestört wird, ein ungeschickter Mensch habe durch die Veröffentlichung privater Briefe voll unbeabsichtigter Selbstbezichtigungen seinen Freunden einen Bärendienst erwiesen. Die ‚Epistolae virorum obscurorum‘ führten eine neue Gattung der Satire in die Weltliteratur ein; aber so oft sie seither angewandt wurde, die geschichtliche Bedeutung der ersten hat keine spätere Veröffentlichung dieser Art erreicht. Die Kölner Universität, bis dahin die angesehenste und am stärksten besuchte deutsche Universität, die von den Dunkelmännerbriefen am unmittelbarsten betroffen wurde, hatte im Jahre 1514 dreihundertfünfundsechzig Neueinschreibungen, im Jahre 1517 nur noch zweihundertvierundachtzig. Es hatte aber auch seit der Erfindung der Buchdruckerkunst noch kein Gelehrten- und Literatenstreit die öffentliche Meinung des ganzen Abendlandes so beschäftigt wie der um Reuchlin.

Den ersten Teil der Epistolae virorum obscurorum hat Crotus Rubeanus verfaßt, zu den folgenden Ergänzungen lieferten noch andere aus dem Kreise Mutians, namentlich Hutten, zum Teil die Grenzen der unmittelbaren Nachahmung überschreitende und in direkte Angriffe übergehende Beiträge. Im Zusammenhang mit den Dunkelmännerbriefen und unabhängig von ihnen nahm die Streitliteratur für und wider Reuchlin ihren Fortgang, auch die Hauptbeteiligten selbst griffen noch wiederholt zur Feder. Für die Nachwelt haben aus diesen Veröffentlichungen eigentlich nur die ‚Epistolae illustrium virorum‘ von 1519 einen gewissen Wert, in denen Reuchlin, wie er es schon 1514 getan, Zuschriften berühmter, „hell-leuchtender“ Männer herausgab und dabei das ‚exercitus Reuchlinistarum‘, das Heer der Reuchlinisten, in einem eigenen Verzeichnis aufmarschieren ließ. Es ist zwar nicht vollständig, immerhin bietet diese Heerschau eine Art Übersicht über die modernen Geister dieser Zeit. Im übrigen wurde nun die Öffentlichkeit von einer ungleich wichtigeren, die Gemüter weit stärker aufwühlenden und erregenden Angelegenheit mehr und mehr in Anspruch genommen: von der Auseinandersetzung mit der Reformation.

Reuchlins Prozeß

Seit dem 9. September 1513 gab es neben der literarischen Fehde um Reuchlin auch einen Prozeß Reuchlin. Der Ketzermeister Hochstraten lud den Gegner Pfefferkorns vor sein Tribunal nach Mainz. Der von Reuchlin dorthin gesandte Vertreter erreichte, daß Hochstraten, der zunächst als Ankläger und Richter zugleich auftrat, die Entscheidung den Kommissarien des Mainzer Erzbischofs überließ. Reuchlin begab sich nun selbst nach Mainz und appellierte nach Rom, als er merkte, daß sich Hochstraten einer gütlichen Vereinbarung widersetzte. Papst Leo X. übertrug die Angelegenheit den Bischöfen von Speier und Worms. Am 29. März 1514 erfolgte in Speier das Urteil: die Anklage gegen Reuchlin wegen Ketzerei und anderer Verbrechen sei unverdient, unbedacht, ungerecht und mit Verschweigung der Wahrheit erhoben worden. Hochstraten und seinen Anhängern wurde in dieser Sache ewiges Stillschweigen auferlegt, um künftigen Verleumdungen vorzubeugen. Nun appellierte dieser an den Papst. Von beiden Seiten wurde in der üblichen Weise auf die Kurie einzuwirken versucht, für Reuchlin verwendete sich u. a. der Kaiser Maximilian, dagegen traten sein Enkel, der spätere Kaiser Karl V., und der französische König Franz I. für Hochstraten ein. Mit Ausnahme eines einzigen erklärten alle Mitglieder der vom Papst eingesetzten Kommission, darunter der griechische Bischof von Malfi, am 2. Juli 1516 den „Augenspiegel" für einwandfrei. Doch ehe es zum Urteil über Reuchlin kam, verfügte der Papst Aufschub der ganzen Angelegenheit, wahrscheinlich mit Rücksicht auf die der kirchlichen Leitung natürlich verdächtigen Begleiterscheinungen des ganzen Streites. Alles in allem war dies doch ein Sieg Reuchlins; zwei Jahre hatte Hochstraten persönlich gegen ihn in Rom gearbeitet. Nachdem sich der Ketzermeister noch ein weiteres Jahr vergeblich um eine Entscheidung bemüht hatte, kehrte er nach Köln zurück. Rom hatte sich also das Endurteil vorbehalten, das von Reuchlin und noch mehr von Hochstraten nach wie vor angestrebt wurde. An der Kurie ließ man sich indes Zeit, man wollte Reuchlin nicht Unrecht tun, aber auch nicht durch einen Freispruch die romfeindlichen Kreise und die scharfen Kritiker der Mönche und überhaupt der Kirche ermutigen.

Reuchlin, persönlich fromm und durchaus kirchentreu, litt schwer unter diesem Prozeß. So sehr sich seine Parteigänger, namentlich die aus der Mutianischen Schar, über den frisch-fröhlichen Federkrieg freuten, so leidig war dem Gelehrten, der nichts mehr als die Stille seiner Studierstube liebte, der ganze Streithandel geworden. Da kam es zu einem Zwischenspiel, in seiner Art nicht minder grotesk als die Überrumpelung der Kölner durch die Dunkelmännerbriefe. Unter den jungen Leuten, die vor zwanzig Jahren in Heidelberg den berühmten Gelehrten als väterlichen Freund verehrt hatten, war auch Franz von Sickingen gewesen. Der schrieb nun auf Betreiben Huttens am 26. Juli 1519 an „Provinzial, Prioren und Konvente des Predigerordens deutscher Nation und sonderlich an den Bruder Hochstraten von wegen des hochgelehrten und weltberühmten Herrn Johann Reuchlin, beider Rechte Doktors": falls sie diesen nicht fortan in Ruhe ließen, ihm nicht auf Grund des Speirer Urteils Genugtuung leisteten und die Prozeßkosten von einhundertelf Gulden bezahlten, werde er, Sickingen, samt anderen Herren, Freunden und Gönnern wider die ganze Ordensprovinz und deren Anhänger so handeln, daß Reuchlin fortan in Ruhe bleibe. Die Dominikaner zahlten trotz ihrer Angst nicht innerhalb der ihnen von Sickingen gestellten Frist, und nun drohte dieser, er werde sie mit Krieg überziehen, falls das Geld nicht bis zum 28. Dezember in seinen Händen sei. Am 26. Dezember erschien der Dominikanerprovinzial vor Sickingen, erklärte sich bereit, jede seiner Forderungen zu erfüllen und schob alle Schuld auf Hochstraten. Dieser hatte allerdings vom Papst eine Aufhebung des Speirer Urteils erreicht, das eigentlich schon durch die Appellation und den römischen Prozeß von 1516 wirkungslos geworden war, aber Sickingen ließ nicht locker und setzte eine friedliche Vereinbarung zugunsten Reuchlins durch. Die Dominikaner entsetzten Hochstraten aller seiner Ämter, verpflichteten sich, keine päpstlichen Privilegien anzunehmen, die gegen diese Abmachungen gerichtet wären, und schrieben an den Papst, er solle sie bestätigen. Sobald aber der unmittelbare Druck von den Dominikanern gewichen war, arbeiteten sie durch ihre Vertrauensmänner in Rom und auch sonst wieder gegen Reuchlin. Aber die Kurie war wohl auch von sich aus entschlossen, nun das Endurteil zu sprechen. Reuchlins Angelegenheit war, ohne daß er es gewollt hatte, allmählich mit der Luthers verquickt worden. Die Gegner Reuchlins waren auch dessen Gegner, seine Freunde und Mitstreiter standen im Lager Luthers oder hatten, wie etwa Mutian und Erasmus von Rotterdam, bei den streng kirchlichen Kreisen mannigfaches Ärgernis erregt. Die Trennungslinie zwischen dem deutschen Humanismus und der Reformation war noch nicht deutlich zu erkennen. So holte nun Rom zum Schlage wider Reuchlin aus und hoffte, damit den Geist der Empörung gegen die kirchliche Autorität überhaupt und mittelbar auch Luther zu treffen, den Roms strafender Arm immer noch nicht zu erreichen vermocht hatte. Am 23. Juni 1520 erklärte ein päpstlicher Beschluß die Speirer Entscheidung für ungültig, der „Augenspiegel" wurde verboten, Reuchlin zu ewigem Stillschweigen und zur Tragung der gesamten Prozeßkosten verurteilt. So laut die Kölner und namentlich Pfefferkorn darüber jubelten, so sehr die Freunde Reuchlins darüber klagten oder spotteten, das Urteil kam nun verspätet, war ein Schlag ins Wasser. Reuchlins Ruf als Gelehrter litt nicht im mindesten darunter, und im übrigen schieden sich die Geister jetzt nicht mehr an Reuchlin, sondern an Luther.

Im Jahre 1519 verfeindete sich Herzog Ulrich von Württemberg mit dem Schwäbischen Bund, Stuttgart wurde erobert; da nun das Land längere Zeit nicht mehr zur Ruhe kam, siedelte Reuchlin nach Ingolstadt über. Im Februar 1520 wurde er hier vom bairischen Herzog zum Professor der griechischen und hebräischen Sprache ernannt. Als im Frühjahr 1521 in Ingolstadt die Pest ausbrach, kehrte er nach Württemberg zurück und folgte bald darauf einem Rufe an die Tübinger Universität. Aber es war ihm hier nur noch eine kurze Lehrtätigkeit beschieden. Am 30. Juni 1522 starb er siebenundsechzig Jahre alt in Bad Liebenzell bei Hirschau, wo er Erholung gesucht hatte. Er stand damals nicht mehr auf der Höhe seines Ruhms. Mit seinem Großneffen Melanchthon, der auf seine Empfehlung als Professor nach Wittenberg gekommen war, war er zerfallen. Hutten hatte sich von Reuchlin losgesagt, weil er in einem Briefe an die bairischen Herzöge sich gegen Luther und seine Anhänger ausgesprochen hatte. Aber wenn ihm auch das Los der nach Ausbruch der Reformation zwischen Altem und Neuem stehenden Humanisten nicht ganz erspart geblieben war, brauchte Reuchlin doch nicht wie etwa Wimpfeling oder Mutian an seinem Lebensabend eigentliche Not und Vereinsamung zu erdulden. In Ingolstadt und in Tübingen haben sich um den gefeierten Gelehrten sofort zahlreiche Schüler geschart, nach seinem Tode gedachten noch manche des alten Freundes oder Mitstreiters: Erasmus, der ihn in einem Nachruf in der Verklärung des Jenseits schildert, begrüßt vom heiligen Hieronymus und den Engeln, Eoban Hesse, dessen Klage und Lobpreis sich in ein Gedicht von vielen Versen ergossen, Konrad Peutinger, der in Anlehnung an einen Psalmvers des Mannes gedachte, der „nicht geht zum Rate der Frevler, und in der Versammlung der Kölner Mönche nicht sitzet", Luther, der in Reuchlin Zeit seines Lebens einen Vorgänger in seinem Kampfe sah. Vergessen wie nicht wenige der einst hochgefeierten Humanisten wurde Reuchlin nie, schon daß es Goethe liebte, sich mit ihm zu vergleichen, wird immer wieder die Aufmerksamkeit auch so mancher auf ihn lenken, denen Humanismus und Reformation fernliegende Gebiete sind. In der Literatur, in der Wissenschafts- und allgemeinen Geistesgeschichte wird Reuchlin fortleben als der Mann, mit dessen Namen das Entstehen einer neuen Art der satirischen Literatur verknüpft ist, als der Gelehrte, der die wissenschaftliche Erforschung des Hebräischen anbahnte, und als der erste, der mit Hilfe der öffentlichen Meinung den tatsächlichen, wenn auch nicht formalen Sieg errang über die offiziellen Organe des Geisteslebens seiner Zeit mit all ihren Machtmitteln: über die Universitäten, über den Ketzermeister und über das päpstliche Gericht.

Pirkheimer

Humanistische Neigungen waren gewissermaßen ein Erbgut des am 5. Dezember 1470 aus einem Nürnberger Patriziergeschlecht geborenen Wilibald Pirkheimer. Schon sein Großvater Hans, sein Onkel Thomas und sein Vater Hans hatten in Italien studiert und sich dort für die Bestrebungen der Renaissance begeistert. Sein Vater, zur Zeit der Geburt Wilibalds eichstättischer, seit 1475 Rat des Herzogs Albrecht von Baiern und dann auch des Erzherzogs Sigmund von Tirol, unterrichtete ihn von frühester Jugend an und zeigte auf seinen vielen Dienstreisen schon dem Knaben ein gutes Stück deutscher Heimat. Den Sechzehnjährigen schickte hierauf Hans Pirkheimer an den Hof des Fürstbischofs von Eichstätt, um sich dort ritterliches Wesen anzueignen. Der junge Pirkheimer konnte sich da in den Fehden zwischen seinem Herrn und dem umliegenden Adel tummeln und wäre am liebsten Kriegsmann geworden, bezog aber dann doch auf Wunsch seines Vaters, wahrscheinlich im Herbst 1488, die Universität Padua zum Rechtsstudium. Im Jahr 1495 ließ Wilibald, der in Italien mit vornehmen und den humanistischen Bestrebungen ergebenen Italienern verkehrt hatte, sich in Nürnberg nieder, wo sein Vater bereits seit einiger Zeit weilte. Noch im gleichen Jahre heiratete Pirkheimer eine reiche Nürnberger Patriziertochter und wurde zu Ostern 1496 in den regierenden Rat gewählt. Er fand vielfach für auswärtige Angelegenheiten der Stadt Verwendung. Anfangs 1499 wurde er zum Hauptmann des Nürnberger Aufgebotes für Maximilians Schweizerkrieg (vgl. S. 195f.) ernannt und kam bei dieser Gelegenheit in nähere Berührung mit dem kaiserlichen Humanistenfreund. Abgesehen von einer dreijährigen Unterbrechung gehörte Pirkheimer bis 1523 dem Rate an. Infolge seiner wirtschaftlichen Unabhängigkeit brauchte er nie mehr Amtspflichten zu übernehmen, als ihm beliebte. Die letzten sieben Jahre, er starb am 22. Dezember 1530, widmete er großenteils in ländlicher Zurückgezogenheit auf einem seiner Güter ausschließlich wissenschaftlicher und literarischer Muße, die ihm schon immer Hauptinhalt seines Lebens gewesen war. Ein großes Einkommen aus Kapitalien und Liegenschaften, darunter von sechzig zinspflichtigen Häusern in Nürnberg, bot ihm die Möglichkeit zu ansehnlichen Aufwendungen für Wissenschaft und Kunst.

Der große stattliche Mann, dessen wuchtiger Charakterkopf seinen Freund Dürer wiederholt zur Darstellung reizte, vereinigte mit außergewöhnlichen Anlagen für praktische Tätigkeit, für Wissenschaft und Literatur ein echt humanistisches Temperament mit allen seinen Vorzügen und Schattenseiten. Ein überlegener, auf seine geistige Selbständigkeit pochender Beurteiler von Zuständen und Menschen, der sich auch der Waffe des Spottes gern und mit Geschick bediente, war er selbst sehr empfindlich und trug seinen Groll lange nach. Er liebte es, gesehen, gehört und beachtet zu werden, zog sich aber auch mit großer innerer Befriedigung in die Stille seiner mit vielen und erlesenen Werken ausgestatteten Bibliothek zurück. Er pflegte eine weit ausgedehnte Geselligkeit, bewirtete Gelehrte und Poeten mit verschwenderischer Freigebigkeit und kannte auch die herzliche Freundschaft von Mann zu Mann. Das Verhältnis zu seinem Vater, seinen Schwestern und Töchtern, die in großen und kleinen Dingen einen unermüdlichen Berater und einen zuverlässigen Rückhalt an ihm hatten, verrät einen ausgesprochenen Familiensinn, trotzdem verheiratete er sich nach dem Tode seiner Frau, die er in den besten Mannesjahren verlor, nicht wieder. Er suchte in den alten Stoikern, in der heiligen Schrift, deren Wesenskern ihm in der Bergpredigt enthalten war, in den von ihm hochgeschätzten und eifrig durchgearbeiteten altchristlichen, namentlich in den griechischen Kirchenvätern und in der neuplatonisch-humanistischen Philosophie die Wegweisung zu einer hochstehenden Ethik, genoß dabei aber seine als Witwer wieder erlangte Junggesellenfreiheit so ungehemmt, daß er dem Nürnberger Stadtklatsch überreichen Stoff lieferte. Er sprach sich unumwunden für die Glaubens- und Gehorsamsverpflichtung gegenüber der alten, der Mutterkirche aus, erklärte aber zugleich, er lasse sich nicht daran hindern, die Wahrheit zu suchen, die nach Plato bei Gott und den Menschen die stärkste Macht sei.

Sieht man bei Pirkheimer lediglich auf das Einzelne, dann ist er nur einer aus der Schar der Humanisten. Es gab unter ihnen gründlichere Gelehrte, geistvollere und schreibgewandtere Literaten als ihn. Trotzdem nimmt er im deutschen Humanismus eine einzigartige Stellung ein: er ist die kraftvollste Persönlichkeit in ihm. Kein anderer kam dem humanistischen Ideal der allseitigen Bildung so nahe wie er. In der Rechtswissenschaft, Theologie, Geschichte, Geographie und in den Naturwissenschaften besaß er gediegene Kenntnisse, in den Schriften des christlichen Altertums war er fast ebenso bewandert wie in den klassischen Autoren. Der für ihn als reichen Patrizier naheliegenden Versuchung der bloß liebhabermäßigen Beschäftigung mit Wissenschaft und Kunst ist er ebenso wenig erlegen wie der Gefahr, sich im Gelehrtenkram zu verlieren. Ihn fesselte in seiner Studierstube wie im geselligen und brieflichen Gedankenaustausch oder bei seinen Reisebeobachtungen der Mensch, die Natur. Er hat zahlreiche Autoren aus dem Griechischen ins Lateinische übersetzt und unter anderem eine von echtem deutschen Selbstgefühl getragene Geographie des alten Germaniens und die „Beschreibung des Schweizerkrieges" verfaßt, worin er in lateinischer Sprache sehr lebendig Zeitgeschichte schreibt, ohne sie gleich den meisten anderen Autoren übermäßig mit der Darstellung der weit zurückliegenden Vergangenheit zu belasten. Doch bedeutender als der Schriftsteller war der humanistische Führer und Anreger Pirkheimer. Wenn er als Haupt der Reuchlinisten gefeiert wurde, so hieß das nicht bloß, daß seinem Namen in dem das gelehrte und literarische Deutschland in zwei Lager spaltenden Streit ein entscheidendes Gewicht beigemessen wurde, sondern auch, daß er weithin als Vorkämpfer der humanistischen Bewegung anerkannt war. Keinem anderen als ihm hat Erasmus auf der Höhe seines Ruhmes die Ehre erwiesen, von sich aus in einem schmeichelhaften Schreiben eine engere Fühlungnahme anzubahnen. Daß ein Dürer in vertrauter Freundschaft ihm das Innere seines Herzens erschloß, nicht bloß in mancherlei äußeren Angelegenheiten sich seinen Rat holte, ist kein geringer Beweis für das Menschentum Pirkheimers. Mit italienischen Humanisten in ähnlicher Stellung, etwa mit Castiglione, ist er allerdings nicht zu vergleichen. Nürnberg war nicht Florenz, Mailand oder Rom; die deutschen Fürsten waren von anderem Schlage als die Herzöge von Urbino oder die Medici. Doch nicht nur dies macht bei Pirkheimer oder sonst einem der humanistischen deutschen Staatsmänner den Hinweis auf die Italiener ungereimt. Das entscheidende ist, daß gerade bei den Männern des öffentlichen Lebens die mehr ästhetische und die rein politische Haltung des italienischen und die stärker ethische und religiöse des deutschen Humanismus besonders deutlich zutage tritt. Daher kam es auch, daß manche Italiener die deutschen Humanisten als Polterer und Sauertöpfe bespöttelten, daß dagegen den Deutschen Kurtisan schlechthin einen lasterhaften Kleriker am päpstlichen oder sonsteinem Hofe eines hohen kirchlichen Würdenträgers bedeutete und als grobes Schimpfwort diente, während die Italiener die Idealgestalt des feingebildeten, weltklugen Mannes vor allem im ‚cortigiano', im Höfling, verwirklicht sahen.

Wer von dem Nürnberger Patrizier in dem mit der Reformation entbrannten Geisteskampfe eine bestimmte Stellungnahme für die eine oder andere Seite erwartet, wird nicht weniger enttäuscht als derjenige, der in ihm einen italienischen Renaissancemenschen sucht. Mit Begeisterung hatte er Luthers Auftreten begrüßt und Hutten die größte Hoffnung Deutschlands genannt, bis zu seinem Lebensende verkehrte er freundschaftlich mit Melanchthon. Zugleich demütigte er sich bis an die äußersten Grenzen der Selbstachtung vor Eck, dem „losen Mann", wie er ihn selbst einmal nannte, um vom päpstlichen Bann losgesprochen zu werden. Für den Klosterfrieden seiner hochbegabten, feinsinnigen Schwester Charitas und der ihr unterstehenden Nonnen setzte sich der Feind der Möncherei gegen die kleinlichen Schikanen des lutherischen Nürnberger Rates nachdrücklich ein. Über die Anhänger der alten und der neuen Kirche fällt er das harte Urteil: „Die vorigen haben uns mit ihrer Gleisnerei und Listigkeit betrogen, so wollen die jetzigen öffentlich ein schändlich und sträflich Leben führen und dabei die Leute mit sehenden Augen blind reden und sagen, man könne sie aus den Werken nicht beurteilen, während uns doch Christus ein anderes gelehrt hat." Pirkheimer kam keineswegs infolge innerer Unklarheit, Haltlosigkeit und Zerrissenheit zu solchen sich scheinbar widersprechenden Handlungen und Äußerungen, höchstens riß ihn sein leidenschaftliches Wesen in diesen wie anderen Dingen zu nicht auf die Goldwaage zu legenden Worten hin; auch wird man es dem in diplomatischen Diensten seiner Vaterstadt grau Gewordenen nicht als Charakterlosigkeit anrechnen, daß er sich nicht gerade heldenhaft aus der widerwärtigen Angelegenheit mit Eck zurückzog, um endlich vor dessen Treibereien Ruhe zu haben. Pirkheimer konnte sich mit Recht rühmen, daß er sich nie einer Partei gefangen gegeben habe. So mißbilligte er, der sich gerne „Haupt der Reuchlinisten" nennen hörte, Reuchlins Kampfesweise, wahrte sich gegen Erasmus die Selbständigkeit seines Urteils und legte sich eine eigene Abendmahlslehre zurecht, die das Mißfallen der katholischen, lutherischen und zwinglianischen Theologen erregte. Als die übrigen bedeutenden Humanisten sich entweder hinter die schützenden Mauern der alten Kirche zurückgezogen oder sich in das Lager der Neugläubigen begeben hatten, hielt er unerschütterlich an seiner humanistischen Überzeugung fest und beurteilte von ihr aus den Lauf der Welt. Seiner selbst unsicher war dieser Mann nicht, und ein verzagtes Herz schlug gewiß nicht in seiner Brust, wenn auch in seinem Alter vieles zusammenkam, die Reizbarkeit und Schroffheit seines Wesens zu steigern: schmerzhafte Leiden, Mißgeschick in der Familie und vor allem das Gefühl, mit seinem Glauben an die freie Forschung und an das sittliche Empfinden als höchste Lebenswerte in einer Zeit voll übermächtiger irrationaler Kräfte auf verlorenem Posten zu stehen.

Erasmus von Rotterdam

Auf die Frage nach dem größten Gelehrten und Schriftsteller hätte von etwa 1515 bis 1520 fast jeder nicht grundsätzlich humanistenfeindliche Gebildete zwischen Lübeck und Rom, London und Krakau geantwortet: „Erasmus". Der auch heute noch bekannteste Humanist, der einzige von Weltgeltung, wurde in der Nacht vom 27. auf den 28. Oktober 1466 oder 1469 zu Rotterdam als zweiter Sohn eines Priesters geboren. Als Erasmus neun Jahre alt war, zog die Mutter mit ihren beiden Kindern nach Deventer, damit sie dort die berühmte Schule besuchen konnten. Die Lehrer, darunter auch einige Brüder vom Gemeinsamen Leben, unterrichteten noch nach der scholastischen Methode, erst kurz bevor Erasmus Deventer verließ, übernahm Alexander Hegius die Leitung der Schule. Er und Rudolf Agricola, der bei einem Besuche seines Freundes eine Ansprache in der Schule hielt, machten einen tiefen Eindruck auf Erasmus. Um 1483 verlor er seine Mutter, bald darauf auch seinen Vater. Die von ihm bestellten Vormünder, nahe Verwandte, redeten den beiden Priestersöhnen zu, in ein Kloster zu gehen. Sie wählten den Orden der Augustiner Chorherren. Erasmus legte im Kloster zu Steyn, wahrscheinlich im Jahre 1488, die Gelübde ab und empfing am 25. April 1492 die Priesterweihe. Er erhielt wie so mancher vorwärtsstrebende Mönch jener Zeit von seinen Oberen die Erlaubnis, das Kloster für einige Jahre zu verlassen, während der er für seinen Unterhalt selbst aufzukommen hatte. Er nahm zunächst bei dem Bischof Heinrich von Cambrai Dienste. Der nichts weniger als robust veranlagte Erasmus eignete sich jedoch in keiner Weise für die Laufbahn eines Kurtisans und fühlte sich am Hofe des Bischofs totunglücklich. Schon im Kloster hatte sich Erasmus mit großem Eifer in die antiken Autoren vertieft und sich im Dichten versucht. Auch am bischöflichen Hofe war er bestrebt sich weiterzubilden. Als er gelegentlich eines Besuches in einem Kloster bei Brüssel die Werke des heiligen Augustin sah, war dies für Erasmus die erste Begegnung mit einem der großen Kirchenväter, deren Studium ihn später mehr noch als das der antiken Autoren beschäftigen sollte. Aus einer gewissen Seelenverwandtschaft heraus, die sich allerdings mehr auf die intellektuelle als die charakterliche Seite erstreckte, zog er allen anderen den heiligen Hieronymus vor. Zunächst aber verfaßte Erasmus in der Muße eines Landaufenthaltes ein echt humanistisches Werk, die „Antibarbari". In Dialogform unterhalten er und seine Freunde sich über den Wert der lateinischen Literatur, die keineswegs wahrer Frömmigkeit widerstreite. Im Spätsommer 1495 mochte er zuversichtlicher als je zuvor in die Zukunft schauen; der Bischof gab ihm die Erlaubnis, nach Paris zu ziehen und versprach ihm ein Stipendium. Aber nun begann für Erasmus erst der Kampf des Lebens. Er war nach Paris gegangen, um sich dort den Doktor der Theologie zu erwerben, doch stieß ihn der hier in höchster Blüte stehende spätscholastische Studienbetrieb ab. Er wurde zum grimmigen Feind der Scholastik, die er von nun ab bei jeder Gelegenheit mit der ätzenden Lauge seines Spottes übergoß. Seine Abneigung wurde nicht nur durch die tatsächlichen Mängel eines in vielem überalteten Systems hervorgerufen, ihren Hauptgrund hatte sie in seiner der scholastischen Wissenschaft durchaus entgegengesetzten geistigen Struktur, und Zeit seines Lebens reizte Erasmus alles ihm Wesensfremde zu satirischer Behandlung, wobei er allerdings, anständiger als die meisten Humanisten, seinen Witz in der Regel an den von ihm bekämpften Erscheinungen, nicht aber an bestimmten Personen übte. Große Befriedigung gewährte es ihm, daß er den Führer des Pariser Humanismus, den Ordensgeneral der Trinitarier Robert Gaguin, für sich gewinnen konnte. Da ihn der Bischof von Cambrai nur spärlich und unregelmäßig unterstützte, mußte sich Erasmus seinen Lebensunterhalt durch den Unterricht junger vornehmer Leute, die sich in Paris aufhielten, erwerben. Einer seiner Schüler, der junge Lord Mountjoy, lud ihn nach England ein. Er verweilte hier nicht ganz ein Jahr, bis Beginn 1500, und erwarb sich die Freundschaft der bedeutendsten englischen Humanisten, eines John Colet und Thomas More.

Der erste englische Aufenthalt wurde zu einem entscheidenden Wendepunkt im Leben des Erasmus. Er wurde als Gleichberechtigter in der besten Gesellschaft aufgenommen und lernte, sich frei und gewandt in ihr bewegen. „Der Erasmus, den du kennst", schrieb er einem Freunde, „ist schon beinah ein guter Jäger, kein allzu übler Reiter, ein nicht unerfahrener Höfling. Er grüßt bedeutend höflicher, lächelt freundlicher." Unter dem Einfluß Colets fand er Geschmack an der Theologie, natürlich nicht an der scholastischen, sondern an einem echt humanistischen Studium aus den Quellen selbst, und so entschloß er sich, für diesen Zweck das Griechische zu erlernen. Selbst ein unangenehmer Zwischenfall, der ihn zunächst sehr erboste und ihm schwere Sorgen verursachte, schlug schließlich zum Guten aus. Der englische König hatte die Ausfuhr von Gold und Silber verboten. Erasmus und seine Freunde glaubten, das bezöge sich nur auf englische Münzen, doch nahmen ihm die Zöllner bei seiner Abfahrt bis auf sechs Engelstaler sein ganzes Geld ab, das er bei sich hatte, es war dies alles, was er überhaupt besaß. Sofort nach seiner Ankunft in Paris verfaßte er, um wieder etwas zu Mitteln zu kommen, die ‚Adagiorum Collectanea'. Sie enthielten rund achthundert sprichwörtliche Redewendungen lateinischer Klassiker mit Erklärungen. Der Name des Erasmus wurde durch diese Sentenzensammlung mit einem Schlage weithin bekannt. Sie und ähnliche Bildungs- und Unterrichtsbücher, die er den Adagia folgen ließ, brachten „das Gold des klassischen Geistes in Umlauf" und trugen mehr als die aller anderen Humanisten dazu bei, den Humanismus aus einer Angelegenheit einzelner Kreise zu der aller Gebildeten zu machen. In den Werken des Erasmus war der Reichtum der Antike wie sonst nirgends ausgebreitet, durch praktische Anordnung und gute Register für jeden zur eigenen Verwendung griffbereit zurechtgestellt, geistvoll und witzig in einem flüssigen, prickelnden Latein dargeboten, das so nur Erasmus zu schreiben verstand. Die Buchdruckerkunst und der Buchhandel hatten jetzt eben die Anfangsschwierigkeiten überwunden und begonnen, als Diener und Herren zugleich die Entwicklung des Geisteslebens mitzubestimmen. Latein war die internationale Sprache der Wissenschaft und Literatur; die Verleger, die damals in der Regel selbst Buchdrucker und oft auch Gelehrte waren, gaben deshalb in erster Linie Schriften in lateinischer Sprache heraus, auf deren Verbreitung im ganzen Abendland sie rechnen konnten. So waren denn alle Voraussetzungen für eine Bildungsliteratur großen Stiles gegeben, und Erasmus, der beste Kenner des allseits begehrten Bildungsstoffes und der glänzendste Stilist der Weltsprache, wurde der erste Bildungsliterat modernen Gepräges.

Der mittelgroße, wohlgebaute Niederländer mit blondem Haar, blauen Augen, weißer Haut und einem feinen, scharf geschnittenen Gelehrtengesicht verband mit seinem erstaunlichen Wissen und einer einzigartigen schriftstellerischen Begabung ehrliches Wahrheitsstreben, eine große Vorliebe für alles Einfache, Klare, Freie und eine vornehme Höflichkeit. Lehre und Leben stimmten bei ihm besser überein als bei den meisten Wortführern des jüngeren Humanismus. Viele erhofften von Erasmus eine Erneuerung des gesamten geistigen, namentlich des religiösen Lebens. Zu so großen Dingen war er freilich nicht berufen. Dem Manne, der seine Augen meist halb geschlossen hielt und um dessen schmalen Mund Spottlust und Resignation spielten, fehlte mehr noch die Lust als der Mut zu letzten Entscheidungen. Er scheute nichts so sehr, wie in irgendwelche unangenehmen Angelegenheiten verwickelt zu werden. Dadurch geriet er, an sich ein offener und aufrichtiger Mensch, nur zu oft in eine schiefe Lage und schreckte dann auch vor Unwahrheiten und zweideutigen Handlungen nicht zurück. Zu lange hatte der Feinfühlige und Empfindsame unter drückenden äußeren Verhältnissen gelebt, als daß ihn nach ihrer späten Überwindung nach neuen Fährnissen gelüstet hätte. Seine uneheliche Abstammung, obendrein von einem Priester, überschattete sein ganzes Leben, und es ist für das Bestreben des Erasmus, vor sich und der Welt immer im günstigsten Licht dazustehen, sehr bezeichnend, daß er eine rührende Geschichte über seine Geburt erfand. Sein Vater habe sich einmal von der Leidenschaft überwältigen lassen und sei dann, als ihm in der Fremde fälschlich der Tod der Braut gemeldet wurde, Priester geworden. Sehr peinlich war Erasmus ferner, daß er sich eigenmächtig dem Klostergehorsam entzogen hatte. Er war nämlich trotz der Aufforderung seines Oberen nicht mehr nach Steyn zurückgekehrt und erwirkte erst 1517 durch Gönner vom Papste die Dispens von seinen Ordensverpflichtungen. Ähnlich wie über seine Geburt fabelt er über sein Klosterleben; wider seinen Willen sei er von den ungetreuen Vormündern zur Möncherei gezwungen worden und habe im Kloster nur Barbarei gefunden, daß er sich aber trotz alledem nicht an sein Gelübde gehalten habe, daran seien nur seine englischen Freunde schuld gewesen. Die Not des mittellosen Humanisten und das entwürdigende Buhlen um die Gunst reicher Herren und Frauen hatte er bis zum Ekel kennen gelernt. Erst als er sein fünfzigstes Lebensjahr überschritten hatte, war er allmählich wirtschaftlich unabhängig geworden, seine in den schlimmsten Jahren geschädigte Gesundheit wurde indes nie wieder ganz hergestellt. Wie er unter diesen Umständen sich sein gründliches und ausgebreitetes Wissen erwarb, zahlreiche, von den Zeitgenossen als Offenbarung eines überreichen Wissens und höchster Lebensweisheit aufgenommene Werke verfaßte, die ihm aber lange kaum das unbedingt für seinen Unterhalt Notwendige einbrachten, und wie er im großen und ganzen auch seine sittlichen Anlagen nicht verkümmern ließ, ja zu einer von ihm selbst vorgelebten und von vielen als mustergültig anerkannten Ethik kam, verdient ohne Zweifel Bewunderung und rechtfertigt den Ruf, den Erasmus auch rein als Mensch bei den Mitlebenden genoß. Für die tatsächliche Umgestaltung der mittelalterlichen Welt reichten freilich weder seine humanistischen Ideen noch seine menschlichen Eigenschaften aus. Seiner ganzen Natur nach war er kein Reformator der Tat, sondern eben nur ein Bildungsliterat, allerdings der erste und vielleicht auch der größte bis zum heutigen Tag, wie ja auch die damalige Bildung des Humanismus nach Umfang und Intensität nur mit der, freilich auf einen engeren Kreis beschränkten Bildung des deutschen Klassizismus und der Romantik zu vergleichen ist.

Mit seinen „Adagia" hatte Erasmus die Augen der Freunde des Humanismus auf sich gelenkt und die Prophezeiung eines Celtes und anderer wahr gemacht, daß die geistige Führung von Italien auf Germanien übergehen werde. Weit mehr aber als die Wiedererweckung der Antike lagen Erasmus seit seinem ersten Aufenthalt in England die Bemühungen um das Wiederaufleben einer echt christlichen Gesinnung am Herzen, doch währte es noch geraume Zeit, bis er in weiteren Kreisen als Vorkämpfer für ein wahres, von den Auswüchsen des Spätmittelalters gereinigtes Christentum anerkannt wurde. Sein im Jahre 1504 erschienenes ‚Enchiridion militis Christiani', des christlichen Streiters Handbüchlein oder Dolch — Enchiridion bedeutete schon im Altertum beides und dieser Doppelsinn war hier auch von Erasmus beabsichtigt — fand zunächst wenig Beachtung. Er legte hier zum ersten Mal seine theologischen Grundabsichten dar. Christus und das wahre Christentum lernt man nur aus der Heiligen Schrift kennen. Auf ihr richtiges Verständnis bereitet am besten das Studium der antiken Redner, Dichter und Philosophen, namentlich Platos vor. Bei den großen Kirchenvätern, in erster Linie bei Hieronymus und Augustin, kann man sich über den Sinn schwieriger Stellen Rat holen, dagegen sind die Meinungen der späteren Schrifterklärer wertlos. Das echte Christentum besteht in aufrichtiger Herzensfrömmigkeit und einer von ihr getragenen sittlichen Lebensführung. Der in übertriebener Hochschätzung der Zeremonien, des Fastens und anderer Äußerlichkeiten sich breit machenden jüdisch-pharisäischen Werkheiligkeit hält Erasmus das Wort des Paulus entgegen: „Ihr seid berufen zur Freiheit, fallt nicht zurück unter das Joch der Knechtschaft." Das Enchiridion ist ein religiöses Erbauungsbüchlein, aber, wie es bei Erasmus nicht anders sein konnte, in der Art einer humanistischen Bildungsschrift. Es sollte, wie er selbst in einem Briefe bemerkte, ein Handbuch sein, wie man dergleichen bereits für die verschiedensten Wissenszweige habe. Doch ehe das gebildete Europa auf den Theologen Erasmus und seine Ermahnungen zu einer edlen, vernunftgemäßen christlichen Lebensführung hörte, mußte es erst ein anderes seiner Bücher mit einem unbändigen Gelächter begrüßen: „Das Lob der Torheit."

Das Lob der Torheit

Im Spätsommer 1506 reiste Erasmus nach Italien. In Turin erwarb er sich noch den Doktor der Theologie, „eine Torheit, der man sich nach dem Brauch unserer Zeit fügen muß". Dann gab er bei Aldus Manutius in Venedig eine neue Auflage seiner nun viel umfänglicheren „Adagia" heraus. Er saß in der Druckerei des Verlegers und arbeitete mit solcher Hast, daß er, wie er sagte, nicht dazu kam, sich die Ohren zu kratzen. Die Verbindung mit Aldus hatte er aufgenommen, weil ihm, dem Bibliophilen, dessen Buchausstattung und Schrifttypen besonders gut gefielen. Im Frühjahr 1509 brach Erasmus von Italien auf, sein Ziel war England, wo sich die Humanisten von dem jungen König Heinrich VIII., der eben den Thron bestiegen hatte, ein goldenes Zeitalter erwarteten. Bei dem Ritt über die Alpenpässe — in Straßburg bestieg er dann ein Schiff und fuhr den Rhein hinab — kam Erasmus die Idee zu dem „Lob der Torheit", das er sofort nach seiner Ankunft in England in wenigen Tagen niederschrieb. In eleganter lateinischer Prosa wird die „Torheit" redend eingeführt. Sie preist sich als das „Alpha aller Gottheiten", weil ihr allein die Menschen ein angenehmes Leben verdanken, ja schon das Leben selbst, denn wenige würden ohne sie gezeugt. Würden die Sterblichen bloß nach der Torheit Gesetzen leben und sich um die Weisheit nicht kümmern, dann würden sie kein Greisenalter kennen und im Genusse einer ewigen Jugend glücklich sein. Alle großen Leistungen werden nur auf Antrieb der Torheit ausgeführt, denn wer würde sich den Gefahren des Krieges aussetzen, sich in philosophischen Grübeleien verzehren, hohe Ämter anstreben, dem Ruhm und Reichtum nachjagen, wenn nicht die Torheit die Menschen über die Eitelkeit alles Irdischen hinwegtäuschte und sie in ihrer Eigenliebe ihre Schwächen und Unzulänglichkeiten übersehen ließe, deren Erkenntnis sie lebensuntüchtig machen würde. Dann geht es über die Philosophen im besonderen, über die Ärzte, die Rechtsgelehrten, die Fürsten, die „Bauteufel" mit ihrer Baulust, die Werkheiligen, die Theologen, die Mönche, Päpste, Bischöfe und andere her. Am schlimmsten kommen die Mönche und Scholastiker weg. Von den ersten heißt es z. B.: „Sie sorgen sich nicht im mindesten darum, die ihnen zugezählten Psalmverse zu verstehen, sondern plärren sie mit ihren Eselsstimmen im Tempel herunter und wähnen, den Himmel damit in Staunen und Entzücken zu versetzen. Manche von dieser Gesellschaft schlagen aus ihrem Schmutz und ihrem Bettelstab Kapital ... alle Schänken, Wagen und Kähne belästigen sie zum großen Schaden der gewöhnlichen Bettler. So glauben die Holdseligen uns durch Unsauberkeit, Unwissenheit, Grobheit und Unverschämtheit, wie sie sagen, ein Bild von den Aposteln zu geben." Von den „wissenschaftlichen" Erörterungen der Theologen werden Beispiele angeführt, die wir heute als unflätige Gotteslästerungen empfinden, doch fehlt es auch da nicht an harmlosen Scherzen wie: „Wird es nach der Auferstehung gestattet sein, wie vorher zu essen und zu trinken? Diese Magenfrage möchten die Herren am liebsten jetzt schon entschieden wissen." Zu größtem Danke sind die Päpste der Torheit verpflichtet: Wenn sie Christi Armut dulden und sein Kreuz tragen wollten, wer möchte dann „mit seinem ganzen Gute diese Stellung erkaufen? Wer sie mit Waffen, Gift und aller erdenklichen Gewalt verteidigen? Wieviele Schätze würden die heiligen Väter einbüßen, wenn die Weisheit nur einmal über sie käme". Alle die unzähligen Schreiber, Kopisten, Notare, Advokaten, Syndici, Sekretäre, Stallmeister, Wucherer und Kuppler am päpstlichen Hofe stünden dann vor dem Hungertode. „Das wäre doch eine unmenschliche und schändliche Tat, aber weit ruchloser wäre es, wollte man den obersten Fürsten der Kirche, jenen wahren Leuchten der Welt, wieder den Bettelsack umhängen und den Bettelstab in die Hand geben. So aber überlassen sie in der Regel jede schwierige Arbeit dem Paulus und Petrus, die ja Zeit und Muße genug dafür haben; nur wenn sich ein herrliches Vergnügen bietet, behalten es die Päpste für sich. Auf diese Weise bewirke ich, die Torheit, daß niemand sein Leben so sanft und sorglos dahinbringt wie die Päpste. Christus glauben sie reichlich genug zu tun, wenn sie in wunderbarem, fast theatralischem Aufzug pompös die Rolle eines Seelsorgers spielen, wobei mit ‚Gottbegnadeter, Hochwürdigster, Allerheiligster' und mit Segen und Fluch nicht gespart werden darf."

Erasmus ließ das „Lob der Torheit" erstmals 1511 in Paris drucken. 1512 erschien bereits die fünfte Auflage. Der Beifall war ungeheuer, doch folgten bald mancherlei Verdrießlichkeiten. Viele fühlten sich getroffen, auch manchen Freunden sprang hier Erasmus allzufrei mit Worten der Heiligen Schrift um. Er suchte sich zu entschuldigen: das Ganze sei ja doch nur ein Witz, er habe höchstens sich selbst persönlich verspottet, übrigens habe das Büchlein allen Gelehrten gefallen; Bischöfe, Erzbischöfe, Kardinäle, Könige und seine Heiligkeit Papst Leo X. hätten Geschmack daran gefunden. Als Erasmus der Einfall zur „Torheit" kam, dürfte tatsächlich sein erster Gedanke gewesen sein: das gibt einen famosen Scherz. Den Niederländer und Büchermenschen Erasmus befiel inmitten der Majestät der Alpenwelt eine seltsam erregte Stimmung. Der ihm von seiner Mönchszeit her vertraute Gedanke von der Eitelkeit alles Irdischen überwältigte ihn in der Einsamkeit der Berge, zugleich fühlte er sich über den Jammer des Lebens hinausgehoben. Auf der Hinreise nach Italien entstand, als er über die Pässe ritt, sein bestes Gedicht. Die Tage seiner Kindheit stehen wieder vor ihm auf, der Jüngling und der Mann verzehrt sich im Mühen um Wissen und Gelehrtenruhm. Jetzt fühlt er sich mit seinen vierzig Jahren alt, was soll noch Philosophie und Dichtkunst? Eines nur verlohnt sich zu wünschen: ein reines, von Christus erfülltes Gemüt. — Inzwischen hatte er Italien und das päpstliche Rom erlebt. Als ihm nun wieder der frische Alpenwind um die Nase wehte, kam ihm wie vor drei Jahren die Nichtigkeit des menschlichen Treibens zum Bewußtsein, aber diesmal hörte er keine frommen Glokken klingen, formte sich ihm nicht ein elegisch erbauliches Gedicht. Jetzt schepperten die Narrenschellen, und die innere Spannung löste sich in einem befreienden Lachen über den Irr- und Widersinn der Menschen. Das Narrenthema lag in der Luft,

Sebastian Brants Narrenschiff segelte bereits unter günstigstem Winde durch die Welt. Die literarische Form der Lobrede auf etwas an sich Unangenehmes und Verächtliches war Erasmus von der Antike her bekannt. Wie wäre es, die Torheit eine schöne Deklamation über sich selbst schreiben zu lassen? So ward die Idee zu einem unsterblichen Büchlein geboren. Was wurde es aber dann bei seiner Niederschrift? Sicher doch nicht ein bloßer Scherz, wozu es Erasmus aus durchsichtigen Gründen verharmlosen wollte, aber auch nicht ein bitter ernstgemeinter, grundsätzlicher Angriff auf die Kirche, auf Staat und Gesellschaft, wozu es des Erasmus Gegner abstempelten, und wofür es auch heute noch vielfach gehalten wird. Erasmus pflegte nicht nur um einer Sache willen zu schreiben, sondern immer auch aus Lust am funkelnden Geistesspiel, doch ohne darüber den Kampf für Wahrheit und sittliche Läuterung aus den Augen zu verlieren. So kreist die „Moria" in launig tiefsinnigem Spiel um Philister und Pharisäer, jeden zu ergötzen, der über sie herzhaft zu lachen vermag, und um ihnen den Stachel zu nehmen, womit sie sich selbst und die Mitwelt verletzen. Der Gefährlichkeit solchen Spieles waren sich freilich Erasmus und Unzählige mit ihm nicht bewußt.

Erasmus in Basel

Nach seiner Abreise von England im Sommer 1514 wechselte Erasmus noch öfter seinen Aufenthalt, so verweilte er vier Jahre lang, von 1517—1521, in Löwen. Die Hauptstätte seines Wirkens — bei der fürstlichen Stellung, die er innerhalb der gebildeten Welt einnahm, ist man fast versucht zu sagen seine Residenz — war aber doch Basel, wo er im ganzen etwas über zehn Jahre zubrachte. Erstmals ließ er sich dort im August 1514 nieder. Kurz zuvor hatte er seinem Prior nach Steyn geschrieben, der seine Rückkehr ins Kloster verlangte, er bringe es nicht über sich, als alter und grauer Mann mit geschwächter Gesundheit zum Gespötte aller, auch der Geringsten zurückzukommen, er, der nun gewohnt sei, selbst von den Größten geehrt zu werden. Es war dies keine Übertreibung, die Ehrungen aber, womit ihn in Basel alsbald die deutschen Humanisten überhäuften, übertrafen seine kühnsten Erwartungen. Nur wenn man sich vor Augen hält, wie auch sonst die Humanisten Zustimmung und Ablehnung übertrieben, kann man es einigermaßen verstehen, daß dem Verfasser des „Lobes der Torheit" die maßlosen Lobhudeleien so glatt eingingen. Hier fand ferner Erasmus in Holbein dem Jüngeren auch den Künstler, der sein Andenken für die Nachwelt lebendiger erhielt als alles Lob, das ihm gezollt wurde, und in Froben den Verleger und Drucker, der ihm denkbar günstigste Arbeitsbedingungen bot und seinen Werken eine des berühmten Autors würdige Ausstattung gab. Zwei große Veröffentlichungen: das 1516 erschienene ‚Novum Instrumentum' mit dem griechischen Text und einer lateinischen Übersetzung des Neuen Testamentes und eine Ausgabe der Werke des Hieronymus sicherten dem Erasmus nun auch innerhalb der neuen theologischen Bewegung eine Führerstellung, wie er sie als Kenner des klassischen Altertums und als lateinischer Stilist bereits innehatte. Diese Arbeiten, wie auch sonst verschiedene Ausgaben antiker Schriftsteller und Kirchenväter zeigen Erasmus als einen Gelehrten von umfassendstem Wissen und von einer außerordentlichen philologischen Begabung. Aber schon die ungeheure Hast, mit der er Buch auf Buch folgen ließ, verraten, daß er nicht eine Gelehrtennatur im strengen Sinne war, der es darauf ankommt, den wissenschaftlichen Tatbestand bis ins Letzte zu ermitteln. Erasmus geht es vor allem darum, den Wahrheitsgehalt der Quellen für die sittliche Höherführung der Menschen zu erschließen. „Ich möchte," erklärt er, „daß alle Weiblein das Evangelium und die paulinischen Briefe läsen. Daß sie in alle Sprachen übersetzt würden! Daß doch der Bauer daraus sänge bei seinem Pflug, der Weber sich daraus vorsumme an seinem Webstuhl, daß mit solchen Geschichten der Wanderer sich den Weg kürze ... Was ist die Philosophie Christi, die er selbst ‚renascentia' nennt, anderes als eine Wiederherstellung der gut erschaffenen Natur? Schließlich, obschon uns niemand diese so unbedingt und wirksam gelehrt hat wie Christus, ist auch sehr viel in den heidnischen Büchern zu finden, was damit übereinstimmt". Die von Natur gute sittliche Veranlagung des Menschen ist für Erasmus der Ausgangspunkt seiner Philosophie und Theologie, daher hat für ihn auch die Bildung die zentrale Bedeutung für das menschliche Geistes- und Seelenleben. Der guten Natur braucht ja nur der rechte Weg gewiesen zu werden, dann geht sie ihn auch mit innerer Notwendigkeit. Wegweiser ist von dieser Auffassung aus selbstverständlich die Vernunft, sie sagt uns klar und eindeutig, wie die antiken Autoren und vor allem die Heilige Schrift zu verstehen seien. Für den Gebildeten ist darum die Kenntnis der Sprachen, in denen die Quellen der wahren Lebensphilosophie abgefaßt sind, unerläßlich, nur der unverfälschte Urtext enthält die reine Wahrheit. Der Gefahren dieses Rationalismus für die Kirche, der die letzten Entscheidungen nicht irgendeiner Autorität, sondern der menschlichen Vernunft und den Künsten des Philologen anheimstellt, war sich Erasmus so wenig bewußt, wie der Folgen, die sein beißender Spott zeitigen mußte.

Das Gesamtwerk des Erasmus ist von Achtung gebietender innerer Geschlossenheit. Ob er heidnische Klassiker, die Bibel oder Kirchenväter herausgab und erklärte, ob er Unterrichtsbücher zur Erlernung eines guten lateinischen Stiles schrieb, von denen sein „Werk der vertrauten Gespräche", auf weiten Strecken ähnlich wie das „Lob der Torheit" eine glänzende Zeitsatire, die „Adagia" an Ruhm und Verbreitung noch weit übertraf, oder Erbauungsschriften wie sein „Enchiridion", „Die christliche Ehe" „Über die Art des Predigens", ein umfangreiches Alterswerk, schrieb, immer streitet er wider Unbilliges und Sinnloses und für das Anständige und Sinnvolle, und immer will er Erzieher zu einer einfachen, vernünftigen Lebensführung und zu einem von allen Auswüchsen gereinigten, in wahrer Herzensfrömmigkeit und edler Nächstenliebe gipfelnden Christentum sein. Da aber im Weltgeschehen nur zu oft die Vernunft und das Gute von heute zur Unvernunft und zum Schlechten von morgen wird, sah sich der feinsinnige Literat, der sich in seinen Schriften und vor allem in seinen zahllosen Briefen unablässig mit den jeweiligen Zeitströmungen auseinandersetzte, wiederholt gezwungen, sich gegen Dinge und Personen zu wenden, die er noch vor kurzem auf den Schild erhoben hatte, und sich jenen zuzugesellen, die er zuvor verspottet oder gegen die er sich in ehrlicher Entrüstung gewandt hatte. Gerät unter solchen Umständen oft auch ein Mann der geraden und bestimmten Rede leicht in eine schiefe Stellung, so mußte für Erasmus, der einem glatten ja oder nein möglichst auswich, der seiner ganzen Natur und Entwicklung, seinem ästhetischen Empfinden nach das Laute, Grelle und Maßlose verabscheute, der Ausbruch der Reformation zum Verhängnis werden. Konnte der aus ungleich härterem Holz geschnitzte Pirkheimer in Nürnberg seinem Unmut gegen das Alte und das Neue zugleich die Zügel schießen lassen; für den als die größte Leuchte des geistigen Europa gefeierten Erasmus gab es schließlich nur die Wahl, sich für oder gegen die Reformation zu entscheiden. Wider seinen Willen, zum Teil auch als Folge seiner lange Zeit schwankenden, unklaren Stellung, sah er sich gezwungen, Luther anzugreifen. Die geschichtliche Bedeutung des Zusammenpralls zwischen dem Humanismus Erasmischer Prägung und der religiösen Welt Luthers und damit auch das Fortwirken des Erasmus im abendländischen Geistesleben lassen sich indes erst würdigen, wenn die Grundlagen der Reformation dargelegt sind (vgl. S. 407 ff.). Hier sei nur vorweggenommen, daß des alten Erasmus Bekenntnis zur römischen Kirche ehrlich gemeint war.

Erasmus ist zu Rotterdam in der Grafschaft Holland geboren, die damals noch innerhalb der Reichsgrenzen lag. Wohl waren die Holländer ihrer Abstammung, Sprache und Sitte nach Niederdeutsche, aber es fehlte ihnen das Bewußtsein der Zugehörigkeit zum großen deutschen Volke und zur deutschen Kultur. Sie kümmerten sich in ihrer damaligen Abgelegenheit wenig um das Tun und Treiben der übrigen Welt, ihre Landesherren aber sprachen seit 1299 französisch und neigten politisch und kulturell zu Frankreich hin. Erasmus entwuchs schnell seiner Heimat, nachdem er sie verlassen hatte. Er rühmte wohl gelegentlich die aufrichtige, sittenreine Art seiner Landsleute, aber im allgemeinen war ihm bei dem Gedanken an das Land seiner Jugend nicht recht wohl. Man kannte dort seine Herkunft, die zu verbergen er sich so eifrig bemühte, und dann war da das Kloster, das ihn so lange nicht völlig freigab. Das wahre Leben, das ihn erst lebenswert dünkte, begann für ihn in Paris und England, und was es ihm auch dann noch schwer machte, ihn beunruhigte, stand fast immer in einem ursächlichen Zusammenhang mit der Heimat. So kam es, daß bei ihm der Humanismus von jeder nationalen Bindung losgelöst war und ein ausgesprochen internationales Gepräge erhielt. Als er in Deutschland wie sonst nirgends gefeiert wurde, besann er sich allerdings darauf, daß auch er eigentlich ein Sohn dieses Landes sei und nannte es s e i n Germanien, das er zu seinem Bedauern und zu seiner Scham so spät kennen gelernt hatte, aber er blieb doch der Kosmopolit, als der er nach Basel gekommen war, und zu dem ihn sein bisheriger Lebensweg und seine Veranlagung gemacht hatten. Trotz alledem gehört er nicht bloß der allgemein abendländischen Geistesgeschichte an. In Frankreich, England, Italien und Spanien hatte er Freunde und wurden seine Schriften gelesen; eine starke persönliche Wirkung war ihm jedoch hauptsächlich in Deutschland beschieden. Johann Eck übertrieb nicht, wenn er im Jahr 1517 schrieb: alle Gelehrten in Deutschland, d. h. alle nur einigermaßen der humanistischen Richtung Zuneigenden sind Erasmianer. Er war hier, wenn auch unbeabsichtigt, der einflußreichste Wegbereiter der Reformation und hat viel dazu beigetragen, daß eine Reihe der bekanntesten Humanisten sich wieder von ihr abwandten. Einmal aber, als er am 12. Juli 1536 zu Basel die Augen für immer schloß, ward es offenbar, daß die Heimat im Urgrunde seines Wesens nie ganz erstorben war und ihn immer heimlich gesegnet hatte. Ein Wort, das er wohl als eines der ersten von seiner Mutter in sich aufgenommen hatte, war nach lateinischen Stoßgebeten sein letztes: „Lieve God", lieber Gott.

Der deutsche Humanismus und die Naturwissenschaften

Naturbeobachtung und naturwissenschaftliches Experiment waren im Mittelalter keineswegs völlig unbekannt. Im Mittelpunkt der wissenschaftlichen Beschäftigung mit der Natur, namentlich an den Universitäten, stand aber doch die in Büchern niedergelegte Überlieferung. Gegenüber dem „Aristoteles sagt" wog die unmittelbare Erforschung der Natur bei den Gelehrten nicht viel; wer sie wagte, setzte sich dem Verdachte aus, verpönte Zauberkünste zu treiben und mit dem Teufel im Bunde zu stehen. Die Freude des Renaissancemenschen an den Dingen der Natur hob auch das Ansehen der Naturwissenschaft, und der Grundsatz: zurück zu den Quellen ließ nun nicht nur wieder mehr zu den antiken naturwissenschaftlichen Schriften greifen statt zu den Übersetzungen und Erklärungen der Scholastiker, sondern regte auch zu selbständiger Forschung an. Wenn nun Petrarca erklärte: „Die Dinge selbst zwingen mich; denn wo ich sie sehe, schenke ich Worten keinen Glauben, die zu ihnen in Widerspruch stehen", so schien sich das von dem mittelalterlichen ‚contra factum non valet argumentum', Tatsachen lassen sich nicht wegdisputieren, nicht allzusehr zu unterscheiden; aber der Geist, aus dem diese Sätze gesprochen, war nicht derselbe. Von der induktiven Methode, welche die allgemeinen Gesetze von der richtigen Erkenntnis des Einzelfalles herleitet, war freilich auch der Humanismus noch weit entfernt; die logische Analyse des Einzelfalles als Grundlage der naturwissenschaftlichen Forschung hat erst Galilei herausgearbeitet. Außerdem war die „exakte" Naturwissenschaft der eigentlichen Renaissance keineswegs eines ihrer Hauptanliegen, ihr ging es vor allem um Naturphilosophie, sie suchte Gott oder das Walten göttlicher Kräfte oder dämonischer oder wie man sie sonst nennen will, und das ist mit den Werkzeugen der exakten Naturforschung nicht zu ermitteln. Die Renaissancenaturwissenschaft wird deshalb oft als eine Übergangserscheinung von der mittelalterlichen Spekulation zur modernen Naturwissenschaft bezeichnet, womit jedoch ihr Wesen nicht richtig erfaßt wird. Wenn es dem Mittelalter und der Renaissance vorwiegend um Naturerkenntnisse ging, die dem philosophischen Gebiet angehören, so mußten deshalb ihre Ausgangspunkte nicht dieselben sein, gibt es doch verschiedene Arten des Philosophierens. Die offizielle mittelalterliche Naturphilosophie war kirchlich gebunden, dagegen erkannte die der Renaissance autoritative Fesseln nicht an, so daß also schon von vornherein zwischen beiden ein scharfer Trennungsstrich gezogen war. Er wurde allerdings in der Praxis, wie es zu allen Zeiten in ähnlichen Fällen zu geschehen pflegt, nur zu oft verwischt, immerhin hat sich der ursprüngliche Renaissancegeist in der Naturwissenschaft reiner, länger und stärker als auf allen anderen Gebieten behauptet. Die Renaissancenaturwissenschaft war aber auch insofern über das gewöhnliche Maß hinaus, in dem alles ein Übergang zu Späterem ist, keine Übergangserscheinung, als sie zur „modernen" Naturwissenschaft nicht, zum mindesten nicht mit innerer Folgerichtigkeit hingeführt hat. Es gibt nicht bloß eine Grundhaltung naturwissenschaftlichen Denkens, sondern verschiedene. Sie sind zwar immer vorhanden, und die einzelnen Rassen und Völker neigen von ihrem Wesen her mehr zur einen oder anderen, doch lösen sie sich in ihrer Vorherrschaft von Zeit zu Zeit ab, wie ja auch die Haupttypen des geistigen Lebens — wir nennen hier nur Rationalismus und Irrationalismus — abwechselnd in den Vordergrund treten. Da über die einzelnen Arten des naturwissenschaftlichen Denkens noch mancherlei Unklarheiten bestehen, müssen wir es hier bei der Feststellung bewenden lassen, daß Renaissance und Humanismus weniger auf einen Einblick in den Mechanismus der Natur und mehr auf die Erkenntnis der Seele der Natur abzielten. Das schloß indes die Anwendung analytischer Methoden und die Heranziehung der Mathematik keineswegs aus. Auf beiden Gebieten wurden vielmehr große Fortschritte erzielt, erwies sich doch gerade damals die Anwendung der allgemein philosophischen Grundsätze des Humanismus auf die Naturwissenschaft als ungemein fruchtbar.

Astronomie und Mathematik

Der gestirnte Himmel übte auf die Menschen der Renaissance einen unwiderstehlichen Zauber aus. Wer seine Geheimnisse zu lüften verstand, dem mußten sich die Rätsel des Kosmos und die Schicksale der Völker, auch die des einzelnen enthüllen. In die Urzeiten reichte der Sternenglaube zurück, und selbst Thomas von Aquin hatte ihn seinem theologischen Lehrgebäude eingefügt: die Himmelskörper wirken auf die sinnlichen Seelenkräfte und beeinflussen bis zu einem gewissen Grade auch Vernunft und Willen. Die Humanisten rückten die Grenzen weit hinaus, welche Überlieferung und Dogma der Wissenschaft von den Sternen und der Sterndeutung gezogen hatten. Nikolaus von Kues zerschlug die Hohlkugel, darein Aristoteles das Weltall gebannt hatte (vgl. S. 70). Und wie der Naturbetrachtung so erschloß der Kusaner auch der Mathematik die Unendlichkeit; die Integralrechnung fußt auf Erkenntnissen, die er angebahnt hat. Der am 30. Mai 1423 geborene Österreicher

Georg von Peuerbach machte darauf aufmerksam, daß die üblichen Planetentafeln zur Vorausberechnung der Himmelserscheinungen nicht genügten. Die fehlerhaften mittelalterlichen Angaben seien durch gründliche mathematische Kenntnisse, durch Beobachtung der Gestirne und Vertiefung in die Wissenschaft der Antike zu überwinden. Er arbeitete selbst eine neue Planetentafel und ein Fixsternverzeichnis aus und erzielte große Fortschritte in der Trigonometrie. Eine typisch humanistische Erscheinung ist Johannes Müller, ein Müllerssohn aus Königsberg in Franken, der sich nach seinem Heimatort Regiomontan nannte. Im Jahre 1447 bezog der elfjährige Knabe die Universität Leipzig, drei Jahre später wurde er Peuerbachs Schüler in Wien. Von dem erst Fünfzehnjährigen ließ Kaiser Friedrich III. das Horoskop seiner künftigen Gemahlin, der Prinzessin Leonore von Portugal, stellen. Von 1461 bis 1467 hielt sich Regiomontan bei dem Kardinal Bessarion in Italien auf, lernte Griechisch und spürte astronomischen und mathematischen Handschriften in griechischer Sprache nach. Im Jahre 1471 ließ er sich in Nürnberg nieder, der führenden Stadt im Kleinmetallgewerbe, und schuf sich hier eine Sternwarte, eine mechanische Werkstätte zur Herstellung seiner Instrumente und eine eigene Druckerei, in der er eine Reihe eigener und fremder Schriften über Astronomie, Astrologie und Mathematik herausgab. Papst Sixtus IV. berief ihn zur Kalenderverbesserung nach Rom, wo er am 6. Juli 1476 starb. Die von ihm ausgearbeiteten Ephemeriden, Jahrbücher mit Angabe der Stellung der Sonne, der Planeten und der Fixsterne, wurden weit verbreitet und von Astronomen, Astrologen, Ärzten und Seefahrern viel benutzt, seine Kalender blieben auf Jahrhunderte hinaus vorbildlich.

Die Fruchtbarkeit der humanistischen Geisteshaltung für grundstürzend neue Naturerkenntnisse wird in unvergleichlicher Weise bei Nikolaus Kopernikus sichtbar. Das „Einfache" war eines der Richtworte des Humanismus, Kriterium und Ziel zugleich. Der am 19. Februar 1473 aus schlesischem Siedlerblut zu Thorn geborene Frauenburger Kanoniker Kopernikus übertrug die Idee von der Einfachheit Gottes auch auf dessen Schöpfung. Wenn irgendwo, so müsse im Verhältnis der Gestirne zueinander einfachste Symmetrie herrschen. Dieser Forderung entsprach nun das ptolemäische System mit seinen Epicykeln, den kreisförmigen Gestirnbahnen, deren Mittelpunkte sich auf dem Umfange anderer Kreise bewegten, gewiß nicht. Kopernikus hatte in Italien Mathematik und Astronomie studiert und beobachtete dann in seiner Heimat jahrzehntelang mit zum Teil neuartigen Instrumenten die Gestirne, er trug auch zur Klärung physikalischer Begriffe, wie dem der Bewegung, bei. In Cicero und Plutarch fand er, daß verschiedene Gelehrte des Altertums angenommen hatten, die Erde stehe nicht fest. Das war nach des Kopernikus eigener Angabe der Anlaß für ihn, über die Beweglichkeit der Erde nachzudenken, und so kam er dazu, das verwickelte ptolemäische System durch ein ungleich einfacheres zu ersetzen. Kurz vor seinem Tode, im Jahre 1543, übergab er das Werk der Öffentlichkeit, das den Ertrag seiner Forschungen zusammenfaßte. Kopernikus wollte mit dem Titel ‚De orbium coelestium revolutionibus libri sex' nur den Inhalt des

Bandes angeben: „Sechs Bücher über die Bewegungen der Himmelskörper"; aber ‚revolutio' hatte hier, vom Autor freilich unbeabsichtigt, über den nächstliegenden Sinn des astronomischen Kunstausdruckes hinaus noch einen weiteren, den wir heute mit Revolution, Umwälzung verbinden: des Kopernikus Werk leitete eine der größten Revolutionen ein, welche die Geistesgeschichte kennt.

Geographie

Die Erde nicht mehr der Mittelpunkt des Weltalls, das war das Endergebnis der astronomischen Bemühungen des Humanismus. Dagegen gewann die Erde für sich selbst an Würde, spornte die Unternehmungslust und den Erkenntnisdrang an wie nur je zu Beginn großer Entdeckerepochen. Das Studium der antiken geographischen Schriftsteller führte zu einer Neubelebung der Geographie überhaupt, deren Gesichtsfeld sich jetzt im Zeitalter der Entdeckungen ähnlich wie das der Astronomie erweiterte. Die Ephemeriden Regiomontans dienten den großen Seefahrern zur Orientierung auf hoher See. Martin Behaim, ein Freund des Regiomontan, erfand den Jakobstab, den Vorläufer des Sextanten, und fertigte einen Globus an, der den Stand der damaligen geographischen Kenntnisse genau wiedergibt. Waldseemüller aus Freiburg im Breisgau verarbeitete die Angaben des Ptolemäus und die Berichte der Entdecker bisher unbekannter Länder zu seiner Erdbeschreibung, und durch ihn bürgerte sich für das „westliche" Indien, das er nach Amerigo Vespucci benannte, der Name Amerika ein. An den Hochschulen, welche die humanistischen Studien pflegten, wurde die Geographie im Zusammenhang mit der Astronomie, Mathematik und besonders auch der Geschichte behandelt, so in Krakau, in Wien, in Tübingen. Es gelang jetzt endlich auch, Landkarten von wissenschaftlichem Wert zu entwerfen und zu vervielfältigen. Das Interesse an fernen Ländern, der Stolz auf Heimat und Vaterland und die durch den Humanismus stark geförderte Freude an der Natur kamen auch der Mineralogie, Botanik und Zoologie sehr zustatten. Viele Veröffentlichungen dieser Art suchten freilich nur die Sensationslust zu befriedigen und fabelten unbekümmert um die Wahrheit von Meerungeheuern, Riesen, Zwergen und Naturwundern, aber auch derartiges diente, wie etwa die Alchimie, wenigstens mittelbar der Wissenschaft, weil jetzt anders als früher die ernste Forschung, sich mit diesen Kuriositäten auseinanderzusetzen begann.

Paracelsus. Trithemius. Agrippa von Nettesheim

Der gewaltige Stürmer und Kämpfer Theophrastus Paracelsus, geboren im November 1493 als Sohn eines Arztes bei Einsiedeln in der Schweiz, gestorben im Jahre 1541 zu Salzburg, wurde von seinen Zeitgenossen der Lutherus medicorum genannt. Er vertrat auch in einigen Punkten ähnliche Ansichten wie Luther, aber soweit der eigenartige und einzigartige Mann überhaupt einer geistigen Strömung seiner Zeit zuzurechnen ist, kommt doch vor allem der Humanismus in Frage. Nach

Humanistenart latinisierte der dem württembergischen Geschlecht der Bombaste von Hohenheim Entsprossene seinen Namen und verhöhnte die akademischen Würden und Abzeichen. Das Landfahren pries und übte er wie ein Celtes. Vor allem aber ist an Paracelsus humanistisch, was meist als das Mittelalterliche in ihm bezeichnet wird: seine Stellung zum Mystischen und Okkulten. Magie ist ihm nicht Zauberei im mittelalterlichen Sinne, sondern nach dem Vorgange eines Trithemius die edle Kunst, die himmlische Kraft in den Menschen, in Steine, in Kräuter zu bringen. Die Natur sieht er als einen Organismus; der Makrokosmos, die große Welt, und der Mikrokosmos, der Mensch, stimmen innerlich miteinander überein. Der Arzt muß Philosoph, Astronom und Alchimist sein: es gibt zwei Philosophien, die der oberen und die der unteren Sphäre, darum „ist der Astronom ein Philosoph des Himmels und der Luft, was jener weiß, soll auch der Philosoph wissen, und dagegen der Astronomus die Philosophie". Der eine braucht die Sterne in der unteren Sphäre, der andere die Mineralien in der oberen. Der Arzt muß „in zwei Sphären geteilt sein, in die philosophische und in die astronomische". Das allein macht indes noch nicht den Arzt, dazu bedarf es noch der Alchimie: „Was macht die Birne zeitig? Was bringt die Trauben? Nichts als die natürliche Alchimie. Was macht aus Gras Milch? Was macht den Wein aus dürrer Erde? Die natürliche Digestion ... Wie die Bereitung aller Materien in der Natur geschieht, also muß sie auch geschehen durch den Arzt. Zeitigung der Früchte ist natürliche Kochung: also, was die Natur in sich hat, das kocht sie und wenn es gekocht ist, so ist die Natur ganz. Und wenn der Arzt kochen kann, was die obbemeldete Philosophie und Astronomie in sich schließen, dann ist er ein Arzt, des man sich wahrhaft trösten und freuen mag". So stellt Paracelsus von seiner neuplatonisch-humanistischen Denkweise aus der Alchimie eine höhere Aufgabe als das Goldsuchen und wirft die Frage nach den Grundsubstanzen aller Dinge auf.

Keiner der Humanisten hat deutsche Art stärker betont und ist grimmiger wider die Welschen losgefahren als Paracelsus: zu allererst danken wir Gott, daß „wir ein geborner deutscher Mann seind" und „einem jeglichen Land wächst sein Krankheit selbst, sein Arznei selbst, sein Arzt selbst, nur die welsche Verführung muß ausgereutet werden als ein Baum, der gar kein Frucht gibt. Darum muß ich wohl überlachen, daß die Deutschen arabisch seind, griechisch, chaldäisch usw. und kennen das deutsch nit, wollen auf welsch Arzneien ... und ein bessers ist vor ihrem Haus im Garten". Darin unterscheidet sich Paracelsus freilich von allen Humanisten, daß er keinen Wert auf die lateinische Sprache legte, und daß er keinen Unterschied machte zwischen antiker und mittelalterlicher Überlieferung; mit gleicher Grobheit schalt er auf Galen, das medizinische Orakel aus dem Altertum, auf den Philosophen Avicenna, den 1073 gestorbenen, berühmtesten arabischen Arzt des Mittelalters, dessen „Kanon der Medizin" in der damaligen Universitätswissenschaft noch immer höchstes Ansehen genoß, und auf seine Kollegen. Des Paracelsus maßlose Erbitterung gegen diese erklärt sich aus seiner sachlichen Gegnerschaft und aus persönlichen

Gründen. Als ihm nach einer glücklichen Kur an Frobenius die Basler Humanisten die Berufung zum Stadtarzt und Universitätsprofessor verschafft hatten, wußten ihn die auf seine Erfolge als Arzt und Lehrer Eifersüchtigen in kurzer Zeit mit nicht gerade feinen Mitteln aus Basel zu verdrängen.

An das vielbewegte Leben des Paracelsus knüpfen sich seltsame Berichte mancherlei Art. Mag auch vieles davon falsch sein, vielleicht enthalten sie doch mehr Tatsächliches, als seine Verehrer anzunehmen bereit sind, deren Zahl seit einigen Jahrzehnten wieder stark zunimmt. Aber anders als bei den übrigen Magiern jener Zeit, einem Trithemius, Faust und Agrippa von Nettesheim, welche die damalige öffentliche Meinung stark beschäftigten und erregten, ist bei Paracelsus das Absonderliche im Auftreten und im Tun durchaus nebensächlich. Der fromme, reformeifrige Abt Trithemius, von dem man sich schaudernd erzählte, er könne mit Zauberformeln Räuber fesseln und Tote beschwören, kam über unfruchtbare magische Spekulationen und abseitige Experimente nicht hinaus und beeilte sich immer wieder, seine kirchliche Gesinnung zu beteuern, wenn ihn seine Ideen über „natürliche" Magie in den Verdacht brachten, er treibe teuflische Künste. Der Doktor Faust, der es unerschrocken mit dem Teufel hielt und behauptete, für ihn sei kein Wunder zu schwer, das Christus gewirkt habe, ging völlig in das Reich der Volkssage und des Volksaberglaubens ein und gehört damit dem Mythos und der Dichtung an, nicht der Naturphilosophie und der Naturwissenschaft. Der 1535 zu Grenoble gestorbene Kölner Heinrich Cornelius Agrippa von Nettesheim schließlich, einer der ganz großen Abenteurer in der Welt des Geistes, wie sie nur eine ihrer selbst unsicher gewordene Zeit hervorzubringen vermag, stellt die Selbstaufhebung und Selbstauflösung der Geheimwissenschaft und des Humanismus dar. In einem seiner vielen Werke, in der „Ungewißheit und Eitelkeit aller Künste und Wissenschaften" spukt etwas von dem Geist des „Lobes der Torheit", dessen Verfasser gelegentlich über den ehemaligen Reuchlinisten und katholischen Mönchsfeind schützend seine Hand hielt; aber Agrippas „Eitelkeit aller Künste und Wissenschaften" läuft größtenteils auf die Verneinung alles dessen hinaus, was den Humanisten hoch und heilig war, selbst wenn er mit diesem Buch auf etwas anderes abgezielt haben sollte, als auf das Prunken mit seinem Vielwissen und seiner überlegenen Skepsis. Gegenüber den unfruchtbaren Bemühungen ernster Gelehrter wie des Thritemius und Reuchlin, das dem Menschen Verborgene zu ergründen, gegenüber den Saltos eines Agrippa und dem Hokus-Pokus des Doktor Faust stieß Paracelsus gleich dem kühnen Entdecker in Neuland vor. Eine Einführung in seine Naturphilosophie und in die des Humanismus überhaupt muß freilich schon wegen des ungemein schwierigen und umfänglichen Stoffes der Geschichte der Philosophie ebenso vorbehalten bleiben, wie der Geschichte der Medizin und der Chemie die Darstellung dessen, was Paracelsus im einzelnen für diese Wissensgebiete bedeutet hat. Als Wegweiser zu einer neuen Heilkunde und Heilkunst und als leidenschaftlicher Kämpfer für deutsches Denken und Fühlen gebührt ihm aber auch ein Ehrenplatz in der allgemeinen deutschen Geschichte.

Humanismus und Deutschtum

Mit Recht würde belächelt, wer es etwa dem Kaiser Barbarossa zum Vorwurf machen wollte, daß er seine Kriege ohne Tanks und ohne Bomber führte. In der Geistesgeschichte werden dagegen derartige Zeitwidrigkeiten vielfach kritiklos hingenommen. Der Geist ist allerdings ungleich weniger als das Materielle an die jeweiligen Umweltbedingungen gebunden, fast immer gibt es unabhängige Köpfe, die gegen sie revolutionieren und damit zu Propheten für die Zukunft werden; aber erst dann, wenn für ihre Ideen die Zeit gekommen ist, wenn die Kräfte, die eine Epoche beherrscht haben, erlahmen, kann das Neue, für das einzelne ahnungsvoll gekämpft haben, Wirklichkeit werden. Dieser für jede vernünftige Geschichtsbetrachtung selbstverständliche Gesichtspunkt wird gerade bei der Beurteilung des Verhältnisses von Humanismus und Deutschtum besonders häufig außer acht gelassen. Man sieht das deutsche Volk gleichsam vor die freie Wahl gestellt zwischen einer alle Schichten erfassenden Volkskultur von kräftigstem Eigenwuchs und dem fremdem Boden entsprossenen Humanismus; und da sich die geistig Führenden der Nation für ihn entschieden, wäre eine einzigartige Gelegenheit für den Ausbau einer wahrhaft völkischen Kultur verpaßt worden. So bedeute denn der Humanismus für uns ein nationales Unglück, verschuldet von den für die Kulturgestaltung Verantwortlichen. Tatsächlich hat sich auch damals die Kluft zwischen Gebildeten und Ungebildeten so vertieft, daß eine allgemeine Volkskultur sehr erschwert, wenn nicht unmöglich gemacht wurde. Gewisse Unterschiede werden freilich auch bei ihr jederzeit bestehen, schon weil es immer Menschen geben wird, denen die höheren Bildungsgüter aus Mangel an Begabung unzugänglich sind. Aber etwas anderes ist es, ob lediglich Fachgelehrsamkeit und Virtuosentum von vornherein auf einzelne beschränkt bleiben und die eigentliche Kultur so sehr im Volke wurzelt, daß jeder ohne weiteres je nach seiner Veranlagung und seinem Streben Anteil an ihr nehmen kann oder ob hierfür ein in der Regel nur verhältnismäßig wenigen vorbehaltener Bildungsgang notwendig ist, und dann „die Gebildeten" gewissermaßen einen eigenen Stand ausmachen, zu dessen Privilegien auch die schöpferische und genießende Anteilnahme an den Gütern der sogenannten höheren Kultur zählt.

Der Humanismus trägt gewiß nicht allein die Schuld daran, daß es zu einer kastenartigen Trennung von Gebildeten und Ungebildeten kam; aber gefördert hat er diese Entwicklung sicherlich, allein schon durch seine Gelehrten- und Literatensprache. Latein war während des ganzen Mittelalters im Abendlande neben den Volkssprachen gewissermaßen die zweite lebende Sprache gewesen, die besser als jeder moderne Versuch einer künstlichen Sprache als internationales Verständigungsmittel nicht nur den Gelehrten diente. Kaufleute, selbst solche, die nichts mit dem Ausland zu tun hatten, Gewerbetreibende, Künstler, die ja eigentlich Handwerker waren, lernten oft so viel Latein, daß sie es für praktische Zwecke verwenden konnten und mit dem namentlich durch die Kirche in die allgemeine Kultur eingedrungenen lateinischen Sprachgut vertraut waren. Erst die Humanisten machten das Lateinische zu einer toten Sprache, indem sie ein nur durch jahrelange Übung zu erlernendes Latein, das sie für klassisch hielten, gelten ließen, obendrein erschwerten sie dessen Verständnis durch unnatürliche Verkünstelung, durch einen Satzbau und durch Ausdrücke, die ihre Vertrautheit mit dem seit über tausend Jahren toten Latein des alten Rom und ihre hohe Gelehrsamkeit dartun sollten. Dieses Poetenlatein war nichts mehr für den Mann, der sich im Kaufgewölbe oder in der Werkstatt sein tägliches Brot verdienen mußte. Dazu überluden die Humanisten ihre Schriften mit gelehrtem Antiquitätenkram. So manche Humanisten schworen auf das horazische: „ich hasse das gemeine Volk und halte es mir vom Leibe", ihr Ziel war eine Literatenkultur, nicht eine Volkskultur. Die Überschätzung der Antike hatte zwar auch bei den Deutschen keine Minderung ihres Nationalgefühls zur Folge, ein Pickel, Reuchlin, Mayr und Krachenberger blieben, auch wenn sie sich Celtes, Fumulus, Marius und Gracchus Pierius hießen, ebenso gute Deutsche wie ein Pirkheimer und Hutten, die ihren Namen ein „-us" anhängten; aber all das schloß wenigstens auf manchen Gebieten mittelbar die Abdrängung vom ursprünglich Deutschen in sich.

Doch nicht aus eigenem persönlichen Versagen, nicht in feigem Ausbiegen gingen diese Männer Um- und Nebenwege statt den Weg einer in allem wesentlichen aus den Quellen des eigenen Volkstums schöpfenden Kulturgestaltung. Sie folgten mit der inneren Notwendigkeit, mit der die jeweils eben zur Herrschaft gelangten Gestirne die beweglichsten Geister in ihre Bahnen ziehen, dem Humanismus. Wir, die wir wissen, wieviel vom italienischen Volksgeist und von römischer Überlieferung er in sich trägt, sehen, was an ihm dem Deutschen wesensfremd ist; dagegen glaubten die Humanisten selbst mit einer Art religiöser Inbrunst an diese Ideale als an das zeitlos Vollkommene. Von dieser geschichtlichen Gegebenheit, wie wir sie in dem Abschnitt „Das Wesen des Humanismus" näher geschildert haben, ist bei einer Würdigung des Verhaltens der deutschen Humanisten zum Nationalismus und zur nationalen Kultur auszugehen, will man nicht in grobe Zeitwidrigkeiten verfallen. Es sollen damit die bereits angedeuteten nachteiligen Wirkungen keineswegs verschleiert werden. Wer aber ausschließlich auf die düsteren Schatten von schicksalhaften Fügungen hinstarrt und das ihnen zum Trotz Geleistete übersieht, kommt nicht nur zu schiefen Urteilen, er gibt auch viel vom Besten der deutschen Geschichte preis.

Der Humanismus und die deutsche Sprache

„Überglücklich" preist Celtes „die Menschen, die unsere Zeit erleben dürfen und nun griechisch und lateinisch sprechen können." Wer nicht wenigstens mit dem Lateinischen vertraut war, galt als Barbar. Die Kenntnis der antiken Sprachen bot ja nicht nur den Schlüssel zu der unvergänglichen und vollkommenen Weisheit des griechisch-römischen und des christlichen Altertums, man wurde, wenn man diese Sprachen beherrschte, gewissermaßen selbst ein griechischer und römischer Mensch und erwarb sich dessen vielbewunderte geistige und sittliche Eigenschaften. Weil man dem Sprachlichen an sich so hohe Bedeutung beimaß, suchten manche Humanisten wie Dalberg, Trithemius, Celtes und Bebel, mit großem Eifer Spuren des Deutschen im Griechischen und umgekehrt, um so die Ebenbürtigkeit der Deutschen mit den Griechen und womöglich eine Überlegenheit über die Römer nachzuweisen. Ja, der nichthumanistische „Revolutionär vom Oberrhein", der unbekannte Verfasser einer umfangreichen Reformschrift, dreht den Spieß um: das Deutsche wurde schon von Adam und Eva im Paradies gesprochen, ist also älter als alle anderen Sprachen, namentlich als das Hebräische, Lateinische und Französische, und wird nach den Visionen Daniels die Sprache „all Mann's", aller Menschen werden.

Im allgemeinen ist nun freilich das Lateinische die Sprache der Humanisten und sie haben sicher dazu beigetragen, daß die in Deutschland veröffentlichten Bücher, soweit sie nicht unmittelbar volkstümlicher Natur waren, meist in lateinischer Sprache erschienen. Noch im Jahre 1570 machen die lateinisch abgefaßten siebzig vom Hundert der in Deutschland gedruckten Schriften aus, im Jahr 1681 überwiegen zum ersten Mal die deutschen Bücher, und um 1730 bilden die lateinischen Neuerscheinungen nur noch dreißig vom Hundert. Es lag aber, abgesehen von der Dichtung, doch wohl kaum am Humanismus an sich, daß sich das Latein in solchem Umfange und so lange behaupten konnte; denn der Gelehrtenzopf der nachhumanistischen Zeit, der die Hauptschuld gehabt haben dürfte, ist mehr ein Eigengewächs, mochte er sich auch für seine Herkunft auf altehrwürdige Überlieferungen berufen. Der lebendige, noch nicht zur Fachwissenschaft erstarrte Humanismus selbst hatte mancherlei Beziehungen zur deutschen Sprache, schädliche und nützliche. Es lag übrigens auch etwas am Zustande der deutschen Sprache vor Luthers Bibelübersetzung, daß die Humanisten die lateinische so stark bevorzugten. Das damalige Deutsch war zwar noch immer kraftvoll, gemessen zumal am modernen Papierdeutsch, und verriet in zahlreichen Ausdrücken und Wendungen, daß es die Sprache eines unverbildeten, urwüchsigen, derben und zugleich gemütstiefen und gefühlvollen Volkes war. Bildkräftige sprichwörtliche Redensarten wie „sich nach der Decke strecken", „durch die Finger sehen" kamen in jener Zeit in großer Zahl auf. Zugleich machte sich aber auch eine unglaubliche Verrohung in der deutschen Sprache breit, Flüche und unflätige Scherze nahmen überhand. Die politische Zerrissenheit spiegelte sich in der Auflösung der mittelalterlichen Literatursprache wider, welche die zuchtvollen höfischen Dichter und die gedankenschweren und gefühlsseligen Mystiker bereichert hatten. Wie aber die fortschreitende Organisation der Territorialstaaten innerhalb oft weit ausgedehnter Gebiete und die Reichsreformbestrebungen für ganz Deutschland der politischen Verwilderung und Zersetzung entgegenwirkten, so der sprachlichen einzelne landesfürstliche Kanzleien, die „Reichsabschiede", die Buchdrucker und die Humanisten.

Der Einfluß der böhmisch-luxemburgischen Kanzlei, der unter anderem im „Ackermann aus Böhmen" (vgl. S. 63) zu beobachten ist, war zwar in den Hussitenkriegen stark zurückgegangen, dafür setzte um die Mitte des 15. Jahrhunderts der Einfluß der thüringisch-sächsischen Kanzlei ein, und seit Maximilian I. gewann der Stil der kaiserlich habsburgischen Kanzlei eine weite Verbreitung. Durch Aufnahme der süddeutschen Diphtonge und durch die Ausmerzung einiger mitteldeutscher Eigentümlichkeiten eignete sich die thüringisch-sächsische Kanzleisprache besonders für eine in Süd- und Mitteldeutschland gleich verständliche Schriftsprache. Sie wurde namentlich in der Meißener Kanzlei gepflegt und hat schließlich durch Luther, der sich ihrer in genialer Weise bediente, für ganz Deutschland eine unvergleichliche Bedeutung erlangt. Auf dem umgekehrten Wege, durch Aufgabe rein süddeutscher Sprachgewohnheiten und Berücksichtigung mitteldeutscher näherte sich die habsburgische Kanzleisprache, die auch in den niederdeutschen Gebieten Maximilians Eingang fand, der thüringisch-sächsischen. In Mainz, wo sich ebenfalls eine mit der Meißener und mit der habsburgischen Kanzleisprache verwandte Schriftsprache einbürgerte, wurden die zahlreichen, oft sehr umfangreichen und alle möglichen Gebiete des privaten und öffentlichen Lebens behandelnden Beschlüsse der Reichstage, die Reichsabschiede, gedruckt. Sie wurden oft als sprachliche Vorbilder benutzt. Die Buchdrucker waren darauf bedacht, ihren Erzeugnissen ein möglichst großes Absatzgebiet zu sichern. Sie tilgten deshalb häufig aus ihren Vorlagen die nur in einzelnen Landschaften gebräuchlichen Ausdrücke und bemühten sich, den aus allen Fugen gegangenen Satzbau durch Vereinheitlichung und regelmäßige Anwendung einer sinngemäßen Interpunktion durchsichtiger und leichter verständlich zu gestalten.

Von wenigen Ausnahmen abgesehen waren die Humanisten nichts weniger als grundsätzliche Verächter ihrer Muttersprache. Selbst wenn sie nicht von sich aus ein einigermaßen natürliches und richtiges Verhältnis zu ihr gefunden hätten, wären sie unter dem Einfluß der italienischen Renaissance dazu gekommen, die der Volkssprache große Aufmerksamkeit schenkte. Schon beim ersten Auftreten des Humanismus in Deutschland wurde die ‚nobilis lingua germanica' gerühmt. Der Augsburger Benediktiner Meisterlin, der noch ganz dem Frühhumanismus angehört, schrieb Rudolf von Habsburg die erste Verwendung des Deutschen für die bisher fast nur in lateinischer Sprache abgefaßten Urkunden zu und bemerkte dabei, daß dies zu unaussprechlich großem Nutzen der deutschen Nation, zu Hilf und Erhaltung der deutschen Sprache und zum Schaden der Welschen geschehen sei. Rudolf Agricola empfiehlt, alles, was man bei einem klassischen Schriftsteller lese, mit möglichst treffenden Worten der Muttersprache wiederzugeben. Wolle man etwas schreiben, so stelle man sich den Stoff erst möglichst genau und vollständig in der Muttersprache vor und gehe dann an die Aufzeichnung in lateinischer Sprache. Felix Fabri pries die deutsche als die edelste, herrlichste und humanste Sprache. Wimpfeling machte sich den Ausspruch Geilers von Kaisersberg zu eigen, daß jeder die Sprache am höchsten schätzen müsse, die er bei seinen Eltern gesprochen habe. Pirkheimer betonte die Ebenbürtigkeit der deutschen Sprache. Humanisten kamen zu der wichtigen Feststellung, daß jetzt die Sprache die Menschen scheide, während in alten Zeiten Flüsse und Berge die Grenze gebildet hätten. Karl der Große hatte nach Einhards Angabe die Abfassung einer Grammatik der Muttersprache, also des Fränkischen angeordnet. Von der sogenannten karolingischen Renaissance bis zu den Humanisten hören wir nichts mehr von einem ähnlichen Versuche. Peter Krachenberger, den Reuchlin zu einem stolzen Gracchus Pierius umwandelte, ist der erste Deutsche, der Karls des Großen Plan nun für die deutsche Sprache überhaupt wieder aufnahm. So findet sich bei den Humanisten theoretisch alles, was der Pflege der deutschen Sprache günstig sein konnte: die Erkenntnis von ihrer Würde und Schönheit ebenso wie von ihrer politischen und völkischen Bedeutung, ferner einige Ansätze zu ihrer wissenschaftlichen Erforschung. Zu gerne hätten nun die Humanisten der deutschen Sprache zu dem verholfen, was sie am Latein so sehr bewunderten, und womit es damals im Deutschen tatsächlich schlecht bestellt war: zu Zucht und Ordnung und zu einer feingeschliffenen Ausdrucksweise; leider verfielen aber nicht wenige von ihnen auf den Gedanken, dies durch unmittelbare Nachahmung des Lateinischen erreichen zu wollen.

Mit der Dichtkunst wurde es zwar nicht ganz so schlimm, wie man nach dem Grundsatze des Nikolaus von Wyl erwarten konnte, daß in der lateinischen Rhetorik wenig zur Ausschmückung eines Gedichtes zu finden sei, was „nit in dem tutsche ouch stat haben und zu zierung sölicher tütscher gedichten als wol gebrucht werden möcht als in dem latine", doch kaum weil man dem Genius der deutschen Sprache nicht derart Gewalt antun wollte, sondern weil zwischen der Sprache der Poesie und Prosa nur noch ein geringer Unterschied bestand. Damit fanden freilich auch in die Dichtung zum Teil Eingang der Schwulst der „Rhetoriker" mit ihren Anweisungen für die Abfassungen amtlicher und privater Schriftstücke nach italienischen, mittelalterlichen und humanistischen Vorbildern, ferner die Anwendung lateinischer Satzkonstruktionen wie des Akkusativ mit dem Infinitiv, zahlloser Partizipien und die lateinische Wortstellung, welche die deutsche Prosa verdarben. Die rege Übersetzungstätigkeit führte naturgemäß vielfach zu einem Übersetzungsdeutsch, doch darf man nicht vergessen, daß die grammatisch geschulten Humanisten den gerade im Satzbau so stark hervortretenden Zersetzungs- und Auflösungserscheinungen Widerstand leisteten. Manche Übersetzer wie Steinhöwel und Albrecht von Eyb vermieden auch möglichst Fremdworte. Überhaupt war die Fähigkeit, deutsch zu schreiben, bei den einzelnen Humanisten sehr verschieden. Während z. B. Hutten Schachtelsätze nach lateinischem Muster baute, begegnen uns bei Aventin nur wenige Nebensätze und in seinen verbindungslos aneinandergereihten kurzen Sätzen pulst ein mitreißendes Temperament.

Alles in allem ist es schwer zu entscheiden, ob der Humanismus der deutschen Sprache mehr genützt oder geschadet hat. Es wurden ihr durch ihn zahlreiche Kräfte entzogen, die sich vor allem darum bemühten, ein gutes Latein zu schreiben, doch wissen wir nicht, ob und wie weit sie sich ohne diese Ablenkung wirklich in den Dienst der deutschen Sprache gestellt hätten. Ferner wurde die Stellung des Lateinischen im ganzen Abendlande nicht zuletzt durch den Humanismus neu gefestigt. Viele der durch ihn eingeführten Latinismen hat die deutsche Sprache bis in die Gegenwart hinein mitgeschleppt. Auf der anderen Seite betonte der Humanismus nachdrücklich die Bedeutung der deutschen Sprache, regte zum Nachdenken über sie an und wandte sich gegen ihre Verwilderung. Gelegentlich begegnen wir Ratschlägen für das Übersetzen, wie sie sich dann in Luthers „Sendbrief vom Dolmetschen" finden. Die eifrige Übersetzertätigkeit schulte die Deutschen in ihrem Sprachgebrauch und führte ihnen eine Fülle neuen Stoffes zu, der die deutsche Literatur mannigfach befruchtete. Ganz ausnahmsweise bedienten sich schon Humanisten der deutschen Sprache in ihren Vorlesungen. So sehr das lateinische Schrifttum überwog, erschien doch auch, abgesehen von den Übersetzungen, eine stattliche Zahl deutscher Bücher der Humanisten. Man rechnet sie zwar zum Teil, z. B. Brants „Narrenschiff", nicht eigentlich zum Humanismus, doch verdanken auch sie mehr oder weniger ihre Entstehung und Verbreitung den vom Humanismus ausgehenden geistigen Antrieben, wie deren Wert auch für manch andere Gebiete, so auch für die deutsche Sprache und Literatur erheblich höher zu veranschlagen sein dürfte, als die Prüfung lediglich der ausgesprochen humanistischen Schriften vermuten läßt.

Die Humanisten als Nationalisten

Die Deutschen des früheren Mittelalters hatten mit der Übernahme der römischen Kaiseridee nichts weniger als die Vorstellung irgendeiner Überlegenheit der Welschen verbunden, sondern sahen voll Stolz auf sie als auf ihre Untertanen herab, die das Imperium an Deutschland hatten abgeben müssen. Ebenso dachten die Humanisten nicht im entferntesten daran, den Italienern, weil von ihnen zuerst der Ruf nach der Wiedererweckung der Antike ausgegangen war, nun überhaupt die geistige Führung zuzuerkennen. Vom ersten deutschen Vollhumanisten, von Rudolf Agricola, rühmte Erasmus von Rotterdam: „er hätte der erste in Italien sein können, doch zog er Deutschland vor". So sehr die Humanisten Reisen in ferne Länder und Studien in Italien als Bildungsmittel schätzten, wiederholten sie doch immer, daß die deutsche Heimat besser als jede Fremde sei und waren felsenfest davon überzeugt, daß sie die Italiener bald auch in den Wissenschaften und in der Poesie überholen würden. In einem Lobgedicht an die bairischen Herzöge und an den Pfalzgrafen Philipp prophezeit Celtes, daß die Deutschen nicht mehr zum Studium nach Italien, sondern die Italiener staunend an den Rhein und an die Donau wandern werden. Mochte die Vergangenheit zeitweilig anderen Völkern gehört haben, Gegenwart und Zukunft sind deutsch. Von dem humanistischen „Deutschland über alles" ist bereits ein Menschenalter vor Hutten der Ulmer Dominikaner Felix Fabri durchdrungen. Seiner 1484 abgeschlossenen weitläufigen Reiseerzählung fügt er ein Buch über „Deutschland, Schwaben und Ulm" ein. Den Auslandsdeutschen, denen er in der Fremde begegnet oder von denen er hört, schenkt er besondere Aufmerksamkeit: „Will jemand ein vortreffliches Werk in Erz, Stein oder Holz geliefert haben, so beauftragt er damit einen Deutschen. Ich habe deutsche Juweliere, Goldschmiede, Steinmetzen und Wagner unter den Sarazenen Wunderdinge herstellen sehen, an Geschick übertreffen sie Griechen und Italiener." Zur Ummauerung des Hafens von Alexandria berief der ägyptische Sultan einen deutschen Werkmeister. In Italien können nur Deutsche ein schmackhaftes Brot backen. Der Papst und die hohen Herren essen fast nur auf deutsche Art bereitetes Brot. Mit dem in Venedig von deutschen Bäckern hergestellten Zwieback werden die ganze Levante, Spanien, Frankreich, die deutschen und englischen Seehäfen bis hinauf zu den Orkney-Inseln versorgt. Als der Ulmer Mönch auf der Rückreise endlich wieder die Alpen erblickte, da ging ihm das Herz in eitel Wonne und stolzem Jubel auf: „O, wie freute ich mich, mein Deutschland zu sehen! Einst arm an Weisheit, Macht und Reichtum kommt es jetzt anderen an herrlichen Werken nicht nur gleich, sondern übertrifft das geschwätzige Griechenland, geht dem überheblichen Italien voran und drückt das streitsüchtige Frankreich zu Boden. Wie wahr spricht doch der Dichter: ‚Süß ist die Heimat, sie läßt uns ihrer nicht vergessen' ... Und zu meinem Reisegefährten sagte ich: ‚Seht, Herr Johannes, nun schaue ich die Schwelle meiner Heimat, denn die Berge, die wir hier vom Meer aus sehen, betrachten meine Brüder im Ulmer Kloster bei klarer Luft tagtäglich von den Fenstern ihres Schlafraumes aus'." Doch nicht nur in den Studien und an Reichtum sind jetzt die Deutschen allen anderen überlegen, der Ruhm der großen deutschen Kaiser des Mittelalters überstrahlt den sämtlicher Herrscher der Vorzeit. Es fehlt nur noch der rechte Mann, dies mit der überzeugenden Kraft des neuen, des humanistischen Geistes der Welt zu verkünden: „Stünde ein Schwabe auf, mächtig der Redekunst und ein Meister der Dichtkunst, er könnte wahrlich und wahrhaftig die Verleumder der alten Fürsten und Kaiser aus Schwabenstamm widerlegen, der Italiener Falschheit an den Tag bringen und unserer Fürsten Taten höher erheben als die der Griechen, Italiener und Franzosen."

Gegen die Franzosen wandte sich vor allem der Kreis der elsässischen Humanisten um Brant und Wimpfeling. Leidenschaftlich bekämpften sie in Poesie und Prosa, auch in deutschen Gedichten, die französischen Ausdehnungsbestrebungen und machten so durch Bearbeitung der öffentlichen Meinung zugunsten des Reiches die gefährliche französische Propaganda im Südwesten größtenteils wirkungslos. Mit geographischen, ethnographischen und namentlich geschichtlichen Gründen verfochten diese Männer den deutschen Charakter des Elsaß und Lothringens. Mit Nachdruck betonten sie die rein germanische Abkunft Karls des Großen, auf den sich die Franzosen von jeher bei ihren Ansprüchen auf das linke Rheinufer berufen hatten. Man müsse zwischen den urdeutschen Franken und den Franzosen unterscheiden. Brant nennt Karl den Großen ausdrücklich einen Ostfranken, stammte er doch aus dem germanischen Austrasien, dem fränkischen Ostreich und nicht aus dem schon früh stark mit romanischen Elementen durchsetzten Neustrien, dem Westreich. Anders als die Gallier haben die Deutschen den Römern trotzig die Stirn geboten, die deutsche Tapferkeit hat den Römern ihre Siege erkämpfen helfen, wie noch jetzt fremde Herrscher mit Vorliebe sich bei ihren Feldzügen auf deutsche Truppen stützen (Beatus Rhenanus). So erweiterte sich der elsässische Heimatstolz zu einem allgemein-deutschen Patriotismus, der neben den kriegerischen die kulturellen Leistungen der Deutschen hervorhob. Der deutsche Nationalismus der Humanisten gipfelte in der Kaiseridee. Sie habe schon Christus bezeugt, indem er unter dem ersten römischen Kaiser zur Welt kam und in Pilatus des Kaisers Majestät geachtet habe (Peter von Andlau). Der Übergang des Kaisertums auf die Deutschen ist den Humanisten der schlagendste Beweis für deren kriegerische und namentlich sittliche Überlegenheit über alle anderen Völker. Weder die Römer noch die Byzantiner haben die Würde des römischen Kaisertums so lange behauptet wie die Deutschen (Brant), denen es nach Gebühr und Verdienst für alle Zeiten zukommt; denn alle Deutschen und nur sie sind von edler Abkunft, weshalb sie ‚germani', die von echtem, edlen Stamme heißen (Hug). Ähnlichen Gedanken begegnen wir auch bei Humanisten außerhalb des elsässischen Kreises, besonders bei den schlesischen Humanisten. Wie die oberdeutschen rühmten sie das eigene Volk gegenüber Franzosen und Italienern, traten für die Kaiseridee ein, schwärmten für Kaiser Maximilian und für den jungen Kaiser Karl und priesen auch die eigene engere Heimat. Dabei berührten sie des öfteren die nationalen Gegensätze zu den angrenzenden Völkern, doch meist in gemäßigter Form. Die vor allem dem christlichen Osten von den Türken drohende Gefahr, die Vereinbarungen der Habsburger mit den Polen über Böhmen und Ungarn, die Förderung deutscher Humanisten durch polnische, böhmische und ungarische Große wirkten versöhnlich. Die Beziehungen schlesischer Humanisten zu gleichstrebenden Kreisen im Reiche weckten dort wieder das Bewußtsein von der Zugehörigkeit Schlesiens zu Deutschland.

Das Mißverhältnis zwischen der von ihnen hochgehaltenen Idee der Reichsherrlichkeit und den politischen Nöten ihrer Zeiten verkannten die Humanisten keineswegs. Ihre Mahnrufe an das deutsche Volk und namentlich an die Fürsten, deren Eigennutz und deren Unbotmäßigkeit gegen den Kaiser sie mit Recht als eine der Hauptursachen allen Elendes brandmarkten, vermochten jedoch die seit Jahrhunderten stetig fortschreitende partikularistische Entwicklung nicht aufzuhalten. Dagegen hatte der Angriff, den die Humanisten mehr noch aus nationalen als aus religiösen Gründen gegen die römische Kurie vortrugen, eine ungleich stärkere Stoßkraft. Hier ging es nicht wie beim Kaisertum um die Wiedererweckung eines unrettbar der Vergangenheit angehörenden Ideals, sondern um ein Kampfziel, das seit dem Hochmittelalter die Gemüter erregte und eben noch in der konziliaren Bewegung (vgl. S. 212 f.) eine gewichtige Rolle gespielt hatte. Zwei süddeutsche Staatsmänner, Gregor von Heimburg und Martin Mayr, leiteten die kurienfeindliche Strömung der konziliaren Bewegung in den Humanismus hinüber. Der um 1400 in Würzburg geborene Heimburg wurde von Enea Silvio als der „gelehrteste und beredteste Deutsche" gerühmt. Obwohl er diesem auf dem Basler Konzil als Sekretär diente, trat er schon hier als Gegner des Papsttums hervor, das er dann später besonders als Berater des mit dem Kardinal Nikolaus von Kues, Bischof von Brixen, verfeindeten Herzogs Sigmund von Tirol in Wort und Schrift aufs heftigste bekämpfte. Heimburg blieb nicht bei den üblichen Vorwürfen gegen die kuriale Mißwirtschaft stehen, sondern stellte den päpstlichen Herrschaftsansprüchen auf den Glauben und das Geld der Völker das Naturrecht gegenüber, das „uns niemand verbieten und nehmen kann", und die Pflicht, das Vaterland frisch und froh zu verteidigen. Martin Mayr, der ebenso wie Heimburg von Enea Silvio für den Humanismus begeistert worden war und der als einer der ersten Deutschen nach italienischem Muster die humanistische Sprech- und Schreibweise mit ihrem rednerischen Schwung und Prunk in die diplomatischen Verhandlungen einführte, schickte als Kanzler des Erzbischofs Diether von Mainz an Enea Silvio alsbald nach dessen Wahl zum Papste eine Beschwerdeschrift und drohte darin mit einem allgemeinen Abfall von Rom wegen der maßlosen finanziellen Ausbeutung Deutschlands durch die Kurie. Bei Celtes, der in unzähligen Wendungen die rapax Roma, das räuberische Rom, schmähte und verhöhnte, tauchte der früher unfaßbare Gedanke auf, Rom werde in absehbarer Zeit völlig vom Erdball verschwinden. Selbst der Kirche so unbedingt ergebene Männer wie Wimpfeling sahen in der Habsucht Roms die tiefste Ursache für die Schäden der Zeit. Alles was zwei Generationen von Humanisten in bitterem Ernst und mit beißendem Witz gegen welsche Tücke, französische Überhebung, päpstliche Herrschsucht und kuriale Geldgier vorgebracht hatten, überbot der fränkische Ritter Hutten. Er allein, der mit Feder und Schwert für die innere Freiheit und für die Größe Deutschlands kämpfte, hat sich unter den Humanisten den Ruhm eines volkstümlichen Helden erworben, doch nicht eigentlich als Humanist, sondern als Vorstreiter der Reformation. Ihren religiösen Wesenskern hat er freilich nie so recht erfaßt; im Grunde seiner Seele war er nur eines: nationaler Revolutionär, dem seine schärfsten Waffen erst der Humanismus und dann, als sich dessen Tag zu neigen begann, die Reformation lieferte.

Der Humanismus und die deutsche Geschichtschreibung

Von seinen Voraussetzungen aus mußte der Humanismus in vieler Hinsicht ein neues Verhältnis zur Geschichte gewinnen und neue Grundlagen schaffen für die seit der Antike trotz der zahlreichen mittelalterlichen geschichtlichen Aufzeichnungen nahezu erloschene Geschichtswissenschaft. Die historische Betrachtungsweise machte nun der metaphysischen der Scholastik den Vorrang streitig; Zeiträume, Zustände und Persönlichkeiten wurden nach allgemein christlichen oder nur nach natürlich-sittlichen, nicht nach theologischen Grundsätzen beurteilt; infolge der Hinwendung zu den Einzelerscheinungen des Lebens lenkte manches bisher nicht oder kaum Beachtete die Aufmerksamkeit auf sich, besonders auch aus nationalen Gründen die Vergangenheit des eigenen Volkes.

Den Anstoß zur humanistischen Geschichtschreibung in Deutschland gaben verschiedene geographische und historische Schriften des Enea Silvio, vor allem die von ihm im Jahre 1458 verfaßte „Germania“. Soeben zum Papste gewählt, wollte er die Beschwerdeschrift seines früheren Freundes Martin Mayr widerlegen. Dem Vorwurf, der römische Stuhl ersinne tausend Schliche, um den deutschen Barbaren auf feine Weise das Geld aus dem Beutel zu ziehen, suchte der Papst durch den Hinweis zu begegnen, Deutschland sei seit der Annahme des Christentums, das es durch das Papsttum erhalten habe, nicht ärmer, sondern immer reicher, ja das reichste Land der Christenheit geworden. Daß sie nun gerade Rom ihren Wohlstand zu verdanken hätten, glaubten die Deutschen dem Papste nicht; aber seine Lobpreisungen des glücklichen Deutschland und seines tüchtigen Volkes griffen sie begeistert auf. Als kaiserlicher Beamter und als „pfründenhungriger Kurialer“ hatte Enea Deutschland „vom Rhein und Tirol bis Ermland nach Einkünften ausgespäht“, und dabei als Ausländer Beobachtungen gemacht, die den Deutschen selbst bis dahin entgangen waren. So fiel dem mit den Berichten der alten römischen Historiker Vertrauten die ungeheure Vergrößerung Deutschlands seit den Tagen Cäsars auf: Rhein, Elbe und Donau, einst Grenzströme, fließen jetzt mitten durch Deutschland, ehedem gallische Städte wie Gent und Brügge, ebenso Meran und Brixen sind nun von deutscher Art. Böhmen hat slavische Sprache, aber deutsche Sitte, selbst die Oder ist von den Deutschen überschritten. So gibt es neben dem Alt-, ein Neudeutschland, beide aber sind durch die Gleichheit der Kultur zur inneren Einheit verschmolzen. Und wie der Italiener das große Ganze besser überschaut, so wendet er auch Einzelheiten größere Aufmerksamkeit zu: Breslau ist eine Stadt der Ziegelbauten, Frankfurt eine der Holzhäuser, in Köln sind viele Häuser mit Blei gedeckt.

Des Papstes „Germania“ ist nur ein schmales Bändchen, dazu eine Tendenzschrift, aber die deutschen Humanisten haben nicht zuletzt durch sie deutsche Landschaft und die Eigenart der deutschen Städtebilder sehen, die große deutsche Kulturgemeinschaft und die Bedeutung der deutschen Ausdehnung zumal nach dem Osten hin erkennen gelernt. Nach den ersten Anläufen zu humanistischen Städtechroniken durch Sigmund Meisterlin und Felix Fabri verfaßte Celtes seine ausgezeichnete „Norimberga“, worin Nürnbergs Stadtanlage, Gebäude und Verfassung, der Nürnberger Art, Kleidung und Leben anschaulich geschildert sind. Selbst die großen umfangreichen Weltchroniken übernehmen des Enea Silvio geographisches Interesse und gehen mit innerer Anteilnahme und in ausführlichen Darstellungen auf die deutschen Städte und Landschaften und ihre Bewohner ein. Hartmann Schedels „Weltchronik“, im übrigen nach Art des Früh- und des älteren Humanismus noch ganz von italienischen Vorbildern abhängig, enthält ausgezeichnete, von persönlicher Beobachtung zeugende Städtebeschreibungen und ist mit Städteansichten geschmückt, die heute noch hohen Quellenwert besitzen. Johann Nauklerus bietet in seiner Weltchronik, die als erste Geschichtsdarstellung eines Deutschen grundsätzlich auf die alten Quellen zurückgeht und nicht wie etwa Wimpfeling den Italienern nachschreibt, eine Schilderung Schwabens mit Berücksichtigung der geographischen, wehrpolitischen und rechtlichen Verhältnisse. Weniger selbständig, namentlich in der Behandlung des germanischen Altertums, ist die bereits dem Späthumanismus angehörende Kosmographie, die Weltbeschreibung des Sebastian Münster. Sie erschien 1544 zuerst in deutscher und dann in lateinischer Sprache. Über die Hälfte des Gesamtwerkes füllt die „Beschreibung Teutscher Nation", die ganz überwiegend geschichtlich gehalten ist. Ihr Hauptnachdruck liegt auf der kulturellen Entwicklung und zwar der wirtschaftlichen. Damit erweist sich ein Grundgedanke des Enea Silvio noch nach fast hundert Jahren fruchtbar. „Aus der vordrigen wüsten (ist) jetzt ein paradys geworden," das ist der Kern von Münsters Schilderung Deutschlands wie der von Enea Silvios Germania.

Wimpfeling und die seinem Kreise angehörenden Humanisten mußte schon das Bestreben, den deutschen Charakter des Elsasses nachzuweisen (vgl. S. 76, 124), zu näherem Eingehen auf die Kulturgeschichte, angefangen von der altgermanischen Zeit bis zur Gegenwart, veranlassen. In der Anwendung der neuen geschichtswissenschaftlichen Methoden blieb der elsässische Humanismus allerdings auffallend rückständig, hierin ist er wirklich eine Übergangserscheinung, er strebt den neuen Zielen zu mit den veralteten Mitteln unkritischer Anführung von Quellen und der Zusammenstellung bisheriger Veröffentlichungen, namentlich von Italienern. In den kirchenpolitischen Auffassungen geht er nicht von der Reichsgestaltung durch Otto I. und den großen Kämpfen der mittelalterlichen Kaiser aus, sondern bleibt bei den Ideen stehen, welche in diesen Fragen die Männer des Konstanzer und des Basler Konzils beherrschten. Dafür haben Wimpfeling und seine Freunde mit der ‚Epitoma (Abriß) Germanorum' die erste deutsche Geschichte herausgegeben, die nichts anderes als eben eine deutsche Geschichte sein wollte, und mit großem Nachdruck den erzieherischen Wert des Geschichtsunterrichts in nationalem Sinne betont.

Der Italiener Flavio Biondo hatte eine ‚Italia illustrata', ein „erklärtes Italien" geschrieben, worin er von dem Vergleich der alten römischen Ortsnamen mit den italienischen seiner Zeit ausging und daran die Beschreibungen und die Geschichte der betreffenden Städte mit Anführung ihrer bedeutendsten Männer knüpfte. Durch Enea Silvio hatte dann diese Art der Geschichtschreibung auch schon etwas auf die Schriften eines Fabri, Meisterlin, Hartmann Schedel und anderer eingewirkt. Celtes nahm den für jene Zeit ausgezeichneten Buchtitel des Flavio Biondo wieder auf und entwarf einen großartigen Plan für eine ‚Germania illustrata'. Dieses „Deutschland einst und jetzt" ist nun freilich nie zur Ausführung gelangt. Abgesehen davon, daß hierfür die Arbeitskraft eines einzelnen nicht ausgereicht hätte und eine dieser Aufgabe gewachsene Gelehrtenorganisation nicht geschaffen werden konnte, hätte eine Darstellung, welche alle Zweige der politischen und der Kulturgeschichte, eine allgemeine geographische und topographische Beschreibung Deutschlands, die Schilderung der Rechtsverhältnisse, Sitten usw. umfassen sollte, kaum zu bewältigende Schwierigkeiten geboten. Trotz alledem zeitigte der Plan des Celtes reiche

Früchte. Blieben auch die einzelnen Versuche einer ‚Germania illustrata' in Anfängen stecken, so machten sich doch manche daran, selbständige Beiträge in der von Celtes gedachten Art zu liefern. So entstand des Celtes bereits erwähnte ‚Norimberga', von ihm selbst ein ‚praeludium quoddam Germaniae illustratae' genannt. Johann Cochläus verfaßte eine „Kurze Beschreibung Deutschlands, der Taten und Sitten der Stämme und der Lage der Städte", worin der von Enea Silvio ausgesprochene Gedanke, Nürnberg sei der Mittelpunkt Deutschlands, nach dem Vorgang von Regiomontan und Celtes dahin erweitert wird, es sei der Mittelpunkt Europas. Irenikus schrieb eine ‚Exegesis Germaniae' mit einer allgemeinen Geographie, einer germanischen Altertumskunde, einer Geschichte der deutschen Kriege, Ausführungen über die Fruchtbarkeit des deutschen Bodens, einem geographisch-historischen Lexikon der Städte, Klöster, Landschaften, Herrschaften und Genealogien in Form von Erläuterungen zu dem von ihm gesammelten Quellenmaterial. Mittelbar hängt mit diesen Bestrebungen zusammen der deutsche Teil der Kosmographie Münsters und die von Kaiser Maximilian geförderte Hofgeschichtsschreibung, von der die „Caesares" des Cuspinian hervorzuheben sind wegen der Benutzung der spätgriechischen und byzantinischen Quellen und als erster Versuch, die Quellen auf ihre Parteistellung hin kritisch zu sichten.

Entdeckung Germaniens durch die Humanisten. Trithemius. Peutinger. Beatus Rhenanus

Wimpfeling und andere hatten von ihrer nationalen Geschichtschreibung aus die kriegerische Tüchtigkeit und sittliche Überlegenheit der Germanen gerühmt. In dem Bestreben, die Italiener mit ihrem Pochen auf die Größe Roms und das Alter ihrer Kultur zu übertrumpfen, griffen sie begierig die Sage von der Abstammung der Germanen von den Trojanern auf und behaupteten, schon vor der Gründung Roms sei der Name der Deutschen in aller Mund gewesen und habe die erlauchte Stadt Trier bestanden. Der Abt des Benediktinerklosters Sponheim, Trithemius, berühmt durch magisch-naturwissenschaftliche Spekulationen (vgl. S. 117), durch seine Büchersammlungen, seine Gastfreundschaft gegen die Humanisten und durch eigene Arbeiten, wie Schriftstellerverzeichnisse und die Hirsauer Annalen, erfand einen Hunibald „als zuverlässigen Geschichtsschreiber" der fränkischen Urzeit und behauptete auf Grund dieser Fälschung, die von den Trojanern abstammenden Franken hätten schon ein halbes Jahrtausend vor Christi Geburt ein von Anfang an von Rom unabhängiges Reich geschaffen, das sich in dem alle deutschsprechenden Stämme umfassenden Königreich Germanien bis in die Gegenwart hinein fortsetzte. Daneben besaß Trithemius freilich auch eine ausgezeichnete Kenntnis der echten Quellen. Er setzte sich indes weder mit seinem Fündlein noch mit seinen guten Arbeiten außerhalb der Mönchskreise durch, schon deshalb nicht, weil die eingefleischten Humanisten, wenn sie auch gerne als seine Gäste seinen Wein tranken, die von ihm ausgegebene Losung: „Die Kutten bergen die Weisheit in sich", nicht gelten ließen und schließlich auch seinen Betrug mit dem Hunibald entdeckten. Nachdrücklicher als alle seine Vorgänger wies dann Celtes die Deutschen auf Germanien hin. Er pries nicht nur die germanische Tapferkeit und Sittlichkeit, sondern behauptete auch einen tiefen Gegensatz der germanischen zu der moralisch unter ihr stehenden römisch-italienischen Religiosität. Seine Beweisführung steht dabei freilich teilweise wissenschaftlich noch auf einer Stufe mit den Phantasien des Trithemius. Das Christentum verdankten die Germanen nach Celtes überhaupt nicht den Römern, sondern es hatte sich bei ihnen auf der Grundlage der Einwirkung griechisch-gallischer Druiden entwickelt; riesige Steinbilder von Druiden glaubte er an einer Klosterkirche des Fichtelgebirges zu finden. Dieser artgemäßen germanisch-deutschen Religion stellte er „die fremden Götter" der Italiener gegenüber, wobei er nicht vergaß auf die verhaßte Habgier der Kurie und des Klerus anzuspielen. „Der deutsche Gott forderte keinen Zins von Käse und Eiern und verkaufte keine Butter."

Bei Celtes selbst wog als echtem „Poeten" in seinem Verhältnis zum Germanentum das stimmungsmäßige Element vor. Er hat jedoch auch die wissenschaftliche Erforschung der germanischen Vergangenheit nachhaltig gefördert durch seine Anregung zur ‚Germania illustrata', seine Ausgabe der „Germania" des Tacitus, der ersten, welche in Deutschland gedruckt wurde, und besonders durch die nach seinem Beispiel gestifteten literarischen ‚sodalitates', humanistischen Gelehrtengesellschaften. Die Mitglieder dieser ‚sodalitates' untersuchten mit nimmermüdem Eifer die damals zum Teil neu entdeckten römischen und griechischen Autoren nach ihren Angaben über die Germanen, zogen dabei auch alte Rechtsquellen, die Überreste von römischen Bauten und Denkmälern, Inschriften und Münzen heran und suchten die antiken Quellenzeugnisse durch die Angaben frühmittelalterlicher Schriftsteller zu erläutern und zu ergänzen. Unter den Sammlern geschichtlichen Quellenstoffes nimmt der 1465 geborene und 1547 gestorbene Augsburger Patrizier K o n r a d P e u t i n g e r die erste Stelle ein. Wenn auch von weniger ausgeprägter Eigenart und nicht so allseitig gebildet wie Pirkheimer, war er doch in Augsburg ähnlich wie dieser in Nürnberg der Mittelpunkt der humanistischen Bestrebungen und förderte als Berater Kaiser Maximilians Kunst und Künstler. Peutingers Erkenntnis, den urkundlichen Zeugnissen komme ein höherer Quellenwert zu als den aus zweiter Hand schöpfenden Berichten, wurde für die geschichtliche Forschung epochemachend. Seine „Fragmente des römischen Altertums" bieten in Deutschland die erste große Sammlung von Inschriften auf Steinen und Münzen aus der römischen Zeit Germaniens. Peutingers Erstausgaben der Gotengeschichte des Jordanes und der Langobardengeschichte des Paulus Diaconus zählen zu den besten Veröffentlichungen dieser Art. Die Gabe, das, was er mit emsigem Fleiß zusammengetragen hatte, nun auch in geschlossener wirkungsvoller Darstellung zusammenzufassen, war ihm allerdings versagt.

Das Wiederauftauchen längst verschollenen Quellenmaterials führte die Humanisten zu neuen, uns noch heute beschäftigenden Fragen, darunter die nach der Entstehung der Stämme der Völkerwanderungszeit, des deutschen Volkstums und Deutschlands aus den germanischen Stämmen und dem Germanien, wovon die alten griechischen und römischen Schriftsteller berichten. Unter den Gelehrten, die sich diesen Studien widmeten, zeichnet sich Beatus Rhenanus durch sein starkes kritisches Talent aus. Er ist der erste Deutsche, der die Geschichte nach den Grundsätzen objektiv wissenschaftlicher Forschung zu behandeln sich bemühte. Sein Tacituskommentar von 1519 und vor allem seine 1531 erschienenen ‚Rerum Germanicarum libri III', drei Bücher deutscher Geschichte, wurden wichtige Beiträge zur deutschen Frühgeschichte. Zwei Jahre zuvor war aus Huttens Nachlaß eine Schrift gedruckt worden, die in Gesprächsform den bis dahin nur gelegentlich erwähnten Arminius als den größten Feldherrn und Freiheitshelden des Altertums feiert, wie überhaupt Hutten durch seine „im Zorne geborenen" Kampfschriften am meisten dazu beitrug, eigene und fremde Ergebnisse geschichtlicher Studien in breite Volkskreise zu tragen. So hat er entgegen der früher auch von ihm selbst vertretenen Meinung, die Varusschlacht habe bei Augsburg stattgefunden, an der Hand des Tacitus nachgewiesen, daß sie in der Wesergegend, im Lande „der alten Sachsen" geschlagen wurde.

Die Humanisten und die mittelalterlichen Geschichtsquellen

Rein wissenschaftliches Streben und kämpferischer Nationalismus spürten den Quellen des Früh- und Hochmittelalters fast mit ebenso großem Eifer wie den antiken nach. Zahlreiche mittelalterliche Autoren wurden im Staube verwahrloster Klosterbibliotheken wieder entdeckt, nicht wenige freilich auch aus gut geordneten gestohlen. Mit besonderer Vorliebe wandte man sich den Geschichtschreibern der Völkerwanderungszeit, des Frankenreiches und der Stauferzeit zu, doch wußte man den geschichtlichen Wert der Quellen aus anderen Epochen zu schätzen und begrüßte die Herausgabe wichtiger literarischer Dokumente wie etwa der Hrotswith von Gandersheim und des Ligurinus durch Celtes mit großem Jubel, wenn auch manche, gewitzt durch verschiedene Fälschungen solche als unerhörte Neuigkeiten wirkende Veröffentlichungen zuerst etwas mißtrauisch betrachteten. Frühere Humanisten, so noch Wimpfeling, hatten an dem Latein der mittelalterlichen Quellen Anstoß genommen und lieber zu den Darstellungen eines Enea Silvio und anderer gefeierter Meister des Modestiles gegriffen. Nachdem man aber die Entdeckerfreuden des Auffindens unbekannten geschichtlichen Stoffes genossen hatte, aus dem dem Forscher eine versunkene Welt nationaler Größe aufstieg, gingen immer mehr Humanisten bei ihren historischen Arbeiten auf die schlichten Berichte der alten Annalen zurück und ließen sich auch von dem barbarischen Latein der Übergangszeit vom Altertum zum Mittelalter nicht abschrecken. So wurde auf geschichtlichem Gebiet die formalistische Einseitigkeit des Humanismus grundsätzlich überwunden, indem man die Zeugnisse der Vergangenheit mehr nach ihrem Wahrheitsgehalt als nach der Eleganz ihres Stils beurteilte.

Johannes Turmair, genannt Aventinus

Nach den mancherlei Ansätzen und Ergebnissen einer vielseitigen Geschichtschreibung war der 1477 in dem niederbairischen Städtchen Abensberg geborene Johannes Turmair, genannt Aventin, der „erste Humanist, der es als seinen Lebensberuf erwählte, die neuen Errungenschaften des Humanismus, seinen jugendfrischen Blick, seine Fähigkeit, die Dinge in ihrer Wirklichkeit und zugleich in größerem Zusammenhang zu schauen, auf die Vergangenheit des Menschengeschlechts anzuwenden". Damit wurde Aventin wohl als dem ersten Deutschen die Geschichte zu seinem eigentlichen Lebenselement: zur Quelle der Erkenntnis der für das Leben der Völker wichtigsten Dinge, des Aufstieges und Unterganges der einzelnen Reiche, der staatlichen Einrichtungen, der Sitten und Gebräuche, der Religionen, der Werke des Krieges und des Friedens, wie er in einem Briefe an Beatus Rhenanus näher darlegte, ferner zum Ansporn für den Kampf wider alles Dumme und Gemeine und zum Weckruf einer unverfälschten nationalen und völkischen Gesinnung. Seine beiden Hauptwerke, die 1521 abgeschlossenen ‚Annales ducum Baioariae' und namentlich die 1533, ein Jahr vor seinem Tode, vollendete „Bairische Chronik", sind die größte, noch von Goethe bewunderte Leistung des deutschen Humanismus auf geschichtlichem Gebiet. Eine gewisse Kritiklosigkeit in Einzelheiten, z. B. in der germanisch-deutschen Frühgeschichte, seine leidenschaftlichen Angriffe gegen das Papsttum als Vernichter der deutschen Königsmacht und gegen die priesterliche Herrschsucht, die seit Jahrhunderten das öffentliche Wohl schädige, seine Lust an wirkungsvoller Darstellung, die ihn mitunter zu literarischer Ausschmückung wie etwa der Anführung frei erfundener Reden der handelnden Personen verlockte, haben allerdings seinen Ruhm als Historiker bei der zünftigen und erst recht bei der seinen Anschauungen entgegengerichteten Geschichtschreibung des 19. Jahrhunderts stark geschmälert. Aber Aventin konnte und wollte nicht bloß ein rein sachlicher Berichterstatter sein. Er war nicht durch Buchweisheit zur Geschichte gekommen und von ihrem hohen Werte überzeugt worden, sondern zum Historiker hatte ihn nach seinem eigenen Zeugnisse der Anblick des Lebens, der Menschen und Länder bei Hofe und auf ausgedehnten Reisen gemacht. So verknüpft sich ihm Vergangenheit und Gegenwart, mit Hinweisen auf diese erläutert er die Vergangenheit, aus der er für Gegenwart und Zukunft Lehren zieht. Ein derart unmittelbares persönliches Verhältnis zur Geschichte mußte trotz der eifrigen Benutzung eines ungeheuren Quellenmaterials Aventins Urteil und Darstellungsweise beeinflussen. Gerade deshalb vermögen aber noch heute den Leser beträchtliche Teile seines Werkes, zumal soweit es in deutscher Sprache geschrieben ist, zu fesseln, weil hinter ihm ein aufrechter deutscher Mann mit hohem sittlichen Pathos und glühender Vaterlandsliebe und ein vollblütiger Baier steht mit einem feurigen Temperament, der mit ungestümer Wucht gegen die früheren und zeitgenössischen Reichsfeinde und Volksverderber losfährt. Ein herbes Schicksal versagte Aventin die Wirkung auf breite Kreise, die er, der trotz seiner Gelehrsamkeit volksnahe und volkstümliche, erstrebte und auch verdiente. Seine besten Schriften und hervorragendsten Werke wurden erst Jahrzehnte nach seinem Tode gedruckt, da ihre Veröffentlichung geraume Zeit sowohl wegen ihres Inhaltes als wegen des unkirchlichen Verhaltens des Verfassers und seiner Hinneigung zum neuen Glauben im Machtbereich des bairischen Herzogs auf Schwierigkeiten stieß. Als sie dann endlich — die „Bairische Chronik" 1566 zu Frankfurt — erschienen, waren sie nach den in ihnen behandelten Gegenständen hauptsächlich auf Verbreitung in Baiern angewiesen, das aber um eben diese Zeit von seinen Landesherren unter die geistige Vormundschaft der Jesuiten gestellt zu werden begann und damit kein günstiger Boden für den „Ketzer" Aventin mehr sein konnte. Wäre es ihm beschieden gewesen, seinen Plan einer großen deutschen Geschichte auszuführen und sich damit an Gesamtdeutschland zu wenden, dann hätte sich ihm, einem Meister des deutschen Wortes und einem, wenn er wollte, kraftvoll volkstümlichen deutschen Schriftsteller, wohl auch sein Herzenswunsch erfüllt: an Hand der Geschichte der deutschen Nation ein Erzieher zu werden zu edlem Selbstbewußtsein, zu geistiger Freiheit und mannhafter Tüchtigkeit auf allen Gebieten des öffentlichen Lebens.

„O Jahrhundert! O Wissenschaften! Es ist eine Lust zu leben ... Es blühen die Studien, die Geister regen sich. Weh dir, Barbarei, nimm den Strick und mach dich auf Verbannung gefaßt!" Zur selben Zeit, da Hutten mit diesem jubelnden Ausruf einen Brief an Wilibald Pirkheimer schloß, um 1518, verkündete Erasmus von Rotterdam den Anbruch eines goldenen Zeitalters, in dem Rechtschaffenheit und christliche Frömmigkeit mit dem Studium aufblühen würden. „Wie auf ein gegebenes Zeichen verschwören sich die berühmten Geister, die höchste Bildung wieder herzustellen." Diese freudige und zuversichtliche Stimmung, der wir schon bei früheren Humanisten der verschiedensten Richtungen begegnen, erlosch allerdings wenige Jahre später; aber sie hatte bis dahin doch schon wesentlich dazu beigetragen, daß die Geister nicht stumpf wurden, sondern mit Anspannung aller Kräfte neuen hohen Zielen zustrebten, als die Ideen und Ideale des Mittelalters zu verblassen begannen. Wir wissen nicht, ob es in Deutschland ohne den Einbruch des Humanismus an dessen Stelle nun wirklich zu etwas Besserem, zu einer von der Wurzel auf unverfälschten allgemeinen Volkskultur gekommen wäre; jedenfalls stehen trotz der mancherlei inneren Widersprüche und Mängel, die dem Humanismus als einer Übergangserscheinung eigen sind, und trotz mancher nachteiliger Folgen, die er wegen seines fremden Ursprungs für Deutschland zeitigte, fast alle großen späteren geistesgeschichtlichen Bewegungen unter seiner Nachwirkung und verdanken ihm fruchtbarste Anregungen, nicht zuletzt der deutsche Nationalismus. So vieles, was heute selbstverständliche Grundlage nationalen Denkens und Wollens ist, geht auf die Ergebnisse humanistischer Forschung und Geschichtschreibung zurück, so, um nur das Wichtigste nochmals hervorzuheben: die Entdeckung des wahren Zusammenhanges des deutschen Volkes mit Germanien und den germanischen Stämmen und die Erkenntnis, daß das deutsche Volk, gleichviel wie jeweils die Staatsgrenzen verlaufen, soweit reicht, wie die deutsche Zunge klingt.

Drittes Kapitel

Die gesellschaftlichen und wirtschaftlichen Zustände

Das Bauerntum

Die ostelbischen Gebiete

Von den etwa zwölf Millionen Deutschen im Spätmittelalter saßen achtzig bis neunzig vom Hundert auf dem offenen Lande. Die Verhältnisse, in denen die Bauern lebten, waren je nach Landschaften, aber auch innerhalb kleinerer Bezirke und oft selbst in den einzelnen Dörfern sehr verschieden. Vor allem war die Lage des Bauerntums im Norden östlich der Elbe eine andere als im Westen, in Ober- und Mitteldeutschland. In dem von den Slaven zurückgewonnenen „Neudeutschland", das sich von der Kieler Förde und von der Mündung der Delvenau in die Elbe ostwärts erstreckte, also den größten Teil des heutigen Norddeutschlands umfaßte, war den deutschen Bauern, die sich als Kolonisten angesiedelt hatten, größere Freiheit eingeräumt und mehr Grund und Boden angewiesen worden, als die meisten Bauern in Altdeutschland besaßen. Auch gegen Ende des Mittelalters stand sich der ostelbische deutsche Bauer durchschnittlich noch besser als im übrigen Reiche. Er befand sich aber doch schon im Niedergang, denn im 15. Jahrhundert setzte im Norden jene Entwicklung ein, die zur Aufsaugung eines großen Teiles des Bauernlandes durch die Rittergüter führte, und die den Bauern zum Hintersassen und Untertanen des Gutsherrn machte. Da die Adligen des Nordens und Ostens auf ihren Herrengütern Getreide in großen Mengen für den Markt produzierten, waren sie stetig auf die Vergrößerung und Abrundung ihres Landbesitzes bedacht und gebrauchten und mißbrauchten hierzu ihre wirtschaftliche und soziale Überlegenheit. Die Gutsherren brachten jetzt außerdem die Gerichtsbarkeit und Polizeigewalt über ihre Hintersassen an sich und drückten den deutschen Bauern allmählich auf die niedrige rechtliche und wirtschaftliche Stufe des slavischen Landvolkes herab. Es vollzog sich damit in Neudeutschland im Grunde dasselbe, was in Altdeutschland vor mehr als einem halben Jahrtausend geschehen war, als sich Freibauern in großer Zahl teils freiwillig, teils gezwungen den Grundherrschaften ergeben hatten. Die Grundherrschaft des bäuerlich-aristokratischen Zeitalters hatte sich allerdings des Bauerntums nicht so durchgreifend zu bemächtigen vermocht, wie es dann in neuerer Zeit der Gutsherrschaft gelang, sondern hatte ihm noch mancherlei Entwicklungsmöglichkeiten offen gelassen. Deshalb ist auch die Geschichte des ober- und mitteldeutschen Bauerntums ungleich bewegter, zumal an der Schwelle vom Mittelalter zur Neuzeit.

Altdeutschland

In Altdeutschland hatte die dem kolonialdeutschen Bauerntum ursprünglich fremde Leibeigenschaft seit dem Hochmittelalter viel von ihrer Härte verloren. Ein beträchtlicher Teil der persönlichen Dienstleistungen, der Eigentumsbeschränkungen und der Eingriffe in das Privatleben, z. B. in Ehesachen, war in Geld- und Naturalabgaben verwandelt worden. Die Gerechtsame der Bauern waren nun genauer festgelegt, selbst mächtige Grundherren wagten zuweilen gegen widerspenstige Bauern nicht mehr ohne weiteres vorzugehen. Seit dem 13. und 14. Jahrhundert arbeiteten die Bauern mit allen Mitteln darauf hin, ihr sachlich dem Eigentum sich näherndes Recht an Grund und Boden in freies, zinsloses Eigen umzuwandeln. Durch den zunehmenden Geldverkehr gerieten zwar nicht wenige in Schulden und Zinsknechtschaft, andererseits bot er Gelegenheit für Haus und Hof, auch zur Befriedigung persönlicher Bedürfnisse manches auf dem Lande vordem kaum dem Namen nach bekannte Nützliche und Angenehme zu beschaffen, wie ja überhaupt die allgemeinen Fortschritte der materiellen und geistigen Kultur wenigstens bis zu einem gewissen Grade auch den Dorfbewohnern zugute kamen. Schulzen, Inhaber von größeren Erbpachthöfen und Freibauern erzielten nicht selten Erträgnisse, die über das zum täglichen Leben unbedingt Notwendige beträchtlich hinausgingen, einzelne dieser besser gestellten Landleute wurden sogar reich, wenn sie sich nebenher auf den Viehhandel verlegten oder sich sonst an gewinnbringenden Unternehmungen beteiligten. Alles in allem befand sich das ober- und mitteldeutsche Bauerntum bei Ausgang des Mittelalters im Aufstieg. Trotzdem wirkte, abgesehen davon, daß der Großteil der landarbeitenden Bevölkerung immer noch in dürftigen Verhältnissen lebte und bei Mißwachs, in Kriegszeiten und bei Unglücksfällen nur zu leicht in bittere Not geriet, vieles zusammen, daß die Bauern Altdeutschlands am Ausgang des Mittelalters mit ihren Verhältnissen immer unzufriedener wurden.

Die Städter verspotteten in ihren Fastnachtsspielen und Dichtungen wie Wittenweilers „Ring" die Bauern als Unflate, Rüpel und Dummköpfe. Nun trat die damals weit verbreitete Unsauberkeit, Derbheit und Unwissenheit naturgemäß bei dem Stand besonders stark hervor, der unter den der Pflege einer verfeinerten Kultur ungünstigsten Bedingungen lebte. So dumm und ungeschliffen, wie ihn der Witz der Städter hinstellte, war jedoch der Bauer keineswegs, außerdem hatte er an der fortschreitenden Bildung des ganzen Volkes jedenfalls soweit Anteil genommen, daß er sein Schicksal nicht mehr dumpf hinnahm, sondern sich kritisch damit auseinandersetzte. Die Seelsorge hatte in den beiden letzten Jahrhunderten auch das Landvolk in steigendem Maße erfaßt, der Bettelmönch war ein häufiger Gast in den Dörfern. Der mit der christlichen Sittenlehre nun vertrauter gewordene Bauer beurteilte nach ihr die Kirche und ihre Diener. Bistümer, Abteien und sonstige kirchliche Stiftungen waren in großem Umfange Grundherrschaften; an sie hatten die Bauern mancherlei Abgaben zu leisten. In der weit ausgedehnten Diözese Köln war ein Drittel der Bauern von der Kirche abhängig, in Süddeutschland gehörten ihr ganze Landschaften. Geistliche Herrschaften trieben die Einkünfte nicht weniger rücksichtslos ein als weltliche, beriefen sich mitunter auf gefälschte Urkunden und suchten Unbotmäßige auch mit kirchlichen Strafen, mit Sakramentsverweigerung usw. mürbe zu machen. An die Ortsgeistlichen waren Zehnten und hohe Stolgebühren zu entrichten. Der Sack der Bettelmönche war unersättlich. Wie lebten die Prälaten, die Klosterherren, die Pfarrer, die Almosen sammelnden Brüder und wie die Bauern, von deren Hände Arbeit alle diese Kirchenleute erhalten wurden? Die Kirche und ihre Diener waren reich geworden und verkündeten das Evangelium des Heilands, der nicht wußte, wohin er sein Haupt legen sollte, sie priesen dem Bauern, um ihn zufrieden und abgabefreudig zu stimmen, die Armut als sichersten Weg zum Himmel, sie wetterten gegen die Fleischessünden und gaben selbst nur allzu leicht der Schwachheit des Fleisches nach. Zahlreiche Bauern hatten in den Dorfschulen lesen gelernt. Die Erzeugnisse der Briefmaler, die hauptsächlich fromme Bilder mit kurzen Texten in Holz schnitten und vervielfältigten, sterndeutende Wandkalender, Spottblätter, fromme und weltliche Liederdrucke, Volksbüchlein der verschiedensten Art fanden auch auf Dörfern Verbreitung. Das meiste davon diente zwar der Frömmigkeit, aber im Bauern wurde dadurch doch auch ein Gefühl geistiger Selbständigkeit geweckt. Was er von den hussitischen Lehren gegen die kirchliche Autorität hörte, stimmte ihn nachdenklich. Mancher Bauernsohn besuchte jetzt, freilich oft unter fürchterlichen Entbehrungen, die hohen Schulen. Stieg er später zu Amt und Würden auf, dann bewies das den Bauern, daß die Natur sie mit keinen schlechteren Geistesgaben ausgerüstet hatte als Bürger und Adlige; mußte er sich aber, was weit häufiger eintrat, nach seiner Studienzeit in untergeordneter Stellung kümmerlich fortbringen, oder, was auch nicht selten vorkam, verfiel er als Vagant ganz und gar der Landstraße, dann nährte er die Unzufriedenheit. Viele Bauernsöhne wurden Landsknechte. Nach ihrer Rückkehr in die Heimat trugen sie das Herrenjoch widerwillig und schlossen sich leicht Verschwörungen und Aufständen an. Auch die vielfachen Berührungen mit der Stadt machten die Bauern störrig. Die Überheblichkeit und der Spott der Bürger kränkten sie, die städtischen Marktordnungen, welche die Preisbildung rücksichtslos zu ungunsten des Landvolkes gestalteten, empfanden die Bauern als grobes Unrecht, die aufrührerische Gesinnung des städtischen Proletariats und mancher Handwerkerkreise übertrug sich auf das offene Land, auf dem sich noch dazu die aus den Städten vertriebenen Juden niederließen, und nun hier, wie übrigens auch von den Städten aus, ihre Wuchergeschäfte betrieben.

Die letzthin entscheidende Ursache für die Unruhe, die sich des ober- und mitteldeutschen Bauerntums bemächtigte, war, daß es bei seinem Aufwärtsstreben auf das jetzt ebenfalls, nur mit ungleich stärkeren Kräften politisch und wirtschaftlich vorwärtsdrängende Landesfürstentum stieß. Im ganzen Abendlande kam es beim Erreichen eines fortgeschritteneren Zustandes des politischen und kulturellen Lebens zu Spannungen zwischen Landvolk und Staatsgewalt. Am frühesten und mit den geringsten Reibungen hatte sich der Ausgleich in Oberitalien vollzogen, wo in den Stadtstaaten bereits um die Mitte des 13. Jahrhunderts die Bauern volle persönliche Freiheit erlangten. In Flandern brach im Jahre 1323 ein großer Bauernaufstand aus. Die Bauern behielten hier fast fünf Jahre lang die Oberhand, erst 1328 machte der französische König in einer blutigen Schlacht der Bauernherrschaft ein Ende. In Frankreich empörte sich im Jahr 1356 die Bauernschaft, die Jacquerie; im Jahre 1381 erhoben sich die Bauern in England, in Spanien gärte es seit dem Ende des 14. Jahrhunderts. Der unmittelbare Anlaß zu den Kämpfen war in den einzelnen Ländern und Gegenden verschieden, es ging aber immer darum, ob und wie weit die Bauern jetzt, da die Feudalgewalten von der erstarkten Monarchie zurückgedrängt wurden, und die staatliche Verwaltung straffer organisiert wurde, die Fesseln der Hörigkeit zu sprengen vermochten. In Nord- und Westfrankreich und in den angrenzenden Reichsgebieten, Flandern, Brabant und Hennegau, ebenso in England und Spanien erzielten die Bauern trotz des Scheiterns ihrer Aufstände in dem Ringen um ihre persönliche und wirtschaftliche Selbständigkeit beträchtliche Erfolge, dagegen waren sie in Mittel- und Ostfrankreich nicht imstande, die Leibeigenschaft abzuschütteln. Da es die deutschen Bauern nicht wie die der übrigen Reiche mit großen Staatswesen zu tun hatten, die eben im Begriffe waren, ihre Verwaltung zentralistisch auszubauen, sondern mit den einzelnen Landesfürstentümern, scheint es sich hier vor Ausbruch des Großen Bauernkrieges meist um bloß örtliche, durch irgendwelche Zufälle oder besondere Umstände hervorgerufene Vorgänge zu handeln. In Wirklichkeit gliedert sich aber auch die deutsche in die allgemein abendländische Bauernbewegung ein. Wie in vielen anderen Gegenden Europas, hatten die ober- und mitteldeutschen Bauern seit dem Hochmittelalter den Grundherrschaften in zähem wirtschaftlichen Kampfe verschiedene Rechte abgerungen, stießen aber, weil die Verwaltungsorganisation der einzelnen Landesfürstentümer nicht gleichzeitig und in demselben Ausmaße fortschritt, zu ganz verschiedenen Zeiten mit den Landesherren zusammen. Die einzelnen Empörungen nahmen jeweils von besonderen Anlässen ihren Ausgang, grundsätzlich handelte es sich fast immer um dasselbe: Wahrung und weiterer Ausbau der mühsam erzielten Erfolge, welche nun die Landesfürsten den Bauern streitig machten. Dies geht unter anderem daraus hervor, daß schon im Bundschuh und dann im Großen Bauernkrieg meist die Wohlhabenderen, welche von dem bisherigen Aufstieg des Bauerntums den größten Vorteil gehabt hatten, die Träger der Revolution waren. Andererseits blieb es in Neudeutschland nicht zuletzt deshalb ruhig, weil hier die dem Landvolk in einem großen Teil des Abendlandes einen so starken Auftrieb verleihende Entwicklungsphase der allmählichen Lockerung der Grundherrschaft fehlte. Das heldenhafte Ringen der Dithmarschen und ihr glänzender Sieg über die Dänen im Jahre 1500 blieb ohne Wirkung auf die übrige Bauernschaft im Norden, während die Befreiungskämpfe der Schweizer die oberdeutschen Bauern immer wieder aufs neue anspornten. So vollzog sich der Niedergang des nordostdeutschen Bauerntums in der Stille; als ihm dann im späteren 16. Jahrhundert die gegen Ende des Mittelalters einsetzende Wendung zum Schlechteren fühlbar wurde, war es zu spät, das weitere Abgleiten in die Gutsuntertänigkeit aufzuhalten.

Im Rheinlande und in Niedersachsen entstanden nur vereinzelt Unruhen. Die Oberschicht des Bauerntums, die namentlich in Niedersachsen ziemlich stark vertreten war, hatte trotz der weitverbreiteten, aber sich wesentlich auf Rentenbezüge und geringfügige Frondienste beschränkenden Grundherrschaften und trotz der in einigen Gegenden in etwas größerem Umfange vorhandenen Gutsherrschaften keinen ernsteren Grund zur Klage. Die hier teilweise noch nicht durchorganisierte Verwaltung der Landesherren engte die Bauern wenig ein. Außerdem schritt, was auch bei der Beurteilung der ostelbischen Verhältnisse zu beachten ist, die Bauernbewegung von Süden nach Norden vor. Ehe sie diesen ergriff, war sie bereits im Großen Bauernkrieg in Blut erstickt worden.

Klagen und Rechtsansprüche der oberdeutschen Bauern

Der eigentliche Kampfplatz des deutschen Bauerntums war der Süden, der Gegner der weiteren Ausgestaltung der bäuerlichen Freiheit das Landesfürstentum. Nicht als ob dieses an sich dem Bauern feindlich gesinnt gewesen wäre. Es gab fast in allen Teilen Altdeutschlands Fürsten, welche die Bauern gegen unberechtigte Ansprüche der Grundherren und gegen Beamtenübergriffe schützten. Manche Gebote und Verbote der Landesregierungen, die der Bauer als Schmälerung seiner Freiheit betrachtete, wurden mit Rücksicht auf das Gemeinwohl erlassen, wie etwa die Verordnungen zum Schutze der Wälder, denen selbst in manchen Gegenden des bairischen Alpen- und Voralpenlandes die Gefahr der Verödung drohte. Ziegen, diese Verderber des Jungwaldes, wurden von vielen in großer Zahl gehalten. Oft zäunten die einzelnen Bauern Stücke des Gemeindewaldes für sich ein und trieben darin unsinnigen Raubbau. Die Vorschriften über die Benutzung der Gemeindewiesen, über Roßzucht, über die Höhe des Tagelohns für Feldarbeiter sollten die Landwirtschaft leistungsfähig erhalten. Die Beschränkung der Jagd- und Fischerei-Rechte der Bauern war oft wirklich zum Schutze des Wildes und der Fischzucht notwendig. Wenn die Dorfgerichtsbarkeit stark beschnitten und die Polizeigewalt auch auf dem offenen Lande großenteils von den Landesherrschaften ausgeübt wurde, war dadurch nicht immer die gesamte bäuerliche Bevölkerung benachteiligt; waren doch die fürstlichen Beamten nicht alle schon von Haus aus Schurken und Leuteschinder und die „Dorfehrbarkeiten“ nicht lauter streng rechtliche Männer, die zwischen arm und reich keinen Unterschied machten. Die Kleinbauern mußten von den Großbauern, von den Schulzen und Dorfrichtern im Großen Bauernkrieg zur Beteiligung an der Erhebung mitunter erst gezwungen werden, ein deutlicher Beweis, daß die unteren Schichten das Vordringen des landesherrlichen Regimentes nicht durchweg als Verschlechterung ihrer Lage ansahen.

Die für die Stimmung und das Verhalten des Landvolkes letzthin ausschlaggebenden besser gestellten Bauern waren nicht nur über die wirtschaftlichen Maßnahmen des Territorialfürstentums erbittert, sondern auch darüber, daß es die Bevölkerung des offenen Landes hinderte, zu der sozialen Stellung aufzusteigen, die ihr nach ihrer Zahl und nach ihren Leistungen innerhalb des Volksganzen zukam. Während der englischen Unruhen des 14. Jahrhunderts erhoben die Bauern ihre Ansprüche auf soziale Gleichberechtigung mit den übrigen Ständen mit der Frage: „Als Adam grub und Eva spann, wo war da wohl der Edelmann?" Diese Frage stellte nun auch der oberdeutsche Bauer. Zuerst berief er sich allerdings nur auf die „alten Rechte", das heißt, er wollte den Landesherren gegenüber das behaupten, was er den Grundherrschaften abgerungen hatte. Immer mehr verband sich indes mit dem Verlangen der Wiederherstellung der alten Rechte der Hinweis auf das „göttliche Recht", wie es in der Bibel niedergelegt sei. Es handelte sich dabei um eine Übertragung von Ideen über das Kirchenregiment, die der Engländer Wiklif verkündet hatte und die durch die Hussiten auch in Deutschland Verbreitung fanden, auf die geistliche und weltliche Herrschaft in Stadt und Land. Die Verfechter des „göttlichen Rechtes" griffen übrigens nicht jegliche Obrigkeit an, Kaiser und Reich wollten sie sogar gegenüber den kleinen Herren stärken, nur die sozialen Mißstände, namentlich die Leibeigenschaft, sollten beseitigt werden. So heißt es in einer 1439 entstandenen Reformschrift, in der „Reformation des Kaisers Sigmund": „Es ist eine unerhörte Sache, die man in der heiligen Christenheit offenkundig machen muß, das große Unrecht, daß einer vor Gott das Herz hat zu sagen: ‚du bist mein eigen'. Unser Herrgott hat mit seinem Tod, seinen Wunden und seinen Martern unseretwegen deshalb so schwer gelitten, damit er uns freie und von allen Banden löse. Künftig ist keiner mehr über den anderen gestellt, denn wir stehen alle im gleichen Stande der Erlösung und Freiheit, sei nun einer edel oder unedel, reich oder arm, groß oder klein. Wer getauft ist und glaubt, der zählt zu den Gliedern Jesu Christi. Darum wisse jedermann, wer einen Mitchristen sein eigen nennt, der ist kein Christ, der ist wider Christus, und alle Gebote Gottes sind an ihm verloren." Der Verfasser dieser Schrift kämpft in erster Linie für die von den Fürsten bedrohte städtische Freiheit, um so aufschlußreicher ist es, daß er auch einige der bäuerlichen Beschwerden anführt. Der Bauer ist nach ihm mit Zinsen und Abgaben überladen, zu Unrecht in seinen Weide- und Waldrechten behindert. „Man nimmt ihm Bußgelder ab, und lebt doch von seiner Arbeit, denn ohne die Bauern kann niemand bestehen, selbst die Tiere im Walde und die Vögel in der Luft leben von ihnen." Schon vor dem Großen Bauernkrieg ist also die Bauernbefreiung und die soziale Gleichberechtigung des Bauern eine Forderung nicht nur des Landvolkes selbst, sondern auch städtischer Kreise, die eine Neuordnung der kirchlichen, staatlichen und gesellschaftlichen Zustände anstrebten.

Gleich den städtischen waren auch die bäuerlichen Unruhen Begleiterscheinungen von wirtschaftlichen, gesellschaftlichen, politischen und religiösen Bewegungen großen Ausmaßes. Weil aber, wie fast immer in solchen Fällen, diese Zusammenhänge den wenigsten klar wurden, griff allgemein ein unheimliches Gefühl der Unsicherheit um sich. Wohl am stärksten wurden die Bauern davon befallen. Die frühmittelalterliche Wirtschaftsform der Grundherrschaften war zerfallen. Der Bauer verstand jetzt, da seine frühere unmittelbare Verbindung mit ihr großenteils gelöst war, kaum noch, weshalb er den Grundherren überhaupt noch Frondienste leisten und Abgaben entrichten sollte. Nun legte ihm die organisatorisch und steuerlich straffer zusammengefaßte Landeshoheit neue Verpflichtungen auf. Zugleich wälzten die Grundherrschaften die ihnen jetzt vom Staate aufgebürdeten Lasten fast ganz auf die von ihnen abhängigen Bauern ab und pochten deshalb wieder mehr auf ihre früheren, vielfach schon veralteten Rechte und suchten sie neuerdings zu erweitern. Weil sich infolgedessen der Druck auf die Bauern wieder verschärfte, besorgten sie, sie könnten völlig verknechtet werden, zumal da die Landesherrschaften auch auf jene Bauern die Hand legten, die von altersher größere Freiheiten genossen hatten. Außerdem kam dem Landvolk, wie in der Regel den von derartigem Betroffenen, nicht zum Bewußtsein, daß auch der Zwang sein Gutes haben könnte. Mit Recht klagten z. B. einige Grundherrschaften, die Bauern hörten nicht darauf, wenn man sie aufmerksam mache, daß sie nur zu oft von Haus und Hof kämen, wenn sie, wie sie verlangten, freie Hand erhielten, Geld auf ihre Liegenschaften aufzunehmen, sie zu verpfänden und zu verkaufen.

Das aufsässige Verhalten gegen Grund- und Landesherrschaften wird indes nur allzu begreiflich, wenn man sich deren Vorgehen gegen das Landvolk vergegenwärtigt. Man ist in neuerer Zeit bei der Beurteilung der ländlichen Verhältnisse meist von den Weistümern, den Aufzeichnungen der Gewohnheitsrechte, ausgegangen. Danach wäre die Lage der bäuerlichen Bevölkerung am Ende des Mittelalters, wenn auch nicht gerade glänzend, so doch keineswegs verzweifelt gewesen. Tatsächlich ist es auch in dem einzigen oberdeutschen Lande, in Baiern, wo das Landesfürstentum den weltlichen Adel und die Prälaten zur Einhaltung der Gewohnheitsrechte zwang, abgesehen von einigen unbedeutenden Aufläufen in ein paar Klosterherrschaften, zu keinen Unruhen gekommen. Hier, wo der Bauer in einer gut geregelten, auf altem Herkommen beruhenden Rechtssicherheit lebte, dachte er nicht an Aufruhr, wenn er auch annähernd dieselben Lasten zu tragen hatte und leibeigen blieb, wie in den übrigen Gebieten. Dagegen litt er in den anderen ober- und mitteldeutschen Territorialstaaten, am meisten in den kleinen Landesherrschaften Südwestdeutschlands, in denen ihn die geistlichen und weltlichen Herren bei ihrer oft schlecht geführten und für ihre Verhältnisse viel zu verschwenderischen Wirtschaft mehr als anderswo ausbeuteten, so sehr unter den mannigfachsten Übergriffen, daß er sich der Willkür der obrigkeitlichen Gewalten ausgeliefert fühlte. Von der Wiege bis zum Grabe gab es kaum etwas, was den Bauern nicht Anlaß zu Klagen gegen ihre Herren geboten hätte. Die einen beschwerten sich, eine Herrschaft erhebe zu Unrecht Anspruch auf sie, ihrer Abstammung nach wären sie gar nicht leibeigen; andere erklärten, was jetzt auf Grund der Leibeigenschaft von ihnen verlangt würde, ginge weit über die herkömmlichen Verpflichtungen hinaus. Zu unendlichen Verwicklungen führten die Heiratsbestimmungen und ihre Ablösung, ebenso die sogenannten Sterbfälle, wonach beim Tode eines Leibeigenen das beste Stück Vieh oder das beste Gewand abzuliefern war. Streitigkeiten über die Benutzung der Gemeindewälder und Weiden, über die regelmäßig wiederkehrenden Fronden, Natural- und Geldabgaben und über Jagdfrevel nahmen kein Ende mehr. Als eine schwere Beeinträchtigung der dörflichen Selbstverwaltung wurde es empfunden, wenn Vögte verlangten, die abgehenden Bürgermeister hätten ihnen, nicht wie früher üblich der Dorfgemeinde, Rechenschaft abzulegen. Auch über uns heute nebensächlich erscheinende Dinge waren die Bauern erbittert, so wenn ihnen verwehrt wurde, die Kirchenglocken zu läuten, wie sie es gewohnt waren, z. B. wenn sie sich zu Fronarbeiten sammelten. Je unwilliger sie die herrschaftlichen Forderungen aufnahmen, desto mehr waren natürlich die Bauern erbost, wenn die Obrigkeit ihren Verpflichtungen nicht nachkam, fällige Tagelöhne Jahr und Tag nicht bezahlte, für die bei der Jagdleidenschaft der Herren oft ungeheuren Wildschäden nicht aufkam, die Zäune nicht ausbesserte, die Allmende widerrechtlich benutzte und sonst den Bauern nicht leistete, worauf sie Anspruch hatten oder zu haben glaubten. Gewiß geben die zahlreich erhaltenen bäuerlichen Beschwerden den Tatbestand ebensowenig unverfälscht wieder wie die Weistümer; aber jene Akten lassen doch deutlich erkennen, daß die obrigkeitlichen Gewalten ihre Rechte und ihre Macht auszudehnen suchten, und daß in vielen Fällen eine den Bauern abträgliche Rechtsunsicherheit bestand, so wenn z. B. ihren Beschwerden über unbillige Fronden die Herrn von Neiperg entgegenhielten, sie hätten „keine Satzung oder Abmachung mit den armen Leuten, was und wieviel ihnen diese fronen sollten, sondern sie wären pflichtig, ihnen bei Bedarf Frondienst zu tun“. Die schroffe Betonung der Untertänigkeit, wie sie etwa aus der Bemerkung spricht, die Bauern dürften nicht nach Belieben läuten, als ob sie die Herren im Dorfe wären, und noch mehr die Rechtsunsicherheit mit ihren unabsehbaren Folgen für die Zukunft trieben die Bauern in erster Linie zur Empörung. Von jeder Rechtsveränderung fürchteten sie eine Verschlechterung ihrer wirtschaftlichen und sozialen Lage. Sie beobachteten deshalb mit großem Mißtrauen die allerdings nur sehr langsam fortschreitende Einführung des römischen Rechtes. Mochten auch einzelne seiner Bestimmungen ihnen günstig sein, die Hauptsache war für sie doch, daß dadurch die von ihnen selbst ausgeübte Dorfgerichtsbarkeit durch ein rein obrigkeitliches Gericht mit gelehrten und beamteten Richtern verdrängt und die bäuerliche Selbstverwaltung aufgehoben werden sollte. Obwohl also die Bauernunruhen in der Regel aus gleichartigen Ursachen hervorgegangen und die Berufung der Bauern auf das alte Recht, später, erstmals 1514 und 1515, auch auf das göttliche Recht sich wie ein roter Faden durch fast alle Auseinandersetzungen des Landvolkes mit den obrigkeitlichen Gewalten zieht, waren die unmittelbaren Anlässe zum Ausbruch von Erhebungen oder wenigstens zu den Vorbereitungen dazu keineswegs immer dieselben.

Die Bauernaufstände

Kämpfe der Schweizer Bauern

Am frühesten griffen Schweizer Bauern zur Selbsthilfe, ihr Kampf währte, allerdings mit großen Unterbrechungen, am längsten und wurde, indem er zu den Unabhängigkeitsbestrebungen der Schweiz vom Reiche überleitete, der folgenschwerste für die deutsche Geschichte. In den „Waldstätten", namentlich in Schwyz, saßen von altersher zahlreiche freie, dem Reiche unmittelbar zugehörende Bauern. Außerdem besaßen in diesen Gegenden die Habsburger als Reichsvögte von Uri und Vögte der Gotteshäuser Murbach-Luzern und Muri verschiedene Herrschaftsrechte. Als Rudolf von Habsburg 1273 den deutschen Königsthron bestieg, lag es für ihn nahe, hier auf Grund seiner königlichen und landesherrlichen Rechte ein starkes Bollwerk der habsburgischen Macht zu errichten. Nun waren die Habsburger, schon seit einigen Menschenaltern die fortschrittlichsten deutschen Landesfürsten, um eine möglichst ertragreiche Verwaltung ihrer Länder bemüht. Ihre Vögte suchten gerade auch am Vierwaldstättersee durch Einführung neuer Fronden, durch Burgenbau und Herabdrücken der reichsunmittelbaren Bauern zu Vogteileuten eine geschlossene Landesherrschaft aufzurichten. Da nach dem Tode Rudolfs nicht wieder ein Habsburger König wurde, ließen sich die habsburgischen landesherrlichen Ansprüche auf die von früher her reichsunmittelbaren Bauern nicht mehr ohne offensichtlichen Rechtsbruch durchsetzen. Die Waldstätte wehrten sich durch Zusammenschluß unter Berufung auf das alte Recht. Soweit die Bauern den Habsburgern leibeigen oder sonstwie zu Diensten verpflichtet waren, wollten sie nach wie vor ihren alten Verpflichtungen nachkommen, doch weigerten sie sich, sich mehr aufbürden zu lassen, und die Freien lehnten jedes Untertanenverhältnis zu den Habsburgern ab. König Adolf von Nassau und sein übernächster Nachfolger Kaiser Heinrich VII. bestätigten aus politischer Gegnerschaft wider die Habsburger die Reichsunmittelbarkeit der Waldstätte, und damit wurde aus dem vorwiegend bäuerlichen Kampfe um das alte Recht ein politischer Freiheitskrieg der Schweizer gegen die Habsburger, an dem sich die Bauern nicht mehr nur zur Wahrung ihrer Standesinteressen beteiligten.

Ein Jahrhundert nach dem ersten Bund gegen die Habsburger, im Jahr 1401, kam es zu dem Appenzeller Krieg, bei dem, ähnlich wie später wiederholt auch im übrigen Deutschland, Bauern mit unzufriedenen Stadtbewohnern gemeinsame Sache machten. Zunächst besiegten die Aufständischen die Mannen des Abtes von Sankt Gallen, der unter Hinweis auf die während einer Verfallsperiode seiner Abtei außer Übung gekommenen Rechte im Klostergebiet ein straffes Regiment hatte einführen wollen. Die Siege der Appenzeller machten solchen Eindruck, daß sich ihnen die Landschaften vom Zürichsee bis zum Inntal anschlossen, um nun nach dem Vorbild der Waldstätte die politische Freiheit zu erstreiten. Ähnlich wie später im Großen Bauernkrieg wurden zahlreiche Schlösser niedergebrannt und Edelherren zur Teilnahme an dem Aufstande gepreßt, aber der Appenzeller Bund beruhte nicht wie der

der Urkantone auf einer gewissermaßen natürlichen Einheit. Er verlief sich nach einem ersten Mißgeschick der Bauern im Jahre 1408, die Herren saßen wieder fest im Sattel, nur die Appenzeller harrten aus, bis sie 1429 einen vorläufigen Ausgleich erlangten. Volle Befriedung trat erst 1513 mit der Aufnahme Appenzells als dreizehntem Ort in die Eidgenossenschaft ein. Als im Jahre 1489 der Abt Ulrich Rösch abermals an die Organisation des Sankt Galler Stiftslandes ging und neue Dorfordnungen aufstellte, in denen die Unterschiede zwischen Leibeigenen, Zinsleuten und Freien möglichst beseitigt werden sollten, um alle in ungefähr gleicher Weise zu Untertanen der Landeshoheit zu machen, wiederholten sich, allerdings in viel engeren Grenzen, die Vorgänge der Jahre 1401—1408. Diesmal eilten jedoch die Eidgenossen dem Abte schnell zu Hilfe und sicherten seine Herrschaft, waren doch nur die fünf Länderorte Schwyz, Uri, Unterwalden, Glarus und Zug wirkliche Demokratien, die übrigen Stadtstaaten, in denen die Bauern von der Teilnahme an der Regierung ausgeschlossen waren und wie im übrigen Oberdeutschland um Aufrechterhaltung des alten Rechtes zu kämpfen hatten. Deshalb erhoben sich in verschiedenen Kantonen die Bauern gegen das städtische Regiment, so schon 1380 in Luzern. Am weitesten ging der Züricher Bürgermeister Hans Waldmann in seinen Bestrebungen, einen einheitlichen Territorialstaat zu schaffen. Er beschränkte die Freiheiten des Adels und der Geistlichkeit und wollte wie Abt Rösch die Bauern des Züricher Landes zu Untertanen niederen Rechtes herabdrücken. Das auch in anderen Gegenden so viel Unwillen hervorrufende Jagdwesen brachte die Empörung zum Ausbruch. Als Waldmann gebot, die Bauern müßten ihre großen Hunde zum Schutze des Wildes erschlagen, rückten die darüber Aufgebrachten vor die Stadt, in der sie an Waldmanns Feinden einen starken Rückhalt fanden. Er wurde am 1. April 1489 verhaftet, im Ring der Bauern gerichtet und zum Tode verurteilt. Die Stadtgemeinde mußte einen großen Teil der bäuerlichen Forderungen bewilligen, die Dorfgerichtsbarkeit blieb meist erhalten, Handel und Handwerk wurden auch auf dem offenen Lande gestattet. Vierundzwanzig Jahre später kam es im Zusammenhang mit dem Kriegsdienst für auswärtige Mächte in mehreren Kantonen zu Unruhen. Die Bauern hatten lange Jahre als Kriegsknechte schwere Blutopfer gebracht, in den Städten aber saßen die Nutznießer dieser Unternehmungen, die „Pensionierer" und „Kronenfresser", die für den Solddienst ihrer Landsleute von den fremden Fürsten reichliche Entschädigungen erhielten. Die Städte mußten ihre Vereinbarungen mit dem Auslande lösen und das alte Recht bestätigen. Die Solothurner verlangten überdies, daß sie die auf der Leibeigenschaft beruhenden Abgaben durch eine einmalige größere Bezahlung ablösen durften. Dieser sogenannte Schweizer Bauernkrieg war deshalb so bedrohlich und zwang die vier mächtigsten Städte zum Nachgeben, weil die Bauern der dabei beteiligten Landschaften gemeinsam vorgingen und um diese Zeit die Bauernbewegung in Württemberg, Österreich und Ungarn gewaltig und gewaltsam vorstieß. Schon war auch in der Schweiz das allgemeine Zeichen der deutschen bäuerlichen Revolution, der „Bundschuh", nicht mehr unbekannt.

Bauern gegen Juden

Der erste deutsche Bauernaufstand außerhalb der Schweiz richtete sich gegen die Juden. Bauernhaufen aus Franken, vom Elsaß und vom Oberrhein, die das Kreuz zu ihrem Banner erkoren und ihren Führer „König Armleder" nannten, zwangen während der Jahre 1336 bis 1338 Städte und Märkte, die in ihnen wohnenden Juden auszuweisen und töteten diese dann. Die Bauern behaupteten, auf eine ihnen gewordene göttliche Weisung hin zu handeln. Neben dem allgemeinen Judenhaß und dem Glaubenseifer wird sie auch das wucherische Treiben der Juden zu ihrem Vorgehen veranlaßt haben. Schon damals scheint mit der Judenverfolgung eine starke Erregung gegen Geistliche und Mönche verbunden gewesen zu sein. Bürger und Bauern waren darüber empört, daß sich die Juden ohne jede produktive Arbeit bereicherten, und da lag es bei der großen Zahl der ebenfalls als Rentenempfänger oder vom sogenannten Almosen lebenden Priester und Mönche nahe, diese gleich den Juden als arbeitsscheue Ausbeuter des Volkes zu betrachten. An sich von geringer Bedeutung, aber als Zeichen für die im Landvolk herrschende Unruhe doch bemerkenswert war es, daß die Bauern um Gotha im Jahre 1391 bereitwillig dem Rufe der Handwerker, in die Stadt zu kommen und sich des Judengutes zu bemächtigen, folgten. Der große Wormser Bauernaufstand des Jahres 1431 ging ebenfalls von der Verschuldung der Bauern an die Juden aus. Um von der Wormser Judenschaft, einer der reichsten in Deutschland, eine große Geldsumme zu erlangen, hatte Kaiser Sigmund gedroht, er werde allen jüdischen Schuldnern Schulden und Zinsen erlassen, falls ihm die Juden nicht eine von ihm festgesetzte Abfindung zahlten. Sie zogen natürlich das kleinere Übel vor und gaben dem Kaiser das Verlangte, doch verging darüber eine geraume Frist, wie damals immer bei der Erledigung solcher Angelegenheiten. Die Bauern in der Umgebung von Worms hatten inzwischen fest geglaubt, sie würden ihre Schulden los. Wie es nun doch anders kam, als sie erwartet hatten, hielten sie sich für betrogen, rotteten sich zusammen, warfen, wie hundert Jahre früher die Leute König Armleders, ein Kreuzbanner auf, erhielten von den Bauern zahlreicher Herrschaften Zuzug und von einigen Zunftmeistern in der Stadt das Versprechen, sie würden ihnen die Tore öffnen; auch Adlige schlossen sich den Bauern an. Diese erklärten dem Rat, er müsse ihnen die Juden ausliefern, sonst verließen sie für immer ihre Dörfer, da sie sich bei ihrer Schuldenlast nicht mehr auf ihren Höfen halten könnten. Die Bauern wandten sich dabei auch gegen die Geistlichen. Der Streit wurde schließlich dadurch beigelegt, daß die Stadt Worms die Judenzinsen niederschlug. Der Wormser Aufruhr hat den oberdeutschen Stadtregierungen und sogar den eben in Basel tagenden Konzilsteilnehmern schwere Sorgen verursacht. Hatten sich doch die Bauern aus einem weiten Umkreis zusammengetan, wer mochte wissen, ob sich der deutsche Bauer nicht über kurz oder lang den gefürchteten Hussiten anschließen würde? Hussitische Lehren waren bis an den Rhein vorgedrungen und übten wegen ihrer sozialen Forderungen auf die Bauern eine starke Anziehungskraft aus.

Oberdeutsche Bauern gegen ihre Landesherren

Vom schwäbischen Alpenvorland und dem Allgäu über die Bodensee- und Schwarzwaldgegenden bis ins Elsaß hinein gärte es seit dem Aufruhr von Leuten des Klosters Sankt Blasien im Jahre 1371 fast fortwährend in einer oder mehreren der zahlreichen kleinen Herrschaften jener Landstriche. Es ging dabei durchweg um die Erhaltung des „alten Rechtes" gegen die vordringende Staatsgewalt. Nach den zeitgenössischen Quellen war es in den geistlichen Territorien noch unruhiger als in den weltlichen, doch mögen jene deshalb in ungünstigerem Lichte erscheinen, weil in den geistlichen Herrschaften ungleich mehr Urkunden abgefaßt und Chroniken geschrieben wurden, die über die bäuerlichen Klagen Aufschluß geben. Soviel ist indes sicher, daß für jene Gegenden der Spruch „unter dem Krummstab ist gut wohnen" nicht zutraf. Wenn auch diese Zwiste und Aufläufe rein örtliche Vorgänge waren, die nicht auf andere Gebiete übersprangen, trugen sie in ihrer Gesamtheit doch wesentlich dazu bei, im oberdeutschen Landvolk auf den Umsturz der bestehenden Gesellschaftsordnung abzielende Bewegungen zu fördern. Noch stärker und nachhaltiger wurde natürlich die Wirkung, wenn die Bauern in so großen Territorien wie in Württemberg und in den österreichischen Landen zu den Waffen griffen, zumal dann die Bewegung meist nicht auf die Bauern allein beschränkt blieb und in unmittelbarem Zusammenhang mit außerordentlichen politischen und wirtschaftlichen Nöten jener Landschaften stand.

Die Schweizer Aufstände waren durch die zentralistische Landesverwaltung hervorgerufen worden. In der zweiten Hälfte des 15. Jahrhunderts führte das Gegenteil, die Zerrüttung der landesherrlichen Gewalt, in den habsburgischen Ostalpenländern zu Empörungen. Die Bauern waren hier zu Untertanen herabgedrückt worden, deren Stellung sich von der der früheren Leibeigenen kaum noch unterschied. Dabei war aber infolge der ungeheuren außen- und innenpolitischen Schwierigkeiten während der langen Regierungszeit Friedrichs III. und der lässigen Art dieses Kaisers der Bauer wenn auch nicht formal-juristisch, so doch tatsächlich nicht Untertan des Landesherren, sondern der zahlreichen weltlichen und geistlichen Herrschaften, die in diesen Kriegszeiten die landarbeitende Bevölkerung rücksichtslos aussaugten. Zu allem sonstigen Elend kamen noch die Türkeneinfälle, türkische Reiter brausten mit Mord und Brand durch die östlichen Alpentäler. Ein Teil der Bauern wurde zur Landwehr einberufen, andere mußten an den Befestigungswerken arbeiten, alle hatten unerschwingliche Steuern zu zahlen. Die „alten Rechte" der Landbevölkerung schienen erloschen, doch sie waren nicht vergessen und, je schlimmer die Lage wurde, desto mehr erhofften die Bauern sich von der Wiederherstellung des alten Rechtszustandes.

Noch ehe in einem der österreichischen Länder die Bauern zur Gewaltanwendung schritten, erhoben sich die Leute des Salzburger Erzbischofs. Die kriegerischen Wirren in den beiden Nachbarländern, in Österreich und in Baiern, dessen Herzog Ludwig der Reiche mit dem Markgrafen Albrecht Achilles von Brandenburg in Fehde lag, hatten auch das Salzburger Stiftsland wirtschaftlich in Mitleidenschaft gezogen. Die Folge war erst eine Münzverschlechterung, dann, als durch die Inflation eine Verarmung eingetreten war, eine die Bevölkerung nicht minder belastende Stabilisierung. Als nun noch einige Jahre hintereinander Mißwachs das Land heimsuchte, schlossen sich im Jahre 1462 die Bauern und die Bewohner mehrerer Städte und Marktflecken zusammen und leisteten den Truppen des Erzbischofs bewaffneten Widerstand. Der Erzbischof und seine Untertanen riefen schließlich den bairischen Herzog Ludwig als Schiedsrichter an. Der Zwist wurde zwar äußerlich beigelegt, die landesherrlichen Rechte des Erzbischofs aber nicht geschmälert, und so der Bauer mit dem erzbischöflichen Landesregiment nicht innerlich versöhnt. Doch lohte bis zum Großen Bauernkrieg in dem den Pinzgau, den Pongau und das Salzburger Land umfassenden Territorium nur noch vereinzelt die Flamme des Aufruhrs offen empor. Ungleich langwieriger und blutiger gestalteten sich die Bauernunruhen in den österreichischen Gebirgsgegenden. In Obersteiermark ließ erstmals 1469 eine große Bauernversammlung die weitverbreitete Unzufriedenheit erkennen. Das Landvolk tat sich hier in den nächsten Jahren zu Bündnissen zusammen, die sich Befugnisse gleich den Ständeeinungen des Adels, der Geistlichkeit und der Städte zuerkannten: ohne Beteiligung der Bauern gefaßte Beschlüsse des Ständetages sollten keine Rechtsgeltung erlangen. Der 1478 gegründete Oberennstaler Bauernbund belegte jeden, der sich ihm nicht anschloß, mit dem „weltlichen Bann“: erlosch auf der Herdstelle eines nichtbündischen Bauern das Feuer, dann sollten ihm seine Nachbarn keines geben, seine Kinder sollten nicht getauft, er selbst sollte nicht beerdigt werden. Zahlte ein Bundesmitglied den Herren, der Geistlichkeit oder dem Kaiser mehr als vereinbart, dann sollte es an Leib und Gut gestraft werden. Da der Adel bei der Abwehr gegen die Türken versagte, hieß es, er habe die dafür bestimmten Steuern zum eigenen Nutzen verwendet und sich mit den Türken heimlich eingelassen. Im gleichen Jahre schlossen die Kärntner Bauern einen Bund, übernahmen die Artikel der Oberennstaler Bauern, gingen aber bald vom Kampf um das alte Recht zu einem allgemein politischen über. Wie ehedem die Bauern der Urschweiz wollten nun auch die Kärntner unter kaiserlicher Oberhoheit selbständig werden, sie beanspruchten, die Gerichtshoheit auszuüben und die Pfarrer nach ihrem Gutdünken ein- und abzusetzen. Gegen die Türken hielten sich freilich auch die Kärtner Bauern nicht besser als der steirische Adel. In der Nacht vor der Schlacht löste sich das Bauernheer auf, nur fünfhundert Bauern und siebzig Bergknappen erwarteten tapfer den Feind und wurden dann von der Übermacht niedergehauen. Damit hatte die Kärntner Bauernschaft die Gelegenheit versäumt, für sich selbst und vielleicht für das südostdeutsche Bauerntum überhaupt das bisherige Untertanenverhältnis zu durchbrechen und eine neue Rechtsordnung zu schaffen. Kaiser Maximilian suchte endlich durch einschneidende Reformmaßnahmen die Bauern der österreichischen Alpenländer zu befriedigen. Da ihm aber auch hier wie sonst die Macht fehlte, seinen Willen durchzusetzen, und er bei seiner Geldnot den Ständen immer wieder Zugeständnisse machen mußte, empörten sich im Jahr 1515 die in ihren Hoffnungen getäuschten Bauern. Der von der kroatischen Grenze im Süden bis vor die Stadttore von Graz tobende „innerösterreichische Bauernkrieg" wurde hauptsächlich von Slaven, vom „Windischen Bauernbund" unter Berufung auf das alte Recht wilder und grausamer als bis dahin je ein deutscher Bauernaufstand geführt. Die Bauernscharen erlagen schließlich der überlegenen Kriegskunst des Feldhauptmanns Georg von Herberstein. — In Tirol hatten sich die Bauern bis zum Jahr 1519 ruhig verhalten. Seit dem Tode Kaiser Maximilians kam es an verschiedenen Orten zu Aufläufen, zur Verweigerung von Zinsen und sonstigen Abgaben. Zuerst wurde nur über den Wildschaden und über Verletzung des alten Rechtes geklagt, bald wurden jedoch auch weitergehende Forderungen laut. In Bozen wählten Winzer und Handwerker einen weißen Schuh zum Kampfzeichen, so kündet auch in Tirol der Bundschuh als allgemeines Symbol der bäuerlichen Erhebung den Großen Bauernkrieg an.

Während in den habsburgischen Ostalpenländern die Bauern das Opfer von Verhältnissen wurden, die zu bessern vielleicht auch ein tatkräftigerer Fürst als Friedrich III. und ein willensstärkerer als Maximilian I. nicht imstande gewesen wäre, trieb das Württembergische Landvolk die Verschwendungssucht des jugendlichen Herzogs Ulrich zur Notwehr. In Württemberg stellte eine gehobene bürgerliche Schicht, die „Ehrbarkeit", die meisten Ratgeber, Beamten und Vögte des Herzogs und auch die städtische Obrigkeit. Den Bauern war dies nicht zum Vorteil. Als die Mißwirtschaft der Regierung ein rücksichtsloses Anziehen der Steuerschraube notwendig machte, verfiel die Ehrbarkeit auf eine Regelung, welche die Hauptlast auf den gemeinen Mann, vor allem auf den Bauern abwälzte. Dieser war außerdem darüber ungehalten, daß sich auch in den Dörfern eine feste Oberschicht bildete, welche die Dorfrichter aus ihren Reihen auf Lebenszeit wählte. Die schon lange bestehende Spannung entlud sich zuerst im Remstal, einem Weinbaugebiet, das auffallend viele Landsknechte stellte. Am 2. Mai 1514 „nahm Peter Gais aus Beutelsbach im Remstal die neueingeführten leichten Gewichtssteine aus der Fleischbank, zog an der Spitze einer lustigen Schar mit Pfeifen und Trommeln an die Rems, warf die Steine ins Wasser und forderte ein Gottesurteil: Haben die Bauern recht, so fallt zu Boden, hat aber unser Herr recht, so schwimmt empor" ! Nach dem glücklichen Ausgang der Wasserprobe, die anderwärts wiederholt wurde, warf sich Peter Gais zum „Armen Konrad" auf. Bald nannten sich auch andere so, schließlich erhielt die ganze Bewegung diese Bezeichnung, die nicht näher zu erklären ist. Vereinzelt wurden Stimmen laut, die an das weitgehende Programm des Bundschuhs erinnern, im großen und ganzen kämpfte jedoch der Arme Konrad nur für das alte Recht gegen die Ansprüche der landesherrlichen Regierung und gegen die „Ehrbarkeit" in Stadt und Land. Nach dem Tübinger Vertrag zwischen dem Herzog und der Ehrbarkeit, deren beherrschende Stellung voll anerkannt wurde, nahm zwar die Erbitterung des gemeinen Mannes zu, der den scharfen Ausfällen des Marktgröninger Stadtpfarrers Dr. Gaißlin und des Wildbader Arztes Dr. Seitz gegen die Fürsten und Reichen begeistert zustimmte; aber die meisten Ämter huldigten nach längeren Verhandlungen und einigen Zugeständnissen dem Herzog wieder, nur zwei Bauernhaufen hielten noch zusammen. Als der Herzog mit einem größeren Aufgebot gegen den einen anrückte, gaben die Aufständischen jeden weiteren Widerstand auf. Soweit die Führer nicht in die Schweiz entkamen, wurden sie grausam bestraft.

Der Bundschuh

Der Ritter war gestiefelt und gespornt, der Bauer trug einen derben Schuh mit langen Riemen. Der Bundschuh galt seit nicht mehr feststellbarer Zeit, jedenfalls schon lange vor der ersten auf das 13. Jahrhundert zurückgehenden schriftlichen Erwähnung, als das Kennzeichen des Bauerntums, gelegentlich als das des gemeinen Mannes überhaupt. Mit dem Kampfruf „Bundschuh" gingen die bäuerlichen Landwehraufgebote in die Schlacht, vielleicht erhielt der Bundschuh dadurch seine kriegerische und dann eine ausgesprochen revolutionäre Bedeutung. Wurde der Bundschuh „aufgeworfen", dann fühlte sich jegliche Obrigkeit in ihrem Bestand bedroht, auch da, wo er zuerst nur im Zusammenhange mit einer der üblichen Steuerverweigerungen erschien. In den Jahren 1439 und 1443/45 wurde er mit dem Kruzifix und der Gottesmutter als Fahnenbild den Scharen vorangetragen, welche das Elsaß von den Horden der Armagnaken säuberte, den plündernden, sengenden und mordenden französischen Söldnern, die nach ihrer Vertreibung durch die Schweizer das linksrheinische Land überfluteten. Bei dem ersten größeren Bauernaufstand im Zeichen des Bundschuhs, der Erhebung des Jahres 1460 im Hegau, wurden mit den Forderungen, das alte Recht wieder herzustellen, schon weitergehende verbunden, wie etwa die nach Anerkennung des freien Erbrechts; außerdem scheint sich der Hegauer Bundschuh bereits grundsätzlich gegen Adel und Geistlichkeit gewandt zu haben. Wie anders und wieviel ernster die Bundschuhbewegungen gegenüber sonstigen Bauernunruhen beurteilt werden, geht unter anderen aus dem Verhalten der Schweizer hervor. Die Eidgenossen nahmen die Flüchtlinge des Armen Konrad freundlich auf und sahen in ihnen wie in ihren eigenen ersten Freiheitskämpfern nur Verteidiger des alten Rechtes, die Bundschuher aber, deren die Schweizer Obrigkeiten habhaft werden konnten, wurden als gefährliche fremde Revolutionäre hingerichtet.

Die Bundschuhbewegungen 1493 um Schlettstadt, 1502 im Bistum Speier, 1513 zu Lehen im Breisgau, 1517 am Oberrhein, kamen sämtlich über das Stadium von Verschwörungen nicht hinaus. Sie wurden jedesmal kurz vor dem Losschlagen verraten, die Obrigkeiten vermochten hierauf wohl die Unzufriedenen im Zaume zu halten, aber nicht für die Dauer von ihren Plänen abzubringen. Das Haupt der Schlettstädter Bewegung war der Schultheiß des Reichsdorfes Blienschweiler Jakob Hanser Ihm schlossen sich in der Führung der Altbürgermeister Hans Ullmann von

Schlettstadt, der Amtmann von Nothalten und der Gerichtsbote von Dambach an, denen ihre amtliche Stellung die Gewinnung angesehener Bauern erleichterte. Das Ziel dieser Verschwörung war Abschüttlung des geistlichen Gerichtes in Straßburg. Es hatte alle Rechtssachen an sich gezogen, die irgendwie mit kirchlichen und religiösen Dingen zu tun hatten: Streitigkeiten, in die ein Geistlicher verwickelt war, ferner die meisten Schuldangelegenheiten, weil die durch Eid bekräftigten Abmachungen angeblich vor ein geistliches Gericht gehörten. Dieses begünstigte möglichst die Gläubiger, die Schultheißgerichte aber die Schuldner. Weiter verlangten die Bauern die Vertreibung der Juden aus ihren Dorfgemarkungen. Aus den Städten verjagt, hatten sich die Juden auf dem offenen Land niedergelassen und stützten sich bei ihren Wuchergeschäften auf das geistliche Gericht in Straßburg, das zur Erhöhung seiner Einkünfte bereitwillig die jüdischen Geldforderungen eintrieb und in diesen wie in anderen Fällen seinen Urteilen durch Kirchenstrafen Geltung verschaffte. Da das Rottweiler Hofgericht ebenfalls die Bauern vor seine Schranken zog, erstrebte Hanser die Loslösung davon zur Wahrung der Gerichtselbständigkeit, die ihm als Schultheiß besonders am Herzen lag.

Die treibende Kraft der übrigen drei Bundschuhvereinigungen war der Bauer Joß Fritz aus Untergrombach bei Bruchsal, ein Leibeigener des Speirer Bistums. Joß Fritz ist einer der in Deutschland seltenen großen Verschwörer und Revolutionäre. Seine Ideen entnahm er der „Reformation des Kaisers Sigmund" (vgl. S. 140). Sein Kampfziel war eine der göttlichen Gerechtigkeit gemäße Gesellschaftsordnung. Da er selbst von Haus aus einem geistlichen Landesherrn untertan war, sah er im Geistlichen noch mehr als im Adel den Feind des Bauern. Darum lautete wohl auch das Losungswort seines Bundes: „Gott grüß dich Gesell, was ist nun für ein Wesen?" „Wir mögen von den Pfaffen nicht genesen." — Ein amtlicher Bericht nannte Joß Fritz „Führer und Verführer des Volkes durch und durch, mit süßer Rede angetan, wohl wissend, wo den armen Mann der Schuh drückt und wo selbiger von Juden und anderen Wucherern, von Advokaten und Beutelschneidern, von Fürsten, von Adligen und geistlichen Herren allzusehr mit Lasten und Fronden beschwert worden." Innerhalb Jahresfrist gewannen er und die vierzig von ihm angestellten Werber im Speirer Bistum, im nördlichen Schwarzwald und in der Kurpfalz Tausende von Anhängern. Entlassene Landsknechte sollten der Bewegung den militärischen Rückhalt geben, es hieß auch, fünfhundert reisige Knechte hätten sich dem Bund angeschlossen. Boten wurden in die Schweiz geschickt. Die Eidgenossen speisten sie mit freundlichen, zu nichts verpflichtenden Worten ab. Die Bewegung hatte für eine Verschwörung bereits einen viel zu großen Umfang angenommen, als am 22. April 1502 mit der Überrumpelung des Schlosses Obergrombach der offene Aufruhr beginnen sollte. Der Speirer Bischof war gewarnt worden. Mit knapper Not konnte sich Joß Fritz durch Flucht der Verhaftung entziehen. Der Speirer Umsturzversuch machte trotz seines Mißlingens auf die breiteste Öffentlichkeit solchen Eindruck, daß die Kurfürsten in dem Gelnhauser Entwurf einen eigenen Abschnitt aufnahmen über den „gemeinen armen Mann, der mit Fronen, Diensten, Steuern, geistlichen Gerichten und anderem also beschwert ist, daß es auf die Dauer nicht zu leiden sein wird". Diese Lasten seien auf ein erträgliches und billiges Maß zu beschränken, um nicht weiter Ursache zu Ärgernis zu geben. Leider blieb es damit wie mit allen ähnlichen Reformvorschlägen beim bloßen Entwurf. Joß Fritz hielt sich nach dem Mißlingen seiner ersten Verschwörung lange versteckt. Im Jahre 1513 gründete er in Lehen bei Freiburg im Breisgau, wo er ein Unterkommen als Feldhüter gefunden hatte, einen neuen Bundschuh. Auf der Fahne, die er dafür malen ließ, waren unter anderem der Gekreuzigte, zu seinen Füßen ein Bundschuh, schwörende Bauern und eine Hinrichtung dargestellt. Die Aufrührer setzten große Hoffnungen auf Maximilian, wollten sie doch Gott, dem Kaiser und dem Papste gehorsam sein, sonst freilich niemandem. Die Lehener Verschwörung fand keine so weite Verbreitung wie die vorausgegangene, ihr Ende war dasselbe. Joß Fritz war wieder entkommen und bereitete nun in den oberrheinischen Gebieten einen Aufruhr vor. Da die Obrigkeiten die Bauern jetzt scharf im Auge behielten, bediente er sich für seine Werbung der fahrenden Leute, der Bettler, Gaukler, Hausierer, Quacksalber, Bänkelsänger und Marktschreier. Im Frühjahr 1517 war es so weit, daß er selbst mehr hervortreten konnte. Die Notjahre 1515, 1516 und 1517 mit ihren schlechten Ernten und ihrer Teuerung hatten ihm gut vorgearbeitet. Zahlreiche Anhänger waren gewonnen, das Bundschuhgebiet erstreckte sich diesmal von Basel bis Weißenburg und Bretten, Leute der verschiedensten geistlichen und weltlichen Herren gehörten dem Bunde an. Joß Fritz hatte für seine Zwecke auch reiche Mittel gesammelt. Im September wollte er mit offener Gewalt vorgehen, doch schon im August waren die Behörden in Straßburg, Freiburg und in den markgräflichen Amtssitzen über seine Pläne gut unterrichtet; zuerst war einiges durch die Beichte bekannt geworden, dann wurde einer der Hauptwerber gefangen genommen und in der Folter zu einem umfassenden Geständnis gezwungen. Andererseits erfuhren aber auch die Bundschuher, was nun die Obrigkeiten gegen sie unternehmen wollten. Die meisten konnten sich in Sicherheit bringen, auch Joß Fritz entrann wieder den Häschern. Trotz sorgsamster Überwachung der Bauern bestand der Bundschuh im verborgenen weiter. Als schließlich 1524 der Große Bauernkrieg ausbrach, da zeigte sich im südlichen Schwarzwald auch Joß Fritz wieder, nun „mit einem alten grauen Bart" und verkündete: „Er könne und möge nicht sterben, der Bundschuh habe denn zuvor seinen Fortgang erlangt." Weiteres ist von Joß Fritz nicht mehr überliefert; ob die Glut der Leidenschaft, Kampf und Not seine Lebenskräfte soweit verzehrt hatten, daß ihn nun doch schon bald der Tod dahinraffte, oder ob er nur aus Altersschwäche in dem gewaltigen allgemeinen Aufruhr keine führende Stellung mehr einnehmen konnte, entzieht sich unserer Kenntnis. Der Bundschuh aber blieb ein Schreckenszeichen für alle Obrigkeit.

Die Stadt und der Frühkapitalismus

Rechte und Lasten des Stadtbewohners

Während der Aufstieg des Bauerntums sich in verhältnismäßig engem Rahmen gehalten hatte und nun zu stocken, ja ins Gegenteil umzuschlagen drohte, hatten die Städte, wenn auch nicht alle in demselben Maße, viele der Kampfziele des Landvolkes erreicht: persönliche Freiheit ihrer Bürger, eigene Rechtspflege und Verwaltung, Militärhoheit, die Möglichkeit, untereinander Bündnisse abzuschließen, überhaupt im Inlande Politik auf eigene Faust zu treiben, und ständische Vertretung im Reiche oder innerhalb der Landesherrschaft. Am weitesten hatten es in all dem die reichsunmittelbaren, keinem Landesfürsten unterstehenden Städte gebracht. Sie waren Stadtstaaten geworden, im großen und ganzen fast ebenso selbständig wie die Reichsfürsten; allerdings hatte der Kaiser das Recht, die Reichsstädte zu Leistungen für Staat und Krone stärker heranzuziehen, und er begünstigte bei Streitigkeiten öfter die Fürsten als die Städte. Die Landesstädte hatten ihren Gerichtsstand nicht wie die Reichsstädte vor dem Kaiser, sondern vor dem Landesherrn; aber zum sehr großen Teil besaßen sie sowohl diesem gegenüber als auch in ihrer Verwaltung mancherlei Rechte. Auf den Landtagen konnten sie ihre Wünsche nachdrücklich vertreten und mitunter ihren Willen den geldbedürftigen Fürsten aufzwingen: bei der Erhebung außerordentlicher Steuern, bei landesherrlichen Verfügungen über das Stadtregiment, über Befugnisse des Rates, Ernennung der Zunftmeister und Ausgestaltung der Zunftordnungen.

Diese Rechte brachten jedoch auch verschiedene Lasten mit sich. Die Reichsstädte hatten für ihre Sicherheit und für die ihrer Bürger selbst zu sorgen. Das Reich schützte sie weder gegen die Übergriffe der die Unabhängigkeit der Reichsstädte mit scheelen Augen betrachtenden Fürsten noch gegen die den Pfeffersäcken ihren Reichtum neidenden Ritter. Die Stadtbefestigungen kosteten viel Geld und Arbeit, noch mehr die Kriege und Fehden, die großenteils mit angeworbenen Kriegsleuten geführt wurden. Zu den vielen Kriegsrüstungen des Reiches am Ausgang des Mittelalters gegen Burgunder, Niederländer, Schweizer, Ungarn, Franzosen, Venetianer und Türken hatten die Städte immer wieder und oft große Summen beizusteuern. Es gab vielerlei und hohe derartige Ausgaben, für welche die Mittel durch außerordentliche Steuern und durch Anleihen beschafft werden mußten. Aber auch die regelmäßigen Kosten der Stadtverwaltung waren nicht gering. Die Ratsherren und Beamten hatten zum Teil recht ansehnliche Bezüge. Die Rückzahlung und Verzinsung der aufgenommenen Gelder verschlangen einen großen Teil der städtischen Einnahmen und waren oft aus den laufenden Steuereingängen nicht zu bestreiten, so daß die Verschuldung und die daraus erwachsenden Verpflichtungen lawinengleich anschwollen. Die städtischen Gesandtschaften an den Kaiser, an Fürstenhöfe und an andere Städte, die Bewirtung fürstlicher und anderer angesehener Gäste, das alles riß manches Loch in den Stadtsäckel. Die kirchlichen Zehnten und Stolgebühren waren ebenfalls eine Art von Steuern, die von der Geistlichkeit häufig mit rücksichtsloser Härte eingetrieben wurden. Die reichlichen Stiftungen und Gaben für Kirchenbau und Kirchenausstattung, für Gottesdienste und sonstige fromme Zwecke, für Spitäler und Schulen, die Almosen für Bettelmönche und Bettler erscheinen zwar als freiwillige Leistungen der Bürger, sie waren aber zu einem sehr großen Teil nichts anderes als Kultur- und Sozialabgaben. Ihr Anlaß, Ausmaß und ihre Form werden jeweils durch die öffentliche Meinung bestimmt, die, so sehr sie mit den Zeiten wechselt, doch immer auf die Gemeinschaften und die einzelnen einen Zwang ausübt, dem sich die einen freudig, die anderen widerstrebend fügen. Die Freiwilligkeit der ungeheuren Aufwendungen der spätmittelalterlichen Städte und ihrer Einwohner für die „guten Werke" war also ebenfalls nur eine bedingte, nicht zuletzt, weil kaum ein Zwang stärker ist als derjenige, den die herrschenden religiösen Vorstellungen ausüben.

Die Beiträge, welche die unter einem Landesherren stehenden Städte für ihre Sicherheit und die des Territoriums, dem sie angehörten, ferner für die Kriege ihrer Fürsten und für die übrigen Aufgaben der Verwaltung, der Kultur- und Sozialpflege zu entrichten hatten, standen im Durchschnitt kaum hinter den entsprechenden Aufwendungen der Reichsstädte zurück; in manchen Fällen, z. B. unter einem verschwenderischen Landesherren, waren sie wohl noch beträchtlich höher.

Spannungen und Kämpfe in den Städten

Die Verteilung der öffentlichen Lasten auf die einzelnen Schichten der Bevölkerung hatte während des 13. und 14. Jahrhunderts in vielen Städten, am meisten in den Reichsstädten und den ihnen an Selbständigkeit mehr oder weniger gleichkommenden Bischofs- oder Hansestädten zu Unruhen, auch zu gewaltsamen Erhebungen der in Zünften vereinigten Handwerker gegen die das Stadtregiment als ihr historisches Recht beanspruchenden „Geschlechter", die Patrizier, geführt. Obschon diese Kämpfe von der Abwehr einseitiger oder unverhältnismäßig starker Belastung weniger begüterter Schichten ihren Ausgang genommen hatten, war dieses Ringen doch vorwiegend politisch. Nicht bittere Not ließ die Zünfte zu den Waffen greifen, sondern das wirtschaftlich und kulturell aufsteigende nichtpatrizische Bürgertum wollte in die oberen städtischen Behörden eindringen oder sämtliche Ratsstellen besetzen, weil es der Überzeugung war, daß der Stand, auf dem vor allem das Blühen und Gedeihen des städtischen Gemeinwesens beruhte, der die Hauptlast für die Wahrung der Sicherheit nach außen und innen trug, und der in erster Linie für die Beschaffung der öffentlichen Mittel aufkam, auch die Führung in der Stadt zu übernehmen und die Höhe der Steuern und sonstigen Dienstleistungen für die Allgemeinheit zu bestimmen habe.

Gegen Ende des Mittelalters verschärfte sich der Gegensatz zwischen arm und reich; bei den städtischen Kämpfen traten soziale Ziele stärker in den Vordergrund, die allerdings oft mit politischen verbunden wurden. Der Handwerker war aus der günstigen politischen und sozialen Stellung, die er im 14. Jahrhundert eingenommen hatte, verdrängt worden. Reiche Leute und ausgedehnte Handelsgesellschaften hatte es zwar auch schon früher gegeben, aber die Grundlage der städtischen Wirtschaft und Gesellschaft bildete das von den einzelnen selbständigen Meistern im Eigenbetrieb ausgeübte Handwerk, wobei die genossenschaftlichen Einungen, die Zünfte, dafür sorgten, daß die Zunftgenossen nicht durch unlauteren Wettbewerb, durch Preisunterbietungen, Kundenfang und Aufkauf von Rohmaterialien zu Schaden kamen. Im Laufe des 15. Jahrhunderts wurde das Kapital im modernen Sinne eine Wirtschaftsmacht. Banken wurden gegründet, die auf städtischen und bäuerlichen Liegenschaften ruhenden Rentenleistungen wurden mobilisiert und dadurch die alte Form des Realkredits stark umgewandelt und ausgedehnt. Das Wechselwesen nahm seit Beginn des Jahrhunderts schnell zu. Den Juden, die jetzt von den großen Geldgeschäften meist ausgeschlossen waren und von ihrer Wohlhabenheit viel eingebüßt hatten, wurden in verschiedenen Städten, die Leihhäuser errichtet hatten, auch die Pfand- und Darlehensgeschäfte verboten; deren Übernahme durch städtische Leihhäuser konnte jedoch die Verarmung zahlreicher Handwerker nicht verhindern. Das Unternehmertum machte, wie wir für die Kunstwerkstätten bereits feststellten (vgl. S. 10, 12), viele Meister von sich abhängig. Das Angebot an Arbeit geriet von der Mitte des 15. Jahrhunderts an zur Nachfrage in ein ungünstiges Verhältnis. Obwohl die Zünfte die Aufnahmebedingungen zum Schutze des Lebensstandes ihrer Mitglieder verschärften, nahm die Zahl der Handwerker entsprechend der Bevölkerungsvermehrung beim Nachlassen der Pestseuchen zu, nicht aber die Kaufkraft der breiten Massen, zum mindesten nicht in dem gleichen Ausmaße. Das Überangebot an Arbeitskräften, die Handwerkstätigkeit auf dem offenen Lande, die Gewerbetätigkeit der steuer- und abgabefreien geistlichen Genossenschaften schmälerten das Einkommen der Meister in den Städten. Den kleinen Kaufleuten ging es nicht besser als den Handwerkern. Gegen die kapitalistische Betriebsweise des Großhandels konnten sich die Inhaber der Krämereien nur schwer behaupten. Deren Zahl schwoll bei der Überfüllung der anderen Berufe ebenfalls übermäßig an, zumal da viele junge Leute lieber hinter dem Ladentisch stehen als in der Werkstatt arbeiten wollten. Die Löhne der Gesellen mußten unter diesen Umständen ebenfalls niedrig gehalten werden, sie vermochten ebenso wie das Einkommen zahlreicher Handwerker und Kaufleute der allgemeinen Preisbewegung nicht mehr zu folgen. Diese und mancherlei Zufälle, so die bei der damaligen Kriegführung übliche geflissentliche Verwüstung der Felder, Gärten und Weinberge bedrückten auch die kleineren Städte, in denen der Ackerbau die Hauptnahrungsquelle war, und die auch in keiner der größeren Städte fehlenden Ackerbürger.

Lebt die untere Schicht des Mittelstandes, wie es damals in vielen Städten der Fall war, von der Hand in den Mund, dann wächst die Zahl der Armen schnell, und eine gefährliche Proletarisierung weiterer Kreise tritt ein. In den Städten mit stärkerem Gewerbebetrieb, wie in Augsburg, Frankfurt am Main, Basel, betrug die Zahl der sogenannten Habenichtse, armer Handwerker, Gesellen und Taglöhner ohne die eigentlichen Bettler ungefähr die Hälfte der Gesamtbevölkerung, in manchen Städten waren es etwas mehr, in anderen weniger. Außer den vom Mittelstand zum Proletariat Abgesunkenen, gab es allerlei Leute, die ihm seit Generationen verfallen waren. Ihnen und vielen anderen war es fast unmöglich, aus ihrer sozialen Tiefe aufzusteigen, die ihnen von Geburt her anhaftende soziale Ächtung abzustreifen und einen „ehrlichen" Beruf, wie etwa den des Schneiders oder Schusters, zu ergreifen.

Das Kleinbürgertum und die Armen litten schwer unter den stetig ansteigenden Preisen für Fleisch, Getreide, Hülsenfrüchte und die landwirtschaftlichen Nebenprodukte. Die gewerblichen Erzeugnisse wurden ebenfalls teurer, wenn sie auch ihren Herstellern oft nicht so viel einbrachten, daß sie sorgenlos leben konnten. Sprunghaft schnellten die Preise für Luxusgegenstände empor, für feine Stoffe, Gewürze, Zucker und dergleichen. Vieles davon gehörte jetzt zum allgemeinen Gebrauch, wer es sich nicht beschaffen konnte, empfand dies als soziale Ungerechtigkeit, und mancher gab dafür, dem Zug der Zeit folgend, weit über seine Verhältnisse aus. Die hohen Preise der notwendigen Bedarfsgegenstände und der nun zu einer bürgerlichen Lebenshaltung zählenden Luxuswaren riefen besonders deshalb große Erbitterung hervor, weil dem einfachen Manne die Gründe der wirtschaftlichen Nöte zum Teil undurchsichtig waren, und weil sie zum Teil auf offenkundigen Mißständen beruhten. Am unheimlichsten war wohl die Geldentwertung mit ihrer preistreibenden Wirkung. Sie hing zunächst mit der jetzt viel ergiebiger gewordenen Ausbeutung des Bergbaus an Edelmetallen, besonders an Silber zusammen. Außerdem betrachteten Fürsten und mitunter auch städtische Gemeinwesen die Münzverschlechterung als den einfachsten Ausweg aus ihren Geldnöten. Dazu verteuerten die verschiedenerlei Zölle und sonstige Abgaben die Waren. In den Stadträten saßen noch immer Mitglieder der alten reichen Geschlechter, oder, wo diese dem Zunftregiment hatten weichen müssen, Vertreter der durch Kaufmannschaft oder ausgedehnte gewerbliche Tätigkeit wohlhabend gewordenen Bürgerschicht, die nun gegenüber den ärmeren Zunftmeistern, den kleinen Kaufleuten, den Gesellen und Taglöhnern ebenso eine in sich geschlossene Kaste bildete wie das Patriziat. Bei der Vermögenssteuer herrschte mancherorts während des 15. Jahrhunderts der Grundsatz der Progression nach unten, die kleinsten Vermögen wurden verhältnismäßig am stärksten zu den Abgaben herangezogen. Im 16. Jahrhundert setzte sich zwar allmählich die proportionale Besteuerung des Vermögens durch, aber die Ratsherren waren im allgemeinen keine Freunde der in ihren Kreisen verhaßten direkten Steuern, sie erhoben lieber indirekte von Lebensmitteln, und so mußte der einfache Mann in Form erhöhter Preise unverhältnismäßig viel zu dem, wie wir sahen, große Mittel beanspruchenden städtischen Haushalt beitragen.

Die geldkräftigen Schichten nutzten ihre wirtschaftliche und soziale Vormachtstellung auch sonst rücksichtslos aus; um 1438 wurde der legitime Gewinn kaufmännischen Kapitals auf jährlich 430—450 vom Hundert geschätzt. Gegen Ende des 15. Jahrhunderts festigte sich der Einfluß des Großkapitals auf das Wirtschaftsleben noch mehr. Es bildeten sich offene Handelsgesellschaften, die im Auslande die begehrten Waren der Fremde, Gewürze, Sammete, Seiden, aufkauften und dann mit den einheimischen Kaufleuten die Verkaufspreise vereinbarten. Da die Einfuhr aus verkehrstechnischen Gründen oft geringer als die Nachfrage war, ließen sich auf diese Weise ungeheure Gewinne erzielen. Bald wendeten die reichen Großhändler dieses Verfahren auch für die Erzeugnisse des Inlandes an. Sie kauften Metalle, Unschlitt, Leder, Getreide, Kurzwaren auf und erreichten damit eine künstliche Preissteigerung. Die Klagen des gemeinen Mannes über die monopolistischen Gesellschaften verhallten ebenso wirkungslos wie Angriffe von Predigern und Satirikern gegen das Treiben dieser Wucherer. Und schon fühlten sich einzelne Familien der Handelsherren stark genug, die Bindung an einen Ring oder an eine Gesellschaft aufzugeben, um die Früchte ihrer großkapitalistischen Geschäfte nicht mit anderen teilen zu müssen und völlig freie Hand für den Ausbau ihrer großzügigen Unternehmungen zu haben. So lösten im Jahr 1486 die drei Brüder Fugger, deren Großvater Hans Fugger als Weber 1380 von einem schwäbischen Dorf in Augsburg eingewandert war und dort das Stammhaus gegründet hatte, ihre Verbindung mit dem Nürnberger Kaufmann Hans Kramer, drängten ihn aus der mit ihm bis dahin gemeinsam betriebenen Firma hinaus und übernahmen sie allein. Die Erfolge der Fugger wurden einzigartig, immerhin zeichnet sich in der Geschichte ihrer ersten drei Generationen deutlich die Wirtschaftsentwicklung dieses Jahrhunderts ab, die freilich nur eine verhältnismäßig kleine Zahl Tüchtiger und vom Glück Begünstigter emportrug: Aufstieg eines Meisters gegen Ende der Blütezeit des zunftmäßigen Handwerksbetriebs zum Unternehmer, der den Rohstoff, Baumwolle, unmittelbar aus dem Ausland bezog und die Fertigware, Barchente, selbst ausführte. Vielleicht schon Hans Fugger selbst, jedenfalls seine zwei Söhne vertrieben dazu noch andere Waren des deutsch-italienischen Handelsverkehrs. Um die Mitte des Jahrhunderts trennten sich die Brüder. Der ältere überflügelt zuerst den jüngeren, doch schon seine Söhne konnten nicht durchhalten und machten Bankrott. Der jüngere starb früh, aber seine Witwe, Tochter eines Münzmeisters und Großkaufmanns, wußte sich zu behaupten, ihre drei Söhne erweiterten das Geschäft und mehrten den Reichtum der Familie teils als Mitglieder von Handelsgesellschaften, teils für sich allein. Sie knüpften bereits mit den Habsburgern Handelsbeziehungen an und wurden päpstliche Agenten, indem sie Privilegien an Deutsche vermittelten und die dafür fälligen Gelder, auch Sammelgelder aus dem Auslande, an die Kurie weiterleiteten. Um 1500 genoß das Haus der Fugger bereits europäischen Ruf.

Die hohen Preise, die drückenden Steuern, die Verschuldung der städtischen Gemeinwesen, die tatsächliche oder vermutete Verschleuderung öffentlicher Mittel, Unterschlagungen und die Bestechlichkeit von Ratsmitgliedern, die Geheimhaltung der gemeindlichen Vermögenslage mit Rücksicht auf den städtischen Kredit, wie die Obrigkeiten erklärten, zur Verschleierung von deren Veruntreuung, Schiebungen und verfehlten Maßnahmen, wie die Bürger argwöhnten, erzeugten in vielen Städten eine andauernde Unzufriedenheit. Ein Aufruhr zu Hamburg im Jahre 1483 richtete sich gegen die Kornteuerung, er endigte mit der Niederlage der Empörer in einem Straßenkampf. Die „Rostocker Fehde" von 1487 bis 1491 nahm ihren Ausgang von der Erbitterung der Bürgerschaft über die Zustimmung des Rates zur Errichtung eines Domstiftes, worin die Bürger einen Verrat ihrer städtischen Freiheit sahen. Unter der Führung von Heinrich Runge wurde ein Sechziger-Ausschuß eingesetzt, der von den Wohlhabenden große Summen erpreßte. Die Anhänger Runges konnten indes ihr Endziel nicht erreichen: „bei Nachtzeiten einen Auflauf zu machen, dabei die reichen Bürger auf ihre Köpfe zu schlagen und ihnen ihr Gut zu nehmen und so auch gegen Ratsglieder vorzugehen, und dann einen neuen Rat zu kiesen". Im Jahre 1509 wurden in Erfurt mehrere Ratsherren, die alten Geschlechter und reichen Bürger zur Flucht gezwungen; der neue Rat beschlagnahmte die Güter der Entwichenen und verwendete sie zum allgemeinen Besten. Die 1511 in Schwäbisch Hall entstandenen Reibungen zwischen den alten Geschlechtern und den angesehenen Zünften, denen auch „das Pofel" beistand, wurden durch einen Vergleich beigelegt. In Ulm gerieten 1512 die Geschlechter und die Zünfte aneinander, dazu drohte eine Erhebung des Proletariats; mit knapper Not wurde durch gütliche Vereinbarung zwischen den Patriziern und den Handwerkern der Ausbruch eines Bürgerkrieges vermieden. Im gleichen Jahre gab es außerdem in Speier und Regensburg Unruhen. In Speier spielten außer den Gegensätzen innerhalb der Bürgerschaft der Kampf gegen die wirtschaftlichen Vorrechte der Geistlichkeit: freie Einfuhr von Korn und Wein, Weinschank und Weinhandel, ferner die Eingriffe des geistlichen Gerichts in weltliche Angelegenheiten und die ungeheure Vermehrung des Grundbesitzes der toten Hand eine große Rolle. In den Jahren 1513 und 1514 kam es zu Unruhen in Köln, Aachen, Braunschweig, Göttingen, Neuß und Worms, in Württemberg schlossen sich verschiedene Städte und Märkte dem Aufstand des Armen Konrad an. Die Anlässe und der Grad der Erregung waren im einzelnen verschieden, die Vorwürfe gegen die städtische Obrigkeit nicht überall gleich gerechtfertigt, in manchen Fällen handelte es sich nur um die Abstellung einzelner Mißstände, in anderen lautete die Losung: Tod und Plünderung der Reichen und Sturz des bestehenden Regiments; immerhin beweisen Zahl und Verbreitung dieser Aufläufe und Aufstände, daß es in den Städten ebenso gärte wie unter den Bauern.

Die Bedeutung des Frühkapitalismus für die allgemeine Volkswirtschaft

Die von den Zeitgenossen, sei es aus sittlicher Entrüstung, sei es aus weniger edlen Beweggründen beklagten Übelstände waren nicht nur Zeichen des Verfalls alter Ordnungen, sondern auch Begleiterscheinungen eines kraftvollen Wirtschaftsaufstieges. Daß die Mitlebenden dessen Vorteile, ohne viel Worte darüber zu verlieren, hinnahmen, auf die Schattenseiten aber ausgiebig schalten, war eine Eigentümlichkeit nicht nur jener Zeit. Die Forschung des ausgehenden 19. Jahrhunderts hat sich dieses abfällige Urteil zu eigen gemacht einmal infolge der allzu kritiklosen Hinnahme der einseitigen Quellenzeugnisse und dann aus Vorurteilen, die mit unzutreffenden Auffassungen über die allgemein kulturellen und wirtschaftlichen Zustände im Reformationszeitalter zusammenhängen. Mißstände der städtischen Verwaltung finden sich in allen Epochen des Mittelalters, unter dem Regiment der Geschlechter so gut wie unter dem der Zünfte, und wo, wie z. B. in Rostock, die untersten Schichten vorübergehend zur Gewalt kamen, herrschte erst recht die Willkür. Während des ganzen Mittelalters nutzte ferner jeder Stand seine wirtschaftliche Machtstellung ohne soziales Verständnis und Mitgefühl hartherzig aus; dem Gebote der Nächstenliebe glaubte man durch Werke der Charitas zu genügen. In diesen Dingen trat also mit dem Hochkommen des Frühkapitalismus kein grundsätzlicher Wandel zum Schlechteren ein, nur daß infolge der allgemein stärkeren Anspannung der wirtschaftlichen Kräfte die Gegensätze noch heftiger aufeinanderprallten und jetzt neben dem genossenschaftlichen der individuelle Eigennutz mehr hervortrat. An absoluten Maßstäben gerechter und gesunder Güterverteilung und ständischer Ordnung gemessen, stellt sich freilich die frühkapitalistische Epoche in manchem ungünstiger dar als die vorangegangene, und sicher hätte, theoretisch gesprochen, der Frühkapitalismus ohne seine groben Auswüchse recht gut bestehen, beträchtliche Gewinne einheimsen und eine große und fruchtbare Wirkung auf das gesamte Wirtschaftsleben ausüben können. Da wir es aber nicht als unsere Aufgabe betrachten, darzulegen, wie unserer Meinung nach der Geschichtsverlauf hätte sein sollen, beschränken wir uns auch bei der Wertung des Frühkapitalismus darauf, nachdem wir oben auf die Kehrseite hingewiesen haben, seine positive Leistung für das deutsche Volk hervorzuheben.

Die Zahl der reichen Leute in den Städten blieb verhältnismäßig gering, immerhin wuchs sie in der von der Mitte des 15. bis zur Mitte des 16. Jahrhunderts reichenden Blütezeit des Frühkapitalismus rasch an. Am stärksten war der Aufschwung in Augsburg, doch nahmen daran auch die übrigen in der Wirtschaft führenden Städte Oberdeutschlands in geringerem oder größerem Abstand Anteil. In Augsburg gab es im Jahre 1467 neununddreißig Bürger mit zusammen 230000 bis 460000 Goldgulden, 1509 hatten 122 Großkapitalisten ein Gesamtvermögen von 1,3 bis 2,6 Millionen Goldgulden, 1540 betrug das Vermögen der nun 278 Wohlhabendsten zwischen 5 und 10 Millionen Goldgulden. Der Goldgulden entsprach einem Wert von acht bis neun Goldmark, die Kaufkraft des Geldes war ungefähr viereinhalb mal so groß wie die der modernen Goldmark, zehn Millionen Goldgulden von damals hatten also die Kaufkraft von jetzt 400 Millionen Goldmark. Die wirtschaftliche Bedeutung dieser Vermögen in einer im großen und ganzen noch kapitalarmen Zeit ist um so höher einzuschätzen, als aus ihnen immer noch oft Gewinne von hundert und mehr Prozent erzielt wurden und sich meist mehrere dieser Geldleute zu gemeinsamen Geschäften und Unternehmungen zusammentaten. Die Entwicklung innerhalb dieser Schicht darf man wohl im allgemeinen als gesund bezeichnen; die Vermehrung der geldkräftigen Schicht steht zu der des Kapitals in keinem allzu ungünstigen Verhältnis. In Augsburg hat allerdings eine einzelne Familie, die Fugger, alle anderen soweit überflügelt, daß 1546 ihr Besitz ein gutes Drittel des Vermögens sämtlicher Augsburger Großkapitalisten ausmachte.

Bei Beantwortung der Frage, wie weit die Zunahme der Reichen tatsächlich eine Verarmung der übrigen Kreise herbeigeführt hat, ist vor allem zu berücksichtigen, daß der Not des unteren Mittelstandes, wie schon erwähnt, noch andere, und zwar ausschlaggebendere Ursachen zugrunde lagen als die Ring- und Monopolbestrebungen, die sich übrigens des Gesamtwarenbestandes bei weitem nicht in dem Maße zu bemächtigen vermochten, wie viele nach den Sittenpredigten eines Geilers von Kaisersberg, eines Luther und anderer annehmen. Es ist nicht abzusehen, welche Entwicklung das Handwerk und der deutsche Handel am Ende des Mittelalters und zu Beginn der Neuzeit ohne den Aufstieg des Kapitalismus genommen hätten. Der inländische Bedarf an gewerblichen Erzeugnissen hielt mit dem Anwachsen des Handwerkerstandes in Stadt und Land nicht gleichen Schritt. Für die Handarbeiter war es sicher kein Nachteil, daß jetzt nicht bloß zwei bis sieben, wie in der vorausgegangenen Wirtschaftsepoche, sondern zehn bis zwanzig vom Hundert, deren Einkommen unmittelbar oder mittelbar auch aus Erträgnissen des Auslandsabsatzes gespeist wurde, als Auftraggeber für Bauten, prunkvolle Inneneinrichtungen, kostbare Kleider und Kunstgegenstände aller Art in Betracht kamen. Die im ersten Kapitel behandelte Blüte der Kunst in dieser Epoche steht in engem Zusammenhang mit der wirtschaftlichen Erstarkung der Städte, ebenso das geistige Leben. Patrizier waren die begeistertsten Gönner der Humanisten und die eifrigsten Bücherkäufer.

Durch großzügige Erweiterung des Bergbaus und des Außenhandels, wozu in diesem Maße weder die Fürsten noch irgend eine andere Wirtschaftsgruppe imstande gewesen wäre, verschaffte der Frühkapitalismus Hunderttausenden Arbeit. Nach dem damals geltenden Bergrecht waren die Landesfürsten die Oberherren aller Bergwerke in ihren Gebieten und hatten als solche auch Anspruch darauf, die gesamte bergbauliche Produktion aufzukaufen. Das bedeutete für den Bergbau naturgemäß mehr eine Belastung als eine Förderung. Sobald sich in den Städten größere Kapitalien zu bilden begonnen hatten, suchten aber die meist geldbedürftigen Fürsten bei den Reichen Anleihen aufzunehmen. Das für alle Beteiligten beste Pfand hierfür war das Bergregal. Die Großkaufleute erwarteten und erzielten daraus reiche Gewinne und machten deshalb in gegenseitigem Wettbewerb den Fürsten günstige Angebote. Die Fürsten erhielten auf diese Weise hohe Darlehen. Die Kapitalisten, welchen die Ausbeute des Bergregals, vor allem das Aufkaufsrecht der gesamten Erzeugung oder wenigstens einzelner Metalle auf eine Reihe von Jahren vertraglich zugesichert wurde, steckten große Summen in das Erzgeschäft. Sie finanzierten die Produktion und gaben ihr einen mächtigen Auftrieb, indem sie den kleineren und mittleren Bergbautreibenden Geld vorstreckten und ihnen die Abnahme ihrer Erzeugnisse garantierten. Die starke Zunahme an Edelmetallen verdankt Europa bis zur Mitte des 16. Jahrhunderts hauptsächlich den großen Leistungen des deutschen Bergbaus, in viel geringerem Grade dem Gold- und Silberzufluß aus Amerika. Um 1525 wurde der Wert der jährlichen deutschen Erzeugung an Erzen, Edelmetallen und Salz auf zwei Millionen Goldgulden geschätzt, die einer Kaufkraft von etwa achtzig Millionen Goldmark entsprechen. An 100000 Personen fanden in der Bergbau- und Hüttenindustrie Arbeit. Das Beispiel von Luthers Vater zeigt, daß der Bergbau auch ursprünglich wenig Bemittelten Gelegenheit gab, selbständig zu werden und zu einem bescheidenen Wohlstand zu kommen. Die Erfolge der deutschen Wirtschaftsführer im Inlande veranlaßten die Habsburger, sie auch in großem Umfange zur Ausbeute der ungarischen und spanischen Gruben und zum Erzhandel in diesen Ländern heranzuziehen. Schweden und England, wo im 14. und 15. Jahrhundert die hansischen Kaufleute an der Kupfer- und Zinngewinnung stark beteiligt gewesen waren, wendeten sich nun ebenfalls an die süddeutschen Großkaufleute zur Hebung ihrer Bergindustrie und ihres Metallhandels. Vor allem blickte die englische Regierung „im 16. Jahrhundert mit Vorliebe nach Süddeutschland, wenn es galt, auswärtiges Kapital, fremde Unternehmungslust und überlegene Technik für die Ausdehnung des englischen Bergbaus und Erzhandels nutzbar zu machen. War doch damals in allen diesen Dingen, besonders aber in der bergbaulichen und hüttenmäßigen Technik, England in demselben Maße Deutschland unterlegen, wie es uns im 18. Jahrhundert hierin übertreffen sollte" (Strieder). Ein Deutscher, Georg Agricola, verfaßte auch das für jene Zeit maßgebende wissenschaftliche Handbuch über das Berg- und Hüttenwesen: ‚de re metallica'.

Der Aufschwung eines für die Volkswirtschaft so ausschlaggebenden Zweiges wie des Bergbaus blieb natürlich nicht auf diesen allein beschränkt. In vielen bis dahin ungenutzt gebliebenen Waldtälern vom Spessart bis zum Solling wurden Glashütten errichtet. „Im Siegerlande und im Hessischen arbeitet der Eisenguß künstlerische Ofenplatten für In- und Ausland, am Rhein zeichnen sich die Umrisse einer reichen industriellen Entwicklung schon deutlich ab" (Häpke). Die schon früher bedeutende Ausfuhr von Leinengeweben und Barchent nahm einen gewaltigen Aufschwung, da nun oft ein einziger Großverleger flüssige Mittel genug besaß, Hunderte von Webern dauernd als Heimarbeiter zu beschäftigen und ihnen ihre Arbeit regelmäßig abzunehmen und einen großen Teil davon im Auslande abzusetzen. Italiener und Franzosen besorgten zwar den überseeischen Levantehandel, aber von den Deutschen bezogen sie die im vorderen Orient gesuchtesten Austauschwaren, Metalle und Metallwaren. Die Portugiesen, die seit Beginn des 16. Jahrhunderts Gewürze in großen Mengen in Europa einführten, zahlten die Inder zum guten Teil mit dem im deutschen Bergbau gewonnenen Kupfer und Silber. Aus den

Hans Weiditz, Kaiser Maximilian. 1519
Holzschnitt nach Albrecht Dürer

Barthel Beham, Ferdinand I. 1531
Kupferstich

Maria von Burgund als Gemahlin Maximilians
Medaille. Berlin, Kaiser-Friedrich-Museum

Kaiser Karl V. Holzmodell zu einer Bronzemedaille.
Vielleicht von Hans Nell in Augsburg
Berlin, Deutsches Museum

Werkstätten der Messing- und Kupferschläger Süd- und Westdeutschlands gingen die meisten Kessel, Becken, Schüsseln und Spangen hervor, welche die Portugiesen für ihren sich bis nach dem äquatorialen Westafrika erstreckenden Handel mit den Negern benötigten. Am meisten verdienten dabei allerdings die portugiesische Regierung und die Kolonialhandelsgesellschaft, welche von ihr das Handelsmonopol nach Westafrika erhalten hatte, wurde doch eine Messingspange gleich einem Elefantenzahn gerechnet; aber bei den großen Umsätzen war auch der Gewinn der deutschen Ausfuhr nicht gering. Aus einem Handelsvertrag von 1548 zwischen dem Antwerpener Faktor des portugiesischen Königs und dem Faktor Anton Fuggers geht z. B. hervor, daß sich die Fugger verpflichteten, innerhalb dreier Jahre viele Tausende von Zentnern gegossener Messingspangen und Zehntausende von Töpfen, Näpfen und Kesseln aus Messing bei den Beamten der königlich portugiesischen Ausfuhrmagazine abzuliefern.

Es läßt sich heute nicht mehr ermitteln, wieweit die von uns hervorgehobenen Schattenseiten der frühkapitalistischen Wirtschaftsperiode durch allgemeine Umstände bedingt sind, und wieweit daran hartherziger Eigennutz und üble Spekulationssucht die Schuld tragen. Galt auch damals: wo viel zu gewinnen, ist viel zu verlieren, und kann man mit der hohen Gefahr einen hohen Gewinn rechtfertigen, so ist die Waghalsigkeit des frühkapitalistischen Unternehmertums, die in vereinzelten Fällen selbst vor dem Einsatz der ihm anvertrauten Sparpfennige von Dienstboten nicht zurückschreckte, gewiß nicht durchweg zu entschuldigen. Als in den zwanziger Jahren des 16. Jahrhunderts der Versuch der Höchstetter, in Augsburg ein Quecksilbermonopol aufzurichten, scheiterte, weil eben in Ungarn und Spanien Quecksilber in großen Mengen gefunden wurde, stürzte der dadurch herbeigeführte Bankrott von 800000 Gulden viele ins Unglück. Die Fugger konnten allerdings um 1550 bei dem Mißlingen ihrer Bestrebungen, durch Kartellierung der böhmischen und sächsischen Zinnproduktion ein mittel- und osteuropäisches Zinnmonopol zu schaffen, die Einbuße von etwa 15 Millionen Mark nach unserem Geldwert ohne ernstliche Erschütterung ihres Hauses ertragen. Auch der politischen Bedeutung dieses Wirtschaftsaufschwunges wird man mit etwas gemischten Gefühlen gegenüberstehen. Der Bergsegen in Böhmen, Tirol, Krain, der dem Hause Habsburg hauptsächlich auf dem Wege von Anleihen die Mittel zur Aufstellung ihrer Söldnerheere und für ihre kostspielige Diplomatie und damit zum Aufstieg zur Weltmacht ermöglichte, hatte für Deutschland selbst nicht nur segensreiche Rückwirkungen. Andererseits war es für den inneren Zusammenhang des deutschen Volkes und für die Stellung der Deutschen in der Welt doch von hohem Werte, daß sie in einer Zeit, in der sie einer straffen politischen Zentralgewalt entbehrten und an den Grenzen durch das Vordringen anderer Völker an politischem Einfluß verloren, im Bereiche des ganzen ehemaligen riesigen hochmittelalterlichen Imperiums und weit darüber hinaus die wirtschaftliche Führung errangen, ja daß sogar an der Kurie in Rom deutsche Finanzagenten die früheren Bankleute Europas, die Italiener, verdrängten. Hatten sich die Deutschen im Früh- und Hochmittelalter als das politische Herrenvolk des Abendlandes erwiesen, so nun im ausgehenden Mittelalter und im Reformationszeitalter als die wirtschaftlich regste und erfolgreichste Nation.

Das Landesfürstentum

Am Ende des Mittelalters gab es in Deutschland, abgesehen von den 85 Reichs- und Freistädten, ungefähr 300 Landgebiete verschiedensten Umfanges, in denen eine Person oder eine Körperschaft die landesherrliche Gewalt ausübte. Als Staat in völkerrechtlichem Sinn galt freilich immer noch nur das Reich, dessen Oberhoheit trotz der Übertragung der meisten seiner Hoheitsrechte auf die Landesherren allgemein auch von den Fürsten anerkannt wurde. Innerhalb ihrer Grenzen mußten die Landesherren der größeren Territorien auf die Landstände mancherlei Rücksicht nehmen. Die höhere Geistlichkeit, der niedere Adel und die Städte der einzelnen Länder waren je für sich zu körperschaftlichen Einungen zusammengeschlossen und hatten auf den Landtagen Sitz- und Stimmrecht. Die Ständeverfassung war aber keine demokratische Einrichtung im modernen Sinne. Die zur Landstandschaft zählenden Geistlichen und Adligen hatten zwar alle das Recht, auf dem Landtag zu erscheinen, aber es handelte sich bei ihnen von vornherein um bevorrechtete Personen, und in den Städten wählten nicht die Bürger, sondern die aus der Oberschicht der Bevölkerung hervorgegangenen Ratsherrn Vertreter für den Landtag. Die Anwesenden stimmten auf ihm nicht gemeinsam ab; die einzelnen „Kurien", die Körperschaft der Geistlichkeit, der Ritterschaft und der Städte, faßten je für sich ihre Beschlüsse und trugen sie dann dem Landesherrn vor. Dabei galten die Landstände rechtlich weder als die Vertreter ihrer Körperschaft, noch als die des Volkes, sondern als die des Landes und hießen deshalb zusammen „das Land". Besaß ein Fürst mehrere Territorien, so hatte er mit der Landstandschaft eines jeden gesondert zu verhandeln. Die Rechte der Stände gegenüber ihren Landesherren waren in den einzelnen Ländern und in diesen je nach Zeiten und Umständen sehr verschieden. In den meisten Territorien hatte der Landesherr allein zu bestimmen, wann ein Landtag zusammenzutreten habe; doch ließ sich gewöhnlich die Einberufung der Stände innerhalb eines längeren Zeitraums nicht umgehen, weil sie bei dem Erlaß neuer Steuern und Gesetze, die sie berührten, gehört werden mußten. Auf den Landtagen herrschte volle Beschwerdefreiheit, die sich auch auf das persönliche Verhalten der Fürsten erstreckte. Auf die übrige äußere und innere Regierung gewannen die Stände nur in Einzelfällen Einfluß, auch die Reformation oder Gegenreformation führten die Fürsten nach ihrem Ermessen selbst gegen den Einspruch der Stände durch. Diese waren zu sehr auf die Wahrung ihrer alten Freiheiten bedacht und namentlich die Ritterschaft und die Städte zu uneinig, als daß sie regelmäßigen Anteil an den Regierungsgeschäften und den damit verbundenen Verpflichtungen hätten nehmen wollen und können.

Trotz Ständeeinungen und Landtag war also der Fürst ‚dominus terrae‘, Herr in seinem Lande, und er wurde in den beiden wichtigsten Herrscherbefugnissen, in der Rechtsprechung und in der Außenpolitik, die sich damals im wesentlichen noch auf die friedliche oder kriegerische Auseinandersetzung mit anderen Landesherrschaften innerhalb des deutschen Reiches beschränkte, von seinen Landständen und dem Kaiser wenig behindert. Die einheitliche Verwaltung der Länder und die Organisation des Behördenwesens machten große Fortschritte. Als Vorbilder dienten hauptsächlich die staatlichen Einrichtungen Burgunds und Frankreichs. Die deutsche Amtssprache übernahm zahlreiche französisch-burgundische Amtsbezeichnungen als Fremdworte oder in Übersetzung. Diese Entlehnungen rühren zunächst von Kaiser Maximilian I. her, der über die burgundischen und österreichischen Erblande gebot, und fanden dann auch in anderen Territorien Eingang. Die Buchdruckerkunst erleichterte durch rasche Vervielfältigung und Verbreitung der landesherrlichen Gesetze und Verordnungen die Zentralisation der Verwaltung. Sie wurde nicht erst durch das Eindringen des römischen Rechtes, sondern durch den Machtwillen der Fürsten und die ihr günstigen Zeitumstände hervorgerufen, immerhin boten die Auffassungen des römischen Rechtes über die staatlichen Hoheitsrechte den Landesherren eine gute Handhabe, der Kirche, dem Adel und den Städten gegenüber ihre Ansprüche zu rechtfertigen. Schon Kaiser Friedrich I. hatte sich bei seinen staatspolitischen Maßnahmen in Italien auf das römische Recht berufen; im Zeitalter des Humanismus, in dem so viele Deutsche an italienischen Universitäten studierten, wuchs dann seine Geltung mit der allgemeinen Hochschätzung der Antike ständig. Dies bedeutete allerdings noch keinen Rückfall in den Geist des römischen Cäsarismus. Mit der Anspannung der landesherrlichen Rechte wuchs zugleich das Verantwortungsgefühl der Fürsten gegen ihren Staat und ihre Untertanen. Daß die Fürsten, voran die Kaiser, Stellvertreter Gottes auf Erden seien, war eine dem Mittelalter von jeher vertraute Vorstellung, aber sie durchdrang jetzt, wenigstens in den größeren Territorien, in denen die Landesherren die Grundherrschaften und andere partikulare Gewalten mehr von sich abhängig machten und auf das gesamte staatsbürgerliche und zum guten Teil auch auf das private Leben Einfluß nahmen, das ganze Regierungssystem ungleich stärker als ehedem. Der Entwurf einer kursächsischen Landesordnung vom Jahre 1498 gibt als Grund für die mannigfachen Vorschriften und Verbote, die das Tun und Lassen der Landeskinder bis ins einzelne hinein regeln, an, der gemeine Mann wisse ohne derartige fürstliche Erlasse die Sünde nicht zu meiden. In der Tat zielen die Polizeiordnungen der verschiedenen Länder nicht zuletzt auf die Aufrechterhaltung der christlichen Sitte und Zucht ab, wie schon aus den für Gotteslästerung, Fluchen, unsittliche Tänze, Ehebruch, Besuch von Frauenhäusern durch Verheiratete und ähnliches festgesetzten Strafen hervorgeht. Zur Wahrung der christlichen Sitte sollten die schon von früheren Jahrhunderten her aus den Städten bekannten, nun auch von den Landesfürsten für Adlige, Bürger und Bauern bestimmten Kleiderordnungen dienen. Aus religiösen Gründen und zugleich mit Rücksicht auf die allgemeine Wohlfahrt, auf die nun immer mehr von Staats wegen geachtet wurde, setzten die Behörden die Preise von Lebensmitteln für den Handel und die Gasthäuser, ferner der gewerblichen Erzeugnisse fest und überwachten die Qualität der Waren, schritten gegen die fahrenden Leute aller Art ein, zwangen notorische Faulenzer zur Behebung des Mangels an Dienstboten und Taglöhnern zur Arbeit und sorgten für die Sicherheit auch auf dem offenen Lande. Die Fürsten begannen jetzt die Wirtschaft ihres Landes als eine Einheit zu betrachten und allzu schroffe Gegensätze der einzelnen Erwerbsgruppen auszugleichen; bei Maßnahmen zugunsten der Landwirtschaft wurde allerdings ungleich mehr auf den Vorteil des grundbesitzenden Adels als auf den der Bauern gesehen.

Mit den neuen Auffassungen von den Rechten und Pflichten eines Landesherren und mit der durchgreifenden Verwaltungsorganisation des Territoriums hing die straffe Handhabung und der weitere Ausbau des Kirchenregiments aufs engste zusammen; was hier früher mehr als gelegentliche Übergriffe oder als frommer Eifer der Fürsten und als die Nachwirkungen des von den Reformpäpsten und den Päpsten des Hochmittelalters so sehr verpönten Eigenkirchenrechts betrachtet wurde, setzte sich jetzt mehr und mehr durch, teils im Einvernehmen mit der Kurie, teils trotz ihres Widerspruches. In den großen und auch in einigen kleineren weltlichen Territorien wurden die Bischöfe der Landesverfassung eingegliedert. Die geistliche Gerichtsbarkeit wurde aus den weltlichen Rechtsbereichen zu verdrängen gesucht. Die Landesherren dehnten das Recht, wichtige Kirchenstellen selbst zu besetzen, immer mehr aus, sträubten sich, den Bischöfen Besteuerung der Geistlichen zu gestatten, hoben deren Befreiung von den Landessteuern auf und wußten sich von den Erträgnissen des päpstlichen Ablasses und anderer kurialer Finanzmaßnahmen einen hohen Anteil zu sichern. Die Oberaufsicht über das kirchliche Vermögen, über den Lebenswandel der Nonnen, Mönche und der Pfarrgeistlichkeit, über die Einhaltung der kirchlichen Gebote durch die Laien und über Einführung von Reformen in den Klöstern hielten die Fürsten für ihr gutes Recht und für eine heilige Pflicht. Kaum etwas anderes zeigt die überragende Führerstellung im Sittlich-Religiösen und überhaupt die Macht des Landesfürstentums so offensichtlich wie dessen Einfluß auf die Kirche. Sie, die durch die Jahrhunderte ihre unmittelbare und mittelbare Gewalt auf fast allen Gebieten des öffentlichen und des privaten Lebens vorwärts getrieben hatte, wich Schritt um Schritt vor den Landesfürsten zurück, was ihr allerdings dadurch sehr erleichtert wurde, daß diese ihre Einheit unter dem Papsttum willig anerkannten. Der Unterschied zwischen der grundsätzlichen Aufrechterhaltung der päpstlichen Vorrechte und der tatsächlichen Verwaltungspraxis führte dazu, daß in dem am 17. Februar 1448 zu Wien abgeschlossenen Konkordat Kaiser Friedrich III. für das Reich den päpstlichen Forderungen zustimmte, und die meisten Fürsten für ihre Territorien dieses Konkordat annahmen, gleichzeitig aber erreichten Friedrich III. für seine Erblande und die Hohenzollern eine Reihe von Ausnahmen und Zugeständnissen. Auf dem Wege der Privilegienerteilung wurden die kurialen und päpstlichen Befugnisse in der Ämterbesetzung und Abgabenerhebung immer mehr durchlöchert; es fand nun häufig ein Austauschgeschäft auf dem Grenzgebiet zwischen Kirchen- und Staatsgewalt statt: die Fürsten unterstützten die Päpste in ihrer weltlichen Politik oder gestatteten ihnen die Ablaßverkündigung und ähnliches in ihren Ländern, wofür den Fürsten mancherlei Privilegien für das Kirchenregiment erteilt wurden. Daneben gingen die Landesherren vielfach ohne weiteres selbständig vor, trafen Verabredungen mit den Bischöfen und führten, wenn diese auf ihre Wünsche nicht eingingen, einen Kleinkrieg mit Gegenerlassen, mit dem Verbot, den bischöflichen Weisungen zu folgen, mit Nichtbeachtung von Kirchenstrafen, gelegentlich auch mit Gewalt.

Art und Weise des Landes- und Kirchenregiments der Fürsten zu Ausgang des Mittelalters und im Reformationszeitalter erinnert in vielem an das Vorgehen der Regierungen in der Aufklärungszeit. Wie in dieser regnete es schon damals Polizeiverordnungen und Vorschriften, wie Gottesdienste, Prozessionen und dergleichen abzuhalten seien, ebenso suchten die Landesherren dem Wirtschaftsleben bestimmte Wege zu weisen. Trotzdem besteht ein grundlegender Unterschied zwischen dem Absolutismus der Aufklärung und dem spätmittelalterlichen und reformatorischen: dieser wurzelt in christlichen Auffassungen und ist bei allem tüchtigen Vorwärtsstreben doch vielfach konservativ gerichtet, dort herrschte als Allgebieterin die sogenannte natürliche Vernunft, und man sprach nicht mehr von der guten alten Sitte, man suchte sich vielmehr vom Überlieferten loszulösen und steuerte auf allen Lebensgebieten neuen Zielen zu.

Mit Recht heißt der Absolutismus des ausgehenden 15. und des 16. Jahrhunderts patriarchalisch. So viel er sich auf das römische Recht berief, und so wenig er vor Willkürhandlungen zurückschreckte, überwog doch bei weitem das alte deutsche Wesen. Die Fürsten waren oft von etwas rauhen Sitten, vor und über allem auf das Gedeihen ihres Hauses bedacht, dann in gemessenem Abstand auch auf das ihrer Untertanen. In der Behandlung ihrer eigenen Familienangehörigen und ihrer Landeskinder machten die Fürsten keinen allzu großen Unterschied, gegen die einen wie gegen die anderen waren die tüchtigsten unter ihnen gestrenge, sparsame, fürsorgliche und in frohen Stunden gemütliche Hausväter. Als der junge Eberhard im Jahre 1477 mit übermütigen Gesellen allerlei Unfug trieb, schrieb ihm sein Vater, Graf Ulrich V. von Württemberg: „Du hättest besser bei deinem biderben Weib gelegen, als deiner Büberei nachzugehen ... Gott wird dich darum plagen," und als sie nächtens Nonnen mit ihren Possen erschreckt hatten: „Lasset gottergebene Leute Gottes sein, und die Mettenfinken mit Andacht beten und singen. Wenn einer eine Klosterfrau umhalst, so ist das ebensolche Sünde, als wenn er seine Schwester umarmt. Frauenfleisch ist wohlfeiler als Kalbfleisch. Gott erbarms!" Der selbst fast immer zu munterem Witz aufgelegte Kriegsheld Albrecht Achilles von Hohenzollern wachte über die Tugend der Frauen und Mädchen am Hofe eifriger als manche Äbtissin über ihre Nonnen: „Item wenn die Glocke abends sieben schlägt, soll der

Hofmeister dem Hofgesinde sagen, daß es nach Hause gehe und soll die Räume der Frauen abschließen und niemandem mehr nach sieben gestatten heroben zu sein außer ihm selbst, den zwei jungen Edelknaben der Kurfürstin und jenen, die den Frauen und Jungfrauen ihren Schlaftrunk hinauftragen oder bestellen. Item der Hofmeister soll auch zu beiden Türen an der Stiege innen und außen die Schlüssel haben und die Hofdamen einschließen wie oben gesagt." Seiner Frau, die eben ein Kind erwartete, schrieb der Kurfürst für die Zeit nach der Geburt vor, sie dürfe „keine besondere Wallfahrt oder Kirchgänge vornehmen, sondern müsse Ruhe geben, bis sie zu ihrem Gemahl komme, mag sie darnach Wallfahrt und Kirchfahrt treiben nach ihrem Gefallen". Feierlich mit Anführung seiner sämtlichen Titel beginnt Markgraf Friedrich von Brandenburg das Schreiben, in dem er im Jahre 1508 die Herren vom Rat und zwanzig gute Armbrustschützen von Nürnberg zu einem geselligen und ergötzlichen Wettschießen auf die Kadolzburg lud, wobei der höchste Einsatz ein Viertelgulden sein sollte. Die Ratsherren sollten auch ihre Frauen mitbringen. Die Gemahlin des Markgrafen werde sich freuen, mit den ratsherrlichen Frauen Bekanntschaft zu machen. „Und wenn sie willens sind, mit unserer freundlichen, lieben Gemahlin zu schießen, nachdem das Ziel nicht über neunzig Schritt weit ist, so sehen wir auch das sonderlich gerne." Manchen Spaß hatten die Freiherrn von Zimmern mit ihren Bauern und mit den Bürgern ihrer guten Stadt Meßkirch, und die Herren nahmen es nicht übel, wenn dabei auch auf ihre Kosten gelacht wurde. Die Akten, Briefe und Chroniken der Landesfürsten, die nun, wie die Klöster schon immer getan, Archive anlegten und darin ihre Schriftstücke aufhoben, sind voll von dem patriarchalischen Walten großer und kleiner Herren. Die lustig und unterhaltsam zu lesenden Aufzeichnungen haben indes nicht bloß für den Sammler kulturgeschichtlichen Stoffes Wert, sondern sie bieten für die Gesamtbeurteilung jener Zeit recht aufschlußreiche Ergänzungen zu den Berichten von kriegerischen Handlungen und zu den Akten über die Staatsgeschäfte. Die Fürsten trugen in die größeren reichsfreien Städte und namentlich in ihre Residenzstädte mehr hinein, als sie jene schädigten und aus diesen herausholten, kam doch ein großer Teil der aus dem offenen Lande erzielten landesherrlichen Einkünfte den städtischen Kaufleuten und Handwerkern zugute. Ungleich mehr Frachtwagen mit Handelsgut erreichten ihren Bestimmungsort, als von hohen Herren in Kriegswirren und von Buschkleppern weggeschnappt wurden. Die durchlauchtigsten Herrschaften vergnügten sich öfter mit den Bürgern ihrer oder benachbarter Städte, als sie mit ihnen die Waffen kreuzten. Was Thomas Kanzow in seiner Chronik von dem Pommernherzog Bogislaw X. schrieb, das gilt, natürlich von dem einen mehr, von dem anderen weniger, fast von allen bedeutenden Landesfürsten: „Wie denn kein Mensch ohne Fehler ist, so hatte er an sich, daß er den Schmeichlern zuviel glaubte, und daß er sehr auf Hurerei aus war, weshalb er auch wohl bisweilen über die Stränge schlug. Aber sonst war er ein Herr, wie man ihn sich nur wünschen konnte, der dies Land zu gutem Gedeihen und zu großer Wohlfahrt gebracht hat."

Hoher und niederer Adel

Allmähliche Erschöpfung der Lebenskraft, Kriege, zumal die Kreuz- und Italienzüge, zahllose innere Fehden und die Ehelosigkeit der abertausenden von Adligen, welche im Laufe der Jahrhunderte geistliche Würdenträger geworden oder in die Klöster der Benediktiner, Zisterzienser oder in die Ritterorden eingetreten waren, hatten die Reihen der alten edelfreien Geschlechter bis zum Ende des Mittelalters stark gelichtet. Ungefähr zwanzig von ihnen waren in den Reichsfürstenstand aufgestiegen, etwas über hundertfünfzig nahmen als edelfreie oder gräfliche Familien eine Stellung ein, die sich zwar rechtlich in manchem von der der Fürsten unterschied, aber dieser doch allgemein gesellschafts-geschichtlich betrachtet, ziemlich nahe kam, so daß also auch für diese Grafen und Edelfreien, soweit sie ein eigenes Territorium besaßen, bis zu einem gewissen Grade die Ausführungen über das Landesfürstentum gelten. Von den zahlreichen Edelgeschlechtern Ostfalens, Thüringens und Holsteins hatten nur verhältnismäßig wenige ihre volle Selbständigkeit aufrechterhalten können, die meisten von ihnen waren freiwillig die Dienstmannen eines Fürsten oder Grafen geworden, allerdings unter Wahrung des Verfügungsrechtes über ihr Eigentum und mit Behauptung ihres Gerichtsstandes und ihrer Schöffenbarkeit vor dem Landgericht, während die von Haus aus unfreien niederadligen Dienstmannen über ihr bewegliches Gut nur innerhalb ihrer zu derselben Herrschaft gehörenden Standesgenossen bestimmen durften und dem Dienstmannen- oder Hofgericht ihrer Herren unterstanden. Der Unterschied zwischen den zu Landesfürsten aufgestiegenen und den zu Dienstmannen gewordenen Nachkommen der alten edelfreien Geschlechter war gewiß sehr groß; aber im großen und ganzen befanden sie sich nicht in einer Lage, die sie eine gewaltsame Umwälzung ihrer Verhältnisse erstreben ließ, mochten auch die Fürsten selbst stets nach noch größerer Selbständigkeit gegenüber dem Königtum und nach strafferer Unterordnung der in ihrem Territorium Ansässigen trachten, und die weniger begüterten Edelfreien mit Neid auf die reich gewordenen Bürger sehen.

Sehr ungleich hatte sich das Schicksal der ehemaligen unfreien Dienstmannen gestaltet. In manchem hatte sich ihre Stellung und ihr gesellschaftliches Ansehen bedeutend gehoben, der Eintritt Edelfreier in die Dienstmannenschaft und vor allem der Waffendienst und die damit verbundene Ritterfähigkeit hatten sich günstig ausgewirkt. Viele Niederadlige besuchten die Hochschulen, und wenn sie sich noch obendrein die akademischen Grade erwarben, waren ihnen gute kirchliche Pfründen sicher, dazu boten der Ausbau des Behörden- und Militärwesens der Landesherren zahlreichen studierten und nicht studierten Adligen Gelegenheit, einen standesgemäßen Beruf zu ergreifen. Den reichen städtischen Handelsherren waren adlige Schwiegersöhne und Schwiegertöchter oft sehr erwünscht. Daneben fristeten freilich viele Angehörige des niederen Adels ein kümmerliches Dasein. Besonders die Dienstmannen nichtfürstlicher Herren hatten häufig ein für adlige Lebensführung unzureichendes Lehengut und litten dann wie der gemeine Mann in Stadt und Land schwer unter der Preissteigerung. Die Töchter solcher Familien sahen sich, wollten sie nicht in recht dürftigen Verhältnissen leben, häufig gezwungen, in ein Kloster zu gehen. Die nachgeborenen Söhne, die keine höheren Schulen besuchen konnten oder wollten, mußten sich zeitlebens mit niedrigen Diensten am Hofe, in den Forsten oder Ställen eines hohen Herren zufriedengeben.

Eine eigentümliche Zwischenstellung zwischen dem von einem Landesherren abhängigen Adel und den im Herrenstand zusammengefaßten Fürsten, Grafen und Freiherrn hatte die Reichsritterschaft. Zu ihr gehörten hauptsächlich die Nachkommen der ehemaligen Reichsdienstmannen, und sie war deshalb am stärksten in den Gegenden verbreitet, in denen sich Krongut am längsten in größerem Umfange erhalten hatte: in Schwaben, Franken und am Rhein. Im Gegensatz zu den Mitgliedern des Herrenstandes und zu den Reichsstädten vermochte die Reichsritterschaft trotz wiederholter Befürwortung von Kaisern die Reichsstandschaft nicht zu erreichen, war also auf den Reichstagen ohne Vertretung. Die Reichsritter übten für ihr Gebiet meist die hohe Gerichtsbarkeit aus und hatten für sich selbst und ihre Güter den Gerichtsstand der Reichsunmittelbaren, dagegen war ihnen versagt, für ihre eigenen Bedürfnisse Steuern zu erheben, sie konnten ihre Untertanen über das hinaus, was sie ihnen als Leibeigene oder unter ähnlichen Titeln zu leisten hatten, nur zu Abgaben heranziehen, welche die Reichsritterschaft als Korporation an den Kaiser oder sonst für allgemeine Zwecke entrichtete. Das Recht und die Pflicht zur genossenschaftlichen Einung verlieh der Reichsritterschaft Selbstbewußtsein und wenigstens zeitweilig politisches Gewicht. Das Beispiel des Franz von Sickingen zeigt, daß einzelne Reichsritter manch kleinere Fürsten an Macht und Reichtum übertrafen. Im Durchschnitt lebten die Reichsritter und zumal ihre nachgeborenen Söhne, von ihrer größeren persönlichen Freiheit abgesehen, jedoch nicht unter wesentlich günstigeren Bedingungen als der landständische Adel, und soweit sie wirklich größere Einkünfte hatten, wollten und mußten sie für ihre kriegerische Ausrüstung, für die Sicherung ihrer Burgen und für standesgemäßes Auftreten oft mehr als dieser aufwenden. Infolge ihrer im allgemeinen nicht gerade glänzenden wirtschaftlichen Lage bei gehobener sozialer Stellung und kräftig entwickeltem politischen Machtstreben neigten die Reichsritter mehr noch als das Bauerntum und der gemeine Mann in der Stadt zu gewaltsamem Vorgehen. Die Unzufriedenheit und der Tatendrang der Reichsritterschaft entluden sich zunächst in unaufhörlichen Fehden gegen die ihnen verhaßten Städte und Fürsten, denen sie allerdings oft auch Kriegsdienste leisteten. Die geistig regsamsten unter ihnen fanden jedoch bei solchem Waffenwerk nicht ihr Genügen.

Die Zukunftshoffnungen des deutschen Volkes waren aufs engste mit Erinnerungen an das staufische Kaisertum verknüpft. Was im 14. Jahrhundert ein Meistersinger verkündet hatte, das erwarteten zahllose Deutsche, wenn auch nicht gerade von der leibhaftigen Wiederkehr Kaiser Friedrichs II., so doch von der Erneuerung des alten Kaisertums: „Des Rechtes Gleichheit bringt uns der hehre Kaiser zurück, und mancher Schaden dieser Zeit wird wieder der Welt Glück. Und aller Heiden Reich wird jetzt dem Kaiser untertan. Über die Juden ohne das Schwert erringt der Kaiser den Sieg, daß sie sich nimmer erheben können. Dazu ohn allen Krieg bleibt auch von der Pfaffen Meisterschaft der siebte Teil kaum bestehen. Die Klöster zerstört der fromme Fürst, gibt die Nonnen zur Ehe gar, sie müssen uns bauen Wein und Korn, das sag ich euch fürwahr, wenn das geschieht, so kommen uns alle gute Jahr." Die Reichsritter waren einst die Hauptstütze des staufischen Kaisertums gewesen. Sie fühlten sich darum berufen, allen voran unter der Losung „für Kaiser und Reich" der ganzen deutschen Nation und nicht zuletzt für sich selbst die gute alte und damit eine bessere neue Zeit heraufzuführen. Und wie sie gewohnt waren, für ihre kleinen Ziele mit der Waffe in der Hand zu kämpfen, so waren nun viele von ihnen bereit, die nationale und soziale Revolution mit dem Schwerte zu erzwingen.

Viertes Kapitel

Das Reich

Heiliges römisches Reich deutscher Nation

Bis zu seiner völligen Auflösung im Jahre 1806 hieß das Reich der Deutschen Heiliges Römisches Reich und sein Oberhaupt römischer Kaiser. Obwohl dieser schon seit dem 14. Jahrhundert fast nur noch über die von den Deutschen selber bewohnten Gebiete Herrschaftsbefugnisse auszuüben vermochte, hielten die deutschen Könige und Fürsten und ebenso das Volk an den ihres früheren Inhaltes entleerten Bezeichnungen fest, weil niemand leicht einen Ehrentitel ablegt, welcher wie der des römischen Kaisers auch damals noch in der ganzen abendländischen Welt als der höchste galt, und weil kein Volk gerne auf ein Symbol verzichtet, mit dem seine stolzesten Erinnerungen verknüpft sind. Die Kurfürsten und die übrigen deutschen Fürsten erkannten den „römischen" Kaiser ohne weiteres als ihren Oberherrn an; die Überlieferung von Jahrhunderten brachte das so mit sich. Die Reichsfürsten dünkten sich unter ihrem Kaiser ungleich mehr, und sie waren auch mehr als die Großen der auswärtigen Königreiche und hätten das Aufgeben dieses Kaisertums als eine Herabsetzung ihrer eigenen Stellung sicher nicht ruhig hingenommen. Das Ringen um die reale Macht der Krone im Reiche mit der Frage nach dem Weiterbestehen des römischen Kaisertums zu verquicken, wäre auch deshalb sehr gefährlich gewesen, weil dadurch die Kurie erneut Gelegenheit gefunden hätte, sich einzumischen und dabei auf den Beistand der Kurfürsten hätte rechnen und das nach der Kaiserkrone immer lüsterne Frankreich in den darüber entbrennenden Streit zum Schaden Deutschlands hineinziehen können. Auch die im Volke vorhandenen national-sozialrevolutionären Strömungen, deren sich ein Erneuerer der deutschen Einheit und des gesamten deutschen Staatswesens hätte bedienen müssen, falls er überhaupt den dann unvermeidlichen Kampf gegen das Fürstentum aufnehmen wollte, waren von dem Glauben an die allgemein religiös-sittliche Berufung des Kaisertums und des Reiches durchdrungen. Im politischen Leben schließt nun freilich der Widerspruch zwischen Ideen, denen der Boden der Wirklichkeit längst entzogen ist, und den neuen, anders gearteten Aufgaben große Gefahren in sich, schon weil derartige Vorstellungen Blick und Willen von dem Gebot der Stunde allzu leicht ablenken. Seit der Mitte des 15. Jahrhunderts war diese Gefahr wenigstens etwas dadurch gemindert, daß erstmals zwischen dem römischen Reiche und den deutschen Gebieten ein Unterschied gemacht und 1486 die Bezeichnung römisches Reich deutscher Nation mit der Bedeutung eingeführt wurde: das Reich, soweit es deutscher Nation ist. Diese Neufassung des alten Reichsbegriffes wiegt umso schwerer, als sie unter dem Einfluß des deutschen Nationalgefühls zustande kam, das sich nunmehr gegenüber allen abgrenzte, welche die deutsche Sprache nicht sprachen und damit der deutschen Volksgemeinschaft nicht angehörten.

Der Umfang des Reiches deutscher Nation läßt sich nicht genau angeben, er ist nie reichsgesetzlich festgelegt worden. Nach der Kreiseinteilung von 1500 und ihrer Ergänzung von 1512 „lagen an der Westgrenze die Niederlande, soweit sie nicht wie Westflandern und Artois französisches Lehen waren, Lothringen, die Freigrafschaft Burgund und Savoyen, dessen Anteil am Leben des Reiches und dessen Beteiligung an den Reichstagen freilich immer geringer wurde; die Südgrenze des Reiches umging in weitem Bogen die seit dem Basler Frieden von 1499 vom Reich gelösten Lande der Eidgenossen, um sich dann mit Tirol und dem Bistum Trient weit nach Süden zu strecken. Die Ostgrenze fiel ungefähr mit der späteren Grenze Österreichs gegen Ungarn zusammen, ließ weiterhin Böhmen, Schlesien und die Lausitzen aus; Brandenburg und Pommern bildeten die Nordostgrenze gegen Polen. Im Norden wurde die Reichsgrenze durch das Meer und durch die Eider bezeichnet". Über dieses immer noch riesige Gebiet hatte der Kaiser dem Buchstaben nach eine fast unbeschränkte Herrschergewalt, die aber in Wirklichkeit zum größten Teil vom Landesfürstentum aufgesogen war. Ein näheres Eingehen auf die Organe des Reiches: Kaiser, Reichstag, Zentralbehörden und Reichskreise, erübrigt sich an dieser Stelle, weil ihre Entwicklung im Rahmen der Reichsgeschichte zu behandeln sein wird.

Die Nöte des Reiches

Mit Stolz sah das deutsche Volk auf seine ruhmvolle Vergangenheit zurück. Immer noch war sein Reich das größte der Christenheit. Dazu fühlten sich die Deutschen in keiner Beziehung irgendeinem anderen Volke unterlegen, vielmehr an Tapferkeit, Tüchtigkeit und besonders an Sittlichkeit allen überlegen. Um so bitterer empfanden sie ihre nationale Not. Ein scharf ausgeprägtes Nationalbewußtsein besaßen allerdings nur einzelne Kreise, wie etwa die Humanisten. Der Westen kümmerte sich wenig darum, was im Osten geschah, und der Süden, was sich im Norden zutrug. Aber die Fülle des Unheils, das über die Deutschen fast während des ganzen 15. Jahrhunderts hereinbrach und das Versagen der weltlichen und geistlichen Obrigkeiten in diesen Schwierigkeiten, lenkten doch die Augen immer breiterer Schichten auf die allgemeine, auf die nationale Not als die Wurzel auch der einzelnen örtlichen Übel.

Das Reich war nun so schwach geworden, daß es das Vordringen fremder Völker und Mächte an den Grenzen nicht mehr aufzuhalten vermochte. Am 15. Juli 1410 erlag das Heer des deutschen Ordens bei Tannenberg den polnisch-litauischen Scharen König Jagiello-Wladislaws. Wie dann der Gegensatz zwischen den Ober- und Niederdeutschen im Orden selbst die Abwehr der Polen erschwerte, wie die preußische Ritterschaft und die preußischen Städte alles taten, um polnisch zu werden, und mit zäher Ausdauer einen wütenden Kampf gegen ihre gleich ihnen deutsche Herrschaft führten, wie die Söldner der Ordensritter diesen selber am gefährlichsten wurden, wie die benachbarten Landesfürsten von Brandenburg und Pommern die verzweifelte Lage des Ordens für sich auszunutzen trachteten, wie die Kaiser Sigmund und Friedrich III. ebenso wie die Reichsstände immer wieder versuchten, dem Orden zu helfen, und sich doch nicht zu entscheidenden Taten aufrafften, wie Papst Sixtus IV. ein doppeltes Spiel trieb, bis endlich im Thorner Frieden von 1466 Westpreußen mit Danzig an Polen kam und Ostpreußen ein polnischer Vasallenstaat wurde, ist eines der erschütterndsten und folgenschwersten Beispiele deutscher politischer Ohnmacht und innerer Zerrissenheit jener Zeit. Zehn Jahre nach der Schlacht bei Tannenberg brachen die Hussitenkriege aus, die bis 1434 Deutschland in Atem hielten und in den Bauernunruhen noch lange nachwirkten. Die hauptsächlich aus böhmischen Bauern bestehenden, von Ziska und Prokop geführten, hussitischen Haufen verheerten auf ihren Raubzügen Meißen, Franken und Brandenburg. Die gegen sie aufgestellten Ritterheere wurden erst geschlagen und lösten sich später schon beim Anblick der furchtbaren Gegner ohne Schwertstreich auf. Auch hier war nicht eigentlich die kriegerische Überlegenheit des allerdings ungleich beweglicheren böhmischen Fußvolkes mit seinen festen und gut bespannten Heerwagen und keineswegs persönliche Feigheit der deutschen Ritter die Ursache der Niederlagen, sondern die Zerrüttung des deutschen Wehrwesens. Die Fürsten zeigten wenig Lust, für das allgemeine Wohl größere Opfer zu bringen. Die aus verschiedenen Gegenden zusammengewürfelten deutschen Aufgebote waren viel zu schwach, unzureichend organisiert und schlecht versorgt. Immerhin endeten die Hussitenkriege nicht mit einem derartigen Mißerfolg wie die Auseinandersetzung des deutschen Ordens mit Polen. Als am 30. Mai 1434 in der Schlacht bei Böhmisch-Brod zehn Jahre nach Ziskas Tod Prokop fiel, war die Stoßkraft der Hussiten gebrochen, und der Sieg Kurfürst Friedrichs des Sanftmütigen 1438 bei Brüx stellte auch die deutsche Waffenehre wieder her. Der Schrecken über die Hussitenjahre und der Unwille über die Hilflosigkeit des Reiches und den Eigennutz der Fürsten waren damit freilich nicht erloschen.

Im Norden gingen Schleswig und Holstein nach fast fünfzigjährigem Kampfe beim Aussterben der Rendsburger Linie der Schauenburger 1460 an Dänemark verloren, hauptsächlich, weil die Stände von Schleswig und Holstein nicht ein Mitglied des nun erbberechtigten Zweiges der Schauenburger, sondern Christian I. von Dänemark zu ihrem Landesherrn erwählten. „Also wurden die Holsten Dänen," bemerkte dazu ein Lübecker Chronist, „und gaben sich mit gutem Willen ohne

Schwertesschlag unter den König von Dänemark, wogegen ihre Altvordern manches Jahr gestanden und es mit wehrender Hand gehindert hatten ... das machte die Gierigkeit der Holsten und die Gemeinheit (Losheit) der Dänen." Nur Lübeck und die Dithmarschen behaupteten ihre Selbständigkeit. Die Hanse büßte durch den Gegensatz zwischen den sogenannten wendischen und den preußischen Städten, zwischen Köln und den Ostseestädten, durch den Übergang Nowgorods an Iwan III. von Moskau im Jahre 1478 und durch den Rückgang des Heringsfanges viel von ihrer früheren wirtschaftlichen und politischen Machtstellung ein. Darunter hatte auch das Reich als solches unmittelbar zu leiden, weil die Hansestädte, namentlich Lübeck und Hamburg, sich mehr als die oberdeutschen Reichsstädte bereit zeigten, des Kaisers Unternehmungen zu unterstützen.

Links des Rheines eigneten sich die Herzöge von Burgund durch Erbschaft und Verträge, durch Gewalt und List Stück um Stück deutschen Reichsbodens an. Ihre Herrschaft hatte von der Belehnung Philipps des Kühnen, eines französischen Prinzen, mit dem französischen Herzogtum Burgund im Jahre 1363 ihren Ausgang genommen. Es war ein geringer Trost, daß die burgundischen Herzöge für ihre französischen und deutschen Besitzungen die Lehenshoheit Frankreichs und des deutschen Reiches anerkannten, tatsächlich waren sie doch so gut wie völlig unabhängig, und als Franzosen förderten sie in all ihren Gebieten den Kultureinfluß ihres Heimatlandes, der um so tiefergreifend und nachhaltiger war, als sich am burgundischen Hofe das spätmittelalterliche französische Wesen besonders reich und prunkvoll entfaltete. Dabei schien es nur eine Frage der Zeit zu sein, wann sich Burgund von allen auswärtigen Lehensbindungen völlig freimachen würde. Mit Schrecken sahen die Deutschen, wie die Burgunder während dreier Menschenalter der ganzen Westgrenze entlang bald im Süden, bald im Norden vordrangen, und wie sich ihre einzelnen Erwerbungen mehr und mehr zu einem geschlossenen Ganzen zusammenfügten. Von deutschen Reichslehen kamen an Burgund: 1384 Reichsflandern, 1421 Namur, 1433 Holland, Seeland, Brabant, Hennegau und Limburg, 1443 Luxemburg. Herzog Philipp der Gute von Burgund suchte 1447 Friedrich III. zu veranlassen, mit den bisherigen burgundischen Besitzungen im Reiche Geldern, Kleve, Jülich, Mark, Mörs, Vaudemont, Bar und Lothringen zu einem Königreich zu vereinigen und ihn damit zu belehnen. Der Kaiser ging auf diese Vorschläge zwar nicht ein, immerhin erreichte Philipp, daß ihm nun seine deutschen Lehen bestätigt wurden, was ihm vorher verweigert worden war; außerdem brachte Herzog Karl der Kühne 1473 doch noch wenigstens Geldern und Zütphen in seine Gewalt. Lothringen gehörte zwar nominell zum Reiche, doch hatten es seit 1434 Herzöge zu Lehen, die zugleich Vasallen der französischen Krone waren und in jeder Beziehung als Franzosen auftraten. Nach Vertreibung des Herzogs Renatus II. hatte Karl der Kühne, dem die Habsburger 1469 schon ihre oberelsässischen Besitzungen verpfändet hatten, vorübergehend auch Lothringen in seiner Hand. Die sich von diesem Herzogtum bis in die Gegend von Genf erstreckende Freigrafschaft Burgund, ebenfalls ein altes Reichslehen, war bereits 1384 gleichzeitig mit dem flandrischen Erbe an Philipp den Kühnen gefallen. Die Trennung der fremdsprachigen Gebiete vom Reich, so auch der zwischen Rhone und Provence liegenden Dauphiné, die schon um die Mitte des 14. Jahrhunderts französisiert, 1457 formell Frankreich einverleibt wurde, wird meist mit Bemerkungen abgetan wie: vom nationalen Standpunkt mochten sie verloren gehen. Für die Dauphiné trifft dies wohl zu; im übrigen rückte aber mit der Einbuße jeden Stück Vorgeländes immer näher an volklich ausgesprochen deutsche Lande eine Macht heran, die es auch auf diese abgesehen hatte. Wären Bisanz (Besançon) und Nanzig (Nancy) deutsch geblieben, dann wäre Straßburg kaum je französisch geworden.

Im mittleren und südlichen Osten gestalteten sich die Verhältnisse ebenso trostlos wie im Westen. Friedrich III. hatte erst als Stellvertreter und dann als Erbe des Ladislaus Postumus, Sohn König Albrechts II., Anspruch auf Böhmen und Ungarn. Der Kaiser konnte jedoch nicht verhindern, daß sich Böhmens der Tscheche Georg Podiebrad und Ungarns Matthias Corvinus bemächtigten. In den seit Albrechts II. Tod um die böhmische Königskrone entbrannten Kämpfen war Podiebrad immer stärker hervorgetreten und schließlich 1452 von den Ständen Böhmens allgemein anerkannt worden. Nach dem Tode des Ladislaus Postumus hatten die Ungarn den erst fünfzehnjährigen Matthias Corvinus, den Sohn des berühmten Türkenkämpfers Johannes Hunyadi Corvinus, auf den Schild erhoben. Diese zwei „uffgerückten", nicht durch Erbfolge auf den Thron gelangten Könige rissen nun im Osten das Gesetz des Handelns an sich, beide hochbegabt und von grenzenlosem Ehrgeiz beseelt, der Corvine eine der größten Herrscherpersönlichkeiten jener Zeit. Der Kaiser, der besonders in diesem immer nur einen Usurpator sah, mußte beiden weit entgegenkommen, um in den Auseinandersetzungen zwischen Podiebrad und Corvinus nicht völlig beiseitegeschoben zu werden und die Ansprüche der Habsburger für die Zukunft wenigstens formal aufrecht zu erhalten. Dem Tschechen übertrug Friedrich III. 1459 die böhmische Kurfürstenwürde und machte ihn damit zum ersten weltlichen Fürsten des deutschen Reiches. Den Ungarn nahm der Kaiser 1463 an Sohnes statt an, ohne ihn jedoch damit dauernd an sich fesseln zu können. Für die Zustände im Reiche ist es bezeichnend, daß sich der eine wie der andere zeitweilig Hoffnung machen konnte, römischer König, also König von Deutschland, und später Kaiser zu werden. Zu alledem wurde die Türkengefahr immer drohender. Am 10. November 1444 rieben die Türken ein großes Kreuzheer bei Varna am Schwarzen Meer fast völlig auf, am 29. Mai 1453 eroberte Muhamed II. Konstantinopel und versetzte damit die ganze Christenheit in Schrecken; nur mit äußerster Anstrengung konnte 1456 Belgrad gehalten werden, in Serbin und Albanien drangen die Türken vor, und ihre Reiter durchstreiften seit den sechziger Jahren wiederholt die österreichischen Ostalpentäler.

Innerdeutschland wurde um die Mitte des 15. Jahrhunderts von schweren und zum Teil langwierigen Fehden und Kriegen erschüttert. Die alte westfälisch Handelsstadt Soest geriet mit ihrem Landesherrn, dem Kölner Erzbischof Dietrich von Mörs, in Zwist und suchte bei Herzog Adolf von Kleve Schutz. Soest und Herzog Adolf sagten dem Erzbischof 1444 Fehde an, in deren Verlauf dessen Verbündete, die Wettiner, 1447 mit einem starken Aufgebot die Stadt im Sturm zu nehmen suchten. Das sächsische Heer wurde blutig zurückgeschlagen und flutete in die Heimat zurück. Es hatte sich hier nicht nur um die Erhebung einer Stadt gehandelt, der Kampf war um die Vormachtstellung des Kölner Erzstiftes und der Grafen von Mörs gegen die umliegenden weltlichen Fürstentümer gegangen. Nach dem Siege der Soester waren die Mittel des Erzbischofs erschöpft. Die kleineren Landesherren dieser Gegend hatten nichts mehr von ihm zu fürchten; aber auch den Herzögen von Burgund stand nun im Norden kein größerer Gegner mehr im Wege. Nach dem Tode des Münsterer Bischofs Heinrich von Mörs 1450 brach eine mehrjährige Fehde um die Besetzung der hohen Kirchenämter aus, die er innegehabt hatte, sie endete mit der Zurückdrängung der Grafen von Mörs und einer abermaligen Schwächung des Erzstiftes Köln. Weite Kreise zog die Mainzer Stiftsfehde von 1441—1463, wobei der vom Papste ernannte Erzbischof Adolf von Nassau 1462 Mainz einnahm und ausplünderte. In all diesen Kämpfen maßen in erster Linie feindliche fürstliche und gräfliche Geschlechter ihre Kräfte.

In der Schweiz rangen Zürich und Schwyz um das toggenburgische Erbe. Zürich verband sich mit Friedrich III., und dieser erbat sich vom Franzosenkönig Karl VII. die Armagnaken (vgl. S. 149), die 1439 schon einmal das Elsaß verheert hatten. Friedrich wollte auf diese Weise die Schweiz wieder mehr in die Gewalt der Habsburger bringen. Schlimmeres und Schmählicheres konnte ein deutscher König wohl nicht tun, als 40000 verrohte französische Söldner unter der Führung des Dauphin gegen Deutsche zu hetzen; die elsässischen Ritter, die sich diesen Gewalthaufen anschlossen, um den verhaßten Schweizer Kuhtreibern eins auszuwischen, zeigten denselben politischen Unverstand. Von allem anderen abgesehen, war es maßlos töricht, die Franzosen vom Elsaß aus gegen die Schweiz vorstoßen zu lassen; schon brüstete sich der französische Kronprinz, er werde nach dem Siege die Schweiz, das Elsaß und Lothringen unter Frankreich bringen. In einer furchtbaren, vom frühen Morgen bis zum Sonnenuntergang dauernden Schlacht in der Nähe von Basel erlitten die Eidgenossen schwerste Verluste, aber auch den wilden Armagnaken verging die Lust, sich nochmals mit diesem Feinde zu messen, und so überschwemmten sie auf ihrem Rückmarsch das Elsaß, bis sie von den Bauern vertrieben wurden.

Im Jahre 1446 traten einem sechsundzwanzig schwäbische Städte umfassenden Bund vier fränkische Reichsstädte bei, da schon seit längerer Zeit die Fürsten die städtische Freiheit in steigendem Maße bedrohten. Drei Jahre später erreichten die feindlichen Auseinandersetzungen, die Oberdeutschland vom Main bis zum Bodensee beunruhigten, ihren Höhepunkt. Nach dem Siege der Nürnberger bei Pillenreuth am 11. März 1450 über Albrecht Achilles ließ der Druck der Fürsten auf die Reichsstädte im allgemeinen nach, doch kam es vereinzelt immer wieder zu Zusammenstößen. Die sächsischen Lande wurden um diese Zeit durch die Bruderkämpfe der Wettiner verheert. Die Wittelsbacher lagen in Krieg mit dem Kaiser und besiegten 1462 dessen Beauftragte, Graf Ulrich von Württemberg und Markgraf Albrecht Achilles. Als sich Karl der Kühne der sich mannhaft verteidigenden Stadt Neuß bemächtigen wollte, zwang ihn zwar der an der Spitze eines deutschen Heeres erschienene Kaiser 1475 zum Abzug, was die Deutschen als großen Erfolg feierten; aber die näheren Umstände der Neußer Fehde und der glimpfliche Frieden, der dem Burgunderherzog bewilligt wurde, waren doch eher ein Zeichen der Schwäche als der Stärke des Reiches. Schlimm sah es in den Österreichischen Erblanden aus; von 1461—1463 bekriegten sich Friedrich III. und sein Bruder Albrecht. Wenige Jahre nach dessen Tod widersetzte sich der Adel Friedrich in offener Empörung.

Die Kriege und Fehden jener Zeit wurden mit der leidenschaftlichen Wut geführt, wie sie Bruderzwist in Fürstenhäusern, persönlicher und der Haß verfeindeter Sippen, die Überheblichkeit und der Neid einander mißachtender Stände entflammten, und zugleich mit der kalt berechnenden Grausamkeit, die den Gegner durch Verheerung der Felder, durch Mord, Brand und Raub zermürben will. Außerdem ließen die sozialen Unruhen auf dem offenen Lande und in den Städten einen allgemeinen Aufruhr der unteren Schichten befürchten. Der klägliche Verlauf der Reichstage 1454—1479, auf denen beraten wurde, „mit was für Mitteln das römische Reich wieder aufzubringen wäre", war nicht dazu angetan, die Besorgnisse für die Zukunft zu mindern. Es ist gewiß erstaunlich, daß die Wirren des 15. Jahrhunderts das wirtschaftliche, geistige und künstlerische Leben nicht zu ersticken vermochten; aber die großen Erfolge auf so vielen Gebieten, innerhalb so mancher Landesfürstentümer auch auf dem Gebiete der Politik, und das dadurch geweckte stolze Selbstbewußtsein der eigenen Kraft mußten das Versagen in den wichtigsten Angelegenheiten der Nation erst recht unerträglich erscheinen lassen. Seit der Mitte des 13. Jahrhunderts hatte das deutsche Reich immer mehr an Macht eingebüßt, und die Erfolge einiger tüchtiger Herrscher hatten den Auflösungsprozeß der Zentralgewalt nur vorübergehend aufzuhalten vermocht. Friedrich III., der seit 1440 an der Spitze des Reiches stand, durchkreuzte die von den Fürsten ausgehenden Pläne zur Reichsreform in der nicht ganz unberechtigten Besorgnis, sie möchten eine ihn mehr oder weniger ausschaltende Regierung der Kurfürsten und der Reichsstände einrichten, wenn sich die Gesamtlage vielleicht noch mehr verschlimmerte. Dabei zeigte es sich immer wieder, daß ohne die Zustimmung und die Mitarbeit des Kaisers alle Anstrengungen, das Reich vor dem völligen Zerfall zu retten, vergeblich waren. Wie aber sollte ein Friedrich III., den ein Menschenalter lang nur selten eine unmittelbare Gefahr aus seiner abwartenden Haltung hatte aufrütteln können, sich nun als Greis zu durchgreifenden Maßnahmen aufraffen?

Kaiser Maximilian

Die Erwerbung Burgunds

Maximilian wurde am 22. März 1459 zu Wiener-Neustadt geboren. Seine damals vierundzwanzigjährige Mutter Leonore von Portugal, eine anmutige, temperamentvolle und feinsinnige Frau, bildete zu dem schon mit vierundvierzig Jahren greisenhaft bedachtsamen, schwerfälligen und schrullenhaften Friedrich III. die glücklichste Ergänzung. Sie führten in gegenseitiger Treue und Liebe eine Ehe, wie sie in den Fürstenhäusern jener Zeit nicht allzu häufig war. Nur eines konnte die hochgemute Frau nicht verstehen, die kühl abwägende und zögernde Art ihres Mannes auch in Fällen, in denen ihr die fürstliche und kaiserliche Ehre auf dem Spiele zu stehen schien. Als im Jahre 1462 in Wien eine Empörung ausbrach, und Friedrich III. mit einem starken Aufgebot vor der Stadt stehend mit den Aufständischen freundlich verhandelte und den Seinen erklärte, man müsse dem Volke doch Zeit lassen, sich die Sache zu überlegen, da wandte sich Leonore an ihr dreijähriges Söhnchen: „Wüßte ich, daß du solchen Sinnes würdest, ich bedauerte, daß du ein Fürst bist." Am 3. September 1467 starb die Kaiserin. Von der künftigen Größe seines Hauses überzeugt, sorgte der Kaiser in jeder Weise für die körperliche und geistige Ausbildung seines einzigen Sohnes.

Die Verlobung fürstlicher Kinder war schon seit Jahrhunderten eines der üblichsten politischen Mittel. Friedrich III. wollte wegen seiner Abneigung gegen ihn festlegende Entscheidungen vorerst von einem spätere Möglichkeiten abschneidenden Heiratsversprechen für seinen minderjährigen Sohn nichts wissen. Dafür setzten andere mit um so größerem Eifer die Verlobung des kaiserlichen Prinzen in ihre politischen Pläne ein. So schlug der Markgraf Albrecht Achilles bereits im Jahre 1463 dem Kaiser eine enge, durch die Vermählung Maximilians mit der Tochter Karls des Kühnen zu sichernde Verbindung mit Burgund als Ausweg aus den Schwierigkeiten im Westen vor. Fünf Jahre später warb dann der Kaiser selbst für seinen Sohn um die Hand einer polnischen Prinzessin, und im nächsten Jahre erklärte er sich damit einverstanden, daß mit König Ludwig XI. Verhandlungen wegen der Verheiratung Maximilians mit einer französischen Prinzessin eingeleitet wurden. Mit Ausnahme des burgundischen Plans, der immer wieder von neuem auftauchte, zerschlugen sich diese Heiratspläne schnell. Bei dem berechtigten Mißtrauen des Kaisers gegen Herzog Karl den Kühnen und bei dessen hochgespannten Forderungen wurde jedoch auch mit Burgund lange keine Einigung erzielt. Als es aber dem Herzog gelang, sich Lothringens zu bemächtigen, ihm Ludwig XI. daraufhin Waffenhilfe gegen das Reich anbot, und außerdem ein Bündnis des Matthias Corvinus mit Karl dem Kühnen eine schwere Gefahr für die Habsburger zu werden drohte, hielt es der Kaiser nun doch für geraten, Karls Versprechen, seine Tochter Maria mit Maximilian zu verloben, anzunehmen. Aber auf den Herzog war trotz seiner eidlichen Zusage kein rechter Verlaß, er löste sein Bündnis mit den Ungarn nicht und sagte dem Prinzen Friedrich von Tarent nicht ab, der nach wie vor auf die Hand der burgundischen Erbtochter hoffte. Erst der Sieg der Schweizer Eidgenossen in der Schlacht bei Granson am 2. März 1476 machte den stolzen Burgunderherzog dem Kaiser gefügig. Dieser hielt an den Abmachungen fest und setzte seinen Einfluß im Reiche zugunsten des Burgunders ein, während der Franzosenkönig und andere über Karls Mißgeschick jubelten und ihn jetzt schädigen zu können glaubten. Der Beauftragte des Kaisers kam ohne weitere Schwierigkeiten mit dem Burgunder überein, daß die Hochzeit in seinem Beisein zu Martini in Köln stattfinden sollte. Karl der Kühne wollte sich nur noch zuvor an den Schweizern rächen, holte sich aber am 22. Juni bei Murten eine noch empfindlichere Niederlage als bei Granson, 8000 bis 10000 Burgunder waren gefallen, der Rest hatte sich in wilder Flucht aufgelöst. Die Eidgenossen sicherten mit diesen glänzenden Waffentaten ihre Freiheit nicht nur gegen Burgund; sie hatten auch ihren übrigen Feinden Schrecken eingejagt. Der vertriebene Herzog Renatus von Lothringen nahm von seinem Lande wieder Besitz. An ihm suchte Karl von Burgund seine maßlose Wut zuerst zu kühlen, schnell warf er die lothringischen Truppen zurück, verlor aber am 5. Januar 1477 vor Nanzig Sieg und Leben. Zwei Tage nach der Schlacht fand man die entblößte, halb eingefrorene, von Wunden furchtbar entstellte, von Wölfen oder Hunden angenagte Leiche des stolzesten, ruhmreichsten und von den übrigen Herrschern am meisten umworbenen Fürsten der Christenheit. „Er trug wahrhaftig viele gute und tugendhafte Fähigkeiten in sich," rühmte von ihm der weitgereiste Philipp von Comines, ein scharfer Beobachter und geistvoller Geschichtschreiber jener Zeit, „und war nicht grausam und blutgierig, wurde es aber kurz vor seinem Tode, ein schlimmes Anzeichen, daß einer sich überdauert hat." Mit Karls des Kühnen Ende schwand auch die Herrlichkeit des burgundischen Reiches dahin. Es war nicht nur nach seiner Lage zwischen Frankreich und Deutschland ein Zwischenreich gewesen. In der Art, wie seine Herzöge den burgundischen Staat aufgebaut und regiert, Hof gehalten, Kunst und Wissenschaft gefördert hatten, stand es wie kein anderes Reich zwischen Mittelalter und Neuzeit.

Für Friedrich III. war es nun höchste Zeit, seinen Sohn mit der burgundischen Erbtochter zu vermählen. Jede der von den burgundischen Herzögen zusammengerafften Provinzen kümmerte sich nur um ihre eigenen, nicht um die Gesamtanliegen des Staates, von dem Ludwig XI. den Löwenanteil an sich reißen wollte. Maria von Burgund sollte den mißgestalteten neunjährigen Dauphin heiraten, worüber schon früher einmal zwischen dem Franzosenkönig und Karl dem Kühnen verhandelt worden war. Die vom Kaiser sofort nach Burgund und in die Schweiz entsandten Beauftragten erzielten bis zum Eintreffen Maximilians in den Niederlanden gute Erfolge; die Eidgenossen, welche sich zuerst der Freigrafschaft Burgund hatten bemächtigen wollen, verzichteten gegen eine Geldentschädigung darauf. Am 19. August 1477 fand endlich in Gent die Trauung des jetzt achtzehnjährigen Maximilian mit der zwei Jahre älteren Maria von Burgund statt. Das jugendliche Paar genoß seine Vereinigung trotz der vorausgegangenen langen und verwickelten politischen Verhandlungen als reines Liebesglück. „Ich habe ein schönes, frommes, tugendhaftes Weib, dessen ich mich begnüge und für das ich Gott danke. Hätten wir hier Fried, wir säßen im Rosengarten," schrieb Maximilian wenige Monate später an einen seiner Vertrauten.

Von Anfang an stieß Maximilian in den Niederlanden auf große Schwierigkeiten. Vor seiner Ankunft hatte sich der Franzosenkönig einer Reihe wichtiger Städte, darunter auch des reichsdeutschen Kammerich (Cambray), bemächtigt. Der junge Fürst zeigte sich, wo immer er die Waffen mit ihm maß, überlegen. Am 7. August 1479 erfocht er in einer großen Feldschlacht bei Guinegate einen glänzenden Sieg über die Franzosen; aber hier wie bei den früheren kleineren Erfolgen verstand Maximilian bei seiner Unerfahrenheit nicht, die militärische Überlegenheit politisch voll auszunutzen. Schließlich wurde in dem Frieden von Arras am 23. Dezember 1482 vereinbart, daß Frankreich das schon früher französisch gewesene Herzogtum Burgund und die Pikardie zurückerhalten und Maximilians jetzt dreijährige Tochter Margarete dem Dauphin als seine künftige Gemahlin Artois, die Freigrafschaft Burgund und noch einige Landschaften zubringen sollte. Das Schlimmste war für Maximilian, daß ihn sein Vater, selbst immer in hundert Nöten, nicht ausreichend zu unterstützen vermochte. Die Niederländer hatten gehofft, das Kaisertum werde ihnen mit seinen eigenen Mitteln alle Feinde vom Halse halten; sobald sie aber merkten, daß sie für die Sicherheit ihres Landes selbst große Opfer bringen sollten, hatten sie für den Habsburger nicht mehr viel übrig. Ihre Stimmung besserte sich zwar wieder, als Maria am 23. Juni 1478 einem Knaben, Philipp, das Leben schenkte, in dem sie ihren künftigen Landesherren sahen, aber der Tod der Herzogin am 26. März 1482 führte zu einem schweren Rückschlag. Die Flandrer lehnten Maximilian als Vormund Philipps und seiner jüngeren Schwester Margarete ab, brachten die beiden Kinder in ihre Gewalt, lieferten das Mädchen dem französischen Hofe aus und erhoben gegen Maximilian die Waffen. Mit erstaunlicher Tatkraft und Umsicht meisterte er jedoch die scheinbar verzweifelte Lage. Im Sommer 1485 wurde ihm der Sohn zurückgegeben, die Flandrer erkannten Maximilian als dessen Vormund an und erklärten sich zur Entschädigung der Kriegskosten bereit.

Maximilians Wahl zum römischen König

Die Unzufriedenheit der Fürsten mit der Regierung Friedrichs III. hatte die Frage nach der Wahl eines römischen Königs, der sich als Helfer des Kaisers oder richtiger als das eigentliche Staatsoberhaupt der Staatsgeschäfte tatkräftig annehmen sollte, seit 1454 nicht mehr zur Ruhe kommen lassen. Die Weigerung des Kaisers, sich seine Rechte beschneiden zu lassen, hatte wenigstens verhütet, daß die Krone des Reiches an den Tschechen Podiebrad oder an den Ungarn Corvinus oder an den Franzosenabkömmling Philipp von Burgund kam. Es ist auch nicht wahrscheinlich, daß einer der anderen als etwaiger Nachfolger oder Koadjutor genannten

Fürsten, wie der Herzog Albrecht VI. von Österreich oder der Kurfürst Friedrich von der Pfalz, eine entscheidende Wendung zum Besseren herbeizuführen vermocht hätte. Der Kaiser widersetzte sich aus Furcht, ganz beiseite geschoben zu werden, und in der Sorge, Maximilian möchte allzu einseitige Westpolitik treiben, längere Zeit sogar der Wahl seines eigenen Sohnes zum römischen König. Wie immer entschloß sich Kaiser Friedrich erst dann dem Drucke der Verhältnisse nachzugeben, als allerhöchste Gefahr im Anzug war.

Der Ungarnkönig Matthias Corvinus verfolgte mit zäher Ausdauer den Plan, ein großes Ostreich zu gründen, das neben Ungarn die Sudetenländer und die österreichischen Erblande umfassen sollte. Er trieb zu diesem Zwecke eine weitausgreifende internationale Politik mit deutschen Reichsfürsten, mit dem Papste, den Eidgenossen, Burgund und italienischen Machthabern. Auch den Kampf gegen die Türken führte er unter diesem Gesichtspunkt. Mit dem Hinweis auf die Türkengefahr hielt er ein starkes Heer unter Waffen und forderte von verschiedenen Seiten, so besonders von der Kurie, Unterstützung, bekriegte die Türken aber nur lässig, um freie Hand für seine sonstigen Unternehmungen zu haben. Mit scharfem Blick erkannte er, daß ihm Friedrich III. den geringsten Widerstand zu leisten vermochte, und daß die Erwerbung der österreichischen Länder ihm im Osten eine Schlüsselstellung verschaffen würde. In ihrem Besitze hoffte er als anerkannter Heerführer der Christenheit gegen die Türken noch die Kaiserkrone zu gewinnen. Nachdem es zwischen ihm und Friedrich III. schon wiederholt zu Zusammenstößen gekommen war, ging der Ungarnkönig im Jahr 1482 ernstlich daran, die österreichischen Gebiete Friedrichs zu erobern; der Kaiser verlor fast ganz Niederösterreich, einen großen Teil der Steiermark, Kärntens und Krains. Im Dezember 1484 begannen die Ungarn mit der Belagerung Wiens, am 1. Juni 1485 zog Corvinus mit großem Pomp als Sieger in die Hauptstadt der Habsburger ein. Nun dünkte es dem Kaiser an der Zeit, die Wahl seines Sohnes Maximilian zum römischen König selbst zu betreiben und damit in dem Augenblick die Zukunft seines Hauses zu sichern, da es für immer aus dem Osten verdrängt zu werden drohte. Wie er dabei seine bisherige Stellung zu behaupten wußte, indem er seinen Sohn verpflichtete, sich zu Lebzeiten des Vaters jeder Einmischung in die kaiserliche Regierung zu enthalten, und wie er seinen alten Freund und Helfer, den Brandenburger Kurfürsten Albrecht überlistete, den die Zeitgenossen mit gleichem Rechte Achilles und den „deutschen Fuchs" nannten, war eines der politischen Kunststücke der damals wie noch heute oft unterschätzten „kaiserlichen Schlafmütze". Aber auch der greise Hohenzoller, der trotz seiner Treue zu Kaiser und Reich der Erhebung Maximilians auf den deutschen Thron entgegen war, weil der Herr von Burgund und künftige Erbe der österreichischen Länder, vielleicht auch Ungarns und Böhmens, den Fürsten zu übermächtig werden könne, machte seinem zweiten Beinamen nochmals alle Ehre. Der Brandenburger zeigte für Maximilians Wahl großen Eifer, nachdem er sich davon überzeugt hatte, er vermöge sie doch nicht zu hindern, und es sei am vorteilhaftesten, sich mit dem alten wie dem künftigen Kaiser gut zu stellen. Albrecht vollzog seinen Wechsel so geschickt, daß er, der ursprünglich als einziger Kurfürst entschieden gegen Maximilian gewesen war, nunmehr von den in den Gang der Vorverhandlungen nicht Eingeweihten für den eigentlichen Urheber der Wahl des Habsburgers gehalten wurde. Böhmen, das nominell zwei zu verschiedener Zeit bestätigte und belehnte Könige, Corvinus und Wladislaw hatte, schaltete der Kaiser durch einen formell einwandfreien Kniff von der Wahl aus, um einer Einmischung seines grimmigsten Feindes, Corvinus, vorzubeugen. Ein vom französischen Hof eingeleitetes Ränkespiel ward schnell vereitelt. Mit der römischen Kurie, die sonst immer in die wichtigeren deutschen Angelegenheiten hineingeredet hatte, war der Kaiser verschiedener Ursachen wegen uneins, sie konnte deshalb keine Vertretung zur Wahl entsenden. So wurde denn Maximilian in Gegenwart des Kaisers am 16. Februar 1486 von allen anwesenden Kurfürsten einstimmig zum römischen König erwählt. Am 9. April fand in der alten feierlichen Weise die Salbung und Krönung zu Aachen statt.

Maximilian wieder in den Niederlanden

Maximilian verbrachte nach seiner Krönung einige festliche Wochen in Köln und begab sich hierauf in die Niederlande. Sein Vater und die Fürsten waren sehr enttäuscht, hatten sie ihn doch in erster Linie zum Könige erhoben, damit er ein Reichsaufgebot gegen die Ungarn auf die Beine bringe und ins Feld führe. Auf Maximilian übten die Niederlande schon an sich eine ungleich stärkere Anziehungskraft aus, auch mochte es ihn wenig locken, seine Kräfte mit dem ihm in jeder Beziehung überlegenen Corvinus zu messen. Doch so sehr es den König in die Lande seiner verstorbenen Gattin zog, so wenig willkommen war er dort den adligen Herren und den Bürgern. Nicht ihn, sondern seinen Sohn Philipp betrachteten sie als den eigentlichen Erben der Maria von Burgund, und sie hielten sich für berechtigt, die vormundschaftliche Regierung für ihn zu führen, oder wenigstens sie entscheidend zu beeinflussen. Statt sein Hauptaugenmerk auf die Gewinnung der ihm widerstrebenden Niederländer zu richten, wandte sich Maximilian vor allem gegen Frankreich, wo Anna von Beaujeu für ihren minderjährigen Bruder Karl VIII. die Staatsgeschäfte leitete. Ihre Versuche, Flandern an sich zu bringen, beantwortete der deutsche König durch die Verbindung mit den Feinden der französischen Krone, namentlich mit dem Herzog Franz II. von der Bretagne. Er hatte nur zwei Töchter, und die Frage, ob das Herzogtum nach seinem Tode als Lehen an den König von Frankreich heimfalle, war nicht geklärt, Franz wollte es jedenfalls seinen Töchtern vererben. Der Habsburger pflichtete dessen Auffassung bei, wofür ihm Franz die Hand der älteren Tochter Anna und damit die Anwartschaft auf die Bretagne in Aussicht stellte. Seine blühende Phantasie gaukelte Maximilian vor, er werde sie wie einst das burgundische Erbe gewinnen. Die rauhe Wirklichkeit erinnerte ihn nur zu bald daran, daß auch dieses noch nicht fest in seinem Besitze sei. Im August 1487 kam es bei Béthune zu einem Zusammenstoß zwischen den Truppen Maximilians und denen des Marschall du Querdes, wobei die Franzosen siegten. Jetzt erhoben sich auch die Niederländer wieder. Sie waren über die Lasten erbost, welche dieser ihnen gleichgültige Krieg für sie mit sich brachte, dazu haßten sie die fremden Söldner und Beamten des Habsburgers, in dessen englandfreundlicher Politik sie obendrein eine schwere Schädigung ihrer Gewerbe- und Handelsinteressen erblickten. Die Unvorsichtigkeit Maximilians bot den Aufrührern Gelegenheit, sich seiner zu bemächtigen. Vom 1. Februar bis Mitte Mai 1488 hielten sie ihn in Brügge gefangen. Dieser Gewaltakt war ohne Zweifel Hochverrat, mochten auch Maximilians Rechte im einzelnen strittig sein.

Im Reiche rief die dem Kaisersohn und römischen König angetane Schmach eine starke Empörung über die Niederländer hervor. Der Kaiser brach selbst zur Befreiung seines Sohnes auf und konnte ein stattliches, gut ausgerüstetes Reichsheer um sich versammeln. Aber noch ehe es in die Niederlande eingedrungen war, schloß Maximilian mit den Aufrührern einen Vertrag ab, in dem er in der feierlichsten Form alle ihre Forderungen bewilligte, worauf er freigelassen wurde. Es war dies eine schwere Demütigung für den König, aber er nahm sie in der Sorge hin, dem französischen König ausgeliefert oder durch Meuchelmord beseitigt zu werden. Der Kaiser und die ihn begleitenden Fürsten waren jedoch nicht gewillt, diese Vereinbarung anzuerkennen, und Maximilian beteiligte sich nach anfänglichen Gewissensbedenken selbst an den kriegerischen Unternehmungen gegen die Niederländer. Grausam hausten die Kriegsvölker des Kaisers in dem unglücklichen Lande; die endgültige Unterwerfung gelang trotzdem nicht. Der Kaiser, das Reichsheer und Maximilian verließen die Niederlande. Zum Generalstatthalter wurde Herzog Albrecht von Sachsen ernannt. In jahrelangen Kämpfen überwand der als Feldherr wie Organisator gleich tüchtige Fürst den Widerstand der Niederländer und ihrer französischen Hilfstruppen. Für sich selbst ein Verschwender, der Unsummen verspielte und dabei einmal beim Würfelspiel kaum davon abzubringen war, seine gute Stadt Leipzig auf einen Wurf zu setzen, nahm er es mit seinen Pflichten gegen Kaiser und Reich sehr genau. Freund und Feind konnten sich auf sein Wort verlassen. In einer Zeit grenzenloser fürstlicher Selbstsucht diente er seinem Herrn mit unbedingter Selbstlosigkeit. Auf Bedenken seines Rentmeisters erwiderte der Herzog: man möge ruhig all sein Land und Gut zu Gelde machen, um seinem Herrn und König solche Dienste zu tun, daß man tausend Jahre davon schreibe; besser gingen alle Fürsten von Sachsen nach Brot als ein römischer König.

Im Reiche hatte sich seit Maximilians Wahl die Lage Friedrichs III. nicht gebessert, seines Sohnes burgundische Politik den Kaiser nicht entlastet. Der Ungarnkönig saß nach wie vor in Wien, seine Stellung in den österreichischen Erblanden festigte sich immer mehr. Die außerhalb seines Bereiches liegenden vorderösterreichischen Länder und Tirol suchte Herzog Albrecht von Baiern-München an sich zu bringen, außerdem heiratete der Wittelsbacher die Tochter des Kaisers, Kunigunde, gegen dessen Willen und eignete sich die Reichsherrschaft Abensberg und die Reichsstadt Donauwörth an. Um den Vorstoß der bairischen Herzoge Albrecht und Georg abzufangen, denen der mit seinem kaiserlichen Vetter verfeindete Sigmund von Tirol im Sommer 1487 Vorderösterreich verpfändete, und um überhaupt für das in viele Herrschaften zersplitterte Schwaben eine Organisation zur Aufrechterhaltung des Landfriedens zu schaffen, leitete Friedrich III. die Gründung des „kaiserlichen Bundes im Lande Schwaben" in die Wege. Der am 14. Februar 1488 gegründete Schwäbische Bund umfaßte die Reichsritterschaft, zweiundzwanzig Reichsstädte und einzelne Fürsten Schwabens, später traten ihm noch einige andere Fürsten bei. Mit seinen 12000 Fußknechten und 1200 Reitern besaß der Bund eine stärkere Truppenmacht, als sie das Reich in den meisten Fällen aufbrachte. Als Friedenshort und in der Abwehr der den schwäbischen Städten und Rittern als Landesherrn höchst unwillkommenen Wittelsbacher erfüllte der Bund die Erwartungen des Kaisers, dagegen strengte sich der Bund für die auswärtigen Angelegenheiten des römischen Königs, entgegen dessen Hoffnungen wenig an. Den schwersten Schlag versetzte der Kaiser den Wittelsbachern durch seine Verhandlungen mit den tirolischen und vorderösterreichischen Ständen, die habsburgisch bleiben wollten und die, ohne sich um ihren Landesherrn Sigmund zu kümmern, die Nachfolge des Kaisers und Maximilians anerkannten. Diesem gelang es nach seiner Rückkehr aus den Niederlanden im Einverständnis mit seinem Vater, Sigmund am 16. März 1490 zu bewegen, ihm schon jetzt die Regierung in Tirol und Vorderösterreich zu überlassen. Drei Wochen später, am 6. April, trat mit dem Tode des Matthias Corvinus eine noch günstigere Wendung für den Kaiser und Maximilian ein.

Nach dem zwischen Friedrich III. und Matthias Corvinus 1463 abgeschlossenen Vertrag sollte der Kaiser oder sein Sohn Ungarn erben, doch erhoben darauf noch Anspruch: die Königin Elisabeth von Polen als Schwester des verstorbenen Königs Albrechts II. für ihre beiden Söhne, den Böhmenkönig Wladislaw und den Polenprinzen Johann Albrecht, ferner die Witwe des Corvinen und sein unehelicher Sohn Johannes. Maximilian machte sich zunächst an die Rückeroberung der österreichischen Lande, sie gelang überraschend schnell, obwohl die Ungarn an einzelnen Stellen tapferen Widerstand leisteten; am 19. August zog der römische König an der Spitze seiner Truppen in Wien ein, von den Bewohnern der befreiten Stadt jubelnd begrüßt. Im Herbste rückte Maximilian mit einem etwa 16000 Mann starken Heere nach Ungarn vor. Dort war Wladislaw inzwischen zum König gekrönt worden. Nach der Erstürmung von Stuhlweißenburg, wobei sich besonders der ob seiner erstaunlichen Kraft weithin berühmte Herzog Christoph von Baiern-München auszeichnete, zwangen die Meuterei der Landsknechte und Geldmangel den römischen König zur Umkehr. Da ihm seine Unternehmungen im Westen ungleich mehr am Herzen lagen und der Kaiser seiner ganzen Art nach für eine friedliche Regelung war, einigten sich am 7. November 1491 Maximilian und Wladislaw in Preßburg. Der Böhmenkönig behielt Ungarn, verpflichtete sich, eine Entschädigung für die Kriegskosten zu zahlen und schloß mit Maximilian einen Erbvertrag, wonach beim Aussterben des Mannesstamms von Wladislaw Ungarn an Maximilian oder nach seinem Tode an einen direkten männlichen Nachkommen fallen sollte.

Anna von der Bretagne

Die staatlichen Verhältnisse in Frankreich hatten zwar vor den deutschen die feste Erbfolge voraus, im übrigen unterschieden sie sich zu jener Zeit noch nicht wesentlich von diesen. Der Herzog der Bretagne kämpfte gegen seinen Lehensherrn, den unmündigen Karl VIII., in gleicher Weise, wie es unbotmäßige deutsche Reichsfürsten zu tun pflegten. Herzog Franz II. verbündete sich mit den unzufriedenen französischen Großen, dem Herzog von Orleans und anderen, die genau wie die deutschen Fürsten in ähnlichen Fällen ihr Vorgehen damit bemäntelten, daß sie sich nicht gegen die Krone als solche wendeten, sondern nur der Ungerechtigkeit und Mißwirtschaft der Regierung abhelfen wollten, und suchte bei auswärtigen Mächten, dem deutschen und dem englischen Könige, Unterstützung. König Heinrich VII. von England griff allerdings nicht selbst ein, er gestattete nur, daß einige englische Herren auf eigene Rechnung mit Hilfstruppen in der Bretagne erschienen; Maximilian konnte damals die Niederlande nicht verlassen. Das von la Tremouille geführte französische Heer schlug am 27. Juli 1488 bei Saint Aubin du Cornier die Truppen Herzog Franz II. und seiner Anhänger vernichtend und nahm hierauf alle bretonischen Städte bis auf Rennes. Der Herzog mußte die Friedensbedingungen der Regentschaft annehmen, darunter auch die, daß keine seiner beiden Töchter ohne Erlaubnis des französischen Königs verheiratet werden dürfe. Einige Wochen später, am 9. September 1488, starb Herzog Franz. Als ihm seine jüngere Tochter Isabella nach zwei Jahren im Tod folgte, war Anna seine einzige Erbin, deren Rechte jedoch nach wie vor sehr umstritten waren.

Der von Herzog Franz II. in seinem Testamente aufgestellte Vormund wollte Anna an einen ihr verhaßten Mann verheiraten. Sie fand Schutz und Schirm in der Stadt Rennes, deren Bürger es sich etwas kosten ließen, ihrer jungen Herzogin einen sicheren und angenehmen Aufenthalt zu bieten. Seit Anfang 1489 trafen zu ihrer Unterstützung englische und spanische Truppen ein, später auch von Maximilian entsandte deutsche Landsknechte. Um der von der Vereinigung Ferdinands des Katholischen von Aragon, König Heinrichs VII. von England und des römischen Königs drohenden Gefahr zu begegnen, schickte die französische Regierung eine Abordnung nach Deutschland. Am 22. Juli 1489 schloß Maximilian zu Frankfurt einen Frieden mit Frankreich, den er allerdings nur als eine Art Waffenstillstand betrachtete. Nach der für ihn so günstigen Regelung der tiroler Angelegenheit (vgl. S. 183), erteilte er am 20. März 1490 dem Grafen von Nassau, dem Marschall Wolfgang von Polheim und anderen Vollmacht, in seinem Namen mit Anna von der Bretagne einen Ehevertrag abzuschließen. Im Sommer verweilte Polheim im Auftrag des Kaisers und seines Sohnes zu Verhandlungen am französischen Hofe und reiste von da im Herbste nach Rennes, angeblich zur Durchführung der Beschlüsse des Frankfurter Vertrages. Im Dezember gab die vielumworbene Herzogin ihre Zustimmung zur Verbindung mit Maximilian, den sie noch nie gesehen hatte. Allem Anschein nach hat sie sich wegen der hohen Stellung des künftigen Gemahls zu diesem Schritt entschlossen. Nach Anweisung Maximilians wurde die Ehe gleich ‚per procuram' geschlossen. Polheim bestieg im Beisein des herzoglichen Hofes gerüstet das festlich geschmückte Hochzeitslager der Braut, die sich nun Königin der Römer nannte. Nach damaligem Brauch galt die in solcher Form vorgenommene Trauung als rechtsgültig, wenn auch der Papst solange Dispens erteilen konnte, bis die Ehe von dem wirklichen Gemahl tatsächlich vollzogen war. Die Franzosen machten darüber freilich echt französische Witze, und die geistlichen und weltlichen Juristen Frankreichs erklärten die Ehe auf Wunsch ihres Königs als bloße Fiktion. Die Lage Annas wurde jetzt schlimmer denn je. Dem Deutschen gönnten auch die mit ihrer Regierung unzufriedenen Franzosen die Bretagne nicht, sie söhnten sich mit ihrem Könige aus. Anna konnte sich auf ihre nähere Umgebung nicht mehr verlassen und harrte sehnsuchtsvoll der Ankunft Maximilians. Doch der kam und kam nicht. Er wollte für seine Heer- und Hochzeitsfahrt in die Bretagne erst noch die Unterstützung des Reiches gewinnen, ein höchst zweifelhaftes und jedenfalls langwieriges Unterfangen. Der römische König brach aber auch dann noch nicht auf, als ihm endlich auf einem Reichstag einige Mittel bewilligt worden waren. Der alte Kaiser traute der Sache so schlecht, daß er seinem Sohne nicht einmal gestatten wollte, mit dem Reichsadler auszurücken und ihm auf die Seele band, das Hoheitszeichen des Reiches doch ja vor Schimpf und Schande zu bewahren. Um so tätiger war der jetzt einundzwanzigjährige Franzosenkönig Karl VIII. Ein französisches Heer belagerte Rennes; die Truppen Annas von der Bretagne wurden schwierig, die von Maximilian gesandten Landsknechte meuterten als erste, weil sie ihren Sold nicht rechtzeitig erhielten. König Karl sagte Anna freien Abzug durch Frankreich zu, doch nahm im Laufe der Verhandlungen die ganze Angelegenheit eine unerwartete Wendung. Anna war über das Säumen Maximilians ungehalten, ebenso verletzte sicherlich auch der Spott über ihre Ehe, die eigentlich keine sei, ihre Eitelkeit. Königin zu werden, das war der Ehrgeiz der jungen Dame, da brauchte es unter den für sie so mißlichen Umständen nicht viel Zureden, bis sie dem Könige, der nahe war, den Vorzug vor dem weit entfernten gab. Um die deutschen Botschafter zu täuschen, machte Karl VIII. eine Wallfahrt zu Unserer Lieben Frau in Rennes und traf sich dabei mit Anna. Schnell wurden die beiden einig und verlobten sich; am 6. Dezember 1491 fand dann die öffentliche Hochzeit statt.

Mit gutem Grund empfand Maximilian dieses Stück verschlagener französischer Politik als schwerste Ehrenkränkung. Anna war nun einmal seine ihm nach den Gebräuchen jener Zeit rechtmäßig angetraute Gattin. Zum mindesten bestand aber ein in feierlichster Form abgeschlossenes Verlöbnis, das nicht ohne weiteres einseitig aufgehoben werden konnte. Obendrein war Karl VIII. seit 1482 mit der Tochter

Maximilians verlobt, die als Braut des damaligen Dauphins und jetzigen Königs am französischen Hofe erzogen wurde. Eben das hatte den deutschen König gegenüber Karl VIII. so sicher gemacht, zumal Papst Innozenz VIII. auf eine Anfrage der Habsburger in aller Form erklärt hatte, er habe dieses Eheverlöbnis nicht gelöst. Daß der Franzose trotzdem die päpstliche Dispens schon in der Tasche hatte, ließen sich die guten Deutschen freilich nicht träumen. Nach dem, was in der Öffentlichkeit bekannt war, und nach der damaligen Auffassung von der Verbindlichkeit solcher Eheverlöbnisse hatte also gewissermaßen der Schwiegersohn die Frau des Schwiegervaters geheiratet, ja, wie man besonders in Deutschland glaubte, auf dem Wege zu ihm geraubt. Dabei hielt Karl sowohl die Erzherzogin Margarete als auch ihr ihm bereits überlassenes Heiratsgut zurück und glaubte, es sei jetzt für ihn die Zeit für eine Eroberungspolitik großen Stiles gekommen, deren Ziel das Elsaß und möglichst auch das übrige linksrheinische Deutschland war. Die Empörung über dieses ebenso tückische wie gewalttätige Ränkespiel spornte die Humanisten, zumal die des Elsaß, zu leidenschaftlichen literarischen Angriffen auf Frankreich an (vgl. S. 124), dagegen hatten es die deutschen Fürsten nicht so eilig, die schwer verletzte Ehre ihres Königs und Vaterlandes mit dem Schwerte zu sühnen. Zum Glück wollten die Bewohner der Freigrafschaft Burgund nicht bei Frankreich bleiben und boten Maximilian einen festen Rückhalt, als er Ende 1492 vom Elsaß aus in die Freigrafschaft vorrückte. Nach mehreren kleinen Erfolgen schlug des deutschen Königs Feldhauptmann am 19. Januar 1493 das französische Heer bei Dournon. Nach diesem Siege machte die Sache Maximilians schnell weitere Fortschritte, mehrere feste Orte verjagten die in ihnen liegenden französischen Besatzungen. Karl VIII. zeigte sich zu Friedensverhandlungen bereit. Sie wurden am 23. Mai 1493 zu Senlis abgeschlossen. Maximilian und sein Sohn Erzherzog Philipp erhielten die Freigrafschaft Burgund und einige andere Gebiete zurück.

Drei Monate nach dem Frieden zu Senlis, am 19. August 1493, schloß Kaiser Friedrich III. für immer seine Augen. Sein überbedächtiges, eigensinniges und eigenbrötlerisches Wesen hatte sicher zu den schweren inneren Wirren und außenpolitischen Nöten während seiner dreiundfünfzigjährigen Regierung viel beigetragen. In dieser Zeit wurden aber auch England mit seinen Thronkämpfen, Frankreich durch seine inneren Kriege, Italien durch das Machtstreben der Städte und einzelner Gewalthaber von ähnlichen Krisen erschüttert. Die mittleren Jahrzehnte des 15. Jahrhunderts waren für Europa eine jener Epochen, in denen der Kampf aller gegen alle wohl auf einen entscheidenden Umschwung der politischen Verhältnisse hinweist, das Endergebnis dieses Ringens für die daran Beteiligten jedoch noch im Dunkel liegt. Friedrich III. hat viele Einzelgelegenheiten zu erfolgreichem Eingreifen versäumt, aber, was in seiner Lage doch das Förderlichste war, keine der mancherlei in solch unruhigen Zeitläuften aufsteigenden großen Zukunftsmöglichkeiten verschüttet und wenigstens das Nötigste getan, daß, wenn einmal eine allgemeine Wendung zum Besseren eintrat, diese für sein Haus und mittelbar auch für das Reich genutzt werden konnte. Trotz der meist abfälligen Beurteilung dieses Kaisers ist doch Ranke beizupflichten, nach dem „die Regierung Friedrichs III. mit nichten so unbedeutend war, wie man wohl anzunehmen pflegt. Namentlich seine letzten so bedrängten Jahre waren reich an großen Erfolgen. Da war einmal die habsburgische Macht durch den Besitz von Österreich und Niederland zu einer neuen europäischen Bedeutung gekommen; auch die Ansprüche auf Ungarn waren in einem kurzen Feldzug Maximilians zur Anerkennung gebracht worden. Dann waren die inneren deutschen Feindseligkeiten im ganzen beseitigt. Der Schwäbische Bund gewährte dem Hause Österreich einen gesetzlichen Einfluß auf Deutschland, wie es ihn seit Albrechts I. Zeiten (1298—1308) nicht besessen. Die Reichstage waren zu geordneteren Formen gelangt, der Landfriede begründet und ziemlich befestigt; zur Ausbildung der gesamten Verfassung waren lebensvolle Ansätze vorhanden".

Maximilians Persönlichkeit

Die Kurfürsten hatten Maximilian im Jahre 1486 zum römischen König gewählt, um mit seiner jungen Kraft die Reichsregierung selbst zu verjüngen. Sein Vater hielt ihn davon jedoch möglichst ferne, erst mit dem Tode des Kaisers wurde er wirklich deutscher König. Das Volk brachte dem jetzt vierunddreißigjährigen Herrscher unbegrenztes Vertrauen entgegen. Die kurz nach seinem Regierungsantritt erschienene Schedelsche Weltchronik (vgl. S. 127) gab eine knappe Übersicht über seinen bisherigen Lebenslauf und entwarf dann ein hoffnungsfrohes Bild seiner künftigen Kaiserherrlichkeit: Er werde zuerst die Türken bekriegen, wobei ihm „das edel Gallia, das stark Hispania und das streitsam und volkreich Teutschland hilf und Beistand tun werden". Nach Niederwerfung der Türken und Eroberung des Heiligen Landes wird er als Kaiser vom Volk umjubelt in den Vatikan zu Rom einziehen und mit dem Papste die Händel der Christenheit friedlich beilegen. Der gekrönte Dichter Celtes wird diese ruhmreichen Begebenheiten in einem Gedicht preisen und der italienische Geschichtsschreiber Sabellicus sie der Nachwelt überliefern.

Maximilian besaß in der Tat vorzügliche Herrschereigenschaften, die um so größere Hoffnungen erweckten, als sie im schärfsten Gegensatz zu dem Wesen seines Vaters standen, das die öffentliche Meinung für eine Hauptursache der Nöte des verflossenen Jahrhunderts hielt. Maximilians scharfgeschnittenes, von langem Lockenhaar umwalltes Antlitz zeichneten und malten die Künstler nicht bloß des hohen Auftraggebers wegen mit offensichtlich innerer Anteilnahme, er verkörperte ihnen und dem Volke in allgemein gültiger und zugleich in einer höchst persönlichen königlichen Weise den Typ des Adligen und Kriegers jener Zeit, wie er uns in ungezählten Bildnissen von Königen und Fürsten, Rittern und — ins verwegene abgewandelt — von Landsknechten entgegentritt. Kraftvoll und kerngesund, liebte er das ritterliche Waffenspiel und noch mehr das Weidwerk. Manch hoher Herr fühlte noch lange nach den Turnieren die Stöße der königlichen Lanze. Maximilian griff als einzelner den Bär mit dem Speere an, dem Gemswild stieg er in schwindelnde Höhen nach; die Lieder und Sagen, welche die Erinnerung an Kaiser Max als einen der volkstümlichsten deutschen Herrscher wachhielten, künden nicht zuletzt von seinen Jagdabenteuern. Den gemeinen Mann gewann sein leutseliges Wesen, die Gelehrten und Künstler fesselten seine außergewöhnlichen Geistesgaben. Eine ungemein schnelle Auffassung verband sich bei ihm mit einem im Großen wie im Kleinen treuen Gedächtnis, mit gleicher Lust und Fähigkeit nahm er Anregungen auf und gab selbst überraschend neue. Ein ausdauernder Arbeiter war er doch von der Pedanterie seines Vaters weit entfernt. Das erstaunlichste ist seine Vielseitigkeit. Der „letzte Ritter" erfand einen Panzer, den „Maximilian", beschrieb sein Privatleben mit ritterlichen Abenteuern in einem allegorischen Gedicht, im „Teuerdank", und sein öffentliches in einem Ritterroman, dem „Weißkunig", ließ in einem Heldenbuch, in der Ambraser Handschrift, die epischen Dichtungen des deutschen Mittelalters sammeln, wodurch uns die „Gudrun" erhalten blieb, und sorgte für die Erneuerung der Wandgemälde mit Darstellungen aus der Tristansage auf Schloß Runkelstein. Unter den Erzbildern, womit er sein großartiges Innsbrucker Grabmal schmückte, sind die vorzüglichsten Könige Artus und Theodorich (vgl. S. 35 f.). Er ließ nach den Gebeinen des hürnen Siegfried graben, und als ihm auf einem Reichstag die Fürsten seine Rechte beschneiden wollten, rief er unwillig, er wolle kein Herrscher sein, den man wie weiland König Gunther gebunden an die Wand hängen könne. Diese Vertrautheit mit der hochmittelalterlichen deutschen Sagenwelt ist eines der vielen Zeugnisse von Maximilians geistiger Selbständigkeit; denn die Humanisten, auch die für die deutsche Vergangenheit am meisten begeisterten, mit denen er eifrig Umgang pflegte, wollten von diesen „barbarischen" Dichtungen in der Regel nichts wissen.

Mit gleichem Rechte wie der „letzte Ritter" wird Maximilian der „Vater der Landsknechte" genannt. Wenn auch vielleicht die „Landsknechtsordnung" nicht von ihm herrührt, hat er doch durch die Trennung der deutschen von den eidgenössischen Söldnern und durch sonstige Maßnahmen die Entwicklung des deutschen Landsknechtswesens entscheidend gefördert. Ebenso war ihm eine zweite Waffengattung ans Herz gewachsen, die wie die Landsknechte das Rittertum als kriegerische Macht zurückdrängte: die Artillerie. Er hatte eine eigene Geschützgießerei, erfand verschiedene Verbesserungen für die Böller, Mörser und die langen Rohre und richtete gerne selbst die Geschütze auf den Feind. Wenn auch nicht gerade ein großer Feldherr, erwarb er sich doch als Organisator des Heerwesens und als verwegener Kämpfer in der Schlacht, wobei er es zuweilen allein mit vier oder fünf Gegnern aufnahm, die Achtung und Zuneigung seiner Truppen.

Die deutsche Renaissance ist mit seinem Namen wie mit dem keines anderen Fürsten verknüpft. Als Gönner der Künstler und humanistischen Gelehrten hat er sich unvergängliche Verdienste erworben. In der Art, wie er Kunst und Wissenschaft in den Dienst seines Nachruhmes und der Verherrlichung seines Hauses stellte, zeigte er sich als ein echter Sohn der Renaissance. Gleich vielen Humanisten ließ er sich gelegentlich in schwierige Fragen über die christlichen Dogmen ein, dachte aber nicht daran, die christlichen Glaubenslehren im Ernste zu bezweifeln. Er entrüstete sich ehrlich über die Mißstände in der Kirche, sann eifrig auf Reformen und ließ Gutachten darüber ausarbeiten, vertrug sich aber doch, wo es für ihn vorteilhaft war, gern mit der Kurie. Er lachte zu den feinen und derben Satiren und Witzen über Pfaffen, Mönche und Nonnen, nahm des Celtes Widmung der von diesem verfaßten „Amores" und der damit verbundenen Verteidigung der Laszivität unbefangen und huldvoll entgegen und war bei alledem für seine Person ein frommer Mann. Während seiner letzten fünf Jahre hat er seinen Sarg überall mit sich geführt, die einen hielten ihn für eine Schatz-, die anderen für eine Aktentruhe. Der Kaiser starb nach sorgfältiger Vorbereitung auf seine letzte Stunde den Tod eines gottergebenen Christen und treuen Sohnes der Kirche.

Zweihundertzwanzig Jahre vor Maximilians Regierungsantritt hatte sein Urahn Rudolf als erster Habsburger den deutschen Königsthron bestiegen. Vieles im Wesen des späten Nachfolgers erinnert an den Ahnherrn: die gewinnende Liebenswürdigkeit bei edler herrscherlicher Haltung, die Kunst der Menschenbehandlung, womit beide manchen sonst unüberwindlichen Widerstand bei Hoch und Nieder brachen, und das kühne Ringen um höchste und weit entfernte Ziele. Auch die allgemeine Lage um 1493 zeigte eine gewisse Ähnlichkeit mit der von 1273; galt es jetzt nach den Auflösungserscheinungen des 15. Jahrhunderts, dem Reiche wieder eine festere Form zu geben, es gegen die ringsum aufstrebenden Nationalstaaten zu sichern, die weit ausgedehnte habsburgische Hausmacht aufs neue organisatorisch zusammenzufassen, so war König Rudolf vor den schwierigen Aufgaben gestanden, die furchtbaren Erschütterungen und Wirren des Interregnums zu beenden und den Habsburgern einen Länderbesitz zu verschaffen, der ihnen gegenüber den mächtigen Reichsfürsten einen hinreichend starken Rückhalt bot. Der Ahnherr, zu Beginn seiner Regierung wie auch Maximilian mit großem Jubel begrüßt, erreichte mehr, als nach den gegebenen Verhältnissen erwartet werden durfte, Maximilian aber blieb erheblich hinter dem zurück, was viele seiner Zeitgenossen von ihm erhofft hatten, und was von einem wahrhaft großen Fürsten hätte geleistet werden können. Seine Schwächen und Fehler sind typisch die des geistvollen, vielseitig begabten Monarchen ohne die innere Schwerkraft des wirklich tüchtigen Herrschers und ohne den diesem immer eigenen Blick und Sinn für das unbedingt Notwendige und für die natürliche Logik alles Politischen. So kommt er zu einer Vielgeschäftigkeit, die schnell von einem zum anderen überspringt, ohne etwas ganz aus- und durchzuführen und erweckt dadurch den Eindruck der Unzuverlässigkeit und des Wankelmutes. In der Überzeugung von ihrer Überlegenheit wollen solche Fürsten möglichst alles selbst erledigen und ziehen zur Mitarbeit lieber mittelmäßige Köpfe und Könner heran als hervorragende Staatsmänner, deren Wirklichkeitssinn sie bedrückt und unsicher macht. So gerne sie sich in ihren Gedanken mit hochfliegenden Plänen beschäftigen, so schwer fällt es ihnen oft, die endgültige Entscheidung zu treffen, und haben sie sich endlich durchgerungen, dann irren und wirren sie die Ratschläge ihrer Umgebung, die sie statt vor der Beschlußfassung erst nach ihr einholen, und immer wieder neu auftauchende Ideen. Bei Maximilian kam zu all diesem als väterliches Erbteil ein Hang zum Mißtrauen, zur Geheimniskrämerei und zu unnötigen diplomatischen Feinheiten, wodurch seine Politik noch unklarer wurde, als es sein unermüdliches, zu sehr von der Phantasie gelenktes Pläneschmieden und die reichlich verwickelte internationale Lage schon so mit sich brachten. Seinen Ruhm verdankt Maximilian seiner anziehenden Persönlichkeit mit ihren reichen Gaben des Geistes und Gemütes, die ihn befähigten, die sich überkreuzenden Strömungen des Mittelalters und der Renaissance zu dem ihm eigenen, nach vielen Seiten hin anregend wirkenden Lebensstil zu vereinigen. Als Beispiel dafür, was einem Herrscher seiner Art gelingen kann, wenn ihn das Glück begünstigt, wie er aber in den für Volk und Reich lebenswichtigen Fragen versagt, in denen nicht ein einzelner guter Griff, sondern zielklare, tatkräftige Staatsführung entscheidet, gewinnt Kaiser Maximilian für die allgemein geschichtliche Betrachtung noch eine besondere, typische Bedeutung.

Reichsreform

Die Reform des Reiches verlangten alle: der Kaiser, die Fürsten, die Bürger und Bauern, die ruhig Überlegenden und die fanatischen Schwärmer. Weniger Einmütigkeit herrschte darüber, w i e das Reich reformiert werden sollte. Das Volk, soweit es an diesen Fragen Anteil nahm, und selbstverständlich die Träger der Krone selbst waren für Stärkung der Rechte und der Macht der Kaisertums, die Fürsten für den Ausbau der ständischen Verfassung und für die Einsetzung eines Ausschusses, der als „Reichsregiment" die wichtigsten Befugnisse der Reichsregierung ausüben sollte. Die ständische Bewegung leitete der Kurfürst und Erzbischof Berthold von Mainz aus dem Geschlechte der Grafen von Henneberg, ein Mann von ehrlichstem nationalen Wollen, der als Staatsmann gerade die Eigenschaften besaß, die Maximilian fehlten: zähe Ausdauer und einen scharfen Blick dafür, was in der jeweiligen Lage in erster Linie zu geschehen habe. Infolge seiner durchaus realpolitischen Einstellung zielten seine ständischen Bestrebungen nicht so sehr auf eine grundsätzliche Einschränkung der königlichen Gewalt ab wie darauf, daß gerade Maximilian bei seinen oft abenteuerlichen, unüberlegten und für das Reich als solches gefährlichen Unternehmungen, für welche die Stände einen wesentlichen Teil der Kosten aufbringen sollten, nicht volle Handlungsfreiheit haben dürfe. Es ist nicht anzunehmen, daß dem Reiche auf dem Wege einer Verfassung, die den Ständen das Schwergewicht in der Regierung überlassen hätte, zu einer nach innen und außen wirkungsfähigen Zentralgewalt verholfen worden wäre. Um die Spannungen innerhalb der Stände und Fürsten zu beheben und die einzelnen zu großen Opfern für das Reich anzuhalten, bedurfte es einer starken übergeordneten Macht, die nicht durch parlamentsähnliche Einrichtungen geschaffen werden konnte. Auf der anderen Seite hat Maximilian sich für eine Reichsreform im Sinne einer zentralmonarchischen Regelung viel zu wenig eingesetzt. Es kam ihm vor allem darauf an, für seine weitausgreifende Außenpolitik mit ihren mannigfachen kriegerischen Verwicklungen die Unterstützung der Reichsstände zu gewinnen. Bewilligten sie ihm Geld, dann gab er ihren Forderungen, wenn auch mit Widerstreben, großenteils nach. Mit Entschiedenheit und Tatkraft wehrte er sich nur gegen Anträge, welche ihm die Möglichkeiten für eine einigermaßen selbständige Außenpolitik abgeschnitten hätten. Nach schweren Mißerfolgen in Italien sah er sich allerdings auf dem Augsburger Reichstag von 1500 gezwungen, seine Einwilligung zur Errichtung eines aus 21 Mitgliedern bestehenden „Reichsregimentes" zu geben, bei dem er den Vorsitz erhielt, die Kurfürsten aber den maßgebenden Einfluß hatten. Maximilian wußte es jedoch schon nach zwei Jahren wieder auszuschalten, und 1505 verzichteten auf dem Kölner Reichstag die Reichsstände in aller Form darauf. Er war sich auch darüber klar, daß die Kleinstaaterei und das Fehlen einer nur von der Krone abhängigen, über das ganze Reich verteilten Truppe zur Aufrechterhaltung des Landfriedens schwere Übelstände waren; aber die von ihm zu ihrer Behebung vorgeschlagenen Maßnahmen hätten Deutschland erst recht in Krieg und Fehden mit unabsehbaren Folgen gestürzt. So ist es weder zu einer ständischen, noch zu einer kaiserlich-monarchischen Reichsreform gekommen, die Deutschland zu einer innerlich geschlossenen Einheit zusammenzufassen vermocht hätte, doch sind die Bemühungen Maximilians und Bertholds von Henneberg, der auf dem Wormser Reichstag von 1495 einen groß angelegten Entwurf zur Reichsverfassung vorlegte, nicht ganz ohne Erfolg geblieben.

Seit dem Wormser Reichstag wurden regelmäßig alle Reichsstädte zur Beteiligung an den Reichstagen eingeladen. Damit war endlich festgelegt, wer das Recht hatte, auf ihnen zu erscheinen und abzustimmen. Auch die Gliederung des Reichstages in die drei Kurien der Kurfürsten, des Reichsfürstenrates, dem die Fürsten, Grafen und Herren angehörten, und der Städte bürgerte sich jetzt ein. Die Reichstagsverfassung war damit willkürlichen Eingriffen des Kaisers entzogen. Dagegen scheiterten die Versuche, ein für allemal zu bestimmen, wie oft der Reichstag zusammenzutreten habe, und welchen Einfluß er oder ein von ihm bestimmter Ausschuß auf die Regierungsleitung zu nehmen habe, hauptsächlich an der Unlust der Stände, die mit einer regelmäßigen Wiederkehr der Reichstage und mit der dauernden Übernahme von Regierungsgeschäften verbundenen Lasten an Zeit und Geld zu tragen. Die unter Maximilian häufig, zeitweilig Jahr für Jahr abgehaltenen Reichstage haben trotzdem die Stellung der Stände gegenüber dem Kaisertum erheblich gestärkt. Das hatte für das deutsche Volk große Nachteile, doch drangen die Reichsstände nicht nur aus Eigennutz auf eine Beschränkung der Zentralgewalt. Schon unter Maximilian drohte wiederholt die Gefahr, daß das Reich zu stark für die habsburgischen Hausinteressen, die nicht immer auch die des deutschen Volkes waren, eingesetzt werden sollte. Es wurde deshalb auf dem Wormser Reichstag noch ausdrücklich beschlossen, daß weder der Kaiser, noch ein Fürst eine fremde Nation bekriegen oder sich mit ihr verbünden dürfe, wenn daraus dem Reiche ein Nachteil erwachse. Um den Fürsten jede selbständige Politik mit auswärtigen Mächten untersagen zu können, hätte das Reich imstande sein müssen, jedes seiner Mitglieder gegen die fremden Staaten zu verteidigen und zur Achtung dieses Verbotes zu zwingen. Da das Reich weder das eine noch das andere vermochte, blieb den Ständen das Recht zu eigener Außenpolitik erhalten, das zum Verderben von Reich und Volk im Laufe der Zeit immer mehr erweitert wurde.

Der Wormser Reichstag hob das Fehderecht durch das Gesetz über den ewigen Landfrieden auf, das auf dem Kölner Reichstag von 1505 erneut eingeschärft wurde. Von der tatsächlichen Einhaltung des ewigen Landfriedens war man freilich noch weit entfernt. Kaiser und Reich hatten nicht die Macht, von sich aus Fehden wie die Sickingens und Götz von Berlichingens zu verhindern. Trotzdem ist für die allmähliche Einführung geordneter Zustände im Reiche die grundsätzliche Abschaffung des Rechtes der bewaffneten Selbsthilfe nicht zu unterschätzen. Das ebenfalls auf dem Wormser Reichstag von 1495 an Stelle des alten kaiserlichen Kammergerichtes eingeführte Reichskammergericht wurde jetzt das Gericht für Landfriedensbrüche, eigenmächtige Gefangennahmen, für Besitzstreitigkeiten der Reichsunmittelbaren oder der Untertanen verschiedener Herren, für Rechtsverweigerung und eine Reihe anderer Streitsachen, welche die allgemeine Rechtssicherheit und die Ruhe im Reiche bedrohten. Der Konstanzer Reichstag von 1507 setzte fest, daß für das Reichskammergericht vom Kaiser der Vorsitzende, von den habsburgischen Erblanden zwei, von den Kurfürsten sechs und von den Reichskreisen acht Beisitzer zu stellen seien. Die Zahl der Beisitzer wurde später erhöht. Die Kosten für das Reichskammergericht sollten außer den anfallenden Gebühren der „gemeine (allgemeine) Pfennig", Beiträge des Kaisers und der Reichsstände aufbringen. Im Jahre 1548 wurde eine feste Reichssteuer dafür vorgesehen, die jedoch so spärlich einlief, daß nunmehr der gesetzliche Mitgliederstand des Gerichtes nicht mehr aufrecht zu erhalten war und dadurch erst recht eine ungeheuerliche Verschleppung der Prozesse eintrat. Die Urteile des Reichskammergerichtes hatten gegen Reichsunmittelbare der betreffende Kreis, gegen die Untertanen eines Territoriums deren Obrigkeit zu vollziehen. Bereits auf dem Wormser Reichstag erhielt das Reichskammergericht die Vollmacht, die Reichsacht zu verhängen; ebenfalls ein großer Erfolg der Stände gegen die Krone. Mit der Tätigkeit des Reichskammergerichts überschnitt sich in manchen Fällen die des kaiserlichen Hofgerichtes, der Reichshofrat, der für die Reichslehensachen, Kriminalklagen gegen Reichsunmittelbare mit Ausschluß der Landfriedensbrüche und für Streitigkeiten über kaiserliche Privilegien zuständig war, außerdem behandelte der Kaiser verschiedene wichtige unmittelbar an ihn gekommene Rechtssachen, wie z. B. die Anklage gegen Luther wegen Ketzerei im Jahre 1521, im Einvernehmen mit dem Reichstage.

Gewissermaßen zum Dank für sein großes Entgegenkommen in der Einrichtung des Reichskammergerichtes bewilligten die Stände in Worms 1495 Maximilian die Erhebung einer Reichssteuer, des gemeinen Pfennigs, zunächst auf vier Jahre. Der gemeine Pfennig, gelegentlich auch schon in früheren Zeiten erhoben, war eine Mischung von Vermögenssteuer — von 500 Gulden sollte ein halber, von 1000 Gulden ein ganzer bezahlt werden — und von Kopfsteuer, für die je vierundzwanzig über fünfzehn Jahre alte Personen gemeinsam einen Gulden zu geben hatten. Der oberste Verwalter des gemeinen Pfennigs, der Reichsschatzmeister, wurde von den Ständen gewählt, über die Verwendung des Geldes sollte ein jährlich zum 1. Februar zusammentretender Reichstag beschließen. Da Maximilian für seinen Italienkrieg sofort eine größere Summe benötigte, wurde ihm bewilligt, auf den gemeinen Pfennig eine Anleihe von 150000 Gulden aufzunehmen. Diese Steuer spielte bereits auf dem nächsten Reichstag, dem Lindauer, und auf einigen weiteren Reichstagen eine große Rolle, doch stieß die Erhebung immer auf große Schwierigkeiten. Der Wille zum Zahlen war bei allen Schichten der Bevölkerung sehr gering, dazu hatte das Reich keine eigenen Steuerbeamten; mit der Aufstellung besonderer Bevollmächtigter zum Einsammeln des gemeinen Pfennigs war diesem Mangel auf die Dauer nicht abzuhelfen. Als Maximilian auf dem Kölner Reichstag von 1505 in einer für ihn sehr günstigen außen- und innenpolitischen Lage in einem neuen Entwurf zur Reichsreform auf die Minderung des Einflusses der Stände hinarbeitete, die im Jahre 1504 ihren Führer Berthold von Henneberg durch den Tod verloren hatten, und er dabei auch auf den gemeinen Pfennig wieder zurückkam, erklärten sich die Fürsten zur Unterstützung des Kaisers bereit, aber nicht auf der Grundlage einer allgemeinen Reichssteuer, sondern auf der von Matrikularbeiträgen. Es sollten danach von Fall zu Fall die Verpflichtungen der einzelnen Reichsstände in einer Matrikel je nach ihrer Leistungsfähigkeit angegeben werden. Der Kaiser war mit dieser Regelung einverstanden, weil ihm die Stände auf diese Weise sofort die Mittel für viertausend Mann auf ein Jahr zur Verfügung stellten. Das Matrikelwesen bewährte sich etwas besser als der gemeine Pfennig, war aber ein Schritt weiter auf dem Wege zum rein bundesmäßigen Aufbau des Reiches. Ihn konnte auch die Kreiseinteilung mit ihrer über den Territorien stehenden Organisation nicht aufhalten. Auf dem Augsburger Reichstag von 1500 gliederte man das Reich in sechs Kreise, deren Bezeichnung „Provinzen deutscher Nation" und deren Namen Franken, Baiern, Schwaben, Oberrhein, Westfalen und Niedersachsen auf die Einheit des Reiches und auf dessen stammhaftes Gefüge in alter Zeit hinwiesen. Die Reichsversammlung von 1512, die erst in Trier, dann in Köln tagte, erkannte zum ersten Male eine allgemeine Schutzpflicht des Reiches für jeden einzelnen Reichsstand an, bestimmte, daß alle Reichstagsbeschlüsse auch für die Nichterschienenen bindende Kraft haben sollten und fügte den bisherigen sechs Kreisen die kaiserlichen Erblande und die kurfürstlichen Lande in weiteren vier Kreisen hinzu. Die Wormser Ordnung von 1521 rundete die Kreise besser ab; bei diesen zehn Kreisen blieb es bis zum Jahre 1803.

Die Pläne des Augsburger Reichstags, durch Aushebung eine ausreichende Kriegsmacht zu schaffen, ließen sich nicht durchführen. Darnach hätten je 400 Einwohner einen Mann zu Fuß ausrüsten und ins Feld stellen, für die Reiterei die Fürsten, Grafen und Herren aufkommen sollen. Als Aushebungsbezirke für das Fußvolk waren die Pfarreien vorgesehen. Erst der Wormser Reichstag von 1521 unter Karl V. kam zu einer, freilich noch immer ungemein schwerfälligen Regelung des Reichsheerwesens auf der Grundlage einer für den Romzug Kaiser Karls beschlossenen Matrikel. Sie diente fortan als „Simplum" zur Festsetzung der für jeden Feldzug auf einem Reichstag zu vereinbarenden Heeresstärke und der dafür notwendigen Matrikularleistungen. Das „Simplum" betrug 4000 Reiter, die „Reisigen", und 20000 Fußknechte. Jeder Reichsstand mußte die ihm bestimmte Truppenzahl aufbringen; hatte er Vasallen, so geschah dies für die Reisigen auf dem Wege des alten Lehensaufgebotes, sonst mußten sie wie das Fußvolk als Söldner angeworben werden. Der Sold betrug für den Reiter mit Pferd zwölf, für den Fußknecht vier rheinische Gulden monatlich, dabei hatten sie für ihren Proviant selbst zu sorgen. Die von den einzelnen Reichsständen gestellten Kontingente waren nach Zahl, Zusammensetzung und Bewaffnung sehr verschieden und schleppten einen ungeheuren Troß mit sich; zu größeren taktischen Einheiten konnten sie erst beim Zusammentritt des Heeres, also jeweils kurz vor Beginn oder während des Feldzuges zusammengefaßt werden. Säumige Reichsstände sollten durch ein äußerst umständliches Verfahren zur Erfüllung ihrer Pflichten angehalten werden.

Die Ergebnisse der unter Maximilian getroffenen oder eingeleiteten Reformmaßnahmen waren, gemessen an den Lebensnotwendigkeiten des deutschen Reiches und Volkes, überaus dürftig, doch haben die Abgrenzung der Rechte zwischen dem Kaiser und den Reichsständen und die dadurch ermöglichte Zusammenarbeit beider in Reichsangelegenheiten, der engere Zusammenschluß der Stände untereinander, die Schaffung einer festen Organisation für die Reichstage, das Matrikularwesen und die Kreiseinteilung, sowie die Einrichtung des Reichskammergerichtes den völligen Zerfall des Reiches auf Jahrhunderte hinaus gehindert. Dem deutschen Volke wäre unendliches Leid und Unheil erspart geblieben, wäre damals eine durchgreifende Reichsreform geglückt. Da aber hierfür weder die Kraft noch die Opferbereitschaft der zu dem großen Werk Berufenen, des Kaisers und der Stände, ausreichten, war es doch besser, sich mit dem Wenigen zu bescheiden, als auf diese Notbehelfe, so kümmerlich sie waren, zu verzichten oder unter den gegebenen Verhältnissen Unerreichbares erzwingen zu wollen und durch das eine wie das andere die letzten staatlichen Klammern, die das deutsche Volk noch verbanden, zu zerbrechen. Die Größe dieser Gefahr läßt uns das Schicksal des deutschen Süd- und Nordwestens und des Nordostens ahnen, wo die innere und äußere Zugehörigkeit bereits so gelockert war, daß die auf die Loslösung abzielenden Kräfte völlig die Oberhand gewannen.

Loslösung der Schweiz vom Reiche

Die Lande der Eidgenossen, zumal die sogenannten acht alten und politisch führenden Orte Uri, Schwyz, Unterwalden, Luzern, Zürich, Glarus, Zug und Bern, waren ihrer Bevölkerung nach kerndeutsch und seit dem Ende des Königreichs Burgund im Jahre 1033 mit Deutschland vereinigt. Die Kämpfe der Eidgenossen gegen die Habsburger im 14. Jahrhundert bezweckten nicht die Loslösung vom Reich, sondern, wie die der deutschen Reichsstädte gegen die Landesfürsten, die Aufrechterhaltung der unmittelbaren Verbundenheit mit dem Reich, die Reichsfreiheit. Je schwächer aber das Reich wurde, desto mehr verwandelte sich diese in Selbständigkeit. Als mit Friedrich III. 1440 wieder ein Habsburger den deutschen Königsthron bestieg, übertrug sich naturgemäß die alteingewurzelte Abneigung der Schweizer gegen die Habsburger auch etwas auf das Reich. Der von dem Kaiser in habsburgischem Interesse veranlaßte Einfall der Armagnaken und des sundgauischen Adels in die Schweiz (vgl. S. 175) trug nicht dazu bei, die Reichsfreudigkeit der Schweizer neu zu beleben. Ebenso war es ein schwerer Mißgriff, daß der Habsburger Herzog Sigmund seine an die Schweiz grenzenden Gebiete 1469 an Karl den Kühnen von Burgund in der Hoffnung verpfändete, dieser werde sich mit den Schweizern verfeinden und sie dann zu Paaren treiben. Der Burgunder setzte im Oberelsaß als Landvogt Peter von Hagenbach ein, der sich durch seine rücksichtslose Art allgemein verhaßt machte. Ihn zu beseitigen, verband sich Herzog Sigmund mit Ludwig XI., Karls des Kühnen erbittertstem Gegner. Der Franzosenkönig söhnte die Schweizer mit dem Habsburger aus. Peter von Hagenbach geriet in die Hände seiner Feinde und wurde auf Sigmunds Befehl vor das Landesgericht gestellt, wo ihm besonders die Schweizer mit ihren Anklagen zusetzten. Die Verurteilung und Hinrichtung seines Statthalters empörte den Burgunderherzog, der nicht gewillt war, die ihm verpfändeten Landschaften herauszugeben. Er griff die Schweizer an, holte sich aber zwei schwere Niederlagen. Durch ihre Siege bei Granson und Murten rückte die kleine, arme Schweiz zur militärischen Großmacht auf, war sie doch eines Fürsten Herr geworden, der bis dahin Frankreich und Deutschland in Atem gehalten hatte. Der Kriegsdienst im Solde fremder Länder, in erster Linie Frankreichs, wurde jetzt noch mehr als bisher ein Erwerbszweig des Schweizer Volkes, dessen Stolz und Unabhängigkeitssinn dadurch keineswegs gemindert, sondern im Gegenteil erst recht gehoben wurden. Solange die Zugehörigkeit der Schweizer zum Reich ihnen keine Lasten auferlegt hatte, dachten sie nicht daran, sie aufzugeben. Als aber auch die Schweizer gemäß den Wormser Beschlüssen von 1495 einen Beitrag zum gemeinen Pfennig leisten und das Reichskammergericht anerkennen sollten, lehnten sie beides ab. Um sie zum Gehorsam gegen das Reich zu zwingen, unternahm Maximilian einen Feldzug gegen das „grobe, schnöde Bauernvolk", den er hauptsächlich mit Hilfe des Schwäbischen Bundes führte. Die Franzosen stießen während dieses „Schwabenkrieges" über die Alpen nach Italien vor, weshalb der

Kaiser unter Verzicht auf seine Forderungen mit den Schweizern Frieden schloß. Auf dem Konstanzer Reichstag von 1507 machte sie schließlich Maximilian in aller Form von den Reichsgesetzen und Reichsgerichten frei und hielt es noch für einen großen Gewinn, daß die „gehorsamen Verwandten des Reiches", wie er sie nun nannte, für den nächsten Krieg 6000 Mann in Aussicht stellten, die aber nicht mehr unter des Reiches, sondern unter Schweizer Fahnen als freie Söldner dienen sollten. — Die Erklärung des Herzogs von Lothringen, er würde sich gegebenenfalls höchstens dem Kaiser, nicht aber einem Reichsgericht stellen, mußte hingenommen werden. Gegen Ende seiner Regierung gab Maximilian schließlich auch noch seine Einwilligung zur Trennung des Deutschordenslandes vom Reiche.

Heiratspolitik mit Spanien und ihre Folgen für die Niederlande

Läßt sich das Verhalten Maximilians gegen die Schweiz, gegen Lothringen und den Deutschordensstaat einigermaßen damit entschuldigen, daß es nur ein Anpassen an eine Entwicklung war, die er nicht aufhalten konnte, wiewohl auch die bloß formal-juristische Preisgabe von deutschem Land und Volk wegen der sich daraus unter Umständen später einstellenden Folgen immer bedenklich bleibt, so hat seine niederländisch-spanische Hauspolitik ohne zwingende Notwendigkeit das deutsche Reich und Volk aufs schwerste geschädigt. Wie bereits erwähnt, sahen die Bewohner der verschiedenen niederländischen Gebiete, die größtenteils Glieder des deutschen Reichs waren, nicht in Maximilian selbst, sondern in seinen Kindern Philipp und Margarete die Erben ihrer Mutter Maria von Burgund. Nun waren die Niederlande dem Reiche in mancher Beziehung schon länger und in höherem Grade entfremdet als die Schweiz. Der Kaiser mußte sich darüber klar sein, daß es nur ein Mittel gab, diese durch Fruchtbarkeit, Gewerbefleiß und ihre geographische Lage ausgezeichneten Länder wieder mehr dem Reiche anzunähern und ihm dauernd zu erhalten: Philipp und Margarete so zu vermählen, daß sie dadurch mit ihrem Fühlen und mit ihren Interessen aufs engste mit Deutschland verbunden würden. Statt dessen verheiratete Maximilian 1496 Philipp mit Johanna von Spanien und Margarete 1497 mit deren Bruder, dem spanischen Infanten Johann, der noch im gleichen Jahre starb. Damit war die völlige Losreißung der Niederlande vom Reich in die Wege geleitet. Nach Philipps Tod im Jahre 1506 übernahm für das spanische Erbe seiner Söhne Karl und Ferdinand König Ferdinand von Aragon die Vormundschaft. In den Niederlanden wurde die Tante der beiden Prinzen, Maximilians Tochter Margarete, 1507 zur Statthalterin ernannt und ihr der älteste Neffe, der spätere Kaiser Karl V., als der voraussichtliche Erbe dieser Gebiete bis zu seiner Volljährigkeit übergeben, die er nach Beendigung des 15. Lebensjahres erlangte. Ferdinand blieb in Spanien bei seinem Großvater mütterlicherseits. Margarete war bis zu ihrem 14. Lebensjahre am französischen Königshofe erzogen worden. Dann hatte die geistig und politisch ungewöhnlich begabte und höchst regsame Fürstin ihre Ehe mit dem Spanier und eine zweite bis 1504 mit Philibert II. von Savoyen mehr auf die allgemein habsburgischen Bestrebungen als auf ausgesprochen deutsche Bedürfnisse achten gelehrt. Karl trat sofort nach seiner Mündigkeitserklärung 1515 die Regierung der Niederlande an, die er mit den Ständen dieses Landes auch tatsächlich führte. Im nächsten Jahre starb Ferdinand, König von Aragon und stellvertretender Regent von Kastilien, Karl folgte ihm in all seinen Rechten nach. Rechtlich gehörten zwar die Niederlande immer noch zum Reich, und bis auf weiteres konnten ihre staatliche Struktur ändernde Bestimmungen ohne Einwilligung der Kurfürsten nicht getroffen werden; aber tatsächlich waren nun die Niederlande durch Personalunion aufs engste mit Spanien verbunden.

Maximilians Ostpolitik

Die in dem Preßburger Frieden 1491 vereinbarte habsburgische Anwartschaft auf den ungarischen Thron (vgl. S. 183f.) bedrohte der Führer der ungarischen Nationalpartei Johann Zapolya, der sich mit der zweijährigen Tochter des Ungarnkönigs Wladislaw verloben wollte. In der Erkenntnis, wie wichtig es für das Reich sei, daß Ungarn an die Habsburger fiele, um der Wiederkehr von Verhältnissen wie unter Matthias Corvinus vorzubeugen und um der Türkengefahr ein starkes Bollwerk entgegenzusetzen, bewilligten die Stände auf dem Kölner Reichstag von 1505 4000 Mann für einen ungarischen Feldzug. Die Ungarn beharrten allerdings darauf, daß kein Ausländer zu ihrem König gewählt werden dürfe, falls Wladislaw ohne männlichen Erben stürbe. Maximilian und der Ungarnkönig kümmerten sich jedoch nicht darum und vereinbarten eine Doppelheirat zwischen den Habsburgern und den Kindern Wladislaws. Zehn Jahre später, am 22. Juli 1515, wurden der ungarische Prinz Ludwig mit des Kaisers Enkelin Maria und dieser selbst, nun ein Witwer von 56 Jahren — eine echt maximilianische Lösung — mit der zwölfjährigen ungarischen Prinzessin Anna vermählt, unter der Bedingung, daß seine Ehe ungültig sein solle, wenn sein Enkel Ferdinand innerhalb eines Jahres Anna heiraten würde, was denn auch zuerst per procuram und dann 1521 durch die eigentliche Hochzeit geschah. Als Ludwig, der inzwischen König von Ungarn geworden war, 1526 in der Schlacht bei Mohacz gegen die Türken fiel, konnte Ferdinand, wie es Maximilian gehofft hatte, tatsächlich das Erbe antreten: die ungarische und die böhmische Königskrone. Bei diesem habsburgisch-jagellonischen Ehehandel hatte Wladislaws Bruder, König Sigmund von Polen, Maximilian als Vermittler gute Dienste getan. Als Gegenleistung gab dieser dem Polen 1515 Danzig und Thorn preis, indem er beide Städte vom Reichskammergericht freisprach, worauf eine polnische Gerichtsbarkeit an die Stelle der deutschen trat. Ferner entließ der Kaiser in aller Form den Deutschordensstaat Preußen aus der staatsrechtlichen Zugehörigkeit zum Reiche. Das bei der glanzvollen Vergangenheit des Ordens nicht gerade rühmlich klingende Zugeständnis der Polen, der Orden brauche nach wie vor nur Mitglieder deutscher Nation aufzunehmen, damit er „ein Spital des deutschen Adels“ bleiben könne, half wenigstens den deutschen Charakter des Landes Preußen wahren. Maximilian hatte, ehe er mit König Sigmund im Interesse seiner Hauspolitik Freundschaft schloß, in hohen Tönen die norddeutschen Fürsten aufgefordert, zur Rettung des Ordens einen Feldzug gegen Polen zu unternehmen und sich selbst zu diesem Zwecke mit dem Großfürsten Wassilij von Moskau verbündet. Bei der Gleichgültigkeit der genannten Fürsten gegen das Schicksal deutschen Landes und Volkes hätte Maximilian kaum etwas Entscheidendes für den Orden unternehmen können; aber es war doch wenig ehrenvoll für den Kaiser, wie er nach seinen nationalen Reden schließlich auf die Rechte des Reiches zum Vorteil seines Hauses verzichtete.

Maximilian und die Türken

„Einigung der christlichen Völker unter dem römischen Kaiser deutscher Nation zur Vertreibung der Türken", darauf stand nach Maximilians eigenen Worten sein Herz von früher Jugend an. Die Erfüllung dieses Wunsches blieb ihm jedoch versagt. Die deutschen Fürsten zeigten sich wenig geneigt, auch nur das Notwendigste an Geld und Mannschaft für einen Türkenkrieg aufzubringen. Gewiß spielte dabei der Eigennutz der Reichsstände eine große Rolle und der Vorwurf, jeder sehe nur soweit, als sein Gebiet reiche und verlöre gern ein Auge, wenn der Nachbar darüber beide Augen einbüße, war nicht ganz unberechtigt. Es rächte sich jetzt aber auch, daß die Kurie seit fast zweihundert Jahren unter dem Vorwande des Kampfes gegen die Ungläubigen Unsummen aus dem deutschen Volke herausgeholt und das Geld großenteils für eigene Zwecke verbraucht hatte, die mitunter sogar auf eine Schädigung des Reiches abzielten. Außerdem bezweifelten die Fürsten, daß der Kaiser die für einen Türkenkrieg eingehenden Gelder in erster Linie dafür verwenden werde. Alexander VI. hatte zum Jubeljahr 1500 einen großen Ablaß ausgeschrieben. Um die Verwaltung der dafür in Deutschland gesammelten Gelder entstand ein Streit zwischen Maximilian und dem damals bestehenden Reichsregiment. Im Einvernehmen mit dem Papste zog sie schließlich Maximilian für sich ein, doch konnte er nicht, wie er geplant hatte, eine Krönungsfahrt nach Rom und einen Türkenkrieg unternehmen, weil gerade ein Erbfolgekrieg zwischen den Pfälzer und den Münchner Wittelsbachern ausbrach, in den nun Maximilian eingriff. Dabei gingen auch die Ablaßgelder drauf. So ist es nicht allzu erstaunlich, daß sich die Reichsstände gegen die Mahnungen und Aufrufe des Kaisers und der Kurie auch dann noch abwartend und kühl verhielten, als Sultan Selim I. seit 1512 die türkische Macht neuerdings weiter ausdehnte. Die Kurie machte nun, da türkische Schiffe italienische Hafenstädte anliefen und plünderten, ernste Anstrengungen, und der Kaiser ging begeistert auf ihren Vorschlag ein, ein Christenheer gegen die Ungläubigen zu führen. Es war einer der Höhepunkte seines Lebens, als ihm auf dem Augsburger Reichstag von 1518 ein päpstlicher Gesandter einen von Leo X. geweihten Helm und ein Schwert mit den Worten überreichte: „Du allein führst den Namen eines Schirmherrn und Vogtes der Kirche ... alle Christen richten voll Hoffnung ihre Augen auf dich." Die versammelten Stände wurden dagegen von den Ausführungen des Kardinallegaten wenig gerührt. Er beschwor sie: „Religion und Menschheit werfen sich hilfeflehend den Deutschen zu Füßen. Alles schaut auf Maximilians Adler. Nur das Römische Reich kann die Welt retten! Laßt ihr sie im Stiche, dann verlaßt ihr euch selbst; denn Deutschland ist vor allen anderen ein Grenzland der Türken . . . Bringt ihr auf diesem Reichstage das Unternehmen nicht zustande und schiebt ihr es wieder hinaus, dann wird die ganze Christenheit den Mut verlieren. Was sollen wir handeln, werden die anderen christlichen Fürsten sagen, wenn Deutschland, mit dem die Würde des Kaisertums verbunden, und dem damit der Schutz der Kirche übertragen ist, zögert und die Entscheidung von einer Reichsverhandlung zur anderen vertagt." Die Stände antworteten mit Beschwerden: oft schon habe man zu einem Türkenkrieg beigesteuert, aber noch nie gehört, daß etwas gegen die Türken geschehen sei, dazu verletze die Kurie andauernd die deutschen Konkordate, übertrage in ganz Deutschland nach ihrem Belieben geistliche Lehen und erfinde immer neue Praktiken, den Deutschen Geld abzunehmen. Die Stände genehmigten schließlich nur Geldsammlungen für die nächsten drei Jahre. Die Erträgnisse sollten die Landesregierungen bis zu dem „einstigen" Türkenzug aufbewahren, über alles weitere den Türkenzug Betreffende sei auf dem nächsten Reichstag zu verhandeln. Der Krieg gegen die Türken war damit auf die lange Bank geschoben, der Augsburger Reichstag eine der vielen Enttäuschungen Maximilians geworden.

Maximilians Italienpolitik

Der Frieden von Senlis hatte den Schlußstrich unter Maximilians Abenteuer mit der Herzogin Anna von der Bretagne gezogen. Einen Monat später, im Juni 1493, schloß er einen Vertrag mit Ludwig Moro, der als Vormund seines Neffen Johann Galeazzo Sforza die Regentschaft über Mailand führte. Es wurde vereinbart, daß Maximilian Blanka Maria, die Schwester Johann Sforzas, zur Frau erhalten und Ludwig unter Umgehung des Rechtes seines Neffen und Mündels von Maximilian mit dem nominell immer noch zum Reiche gehörenden Mailand belehnt werden sollte. Es war dies eine etwas anrüchige, rein geschäftliche und politische Abmachung. Für Blanka hegte Maximilian vor und nach der Hochzeit, die am 9. März 1494 in Innsbruck gefeiert wurde, nicht die mindeste Zuneigung. Den immer geldbedürftigen Habsburger lockte lediglich die Höhe der Mitgift von 300000 Dukaten, ferner die Aussicht, an Ludwig Moro einen Bundesgenossen in Italien zu gewinnen. Maximilian dachte nämlich damals daran, gegen die Türken, die eben wieder einmal Kärnten, Krain und die Steiermark verheerten, ein großes Heer auf die Beine zu bringen, wobei er auch auf italienische Beteiligung rechnete. Außerdem dürfte er bereits von dem Vorhaben König Karls VIII. von Frankreich, sich des Königreiches Neapel zu bemächtigen, Kunde gehabt haben. Die französischen Könige besaßen darauf Anspruch als Erben des Hauses Anjou, das nach dem Untergang der Hohenstaufen Neapel erhalten hatte. Der Realpolitiker Ludwig XI. hatte sich um diese entlegenen Dinge nicht gekümmert, er ließ Ferdinand, dessen Vater, König Alfons I. von Aragon und Sizilien, Neapel erobert hatte, ruhig im Besitze des italienischen Festlandes, und trat nur die Erbschaft der in Frankreich gelegenen Gebiete der Anjou an. Karl VIII. aber, wie Maximilian ein Freund weit ausgreifender Unternehmungen, fiel nach dem Tode Ferdinands von Neapel im August 1494 in Italien ein, vertrieb die Mediceer aus Florenz, zwang Papst Alexander VI., sich in die Engelsburg zu flüchten, und gewann im Februar des nächsten Jahres das Königreich Neapel. Die Herrlichkeit der Franzosen in Süditalien währte indes nicht lange. Karl VIII. kehrte nach Frankreich zurück, als der Papst zu seiner Abwehr einen Bund mit Venedig, Mailand, Ferdinand von Aragonien und Maximilian schloß. Der Statthalter des französischen Königs mußte bald darauf vor Ferdinand II., dem Enkel Ferdinands I., das Feld räumen. Maximilian hatte inzwischen auf dem Wormser Reichstag 1495 mit den Ständen verhandelt über eine „eilende" Hilfe, um sofort die Reichsrechte in Italien zu wahren und über eine „währende" Hilfe für alle ähnlichen Fälle in den nächsten zehn oder zwölf Jahren. Doch die Stände hatten es nicht eilig, und ihre Maßnahmen für die Zukunft beschränkten sich darauf, die Erhebung des gemeinen Pfennigs und ähnliches zu beschließen, aber nicht einmal die ihm auf den gemeinen Pfennig bewilligte Anleihe (vgl. S. 193) konnte der Kaiser aufbringen. Inzwischen hatten die Dinge in Italien ohne Maximilian ihren Gang genommen; doch blieb er in die italienischen Wirren bis zum Ende seines Lebens verstrickt.

Im Sommer 1496 folgte Maximilian einem Rufe Mailands und Venedigs, sie gegen einen erwarteten Angriff Karls VIII. zu verteidigen. Dieser erschien jedoch nicht, und was Maximilian unternahm, um die Franzosen in Oberitalien zu schädigen mißglückte; aller Mittel entblößt, kehrte er gegen Jahresende nach Tirol zurück. Ludwig XII., der 1498 Karl VIII. auf den Thron gefolgt war, ließ schon durch die Annahme des Titels eines Herzogs von Mailand erkennen, daß er die Italienpolitik seines Vorgängers aufzunehmen gewillt war. Maximilian forderte daraufhin von ihm die Herausgabe des Herzogtums Burgund, verjagte die in die Freigrafschaft Burgund eingefallenen Franzosen, schloß aber dann doch, weil er nicht weiter vorwärts kam, mit Ludwig XII. einen Waffenstillstand. Da er nun einmal im Westen stand, wandte er sich gegen den Schützling Ludwigs XII., Herzog Karl Egmont von Geldern. Der Burgunderherzog Karl der Kühne hatte dessen Vater gezwungen, ihm Geldern zu überlassen, nach Karls des Kühnen Tod beanspruchte es Maximilian als einen Teil des burgundischen Erbes. Karl Egmont kehrte 1492 mit französischer Hilfe nach Geldern zurück und lag seitdem mit den Habsburgern in Fehde. Maximilian richtete auch jetzt nichts gegen ihn aus, er hatte nur wieder einmal nutzlos seine Kräfte verzettelt. Um so zielbewußter arbeitete Ludwig XII. auf die Erwerbung Mailands hin. Er schloß mit Venedig einen Bund und vertrieb Ludwig Moro aus Mailand, als Maximilian während des schwäbischen Krieges in der Schweiz festsaß (vgl. S. 195f.).

Das eben eingesetzte Reichsregiment (vgl. S. 191) entsandte, um neuen Verwicklungen im Westen vorzubeugen, alsbald Boten an Ludwig XII., die mit ihm eine Verlängerung des Waffenstillstandes vereinbarten. Die italienischen Angelegenheiten fielen dabei stillschweigend unter den Tisch. Maximilian war darüber empört, ließ sich aber dann doch durch seinen Sohn Philipp beruhigen. Dessen Schwiegervater Ferdinand von Aragon hatte im Bunde mit Ludwig XII. den Nachfolger Ferdinands II. aus Neapel verdrängt und im August 1501 mit den französischen König einen Vertrag geschlossen, wonach dieser Mailand und er selbst Neapel behalten sollte. Maximilian erklärte sich in dem am 13. Oktober 1501 in Trient abgeschlossenen Vertrag mit dieser Regelung einverstanden. So gab zum ersten Mal die Bindung der Habsburger an Spanien für die Politik eines deutschen Herrschers den Ausschlag in einer Angelegenheit, die auch das Reich betraf. Drei Jahre später, in den Verträgen zu Blois vom 22. September 1504, näherten sich Maximilian und Ludwig XII. noch mehr. Dieser sollte in aller Form von dem deutschen König mit Mailand belehnt und des Kaisers Enkel Karl mit der französischen Prinzessin Claudia verlobt werden. Die unersättliche Hauspolitik der Habsburger verdarb aber auch jetzt wieder alles. Zu Blois wurde nämlich abgemacht, daß Karl Herr von Neapel werden solle. Darüber war naturgemäß Ferdinand von Aragon verstimmt. Es fiel ihm nicht schwer, Ludwig XII. zu sich herüber zu ziehen, zumal da die französischen Großen die Verbindung mit den Habsburgern nicht gerne sahen. Das Ergebnis des ersten Abschnittes von Maximilians Italienpolitik war also das Gegenteil von dem, was er zuerst gewollt hatte: die Belehnung Ludwigs XII. mit Mailand im April 1507.

Auf dem Konstanzer Reichstag im Frühling 1507 forderte Maximilian von den Ständen, ihm ein starkes Truppenaufgebot für einen Italienzug zu stellen. Er wolle sich jetzt endlich die Kaiserkrone holen, nach der er schon lange strebte. Als er andeutete, er gedenke bei dieser Gelegenheit Ludwig XII. Mailand wieder abzunehmen, zeigten sich die Stände nicht geneigt darauf einzugehen; sie wollten größere Auseinandersetzungen mit Frankreich vermeiden. Dagegen waren sie mit dem Plan der Kaiserkrönung einverstanden und auch damit, daß Maximilian möglichst viel vom alten Reichsgut zurückzugewinnen suche. Dessen Erträgnisse sollten dann, was die Stände mit Wohlgefallen vernahmen, im Einvernehmen mit den Kurfürsten zum Besten des Reiches verwendet werden. Im Spätwinter war Maximilian endlich zum Aufbruch nach Italien bereit. Nun hatte die Republik Venedig schon früher und auch jetzt wieder erklärt, sie werde ihm den Durchzug durch ihr Gebiet nur mit einem kleinen Gefolge gestatten. Obwohl Maximilian für einen Krieg mit dem mächtigen Venedig viel zu wenig Truppen bei sich hatte, versuchte er doch die Freigabe seines Weges zu erzwingen. Für alle Fälle wollte er aber zuerst der Schmach vorbeugen, ohne die Kaiserwürde in die Heimat zurückzukehren. Er nahm deshalb am 4. Februar 1508 aus eigener Machtvollkommenheit den Titel „erwählter römischer Kaiser" an. Papst Julius II., der Venedig grollte, weil es päpstliches Gebiet an sich gerissen hatte, billigte diesen Schritt des Habsburgers. Maximilian schuf damit ein neues Recht. Von nun ab nannten sich alle deutschen Herrscher nach ihrer Krönung in Aachen „erwählter römischer Kaiser" und kaiserliche Majestät. In einer Stunde offensichtlicher Schwäche des Reiches entschied also eine Verlegenheitsgeste einen Streit von Jahrhunderten zugunsten des Reichsoberhauptes und des Reiches: der deutsche König ist auch ohne Krönung durch den Papst römischer Kaiser. Da der reale Inhalt der Kaiserwürde schon längst zum größten Teil verflüchtigt war, kam diese Unabhängigkeitserklärung reichlich spät. Jene Zeit selbst wertete allerdings den Kaisertitel immer noch sehr hoch, wie der Kampf um die Kaiserwürde nach Maximilians Tod aufs neue bewies. Vor allem aber zeigt Maximilians Lösung der Kaiserfrage, wie weit die Deutschen damals die mittelalterlichen Vorstellungen von dem Verhältnis des Kaisertums zum Papsttum bereits aufgegeben hatten.

Noch war kein Monat seit der Kaiserproklamation verstrichen, als die Venezianer das Heer Maximilians schlugen. In kürzester Zeit besetzten sie Friaul, Görz und Istrien. In seiner Not schloß der Kaiser einen Waffenstillstand auf drei Jahre mit ihnen und überließ ihnen ihre Eroberungen. Um sich an Venedig zu rächen, warf sich Maximilian nun den Franzosen in die Arme. In der Liga zu Cambrai vom 13. Dezember 1508 verpflichtete er sich, gegen Zahlung von 100000 Kronen Ludwig XII. Mailand als erbliches Herzogtum zu übergeben und einem Bunde beizutreten, der alle Feinde Venedigs umfaßte: Ludwig XII., den Papst und Ferdinand von Aragon. Die Reichsstände waren über diese Schwenkung der Maximilianischen Politik, die auf eine ungeheure Stärkung der französischen Stellung in Italien hinauslaufen mußte, begreiflicherweise sehr erstaunt, und sie bewilligten ihm keinerlei Unterstützung. Auch die Stände seiner Erblande steuerten ihm für seine uferlosen Pläne wenig bei; eine völlige Zerrüttung seiner Finanzen war die Folge. Die Franzosen besiegten die Venezianer; Ludwig XII., der Papst und Ferdinand von Aragon nahmen ihnen, was sie beansprucht hatten. Maximilian dagegen mußte sich nach einer vergeblichen Belagerung von Venedig mit dem Besitz Veronas zufrieden geben.

Im Jahre 1510 schlug sich Papst Julius II. auf die Seite Venedigs. Er wollte alle Fremden, zunächst die Franzosen, aus Italien vertreiben. Als Gegenzug beabsichtigte der Kaiser, eine Kirchenreform im national-deutschen Sinne durchzuführen, woraus jedoch ebensowenig wurde wie aus seinem Plane, selbst Papst zu werden. Auf diesen Gedanken kam Maximilian, der kurz zuvor wieder Witwer geworden war, im August 1511 gelegentlich einer schweren Erkrankung Julius II. Der Papst genas jedoch schnell wieder und schloß eine „heiligste Liga" zuerst mit Venedig gegen Frankreich, dann mit dem Kaiser und dem König von Aragon gegen Venedig, das sich daraufhin mit Frankreich verband. Der päpstlich-kaiserlichen Vereinigung trat Heinrich VIII. von England bei. Von ihrem letzten Festlandbesitz Calais aus stießen die Engländer vor. Der Kaiser führte sie am 16. August 1513 in der „Sporenschlacht" von Guinegate, in der, wie es hieß, die Franzosen mehr die Sporen als die Schwerter gebrauchten, zu einem glänzenden Sieg. Recht kläglich verlief dagegen wieder ein oberitalienischer Feldzug Maximilians im Frühjahr 1516; und doch hätte nur noch ein ganz großer Erfolg eine Wendung im Sinne des Kaisers erzwingen können. Am 1. Januar 1515 hatte Franz I. den französischen Königsthron bestiegen und am 13. und 14. September 1515 bei Marignano ein starkes schweizerisches Heer besiegt, das Mailand gegen die heranziehenden Franzosen hätte schützen sollen. Bald darauf suchte Maximilians Enkel, König Karl von Spanien, Fühlung mit ihm zu gewinnen. Am 13. April 1516 schlossen die beiden Könige den Freundschaftsvertrag von Noyon. Karl wußte nun seinen Großvater umzustimmen und ihn zu einem Frieden mit Frankreich und zu einem Waffenstillstand mit Venedig zu bewegen. Nach anfänglichem Sträuben gab Maximilian sogar seine Einwilligung, daß in dem am 3. Dezember 1516 zu Brüssel abgeschlossenen Vertrag Verona an Venedig abgetreten wurde. Um 200000 Goldtaler verzichtete er auf die starke Feste an der Etsch, die er selbst den Schild von Tirol und die Brücke nach Welschland genannt hatte. Bis zu seinem Tode am 12. Januar 1519 schmiedete er unermüdlich Pläne, immer wieder hoffte er, er werde die Franzosen doch noch aus Italien verdrängen oder wenigstens ein schönes Stück der Lombardei für sein Haus gewinnen; er konnte aber das Ergebnis seiner Italienpolitik nicht mehr ändern: Venedig war nicht gedemütigt, Frankreich beherrschte den Norden, Spanien den Süden Italiens, das Reich hatte nichts gewonnen.

Ergebnis der Regierung Maximilians

Für das Haus Habsburg hat Maximilian Großes erreicht. Nach langer Zeit vereinigte er die sämtlichen habsburgischen Lande wieder in einer Hand. Sie erstreckten sich in verschiedener Breitenausdehnung, nur an einzelnen Stellen durch andere Herrschaften unterbrochen, von den Vogesen bis Ungarn. Die Niederlande sind durch ihn habsburgisches Erbgut geworden, sein Enkel saß auf dem spanischen Königsthron, der Kaiser hatte die Rechte seiner Dynastie auf Böhmen und Ungarn erneuert: sieben Jahre nach seinem Tode fielen auch diese beiden Länder an die Habsburger. Dagegen war seine Reichspolitik eine Kette von Mißerfolgen. Die Schweiz machte sich selbständig, das Ordensland Preußen wurde der polnischen Krone preisgegeben, in Oberitalien der Rest des deutschen zugunsten des französischen Einflusses verloren. Die Türkengefahr wuchs von Jahr zu Jahr. Die dürftigen Maßnahmen zur Reichsreform bewahrten zwar Deutschland vor dem Zerfall in mehrere voneinander unabhängige Staaten, förderten aber zugleich übermäßig den bundesartigen Aufbau des Reiches. Der Kaiser war fest davon überzeugt, daß die Engstirnigkeit und der Eigennutz der Reichsstände an all dem Schuld trugen. Dieser Ansicht waren auch viele seiner Zeitgenossen und spätere Geschichtsschreiber. In der Tat mußte Maximilian wiederholt nur deshalb ungünstige Verträge oder einen Verzichtfrieden schließen, weil ihn die Stände bei wichtigen Unternehmungen von Anfang an zu wenig unterstützten oder ihn im entscheidenden Augenblick im Stiche ließen. Bei seiner Heiratspolitik und bei seinen Kriegen sah er nicht ausschließlich auf den Vorteil seines Hauses, sondern er wollte damit auch dem Reiche dienen, und er hat wiederholt, freilich vergebens, seine eigenen Mittel für das Reichsganze eingesetzt. Im Laufe der Jahrhunderte hat dann die große Habsburgermacht mit ihrem Schwergewicht im mittleren und südlichen Raum und Vorraum von Deutschland manches für das Reich geleistet. Es war unter den gegebenen Verhältnissen an sich nicht verfehlt, zur Sicherung des Westens und Südens strategisch oder allgemein politisch wichtige Gebiete zu erwerben und diese an die österreichisch-habsburgischen Erblande anzugliedern. Für die Bewertung der Gesamtpolitik Maximilians ist auch noch zu berücksichtigen, daß ihm die Lage des Reiches und der habsburgischen Besitzungen die Wahl zwischen West- und Ostpolitik nicht freiließ, und die Notwendigkeit einer Zweifrontenstellung ihm Verlegenheiten über Verlegenheiten bereitete.

Maximilian ist indes nicht an einzelnen Schwierigkeiten, so groß sie oft waren, gescheitert, sondern an seiner expansiven Politik. Mochte sie der rechte Weg sein, habsburgischen Familienmitgliedern fremde Throne zu gewinnen, in der Reichspolitik mußte sie zum Verhängnis werden, gleichviel ob ihn dazu seine ganze phantastische Art oder nur der Irrtum verleitete, er könne nach Erwerbung weit entlegener Länder, auch ohne zuvor im Reiche geordnete Zustände hergestellt zu haben, an der Spitze eines siegreichen Heeres in Deutschland eine starke Monarchie aufrichten. Für eine weit ausgreifende Außenpolitik, die ihm ein Übergewicht über Frankreich verschafft hätte, reichten seine eigenen Mittel in keiner Weise aus. Den Ständen aber lag nichts ferner, als sich für entlegene Ziele anzustrengen; dazu war ihnen das Anwachsen der habsburgischen Hausmacht durch die Verbindung mit Spanien höchst unwillkommen. So wie die Verhältnisse nun einmal lagen, ließ sich die Haus- und Familienpolitik Maximilians nur unter Verzicht auf eine gesunde Reichsinnenpolitik betreiben. Die Stände zeigten sich auf dem Konstanzer Reichstag von 1507 nicht zuletzt deshalb zu einer beträchtlichen Hilfeleistung für den Romzug Maximilians bereit, weil das Jahr zuvor sein Sohn Philipp gestorben war und sie infolgedessen auf lange Zeit kein Einsetzen spanischer Machtmittel zur Stärkung der königlichen Gewalt in Deutschland zu fürchten brauchten. Maximilians Familienpolitik lief mit einer gewissen inneren Notwendigkeit auf die Trennung der kaiserlichen Hausmacht vom Reiche als dem Inbegriff der Reichsstände hinaus, also auf den Dualismus Kaiser und Reich, das gerade Gegenteil von einer einheitlichen Monarchie.

Man hat dem Vorwurf, Maximilian habe unter Vernachlässigung der Interessen des Reiches Hauspolitik getrieben, jede moralische Berechtigung mit dem Hinweis absprechen wollen, daß die Gegenüberstellung von dynastischer und Reichspolitik ganz „unhistorisch" sei, weil es damals und noch lange in Deutschland wie in den übrigen Staaten nationale Politik, ja überhaupt eine Nation im modernen Sinne nicht gegeben habe. Diesem Entlastungsversuch ist jedoch gerade von den geschichtlichen Voraussetzungen jener Zeit aus nicht zuzustimmen. Nicht nur bei den Humanisten spielte der nationale und der völkische Gedanke eine große Rolle, das Wohl des Vaterlandes und des deutschen Volkes, die nationalen Anliegen stehen in den Reden und politischen Schriftstücken der Reichsstände und besonders Maximilians an erster Stelle. An der Erkenntnis von der Bedeutung, auch der sittlichen, des Nationalen hat es also wahrlich nicht gefehlt. Die Mehrzahl der Reichsstände stellte allerdings in den meisten Fällen ihren eigenen Nutzen dem des Reiches voran, das gab jedoch Maximilian weder das politische noch das moralische Recht, ebenso zu handeln, denn der Kaiser war dem Reiche ungleich stärker verpflichtet als die Landesfürsten.

Das Verhalten Maximilians wäre nur dann zu entschuldigen, wenn er keine Möglichkeit zu einer fruchtbaren Reichspolitik gehabt und nur deshalb der dynastischen den Vorzug gegeben hätte, um seine Kräfte nicht an eine aussichtslose Sache zu verschwenden. In Wirklichkeit waren aber die Aussichten für eine Neugestaltung des Reiches unter Maximilian so günstig wie seit langem nicht mehr. Er besaß bereits bei Beginn seiner Regierung eine große Hausmacht, die ihm bei guter Wirtschaftsführung einen starken Rückhalt geboten hätte. Der Tiroler Bergbau nahm eben jetzt einen großen Aufschwung. In den reichen Niederlanden hätte er bei kluger Rücksicht auf ihre Eigenart festen Fuß fassen können, wie das Beispiel der burgundischen Herzöge zeigt, die ihnen von Haus aus ebenfalls fremd gewesen waren. Statt dessen zerrüttete Maximilians expansive Politik seine Vermögensverhältnisse dermaßen, daß die Stände seiner eigenen Erblande unter Hinweis auf ihre drückende Notlage wiederholt die Bewilligung von Steuern verweigerten. Selbst die Bäcker und Metzger Innsbrucks lieferten des öfteren nicht einmal mehr das Nötigste für die verschuldete Hofhaltung.

Die Reichsstände wollten Maximilian keineswegs dem Reiche entfremden. Sie forderten ihn im Gegenteil auf, seine Residenz im Reiche zu nehmen. Die Reichsbehörden, vor allem das Reichskammergericht, wären in einer kaiserlichen Residenzstadt unter den dauernden Einfluß des Hofes gekommen und hätten so allmählich zum Eckstein einer einheitlichen Regierung werden können. Die Reichsstände trieben überhaupt keine grundsätzliche Oppositionspolitik gegen den Kaiser. Das Elend des Reiches, unter dem ja auch sie litten, weckte in ihnen den Wunsch nach geordneten Zuständen. Als Maximilian in den die pfälzischen und bairischen Lande verheerenden Bruderkrieg der Wittelsbacher tatkräftig eingegriffen und die streitenden Parteien zum Frieden gezwungen hatte, und die Reichsstände nach dem Tode Bertholds von Henneberg keinen Führer mehr hatten, erklärten sie auf dem Kölner Reichstag von 1505: „Dieweil Euer königliche Majestät . . . aus hoher Vernunft und Schicklichkeit löblich, ehrlich und wohl regiert hat und das auch fortan . . . wohl kann und weiß zu tun, so ist unser aller Will und Meinung" Euer Majestät keine besonderen Bindungen für ihre Regierung mehr aufzuerlegen. Damit verzichteten die Stände auf das 1500 eingeführte Reichsregiment (vgl. S. 191) und bekundeten Maximilian ihr Vertrauen, obwohl er beim bairischen Erbfolgestreit eines ihrer Mitglieder durch die Wegnahme von Kufstein geschädigt hatte. Aber Maximilians Außenpolitik verdarb bald wieder alles. Die Reichsstände wollten von ihr nichts wissen, weil sie das Reich in ihnen ferne liegende Dinge verwickelte, und weil sie völlig zerfahren war. Des Kaisers Mißerfolge in Italien bestärkten die Stände vollends in ihrer Meinung über Maximilians außenpolitische Unternehmungen, die sie, wie schon sein Vater Friedrich III. das Bretagneabenteuer, beurteilten als „liederliche Händel, die keinen Grund und Bestand in sich tragen". Das nötige Vertrauen der Reichsstände für eine Reichsreform, die sich bei geschickter Auswertung aller sonstigen Maximilian offenstehenden Möglichkeiten zur Grundlage für eine starke Monarchie hätte ausgestalten lassen, verscherzte sich der Kaiser auch dadurch, daß er selbst in seinen Erblanden und in den rechtlich ebenfalls zum Reiche gehörenden Niederlanden, wo schon im Rate seines Sohnes Philipp die deutschfeindliche Partei das Übergewicht hatte, bei der Durchführung der allgemeinen Reichsbeschlüsse, wie etwa die über den gemeinen Pfennig oder die über Unterwerfung unter die Reichsbehörden, nicht mit gutem Beispiel voranging. Ebensowenig wie die Reichsstände wußte „der letzte Ritter" die Ritterschaft und der Freund der in den Städten das große Wort führenden Humanisten die Reichsstädte als Hebel für eine innere Reichspolitik großen Stiles zu benutzen. In England, Frankreich und Spanien siegte mit Hilfe der Städte das Königtum über die partikularen Gewalten; Maximilian begnügte sich damit, die Städte zu gelegentlichen Leistungen heranzuziehen, ihre Künstler, Dichter und Gelehrte in den Dienst seines Ruhmes zu stellen und mit schönen Bürgerinnen und Patriziertöchtern zu tanzen.

Die zwei Jahrhunderte vom Zusammenbruch der staufischen Herrschaft bis zur Mitte des 15. Jahrhunderts waren für das ganze Abendland eine Übergangszeit gewesen: vom Universalismus des Kaisertums, das die Deutschen besaßen und das die Franzosen und Engländer zeitweilig erstrebten, zur nationalen Begrenzung, von der römischen Weltkirche zu Ideen und Bestrebungen, die den Papst als ausländischen Usurpator ablehnten, vom Lehens- zum Beamtenstaat, von dem Überwiegen der Naturalwirtschaft, des Bauerntums und der Aristokratie zur städtischen Wirtschaft mit steigender Bedeutung des Geldes, von der hieratischen und aristokratischen geistigen und künstlerischen Kultur des Früh- und Hochmittelalters zur bürgerlichen des Spätmittelalters und zur Renaissance. Deutschland wurde von der Auflösung der alten Ordnungen naturgemäß am stärksten in Mitleidenschaft gezogen, weil es zur Zeit ihrer Geltung vor allem in dem ausschlaggebenden politischen Bereich die Führung hatte; aber auch für Italien, Frankreich und England war diese Zeit des Übergangs eine Zeit schwerster Erschütterungen. Seit der Mitte des 15. Jahrhunderts boten, in einigen Ländern früher, in anderen etwas später, die sich anbahnenden neuen Ordnungen des Staats-, Gesellschafts- und Wirtschaftslebens tüchtigen Herrschern Gelegenheit, die Kräfte ihres Staates für die Innen- und Außenpolitik zusammenzufassen, wie es bis dahin seit dem Ende des alten Römerreiches nicht mehr möglich gewesen war. Isabella von Kastilien, Ferdinand von Aragon und Ludwig XI. von Frankreich haben auf diese Weise noch im 15. Jahrhundert Großes erreicht. In Deutschland lagen zwar die Verhältnisse für die Errichtung einer starken Monarchie in mancher Beziehung schwieriger; aber war erst einmal ein guter Anfang dazu genommen, dann ließ sich erreichen, daß keine andere Macht die deutsche zu überholen imstande war und die deutsche Volkskraft sich auch in steigendem Maße im Politischen auszuwirken vermochte. Kaiser Maximilian ließ sich durch seine weitausschweifenden Pläne von dem Nächstliegenden, von dem für die deutsche Zukunft einzig Notwendigen ablenken. Das von ihm in den für das deutsche Schicksal entscheidenden Jahren Versäumte war nie wieder nachzuholen.

Fünftes Kapitel

Die Kirche

Unter den verschiedenen Gemeinschaftsformen des Spätmittelalters stand die Kirche fast in jeder Beziehung an erster Stelle. Kein Reich konnte mit ihr an Ausdehnung wetteifern, sie umfaßte alle Staaten der abendländischen Christenheit, ihre Missionare stießen in weitentfernte Gebiete Asiens und Afrikas vor und begleiteten die Eroberer der neu entdeckten Länder Amerikas. Die Kirche bestimmte die Weltanschauung von hoch und nieder und griff mit ihren Geboten und Verboten in das öffentliche Leben und in die innersten Bezirke des privaten Lebens ein. Sie hatte einen ungeheuren Grundbesitz und war die erste Geldmacht. Millionen von Geistlichen, Mönchen und Nonnen bildeten ihr Heer und ihre Beamtenschaft. Sie waren unter ihrer obersten Spitze, dem Papsttum und der römischen Kurie, straffer organisiert als die Behörden der weltlichen Mächte. Kunst, Wissenschaft und Schule standen in erster Linie im Dienste der Kirche. Die Seelsorge der Pfarrgeistlichkeit und der Bettelorden erfaßte jetzt auch das ganze offene Land und entfaltete in den Städten eine ungemein rege Wirksamkeit. In den überaus zahlreichen Kirchen wurden außer den liturgischen Gottesdiensten vielfach volkstümliche Andachten abgehalten, die Prediger in den Dorfkirchen und gefeierte Kanzelredner sprachen allgemein verständlich und oft derb-realistisch. Eifrig wurden Erbauungsbücher gelesen; kurze und lange Gebete im Kreise der Familie, der auch die Gesellen und Dienstboten angehörten, oder in stiller Zurückgezogenheit umrahmten, begleiteten und unterbrachen bei vielen das lange Tagewerk. Gewiß waren auch damals nicht alle fromm, aber echte, kernige Frömmigkeit in den von der Kirche dargebotenen Formen war in allen Schichten der Bevölkerung weitverbreitet.

Wäre der ganze Klerus und wären die Klöster so verkommen und verspottet gewesen, wie vielfach angenommen wird, dann stellte uns die Volksfrömmigkeit des Spätmittelalters vor ein unfaßbares Rätsel. Denn wie hätten die Laien gute Christen sein sollen, wenn ihre geistlichen und geistigen Führer keine Christen mehr waren. Die scholastische Form der Gottesgelehrtheit war erstarrt, abgeschmacktes Theologen- und Mönchsgezänk um Nebensächliches und Spitzfindigkeiten hatten sich an den Universitäten breitgemacht. Es ist aber falsch, darnach den ganzen theologischen Unterricht zu beurteilen. Er vermittelte ein reiches Maß gediegener positiver Kenntnisse. Die Vertrautheit mit den Glaubenswahrheiten bildete ja die Voraussetzung für die freilich großenteils zu geistiger Akrobatik verzerrte Disputierkunst. Viele Theologen machten sich für die Erklärung des Bibeltextes und der Kirchenväter auch die von den Humanisten erzielten Fortschritte in der Philologie zunutze. Um eine richtige Vorstellung von der theologischen Bildung jener Zeit zu gewinnen, sind nicht nur die wissenschaftlichen Hauptwerke und die noch wenig erforschten Handbücher und Kolleghefte der Studenten zu berücksichtigen, sondern auch die massenhafte, zum Teil gute Erbauungsliteratur. Die Buchdruckerkunst machte die alten und neuen Mystiker leicht zugänglich, und so wurden z. B. die Schriften des Johannes Gerson, eines älteren Zeitgenossen und Geistesverwandten des Verfassers der „Nachfolge Christi", bis 1500 hundertzehnmal aufgelegt. Die umfangreichen, vielbenützten Bibelkommentare des 1471 gestorbenen Karthäusers Dionysius Rickel genannt ‚doctor ecstaticus', verbanden Wissenschaft und neuplatonisch-christliche Mystik. Das Frömmigkeitsstreben fand besonders in den Klöstern der Brüder vom Gemeinsamen Leben (vgl. S. 64f.), ferner in den reformierten Klöstern der Benediktiner, die in der Bursfelder und in der Melker Kongregation zusammengeschlossen waren, in der Windesheimer Kongregation der Augustiner Chorherren, in den Observantenklöstern der Dominikaner und Franziskaner einen starken Rückhalt und wirkte von da aus auf Weltgeistliche und Laien. Für die Erneuerung des religiösen Lebens in engeren Kreisen bezweckten die mannigfachen Reformbestrebungen mehr, als man nach ihrem Versagen in den großen kirchlichen Anliegen der Christenheit und namentlich des deutschen Volkes vermuten möchte. Die Kirche befand sich unmittelbar vor der Reformation in besserer Verfassung als während mancher früheren Krisenzeiten, zumal denen des 14. Jahrhunderts.

Trotz des glanzvollen Äußeren und des vielen Guten und Lebenskräftigen im Innern bedrohten die Kirche große Gefahren. Der Zwiespalt zwischen den von der Kirche gepredigten Idealen und den in ihr herrschenden Zuständen wurde infolge des durch die Seelsorge geschärften sittlichen Urteilsvermögens in allen Schichten der Bevölkerung stärker als in den vorausgegangenen Jahrhunderten empfunden. Den der Kirche treu Ergebenen, wie den ihr bereits feindlich Gesinnten galt als die Wurzel aller Übel die Verweltlichung der Kirche. Der Gegensatz zwischen Weltflucht und inbrünstigem Weltbegehren hatte bereits das ganze christliche Mittelalter als ein tiefer Riß durchzogen. Es geht nicht an, die zentrale Bedeutung dieses Gegensatzes für das Mittelalter mit dem Hinweis beiseitezuschieben, daß die Spannung zwischen Weltbegehren und Weltabkehr als allgemein menschliches Problem über den Zeiten stehe. Ideal und Wirklichkeit decken sich allerdings nie und nirgends vollkommen. Es ist erstaunlich, wie weit oft beide auseinandergehen können, ehe sich der Gemüter eine größere Erregung bemächtigt. Steht aber die Wirklichkeit zu den Idealen in allzu großem Gegensatz, dann gerät der Aufbau einer sozialen, staatlichen oder religiösen Ordnung ins Wanken, wenn es sich dabei um einen ihrer Grundpfeiler handelt. Die Abkehr von der Welt ist nun solch ein Grundpfeiler der römischen Kirche. Ihre Kulturleistungen, soweit sie von dem ihr eigentümlichen

Ideengehalt her bestimmt sind, schließen keineswegs die innere Hinwendung zur Welt in sich; Herz und Sinn von ihr frei zu halten trotz des Lebens und Wirkens in ihr, ist vielmehr der Angelpunkt der Selbstheiligung, zu der auch die Laien verpflichtet sind.

Das Papsttum

Die erste Revolution des Abendlandes, die ebenso wie die religiöse des 16. Jahrhunderts unter dem Namen einer Reform, der Kirchenreform des 11. Jahrhunderts, in die Geschichte eingegangen ist, hatte von dem Streben der Kirche, sich aus den Verstrickungen der Welt zu lösen, ihren Ausgang genommen. Sie war jedoch schon durch Gregor VII. zu einem Machtkampf zwischen Kaisertum und Papsttum geworden, der sich bis zum Untergang der Hohenstaufen fortsetzte und unter Kaiser Ludwig dem Baiern noch einmal offen ausbrach. In diesem Kampfe war nun die Kirche erst recht in weltliche Händel verwickelt worden. Zu schwach, um ihn mit eigenen Kräften durchzuführen, trieben die Päpste mit allen erdenklichen Mitteln, auch solchen rein weltlicher und sittlich nicht einwandfreier Art, Politik. Das Kampfziel selbst schloß viel Weltliches in sich: die vom Kaisertum unabhängige Herrschaft über den Kirchenstaat und die Unterordnung der weltlichen Gewalten in allen Staaten, auch in nicht religiösen Angelegenheiten. Das Papsttum war dadurch in den Streit der Meinungen hineingezogen worden und bot seinen Widersachern, sowohl wegen der Ansprüche, die es stellte, als auch wegen der Mittel, deren es sich zu ihrer Durchsetzung bediente, breite Angriffsflächen. Seit den leidenschaftlichen Kampfschriften des Investiturstreites verstummten die papstfeindlichen Stimmen in Deutschland kaum je. Die Erinnerung an das Ringen zwischen den Päpsten und den Kaisern mit seinen üblen Begleiterscheinungen auch auf kirchlicher Seite lebte bei ernsteren Anlässen zur Unzufriedenheit mit Papst und Kurie im deutschen Volke immer wieder auf, und neuer Groll nährte sich am alten.

Trotz seines Sieges über das Kaisertum war das Papsttum von den Bindungen an weltliche Mächte nicht frei geworden. Am 29. Oktober 1268 fiel das Haupt des letzten Hohenstaufen der Rache des päpstlichen Bundesgenossen Karl von Anjou zum Opfer, nur ein Menschenalter später, im Jahre 1309, erkor der Franzose Clemens V. Avignon zur päpstlichen Residenz. Fast siebzig Jahre währte das Avignoner Exil, in das sich die Päpste freiwillig begeben hatten. Damit verlor der ehemalige Sturmlauf des Papsttums gegen die Kaiser seine sittliche Rechtfertigung; denn es war nun Frankreich hörig oder trieb unter selbständigen Naturen wie Johann XXII. wenigstens franzosenfreundliche Politik. Gegenüber der einstigen Vorherrschaft der Kaiser über das Papsttum war nun dessen Verhältnis zu Frankreich auch vom kirchlichen Standpunkt aus eine Wendung zum Schlimmeren. Soweit das Kaisertum seinen Einfluß auf das Papsttum, wie etwa in der deutschen Ostpolitik, seinen Zwecken dienstbar zu machen gesucht hatte, handelte es sich dabei immer auch um religiöse und kirchliche Aufgaben, bei denen mitzuwirken das Kaisertum kraft der ihm auch von den Päpsten zuerkannten besonderen Stellung in der Christenheit ein Recht besaß. Mit ihrer Förderung der rein nationalen französischen Machtpolitik nahmen aber die Päpste, zum Teil unter Preisgabe des sie der ganzen Christenheit verpflichtenden Hirtenamtes, einseitig Partei. Während der Investiturstreit einst das deutsche Volk in zwei Lager gespalten hatte, in ein kaiserliches und ein päpstliches, herrschte nun eine allgemeine Erbitterung über die Franzosenpäpste.

Avignon war aber auch, abgesehen vom Politischen, die Brutstätte der Übel, die den Haß und die Verachtung gegen die Päpste und noch mehr gegen die Kurie besonders in den germanischen Ländern bis zur Reformation ständig anwachsen ließ. Die Geldgier der Päpste und der Kardinäle war längst sprichwörtlich, seit etwa 1200 wurde sie von Evangelienparodien verspottet, die anhoben: „Anfang des heiligen Evangeliums nach der Mark" (statt nach „Markus"). Aber erst in Avignon kam es zur völligen Ausbildung des päpstlichen Fiskalismus. Mit ihm hingen zusammen: die straffe Zentralisierung der kirchlichen Verwaltung, das Bestreben, immer neue Rechtstitel zu ersinnen, unter denen die Kurie regelmäßige und außerordentliche Abgaben erheben könne und, ebenfalls aus finanziellen Gründen, die Besetzung der kirchlichen Ämter auch mit Ausländern unmittelbar durch Rom. Dieses kuriale Taxenwesen war ein größeres Unheil und wirkte schlimmer, als es die kaiserliche Investitur getan hatte, zu deren Beseitigung ein Gregor VII. und die ihm folgenden Reformpäpste einst Himmel und Hölle in Bewegung gesetzt hatten. Die Gelder, die erst nach Avignon und dann nach Rom flossen, wurden obendrein zu einem großen Teil für Zwecke verwendet, die mit den eigentlichen Aufgaben der Kirche nichts zu tun hatten und in vielem der christlichen Sittenlehre schnurstracks zuwiderliefen. Gegen diese üble Verweltlichung der Kirche kämpften vor den Humanisten am leidenschaftlichsten die Franziskaner-Spiritualen. Aus dem Armutsideal des heiligen Franz, das sie in ihren Klöstern wieder einführten, leiteten sie auch weitgehende Folgerungen dogmatischer Art ab. Als nun Johann XXII. in Avignon die Lehren der Spiritualen verwarf, und diese hierauf blutig verfolgt wurden, erklärten sie den Papst als Häretiker und manche von ihnen die römische Kirche selbst als den „Antichrist, als die Kirche Satans, die Hure von Babel, das Tier aus dem Abgrund".

Die heilige Katharina von Siena, die im Sommer 1376 in Avignon erschien, um Gregor XI. an seine Pflichten zu mahnen, sprach es offen vor dem Papste aus, daß sie an seinem Hofe, der doch ein Paradies heiliger Tugenden sein sollte, den Lastergeruch der Hölle finde. Er begleitete die Kurie auch nach Rom, wohin Gregor XI. im Januar 1377 endlich zurückkehrte. Mit dieser Übersiedlung war der französische Teil seiner Umgebung höchlich unzufrieden. Nach Gregors Tod am 27. März 1378 kam es zu einer stürmischen Papstwahl, in der die italienische Partei siegte. Sie erhob einen Sizilianer auf den Stuhl des heiligen Petrus. Der neue Papst, Urban VI., wollte den Unrat mit eisernem Besen auskehren. Auswärtige Bischöfe, die ihre Geschäfte an der Kurie zu betreiben nach Rom kamen, beschimpfte er als Eidbrüchige, die sich pflichtvergessen in der Fremde herumtrieben. Als ihm ein noch von seinem Vorgänger bestellter Geldeinsammler den klingenden Betrag seiner Bemühungen überreichen wollte, schleuderte ihm der Papst die Worte des heiligen Petrus an den Zauberer Simon ins Gesicht: „Sei verflucht, du und dein Geld.“ In einer Versammlung der Kardinäle hielt er ihnen ihr üppiges Leben vor und beschimpfte sie, wenn sie etwas einwenden wollten, als Dummköpfe und eitle Schwätzer. Die Kardinäle, von denen die meisten die Einkünfte von zehn bis zwölf Bistümern und reichen Abteien bezogen, dachten nicht daran ihren Lebenswandel zu ändern. Ein Teil von ihnen erklärte die Wahl Urbans für ungültig und wählte einen neuen Papst, der als Clemens (VII.) wieder in Avignon seinen Sitz aufschlug. So entstand 1378 das große Schisma; starb der in Rom regierende Papst, so erhielt er dort einen Nachfolger, ebenso geschah es in Avignon. Ein in Pisa abgehaltenes Konzil setzte 1409 den römischen Papst Gregor XII. und den Avignoner Papst Benedikt XIII. ab, weil sich beide gegen die Einheit der Kirche versündigt hätten und durch ihr Verhalten zu Ketzern geworden wären. Das Konzil wählte einen neuen Papst, Alexander V. Da keiner der beiden anderen zurücktrat, hatte die Kirche jetzt drei Päpste, je einen in Rom, in Avignon und in Pisa.

Die konziliare Bewegung

Das Schisma drohte die Kirche vollständig zu zerrütten. Es gab keinen anderen Ausweg, es zu beenden, als ein allgemeines Konzil. In dieser Not erinnerte man sich, daß der Kaiser der oberste Schirmherr der Christenheit sei. Sigmund war zwar noch nicht Kaiser, aber der deutsche König war zugleich erwählter römischer König mit dem Anspruch auf die Kaiserwürde. So war es in erster Linie König Sigmunds Angelegenheit, für das Zustandekommen eines Konzils zu sorgen. Er wußte wenigstens einen der Päpste, den von Pisa, zur Einberufung einer Kirchenversammlung zu bewegen, sie trat 1414 in Konstanz zusammen. Aus der ganzen abendländischen Christenheit strömten Vertreter dorthin, außer den Bischöfen hatten alle Doktoren der Theologie, des kirchlichen und weltlichen Rechtes Stimmrecht. Mit seinen zahlreichen Sitzungen und langwierigen Verhandlungen, seinen unter großer Pompentfaltung vorgenommenen Kirchen- und Staatshandlungen, seinen mancherlei aufregenden Zwischenfällen, mit dem Tun und Treiben einer buntgemischten Menge aus den verschiedensten Nationen und Ständen war das vier Jahre währende Konstanzer Konzil eine Kirchenversammlung und ein Jahrmarkt zugleich. Es gelang nun endlich, das Schisma zu beseitigen; der Römer Gregor XII., der wohl das beste Recht auf den römischen Stuhl hatte, trat 1415 zurück, der Pisaner Johannes XXIII. wurde 1415 und der Avignoner Benedikt XIII. 1417 abgesetzt. Am 1. November 1417 wurde Otto Colonna gewählt, der als Martin V. allgemeine Anerkennung fand. Die Beendigung des Schismas bedeutete jedoch keineswegs, daß nun auch das Papsttum sein altes Ansehen zurückgewonnen hätte. Es hatte sich nicht aus eigener Kraft von seinem Fall erhoben. Die konziliare Idee, der Gedanke, daß eine allgemeine Kirchenversammlung zur Rettung der Kirche berufen sei, wenn der Papst versage, war nun aus einer in ihrer Tragweite mehr oder weniger umstrittenen Lehre für weite Kreise zu einem durch die Praxis erprobten Grundsatz geworden, der dann auch den Gang der Reformation nicht unwesentlich beeinflußte.

Die Behebung des Schismas war nur eine, wenn auch die vordringlichste Angelegenheit des Konzils. Es ging hier um das Ganze, um die reformatio in capite et in membris, um die Reform der Kirche an Haupt und Gliedern. Für die Zustände in der Kirche und die mannigfachen Auffassungen über wichtige Fragen des Glaubens und der Disziplin sind die Akten des Konzils ungemein aufschlußreich. Es wurden auch einige Beschlüsse zur Kirchenreform gefaßt, aber im großen und ganzen ist sie doch gescheitert. Der neue Papst Martin V. billigte alsbald in den Kanzleiregeln der Kurie wieder, was zu Konstanz als Mißbräuche am römischen Hofe aufs heftigste verurteilt worden war. Auch die Sache des Hus wurde in einer Weise behandelt, die der Kirche mehr Schaden als Nutzen brachte. Der Prager Theologieprofessor verbreitete mit seinem Freunde Hieronymus in Böhmen die Lehren des Engländers John Wiklif. Dieser hatte erst das päpstliche Finanzgebaren als Simonie gebrandmarkt und die Einziehung des Kirchengutes verlangt, damit die Geistlichen, in apostolischer Armut lebend, sich ausschließlich ihren Seelsorgepflichten widmen könnten, dann lief er gegen die Papstkirche als die Kirche des Antichrist überhaupt Sturm und lehrte, die Bibel sei die einzige Quelle des christlichen Glaubens. Hus und Hieronymus waren in der Hoffnung vor dem Konzil erschienen, dort ihre Lehren rechtfertigen zu können. Die beiden Böhmen wurden jedoch als Ketzer verurteilt und auf dem Scheiterhaufen verbrannt. Dem Hus hatte König Sigmund freies Geleit zugesichert, das sich nach allgemeiner Auffassung auch auf die Rückreise hätte erstrecken sollen; das Konzil erkannte es jedoch nicht an, und der König machte keine ernsten Anstrengungen, Hus zu retten. Die Standhaftigkeit, mit der Hus und Hieronymus in den Tod gingen, und der Wortbruch des Königs entflammten erst recht den Fanatismus ihrer Anhänger und führten zu den Hussitenkriegen (vgl. S. 172). Obwohl der Hussitismus eine tschechische Bewegung war und sich in den ersten Anfängen ausgesprochen gegen das Deutschtum an der Prager Universität gestellt hatte, fand er doch auch in Deutschland Verbreitung und verstärkte besonders in den niederen Schichten die kirchenfeindlichen Strömungen. Außerdem trug das Konstanzer Konzil durch die Ausdehnung des Stimmrechtes auf die Doktoren der Theologie und des Rechts und die Art, wie die Verhandlungen vor sich gingen, zur Demokratisierung der Kirche bei. Schließlich war es auch von Bedeutung, daß der Nominalismus, der „auf dem Konstanzer Konzil seine große Zeit erlebte", in Deutschland das vorherrschende philosophische und theologische System wurde. Mit seiner Trennung von Glaube und Wissenschaft, seinen erkenntnistheoretischen Grundlagen, wonach nur die Einzeldinge, nicht die Allgemeinbegriffe, wie etwa Menschheit, Existenz hätten und nur durch Wahrnehmung, nicht durch philosophische Spekulation erkannt werden könnten, barg der Nominalismus zwar manche in die

Zukunft weisenden Elemente in sich, lockerte aber auch die innere Einheit des von Thomas begründeten Systems auf und half mit, der Reformation die Wege zu ebnen.

Papst Martin V. hatte sich auf dem Konzil von Konstanz verpflichten müssen, alsbald wieder ein Konzil zur Fortsetzung der Kirchenreform einzuberufen. Er war aber nichts weniger als ein Konzilsfreund, er verbot sogar, nur das Wort Konzil in seiner Gegenwart zu nennen. Rom fürchtete mit gutem Grunde von der konziliaren Bewegung die Verflüchtigung der päpstlichen Allgewalt zu einem Ehrenrang, ähnlich wie es dem Kaisertum ergangen war. Martin sah sich schließlich doch zur Abhaltung eines Konzils gezwungen. Es sollte in Pavia stattfinden, wurde aber unter allerlei Vorwänden, noch ehe es richtig getagt hatte, nach Siena verlegt und nach nicht ganz einjähriger Dauer plötzlich aufgelöst. Unter Martins zweitem Nachfolger, Eugen IV., fand dann noch einmal ein Reformkonzil statt, das am 23. Juli 1431 in Basel eröffnet wurde. Eugen IV. wollte es schon im Dezember wieder auflösen, doch sprach ihm das Konzil das Recht hierzu ab, erneuerte die in Konstanz für den damaligen Ausnahmefall gefaßten Beschlüsse von der Überordnung des Konzils über den Papst und legte sie nun als allgemein verbindlich aus. In Basel kam es zu einer starken Opposition gegen den Papst, und der Kreis der Stimmberechtigten wurde fast ins Uferlose erweitert. Das Konzil sollte eine ständige Behörde werden; am 9. Juli 1435 wurden alle Taxen, Steuern und die sonst üblichen Abgaben nach Rom aufgehoben. Den Hussiten bewilligten die Konzilsteilnehmer den Laienkelch, die Laienpredigt unter Aufsicht der kirchlichen Oberen und ähnliches mehr. Über den Unionsverhandlungen mit der griechischen Kirche kam es zwischen Eugen IV., der hierfür ein eigenes Konzil nach Ferrara berief, und den Baslern zum offenen Bruch. Sie erklärten am 25. Juni 1439 Eugen für abgesetzt und wählten im November den Herzog Amadeus von Savoyen, einen frommen Witwer, der sich nach langer guter Regierung mit gleichgesinnten Freunden in eine Einsiedelei zurückgezogen hatte. Der Savoyer nannte sich Felix V. und war der letzte Gegenpapst der römischen Kirche. Zuvor, im Frühjahr 1439, hatte eine Reichsversammlung zu Mainz die „Neutralität des römisch-deutschen Reiches" gegen Konzil und Papst Eugen beschlossen. Sie war im Grunde eine Absage an die römischen Ansprüche. Als Eugen IV. gegen die Erzbischöfe von Köln und Trier als Hauptanhänger des Basler Konzils vorgehen wollte, drohten sämtliche Kurfürsten offen zu Felix V. überzugehen. Auf dem Frankfurter Kurfürstentag 1446 überzeugten sich die anwesenden römischen Gesandten von der gereizten Stimmung in Deutschland, worauf Eugen IV. einlenkte. Er bestellte Enea Silvio zu seinem Unterhändler, der erst im Dienste des Basler Konzils und von Felix V. gestanden hatte und dann Sekretär des deutschen Königs Friedrich III. geworden war. Enea Silvio balbierte die unter der Führung Gregor Heimburgs von den deutschen Fürsten nach Rom entsandten Boten kunstgerecht über den Löffel. Der ehrlich polternde Deutsche, der mit bloßem Halse, seinen Kahlschädel unbedeckt, in den Straßen Roms umherwandelnd allgemeines Aufsehen erregte, ergoß sich, seines Sieges schon sicher, am Fuße des Vatikans in einem Strom von Flüchen und Verwünschungen gegen die verhaßte Kurie, derweil der geschmeidige Italiener ein Schriftstück ausfeilte, in dem „der Papst in allem auf die deutschen Forderungen einging, aber in so klausulierter Form, daß in dem Nachsatz wieder in Frage gestellt war, was in dem Vordersatz bewilligt wurde" (Schürer). Der deutschen Fürstenopposition war mit dieser Vereinbarung der Wind aus den Segeln genommen worden, und als nun Friedrich III. als Reichsberhaupt am 17. Februar 1448 noch ein förmliches Konkordat mit dem Papste schloß, fand das Basler Konzil ein unrühmliches Ende.

Das Papsttum hatte mit der Auflösung des Basler Konzils formell über die konziliare Bewegung als solche gesiegt. Aber die Notwendigkeit einer gründlichen Kirchenreform war damit nicht aus der Welt geschafft. Es wurden nun von den verschiedensten Seiten Vorschläge hierfür gemacht; da aber keine Zentralstelle, um sich über sie auseinanderzusetzen, mehr vorhanden war, zerflatterten sie in alle Winde und ließen die Unzufriedenheit erst recht hochschießen. Unter den Reformschriften ragt als die bedeutendste die ‚concordantia catholica' des Nikolaus von Kues hervor. Darnach leitet das Kaisertum seine Rechte nicht von den Päpsten, sondern unmittelbar von Gott her; der päpstliche Primat ist eine geschichtliche Erscheinung, während der Priesterstand von Gott eingesetzt ist. Ein nach Frankfurt einzuberufender Reichstag habe allgemeine Gesetze zu erlassen, denen sich auch die Geistlichen zu fügen hätten. Bei Nikolaus erscheint überhaupt der Gedanke der Kirchenreform aufs engste mit dem der Reichsreform verflochten. Die Bemühungen um die Kirchenreform, soweit sie nicht auf engere Grenzen, eine Landschaft, ein Bistum, eine Klosterkongregation beschränkt war, krankten daran, daß eben das „Haupt", Papsttum und Kurie, für sich selbst nicht zu einer ernsten Reform zu bewegen war. Den Beauftragten und den Anweisungen von Rom widersetzten sich die „Glieder" immer wieder mit dem Hinweis: solange sich das Haupt nicht reformiere, wären alle Anstrengungen, von Grund aus Wandel zu schaffen, vergebens. Den Forderungen von Rom antworteten die Deutschen mit ‚gravamina', Beschwerden über Papst und Kurie. So konnte auch der zum päpstlichen Legaten für Deutschland bestellte Nikolaus von Kues mit seiner eifervollen Reformarbeit keine dauernden Erfolge erzielen, und den italienischen Abgesandten nach ihm begegneten die Deutschen meist von vornherein mit Mißtrauen und Abneigung. Wie sollten sie auch von Rom Gutes erwarten, wo unter den Päpsten, die jetzt einander folgten, wohl der eine und andere auf diesem oder jenem Gebiete hervorragende Leistungen aufzuweisen hatte, aber keiner eine wirklich religiöse Persönlichkeit war!

Die Renaissancepäpste bis Luther

Der feinsinnige Humanist Enea Silvio, der nach seiner „Bekehrung" als Pius II. von 1458—1464 regierte, wurde ein erbitterter Gegner der einst von ihm hochgehaltenen konziliaren Idee. Mit großer Tatkraft bereitete er einen Türkenkrieg vor. Der Tod ereilte ihn, als er sich in Ancona einschiffen wollte, ein Kreuzheer gegen die Moslems zu führen. In seinem kirchlichen Wirken behinderte ihn die eigene Vergangenheit. „Den Aeneas lasset fahren, an den Pius haltet euch!" mahnte er noch ein Jahr vor seinem Tode. Paul II. (1464—1471) beschnitt einige Auswüchse des Humanismus, stärkte die Autorität des Papsttums gegen die Kardinäle, erbaute in Rom den Sankt Markuspalast, sammelte Juwelen und Kleinplastiken, errichtete in Rom die erste Buchdruckerei und gab dem Karneval ein festlicheres Gepräge. Unter Sixtus IV. (1471—1484), einem baulustigen Herrn und Gönner der Renaissancemaler, herrschte eine üble Nepotenwirtschaft, die nächsten Verwandten wurden mit den höchsten Kirchenämtern versorgt, was der Volkswitz mit den Worten geißelte: „Die wahren Türken sind die Neffen des Papstes". Die Nepoten ersetzten aber auch die dem Kirchenstaate fehlende Erblichkeit und ermöglichten den Renaissancepäpsten ihre skrupellose inneritalienische Hausmachtpolitik. Schon Paul II. schreckte nicht vor dem politischen Meuchelmord zurück. Der Ämter- und Gnadenverkauf nahm durch diesen Papst einen neuen Aufschwung, ebenso die spanische Inquisition, der er die für ihr Wirken entscheidende Bestätigung gab. Innozenz' VIII. (1484—1492) Hexenbulle steht als Kulturdokument würdig neben seines Vorgängers Inquisitionsbulle. Seine beiden Kinder wußte Innozenz standesgemäß zu verheiraten: seine Tochter Theodorina mit einem Prinzen von Aragon, seinen Sohn mit einer Tochter des Lorenzo Medici, dessen dreizehnjährigen Sprößling, den künftigen Leo X., Innozenz zum Kardinal erhob. Mit prachtvollen Festen wurde die Vermählung der Papstkinder im Palast des Nachfolgers des heiligen Petrus begangen. Innozenz glückte es, auch die Türken zu seiner glänzenden Hofhaltung ausgiebig beisteuern zu lassen. Prinz Djem war auf der Flucht vor seinem Bruder, dem Sultan Bajazet, in die Händes des Papstes gefallen, dem nun der Türke für seinen Gefangenen ein hohes Jahrgeld zahlte, damit der Papst den Rivalen Bajazets nicht freiließ. Betrachtet man Alexander VI. (1492—1503) für sich allein, dann ist es unbegreiflich, daß solch ein Mensch die päpstliche Würde erlangen konnte und von der Christenheit bis zu seinem Tode als Gottes Stellvertreter ertragen wurde. Er unterscheidet sich jedoch von anderen Renaissancepäpsten mehr durch die Menge und die Größe der Untaten als durch die Art der Lebensführung und der von ihm für seine unheiligen Zwecke angewendeten Mittel. So fiel er denn nicht derart aus dem Rahmen des damaligen Papsttums und seiner Umgebung, daß sich wider ihn eine Woge sittlicher Entrüstung erhoben hätte, stark genug, ihn als Ausgeburt der Hölle hinwegzuspülen. Es lag durchaus in der Logik jener Verhältnisse, daß nicht der Borgia-Papst, sondern der florentinische Bußprediger Savonarola gehängt und verbrannt wurde. Alexanders Nachfolger, der seine kirchliche Laufbahn als Franziskanerbruder begonnen hatte, nannte sich in Erinnerung an Gaius Julius Caesar Julius II. (1503—1513). Er war ein gewaltiger siegreicher Kriegsheld, sein allerdings noch nicht erreichbares Ziel: ein von allen Fremden befreites und unter ihm geeintes Italien. Er begann den Neubau der Peterskirche und stellte einem Bramante, Michel Angelo und Raffael seiner und ihrer Größe würdige Aufgaben. Für das Grabmal dieses Papstes schuf Michelangelo den überwältigend mächtigen Moses; Erasmus von Rotterdam aber schrieb auf den Toten eine Satire: ‚Julius exclusus e coelis', dem vor Petrus seine Kriegstaten rühmenden Papst bleibt der Himmel verschlossen. Auf dem Wege zu seiner Krönung ritt Leo X. (1513—1521) durch einen Triumphbogen, dessen Inschrift besagte: Alexander, dem Papste der Venus, sei Julius, der Sohn des Mars, gefolgt, nun führe Pallas Athene, die Göttin der Gelehrsamkeit und der schönen Künste, ihren Schützling auf den Thron. Die Inschrift trog nicht, Künste und Wissenschaften blühten unter dem weltfrohen, liebenswürdigen Mediceerpapst. Er scheute freilich auch den Krieg nicht, um einem Nepoten seines Vorgängers das Herzogtum Urbino zu entreißen und es für einen Angehörigen der eigenen Sippe zu erobern. — Die Würdenträger der Kurie waren durchschnittlich nicht viel anders als die Päpste: je nach Veranlagung und den Umständen verschlagene oder gewalttätige Politiker, die sich oft des Giftes oder des Schwertes bedienten, dabei Gönner von Künstlern und Humanisten, Freunde mehr oder weniger edler Genüsse. Je weiter es die Stufenleiter der Hierarchie hinabging, desto abstoßender wirkten bei geringerem äußerem Glanz und bei dem Ringen um niedrigste Vorteile die Fehler und Laster.

Trotzdem wäre es falsch, den Päpsten und ihren Mitarbeitern samt und sonders jedes Mühen um die Kirche abzusprechen. Das rein Weltliche und auch das Allzumenschliche, mitunter selbst nicht mehr Menschliche, überwogen jedoch so sehr, daß sie und nicht das Überweltliche und Heilige der Romkirche den Stempel aufdrückten. Wenn die Päpste Pius II. und Julius II. ihre Namen heidnischen Helden entlehnten, dem Aeneas „Pius" und dem Caesar, wenn Venus, Mars und Pallas Athene Schutzgötter der Päpste genannt wurden, dann lag es für Menschen von schwerer Art nahe, das heitere, schöngeistige Spiel, dem überdies die Wirklichkeit nur allzu sehr entsprach, als bitteren Ernst zu nehmen: Rom als die Stadt der Götzen, und die Päpste als Götzenpriester.

Gegensätze zur Kirche innerhalb Deutschlands

Einen Alexander VI. hat Deutschland nicht hervorgebracht, auch wurden hier wie überall die kirchlichen Verhältnisse im Guten wie im Schlimmen weitgehend durch die Eigenart von Land und Leuten bestimmt, im großen und ganzen waren jedoch die Mißstände kaum weniger zahlreich als in Italien. Die hohen Kirchenämter mit ihren reichen Einkünften hatten größtenteils Herren vom hohen Adel, die meist ein sehr weltliches Leben führten. Da sie obendrein oft mehrere Bistümer, Domherrnstellen und andere ertragreiche Pfründen in einer Hand vereinigten und sich viele Bischöfe und Prälaten als Landesherren ungleich mehr um ihr weltliches als um ihr geistliches Regiment kümmerten, lag schon die oberste Kirchenverwaltung sehr im argen. Die nach ihrem Charakter und ihrer Vorbildung für ein geistliches Amt ungeeigneten „Junker Gottes" waren der eigentliche Krebsschaden der deutschen

Kirche. Unter den einfachen Pfarrern gab es verhältnismäßig mehr eifrige Priester, immerhin war auch da die Zahl derer nicht gering, die ihre Pflichten vernachlässigten oder ihre Arbeit im Weinberge des Herrn schlecht bezahlten „Pfarrgesellen" überließen. Oft zwang ein weltlicher Kirchenpatron einer Pfarrei einen völlig Unfähigen auf und gab dann, wenn eine kirchliche Behörde eingreifen wollte, etwa wie Kaiser Friedrich III., zur Antwort: „War der Mann dem Bischof, ihn zum Priester zu weihen nicht zu dumm, so ist er auch mir zum Pfarrer nicht zu töricht." Großen Anstoß erregte der Lebenswandel vieler höherer und niederer Geistlicher, vieler Mönche und Nonnen. Wie schon erwähnt, waren nun die Laien aller Stände scharfe Beobachter des Klerus und richteten ihn nach dem, was er ihnen von der Kanzel aus und im Beichtstuhl lehrte. Weltgeistliche und Mönche litten unter den Mißständen oft noch mehr als die Laien und übten an der Kirche heftigste Kritik.

Der sich immer mehr zuspitzende Gegensatz weiter Kreise zur Kirche wurde jedoch wohl nicht in erster Linie durch die Schwächen und Sünden ihrer Diener und durch die Auswüchse des religiösen Lebens hervorgerufen, mochten sie auch in noch so großem Umfange Gegenstand des Volkswitzes, von gelehrt aufgeputzten Satiren und ernsten Klagen und Anklagen sein. Im Grunde nahm man all das hin wie das ganze irdische Dasein, über dessen Unvollkommenheiten man jammerte, fluchte und derbe Späße machte, und das man in der Regel doch nicht gerne verließ. Für die meisten Menschen war die Kirche immer noch die große Selbstverständlichkeit, ohne die das Leben keinen höheren Sinn und Zweck hatte. Die lockeren Sitten von Weltgeistlichen, Mönchen und Nonnen und die mannigfache Veräußerlichung des religiösen Lebens reichten an und für sich nicht hin, um die Verweltlichung der Kirche zu einem ihren Bestand gefährdenden Zündstoff werden zu lassen. Die breiten Massen pflegt erst eine ihnen ungerecht dünkende, schwere wirtschaftliche Benachteiligung in eine bedrohlich gereizte Stimmung zu versetzen, in der sie dann auch über die sittlichen Mängel der sie Schädigenden nicht mehr bloß harmlos klatschen und spotten. Die Kirche war nun von jeher eine große Wirtschaftsmacht gewesen. Dagegen hatten früher nur verhältnismäßig wenige, hauptsächlich Ketzer geeifert. Je mehr aber das Wirtschaftsleben die Form des Wirtschaftskampfes annahm, desto drückender wurden die finanziellen Lasten empfunden, welche die Kirche den Gläubigen auferlegte, und die Vorteile, die sie dank ihres Reichtums und ihrer Ausnahmestellung im Wirtschaftskampfe genoß und rücksichtslos, auch unter Einsatz ihrer geistlichen Waffen, ausnutzte.

Abgaben an die Kurie

In der zeitgenössischen Literatur wie in späteren geschichtlichen Darstellungen wurden unter den verschiedenen Leistungen für die Kirche die Abgaben an die Kurie in Rom am heftigsten verurteilt. Es kam dabei zu mancherlei Übertreibungen, so wenn z. B. einzelne Humanisten und Reformatoren behaupteten, Deutschland verarme durch den Geldabfluß nach Rom. Dem widerspricht schon das Aufblühen des Frühkapitalismus in dieser Zeit und die Tatsache, daß Deutschland eben damals ein kapitalkräftiges Land zu werden begann. Immerhin wird durch die Größe der Summen, die Rom aus Deutschland holte, und die Art, wie Papst und Kurie sich das Geld beschafften und es verwendeten, hinreichend die Erbitterung der Deutschen erklärt. Besonders die Humanisten sahen in diesen Zahlungen eine Demütigung der deutschen Nation, ein Zeichen ihrer Schwäche und Dummheit. Für die meisten Bistümer, für viele Abteien und andere Kirchenämter mußten bei ihrer jeweiligen Neubesetzung „Annaten" und „Servitien" entrichtet werden, die z. B. für Köln, Mainz, Salzburg und Trier 10000, für Lüttich 7200, für Freising 4000, für Minden 500 und für Halberstadt 100 Gulden betrugen. Dazu kamen für die Erzbistümer noch die sogenannten Palliengelder in Höhe von 10000 und mehr Gulden. Die Bischöfe konnten diese Summen meist nicht aus ihren eigenen Mitteln bezahlen und mußten dafür Abgaben von ihren Untertanen erheben. Der Tod eines Bischofs nach kurzer Amtsdauer wurde so zu einem Unglück für seine ganze Diözese. Mit Recht machten die Deutschen auf den Widersinn aufmerksam, daß sie, weil sie ehedem die Kirchen mit so reichen Stiftungen ausgestattet hatten, jetzt so viel nach Rom zahlen müßten. Für die Erteilung von Dispensen in Ehesachen, für die Aufhebung oder Umwandlung von Gelübden, für Bußgelder zur Ersetzung ungerechten Erwerbes, für die Lossprechung von Sünden, die sich der römische Stuhl vorbehalten hatte, und für ähnliches waren für Geistliche und Laien beträchtliche Taxen festgesetzt, außerdem wurden Trinkgelder und Geschenke für die Beamten an der Kurie zu einer Art pflichtmäßiger Gebühren.

Eine besonders ergiebige Geldquelle waren für die Kurie die zahllosen Prozesse. Bei Vermögensstreitigkeiten zwischen Laien und geistlichen Personen und Behörden, bei Verletzung eines der vielen geistlichen Privilegien, z. B. der Bestrafung eines geistlichen Verbrechers durch die weltliche Gewalt, dann bei den Rechtshändeln der Geistlichen, Klöster und kirchlichen Stiftungen untereinander war die höchste Instanz Rom. Das umständliche und uneinheitliche Prozeßverfahren der Kurie wie die Habsucht ihrer Richter machten die päpstlichen Gerichte allgemein verhaßt. Ein schlimmer Übelstand war namentlich das Denunziantenwesen. Zur Einleitung eines Prozesses genügte die glaubwürdige Anzeige; über die Glaubwürdigkeit hatten aber die Richter zu entscheiden, die sich eine gewinnbringende Streitsache nicht leicht entgehen ließen. Wieviele mögen solch eine Vorladung gleich den drei der Ketzerei beschuldigten Rittern aufgenommen haben, die an Alexander VI. schrieben: „Allerheiligster Vater, uns ist zukommen ganz betrüblich und erschrecklich Botschaft, von der wir verstanden haben, daß wir von Eurer Heiligkeit Fiskal gen Rom geladen, bei 2000 Dukaten Strafe in eigener Person vor dem Kammerrichter erscheinen sollen, zu beweisen, daß wir . . . Christen sein, wo nit, sollen wir als Ketzer und Ungläubige verkündigt werden. Wir beschweren uns groß, daß wir so ferne in eigener Person geladen, so man uns doch füglicherweise daheim verklagt, vor ordentlichen Richtern, denen wir unmittelbar unterworfen sind. Wir verstehen die römische Zunge nit, haben nit der Bücher sondern Reiterei gelernt. Auf daß wir aber unseren guten Ruf, auch Euer Heiligkeit Fiskal nit verachten, bitten und hoffen wir, uns solle dieser unser ungezierter Brief genugsamlich entschuldigen, dieweil wir gen Rom zu ziehen ungeschickt sind." Die Ritter beteuern hierauf ihren rechten Glauben. Ihr Bekenntnis wird freilich nebenher zur Anklage: „Wir glauben auch an eine Kirche und einen Römischen Stuhl, der ... seine hohe Würde durch böse Sitten, schlechte Exempel und Leben nit befleckt, die mit Christi Blut erlösten Schäflein nit ärgert: derselbe ist ein Vater und ein Richter aller Dinge, dem sollen wir gehorsam sein, der da hat vollkommen Gewalt zu lösen und zu binden — doch daß der Schlüssel (Petri) nit irr! Wir glauben, daß der allmächtige Gott ein gerechter Richter sei, der mit ewigem Feuer strafen wird alle schwere Bosheit, Mord, geistlichen Raub, geistlicher Güter Mißbrauch, geistlichen Wucher und alle sündlichen, unziemlichen Werke, davon der christliche Glaube verringert, die Christgläubigen geschändet werden. Das glauben wir alles mit festem beständigen Glauben, auch alles, was die heilige christliche Kirche, die das allgemeine Konzilium ist, aufsetzt und beschließt. Wir bitten untertäniglich und flehen, daß Euer Heiligkeit dem Fiskal gebiete stille zu stehen und sein Vorhaben abzustellen; denn ob wir auch seinen Geiz erfüllen möchten, würden wir deswegen nit bessere Christen. Euer Heiligkeit sei eingedenk des tröstlichen Wortes Christi, dessen Statthalter ihr auf Erden seid, da er spricht: Barmherzigkeit will ich haben, nit das Opfer. Christus erhalte Euer Heiligkeit zu gutem Regiment seiner Kirchen in langer Gesundheit. Gegeben zu Heidelberg um Sankt Margarethentag im (14)99sten Jahre. Hans vom Trat, Ritter; Hans Morßheim, Heintz Bock, Reiter oder Edelknecht."

In den „Beschwerden der deutschen Nation" wird die Verleihung geistlicher Ämter durch den Papst und die Kurie wiederholt getadelt. Gegen Ende des Mittelalters machte der apostolische Stuhl aus fiskalischen Gründen von seinem Rechte als Inhaber der höchsten Kirchengewalt, alle Benefizien zu verleihen, in immer größerem Umfange Gebrauch. Er leistete damit ungewollt auch der Ausbildung des fürstlichen Landeskirchentums Vorschub, indem er bei den mancherlei Gegengeschäften mit den größeren Landesherren diesen seine Rechte bei der Vergebung von Pfründen überließ. Am entschiedensten wehrten sich die Städte gegen die Besetzung ihrer Kirchen durch die Kurie, sie wollten keine Fremden als Seelsorger.

Die schlimmsten Folgen für die Kirche zeitigte die maßlose Ausnutzung des Ablaßwesens zur Geldgewinnung. Die offizielle Lehre über den Ablaß blieb zwar dogmatisch einwandfrei, und die päpstlichen Ablaßbullen betonten nach wie vor die Notwendigkeit der Reue über die Sünden; aber dies hatte gegenüber der Ausbeutung des Ablasses zu finanziellen Zwecken wenig zu bedeuten. Es gab wohl auch Ablaßprediger, welche die Gewissen aufrüttelten, die meisten suchten aber doch nur mit oft recht bedenkenlosen Mitteln möglichst viel Geld einzuheimsen. Übrigens regten auch hier nicht die Mißbräuche an sich die öffentliche Meinung so sehr auf als die Empörung darüber, daß man für sehr begehrte geistliche Gnaden große Geldopfer bringen mußte, die dann Landfremden zugute kamen. Die städtischen Ratsherren ließen bereitwillig Ablaßgelder sammeln, und die Bürger hörten den Ablaßpredigern andächtig zu, wenn der Inhalt des Ablaßkastens ganz oder großenteils der eigenen Gemeinde zugute kam. Als 1461 in Breslau ein päpstlicher Ablaß verkündigt wurde, von dessen Ertrag zwei Drittel die Stadt und nur eines die Apostolische Schatzkammer erhalten sollte, da riefen die Ratsherren entzückt aus: „O welch große Liebe des liebevollsten Vaters!" Leider bekamen aber die guten Bürger von den großen Ablässen, die gegen Ende des Mittelalters von Rom in immer rascherer Folge ausgeschrieben wurden, für die ihnen nächstliegenden gemeinnützigen Zwecke oftmals nichts. So nahmen sie denn an den Mißbräuchen schweres Ärgernis, auf die sie ehrlich entrüstete Geistliche und Laien aus höheren Beweggründen aufmerksam machten. Nun erschien es dem gemeinen Manne widersinnig, daß er sein sauer verdientes Geld für den Nachlaß von Sündenstrafen und für die Erlösung seiner verstorbenen Angehörigen aus dem Segfeuer hingeben solle, damit für dieses Geld in Rom die reichen Herren ein Sündenleben führen könnten. Die Stimmung wurde für die Kurie dadurch nicht besser, daß sie auch den Ablaß zu Gegengeschäften mit Fürsten verwendete, und ihnen für die Bewilligung der Ablaßverkündigung in ihrem Gebiet mitunter den Löwenanteil am Gewinn überließ. Obendrein verdienten an dem Ablaß die im Volke so verhaßten Fugger, deren Haus „gewissermaßen eine Agentur für den Ablaß in Deutschland" war. Die Verbindung der Kurie mit den Großkapitalisten, namentlich mit den Fuggern, und ihre Begünstigung durch die Päpste, die sogar hohe Kirchenämter nach ihren Wünschen besetzten, erregten weithin Anstoß. Noch hatte der Gegensatz zu Rom wenigstens in den breiten Massen des Volkes wohl hauptsächlich wirtschaftliche Gründe; aber die Unzufriedenheit mit dem päpstlichen Finanzgebaren schädigte neben den sonstigen Ursachen doch auch das sittliche und religiöse Ansehen des Papsttums.

Spannungen zwischen den Laien und dem deutschen Klerus

Die Spannungen zwischen Volk und Klerus in Deutschland waren ebenfalls überwiegend wirtschaftlich bedingt. Kirchliche Personen und Körperschaften besaßen in großem Umfange weltliche Herrschaftsrechte aller Art. Bei den Auseinandersetzungen zwischen Bauern und Grundherrschaften, zwischen den bäuerlichen und städtischen Untertanen und den Landesherren innerhalb der kirchlichen Herrschaftsbereiche richtete sich der Haß der Bauern naturgemäß auch gegen die geistlichen Obrigkeiten als solche. Sie, die allen anderen voran die Lehren des Evangeliums über Nächstenliebe und Gerechtigkeit befolgen sollten, gingen gegen ihre Untergebenen mit derselben, ja zuweilen mit noch größerer Härte und Willkür als die weltlichen Herren vor (vgl. S. 146). In den Reichsstädten, die wie Köln, Straßburg, Basel, Augsburg, Sitz eines Bischofs waren, nahmen die Streitigkeiten zwischen diesem und der Bürgerschaft kein Ende; Gerichtsbarkeit, Finanzhoheit, Stadtbefestigung, Ämterbesetzung und vieles andere gaben unaufhörlich Anlaß zu Zwist und Reibungen. So kam in den Brennpunkten des Kulturlebens, in den großen Reichsstädten, eine besonders gereizte Stimmung gegen die hohe Geistlichkeit auf, gegen den Bischof mit seinem Hof und gegen das Domkapitel mit seinen meist adligen Mitgliedern. Wohl in allen Reichs- und Landstädten hatten zahlreiche Einwohner geistlichen Personen und Anstalten Zinsen für Häusermiete, gepachtete Güter und Grundstücke, Verkaufsbuden, Wegebenutzung und namentlich für Hypotheken zu entrichten; nicht selten befand sich ein Drittel oder ein noch größerer Teil der Bürgerschaft in drückender finanzieller Abhängigkeit vom Klerus. Unter den 1494—1520 zu Freiburg im Breisgau zwangsversteigerten Häusern waren wenigstens 40 vom Hundert Klöstern und geistlichen Pfründnern zinspflichtig. Die Abgaben für pfarramtliche Leistungen: Taufen, Aussegnungen der Wöchnerinnen, Trauungen, Beerdigungen, Beichte usw. wurden zumal von den Ärmeren als schwere Belastung empfunden. Gegen Ende des Mittelalters verlangte die Kirche vielfach die Leistung an sich freiwilliger Gaben unter Androhung geistlicher Strafen. So forderte z. B. der Abt von Deutz 1492 den Herzog Wilhelm von Jülich auf, die Bauern eines seiner Dörfer zur Wallfahrt und zu den dabei üblichen Opfern anzuhalten, weil sie dies seit kurzem aus eigenem Mutwillen unterlassen hätten. Würde er nicht einschreiten, dann würde der Abt geistliches Recht gegen die Säumigen in Anspruch nehmen. Die sich auch auf viele weltliche Angelegenheiten erstreckende kirchliche Gerichtsbarkeit wurde vielfach als unbillig abgelehnt, sie erschien wegen der zahlreichen und mitunter unmäßigen Geldbußen, welche die kirchlichen Richter auferlegten, nur als ein Mittel zur Ausbeutung des Volkes. Häufig wurden der Kirchenbann, der den davon Betroffenen auch seiner bürgerlichen Rechte beraubte, und das Interdikt, wodurch die Abhaltung des Gottesdienstes und die Sakramentserteilung bis auf wenige Ausnahmen für eine ganze Stadt oder ein ganzes Land verboten wurden, für weltliche Zwecke verhängt: als Verwaltungsmaßnahme geistlicher Behörden, als gerichtliches Zwangsmittel zur Durchsetzung weltlicher Hoheitsrechte von geistlichen Landesherren, im Streit zwischen Stadtgemeinden und geistlichen Anstalten um Gewerberechte, zur Eintreibung von Schulden.

Die Geistlichen, die unter allen möglichen Rechtstiteln von den Laien Abgaben erhoben, genossen ihnen gegenüber in bürgerlichen Dingen große Vorrechte. Sie hatten einen eigenen Gerichtsstand und waren in allen Kriminalsachen, in den Rechtsstreitigkeiten der Kleriker untereinander und der Laien gegen die Kleriker den weltlichen Gerichten entzogen. Allgemein hieß es, die Geistlichen täten sich gegenseitig nicht zu wehe und begünstigten in schamloser Weise ihre Standesgenossen. Über die Freiheit des Klerus und der Klöster von Steuern und anderen öffentlichen Lasten waren besonders die sich fast immer in Geldverlegenheiten befindenden Reichsstädte erbost. Die Handwerker und die Kaufleute, die großenteils in wirtschaftlich bedrängter Lage waren, brachte wohl nichts so gegen geistliche Personen und Genossenschaften auf wie deren Erwerbstätigkeit. Diese konnten in der Regel billiger produzieren und hatten oft günstigere Absatzmöglichkeiten, außerdem beanspruchten sie häufig für ihre Betriebe und ihren Handel völlige Abgabenfreiheit. Nicht selten ließen sich Laien die Tonsur und die niederen Weihen erteilen, weil sie dadurch in den Genuß der geistlichen Privilegien und damit der Abgabenfreiheit gelangten, ohne auf die Ehe verzichten zu müssen. Im Textilgewerbe machten die Beghinen den Webern und Seidenspinnern Konkurrenz, die Brüder vom Gemeinsamen Leben hatten mitunter Werkstätten, die auch für weltliche Kundschaft arbeiteten. Das Einkommen der Geistlichen und Klöster bestand großenteils aus Naturalien, vor allem aus Getreide und Wein. Den Überschuß über den eigenen Bedarf verkaufte der Klerus. Er brauchte keinen Getreide- und Weinzoll und keine Mahlsteuer zu zahlen, auch nicht für die von ihm gekauften Waren, dazu war er vom Zunftzwang frei. Viele Geistliche und Klöster trieben einen schwunghaften Handel mit Getreide, Brot, Wein und Bier und richteten hierfür große Mühlen, Backstuben, Brauereien und zahlreiche Schenken ein. Um Gäste anzulocken, unterboten die Geistlichen oft die Preise oder führten für Wein und Bier größere Maßgefäße als von den städtischen Obrigkeiten vorgeschrieben waren. Die geistlichen Herren stellten vor ihren Wirtschaften Ausrufer auf und ließen sie auch auf den Plätzen und Straßen der Stadt auf Kundenfang ausgehen. In den geistlichen Kneipen verlockte das gute und billige Getränk zu ausgiebigem Zechen, wobei dann auch das Würfelspiel und Raufhändel nicht fehlten. Die Stadtpolizei hatte kein Recht, Trinkstuben zu betreten, die auf geistlichem „gefreiten" Gebiet lagen. Gegen Einschränkungen, welche die Ratsherren dem geistlichen Handel und Wirtschaftsgewerbe aufzuerlegen suchten, machten die Geistlichen ihre Privilegien geltend, zogen den Streit vor ihre Gerichte und legten ihren Gegnern Kirchenstrafen auf. Die Geistlichen waren dabei von ihrem guten Recht so sehr überzeugt, daß sich z. B. die Mainzer Geistlichkeit auf dem Basler Konzil beschwerte, die Stadt mißachte ihre Freiheiten und verbiete den Weinzapf mit dem guten alten Maße. Zur Entschuldigung dieser Zustände wird mitunter angeführt, daß tatsächlich viele Geistliche und Klöster auf einen weltlichen Nebenerwerb angewiesen waren. Der Bauer, Handwerker und kleine Kaufmann hatte jedoch tagtäglich den ungeheuren Reichtum der Kirche und das Wohlleben zahlloser geistlicher Personen vor Augen. So machte man eben doch, zumal für den nach Auffassung der Laien unlauteren Wettbewerb der Geistlichen, die Kirche als solche verantwortlich.

Seit ungefähr zweihundert Jahren kämpfte die Christenheit, die unter den kirchlichen Mißständen am meisten leidenden Deutschen voran, gegen die Entartung des Papsttums und der Kurie, gegen die vielen und großen Abgaben an die Kurie und an den inländischen Klerus, gegen die Mißstände im kirchlichen Rechts- und Pfründenwesen, gegen die Ausartungen des kirchlichen Handels und Gewerbes und gegen die verschiedenen Auswüchse des religiösen Lebens. Je länger dieser Kampf ohne deutlich erkennbare Erfolge dauerte und je breitere Massen an den Mängeln und Fehlern der Kirche und ihrer Diener Anstoß nahmen, desto gereizter wurde die Stimmung gegen die Kirche und desto mehr Eindruck machten auf alle Volksschichten die Angriffe der Humanisten. Eine noch größere Gefahr als die ständig anwachsende Flut berechtigter und unberechtigter Kritik wurde der sich nun offen hervorwagende Widerstand gegen die Kirche. In Stadt und Land beschränkte man sich nicht auf Klagen und Anklagen und Reformvorschläge. Man griff jetzt vielfach zur Selbsthilfe, besonders in wirtschaftlichen Dingen. Fürsten und städtische Behörden setzten den kirchlichen ihre eigenen Gebote und Verbote entgegen und kümmerten sich oft wenig um kirchliche Prozesse und Strafen. Die geistlichen Waffen und die Machtmittel der Kirche hatten viel von ihrer früheren Schärfe und Wirksamkeit eingebüßt. Mit großer Sorge sahen die der Kirche treu Ergebenen in die Zukunft.

Das Spätmittelalter als Voraussetzung der Reformation

Den Schlüssel zur Beurteilung der vielerörterten Frage, ob das Mittelalter an Entkräftung und Selbstauflösung zugrunde ging und die Reformation deren notwendige Folge war, bietet nur die Zusammenschau der eigentlich mittelalterlichen Welt, von der die beiden ersten Bände unserer deutschen Geschichte handeln, mit den in diesem Bande dargestellten Übergangserscheinungen. Erst so wird es klar, wie weit die Reformation von diesen verursacht ist.

Die beherrschende Idee des Mittelalters war der Universalismus. An der Spitze der Christenheit stehen Kaiser und Papst. Die Gesellschaft ist ständisch gegliedert: „Gott teilt sein Volk auf Erden in verschiedene Gruppen, wie die Engel im Himmel nach Chören geordnet sind." Jeder Stand hat eine für die Gesamtheit notwendige Aufgabe zu erfüllen, die „niederen müssen den höheren dienen und diese sind wieder den niederen etwas schuldig wie die hohen Engel den niederen". Das irdische Dasein hat seinen Sinn und Zweck in der Vorbereitung für das Jenseits. Weltanschauung, Sittlichkeit und Religion fallen zusammen. Jede Wissenschaft soll der Herrin aller Wissenschaften, der Theologie, dienen. Sämtliche Nationen haben für alles, was dem höheren Lebensbereich zugehört, für Gottesdienst, Wissenschaft und vorwiegend auch für die Literatur nur eine Sprache, die lateinische. Die mittelalterliche Welt leitet ihre Ordnung nicht von irdischen Notwendigkeiten, nicht von geschichtlichen Entwicklungen und menschlicher Willkür, sondern von Gottes Offenbarung und Gebot her, und darum gilt diese Ordnung in ihren wesentlichen Bestandteilen als heilig und unabänderlich. Die Wirklichkeit entsprach nun freilich in vielem, auch in entscheidenden Dingen, nicht der Idee des christlichen Universalismus; aber anderen Zeitaltern gegenüber ist sie doch das Kennzeichen des Mittelalters.

Das Kaisertum hatte am meisten von seinem ursprünglichen Inhalt eingebüßt. Es war gegen das Ende des Mittelalters fast ganz auf Deutschland beschränkt, und selbst da waren die meisten seiner Rechte auf das Landesfürstentum übergegangen. Der politische Universalismus wich in allen Reichen mehr und mehr dem Nationalismus. Trotzdem hat Deutschland die mittelalterliche Kaiseridee nicht aufgegeben (vgl. S. 170). Das Papsttum hat die einem Gregor VII., Innozenz III. und Bonifaz VIII. als Kampfziel vorschwebende Allgewalt nicht errungen. Immerhin gelang es dem päpstlichen Universalismus, sich trotz Schisma, konziliarer Idee und weitgehenden Zugeständnissen an die französische und englische Krone und an deutsche Landesfürsten im großen und ganzen zu behaupten. Die Deutschen übten heftigste Kritik an der päpstlichen Verwaltung und an den kirchlichen Zuständen ihres eigenen Landes. Das deutsche Volk dachte jedoch in seiner überwältigenden Mehrheit noch nicht an eine grundsätzliche Abkehr von Papsttum und Kirche. Das Kirchenwesen nahm im Gegenteil im Volksleben eine so beherrschende Stellung ein wie noch nie, und viele Anzeichen sprechen dafür, daß das deutsche Volk am Ausgang des Mittelalters auch innerlich zum mindesten ebenso fromm gewesen ist wie zu irgendeiner früheren Zeit. Das Ziel des Lebens war immer noch echt mittelalterlich der Tod in Gottes Gnade als Pforte zur ewigen Seligkeit. Der Humanismus erschütterte zwar die Stellung der Scholastik und erkannte die verschiedenen Wissenszweige in ihrem Eigenwert an. Dafür setzte er die lateinische Sprache in ihrer Würde und Geltung wieder ein, die ihr die Volkssprachen schon streitig zu machen begonnen hatten, und schuf noch einmal mit seinen sich auf alle Länder erstrekkenden Wirkungen einen Universalismus des abendländischen Geisteslebens. Übrigens ist der eigentlich mittelalterliche Universalismus noch keineswegs erloschen, und der Humanismus steht ihm oft näher, als die Humanisten wahrhaben wollen. Außerdem fehlte ihnen fast allen der innere und äußere Mut, die letzten Folgerungen aus ihren Grundsätzen zu ziehen. Es führen mancherlei Linien vom Humanismus zur Reformation, noch mehr zur Aufklärung; aber er hat weder diese und noch viel weniger die Reformation geschaffen; vor die Entscheidung gestellt, kehrte er eher noch, wenn auch nicht immer ganz ehrlich, zum Mittelalter zurück, als daß er den völligen Bruch mit ihm wagte. Starke und sehr weit verbreitete revolutionäre Strömungen traten nur im Gesellschaftsleben hervor. Sie zeigten wirkliche Umsturzgesinnung und echten Empörerwillen. Der mittelalterlichen hierarchischen Ordnung wurde die Gleichheit aller Menschen von Adam und Eva her und vor Gott entgegengesetzt. Ob es ohne Reformation zu der großen Revolution des Bauernkrieges gekommen oder ob es auch fernerhin bei örtlichen und landschaftlichen Erhebungen geblieben wäre gleich denen, die in Stadt und Land während der beiden letzten Jahrhunderte des Mittelalters in großer Zahl einander folgten, vermag niemand zu sagen. Jedenfalls hätte eine Revolution ohne den mächtigen Auftrieb, den die religiöse Bewegung der Reformation dem Bauernkrieg gab, erst recht nicht gesiegt.

Stellt man von allen Gebieten die Verfallserscheinungen, Mißstände und die auf grundstürzend Neues abzielenden Bewegungen und Kräfte dem gegenüber, was um 1500 vom Mittelalter noch fortdauerte, dann ergibt sich, daß eine Zeitwende wie die von der Reformation heraufgeführte, keineswegs mit zwingender Notwendigkeit kommen mußte. So ist ja auch die dringendste aller Reformen, die Reichsreform, in sehr bescheidenen Anfängen stecken geblieben, und die großen Bauern- und Bürgerrevolutionen haben an den bestehenden Verhältnissen nichts Entscheidendes geändert (vgl. S. 346). Die Zustände des Mittelalters haben die Reformation nicht im eigentlichen Sinne verursacht, sondern boten ihr lediglich einen günstigen Nährboden.

Die politischen und kulturellen Wandlungen des Früh- und Hochmittelalters gingen von den Herrschern, vom höheren und niederen Adel, von den Klöstern und der kirchlichen Hierarchie aus und blieben auch in ihren meisten Auswirkungen auf diese Kreise beschränkt. Erst im späteren Mittelalter nahmen alle Schichten der Bevölkerung, wenn auch in verschiedenem Ausmaße, an der Ausgestaltung des Kulturlebens teil. Es wurde dadurch vielgestaltiger, spannungsreicher und in stärkerem Grade als früher dem Wechsel unterworfen. Einzelnes, z. B. die höfisch-ritterliche Kultur, war auch schon in den vorausgegangenen Epochen rasch aufgeblüht und bald wieder zerflattert, nun aber folgten sich auf vielen Gebieten zugleich erstaunlich schnell Änderungen, neue Erkenntnisse, Entdeckungen und Erfindungen. Individualismus und Realismus weisen der Kunst neue Wege. Die großen Künstler und Kunstwerke treten aus der Namenlosigkeit des Werkstattbetriebes heraus. Neben der religiösen Kunst gewinnt die weltliche an Eigenbedeutung. Im Ringen mit der Renaissance erschließt sich dem Künstler eine neue Formenwelt. Die Bildnis- und Landschaftsmalerei stellen ihn vor neue Aufgaben, im Selbstbildnis sucht er sein eignes Wesen zu ergründen. Die Größenverhältnisse, die Umrisse und die Farben werden möglichst treu wiedergegeben, schon versucht die Malerei die Luft- und Lichtprobleme zu bewältigen. Kupferstich und Holzschnitt geben dem Künstler die Möglichkeit, seine Gestalten und Ideen in weite Kreise zu tragen. „Wahrheit und Schönheit" sind die Leitgedanken der Humanisten, die sie freilich nicht annähernd so folgerichtig durchführen wie die Künstler; aber die humanistische Kritik und ihre Wissenschaftspflege leiten doch eine leidenschaftliche Auseinandersetzung mit den überlieferten Anschauungen und Einrichtungen des Mittelalters ein.

Mit den Seefahrten der Portugiesen der Westküste Afrikas entlang seit Mitte des 15. Jahrhunderts und mit des Columbus Fahrt zur Auffindung eines westlichen Seeweges nach Indien im Jahre 1492 beginnt das Zeitalter der Entdeckungen und der Gründung großer Kolonialreiche. Als der Spanier Balboa 1513 die Landenge von Panama überquerte und den Stillen Ozean erreichte, erkannte man, daß Amerika nicht ein Teil Asiens ist, und daß Columbus eine „Neue Welt" entdeckt hatte. Deutsche Gelehrte, besonders Regiomontan und Behaim, hatten den großen Seefahrern die wichtigsten Hilfsmittel zur Richtungsbestimmung auf hoher See in die Hand gegeben (vgl. S. 114 f.). Behaim und andere begleiteten die Portugiesen auf ihren Entdeckungs- und Handelsreisen. Mit großer Begier werden Berichte von den Merkwürdigkeiten der fernen Länder aufgenommen. Die Welt wird größer und größer. Dabei erweist sich vieles von dem bisherigen Wissen als falsch, und jede Antwort auf alte Fragen wirft wieder neue Rätsel auf.

Die soziale Gärung im Bauern- und Handwerkertum, die Lockerung festgefügter Wirtschaftsorganisationen, welche die Arbeitsbedingungen, Leistung und Preise regelten und ihren Mitgliedern ein gesichertes und ehrbares Dasein verbürgen sollten, durch das Aufkommen des Großunternehmertums und des Kapitalismus, die politische Not des Reiches und die Unzufriedenheit eines großen Teils von Volk und Klerus mit den kirchlichen Zuständen riefen zahlreiche Reformschriften hervor. Sie enthielten nicht nur Verbesserungsvorschläge auf Grund der bestehenden Ordnung, sondern stellten mitunter bereits auf deren Umsturz abzielende Forderungen auf. Gut kirchliche und wahrhaft fromm gesinnte Kreise wie die der Brüder vom Gemeinsamen Leben und manche Reformklöster sahen das Heil in der Abkehr von allem weltlichen Getriebe auch in der Kirche und gerieten mit ihrer starken Betonung des rein Innerlichen in Gefahr, zu Lehre und Leitung der Kirche in Gegensatz zu kommen. — Die Erfindung der „hochwürdigen" Buchdruckerkunst öffnete den auf fast allen Gebieten auftauchenden neuen Ideen und Strömungen ein unbegrenztes Wirkungsfeld.

Eine auffallende Unruhe hatte sich gegen Ende des Mittelalters der Deutschen bemächtigt. Daß diese Unruhe alle Lebensbezirke: Kunst, Wissenschaft, Gesellschaft, Staat und Kirche zugleich erfaßte, daß sie in allen Schichten die Sehnsucht nach Reformen wachrief und Herz und Sinn für jegliches Neue aufnahmebereit machte, unterscheidet das Spätmittelalter wesentlich vom Früh- und Hochmittelalter. Keine der neuen Ideen und Bewegungen war jedoch stark genug, von sich aus eine Zeitwende herbeizuführen. So wäre es an sich das nächstliegende gewesen, daß die vielerlei Ansätze zum Neuen teils von selbst zum Stillstand kamen, teils von der Fülle des immer noch übermächtigen Alten erstickt wurden, teils in die Bahnen ruhiger Entwicklung einlenkten. Vielfach ist es auch so gekommen: das vorwärtsdrängende Schöpfertum der Kunst versiegte mit dem Tode der führenden Meister, die soziale Revolution wurde niedergeschlagen, der Ausbau des Landesfürstentums und verschiedener Wissenszweige nahm ungestört seinen Fortgang. Die Lebenskraft des Mittelalters war noch nicht aufgezehrt; aber dazu reichte sie doch nicht mehr aus, einem Angriff standzuhalten, der mit unerhörter Wucht gegen einen der stärksten Pfeiler der bestehenden Ordnung, gegen die Kirche, anstürmte und das Höchste, das Verhältnis von Gott und Mensch, auf eine neue Grundlage zu stellen unternahm. Alle Unruhe, alle Sehnsucht, die keiner der im Mittelalter unternommenen Reformversuche zu beschwichtigen und zu stillen vermocht hatte, mußten diesem Neuen eine weltwendende Stoßkraft verleihen. Aber nicht die Masse, nicht eine Gruppe, nicht die Kette unpersönlicher Ursachen vermochten von sich aus das Riesenwerk der Umformung der religiösen Welt zu vollbringen, sondern dies konnte nur die Tat eines einzelnen sein.

Zweites Buch

Das Reformationszeitalter

Luthers Wesen und Glauben. — Luther vom Thesenanschlag bis Worms. Die Wahl Karls V. Der Wormser Reichstag. — Erster Krieg Karls V. mit Franz I. — Aufnahme der Reformation im Volke. Revolutionäre Begleiterscheinungen. Hutten und Sickingen. — Der Bauernkrieg. — Reichsgeschichte vom Ende des Wormser Reichstages bis zum Vorabend des Schmalkaldischen Krieges. — Ausbau und Ausbreitung der Reformation. Zwingli. Täufertum. Katholische Gegenbewegung. — Der Friede von Madrid. Zweiter Krieg Karls mit Franz I. Eroberung Roms. Dritter und vierter französischer Krieg. — Vom Nürnberger Religionsfrieden bis zum Ausbruch des Schmalkaldischen Krieges. — Schmalkaldischer Krieg. Augsburger Interim. — Fürstenaufstand. Krieg Karls gegen Heinrich II. Augsburger Religionsfriede. Abdankung Karl V.

Erstes Kapitel

Luthers Wesen und Glauben

Luthers Wesen

Die Reformation ist das Werk Luthers. Die Zeitumstände haben sie nicht erzeugt, und ihre zum Teil sehr verschiedenartige Ausgestaltung durch Männer von eigenem Wuchs wie Zwingli und Calvin hat den lutherischen Ursprung nicht verwischt. Luthers Werk gründet sich durchaus auf Luthers Wesen, und so bietet den Schlüssel zum Verständnis der Reformation des Reformators Wesen.

Religiöse Veranlagung

Luthers ganzes Denken und Tun wächst aus dem Religiösen hervor, aus der Beziehung zu dem überweltlichen persönlichen Gott. Gott und sein Widersacher, der Teufel, sind die Grundtatsachen in Luthers Leben, sie sind für ihn da wie der Tag und die Nacht, wie die Menschen, mit denen er spricht, ißt und trinkt. Was die Bibel berichtet, ist ihm greifbare Wirklichkeit. Die Unmittelbarkeit von Luthers Erleben der Überwelt vermag vielleicht nichts so scharf zu beleuchten wie die Anstrengungen, die einer seiner Zeitgenossen, der neun Jahre jüngere Ignatius von Loyola machte, sich in Gottes Gegenwart zu versetzen und sich zum Kampfe gegen den Teufel anzufeuern. Der Spanier bringt hierfür einen ungeheuren Apparat in Bewegung: seine geistlichen Exerzitien. Er leitet die Phantasie an, sich Himmel, Hölle und die Heilstatsachen mit glühenden Farben auszumalen. Die Augen sollen die Feuersgluten der Hölle und die wie in feurige Leiber eingeschlossenen Seelen der Verdammten sehen, die Ohren das Weinen und Geheul hören, der Geruchsinn den Höllengestank riechen. Großartig sind die Bilder von dem Reiche Christi, von dem in einer entsetzlichen und schreckerregenden Gestalt auf einem hohen Stuhle von Rauch und Feuer thronenden Luzifer, erschütternd die Bilder vom leidenden Heiland. Luther bedarf solcher „Übungen" nicht, sie wären für ihn überflüssig, ja geradezu widersinnig. Keine Phantasie vermag von Gott und dem Teufel so erhabene, trostreiche und grauenvolle Bilder zu ersinnen, wie sie immer wieder über Luther hereinbrechen. Er ist ein religiöser Mensch, nicht weil er will oder weil ihn äußere Umstände dazu gemacht haben; er muß es seiner ganzen Naturanlage nach sein, die auch die Art seiner Religiosität bestimmt. Dem scheint allerdings zu widersprechen, daß ihn ein plötzliches Ereignis zum Klostereintritt bewog. Erst dadurch habe, so wird meist angenommen, sein Leben die entscheidende Wendung zum Religiösen erhalten. Luthers Entschluß, die Ordensgelübde abzulegen, und die Seelenkämpfe seiner ersten Klosterjahre stehen jedoch nicht in einem inneren Gegensatz zu dem, was von seiner Jugendzeit bekannt ist.

Luthers Jugend

Luther entstammte einem vielleicht von jeher, jedenfalls aber seit dem Hochmittelalter freien Bauerngeschlecht in dem Grenzgebiet zwischen Thüringen und Franken. Luthers Vater Hans verließ 1483 seine Heimat Möhra, da nach dem in jener Gegend herrschenden Gewohnheitsrecht nicht er, sondern sein jüngster Bruder den Erbanspruch auf den väterlichen Hof hatte. Hans Luther ließ sich zunächst in Eisleben nieder, wo ihm am 10. November 1483 seine Frau den zweiten Sohn schenkte, Martin Luther. Im nächsten Jahre siedelte Hans Luther mit seiner Familie nach Mansfeld über. Er war hier zunächst als Lohnarbeiter in den Kupfergruben beschäftigt. Im Jahr 1491 lieh ihm ein Kupferhändler hinreichend Geld zur Gründung einer selbständigen Existenz als Kleinunternehmer. Mit emsigem Fleiß, größter Sparsamkeit, mit Umsicht und Tatkraft brachte er es trotz rascher Zunahme seiner Familie, die 1503 acht lebende Kinder zählte, zu Ansehen und bescheidenem Wohlstand. Schon 1491, als er noch jeden Heller dreimal umkehren mußte, ehe er ihn ausgab, wurde er von der Gemeinde zu einem der Vierherren gewählt, die ihre Interessen gegenüber den städtischen Ratsherren zu vertreten hatten. Noch als Lohnarbeiter hatte er, so schwer es ihm wurde, das bischen Schulgeld aufzubringen, den etwa fünfjährigen Martin in die städtische Schule geschickt. Nachdem dieser sie acht Jahre besucht hatte, kam er erst kurz an die Trivialschule zu Magdeburg und dann an die zu Eisenach. Er erhielt hier in einer der frömmsten Familien der Stadt, der des Kaufmanns Schalbe, regelmäßig Kost, wofür er einen kleinen Sohn dieser Familie betreute. Luther galt unter seinen Mitschülern bald als der beste. Ende April 1501 bezog er die Erfurter Universität; sein Vater konnte jetzt die Mittel für das Studium aufbringen. Martin war „schon damals unter seinen Studiengenossen als scharfer Dialektiker und schlagfertiger Disputator berühmt und erhielt von ihnen daher den Spitznamen ‚der Philosoph'". Am 7. Februar 1505, dem frühest möglichen Termin, bestand er als zweiter unter siebzehn das Magisterexamen in der Artistenfakultät, die ungefähr der jetzigen philosophischen entsprach. Sein Vater bestimmte ihn für die juristische Laufbahn und hatte dem zweiundzwanzigjährigen Sohn bereits eine Braut aus vermögendem Hause ausgesucht. Während seines ersten juristischen Semesters reiste der Student einmal zu seinen Eltern. Bei der Rückkehr nach Erfurt geriet er in ein schweres Gewitter. Ein Blitz fuhr in seiner nächsten Nähe nieder, so daß ihn der Luftdruck zu Boden warf. In seiner Herzensangst rief er die heilige Anna an und legte das Gelübde ab, Mönch zu werden. Zwei Wochen später, am 17. Juli 1505, klopfte er an der Pforte des Schwarzen Klosters zu Erfurt und bat um Aufnahme als Novize.

Das Innenleben Luthers bis zu diesem Zeitpunkte liegt nicht so klar zutage wie der äußere Verlauf seiner Jugendgeschichte. Seine Kindheit und seine weltlichen Studienjahre sah Luther in der Erinnerung düsterer und freudeloser, als sie tatsächlich gewesen waren. Seine empfindsame Natur hatte unter der Härte des Elternhauses und der Schule mehr gelitten als tausend andere, die in ähnlichen Verhältnissen aufwuchsen; außerdem lag für ihn seine Jugend im Dunkel der papistischen Greuel und der Seelenkämpfe seiner Klosterzeit. Ob er mehr seinem Vater oder seiner Mutter geglichen hat, „kleinen, kurzen Personen, ein bräunlicht Volk", steht nicht fest. Gewisse Charakterähnlichkeiten zwischen Vater und Sohn sind sicher vorhanden; aber das Entscheidende, die religiöse Veranlagung, verdankt Luther sicher nicht seinen Eltern. Ihr handfester Aberglaube hat mit eigentlicher Religion nicht viel zu tun und war auch weniger eine persönliche Eigenschaft als das Haften an weitverbreiteten Vorstellungen, die besonders unter Bauern und Bergleuten lebendig waren. Nicht einmal Luthers Teufelsglaube dürfte vorwiegend auf das Elternhaus zurückzuführen sein, er fand in der theologischen und erbaulichen Literatur —1487 erschien erstmals der „Hexenhammer" mit seinen krausen Teufelsgeschichten! — noch reichere Nahrung, überdies hat Luther alles ihm nicht Wesensgemäße als Mann abgestoßen. Besonders fromme Leute waren Luthers Vater und Mutter nicht, wie aus des Sohnes Angaben und aus der Handlungsweise von Luthers Vater bei verschiedenen Anlässen hervorgeht, doch dachten beide nicht daran, von der kirchlichen Lehre und den religiösen Gepflogenheiten ihrer Zeit abzuweichen. Ob Luthers ausgesprochen religiöse Natur auf weiter zurückliegendem Erbgut beruht, läßt sich nicht ermitteln. Sie macht sich gelegentlich schon vor seinem Klostereintritt bemerkbar. Das herzhafte Singen und Beten des etwa Fünfzehnjährigen inmitten der anderen Knaben fiel der Frau Schalbe so sehr auf, daß sie ihn an den Tisch des Hauses zog und ihm ihr eigenes Söhnchen Heinrich anvertraute. Der fromme Vikar Johann Braun, den Luther bei Schalbes kennenlernte, schenkte dem Jungen seine Freundschaft, und Luthers erste erhaltene Briefe sind an ihn gerichtet. Als Luther 1503 oder 1504 in der Erfurter Universitätsbibliothek erstmals in einer vollständigen Bibel las, machte dies einen unauslöschlichen Eindruck auf ihn. Nach seinem Magisterexamen hatte er einige Monate Muße. So sehr er sich zunächst über seine neuerworbene Magisterwürde freute, überkam ihn in dieser arbeitsfreien Zeit doch bald tiefe Niedergeschlagenheit, die Furcht um seine Sünden und vor dem Jüngsten Gericht überwältigten ihn. Wahrscheinlich hätte er noch manches von früher Frömmigkeit zu berichten gehabt, aber diese papistischen Dinge erschienen ihm später nicht mehr erwähnenswert, nur seine erste bewußte Begegnung mit der Bibel und seine Seelenangst blieben ihm denkwürdig. Die Vermutung, dem in höchster Lebensgefahr abgelegten Gelübde, Mönch zu werden, seien bereits mancherlei Erwägungen über diesen Schritt vorausgegangen, hat viel für sich. Wenn sich alsbald nach diesem Entschluß Bedenken einstellten, so hatten sie jedenfalls nicht in der Scheu vor den Opfern des Klosterlebens ihren Grund; denn sonst hätte er sich unter den fünf Erfurter Klöstern nicht gerade das im Ruf besonderer Strenge stehende der Augustinereremiten, eines Bettelordens, ausgesucht.

Erdverbundenheit. Ausgleich der Gegensätze

Luthers Gott ist der Gott der Bibel, der im schroffsten Gegensatz zu pantheisierenden Auffassungen steht und als absoluter Herrscher im Himmel thront. Wenn nun jemand von dieser Gottesvorstellung so durchdrungen ist wie Luther, dann müßte er, möchte man glauben, den Boden des Irdischen ganz unter den Füßen verlieren. Luther war jedoch in seinem ganzen Wesen viel zu erdennah, als daß ihn seine Religiosität für die Dinge dieser Welt untauglich gemacht hätte. Der Ausgleich der Gegensätze, wie sie sich bei jedem hervorragend und vielseitig begabten Menschen finden, erfolgte bei ihm nicht auf dem gewöhnlichen Wege des Abschleifens und der Vermischung, bis sich Widerstreitendes zusammenordnet, sondern sie bildeten bei ihm natürliche Gegengewichte zueinander. Und darauf beruht nicht zuletzt Luthers Größe. Jede seiner Grundanlagen und Grundkräfte behielt so die ursprüngliche Eigenart und Wucht und erreichte eine ungeheure Wirkungsstärke, ohne die innere Geschlossenheit seiner Persönlichkeit und seines Werkes zu zersplittern und zu zerreißen. Erdennah blieb der Sproß der seit unvordenklichen Zeiten in der Gegend von Möhra ansässigen Bauernsippe Zeit seines Lebens. In den späteren Jahren tritt dies ganz deutlich hervor, doch sind zum guten Teil bereits seine großen Erfolge der ersten Kämpfe dadurch bedingt. Vieles, was Freund und Feind an ihm rühmen und rügen, hängt mit seinem erdhaften Sinn zusammen: die Kraft und die Derbheit seiner Sprache, die Freude an seiner Familie, an froher Geselligkeit, an einem deftigen Mahle und einem herzhaften Männertrunk, sein Verständnis für alle Nöte des Lebens, seine praktischen Ratschläge in privaten und öffentlichen Angelegenheiten und seine kernige Frömmigkeit.

Klosterzeit bis 1517

Luthers Noviziat währte, wie üblich, ein Jahr, dann hatte er sich ungefähr ein halbes Jahr auf den Empfang der Priesterweihe vorzubereiten. Das eigentliche theologische Fachstudium an der Ordenshochschule zu Erfurt begann nach dem ersten Meßopfer, das er am 2. Mai 1507 feierte. Im Herbst 1508 wurde er nach Wittenberg versetzt. Er mußte hier in der Artistenfakultät Vorlesungen halten und zugleich sein theologisches Studium fortsetzen. Wie er einem Freunde schrieb, sagte ihm die Philosophie wenig zu, um so mehr fesselte ihn die Theologie. Von Oktober 1509 bis Oktober 1510 war er wieder in Erfurt und übernahm hier theologische Vorlesungen. Der wilde Aufruhr der Handwerker gegen den Rat (vgl. S. 157) machte auf Luther einen tiefen Eindruck und erfüllte ihn für immer mit Abscheu gegen eine bewaffnete Erhebung wider die gesetzmäßige Obrigkeit.

Die deutschen Augustinereremiten zerfielen in die „sächsische Provinz", welche bisher der Einführung von Reformen widerstrebt hatte, und in die „sächsische Kongregation". An deren Spitze stand der Generalvikar Johann Staupitz; ihre Klöster, zu denen auch das in Erfurt gehörte, hingen der strengen Observanz an. Staupitz wollte mit Zustimmung Roms die Observanten und Nichtobservanten in einer Organisation zusammenschließen. Dagegen erhoben sich sieben Klöster der „Kongregation", darunter Erfurt. Sie appellierten an den Papst und schickten einen geschäftserfahrenen älteren Mönch und Luther als ihre Vertreter nach Rom. Wie ungezählte derartige Prozesse endete auch dieser mit einem Vergleich, der die Gegensätze nicht behob, sondern verschärfte. Luther nahm an den römischen Zuständen schweren Anstoß, besuchte aber doch, um Ablässe zu gewinnen, die Gnadenstätten in Rom; er wurde auch noch nicht ein grundsätzlicher Gegner des Papsttums. Die Erfahrungen in Rom gewannen für ihn erst größere Bedeutung, als er den Kampf wider Papst und Kurie aufgenommen hatte. Nach seiner Rückkehr wandte sich Luther von den Observanten ab und schloß sich eng an Staupitz an. Die Gründe dieses Stellungswechsels sind nicht bekannt; wahrscheinlich sind Luther ernste Gewissensbedenken gegen eine Fortsetzung des Kampfes wider seinen Ordensoberen, den Generalvikar, gekommen, der sich seiner schon im Noviziat väterlich angenommen hatte. Luther geriet darüber in Zwist mit seinen Erfurter Brüdern, bei denen er im April 1511 eingetroffen war, und ging infolgedessen im Spätsommer nach Wittenberg. Er wurde hier im Herbst Klosterprediger und im Mai 1512 Subprior und Leiter an der Wittenberger Ordenshochschule. Am 18. Oktober 1512 promovierte er zum Doktor der Theologie und übernahm wenige Tage später die Professur für Bibelerklärung an der Universität. Ende 1514 wurde ihm zu seinen bisherigen Ämtern das des Predigers an der Wittenberger Pfarrkirche und im Mai 1515 das eines Distriktvikars übertragen, dem elf Klöster seines Ordens in Meißen und Thüringen unterstanden. Als Prediger bewegte er sich damals noch ganz in dem üblichen Rahmen, als Ordensoberer sah er auf strenge Einhaltung der Regel, spornte die Eifrigen zu sittlichem Fortschritt an, strafte die Fehlenden und suchte sie zugleich durch Güte auf bessere Wege zu bringen. Seine Vorlesungen an der Universität über einzelne biblische Schriften zeichneten sich durch sein Bemühen aus, in den inneren Sinn der Texte einzudringen, ferner durch das Zurückgehen auf den griechischen Wortlaut und gelegentliche Anwendung der philologisch-kritischen Methode; in der äußeren Anlage seiner Vorlesungen hielt er sich jedoch noch an das Herkommen. Von seinen Psalmen- und Römerbriefvorlesungen 1513 bis 1516 sind die von ihm hierfür angefertigten handschriftlichen Vorlagen erhalten, doch hat er sie den Studenten nicht genau so vorgetragen, wie aus verschiedenen Nachschriften hervorgeht. Bis 1516 war er seinen Hörern gegenüber mit seinen neuen Lehren noch zurückhaltend. Erst in seinen Galater- und Hebräerbrieferklärungen 1516/17 und 1517/18 sprach er sich im Hörsaal deutlicher aus. Um 1517 begann seine „neue Theologie", welche die Studierenden begeistert aufnahmen, zunächst im engeren Ordenskreise großes Aufsehen zu erregen.

Zeitgefühl. Selbständigkeit. Konservative Haltung. Bescheidenheit

Viele und zeitraubende Ämter waren Luther schon früh aufgebürdet worden, aber als ungewöhnlich ausdauernder und rascher Arbeiter hat er sich trotzdem in den zehn Jahren von 1507—1517 in der Theologie ein ausgebreitetes und tiefes Wissen erworben. Er beherrschte das okkamistische System, wie es damals allgemein gelehrt wurde, und eignete sich für das Studium der Bibel und Kirchenväter das von den Humanisten bereitgestellte philologische Rüstzeug an. Übrigens hatte er sich zeitweise ausschließlich dem Studium widmen können, und in seiner vielseitigen praktischen Tätigkeit gewann er Kenntnisse und Einsichten, die er aus Büchern allein nie hätte schöpfen können. Dazu besaß er ein bei Gelehrten seltenes überaus feines und starkes Gefühl für die Bedürfnisse der Zeit und für die vorwärtstreibenden geistigen Kräfte. Für die Nöte des gemeinen Mannes hatte er ebenso Verständnis wie für die Aufgaben des Landesfürstentums; er war mit den Bestrebungen des Humanismus und der Stillen im Lande vertraut, die in den Schriften der älteren und neueren Mystiker Trost und Stärkung suchten. Die „gravamina der deutschen Nation" waren durchaus auch seine eigenen Beschwerden gegen Rom. Den Reformvorschlägen, wie sie in der „Reform Kaiser Sigmunds" (vgl. S. 140) und anderen Reformschriften niedergelegt sind, fügt er eine große Zahl neuer hinzu, ohne jedoch den verstiegenen Schwärmereien seiner Vorgänger zu verfallen. Von den neuen Mächten war er nur einer bitter feind, dem Kapitalismus. Er fand an ihm bloß Böses, nicht das mindeste Gute. Dem gewaltig aufstrebenden deutschen Nationalismus war er mit seinem durch und durch deutschen Denken, Empfinden und Wollen aufs engste verbunden und verlieh ihm selbst durch sein ganzes Wirken stärkste Antriebe.

Bei alledem war Luther nicht ein Literat, der den Strömungen seiner Zeit lediglich in einer die Intellektuellen bezaubernden Form Ausdruck zu geben versteht, oder ein von den Wogen der Volksstimmung Mitgerissener, den bloß seine Rednergabe aus der Masse hervorhebt. Die Selbständigkeit der ganz auf sich gestellten großen Persönlichkeit und die Selbstherrlichkeit der seiner selbst sicheren Führernatur sind neben der Religiosität und Erdverbundenheit die Grundkräfte in Luthers Wesen. „Ich bin von Okkams Schule", sagte Luther einmal, er sprach von Okkam als seinem Lehrer. Aber Luthers „Christentum ist alles andere eher als verknöcherter oder erweichter Okkamismus, es ist in allen seinen wesentlichen Zügen vielmehr der denkbar vollkommenste Gegensatz zu Okkam". Blicken wir auf die religiösen Hauptgedanken Luthers, „seine Anschauung vom Bösen und von der Sünde, von der Sündenvergebung und von der Gnade, vom Gesetz und vom Evangelium, von der Frömmigkeit als religiösem und von der Frömmigkeit als sittlichem Verhalten, so erkennen wir unschwer, daß diese Grundgedanken im Kampfe gegen die moderne Theologie (der okkamistischen Schule) gewonnen sind". Luther wechselte gelegentlich mit Humanisten, so auch mit Erasmus von Rotterdam und Mutian, Briefe, nahm verschiedene ihrer Anregungen auf und machte auch kurze Zeit einige ihrer stilistischen Spielereien mit, aber ein richtiger Humanist war er nie, und der Streit, in den er mit Erasmus und anderen Humanisten geriet, ging um letzthin Entscheidendes (vgl. S. 408). In seinen ersten Klosterjahren hat er zahlreiche mystische Schriften gelesen und ihren Anleitungen zum geistlichen Leben zu folgen gesucht. Den Mystiker Tauler schätzte er sehr und gab das Büchlein eines dem Namen nach unbekannten Mystikers zweimal heraus, doch lehnte er sowohl die mehr oder weniger pantheistische Grundstimmung mancher Mystiker als auch — etwas später — ihren asketischen „Reinigungsweg" ab. Gegen die Sünden und Fehler der Fürsten führte er eine sehr deutliche Sprache. Er ließ sich für die großenteils politischen Ziele der Reichsritter nicht einspannen, die ihn als ihren geistigen Führer auf den Schild heben wollten (vgl. S. 318), und er verurteilte aufs schärfste die Revolution der Bauern, obwohl er dadurch sein Ansehen und seine Beliebtheit beim Volke aufs Spiel setzte. In dem, was er für eine Glaubensnotwendigkeit hielt, vermochten ihn weder Vorteile für die Verbreitung der Reformation, noch die schwersten Gefahren für ihren Bestand zum Nachgeben zu bewegen; auch konnte er von seinem Glaubensstandpunkte aus in manchen Fällen, z. B. im Bauernkrieg (vgl. S. 327 f.), von einer, modernem Empfinden kaum faßbaren Härte sein. Dagegen bewies er in allem anderen, wenn es ihn gut dünkte, eine erstaunliche Großzügigkeit, die in nicht wenigen Fällen Ärgernis erregte und ihm bei vielen zum mindesten den Vorwurf der mangelnden Folgerichtigkeit und der Unbeständigkeit einbrachte.

Das großartigste Zeugnis für Luthers schöpferische Selbständigkeit ist seine Glaubenslehre; aber auch sonst kommt bei allem, was er spricht, schreibt und tut immer wieder der von der Meinung anderer unabhängige Geist und Charakter zum Durchbruch. Luther besitzt ein hervorragendes kritisches Urteilsvermögen. Mit sicherem Blick findet er die Schwächen der gegnerischen Beweisführung heraus und weiß die eigene Stellungnahme mit schlagenden Gründen zu rechtfertigen. Geschickt handhabt er die damals gebräuchlichen Waffen der Disputierkunst, und nicht wenige Stellen seiner Schriften verraten, daß ihm diese Art des geistigen Ringens eine Lust ist. Auch geistvolle witzige Bemerkungen weiß er in das Gewand der Schullogik zu kleiden, so, wenn er in dem Sendbrief an Papst Leo X. argumentiert: die Päpste wollen Statthalter Christi sein. Ein Statthalter herrscht in Abwesenheit seines Herrn. Wenn also ein Papst in Abwesenheit Christi, der nicht in seinem Herzen wohnt, regiert, so ist er nur allzu wahrhaftig ein Statthalter Christi. Vor allem bewährt Luther sich als ein Meister der scholastischen Fechtkunst, wenn es gilt, Bibelstellen oder andere Zeugnisse, die ihrem nächstliegenden Sinne nach seiner Glaubenslehre entgegen sind, zu entkräften. Auch wenn man ihm da nicht in allem zu folgen vermag, wird man doch zugeben, daß er mit unübertrefflichem Scharfsinn die Einwände von den für ihn unerschütterlich feststehenden Voraussetzungen seines Glaubens aus aufhebt. Er bleibt übrigens keineswegs im Formal-Logischen stecken. Dies zeigen schon die von ihm gelegentlich angeführten methodischen Grundsätze, wie etwa: der wahre

Sinn eines Satzes ist nicht aus dem Wortlaut allein zu erschließen, es kommt auch darauf an, weshalb er ausgesprochen wurde; einen stichhaltigen Beleg aus der Bibel vermögen unzählige Gegengründe nicht zu entkräften; wer eine Sache klar durchschaut und richtig versteht, reiht bei ihrer Darlegung nicht bloß Zitate aus fremden Werken aneinander. Luthers methodische Grundsätze sollten bei der Beurteilung und Erklärung seiner eigenen Schriften viel mehr berücksichtigt werden. Sein Wirklichkeitssinn läßt ihn immer in den Kern der Probleme eindringen und keiner ernsten Schwierigkeit ausbiegen. Mit der ganzen Wucht seines tiefen Geistes und seines leidenschaftlichen Temperamentes verwirft er alle bloßen Klügeleien der Vernunft und hält ihnen die überwältigenden, allgemein menschlichen und eigenen Erfahrungen entgegen. Sein Blick für das Tatsächliche ließ ihn auch die Gefahren seiner Glaubensverkündigung deutlich erkennen. Es war keine Einbildung, wenn er in den ersten Kampfjahren ziemlich sicher mit dem Ketzertod auf dem Scheiterhaufen rechnete. Auch seine Freunde und Anhänger bangten sehr um sein Leben. Auf seiner Reise nach Worms äußerten einige ihm gegenüber, da soviele Kardinäle und Bischöfe auf dem Reichstage seien, werde man ihn flugs verbrennen wie einst den Hus zu Konstanz, und in Naumburg überreichte ihm ein Kleriker, um ihn auf seinem letzten Wege zu stärken, ein Bild des Märtyrers Savonarola. Doch Luther hatte nicht nur den Mut, sich innerlich von den Banden des überlieferten Kirchenglaubens frei zu machen, er war auch bereit, für seine Überzeugung in den Tod zu gehen.

Völlige innere Unabhängigkeit verbunden mit einem unbeugsamen Charakter schafft wohl Märtyrer, läßt aber den Begründer und Leiter einer großen Gemeinschaft über kurz oder lang nur allzu leicht scheitern. Seine von Haus aus konservative Natur schützte Luther vor diesem Schicksal. Er verabscheute rein eigenmächtiges und willkürliches Vorgehen. Das Werk der Kirchenerneuerung nahm er in Angriff, weil er sich kraft seines nicht von ihm selbst gewählten Amtes dazu verpflichtet fühlte. Immer wieder betont er, als Doktor der Theologie und als Prediger müsse er die Wahrheit verkünden, doch habe er sich nicht zu diesen Ämtern gedrängt: „Sie werfen mir vor, ich tue mich als einzelner hervor, jedermann zu lehren. Darauf antworte ich: ich habe mich nie vorgedrängt, sondern war allzeit geneigt, in den Winkel zu kriechen; sie haben mich aber hervorgezogen, Preis und Ehre an mir zu erlangen." Tatsächlich hat Luther Professoren- und Predigeramt nach heftigem Weigern lediglich auf Befehl seines Ordensoberen Staupitz übernommen, der für den Orden Großes von Luther erwartete. Auf die Frage „aus was Ursache und Befehl" er die Verdammungsbulle und die päpstlichen Rechtsbücher verbrannt habe, erwiederte Luther: „Ich Unwürdiger bin ein getaufter Christ, dazu ein geschworener Doktor der Heiligen Schrift, überdies ein täglicher Prediger, dem seines Namens, Standes, Eides und Amtes halber gebührt, falsche, verführerische, unchristliche Lehre zu vertilgen oder ihr zu wehren. Obgleich viele andere in gleicher Pflicht sind, die dasselbe nicht tun wollen, vielleicht aus Unverstand oder gebrechlicher Furcht, wäre ich dennoch nicht damit entschuldigt, so mein Gewissen genügend verständigt und mein Geist mutig genug von Gottes Gnaden erwecket ist." Die Tradition ist auch ihm eine ungeheure Macht: „Ich gebe dir, mein Erasmus, zu, daß mit Recht (die zahllosen Stimmen gegen meine Lehre) einen großen Eindruck auf dich machen. Auch ich bin mehr als zehn Jahre davon wohl stärker als jeder andere in Unruhe versetzt worden, daß dieses unser Troja, das so lange in so vielen Kriegen unbesiegt geblieben ist, einmal fallen könne... Du darfst mir glauben, auch meine Brust ist kein Felsblock und wäre sie einer, so hätte er unter dem Andrang der ungeheuren Wogen und Stürme weich werden können, als ich das Wagnis unternahm, das alle die von dir angeführten Stellen und Autoritäten über mein Haupt wie die Sintflut hereinbrechen ließ." Diesem Anprall hält Luther den Zwang seines Gewissens und die ‚evidentia rerum' entgegen, den klaren Beweis der Bibel. Für Luther war sein Gewissen und seine Bibelauffassung nichts Subjektives (vgl. S. 258 f.). Nur dann und nur so weit geht er gegen die Überlieferung an, als sie ihm objektiv im Widerspruch zur höchsten Wahrheit, dem Worte Gottes, steht. Von dem alten Glauben und den überkommenen kirchlichen Gebräuchen sucht er das mit seiner Auffassung des Evangeliums irgendwie Vereinbare festzuhalten. Ein so erbitterter Feind einer bloßen Gesetzesreligion er ist, betont er doch immer wieder die Notwendigkeit, sich an feste Ordnungen zu halten und der gesetzlichen Obrigkeit zu gehorchen.

Das Gegengewicht für die sonst leicht zur Selbstüberhebung entartende Selbständigkeit wurde für Luther seine Bescheidenheit und christliche Demut. Gewiß ist auch ihm der berechtigte Stolz auf sein großes Unternehmen und seine Erfolge nicht fremd. Gerne erkannte er die Verdienste anderer an. Von Erasmus rühmte er wiederholt, er sei ihm in vielem, an Geist, Bildung, Beredsamkeit überlegen. Das „edel Ingenium" des Magisters Philipp Melanchthon pries er mit bewundernden Worten. Luther nahm mit Recht in Anspruch, die Sache wider den Papst und für das Evangelium auf die Bahn gebracht zu haben, im übrigen aber erklärte er: „Ich bin nur einer der ganz kleinen Leute meiner Partei. Andere sind viel bedeutender und gelehrter. Es würde daher gar nichts dabei herauskommen, wenn ich widerriefe; denn die anderen, die mir an Gelehrsamkeit weit über sind, würden doch nicht schweigen, sondern die Sache weiter führen." Er sah für seine Person keine Auszeichnung darin, daß ihn Gott zur Verkündigung seines Evangeliums auserwählt hatte: „Der Herr nimmt nicht gerne Heilige zum predigen, sondern solche, die gräßlich gesündigt haben wie Paulus... Die können sich nicht brüsten, sie müssen an ihre schlimme Vergangenheit zurückdenken." Luthers Evangelium ist eine Botschaft des zuversichtlichen Gottvertrauens, aber auch der tiefsten Demut: Es muß verkündigt werden „zur Verdemütigung unseres Stolzes... Aber solange kann der Mensch nicht gedemütigt werden, bis er nicht weiß", daß er nichts aus eigenem Wissen, Planen und Wollen vermag.

Kampfesweise

Subjektivität. Wahrhaftigkeit. Phantasie des Realen. Rhetorik. Schelten

Zu einer wahrhaften Demut scheint nun allerdings Luthers gewaltiges Zürnen, Trotzen, Schelten, Drohen in einem merkwürdigen Gegensatz zu stehen. Nun, man darf Luthers Demut so wenig wie seine Frömmigkeit mit den Maßstäben gottseliger Andachtsbücher messen. Er erhob nie den Anspruch, ein „Heiliger" zu sein und gab ehrlich zu, daß er ganz besonders zum Zorn neige, der freilich häufig notwendig sei. Luther ist ein durch und durch leidenschaftlicher Kämpfer. Er will den Gegner nicht nur sachlich widerlegen, sondern vernichten. Obwohl er dabei in der Gemütsaufwallung zwischen Person und Sache oft nicht fein säuberlich unterscheidet, geht es ihm im Grunde immer nur darum, im Gegner den Irrtum zu treffen und zu überwinden, und er bemüht sich redlich, sich selbst an seine Grundsätze für Polemik zu halten: „Ich habe allezeit die Weise gehabt und will sie auch fortan haben: auch die nicht anzutasten, die sonst für jedermann in bösem Rufe stehen. Mir ist nicht wohl mit der Sünde anderer, der ich wohl weiß, wie auch ich einen Balken in meinen Augen habe ... Ich hab wohl scharf angegriffen, doch gemeinhin einige unchristliche Lehren. Gegen meine Widersacher bin ich bissig gewesen, nicht um ihres bösen Lebens, sondern um ihrer unchristlichen Lehre willen, und das reut mich so ganz und gar nicht, daß ichs mir in den Sinn genommen habe, in solcher Emsigkeit und Schärfe zu bleiben unangesehen wie mir dasselbe etliche auslegen." Richtig grob behandelt er seine Gegner erst auf deren heftige Angriffe hin seit dem Sommer 1518, zum ersten Mal in der Schrift „Freiheit des Sermons päpstlichen Ablaß und Gnade belangend", und in seinen Briefen fällt erst seit Anfang 1519 ein gereizter Ton auf. Wie versöhnlich Luther eigentlich war, beweist sein Verhalten gegen Tetzel, der ihm und dem Kurfürsten Friedrich dem Weisen in seinen „Fünfzig neuen Thesen" ganz unverhüllt mit dem Scheiterhaufen gedroht hatte. Als Tetzel im Leipziger Dominikanerkloster schwer krank darniederlag, schrieb ihm Luther, Tetzel möge guten Mutes sein, die Sache mit dem Ablaß sei von seinetwegen nicht angegangen, er trage also nicht die Verantwortung vor Gott dafür, sondern das Kind habe einen ganz anderen Vater. Viele Jahre nach Tetzels Tod hat Luther allerdings öfters erklärt, er sei wider seinen Willen „wie ein geblendetes Pferd" in Streit mit dem Papst geraten, weil es der Dominikanermönch mit den Ablässen „zu grob" getrieben habe, und erzählte auch die auf bloßen Gerüchten beruhenden Geschichten über Tetzel nach. Geschichtlich betrachtet ist es eine Ungerechtigkeit, Luther daraus einen Strick zu drehen. Heilige und unheilige Päpste, ihre Parteigänger und Widersacher bedienten sich seit Jahrhunderten in der Polemik kritiklos ähnlicher „Fabeln", außerdem wollte Luther mit seinen Angaben über Tetzel wie auch sonst der Wahrheit gemäß betonen, er habe sein Werk nicht mit dem Vorsatz begonnen, das Papsttum zu stürzen. Er sah in dem Beginn und dem Fortgang seines Unternehmens lediglich Gottes Hand, der sich seiner als Werkzeug bediente.

Objektivität, das sorgfältige Abwägen alles Für und Wider, liegt Luther über-

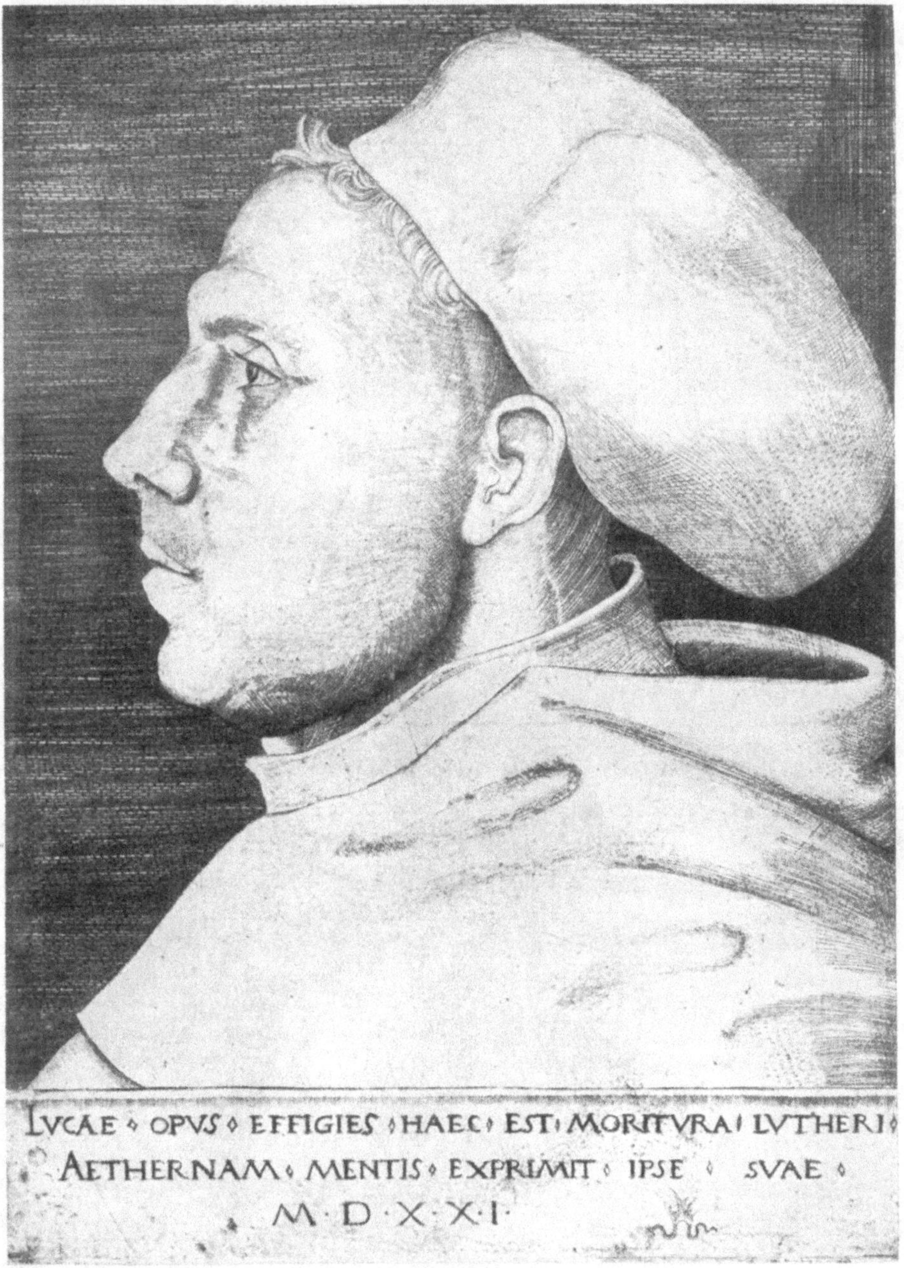

Lucas Cranach, Martin Luther. 1521

Kupferstich

Hans Asper, Ulrich Zwingli
Zürich, Stadtbibliothek

Hans Holbein d. J., Philipp Melanchthon. Um 1530
Hannover, Landesmuseum

haupt nicht, am wenigsten bei Angriff und Verteidigung. Unter den vier den Menschen über das Tier erhebenden seelischen Antrieben: dem Drange zum Religiösen, Sittlichen, Wahren und Schönen, steht bei Luther das Religiöse unbedingt jedem anderen voran. Nun ist der ausschließlich religiösen Betrachtungsweise von jeher eigen, Vergangenheit, Gegenwart und Zukunft, Freund und Feind im Lichte ihres Glaubens zu sehen. Wer die innere Wahrhaftigkeit von Männern wie Luther nur darnach beurteilen will, wieweit ihre Aussagen objektiv richtig sind, kommt zu einem schiefen Urteil, eben weil diesen Männern in dem von ihren Gegnern am meisten Umstrittenen, in ihren religiösen Auffassungen und den damit zusammenhängenden Ansichten über Menschen, Einrichtungen und Zustände, die psychologischen Voraussetzungen für objektive Wertung und Berichterstattung fehlen. Schon das ungeheuer ernste Ringen Luthers um seinen Glauben und seine Bereitschaft, das Martyrium für diesen seinen Glauben zu erleiden, müssen davor warnen, Luther als einen innerlich unwahrhaften Menschen zu bezeichnen, mag er auch in der Hitze des Gefechtes noch so oft über das Ziel schießen und mag sich auch in seiner Erinnerung das Bild seiner Jugend, seiner papistischen Vergangenheit und der alten Kirche noch so sehr verzerren. Übrigens taucht auch in diesen Dingen nicht selten ein freundliches Gedenken bei ihm auf. Luthers Wahrhaftigkeit ist ferner öfter in Zweifel gezogen worden, weil er die Lüge nicht unter allen Umständen verwirft. Nun, das Problem der Wahrheit ist so einfach nicht. Der Irrtum begleitet wie ein Schatten untrennbar die Wissenschaft; sie darf indes, will sie nicht ihr innerstes Wesen verleugnen, niemals die Wahrheit bewußt umbiegen. Das praktische Leben ist jedoch kein wissenschaftliches Forschungsinstitut und keine gelehrte Abhandlung, da herrschen noch andere Gebote als die der Wahrheitsfindung und Wahrheitsverkündigung. Mit der Frage, wie die sittliche Pflicht zur Wahrheit mit den Lebensnotwendigkeiten in Einklang zu bringen ist, haben sich schon viele vor und nach Luther beschäftigt, und eine als allgemein gültig anerkannte Antwort ist bis heute nicht gefunden. Nicht jedermann wird die ‚reservatio mentalis', den geheimen Vorbehalt, bei dem ein Meister dieser Kunst ein grundverlogener Mensch sein kann, ohne je formal zu lügen, und die Erklärung, die Lüge sei an sich eine „läßliche Sünde", für eine bessere und anständigere Lösung halten, als wenn Luther frank und frei unter gewissen Bedingungen eine Lüge zuläßt und einmal zu „einer guten, starken Lüge" geraten hat.

Doch wenn auch der Sinn für das Objektive in Luther ziemlich gering ausgebildet ist, so besitzt er dafür die Phantasie des Realen in umso reicherem Maße. Sie ergeht sich nicht in einer un- oder halbwirklichen, sondern in der Welt, wie sie ist, und erweist sich vielleicht noch fruchtbarer als die Phantasie der freien Erfindung. Wie diese ruft die Einbildungskraft des Wirklichen Vorstellung um Vorstellung hervor, einander ähnliche und entgegengesetzte, Bild um Bild stellt sich ein; das Knochengerüst, das jeder Begriff und jede allgemeine Aussage mehr oder weniger ist, nimmt Fleisch und Blut an. So dringt die Phantasie des Realen über die einem lediglich nüchtern arbeitenden Verstande gezogenen Grenzen hinaus, führt unmittelbar zu lebensvollen Erkenntnissen der inneren Zusammenhänge menschlichen Geschehens und verleiht dem Gedanken, der Rede und der schriftlichen Darstellung Fülle und Schwung. Fast jede Zeile von Luthers ungeheurem Werke ist von dieser Art der Phantasie beflügelt. Es gewährt einen großen geistigen Genuß, ihren Wegen genauer zu folgen. Dies gilt selbst für Schriften von der Art des „Kleinen Katechismus", die unter den Händen nahezu jedes anderen zu einem trockenen Abriß oder schlimmer noch, zu einer Sammlung von Gemeinplätzen werden. — „Unser täglich Brot gib uns heute". Luther geht bei der Erklärung dieser Bitte von der höchst realen Wahrnehmung aus: „Gott gibt täglich Brot auch wohl ohne unsere Bitte, (auch) allen Bösen." Also kann für Luther der Sinn dieser Bitte nicht sein, wir sollen uns das Brot von Gott erbitten, sondern der Sinn ist: „wir bitten in diesem Gebet, daß ers uns erkennen lasse," daß wir von ihm unser Brot erhalten, „und mit Danksagung empfangen unser täglich Brot". Da erhebt sich die Frage „Was heißt denn täglich Brot?" Die nun folgende Aufzählung enthält einige für des Leibes Nahrung und Notdurft scheinbar etwas weit hergeholte Beispiele, doch sind sie nicht willkürlich aufgenommen, sondern stehen zueinander in einem Wechselverhältnis wie Ehre zu einem zuchtvollen Leben oder gute Freundschaft und treue Nachbarschaft zu dem guten Ruf des Mannes von Ehre. So ersteht in Luthers Phantasie, angeregt durch die zwei Worte „täglich Brot" das Bild eines wohlgeordneten und sicheren Daseins, das in sich beschließt: „alles was zur Leibes Nahrung und Notdurft gehört, als Essen und Trinken, Kleider, Schuh, Haus und Hof, Acker, Vieh, Geld, Gut, fromm Gemahl, fromme Kinder, fromm Gesinde, fromme und treue Oberherren, gut Regiment, gut Wetter, Friede, Gesundheit, Zucht, Ehre, gute Freunde, getreue Nachbarn und desgleichen."

Wie eine reiche Phantasie nur eine Voraussetzung für den Dichter ist, so macht auch die Einbildungskraft des Wirklichen allein nicht den großen Prediger in Wort und Schrift. Dessen besondere Begabung ist die Kunst der Rede. Es ist keineswegs eine Herabsetzung Luthers, wenn man ihn einen Rhetoriker, einen Redner größten Stiles nennt. Er sagte einmal im Gegensatz zu dem weltlichen Regiment, das „zornig ist, blitzen und wettern und die Menschen mit morden zähmen muß", von dem neuen Regiment Christi, daß es nur „die Zunge und zwar feurige Zungen nimmt, die mehr als das Schwert" ausrichten. „Kein zarteres Glied ist im Menschen als die Zunge, noch ein lieblicheres Werk als die Sprache." Dem Worte Gottes mit seinem Worte zu dienen, ist Luthers Lebensinhalt. Er scheut sich nicht, für seine Verteidigung des Evangeliums unter anderem den Ausdruck „Rhetorik" zu gebrauchen. In der Freude und Lust an seiner Kunst, der Kunst der Rede, wendet er deren Mittel ausgiebig an, so das der Hyperbolie, der Übersteigerung, in einem Maße, daß ihn manche den ‚Doctor hyperbolicus' nannten. Es ist abwegig, seine rhetorischen Wendungen, um sie auf ihren Wahrheitsgehalt zu prüfen, wie die Sätze einer wissenschaftlichen Arbeit auf die Goldwaage der Kritik zu legen, und ihm vorzuwerfen, er wolle die Wahrheit mit rednerischen Kunstmitteln verschleiern oder umbiegen. „Keiner Rhetorik steht es zu, mit dem aufrichtigen Gewissen Schindluder zu treiben; stärker als alles Können und alle Figuren der Rhetorik ist der Stachel des Gewissens," hält Luther einmal dem Erasmus entgegen, und das Gewissen spricht auch dann noch und da erst recht aus Luther, wenn ihn sein hitziges Temperament und der Schwung seiner Beredsamkeit fortreißen.

Zur Zeit, da seine Kampfschriften ungeheures Aufsehen zu erregen begannen, am 19. August 1520, schrieb Luther an seinen Ordensbruder Wenzeslaus Link: „Fast jedermann verurteilt an mir meine Bissigkeit, aber ich meine wie ihr, daß Gott vielleicht gerade damit die Lügen der Menschen aufdecken will. Denn was in unseren Tagen mit Ruhe behandelt wird, sehe ich bald unbeachtet in Vergessenheit geraten ... Auch Paulus nennt seine Widersacher bald ‚Hunde', bald die ‚Beschneidung', bald ‚unnütze Schwätzer', bald ‚trügliche Arbeiter', des ‚Satans Diener' und so mehr ... Wer sieht nicht, wie heftig die Angriffe der Propheten waren? Aber diese Stellen sind allbekannt, weshalb sie keinen Eindruck mehr machen." Luther meint in diesem Brief, seine Zeit urteile zwar schlimm über seine Ausfälle, die Zukunft würde sie aber billigen. Darin hat er sich nun freilich getäuscht. Die derben Schimpfworte und die „niederen körperlichen Funktionen" entnommenen Redebilder werden Luther bis zum heutigen Tage teils sehr verübelt, teils als eine unerfreuliche weitverbreitete Zeiterscheinung hingestellt. Dürfe man ihm auch persönlich keinen allzu schweren Vorwurf machen, daß er sich von ihr nicht frei gehalten habe, so hätte er ihr doch nicht in derart großem Ausmaße verfallen sollen. Zweifellos kommt in seinem Schelten auch seine Heftigkeit zum Ausdruck. Immer wieder trieb sie ihn an, den Gegner oder richtiger das in ihm verkörperte Böse mit den kräftigsten Ausdrücken zu belegen. Er bedauerte dies zuweilen selbst, hielt es aber, wie er in jenem Brief an Link und auch sonst äußerte, nach dem Beispiel der Bibel für erlaubt, ja für notwendig, um die Wahrheit eindringlich zu verkünden. Im übrigen sind nicht Luthers derbe Realistik und grobes Schelten an sich das Auffallende, sie heben sich nur deshalb aus dem damaligen Schrifttum heraus, weil gerade in diesen Dingen das, was Luthers Stil auszeichnet, zu besonderer Wirkung kommt: seine Phantasie des Realen, seine Rhetorik und sein Gefühl für das Zeitgemäße.

Um die Schwächen der menschlichen Natur, um die Häßlichkeit und die Gemeinheit der Sünde den Menschen zu Gemüte zu führen, hatten Prediger und erbauliche Schriftsteller, auch Künstler und Dichter alles Unappetitliche des Leibes, des Madensackes, nach außen gekehrt und mit dem den fünf Sinnen Abstoßendsten und Widerwärtigsten Hölle und Fegfeuer ausgemalt. Trotz mancherlei Einzelschilderungen blieb all das meist in Allgemeinheiten und im Typischen stecken. Dieselben Ausfälle gegen die böse Welt und die schlechten Menschen, dieselben grauenvollen Bilder von Tod und Hölle kehren immer wieder; selbst besonders kräftiges Schelten, überderbe, handgreifliche Kurzgeschichten und ganz phantastische Höllenfahrten bewegten sich alles in allem auf den herkömmlichen Gleisen und wurden deshalb als selbstverständlich hingenommen. Luther dagegen stürmte gegen altvertraute Vorstellungen von Gott, Mensch und Welt an, ihm sind nicht dieser oder jener Papst, Bischof, Priester, Mönch, nicht einzelne Sitten und Gebräuche schlecht, sondern das Papsttum, die Hierarchie, das Mönchtum, das Ablaßwesen, die derzeitigen Zustände in Stadt und Land. Dabei verflüchtigt sich ihm nichts ins Allgemeine, erstarrt ihm nichts zum Typischen. Die Kraft seiner Phantasie und Rede läßt das Papsttum und alles seiner neuen Glaubenswelt Widerstreitende als das leibhaftige Böse, als den Teufel, als die Hölle in der Verworfenheit ihrer scheußlichen Gestalt, ihres ekelhaften Schmutzes und ihres erstickenden Gestankes erscheinen. Solches war unerhört, ungewohnt, und darum rümpften die von Luthers Angriff Getroffenen die Nase und waren und taten entrüstet über Redewendungen, die sie bisher, ohne über die Verwilderung des Geschmackes und den Einbruch des Unheiligen in das Heiligste zu klagen, ertragen hatten.

Neben der Übersteigerung, der hyperbolie, gebraucht Luther gern die amplificatio, die Häufung gleichartiger Ausdrücke. So marschieren denn bei ihm nicht selten die Esel, Säue, Huren und ähnliches in Scharen auf. Demjenigen, welchem solche Blütenlesen vorgesetzt werden, mag es scheinen, Luther sei es in solcher Umgebung besonders wohl, doch bedient er sich dieser Art der Rede ganz allgemein, im Edlen und Feinen nicht weniger häufig und mit nicht geringerer Kunst als für Gemeines und Grobes. Beides fügt sich im Zusammenhang zu einem Stil aus einem Guß. Der ihn schreibt, steht wahrlich nicht auf tiefer sittlicher Stufe, ebensowenig wie das deutsche Volk, das noch nie in allen seinen Schichten mit solcher Begeisterung der Stimme eines Mannes Gehör geschenkt hatte. Daß Luther mit der „besonderen Absicht aus dem unreinen Brunnen jener Redewendungen schöpfte", um „die niederen Massen des Volkes in Bewegung zu setzen und die zu gewinnen, die, je weniger sie denken und Gründe erwägen können, desto zugänglicher sind für Derbheit, Spott und den Ton der Gasse", ist eine üble Unterstellung. Liest man die Fürstenbriefe, z. B. die des Albrecht Achilles an seine Frau; durchblättert man die Zimmerische Chronik, in der geschildert wird, mit welch derben Vergnügungen sich der hohe Adel bei festlicher Tafel ergötzte, wie es unter anderem als Hauptwitz belacht wurde, als auf dem Reichstag zu Trier 1512 in Gegenwart Kaiser Maximilians Graf Michel von Wertheim dem Freiherrn von Guttenstein, der ihn wegen seines abgeschabten Geißpelzes für einen Ofenheizer hielt und zurückdrängte, unbemerkt in den weiten Ärmel seiner kostbaren Zobelschaube pißte und den Beschämten in der Lake stehen ließ; vergegenwärtigt man sich die Fastnachtspossen der Bürger und die Bauernspäße, dann ergibt sich ohne weiteres, daß Luther nicht darauf abzielte, die niederen Instinkte des großen Haufens aufzustacheln, den er immer verachtete, sondern daß er eben auch in dieser Beziehung nur eine Sprache führte, die hoch und nieder vertraut war. Wie weit derartiges in die eigentliche Literatur bereits Eingang gefunden hatte, ist ziemlich nebensächlich, jedenfalls wurde der Geschmack der Gebildeten und Ungebildeten nicht erst durch Luther vergröbert. Luther ist überdies, anders als die Humanisten, ein Feind des unzüchtigen Scherzes wie des leichtfertigen Spottes. Er tadelt an Erasmus nichts so, wie daß er da spottet und witzelt, wo er trauern und ehrlich entrüstet sein sollte. Über ein Papstbild Cranachs schrieb Luther am 3. und 15. Juni 1545 Amsdorf: „Euer Neffe hat mir das Bild des Papstes vorgezeigt, doch Meister Lukas ist ein grober Maler. Er hätte das weibliche Geschlecht schonen können, weil sie Gottes Geschöpfe sind und um unserer Mütter willen. Er hätte andere Gestalten, mehr wie Teufel, malen können, so verdient sie der Papst", und: „Ich will mich ernstlich bemühen, daß der Maler Lukas jenes häßliche Bild ändere und anständiger mache".

Am grimmigsten wütet Luther gegen die Päpste, was er also rechtfertigt: „Was ists für ein Schelten, wenn ich den Teufel einen Mörder, Bösewicht, Verräter, Lästerer, Lügner schelte? Es ist eben, als wehe ihn ein Lüftlein an. Was sind aber die Papstesel denn lauter Teufel leibhaftig, die keine Buße, sondern eitel verstockte Herzen haben ... Lieber, schilt und nenne einen Papstesel, wie du willst oder kannst, so ists als pfiffe ihn eine Gans an ... Er hats also übermacht, daß er deinem Schelten viel, viel, vielmal zu groß worden ist. Nenne ihn einen Papisten, so rührst du es gar und hast mehr gesagt, denn die Welt begreifen kann ... Sollte ich sie nun nennen ehrwürdigste, heiligste Väter in Christo, so würde sie niemand kennen und wüßten sie selbst nicht, von wem ich redete ... Darum ist mein Schelten kein Schelten, sondern eben als wenn ich eine Rübe Rübe, Äpfel Äpfel, Birnen Birnen nenne". Das nach der eigenen Auffassung Schlechte und Verwerfliche mit dem ihm zukommenden schärfsten Ausdrücken zu belegen, war auch uralter Brauch der Päpste und ihrer Gegner. Wandte der Papst in seiner Bannbulle gegen Luther und seine Anhänger die für Ketzer üblichen Bibelworte an wie: „Toren, die sich gegen Gott erheben, Füchse, die des Herrn Weinberg verwüsten, Eber des Waldes, wildes Tier, Pest und Krebsschaden, verderbliche Natter", so griff Luther die vor Jahrhunderten gebräuchlichen Bezeichnungen „Antichrist" und „babylonische Hure" (vgl. S. 211) wieder auf. Luther machte allerdings von seinen Waffen, Wort und Feder, einen besonders ausgiebigen und rücksichtslosen Gebrauch. Gegenüber der ultima ratio der römischen Kirche, ihrem letzten, alles niederschmetternden Beweis, dem Scheiterhaufen, auf den sie Luther, wie jeden „hartnäckigen" Ketzer zu gerne gebracht hätte, waren aber seine gröbsten Schimpfworte nichts anderes „als stechest du einen Bären mit einem Strohhalm".

Zur Beurteilung der einzelnen Eigentümlichkeiten von Luthers Rede- und Schreibweise sind immer wieder die von ihm selbst angeführten Grundsätze für die Auslegung von Schriften (vgl. S. 237 f.), die Art seiner Rhetorik und die allgemeinen Kulturverhältnisse heranzuziehen. Als Ganzes aber sind seine Werke Ausfluß seines innersten Wesens. Seine Rede ist die Sprache seines Herzens, sein Stil er selbst. Sie offenbaren die Millionen in seinen Bann ziehende Gewalt seiner Persönlichkeit, die Unruhe und zugleich die Sicherheit seiner Seele, die Tiefe und Feinheit seines Gemütes, seine derbe, urwüchsige Kraft, die Schärfe seines Verstandes, den Reichtum seiner Phantasie, seinen unermüdlichen Kampfeseifer, seinen grimmen Trotz und seinen überlegenen, echt deutschen Humor.

Seelisch-körperliche Veranlagung

Die Eigenschaften Luthers erhielten ihre einzigartige Wirkungsweise und Wirkungskraft besonders von seiner seelisch-körperlichen Veranlagung. Seine Seele war im höchsten Grade reizsam. Er reagierte auf Ideen, vor allem auf religiöse, und auf Vorstellungen der Phantasie, als wären sie handgreifliche Dinge. Gemütsbewegungen und Willenserregungen brachen über ihn häufig mit solcher Heftigkeit herein, daß sein Körper ihrem Ansturm kaum standzuhalten vermochte. Erschütternd sind Luthers Berichte über seine Seelenangst, er ist mitunter ohnmächtig geworden, wenn ihn „Schwermut und Traurigkeit übereilten". Den Teufel glaubte er unzählige Male zu hören, einigemale auch zu sehen; ebenso erwähnt er, allerdings viel seltener, tröstliche Erscheinungen von Engeln. Wie weit das alles die Folge war einer nervösen Anlage von Kindheit auf, von übertriebener Askese und Seelenkämpfen im Kloster, von den Aufregungen und der angespannten Tätigkeit der Mannesjahre, von mancherlei körperlichen Leiden und Beschwerden, die ihn des öfteren befallen haben, hat für die Beurteilung seines Wesens und Wirkens keine ausschlaggebende Bedeutung. Entscheidend ist, daß ein Mann von zweifellos kraftvoller Körperbeschaffenheit und ungeheurer Lebenskraft, die seine staunenswerte Arbeitsleistung und die ganze Art seines Auftretens bezeugen, von seelischen Vorgängen derart mitgenommen wurde.

Als Luther sich eben zu seinem Glauben durchgerungen und den Kampf dafür aufgenommen hatte, machte der mittelgroße, knochendürre Mönch auf seine Gegner einen abstoßenden Eindruck, ihm Wohlgesinnte dagegen rühmten ihn schon damals „als sehr höflich und freundlich. Er hat nichts stoisch Strenges und Sauertöpfisches an sich; er kann sich in alle Gelegenheiten schicken. In Gesellschaft ist er lustig, scherzhaft, lebhaft und immer freudig, immer munteren und fröhlichen Gesichtes, ob ihm auch die Widersacher noch so sehr drohen. Man sieht es ihm an, daß Gottes Kraft bei seinem schweren Werke in ihm ist. Nur den einen Fehler tadeln alle an ihm, daß er im Schelten etwas zu heftig und beißend sei". Vor seinen dunklen braunen Augen graute es Aleander auf dem Wormser Reichstag als denen eines Dämon; schon früher hatte der Kardinal Cajetan in Augsburg bemerkt: „Ich will nicht mehr mit diesem Bruder sprechen, denn er hat tiefliegende Augen und daher wunderliche Phantasien in seinem Kopf." Schon einige Zeit vor seinem Wartburger Aufenthalt begann Luther seine außerordentliche Magerkeit zu verlieren; bei seiner Veranlagung zur Beleibtheit nahm er auf der Wartburg und dann in Wittenberg noch mehr zu. Die Mönchstonsur war auf der Wartburg üppigen braunen Locken gewichen. Den ungefähr Vierzigjährigen schilderte sein Schüler Johannes Keßler: „Wie ich Martinum 1522 gesehen hab, war er von einer natürlichen ziemlichen (maßvollen) Feiste, eines aufrechten Ganges, so daß er sich mehr hinter denn fürder sich neigte, mit zum Himmel erhobenen Angesicht, mit tiefen, schwarzen Augen und Brauen, blinzend und zwitzerlend wie ein Stern, also daß sie nicht recht konnten angesehen werden". So ist Luther im wesentlichen bis zu seinem Ende geblieben: ein homo nervosus in dem alten Sinne, da man darunter einen kraftvollen und starken Mann verstand, auch wenn dessen mächtigen Körper eine übermächtige Seele unter übergewaltigem Andrang immer wieder erbeben und erzittern läßt.

Luthers Glaube

Die Heilsfrage im Katholizismus

Wie finde ich einen gnädigen Gott? Diese Frage, das Kernproblem des Christentums von jeher, schließt nach der katholischen Lehre, unter der für die allgemeine geschichtliche Betrachtung außer dem Dogma und seiner fachtheologischen Erklärung auch die in Predigten, im Beichtstuhle und in Erbauungsbüchern vorgetragenen Auffassungen und Anweisungen zu verstehen sind, Tröstliches und Furchterregendes in sich. Erhebend und beseligend ist der Glaube an den allgütigen und allbarmherzigen Gott, beunruhigend und erschütternd, daß dieser Gott zugleich ein strenge strafender und rächender Gott ist. Schwer und drohend steht über dem Menschen das Bibelwort: „Viele sind berufen, aber nur wenige sind auserwählt." In der Hölle erwarten den Unglücklichen unsagbare Qualen. Aber auch demjenigen, der ihr entrinnt, öffnen sich nicht ohne weiteres die Pforten des Himmels. Wohl die meisten müssen erst kürzer oder länger im Fegfeuer geläutert werden. Dessen Pein, wenn auch nicht so entsetzlich wie die der Hölle, vor allem nicht ewig, übersteigt alles Leid und alle Schmerzen der irdischen Welt. Die Sakramente und die Gnadenmittel geringeren Ranges, unter denen die Ablässe allmählich die größte Bedeutung erlangten, sollen die Menschen vor der Hölle und dem Fegfeuer bewahren oder wenigstens die Leidenszeit in diesem abkürzen. Obwohl die Kirche die Wirksamkeit der Sakramente und der übrigen Gnadenmittel nachdrücklichst betont, vermag sie dem einzelnen doch keine vollkommen sichere Gewähr für die Erlangung des ewigen Heils zu bieten, dies würde ja auch dem klaren Wortlaut verschiedener Bibelstellen zu sehr widersprechen. Der Heiligste kann jeden Augenblick in schwerste Sünde fallen und sich nicht mehr bekehren. Selbst nach einem langen gottseligen Leben ist es nicht ausgeschlossen, daß jemand im letzten Augenblick Gott erzürnt, wäre es nur durch einen Gedanken des Zweifels und der Verzweiflung, und sich damit unrettbar in die Hölle stürzt. Die katholische Kirche sucht allerdings auch das Vertrauen auf Gottes Güte zu stärken, die Hoffnung gilt, wie der Glaube und die Liebe, als göttliche, von Gott unmittelbar „eingegossene" Tugend. Da aber der Hoffnung immer die Furcht beigesellt bleibt, schwebt der Mensch stets zwischen den beiden und muß „sein Heil immer mit Furcht und Zittern wirken". Veranlagung, Umgebung und persönliche Erfahrung bestimmen das Verhältnis des einzelnen zu Furcht und Hoffnung. Der von Natur aus religiös Gleichgültige wird auch davon wenig berührt; der von Haus aus zu einer fröhlichen oder gelassenen Auffassung aller Dinge Neigende findet sich in diesem Wirbel ohne allzu heftige Seelenkämpfe zurecht; den Ängstlichen drohen die Schreckbilder von Hölle und Fegfeuer zu überwältigen; der Schwerblütige kämpft um den gerechten und gnädigen Gott seinen härtesten Kampf.

Die Lehre und die Praxis der katholischen Kirche sind in dieser Frage jederzeit grundsätzlich dieselben geblieben und so auch die Wirkung auf die Menschen je nach ihrem Charakter. Immerhin weisen die einzelnen Zeitabschnitte mancherlei Gradunterschiede auf. Im Spätmittelalter mit seiner das ganze Volksleben durchdringenden Frömmigkeit quälte Zahllose die Furcht vor dem richtenden und strafenden Gott. Viel trug dazu der Zwiespalt zwischen den religiös-sittlichen Forderungen und der Lebenswirklichkeit bei (vgl. S. 209); denn nicht zuletzt entsprang ihm die Überzeugung, daß die Welt jetzt mehr denn je im Argen liege. Die Macht der Hölle erschien unheimlich groß. Auf Schritt und Tritt glaubte man auf das persönliche Eingreifen des „Herrn der Welt", des Teufels, zu stoßen. Wenn so viele, nach gemäßigter Auffassung fünf von sechs Menschen, der ewigen Verdammnis verfielen, wenn fast nur die Heiligen der Pein des Fegfeuers entgingen, und wenn die Bilder vom Jüngsten Gericht Päpste, Bischöfe und Mönche, Kaiser, Fürsten und Angehörige aller übrigen Stände als Beute des Teufels zeigten, wer mochte da für seine Person des ewigen Heils nur einigermaßen sicher sein? Lebte der einzelne nicht im großen und ganzen wie die anderen auch, war er nicht ein Sünder wie sie? In breiten Strömen ergossen sich die Fluten der Gnadenmittel über die Christenheit; die guten Werke der Selbstheiligung, der Nächstenliebe und zu Gottes Ehre häuften sich. Aber mochte die offizielle Kirchenlehre die Bedingungen der Sündenvergebung und der Ablaßerteilung noch so genau festlegen, mochten in der landläufigen Lehrverkündigung die Verheißungen nicht selten sogar die Grenzen des Dogmas überschreiten, nie konnte und durfte der einzelne sagen: nun bin ich gerettet. Wenn immer noch mehr gute Werke verlangt wurden, wenn immer wieder Ablässe gewonnen werden sollten, nicht bloß, weil man des Guten nie zuviel tun kann, sondern auch zur Vermeidung des Entsetzlichsten: der Höllen- und Fegfeuerstrafen, dann wurde nicht nur der Überängstliche, der Skrupulant, um so unsicherer, je mehr er sich anstrengte.

Luthers Glaubensweg

Luther hätte wohl kaum seinen Glauben gefunden, wäre er nach dem Willen seines Vaters Jurist und Ehemann geworden, jedenfalls dürfen wir dem Eintritt Luthers in ein Kloster für die innere Entwicklung des Reformators eine ausschlaggebende Bedeutung beimessen. Dagegen ist die Annahme, Luther wäre in seinem Glaubenskampfe zu einem anderen Ergebnis gekommen, wenn er nicht den Orden der Augustinereremiten gewählt hätte, oder wenn er durch eine andere theologische Schule als die des Okkamismus gegangen wäre, lebensfremde Papierweisheit.

Eine religiöse Schöpfung wie Luthers Glaube entspringt nie und nimmer bloßer Gelehrsamkeit, sondern nur dem innersten Wesen einer überragenden Persönlichkeit, welche die Gesetze ihres Denkens und Handelns in sich selbst trägt. Natürlich hat Luther dann bei dem Ausbau seines Systems die ihm von seinen Studien her vertraute Methode angewendet und vom Okkamismus auch inhaltlich das übernommen, was sich seiner Lehre einfügen ließ. Ob dies nun mehr oder weniger war als das, was eine andere theologische Richtung, etwa der Thomismus, hierfür bieten konnte, spielt gegenüber dem grundsätzlich Neuen von Luthers Glauben eine geringe Rolle. Für die Erklärung von Einzelheiten in Luthers Schriften ist allerdings die Kenntnis der zeitgenössischen Theologie, namentlich der okkamistischen, oft sehr aufschlußreich. Das Glaubenserlebnis Luthers aber, darin sein Glaube wurzelt, ging von der Frage aus, welche die Frage auch vieler, vieler gelehrter und ungelehrter Christen war: „Wie finde ich einen gnädigen Gott?" Sie war auch bei ihm insofern zeitbedingt, als eben damals diese Seelenangst mit ihren Begleiterscheinungen besonders viele Menschen in besonders starkem Grade erfaßt hatte; die Lösung aber, zu der er sich schließlich durchrang, lag in seinem Wesen begründet.

Bei Luthers Veranlagung war es nicht erstaunlich, daß er alsbald nach seinem Klostereintritt alle Kraft daransetzte, ein vollkommener Christ und Mönch, ein Heiliger zu werden. So hielt er sich denn streng an die Vorschriften seines Ordens, erforschte eifrig sein Gewissen, beichtete nach der Ordensregel wöchentlich wenigstens einmal, betete viel und las viel in frommen Büchern, auch in der heiligen Schrift. Schon den Novizen rühmte einer der angesehensten Mönche seines Klosters „als einen durch Christum wunderbarlich berufenen neuen Paulus". Es währte jedoch nicht lange, bis ihn die innere Unruhe wieder überkam, die ihm schon früher schwere Stunden verursacht hatte. Seine mancherlei Bedenken, seine Angst vor Gottes Zorn und seine Selbstanklagen in der Beichte über vermeintliche Sünden oder solche, die er schon wiederholt bekannt hatte, suchte sein Novizenmeister zu beschwichtigen entweder mit dem Hinweis auf Gottes Güte und das Gebot des Herrn zu hoffen oder durch derbe Zurechtweisung. Es war dies die übliche Behandlung von Skrupulanten. Solche Überängstlichkeit zumal bei Novizen und jungen Mönchen galt nicht als schlechtes Zeichen, sondern als ernste Gewissenhaftigkeit des noch unbeholfenen Anfängers, der erst unter Anleitung eines klugen Seelenführers das rechte Maßhalten lernen soll. Aber Luther fand den inneren Frieden nicht. Im Noviziat, wo ihm der Novizenmeister ständig zur Seite stand, wo Arbeit und Erholung genauestens festgelegt waren, trat wohl immer wieder eine gewisse Beruhigung ein, die freilich nie lange anhielt. Nach der Ablegung der Ordensgelübde und noch mehr seit Erlangung der Priesterwürde steigerten sich aber gegenseitig die Anstrengungen, die Sündenangst und das Gefühl menschlicher Unvollkommenheit zu überwinden, und die Furcht und Niedergeschlagenheit, weil trotz allen Bemühens der erstrebte Erfolg ausblieb. Luther beichtete zeitweise jeden Tag und konnte sich in Fasten, Nachtwachen und freiwilligen Andachtsübungen nicht genug tun. So sehr Luthers

Unruhe die typischen Erscheinungen einer weit fortgeschrittenen Skrupulosität zeigte, handelte es sich bei ihm in der Hauptsache doch um etwas anderes. Ihn trieb ein innerer unwiderstehlicher Zwang zu etwas an, was er mit den Mitteln der Kirche nicht erreichen konnte. Sie lehrte: die Neigung zur Sünde, die concupiscentia, ist keine moralische Schuld, die man Gott gegenüber zu verantworten hat; der Mensch, zumal der Mönch, soll zwar nach Vollkommenheit streben, aber es genügt, wenn er schlecht und recht seine Pflicht tut; die Sünden werden in der Beichte auch ohne die „vollkommene" Reue nachgelassen, die das Böse ausschließlich aus Liebe zu Gott ohne Rücksicht auf die Strafen im Jenseits verabscheut. Luthers Wirklichkeitsinn gab sich mit all dem nicht zufrieden. Er empfand sich nicht als gut, sondern als schlecht, so lange das Böse in ihm nicht von Grund aus getilgt war, solange die Leidenschaften immer wieder in ihm aufloderten und er nie sicher war, ob er sich nicht von ihnen fortreißen ließ und immer wieder Sünden beging. Doch nicht bloß gut, vollkommen sollte der Mensch sein, wie es der Herr gebot: „Darum seid vollkommen, gleich wie euer Vater im Himmel vollkommen ist." Die Möglichkeit eines Lebens in Vollkommenheit lehrten nicht nur die Okkamisten; die Heiligengeschichten, die an den meisten Tagen im Brevier zu lesen waren, erweckten den Anschein, als ob es Abertausenden bereits gelungen sei. Luther aber fühlte sich der Vollkommenheit und Heiligkeit um so ferner, je mehr er darnach trachtete; immer wieder mußte er sich sagen, daß er, um sie zu erlangen, noch nicht genug getan habe. Die Beichte wurde ihm ein Anlaß zu unaufhörlichen Selbstquälereien. Hatte er seine Sünden richtig bekannt, genügte seine Reue? Seine Beichten erleichterten ihn nicht, er war in steter Angst, aus eigener Schuld etwas Wichtiges dabei versäumt zu haben. Dann waren aber seine Sünden nicht nachgelassen und obendrein die Beichte selbst wieder eine schwere Sünde und erst recht die Messe, die er nach ihr las. Gegen diese persönlichen Erfahrungen fielen bei Luthers ganzer Veranlagung die wohlgemeinten Zusprüche seiner Beichtväter, die Meinungen der Theologen früherer und späterer Zeit und auch die allgemeine kirchliche Übung nicht ins Gewicht. Mit seinem Sündenbewußtsein, das ihm kein Streben nach Vollkommenheit, keine Askese und keine Beichte nehmen konnte, erging es Luther wie mit den übrigen Grundfragen seines Lebens: Was dem Herzen eingeschrieben ist, vermögen tausend Streitreden dawider, die Autorität von noch so vielen und noch so bedeutenden Männern und noch soviele Jahrhunderte, die anderes lehrten, nicht zu verdunkeln.

Kann sich der Mensch nicht aus eigener Kraft zum Guten erheben, dann liegt es einzig und allein bei Gott, ob er gut oder böse ist. So war für Luther das Problem der Selbstheiligung aufs engste verknüpft mit dem der Prädestination, der Vorherbestimmung jedes einzelnen zum ewigen Leben oder zur ewigen Verdammnis. Mit großem Eifer las Luther die Schriften des heiligen Augustin. Sie bestätigten ihm die Folgerichtigkeit seiner eigenen Erfahrungen: die Lehre von der unbedingten Prädestination. Ist diese schon an sich ein furchtbarer Gedanke, so rief sie bei

Luther noch eine besondere seelische Erschütterung hervor. Das Gebot, Gott über alles zu lieben, schloß bei Luthers radikaler Denkweise jegliche Eigenliebe und jeden Eigenwillen aus. Auch wenn man nicht wußte, ob man zu den von Gott zur ewigen Seligkeit Bestimmten gehörte, ja wenn man selbst sicher verdammt würde, wäre man verpflichtet, sich Gott mit jeder Herzensfaser hinzugeben. Dagegen empörte sich Luthers starker Trieb zur Selbstbehauptung. „Ein wilder Haß quoll in ihm auf, blasphemische Worte drängten sich ihm auf die Lippen, ja, der aberwitzige Wunsch stieg in ihm auf, diesen furchtbaren Gott, wenn es möglich wäre, totzuschlagen." Trotzdem zog es Luther unwiderstehlich zu Gott hin. Wie konnte aber zu ihm ein Mensch gelangen, in dem solcher Gotteshaß aufflammte? Wo blieb bei solcher Eigenliebe die vollkommene Gottesliebe, wo überhaupt die christliche Vollkommenheit? Luther litt unsagbare Seelenqualen, die er, als spräche er von einem anderen, schildert: „Ich kenne jemand, der versichert, diese Peinen öfters erduldet zu haben. Sie waren so groß und höllisch, daß sie keine Zunge zu künden, keine Feder zu beschreiben vermag und keiner, der sie nicht selbst erfahren hat, glauben kann. Würden sie den höchsten Grad erreichen und nur eine halbe, ja bloß den zehnten Teil einer Stunde dauern, so würde er völlig vernichtet und alle seine Gebeine zu Asche werden. Da zeigt sich Gott in furchtbarem Zorne und mit ihm zugleich jegliche Kreatur. Da gibt es keine Flucht, keinen Trost, nicht innen, nicht außen, sondern nur ringsum Anklage. Da weint der Mensch mit dem Psalmisten: ‚Ach Herr, strafe mich nicht in Deinem Zorn!' In diesem Augenblick kann die Seele nicht glauben, daß sie je erlöst werde, sie fühlt nur: die Strafe ist noch nicht voll. Und doch ist sie ewig, man kann sie sich nicht als vorübergehend vorstellen; nur das nackte Verlangen nach Hilfe und entsetzliches Stöhnen bleibt, doch die Seele weiß nicht, wohin ihren Hilferuf senden. Da ist die Seele mit Christus am Kreuze ausgestreckt, daß ‚alle ihre Gebeine gezählt' würden; jeder Winkel in ihr ist übervoll bitterster Bitterkeit, von Schrecken, von Furcht, von Traurigkeit — und all das, als müßte es ewig und ewig währen. Ein schwacher Vergleich: läuft eine Kugel eine gerade Linie, so trägt immer der eben berührte Punkt die ganze Kugel, doch ohne sie ganz zu umfassen. So fühlt die Seele in dem Augenblick, da die Fluten der Ewigkeit über sie hinweggehen, nichts anderes und trinkt nichts anderes als ewige Strafe."

„Wieviele erleiden bis auf den heutigen Tag solche Höllenpein!" schrieb Luther im Jahre 1518. Tatsächlich kamen in den Klöstern mitunter Fälle von Selbstmord aus verzweifelter Furcht vor Hölle und Verdammnis vor, und groß war die Zahl derer, welche die Last der Ungewißheit über ihr Los im Jenseits als schwerstes Kreuz bis zu ihrem Tode schleppten. Bei Luther kam zu der Mönchsschwermut, welche schon den Wüstenvätern viel zu schaffen gemacht hatte, noch ein außerordentlich starkes religiöses Schreckgefühl, das in der natürlichen, irrationalen Furcht vor allem unfaßbaren „Unheimlichen" wurzelt. Gott ist das „schauerliche Geheimnis", spricht er zum Menschen, so ist es in einem „greulichen Gruß, gleich als wir sehen, wenn der Blitz in einen Baum oder Menschen schlägt". Während so Luthers Phantasie die Schreckbilder von dem deus terribilis, dem furchtbaren Gott, von der Hölle und dem Fegfeuer zu herzzermalmender Wirklichkeit umschafft, lehnt sein scharfer kritischer Verstand alle fein erklügelten Ausgleichs- und Beschwichtigungsversuche ab. „Folgst du dem Urteil der menschlichen Vernunft, dann mußt du zugeben: entweder gibt es keinen Gott oder er ist ungerecht ... Ich beschwöre dich, ist es nicht nach aller Urteil die größte Ungerechtigkeit, die Bösen zu begünstigen, die Guten jedoch zu plagen? So aber bringt es der Welt Lauf mit sich ... Diese Ungerechtigkeit Gottes steht derart fest, daß sie mit Beweisen der natürlichen Vernunft nicht zu widerlegen ist.“ Das Evangelium lehrt uns allerdings, daß diesem Leben ein anderes folgt, in dem alles auf dieser Welt nicht Bestrafte und Belohnte gesühnt und vergolten wird. Aber da stehen wir vor dem der bloßen Vernunft unlösbaren Rätsel, daß „Gott einen schlechten Menschen, der keine Verdienste aufzuweisen hat, aus reiner Gnade im Himmel krönt, einen anderen, vielleicht weniger oder doch nur ebenso schlechten nicht krönt, sondern verdammt“.

„Endlich richtete ich durch Gottes Erbarmung nach tage- und nächtelangem Sinnen und Betrachten meine Aufmerksamkeit auf den Zusammenhang der Worte: Gottes Gerechtigkeit wird in jenem (Evangelium) geoffenbart, wie geschrieben steht: der Gerechte lebt aus dem Glauben. Da begann ich die Gerechtigkeit Gottes als diejenige Gerechtigkeit zu verstehen, durch welche der Gerechte durch Gottes Geschenk lebt, nämlich aus dem Glauben, und erkannte, der Sinn (dieser Worte) sei: das Evangelium offenbart Gottes Gerechtigkeit, das heißt jene passive Gerechtigkeit, durch die uns der barmherzige Gott rechtfertigt durch den Glauben, wie geschrieben steht: der Gerechte lebt aus dem Glauben.’ Da fühlte ich mich gänzlich von neuem geboren und es war mir, als habe ich durch ein offenes Tor das Paradies betreten ... Wie ich einst das Wort ‚Gerechtigkeit Gottes’ gehaßt hatte, pries ich es jetzt voll Liebe als das mir nun teuerste süße Wort. So ward mir jene Stelle des Paulus zur wahren Paradiesespforte.“

In Luthers Alterserinnerung stellt sich seine Erlösung aus unnennbaren Seelenqualen als plötzlicher Durchbruch zum wahren, zum einzig seligmachenden Glauben dar. Und sicher handelt es sich bei diesem Bericht, den er der Rückschau auf sein Leben im Jahre 1545 einfügt, um ein gewaltiges inneres Erlebnis, das sich seinem Gedächtnis unauslöschlich eingeprägt hatte. Sein Glaube war indes nicht das Geschenk einer glücklichen Stunde, sondern das Ergebnis eines Ringens, das ihn Schritt für Schritt seinem Ziele näherbrachte; doch wurde sich Luther inmitten seiner Seelennöte seines jeweiligen Standortes nicht bewußt, bis er sich endlich seines Glaubenssieges in seinem Gemüte ganz sicher geworden war. Die Einzelheiten seiner Entwicklung stehen ihm überhaupt weder in ihrer zeitlichen Aufeinanderfolge, noch nach ihrer Bedeutung immer klar vor Augen. Es war ihm ursprünglich ferne gelegen, als ein Reformator der Kirche aufzutreten, und als er, eigentlich gegen seinen Willen, den Anstoß zu der großen Kirchenumwälzung gegeben hatte, führte er das Werk der Glaubenserneuerung in der geistigen Begründung und in den zahllosen praktischen Fragen nicht streng methodisch durch. Es erging ihm dabei wie mit seinen Schriften, von denen er ein Jahr vor seinem Tode sagte: „Meine Bücher habe ich nicht nach einem wohlüberlegten Plane abfassen können, sondern ich mußte sie unter dem Zwange drängender Bedürfnisse schreiben. Sie wurden so gewissermaßen ein rohes und ungeordnetes Chaos, das zu verdauen jetzt mir selbst nicht leicht wird." Soviel steht immerhin fest, daß Luther, schon bevor er den Kampf gegen die Mißbräuche aufnahm, für sich persönlich die wesentlichsten Punkte seiner Glaubenslehre herausgearbeitet hatte. Das erste ausführliche Zeugnis hierfür bieten seine Aufzeichnungen für die Vorlesungen zum Römerbrief, die er vom 3. November 1515 bis zum 7. September 1516 an der Wittenberger Universität hielt.

Luthers Verhältnis zu den Vorreformatoren und zur katholischen Kirche

Es ist hier nicht unsere Aufgabe, die Grundzüge der Theologie Luthers systematisch darzulegen, auch nicht, zu untersuchen, wieweit seine Lehre der des Frühchristentums näher kommt als die der katholischen Kirche. Uns geht es lediglich um die geschichtliche Bedeutung von Luthers Glauben, vor allem darum, ob mit ihm etwas wesentlich Neues in die Welt gekommen ist. Diese Frage ist von vielen verneint oder nur sehr bedingt bejaht worden. Für diejenigen, welche der Überzeugung sind, Luther habe nur das Evangelium Christi wieder lauter und rein gepredigt, ist Luther ein Reformator, nicht ein Neuerer. Aus der Tatsache, daß verschiedene Lehren und Forderungen Luthers schon vor ihm bei anderen innerhalb und noch mehr außerhalb der katholischen Kirche zu finden sind, bei den sogenannten Vorreformatoren, Wiklif, Hus, Wessel Gansfort, Ruchrat von Wesel und Johann von Goch, wurde wiederholt geschlossen, Luther sei im Grunde nur der geniale Vollender des Werkes von Vorgängern gewesen. Das 19. Jahrhundert feierte Luther erst als den Begründer der geistigen Freiheit und des modernen Kulturfortschrittes, dann aber, als sich herausstellte, daß ihm diese Dinge ferne lagen und daß der Inhalt seines Glaubens und die Art seiner Beweisführung mit denen der alten Kirche doch viel Gemeinsames haben, sahen manche in ihm mehr einen mittelalterlichen als einen modernen Menschen, und der schon von Humanisten erhobene Vorwurf wurde wieder aufgenommen, durch Luther seien vielversprechende Ansätze zu einer fortschrittlichen Lebensauffassung und Kulturgestaltung an ihrer Weiterentwicklung gehindert worden.

Ein Religionsstifter wie Buddha, Christus oder Mohammed ist Luther nicht gewesen und wollte es auch nicht sein. Er kennt keine andere Glaubensnorm als die in der Heiligen Schrift niedergelegte Offenbarung. Da diese auch von der katholischen Kirche anerkannt wird, und da sich auch die Vorreformatoren auf Aussprüche der Bibel berufen haben, weist Luther notwendig mit beiden viele Berührungspunkte auf. Er hat zudem bewußt und unbewußt, schon infolge seiner konservativen Veranlagung, vieles von der Übung der alten Kirche beibehalten. Selbst in seinen leidenschaftlichsten Kampfschriften gegen die römische Kirche sagt er: „Ich bekenne, daß die Kirche, darin ihr sitzt, von der alten Kirche herkommt, ebenso wie wir . . . Will euch noch höher loben und bekennen, daß wir aus der Kirche unter euch, freilich nicht von euch, alles empfangen haben." Für die Beantwortung der Frage, ob durch Luther etwas großes Neues in die Welt kam, ist es jedoch keineswegs entscheidend, wieviel er sachlich von dem Überlieferten und von den Vorreformatoren übernommen hat. Oft führt eine Bewegung, die eine Fülle von bereits Vorhandenem in sich aufnimmt, eine tiefere und umfassendere Umwälzung herbei, als die Verkündigung völlig neuer Ideen. Für die geschichtliche Wirkung kommt es vor allem auf die geistige Haltung im Grundlegenden an. Tritt hierin eine wesentliche Wandlung ein, dann beginnt innerhalb des Bereiches, in dem sie sich vollzieht, ein neues Zeitalter.

Das Rationale im Katholizismus

Im Lehraufbau und in der Organisation des Katholizismus nimmt das Rationale einen breiten Raum ein, zum guten Teil wohl als Folge der Vorherrschaft der mediterranen Rasse in der Führung der römischen Kirche. Nicht als ob die katholische Kirche den Glaubenslehren ihren übernatürlichen Charakter nehmen wollte; aber sie ist davon überzeugt, daß wer immer unvoreingenommen ihre Lehren prüft, an ihrer Wahrheit auf Grund einer höchst einfachen logischen Beweisführung nicht ernstlich zweifeln kann. Die römische Kirche erklärt in feierlichster Weise die zum Teil schon von antiken Philosophen vorgetragenen, rein natürlichen Beweise für das Dasein eines persönlichen Gottes für unwiderleglich. Dieser Gott hat sich nun der Menschheit im „Alten Bunde" und dann vor allem in Christo offenbart und ihr seinen Willen kundgegeben. Daß die im Alten und Neuen Testament niedergelegte Offenbarung tatsächlich die des einzig wahren, persönlichen Gottes ist, wird ebenfalls mit verschiedenen nach Auffassung der Kirche wissenschaftlich zwingenden Gründen bewiesen. Demnach widerspricht es schlichtestem Menschenverstand, daß die Bibel in Sachen des Glaubens, in der Sittenlehre und über das Regiment der von Christus gestifteten Kirche Irrtümliches enthalten könne. In der Schrift ist nun nach Ansicht der katholischen Kirche auch klipp und klar ausgesprochen, daß Petrus und seine Nachfolger, die Päpste, als Stellvertreter Christi unter unmittelbarer Leitung des Heiligen Geistes über die Reinhaltung der göttlichen Offenbarung zu wachen, in Zweifelsfällen deren Sinn in einer die Gewissen bindenden Weise auszulegen haben, und daß die hierarchische Ordnung: Papsttum, Episkopat und Priestertum von Christus eingesetzt sei. Der Glaube, den man so der Offenbarung und der Kirche schenkt, unterscheidet sich demnach nicht von dem Glauben, den der vernünftige Mensch demjenigen entgegenbringt, von dem er mit Bestimmtheit weiß, daß er im irrtumsfreien Besitz einer Wahrheit ist und sie unverfälscht verkünden will und kann. Das aber ist eine höchst rationale Angelegenheit. Die Vernunft vermag nun allerdings auch nach der katholischen Lehre die Glaubensgeheimnisse selbst nicht völlig zu durchschauen, wie oft ein Zuhörer nicht in alle Einzelheiten einer Darlegung von Dingen eindringen kann, die großenteils außerhalb seines Vorstellungskreises liegen. Immerhin versucht der Katholizismus mit einem ungeheuren Aufwand an Gelehrsamkeit auch für die subtilsten Dogmen, wie das der Dreifaltigkeit oder der Verwandlung von Wein und Brot in Christi Blut und Leib, den Nachweis für die Richtigkeit des Satzes zu bringen, daß die katholische Glaubenslehre nichts in sich schließt, was der menschlichen Vernunft widerspricht; ja, je tiefer ein mit natürlichen Geistesgaben reich Ausgestatteter in die Glaubenswahrheiten eindringt, um so besser wird er die Übereinstimmung von Glauben und Vernunft erkennen.

Trotz seiner logischen Beweisführung schaltet der Katholizismus die Gnade nicht aus. Er ist davon überzeugt, daß ohne sie nur sehr wenige die Kraft aufzubringen vermöchten, den auf bloß natürlichem Wege gewonnenen Erkenntnissen vorbehaltlos zuzustimmen, welche dem von der Erbsünde her im Menschen liegenden Gesetze des Fleisches, seiner Eigenwilligkeit und seinen bösen Neigungen widersprechen und ihm schwere Lasten auferlegen. Und in der Tat ist ja auch sonst die Zahl derer äußerst gering, die sich bei allen ihren Handlungen vorwiegend von der Vernunft leiten lassen. Außerdem heiligt nach der katholischen Lehre nur der von Gott „eingegossene" Glaube und befähigt, die ewige Seligkeit zu erwerben. Da aber Gott zwar dem einen mehr, dem anderen weniger Gnade verleiht, aber sie doch keinem, der guten Willens ist, ganz versagt, gewinnt das der römischen Kirche innewohnende rationale Element in ihrer Gnadenlehre in gewisser Hinsicht doch ebenso wie im Glauben große Bedeutung. Gottes Gnade ist das Gegebene, das Gewisse; die Unsicherheit liegt beim Menschen. Wenn er den ihm schon von der Vernunft nahegelegten Glauben ablehnt oder gar von ihm abfällt, dann ist dies seine moralische Schuld, mag sie auch in einzelnen Fällen noch so klein sein. Gott ist gerecht, das heißt: er will nicht den Tod des Sünders, sondern daß er sich bekehre. Wohl ist der unendlich größer, der die Gnade gibt, als derjenige, der sie empfängt, wohl ist es ein Geringes, die Hand nach dem Retter auszustrecken, gegenüber dem Überwältigenden, daß Gott schon dazu mithilft und dann von sich aus die Hand ergreift; aber die Entscheidung liegt doch insofern beim Menschen, als Gott von vornherein für die Gnade entschieden hat. Und so lautet denn die Frage: Was kann ich, was habe ich zu tun, daß ich ihrer teilhaft werde? Da setzt nun das höchst rational betriebene Heilsgeschäft der Kirche ein. Sie gibt genau an, unter welchen Bedingungen die Sakramente und die übrigen Gnadenmittel wirksam werden. Sie legt die Gebote Gottes aus, wann und inwieweit sie verpflichten, sie erläßt selbst Vorschriften und verhängt Strafen. Aber auch wenn ich mich an all das gehalten habe, weiß ich nicht, ob ich genug getan habe, damit ich „der Liebe", oder zu wenig, so daß ich „des Hasses" wert bin. Hier greifen nun die Lehre von den guten „freiwilligen" oder überzähligen Werken und die asketischen Anweisungen ein. Gute Werke und ein asketischer Lebenswandel machen empfänglich für die Gnade und veranlassen Gott, durch Sünde oder Gleichgültigkeit verwirkte Gnaden oder mehr an Gnade, als er sonst gespendet hätte, zu gewähren. Selbst die Mystik, an sich dem Rationalen abhold, wird im Katholizismus weithin rationalisiert, sie wird in Stufen eingeteilt, und Anleitungen werden gegeben, wie die einzelnen Stufen erreicht werden können. Mit allem Nachdruck sei betont, der Katholizismus geht keineswegs im Rationalen auf, die immer irgendwie irrationale Liebe ist der römischen Kirche grundsätzlich das Höchste. Über allen ihren Gesetzen und Heilsberechnungen und Rechnungen steht doch noch Gott mit seiner Gnade, sonst müßte die Kirche auch jedem einzelnen, der ihren Weisungen gehorcht, die unbedingte Sicherheit seiner Auserwählung garantieren können, und dessen hat sie sich nie unterfangen. Die Art aber des Denkens, die Methoden der Lehrverkündigung und der Seelenleitung, der Aufbau ihrer Organisation, die mit innerer Folgerichtigkeit im unfehlbaren Papsttum gipfelt, und das Verhältnis zu Gott sind im Katholizismus weitgehend rationalisiert. Trotz aller theoretischen Vorbehalte gegenüber Gottes unerforschlichen Ratschlüssen heißt es praktisch immer wieder: diese Voraussetzungen des natürlichen Wissens, diese Vernunftgründe, diese Vorschriften sind gegeben, also folgt nach logischen Gesetzen, die auf Erden und Himmel gelten, dieses und jenes. Bis zu Luthers Auftreten hat das „also" des Glaubens über tausend Jahre lang die Religion des Abendlandes beherrscht und damit hat der Rationalismus mediterraner Prägung diese ganze Zeit auf das gesamte abendländische Geistesleben einen ungeheuren Einfluß ausgeübt. Wer sich dem „also" des Glaubens, der ratio Romana, nicht beugte, mußte sich als Ketzer im Winkel verkriechen.

Luthers „dennoch"

Wider dieses „also" des Glaubens erhob sich Luther mit seinem „dennoch" des Glaubens. Für Luther ist die ratio, die natürliche Vernunft, keineswegs die Wegbereiterin und stete Begleiterin des übernatürlichen christlichen Glaubens, sondern im Gegenteil dessen schlimmste Feindin: „Die Vernunft ist des Teufels Hure und kann nichts denn lästern und schänden alles, was Gott redet und tut." Wer mit natürlichen Vernunftgründen zu den Glaubenswahrheiten hinführen, wer sie mit dem Lichte der Vernunft erhellen will, verfälscht sie von Grund auf. Diese Auffassung ergibt sich für Luther aus seiner Lehre von der Erbsünde, der Prädestination und dem unfreien Willen. Die Erbsünde hat die menschliche Natur ganz und gar verderbt, wie sollte da der Mensch von sich aus zu rechter Gotteserkenntnis kommen. Die Vorherbestimmung zum Himmel oder zur Hölle widerstreitet jeder menschlichen Vernunft und jedem menschlichen Gerechtigkeitsempfinden, sie schließt auch die Willensfreiheit aus. Für die jenseitige Welt gilt die Logik dieser Welt nicht: „Die Artikel des Glaubens sind wider alle Philosophei, Geometrei, Arithmetrei, ja wider alle Vernunft. Es ist est, non, ja, nein (ja ist nein und nein ist ja); das reimt niemand zusammen." Keine Religion ist für die Vernunft „so närrisch und ungereimt als die christliche". „Wer die Vernunft zu Rate zieht, kann unseren Glaubensartikeln nicht zustimmen. Der Türke fesselt die Leute mehr durch seine Religion als durch seine Waffen an sich; denn er glaubt, Gott sei allmächtig, der Schöpfer von Himmel und Erde, Christus sei ein Prophet, der Himmel lasse sich durch Bürgertugenden verdienen usw.,“ was mehr als die christlichen Dogmen einleuchte. Luther ist sich völlig klar darüber, daß seine irrationale Auffassung von Religion und Christentum das eigentliche Wesen seines Glaubens ausmacht, und daß er sich vor allem damit in Widerspruch zu der Lehre der römischen Kirche stellt. Er schrieb an Erasmus, der ihn wegen seiner Lehren von der Unfreiheit des Willens, von der Prädestination und von der Unmöglichkeit, die Glaubenswahrheiten mit dem herkömmlichen logischen Beweisverfahren zu begründen, angegriffen hatte: „Ich rühme dich aus der Maßen, daß du allein von allen den Haupt- und Kernpunkt angepackt hast und mich nicht mit jenen anderen, ferner liegenden Dingen belästigst als da sind Papsttum, Fegfeuer, Ablässe u. dgl., was da mehr Narrenwerke denn wichtige Angelegenheiten sind ... Du allein hast den Angelpunkt gesehen und bist mir an die Gurgel gesprungen und dafür danke ich dir von ganzem Herzen.“ Luthers Kampf gegen die Ablässe, gegen das Papsttum und die Hierarchie überhaupt, gegen Mönchsgelübde und Messe, kurz gegen die Organisation und die Heilseinrichtungen der römischen Kirche knüpfte meist an äußere Einzelanlässe an, setzte deshalb bald hier, bald dort ein und wurde oft nur ein Stück weit vorgetragen, erst 1530 z. B. hat Luther das Fegfeuer ganz aufgegeben. Aber es war doch nur eines, was ihn in Gegensatz zu so vielen Lehren und Einrichtungen der römischen Kirche brachte: sein irrationaler Glaube. Alles, was er gegen die Papstkirche, gegen Erasmus und gegen Zwingli einzuwenden hatte, richtete sich im Grunde dagegen, daß sie der bloß natürlichen Vernunft Eingang in das Heiligtum des Glaubens gestatteten. Dadurch unterscheidet sich Luther auch von seinen Vorgängern, er will in erster Linie den Glauben als solchen reformieren, ihn auf den des Urchristentums zurückführen; jenen dagegen ging es zunächst um die Behebung kirchlicher Mißstände und um einzelne Lehrauffassungen.

Die römische Kirche stellt als den Grund der Unsicherheit in der Heilsgewinnung den Menschen heraus, die Möglichkeit seines Versagens der Gnade gegenüber aus persönlicher Schuld. Für Luther liegt die Unsicherheit einzig und allein bei Gott. Wen er von Ewigkeit her zu verdammen gesonnen ist, den verdammt er. Gott ist ein „verborgener Gott“. Seinen Ratschluß „zu erforschen, wem er seine Gnade zuwenden will, kommt niemand zu; er ist das weitaus ehrwürdigste Geheimnis der göttlichen Majestät, das er sich allein vorbehalten und uns verschlossen hat“. Der Gedanke, nicht zu den von Gott Auserwählten zu zählen, war für Luther auch noch in späteren Jahren die furchtbarste Anfechtung: „Das sind die feurigen Pfeile des Teufels. Das sind die hohen Versuchungen.“ Ihnen und allen Einreden der natürlichen Vernunft hält Luther das „dennoch“ seines Glaubens entgegen. Als Theologieprofessor hat er für ihn auch eine theologische Begründung: man müsse zwischen dem „verborgenen“ und dem „geoffenbarten“ Gott unterscheiden, der in der Bibel zu uns spricht. Wir haben es praktisch lediglich mit dem geoffenbarten Gott zu tun. Der hat uns verkündet, daß jeder, der an ihn glaubt, vor ihm gerechtfertigt ist, und daran und nur daran haben wir uns zu halten. Daher hat jeder richtig Glaubende für seine Person die Glaubens- und die Heilssicherheit. Daß ich trotz der Einwendungen der Vernunft und trotz des im Geheimen dräuenden verborgenen Gottes die Wahrheit des Evangeliums anerkenne und aus ihr meines Heils sicher bin, ist das Werk der Gnade, das Gott an mir ohne mein Zutun verrichtet. So ist durch die Rechtfertigung allein aus dem Glauben das im Katholizismus liegende Element der Unsicherheit, der Zweifel, ob ich selig werde, behoben. Bin ich aber einmal im Besitze des von Gott verliehenen Glaubens, dann redet die Schrift klarer und bestimmter zu mir als alle Weisheit dieser Welt: „Es muß ja die Schrift klarer, leichter und gewisser sein, denn aller anderer Schrift. Sintemal alle Lehrer ihre Schriften bewähren . . . und erklären durch die heilige Schrift. Niemand beweist aber eine dunkele Rede durch eine noch dunklere. Derhalben dringt uns die Not mit aller Lehrer Schriften in die Bibel zu laufen und allda Gericht und Urteil über die anderen Schriften zu holen, denn sie ist allein der rechte Lehensherr und Meister über alle Lehren und Schriften auf Erden. Sollte das nicht sein, was soll uns dann die heilige Schrift? Dann verwerfen wir sie und lassen uns genügen an der Menschen Bücher und Lehrer."

Dem Gelehrten erschloß sich also die für sein Leben entscheidende Erkenntnis aus einem Buche, dem freilich als dem Buch aller Bücher auch die alte Kirche von jeher besondere Beweiskraft beigemessen hatte. Für den von allen Regungen der Zeit Berührten mag außerdem die von den Humanisten über ihre Kreise hinaus zu Ansehen gebrachte Forderung: zurück zu den Quellen (vgl. S. 57), von Bedeutung gewesen sein. Man legte jetzt den Quellenzeugnissen nicht nur ein ungleich größeres Gewicht bei, es war nun auch an der Tagesordnung, bisherigen Auffassungen mit allen Mitteln philologischen Scharfsinns selbständig erarbeitete neue gegenüber zu stellen, ähnlich wie es Luther von sich selbst ungemein lebendig schildert: Tag und Nacht hat er über die Stelle des Römerbriefes über die Gerechtigkeit, die vor Gott gilt, nachgedacht (vgl. S. 252); da blitzt in ihm ein neues Verstehen dieser Stelle auf, er geht in seinem Geist alle Bibelstellen ähnlichen Inhaltes durch, er findet, daß sie sich mit der soeben gewonnenen Einsicht decken, er liest noch außerdem bei Augustin über die Gerechtigkeit Gottes nach und sieht, daß sie dieser ungefähr in derselben Weise erklärt, und jetzt ist Luther überzeugt, daß er den rechten Schlüssel zur Bibel überhaupt gefunden hat, die ihm nun ein ganz anderes Antlitz zeigt. Endlich hat er festen Boden unter den Füßen: Gottes Wort, das zu verkünden seine demütige und stolze Aufgabe ist. Daß er es fand, auf diese Weise fand, ist ihm und noch mehr seinen Schülern und Freunden eine Art Offenbarung; aber davon spricht er selten. Gottes Wort bezeugt sich einfach und unmißverständlich selbst in der Heiligen Schrift, es braucht Luther nicht. Daher seine Sicherheit gegen Papisten, Zwingli und die Schwarmgeister. Er schlägt die Bibel auf, da steht geschrieben, am klaren Worte gibt es nichts zu deuteln, nichts hinzuzufügen, nichts wegzunehmen.

Er verfällt dabei keineswegs in den Dienst des toten Buchstabenglaubens, die Verbalinspiration ist das Erzeugnis einer späteren Zeit. Luther gilt seine Auffassung von jener Römerbriefstelle als ein unumstößlich klares Zeugnis. Von ihm aus urteilt er auch über die Bibel. Ihr einziger Zweck ist, Zeugnis abzulegen vom Glauben an die Erlösung. Darnach bestimmten sich ihm Wert und Sinn der einzelnen Bücher in der Bibel und der Sinn der verschiedenen Bibelstellen.

Die theologische Beweisführung war für Luther das selbstverständliche Handwerkszeug, er hatte dessen Gebrauch regelrecht gelernt und war auch seinem ganzen geistigen Gefüge nach ein Theologe. Obwohl er seine formale Sicherheit großenteils seinem Theologisieren verdankte und damit auf Berufsgenossen und auf alle übrigen Stände einen gewaltigen Einfluß ausübte, bildete doch die tiefste Wurzel seines Glaubens nicht die theologische Gelehrsamkeit, sondern unmittelbarstes persönliches Erleben. Mit dem Gott „an sich" wußte er nicht viel anzufangen, alles Spekulieren über ihn und seinen Willen war ihm eitel Sophisterei, ähnlich verhielt er sich zu Fragen, welche, wie die nach den zwei Naturen in Christus, einst die Kirche in einen ungeheuren Aufruhr versetzt hatten: „Christus ist nicht darum Christus genannt, weil er zwei Naturen hat. Was gehet mich dasselbige an? Sondern er trägt diesen herrlichen und tröstlichen Namen von dem Amt und Werk, so er auf sich genommen hat; dasselbige gibt ihm den Namen. Daß er von Natur Mensch und Gott ist, das hab er für sich, aber daß ... er mein Heiland und Erlöser wird, das geschieht mir zu Trost und Gut." Luthers Verhältnis zu Gott, das heißt für ihn zunächst zu Christus, ist das der germanischen Mannentreue. Ihm dient er mit Einsatz seines Lebens, jede Faser seines Herzens gehört ihm, Christi Feinde sind seine Feinde, die er vernichten, mit der Wucht seines gewaltigen Wortes zermalmen will. Darum ist auch die Art seines Kampfes gegen die Papstkirche und alle Widersacher des göttlichen Wortes so oft die eines rauhen Kriegers. Doch nicht nur sein Gefolgsherr kann sich auf ihn verlassen, er weiß, daß auch Christus in aller Gefahr neben ihm steht. Luthers Glaube ist der „Mann Christus", sein Glaubenserlebnis: Christus hält in der verzweifeltsten Not seinen Schild über ihn und verwandelt urplötzlich die fürchterlichste innere Bedrängnis in strahlende Siegeszuversicht. Luther weist Freund und Feind immer wieder auf den klaren Sinn von Gottes Wort hin, wenn er aber ganz aus der Tiefe seines Herzens spricht, beruft er sich auf den leibhaftigen Christus. Verzweifeln Verstand und Gemüt, dann steht er unmittelbar neben uns, ja, Verzweiflung und Versuchung bis auf den Tod sind gut, sind notwendig, damit wir des Glaubens an Christus, das ist des Vertrauens auf ihn sicher werden. „Der Gedanke an den nach freier Willkür verdammenden Gott hat mich nicht bloß einmal in den tiefsten Abgrund der Verzweiflung gestoßen, so daß ich wünschte, nie als Mensch geboren zu sein, bis ich wußte, wie heilsam jene Verzweiflung und wie nahe ihr die Gnade sei." „Kein Christ lernt Christum ohne Versuchung kennen." „Die Versuchung lehrt, was Christus ist. Ich habs oft erfahren, wie der Name Christus hilft, davon soll mich, so Gott will, niemand treiben. Diese Erfahrung macht mir die

Schrift gewiß." Die in schwersten Seelenkämpfen, auch ganz abgesehen von der Schrift, ‚praeter scripturam', errungene Erfahrung, daß Christus Gott und Mensch sei, hält Luther dem „vernünftigeren" Glauben der Türken (vgl. S. 256 f) entgegen. In furchtbarsten Versuchungen kann uns nichts helfen als dieser unser Glaube an Christus, an den Sohn Gottes: „Es gibt keinen mächtigeren Trost" als diesen. Daß Luthers Christusglaube nicht nur auf der Bibel, sondern auch auf ganz persönlichen Erlebnissen ruht, zeigt besonders die Art, wie Luther in seinen Schriften von Christus spricht. In Luthers Verkehr mit Gott kommen alle Seelenregungen so ursprünglich zum Ausdruck, daß an solch kräftige Kost nicht Gewöhnte darüber oft befremdet und zuweilen entsetzt sind. Ein durchaus männlicher und einer der größten Beter aller Zeiten, ist Luther von der Allgewalt des Gebetes überzeugt, wenn nur der rechte Glauben und ein unerschütterliches Vertrauen dahinterstehen: „Das Gebet erhält die Welt" und der Mensch „herrscht mit demselben Gebet über Wolken, Himmel und Erde." Beten hätte ohne die Gewißheit des Erfolges keinen Sinn: „Wenn ich nicht wüßte, daß unser Gebet erhört wäre, so bete der Teufel an meiner Statt." Luther bei seinem Gebet zu belauschen, machte einen unvergeßlichen Eindruck, da offenbarte sich wie sonst bei keiner Gelegenheit das Wesen von Luthers Glauben. „Es hat mir einmal geglückt", schrieb Veit Dietrich an Melanchthon, „daß ich Luther beten hörte. Hilf Gott! Welch ein Geist, welch ein Glaube war in seinen Worten! Er betete so andächtig als einer, der mit Gott, mit solcher Hoffnung und mit solchem Glauben als einer, der mit seinem Vater redet ... Als ich ihn solche Worte mit heller Stimme von ferne hörte beten, brannte mirs Herz im Leibe vor großer Freude, sintemal ich ihn so freundlich und andächtig mit Gott hörete reden; vornehmlich aber weil er auf die Verheißungen aus den Psalmen so hart drang, als wäre er gewiß, daß alles geschehen müßte, was er begehrte."

Der verborgene Gott, dessen Wille unerforschlich ist und von dem ich nicht weiß, ob er mich verdammt oder selig macht, und der geoffenbarte Gott, von dem ich mit Bestimmtheit weiß, daß er gerade mich erlöst hat und der mir untrügliche Zeichen gerade *meiner* Erwählung gibt; die Prädestination, nach der alles von Ewigkeit her nach Gottes unabänderlichem Ratschluß festgelegt ist und die Allgewalt des Gebetes, die Gott umstimmt; die Unfreiheit des Willens schlechthin und Sätze wie: „Der Wille ist immer frei im natürlichen Sinne in Bezug auf das, was in seiner Macht steht und ihm untergeordnet ist"; das durchaus objektive Zeugnis der heiligen Schrift, das keine subjektive Auslegung zuläßt und mein persönliches Erlebnis, das mich der Heilsbotschaft der Bibel erst gewiß macht; die Unmöglichkeit, aus eigener Kraft gute Werke zu vollbringen, deren Wertlosigkeit für mein ewiges Heil und die zahllosen Ermahnungen zu frommem Leben und guten Werken; das Wüten gegen die natürliche Vernunft und die vielen Empfehlungen des Studiums der Sprachen, welches das richtige Verständnis der Bibel aufschließen hilft; die Auslegung vieler Bibelstellen nach philologisch-kritischem Verfahren und das Theologisieren auch mit logisch-scholastischen Beweisen, wie reimt sich all das zusammen? Handelt es sich bei diesen Dingen um grundlegende Widersprüche, nicht bloß um solche, die in der Entwicklung Luthers und in seiner Art, sich mit einer Sache zu beschäftigen und sich mit seinen Gegnern auseinanderzusetzen, begründet sind?

Luther ist seinem ganzen Wesen nach nicht ein Mann des Ausgleiches, sondern der Gegengewichte (vgl. S. 234). Wie aber diese bei ihm nicht ungeordnet auseinanderfallen, sondern von seiner starken Persönlichkeit um den Mittelpunkt des Religiösen zusammengehalten werden, so haben auch seine Vorstellungen von Gott und von dem Verhältnis Gottes zum Menschen und des Menschen zu Gott einen festen Mittelpunkt: das Kreuz Christi. Luther hat das Wappen seiner Ahnen aufgegeben, in dem sich zwei Rosen befanden, und sich ein neues geschaffen. Aus einem von einem goldenen Ring eingefaßten himmelblauen Felde leuchtet eine weiße Rose, ihre Blätter umfassen ein rotes Herz und in dessen Mitte steht ein großes schwarzes Kreuz. Luther nennt einmal dies Wappen das „Merkzeichen seiner Theologie", der ‚theologia crucis' Von ihr aus fällt manches Licht auf die inneren Zusammenhänge von der Idee des unerbittlich nach seiner Willkür strafenden Gottes und Christus am Kreuz, der mich vor Gott gerecht macht und immer wieder aus meinen inneren Nöten erlöst, von der vollkommenen Heiligung des Christen schon auf dieser Erde, so daß wir durch den Glauben eine neue Kreatur werden und der Verderbtheit der menschlichen Natur auch noch nach dieser Heiligung, von der Wertlosigkeit der guten Werke und der Selbstverständlichkeit und Notwendigkeit, mit der und aus der der Christ Gutes tut, von der Gleichgültigkeit meiner Sünden für meine Rechtfertigung aus dem Glauben allein und der Pflicht, die Sünde zu meiden, kurz von all dem, was in der lutherischen Theologie zueinander in Widerspruch zu stehen scheint. Aber diese Lösungen vermögen den nicht völlig zu überzeugen, der an sie den Prüfstein der ratio legt. Es bleibt da nicht nur vieles dunkel, sondern es stehen sich bei Luther für die formal-logische Beweisführung auch unüberbrückbare Gegensätze gegenüber.

Die römische und die germanisch-deutsche Weise

Dem abendländischen Menschen sind zwei Weisen eingeboren, das Chaos der mit den Sinnen wahrnehmbaren Erscheinungen und der aus unserem Inneren aufsteigenden Gedanken und Gefühle zu bewältigen. Diese zwei Weisen finden sich bei allen Menschen, Völkern und Rassen des abendländischen Kulturkreises, dem auch die Neue Welt Amerikas angehört; doch eignet den beiden geistig führenden Hauptgruppen, der mediterran-romanischen und der nordisch-germanischen, ursprünglich je eine, zwar nicht ausschließlich, aber doch stark überwiegend. Zeitweilig erlangt allerdings die eine oder die andere innerhalb der ganzen weißen Welt die Vorherrschaft, doch kommt über kurz oder lang bei dem Teil, für den dies eine Überfremdung ist, das ihm eingeborene geistig-seelische Grundelement wieder zum Durchbruch. Die Weise des mediterran-romanischen Menschen nun ist die ratio, die des nordisch-germanischen die Vernunft. Wir meinen damit natürlich nicht die landläufige verwaschene Bedeutung dieser Worte, sondern den Ursinn, der in sie hineingelegt wurde, als sie zur Bezeichnung einer bestimmten geistig-seelischen Funktion geschaffen wurden. Darnach heißt ratio Rechnung und zwar im weitesten Umfange. Ratio ist abgeleitet von reor = rechnen. Unter verschiedenen anderen übertragenen Bedeutungen erhielt ratio auch die von Vernunft, genauer: berechnende Vernunft und Erwägung, wobei berechnen die Art des Vorgehens, nicht etwa ein eigennütziges Wollen bezeichnet. Auf die Rolle der ratio im Katholizismus und den Einfluß, den sie dadurch auf das abendländische Denken gewann, haben wir bereits hingewiesen. Vernunft ist dagegen das althochdeutsche firnunft mit der Grundbedeutung: Tätigkeit des Vernehmens, auch gotisch „franiman" in Besitz nehmen, ergreifen, hängt mit „firnunft" zusammen. Bereits im althochdeutschen ist dann der Übergang von ergreifen, Besitz nehmen und wahrnehmen zu Verständnis, Einsicht, Verstand vollzogen worden. Die ratio, die sich der geistigen Sachverhalte rechnend zu bemächtigen versucht, strebt auf Ausgleich hin, die Rechnung soll aufgehen, und so arbeitet die ratio solange mit ihrem „ergo", dem „also" der Logik, bis alle Widersprüche beseitigt sind. Die Vernunft dagegen, die jegliches in seinem Urgrund erfassen will, stößt dabei immer wieder auf die Regelwidrigkeiten und Gegenpole des Lebens. Sie noch besonders zu betonen, ja womöglich noch zu übersteigern, liegt in der Geisteshaltung der meisten, die uns selbst und den Nicht-Nordischen als reinste Ausprägung nordisch-germanischer Art gelten. Bleiben so die Gegensätze und die Gegenpole in ihrer ursprünglichen Schärfe und Entfernung bestehen, werden sie nicht mit formallogischen Schlüssen geglättet und überbrückt, so kann nur ein „dennoch" über das ja und nein hinaus zu einem höheren und tieferen Gemeinsamen führen, auf das alles Bemühen, das Chaos um und in uns denkend und fühlend zu ordnen abzielt. Das „also" wie das „dennoch" hat seine Gefahren, und der Gottheit und der Welt Rätsel hat weder das eine noch das andere völlig gelöst. Das „also" kommt zu einem formalen Endergebnis, das übrigens auch einen reichen Inhalt in sich tragen kann. Der infolge seiner Veranlagung oder seiner geistigen Schulung vorwiegend dem Rationalen Zuneigende fühlt sich damit im ruhigen Besitz der Wahrheit. Das „dennoch" dagegen ist ein unaufhörlicher Kampf; die in dem „dennoch" in ihrer ursprünglichen Kraft erhalten gebliebenen Gegensätze und Widersprüche erregen die Seele immer wieder aufs neue. Dafür entspringen den Spannungen des „dennoch" je und je neue Einsichten, wird aus ihnen das Göttliche immer wieder höchst persönlich erlebt und ersteht die Welt immer wieder auf neue Weise.

Luthers allgemeingeschichtliche Bedeutung

Die Überwindung des „also" des Glaubens durch Luther hat auf die verschiedensten Lebensgebiete einen gewaltigen Einfluß ausgeübt. An dieser Stelle heben wir nur noch kurz die von Luther unmittelbar und mittelbar herbeigeführten Umwälzungen im Geistesleben hervor, in denen wir die allgemeingeschichtliche Bedeutung Luthers, den Eintritt von wesenhaft Neuem durch ihn sehen. Lange schon vor ihm war das Christentum weitgehend mit dem deutschen Volke verschmolzen worden, doch erst Luther hat die biblische Religion mit der deutschen Art des Denkens, Wollens und Empfindens völlig durchdrungen. Er theologisiert nicht mehr römisch-rational, sondern deutsch von Grund auf. Er hat innerhalb der christlichen Religion das Verhältnis Gott und Mensch so tiefgreifend neugestaltet, daß sein Werk zum mindesten der mittelalterlichen Kirche gegenüber eine neue Form des Christentums ist. Die engen Grenzen des Sektentums sind damit weit überschritten; es wäre völlig abwegig, die Lebenskraft von Luthers religiöser Welt nach der des Sektentums zu bemessen. Bis jetzt ist noch keine religiöse Schöpfung, welche derart die charakteristischen Merkmale einer echten Religion aufzuweisen und die sich in einem so großen Bereich durchgesetzt hat, je wieder ganz verschwunden. Endlich hat Luthers Abkehr von der ratio Romana das abendländische Geistesleben auch außerhalb des Religiösen in neue Bahnen gelenkt. Das „ergo", das „also" des römischen Katholizismus hat nicht bloß die Theologie an ein bestimmtes philosophisches Verfahren gebunden, sondern auch der Philosophie feste Grenzen gezogen. Sie durfte z. B. über die Wesenheit der Dinge, über die menschliche Natur, über den Begriff der Persönlichkeit nichts aussagen, was sich mit den Formeln des Dogmas der Kirche und ihren offiziellen Erklärungen nicht verträgt. Auch die Geschichte und die sonstigen Wissenszweige müssen zu Ergebnissen kommen, die sich mit den Lehren der römischen Kirche, wie etwa über das Papsttum und so vieles andere, decken. Die Welt des Katholizismus ist als Ganzes und in den grundlegenden Einzelheiten festgelegt, sie kennt deshalb nur noch Probleme zweiten und dritten Ranges.

Das „dennoch" des Glaubens verlangt dagegen von dem echten Christen zwar nicht weniger die Hinordnung seines Denkens und Tuns auf Gott, beläßt aber, indem es dem Natürlichen und Übernatürlichen eine getrennte Sphäre zuweist, der Wissenschaft und überhaupt dem Weltlichen ihre Eigengesetzlichkeit und gibt sie damit grundsätzlich frei. Das allein schon mußte, wenn auch nicht sofort, so doch im Laufe der Zeit von den weitestreichenden Folgen für die gesamte Kulturgestaltung werden. Sie konnte sich nun aber nicht nur unbehindert von den Glaubenslehren entfalten — orthodoxe Übergriffe auf weltliche Bereiche stehen in einem inneren Widerspruch zur evangelischen Freiheit und sind deshalb immer nur vorübergehend — mit der Abkehr von der ratio Romana vollzog sich nun in derselben Weise wie im Religiösen außerhalb des Katholizismus ein entscheidender Wandel der geistigen Haltung des Abendlandes. Der Protestantismus nimmt fast alle großen deutschen Denker und Dichter für sich in Anspruch. Er geht hierin zu weit, wenn er den Inhalt von Luthers Glauben als Maßstab anlegt. Ihm standen und stehen viele dieser Männer mehr oder weniger ferne, aber dem „dennoch", dem unaufhörlichen Ringen Luthers sind sie alle und auch die Mehrzahl der außerdeutschen Geistesheroen germanischer Herkunft verbunden. Der einzelne muß sich die Wahrheit immer aufs Neue erkämpfen, die Auseinandersetzung mit Gott und der Welt und mit den Gegensätzen und Widersprüchen in ihnen ist eine stets neu zu lösende Aufgabe, die doch das nie endgültig bewältigte Problem des Lebens bleibt. Aber gerade der nie gestillte Durst nach Wahrheit und das stete „stirb und werde" unseres geistig-seelischen Daseins stacheln zu unermüdlichem Suchen und Streben an, das immer neue Erkenntnisse und ein wie Luthers Glaube ureigen persönliches und zugleich einem großen Allgemeinen eingegliedertes, lebensvolles Verhältnis zu Gott und Welt krönen.

Zweites Kapitel

Luther vom Thesenanschlag bis Worms. Die Wahl Karls V. Der Wormser Reichstag

Der Thesenstreit

Um die Mittagsstunde des 31. Oktober 1517 schlug der Augustinermönch Martin Luther 95 Thesen über die Heilskraft der Ablässe in lateinischer Sprache an der nördlichen Eingangstür der Wittenberger Schloßkirche an. Wollte ein Professor aus irgendeinem Grunde ein gelehrtes Streitgespräch über einen Gegenstand seines Faches herbeiführen, dann pflegte er es auf diese Weise zu tun. Der Verfasser der Thesen legte sich übrigens nicht unbedingt auf ihren Inhalt fest. Er übernahm nur die Rolle des „Verteidigers" für die in der üblichen scholastischen Form abzuhaltende Disputation. Wurde er dabei in einem oder in mehreren Punkten von den Gegnern, den „Opponenten", überwunden, so hatte dies weiter nichts auf sich. Luther ging es allerdings von vorneherein um mehr als um eine rein wissenschaftliche Auseinandersetzung. Papst Leo X. hatte 1514 einen Ablaß ausgeschrieben, dessen Erträgnisse dem Bau der Sankt Peterskirche in Rom zugute kommen sollten. Tatsächlich wurden jedoch diese Ablaßgelder wie schon frühere für verschiedene Zwecke verwendet. Zum Oberkommissar für den Ablaß in den Erzbistümern Mainz und Magdeburg und in den dazugehörigen Bistümern hatte der Papst Albrecht von Brandenburg, den Erzbischof von Mainz und Magdeburg, ernannt und ihm die Hälfte der einkommenden Ablaßgelder zugesprochen. Albrecht war schwer verschuldet. Das Pallium, das vom Papste verliehene erzbischöfliche Ehrenzeichen (vgl. S. 219), war ihm teuer zu stehen gekommen und für die Übertragung des Ablasses in seinem Bereich hatte er weitere 14000 Gulden nach Rom gezahlt. Diese Summen hatten ihm die Fugger vorgestreckt. Mit der Ablaßpredigt in den Diözesen Magdeburg und Halberstadt beauftragte Albrecht den Dominikaner Tetzel, einen volkstümlichen Kanzelredner. Angestellte der Fugger wachten darüber, daß von dem in den Ablaßkasten eingelegten Geld der ihrem Handelshause als dem Gläubiger Albrechts zukommende Teil richtig abgeliefert wurde. Tetzel ging nicht anders vor als die meisten Ablaßprediger. Die mancherlei Begleiterscheinungen bei dem Verkauf der Ablaßzettel sind für den, der das mittelalterliche Leben mit seiner Verweltlichung des Heiligen kennt, nicht auffallend. Übrigens wendeten sich schon seit längerer Zeit manche Anhänger der devotio moderna (vgl. S. 64) gegen offenkundige Mißbräuche im Ablaßwesen und gegen die sittlichen Schäden, welche bei vielen auch eine einwandfreie Ablaßverkündigung zeitigte, zahlreiche Humanisten bekämpften den Ablaß teils aus religiösen Gründen, teils aus Abneigung gegen die Kurie und die städtischen Obrigkeiten sahen mit scheelen Augen auf den Abfluß der Ablaßgelder nach Rom (vgl. S. 221). Trotz alledem fanden die Ablaßprediger einen ungeheuren Zulauf und wußten ihre Ablaßkästen immer wieder zu füllen.

Das Ablaßtreiben mußte Luther, den das Feuer seines eben errungenen Glaubens verzehrte, mehr als jedem anderen zum Ärgernis werden. Die Grundidee des Ablasses: Nachlaß der Sühneleistungen, welche die Kirche als Buße für schwere Sünden auferlegte, focht Luther damals noch nicht an; aber die Art, wie mit den Ablässen in Gottes unerforschliches Regiment eingegriffen, wie über Himmel, Hölle und Fegfeuer verfügt wurde, die Verquickung der Seelenrettung mit zum Teil schmutzigen Geldgeschäften und das plumpe Vertrauen Unzähliger auf den Ablaßzettel, standen in schroffstem Gegensatz zu Luthers Glauben. Eine schlimmere Verführung, eine ernstere Gefahr für das Seelenheil, eine größere Entwürdigung Gottes konnte es für Luther nicht geben als den Ablaßhandel. Schon 1516 warnte er in einer Predigt davor, sich durch Ablässe von der wahren Buße, der inneren Herzensbuße, ablenken zu lassen. Als Tetzel im April 1517 unweit Wittenberg im Magdeburgischen predigte und die Wittenberger in Scharen in Jüterbogk und Zerbst Ablaßzettel erwarben, beschwor Luther brieflich einige Bischöfe einzuschreiten, aber sie scheuten sich, in dieser Angelegenheit vorzugehen. So stellte denn Luther 95 Thesen über den Ablaß auf, ließ sie in einer geringen Auflage drucken, schlug ein Exemplar an der Wittenberger Schloßkirche an, schickte ein zweites mit einer kurzen Abhandlung über den Ablaß und einem Begleitschreiben an den Mainzer Erzbischof und ein drittes mit einer Eingabe an den für Wittenberg unmittelbar zuständigen Bischof von Brandenburg, Hieronymus Schulze. Obwohl die Thesen zweifellos die Ansichten Luthers über Ablaß und Ablaßverkündigung enthielten, waren sie doch zugleich eine Aufforderung zu einer Disputation, in der die ganze Ablaßfrage auch für ihn selbst noch in manchen Punkten geklärt werden sollte. Zunächst schien es, als hätte Luther mit seinen Thesen nur einen Schlag ins Wasser getan. Niemand meldete sich zur Disputation, die Thesen blieben in Wittenberg unbeachtet, und die bischöflichen Kanzleien hatten es nicht eilig, dem Mönche in der weltentlegenen Kleinstadt Wittenberg zu antworten. Luther besprach sich nun mit Männern seiner Umgebung und sandte seine Thesen auch an einige auswärtige Freunde, um zu hören, was sie dazu meinten; würden auch sie nichts davon halten, so wollte er die ganze Sache auf sich beruhen lassen. Die mit seinen Gedankengängen bereits Vertrauten lasen die Sätze mit anderen Augen als diejenigen, welche in ihnen nur die Wiederholung sahen von landläufigen Angriffen auf Mißbräuche und von selbstverständlichen Glaubenswahrheiten, die mit mancherlei theologischen Spitzfindigkeiten und etwas ketzerischen Ansichten vermischt schienen. Wer Luthers Sprache verstand, für den war der Satz: „Der wahre Schatz der Kirche ist das hochheilige Evangelium von der Herrlichkeit und Gnade Gottes" ein Weckruf zu neuem Glaubensleben, nicht bloß ein von dem üblichen Gebrauch des Wortes „Schatz der Kirche" etwas abweichender, im Grunde nur eine abgedroschene Wahrheit enthaltender Ausdruck; hinter Sätzen wie: „Wollte der Papst seine Pflicht erfüllen, dann müßte er, wenn nötig, die Peterskirche verkaufen und von seinem Gelde jenen geben, aus denen manche Ablaßprediger den größten Teil ihrer Einnahmen herauslocken" stand eine uralte, immer wieder neue Auffassung der christlichen Nächstenliebe, und die Schlußsätze, scheinbar nur eine der üblichen Ermahnungen zu Geduld und Gottvertrauen, enthalten den Kern der nur von Luthers Glauben her zu verstehenden theologia crucis (vgl. S. 261): die Christen „sollen ihrem Haupte Christus durch Strafen, Tod und Hölle nachzufolgen trachten und also ihr Vertrauen mehr darauf setzen, durch viel Trübsal ins Himmelreich einzugehen, als daß sie durch Vertrauen auf sicheren Frieden sorglos werden." So waren denn für Luthers Anhänger außerhalb Wittenbergs diese Thesen die erste offene Kundgebung seines Glaubens, und sie beeilten sich, sie an ihre Freunde weiterzugeben. Gegen Luthers Willen wurden jetzt die Thesen von verschiedenen Druckern vervielfältigt.

Luthers Thesen erregten, nunmehr losgelöst vom Universitätsbetrieb, ungeheures Aufsehen. Manche, die sie lasen, und denen Luther bisher völlig unbekannt gewesen war, mochten ahnen, daß hier sich etwas von Grund aus Neues Bahn zu brechen begann. Die meisten aber waren schon von der Tatsache überwältigt, daß es jemand wagte, nicht mehr bloß ganz allgemein, sondern in einem ganz bestimmten Falle offen die Ablaßpraxis anzugreifen. Das hieß den einflußreichen Tetzel, den Dominikanerorden, die Inquisition und — was Luther freilich noch ferne lag — den Papst selbst herausfordern. Es war keine leere Drohung, wenn Tetzel alsbald verkündigte, er werde den Ketzer in drei Wochen ins Feuer werfen. Luther verfaßte Anfang 1518 ausführliche Erläuterungen zu den Thesen, die er wiederum seinem Bischof Schulze von Brandenburg vorlegte, im März gab er in deutscher Sprache den „Sermon von Ablaß und Gnade" heraus, seine erste Schrift, die alle Schichten des Volkes auf ihn aufmerksam machte. Inzwischen war eine Gegenschrift zu den Thesen von dem Ingolstädter Professor Johannes Eck erschienen, der sich nun überhaupt neben Tetzel zu einem Vorkämpfer im Streite wider Luther aufwarf. Dieser konnte jedoch seine Sache immer noch ungestört weiterführen; denn Bischof Schulze, nicht gerade eine große theologische Leuchte, der Luthers Abweichungen von der katholischen Lehre nicht erkannte, verbot dessen Schriften nicht. Der Mainzer Erzbischof mochte sich auf den ganzen Handel nicht weiter einlassen und meldete die Sache mit Beilage einiger Schriftstücke nach Rom. Die sächsischen Dominikaner, die sich in der Person ihres Bruders Tetzel angegriffen fühlten, strengten in Rom ein Verfahren gegen Luther wegen des Verdachtes der Ketzerei an. Sie waren sich des schnellen Erfolges ihres Schrittes so sicher, daß sie auf der Kanzel verkündeten, der Ketzer werde in Kürze sein Ende auf dem Scheiterhaufen finden. Doch Luther hatte keine Furcht vor Rom. Er schickte am 30. Mai 1518 durch seinen Ordensoberen Staupitz eine Abschrift der „Erläuterungen" an den Papst. Der Begleitbrief war nach dem Wunsche Spalatins unterwürfig gehalten, erklärte aber doch: „Widerrufen kann ich nicht".

Während in Deutschland der Federkampf zwischen Luther, Tetzel und Eck seinen Fortgang nahm und eine Predigt Luthers „über die Kraft des Bannes" neues großes Aufsehen erregte, da er als Folge des Bannes lediglich den Ausschluß von der äußeren Kirchengemeinschaft, nicht aber den von der inneren Gemeinschaft der Gläubigen bezeichnete, wurde der Prozeß in Rom gegen ihn eröffnet. Auf Grund eines von „dem Meister des heiligen Palastes", dem Dominikaner Prierias, ausgearbeiteten Gutachtens wurde anfangs Juli 1518 Luther nach Rom zu einem Verhör vorgeladen. Noch ehe der hierfür festgesetzte Termin verstrichen war, verschlimmerte sich seine Lage auch dadurch, daß Kaiser Maximilian am 5. August an Leo X., um ihn für die Wahl seines Enkels Karl günstig zu stimmen, schrieb, die Kurie möge den gefährlichen Ketzer Luther bannen, er, der Kaiser, werde dann das päpstliche Urteil auf der Stelle vollziehen. Daraufhin gab Leo dem Kardinal Cajetan, der als päpstlicher Legat am Reichstag zu Augsburg teilnahm, den Auftrag, Luther sofort zu verhaften. Gleichzeitig forderte der Papst vom Kurfürsten von Sachsen die Auslieferung des „Sohnes der Bosheit" an Cajetan und vom General des Augustinerordens, Gabriele Volta, die Sendung eines Ordensbruders nach Deutschland, der den Ketzer greifen und in Fesseln legen sollte. Nun schien es ganz sicher, daß Luther dem Scheiterhaufen verfallen sei, denn daß er widerrufen würde, konnten höchstens Leute, die ihn nicht kannten, annehmen.

Da rettete den Reformator die hohe Politik. Der Papst war gegen die Wahl Karls zum römischen König (vgl. S. 279). Weil diesem auch Friedrich von Sachsen widerstrebte, sah die Kurie in ihm ihren natürlichen Bundesgenossen, den sie auf jede Weise dauernd an sich zu fesseln trachtete. So konnte der Kurfürst unschwer erreichen, daß der Papst auf die Auslieferung Luthers nach Rom verzichtete. Cajetan sollte nun nach einer neuen Anordnung Leos X. Luther in Augsburg vernehmen und „je nach Befund zur Freisprechung oder zur Verurteilung schreiten". Am 12., 13. und 14. Oktober stellte sich Luther dem Kardinal im Fuggerhause. Wider Cajetans Willen wurde das Verhör zum Redekampf. Peinlicher noch war es für den hohen Kirchenfürsten, daß er den Mönch nicht zu einem Widerruf zu bewegen vermochte, daß es aber auch infolge des klugen taktischen Vorgehens von Luther und Staupitz zu keiner Verurteilung kam. Luther verließ in der Nacht zum 21. Oktober heimlich Augsburg, nachdem er in aller Form vor Notar und Zeugen „von dem schlecht unterrichteten an den besser zu unterrichtenden Papst" Berufung eingelegt und von Cajetan auf zwei Briefe — im zweiten vom 18. Oktober teilte er ihm seine baldige Abreise mit — keine Antwort erhalten hatte. Jetzt suchte der Kardinallegat den Kurfürsten Friedrich zu bewegen, Luther doch auszuliefern oder wenigstens aus seinen Landen zu verjagen. Der bedächtige Fürst überlegte einige Wochen, ob er ihn wohl, falls er gebannt würde, schützen könne und lehnte schließlich die Anträge Cajetans ab. Friedrich setzte sich damit zu jener Zeit keiner ernstlichen Gefahr aus, denn wenn man auch in Rom die lutherische Sache nicht leicht nahm, hüteten sich der Papst und die Kurie doch, ihretwegen den Reichsfürsten vor den Kopf zu stoßen, auf den sie in dem ihnen zur Zeit wichtigsten politisch-weltlichen Handel große Hoffnung setzten.

Im Dezember erschien ein neuer Unterhändler in Deutschland, der päpstliche Kammerherr Miltitz. Er sollte dem Kurfürsten von Sachsen eine hohe päpstliche Auszeichnung, die goldene Tugendrose, überbringen; für alle Fälle bekam er auch eine Bannbulle gegen Luther mit. Der ehrgeizige, leichtlebige Miltitz wollte den tüchtigen Kardinal ausstechen. Er trieb mit Cajetan falsches Spiel und glaubte Luther durch leutseliges Entgegenkommen zu Erklärungen bewegen zu können, welche die leidige Angelegenheit aus der Welt schaffen würden. Er erreichte damit nur, daß der Kurfürst und Luther mit der Ernennung eines deutschen Kirchenfürsten zum Schiedsrichter einverstanden waren, wozu Friedrich der Weise den ihm befreundeten Trierer Erzbischof, Richard von Greiffenklau, vorschlug. Luther konnte nach wie vor auf der Kanzel wie im Hörsaal seine Lehren vortragen. Die bisher wenig beachtete Wittenberger Universität nahm einen außerordentlichen Aufschwung. Aus nah und fern strömten Studenten herzu, den in kurzer Zeit berühmt gewordenen Doktor Martinus zu hören. Kurfürst Friedrich war über das rasch wachsende Ansehen seiner Universität hoch erfreut und hielt seine Hand erst recht über den Mann, auf den sich mehr und mehr die Blicke von ganz Deutschland richteten, und dessen Name auch im Auslande viel genannt zu werden begann. Denn nun erhoben zahlreiche Humanisten, die Wortführer des geistigen Europa, Luther auf ihren Schild, obwohl sich der Gefeiertste unter ihnen, Erasmus von Rotterdam, vorsichtig zurückhielt. Der rührigste Verleger der Humanisten in Deutschland, Johann Frobenius aus Basel, schrieb am 14. Februar 1519 an Luther: „Von der von mir herausgebrachten Sammelausgabe deiner Schriften sind 600 Exemplare nach Frankreich und Spanien abgegangen. Sie werden in Paris gekauft, an der Sorbonne gelesen und gebilligt. Eine beträchtliche Zahl hat der Buchhändler Clavus aus Pavia nach Italien mitgenommen, um sie dort überall in den Städten zu verkaufen. Auch nach England und Brabant habe ich Exemplare geliefert; ich habe nur noch zehn Stück auf Lager. So viel Glück habe ich noch nie mit einem Buche gehabt. Je tüchtiger einer ist, desto mehr hält er von dir." Ebenso wie Froben stürzten sich andere Buchdrucker auf Luthers Schriften, einen Schriftstellerschutz gab es ja in jener Zeit noch nicht, außerdem hat Luther nie ein Honorar oder sonst eine Entschädigung für seine Werke beansprucht, er kannte keinen höheren Gewinn, als mit seinen Schriften Gottes Wort dienen zu dürfen.

Mit großer Spannung sahen gerade auch die Humanisten der Disputation entgegen, die der in ihren Kreisen sehr angesehene Dr. Johannes Eck mit Luther und seinem Freunde Karlstadt vereinbart hatte. Nach Überwindung von mancherlei Schwierigkeiten, welche die Aufmerksamkeit erst recht auf diesen Redekampf hinlenkten, wurde die Disputation am 27. Juni 1519 in Leipzig eröffnet. Sie währte bis zum 15. Juli. Nach dem Beifall, den ihm die Mehrzahl der Zuhörer spendete, und nach den Ehrungen, die ihm der Herzog Georg von Sachsen, der Rat von Leipzig und andere erwiesen, durfte Eck sich zunächst als Sieger betrachten; aber die Auswirkungen der Disputation gestalteten sich doch zu einem großen Erfolge Luthers. Eck war vor allem darauf ausgegangen, Luther auf Widersprüche zur offiziellen Kirchenlehre festzulegen und ihn in den Geruch der hussitischen Ketzerei zu bringen. Luther wies diese Angriffe, die ihm sehr gefährlich hätten werden können, mit Geschick zurück und wahrte trotzdem in allem seinen Standpunkt. Dies aber ließ ihn bald außerhalb der Leipziger Luft, die ihm von vorneherein höchst ungünstig gewesen war, als den wirklichen Sieger in der Disputation erscheinen. Von denjenigen, die eine tiefgreifende Reform der Kirche ersehnten, traten immer mehr auf Luthers Seite.

Luthers Reform- und Kampfschriften von 1520. Loslösung von Rom

Luther ist nicht mit einem umfassenden Reformprogramm auf den Plan getreten. Fest stand ihm nur der Ausgangspunkt, die Rechtfertigung allein aus dem Glauben als freiem Gnadengeschenk Gottes; die Folgen, die sich daraus im einzelnen für das christliche Lehrgebäude und Leben ergeben mußten, waren Luther jedoch nicht von vorneherein klar. Er hatte offensichtlich gehofft, die höheren kirchlichen Stellen würden seine ihm so unzweifelhaft richtig erscheinende Glaubensauffassung wohlwollend aufnehmen, so daß ihre weitere Ausgestaltung und ihre praktische Anwendung im Rahmen der Kirche vor sich gehen könne. Er hatte sich deshalb in der Ablaßfrage an seine vorgesetzten kirchlichen Behörden gewandt. Das Laienvolk wollte er nicht unnötig in die theologische Auseinandersetzung hineinziehen und durch die Glaubensstreitigkeiten erregen.

Da aber der Ablaß aus verschiedenen Gründen bereits im Vordergrund des Interesses stand, und Luther es für seine Pflicht gehalten hatte, im Frühjahr 1518 wenigstens in einer kurzen Abhandlung, dem „Sermon von Ablaß und Gnade", das Volk über die Gefahren des Ablaßwesens aufzuklären, wurde auf Luthers Kampf gegen Tetzel auch der gemeine Mann aufmerksam. Im Laufe des Jahres 1519 gab Luther mehrere Erbauungsschriften in deutscher Sprache heraus, die Sermones (Predigten) vom heiligen Leiden Christi, von der Bereitung zum Sterben, von dem Sakrament der Buße, von dem heiligen, hochwürdigen Sakrament der Taufe, von dem hochwürdigen Sakrament des heiligen wahren Leichnams Christi. Die Begeisterung, mit der diese Schriften aufgenommen wurden, ließ erkennen, daß der Wittenberger Professor und Prediger nun auch schon in weiten nicht gelehrten Kreisen bekannt war. Nach der Leipziger Disputation waren Luthers Freunde und Gegner sehr tätig gewesen, und so hielt es auch Luther für angezeigt, selbst in stärkerem Maße als bisher mit volkstümlichen Schriften in den Streit für und wider ihn einzugreifen. Die zwei zu Beginn und im Frühjahr des Jahres 1520 erschienenen Sermones von dem Bann und von den guten Werken sind ruhig gehaltene Darlegungen. Vom Bann heißt es, man solle ihn nicht verachten, wenn er auch den Gebannten nicht von der inneren Gemeinschaft der Christen ausschließe und zu unrecht verhängt sei, sondern ruhig hinnehmen, wie ein gutes Kind eine unverdiente Strafe von der Mutter geduldig erträgt. In starkem sachlichen Gegensatz zur überkommenen Lehre stehen die mit nur wenig Polemik belasteten Ausführungen über die guten Werke. Der Zwiespalt von heilig und weltlich, von Alltags- und Mönchsmoral ist hier überwunden, der Christ wird angewiesen, jederzeit ohne Selbstgerechtigkeit das Gute zu tun, und wenn er in seiner Schwachheit fällt, sich immer wieder in seinem Glauben zu erheben. Diese „klassische Darstellung des neuen Frömmigkeitsideals" zeigt wie kaum eine andere seiner Schriften den Seelsorger. Dagegen ließ er seiner Kampfesfreude die Zügel schießen in einer Erwiderung auf einen Angriff des Leipziger Franziskaners Augustin von Alfeld in der Schrift „Von dem Papsttum zu Rom wider den hochberühmten Romanisten zu Leipzig". Mit überlegenem Humor zieht da Luther wider seine Feinde zu Felde, die den Eisenhut an den Füßen, das Schwert auf dem Kopf, den Spieß an der Schneide, den Harnisch auf dem Rücken tragen. Übel wird der römischen Habsucht mitgespielt, die uns deutschen Narren die Nasen schneuzt; um die hohen Dinge, deren er, Luther, sich in Glaubenssachen unterfangen, haben sich die Romanisten nicht gekümmert, aber beim Ablaß, bei dem es um Geld geht, da greifen sie ihn an. Nun ist aber „Doktor Luther ein wenig hoffärtig und gibt nicht viel auf der Romanisten runzen und grunzen". Man kann ganz gut ein Christ sein, ohne der römischen Kirche anzugehören; das Papsttum ist nicht das Haupt der Christenheit; die von den Romanisten angeführten Bibelstellen beweisen nichts dafür, daß Christus Petrus die oberste Kirchenleitung übertragen habe; die Päpste dürfen keine neuen Glaubensartikel aufsetzen und dürfen diejenigen, welche sie nicht annehmen, nicht aus der Kirche ausschließen, und „alles, was der Papst setzt, macht, tut, will, ist also aufzunehmen, daß ichs zuvor nach der heiligen Schrift urteile." Diese Thesen und vor allem die Art, wie Luther sie begründete, waren eine starke Herausforderung Roms. Sie wurde dadurch nicht abgeschwächt, daß er das Papsttum noch nicht abschaffen wollte, sondern den Rat gab, es als ein von Gott verhängtes Übel zu ertragen.

Kaum war die Schrift wider den Leipziger Romanisten erschienen, da kam Luther von der Ansicht ab, daß das Papsttum ebenso wie andere menschliche Obrigkeiten entstanden und deshalb wie diese hinzunehmen sei. Prierias hatte seiner ersten Streitschrift wider Luther eine zweite folgen lassen. Je mehr sich Luther in sie vertiefte, desto bestimmter wurde seine Überzeugung, sie sei ein „höllisches Manifest" und das Papsttum der Antichrist, weil es darauf ausgehe, den klaren Sinn der Heiligen Schrift zu fälschen, um ungehindert über die Gewissen zu herrschen. Einzelne persönlich einwandfreie Kuriale und Päpste, wie Leo X., vermögen an dem höllischen Ursprung und Wesen des Papsttums nichts mehr zu ändern, weshalb es ebenso heftig wie der Teufel mit allen Mitteln zu bekämpfen ist. Diese Verschärfung der Ablehnung des Papsttums tritt schon ungefähr einen Monat nach der Abfertigung Alfelds in der anfangs August erschienenen, berühmtesten Reformationsschrift Luthers hervor. Sie trägt den Titel „An den christlichen Adel deutscher Nation von des christlichen Standes Besserung", wendet sich aber an das ganze deutsche Volk, durch das sie sofort wie ein Lauffeuer ging, kamen doch hier die damals gerade auch im Hinblick auf den nahe bevorstehenden Wormser Reichstag viel erörterten „Beschwerden der deutschen Nation" in leidenschaftlicher und mitreißender Form zur Sprache. Luther spart nicht mit den landesüblichen Vorwürfen gegen die Päpste und die Kurie, aber er geht viel weiter: nicht nur die weltliche Herrschaft, sondern auch die über die Seelen ist dem Papsttum zu entreißen, denn des Papstes ist des Teufels Regiment: „Lasset uns aufwachen, liebe Deutsche, und Gott mehr denn die Menschen fürchten, daß es uns nicht ergehe, wie all den armen Seelen, die so kläglich durch das schändlich teuflisch Regiment der Römer verloren werden, und damit nicht täglich mehr und mehr der Teufel zunimmt, so es überhaupt möglich ist, daß solch höllisch Regiment noch ärger wird." Halten wir uns an die Worte Gottes mit festem Glauben, dann wird der Teufel seine falschen Wunder bald aufgeben. „Hiermit hoffe ich, soll der falsche lügenhafte Schrecken darniederliegen, womit uns nun lange Zeit die Römer haben schüchterne und blöde Gewissen gemacht." Luther greift in dieser Schrift nicht nur das Papsttum an, er stellt der katholischen Lehre von Hierarchie und Priestertum die Lehre vom allgemeinen Priestertum gegenüber: „Alle Christen sind wahrhaft geistlichen Standes, es ist unter ihnen kein anderer Unterschied als der, den das Amt mit sich bringt." „Daß aber der Papst oder Bischof salbt, Platten macht (die Tonsur erteilt), weiht . . . mag einen Gleißner und Ölgötzen machen, aber nimmer einen Christen oder geistlichen Menschen. Demnach werden wir allesamt durch die Taufe zu Priestern geweiht." „Ein Schuster, ein Schmied, ein Bauer, ein jeglicher hat seines Handwerks Amt und Werk und doch sind alle gleichermaßen geweihte Priester und Bischöfe." „Wird ein Priester erschlagen, so liegt ein Land im Interdikt (vgl. S. 222). Weshalb aber nicht, wenn ein Bauer erschlagen wird? Woher kommt unter den gleichen Christen ein so großer Unterschied?"

Die Wirkung des Vorstoßes gegen Rom und die Hierarchie erhöhte Luther in seiner Schrift an den christlichen Adel durch positive Vorschläge. Die christliche weltliche Obrigkeit hat die Pflicht, nicht nur da einzugreifen, wo die kirchliche versagt, sondern überhaupt das Gute zu fördern und das Böse zu unterdrücken. Die Fürsten haben dafür zu sorgen, daß Deutschland nicht durch den Geldabfluß nach Rom verarme; es sollen keine Bettelklöster mehr gebaut werden, den Pfarrern ist die Ehe freizustellen, die Feiertage sind wegen ihres Anreizes zu Völlerei und sonstigen Sünden abzuschaffen oder auf die Sonntage zu verlegen, aller Bettelei ist ein Ende zu machen, jede Stadt versorge ihre Armen und verbiete fremden, ihre Gemeinde zu betreten; die Universitäten bedürfen einer guten starken Reformation, dem Zinskauf ist zu steuern, den Fuggern und dergleichen Gesellschaften „ein Zaum ins Maul zu legen", die freien, gemeinen Frauenhäuser sind aufzuheben. „Damit und mit den anderen oben angezeigten Stücken will ich angesagt haben, wie viel guter Werke die weltliche Obrigkeit tun könnte." — Luther hat sich im Laufe der Zeit mit verschiedenen Lehren und Forderungen von der katholischen Kirche noch weiter entfernt. Der Bruch mit dem Mittelalter, soweit dessen Wesen von der Kirche her bestimmt war, ist jedoch bereits mit den Kampf- und den Reformschriften des Jahres 1520 vollzogen, zumal da die im Oktober in lateinischer Sprache erschienene Schrift „Von der babylonischen Gefangenschaft der Kirche" seine Auffassung vom rechtfertigenden Glauben auch auf die Sakramentenlehre und Sakramentenspendung übertrug, und damit das Gefüge des Katholizismus nicht weniger als mit der Lehre vom allgemeinen Priestertum sprengte. — Nach diesen Schriften ist die Christenheit nicht mehr ein äußerlich sichtbares Reich der christgläubigen Seelen. Es gibt keine zwei Gewalten mehr mit je einem eigenen, dem geistlichen und dem weltlichen Recht. Das Priesteramt ist ein Amt wie jedes andere; es wird von der Gemeinde übertragen und kann von ihr wieder zurückgenommen werden. Der weltlichen Obrigkeit ist jedermann in allem untertan, was nicht dem Evangelium widerspricht.

Der Papst bannt Luther. Luther verbrennt die Bannbulle

Gegen Ende 1519 hatte die Kurie noch einmal versucht, den Kurfürsten von Sachsen zur Preisgabe Luthers zu bewegen. Friedrich der Weise bog jedoch wieder äußerst geschickt aus, und so entschloß man sich zu Rom, ohne weitere Verhandlungen Luther in aller Form zu bannen. Am 15. Juni 1520 wurde endlich die päpstliche „Bulle gegen die Irrtümer Martin Luthers und seiner Anhänger" ausgefertigt und sofort gedruckt. Sie hebt in feierlicher Form an: „Leo Episcopus, Knecht der Knechte Gottes, zu ewigem Gedächtnis. Stehe auf, o Herr, stehe auf und richte deine Sache, sei eingedenk der Tag für Tag von den Toren ausgestoßenen Lästerungen, neige dein Ohr unserem Flehen! Denn es sind Füchse aufgestanden, die sich erfrechen, deinen Weinberg zu verwüsten ... ein wilder Eber aus dem Walde will ihn verderben, ein sonderlich wildes Tier will ihn verschlingen." In der wie üblich nach ihren Anfangsworten bezeichneten Bulle „Exsurge Domine" sind 41 Sätze aus Luthers Schriften ausgezogen und feierlich verdammt. Luther wird verboten, fernerhin zu predigen. Auch andere Schriften Luthers, die er schon herausgegeben hat oder noch herausgeben wird, darf niemand lesen, loben und aufbewahren, damit „sein Gedächtnis aus der christgläubigen Gemeinschaft völlig ausgetilgt wird." Wenn er sich innerhalb 60 Tagen nach Veröffentlichung der Bulle nicht unterwirft, verfallen er und alle seine Gönner und Anhänger ohne weiteres dem Kirchenbann. Jede geistliche und weltliche Obrigkeit, die ihn oder seine Freunde ergreifen kann, muß sie festnehmen, gefangen halten und dann nach Rom senden. Jeder Ort, an dem Luther oder seine Freunde weilen, ist während ihres Aufenthaltes mit dem Interdikt belegt. — Der Papst beauftragte Hieronymus Aleander und Johannes Eck, die Bulle in Deutschland zu veröffentlichen und zu vollstrecken. Aleander sollte vor allem auf Kaiser Karl einwirken, Eck Mittel- und Norddeutschland bearbeiten. Dieser konnte aber nur an drei Orten die Bulle anschlagen, sonst wurde er überall abgewiesen. Am schlimmsten erging es ihm in Leipzig, wo er am 29. September eintraf. War er dort vor einem Jahr als Sieger in der Disputation gefeiert worden, so verbot jetzt die Leipziger Universität die Veröffentlichung der Bulle. An verschiedenen Stellen der Stadt wurden Schmähschriften gegen ihn angeschlagen und Schandlieder auf ihn gesungen.

Der päpstliche Kammerherr Miltitz war über Ecks Mißerfolge hoch erfreut und hielt die Zeit für gekommen, sich wieder in den Gang der Ereignisse einzuschalten. Er veranlaßte Luther, eine neue kleine Schrift mit einem Widmungsbrief für Leo X. zu verfassen. Es sollte dies eine Huldigung sein, die, wie Miltitz meinte, der Papst wohlwollend aufnehmen würde. Einer gütlichen Beilegung des Streites stünde dann nichts mehr im Weg. Luther müsse den Brief nur so weit zurückdatieren, daß er nicht erst durch Ecks Veröffentlichung der Bannbulle hervorgerufen zu sein scheine. Luther machte sich zwar sofort an die Arbeit, hielt aber manches andere für vordringlicher, und so wurde es Ende November, bis Schrift und Brief in deutscher und lateinischer Sprache vorlagen. Ob Miltitz noch eines der ihm zugesandten Exemplare nach Rom weitergeleitet hat, ist unbekannt. Jedenfalls wäre dort die „Huldigung" nicht als Ausdruck reuiger Gesinnung, sondern als neue, unerhörte Herausforderung aufgenommen worden. Denn was konnte man einem Papste, auch wenn man ihn mit „allerheiligster in Gott Vater" anredete und seine persönlichen Tugenden rühmte, Schlimmeres vorhalten als: du mußt doch selbst bekennen, daß die römische Kurie „ärger und schändlicher ist, denn je ein Sodoma, Gomorrha oder Babylon war ... Die römische Kirche ist worden ein Bubenhaus über alle Bubenhäuser, ein Haupt und Reich aller Sünden des Todes und der Verdammnis ... Der römische Stuhl ist deiner und deinesgleichen nicht wert, sondern der böse Geist sollt' Papst sein, der auch gewißlich mehr denn du im neuen Babylon regiert ... Dieweil ich sahe, daß dem römischen Hof nicht zu helfen war, hab ich ihn verachtet, Scheidebrief geschenkt und gesagt: Ade, liebs Rom; stink fortan, was da stinkt!" Das Bändchen aber, das Luther dem Papst widmete, trug den für römische Ohren und zumal aus Luthers Mund aufreizenden Titel „Von der Freiheit eines Christenmenschen". Inhaltlich bietet es nichts anderes als die bereits erwähnten Schriften Luthers; die Ausführungen über die christliche Sittenlehre sind ihm in dem „Sermon von den guten Werken" sogar besser gelungen als hier. Dafür bestätigt die von fröhlicher Zuversicht getragene Darstellung vom Wesen, von der Kraft und vom Glück des Glaubens an Gottes Wort im ersten Teil des Sermons von der Freiheit Luthers Bemerkung: dieses „kleine Büchlein begreife die ganze Summa eines christlichen Lebens" in sich; denn „wo die Seele Gottes Wort hat, da bedarf sie keines anderen Dinges mehr, sondern sie hat in dem Wort genug Speise, Freude, Friede, Licht, Kunst, Gerechtigkeit, Wahrheit, Weisheit, Freiheit und alles Gut überschwenglich." So manches in diesem Büchlein hätte wohl auch des Papstes Beifall finden können, als ganzes war es jedoch nichts weniger als ein Widerruf der in der Bulle verdammten Ketzereien.

Während Eck mit der Veröffentlichung der Bannbulle wenig Glück hatte, und auf des Miltitz letzten Vermittlungsversuch nur eine neue Kampfschrift Luthers folgte, der schon ihr zündender Titel weiteste Verbreitung sicherte, gelang es Aleander, mit Unterstützung des Kaisers in Löwen, Lüttich und Köln öffentliche Bücherverbrennungen vorzunehmen. Den mit dieser Exekution beauftragten Henkern übergaben allerdings an Stelle von Luthers Schriften Studenten in Löwen scholastische Bücher und gedruckte Predigten, Kleriker in Köln Altpapier, und in Mainz gehorchte zuerst der städtische Henker dem päpstlichen Nuntius nicht, weil Luthers Schriften nicht rechtmäßig verurteilt wären. Immerhin machte die Kunde von den Bücherverbrennungen an entfernteren Orten, wo man von den dem Gesandten des Papstes gespielten Possen nichts wußte, großen Eindruck. Roms strafender Arm reichte also doch noch in die deutschen Lande herein, es würde wohl nicht mehr lange dauern, bis auf dem Scheiterhaufen Luther selbst stehe. Der holte aber nun zu einem ungleich wuchtigeren Gegenschlag aus. Er ließ am Vormittag des 10. Dezember 1520 auf dem Schindanger vor dem Elstertor drei große Bände des kanonischen Rechtes, ferner ein viel benütztes scholastisches Werk und zwölf kleinere Schriften von Eck und Emser dem Feuer übergeben, zum Schluß warf er selbst ein Exemplar der Bannbulle in den Scheiterhaufen, wobei er in Anlehnung an einen Psalmvers sprach: „Weil du die Wahrheit Gottes verderbt hast, verderbe dich der Herr heute in diesem Feuer!" Die Umstehenden bekräftigten diese Worte mit „Amen!" Luther und die zu dem Akt erschienenen Professoren kehrten in die Stadt zurück; die Studenten sangen das „Te deum laudamus" und trieben dann allerlei Mutwillen. Die Verbrennung der päpstlichen Bulle wurde fast gar nicht beachtet, dagegen erregte es ungeheures Aufsehen, daß sich Luther in solcher Weise an das kanonische Recht wagte. Es auf den Scheiterhaufen werfen, hieß nichts anderes, als die seit einem Jahrtausend geltende Rechtsordnung der abendländischen Christenheit dem Henker überantworten. Das Gesetzbuch der Kirche hatte nicht nur für sie selbst und die unzähligen Dinge, die sie vor ihr Gericht zog, Geltung, viele seiner Gebote und Verbote hatte auch das weltliche Recht übernommen. Gibt es ein Symbol für das Ende des Mittelalters, so ist es die Verbrennung des kanonischen Rechtes durch Luther. In der Umgebung des Kaisers, in den Humanistenkreisen, an den Hochschulen wurde die Tragweite dieser „großen Sache" voll erkannt. Entsetzt rief ein Wittenberger Professor des Rechtes aus: „Wessen erfrecht sich dieser räudige Mönch!" Der Humanist Scheurl schrieb nach Wittenberg: „Alles hallt wider von den Taten, die bei euch geschehen sind; jetzt muß entweder die römische oder die sächsische Front ins Wanken geraten." Die römische Front wankte. Am 8. Februar 1521 berichtete Aleander entsetzt nach Rom, ganz Deutschland sei in hellem Aufruhr, für neun Zehntel sei das Feldgeschrei Luther, und wer sich ihm nicht ganz anschließe, rufe wenigstens „Tod der römischen Kurie".

Die Wahl Kaiser Karls V.

Während die Sache Luthers immer weitere Kreise zog, stand im Mittelpunkt der hohen Politik die Kaiserwahl und versetzte Süd-, West- und Mitteleuropa in große Aufregung. Am 12. Januar 1519 war Kaiser Maximilian zu Wels in Österreich gestorben. Er hinterließ eine Tochter, die hochbegabte Margarete, Statthalterin der Niederlande, zwei Enkel, Karl, König von Spanien und Neapel-Sizilien, Erzherzog von Burgund und nun auch Herr der österreichischen Erblande, und Ferdinand, der am Hofe seines mütterlichen Großvaters, Ferdinands, in Spanien aufgewachsen war, und vier Enkelinnen. Maximilian hatte, wie es so seine Art war, manch seltsamen Plan auch über die Nachfolge auf dem Kaiserthron ausgeheckt, in seinen letzten Jahren machte er aber doch große Anstrengungen, sie seinem Enkel Karl zu sichern. Es gelang ihm im August 1518, vier Kurfürsten für einen Vertrag zu gewinnen, in dem sie die Wahl Karls fest versprachen, und auch die böhmische Stimme schien dem Enkel des Kaisers sicher zu sein. Gegen ihn waren nur noch der Kurfürst Friedrich von Sachsen, der schon lange in Opposition zu Maximilian stand, und der Erzbischof Richard von Trier. Nach dem Tode des Kaisers hielten sich jedoch die Kurfürsten nicht mehr an ihre Abmachungen gebunden. Es entbrannte ein heftiger Kampf um die Wahl. Denn wenn auch das Kaisertum für sich allein schon seit langem nur noch eine geringe reale Bedeutung hatte, wurde es doch in Verbindung mit anderen Machtgrundlagen in der innerdeutschen und in der internationalen Politik hoch gewertet. Einem Herrscher mit reichen Geldmitteln und einem starken Heere boten die Begeisterung des deutschen Volkes für das Kaisertum (vgl. S. 125, 170) und die nach der deutschen Verfassung dem Kaiser wenigstens theoretisch zustehenden Rechte die Möglichkeit, die Selbständigkeit der Fürsten zurückzudrängen. Maximilian war dies freilich nicht gelungen (vgl. S. 203 ff.), und infolge der mancherlei Auseinandersetzungen der Reichsstände mit ihm um die Regierungsform und die Regierungsgewalt suchten die Kurfürsten bei der Wahl des neuen Kaisers erst recht ihre im Laufe der letzten Jahrhunderte allmählich errungenen Vorrechte zu wahren.

International hatte das Kaisertum durch das Hochkommen kraftvoller Monarchien in Frankreich, Spanien, England und Polen und des nationalen Selbstgefühls in diesen Staaten sein früheres Ansehen nahezu ganz eingebüßt, doch tauchte eben jetzt infolge der Türkennot die Kaiseridee aus dem Schatten wieder auf, in den sie für die außerdeutschen Völker versunken war. In dem rasch vorwärtsdrängenden Türken sah man einen Feind der Christenheit. Durch den Gegensatz zu den

Türken fühlte sich das bedrohte Abendland wieder mehr als eine Einheit und hielt Ausschau nach einem gemeinsamen Führer. So trat in den Gesichtskreis der Christenheit wieder das Kaisertum, das sein Dasein der Lösung allgemein abendländisch-christlicher Aufgaben verdankte: Karl dem Großen, der die abendländische Kultureinheit geschaffen, und Otto dem Großen, der von der abendländischen Menschheit den Schrecken der Ungarneinfälle genommen, das Papsttum aus grenzenloser Verkommenheit errettet und mit seiner Begründung des römisch-deutschen Reiches eine feste Grundlage für das europäische Völkerleben gelegt hatte. Maximilian, in dessen beweglicher Seele sich alle Strömungen und Strebungen der Zeit kreuzten, ist auch mit seinen weitausschweifenden Kaiserträumen das Spiegelbild seiner Epoche. Echt maximilianisch antwortete der Humanistenschwärmer und letzte Ritter dem englischen König, dem er 1516 die römische Kaiserwürde in Erwartung einer klingenden Gegengabe abtreten wollte, auf die Frage, was dann er, Maximilian, für einen Titel führen wolle: „nun ich denke doch wohl den eines Kaisers von Konstantinopel." König Heinrich VIII. von England lockte das nebelhafte Angebot nicht. Während des Streites um die Kaiserkrone nach Maximilians Tod dachte allerdings auch er daran, seine Hand nach ihr auszustrecken, kam aber bald wieder von diesem Plane ab, da diese Krone für ihn eine zu teure Ware sei. Dagegen wurde für König Karl von Spanien, für König Franz I. von Frankreich und für Papst Leo X. und damit in gewissem Sinne doch für ganz Europa die Kaiserfrage der Angelpunkt der Politik.

Seit die Heirat Maximilians mit der burgundischen Erbtochter und die sich daran anschließenden Kriege den Bestrebungen der französischen Krone, ihre Herrschaft allmählich bis an den Rhein auszudehnen, einen Riegel vorgeschoben hatten, sahen die französischen Könige in den Habsburgern ihren Hauptfeind. Bei der Auseinandersetzung mit ihnen ging es aber noch um anderes als um den Besitz des linken Rheinufers. Die Rechte des Reiches auf Oberitalien hatten zwar an sich nicht mehr viel zu bedeuten, aber es konnte dem deutschen Kaiser nicht gleichgültig sein, wenn Frankreich dort festen Fuß faßte. Außerdem hatte Karl VIII. 1494 als Erbe der Anjou alte Ansprüche seines Hauses auf Unteritalien wieder geltend gemacht (vgl. S. 199f.). Daß die Habsburger nun auch Spanien besaßen, war unter diesen Umständen Frankreich erst recht ein Dorn im Auge. Die Regelung im Frieden von Brüssel 1516, wonach Frankreich Mailand und Karl von Spanien Unteritalien überlassen wurde, hatte die Spannung zwischen Frankreich und den Habsburgern nur vorübergehend beheben können. Wenn der Herr der Niederlande, des Elsasses und der übrigen vorderösterreichischen Besitzungen, der König von Spanien und Süditalien nun auch Kaiser von Deutschland wurde, dann drohte die habsburgische Macht Frankreich zu erdrücken und es auch aus dem kurz zuvor erworbenen Mailand zu verdrängen.

Am 1. Januar 1515 hatte Franz I., einundzwanzig Jahre alt, den Thron bestiegen. Er war eine stattliche, kraftvolle, königliche Erscheinung, gewandt in allen ritterlichen Übungen und von großer persönlicher Tapferkeit, doch ein schlechter Feldherr, von glühendem nationalen Ehrgeiz beseelt, aber auch in Zeiten, in denen es alle verfügbaren Mittel zum Wohle des Vaterlandes einzusetzen galt, nicht imstande, seine Unsummen verschlingende Prunkliebe und Verschwendungssucht zu mäßigen, ein Gönner von Kunst und Wissenschaft, der erste französische Renaissancekönig. In der Innenpolitik erzielte er glänzende Erfolge. Franz I., der für seine unglücklichen Kriege und seine glanzvolle Hofhaltung sein Volk auspreßte, den Absolutismus, das „régime du bon plaisir" einführte und seine harten und oft ungerechten Erlasse schloß: „car tel est notre plaisir", denn solches ist unser Belieben, hat sich die Zuneigung seiner Untertanen wie kaum einer seiner Vorgänger erworben, und er ist in der französischen Geschichte neben Heinrich IV. der volkstümlichste König geblieben. Franz I. war eben durch und durch Franzose, in seinen Tugenden, Fehlern und Lastern, und so verzieh ihm Frankreich sogar seine schweren militärischen und außenpolitischen Niederlagen.

Nachdem schon wiederholt Nicht-Deutsche nach der Würde eines römischen Kaisers gestrebt hatten und erst kürzlich Maximilian sie Heinrich VIII. von England angeboten hatte, lag es für Franz I. nicht allzu ferne, sich ernstlich um die Wahl zum Kaiser zu bewerben, zumal da von jeher Frankreich den Deutschen die Kaiserwürde neidete und schon früher französische Könige danach getrachtet hatten. Bei Franz I. handelte es sich nicht mehr bloß um die Befriedigung des französischen Ehrgeizes und um einen etwas unbestimmten Versuch, auf diese Weise in Deutschland Einfluß zu gewinnen. Franz hielt die Erlangung der Kaiserwürde für das beste Mittel, die Übermacht der Habsburger zu brechen. Bei der Abneigung der Reichsfürsten gegen ein Oberhaupt mit so ausgedehntem Länderbesitz, wie ihn der König von Spanien hatte, hoffte Franz in Deutschland eine starke Partei für sich zu gewinnen. Im Jahre 1517 war es ihm gelungen, aussichtsreiche Verbindungen mit mehreren Kurfürsten anzuknüpfen, doch hatte der alte Kaiser Franzens Pläne durch den bereits erwähnten Vertrag mit vier Kurfürsten zu durchkreuzen vermocht.

Nach dem Tode des Kaisers betrieben König Karl und Franz I. ihre Wahl mit allen Mitteln. Die Einzelheiten dieses Kampfes bieten ein Bild erbärmlichen Schachers. Einzig Kurfürst Friedrich der Weise von Sachsen ließ sich nicht bestechen, und der Trierer Erzbischof Richard von Greiffenklau hielt, solange die Waagschale in der Schwebe war, immer zu einem der Bewerber, zu dem Franzosenkönig. Die übrigen hoben nach beiden Seiten hin die Hände auf und lauerten, wer ihnen wohl das meiste geben würde. Am schlimmsten trieb es der höchste Fürst des Reiches, der Erzbischof von Mainz, von dem ein in diesen Dingen gewiß nicht allzu zart fühlender habsburgischer Unterhändler sagte: „Ich schäme mich seiner Schande".

Zunächst hatte Franz I. die besseren Aussichten. Der Trierer Kurfürst stand bereits zu ihm. Von dem Kölner glaubten die Franzosen, er wäre für ihren König, jedenfalls hätte Hermann, Graf von Wied, sich der Wahl nicht widersetzt. Der Kurfürst von der Pfalz führte ernste Unterhandlungen mit Frankreich. Die rheinischen Kurfürsten zeigten schon deshalb so großes Entgegenkommen, weil sie Franz I. als gefährlichen und rücksichtslosen Nachbarn fürchteten. Die beiden hohenzollerischen Kurfürsten köderte der Franzosenkönig damit, daß er dem einen, dem Erzbischof Albrecht von Mainz, im Einverständnis mit Leo X. die Würde eines Kardinals und eines päpstlichen Legaten für ganz Deutschland in Aussicht stellte, und Joachim I. von Brandenburg versprach er, ihn zum Statthalter in Deutschland zu ernennen, da er, Franz, hier doch nicht persönlich regieren könne. Außerdem sollte Joachims Sohn mit einer Tochter Ludwigs XII. vermählt werden. Den Brandenburger machte überdies die Verheißung der französischen Unterhändler gefügig, ihr König wolle seinen ganzen Einfluß aufbieten, ihm die Kaiserkrone zu verschaffen, falls sie Franz selbst nicht gewinnen könne. Den König von Polen, von dem es hieß, er habe über die böhmische Stimme zu verfügen, bearbeitete die Kurie. Sie unterstützte überhaupt in jeder Weise die Bewerbung des Franzosenkönigs, weil es den Päpsten auch jetzt noch wie einstens zur Stauferzeit unerträglich dünkte, daß das Königreich Neapel-Sizilien und das Kaisertum in einer Hand vereinigt werden sollten. Leo X. erwartete sich wohl auch von dem jetzt in seinem fünfundzwanzigsten Lebensjahre stehenden Franz I. als Kaiser für die Türkenkämpfe ungleich mehr als von dem um fünf Jahre jüngeren Karl. Franz galt seit seinem Sieg bei Marignano über die für fast unüberwindlich gehaltenen Schweizer (vgl. S. 203) als großer Kriegsheld, während Karl nicht gerade im Rufe besonderer Klugheit und Kriegstüchtigkeit stand.

Gegen Ende der Regierung Maximilians hatte sich viel Zündstoff zu inneren Unruhen gesammelt. Der Franzosenkönig schürte sie nach Möglichkeit, weil er glaubte, ein von Fehden erschüttertes Deutschland werde ihn als starken Friedensbringer begrüßen. Nach Maximilians Tod warf sich Herzog Ulrich von Württemberg auf die Reichsstadt Reutlingen, um sie seinem Herzogtum einzugliedern. Die Franzosen gaben ihm Geld, ein Heer, namentlich Schweizer, anzuwerben, um den von dem Schwäbischen Bund zu erwartenden Gegenstoß abzuwehren. Die Eidgenossen erkannten jedoch, daß ein Sieg Ulrichs den Franzosen in der Kaiserfrage starken Vorschub leisten und dieser dann ihre Freiheit bedrohen würde. Sie riefen deshalb ihre Mannen aus dem Heere Ulrichs zurück und erklärten sich für die Wahl eines Deutschen und gegen die eines Franzosen zum Kaiser. Also geschwächt, vermochte sich der Württemberger gegen die Truppen des Schwäbischen Bundes unter Herzog Wilhelm von Baiern nicht zu halten und mußte aus seinem Lande fliehen. — In Norddeutschland brach der Hildesheimer Bischof Johann von Sachsen-Lauenburg im Bunde mit Herzog Heinrich von Lüneburg in die Lande seiner braunschweigischen Feinde ein, die habsburgisch gesinnt waren. Herzog Heinrich hatte von Frankreich Geld erhalten. In der mit größter Grausamkeit geführten Hildesheimer Stiftsfehde war zwar die französische Partei erfolgreich, aber erst nach der Wahl, während die Niederwerfung des Württemberger Herzogs gerade im günstigsten Zeitpunkt den Freunden Habsburgs das Übergewicht in Oberdeutschland verschafft hatte.

Gegen den Habsburger Karl sprach vor allem, daß er bereits die Königskronen zweier weit entfernter Länder trug. Widmete er Spanien und dem süditalischen Reich seine Hauptsorge, dann war für die deutschen Angelegenheiten, für den Frieden im Innern und für die Außenpolitik, Schlimmes zu besorgen, kümmerte er sich aber in erster Linie um Deutschland, dann fürchteten die Fürsten für ihre Rechte, weil ihnen Karl an Macht weit überlegen sei. All das galt aber auch für Franz I. Das volkreiche und wohlhabende Frankreich hatte gewiß nicht weniger als Spanien und Unteritalien zusammen zu bedeuten, und wenn König Franz auch nicht wie der Habsburger in Deutschland selbst große Gebiete hatte, so grenzte dafür das von jeher nach deutschen Landen lüsterne Frankreich an das deutsche Reich an. Je mehr die Unterhändler die Fähigkeiten ihres Königs Franz und seine Gewalt in Frankreich gegenüber dem unbedeutenden Karl rühmten, der als Fremder in Spanien und Unteritalien mit mancherlei Schwierigkeiten zu kämpfen habe, desto stutziger wurden allmählich die deutschen Fürsten. Die großen Angebote Franz I. an die brandenburgischen Hohenzollern stimmten viele Fürsten, besonders Friedrich den Weisen von Kursachsen, bedenklich. Die Einmischung Roms, schon seit den Zeiten Ludwigs des Baiern nicht mehr widerspruchslos hingenommen, lehnten Volk und Fürsten in einer Zeit, in der die Beschwerden der deutschen Nation gegen die Kurie immer schärfere Formen annahmen, entschieden ab. So hatten die mit reichlich Geld und mit großen Versprechungen unterstützten Werbungen Karls und der habsburgischen Partei im Laufe der Zeit immer mehr Erfolg. Vor allem wendete sich die im Volke ständig anwachsende nationale Bewegung gegen die Wahl eines Franzosen zum Kaiser, der immer noch trotz aller Sonderrechte der Fürsten als der Herrscher der Deutschen galt. Und was von allgemein abendländischem Ansehen noch mit diesem Titel verknüpft war, das mochten die Deutschen gerade jetzt, da er im Zusammenhang mit der Türkengefahr an Bedeutung gewann, nicht den schon seit langem und besonders seit den Kriegen Maximilians verhaßten Franzosen überlassen. Päpstliche Abgesandte machten die ihnen höchst unwillkommene Erfahrung, daß es jeder schließlich doch für eine Schmach hielt, von Frankreich Geld zu nehmen, nicht aber von König Karl, richtiger hätten sie freilich nach Rom melden müssen, wenn die deutschen Fürsten die Wahl zwischen dem Golde Franz I. und dem des Habsburgers hatten, dann zogen sie dessen Geld vor. Die Vorgänge in Württemberg und die Hildesheimer Stiftsfehde belehrten die Fürsten überdies, daß die Wahl des Königs Franz die Kriegsgefahr für Deutschland vergrößern würde, und das Schicksal Herzog Ulrichs, ebenso die Stellungnahme der Schweizer ermunterten nicht, auf die französische Karte zu setzen.

Franz I. und der Papst wären auch mit der Wahl eines deutschen Fürsten einverstanden gewesen, wenn nur der Habsburger nicht auf den Thron käme; doch von den zwei, die als etwaige weitere Kandidaten genannt wurden, hätte wohl der eine, Joachim von Brandenburg, gar zu gerne nach der Kaiserkrone gegriffen, aber wohl kaum ein Kurfürst, am wenigsten sein Bruder Albrecht von Mainz, mochte ihm seine Stimme geben, und den sächsischen Kurfürsten, Friedrich den Weisen konnte nichts bewegen, sich zum Bewerber um die Kaiserwürde aufstellen zu lassen.

Die Zeit hatte gegen König Franz und für den Habsburger gearbeitet. Kaiser Maximilian war, wie nur ganz wenigen deutschen Herrschern, die Verehrung und Liebe des Volkes zuteil geworden. Nach seinem Tode lebte er in dessen Erinnerung „wie eine Art von Heiliger; dieser Mann mit dem unverwüstlich heiteren Lebensmut galt (dem Volke) als ein Märtyrer. Es war eine ganz übliche Rede, daß seit Christus kein Mensch mehr gelitten habe als er". An dieser Auffassung hat selbst die Reformation nichts geändert. In einer Flugblattfolge vom Jahr 1530 „Alle römischen Kaiser", zu der Hans Sachs die Verse dichtete, steht unter dem Bildnis des „Teueren Fürsten Kaiser Maximilian": „Du hattest wenig Ruh in diesem Leben/ Darum dir Gott jetzt ewig Freude hat gegeben". Seine Begeisterung übertrug das Volk auf den Enkel. Gegen den Franzosen hob man das „deutsche Blut" Karls hervor, und er selbst betonte, der wahre Stamm und die erste Blume seines Adels komme von Österreich, wäre er nicht ein Deutscher und hätte er nicht Land und Herrschaften in Deutschland, so würde er selbst zurückstehen. Aber nicht nur Geld, Versprechungen und sein deutsches Blut warben für Karl. Franz zog in der Champagne Truppen zusammen und verhieß seinen Parteigängern: den Kurfürsten von Trier und Brandenburg, den Herzögen von Geldern, Lüneburg und Mecklenburg, dem Landgrafen von Hessen und dem Bischof von Münster für die Kosten zur Aufstellung eines Heeres aufzukommen. Es sollte angeblich den Landfrieden und die Freiheit der Straßen für die Wahl sichern. Aber die Freunde des Habsburgers hatten von ihrem Feldzug gegen Herzog Ulrich von Württemberg bereits ein stattliches Aufgebot beisammen. Diese 12000 Mann, die Reiter unter Sickingen, die Landsknechte unter Frundsberg, bezogen bei Mainz und Höchst in der nächsten Nähe der Wahlstadt Frankfurt ihre Lager, ehe die Verbündeten des Franzosenkönigs die zugesagte militärische Hilfe leisten konnten.

Nachdem Friedrich der Weise die Kaiserwürde ausgeschlagen und schließlich erklärt hatte, er werde für König Karl eintreten, fiel die Kaiserwahl am 28. Juni 1519 zu Frankfurt einstimmig für den Habsburger aus. Die in der Stadt zusammengeströmten Volksmassen, die vor der Stadt liegenden Ritter und Landsknechte nahmen das Wahlergebnis mit ungeheurem Jubel auf. Die Vorgeschichte der Wahl war gewiß nichts weniger als rühmlich; aber daß nun doch der von der nationalen Bewegung gewünschte, der Sproß eines Geschlechtes, aus dem schon fünf Träger der deutschen Krone hervorgegangen waren, auf den Thron erhoben wurde, ließ das Volk die schmählichen Einzelheiten vergessen. Entschieden hatte nicht das kleinliche Feilschen, auch nicht die Geldmacht der Fugger, die dem Habsburger Kredit gewährten und dem Franzosen verweigerten, so wichtig diese Dinge im Laufe des

Kampfes gelegentlich gewesen waren: den Ausschlag hatte der nationale Wille des deutschen Volkes gegeben, und ihm hatten sich diesmal auch die Kurfürsten gebeugt, obwohl sie sich sonst um die Stimme und Stimmung des Volkes wenig zu kümmern pflegten. Sie wußten, daß jeder, der es gewagt hätte, den Franzosen zu küren, sein Leben aufs Spiel setzte, so leidenschaftlich war die nationale Erregung bei den in Frankfurt zusammengeströmten Volksmassen, bei den unweit der Stadt lagernden Truppen und fast in ganz Oberdeutschland.

Unwillkürlich drängt sich bei der ungeheuren Bedeutung dieser Wahl die Frage auf, wie sich wohl das Schicksal Deutschlands gestaltet hätte, wenn damals ein rein deutscher Fürst die Herrschaft übernommen hätte. Da hierfür einzig Friedrich der Weise in Betracht kam, wird dessen Weigerung oft bedauert, und sie wird ihm nicht selten zum Vorwurf gemacht. Es war jedoch keineswegs der Mangel an gesundem Ehrgeiz und an Tatkraft, die den Wettiner die Kaiserkrone ausschlagen ließen, sondern die nüchterne und durchaus richtige Erkenntnis, daß ihm, dem Herrn eines weder durch Reichtum noch durch Größe ausgezeichneten Landes, die Macht fehle, als Kaiser sich gegen ungleich stärkere Fürsten zu behaupten und das Reich gegen Frankreich zu schützen. Hätte das sächsische Haus Jülich, wie ihm 1486 von Friedrich III. und 1495 von Maximilian in Aussicht gestellt worden war, auf dem Erbwege erhalten und hätte es die Pläne zur Erwerbung von Hessen und Friesland verwirklichen können, dann hätte es Friedrich der Weise wagen dürfen, die Hand nach der Kaiserwürde auszustrecken. So aber mußte er gewärtigen, daß sich gegen ihn mit seiner kleinen Hausmacht von allen Seiten Feinde erheben würden. Er hätte dann kaum noch viel für die Reformation tun können. Der Hildesheimer Stiftsherr Johann Oldecop, der als Student in Wittenberg Luther mit großer Begeisterung gehört hatte, aber schließlich doch bei der alten Lehre blieb, urteilt in seiner Chronik über die Kaiserwahl von 1519: „Mit vielen anderen glaube ich, wäre Franciskus, der Franzosen König, römischer Kaiser geworden, so hätte der Kurfürst von Sachsen mit seinem Ketzermeister Martin Luther nicht so hoch fliegen können. Denn die Frömmigkeit, Milde und Barmherzigkeit des Kaisers Karolus war den Lutherischen und allen Sektenbrüdern die beste Mauer und das stärkste Bollwerk ... Die Hähne hätten anders in den deutschen Landen gekräht, wäre König Franciscus euer Kaiser geworden." Wenn auch die Reformation ihren hohen und weiten Flug nicht gerade den von Oldecop dem Habsburger zugeschriebenen Tugenden zu verdanken hatte, so trug doch die durch seine Wahl in Deutschland geschaffene Lage wesentlich zu der raschen Verbreitung bei.

Vom nationalen Standpunkt aus war die Wahl König Karls der des Franzosen in jeder Hinsicht vorzuziehen. So sehr sich die begeisterten Vaterlandsfreunde in dem deutschen Charakter des durchaus universalistisch eingestellten Karl täuschten, so berechtigt war ihre leidenschaftliche Ablehnung des französischen Königs. Nach damaliger Auffassung konnte niemand die Erhebung von Maximilians Enkel auf den Herrscherthron als nationale Schmach empfinden; daß er zugleich der Herrscher fremder Länder war, mehrte nur sein Ansehen. Es bestand eine außerordentlich große Gefahr der Angliederung beträchtlicher deutscher Gebiete an Frankreich und der Entfremdung ihrer Bewohner vom deutschen Volkstum, wenn Franz I. als Kaiser über Deutschland herrschte. Unabsehbar aber sind die Folgen, die für Deutschland bei der Wahl eines machtlosen deutschen Fürsten hätten eintreten können. Wäre schon die Frühzeit der Reformation, die ja selbst noch nicht in sich gefestigt war und erst die Gefahren des Schwärmertums überwinden mußte, von kriegerischen Verwicklungen begleitet gewesen, wie sie früher in der Regel einer stark umstrittenen Kaiserwahl gefolgt waren, dann wäre wohl Deutschland von noch mehr Unheil heimgesucht worden, als es so schon geschehen ist. Bei der Annahme von Nichtvorhandenem, wie etwa einer überragenden politischen Führerpersönlichkeit von weltgeschichtlichem Ausmaße und ohne Berücksichtigung der damals gegebenen Lage lassen sich für den Gang der Reformation und für die weitere Gestaltung des deutschen Schicksals zwar großartige Phantasiebilder entwerfen; geht man jedoch von den Verhältnissen aus, wie sie nun einmal waren, dann wird man es wohl beklagen, daß in jener Zeitwende über Deutschland kein glücklicherer Stern stand, aber in der Wahl Karls V. das geringste der damals möglichen Übel sehen.

Karls V. internationale Stellung

Es ist schwer, von der tatsächlichen Macht Karls V. zur Zeit seiner Kaiserwahl eine zutreffende Vorstellung zu gewinnen. Deutschland, Spanien, das Königreich Neapel-Sizilien oder beider Sizilien ergaben eine ungeheure Ländermasse. Dazu kamen die neuentdeckten, mit der Krone Spaniens verbundenen Länder mit ihren unabsehbaren Zukunftsmöglichkeiten und die Anwartschaft des Hauses Habsburg auf Böhmen und Ungarn. Aber die wirkliche Herrschaftsgewalt entsprach keineswegs den stolzen Titeln, die der Enkel Maximilians und Ferdinands des Katholischen von Aragon und der Isabella von Kastilien trug. Die Kurfürsten hatten ihn nicht gewählt, damit er am Reiche eine Hilfe habe, sondern er sollte ihm mit seinem Gelde und seiner Macht aufhelfen, wobei sie und die übrigen Reichsstände ihm keineswegs freie Hand zu lassen gesonnen waren. Die österreichischen Lande waren unter Maximilian übel heruntergewirtschaftet worden. In den Niederlanden mußte Karl auf die Rechte der Vertreter der einzelnen Provinzen, auf die „Generalstaaten", und im Königreich beider Sizilien auf das Parlament Rücksicht nehmen. Sehr schwierig zu behandeln waren die Spanier. Von glühendem Nationalstolz beseelt, sahen sie auf jeden Fremden mit Verachtung herab. Als der siebzehnjährige Karl in ihr Land kam, beging er die politische Torheit, seine niederländisch-französische Umgebung beizubehalten und die wichtigen und einträglichen Staats- und Kirchenämter Niederländern zu übertragen. Die höchsten kastilischen Beamten erklärten dem König, er sei nur ein Gehaltsempfänger seiner Untertanen, die für ihre Leistungen Gerechtigkeit von ihm verlangten. Um den deutschen Kurfürsten ausgiebige

„Handsalben" zu spenden, wurden aus dem verarmten Lande 600000 Dukaten erpreßt. Allmählich steigerte sich die Unzufriedenheit zu offener Empörung; sie war bei der Abreise Karls nach Deutschland noch nicht niedergeschlagen. Erst im Frühjahr 1521 brach der Aufstand zusammen. Karl wurde nun zwar der unbestrittene Herr Spaniens, doch bot es ihm auch in der Folgezeit keinen festen finanziellen Rückhalt. Der Sieg der Monarchie hatte den völligen Niedergang des Bürgertums zur Folge. Adel und Kirchen wußten die Schätze der neuen Welt nicht zu einem produktiven wirtschaftlichen Aufschwung ihres Landes zu nützen. Vom Anfang seiner Regierung an befand sich Karl in Geldnöten, und sie vor allem zwangen ihn bei seiner deutschen Innenpolitik und bei seinen kriegerischen Unternehmungen immer wieder, auf die Wünsche der einzelnen Ländervertretungen einzugehen. Dazu behinderten die mannigfachen Verfassungsunterschiede und die gegenseitige Eifersucht der Völker und Provinzen nur zu oft den einheitlichen Kräfteeinsatz für große Ziele. Die Stellung des Monarchen war nicht einmal in Aragon und Kastilien dieselbe; bei dem Durcheinander der Reichs- und Länderrechte in Deutschland traten in zahllosen Fällen schädliche Verzögerungen ein, und häufig war auch in wichtigen Dingen überhaupt nicht vorwärts zu kommen. Als z. B. Ende September 1520 in Antwerpen Luthers Schriften öffentlich verbrannt werden sollten, konnte dies nicht geschehen, weil die betreffende Verfügung nur Karls „allgemeines Königssiegel" trug. Die Erlasse des Kaisers mußten, um in der Provinz Brabant rechtswirksam zu sein, mit einem besonderen königlichen, dem „Brabanter" Siegel versehen sein, und dieses verwahrte damals gerade der sich in Löwen aufhaltende Kanzler von Brabant. Trotz alledem ermöglichten Karl die mannigfachen Reserven seines ungeheuren Länderbesitzes an Menschen, an materiellen Mitteln und ideellen Werten, so schwankend sie im einzelnen waren, Weltpolitik großen Stils zu treiben und dabei größere Erfolge als irgend ein anderer Herrscher seiner Zeit zu erzielen.

Von Karls Wahl bis zum Wormser Reichstag

Am Tage nach der Wahl ritten die Gesandten König Karls in feierlichem Aufzuge in Frankfurt ein. Es harrte ihrer hier die schwierige Aufgabe, in Abwesenheit ihres noch in Spanien weilenden Herrn, die Wahlkapitulationen, die mit den Kurfürsten bereits besprochenen Bedingungen, unter denen sich diese zur Wahl des spanischen Königs bereit erklärt hatten, rechtsverbindlich abzuschließen. Über eine Reihe von Punkten war schnell eine Einigung erzielt. Um die Rechte der Stände gegenüber dem Kaiser und um das Reich gegen eine Einbeziehung in ihm fern liegende Dinge und gegen eine spanische Überfremdung zu sichern, wurde vereinbart, daß der Neugewählte nur mit Wissen und Willen der Kurfürsten Bündnisse mit auswärtigen Mächten schließen, Gesetze erlassen, Reichstage und Steuern ausschreiben dürfe. Er sollte ferner kurfürstliche Versammlungen nicht hindern, die

Stände nicht vergewaltigen und die Reichsacht nur nach einem ordentlichen Verfahren verhängen. Die Reichstage mußten immer innerhalb der Reichsgrenzen abgehalten werden, die Reichsämter sollten nur mit vornehmen Einheimischen besetzt, fremde Kriegsvölker nicht in das Reich geführt werden, für den offiziellen Verkehr sei nur die deutsche oder die lateinische Sprache zulässig. Reichlich wirklichkeitsfremd war die Bestimmung, daß die großen Handelsgesellschaften, die „bisher auf ihrem Gelde regierten", zu beseitigen seien, hatten doch die Kurfürsten selbst ihre „Handsalben" durch den von den Fuggern König Karl eingeräumten Kredit erhalten. Die Kurfürsten wünschten außerdem die Errichtung des Reichsregimentes, wie es einige Jahre unter Maximilian bestanden hatte (vgl. S. 191). Sie zielten überhaupt mit diesen Vereinbarungen darauf ab, dem Reiche eine Verfassung zu geben, wie sie teilweise bereits die ständische Reichsreformbewegung erstrebt hatte. Die Beauftragten des Kaisers wollten jedoch das Reichsregiment zu einer Behörde des Kaisers, nicht zu einem großenteils selbständigen Ausschuß der Stände machen. Die Regelung dieser Angelegenheit wurde schließlich auf die Ankunft Karls verschoben, ebenso die Einberufung eines Reichstages, dessen alsbaldigen Zusammentritt die Kurfürsten verlangten.

Gefährlicheren Zündstoff bargen die Württembergischen Verhältnisse und die erneuten Annäherungsversuche Frankreichs an norddeutsche Fürsten. Das Land des vertriebenen Herzogs Ulrich sollte dessen unmündiger Sohn Christoph erhalten. Vor der Wahl erhoben Karls Gesandte keinen Widerspruch dagegen, nach der Wahl aber trachteten sie danach, ihrem Herrn Württemberg zu gewinnen. Wurde es mit den übrigen habsburgischen Besitzungen in Schwaben-Alemannien vereint, dann hatte das Haus Habsburg im Südwesten eine ähnliche Machtstellung wie im Südosten. Herzog Ulrich fiel im August in sein Land ein und brachte es schnell an sich, wurde aber freilich sofort von den Truppen des Schwäbischen Bundes wieder verjagt. Nun erhob sich die Frage, wer Württemberg künftighin gegen seinen ehemaligen Herrn verteidigen, und wer für die inzwischen entstandenen hohen Kriegskosten aufkommen solle. Da schlugen die Gesandten Karls vor, ihrem Herrn das Land gegen Bezahlung der Kriegskosten zu überlassen; sie drangen mit ihrem Antrage durch. — Ende 1519 knüpfte Franz I. wieder mit seinen alten norddeutschen Parteigängern an. Für die Stimmung in diesen Kreisen ist es bezeichnend, daß ein Herr von Moltzan in einem Brief an den Herzog Ernst von Lüneburg von sich und seinen Freunden als „wir teutschen Franzosen" schreiben konnte. Zunächst sollte eine große, rein deutsche Vereinigung gegründet werden, der dann nach sorgfältiger Vorbereitung Franz I. beitreten würde. Auf diese Weise könne er „manche gegen ihren Willen zu einem Bunde mit Frankreich zwingen und in kurzer Zeit in Deutschland das größte Bündnis zugunsten Frankreichs schaffen." Die Seele dieser Verschwörung waren Herzog Heinrich von Lüneburg, Albrecht von Mecklenburg und Kurfürst Joachim I. von Brandenburg. Es schlossen sich ihnen zwar noch verschiedene geistliche und weltliche Fürsten an, aber die Weigerung des Kurfürsten Friedrich von

Sachsen, dem Bunde beizutreten und die Warnungen Margaretens, der Statthalterin der Niederlande, erschreckten den Kurfürsten Joachim. Er tat sein Möglichstes, sich bei Karl noch vor dessen Krönung in ein gutes Licht zu setzen. Damit brach das Bündnis der „teutschen Franzosen" in sich zusammen. All das, die Nachgiebigkeit der Kurfürsten, das Entgegenkommen der Fürsten in der Württembergischen Frage, der Verzicht Joachims von Brandenburg und seiner politischen Freunde auf das französische Bündnis und noch manch anderes von geringerer Bedeutung verdankte Karl seinem Ansehen als Herr so vieler Länder. Sämtliche Reichsstände waren bestrebt, bei der Ankunft des jugendlichen Herrschers in ihm „einen gnädigen Kaiser" zu finden.

Am 20. Mai 1520 war Karl V. von dem Hafen La Coruña abgefahren und am 25. Mai zu einem kurzen Aufenthalt in England gelandet. Er erreichte mit seinen Besprechungen in Canterbury, daß sich der englische König bei der kurz darauf bei Calais stattfindenden Zusammenkunft mit dem französischen Hofe auf keinerlei bindende Abmachungen mit Franz I. einließ. Daß es zwischen diesem und Karl zu feindlichen Auseinandersetzungen kommen würde, war vorauszusehen. Karl wollte aber ihren Ausbruch vor seiner Krönung und der Regelung der vordringlichsten deutschen Angelegenheiten verhindern, und zu diesem Zwecke hatte er, noch ehe er deutschen Boden betrat, engere Beziehungen zu England aufgenommen. Der leitende englische Staatsmann war damals Kardinal Wolsey. Er wünschte mit Rücksicht auf den englischen Handel in den Niederlanden keinen Krieg zwischen Frankreich und Deutschland, aber auch keine dauernde Versöhnung der beiden Länder ohne Mitwirkung Englands. Am 1. Juni kam Karl in Vlissingen an und ließ sich hierauf zu Brüssel von den niederländischen Ständen huldigen. Im Juli trafen sich Karl und der englische König in Gravelingen und Calais und erneuerten ihr Versprechen gegenseitiger Hilfeleistung bei einem feindlichen Angriff. Karl konnte nun, ohne Störungen von außen befürchten zu müssen, seine Vorbereitungen zur Krönung und zu dem geplanten Reichstag fortsetzen.

Bis zur Krönung waren indes noch mancherlei Schwierigkeiten zu überwinden. Der Termin mußte wiederholt verschoben werden. Als man sich endlich doch auf den 23. Oktober als den Krönungstag und auf Aachen als Krönungsstadt geeinigt hatte, brach noch in der letzten Stunde unmittelbar vor dem feierlichen Einzug in die alte Kaiserstadt ein Rangstreit zwischen dem Herzog von Jülich, der mit 400 Reitern erschienen war, und den Vertretern des Kurfürsten von Sachsen aus. Unwillig ließ Karl dem Jülicher sagen, er solle „in aller Teufel Namen" entweder durch die Stadt voranrücken oder sich dem Zuge am Ende anschließen; nachmittags um 3 Uhr konnte sich der Festzug endlich in Bewegung setzen. Die Fürsten und adligen Herren, 5000 Reiter, davon viele in prachtvoller Rüstung, 3000 Mann Fußvolk, mehrere Musikzüge, die Pagen des Königs und dieser selbst in schimmerndem Harnisch auf einem gewappneten, mit Brokat bedeckten Hengst machten auf das zahlreich erschienene Volk einen großen Eindruck. Alle waren von der Überzeugung durchdrungen, daß Deutschland in Karl ein mächtiges Oberhaupt erhalten habe. In der Freude und dem Jubel darüber störte es nicht weiter, daß selbst bei solchem Anlasse die deutsche Uneinigkeit nicht völlig überwunden wurde. Hinter den Jülichschen Reitern, ungefähr in der Mitte des Zuges, entstand eine große Lücke, weil die Sachsen nicht nachrückten, bis sie die Gewißheit hatten, daß die Jülicher zum entgegengesetzten Tor wieder hinausgeritten waren. Die Krönung, die am nächsten Tage in dem ehrwürdigen Münster Karls des Großen stattfand und von morgens 8 Uhr bis nach 11 dauerte, verlief ebenso wie das nachfolgende Krönungsmahl in der altherkömmlichen Weise. Am 26. Oktober verkündete der Erzbischof von Mainz, daß der Papst Karl den Titel eines erwählten römischen Kaisers verliehen habe. Damit hielt Leo X. den Anspruch der Päpste, daß sie die Kaiserwürde zu verleihen hatten, aufrecht, und trug zugleich den seit der letzten Kaiserkrönung im Jahre 1452 veränderten Verhältnissen Rechnung. In diesem Schritt der Kurie kam, wie schon in einem früheren Glückwunschschreiben Leos X., zum Ausdruck, daß sie sich wenigstens äußerlich mit Karls Wahl zum deutschen Kaiser ausgesöhnt hatte, nebenher nahm sie allerdings an der internationalen Politik tätigen Anteil, mit dem Ziel, Karl in Italien nicht zu mächtig werden zu lassen.

Den Kaiser beschäftigte seit seiner Wahl neben den innerdeutschen und den spanischen Angelegenheiten die Westpolitik; im November 1520 nahm er nun auch im Osten mit der Unterzeichnung des Vertrages für die Heirat seines Bruders Ferdinand mit der Schwester des Königs von Ungarn und Böhmen die Pläne Maximilians wieder auf. Bei den erneut 1519 zwischen dem Deutschen Orden und Polen ausgebrochenen Zwistigkeiten erklärte Karl, er werde nicht zugeben, daß das Ordensland unter seiner Regierung erobert oder geschmälert werde. Es erging ihm jedoch hier wie seinem Großvater; er erzielte in der habsburgischen Hauspolitik einen vollen Erfolg, während er das Schicksal des Ordenslandes nicht mehr zu wenden vermochte. Ende November entsandte der Kaiser Botschafter in die Schweiz, um die Eidgenossen zu warnen, sich näher mit den Franzosen einzulassen. Die übrigen schwebenden Fragen sollten auf dem nach Worms einberufenen Reichstag erledigt werden. Der Kaiser traf hier am 28. November ein. Bei der Wichtigkeit, die man im ganzen Reiche gerade diesem Reichstage beimaß, erschienen die Stände in sehr großer Zahl und die meisten auch pünktlicher als sonst. Die Stadt hatte für die Unterkunft und Verpflegung der vielen vornehmen Gäste mit ihrem Gefolge große Vorbereitungen getroffen und eine Herbergsordnung erlassen mit genauen Angaben über die von den Wirten zu bietenden Speisen und über die dafür zu bezahlenden Preise. Trotzdem konnte der Reichstag erst am 27. Januar 1521 eröffnet werden. In langwierigen Verhandlungen zog er sich bis zum 25. Mai hin. Auch hier trat wieder offen zutage, daß der Reichstag, die Versammlung der Stände, welche in ihrer Gesamtheit oft als „die teutsche Nation" schlechthin bezeichnet wurden, nicht eigentlich das deutsche Volk, sondern nur seine Oberschicht verkörperte. Wäre es nach dem Willen des Volkes gegangen, dann hätte sich der Reichstag vor allem der Sache Luthers in ganz anderer Weise annehmen müssen, als es nach dem Willen des päpstlichen Stellvertreters und des Kaisers geschah.

Luther in Worms

Luther hatte sich immer zum Widerruf bereit erklärt, wenn er aus der Heiligen Schrift des Irrtums überführt würde. Nach dem kanonischen Recht konnte ihm jedoch weder die Berufung auf die Bibel, noch an ein Konzil etwas nützen; entscheidend war einzig und allein das Urteil des in diesem Falle höchsten, des päpstlichen Gerichtes. Luther war demnach schon vor Beginn des Wormser Reichstages dem Kirchenbann verfallen, weil er innerhalb der ihm gesetzten Frist nicht widerrufen hatte. Nach dem Reichsrecht mußte jetzt der Kaiser eingreifen und dafür sorgen, daß der vom Papst feierlich Verurteilte entweder diesem ausgeliefert oder in Deutschland der Strafe für Ketzerei, dem Feuertod auf dem Scheiterhaufen, übergeben wurde. Wie aber schon das Prozeßverfahren gegen Luther aus politischen Gründen einen sehr bewegten Verlauf genommen hatte, konnte auch jetzt Kaiser Karl nicht ohne weiteres die Wünsche des Papstes erfüllen. Es hing für den jugendlichen Herrscher sehr viel davon ab, in verschiedenen wichtigen Punkten die Stände auf dem Wormser Reichstag für sich zu gewinnen. Nun hielt einer der einflußreichsten Reichsfürsten, Friedrich der Weise, seine Hand über Luther. Aber auch bei vielen anderen Reichsständen hätte ein Vorgehen gegen ihn lediglich auf Grund der päpstlichen Bannbulle Anstoß erregt. Schließlich war noch die Luther äußerst günstige Stimmung des Volkes und des Adels zu berücksichtigen, die in dem glaubenseifrigen und beherzten Mönch nichts weniger als einen Ketzer sahen. Im November 1520 machte Kurfürst Friedrich den Vorschlag, der Kaiser möge nichts gegen Luther unternehmen, ehe er verhört worden sei. Karl ließ dem Kurfürsten mitteilen, er solle Luther zum Reichstag mitbringen, damit er da „von gelehrten und hochverständigen Personen genugsamlich verhört werde" und ihm kein Unrecht geschehe. Damit schien allen billigen Forderungen Rechnung getragen zu sein. Luther hatte auf diese Weise Gelegenheit, seine Sachen vor unbefangenen Richtern zu verteidigen. Wurde er „überführt" und fügte er sich trotzdem nicht, dann konnte niemand mehr behaupten, man hätte ihn der Willkür Roms und seinen deutschen Gegnern preisgegeben, die öffentliche Meinung werde sich beruhigen, und es wäre der Wunsch des Kaisers nach Abstellung dieser Sache erfüllt, aus der sonst „viel Zerrüttung und Irrung erwachsen möchte".

Als der päpstliche Nuntius Aleander von diesem Abkommen hörte, hielt er dem Kaiser vor, es ginge doch nicht an, einen Mann nochmals zu verhören, der vom Papste bereits in „den höchsten Bann" getan sei. Außerdem fürchtete Aleander, daß die Durchführung solch eines Prozesses während des Reichstages neue Unruhen

Albrecht Dürer, Albrecht von Brandenburg, Erzbischof v. Mainz. 1523

Albrecht Dürer, Friedrich der Weise. 1496
Berlin, Deutsches Museum

Hans Krell, Landgraf Philipp v. Hessen
Wartburg

Moritz v. Sachsen. 1546
Aus dem „Sächsischen Stammbuch" Dresden, Bibliothek

heraufbeschwören und nur die Sache Luthers fördern würde. Der Kaiser bat deshalb den Kurfürsten Friedrich, Luther nur bis Frankfurt mitzunehmen und auch dies nur dann, wenn er alles widerrufe, was er gegen die päpstliche Heiligkeit, den Stuhl zu Rom und die Gesetze der Konzilien geschrieben habe. Aber auch Friedrich der Weise zog, noch ehe er diesen Brief erhalten hatte, seine Zusage zurück. Er war über die Verbrennung von Luthers Schriften verstimmt und schrieb deshalb dem Kaiser: „Ich bin berichtet, daß, seit ich von Eurer kaiserlichen Majestät zu Köln Abschied genommen, Luthers Schriften ungehört und von der Heiligen Schrift unüberwunden zu Köln, Mainz und sonst sollen verbrannt sein, dessen ich mich nicht versehen gehabt ... Ich bitte Euer kaiserliche Majestät, mich nicht damit zu beladen, Doktor Luther mit mir gen Worms zu bringen." Auf dem Reichstage kam es dann zu langwierigen Verhandlungen über ein scharfes kaiserliches Mandat gegen Luther und seine Schriften. Der Reichstag nahm es nicht an und gab mit Rücksicht auf den „gemeinen Mann" den Rat, dieweil sich dieser „an vielen Enden in teutscher Nation aus des Luthers Predigt, Lehre und Schriften allerlei Gedanken mache", Luther doch nach Worms zu zitieren und zu fragen, ob er bei dem Glauben, den wir und unsere Voreltern bisher gehalten haben, beharren wolle. Bejahe er diese Frage und widerrufe er die anstößigen Stellen seiner Schriften, so solle ihm in anderen Punkten und Sachen Gehör geschenkt werden. Der Kaiser ging nach längeren Verhandlungen auf diesen Antrag in der Erwartung ein, den Reichstag dafür in anderen Dingen um so willfähriger zu finden. Im übrigen hofften er und Aleander, Luther von Worms fernhalten zu können. Dieser ließ sich aber weder durch die Bedenken seiner Freunde, noch durch die verlockenden Vorschläge des kaiserlichen Beichtvaters Glapion davon abhalten, der Vorladung Folge zu leisten. Wohl um dem sächsischen Kurfürsten und den Luther wohlgesinnten Ständen ihren guten Willen zu zeigen, ließen die kaiserlichen Räte zum großen Verdruß des päpstlichen Nuntius Luther die Vorladung und die ihm sicheres Geleit verbürgenden Briefe nicht durch einen einfachen Boten überbringen, sondern beauftragten damit den Reichsherold.

Am 2. April 1521 brach Luther in einem Rollwäglein von Wittenberg nach Worms auf. Die Reise wurde zu einem Triumphzug für ihn. Seinem Wagen ritt der gut lutherisch gesinnte, hünenhafte Reichsherold Kaspar Sturm, genannt Teutschland, in seiner prunkvollen Amtstracht voraus. Wie er dem Kaiser von Erfurt aus meldete, strömten überall, wo sie durchkamen, alt und jung, Knaben und Mädchen zusammen. Auf der Fahrt suchte noch Butzer Luther zu bereden, sich zu Sickingen auf die Ebernburg zu begeben, dort habe ihm des Kaisers Beichtvater eine wichtige Mitteilung zu machen, und der Kurfürst ließ Luther durch Spalatin noch in letzter Stunde warnen, Worms zu betreten, weil er bereits verurteilt sei. Dem Butzer antwortete Luther, Glapion könne auch in Worms mit ihm reden; Spalatin schrieb er am 14. April: „Christus lebt, wir wollen nach Worms, mögen auch alle Pforten der Hölle und alle Gewaltigen der Luft sich widersetzen." Am 16. April früh 10 Uhr, zur Zeit des Mittagessens, gab der Wächter auf dem Domturm das bei der Ankunft eines hohen Herrn übliche Trompetensignal. Luther kam zwar nur in dem bescheidenen Rollwäglein an, in dem er mit drei Begleitern saß, aber sein Einzug glich doch dem eines Fürsten. An der Spitze ritt der Reichsherold, dem Wagen folgten etwa 100 Reiter, meist Edelleute, die Luther einholten. Im Augenblick umgaben den Wagen über 2000 Menschen. Luther stieg im Johanniterhof ab. Infolge der Überfüllung der damals 6—7000 Einwohner zählenden Stadt mußte er seine Schlafstube mit zwei Freunden, den Herren Hirschfeld und Schott, teilen. Zum Ärger Aleanders, der einen seiner Leute ausschickte, zu sehen, was mit dem „großen Ketzermeister" los sei, suchten ihn sofort viele Herren auf, und nach dem Essen „lief alle Welt hin, ihn zu sehen". Sogar zwei Fürsten, Herzog Wilhelm von Braunschweig und Landgraf Philipp von Hessen, besuchten ihn. Am nächsten Tage um 4 Uhr geleiteten ihn der Reichsmarschall von Pappenheim und Reichsherold Sturm nach der bischöflichen Pfalz zu dem Verhör, das erst um 6 Uhr begann. Eine große Menge Volkes war bei Luthers Ankunft und während seines Wartens herbeigeströmt. Zu der Sitzung hatten aber nur Mitglieder der Reichsstände, fremde Gesandte, Amtspersonen und einige Begleiter Luthers Zutritt.

Luther stand, wie es Vorschrift war, die ganze Zeit mit leicht gebogenem Knie vor der kaiserlichen Majestät und der hohen Versammlung. Er war darauf aufmerksam gemacht worden, er müsse sich sehr bescheiden verhalten und dürfe nur die ihm vorgelegten Fragen beantworten, es sei da nicht der Ort und die Gelegenheit loszudonnern, andere hatten ihn zu einem mutigen Bekenntnis ermahnen zu müssen geglaubt. Es war sicher etwas Großes für den Wittenberger Mönch, seine Sache jetzt unmittelbar vor der höchsten weltlichen Macht zu vertreten; schon all die Verhandlungen, welche dieser Vorladung vorausgegangen waren und das übrige Drum und Dran gaben ihr das Gewicht eines hochbedeutenden Staatsaktes; aber da saß nun vor Luther in dem Düster eines verhältnismäßig kleinen Raumes im abendlichen Zwielicht ein junger Mensch, wie es schien ohne Geist, Saft und Kraft, nicht fähig, Verhandlungen in lateinischer Sprache genau zu folgen und des Hochdeutschen überhaupt unkundig, und dieser blasse Jüngling mit der schlaff herunterhängenden Unterlippe waltete hier als „allergnädigster Kaiser" des Richteramtes in einer Angelegenheit, die Luther und dem deutschen Volk die größte und wichtigste des ganzen Reichstages war. All das, sowie der Zwang des Zeremoniells und die Atmosphäre von Neugier und teilweise feindlicher Gesinnung, die ihn umgab, mußten Luther zu einer abwartenden Zurückhaltung veranlassen. Noch mehr beengte ihn die Art des Verfahrens. Der Sprecher des Kaisers eröffnete es mit den Worten: „Die kaiserliche Majestät hat dich, Martin Luther, aus zwei Gründen berufen, erstens, ob du die hier vorliegenden unter deinem Namen ausgegangenen Schriften als von dir verfaßt anerkennst, und wenn ja, zweitens, ob du auf ihnen allen beharren oder etwas davon widerrufen willst." In der an ihn persönlich gerichteten und vom Kaiser selbst unterzeichneten Vorladung vom 6. März aber hieß es nur: „Nachdem wir und des heiligen Reiches Stände, jetzt hier versammelt, vorgenommen und entschlossen, der Lehren, und Bücher halben, so eine Zeit her von dir ausgegangen sind, Erkundigung von dir zu empfangen, haben wir dir herzukommen und von dannen wiederum an deinen sicheren Aufenthaltsort (zurückzukehren) unser und des Reiches Sicherheit und Geleit gegeben ... mit Begehr, du mögest dich schleunig (zu deiner Reise) erheben." Luther faßte dies so auf, daß er den Inhalt seiner Schriften erklären und begründen, also das wahre Gotteswort verteidigen solle. Dies hielt er für seine ihm von Gott auferlegte Pflicht, und eben deshalb hatte er sich durch nichts von der Fahrt nach Worms abbringen lassen. Jetzt aber ging es hier nicht um Gottes Sache, sie galt nach dieser Frage schon als entschieden, sondern einzig und allein um seine Person, wie er sich zu den Schriften stelle, die da zu seinem Erstaunen auf einem ansehnlichen Haufen zusammenlagen. Einer seiner Begleiter, der Schweizer Hieronymus Schurff, der in solchen Dingen besser als Luther bewandert war, rief mit lauter Stimme: „Man verlese die Titel." Das geschah. Es waren wirklich alles Bücher von Luther. Und so erklärte er mit leiser Stimme, die kaum die Nächststehenden verstanden, diese Bücher seien von ihm. Wegen des zweiten Punktes, ob und was er widerrufe, bat er um Bedenkzeit, da es sich hier um den Glauben, um das Heil der Seelen und um das Höchste handle, was es im Himmel und auf Erden gebe: um Gottes Wort. Nach einer kurzen Beratung des Kaisers und der Stände erhielt Luther den Bescheid, er hätte aus dem am 27. März veröffentlichten kaiserlichen Mandat den Grund seiner Vorladung deutlich genug ersehen können. In dem Mandat waren nun freilich mit Hinweis auf die päpstliche Bannbulle Luthers Schriften verdammt und verboten worden, und es enthielt auch jene Fragen, deretwegen er nach Worms berufen sei; aber der Kaiser hatte es ohne Einwilligung der Stände erlassen, außerdem war es nicht einwandfrei, erst nach der Vorladung deren Zweck zu ungunsten des Betroffenen genauer zu umschreiben. Der Sprecher des Kaisers verdrehte also den Tatbestand, als er fortfuhr, Luther verdiene es im Hinblick auf das Mandat nicht, daß ihm nochmals Bedenkzeit gewährt würde, und es war nicht die „der kaiserlichen Majestät eingeborene Milde" sondern die Rücksicht auf die Stände, daß Luther bis zum nächsten Nachmittag Zeit zur Überlegung gelassen wurde.

Der einundzwanzigjährige Kaiser war so unbedarft nicht, wie er aussah. Sein Wille richtete sich bereits klar und bestimmt auf die Weltherrschaft, nicht mit den Antrieben des einem Zeitalter Inhalt und Namen gebenden Genies, aber auch nicht mit der unruhigen Phantastik seines Vorgängers und Ahns Maximilian. Der Autokrat, der schon damals in Karl steckte, maß den Revolutionär Luther, als er ihn zum ersten Male sah, sicher mit scharf abwägenden Blicken, schon weil dieser Mönch ihm, dem Kaiser, so viel zu schaffen gemacht hatte. Dieser unbeholfene Kuttenträger, der mit leiser Stimme sein Sprüchlein aufsagte, sollte der verwegene Unruhestifter sein? Karl glaubte nicht einmal, daß er die als Schuldbeweise vorgelegten Schriften verfaßt habe, hatte doch ein anderer die selbstverständliche Forderung nach der Titelverlesung gestellt. „Der wird mich nie zum Ketzer machen", das war für

Karl das Ergebnis seiner ersten Begegnung mit Luther. Eine tiefe Verachtung Luthers und, bewußt oder unbewußt, der deutschen Nation, in der solch ein Mensch einen derartigen Aufruhr hervorrufen konnte, lag in diesem Ausspruch. Dem Habsburger Karl, der so unendlich stolz auf seine Abkunft von deutschen Kaisern, spanischen Königen und burgundischen Herzogen pochte, fehlte wie seiner fremdländischen Umgebung jeder Zugang zum Wesen eines Luther. Es erschloß sich ihm auch am folgenden Tage nicht, obwohl da ein anderer Luther vor ihm stand.

Schon am 17. April war es nicht die Befangenheit und Unsicherheit eines vor einer erlauchten Versammlung Blöden und Ängstlichen gewesen, die Luther gehemmt und ihm die Stimme verschlagen hatte. Er war ein Mann der direkten Rede. Er mußte, sollte er sich geben, wie es ihm ums Herz war, ein klares Bild von seiner Lage und seinem Gegenüber haben. Nun war da alles anders gewesen und gekommen, als er es sich vorgestellt hatte. Das erste kurze Verhör hatte ihm jedoch genügt, sich in der ihm bis dahin fremden Welt zurechtzufinden, und die Überlegung eines Tages, um Kaiser und Reich gut lutherisch zu antworten. So war er am 18. April durchaus gefaßt, als ihn zu derselben Stunde wie am vergangenen Tag der Reichsherold in die Pfalz geleitete. Luther mußte wieder zwei Stunden, bis 6 Uhr, warten. Diesmal fand die Versammlung in dem großen Saale der bischöflichen Pfalz statt. Das Gedränge und die Hitze waren noch schlimmer als am Vortage, standen doch manche schon seit 10 Uhr morgens an, um der Verhandlung beiwohnen zu können. Bei ihrem Beginn war es im Saale bereits so dunkel, daß Fackeln angezündet werden mußten. Wie der zuverlässigste Bericht meldet, sprach Luther wiederum bescheiden und nicht allzulaut, aber doch so christlich herzhaft und fest, daß es seinen Gegnern auf die Nerven ging, zumal da viele aus seiner Bitte um Bedenkzeit geschlossen hatten, er werde sich unterwerfen. Der Sprecher des Kaisers wiederholte die Frage, ob Luther sich zu all seinen Büchern bekenne oder etwas davon widerrufen wolle. Der wandte sich nun diesmal in aller Form zunächst an den „allerdurchlauchtigsten, großmächtigsten Kaiser, an die durchlauchtigsten Fürsten, an die gnädigsten und gnädigen Herren" und bat sie höflichst um Entschuldigung, falls er sich irgendwie gegen die höfischen Sitten versündigen würde. Hierauf führte er aus, seine Schriften zerfielen in drei Gruppen. Die der ersten Gruppe handelten ganz schlicht vom Glauben und von christlicher Frömmigkeit, gegen deren Inhalt habe auch die grimmige päpstliche Bulle nichts einzuwenden gehabt, würde er sie widerrufen, dann würde er die von Freund und Feind anerkannte Wahrheit verdammen. In den Büchern der zweiten Gruppe „gehe ich gegen das Papsttum und die Päpstlichen an, weil sie mit ihren ganz schlechten Lehren die christliche Welt mit den Übeln des Geistes und Leibes verheert, verwüstet und verderbt haben. Das kann niemand verneinen und verhehlen. Die Erfahrung aller Menschen und die allgemeine Klage bezeugen, daß durch die Gesetze des Papstes und durch diese Lehren die Gewissen der Christgläubigen allerjämmerlichst gefangen, beschwert, gemartert und gepeinigt werden." Der Widerruf dieser Schriften würde jene Tyrannei stärken und dem unchristlichen Wesen nicht allein die Fenster, sondern auch die Türen auftun. Zum dritten habe er die Beschützer der päpstlichen Tyrannei und die Verderber des von ihm verkündeten göttlichen Dienstes angegriffen. Er sei dabei freilich heftiger gewesen, als es sich für einen Christen und Mönch zieme, doch „ich mache mich nicht zu einem Heiligen, und ich disputiere nicht über mein Leben, sondern über die Lehre Christi“. Auch hier könne er nicht widerrufen, weil sonst jene Menschen gegen Gottes Volk ärger denn je wüten würden. Doch sei er ein Mensch und könne irren. Er bitte deshalb bei Gottes Barmherzigkeit die kaiserliche Majestät oder wer es sonst vermag, hoch und nieder, für die Wahrheit zu zeugen gegen seine Lehre. Man „überführe mich der Irrtümer, überwinde mich mit den Schriften der Propheten und des Evangeliums; denn ich bin durchaus bereit und willig, wenn ich also unterwiesen werde, alle Irrtümer zu widerrufen, und ich werde dann als erster meine Bücher ins Feuer werfen.“ Dem Vorwurf, seine Lehre trage Aufruhr, Empörung und Zwist in die Welt, sei das Wort der Schrift entgegenzuhalten. Christus ist nicht gekommen, den Frieden, sondern das Schwert in die Welt zu senden. Verdamme man Gottes Wort unter dem Vorwande des Friedens und der Einigkeit, dann sei eine Sintflut unerträglicher Übel zu befürchten, und es sei zu besorgen, ein solches Unterfangen würde ein unglückseliger Anfang dieses allervornehmsten Jünglings, Kaiser Karls, sein und ein unseliges kaiserliches Regiment folgen. Solches zeige das Beispiel des Pharao, des Königs von Babylon und der Könige zu Israel, die sich am allermeisten verderbt hätten, als sie mit den allerklügsten Ratschlägen ihre Königreiche zu befrieden und zu befestigen wähnten. „Ich sage das nicht, weil so großen Häuptern meine Lehre oder Ermahnung vonnöten sei, sondern weil ich meiner Heimat, den teutschen Landen, meinen Dienst nicht habe entziehen dürfen und wollen. Und damit befehle ich mich eurer kaiserlichen Majestät und Gnaden untertänlich und bitte in Demut, sie möge nicht gestatten, daß mich feindselige Umtriebe bei ihr grundlos in Ungnade bringen.“

Das war kein Widerruf, ja, deutlicher und schärfer konnte Luther auf seinem Standpunkte nicht beharren. Trotzdem wagte der Sprecher des Kaisers dies nicht einfach festzustellen. Luther hatte seine Ansprache erst lateinisch gehalten und dann deutsch wiederholt, so daß alle Zuhörer seinen Ausführungen gut folgen konnten. Für viele waren nun Luthers Worte doch kein glattes nein, weil er offen erklärt hatte, er lasse sich aus der Bibel gern eines besseren belehren, und was er gegen Rom vorgebracht hatte, deckte sich für den in theologischen Dingen Unbewanderten mehr oder weniger mit den „Beschwerden der deutschen Nation,“ welche ohnehin noch ausgiebig auf dem Reichstag zur Sprache kommen sollten. So drohte man doch noch gegen den Willen des päpstlichen Gesandten in Auseinandersetzungen über den Inhalt von Luthers Lehre und Schriften hineinzugeraten. Um jede derartige Erörterung von vorneherein abzuschneiden, hielt der Redner des Kaisers Luther vor, er habe nicht zur Sache gesprochen, er dürfe nicht bestreiten, was schon längst auf den kirchlichen Konzilien verurteilt oder festgelegt sei. Es werde deshalb von ihm eine einfache, rückhaltlose (nicht gehörnte) Antwort verlangt, ob er widerrufen wolle oder nicht. Darauf Luther: „Weil denn eure heiligste Majestät und Gnaden eine einfache Antwort verlangen, will ich sie ohne alle Hörner (Hinterhalt) und Zähne (Spitzen) geben: wenn ich nicht durch Zeugnisse der Schrift und zwingende Vernunftgründe überwunden werde — denn ich vertraue weder dem Papst noch den Konzilien allein, da feststeht, daß sie des öfteren geirrt und sich selbst widersprochen haben — bin ich überwunden durch die von mir angeführten Stellen der Schrift, und mein Gewissen ist gefangen im Worte Gottes. Darum kann und will ich nichts widerrufen, weil wider das Gewissen zu handeln gefährlich und unlauter ist. Gott helfe mir! Amen."

Glückte den deutschen Rittern beim Lanzenbrechen im Turnier der siegreiche Stoß, dann hoben sie triumphierend die Hand mit ausgespreizten Fingern. Ebenso warf auch Luther die Hand hoch, als er den Saal verlassen hatte, und mit dieser Gebärde und dem fröhlichen Ruf: „Ich bin hindurch, ich bin hindurch!" betrat er seine Herberge. Er war tatsächlich Sieger, wenn auch die weiteren Verhandlungen zwischen ihm und Vertretern des Reichstages und zwischen dem Reichstag und dem Kaiser mit dem kaiserlichen Edikt vom 8. Mai endigten, das Luthers Lehre und Schriften gemäß der päpstlichen Bulle verurteilte und unter Androhung der Reichsacht jedermann verpflichtete, ihn gefangen zu nehmen und dem Kaiser auszuliefern. Luther war nach Worms gekommen, für seine Lehre ein Zeugnis abzulegen, das die deutsche Nation, ja das gesamte Abendland nicht überhören konnte. Und das war ihm vollauf gelungen; die schlimmsten Befürchtungen Aleanders über die Folgen von Luthers Erscheinen auf dem Reichstage hatten sich bestätigt. Während seines Aufenthaltes zu Worms vom 16. bis zum 26. April drängte sich alles, ihn zu sehen und zu hören. Nach dem ersten Verhör kamen viele Adlige in seine Herberge und sagten: „Herr Doktor, wie geht es, man sagt, sie wollen euch verbrennen; aber das darf nicht geschehen, sie müßten ehe alle mit verderben." Auch sonst wollten die ritterlichen Anhänger Luthers zum Schwerte greifen, sobald ein Gerücht entstand, es drohe ihm Einkerkerung oder eine andere Gefahr. Im Zusammenhang mit dem Wormser Reichstag wurden zahlreiche Flugschriften zugunsten Luthers herausgegeben. Insbesondere wurde seine Rede beim zweiten Verhör wiederholt aufgelegt und massenhaft verbreitet. Die Flugschriften und Flugblätter waren großenteils mit Luthers Bild geschmückt, ein Holzschnitt von Hans Baldung zeigte ihn mit einem Heiligenschein, den Heiligen Geist in Gestalt einer Taube über ihm schwebend. Eine der Ausgaben von Luthers Rede vor dem Reichstag fügte eine „Absage" von 400 „geschworenen" Edelleuten bei „mit Ankündigung der ernstlichen Feindschaft an Fürsten und Herren Romanisten und zum vordersten dem Bischof zu Mainz, dieweil doch Ehr und das göttlich Recht unterdrückt sein soll." Die Schrift schloß mit der gefürchteten Losung der Bauern „Bundschuh, Bundschuh, Bundschuh" und wurde an verschiedenen Stellen in Worms angeschlagen. Ein kurzer Bericht über Luther in Worms pries den Reformator: „Allergelehrtester und andächtiger Vater Martin. / Ein Nachfolger der heiligen Jungfrau Katharin / heidnischer lateinischer Lehren ein Überwinder / ein Tröster der falsch verlassen Sünder / Kranker Seelen Arznei ein getreu Ratgeb genannt / heiliger Schrift ein Ausleger von Gott gesandt." Die Tage vor, während und nach Worms waren „der Höhepunkt von Luthers Verherrlichung". Sie vor allem machten ihn, der vor Kaiser und Reich so kühn für Gottes Wort gestritten, zum Helden des deutschen Volkes.

Am Morgen nach dem zweiten Verhör hatte der Kaiser die Kurfürsten und zahlreiche andere Fürsten zu sich geladen, um sie zu fragen, was nun weiter mit Luther geschehen solle. Wie nicht anders zu erwarten, verlangten sie Bedenkzeit. Karl war einverstanden, eröffnete ihnen aber, sie sollten zunächst seine Meinung hören. Die Erklärung fiel reichlich schroff aus: er bereue, mit seinem Einschreiten gegen Luther und seine falsche Lehre so lange gezögert zu haben, er wolle ihn nicht mehr reden hören, er sei entschlossen, gegen ihn als gegen einen notorischen Ketzer vorzugehen und erwarte von ihnen, daß sie sich in dieser Angelegenheit als gute Christen erweisen würden. Der Kaiser ließ es dann aber doch zu, daß mit Luther weiter verhandelt wurde, und das Edikt gegen ihn wurde erst nach Reichstagsschluß veröffentlicht. Karl und seine Räte waren eben immer darauf bedacht, die Reichsstände Luthers wegen nicht zu sehr vor den Kopf zu stoßen, um in den Dingen, die ihnen wichtiger waren, zu günstigen Ergebnissen zu kommen.

Weitere Verhandlungen auf dem Reichstag

Vor allem war die Frage des Reichsregimentes zu erledigen, das die Vertreter des Kaisers den Kurfürsten vor der Wahl zugesagt hatten. Die Verhandlungen hierüber währten bis zum 21. Mai. Die Fürsten arbeiteten auf eine ständische Reichsregierung hin, doch setzte der Kaiser durch, daß er zwei Mitglieder für das Reichsregiment stellen konnte, und daß es ihn nur während seiner Abwesenheit von dem Reiche vertreten sollte. Außerdem erreichte er die Ernennung seines Bruders Ferdinand zum Reichsstatthalter. Da der Kaiser noch im Jahre 1521 Deutschland verließ, nahm das Reichsregiment alsbald seine Tätigkeit auf. Es hatte auch den guten Willen, eine feste Reichsgewalt über den Ständen zu errichten und verschiedene Reformen durchzuführen zur Sicherung des Landfriedens, zur Regelung des Münzwesens, zur Erhebung des gemeinen Pfennigs und für eine dauernde Kriegsverfassung des Reiches. Aber auch diesmal zeigte es sich, wie unter Maximilian, daß eine feste staatliche Ordnung nur innerhalb der Territorien geschaffen werden konnte.

Der Kaiser wünschte, die Stände sollten gemeinsam mit ihm eine Gesandtschaft an die Schweizer schicken. Der zur Behandlung dieser Frage eingesetzte Fürstenausschuß wandte gegen den Inhalt der vom Kaiser vorgeschlagenen Botschaft ein: die Eidgenossen sind an und für sich unmittelbare Reichsuntertanen und gehören in das Reich (sie waren auch zum Reichstag eingeladen worden); schickt man an sie eine besondere Gesandtschaft, dann werden sie erst recht überheblich, andererseits würden sie sich vielleicht noch mehr vom Reiche abwenden, wenn dieses bei ihnen erneut Einfluß zu gewinnen suche. Es gehe auch nicht an, in der Schweiz Kriegsknechte zu werben, dies würde überall dem Reiche beschwerlich sein; der Kaiser solle dem deutschen Kriegsvolk zu Fuß und zu Roß Glauben und Vertrauen schenken, nicht den Eidgenossen. Es dürfe ferner nicht mit ihnen darüber verhandelt werden, daß sie dem Reiche fürderhin Städte, Schlösser, Dörfer usw. nicht mehr entziehen sollten, denn dies würde öffentlich so verstanden werden, daß kaiserliche Majestät den Schweizern überlasse, was sie bereits widerrechtlich an sich gebracht hatten. Gedenke der Kaiser trotzdem bei seinem Vorhaben zu bleiben, so möge er darüber mit allen Ständen sprechen. Das wollte aber Karl nicht, er ordnete für sich allein Vertreter in die Schweiz ab. Sie richteten dort, wie die Fürsten vorausgesehen hatten, nichts aus; die Eidgenossen schlossen vielmehr einen Bund mit Frankreich.

König Franz I. von Frankreich schrieb wiederholt an die Kurfürsten, sie sollten bei Ausbruch eines Krieges zwischen ihm und dem „erwählten römischen König" verhindern, daß das Reich diesen unterstütze, weil der Krieg nicht das Reich und seine Rechte, sondern lediglich die Sonderinteressen Karls berühre. Auf dessen Wunsch erklärten daraufhin die Stände auf dem Reichstage, sie würden dem Kaiser im Falle eines französischen Angriffes ihre Hilfe nicht versagen, sie könnten aber dann zu seinem Romzuge nichts mehr beisteuern. Für diesen bewilligten sie die vom Kaiser angeforderten 4000 Mann zu Roß und 20000 zu Fuß; er selbst sagte zu, auf eigene Kosten zu stellen: 2000 schwer bewaffnete und eine beträchtliche Anzahl leicht bewaffnete Reiter, 6000 Spanier und 10000 Eidgenossen, deren Werbung die Stände allerdings ablehnten. Sie und der Kaiser waren in der Hoffnung, die dem Reiche in Italien entfremdeten Gebiete wieder gewinnen zu können, zu so großen Aufwendungen bereit: „dieweil sich in viel hundert Jahren solche gelegen Zeit und Opportunität nicht begeben hat, daß dem heiligen Reich dermaßen geholfen werden möge als itzo". Es wurden genaue Aufstellungen gemacht, was die einzelnen Reichsstände an Reitern und Fußvolk zum Romzug und an Geld für den Unterhalt von Reichsregiment und Kammergericht zu leisten hätten. Die Liste der fast vierhundert Kurfürsten, Erzbischöfe, Bischöfe, weltlichen Fürsten, welschen Fürsten (Herzog von der Maase, Herzog von Savoien, Fürst von Chalons), Prälaten, Äbtissinnen, Deutschordens-Balleien (Preußen ist dabei nicht mehr genannt), Grafen und Herren und der Reichsstädte gibt ein anschauliches Bild von dem territorialen Aufbau des Reiches. Die höchsten Zahlen weisen Böhmen mit 400 Reitern und 600 Mann zu Fuß auf, der Erzherzog von Österreich und der Herzog von Burgund 120 Reiter, 600 Mann zu Fuß und 900 Gulden; die Kurfürsten je 60 Reiter, 277 Mann zu Fuß und 700 Gulden. Unter den weltlichen Fürsten ist auch der König von Dänemark für seine zum Reich gehörenden Gebiete mit 60 Reitern und 277 Mann zu Fuß aufgeführt. Von den Grafen und Herren haben der Herr von Oberstein und der Herr von Tübingen je einen Reiter, einen Mann zu Fuß und 8 Gulden beizusteuern. Unter den Städten steht Köln mit 30 Mann zu Roß, 322 zu Fuß und 600 Gulden an der Spitze, ihm folgen Nürnberg und Metz mit je 40 Reitern, 250 Mann zu Fuß und 600 Gulden, der Mindestbeitrag (vier Städte) ist ein bis zwei Reiter, neun Mann zu Fuß und 50 bis 120 Gulden; unter den 13 Reichsäbtissinnen hat die von Niedermünster zu Regensburg mit zwei Reitern, 18 Mann zu Fuß und 90 Gulden die höchsten Zahlen aufzuweisen. Das waren nun freilich bloß „Anschläge", die sehr oft nicht eingehalten wurden, immerhin boten sie Handhaben zur Aufrechterhaltung des Reichsorganismus. Die am 26. Mai veröffentlichte Landfriedensordnung wiederholte im wesentlichen die Bestimmungen früherer Reichstage. Der von einem Ausschuß bearbeitete Entwurf für eine Polizeiordnung enthielt Vorschriften über das Münzwesen, über Maß und Gewicht, gegen den Kleiderluxus, gegen die Landfahrer, gegen Wucher, Lästerung der Heiligen, Schwören und Fluchen, gegen den „Vorkauf" und die Monopole, gegen Erhöhung der Zölle, gegen den Judenwucher. Dieser Entwurf bildete die Grundlage für die Polizeiordnung des Augsburger Reichstages von 1530. Die Streitigkeiten einzelner Stände untereinander konnten auf dem Wormser Reichstage nicht beigelegt werden, die Türkenfrage kam nur gelegentlich einer Rede des die Deutschen um Beistand bittenden ungarischen Gesandten kurz zur Sprache.

Alles in allem bedeutete der Wormser Reichstag einen großen Erfolg des Kaisers. Als er unter Entfaltung des bei solchen Gelegenheiten üblichen Pompes die Belehnung mehrerer Fürsten vornahm und allen anwesenden Fürsten den Ritterschlag erteilte, hatten die Reichsstände sicher nicht den Eindruck, ein unreifer Jüngling vollziehe im kaiserlichen Ornat höchste Staatsakte und die stolzeste Ehrung des adligen Mannes. Die Mitglieder des Reichstages hatten bei mancherlei Verhandlungen in Karl einen seiner Würde bewußten, zielklaren, zähen und geschickten Gegenspieler kennen gelernt. Zum guten Teil ging dies allerdings noch auf Rechnung seines ersten Beraters, des Niederländers Chièvres. Als aber dieser am 6. Mai 1521 schwer erkrankte und Ende des Monats starb, trat keine fühlbare Lücke ein. Der Kaiser muß also doch schon zuvor einen entscheidenden Anteil an der Erledigung der Geschäfte genommen haben. Jedenfalls liegen die wichtigsten Ergebnisse des Wormser Reichstages auf der Linie der von Karl auch später verfolgten Politik: Die Verhinderung eines der Krone über- oder gleichgeordneten Reichsregimentes, die Ernennung Erzherzog Ferdinands zum Reichsstatthalter, die Billigung der kaiserlichen Italien- und Frankreich-Politik, wenn auch unter einigen Vorbehalten der Reichsstände, die Festlegung der Beiträge für die Romfahrt, für das Reichskammergericht und für das Reichsregiment, das Edikt gegen Luther und das Beiseiteschieben der Behandlung der Glaubensfrage. Ob es auch am Kaiser lag, daß über die „Beschwerden der deutschen Nation" keine Beschlüsse gefaßt wurden, läßt sich nicht feststellen. Für die Behandlung der Beschwerden wurden umfangreiche Schriftstücke ausgearbeitet und einem Ausschuß übergeben. Nichts kann die Notwendigkeit einer durchgreifenden und umfassenden Reform der Kirche deutlicher beweisen, als daß eine solche Fülle von Klagen und Anklagen weltlicher und geistlicher Fürsten und Herren als Willensäußerung der Nation der Reichsversammlung vorgelegt wurde, nichts aber auch die Aussichtslosigkeit für die Durchführung einer solchen Reform innerhalb der bestehenden Ordnung, als daß man selbst bei dieser Gelegenheit bei bloßen Entwürfen stehen blieb und nicht zu Entschlüssen kam.

Drittes Kapitel

Erster Krieg Karls V. mit Franz I.

Im August 1521 trafen sich zu Calais Gesandte des Kaisers, des Papstes, Franz I. von Frankreich und Heinrichs VIII. von England. Der Zweck dieser Zusammenkunft war angeblich, die zwischen Franz I. und Kaiser Karl ausgebrochenen Feindseligkeiten beizulegen und damit Europa den Frieden zu sichern, in Wirklichkeit aber der, England entweder auf die Seite Frankreichs oder auf die Karls herüberzuziehen und so einen großen Krieg in Süd- und Westeuropa zu entfachen. Im Mai hatten Leo X. und der Kaiser bereits ein Bündnis gegen Franz I. geschlossen. Der Papst war von Franz I. zu Karl übergegangen, weil er von diesem jetzt weniger für seine italienischen Pläne fürchtete, und weil ihn die lutherische Bewegung mehr und mehr mit großer Sorge erfüllte. Dem Kaiser hatte Franz reichlich Anlaß zum Kriege gegeben; er hatte sich mit den Aufständischen in Kastilien eingelassen, das Königreich Navarra Spanien zu entreißen versucht und Robert von der Mark zu Unruhen an der Westgrenze des Reiches aufgestachelt. Der englische Bevollmächtigte Kardinal Wolsey begab sich zwischendurch nach Brügge und verhandelte hier mit dem Kaiser. Sie vereinbarten, wer von ihnen angegriffen würde, dem habe der andere mit seiner ganzen Macht zu helfen. Der Kaiser und der englische König sollten das ihnen von Franz I. widerrechtlich Vorenthaltene mit vereinten Kräften zurückerobern. Das wäre nun freilich fast ganz Frankreich gewesen. Heinrich VIII. dachte an das alte angevinische Reich, zu dem einst mehr als das halbe Frankreich gehört hatte, und Kaiser Karl an das, was einst das Reich im Osten und Süden Frankreichs besessen hatte, und an das nördlich der Pyrenäen gelegene Gebiet des Königreichs Navarra als einen Teil des nun mit Kastilien zum Königreich Spanien vereinigten Aragon. Nach Calais zurückgekehrt, spielte Wolsey wieder den ehrlichen Vermittler und erzählte den Franzosen von seinem Aufenthalt in Brügge Anekdoten, die den Franzosen angenehm zu hören waren. Der Vertreter des Kaisers erklärte jetzt unter Hinweis auf die französischen Friedensverletzungen, die früheren Verträge seien null und nichtig, und machte die Ansprüche Karls als römischen Kaisers und Königs von Spanien auf die Provence und auf ganz Navarra geltend. Zur großen Freude Karls traten nun die Franzosen offen für Robert von der Mark ein. Handelte es sich bei Südfrankreich und dem Königreich Sizilien um strittige Angelegenheiten, so war das Vorgehen des Grafen von der Mark gegen kaiserliches Gebiet mit Hilfe Frankreichs ein eindeutiger Friedensbruch. Der fromme Karl rief bei der Nachricht dieses Einfalls in sein Land aus: „Gelobt sei Gott! Ich bin es nicht, der Krieg anfängt; Gott gibt mir Gelegenheit, mich zu verteidigen". Der von allen Beteiligten geschürte Brand brach damit in hellen Flammen aus.

Robert von der Mark war schon vor Eröffnung der Feindseligkeiten gegen Frankreich von Karls Truppen aus dem Felde geschlagen worden. Jetzt rückte ein starkes kaiserliches Heer, geführt von dem Grafen von Nassau, von Sickingen und Frundsberg, gegen die französische Grenze vor und nahm einige feste Orte. Als aber Franz bei Valenciennes mit einer überlegenen Streitmacht den Deutschen gegenüberstand, mußten diese noch froh sein, daß ihnen die Unentschlossenheit des Franzosenkönigs Gelegenheit zu einem Abzug ohne größere Verluste bot. Im Westen kam es zu keinen größeren Kriegshandlungen mehr, die Entscheidung fiel in Italien. Hier hatte auf französischer Seite Lautrec, auf der kaiserlich-päpstlichen Prospero Colonna den Oberbefehl. Zunächst waren hier die Franzosen im Vorteil. Die mit ihnen verbündeten Venezianer hatten ihnen 500 Reiter und 6000 Mann Fußvolk zugeführt, außerdem erhielten sie starken Zuzug aus der Schweiz. Aber auf Betreiben des Kardinals von Sitten gestatteten einige Kantone eine Werbung zum Schutz der päpstlichen Besitzungen. Ein Teil der Schweizer verließ daraufhin das französische Heer, teils weil sie sich mit Lautrec veruneinigt hatten, teils weil sie von der Heimat aus dringlich ermahnt wurden, nicht gegen ihre Landsleute zu kämpfen. In Mailand herrschte große Unzufriedenheit über die französische Regierung. Als Colonna sich der Stadt näherte, versprachen ihm die Mailänder, sich gegen die verhaßten Franzosen zu erheben, wenn er einen Sturm unternehme. Am Abend des 19. November 1521 gewannen die spanischen Schützen und deutschen Landsknechte unter Colonna und dem spanischen Feldherrn Pescara in zwei Stunden die Stadt. Als die Angreifer von der starken französischen Besatzung hart bedrängt wurden, kam ihnen die Bevölkerung unter dem Schlachtgeschrei: „Der Herzog (Sforza)! Das Reich! Nieder mit den Franzosen!" zu Hilfe. Trotz des Verlustes von Mailand war deren Stellung in Oberitalien noch nicht ernstlich erschüttert. Die Schweiz schloß sich jetzt wieder ganz an Franz I. an und schickte Lautrec ein starkes Aufgebot. Aber nun stieß Georg von Frundsberg mit zwölf in Deutschland frisch angeworbenen Fähnlein Landsknechten zu dem kaiserlichen Heer. Dieses bezog bei Bicocca in der Nähe von Mailand ein festes Lager. Die Schweizer im französischen Heere zwangen Lautrec zum Angriff. Die Landsknechte erwarteten ruhig den Ansturm. Frundsberg kniete wie vor jeder Schlacht mit seinen Mannen nieder und sprang dann, als der Gegner nahe war, mit dem Rufe hoch: „Wohlauf in einer guten Stunde, im Namen Gottes!" Die Schlacht von Bicocca am 27. April 1522 wurde ein glänzender Sieg der Kaiserlichen. Die deutschen Landsknechte, die Reiterei der ghibellinisch gesinnten italienischen Städte und die spanischen Hakenschützen jagten die französischen Ritter und das Schweizer

Fußvolk in die Flucht; die schwersten Verluste erlitten die Schweizer. Am 30. Mai nahmen Pescara und Frundsberg auch noch Genua mit stürmender Hand. Den Spaniern und Deutschen fiel hier reiche Beute zu; wie es in einem gleichzeitigen Liede heißt, maßen sie in Genua das Tuch mit ihren Spießen und kleideten sich in Sammet und Seide. Mehr als dreihundert Jahre waren vergangen, seit ein kaiserliches Heer solche Macht in Oberitalien erlangt hatte. Mailand und Genua waren nun dem Reiche wieder gewonnen.

Bei Ausbruch des Krieges zwischen Karl und Franz I. erwartete sich Heinrich VIII. nichts weniger, als daß er nun bald die Krone von Frankreich gewinnen würde. Rom war mit seinem Plane durchaus einverstanden. Leo X. bereitete eine Bulle vor, in der die Untertanen des französischen Königs vom Treueid entbunden werden sollten, und verlieh Heinrich VIII. den Titel eines Glaubensverteidigers für sein Buch, das er gegen Luther geschrieben hatte. Im März 1522 ließ dann Heinrich dem Franzosenkönig durch einen Herold Krieg ansagen. Die Unternehmungen englischer und kaiserlicher Truppen in der Pikardie erzielten jedoch nur geringe Erfolge. Um so schlimmer gestalteten sich für Franz im folgenden Jahre die Verhältnisse in Italien. Er entsandte im August 1523 ein Heer mit 4000 Reitern und 30000 Mann Fußvolk unter Bonnivet in die Lombardei, um Mailand zurückzuerobern. Am 1. Dezember 1521 war Leo X. gestorben. Ihm folgte der Niederländer Adrian Floret als Hadrian VI. Der Kaiser konnte sich auf ihn als seinen einstigen Lehrer und Erzieher weit sicherer als auf Leo X. verlassen. Außerdem ging Hadrian nicht wie sein Vorgänger selbst auf Eroberungen aus, so daß Karl bei den Verhandlungen mit den Italienern freiere Hand hatte. Er gewann nun auch Venedig für sich. Der Tod Hadrians VI. am 14. September 1523 änderte vorerst an der Politik der Kurie nichts, der Mediceer Clemens VII. erklärte sich bereit, den vereinbarten Beitrag für die kaiserliche Armee zu bezahlen. So erhielten die Kaiserlichen beträchtliche italienische Verstärkungen. Außerdem trafen weitere 7000 Landsknechte aus Deutschland ein. Ihre Führer waren diesmal Ludwig von Lodron und Eitelfritz von Zollern; außerdem beteiligten sich einige Hauptleute wie Schertlin von Burtenbach an dem Zuge auf eigene Rechnung. Den Oberbefehl über das kaiserliche Heer übernahmen nach dem Tode Prospero Colonnas Lannoy, der Vizekönig von Sizilien und Pescara. Bonnivet mußte unverrichteter Dinge von Mailand abziehen. Im Mai 1524 griff ihn Pescara bei einem Flußübergang an. Die Franzosen erlitten schwerste Verluste; sie mußten in ungeregeltem Rückzug Italien räumen. Dabei fiel auch der berühmte „gute Ritter", der „Ritter ohne Furcht und Tadel" Bayard. „Es liegt etwas Symbolisches, allgemein Bedeutendes in diesem von so vielen Geschichtschreibern hervorgehobenen Tode, der Niederlage dieses ritterlichen Heeres überhaupt, sowie in dem Untergang Sickingens (1523). Der Harnisch ward von dem Handrohr, wie die Burg von dem Geschütz besiegt." (Ranke.)

Franzens Feinde glaubten sich jetzt ihrem Ziele schon nahe, da ihnen in Frankreich selbst ein mächtiger Helfer zu erstehen schien. Der reichste und angesehenste

Vasall der französischen Krone, Karl von Bourbon, hatte sich von seinem vor keiner Hinterlist und Gewalttat zurückschreckenden König schwer bedroht gefühlt und sich deshalb im Herbst 1523 mit Heinrich VIII. und Kaiser Karl verbündet. Nach der Vertreibung der Franzosen aus Italien schlug Bourbon vor, in Südfrankreich einzufallen. Hier lagen seine eigenen riesigen Besitzungen und er hoffte, daß sich ihm bei seinem Einmarsch viele mit König Franz unzufriedene Große anschließen würden. Im Juli 1524 brach er an der Spitze des kaiserlichen Heeres auf, darin 5000 deutsche Landsknechte. Aber der französische Nationalismus hatte seit Ludwig XI. große Fortschritte gemacht; Volk und Adel waren bereit, unter größten Opfern jeden Fußbreit Landes gegen jeden zu verteidigen, der die Einheit Frankreichs zerreißen wollte. So erhielt Bourbon keinen Zuzug, auch nicht aus seinen eigenen Gebieten. Umsonst setzte er alles daran, um Marseille zu erobern. Pescara fürchtete schließlich, Italien werde dem Kaiser verloren gehen, während man sich hier nutzlos verblute, und zwang, unterstützt von den deutschen Hauptleuten, Ende September Bourbon, die Belagerung aufzugeben. Inzwischen hatte König Franz ein großes Heer aufstellen können: über 2000 Reiter, 7000 Mann französischen Fußvolkes, 8000 Schweizer, 5000 deutsche Landsknechte aus Lothringen und Geldern, wozu später noch 6000 Italiener kamen. Der Abfall Bourbons hatte alle Stände mehr denn je zur Aufbringung großer Summen angefeuert. Der König führte sein Heer selbst und rückte vor Pavia. Die kaiserlichen Truppen in der Stadt befehligte Antonio Leyva, ein zäher, erprobter Feldherr. Unter den größten Entbehrungen wehrte die Besatzung die Angriffe der ungeheuren Übermacht ab, bis zahlreiche deutsche Landsknechte, hauptsächlich Schwaben unter dem von ihnen vergötterten Frundsberg, anrückten. Das kaiserliche Heer zählte jetzt 13000 Landsknechte, 6000 Spanier, 3000 Italiener, 600 schwere und etwas über 1500 leichte Reiter, die Franzosen hatten nur an Artillerie und gepanzerten Reitern ein bedeutendes Übergewicht. Am 24. Februar 1525 kam es zu der denkwürdigen S c h l a c h t v o n P a v i a, welche die Überlegenheit der spanisch-deutschen Kriegführung über die französische und der oberdeutschen Landsknechte und des spanischen Fußvolkes mit seinen Hakenbüchsen aller Welt vor Augen führte. Franz I. bewährte sich mehr als ritterlicher Kämpe denn als Schlachtenlenker, er wurde gefangen genommen und seine Armee völlig zersprengt. Nur eineinhalb Stunden währte die mörderische Schlacht, die dem französischen Heere an die 10000 Mann gekostet haben soll. Mit dem Rufe: „Heute will ich mich Herzog von Mailand nennen," hatte sich Franz, nach den Anfangserfolgen seiner schweren Reiterei und seiner Artillerie, seines Sieges schon sicher, in den Kampf gestürzt, noch am gleichen Tage schrieb der Abt von Najera, der kaiserliche Kommissar beim Heere, an Karl nach Spanien: „Heute ist das Fest des Apostels Sankt Matthias, da Euer Majestät vor 25 Jahren geboren sein soll. Fünfundzwanzigtausendmal sei Gott Dank und Preis für seine Gnade! Von diesem Tage an liegt es bei Eurer Majestät, Christen und Türken nach Belieben das Gesetz vorzuschreiben."

Erster Krieg Karls V. mit Franz I.

Kaiser Karl war von dem Ausgang der Schlacht bei Pavia kaum weniger überrascht als König Franz. Dessen glänzendes Heer geschlagen und zerschlagen, der mächtige Feind wehrlos in seiner Hand, das schien Karl, als am 15. Mai der Siegesbote bei ihm eintraf, im ersten Augenblick ein geradezu unvorstellbarer Erfolg. Nun konnte er mit Franz in einer Weise abrechnen, daß der zeitlebens die Waffen nicht mehr gegen ihn, den Kaiser, zu erheben vermöge. Auch in Spanien, wo er jetzt fast drei Jahre lang geblieben war, hatte er endlich festen Fuß gefaßt. Die Bevölkerung begann sich mit seiner Regierung abzufinden. Der Eroberungsdrang des spanischen Adels und Karls Weltherrschaftspläne schlangen um Herrscher und Volk ein festes Band. Einzig in dem Reich, dem Karl seine höchste Würde verdankte, in Deutschland, wollten die Verhältnisse, abgesehen davon, daß sich Ferdinand in den österreichischen Erblanden durchzusetzen vermochte, so gar nicht eine Karl erwünschte Wendung nehmen.

Viertes Kapitel

Aufnahme der Reformation im Volke. Revolutionäre Begleiterscheinungen. Sickingen und Hutten

Luther auf der Wartburg. Bibelübersetzung. Rückkehr nach Wittenberg

Das von Kaiser Karl unter Einsatz seiner ganzen Autorität erzwungene Wormser Edikt gegen Luther und die Glaubensneuerer erwies sich als ein Schlag ins Wasser. Im Auftrage von Kurfürst Friedrich nahmen am 8. Mai 1521 einige Reiter Luther aus dem Rollwäglein, in dem er von Worms nach Wittenberg zurückfuhr, gefangen, um ihn in Sicherheit zu bringen. Der Kurfürst ließ sich von seinen Vertrauten nicht mitteilen, auf welcher seiner Burgen sie Luther untergebracht hätten, und konnte deshalb dem Reichstag ruhig versichern, er wisse nicht, wo sich der so plötzlich Verschwundene aufhalte. So saß denn Luther schon wochenlang verborgen auf der Wartburg, als das Edikt, das die Verfolgung des Geächteten jeglicher Obrigkeit zur Pflicht machte, veröffentlicht und verbreitet wurde. Auf der Wartburg verfaßte der äußerlich in den Ritter Jörg verwandelte Doktor Martinus mehrere Erbauungs- und Kampfschriften und übertrug das Neue Testament vom Griechischen ins Deutsche. Später folgte das Alte Testament, und im Jahre 1534 lag die ganze Lutherbibel vor. Sie wurde der entscheidende Beitrag zu den Bemühungen der Zeit um eine gemeindeutsche Schriftsprache (vgl. S. 120f.). Auch sonst hat die Lutherbibel, abgesehen von ihrer überragenden religiösen Bedeutung, das deutsche Geistesleben nachhaltig beeinflußt.

Der fast zehn Monate währende Aufenthalt Luthers auf der Wartburg bestätigte die wiederholt geäußerte Ansicht des Reformators, die Sache des Evangeliums würde nunmehr auch dann ihren Fortgang nehmen, wenn er als Ketzer den Tod erleiden müßte. Sein Verschwinden erregte ungeheures Aufsehen. Die verschiedensten sich widersprechenden Gerüchte tauchten auf: Aleander und die übrigen Römlinge hätten ihn aus dem Wege räumen lassen, der Kurfürst von Sachsen habe ihn in Sicherheit gebracht, Luther sei tot in einer Silbermine aufgefunden worden, er halte sich auf einer Burg Sickingens auf. Dürer, der sich eben auf seiner niederländischen Reise befand, schrieb in sein Tagebuch bittere Klagen über den Verlust des „mit dem Heiligen Geist erleuchteten" Mannes und flehte innig zu Gott, er möge seinen Heiligen Geist wiederum einem anderen geben. Außer den mit dem Wormser Reichstag sich beschäftigenden Flugschriften er-

Hieronymus Hopfer, Franz v. Sickingen
Kupferstich, Berlin, Kupferstichkabinett

Ulrich von Hutten
Holzschnitt, Berlin, Kupferstichkabinett

Götz von Berlichingen
Glasgemälde im Archiv der Burg Jaxthausen.
Anscheinend a. d. J. 1547

Christian Amberger,
Der Bundesfeldherr Jörg Truchseß von Waldburg
Holzschnitt

schien eine Menge anderer Veröffentlichungen zugunsten Luthers. Sie und die Gegenschriften machten im Verein mit der einzigartigen schriftstellerischen Fruchtbarkeit Luthers die Deutschen erstmals zu einem lesenden und schreibenden Volk im modernen Sinne.

Gefährlicher als der Kaiser und die literarischen Gegner, welche die alte Lehre verteidigten, wurden der reformatorischen Bewegung die Maßlosigkeiten verschiedener Neuerer und der Anschluß von Männern, die im Grunde etwas anderes wollten, als Luther. Die Aufhebung des Zölibates und der Klöster, die Abschaffung der Messe und der Heiligenverehrung, die Auflösung der bisherigen hierarchischen Ordnung und Umwandlungen im sozialen Leben, z. B. in der Armenpflege, ließen sich nicht vermeiden, sollten den starken Worten entsprechende Taten folgen. Das war ja der Hauptvorwurf gegen die alte Kirche gewesen, daß ohne durchschlagenden Erfolg über hundert Jahre von der Notwendigkeit einer Reformation gesprochen wurde. Nachdem nun endlich Luther den entscheidenden Anstoß zu einer Reformation von Grund aus gegeben hatte, konnten revolutionäre Begleiterscheinungen nicht ausbleiben. All das, was im Laufe des 15. Jahrhunderts sich an Zünd- und Gärstoff angesammelt hatte, geriet jetzt in Brand und Wallung. Neben den ehrlich Begeisterten, die aus edlen Beweggründen das Neue begrüßten und sich dafür einsetzten, drängten sich minderwertige Schreier hervor und Menschen, die von Natur aus sich keiner Zucht und Ordnung einfügen. Da die mittelalterliche Kirche ein tragender Pfeiler des gesamten geistigen und gesellschaftlichen Lebens war, mußte jede tiefergreifende Änderung, die ungeregelt vor sich ging, schädliche Folgen zeitigen. Wie Luther einmal bemerkte, gab es kaum ein Handwerk oder eine Kunst, die nicht zum guten Teil Arbeit und Verdienst von der Messe hatte: die Hersteller kirchlicher Geräte und Gewänder, die Wachszieher, Musiker, Bildhauer und Maler. Was sollte nun aus ihnen, was aus den abertausenden Meßpfaffen, Mönchen und Nonnen werden? Nicht nur viele von denen, welche im geistlichen Stande und in den Klöstern ein schlechtes Leben geführt hatten, glaubten nun in aller Öffentlichkeit ihren Trieben die Zügel schießen lassen zu dürfen. Es ist eine alte Erfahrungstatsache, daß oft Menschen, die in einer Gemeinschaft mit strengen Vorschriften nicht über die Stränge schlagen, völlig haltlos werden, wenn sie nicht mehr unter dem gewohnten Zwange stehen. Dazu war in Luthers Lehre und Schriften viel, sehr viel von der Freiheit eines Christenmenschen die Rede; der Sendbrief an Papst Leo X. hatte sie wie die Verpönung der Werkheiligkeit zu einem revolutionären Schlagwort gemacht. Viele aber, die diesen Teil der neuen Evangeliumsverkündigung allzu bereitwillig in sich aufnahmen, hatten für den zweiten kein Ohr, der die Gewissen in Gott band und ihnen keine geringeren sittlichen Verpflichtungen auferlegte als die alte Lehre.

Die üblen Begleiterscheinungen der Reformation haben zahlreiche ihrer zeitgenössischen und späteren Gegner verleitet, Zuchtlosigkeit und Eigennutz als die

Hauptursache ihrer schnellen Verbreitung zu erklären. In vielen Einzelfällen traf dies sicher zu, wie ja auch viele nicht nur aus edlen Beweggründen in der alten Kirche blieben, sonst hätte sich nicht in ihr derselbe Unrat nach wie vor breit machen können; aber alle Versuche, Niedriges und Gemeines schlechthin als die Triebfeder für die Annahme der Reformation hinzustellen, haben sich als nicht stichhaltig erwiesen. Die Fürsten, welche sich ihr anschlossen, taten dies nicht durchweg und vor allem nicht nur, um sich des Kirchengutes zu bemächtigen; übrigens hat die erste Säkularisation in dieser Zeit Karl V. vorgenommen. Die Reformation war außerdem nicht in dem Maße, wie oft behauptet wird, ein Werk der Landesfürsten. Der Adel, der sich in dem weitaus überwiegenden Teile Deutschlands zur Reformation bekannte, täuschte sich darüber nicht, daß, was er einerseits durch die Einziehung kirchlicher Güter gewann, er auf der anderen an Pfründenstellen für die Familienmitglieder einbüßte. Bei den Bauern hielt Luther nach der Niederwerfung ihres Aufstandes erst recht „einen großen Siegeszug; auch als es klar war, daß Luther nicht der Anwalt ihrer besonderen wirtschaftlich sozialen Wünsche sein wollte, fand er bei ihnen wie beim Volke überhaupt noch reiche Sympathien." In den Reichsstädten trugen wirtschaftliche Gründe sicher viel zur Annahme der neuen Lehre bei, doch traten nicht nur die Zünfte für sie ein, auch der Rat leistete meist keinen ernsten Widerstand. Bei den damaligen Zuständen brauchte ein Geistlicher nicht erst ein Anhänger des Luthertums zu werden, um sich den Verpflichtungen des Zölibates zu entziehen, und wenn er den Ehestand freien Verbindungen vorzog, so geschah dieses sicher oft aus Sehnsucht nach sauberen Verhältnissen. Wie wir z. B. an Spalatin, der Hauptstütze Luthers am Hofe des Kurfürsten, sehen, hingen dem Reformator besonders auch fromme und in ihrem Gewissen ängstliche Geistliche an. Die allgemeine Unzufriedenheit aus edlen und unedlen Beweggründen war im Klerus sicher nicht geringer als bei den Laien, nur daß er den theologischen Einwendungen und Beweisen Luthers gegen das Alte und für das Neue besser zu folgen vermochte, weshalb sich gerade auch gute Geistliche, deren seelische Veranlagung irgendwie der lutherischen Art des Denkens und Fühlens verwandt war, der Reformation besonders zugänglich zeigten, wie denn auch schon von katholischer Seite festgestellt wurde, daß gleich zu Beginn „das Mönchtum der Reformation einen Teil seiner tüchtigen Kräfte überlassen hat".

Die Reformation hatte ursprünglich weder eine sie tragende einheitliche Organisation, noch klar umrissene Leitsätze. Infolgedessen traten an vielen Orten zunächst charakterlich nicht einwandfreie Männer und die noch schädlicheren Heißsporne und Wirrköpfe in den Vordergrund. In Wittenberg riß in Abwesenheit Luthers Karlstadt die Führung an sich, dazu tauchten in der Stadt auch Zwickauer Propheten auf, die sich auf eigene Offenbarungen beriefen und die Abschaffung aller Sakramente, die Beseitigung jeglicher Obrigkeit, die Einführung des Kommunismus und der Weibergemeinschaft forderten. Am 1. Februar 1522 kam es wegen der Bilder in den Kirchen zu einem großen Tumulte. Als sich der Rat von Wittenberg nicht mehr zu helfen wußte, wandte er sich an Luther. Da eine derartige Unordnung in der Stadt, auf die in aller Welt Freund und Feind der neuen Lehre die Augen richteten, das schlimmste für die Sache des Evangeliums befürchten ließ, eilte Luther von der Wartburg nach Wittenberg und bändigte dort binnen acht Tagen durch die Kraft seiner Persönlichkeit und seines Wortes den ganzen Aufruhr. Er verleugnete dabei keinen seiner Grundsätze, stellte aber über alles die christliche Liebe: „Wir müssen nicht unsere, sondern unseres Bruders Kräfte betrachten, auf daß der Schwache im Glauben, so er dem Starken folgen will, nicht vom Teufel zerrissen werde". Auch bei einer guten Sache sei zu schnelles Eilen vom Übel. Und wie die Verletzung der Nächstenliebe, so sei auch die der gesetzmäßigen Ordnung ein Frevel. Luther beschränkte sich jedoch nicht auf das Beschwichtigen. In Wittenberg und wo sich ihm sonst Gelegenheit bot, nahm er die Regelung der kirchlichen Verhältnisse tatkräftig in die Hand, im übrigen diente er der Kirchenorganisation mit seinen Schriften. Noch im gleichen Jahre erschienen: „Von beider Gestalt des Sakramentes zu nehmen" und „Vom ehelichen Leben"; im nächsten Jahre „Von weltlicher Obrigkeit, wie weit man ihr Gehorsam schuldig sei". Hier wird ebenso der Glaubenszwang der Fürsten abgelehnt, die sich vermessen, Gewissen und Glauben zu meistern und „nach ihrem tollen Gehirn den heiligen Geist zur Schule führen", wie die weltliche Gewalt gegen falsche Auslegung der evangelischen Freiheit verteidigt: Wollte jemand die Welt nach dem Evangelium regieren, alles weltliche Recht und Schwert aufheben, so würde der „den wilden Tieren die Bande und Ketten auflösen und daneben fürgeben, es wären feine, zahme, kirre Tierlein." In ähnlicher Weise behandelt Luther, „daß eine christliche Versammlung oder Gemeinde Recht und Macht habe, alle Lehre zu urteilen"; die „Ordnung eines gemeinen Kastens" gibt Anweisungen zur Verwendung des Klostergutes: „damit man je spüre, daß nicht der Geiz dem geistlichen Gut, sondern christlicher Glaube den Klöstern feind sei"; er verfaßte eine Gottesdienstordnung in der Gemeinde; er ermahnte „die Ratsherren aller Städte deutschen Landes, daß sie christliche Schulen aufrichten und halten sollen" (1524); auch „Kaufhandlung und Wucher" (1524) widmete er eine eigene Schrift, kurz, Luther wurde, seit er die Wartburg verlassen hatte, bis zu seinem Tode nicht müde, für den Aufbau einer evangelischen Ordnung zu sorgen. Über den zweiten, mit Luthers Rückkehr von der Wartburg einsetzenden Teil seiner Lebensarbeit wurde oft geurteilt, er stehe in einem schroffen inneren Widerspruch zu dem ersten, der unter dem Zeichen der Freiheit gestanden habe. Das ist nun freilich falsch, denn Luther kämpfte um nichts weniger als um Geistesfreiheit an sich. Auch die Loslösung von Rom war ihm nicht Selbstzweck, sondern nur die Voraussetzung für den rechten evangelischen Glauben. Aber jeder hörte vor allem das, was ihm selbst am meisten am Herzen lag, aus Luthers Verkündigung heraus und betrachtete in erster Linie dafür den Reformator als Führer oder Bundesgenossen.

Sickingen und Hutten

Im August 1480 wallfahrtete der Pfälzer Ritter Schweiker von Sickingen mit seiner Ehefrau zum heiligen Philipp von Zell und opferte, wie viele seiner Standesgenossen in gleicher Lage, ein silbernes Knäblein. Am 2. März 1481 wurde auf der Ebernburg unweit Kreuznach Franz von Sickingen geboren. Sein Vater, „ein Mathematicus", stellte ihm bei der Geburt das Horoskop und sah da „eine wunderbarliche Konstellation". Franz sollte „ein trefflich Ansehen in der Welt bekommen, sein Ende aber zeigte das Gestirn etwas beschwerlich". Diese Vorhersage erhielt durch Franz von Sickingens Taten und Schicksale eine Bestätigung, die ihn zu einer der unvergeßlichen Gestalten der deutschen Geschichte macht. Das Bild des kleinen, gedrungenen Mannes hat durch die wissenschaftliche Forschung allerdings viel von dem romantischen Zauber eingebüßt, womit es fromme Verehrung umgeben hatte; dafür zeigt sich nun der unvoreingenommenen Würdigung in Sickingen ergreifend die Schuld und Tragik des Mannes zwischen zwei Epochen, der nach dem Größten und Höchsten die Hand auszustrecken gewillt und bereit ist, und dessen Eigenschaften des Charakters und Geistes hierfür nicht ausreichen.

Franz von Sickingen gehörte von seinen Anfängen an zu den Rittern, die Krieg und Fehde, das hieß Verwüstung fruchtbarer Länder durch Mord und Brand, die Ausplünderung des Kaufmanns und des Bauern mit den rohesten Erpressungsmitteln, unter denen das Händeabhacken oft noch als Gnade galt, für die ihrem Stand angemessenste Art des Erwerbes hielten. Da er bereits von Haus aus ein paar Burgen besaß, auch aus Bergwerken beträchtlichen Gewinn zog und neben seiner ritterlich-kriegerischen noch eine geschäftstüchtige Ader besaß, konnte er seinen Hauptberuf bald in einer Weise ausüben, die ihn über die gewöhnlichen Buschklepper weit hinaushob und in die Nähe der Fürsten rückte. Während ein Ritter Bayard nichts so haßte wie die Hakenschützen, bewies Sickingen einen offenen Sinn für die neuen Kriegsmittel. Er schaffte sich einen großen Geschützpark an, bestückte allein seine Ebernburg mit sechsunddreißig Geschützen, darunter mit der vielbewunderten, gegen siebzig Zentner schweren Nachtigall, und warb für seine Unternehmungen außer den gepanzerten Rittern auch Landsknechte an. Dabei machte er sich jedoch die Wirkung der Kanonen nicht ganz klar und hielt die Burgen in der alten Weise für uneinnehmbare Bollwerke, was ihm schließlich zum Verhängnis wurde. Als Kriegsunternehmer großen Stils trat er erstmals 1515 hervor. Er sagte der Stadt Worms Fehde an und forderte das dort tagende Reichskammergericht auf, seinen Sitz zu verlegen, weil er sonst für seine Sicherheit nicht einstehen könne. Er wurde zwar von Kaiser Maximilian geächtet, aber die Reichsstände wagten sich nicht an den mächtigen Mann, der eben mit 1000 Reitern und einigen Fähnlein in das Herzogtum Lothringen einfiel. Herzog Anton verpflichtete ihn daraufhin für sich, außerdem trat er durch Vermittlung des Grafen Robert von der Mark, des „Teufels der Ardennen", in den Dienst des Königs von Frankreich, dem er mit Hilfe der deutschen Ritterschaft die Kaiserkrone zu verschaffen versprach. Auf die Ritter könne sich der König verlassen, nicht aber auf die Fürsten, die ihm nur Geld abnehmen wollten. Im März 1517 überfiel Sickingen in der Nähe von Mainz einen reichen Wagenzug von süddeutschen Kaufleuten. Im Jahr 1518 brandschatzte er mit 10000 Mann erst die Stadt Metz, dann verheerte er einen Teil der Pfalz und Hessen und richtete dabei einen Schaden von 300000 Gulden an. Kurz zuvor war er zu den Habsburgern übergegangen. Er beteiligte sich 1519 an der Vertreibung des Herzogs von Württemberg und brachte mit Frundsberg 2000 Reiter und 12000 Landsknechte auf, die Karl auch zur Sicherung der Wahl dienten (vgl. S. 281). Bei Ausbruch des Krieges mit Franz I. wurde Sickingen einer von des Kaisers Heerführern (vgl. S. 300). Zu diesem Stellungswechsel veranlaßte ihn weniger das von den Habsburgern bezahlte Jahrgeld als die Hoffnung, den jungen Karl und dessen Bruder Ferdinand für seine hochfliegenden, auf eine Umgestaltung der Reichsverfassung abzielenden Pläne zu gewinnen.

Sickingen ließ sich bei seinen Handlungen in erster Linie von dem Streben leiten, seinen Besitz zu mehren und seine Macht zu steigern. Er verlor seine eigennützigen Ziele nie aus den Augen, wenn er sich für geistige Dinge einsetzte; aber er hatte doch auch eine innere Beziehung zu diesen. In seinen jungen Jahren war er zu dem mit seinen Eltern befreundeten Reuchlin gekommen. Ein Gelehrter ist nun Franz allerdings bei ihm nicht geworden, aber er bewahrte zeitlebens eine gewisse Vorliebe, wenn auch nicht für die strenge Wissenschaft, so doch für Leute, die sich mit geistigen Fragen in ungewöhnlicher oder auf neue Weise beschäftigten. Er hat, wie schon sein Vater, der fehdelustige Ritter, tüchtige kurpfälzische Amtmann und Mathematicus, sicher selbst an ihren Bestrebungen Anteil genommen. Den Doktor Faust ernannte Franz 1507 zum Lateinmeister in Kreuznach, wo sich dieser freilich als Lehrer bald unmöglich machte; auch Hutten hat die Freundschaft Sickingens zunächst als Mann der Feder erworben.

Während sich Sickingen, den der Schwäbische Bund eben für sich gewonnen hatte, zu dem Feldzug von 1519 gegen Herzog Ulrich von Württemberg rüstete, besuchte ihn **Ulrich von Hutten**. Er war schon damals ein bekannter Mann, der so manches gerade einen Sickingen Fesselnde zu erzählen wußte. Das Leben hatte dem am 21. April 1488 auf der Burg Steckelberg in Franken Geborenen bisher hart mitgespielt. Der alte Ulrich von Hutten besaß zwar mehrere Burgen und Dörfer, bestimmte aber seinen ältesten Sohn für die geistliche Laufbahn, weil er klein und schwächlich war und schon früh Lust und Fähigkeit zum Lernen zeigte. Der Elfjährige wurde der Benediktinerabtei Fulda übergeben. Mönch zu werden, hatte jedoch der junge Ulrich gar keine Lust, und da sich sein Vater weigerte, ihn aus dem Kloster zu nehmen, entfloh er vor Ablegung der Gelübde und bezog 1505 die Universität Köln. Gänzlich mittellos, war er auf die Unterstützung von Verwandten angewiesen. Im nächsten Jahre siedelte Ulrich von Hutten nach Erfurt über und wurde, bereits ein begeisterter Humanist, in den Kreis Mutians aufgenommen (vgl. S. 94). Nach mancherlei Fahrten, besonders auch in Norddeutschland, auf denen ihm Not und Krankheit hart zusetzten, veröffentlichte der nun Zweiundzwanzigjährige in Rostock zwei Bücher Elegien. Er goß darin die Schale seines Zorns über zwei Männer aus, von denen er sich schwer gekränkt fühlte. Nach einem Wort von David Friedrich Strauß war „die Hebamme von Huttens Geist der Zorn". Gelegentlich eines Aufenthaltes in Wien (1511) las er angesehenen Humanisten ein „Aufmahnungsgedicht an den Kaiser Maximilian" zum Krieg gegen die Venetianer vor. Auch da tobt Huttens Zorn, aber es kommt auch die zweite seelische Grundkraft, die sein Leben und Dichten bestimmte, zum Durchbruch: die eifernde Liebe für sein deutsches Vaterland. Während seines ersten Aufenthaltes in Italien (1512/13) verfaßte er seine „Epigramme an Kaiser Maximilian". Begeistert preisen sie des „Adlers" Größe, verspotten witzig den „Hahn" Frankreich, den „Frosch" Venedig, und nehmen mit seinem Angriff auf Papst Julius das dritte seiner Hauptthemen, den Kampf wider Rom auf: „Wie doch die gläubige Welt der Krämer Julius anführt, / Welcher den Himmel verkauft, den er doch selbst nicht besitzt ... Aber so lange im Himmel ein anderer herrschet und donnert, / Stell ich um himmlisches Gut nimmer als Käufer mich ein." Das Jahr 1514 brachte Huttens Leben endlich eine günstige Wendung. Einer seiner Gönner schon von Fulda her, der Ritter Eitelwolf vom Stein, ein eifriger Förderer des Humanismus und der Humanisten, der eben kurerzbischöflicher Hofmeister bei Albrecht von Mainz geworden war, verschaffte ihm Beziehungen zu seinem Herrn, die ihm zunächst einmal zweihundert Goldgulden für ein Huldigungsgedicht eintrugen.

Ein Vetter Ulrichs, Hans von Hutten, stand bei Herzog Ulrich von Württemberg als Marschall in Diensten. Der Herzog war ein leidenschaftlicher Verehrer der Frau seines Beamten, es kam darüber wiederholt zu Auftritten. Am 7. Mai 1515 tötete der Herzog auf einem Ritt Hans von Hutten, schlang um seinen Hals einen Gürtel zum Zeichen, daß er eigentlich hätte gehenkt werden sollen, und verweigerte die Herausgabe der Leiche zur Bestattung in der Familiengruft. Das war eine Kränkung der ganzen Huttenschen Sippe. So erbittert sie war, konnte sie an ihren Feind doch nicht heran. Als sie ihn vor dem Kaiser anklagte, verlegte sich dieser aufs Vermitteln, statt gerichtlich vorzugehen. Die Hutten mußten froh sein, daß einer der ihren, Ulrich, wenigstens mit der Feder den Verhaßten befehden konnte. Ulrich tat dies so nachdrücklich und ausgiebig, daß sich nun endlich sein Vater mit ihm als dem Verteidiger und Rächer der Familienehre aussöhnte und ihm Geld gab, in Italien die Rechte zu studieren. Ulrich befaßte sich mit dieser Wissenschaft, an der er immer noch keinen Geschmack finden konnte, mehr als bei seinem ersten italienischen Aufenthalt; doch widmete er nach wie vor seine meiste Zeit und Kraft humanistischen Studien und eigenen literarischen Arbeiten. Es sind seine alten Themen, nur verschärft sich der Ton gegen Rom immer mehr. Seit 1517 gebrauchte er gerne die Gesprächsform, in der er eine neue Schrift, eine Satire gegen den Mörder seines Vetters verfaßte. Auf ihr Titelblatt ließ er zum erstenmal seinen Wahlspruch drucken: „Jacta est alea", der Würfel ist gefallen, im Deutschen pflegte Hutten dafür zu setzen: „Ich hab's gewagt." Ende Juni 1517 kehrte er nach Deutschland zurück. In Augsburg krönte ihn der Kaiser auf Peutingers Empfehlung hin zum Dichter und verlieh ihm „alle Privilegien, Ehren, Gnaden und Freiheiten, welche die übrigen kaiserlich gekrönten Poeten und Redner von Recht oder Herkommens wegen genießen". Albrecht von Mainz nahm Hutten bereitwillig wieder in seine Dienste, und der Reuchlin-Pfefferkornsche Streit bot ihm erwünschte Gelegenheit, sich mit den Dunkelmännern auseinanderzusetzen (vgl. S. 96). Auf dem Augsburger Reichstag von 1518 empfing er mannigfache Anregungen und erweiterte seine persönlichen Beziehungen. Als im nächsten Jahre der Schwäbische Bund Truppen sammelte, um den geächteten Herzog Ulrich für seinen Überfall auf die Reichsstadt Reutlingen zu züchtigen, zogen die schwäbischen und fränkischen Reichsritter in Scharen herbei, weil es gegen einen Fürsten ging, mit besonderem Eifer natürlich die Hutten, weil es ihrem Todfeinde galt.

Es waren wohl kaum die Kriegsangelegenheiten allein, weshalb Ulrich von Hutten Sickingen aufsuchte, er wünschte sicher mit dem mächtigsten und berühmtesten Standesgenossen überhaupt in nähere Beziehung zu kommen. Beide fanden schnell aneinander Gefallen, ergänzten sie sich doch gegenseitig aufs beste: der auf die Ausführung großer, weitausschauender Pläne erpichte pfälzische Ritter und der fränkische, der voll solcher Pläne war und für sie wie keiner in Deutschland zu werben verstand. Das erste Ergebnis dieser Freundschaft war Sickingens Eintreten für Reuchlin (vgl. S. 97). Hutten war nun überzeugt, daß Sickingen den Kampf gegen Rom mit dem Schwerte führen werde, für den er selbst eine „Sturmkohorte" von Streitern mit der Feder zu stellen sich anschickte. Hutten schloß aus der Gegnerschaft Leos X. und Karls vor der Wahl, daß dieser dem Papsttum selbst entgegentreten würde, zumal da Hutten fest davon überzeugt war, daß die Päpste von jeher die Kaiser angefeindet und geschädigt hatten. Hutten rechnete, Sickingen werde dank der Verdienste, die er sich um die Habsburger erwarb, entscheidenden Einfluß auf den künftigen Kaiser und seinen Bruder Ferdinand gewinnen, und diese würden dann die Führung in dem Freiheitskriege wider die römische Tyrannei übernehmen. Zur unmittelbaren Vorbereitung auf diesen Kampf veröffentlichte Hutten mehrere Streitschriften gegen Rom. Die bedeutendste von ihnen war der „Vadiscus" oder die „Trias Romana". Ein gewisser Vadiscus, heißt es da, habe seine Beschwerden gegen Rom in Triaden, in Gruppen von je drei Stücken, zusammengefaßt. Hutten tut nun so, als ob er diese Triaden aus dem Gedächtnis mitteile und knüpft an jede einzelne Erläuterungen in Gesprächsform. Schon der Aufbau: drei Dinge hat man zu Rom im Überfluß; drei Dinge sind selten in Rom; drei Dinge sind in Rom verboten; drei Dinge bringt man aus Rom mit in die Heimat usw. sicherten dieser Schrift eine außerordentliche Wirkung. Der Inhalt selbst ist weder in dem Tadel noch in den Vorschlägen, dem Übel abzuhelfen, neu; aber an Wucht und beißendem Witz übertrifft der Vadiscus fast alles derartige in der zeitgenössischen Literatur. In dem Büchlein „Inspicientes" oder „Die Anschauenden", wie es Hutten in seiner späteren Verdeutschung überschrieben hat, geht er von dem Augsburger Reichstag von 1518 aus. Der Sonnengott und sein Sohn Phaëton sehen auf die Erde herab. Da fällt ihnen ein großes Getümmel zu Augsburg auf. Der Vater erklärt dem Sohn auf dessen Fragen die Prahlerei, Habgier und Niedertracht Roms, verkörpert in dem päpstlichen Nuntius Cajetan, und die Tugenden der Deutschen. Dabei kommt Hutten auch auf die Ritter zu sprechen. Er teilt durchaus ihre Vorurteile und entschuldigt den „mannhaften Frevel" der Buschklepper. Mit vielen seiner Standesgenossen sah er in dem Ritter den letzten Vertreter urväterlicher, gesunder Sitte und leitete davon dessen Berufung zum Kampfe für das alte deutsche, für das germanische Wesen her. Hutten stützte auch sonst seine Beweisführung gerne auf die Geschichte und trug viel zur Verbreitung geschichtlicher Kenntnisse von nationalpolitischer Bedeutung bei (vgl. S. 131).

Am 3. April 1518 hatte Hutten an einen seiner humanistischen Freunde, Hermann von Neuenaar, geschrieben, er habe gehört, zu Wittenberg habe sich eine Partei wider die Gewalt des Papstes erhoben, eine andere verteidige den päpstlichen Ablaß; sie fielen nun schon mit hitzigen Schriften übereinander her. Hoffentlich würden sie sich gegenseitig zugrunde richten. Dem Ordensbruder, der ihm von diesen Dingen erzählte, habe er geantwortet: „Fresset einander, damit ihr von einander gefressen werdet". Hutten gehörte also zuerst zu den Humanisten, die Luthers Kampf lediglich als Mönchsgezänk beurteilten, aber, anders als manche von ihnen, sah er darin keine Gefahr für die „aufkeimende Bildung", sondern hoffte, wenn sich die mönchischen Eiferer gegenseitig vernichtet hätten, würde die Bahn für den Humanismus frei werden. Nun wurde aber für Hutten mehr und mehr der Kampf gegen Rom die Hauptsache. Und als er Umschau hielt, wer für seine Sturmschar in Betracht käme, wurde er auf Luther aufmerksam, der in immer stärkeren Gegensatz zu Rom geriet, und dessen Schriften im deutschen Volke noch einen weit größeren Widerhall fanden als seine eigenen. Im Januar 1520 suchte Hutten gelegentlich eines Aufenthaltes auf der Burg Landstuhl Sickingen für Luther zu gewinnen. Sickingen erklärte sich sofort bereit, Luther, wenn er in eine gefährliche Lage komme, bei sich aufzunehmen. Hutten ließ dies Luther durch Melanchthon mitteilen, da er jenem mit Rücksicht auf den Erzbischof Albrecht von Mainz noch nicht persönlich schreiben wollte. Bald darauf machte der fränkische Ritter Silvester von Schauenburg Luther ein ähnliches Angebot, auf das dieser antwortete, er verachte es nicht, wolle aber ohne seinen Schutzherrn Christus keinen Gebrauch davon machen. Ähnlich dürfte Luther an Hutten in einem später verlorengegangenen Brief vom 31. Mai geschrieben haben. Fast zu derselben Zeit, am 4. Juni, wahrscheinlich noch ehe dieser Brief in seinen Händen war, wandte Hutten sich unmittelbar an Luther. Bewundernd ruft er aus: „Es heißt, du seiest gebannt worden. Ist dies wahr, wie groß bist du dann, o Luther!" Es sind nicht eigentlich religiöse Gründe, weshalb er Luthers Waffenfreundschaft sucht, das gemeinsame Kampfziel ist die Befreiung Deutschlands von Rom. In die Tiefen der lutherischen Glaubensauffassung ist Hutten nie eingedrungen, auch hat er z. B. immer an der katholischen Lehre von dem Unterschied des geistlichen und des weltlichen Standes festgehalten.

Gleich Luther suchte jetzt Hutten in deutscher Sprache auf das ganze Volk einzuwirken. Schon die erste dieser Schriften, seine „Klag und Vermahnung gegen den (!) unchristlichen Gewalt des Papstes und der ungeistlichen Geistlichen" von Ende 1520 wurde ein voller Erfolg. „Latein ich vor geschrieben hab" sagte er da, „das war einem jeden nicht bekannt, / Jetzt schrei ich an das Vaterland, / Teutsch Nation in ihrer Sprach, / Zu bringen diesen Dingen Rach." Poesie im eigentlichen Sinne sind seine zorndurchglühten Verse freilich nicht, immerhin weiß er, der Humanist, in gebundener Rede ungleich stärker zu packen als mit seiner schwerfälligen deutschen Prosa. Huttens Kampfeseifer wurde besonders angestachelt, als er sich seit dem Sommer persönlich bedroht fühlte. Von Rom war der Kaiser aufgefordert worden, auch gegen Hutten vorzugehen. Dieser hätte allerdings nur seine Angriffe gegen Rom einzustellen brauchen, um von der Kurie fortan unbehelligt zu bleiben, weil er nicht wegen Ketzerei angeklagt war. Aber er wollte „nicht müßig dastehen, sein Leben in Ruhe verbringen und Frieden halten", derweil die römischen Erztyrannen Deutschland schändlich ausplünderten. Jetzt mußte ihn auch Albrecht von Mainz endgültig fallen lassen.

Hutten fand bei Sickingen auf der Ebernburg eine Zuflucht. Seine Lage glich der Luthers in jener Zeit. Beide verlangten vom Kaiser, nicht ungehört verurteilt zu werden, wie Kurfürst Friedrich für Luther, so erreichte Sickingen für Hutten die Zusage eines Verhörs, und wie jener von Wittenberg aus mit seinen Schriften die öffentliche Meinung wider Rom aufrief, so Hutten von der Ebernburg aus. Während aber Luther Gewaltanwendungen ablehnt und seine und des Glaubens Sache Gott anheimstellt, drängt Hutten auf einen Pfaffenkrieg hin, bei dem es, wie er an den Kurfürsten Friedrich den Weisen schrieb, nicht ohne mörderischen Kampf und Blutvergießen abgehen werde. Hutten hoffte zwar zunächst noch auf einen Pfaffenkrieg unter Führung des Kaisers; doch wollte er daraus eine Art Kesseltreiben machen, in dem dann „jeder, der Adel voran, sein Mütchen am verhaßten Klerus kühlen konnte, ohne viel nach den Befehlen von oben zu fragen" (Walser). Als eine Art Vorspiel zu diesem Krieg lauerte Hutten Anfang November dem päpstlichen Gesandten Aleander am Rhein auf, konnte ihn aber nicht fangen. Wenn Luther sich äußerte, er hätte sich gefreut, falls dies Ritterstücklein gelungen wäre, so bedeutet das noch lange keine Zustimmung zu einem Pfaffenkrieg oder zu einer gewaltsamen Durchführung der Reformation, so sehr er den Vertretern Roms einen Denkzettel als Beweis für die in Deutschland herrschende Stimmung gegönnt hätte. Der Widerruf des Kaisers vom 17. Dezember, Luther in Worms Gelegenheit zu einem unparteiischen Verhör zu geben (vgl. S. 289), nahm Hutten die letzte Hoffnung, seine Sache gegen Rom auf dem Reichstag durchzufechten und den Kaiser für einen Pfaffenkrieg gewinnen zu können. Daraufhin verfaßte Hutten Ende 1520 oder anfangs 1521 seine „Entschuldigung wider Etlicher unwahrhaftiges Ausgeben ...". Diese Schrift, die „eine Verteidigung, ein Programm und ein Ultimatum zugleich darstellt, gibt zum ersten Male das offene und deutliche Geständnis, daß Hutten entschlossen ist, seine und des Volkes berechtigte Forderungen, wenn sie nicht vom Kaiser und von den Fürsten beachtet würden, gegen die Kurtisanen und Romanisten mit Waffengewalt durchzusetzen" (Szamatólski). Damit ging Hutten von seinem Plane eines legalen kaiserlichen Pfaffenkrieges zur Androhung eines Vorgehens auf eigene Verantwortung über. Von seinen Vorstellungen eines freien Ritters aus betrachtete er dies freilich nicht als eine ungesetzliche Handlung oder gar als offenen Aufruhr, sondern als selbstverständliche Ausübung seines Fehderechtes gegen Leute, welche, ohne ihn zu verhören, seine Bestrafung wegen papstfeindlicher Schriften vom Kaiser verlangt hatten. Den Krieg gegen die Kurtisanen und ihre Anhänger hält Hutten überdies für seine Pflicht, man müsse diese gemeinen Friedensbrecher und notorischen Vaterlandsverräter auf jede Weise unschädlich machen, da brauche weder er noch sonst jemand zu warten, bis „kaiserliche Majestät die Sache selbst fürzunehmen gelegen wäre".

Wie sollte aber Hutten die Römlinge mit Waffengewalt bezwingen können? Zweifelte doch sogar Sickingen, ob er, der im Dienste des Kaisers stand, seinen Freund weiterhin schützen könne, und fragte deshalb bei dem Grafen Robert von der Mark an, mit dem er trotz dessen Bündnis mit Franz I. (vgl. S. 299f.) die alten freundschaftlichen Beziehungen aufrecht erhielt, ob der Hutten aufnehmen wolle. Der „Teufel der Ardennen" antwortete, Sickingen solle ihm nur Hutten schicken, bei ihm sei er vor dem Papst und seinen Kardinälen sicher. Wenn Hutten gleich ein halbes Dutzend Kardinäle als Gefangene mitbringen wolle, so würde er ihm gerne dabei helfen, denn „ich wollt mir kein Gewissen darüber machen, diesen Leuten viel abzunehmen oder Leid anzutun." Auch den Luther möge Sickingen gleich mit Hutten schicken, damit beide einander gute Gesellschaft leisten könnten. Mit dem Bundesgenossen des Franzosenkönigs wollte sich Hutten aber doch nicht näher einlassen, und so blieb er bei Sickingen. Eifrig las Hutten mit ihm Luthers deutsche Schriften und befestigte sich immer mehr in der Hoffnung, Sickingen werde die militärische Führung im Kampfe wider die Pfaffen übernehmen, während er und Luther eine große Volksbewegung hervorrufen würden. Um die Aufmerksamkeit der breitesten Öffentlichkeit auf Sickingen hinzulenken und ihn noch mehr an sich zu fesseln, sicher auch in treuer Anhänglichkeit an den Freund und in ehrlicher Bewunderung, stellte ihn Hutten in den Mittelpunkt seiner literarischen Arbeiten. Er gab mehrere seiner früheren Dialoge unter der von ihm geprägten Bezeichnung „Gesprächbüchlein" in deutscher Sprache heraus und eignete sie Sickingen, an den er sich gegen die boshaften Kurtisanen und Romanisten wie an eine feste, unerschütterliche Wand lehne, mit einer sein edles deutsches Wesen rühmenden Widmung zu: „Und ist zu wünschen und zu bitten, daß Gott unserm Haupt, Kaiser Karlen, deine tugendhafte, unerschrockene Mutsamkeit erkennen lasse, damit er dich deiner Geschicklichkeit nach in seinen hohen trefflichen Händeln, das römisch Reich oder auch ganze Christenheit betreffend, so mit Rat wie mit der Tat brauche... Fürwahr einen solchen Mut sollt man nit ruhen, noch inner Bezirks kleiner Sachen gebraucht werden lassen." — In den lateinischen Dialogen vom Januar 1521 läßt er seinen Freund Franz mitredend und mithandeln auftreten. Einer dieser Dialoge „Bulla vel Bullicida" (Bullentöter) verhöhnt die Bannbulle als eitle Blase (bulla). Sie platzt schließlich, und unter entsetzlichem Gestank entleert sich ihr Inhalt: Ablaß, Aberglaube, Habsucht, Heuchelei, Hinterlist, Meineid und anderes dieser Art. In den „Praedones", den Räubern, werden die eigentlichen Wegelagerer, die Strauchritter, als arme Teufel entschuldigt; es sei, wie Hutten den Sickingen sagen läßt, vom Übel, daß man diese geringste und harmlose Art der Räuberei in Deutschland bestrafe. Schlimmer sind die Kaufleute, die Deutschland mit ihren ausländischen Waren überschwemmen. Schädlicher als die Kaufleute sind die Schreiber und Juristen: Deutschland war besser daran, als das Recht in den Waffen lag, und nicht in Büchern gesucht wurde. Die obersten Räuber sind die Weltgeistlichen, die Ordensgeistlichen und die Mitglieder der römischen Kurie. In einem anderen dieser Dialoge, in dem „Monitor secundus" stellt Hutten Sickingen dem Hussitenhelden Ziska gleich. Sickingen nahm damals von Hutten eine Anregung auf, die er später in die Tat umzusetzen suchte: durch Säkularisation geistlicher Güter zu einem Reichsfürsten aufzusteigen (vgl. S. 318f.). Von einem sofortigen Losschlagen wollte Sickingen allerdings nichts wissen, er hielt noch fest zur kaiserlichen Regierung und vertröstete Hutten auf den Reichstag, die reformfreundlichen Stände würden dort den Kaiser wohl umstimmen.

Zu Beginn des Wormser Reichstages befürchteten viele von Hutten kaum weniger als von Luther. „Von Luther ist hier viel Redens", schrieb ein kursächsischer Rat an einen Nürnberger Freund, „aber es kommt jetzt Herr Ulrich von Hutten mit so vielen seltsamen Schriften hervor, daß die Römischen ihm feinder sind als Dr. Luthern." Außerdem hieß es, Hutten wäre es bei seinem Einfluß auf die Ritterschaft ein leichtes, jederzeit eine große Zahl verwegener Kämpen um sich zu scharen. Am 19. Februar 1521 schrieben Sickingen und viele Edelleute dem Kaiser, sie wären übereingekommen, Hutten gegen jegliches Urteil zu verteidigen, das, ohne ihn und seine Gefährten anzuhören, gefällt würde; man stehe vor einem ungeheuren Volksaufstand gegen die Kleriker. Dazu kam anfangs April ein erneuter heftiger Vorstoß Huttens. Er gab als Antwort auf das kaiserliche Mandat vom 10. März, das die Auslieferung von Luthers Schriften an die Obrigkeit gebot, „Invectiven" heraus gegen die päpstlichen Gesandten Aleander und Caraciolo, gegen die Kardinäle, Bischöfe und Priester, die Luther zu Worms bekämpften.

Hutten droht darin Aleander ganz offen, er werde alles tun, daß dieser nicht lebend aus Deutschland komme. Dem Caraciolo ruft Hutten zu: „Was suchst du Aufschub, du größter aller Diebe, die jemals hier gestohlen haben, du gewalttätigster Räuber, du verschlagenster, listigster, unverschämtester, ruchlosester aller Betrüger! Gehorche der Feder, damit du nicht dem Schwerte weichen mußt!" und ähnlich den deutschen Kirchenfürsten: „Hebt euch weg von den reinen Quellen, ihr unsauberen Schweine! Hinaus mit euch aus dem Heiligtum, ihr verruchten Krämer!" Würden sie ihn und Luther unterdrücken, dann käme es zu einer viel gewaltsameren Bewegung. Dieses Sendschreiben richtete Hutten unmittelbar an den Kaiser. Die kaiserliche Regierung suchte im Einverständnis mit Aleander der von Sickingen und Hutten drohenden Gefahr dadurch zu begegnen, daß sie diesem anbot, gegen ein Jahresgehalt in den Dienst des Kaisers zu treten. Gehe er darauf ein, dann würde das Verfahren gegen ihn niedergeschlagen. Der kaiserliche Rat Paul von Arnsstorff und Karls Beichtvater begaben sich zu den Verhandlungen auf die Ebernburg. Glapion übernahm den schwierigsten Teil der Aufgabe, Sickingen und Hutten wegen Luther zu beschwichtigen. Glapion täuschte eine große persönliche Anteilnahme an Luthers Reformbestrebungen vor, leider habe dieser das viele Gute, das er geschrieben, mit Ketzereien vermengt, die sich aber auch in katholischem Sinne auslegen ließen. Dem kaiserlichen Beichtvater gelang es, den theologischen Berater der beiden Ritter, Butzer (vgl. S. 393), von seinen Ansichten zu überzeugen. Auch mit seinem Vorschlage, Luther auf die Ebernburg zu laden, dürfte Glapion schon damals herausgerückt sein. Von einer öffentlichen Behandlung der Angelegenheit auf dem Reichstag sei ja doch kein positives Ergebnis zu erwarten. Dagegen lasse sich bei vertraulichen Aussprachen leichter eine Einigung erzielen. Luther werde da von Ketzereien abrücken, zumal wenn er begründete Aussicht auf die Kirchenreform erhalte. So erreichten denn die beiden Gesandten ihr Ziel: Sickingen und Hutten waren wegen Luther und in der Frage der Kirchenreform beruhigt, Hutten erklärte sich zum kaiserlichen Dienst bereit, entschuldigte sich in einem Schreiben an den Kaiser wegen der Heftigkeit seiner gutgemeinten Invektiven und versprach, „wenn er es könne", fortan zu schweigen. Butzer, Sickingen und Hutten hatten sich von dem gerissenen französischen Franziskaner Glapion hinters Licht führen lassen, am meisten Butzer; am wenigsten hatte ihm Hutten getraut, der dann auch, als die Täuschung offenkundig wurde, über den Hereinfall am wütendsten war.

Die Vorgänge bei Luthers Vernehmung auf dem Reichstage mußten Hutten die Augen über die wahre Gesinnung des Kaisers und seines Beichtvaters öffnen. Trotzdem schwieg er, auch vom kaiserlichen Dienst trat er nicht sofort zurück, worüber ihm seine humanistischen Freunde, der Ritter Hermann von dem Busche und Eoban Hesse schwere Vorwürfe machten. Zwischen Huttens Erklärung an den Kaiser und Luthers Vernehmung auf dem Reichstag lagen nur zehn Tage. Ein neuer, plötzlicher Stellungswechsel wäre da für Hutten höchst mißlich gewesen, denn eine

„Enthüllung und öffentliche Brandmarkung der Schwindeleien" Glapions waren nicht so einfach, wie es manchem scheinen mag. Er war ja noch in letzter Stunde mit dem gleichen Vorschlag an Luther herangetreten und konnte nun einwenden, dessen Weigerung habe eben alle seine Vermittlungsversuche zunichte gemacht. Außerdem wird Sickingen seinen Freund vor übereilten literarischen oder gewaltsamen Angriffen zurückgehalten haben. Fünf Wochen später verzichtete Hutten auf das Jahrgeld des Kaisers und machte sich damit frei. Doch schon am 24. Juni verpflichteten sich Sickingen und fünfundzwanzig Edelleute, darunter auch wieder Hutten, dem Kaiser zum Kriegsdienst gegen Franz I.; am 4. Juli wurde Sickingen zum Feldhauptmann ernannt. Trotz alledem dachten er und Hutten nicht an ein grundsätzliches Abrücken von Luther und an ein endgültiges Aufgeben ihrer weitgesteckten Ziele. Sie rechneten, Sickingen werde sich durch seine Kriegstaten dem Kaiser erst recht empfehlen und dadurch auf ihn, den sie immer noch für leicht lenkbar hielten, großen Einfluß gewinnen. Auf diesem Feldzug holten sich aber die kaiserlichen Truppen keine Lorbeeren (vgl. S. 300). Sickingen geriet bei seinem kaiserlichen Herrn in Ungnade und wurde im Oktober abgesetzt. Hutten war wegen eines schweren Anfalles seiner Krankheit überhaupt nicht in den Krieg gezogen. So fielen für beide die bisherigen Rücksichten auf den Kaiser weg; die große Pfaffenfehde konnte beginnen. Hutten hatte dazu von sich aus schon wiederholt angesetzt, erstmals, als er im November 1520 Aleander auflauerte, dann, als er auf diesen und Caraciolo, wiederum vergebens, anfangs Juni 1521 einen Überfall unternahm und die Gegenden am Untermain bis zu seiner zweiten Vereinbarung mit dem Kaiser am 21. Juni beunruhigte. Damals dichtete er das Lied, für das er den Lorbeer mit höherem Recht trägt, als für seine lateinischen Verse:

Ich hab's gewagt mit Sinnen
Und trag des noch kein Reu;
Mag ich nit dran gewinnen,
Noch muß man spüren Treu;
Damit ich mein
Nit eim allein,
Wenn man es wollt erkennen:
Dem Land zugut,
Wiewohl man tut
Ein Pfaffenfeind mich nennen
* * * * * * * * * * * * * * *
Ob dann mir nach tut denken
Der Kurtisanen List:
Ein Herz läßt sich nit kränken,
Das rechter Meinung ist.
Ich weiß, noch viel
Wölln auch ins Spiel,

und solltens drüber sterben:
Auf, Landsknecht gut,
Und Reuters Mut,
Laßt Hutten nit verderben!"

Vom Herbst 1521 bis Herbst 1522 unternahm Hutten eine Reihe von Überfällen auf geistliche Personen. Die Absicht, die ihn hauptsächlich dabei leitete, läßt besonders deutlich sein Fehdebrief vom Mai 1522 an das Stift von Jung Sankt Peter in Straßburg erkennen: er habe aus billigen, christlichen, ehrlichen Ursachen unter seinem Siegel allenthalben eine Vermahnungsschrift anschlagen lassen, worin er jedermann gewarnt habe, mit den Kurtisanen und Romanisten etwas gemein zu haben. Da trotzdem das Stift solche beherberge, fordere er es auf, sie binnen acht Tagen zu entlassen oder seiner Feindschaft gewärtig zu sein. Nicht viel weniger als die Pfaffen haßte Hutten die Fürsten. Sie galten ihm als die Hauptfeinde der Ritter, außerdem hatten sie zu Worms seine Hoffnungen, die er auf sie für seine kirchenpolitischen Pläne gesetzt hatte, schwer enttäuscht. Er forderte deshalb in der „Beklagung der Freistädte teutscher Nation" die Städte auf, mit dem Adel gemeinsame Sache gegen die Fürsten zu machen: „Ihr frommen Städte, nun habt in acht / des gemeinen deutschen Adels Macht, / zieht den zu euch, vertraut ihm wohl: / ich sterb, wo's euch gereuen soll. / Ihr seht, daß ihr mit ihm zugleich / beschwert werdt durch der Tyrannen Reich, / die jetzt all ander Ständ verdruckt / allein sich han herfürgeruckt." „Den armen Adel" haben die Fürsten schon gefressen, jetzt wollen sie an die Städte gehen.

Das Jahr 1522 schien Hutten endlich die Erfüllung seiner Hoffnungen zu bringen: Sickingen holte zu einem großen Schlage aus. Reformatorische, nationale, vor allem ständisch-ritterliche Ziele und die Befriedigung seines persönlichen Ehrgeizes trieben ihn hierzu an. Im Frühjahr kamen die oberrheinischen Ritter zu Landau überein, ihre Streitigkeiten mit anderen Ständen nur vor Gerichten, die mit rittermäßigen Leuten besetzt seien, entscheiden zu lassen, und jedem, dem dies versagt würde, zu Hilfe zu eilen. Zum Hauptmann dieses Bundes wurde Sickingen gewählt. Auch im übrigen Reiche schlossen sich ihm viele Ritter an. Dagegen versagte sich ihm Luther, den er ebenfalls in sein Unternehmen hereinziehen wollte, obwohl auf der Ebernburg früher als in Wittenberg der evangelische Gottesdienst eingeführt worden war, und hier Männer wie Butzer und Ökolampadius wirkten. Aber der kursächsische Hof wollte von Sickingens Vorgehen nichts wissen, und Luther verwarf grundsätzlich den Kampf für das Evangelium mit dem Schwerte. Von Sachsen aus und von verschiedenen weitblickenden Freunden wurde Sickingen ernstlich gewarnt, als er gegen Trier rüstete. Doch er ließ sich von seinem Plan, den er schon während des Wormser Reichstages gefaßt hatte, nicht abbringen. Er gedachte mit seinem Zug gegen Trier die Säkularisierung geistlichen Gutes einzuleiten und dabei große Gebiete für sich selbst zu gewinnen. Sein Unternehmungsgeist war nebenher auch dadurch aufgestachelt, daß sein Mißgeschick bei dem französischen Feldzug von 1521 schwere finanzielle Einbußen für ihn mit sich gebracht hatte. Er hatte dem Kaiser 50000 Gulden für Kriegsaufwendungen vorgestreckt, und es hielt nun schwer, diese Summe wieder zu erhalten. Am 27. August kündigte Sickingen dem Erzbischof von Trier die Fehde an. Gründe hierfür ließen sich nach damaligem Gebrauch leicht finden, als die Hauptursache gab Sickingen in seinem Fehdebriefe an, daß der Kurfürst „wider Gott, kaiserliche Majestät und des heiligen Reiches Ordnung und Billigkeit gehandelt" habe. Damit sollte der Pfaffenfürst und der Parteigänger Franz I. (vgl. S. 278) getroffen werden. Den Untertanen von Trier verhieß Sickingen, er werde sie von dem schweren antichristlichen Gesetz der Pfaffen erlösen und sie zu evangelischer Freiheit bringen. Am 7. September stand Sickingen mit 1500 Reitern, 5000 Mann Fußvolk und beträchtlichem Geschütz vor Trier. Aber der Erzbischof Richard von Greiffenklau wußte seine Stadt gut zu verteidigen. Nach acht Tagen mußte der Belagerer, ohne etwas ausgerichtet zu haben, abziehen. Schon das bedeutete für Sickingen, der auf schnelle Anfangserfolge angewiesen war, einen harten Schlag. Schlimmer noch war für ihn, daß der Trierer von seinen fürstlichen Genossen auf jede Weise unterstützt wurde. Der Herzog von Kleve und der Kurfürst von Köln verboten den in ihren Gebieten geworbenen Reitern bei Verlust ihrer Lehen und ihres Lebens, zu Sickingen zu stoßen. Der Landgraf von Hessen überwältigte die von Braunschweig heranziehenden Ritter und bestimmte sie, bei ihm Dienst zu nehmen. Daraufhin blieben auch die westfälischen und lüneburgischen Ritter dem Kampfe ferne. Der Landgraf Philipp von Hessen und der Kurfürst Ludwig von der Pfalz schlossen sich in aller Form Greiffenklau gegen Sickingen an, verfolgten ihn aber zunächst nicht, sondern griffen, was ihn noch mehr schädigte, seine Freunde an. Gegen die schwäbischen und fränkischen Ritter wandte sich der Schwäbische Bund und lud sie wegen verschiedentlichen Landfriedensbruches vor das Bundesgericht. Sie leisteten der Mahnung nicht Folge und setzten sich zur Wehr; ganz Schwaben und Franken wurde von Kriegslärm erfüllt.

Der Kaiser hatte sich im Mai nach Spanien begeben, und so sollte nun das Reichsregiment Ruhe schaffen. Am 10. Oktober ächtete es Sickingen, der sich nicht darum kümmerte. Aber auch die drei verbündeten Fürsten mißachteten das Reichsregiment. Wie Sickingen die Fehde gegen Trier als Krieg gegen die Fürsten führte, so kämpften der Trierer und seine Bundesgenossen gegen Sickingen und seine Anhänger, um den Aufruhr der Ritterschaft ein für allemal zu dämpfen. Sie verschonten dabei auch Freunde Sickingens nicht, denen keine Schuld nachgewiesen war, und verstießen damit ebenfalls gegen die Landfriedensgesetze. So erfolgte eine Annäherung des Reichsregimentes an Sickingen, was diesem jedoch nichts nützte. Er zog sich auf seine feste Burg Landstuhl zurück und hoffte bis zuletzt auf die Hilfe von Gleichgesinnten aus ganz Deutschland, aus der Schweiz und Böhmen, namentlich auch der Lutheraner. Doch nicht die erwarteten Freunde, sondern die gegen ihn verbündeten Fürsten erschienen mit ihren Truppen und Geschützen vor Landstuhl. Am 30. April 1523 beschossen sie die Burg, und noch am gleichen Tag brach der starke Wehrturm zusammen. Wenige Tage später wurde Sickingen von dem Geschoß einer Notschlange getroffen, an einen spitzen Balken geschleudert und tötlich verwundet. Um seine Getreuen nicht nutzlos zu opfern, übergab er seinen Feinden die Burg. Am 7. Mai gingen die siegreichen Fürsten unter Vorantritt des Heroldes Kaspar Sturm, eines kurpfälzischen Adligen, zu dem im finstern Burggewölbe liegenden Sickingen. Der düstere Raum wurde mit Fackeln erleuchtet. Vor dem Pfalzgrafen, seinem Lehensherrn, zog Sickingen sein rotes Barettlein ab und suchte sich aufzurichten. Der Pfalzgraf beruhigte ihn: „Franz, bleib liegen, und setz wieder auf!" Sickingen hätte gerne noch viel gesagt, war aber nicht mehr dazu imstande. Auf die vorwurfsvolle Frage des Trierer Erzbischofs, weshalb er ihn und seine armen Leute mit Krieg überzogen und geschädigt habe, antwortet Franz: „Da wäre viel davon zu reden. Nichts ohne Ursache." Hierauf verließen die drei Fürsten den Sterbenden. Als sein Kaplan Vorbereitungen traf, seine Beichte zu hören und ihm die Kommunion zu reichen, sagte er zu ihm, er habe Gott in seinem Herzen gebeichtet, der Kaplan möge ihm nur die Absolution sprechen und das Sakrament zeigen. Während der Kaplan den letzten Wunsch seines Herrn erfüllte, verschied Franz. Es war um die Mittagsstunde. „Und wie er in Zeit seines Lebens sein männlich, ehrlich und trutzig Gemüt gehabt, das hat er auch bis in die Stunde seines Todes behalten", berichtet sein Schwager in der von ihm verfaßten Flersheimer Chronik.

Mitte Juni brach das Heer des Schwäbischen Bundes unter dem Freiherrn Georg Truchseß von Waldburg mit 1500 Reisigen und etwa 13000 Landsknechten aus Dinkelsbühl auf, um den Landfriedensbrüchen und Räubereien der fränkischen und schwäbischen Ritter ein Ende zu machen. Am rohesten hatten Hans Thomas von Absberg bei Gunzenhausen und seine Gesellen die Unglücklichen behandelt, die in ihre Gewalt fielen. Sie hackten ihnen die rechte Hand ab und verhöhnten sie, wenn sie baten, man möge ihnen doch lieber die Linke abhauen. Der riesigen Übermacht wagten die Ritter, so verwegen und trotzig sie bisher gewesen, nicht zu widerstehen. Zweiunddreißig Burgen und Schlösser, die zum größten Teil im Odenwald und im württembergischen Franken lagen, wurden innerhalb sechs Wochen zerstört.

Im Sommer oder Herbst 1522 hatte Hutten, den seine fortschreitende Krankheit zum Waffenwerk untauglich machte, die Burg Landstuhl verlassen. Er begab sich nach Basel, wo er alsbald in eine heftige literarische Fehde mit Erasmus geriet. Hutten hatte ihm seine Zurückhaltung in der lutherischen Angelegenheit schon längst verübelt. Als Erasmus jetzt, um bei der Kurie und seinen fürstlichen Gönnern nicht anzustoßen, dem früheren Freunde sagen ließ, er möge ihn nicht besuchen, aber auch das wieder, wie es so seine Art war, auf jede Weise zu bemänteln suchte, und obendrein in einem Briefe, der im Druck erschien, in ironischen Wendungen offen von Luther abrückte, riß dem leidenschaftlichen Ritter die Geduld. Er verfaßte in Mülhausen, wohin er am 19. Januar übergesiedelt war, eine Schmähschrift gegen Erasmus. Da Huttens Aufenthalt auch in der elsässischen Reichsstadt zu Unruhen führte, bat ihn der Rat, sich zu entfernen. Hutten reiste Ende Mai oder anfangs Juni nach Zürich zu Zwingli. Er wurde hier gut aufgenommen. Ein heftiger Anfall seiner Krankheit veranlaßte ihn, die heißen Quellen bei Pfäffers aufzusuchen. Da sie ihm keine Linderung verschafften, vertraute er sich der Pflege des heilkundigen Pfarrers Hans Schnegg auf der Insel Ufnau im Zürichersee an. Hier starb Hutten, fünfunddreißig Jahre und vier Monate alt, am 31. Juli oder 1. September 1523.

Sieht man auf die Einzelheiten im Leben Sickingens und Huttens, dann erscheinen beide gewiß nicht fleckenlos. Für einen Mann, der, wie Sickingen, das Schwert im Namen der Reformation und zur Rettung des Vaterlandes führte, ist es keine vollgültige Entschuldigung, daß er es mit plündern und sengen nicht anders hielt als viele seiner Standesgenossen und selbst manche geistliche Fürsten. Auch seine politischen und kriegerischen Fähigkeiten waren im Grunde doch bloß die eines Ritters alten Stiles, der seinen Gegner in plötzlichem Überfall niederzuwerfen und durch Verheerung seines Gebietes einzuschüchtern sucht, und der bei drohender Gefahr keinen anderen Ausweg weiß, als hinter den Mauern seiner Burg dem Ansturm der Feinde zu trotzen. Hutten kämpfte mit der Feder nicht viel anders als sein Freund mit dem Schwerte. Er wiederholte sich immer wieder in seinen Anklagen und Ermahnungen, übernahm sich mit seinen nur zu oft recht großsprecherischen Angriffen, und sein gehobener Stil grenzt zuweilen, ebenso wie der von ihm unternommene Pfaffenkrieg, hart an das Lächerliche. Trotz alledem nehmen beide Männer in der Erinnerung des deutschen Volkes mit Recht einen hervorragenden Platz ein. Obwohl nicht Lutheraner im eigentlich religiösen Sinne, was Hutten gelegentlich für seine Person ausdrücklich hervorhob, haben sie doch die Sache Luthers mächtig gefördert und dem Reformator immer die Treue gehalten, auch noch, als sie nicht mehr daran zweifeln konnten, daß er ihrem kriegerischen Eintreten für das Evangelium seine Unterstützung verweigerte. Der deutsche Adel hat sich auch nach dem unglücklichen Ende Sickingens und Huttens mit besonderem Eifer zu Luther bekannt, was sicher zum guten Teil eine Folge von Sickingens und noch mehr von Huttens Wirken war. Mit der von ihnen entfachten ritterlichen Bewegung fand die ruhmreiche Vergangenheit des deutschen Rittertums als eines eigenen politischen Faktors ihren Abschluß. Sie mußten scheitern wie immer, wenn man mit Gewalt zu neuem Leben zu erwecken versucht, was das Leben selbst mit innerer Notwendigkeit aus seinem Kreislauf ausscheidet. Durch Hutten und Sickingen wurde dieser Ausgang echt tragisch gestaltet: nicht frei von Schuld aber auch nicht ohne den Glanz des alten Rittertums. Es hatte von jeher keine stolzere Losung gekannt als „Ich hab's gewagt!" und hat damit einstmals einem an Taten und Erfolgen überreichen Zeitalter seinen Stempel aufgedrückt.

Fünftes Kapitel

Der Bauernkrieg

Die Bauern und das Evangelium

Die im dritten Kapitel des ersten Buches geschilderte Gärung unter den Bauern, die bereits zu zahlreichen Aufständen geführt hatte, lag wie Gewitterschwüle über Deutschland. Während die einen voll banger Sorge eine furchtbare Entladung fürchteten, sahen andere im Bauern einen oder den Hauptträger des nun anbrechenden neuen Zeitalters. Der „Karsthans", eine der besten und wirkungsvollsten Flugschriften der Reformationszeit, verfaßt im Frühjahr 1521 von dem Humanisten Vadian, dem Schweizer Joachim von Watt, erhob den Bauern zum geistigen Verteidiger der Reformation. Das Titelbild zeigt den Mercurius, Murner als Mönch mit einem Katzenkopf, einen Studenten, den Sohn des Bauern, und den Bauern mit dem zweizinkigen Karst über der Schulter. Mercurius macht nur gelegentlich Bemerkungen in lateinischer Sprache. Während sich die drei anderen über die Leipziger Disputation unterhalten, wird die Ankunft Luthers gemeldet, worauf sich Murner davon macht. Luther klagt über Verfolgung, Karsthans verspricht ihm den Schutz der Bauern. Der Reformator weist jedoch alles „Fechten und Totschlagen" ab und entfernt sich dann. Hierauf liest der Student seinem Vater aus Murners Schriften vor. Karsthans widerlegt dessen Angriffe auf Luther mit beißendem Spott unter stetem Hinweis auf die Bibel. Trotz der gelehrten Ausführungen des zweiten Teiles fand das Büchlein weiteste Verbreitung. Es zeigt auch ganz deutlich, daß sich schon damals, wer nur wollte, über Luthers Ablehnung eines bewaffneten Bauernaufstandes klar sein konnte. Aber eben das wollten die Bauern und diejenigen am wenigsten hören, welche von einer Erhebung des Landvolkes die Förderung auch ihrer eigenen politischen und kirchenpolitischen Pläne erwarteten. Zum Karsthans gesellte sich in etwa einem Dutzend ähnlicher Flugschriften der Flegelhans, der mit „Pflegel, der nit wohltut, die Glut schüren" kann, oder, wie es in einer anderen dieser Schriften heißt: „Karsthans und Pflegelhans werden einstmals mit ihrem Ablaß kommen und den Geistlichen auch ihre Sünden vergeben." Auf die Empfehlung der Gewaltanwendung läuft auch das auf der Ebernburg im gleichen Jahr entstandene „Gesprächbüchlein Neukarsthans" hinaus. Dem zuerst zurückhaltenden Sickingen erwidert Karsthans, man solle mit Flegeln und Karsten darein schlagen. Das Ergebnis der Unterredung sind dreißig Artikel, so „Junker Helferich, Reiter Heinz und Karsthans mit samt ihrem Anhang hart und fest zu halten geschworen haben". Der achte dieser Artikel besagt, die Bundesgenossen wollen Herrn Ulrichs von Hutten Helfer sein wider die Kurtisanen (vgl. S. 101, 314); der neunte: „Alle Kurtisanen gleich den unsinnigen Hunden zu halten und zu glauben, daß ihnen die zu schlagen, fangen, würgen und töten gezieme." Dies ganz aus Huttenschem Geiste geborene Gesprächbüchlein erfaßt richtig die unter den Bauern herrschende revolutionäre Stimmung mit ihrem reformatorischen Einschlag, täuscht sich aber über die Möglichkeit eines allgemeinen Zusammengehens von Rittern und Bauern. Diesen lag anderes noch mehr am Herzen als die Kurtisanen, und Reiter Heinz und Bauer Karsthans waren in der Regel erbitterte Gegner. Denn wenn auch den Bauern bei seinem Aufwärtsstreben vor allem das Fürstentum einengte, kam er mit ihm nur in den kleinen Landesherrschaften in unmittelbare Berührung. Die Obrigkeit, mit der es der Bauer persönlich zu tun hatte, waren meist Beamte niederadliger Herkunft. Die unmenschlichste Grausamkeit trat ihm in Gestalt der wegelagernden oder auf eigene Faust und in fremdem Dienste das Land mit Fehde und Krieg überziehenden Ritter entgegen. Auch die Landsknechte, die dem Bauern nicht weniger übel mitzuspielen pflegten, standen meist unter dem Befehl adliger Hauptleute. Deshalb treten sich auch in den Liedern und Flugschriften zunächst nicht die Fürsten, sondern die Ritter und Bauern als Feinde gegenüber. So sangen fränkische Ritter: „Wir haben uns eins vermessen in dem edelen Frankenland. / Die Bauern, die wollen uns fressen, / Den Adel wohl bekannt. / Das wol Gott nit verhängen! / Wir wollens fürbaß sprengen, / Recht wie die Säu besengen, / So oft uns das gebührt, / Bis Schopf den Galgen rührt." Oder wie es in der Edelmanns-Lehre hieß: „Wenn der Bauer ins Holz fährt, so renn ihn frisch an! Erwisch ihn bei dem Kragen, erfreu das Herze dein, nimm ihm, was er habe, spann aus die Pferdlein sein! Sei frisch und unverzagt, wenn er nur einen Pfennig hat, reiß ihm die Gurgel ab!" Eine nach Sickingens Untergang erschienene Flugschrift stellt die Adligen als Füchse und Wölfe dar, die sich über das ganze Land hin verbreiten und auf Kosten der Bürger und Bauern leben. Selbst eine Sickingen verherrlichende Schrift muß dessen hartes Vorgehen gegen die Bauern zugeben und sucht es nur damit zu rechtfertigen, daß sie ihm die Worte in den Mund legt: „Soviel mir möglich gewesen, hätt ich der Armen gern verschont; aber wider die Fürsten und Herren zu kriegen, läßt sich nicht anders denn ernstlich ausrichten," was demgegenüber, wie es Sickingen getrieben hat, freilich eine matte Entschuldigung ist. Bei den Ausschreitungen in den Aufständen machte sich also vor allem der Unmut der Bauern über die von den adligen Herren erlittene Unbill Luft, dazu bedurfte es nicht erst der durch die Reformation hervorgerufenen Erregung.

In den Gesprächbüchlein wird den Bauern eine erstaunliche Bibelkenntnis zugeschrieben. Die geistig Regsamsten unter ihnen waren tatsächlich im Neuen Testament gut bewandert, und die den Bauern für ihre Bestrebungen besonders willkommenen Schriftworte und viele der von den Reformatoren aus der Bibel gezogenen Schlüsse nahmen auch die übrigen aus den Flugschriften begierig auf. Wer selbst nicht lesen konnte, ließ sich vorlesen. Wohl hatte Luther 1523 erklärt, die Leibeigenen dürften die Freiheit nicht fordern, aber der gemeine Mann, der zunächst auf eine Art irdischer Erlösung aus war, kümmerte sich wenig um die theologia crucis, nach der der Christ jegliche zeitliche Not als von Gott verhängt, widerspruchslos hinzunehmen hat, und die zahllosen Flugschriften predigten in der Regel auch nicht gerade Geduld und demütige Ergebung in Gottes Willen. Wenn Luther in seiner derben Art den geistlichen und weltlichen Fürsten mit Gottes strafender Gerechtigkeit drohte und prophezeite, Gott wolle mit ihnen ein Ende machen, wie einst die Römer verstört wurden, es gäbe nur wenige Fürsten, die man nicht für Narren oder Buben hält, aber jetzt sei eine andere Welt als vorzeiten, da sie die Leute wie das Wild jagten und trieben, dann hielten die bereits zu Widersetzlichkeit und Aufruhr gegen die Obrigkeit Neigenden derartige Äußerungen für einen Freibrief, zu wagen, wonach sie gelüstete. So ungerechtfertigt Murners Vorwurf in seinem „Großen lutherischen Narren" von 1522 ist, Luther gehe bewußt darauf aus, die Bauern zur Empörung aufzuhetzen, die Wirkung von dessen Auftreten und Schriften auf den großen Haufen der Unzufriedenen wird doch treffend und echt murnerisch derbwitzig geschildert: Luther schmiert den rauhen Bundschuh „also glatt, / daß er ein schönes Geschmäcklein hat. / Ja, wie der Muskatellerwein, / so süß geht er zur Gurgel ein." Dafür, daß durch die Reformation in die Bauernbewegung trotz der Verkennung des rein religiösen Charakters von Luthers Lehre ein höherer Zug kam, hat Murner allerdings keinen Sinn; immerhin erscheint er in seinem konfessionellen Kampfe, so sehr er auch bei ihm seiner zügellosen Art freie Bahn ließ, in einem günstigeren Lichte als bei seiner Anrempelung Wimpfelings (vgl. S. 76f.). In seiner Verteidigung der alten Lehre findet Murner warme Herzenstöne und ist über die Zerstörung des ihm Heiligsten ehrlich entrüstet.

Im Frühjahr 1525 erschienen die „gründlichen und rechten Hauptartikel aller Bauernschaft und Hintersassen der geistlichen und weltlichen Obrigkeiten, von welchen sie sich beschwert vermeinen". Diese Schrift ist unter den vielen, welche dem Bauernkrieg vorausgingen und ihn begleiteten, weitaus die wichtigste. Die „Hauptartikel" waren außerordentlich verbreitet und genossen gewissermaßen ein offizielles Ansehen. Bei Verhandlungen und Vereinbarungen zwischen den Obrigkeiten und den Bauern wurden sie zugrunde gelegt; ihre maßvolle Haltung machte sie hierzu gut geeignet. Entstanden sind sie in Schwaben, verfaßt wahrscheinlich von dem Memminger Kürschnergesellen Sebastian Lotzer, der 1523 und 1524 bereits fünf Schriften herausgegeben hatte; manche vermuten als Verfasser der sechs Blätter zählenden Hauptartikel einen evangelischen Prediger. Sie sind von echt reformatorischem Geiste getragen und zwar mit ihrer unmittelbaren Anwendung des Schriftprinzipes auf die praktischen Fragen des Lebens mehr von dem Geiste Zwinglis als dem Luthers. Zunächst wird dem Vorwurf: „niemand gehorsam sein, an allen Orten sich erheben und aufbäumen, mit großer Gewalt zuhaufen laufen", das wären also die Früchte des neuen Evangeliums, entgegengehalten: „Zum ersten ist das Evangelium nicht eine Ursache der Empörungen oder Aufruhre, dieweil es eine Rede ist von Christo und verheißenem Messias, dessen Wort und Leben nichts denn Liebe, Friede, Geduld und Einigkeit lehrt ... Daß aber etliche Widerchristen und Feinde des Evangeliums wider unsere Anmutung und Begehren sich auflehnen und aufbäumen, dafür ist nicht das Evangelium die Ursache sondern der Teufel, der schädlichste Feind des Evangeliums ... Zum anderen folgt klar und lauter, daß die Bauern, die ihren Artikeln solches Evangelium zu Lehre und Leben begehren, nicht mögen ungehorsam und aufrührerisch genannt werden. Ob aber Gott die Bauern, die nach seinem Wort zu leben ängstlich begehren, erhören will, wer will den Willen Gottes tadeln? ... Hat er die Kinder Israels, zu ihm schreiend, erhört und aus der Hand Pharaonis erledigt, mag er nicht auch heut die Seinigen erretten? Ja, er wird sie erretten und in einer Kürze." Im ersten Artikel wird als „demütige Bitte, als aller Wille und Meinung" vorgebracht, die Gemeinden sollten das Recht haben, sich ihre Pfarrer zu wählen, die das Evangelium lauter und klar, ohne allen menschlichen Zusatz predigen und ein Vorbild des wahren Glaubens sein sollen. Im zweiten Artikel erklären sich die Bauern bereit, den „rechten Kornzehnten gern zu geben", aus seinen Erträgnissen sollen der Pfarrer und seine Angehörigen ein anständiges Auskommen erhalten und die Dorfarmen unterstützt werden. Was übrig bleibt, soll man behalten für den Fall, daß der Landesnot wegen Reisige zu stellen sind. Ist ein Dorf jemandem zu zehnten verpflichtet, dann „wollen wir uns in ziemlicher Weise nach Gestalt und Sache mit ihm vergleichen und ihm solches wieder mit angemessenem Ziel und Zeit ablösen". Die weiteren neun Artikel befassen sich mit den Klagen und Forderungen der Bauern, wie sie schon früher unter Berufung auf das alte und auf das göttliche Recht immer wiederkehrten (vgl. S. 140). Das zwölfte Hauptstück zeugt von dem redlichen Willen, wirklich alles nach dem Wort und Sinn der Heiligen Schrift zu regeln. „Wären einer oder mehr Artikel, wie sie hier aufgestellt sind, die dem Wort Gottes nicht gemäß seien, so vermeinen wir nicht, diese Artikel aufrecht zu erhalten. Wo man sie mit dem Worte Gottes als unziemlich nachweist, wollen wir davon abstehen." Die Bauern versprechen sogar, Zugeständnisse, die man ihnen jetzt mache, und die sich hernach als unrecht herausstellen, „sollen von Stund an tot und ab sein und nichts mehr gelten".

Ungefähr einen Monat nach Erscheinen der „Hauptartikel" schrieb Luther seine „Ermahnung zum Frieden auf die zwölf Artikel der Bauernschaft in Schwaben"; im Mai lag sie im Druck vor. Luther ist sich des Ernstes der Lage vollauf bewußt: es geht um Gottes und der Welt Reich; nimmt der Aufruhr zu und überhand, dann gehen beide Reiche zugrunde, Gottes Wort kann nicht bleiben, und eine ewige Zerstörung von ganz Deutschland würde folgen. Schuld an dem ganzen „Unrat und Aufruhr" sind die Fürsten und Herren, sonderlich die blinden Bischöfe und tollen

Pfaffen und Mönche, die, noch heutigen Tages verstockt, nicht aufhören zu toben und zu wüten wider das heilige Evangelium. Ganz Ober- und Mitteldeutschland waren damals durch allerlei Wunderzeichen beunruhigt, im Jahre 1524 hatte man nach dem Stand der Planeten eine allgemeine Sintflut erwartet. Luther ruft den Fürsten zu: „Die Zeichen am Himmel und Wunder auf Erden gelten euch, liebe Herren, kein guts deuten sie euch, kein guts wird euch auch geschehen." Auch wenn sie diesmal die Bauern besiegen, wird es den Fürsten nichts nutzen, falls sie sich nicht bessern. „Tuns diese Bauern nicht, so müssens andere tun ... denn Gott will euch schlagen und wird euch schlagen. Es sind nicht Bauern, liebe Herren, die sich wider euch setzen, Gott ists selber, der setzt sich wider euch, heimzusuchen eure Wüterei." Den ersten Artikel der Bauern dürfen die Fürsten nicht abschlagen, denn wenn auch da einiger bäuerliche Eigennutz mit unterläuft, so ist doch die Summa, daß man ihnen das Evangelium predigen lasse. Die Obrigkeit soll überhaupt „nicht wehren, was irgend jemand glauben oder lehren will, es sei Evangelium oder Lügen, es ist genug, daß sie wehrt, Aufruhr und Unfriede zu lehren." Die übrigen Artikel, die von leiblichen Nöten handeln, sind ebenfalls billig und recht. „Denn die Obrigkeit ist nicht darum eingesetzt, daß sie ihren Nutzen und Mutwillen an den Untertanen suche, sondern ihnen Nutzen und das Beste verschaffe." Dem Bauern würde es selbst nichts nützen, wenn ihm auf seinem Acker Gulden wüchsen wie Halme und Körner, wenn die Obrigkeit nur um so mehr nähme. Man ziehe die Pracht ein und stopfe das Ausgeben, daß einem armen Manne auch noch etwas bleibt!

Dann wendet sich Luther an die Bauernschaft; er geht mit ihr etwas glimpflicher um, man fühlt aus seinen Worten heraus, daß sein Herz mehr für sie schlägt. Er verurteilt ihr Vorgehen jedoch womöglich noch schärfer als das der Fürsten. Die Bauern führen den Namen Gottes unnütz und schänden ihn, wenn sie sich auf ihn berufen und sich eine christliche Vereinigung nennen. Deshalb wird ihnen zuletzt so sicher alles Unglück begegnen, wie Gott wahrhaftig ist; denn „hie steht Gottes Wort und spricht durch den Mund Christi: ‚Wer das Schwert nimmt, der soll durch das Schwert umkommen'". Wer ist nun ein ärgerer Räuber, derjenige, der einem anderen ein großes Stück entreißt und ihm doch etwas läßt, oder derjenige, der einem alles nimmt, was er hat, und den Leib dazu? „Die Obrigkeit nimmt euch unbillig euer Gut, das ist ein Stück. Wiederum nehmt ihr der Obrigkeit ihre Gewalt, darin all ihr Gut, Leib und Leben steht, darum seid ihr viel größere Räuber denn sie und habt's ärger vor, denn sie getan haben." Und weiter: „Könnt ihr nicht denken und rechnen, liebe Freunde, daß, sollte euer Fürnehmen recht sein, so würde ein jeder wider den anderen Richter werden und keine Gewalt und Obrigkeit noch Recht bleiben in der Welt, sondern eitel Mord und Blutvergießen ..." „Wäret ihr Christen, so würdet ihr Faust und Schwert trotzen und dräuen lassen und euch zum Vaterunser halten und mit beten eure Sachen bei Gott fordern und sprechen: ‚Dein Wille geschehe'". Luther geht dann im einzelnen auf die Artikel der Bauern ein. Immer wieder kommt er dabei auf den Grundgedanken zurück: „Was sind mir das für Christen, die ums Evangelium willen Räuber, Diebe und Schälke werden und darnach sagen, sie sind evangelisch?" Auch die nun schon seit mehr als hundert Jahren von Bauern und anderen aufgestellte Forderung (vgl. S. 140), es solle keine Leibeigenen geben, weil Christus uns alle befreit hat, lehnt Luther unter Berufung auf den heiligen Paulus ab: das heißt die christliche Freiheit ganz fleischlich machen. Dieser Artikel ist stracks wider das Evangelium und räuberisch, damit nimmt jeglicher, der eigen geworden ist, seinen Leib seinem Herrn. Noch betrachtet Luther die Bauern hauptsächlich als von falschen Predigern und Propheten Verführte; sie dürfen denen, die ihr Gewissen nicht meinen, sondern durch die Bauern zu Gut und Ehren kommen wollen, nicht gehorchen, sonst müssen Verführer und Verführte ewiglich in der Hölle verdammt sein. Und dann ermahnt Luther noch einmal eindringlich die Obrigkeit und Bauern zugleich: „Ihr Herren habt wider euch die Schrift und die Geschichte," welche beide zeigen, wie die Tyrannen gestraft werden. Alle großen Reiche sind schließlich durch Tyrannei zugrunde gegangen. „Ihr Bauern habt auch wider euch Schrift und Erfahrung; noch nie hat eine Rotterei ein gutes Ende genommen." Luther selbst „ist das am allerleidesten und hoch zu erbarmen, und er wollte gern mit seinem Leben und Sterben abkaufen, daß auf beiden Seiten zwei unüberwindliche Schäden folgen." Der erste ist: Herren und Bauern müssen ewiglich verloren sein, wenn die einen mit ihrer Tyrannei, die anderen mit ihrer Rotterei wider Gott und das Evangelium streiten. Der zweite Schaden ist: „Deutschland wird verwüstet werden, und wo einmal solch Blutvergießen angeht, wird es schwerlich aufhören, es sei denn alles verderbt. Streit ist bald angefangen, es steht aber nicht in unserer Macht, aufzuhören, wenn wir wollen. Was haben denn nun getan so viele unschuldige Kinder, Weiber, alte Leute, die ihr Narren mit euch in solche Gefahr zieht, das Land voll Bluts, Raubs Witwen und Waisen zu machen? O, der Teufel hats trefflich böse im Sinn. So ist Gott hoch erzürnt und dräuet uns, denselben loszulassen und sein Mütlein in unserm Blut und Seelen zu kühlen." Luther schließt mit den Worten: „Wohlan, ich habe, als mir mein Gewissen Zeugnis gibt, euch allen christlich und brüderlich treu geraten. Gott gebe, daß es helfe. Amen."

Die „Ermahnung zum Frieden" war noch nicht gedruckt, als die Kunde von grausamen Gewalttaten der Bauern nach Wittenberg kam. Luther verfaßte daraufhin seine Flugschrift: „Wider die räuberischen und mörderischen Rotten der Bauern" und ließ sie zusammen mit der „Ermahnung" in der ersten Hälfte des Monats Mai erscheinen. Hier redet er nicht mehr beiden Parteien im Guten zu, sondern fordert die Obrigkeit auf, mit aller Strenge gegen die Bauern vorzugehen, die sich nun erwiesen haben als „treulose, meineidige, ungehorsame, aufrührerische Mörder, Gotteslästerer, welche auch heidnische Obrigkeit zu strafen Recht und Macht hat, ja schuldig ist". Wer auf der Obrigkeit Seite erschlagen wird, ist ein rechter Märtyrer für Gott, da er ihr das Schwert über die Übeltäter befohlen hat. Auch darum soll gegen die Bauern erbarmungslos eingeschritten werden, weil „sie es sich nicht begnügen lassen, daß sie des Teufels sind, sondern auch viel fromme Leut, die es ungern tun, zu ihrem teuflischen Bunde zwingen und sie damit ihrer Bosheit und Verdammnis schuldig machen, weil sie zu schwachen Glaubens sind zu widerstehen." Dieser Gutgesinnten sollen sich die Herren erbarmen, wenn sie mit den anderen gefangen werden. Sonst aber gilt: „Steche, schlage, würge hie, wer da kann, bleibst du drüber tot, wohl dir, seliglicheren Tod kannst du nimmer mehr überkommen". Die gleichzeitige Herausgabe beider Büchlein erregte sofort größtes Befremden. Es hieß „beim gemeinen Volke und bei Gelehrten und Ungelehrten ... Luthers Schreiben wäre sehr unbeständig". Im Juli ließ er deshalb folgen: „Ein Sendbrief von dem harten Büchlein wider die Bauern", worin er die Angriffe auf die Flugschrift zurückweist und seinen Standpunkt nochmals begründet. „Sollen wir Gottes Wort predigen, so müssen wir ja auch das predigen, das den Zorn verkündiget." Es sind zweierlei Reiche, Gottes und das weltliche Reich, das erste eines der Gnaden und Barmherzigkeit, das weltliche ein Reich des Zorns und Ernsts mit eitel strafen, wehren, richten und urteilen, zu zwingen die Bösen und zu schützen die Frommen. Wer beide Reiche vermengt, wie es die Bauern und ihre Verteidiger tun, der setzt den Zorn in Gottes Reich und Barmherzigkeit in der Welt Reich, das wäre den Teufel in den Himmel und Gott in die Hölle setzen. Hier geht es nur um die Verstockten, die sich nicht belehren lassen. Ihrer erbarme sich niemand, sondern wer da kann und wie einer kann „haue, steche, würge, schlage drein als unter die tollen Hunde". Der Aufrührer ist weit, weit schlimmer als jeder andere Übeltäter. Den Gefangenen und Ergebenen ist Barmherzigkeit zu erweisen. „Ich will auch hiermit die wütigen Tyrannen nicht gestärkt haben", die nicht Strafe und Besserung des Aufruhrs suchen, sondern nur ihr Mütlein kühlen wollen. Die werden bald ernten, was sie jetzt säen. „Ich habe allein den Obrigkeiten geschrieben, die da christlich oder sonst redlich fahren wollen, daß diese ihr Gewissen in solchem Falle unterrichten möchten, nämlich, daß sie flugs in den Haufen der Aufrührerischen schlagen sollen, unangesehen sie treffen Schuldige oder Unschuldige. Und ob sie gleich Unschuldige treffen, sollen sie sich kein Gewissen davon machen, sondern damit den Gott schuldigen Dienst leisten. Hernach aber, wenn sie gewonnen haben, daß sie dann Gnade erzeigen, nicht allein den Unschuldigen, sondern auch den Schuldigen."

Luthers Vorgehen im Bauernkrieg erweist sich, wenn man seine Schriften und Briefe im Zusammenhang liest, von seinem Glauben aus als ganz folgerichtig. So sehr Luther die Bedrückung der Bauern durch die Fürsten als Tyrannei brandmarkte, mußte er doch bei seinen Auffassungen vom zürnenden Gott, von der Obrigkeit und von der Theologie des Kreuzes, die alles Leid und Unrecht als gottgewollt ohne aktiven Widerstand hinzunehmen gebietet, grundsätzlich gegen den Bauernaufstand Stellung nehmen. Es ist auch für den mit Luthers Wesen einigermaßen Vertrauten nicht auffallend, daß er hier wie sonst in denen, die sich seiner Meinung nach dem

Gotteswort widersetzten, Werkzeuge des Teufels sah und gegen sie wie gegen den Teufel loswütete, das lag nun einmal in seiner ganzen Art. Schwieriger aber als Luthers Verhalten ist die Wirkung seines Auftretens und überhaupt die der Re-formation im Bauernkrieg zu beurteilen. Vergegenwärtigt man sich die lange Dauer und die weite Verbreitung der Bauernunruhen vor der Reformation, er-wägt man ferner, daß auf der einen Seite die Bauern immer entschiedener einen wirtschaftlichen und gesellschaftlichen Aufstieg erstrebten, auf der anderen Seite aber die Landesherrschaften sie in immer straffere Untertänigkeit herabzudrücken trachteten, dann läßt sich nicht bezweifeln, daß auch ohne Reformation die Bauern-unruhen bis auf weiteres nicht aufgehört und daß sie sich immer heftiger entladen hätten. Der Große Bauernkrieg spielte sich hauptsächlich in den alten Unruhegebieten ab, und soweit er ihre Grenzen überschritt, hätte dies ebenfalls ohne die Reforma-tion geschehen können. Die treibende Kraft in dem Großen Bauernkrieg ist dieselbe wie bei den vorausgegangenen Erhebungen: die gehobene Schicht des Bauerntums. Fraglich bleibt es allerdings, ob ohne die durch die Reformation hervorgerufene allgemeine religiöse Bewegung in dem größten Teile Ober- und Mitteldeutschlands fast zur selben Zeit Bauernaufstände mit derartiger Wucht losgebrochen wären. Die Gründe dafür und dagegen wiegen ungefähr gleich schwer, und so hat es keinen Zweck, sich in bloßen Vermutungen zu ergehen. Die Annahme, der Bauernkrieg hätte eine glücklichere Wendung für die Bauern genommen, wenn sich Luther für sie erklärt und sich vielleicht gar an die Spitze gestellt hätte, verkennt, abgesehen davon, daß ihm das von seiner religiösen Überzeugung aus unmöglich war, die tatsächlichen Verhältnisse. Nicht eines Predigers bedurften die Bauern, ihnen fehlte ein tüchtiger Feldherr und Politiker. Auch ein Luther hätte ihnen gegen den Jörg Truchseß nichts geholfen. Es ist ferner ausgeschlossen, daß Luther, wäre er zu den Bauern gegangen, sie von den Unklugheiten und Maßlosigkeiten, die ihnen schweren Schaden brachten, hätte zurückhalten können. Es wäre ihm kaum gelungen, die Bauernbewegung einheitlicher zu gestalten. Die von ihm als leidige Teufel ver-fluchten Schwarmgeister und Propheten mit ihrem Anhang hörten ja auch sonst nicht auf ihn. Theologische Streitigkeiten zwischen ihm, Predigern zwinglischer Richtung und Leuten vom Schlage des Thomas Münzer hätten die einzelnen Bauernhaufen gewiß einander nicht näher gebracht und zusammengeschweißt. Die siegreichen Landes- und Grundherren schließlich ließen sich bei der Behandlung der unterlegenen Bauern nicht von Gottes Wort bestimmen, ob es nun so oder so lautete oder ausgelegt wurde, sondern, je nach ihrem Charakter und ihrer Einsicht, von Rachegefühlen oder von wirtschaftlichen und politischen Gesichtspunkten.

Aber eines verdankten die Bauern in ihrem Freiheitskriege der Reformation. Sie verlieh ihrem Kampfe, mochte er in Einzelfällen über so manche von ihnen seit Jahrhunderten erlittene Unbill zu wütender Grausamkeit entarten und, wie Luther klagte, im Eigennutz stecken bleiben, jenen geistigen und sittlichen Schwung, der ihr Ringen über die bloß wirtschaftlichen und sozialen Ziele hinaushob. Vielen, und gerade ihren bedeutendsten Führern, ging es um den Aufbau einer Staats- und Gesellschaftsordnung, die auf den Grundlagen eines geläuterten, mit dem natürlichen Rechtsempfinden des Volkes übereinstimmenden Christentums ruhen sollte. Ansätze dazu finden sich schon in früheren Bauernbewegungen; aber zu einem der Hauptpunkte des bäuerlichen Wollens konnten solch hohe Dinge erst werden, als die Reformation das Streben nach ihnen auch im gemeinen Mann geweckt hatte.

Der Verlauf des Bauernkrieges

Die bäuerlichen Unruhen von dem Aufstande, der am 26. Mai 1524 zu Forchheim bei Nürnberg ausbrach, bis zur Flucht des Tiroler Bauernführers Gaismair im Juli 1526 werden als der Bauernkrieg oder als der Große Bauernkrieg zusammengefaßt. Diese Bezeichnung ist insofern berechtigt, als die Bauern während dieser zwei Jahre in halb Deutschland zu den Waffen griffen: in dem ganzen alemannisch-schwäbischen Stammesgebiet, in der Pfalz, im heutigen Mittel- und Oberfranken, von Frankfurt über Hersfeld bis Goslar, Halberstadt und nahe an die Elbe, in der Westhälfte des jetzigen Landes Sachsen, in Nord- und Südtirol, in dem Erzbistum Salzburg, in Oberösterreich, in West- und Mittelsteiermark. Außerdem blieben die Ereignisse auf dem weitausgedehnten Kampfgebiet nicht ohne gegenseitige Rückwirkung und zeitigten ein für die deutsche Geschichte ungemein wichtiges Gesamtergebnis. Im übrigen war jedoch auch diese Erhebung des Bauerntums keineswegs ein Krieg. Die einzelnen Gruppen schlugen für sich los. Es fehlte ihnen die Erkenntnis, daß sie alle um eine gemeinsame Sache kämpften, und daß sie nur bei einheitlichem Vorgehen ihr Ziel erreichen konnten. Geriet ein Bauernhaufen in Bedrängnis, dann forderte er wohl andere auf, ihm zu helfen, aber fast immer vergebens, jeder war nur darauf bedacht, mit seinem Gegner fertig zu werden oder wenigstens einen glimpflichen Frieden zu erlangen. So besteht der Große Bauernkrieg aus einer Reihe von Einzelunternehmungen. Wir greifen davon die wichtigsten heraus; auf die allgemeinen Ursachen des Bauernkriegs haben wir bereits im dritten Buche und auf den Zusammenhang des Großen Bauernkriegs mit der Reformation im vorausgehenden Abschnitt hingewiesen.

Die Stühlinger und Hegauer Bewegung

Im südlichen Schwarzwald, Hegau und Klettgau gärte es schon lange. Einmal saß hier eine Reihe kleiner Herren, unter denen die Bauern besonders viel zu leiden hatten, dann lockte das Beispiel der Schweiz. Viel Erbitterung erregte zudem das Vorgehen der vorderösterreichischen Regierung gegen die Reformation. Als sich die Bauern der Herrschaft Stühlingen im Juni 1524 zusammenrotteten, griff die Unruhe schnell um sich. In dem kraftvollen, redebegabten Hans Müller von Bulgenbach, der in Frankreich als Landsknecht gedient hatte, gewann die Bewegung einen tüchtigen Führer. Ihm gesellte sich der Pfarrer der kleinen Stadt Waldshut, Balthasar Hubmayer, bei. Es kam zunächst zu einem gütlichen Vergleich, weil dem Reichsregiment und den Herren Geld fehlte, ein größeres Heer wider die Bauern aufzustellen. Die Stühlinger vereinigten sich bald wieder und schlossen sich mit den Hegauern und den Untertanen anderer Herrschaften zusammen, aber auch jetzt unterblieben Gewalttätigkeiten. Die Stühlinger waren damit zufrieden, daß ihre Anliegen vor dem ordentlichen Gericht behandelt werden sollten. Das Dorf Hegau am Fuße des Twiel rüstete dagegen zu bewaffnetem Widerstande. Oben auf der Burg saß nämlich Herzog Ulrich von Württemberg. Er hatte bereits ein Heer von 300 Reitern und 6000 Landsknechten, hauptsächlich Schweizern, aufgestellt, um sein Land zurückzuerobern. Er, der den Aufstand des Armen Konrad so blutig niedergeschlagen hatte (s. S. 149f.), verband sich nun mit den Bauern. Georg Truchseß von Waldburg, der Feldherr des Schwäbischen Bundes, wagte nicht, gegen ihn vorzurücken. Doch der Sieg von Karls Truppen zu Pavia am 24. Februar 1525 vereitelte Herzog Ulrichs Pläne und zwang damit auch die Hegauer, sich vorerst zurückzuhalten. Nach den schweren Verlusten ihrer Landsleute bei Pavia riefen die Schweizer ihre in des Herzogs Diensten stehenden Mannen zurück, und dieser erhielt nach der Gefangennahme Franz I. aus Frankreich keine Hilfsgelder mehr. So blieb denn Württemberg in der Hand der Habsburger. Der Herzog hätte sich nach einem Erfolg seines Heeres höchst wahrscheinlich mit den Bauern überworfen, aber bis dahin hätte sie doch ein mit ihrer Hilfe errungener Sieg Ulrichs ihren Gegnern furchtbar gemacht, was dem ganzen Krieg vielleicht von vornherein eine andere, den Bauern ungleich günstigere Wendung hätte geben können.

Der Aufstand in Schwaben

Im Gebiet der Abtei Kempten, in dem schon ungefähr hundert Jahre lang die Bauern immer wieder mit der Klosterherrschaft in Streit geraten waren, suchten Jörg Schmid, genannt Knopf, und Jörg Täuber die Klagen der Stiftsuntertanen vor den Gerichten in Günzburg und dann in Ulm zum Austrag zu bringen. Da jetzt wie schon mit den früheren Äbten kein billiger Ausgleich zu erreichen war, beriefen sich die Hintersassen des Stiftes auf das „göttliche Recht" und schlossen sich im Februar 1525 mit den Untertanen anderer Herrschaften zum Allgäuer Bund zusammen. Ähnlich vereinigten sich die Bauern am Bodensee zum „Seehaufen". Die Seebauern schufen sich ein eigenes Gericht und eine feste Ordnung, wählten sich Hauptleute und Räte und erkoren sich zwei Landadlige zu Führern. Im Februar erhielt noch ein dritter, der Baltringer Haufe, im Donaukreis großen Zulauf, geleitet von dem Handwerker Ulrich Schmid. Bei Verhandlungen zwischen dem auf über 7000 Mitglieder angewachsenen Baltringer Haufen und dem Schwäbischen Bund überreichten die Bauern dem Bundesgesandten ihre Klagen. Dabei kamen über dreihundert Beschwerdepunkte heraus, weil die Untertanen jeder Herrschaft die ihren gesondert vorlegten. Zu diesem Zeitpunkt und auch dann noch, als die Baltringer die Einzelbeschwerden fallen ließen und dafür beschlossen „allein nach Laut und Inhalt des göttlichen Wortes zu handeln, welches man durch gelehrte und christliche Männer erfahren und lernen soll", was auf eine Neuregelung der Verhältnisse von Grund aus hinauslief, hielt man auf beiden Seiten Waffenstillstand. Die Bauern hofften tatsächlich, die Bundesrichter würden ihre Anliegen nach dem Wortlaut der Bibel behandeln, und die Bundesleitung ging scheinbar auf diesen Wunsch ein, weil sie erst Herzog Ulrich niederkämpfen wollte. Ulrich Schmid begab sich nach Memmingen, um sich mit Gesinnungsgenossen zu besprechen, welche Männer man als Schiedsrichter in den Fragen, was nun eigentlich die Bibel in solchen Dingen lehre, anrufen könne, und wie am besten alle Artikel, die man den Herrschaften vorzuhalten gedachte, in einem nicht zu umfangreichen Schriftstück zusammengefaßt werden könnten. So entstanden die „Hauptartikel aller Bauernschaft" (vgl. S. 324), zuerst als Programm des Baltringer Haufens. Am 6. März kamen Abgeordnete des Bodensee-, des Allgäuer- und des Baltringer Haufens in Memmingen zusammen. Es sollte eine „christliche Vereinigung" der drei Bauernschaften zur Durchführung des göttlichen Rechtes geschaffen werden. Auf der Tagung zeigten sich erhebliche Meinungsverschiedenheiten. Die Baltringer wollten sich nur an die Bibel halten und nicht zum Schwerte greifen. Den Allgäuern und Bodenseern diente das göttliche Recht bloß zur Begründung ihrer alten Forderungen, für die sie mit dem Schwerte einzutreten gesonnen waren, schließlich kam es doch zu einer grundsätzlichen Einigung der drei Gruppen. Die nähere Auslegung des göttlichen Rechtes blieb den einzelnen Abteilungen überlassen. Die vereinbarte gemeinsame „Bundesordnung" enthielt Bestimmungen, deren Durchführung den Obrigkeiten jede Macht über die Bauern genommen hätte. Außerdem wurde eine „Landesordnung" aufgestellt. Die drei großen Haufen wurden in eine Reihe kleinerer untergegliedert, eine einheitliche Oberleitung der ganzen Bauernschaft kam nicht zustande, doch verpflichteten sich alle, wenn ein Haufe angegriffen würde, ihm zu Hilfe zu eilen. Die Bauernbewegung machte rasch weitere Fortschritte, zwischen der Donau, Überlingen und dem Lech schlossen sich ihr, teils freiwillig, teils gezwungen, alle Dörfer und die meisten kleinen Städte an.

Am 15. März fand ein zweiter Bundestag in Memmingen statt. Diese Reichsstadt eignete sich wie kein anderer Ort für solche Zusammenkünfte. Sie bekannte sich zur Reformation zwinglischer Richtung und war mit den ungefähr dreißig zu ihr gehörigen Dörfern auf der Grundlage des göttlichen Rechtes unter großen Zugeständnissen an die Bauern zu einer friedlichen Einigung gekommen. Memmingen hatte also bewiesen, daß es möglich war, sich mit den Bauern zu vergleichen, und diese hatten gezeigt, daß es ihnen mit dem göttlichen Recht auf evangelischer Grundlage ernst war. Auf der Memminger Tagung ward beschlossen, Luther, Melanchthon, Zwingli und die bedeutendsten evangelischen Prediger wie

Osiander, Jakob Strauß, Konrad Sam, Urban Rhegius, zu Schiedsrichtern zu bestellen. Der Schwäbische Bund wollte natürlich von einer Regelung der umstrittenen Punkte durch diese Männer nichts wissen. Um das drohende Unheil zu bannen, beredete der Memminger Rat die Vertreter der Bauernschaften zu immer weiterem Nachgeben. Eben jetzt gewann aber das Heer des Schwäbischen Bundes nach Herzog Ulrichs Niederlage freie Hand und rückte gegen Oberschwaben vor. Der Schwäbische Bund verlangte die Auflösung aller Bauernhaufen. Ein Schiedsgericht mit einem Obmann und vier von beiden Parteien gewählten Beisitzern sollte ein rechtsverbindliches Urteil über die Artikel der Bauern fällen. Praktisch lief dies für die Bauern auf eine vorbehaltlose Ergebung heraus. Ulrich Schmid und andere, die von Blutvergießen nie etwas hatten wissen wollen, erklärten sich bereit, den Bescheid des Bundes der Bauernschaft zu übermitteln. Als sie beim Baltringer Haufen eintrafen, wurden sie des Verrates bezichtigt. Die Bauern hatten zu oft schon erfahren, was solche Vertröstungen auf die Zukunft für sie zu bedeuten hatten. Nun konnten sich Leute der Führung bemächtigen, die schon immer auf Gewalthandlungen hingedrängt hatten. Am 26. März warfen Bauern zum ersten Male in diesem Krieg die Brandfackel in ein Schloß, und dann sengten sie und plünderten reiche Klöster aus, wie es die Edelherren und die Landsknechte in ihren Fehden und im Kriege zu tun pflegten. Der Adel verlor Kopf und Mut, und ließ die Bauern in Burgen und Schlösser eindringen, die er leicht hätte verteidigen können. Die Städte und das Reichsregiment verhandelten mit den Bauern. Doch nun zog Georg Truchseß mit seinen Reisigen und Landsknechten, diese selbst fast alle bäuerlicher Abstammung, gegen die Bauern. Auf ihren ersten Haufen stieß er bei Leipheim östlich von Ulm. Kampflos wichen die Bauern aus ihrer Stellung und suchten sich in das Städtchen zurückzuziehen. Dabei gerieten sie in Unordnung, und die Reiter und Landsknechte fielen über sie her, ungefähr tausend machten sie nieder oder drängten sie in die Donau, über viertausend wurden gefangen genommen. Noch am selben Tage ließ Georg Truchseß den Leipheimer Prediger Hans Jakob Wehe, der bei den Bauern gestanden hatte, und fünf Bauern köpfen. In der ganzen Gegend flehten die Bauern um Gnade und unterwarfen sich, weil die Allgäuer und der Seehaufen entgegen den Vereinbarungen nicht zu Hilfe gekommen waren.

Truchseß überwältigte hierauf die Bauern seiner eigenen Herrschaft Waldburg und rückte dann gegen die Seebauern vor. Sie marschierten dem Feinde entgegen, mit dem sie sich wohl messen konnten. Viele von ihnen hatten sich schon als Landsknechte bewährt, außerdem hatten sie eine beträchtliche Zahl Landsknechte in Sold genommen, auch mit Geschütz waren sie gut versehen. Einer von des Truchseß Hauptleuten bemerkte, ein so gut gerüstetes Kriegsvolk habe er noch nicht gesehen. Von Gaisbeuren zogen sich die Bauern in der Nacht auf das Kloster Weingarten zurück und erhielten hier weitere Verstärkungen. Mit seinen 7000 Landsknechten und 1500 Reitern wagte Truchseß keinen Angriff auf die Bauern, die er auf 12000 Mann schätzte, und die auf einem Berge in günstiger Stellung standen. So bot er ihnen einen Vertrag an. Die Bauern gingen darauf ein. Die Niederlage der Baltringer und das Ansehen des Feldherrn, der vor kurzem auch Herzog Ulrich vor Stuttgart vertrieben hatte, bewogen sie zum Nachgeben. Sie durften zwar ihre Waffen behalten, mußten sich aber verpflichten, ihre Haufen aufzulösen und sich einem Schiedsgericht zu stellen. Sie machten sich nicht klar, daß sie im Weingartner Vertrag die übrigen Bauern preisgaben und nach deren Überwindung keine Aussichten mehr hatten, ihre Lage zu verbessern. Die nächste Folge war, daß die Allgäuer ihre Kräfte mit kleineren Unternehmungen verzettelten und Mitte Juli, als Georg Truchseß nach der Niederwerfung des Aufstandes in Franken in das Allgäu zurückkehrte, ihre Stellung an der Leubas kampflos räumten und sich auflösten.

Der Aufstand in Franken

In den fränkischen und den an sie grenzenden Gebieten hatten sich drei große Haufen gebildet. Der Taubertaler setzte sich aus den Untertanen der Herrschaften zwischen Tauber, Main und Steigerwald zusammen. Zu ihm gehörten die 163 Dörfer der Reichsstadt Rothenburg. Mit ihm verbanden sich die mit dem patrizischen Regiment unzufriedenen Bürger der Stadt. Zu ihrem obersten Feldhauptmann erkoren die Taubertaler am 27. April 1525 den Gastwirt Jakob Kohl aus Eibelstadt. Der Bauernrat dieses Haufens zählte zu seinen Mitgliedern eine der bedeutendsten Persönlichkeiten des Bauernkrieges: den Herrn des Dorfes Goldbach im Taubertal und des Schlosses Ingolstadt bei Ochsenfurt Florian Geyer. Unter den Adligen, die sich den Bauern ohne Zwang anschlossen, war er vielleicht der einzige, der dies bloß aus lauteren Beweggründen tat. Sonst hielten vom Adel aus freien Stücken fast nur „zweifelhafte Gestalten oder wüste Gesellen" zu ihnen (Franz). Die meisten Führer der Ritterschaft standen auf Seiten der Fürsten und kämpften gegen die Bauern, so Sickingens Sohn, Huttens Bruder, Luthers Freund Sylvester von Schaumburg und auch Verwandte des Florian Geyer. Dieser, ein überzeugter Lutheraner, hatte früher dem Schwäbischen Bund als Landsknechtshauptmann und dann dem Deutschordens-Hochmeister Albrecht gedient. Geyer verhandelte im Auftrag der Bauern wiederholt mit Fürsten und Städten, sonst trat er wenig hervor. Im Neckar- und Odenwälderhaufen nahm der langjährige Sekretär des Grafen von Hohenlohe, Wendel Hipler, ein begüterter Mann, eine ähnliche Stellung wie Geyer unter den Taubertalern ein. Dagegen waren Jäcklein Rohrbach aus Böckingen, Leibeigener eines Grafen, und Endres Remy von Dürrenzimmern gewalttätige Hetzer. Dieser Haufe bemächtigte sich des Städtchens Neckarsulm und rückte hierauf vor die Stadt Weinsberg, in deren Burg Graf Ludwig von Helfenstein mit achtzig Rittern und Landsknechten lag. Er reizte mit seinen Drohungen die so schon auf ihn erbitterten Bauern. Als er am Ostersonntag, am 16. April, sorglos in der Kirche dem Gottesdienst beiwohnte, nahmen die

Bauern Burg und Stadt ein. Der Graf und seine Begleiter wurden überwältigt. Die Bauern ließen sie Spießruten laufen, der „schöne Graf" Ludwig wurde als erster zwischen die Lanzen getrieben, der Pfeifer Melchior Nonnenmacher spielte auf, während der Helfensteiner, seine Ritter und Knechte eines schmachvollen Todes starben. Die Tat von Weinsberg verbreitete weitum Furcht und Entsetzen. Aus einer Reihe von festen Orten und Burgen entwich die Besatzung. Die Herren nahmen die zwölf Artikel an und erklärten sich bereit, in die „Bruderschaft der Bauern" einzutreten. Heilbronn, eine bedeutende Reichsstadt, öffnete den Bauern die Tore.

Nach diesen Erfolgen zweifelten die Bauern nicht mehr daran, daß sich ihre weit ausgreifenden Pläne, die Einführung einer neuen Ordnung auf der Grundlage der zwölf Artikel, verwirklichen ließen. Sie sahen aber auch ein, daß solch große Dinge nicht mit Leuten vom Schlage eines Jäcklein Rohrbach zu vollbringen waren, und hielten Ausschau nach einem Obersten, der im Kriegswesen bewandert wäre und auch beim Adel etwas gelte. Ihre Wahl fiel, wohl auf Anraten Hiplers, auf Götz von Berlichingen, den Ritter mit der eisernen Hand. Seiner ganzen Art nach stand er hinter Sickingen nicht so weit zurück, wie es nach den hohen Worten und Gedanken, die Hutten seinem Freund in den Mund legte, und nach Götzens biderber Schilderung seines eigenen Lebens scheinen möchte. Ein geistiges Leben gleich dem auf der Ebernburg in Sickingens letzten Jahren herrschte allerdings auf Jaxthausen nie, doch verfolgte auch Götz mit Aufmerksamkeit die neue Glaubensbewegung. Er wollte 1525 zwischen seinem Pfarrer von Neckarzimmern und einem Heilbronner Mönch ein Religionsgespräch veranstalten und bekannte sich selbst zum Luthertum. Teils in Wahrung seines guten Rechtes, teils um Geld und Gut zu gewinnen und den verhaßten Pfeffersäcken das Leben sauer zu machen, überzog er Köln und Nürnberg, die Bischöfe von Bamberg und Mainz mit Fehde, nachdem er dem Markgrafen Friedrich von Brandenburg, dem Schwäbischen Bund und Herzog Ulrich Kriegsdienste geleistet hatte. Fünf Jahre lang hatte er in früheren Jahren Süd- und Mitteldeutschland beunruhigt. Um die über ihn verhängte Reichsacht kümmerte er sich nicht, und Kaiser Maximilian gelang es erst nach langen Verhandlungen, zwischen ihm und Nürnberg zu vermitteln. Obwohl auch er mit seinen Feinden nicht gerade glimpflich umging, war er doch gutmütiger als viele seiner Standesgenossen; er hackte Gefangenen nicht die Arme ab, sondern ließ sie nur, um sie einzuschüchtern, die Hand auf den Block legen, und gab sie dann unbeschädigt gegen Lösegeld frei. Als sich die Bauern an ihn wandten, saß er bereits ruhig als begüterter Mann auf seinen Burgen. Wie weit ihn seine Unternehmungslust lockte, und wie weit ihn der von den Bauern ausgeübte Zwang veranlaßte, ihr Hauptmann zu werden, ist schwer zu entscheiden, jedenfalls hat er sich ihnen nicht wie Florian Geyer aus bloßer Begeisterung für ihre Sache angeschlossen. Aber nachdem er einmal dabei war, ging er tüchtig ins Zeug und erzielte sofort einen außerordentlichen Erfolg. Der Mainzer Kurfürst Albrecht hielt sich damals in seinem zweiten

Erzbistum Magdeburg auf. Der von ihm eingesetzte Statthalter für das Erzbistum Mainz, Bischof Wilhelm, wußte sich gegen Berlichingen keinen anderen Rat, als einen Vertrag mit den Bauern zu schließen. Bischof Wilhelm nahm für das ganze Erzbistum Mainz die zwölf Artikel an, ließ es in den Bund der Bauern aufnehmen und zahlte eine Kriegsentschädigung. Das Land des Reichskanzlers in einer Front mit den Bauern! Glückte es jetzt, alle ihre Haufen in einer Organisation zusammenzufassen und diese so auszubauen, daß sie eine tragfähige Grundlage für Staat und Gesellschaft abgaben, dann mußte doch endlich die Sehnsucht der Deutschen nach einer Reform an Haupt und Gliedern in Erfüllung gehen. Ein verheißungsvoller Ansatz hierzu war die „Amorbacher Erklärung" der Odenwälder vom 5. Mai. Sie nahm zu den zwölf Artikeln in einer Weise Stellung, daß sich bei ihrer Durchführung ohne allzu große Schwierigkeit der Übergang von der Revolution zu ruhiger Entwicklung hätte vollziehen lassen. Die Erklärung wurde im Bauernrat angenommen, obwohl sie von den Nicht-Bauern Götz von Berlichingen, Hipler, einem Heilbronner Ratsherrn und vielleicht auch von Graf Georg von Wertheim ausgearbeitet worden war.

Auf einer Tagung in Heilbronn, zu der auch eine Reihe anderer Haufen eingeladen wurde, sollten entscheidende Entschlüsse für das weitere Vorgehen gefaßt werden. Man überlegte, ob man die Kurfürsten von Köln, Trier und der Pfalz, die badischen und die brandenburgischen Markgrafen mit Krieg überziehen oder mit ihnen gütlich verhandeln solle, außerdem sollten Fürsten, die, wie Kurfürst Friedrich der Weise, im Rufe der Bauernfreundlichkeit standen, um Hilfe angegangen werden. Hipler legte eingehende Reformvorschläge vor. Er stützte sich dabei auf zwei ihm von dem Miltenberger Amtmann Friedrich Weigandt zugesandte Pläne, deren zweiter sich größtenteils mit dem Inhalt einer 1523 erschienenen Schrift deckte: „Teutscher Nation Notdurft, die Reformation aller Stänð im Römischen Reich durch Kaiser Friedrich III.". Weigandts erster Plan empfahl vor allem die Aufhebung der Klöster und auch die Säkularisation des übrigen geistlichen Besitzes. Das Jahreseinkommen der Kleriker sollte nicht hundert, das eines Bischofs nicht tausend Gulden übersteigen. Der zweite Plan behandelte hauptsächlich das Gerichtswesen, aus dem die Doktoren des römischen Rechtes zu entfernen seien; den Handel, dessen Triebfeder nicht mehr der Eigennutz sein dürfe, weshalb auch die Handelsgesellschaften zu verbieten seien; die Ablösung der Bodenzinse, die Vereinheitlichung von Maß, Gewicht und Geld und die Einführung des ewigen Friedens. Anders als die Amorbacher Erklärung bewegten sich diese Pläne für jene Zeit großenteils in Utopien. Doch ehe die Verhandlungen in Heilbronn recht in Gang gekommen waren, traf die Nachricht ein, daß die Württemberger unterlegen seien und Truchseß auf Heilbronn marschiere. Die Versammlung löste sich auf, die Führer begaben sich zu ihren Haufen.

Die große Masse der Bauern war im Gegensatz zu dem von ihnen gewählten Rat schon mit der Amorbacher Erklärung unzufrieden gewesen, und die Heilbronner

Zusammenkunft erfüllte sie mit Argwohn. Sie trauten ihren adligen und anderen Führern nicht mehr, sie bedrohten sie und steckten, um sie zu ärgern, die Mainzer Wildenburg in Brand, obwohl sie mit dem Erzbistum Frieden geschlossen hatten und es ihrem Bunde angehörte. Die Taubertaler und Neckar-Odenwalder rückten mit einem dritten großen Haufen, dem Bildhäuser, der die Bauern zwischen dem Main und dem Thüringerwald umfaßte, gegen Würzburg vor. Die Stadt öffnete ihnen die Tore, nur die bischöfliche Residenz, die Feste Unterfrauenberg, leistete ihnen Widerstand. Die Bauern verlangten Annahme der zwölf Artikel, Eintritt in die Bruderschaft, Übergabe der Feste und 100000 Gulden für den freien Abzug der Herren. Florian Geyer und Berlichingen suchten die Bauern zu milderen Bedingungen zu überreden. Die Odenwälder waren zwar bereit, Götz nachzugeben, nicht aber die Taubertaler, die Florian Geyer daraufhin verließ. Die Bildhäuser waren bereits größtenteils abgezogen, weil Philipp von Hessen in Thüringen eingefallen war. Immerhin zählten die Bauern vor dem Unterfrauenberg wenigstens noch 15000 Mann. Ohne Wissen ihrer Hauptleute stürmte ein Teil der Bauern gegen die Feste an, konnte sie jedoch nicht nehmen. Sie erlitten große Verluste, und wagten deshalb nicht mehr, das Schloß zu berennen. Einen Monat lang dauerte die Belagerung. In den Bauernhaufen, die sich in den Würzburger Weinkellern toll und voll tranken, lösten sich alle Bande der Zucht. Georg Truchseß hatte inzwischen Weinsberg genommen und Jäcklein Rohrbach und den Pfeifer Nonnenmacher grausam hinrichten lassen: sie wurden mit einer Kette an einen Baum gebunden und langsam zu Tode geschmort. Götz von Berlichingen zog Truchseß mit den Neckartalern und Odenwaldern entgegen, die Taubertaler blieben, statt sich ihm anzuschließen, in Würzburg. Götz suchte nun mit Truchseß zu verhandeln, wurde aber abgewiesen, worauf er die Bauern unter dem Vorwande, seine Dienstzeit sei abgelaufen, verließ. Sie wollten, verstärkt durch neue Abteilungen, das Heer des Schwäbischen Bundes an dem Überschreiten der Tauber verhindern, lösten sich aber alsbald in wilder Flucht auf und wurden von ihren Verfolgern in Scharen niedergemetzelt. Nur 250 Mann kämpften so lange, bis ihnen ihr Leben zugesichert wurde. Noch etwa 5000 Bauern zogen am 4. Juni, einem Pfingstsonntag, von Würzburg aus Truchseß entgegen. Aber auch sie flüchteten nach den ersten Schüssen. Das Gelände war hier ohne Deckung, und so wurden fast alle von den Reitern erstochen. Einzig ein Trupp von 200 bis 300 gedienten Landsknechten hielt in den Ruinen der von den Bauern zerstörten Burg Florian Geyers dem Feinde stand, bis der letzte Mann gefallen war. Florian Geyer befand sich damals zu Verhandlungen in Rothenburg. Der Würzburger Bischof durchzog mit dem Henker das Land, ließ 272 Menschen hinrichten und legte seinen Untertanen eine Brandschatzung von 220000 Gulden auf. In Würzburg setzte er 150 Bürger gefangen, darunter auch Tilman Riemenschneider. Von dem den Bauern und den Städten abgepreßten Gelde bauten sich manche Adlige, die bisher nur ein „Rattennest" besessen hatten, ein stolzes Schloß. — Am 17. Juni machte Georg Truchseß einem Aufstand der Bamberger Bauern ein Ende. Die Untertanen des Bamberger Bischofs mußten den Adligen 150000 Gulden Entschädigung zahlen, manche starben den Tod von Henkershand.

Schwarzwald. Elsaß. Württemberg. Kurpfalz

Den übrigen Bauern erging es teils wie denen des Seehaufens, die mit einem glimpflichen Vergleich davon gekommen waren, zum größeren Teil ereilte sie das Schicksal der fränkischen Bauern. Im Schwarzwaldgebiet entwickelte sich im April 1525 aus den vorausgegangenen Unruhen unter der Führung des Hans Müller von Bulgenbach eine bewaffnete Erhebung. Der vom Schwäbischen Bund vertriebene Herzog Ulrich schloß sich mit seinen Reisigen als „Utz Bauer" den Aufständischen an. Hubmayer arbeitete ein Programm aus nach dem Leitsatz: die Obrigkeit ist dem göttlichen Recht unterworfen, daher steht es dem Volke zu, eine sündige Obrigkeit abzusetzen. Im Mai schlugen auch die Breisgauer Bauern los und bemächtigten sich der Städte Freiburg und Breisach. Im „Ortenauer" und im „Offenburg-Baseler Vertrag" machte eine Reihe von Herrschaften, so der Markgraf von Baden, Bischof und Stadt Straßburg, weitgehende Zugeständnisse. Müller belagerte nach seiner Rückkehr von Breisach die Stadt Villingen. Das von Erzherzog Ferdinand gesandte Ersatzheer verjagte die Bauern und legte über vierundzwanzig Dörfer in Asche. Die Bauern im Hegau, der Baar, im Schwarzwald, vom Klettgau und als letzte die Stadt Waldshut, die am 6. Dezember 1525 von österreichischen und Reitern des Bundesheeres besetzt wurde, mußten sich auf Gnade und Ungnade ergeben.

Im Elsaß griff vom Beginn des Jahres 1525 an der Aufstand schnell um sich und erfaßte das ganze Land. Der evangelisch-reformatorische Einschlag der Bewegung trat hier besonders stark hervor, doch machten sich manchen Ortes auch Bundschuh-Erinnerungen geltend. Die verschiedenen Obrigkeiten, darunter zehn Reichsstädte, teilweise selbst Anhänger des Evangeliums, wußten sich keinen Rat. Da rief der Landvogt in Hagenau den Herzog Anton von Lothringen, einen erbitterten Feind der Reformation, zur Hilfe. Sein Bruder, Kardinal von Lothringen, und ein apostolischer Kommissar begleiteten ihn. In seinem Heere befanden sich Söldner aus Albanien, Spanien, Italien, Frankreich, Geldern und dazu seine eigenen Leute. Ein von dem Handwerker Erasmus Gerber geführter Haufe hatte am 12. Mai Zabern, die Residenz des Straßburger Bischofs, besetzt. Zwei weitere Haufen stießen hier zu Gerber. Am 15. Mai langte Herzog Anton vor Zabern an. Von drei Bauernhaufen, die den Eingeschlossenen zu Hilfe kommen wollten, wurde einer nach tapferem Kampfe völlig aufgerieben, der zweite zersprengt, der dritte zog sich ohne Gegenwehr zurück. Am 16. Mai ergaben sich die Bauern in der Stadt auf Gnade und Ungnade. Sie gingen in langem Zuge, unbewaffnet, weiße Stäbchen in der Hand, aus Zabern, ihnen zur Seite marschierten geldrische Landsknechte.

Zwischen ihnen und den Bauern entstanden Reibereien. Die Landsknechte hieben auf die Wehrlosen ein, die nun wieder in die Stadt zurückfluteten. Die Krieger des Herzogs drängten ihnen nach. In diesem entsetzlichsten Gemetzel des Bauernkrieges sollen etwa 18000 Bauern ums Leben gekommen sein. Bei Schlettstadt erwarteten die mittel-elsässischen Bauern den Herzog, wiederholt schlugen sie seine Truppen zurück, erst gegen Abend wurden die Reihen der Bauern durchstoßen, aber die hereinbrechende Dunkelheit bewahrte diesen Haufen vor dem Schicksal der Bauern in Zabern. Infolge der Verluste, die sein Heer diesmal erlitten hatte, wagte der Herzog nicht mehr, dem Hilferuf der Herren des Sundgaues und Breisgaues zu folgen und kehrte nach Nanzig zurück. Er schloß den Feldzug, wie er ihn begonnen hatte, mit einer Wallfahrt. Seine Scharen hatten, wohin sie gekommen waren, so gehaust, daß die Heimgesuchten auf die Frage, wie es ihnen ergangen wäre, „wie die Stummen dastanden, als ob sie vor großer Angst nicht hörten". Auch so manche von den Bauern, welche das Evangelium im Munde führten, hatten im Unmut oder im Übermut Ausschreitungen begangen, aber doch nicht derartige Untaten verübt wie das „Kreuzzugsheer" gegen die lutherischen Bauern, das Kinder mordete, Frauen schändete und nach Lothringen verschleppte. — Der Sundgau-Aufstand endete im Herbst, ebenfalls mit der Unterwerfung der Bauern. — Bei den weit verbreiteten Unruhen in der Schweiz wurden verschiedene Klöster ausgeplündert, jedoch verhandelten hier beide Seiten mit dem Streben nach ehrlicher Verständigung. So verliefen die unter dem Einfluß der bäuerlichen Erhebung im Reiche entstandenen agrarischen Unruhen in der Schweiz ohne allzu großen Schaden für die Bauern und die Obrigkeiten.

In Württemberg hatten früher der „Arme Konrad" und dann die Versuche Herzog Ulrichs, sein Land zurückzugewinnen, den Boden für Unruhen bereitet. Mehr noch als anderwärts überkreuzten sich hier die verschiedenen Richtungen. Einer der Führer, der Wirt Matern Feuerbacher aus der kleinen Stadt Bottwar, hielt strenge auf Zucht und Ordnung. Er vertrat den Standpunkt, wer reich sei, müsse reich bleiben, der Arme arm. Der Haufe sei um des Evangeliums, der Ehrbarkeit und der Gerechtigkeit willen da. Das Evangelium faßte er, der Zeit seines Lebens katholisch blieb, nicht im neugläubigen Sinne auf. Der Baumeister Hans Wunderer, Führer eines anderen Haufens, hatte dagegen nichts wider das Ausplündern der Klöster und war ein eifriger Parteigänger Herzog Ulrichs. Als Georg Truchseß kam, um auch diesen Aufstand zu dämpfen, marschierten ihm ungefähr 12000 Bauern entgegen. Er wagte zuerst die ihm bei Herrenberg gegenüberstehenden Württemberger nicht anzugreifen. Als aber die Stadt Böblingen zu ihm überging, konnte er die Bauern mit seinem Geschütz erreichen. Wie dann noch die Reiter auf sie einsprengten, flohen sie kopflos; 2000 bis 3000 wurden erstochen. Das Nachspiel war hier nicht so furchtbar wie sonst in der Regel nach einem Sieg des Truchseß. Nur wenige wurden hingerichtet. Herzog Ulrich, von dem man nicht weiß, ob er auf der Bauernseite an der Schlacht teilgenommen hat, entwich wieder in die Schweiz.

Ziemlich harmlos schienen zunächst die Bauernunruhen in der damals noch beträchtliche Gebiete rechts des Rheines umfassenden Kurpfalz, im Bistum Speier und in verschiedenen kleineren Herrschaften jener Gegenden abzulaufen. Die auf wenig fruchtbarem Boden sitzende Bevölkerung des Westrichs wollte überhaupt nichts von Aufruhr wissen, und in den Weingegenden und in der ertragreichen Rheinniederung ging es erst einmal mehr laut als gefährlich her. Neustadt an der Haardt ergab sich den Bauern. Der Rat der Stadt schlug dem Kurfürsten Ludwig vor, selbst mit den Aufständischen zu verhandeln. In dem Weinort Forst kam er mit den Hauptleuten zusammen. Die Bauern zogen 8000 Mann stark mit fliegenden Fahnen in guter Ordnung an ihrem Fürsten und seinen Räten vorbei, um ihm ihre Macht und Pracht zu zeigen. Er versprach ihnen, einen Landtag einzuberufen, auf dem über ihre Beschwerden entschieden werden sollte; die Bauern erklärten sich bereit, ihre Haufen aufzulösen und die eroberten Schlösser und Städte zu räumen. Am nächsten Tage lud der Kurfürst die Hauptleute der Bauern zu seiner Tafel. In den rechtsrheinischen Gebieten des Kurfürstentums und des Bistums Speier ging jedoch der Aufstand weiter. Dies trug dazu bei, daß auch links des Rheins keine Beruhigung eintrat. Die Haufen gingen nicht vollständig auseinander und plünderten noch mehrere Klöster und Schlösser. Der Kurfürst zog ebenfalls weiterhin Truppen zusammen. Als noch der Trierer Erzbischof mit einem Aufgebot von Reitern und die Bischöfe von Speier und Würzburg bei ihm eintrafen, zog er erst nach Würzburg und kehrte nach dessen Einnahme mit dem Trierer in die Pfalz zurück. Die Zwischenfälle nach dem Forster Vertrag boten ihm den Vorwand zum Einschreiten gegen seine linksrheinischen Bauern, obwohl diese sich nach der Schlacht bei Zabern im Elsaß nun doch zerstreut hatten. Sie faßten das Vorgehen des Kurfürsten als Vertragsbruch auf, und darüber erbittert wüteten sie jetzt ungleich mehr als früher gegen Schlösser und Burgen. In Dirmstein erwürgten sie den kurfürstlichen Vogt und die Besatzung und warfen die Leichen zum Fenster hinaus, in Neuleiningen zwangen sie die Gräfin, für sie zu kochen und ihnen aufzuwarten. Bei Pfeddersheim kam es am 24. Juni zur Schlacht zwischen dem Kurfürsten und den Bauern, sie endete mit der Niederlage der Bauern. Bei dem Abzug der Überlebenden, die sich dem Kurfürsten ergeben hatten, erging es den Bauern wie den Elsässern beim Verlassen Zaberns. Außerdem ließ der Kurfürst achtzig am Aufstand Beteiligte hinrichten. Die Kraichgauer hatte bereits Georg Truchseß besiegt, die Bruhrainer der Kurfürst vor seinem Marsch nach Würzburg unterworfen.

Die Ostalpenländer

In Tirol, Salzburg, Steiermark, Kärnten und Österreich ob der Enns, wo zum großen Teil schon früher die Bauern sich erhoben hatten (vgl. S. 146 ff.), steigerten Maßnahmen gegen die Reformation die Unzufriedenheit. Besonders die Tiroler nahmen die evangelischen Lehren begeistert auf. Die Räte Ferdinands trachteten danach, die dem Lande unter Maximilian zugestandenen Rechte wieder aufzuheben und gingen gegen die Anhänger der neuen Lehre schroff vor. Am verhaßtesten war der Spanier Salamanca, wie es hieß ein gebürtiger Jude, der aus dem durch die Mißwirtschaft Maximilians verarmten Lande Unsummen für seinen Herrn herausholte und ihm dadurch unentbehrlich wurde. Im Mai 1525 brach die Empörung offen los. Sie hatte an Michael Gaismair einen Führer von redlichstem Wollen. Er entstammte einer Sterzinger Bergknappenfamilie und war Schreiber des Tiroler Landeshauptmanns, dann des Bischofs von Brixen gewesen. Aus seiner 1526 verfaßten „Tirolischen Landesordnung" spricht ein christlicher Idealismus im Sinne Luthers und Zwinglis, worauf er eine, in vielem freilich wirklichkeitsfremde, staatliche und gesellschaftliche Ordnung aufzubauen unternahm. So sollten alle Städte wieder in Dörfer umgewandelt, die Handwerker des ganzen Landes an einem Ort angesiedelt und ihre Erzeugnisse zum Selbstkostenpreis in behördlich bestimmten Läden vertrieben werden. Seine Staatsform ist die demokratische Republik. In der Hand des Staates liegen Einfuhr und Ausfuhr, alle Bergwerke sind zu verstaatlichen. Da die Regierung nicht imstande war, den Bauern mit Gewalt zu begegnen, setzte sie sich mit ihnen wiederholt friedlich auf Landtagen auseinander. Die Forderungen der Bauern wurden nur teilweise bewilligt, immerhin war das Gesamtergebnis der Landtagsverhandlungen für die Bauern nicht ungünstig. Im Süden, im Bistum Trient, dauerte der Aufruhr bis in den Herbst hinein. Er wurde hier mit Waffengewalt niedergeschlagen. Gaismair floh mit einem Trupp Getreuer über die Grenze. — Der Erzbischof von Salzburg Matthäus Lang verfolgte die Lutheraner so grausam, daß sich schließlich sogar der Henker weigerte, die rechtswidrigen Todesurteile zu vollziehen. Bauern und Bergknappen griffen zu den Waffen und nahmen Salzburg zur Freude der Bürger dieser Stadt ein. Die Salzburger Bauern und Knappen erfochten bei Schladming unter Führung des Michael Gruber einen glänzenden Sieg über die Truppen des steirischen Landeshauptmannes Sigmund Dietrichstein. Schon hoffte Herzog Wilhelm von Baiern, an den sich die Bauern gewandt hatten, das Erzbistum Salzburg für sich besetzen zu können, da schaltete sich Erzherzog Ferdinand ein, da auch ihn nach der Erwerbung des Fürstbistums gelüstete. Nun machte der Erzbischof den Aufständischen große Zugeständnisse. Im Frühjahr 1526 brachen aber die Feindseligkeiten erneut aus. Jetzt übernahm Gaismair die Führung. Zuerst waren auch diesmal die Aufständischen siegreich; die von Lang herbeigerufenen Truppen des Schwäbischen Bundes schlugen jedoch die Pinzgauer bei Zell am See; die Bauern vermochten sich von da ab nicht mehr zu behaupten und unterwarfen sich. Der Erzbischof zog zwar seine früheren Zusagen zurück, hatte seine Mittel aber durch den Krieg doch so erschöpft, daß er den Bauern in verschiedenen Punkten entgegenkam und ihre allerdings immer noch hohen Leistungen genau festsetzte. Dadurch und durch die Minderung der Rechte der Grundherren war der früheren willkürlichen Behandlung der Bauern ein Riegel vorgeschoben. Gaismair entkam auf venetianisches Gebiet und schmiedete rastlos Pläne gegen die Habsburger. Sie entledigten sich schließlich ihres gefährlichen Feindes durch Meuchelmord; zwei von der Innsbrucker Regierung gedungene Spanier durchbohrten ihn in Padua mit ihren Dolchen. — In Oberösterreich verliefen die Unruhen weniger gewaltsam als im Salzburgischen. Auch hier beriefen sich die Bauern auf das Wort Gottes und das Evangelium. In der Hauptsache zielten sie auf die Abschaffung der sie schwer belastenden Fronarbeiten ab. Der Feldhauptmann Schifer durchzog das Land, ohne auf ernstlichen Widerstand zu stoßen. Die Bauern mußten zur Strafe eine mäßige Brandsteuer zahlen.

Thüringen

Die Bauern haben bei ihren Unternehmungen vielfach bei den unteren Schichten der städtischen Bevölkerung, zuweilen auch bei besser gestellten Bürgern Unterstützung gefunden. Eine größere Rolle als in den meisten bisher behandelten Gebieten spielte das Zusammengehen von Bauern und Bürgern in Thüringen. Die Aufständischen der Herrschaft der Benediktinerabtei Fulda nahmen unter ihren Artikeln auch rein städtische Forderungen auf. Der Fürstabt von Fulda war gegen seine Bauern und die Bürger von Fulda machtlos. Da aber die Fuldaer auch hessische Städte aufzuwiegeln suchten, zog Landgraf Philipp gegen sie zu Felde. Obwohl die Gegner seinen Truppen an Zahl um das Doppelte überlegen waren und seinen Angriff auf dem Frauenberg in guter Stellung erwarteten, überwältigte er sie in kühnem Ansturm unter ganz geringen Verlusten. Der Landgraf nutzte seinen Sieg hauptsächlich gegen die Abtei aus, die er mit ihrem ansehnlichen Umlande von Hessen abhängig machen wollte; außerdem hatte er durch sein schnelles Eingreifen sein eigenes Land von dieser Seite her gegen eine weitere Ausdehnung des Aufstandes gesichert. Die Bauern des Werratales, denen sich auch Leute aus Eisenach anschlossen, schickten sich zwar an, dem Landgrafen entgegenzuziehen, liefen jedoch auseinander, ehe sie seine Krieger zu sehen bekamen. Der Rat von Eisenach hatte hinterlistig ihre Führer in die Stadt gelassen und hingerichtet, um nicht den Zorn Philipps auf sich zu laden. — Die Stadt Erfurt unterstand der mainzischen Landesherrschaft, genoß aber nahezu die Selbständigkeit einer Reichsstadt. Die Bürgerschaft war hier in besonders großem Maße der Geistlichkeit verschuldet und ihr schon deshalb gram. Am 27. April erschienen vor Erfurt aus den zur Stadt gehörigen Dörfern 4000 Bauern. Der Rat öffnete ihnen die Tore und gab ihnen alles preis, was dem Erzstifte gehörte. Ein Teil der Bürger und die Bauern legten der Obrigkeit gemeinsam Artikel vor. Nachdem die Bauern alle Vorräte vertilgt hatten, verließen sie die Stadt wieder; eine Woche hatten sie in ihr verweilt. Was sie an mainzischem Gut zerstört hatten — sie schlugen überall die Wappen des Bistums herunter, schädigten die Wälder, hieben die Weinstöcke um, räumten Keller und Speicher aus — mußte die Stadt dem Erzbischof ersetzen.

Mühlhausen, außer Nordhausen die einzige Reichsstadt und mit ihren rund 7500 Einwohnern die größte Stadt Thüringens, befand sich wie Erfurt schon seit längerem in wirtschaftlichem Niedergang. Der größere Teil der Mühlhauser hatte kein Wahlrecht; die hundertzwanzig Ratsherren, von denen immer dreißig ein Jahr lang im Amte waren, regierten völlig unabhängig von der Gemeinde. Seit 1523 wiegelte der ehemalige Mönch Heinrich Pfeiffer seine Mitbürger gegen Mönche, Nonnen, Pfaffen und gegen den Rat auf und gewann im Winter 1524 auch in der weiteren Umgebung der Stadt unter den Bauern zahlreiche Anhänger. Er behielt auch in der Folge den stärksten unmittelbaren Einfluß auf die Bewegung. Den ihr eigentümlichen, sie von anderen Aufständen unterscheidenden Charakter verlieh ihr aber Thomas Münzer. Er stammte aus Stolberg am Harz und war 1489 oder 1490 geboren. Er studierte Theologie und erwarb sich früh als Gelehrter großes Ansehen. In Zwickau geriet er in den Bannkreis der dortigen „Propheten", namentlich des Tuchmachers Nikolaus Storch. Münzer kehrte nun aller Wissenschaft den Rücken. Luthers Lehre von der Bibel als der alleinigen Richtschnur des Glaubens und von der Kreuzesreligion wandelten die Zwickauer Schwärmer dahin um, daß sich Gott gerade jetzt wieder in Gesichten und Träumen den Auserwählten offenbare. Sie müßten erst das Kreuz, furchtbare innere Qualen, erdulden, dann ziehe der Heilige Geist in sie ein. Nun seien sie „erlöst", der Vergebung ihrer Sünden sicher. Storch prophezeite, die Ankunft des Antichrists stehe unmittelbar bevor. Doch er wird schnell überwunden werden, die Auserwählten erschlagen alle Gottlosen, worauf das Tausendjährige Reich und Christi und der Auserwählten Herrschaft beginne. Münzer war davon überzeugt, daß er das Kreuz erlitten habe und des Heiligen Geistes teilhaft geworden sei, und ging daran, aus den „Erwählten" eine Gemeinde zu schaffen. Mit ihr wollte er die Gottlosen ausrotten und das Gottesreich im „Geistglauben" errichten. Als Pfarrer in Allstedt verkündete er im Sommer 1524 seine Lehre und stiftete seinen „Bund göttlichen Willens", dem die meisten Bürger von Allstedt und fünfhundert Mansfelder Bergknappen beitraten. Als Mordprophet und als „neuer Johannes" führte Münzer eine überaus kühne und leidenschaftliche Sprache; aber die Tapferkeit saß ihm in der Feder und im Munde, nicht im Herzen. Er versagte, wenn es entscheidende Entschlüsse zu fassen galt und erst recht in der Stunde der Not. Mitte August 1524 übersiedelte er nach Mühlhausen, wo er an Pfeiffer eine starke Stütze fand. Beide zettelten im September einen Aufruhr an, bei dem die Altäre und Bilder in den Kirchen zerstört wurden, und stellten die „Mühlhauser Artikel" auf, für die sie sich, so radikal sie waren, auf die Bibel und nicht auf Münzers „Geistglauben" beriefen. Nach einer Woche wurde indes der Rat mit Hilfe der Bauern noch einmal des Aufstandes Herr. Pfeiffer und Münzer mußten fliehen. Dieser trieb sich einige Zeit bei den Schwarzwaldbauern herum, sie scheinen aber an seinen Predigten nicht viel Gefallen gefunden zu haben. Während Pfeiffers Abwesenheit warben Freunde für seine Pläne, nach seiner Rückkehr im September konnte er den Rat stürzen.

Im Februar 1525 traf auch Münzer wieder in Mühlhausen ein, und nun griff der Aufstand schnell um sich. Die Mühlhauser plünderten zunächst in der Nähe von Langensalza, wo es ebenfalls zu Unruhen gekommen war, die Klöster und Schlösser, dann zogen sie den Eichsfeldern zu Hilfe. Das Aufruhrgebiet erstreckte sich jetzt von der hessischen Grenze bis zur Saale, vom Thüringer Wald über den Harz bis Goslar, Naumburg, Quedlinburg, Halberstadt und Magdeburg. Die Unruhe ging hauptsächlich von Mühlhausen und Münzer aus, doch war die Bewegung noch viel weniger geschlossen als etwa in Schwaben und Franken. Meist rotteten sich die Bewohner einer Stadt und die Bauern der Umgebung zusammen, plünderten und kehrten dann nach Hause zurück.

Nur in und um Frankenhausen sammelte sich ein großer, schließlich über 6000 Mann starker Haufe. Sein Programm atmete Münzers Geist: das Wort Gottes soll ungehindert gepredigt werden; Holz, Wasser, Weide und Jagd sollen frei sein; die Fürsten sollen ihre Schlösser zerstören, ihre Titel ablegen und Gott allein die Ehre geben, zur Entschädigung sollten sie alle geistlichen Güter erhalten. Diesen Haufen führte Münzer und feuerte ihn durch seine Reden an, gleichzeitig schrieb er an den ihm besonders verhaßten Grafen von Mansfeld einen Brief, der schloß: „Der Prophet sagt, dein Nest muß zerrissen und zerschmettert werden". Am 11. Mai brach Herzog Georg von Leipzig und am 12. Mai Landgraf Philipp von Eisenach aus gegen den Frankenhauser Haufen auf. Am 15. Mai wurde die Schlacht geschlagen, die der bäuerlich-bürgerlichen Bewegung in ganz Thüringen ein Ende setzte. Die Anhänger Münzers hatten nördlich der Stadt am Kyffhäuser eine sehr günstige Stellung bezogen. Sie schickten ins Lager der Fürsten einen Brief, sie wollten nur Gottes Gerechtigkeit und kein Blutvergießen. Sie erhielten zur Antwort, wenn sie Münzer und seine nächste Umgebung auslieferten, würde Leib und Leben der übrigen geschont. Die Bauern waren schon geneigt, dies Angebot anzunehmen, da stimmte sie Münzer noch einmal um: Gott habe der Obrigkeit die Gewalt genommen und den Armen gegeben. Die Obrigkeiten würden schwach werden. Gott aber sei mit den Untertanen. Eher werde sich Himmel und Erde verändern, als daß Gott sie verlasse. Und siehe da, über dem Lager der Fürsten erschien ein Regenbogen. Münzers Fahne aber trug das Bild eines Regenbogens zum Zeichen des Bundes Gottes mit ihm. Nun zweifelten die Bauern nicht mehr an der Prophezeiung ihres Führers, daß sie die Fürsten schlagen würden, wie einst Gideon die Philister und David den Goliath überwältigt hatten. Während die Bauern hingerissen Münzers Predigt lauschten, hatten die Fürsten ihr Geschütz und ihre Truppen auf die umliegenden Höhen gebracht. Doch die Bauern waren zuversichtlich, Münzer hatte ihnen verheißen, die Kugeln der Fürsten könnten ihnen keinen Schaden tun. Voll Zuversicht sangen sie gerade den Münzerschen Pfingsthymnus „Komm Heiliger Geist, Herre Gott!", da schlugen die ersten Kugeln bei ihnen ein, und sie trafen nur allzu gut. Fassungslos rannten die Bauern die Anhöhe hinunter, sich hinter den Mauern der Stadt zu bergen. Auf dem Wege dorthin und dann in der Stadt, in welche Verfolgte und Verfolger zugleich eindrangen, wurden an die 5000 Bauern erschlagen und erstochen, 600 gefangen genommen, nur etwa 500 mögen sich durch Flucht gerettet haben. Münzer hatte sich in eine Bodenkammer geflüchtet und stellte sich krank. Er wurde aber gefunden und dem Grafen von Mansfeld übergeben, der ihn in Heldrungen folterte. Die Sieger zogen nun gegen Mühlhausen, das seine Tore dem übermächtigen Gegner öffnete. Die Bürger mußten 40000 Gulden Brandschatzung und 40000 Gulden Entschädigung an den Adel der Umgegend leisten, ungefähr zwanzig Jahre zahlten sie an dieser Summe. Der alte Gottesdienst wurde wieder eingeführt, und die Stadt mußte die Klöster wieder in Stand setzen. Münzer wurde von Heldrungen nach Mühlhausen gebracht und hier mit Pfeiffer und zweiundfünfzig anderen Gefangenen hingerichtet. Pfeiffer lehnte den Beistand eines katholischen Geistlichen ab, Münzer dagegen widerrief seine Lehre und bekannte sich in der Todesstunde wieder zum alten Glauben.

Städtische Unruhen am Rhein

In Speier, Worms, im „Rheingau", in Mainz, in den Erzbistümern Köln und Trier, in den Bistümern Münster und Osnabrück und in der Reichsstadt Dortmund riefen die inneren Gegensätze in den Städten (s. S. 153ff.), namentlich die Spannungen zwischen den Laien und dem Klerus (s. S. 221ff.) zur Zeit des Großen Bauernkriegs bürgerliche Bewegungen und Unruhen hervor. In Frankfurt und den mittelrheinischen Städten gingen sie hauptsächlich von lutherisch gesinnten Handwerkern aus, die Rheingauer wandten sich besonders gegen die Juden. Die Frankfurter stellten 42 Artikel auf, die den Bürgern in den Städten Nordwestdeutschlands, ähnlich wie die zwölf Artikel der Oberschwaben den Bauern, zum Vorbild dienten, doch gingen auch die Städte jede für sich vor wie die einzelnen Bauernabteilungen. Am Mittelrhein bewilligten die Landesherren, die Stadträte und die Geistlichkeit die Forderungen der Bürger, und so war hier die Ruhe schnell wieder hergestellt. Nachdem aber die Bauern unterlegen waren, wagten es die Städte nicht, sich dem Machtgebot der Fürsten, welche die Wiedereinführung der alten Ordnung verlangten, zu widersetzen. Der Rheingau verlor seine bisherige Selbstverwaltung und wurde völlig von der kurmainzischen Regierung abhängig. — In Köln, wo von hundertfünfzig Artikeln nur zwei die reine Lehre erwähnten, leisteten auch die Handwerker gegen einen von einer kleinen Zahl Verschworner geplanten Umsturzversuch mit teilweise kommunistischen Zielen Widerstand. Die Bürgerschaft gab sich mit Zugeständnissen wirtschaftlicher Art zufrieden, zu deren Annahme sie die Klöster und die Geistlichen zwang. Ebenso setzten die Dortmunder durch, daß die Geistlichen keinen Handel mehr treiben durften und zu den öffentlichen Lasten beitragen mußten. In Münster und Osnabrück warfen die Bischöfe den Aufstand mit hessischen und Paderborner Söldnern nieder.

Folgen des Bauernkrieges

Während die rein städtischen Unruhen ohne größere Nachwirkungen blieben, ist das Scheitern der großen bäuerlichen Bewegungen im Jahre 1525 eines der entscheidenden Ereignisse der deutschen Geschichte. Die neuere Forschung hat allerdings nachgewiesen, daß der Ausgang des Krieges, abgesehen von mehreren kleinen Bezirken, die Lage der Bauern auf die Dauer nicht wesentlich änderte. Die Strafgelder lasteten zuerst schwer auf ihnen, doch wurden sie später großenteils ermäßigt oder der Rest ganz erlassen. Durch Fleiß und Sparsamkeit machten die Bauern im Laufe der Jahre die Verluste wieder wett, zumal da ihre rechtliche Stellung gegenüber dem früheren Zustande nicht grundlegend verschlechtert wurde und die ungefähr 100000 Mann, die ums Leben gekommen waren, in dem bereits großenteils stark übervölkerten offenen Lande vielen, die sonst dem Proletariat verfallen wären, den Weg zu Hof und Acker frei machten. Nicht einmal die Entwaffnung der Bauern wurde allgemein durchgeführt. Wenigstens die größeren Fürsten sahen zu ihrem eigenen Vorteil darauf, daß der Bauer leistungsfähig blieb oder wieder wurde. Zugleich setzten sie freilich auch die straffere Eingliederung des Bauerntums in ihre Landesverwaltung fort. Weit mehr noch als zwei Jahre zuvor der Sieg über das Rittertum ebnete nun der über die Bauern den Fürsten den Weg zum Absolutismus. Eben darauf beruht zum einen Teil die ungeheure Bedeutung des Bauernkrieges: Infolge ihrer Niederlage wurden nicht nur die Bauern selbst, sondern auch die Angehörigen der übrigen Stände mehr und mehr zu Untertanen im Sinne des Absolutismus. Denn immer noch hatten die Bauern ihrer Zahl und die landwirtschaftlichen Erzeugnisse ihrem Gesamtwerte nach im Leben des Volkes derart das Übergewicht, daß sich dem Willen dessen, der den Bauern als seinen Untertanen gebot, alle fügen mußten.

Der Absolutismus hat trotz seiner großen Schattenseiten mehr Positives geleistet, als das 19. Jahrhundert zu erkennen vermochte, das sich noch in politischer und ideeller Auseinandersetzung mit ihm befand. Trotzdem halten wir die Niederlage des Bauerntums für ein nationales Unglück. Der Sieg der Bauern war keineswegs schon von vornherein so unwahrscheinlich, wie es nach dem für die Bauern so unglücklichen Verlauf des Krieges scheinen mochte. Im April 1525 hatten die Bauern offensichtlich die Übermacht; zahllose kleinere Herren, und selbst die Kurfürsten von Mainz und von der Pfalz sahen sich genötigt, sich in ihren Bund aufnehmen zu lassen oder wenigstens Verträge mit ihnen abzuschließen. Einzelne Herren, wie Graf Wilhelm von Henneberg, rechneten schon mit dem endgültigen Erfolg der Revolution und begannen, sich nicht bloß deshalb auf den Boden der Tatsachen zu stellen, um mit möglichst geringem Schaden wegzukommen, sondern auch, um sich an führender Stelle in das neue Geschehen einzuschalten. An Kriegstüchtigkeit standen mehrere Bauernhaufen, zumal solche, in denen sich eine größere Zahl gedienter Landsknechte befand, hinter ihren Gegnern nicht zurück. Doch ebenso schnell, wie die Bauern ihre Sache vorwärts gebracht hatten, traf sie ein vernichtender Schlag nach dem anderen. Nach dem Einzug des Georg Truchseß von Waldburg und der mit ihm verbündeten Fürsten in Würzburg hatten die Bauern keine Aussicht mehr auf ein siegreiches Ende ihrer Revolution. Diese plötzliche Wendung zu ungunsten der Bauern wird oft ihrer Unzulänglichkeit zugeschrieben; sie hätten sich an ein Unternehmen gewagt, dem ihre Kräfte in keiner Hinsicht gewachsen gewesen wären. Es habe ihnen an innerer und äußerer Geschlossenheit den Fürsten gegenüber gefehlt, ihre Greueltaten zeugten von einer verhängnisvollen Disziplinlosigkeit und hätten eine gefährliche Erbitterung gegen sie hervorgerufen. Die Beschränkung der Bewegung auf Ober- und Mitteldeutschland hätte beim Siege der bäuerlichen Bewegung entweder Deutschland in zwei Hälften auseinandergerissen oder die Fürsten Nord- und Ostdeutschlands auf den Plan gerufen. Ihr Gegenstoß hätte die Bauern mit vernichtender Wirkung treffen müssen, da sie mit ihrer Disziplinlosigkeit und mit ihren maßlosen Forderungen und Plänen doch nicht imstande gewesen wären, in den von ihnen beherrschten Gebieten eine dauernde Ordnung aufzurichten.

Die Fürsten und die kleineren Herren zeichneten sich jedoch bei Ausbruch des Bauernkrieges keineswegs durch Umsicht und Tatkraft aus. Viele von ihnen hatten mit gutem Grunde ein schlechtes Gewissen wegen ihrer Bauernbedrückung. Die Angst vor der Erhebung des gemeinen Mannes beunruhigte sie schon seit längerer Zeit in hohem Grade. Als nun wirklich der Aufstand mit derartiger Wucht losbrach, verloren die meisten von ihnen den Kopf, und viele benahmen sich jämmerlich feige. Außerdem hoffte auch mancher, in dessen Land es ruhig blieb, z. B. Herzog Wilhelm IV. von Baiern, die Not des Nachbarn ausnutzen zu können. Nur der oberste Hauptmann des Schwäbischen Bundes, Georg Truchseß von Waldburg, und der erst zwanzigjährige Philipp von Hessen zeigten sich vom ersten Augenblick an den Bauern an Entschlossenheit und Zielklarheit überlegen. Ihrem schnellen und rücksichtslosen Eingreifen hatten es die großen und kleinen Landesherren zu danken, daß ihnen der Endsieg über die Bauern zufiel. Aber auch Truchseß war nicht mit der sicheren Anwartschaft auf den Sieg ins Feld gezogen. Hätte der Seehaufe eine Schlacht gewagt und gewonnen, was sehr wohl im Bereich der Möglichkeit lag, oder wären die Bauern vor Würzburg dem Rate Götz von Berlichingens gefolgt, hätte der Krieg leicht eine Wendung zugunsten der Bauern nehmen können. Im großen und ganzen hatten sich also die Bauern nicht übernommen, als sie die Waffen gegen ihre Herren erhoben, ihr Unglück war nur, daß die Gegenseite an Georg Truchseß und an Landgraf Philipp militärische Führer hatte, denen keiner der ihren gewachsen war. Ausschreitungen haben die Bauern in großer Zahl begangen, darunter auch einige von nicht zu entschuldigender Grausamkeit. Auch die von uns nicht erwähnten Bauernhaufen, wie die der Rieser und der Markgrafschaft Ansbach, zerstörten in unsinniger Weise Klöster und Burgen und vernichteten dabei Kunstwerke und wertvolle Büchereien. Aber sie folgten dabei im allgemeinen nur dem Beispiele der adligen Herren, und Taten wie die zu Weinsberg, die gegen den damaligen Kriegsbrauch verstießen, waren seltene Ausnahmen, die übrigens viel dazu beitrugen, die innere Widerstandskraft des Gegners zu brechen. Mit der Disziplin der Bauern war es nicht schlechter bestellt als in den Landsknechtsheeren, die unzählige Male meuterten, wenn ihnen ihr Sold nicht ausbezahlt wurde, auch haben manche Haufen gute Disziplin gehalten. Bei Verhandlungen mit den Obrigkeiten zeigten sich die Bauern wiederholt viel mehr zum Nachgeben bereit, als ihre programmatischen Forderungen vermuten lassen. In verschiedenen Fällen wurden auch Einigungen erzielt, die der Obrigkeit für die Regierung und ihre wirtschaftlichen Bedürfnisse ausreichende Zugeständnisse machten und auch die berechtigten Wünsche der Bauern erfüllten. Bis es bei einem anderen Gang der Ereignisse zu einem endgültigen, beiden Seiten ihre Lebensnotwendigkeiten sichernden Ausgleich und damit zur Begründung einer neuen Ordnung gekommen wäre, hätte es freilich noch großer Anstrengungen und viel guten Willens der Herren und Bauern bedurft. Das Gelingen des großen Werkes einer der geistigen und sittlichen Entwicklung des Bauerntums Raum gebenden Verfassung, wodurch dem deutschen Volke unabsehbare Lebenskräfte zugeführt worden wären, lag aber keineswegs außerhalb des Bereiches der Möglichkeit. Erst der vollständige Sieg des Fürstentums, der, wie wir gesehen haben, keineswegs von vornherein feststand, hat diese Möglichkeit abgeschnitten. Damit hatte auch die Hoffnung auf eine Neugestaltung des gesamten geistigen, gesellschaftlichen und politischen Lebens ein Ende, die das deutsche Volk seit der konziliaren Bewegung ersehnte, und die in den ersten Jahren der Reformation Unzähligen endlich in greifbare Nähe gerückt schien.

Sechstes Kapitel

Reichsgeschichte vom Ende des Wormser Reichstages bis zum Vorabend des Schmalkaldischen Krieges

Der König der Franzosen war der Gefangene des Kaisers geworden und wurde von ihm zu der Zeit, da die Bauern vergebens um ihre Freiheit kämpften, in strenger Haft gehalten. Oberitalien gehorchte wie vor Jahrhunderten dem Herrscher der Deutschen. Deutsche Landsknechte hatten einen sehr wesentlichen Anteil an diesen Erfolgen. Die außenpolitischen Hoffnungen, die das deutsche Volk an die Wahl des Habsburgers geknüpft hatte, schienen sich also in überreichem Maße zu erfüllen. Weniger verheißungsvoll ließ sich dagegen die Innenpolitik an. Das Reichsregiment, das Reichskammergericht und die Reichstage entfalteten zwar eine rege Tätigkeit. Sie tagten oft und lange und verfaßten viele und umfangreiche Schriftstücke: aber trotz ihres Aufwandes an Zeit und Papier vermochten sie keinen entscheidenden Einfluß auf die Gestaltung der allgemeinen Verhältnisse zu gewinnen; meist liefen ihre Beratungen neben den Ereignissen her oder hinkten ihnen nach, und ihre Beschlüsse und Verordnungen wurden in der Regel wenig beachtet. Die wichtigsten Angelegenheiten der Nation entwickelten sich, wie es die einzelnen Machtfaktoren und Zeitströmungen mit sich brachten, ohne von den Zentralstellen aus geregelt zu werden. Sickingens letzte große Fehde und der Bauernkrieg konnten von den streitenden Parteien ausgetragen werden, als ob es kein Reich mehr gäbe, obwohl sich jeder Einsichtige darüber klar sein mußte, daß der Ausgang dieser Kämpfe für das künftige Schicksal des Reiches und des ganzen Volkes von unermeßlicher Tragweite sein würde. In der das deutsche Volk mehr als alles andere in Atem haltenden Frage der Reformation erwies sich die Reichsleitung ebenfalls als hilflos. Seitdem der Franzosenkönig in der Hand des Kaisers war, und dessen Bruder Ferdinand die Königskronen von Böhmen und Ungarn trug, überschattete der ausgesprochen habsburgische Imperialismus aber auch die Außenpolitik dermaßen, daß das Reich als solches an ihr nur mehr wenig Anteil hatte und nahm. Immerhin brachten der Kaiser, das Reichskammergericht und die Reichstage das Ganze, so wenig sie selbst dafür auszurichten vermochten, immer wieder in Erinnerung, und die einzelnen Reichsstände durften nicht alle Rücksicht auf sie außer acht lassen, wollten sie sich nicht ernstlich gefährden. Deshalb behandeln wir das deutsche Geschehen vom Wormser Reichstag bis zum Schmalkaldischen Krieg nicht nur in Kapiteln, welche die Hauptgegenstände in ihrem natürlichen Zusammenhang von Ursache und Wirkung betrachten, sondern auch im Rahmen einer rein zeitlich gegliederten Reichsgeschichte, um das Wechselverhältnis des Reiches zu den ausschlaggebenden Ereignissen und Einzelentwicklungen wenigstens anzudeuten.

Die Nürnberger Reichstage von 1522

Ende Mai 1522 brach der Kaiser von den Niederlanden aus nach Spanien auf, das Reichsregiment übernahm nun in aller Form die ihm obliegenden Geschäfte. Es bildete sich in ihm, dem ja auch Kurfürst Friedrich der Weise angehörte, eine Luther wohlgesinnte Partei. Da es auch auf die Reichstagsverhandlungen einen großen Einfluß ausübte, war seine Stellungnahme zu Luther für den Fortgang der Reformation von großer Bedeutung. November 1522 trat in dem evangelisch gesinnten Nürnberg der Reichstag zusammen. Der päpstliche Gesandte Chieregati hatte von Hadrian VI. den Auftrag erhalten, dort mit allem Nachdruck die Stände zu bearbeiten, daß sie endlich gegen Luther und seine Ketzerei gemäß der Bannbulle und dem kaiserlichen Wormser Edikt vorgingen. Dem Reichsregiment oblag es, dem Reichstag einen Entwurf zur Beantwortung dieses Antrages zu unterbreiten, wofür ein eigener Ausschuß eingesetzt wurde. Sein Gutachten erklärte, die Bulle Leos X. und das Wormser Edikt könne man nicht vollziehen. Die Mißstände in der Kirche seien noch nicht abgeschafft. Luther vor allem habe sie bekannt gemacht, schreite man gegen ihn ein, so heiße es allgemein, „man wolle durch Tyrannei die evangelische Wahrheit unterdrücken und unchristliche Mißbräuche aufrecht erhalten, woraus denn nur Widerstand gegen die Obrigkeit, Empörung und Abfall hervorgehen könne". Den gegenwärtigen Wirrungen vermöge einzig ein Konzil abzuhelfen. Es müsse binnen Jahresfrist in einer deutschen Stadt beginnen, auch den Weltlichen sei auf ihm Sitz und Stimme einzuräumen, die Mitglieder des Konzils müßten volle Redefreiheit haben, um vorzutragen, was zu „göttlichen, evangelischen und anderen gemeinnützigen Sachen" nötig sei. Bis dahin solle nur das heilige Evangelium und bewährte Schrift nach rechtem christlichem Verstand gelehrt werden. Am 13. Januar 1523 wurde das Gutachten den Ständen zur Beratung übergeben. Ihre Antwort an den päpstlichen Gesandten wich zwar in mehreren Einzelheiten von dem Gutachten ab, in den für den Augenblick wichtigsten Punkten pflichteten sie ihm jedoch bei: die Ausführung des Wormser Ediktes wurde abgelehnt und die Verkündigung des rechten, reinen, lauteren und heiligen Evangeliums gestattet. Die Antwort wurde als kaiserliches Edikt rechtskräftig veröffentlicht. Damit war das Wormser Edikt praktisch außer Kraft gesetzt. Die Reichsstädte und die Landesherren, die, wie Kurfürst Friedrich der Weise, der Ausbreitung der Reformation freie Bahn ließen, brauchten bis auf weiteres kein Einschreiten der Reichsgewalt zu befürchten. Anders als der Wormser Reichstag war dieser ein Ausdruck der im deutschen Volk in der religiösen Frage vorherrschenden Stimmung. Niemand konnte sich über sie täuschen, schrieb doch selbst

Erzherzog Ferdinand an seinen kaiserlichen Bruder: „Luthers Sache ist im ganzen Reiche so eingewurzelt, daß unter Tausend nicht einer davon frei ist".

Auf einem Reichstage, der im Frühjahr 1522 in Nürnberg abgehalten worden war, wurde zur Beschaffung der Mittel für die Abwehr der Türken namentlich der Plan eines Reichseinfuhr- und Ausfuhrzolles auf die nicht lebenswichtigen Waren erörtert. Außerdem wollte man das Monopolwesen und die verhaßten Handelsgesellschaften dadurch einschränken, daß keine von ihnen mehr als 50000 Gulden Kapital besitzen dürfe. Während des Reichstages vom November 1522 und Januar 1523 kam es über diese Punkte zwischen den Vertretern der Städte und den übrigen Ständen zu erbitterten Auseinandersetzungen. Die Fürsten wollten dabei den Städten sogar Sitz und Stimme auf den Reichstagen grundsätzlich versagen. Die Städte hatten jedoch zwischen dem Frühjahrs- und dem Winterreichstag eine Abordnung an den Kaiser nach Spanien gesandt. Seine Antwort traf noch während der zweiten Tagung ein. Er verbot eine Behinderung des Handels durch Zölle und Vorschriften über die Höhe der Gesellschaftskapitalien. Eine Großmachtpolitik, wie er sie betrieb, war ohne finanziellen Rückhalt am Großkapital nicht möglich. Auch die Fürsten, denen der Kaiser beträchtliche Summen schuldete, wären über die Folgen der von ihnen vorgeschlagenen Maßnahmen gegen die städtischen Kaufherren nicht entzückt gewesen, weil sie dann nie wieder zu ihrem Gelde gekommen wären. Außerdem hätte sich der Reichszoll wohl ebensowenig wie früher die Erhebung des Gemeinen Pfennigs durchführen lassen (vgl. S. 193). Alle derartigen Pläne mußten daran scheitern, daß das Reich als solches nicht imstande war, die Sondergewalten zur Erfüllung ihrer Verpflichtungen gegenüber der Allgemeinheit zu zwingen. Deshalb mußten das Reichsregiment und die Reichstage immer wieder den Dingen ihren Lauf lassen. So wurde auch durch die Ablehnung des päpstlichen Antrages auf die Verfolgung Luthers die religiöse Frage nicht geregelt, sondern nur ihre Entwicklung vorläufig freigegeben.

Erzherzog Ferdinand. Nürnberger Reichstag 1524. Regensburger Einung

Völlig ohnmächtig stand das Reichsregiment den Ereignissen der Jahre 1523 bis 1525 gegenüber. Die Hildesheimer Fehde (vgl. S. 279f.) brach von neuem los, ohne daß das Regiment einzugreifen vermochte. In dem Entscheidungskampf zwischen den Fürsten und den um Sickingen gescharten Rittern schwankte es haltlos zwischen den beiden Parteien hin und her (vgl. S. 319). Zu den sachlichen Schwierigkeiten kamen noch persönliche. Reichsstatthalter und Vorsitzender des Reichsregimentes war Erzherzog Ferdinand. Wie sein älterer Bruder, der Kaiser, der Erziehung nach französischer Niederländer war, so er Spanier. Da nun Ferdinand die deutsche Sprache erst erlernen mußte, vertrat ihn als Statthalter zunächst Friedrich, Pfalzgraf bei Rhein. Auch den österreichischen Landen gegenüber befand sich Ferdinand in einer etwas unklaren Lage. Der Kaiser hatte sie ihm 1522 übertragen, aber von ihm verlangt, er solle sich in ihnen sechs Jahre lang nur als kaiserlicher Stellvertreter ausgeben. Dabei hatte der junge Habsburger einen brennenden Ehrgeiz. In den österreichischen Gebieten wollte er unumschränkt wider alles überkommene „Freitum" regieren und erregte damit bei den Landständen großen Unwillen, der noch dadurch gesteigert wurde, daß er sich ganz und gar auf den habgierigen Spanier Salamanca stützte. Die Rechte des Reichsregimentes waren dem herrschsüchtigen Ferdinand ein Dorn im Auge, doch hoffte er mit seiner Hilfe die römische Königskrone zu erlangen, wie es schon früher in Deutschland des öfteren neben dem römischen Kaiser einen römischen König mit der Anwartschaft auf das Kaisertum gegeben hatte. Diese Selbständigkeitsgelüste mißfielen dem über seine Herrscherrechte eifersüchtig wachenden Karl, der dem jüngeren Bruder auch als Staatsmann kein allzugroßes Vertrauen schenkte und deshalb des öfteren seine Pläne und Maßnahmen durchkreuzte. Das Reichsregiment hatte sich die Städte, den Schwäbischen Bund, die einzige große überterritoriale Macht im Reiche, und eine Reihe von Fürsten zu Gegnern gemacht. Die drei gegen Sickingen verbündeten Fürsten: die Kurfürsten von der Pfalz und von Trier und der Landgraf von Hessen, ebenso Herzog Georg von Sachsen legten 1523 ihre Mitgliedschaft im Reichsregiment nieder. Auf dem im Januar 1524 in Nürnberg eröffneten Reichstage erklärten die Städte, das Regiment sei in seinem jetzigen Bestand höchst verderblich, und der Kurfürst von der Pfalz sagte, es sei unnütz. Die große Mehrheit der Stände beschloß die Beurlaubung des Regimentes, es fristete von da ab bis zur Rückkehr des Kaisers im Jahre 1530 ein ziemlich kümmerliches Dasein. Zu diesem Reichstag hatte Clemens VII., der seit dem 19. November 1523 regierte, als Nuntius den Kardinal Lorenzo Campeggi entsandt. Da diesmal mehr geistliche als weltliche Fürsten zugegen waren, hatte er einen besseren Erfolg als sein Vorgänger. Der Reichstagsabschied vom 18. April 1524 forderte zwar ebenfalls ein allgemeines, in Deutschland abzuhaltendes Konzil, bestimmte aber, die Stände sollten das Wormser Edikt durchführen, „soweit es ihnen möglich" sei. Im übrigen sei das Evangelium nach der Auslegung der von der allgemeinen Kirche angenommenen Lehrer, also der alten Väter und anerkannten Scholastiker, ohne Aufruhr und Ärgernis zu predigen. Ferner wurde die Einberufung einer „gemeinen Versammlung deutscher Nation" nach Speier für den November beschlossen. Es sollte dort Genaueres festgelegt werden, wie es im einzelnen bis zum Konzil zu halten sei; Baiern hätte an Stelle eines allgemeinen überhaupt gern ein Nationalkonzil gesehen, weil dieses nicht so viel Zeit koste, und weil es sich nur um deutsche Angelegenheiten handle. Solch ein Nationalkonzil wäre jedoch Rom höchst unerwünscht gewesen. Campeggi arbeitete dagegen, der Kaiser untersagte es von Spanien aus, und da die Stände, wenn es um die Allgemeinheit ging, in der Regel williger waren, nichts als etwas zu tun, fügten sie sich ohne weiteres dem Verbot.

Im Mai luden Kardinal Campeggi und Erzherzog Ferdinand die bairischen Herzöge Wilhelm und Ludwig und alle süddeutschen Kirchenfürsten für den 24. Juni zu einer Zusammenkunft nach Regensburg ein. Der Erzherzog, die bairischen Herzöge und zwölf Bischöfe schlossen hier einen Bund, der es seinen Mitgliedern zur Pflicht machte, das Wormser Edikt durchzuführen, in ihren Gebieten sich jeder religiösen Neuerung zu widersetzen und sich gegenseitig Beistand zu leisten, wenn sie deshalb von auswärts angegriffen würden oder wenn sich ihre Untertanen empörten. Die Regensburger Einung beschwor nun zwar noch keine Glaubenskriege herauf, war aber doch der erste Schritt zu jenen konfessionellen Bündnissen, aus denen Deutschland später so viel Unheil erwachsen sollte. Der Papst bemühte sich, auch den Erzbischof von Mainz für die Gründung eines ähnlichen Fürstenbundes zu gewinnen, doch Albrecht ging auf diesen Vorschlag vorerst nicht ein. Die Mitglieder der Regensburger Einung gingen mit schwersten Strafen, auch mit Hinrichtung, gegen die Anhänger der neuen Lehre vor. In den alten bäuerlichen Unruhegebieten Süddeutschlands trug dies wesentlich zum Ausbruch des Bauernkrieges bei, nur in Baiern, wo das Landvolk weniger Grund zu einer Erhebung hatte (vgl. S. 141), griffen auch jetzt die Bauern nicht zu den Waffen. Gewissermaßen als Antwort auf den Regensburger Bund trat jetzt eine Reihe evangelisch gesinnter Fürsten offen auf die Seite Friedrichs des Weisen.

Preußen wird weltliches Herzogtum

Unter diesen Fürsten befand sich auch Albrecht von Preußen, der im Jahre 1525 das Ordensland in ein weltliches Herzogtum umwandelte. Er hatte 1511 bei seiner Wahl zum Hochmeister des Deutschritterordens dem König von Polen den Lehenseid verweigert. Albrecht gab sich alle Mühe, aus dem Reiche Hilfe gegen die Polen zu erhalten. Aber Kaiser Maximilian „entließ“ 1515 den Ordensstaat aus der staatsrechtlichen Zugehörigkeit zum Reiche (vgl. S. 197). Trotz wiederholter Unterstützungen an Geld und Truppen, die Albrecht auch später noch von norddeutschen Fürsten, namentlich von seinem Vetter, dem Kurfürsten Joachim von Brandenburg, erhielt, konnte er das polnische Joch nicht abschütteln. Auch die Erklärungen des Kaisers zugunsten des Ordenslandes hatten keinen Erfolg. Ein polnischer Reichstag von 1524 verlangte, der Hochmeister müsse entweder den Huldigungseid leisten, oder er sei mit seinen Ordensbrüdern zu vertreiben. Zu Anfang des Jahres 1525 schien ein neuer Krieg zwischen dem Orden und Polen unvermeidlich. Aller Voraussicht nach wäre der Orden unterlegen und dann das Ordensland völlig in Polen aufgegangen. Nun stand aber Albrecht seit 1523 in Beziehungen zu Luther, der ihm den Rat gab, „eine Frau zu ehelichen und Preußen politisch die Form eines Fürsten- oder Herzogtums zu geben“. Albrecht ging auf diesen Vorschlag ein. Längere Verhandlungen mit Polen führten am 8. April 1525 zu dem Vertrag von Krakau, in dem Preußen in ein weltliches erbliches Herzogtum unter polnischer Oberhoheit umgewandelt wurde. Dies wurde dadurch erleichtert, daß die neue Lehre auf dem Lande und in den Städten bereits festen Fuß gefaßt hatte, und infolgedessen auch die Untertanen die Säkularisation und völlige Reformation des Ordenslandes begrüßten. Die Polen ahnten nicht, daß sie durch ihre Zustimmung zu dieser Regelung dazu beitrugen, die deutsche Zukunft Ostpreußens zu sichern.

Dessauer und Torgauer Bund

Der Verlauf und Ausgang des Bauernkrieges hatten zur Folge, daß die Landesfürsten die religiöse Frage innerhalb ihrer Territorien nach ihrem Gutdünken entschieden, und daß die Bildung konfessioneller Bündnisse weiter fortschritt. Am 19. Juli 1525 schlossen sich auf Anregung Herzog Georgs von Sachsen nach dem Vorbild der Regensburger Einung mit ihm Erzbischof Albrecht von Mainz, Kurfürst Joachim von Brandenburg, die Herzöge Erich und Heinrich von Braunschweig zum Dessauer Bund zusammen, „um die Wurzel des Bauernaufruhrs, die verdammte lutherische Sekte" auszurotten. Außerdem machten sich die Rückwirkungen des ersten Krieges Karls V. mit Franz I. (vgl. S. 302 f.) in Deutschland immer stärker bemerkbar. Der Sieg der kaiserlichen Truppen bei Pavia, und der Friede, zu dem 1526 der französische König als Gefangener in Madrid gezwungen wurde, ließen die Evangelischen vom Kaiser nichts Gutes erwarten; hatte er doch schon vor diesen Erfolgen in dem Mandat, durch das er das Speirer Nationalkonzil verbot, von dem „unmenschlichen, unchristlichen" Luther, diesem „neuen Muhamed" gesprochen. Dabei hatte die reformatorische Bewegung trotz ihres schnellen Vordringens seit dem Wormser Reichstag mit ungeheuren Schwierigkeiten zu kämpfen. Sie war von Unruhen der verschiedensten Art begleitet, vor allem wurde ihr von ihren Gegnern die Schuld am Bauernkrieg zugeschoben. Der festgefügten Glaubenslehre und Organisation der alten Kirche standen das noch mitten in einer gärenden Entwicklung begriffene Luthertum, der mit ihm in Streit liegende Zwinglianismus (vgl. S. 384 ff.) und die von Luther und Zwingli gleichermaßen bekämpften mancherlei Gruppen der Schwarmgeister gegenüber. Die Reformation hätte in diesen Krisenjahren unbedingt zugrunde gehen müssen, wenn ihr nicht eine erstaunliche, durch nichts zu überwindende Lebenskraft innegewohnt hätte. Die Bedrohung von außen, vom Kaiser und von den Fürsten des Regensburger und Dessauer Bundes, ferner die Notwendigkeit, auf dem kommenden Reichstag ihre Sache gegenüber den dort zu erwartenden Angriffen zu verteidigen, führte nun auch die lutherfreundlichen Fürsten mehr, als es bisher geschehen war, zusammen. Es wurde ein regelmäßiger Meinungsaustausch über das Bekenntnis gepflegt; im Februar 1526 verbanden sich zu Gotha der Nachfolger Friedrichs des Weisen, Kurfürst Johann von Sachsen und der Landgraf Philipp von Hessen. Diesem im März zu Torgau abgeschlossenen Vertrag traten im Juni noch mehrere evangelische Fürsten und die Stadt Magdeburg bei.

Der Speirer Reichstag von 1526

Zu dem am 25. Juni 1526 eröffneten Speirer Reichstag erschienen die altgläubigen Stände in der Überzahl, aber die Evangelischen traten auf ihm geschlossener und entschiedener als früher auf. Die süddeutschen Städte, geführt von dem Straßburger Städtemeister Jakob Sturm, einem hervorragenden Staatsmann, setzten sich äußerst geschickt für die Sache des Evangeliums ein. Als der Reichstag am 3. August eine für die Evangelischen ungünstige Wendung zu nehmen drohte, weil die kaiserlichen Bevollmächtigten plötzlich mit einer Weisung ihres Herrn hervortraten, in der dem Reichstag jede religiöse Neuerung verboten wurde, machten Vertreter der reformatorisch gesinnten Städte darauf aufmerksam, daß sich seit der vom 23. März datierten kaiserlichen Willenskundgebung die Lage völlig verändert habe. Damals lebte Karl mit dem Papste noch in Frieden, jetzt aber bekriegten sie sich (vgl. S. 414f.). Es sei nicht abzusehen, wann unter diesen Umständen ein allgemeines Konzil abgehalten werden könne. Der Kaiser möge deshalb ein deutsches Nationalkonzil einberufen, oder, falls ihm dies nicht genehm sei, die Vollziehung des Wormser Edikts bis zu einem künftigen allgemeinen Konzil aufschieben. Später erklärten die Städte noch, sie würden nichts zum Türkenkrieg beisteuern, wenn sie nicht zuvor „des heiligen Glaubens halber in Frieden gestellt" seien. Da außerdem Sachsen und Hessen den Reichstag zu verlassen drohten, fürchtete Erzherzog Ferdinand, der seit dem Austritt des Pfalzgrafen Friedrich aus dem Reichsregiment die Statthalterschaft persönlich ausübte, der Reichstag könne ohne Beschlüsse zu fassen, ohne „Reichsabschied" auseinandergehen. Ferdinand wollte dies jedoch angesichts der Türkengefahr unbedingt vermeiden. So gab er denn seine Zustimmung, daß in den Reichsabschied vom 27. August 1526 die Forderung aufgenommen wurde, längstens in eineinhalb Jahren müsse ein allgemeines Konzil oder wenigstens ein deutsches Nationalkonzil abgehalten werden. Bis dahin hätten sich die Stände betreffs des Wormser Edikts einmütig verglichen, mit ihren Untertanen in Sachen des Ediktes „also zu leben, zu regieren und es zu halten, wie ein jeder solches gegen Gott und kaiserliche Majestät zu verantworten hoffe und vertraue". Die gesetzliche Grundlage für die Einrichtung des Landeskirchentums sollte und wollte dieses Abkommen nicht schaffen, aber es bot den Obrigkeiten hierzu immerhin eine gewisse rechtliche Handhabe. Im übrigen war die Entstehung des Landeskirchentums die natürliche Folge der innerpolitischen Verhältnisse (vgl. S. 382f.); die außenpolitischen, Karls Kriege und die Türkennot, hinderten den Kaiser, dagegen einzuschreiten.

Erzherzog Ferdinand wird König von Böhmen und Ungarn

Sultan Soliman der Prächtige hatte 1521 Belgrad erobert, das christliche Abendland fühlte sich seitdem mehr als je von den Türken bedroht. Trotzdem verbündeten sich die „christlichen Türken" Franz I. und Venedig mit dem Sultan gegen den Kaiser. Im Frühjahr 1526 brach Soliman auf, um, wie er dem König Ludwig von

Ungarn und Böhmen ankündigte, erst dessen Land zu erobern und dann Deutschland heimzusuchen. Am 29. August wurden die Ungarn bei Mohacs nach tapferer Gegenwehr von der türkischen Übermacht überwältigt. König Ludwig kam nach der Schlacht ums Leben, als er durch einen Sumpf ritt. Damit waren der ungarische und der böhmische Königsthron erledigt. In beiden Reichen sollte nach dem 1515 zwischen Kaiser Maximilian und Ludwigs Vater Wladislaw abgeschlossenen Erbvertrag Erzherzog Ferdinand nachfolgen, der Ludwigs Schwester geheiratet hatte. Soliman versprach nach seinem Siege ungarischen Großen, die ihm huldigten, er werde Zapolya, der schon seit langem nach der ungarischen Krone strebte (vgl. S. 197), zu ihrem Könige machen. Auch der eben nach dem Madrider Frieden wieder frei gewordene Franz I. sagte ihm seine Hilfe zu. In Böhmen beanspruchten die Stände das Recht, ihren König zu wählen, da Ludwig keinen unmittelbaren Erben hinterlassen habe. Die Baiernherzöge Wilhelm und Ludwig hofften, sie durch reichliche „Schmiergelder" für sich zu gewinnen, und entsandten einen Unterhändler nach Prag. Erzherzog Ferdinand bewies in dieser schwierigen Lage große Umsicht und Tatkraft. Die Böhmen wählten ihn am 23. Oktober zum König. Gegen Zapolya ging Ferdinand mit bewaffneter Hand vor, besiegte ihn bei Tokay, eroberte am 20. August 1527 Ofen (Budapest) und wurde am 3. November in Stuhlweißenburg zum König von Ungarn gekrönt. Zapolya und die Wittelsbacher gaben zwar auch daraufhin ihr Spiel noch nicht verloren; aber die Erfolge des Kaisers in den Jahren 1527—1529 gegen die in der heiligen Liga von Cognac zusammengeschlossenen Mächte: Papst Clemens VII., der die Einnahme und Plünderung Roms über sich ergehen lassen mußte, Franz I., Venedig, Florenz und Mailand (vgl. S. 417 f.) sicherten dem Hause Habsburg die Erwerbung Böhmens und Ungarns. Die Vereinigung mit diesen beiden Königreichen verlieh Österreich den Rang einer europäischen Großmacht und wurde dadurch für die deutsche Geschichte auf Jahrhunderte hinaus von allergrößter Tragweite: die Fürsten küren von nun ab aus ähnlichen Gründen, die sie schon zu Karls V. Wahl veranlaßt hatten, fast immer einen Habsburger, den Träger zweier Königskronen und Herrn der österreichischen Erblande zum Kaiser, sind aber sorgsam darauf bedacht, daß er ihnen ihre fürstlichen Rechte und Freiheiten nicht kürze. Die Eifersucht, mit der die Fürsten über ihre „Libertät" wachten, und die vielen außerdeutschen Interessen der Habsburger wurden zu einer schweren Belastung für das Reich. Andererseits war es für dieses ein Segen, daß die habsburgische Macht den gewaltigen, durch zweihundert Jahre immer wieder erneuten Ansturm der Osmanen abzuwehren vermochte.

Die Packschen Händel

Im Mai 1527 begaben sich Kurfürst Joachim von Brandenburg und Herzog Georg von Sachsen zu Ferdinand nach Breslau, um mit ihm über die Lehen zu verhandeln, die sie von der böhmischen Krone hatten. Die Zusammenkunft dieser drei rührigen Vorkämpfer des Katholizismus erregte bei den evangelischen Fürsten den Verdacht, es sei in Breslau etwas gegen sie geplant worden. Der ränkesüchtige Kanzleiverweser des Herzogs Georg, Otto von Pack, benutzte dieses Mißtrauen zu einer groben Fälschung. Er teilte dem Landgrafen von Hessen mit, Ferdinand habe mit vielen geistlichen und weltlichen Fürsten ein Bündnis zur Vernichtung aller dem Evangelium anhängenden Reichsstände geschlossen, und zeigte dem Landgrafen eine angebliche Abschrift des Bündnisvertrages. Landgraf Philipp, selbst immer in alle möglichen politischen Unternehmungen verstrickt, schenkte Pack sofort Vertrauen und unterrichtete den sächsischen Kurfürsten Johann von dem vermeintlichen Vorhaben der katholischen Fürsten. Der Hesse und der Kursachse vereinbarten im März 1528, dem Angriff der Feinde zuvorzukommen. Der Landgraf stellte sofort ein stattliches Heer auf. Kurfürst Johann wurde aber bald wieder bedenklich, er betrachtete die ganze Angelegenheit als eine Gewissenssache und bat Luther und Melanchthon um Gutachten. Luther brauste zuerst gegen diese römisch gesinnten „Mordfürsten" und „Rottenfürsten" auf und riet dem Kurfürsten, von dem Recht der Notwehr Gebrauch zu machen, doch solle man zuerst mit den Gegnern gütlich zu verhandeln suchen. Philipp knüpfte nach den verschiedensten Seiten hin, auch mit Franz I. und Zapolya, Fäden an, schon schienen sich die Packschen Händel zu einem großen Religionskrieg zuzuspitzen. Aber der sächsische Kurfürst war je länger, desto weniger zu dem vereinbarten Waffengang bereit. Die Breslauer Urkunde wurde von denen, die sie unterzeichnet haben sollten, als Lügenmäre bezeichnet, die Kurfürsten von Trier und von der Pfalz vermittelten und — für Kurfürst Johann das Entscheidende — Luther und Melanchthon kamen in weiteren Gutachten immer mehr zu dem Schlusse, man dürfe nicht selbst angreifen, sondern höchstens sich verteidigen. Tat aber der sächsische Kurfürst nicht mit, dann durfte sich Philipp auch von anderen deutschen Ständen keinen Zuzug erwarten, und so lenkte auch er ein. Immerhin verlangte und erreichte er von dem Erzbischof von Mainz und den Bischöfen von Bamberg und Würzburg, die bei einem Glaubenskrieg in erster Linie in Mitleidenschaft gezogen worden wären, die Bezahlung ausgiebiger Entschädigungen für seine bisherigen militärischen Aufwendungen und von dem Mainzer Erzbischof noch besonders den Verzicht auf die Ausübung der geistlichen Gerichtsbarkeit in Hessen und Sachsen, bis der Kaiser und ein allgemeines freies Konzil eine andere Ordnung einführen würden.

Der Speirer Reichstag von 1529

Der Reichstag, der am 15. März 1529 in Speier begann, ließ für den konfessionellen Ausgleich nichts Gutes erwarten. Die Gemüter waren noch von den Packschen Händeln her erhitzt. Ferdinand ließ die übliche „Proposition" des Kaisers, welche die Leitgedanken für die Verhandlungen des jeweiligen Reichstages enthielt, selbst anfertigen, weil von Karl noch keine eingetroffen war. Sie hob den Reichsabschied von 1526 auf, aus dem „großer Unrat und Mißverstand" erwachsen sei, und verbot unter Androhung der Reichsacht jede Verführung zu unrechtem Glauben und irgend einem Stande des Glaubens halber seine geistliche oder weltliche Obrigkeit und seine Güter zu nehmen, das hieß, die evangelischen Fürsten dürften in ihren Gebieten die Rechte und Besitzungen der bisherigen Bischöfe nicht antasten. Ferdinand war so vorsichtig, seine Proposition nicht unmittelbar als kaiserlich auszugeben, doch erweckte seine Behauptung, ihre Forderungen erfolgten „aus sonderem der kaiserlichen Majestät Befehl", den Eindruck, sie sei eine Willenskundgebung Karls. Die etwas später in Speier eingelaufene, aber nicht mehr veröffentlichte echte kaiserliche Proposition dagegen war durchaus versöhnlich gehalten, der Kaiser riet zu freundlichem Vergleich, nicht weil er den Evangelischen günstiger gesinnt war, sondern aus politischen Gründen. Die Stände waren nicht geneigt, die Sätze der Proposition Ferdinands, welche „die Seele berührten", ohne weiteres hinzunehmen. Ein Ober- und ein Unterausschuß, beide mit altgläubiger Mehrheit, arbeiteten eine Antwort für die Stellungnahme der Stände zur Proposition aus. Nebenher gingen die Beratungen über „Türkenhilfe", „eilende Hilfe", über Reichsregiment und Kammergericht, über Münzordnung und Monopolwesen und was sonst seit Jahren jeden Reichstag zu beschäftigen pflegte. Auch der alte Streit um Sitz und Stimme der Städte auf dem Reichstage lebte wieder auf. Fast bei allen diesen Verhandlungen machten sich die religiösen Gegensätze mehr oder weniger fühlbar, auch außerhalb der Sitzungen traten sie bei verschiedenen Anlässen schroff hervor. Wie schon zu früheren Reichstagen hatten die evangelischen Fürsten Geistliche mitgebracht, zu deren Predigten das Volk in Scharen herbeiströmte. An Fasttagen wurde in den Herbergen der lutherischen Stände Fleisch gegessen. In diesen Dingen tat sich besonders der Landgraf von Hessen hervor. Um so prunkvoller feierten die Altgläubigen ihre Gottesdienste.

Ferdinand kam es in erster Linie auf die für ihn als König von Ungarn besonders wichtige Türkenhilfe an. Sie wurde ihm zugesagt, doch glaubte er selbst nicht daran, daß die Türkensteuern in dem festgesetzten Umfang aufgebracht würden. Die verfluchte Hartnäckigkeit der Evangelischen habe zu Parteiungen geführt, schrieb er in einem Briefe, die nicht auf den vollen Eingang der Gelder rechnen ließen. Aber die Evangelischen trennten dann schließlich doch, anders als Ferdinand, Politik und Religion und zeigten sich zur Türkenhilfe bereit. Ihr Widerstand beziehe sich einzig auf den Glauben, erklärte Kurfürst Johann, und wie er hielten es auch die übrigen Evangelischen. Dieser religiöse Widerstand führte am 19. April zur Speirer Protestation. Sie gipfelt in dem Bekenntnis der evangelischen Fürsten: „daß unser Will, Gemüt und Meinung anders nicht stehet noch ist, denn allein die Ehre Gottes des Allmächtigen, seines heiligen Wortes und unserer und eines jeden Seligkeit zu suchen, auch nicht anderes dadurch zu handeln, als was uns das Gewissen ausweiset und lehret ... (Da die Mehrheit des Reichstages auf ihrem Beschluß beharrt), so bedenken wir, daß der vielberührten Beschwerungen halben unsere hohe und unvermeidliche Notdurft erfordert, wider (den Reichsabschied) öffentlich zu protestieren, wie wir auch hier gegenwärtiglich tun, und daß wir aus angegebenen Ursachen darein nit können noch mögen willigen, sondern ... (ihn) für nichtig und unverbindlich halten und gegen Euer Lieb (Ferdinand) und Euch (alle) hiermit protestiert haben. Und wollen uns gleichwohl in den Sachen der Religion bis zu dem gemeinen und freien christlichen Konzil oder Nationalversammlung vermittels göttlicher Hilfe nach Kraft und Inhalt des vielberührten letzten Speirer Abschiedes in unseren Obrigkeiten auch bei und mit unseren Untertanen und Verwandten also halten, leben und regieren, wie wir das gegen Gott den Allmächtigen und römischer kaiserlicher Majestät, unserem allergnädigsten Herrn, vertrauen zu verantworten." Nach der Verlesung der Protestation erklärten die evangelischen Fürsten nur noch, daß ihre Anwesenheit keinen Zweck mehr habe, sie erschienen auch von da ab nicht mehr bei den Sitzungen. Die Protestation hatten unterzeichnet: Kurfürst Johann von Sachsen, Markgraf Georg von Brandenburg-Ansbach, die Herzöge Ernst und Franz von Braunschweig-Lüneburg, Landgraf Philipp von Hessen und Fürst Wolfgang von Anhalt. Vierzehn Städte schlossen sich alsbald dem Protest an: Straßburg, Nürnberg, Ulm, Konstanz, Lindau, Memmingen, Kempten, Nördlingen, Heilbronn, Reutlingen, Isny, Sankt Gallen, Weißenburg und Windsheim. Am 22. April einigten sich der Kurfürst von Sachsen, der Landgraf von Hessen, Straßburg, Ulm und Nürnberg auf einen Bündnisentwurf zur gegenseitigen Verteidigung, wenn sie wegen Gottes Wort von Mitgliedern der Gegenpartei, vom Schwäbischen Bund oder von einer Reichsbehörde angegriffen würden. Am 25. April appellierten die Räte der fünf protestierenden Fürsten vor zwei kaiserlichen Notaren von dem Abschied dieses Reichstages an den Kaiser und ein freies christliches Konzil, an eine Nationalversammlung und an jeden unparteiischen Richter. Gesandte der vierzehn protestierenden Städte schlossen sich dieser Appellation an. — Von der Speirer Protestation erhielt die reformatorische Bewegung die Bezeichnung Protestantismus. Sie ist insofern nicht ganz glücklich, als sie den positiven Inhalt der Glaubensneuerung nicht zum Ausdruck bringt; dazu waren die „Protestanten" von Speier ausschließlich Lutheraner. Immerhin hat Protestantismus als Sammelname aller Richtungen, die sich im 16. Jahrhundert von der alten Kirche trennten, schon deshalb manches für sich, weil das sachlich etwas inhaltsreichere „reformiert" sich besonders für die zwinglisch-calvinischen Gruppen eingebürgert hat.

Der Protest einer Minderheit gegen die von der Reichstagsmehrheit gefaßten Beschlüsse gehörte zu den üblichen Rechtsmitteln. In diesem Falle war er jedoch weit mehr als eine bloße Formalität: mit der Speirer Protestation begann die Scheidung in katholische und protestantische Stände. Das kam auch nach Schluß des Reichstages am 25. April zum Ausdruck: einzeln oder in kleinen Gruppen waren die Stände gekommen, in geschlossenen Parteien zogen die Fürsten ab. Auch sonst bedeutet der Speirer Reichstag von 1529 in mancher Beziehung einen Anfang oder die Beschleunigung der bisherigen Entwicklung. Der Landgraf von Hessen traf bereits während des Reichstages die ersten Vorbereitungen zu dem Marburger Religionsgespräch, das noch im gleichen Jahre stattfand (vgl. S. 388f.). Die Bündnispolitik der evangelischen Stände untereinander bekam hier einen neuen Antrieb. Andererseits verschlechterte sich das gegenseitige Verhältnis der evangelischen und katholischen Fürsten nicht grundsätzlich. Es kam noch auf dem Reichstag oder in unmittelbarem Anschluß an ihn zu Verträgen zwischen Fürsten beider Parteien; so schloß der Erzbischof Albrecht von Mainz am Tag der Protestation mit Kurfürst Johann von Sachsen einen „Freundschaftsvertrag". Die „Speirer Sicherheitsverträge sind der erste dieser Waffenstillstände zwischen den großen Religionsparteien", die in der Folge eine große Rolle in der Politik spielten. Die tatsächliche Aufhebung des Speirer Reichsabschiedes von 1526 hat der Reichstag von 1529 nicht gebracht. Die evangelischen Fürsten kämpften auf ihm um die Anerkennung des von ihnen eingerichteten Landeskirchentums durch das Reich. „Sie haben sie nicht durchgesetzt, aber sie haben sie angebahnt. Darin liegt vor allem die Bedeutung ihrer Protestation. Bisher hatte die lutherische Reformation bei aller Breite und Tiefe eben doch nur den soziologischen Charakter einer ‚Bewegung' mit revolutionärem Einschlag. Erst als die Obrigkeiten, besonders die fürstlichen, sich in ihren Dienst und an ihre Spitze stellten, war in Deutschland ihre geschichtliche Laufbahn gesichert. Hätte sie die Obrigkeiten nicht gewonnen, so hätte sie wieder (allgemein) ausgerottet werden können, wie sie Jahrzehnte später so vielerorts ausgerottet worden ist."

Die Türken vor Wien

Sah Ferdinand mehr auf das wirkliche Ergebnis des Speirer Reichstages von 1529 als auf den Wortlaut des von der großen Mehrheit angenommenen „Abschiedes", dann mußte sich der Reichsstatthalter eingestehen, daß er zu Speier nur geringe Erfolge erzielt hatte. Am 18. Mai schrieb er seinem kaiserlichen Bruder, dessen Rückkehr sei die einzige „médecine" für die derzeit herrschenden Irrtümer. Mit weit größerer Sorge aber als die innerdeutschen Zustände erfüllte Ferdinand das im Osten heraufziehende Unwetter. Im Frühjahr war Soliman von Konstantinopel aufgebrochen, dem Habsburger seine Lande an der Donau zu entreißen. Zapolya huldigte dem Sultan auf dem Schlachtfelde von Mohacs. Ofen ergab sich dem Großwesir Ibrahim, die Krone des heiligen Stephan fiel in die Hände der Türken. Am 21. September erschien der Vortrab der Türken, die „Renner und Brenner", vor Wien, in Kürze war die ganze Stadt umzingelt. Das osmanische Heer war mit seinen 200—250000 Mann für die damaligen abendländischen Verhältnisse nicht nur fast unvorstellbar groß, mit seinen Sipahis und Janitscharen hatte es auch Truppen, welche den Landsknechtsfähnlein an Disziplin weit überlegen waren. Die Deutschen strengten sich nach dem Speirer Reichstag mehr als früher zur Abwehr der Türken an. Die evangelischen Stände blieben dabei hinter den katholischen nicht zurück. Luther rief die Deutschen zu mannhaftem Kampfe auf. Gegen die Wiedertäufer und anderen Schwärmer, die im Türken den „Messias" der Armen und Gedrückten und Gottes Zuchtrute für die verderbten Obrigkeiten sahen, wies er auf die „Greuel" des Koran hin. Bis aber die Gelder aus dem Reiche einliefen und die einzelnen Abteilungen aufgestellt waren, hatte es noch gute Weile. Als die Türken vor Wien erschienen, lagen ungefähr 20000 Mann in der Stadt, teils von Ferdinand, teils vom Reich angeworbene Truppen. Weitere sammelten sich zu Linz bei Pfalzgraf Friedrich, dem Feldhauptmann des Reiches, wo sich eben auch Ferdinand aufhielt. Nur an Geschützen waren die Besatzungstruppen den Osmanen weit überlegen, dafür hatten diese außer der ungeheuren Überzahl in den Janitscharen hervorragende Hakenbüchsenschützen. Im übrigen verließen sich die Türken auf ihre erprobte Kunst im Untergraben von Mauern und im Legen von Minen, wovon sie sich um so mehr erwarteten, als Wien ganz ungenügend befestigt war. Zu ihrer Überraschung erwiesen sich jedoch die Deutschen in solchen Arbeiten als nicht weniger erfahren; sie stellten mit Wasserbecken und großen Trommeln fest, wo die Türken unter der Erde gruben, und zerstörten dann ihre Minen. Am 9. Oktober gelang es den Türken aber doch, ein großes Stück Mauer zwischen dem Kärntner Tor und der Burg zu sprengen, worauf sie zu stürmen begannen. Aber die Deutschen setzten ihnen mit ihren Kanonen, Handrohren und langen Lanzen so zu, daß sie unter furchtbaren Verlusten weichen mußten. Am 11. Oktober versuchten die Türken nochmals ihr Glück. Wieder hatten sie einen Teil der Mauer niedergelegt. In dichteren Angriffsreihen als das erste Mal warfen sie sich in die Bresche, aber spanische Hakenschützen und deutsche Landsknechte stellten sich den heranflutenden Truppen Solimans. Die deutschen Kriegsknechte hieben mit ihren Zweihändern auf die Türken ein. Als die langen wuchtigen Schwerter auf die kleinen Schilder und die Köpfe niederfuhren, war es den Söhnen Muhameds, als ob es Feuer vom Himmel regnete. Trotzdem erneuerten sie tapfer dreimal ihren Anlauf, schließlich mußten sie sich doch zurückziehen. Das deutsche Schlachtschwert hatte über den krummen Türkensäbel gesiegt. Am nächsten Tage fiel nochmals ein Stück Mauer; aber die Osmanen wagten sich nicht vor, als sie die aufgereckten Fähnlein der Deutschen und Spanier sahen. Am 14. Oktober unternahm der Sultan den letzten Versuch. Der Tag, an dem die Sonne in das Zeichen des Skorpions tritt, schien ihm besonders glückverheißend. Er setzte hohe Belohnungen aus und half bei den Verzagten mit Gewalt nach. Als sich die türkischen Truppen um die Mittagsstunde den neu gesprengten Breschen näherten, gerieten sie in ein mörderisches Geschützfeuer, ganze Scharen von ihnen wurden hingemäht, noch ehe sie den Feind zu Gesicht bekamen. Es ließen sich zwar noch weitere Abteilungen bei der Stadt sehen; aber „sie wollten den Fuchsen nicht mehr beißen".

Die Nächte wurden bitter kalt, die Höhen des Wiener Waldes glänzten am Morgen im Reif. In Mähren sammelte sich ein österreichisches Heer, in den Gebieten des Schwäbischen Bundes machten die Rüstungen gute Fortschritte. Pfalzgraf Friedrich stand mit seinen Reichstruppen in der Nähe. Die Nachrichten und Gerüchte über all das beunruhigten die Türken, schon erschlugen die Bauern umherstreifende Reiter. Klüger als nicht ganz dreihundert Jahre später Napoleon in Rußland, brach Soliman der Prächtige vor dem drohenden Winter sein Lager vor Wien ab. Er und die Seinen trösteten sich mit dem Kismet, Allah habe ihnen eben für diesmal die schöne Stadt an der Donau nicht bestimmt. Als hätten sie einen glänzenden Sieg gewonnen, belohnte bei dem Abzug von Wien Soliman seine Janitscharen für ihre Anstrengungen. Den Landsknechten in der Stadt aber, die so heldenhaft gekämpft, Wien und das ganze Abendland von einer unabsehbaren Gefahr befreit hatten, konnte der Sturmsold nicht ausbezahlt werden. In einem wilden Aufruhr tobten sie ihren Unwillen aus.

Der Augsburger Reichstag von 1530

Durch die Befreiung Wiens wurden auch Karls Erfolge über die Liga in Italien gesichert; am 24. Februar 1530 krönte ihn Papst Clemens VII. in Bologna zum Kaiser (vgl. S. 418). Unmittelbar darauf sandte Karl das „Ausschreiben" für einen neuen Reichstag nach Deutschland. Erbaulicher und friedsamer als es darin geschah, konnte man sich kaum zur religiösen Frage stellen: die Zwietracht solle abgetan, „vergangene Irrsal unserm Heiland ergeben und eines jeden Gutdünken und Meinung in Liebe angehört werden", und so wünschte er „alles abzutun, was zu beiden Seiten nicht recht ausgelegt worden". Hinter diesen versöhnlichen Worten stand jedoch der eiserne Wille, falls die Protestanten sich nicht in Güte fügten, gegen sie mit Feuer und Schwert vorzugehen — doch, wie immer bei ihm, nur soweit es mit seinen sonstigen politischen Zielen vereinbar war. Das freundliche Schreiben machte auf die Evangelischen großen Eindruck. Voll froher Hoffnung sahen sie und auch Luther der Ankunft des Kaisers entgegen. Bei seinem Einzug in Augsburg am Abend des 15. Juni wurde er aufs prächtigste empfangen, seit langem waren nicht mehr so viele Fürsten zu einem Reichstage erschienen wie zu diesem. Doch schon da zeigte es sich, daß die Evangelischen nicht bereit waren, ihre Überzeugung preiszugeben. Als der päpstliche Legat den Segen spendete, beugten alle Kurfürsten das Knie, nur Johann von Sachsen blieb aufrecht stehen. In seiner Herberge angekommen, beschied der Kaiser alsbald die evangelischen Fürsten zu sich und forderte sie auf, ihren Predigern in Augsburg Schweigen zu gebieten und sich am nächsten Tage an der Fronleichnamsprozession zu beteiligen. Die Fürsten lehnten rundweg ab. Der Hesse erklärte, der kaiserlichen Majestät Gewissen sei kein Herr und Meister über ihr Gewissen, der greise Georg von Brandenburg, Markgraf von Ansbach: er wolle lieber auf dieser Stelle niederknien und sich den Kopf abhauen lassen, als von Gottes Wort abstehen. Der Kaiser erwiderte betroffen in gebrochenem Niederdeutsch: „Lieber Fürst, nicht Kopf abhauen, nicht

Kopf ab". Hier mochte dem Kaiser zum ersten Mal eine Ahnung davon aufgehen, was es mit dem vielberufenen „Gewissen" der Evangelischen auf sich habe. Karl war klug genug, sich zu sagen, daß diese Männer tatsächlich bereit waren, Land und Leben für ihren Glauben einzusetzen, wenn sie ihm, dem siegreichen Kaiser, in dieser Stunde also antworteten. So wenig er davor zurückschreckte, das Blut von Leuten, die er für Ketzer hielt, zu vergießen (vgl. S. 399 f.), dachte er doch jetzt, da die Türkengefahr keineswegs für längere Zeit überwunden war, nicht daran, einen Religionskrieg gegen die protestantischen Fürsten zu eröffnen, außerdem hoffte er immer noch, sie der römischen Kirche zurückzugewinnen.

Am 20. Januar begannen die Reichstagsverhandlungen. Die kaiserliche „Proposition" legte den Ständen in erster Linie die Rüstung gegen die Türken ans Herz und verkündete dann die Absicht Karls, den religiösen Zwist beizulegen. Es sollte deshalb jeder, das hieß natürlich die Protestanten, in einem Schriftstück seine Auffassung dem Reichstag kundgeben. Nun war eine für diesen Zweck geeignete Darlegung der evangelischen Glaubenslehre immer noch mit großen Schwierigkeiten verbunden. Man braucht sich nur zu erinnern, von welch furchtbaren Glaubenskämpfen die Kirche der ersten Jahrhunderte erfüllt gewesen war, bis die Hauptdogmen herausgearbeitet waren, um zu ermessen, was es heißt, den Ideengehalt einer religiösen Bewegung in feste Formen zu gießen. Wenn die Evangelischen nicht wie damals erst die Grundwahrheiten des Christentums einer nichtchristlichen Welt gegenüber festzulegen brauchten und Begriffe wie Gottes Sohn und Erlösung übernehmen konnten, so waren dafür die Begriffe mit Vorstellungen gesättigt und in ein Lehr- und Verwaltungssystem eingebaut, wie es sich weithin mit der lutherischen Auffassung des Evangeliums nicht vereinen ließ. Andererseits wollten die Protestanten die Unterschiede nicht mehr als unbedingt nötig herausheben, denn ihr Ziel war wie bei dem Kaiser und einer starken katholischen Partei die Versöhnung, die Reformation an Haupt und Gliedern, wie sie über hundert Jahre lang erstrebt worden war. Der Wille, an Gottes Wort festzuhalten, das nun schon zum Lebenselement eines großen Teiles des deutschen Volkes geworden war, die Notwendigkeit, dieses Glaubenserlebnis, das nicht einmal für alle Lutheraner, geschweige denn für alle Richtungen des Protestantismus, genau denselben Inhalt hatte, in Form eines ausführlichen Bekenntnisses darzulegen, und der Wunsch, vom Alten nichts unnötig zu zerstören, und sich mit dem Gegner, soweit als möglich, zu vertragen, stellten die oder den Verfasser einer solchen Schrift vor eine kaum lösbare und höchst undankbare Aufgabe. Man muß sich dies von vornherein klar machen, will man sowohl der „Confessio Augustana", dem Augsburger Bekenntnis an sich, als auch Melanchthon und den anderen Theologen, welche die Verhandlungen mit den Katholiken führten, gerecht werden.

Der vom Kaiser für den Augsburger Reichstag gewünschten Bekenntnisschrift der Evangelischen hatten schon der im Januar 1529 erschienene kleine Katechismus und der große Katechismus Luthers vom April desselben Jahres etwas vorgearbeitet; als eigentliche Unterlagen ließen sich die im Sommer 1529 im Hinblick auf das Marburger Religionsgespräch verfaßten Schwabacher Artikel und die Marburger Artikel (vgl. S. 364, 388f.) verwerten. Nach dem Ausschreiben des Kaisers zum Reichstag wurden am 20. März 1530 von den Wittenbergischen Theologen die Torgauer Artikel festgelegt, als die Meinung, auf „welcher man bisher gestanden und auf welcher man verharre". Melanchthon schuf nun aus diesen Bestandteilen die Augsburger Konfession, die Vorrede dazu schrieb der kurfürstlich-sächsische Kanzler Brück. Das Bestreben, von der katholischen Lehre möglichst wenig abzuweichen, dafür einen scharfen Trennungsstrich gegenüber der Zwinglischen Sakramentsauffassung und den Schwarmgeistern zu ziehen, ferner die für das Volk schwer faßbare Prädestination und ähnliches nicht in der ursprünglich lutherischen Fassung vorzulegen, andererseits aber doch das Wesentliche des evangelisch-lutherischen Glaubens herauszustellen, hat die Augustana nicht in allen Teilen gleichmäßig zum Ausdruck der ureigen lutherischen Auffassungen werden lassen, auf denen, wie wir in dem Abschnitt über Luthers Glauben gezeigt haben, die allgemein weltgeschichtliche Bedeutung von Luthers Tat beruht. Die Rechtfertigungslehre z. B. ist zwar „in meisterhafter Klarheit und Kürze ausgesprochen"; aber selbst da ist einiges so gehalten, daß das Irrationale gegenüber dem Rationalen etwas verdeckt wurde. Nach Luthers Tod entbrannte ein schwerer Kampf um den Versuch, den „zureichenden Grund für den in der Rechtfertigung vollzogenen Akt Gottes in einem System rationaler Denkmöglichkeiten oder Denknotwendigkeiten unterzubringen". Melanchthons Fassung der Rechtfertigungslehre in der Augustana bot eine Handhabe zu solchem Aufgeben von Luthers „Dennoch" und zur Wiederaufnahme eines rationalistischen „Also". In der „Apologie" (vgl. S. 366), die meist mit dem Augsburger Bekenntnis zusammen gedruckt und diesem bald gleichgestellt wurde, ist Melanchthon der Lehre von der Prädestination möglichst ausgewichen, und behandelte sie, wie er selbst zugab, als ob die Prädestination dem Glauben und den Werken nachfolge, um „die Gewissen mit jenen unerklärbaren Labyrinthen nicht zu verwirren". Alles in allem hat die evangelische Heilslehre in der Augustana aber doch „ihren klassischen Ausdruck gefunden".

Am 25. Juni wurde das Bekenntnis der Lutheraner in der Kapitelstube des bischöflichen Hofes laut und gut verständlich vor den Reichsständen in deutscher Sprache vorgetragen. Der Kaiser wollte nur die Verlesung der lateinischen Fassung gestatten, doch machten ihn die Fürsten darauf aufmerksam, daß er auf deutscher Erde die deutsche Sprache genehmigen möge. Es folgten nun langwierige Verhandlungen, bei denen Melanchthon Schritt um Schritt vor den katholischen Gegnern zurückwich. Er bot schließlich sogar die Rückkehr der Protestanten unter die bischöfliche Jurisdiktion an. Luther hielt sich während des Reichstages auf der Feste Koburg auf, weil er als ein Gebannter und Geächteter nicht nach Augsburg durfte. Am 29. Juni schrieb er Melanchthon, es sei schon übergenug nachgegeben, er sehe nichts, worin man noch mehr zugeben könne. Tag und Nacht beschäftige er sich mit dieser Angelegenheit, er gehe immer wieder die ganze Bibel durch, werde aber nur um so mehr in seiner Lehre bestärkt, so daß er sich nun nichts mehr werde nehmen lassen, es gehe wie es wolle. Am 30. Juni verwies Luther dem Freunde seinen Kleinmut: „Solls denn erlogen sein, daß Gott seinen Sohn für uns gegeben hat, so sei der Teufel an meiner statt ein Mensch. Ist's aber wahr, was machen wir dann mit unserem leidigen Fürchten, Zagen, Sorgen und Trauern? Als ob Gott, der uns seinen Sohn gab, uns in leichteren Dingen nicht beistehen wolle, oder als ob der Satan mächtiger denn Gott sei." Er, Luther, sei in persönlichen Nöten schwächer als Melanchthon, dieser aber in öffentlichen. In ihnen sei er, Luther, großen und weiten Mutes, weil er wisse, daß es sich um eine wahre und gerechte Sache handele, um Christi und Gottes Sache. Entschiedener als Melanchthon und andere lutherische Theologen beharrten die evangelischen Fürsten auf ihrem Standpunkt. Auch die von den Städten Straßburg, Konstanz, Memmingen und Lindau eingereichte Bekenntnisschrift, die „Tetrapolitana" (Vierstädteschrift) ist in ihrer Polemik zumal gegen die Bilder schärfer und betont das Schriftprinzip stärker als die Augustana. Auf den Rat der katholischen Stände ließ der Kaiser eine Gegenschrift abfassen, woran sich etwa zwanzig Theologen beteiligten. Sie war zunächst in ihrem Tone so heftig, daß sie erheblich gemildert werden mußte. In der neuen Fassung wurde das katholische Gegenstück zum Augsburger Bekenntnis, die „Confutatio" (Widerlegung), am 3. August vor den Ständen verlesen. Der Kaiser erklärte daraufhin die Augustana für überwunden und drohte als „Vogt und Beschirmer der Kirche", gegen die Ungehorsamen vorzugehen. Philipp von Hessen entfernte sich daraufhin ohne Genehmigung des Kaisers von Augsburg, was allgemein großen Eindruck machte. Außerdem hatten die Stände noch keine Türkengelder bewilligt und so war der Kaiser für Fortsetzung der Verhandlungen mit Melanchthon und Kurfürst Johann. Da griff Luther am 26. August mit einem Gutachten an seinen Landesherrn ein, worin er es rundweg ablehnte, daß die Evangelischen die Zulässigkeit des Abendmahles unter einer Gestalt lehren sollten, wenn sie auch für sich bei beiden bleiben dürften, ferner daß sie die „Winkelmessen" nicht verbieten und den Messe-Kanon leiden sollten, wenn eine den Evangelischen genehme „Glosse" eingefügt würde. Ebenso wandte sich Luther gegen die Wiedereinführung der Zeremonien und des Fastens. Trotzdem hoffte Melanchthon immer noch auf einen friedlichen Ausgleich, bis schließlich der Kaiser und die katholische Mehrheit der Stände in dem Abschiedsentwurf vom 23. September den Evangelischen Forderungen stellten, deren Annahme mit ihrer Glaubensauffassung unvereinbar war. Daraufhin protestierten die evangelischen Fürsten und verließen den Reichstag, wie sie das im Jahre zuvor in Speier getan hatten. Der Kaiser suchte nun wenigstens die Städte einzuschüchtern. Aber die großen süddeutschen Reichsstädte, zur Entrüstung des Kaisers auch Augsburg, blieben fest. Nachdem der Kaiser und die katholischen Stände bisher schon so schwer gedroht hatten, konnten auch sie nicht mehr nachgeben und erneuerten in dem Reichsabschied vom 19. November 1530 das Wormser Edikt. Über die Ungehorsamen, hieß es in dem Abschied, solle die Acht verhängt und wie gegen Landfriedensbrecher ausgeführt werden. Das Reichskammergericht wurde zu diesem Zweck aufs neue zusammengesetzt und auf diesen Abschied verpflichtet. — Bald nach dem Reichstag gelang es dem Kaiser, den grundsätzlichen Widerstand der Kurie gegen ein allgemeines Konzil zu brechen. Sie beschloß dessen Einberufung. Es dauerte allerdings noch fünfzehn Jahre, bis es wirklich zustande kam; aber für den Streit der Parteien war es doch von großer Bedeutung, daß das Konzil nun endlich in Aussicht genommen war. Die Übereinstimmung von Kaiser und Papst in dieser Frage schloß ein deutsches Nationalkonzil oder ein allgemeines Konzil von der Art aus, wie es die Evangelischen bisher verlangt hatten (vgl. S. 350).

Entstehung des Schmalkaldischen Bundes

Nach den Beschlüssen des Augsburger Reichstages hätten die Protestanten bis zu ihrer völligen Unterwerfung verfolgt werden müssen. Aber wider aller Erwarten nahm die Sache der Evangelischen in den nächsten fünfzehn Jahren einen ungeheuren Aufschwung. Der Augsburger Reichstag hatte für die Protestanten in mehrfacher Hinsicht klärend gewirkt. In den Verhandlungen mit dem Kaiser und mit den katholischen Ständen hatte sich die Unmöglichkeit einer allgemeinen, die Anhänger der alten und neuen Lehre gleichermaßen befriedigenden Reformation der Kirche herausgestellt. Außerdem hatten die Evangelischen lutherischer Richtung in der „Confessio Augustana“ und in der „Apologie“, die Melanchthon als deren theologische Rechtfertigung und zur Widerlegung der katholischen „Confutatio“ verfaßte, eine feste bekenntnismäßige Grundlage gewonnen. Schließlich konnten die Protestanten nunmehr darüber nicht mehr im Zweifel sein, daß sie nur der Zusammenschluß der evangelischen Stände vor der Vernichtung zu bewahren vermöge. Sie mußten um so mehr das Schlimmste fürchten, als jetzt der Kaiser die Wahl seines Bruders Ferdinand zum römischen König, also zum König von Deutschland betrieb, und dieser bisher für ein möglichst rücksichtloses Vorgehen gegen sie gewesen war. Damit standen sie nun freilich vor der schwerwiegenden Frage, ob unter Umständen auch Kaiser und Reich bewaffneter Widerstand zu leisten sei, und wie weit die mittel- und norddeutschen Lutheraner mit den mehr oder weniger zu Zwingli hinneigenden süddeutschen Städten zusammen gehen könnten. Doch auch hierin kamen jetzt die Evangelischen rasch vorwärts. Der Landgraf von Hessen hatte schon bisher in beiden Punkten keine Bedenken gehabt. Am 18. November 1530 einigte er sich mit Straßburg, Zürich und Basel über einen Vertragsentwurf zur gegenseitigen Verteidigung. Er nahm ihn zu einer vom 22.—31. Dezember tagenden Versammlung evangelischer Fürsten und Städteboten mit. Noch am 6. März 1530 hatte Luther in einem Brief an Kurfürst Johann auch dem Kaiser gegenüber an seinem Obrigkeitsstandpunkt festgehalten. „Sünde hebt Obrigkeit und Gehorsam nicht auf; aber die Strafe hebt sie auf, das ist, wenn das Reich und die Kurfürsten einträchtiglich den Kaiser absetzten, daß er nimmer Kaiser wäre. Sonst, während er ungestraft und Kaiser bleibt, soll ihm niemand Gehorsam entziehen oder wider ihn streben; denn das ist Rotterei und Aufruhr und Zwietracht anfangen." Aber die juristischen Räte des sächsischen Kurfürsten wußten aus dem Natur-, Staats- und kanonischen Recht mancherlei Gründe anzuführen, daß man in Fällen wie diesen dem Kaiser Widerstand leisten dürfe, ja müsse. Luther war übrigens schon im Oktober zu der Ansicht gekommen, daß es sich hier doch nicht um Aufruhr handle, und daß die Entscheidung dieser Frage den Juristen obliege. Die Nürnberger und einige ihnen gleichgesinnte Städte lehnten aber auch jetzt noch das Widerstandsrecht gegen den Kaiser ab. Die konfessionellen Gegensätze unter den Protestanten konnten zwar nicht grundsätzlich behoben werden, doch wurde dem Beitritt der Reformierten zum Bunde nichts mehr in den Weg gelegt. Bei einer zweiten Zusammenkunft in Schmalkalden wurde am 27. Februar 1531 die Bundesurkunde besiegelt. Nachdem in den nächsten Monaten noch einige weitere Städte beigetreten waren, gehörten dem Schmalkaldischen Bunde als Mitglieder an: Kursachsen, Hessen, Braunschweig-Lüneburg, die Herzöge Philipp, Otto und Franz von Braunschweig, Wolfgang von Anhalt, zwei Grafen von Mansfeld, sieben norddeutsche und acht süddeutsche Städte.

Wahl Ferdinands zum deutschen König. Erstarkung des Schmalkaldischen Bundes. Nürnberger Religionsfriede von 1532

Am 5. Januar 1531 wählten fünf Kurfürsten Ferdinand zum römischen König. Die böhmische Stimme fiel aus, da er selbst König von Böhmen war, der Einspruch des Kurprinzen Johann Friedrich von Sachsen wurde nicht berücksichtigt. Ferdinand versicherte den katholischen Ständen, für die Durchführung des Augsburger Reichsabschiedes sorgen zu wollen, und traf mit den Türken Vereinbarungen, um endlich mit den Protestanten aufräumen zu können. Diesen kam jedoch seine Wahl zum römischen Könige sehr zu statten. Herzog Wilhelm von Baiern hatte seit Jahren ebenfalls nach der Königskrone gestrebt, auf keinen Fall wollte er dulden, daß Karl römischer Kaiser bleibe und Ferdinand zugleich römischer König sei. Wie die evangelischen Fürsten vor der Wahl, so protestierten nun die bairischen Herzöge nach der Wahl gegen die Erhebung Ferdinands zum König. Obwohl sie in ihrem eigenen Lande die Anhänger der neuen Lehre verfolgten, traten jetzt die bairischen Wittelsbacher in Unterhandlungen mit den Schmalkaldnern und schlossen mit ihnen am 24. Oktober 1531 zu Saalfelden ein förmliches Bündnis. Nach der Niederlage der Reformierten in der Schweiz und Zwinglis Tod am 11. Oktober 1531 näherten sich die oberdeutschen Städte noch mehr als bisher den Lutheranern (vgl. S. 389), was den Ausbau des Schmalkaldischen Bundes ebenfalls förderte.

Auf einer Tagung zu Frankfurt vom 19. bis 27. Dezember gelang es, den Gegensatz zwischen den fürstlichen und städtischen Bundesangehörigen zu überbrücken. Die Fürsten erhielten bei Entscheidungen über wichtige Angelegenheiten fünf, die Städte vier Stimmen. In Frankfurt und bei weiteren Zusammenkünften gab sich der Bund eine Kriegsverfassung, welche die Frage des Oberbefehls und der Leistungen der einzelnen Mitglieder regelte. 2000 Reiter und 10000 Landsknechte wurden für die „eilende Hilfe" vorgesehen. Die Baiern verhandelten auch mit König Franz I., der schon länger mit den deutschen Protestanten Fühlung genommen hatte. Im Kloster Scheiern wurde dann am 26. Mai 1532 zwischen Frankreich, Kursachsen, Hessen und Baiern ein Bündnisvertrag abgeschlossen. Am zuversichtlichsten war auch hier wieder Landgraf Philipp: man werde sich zum Schein gegen die Türken rüsten, dann während ihres Einfalls „mit halber Arbeit" Herzog Ulrich Württemberg wieder zurückgeben und den Baiern die römische Krone verschaffen.

Die Erstarkung des Schmalkaldischen Bundes, die Gegnerschaft der Wittelsbacher, die neuerdings drohende Türkengefahr und die Bemühungen des Franzosenkönigs, deutsche Fürsten auf seine Seite herüberzuziehen, zwangen Karl und Ferdinand zum Einlenken gegen die Protestanten. Bereits im Sommer 1531 gab der Kaiser dem Reichskammergericht die Weisung, mit den Prozessen gegen die Evangelischen wegen der geistlichen Jurisdiktion und der Kirchengüter inne zu halten. Im übrigen hofften die Habsburger, auf dem nächsten Reichstag würden die katholischen Stände hinreichende Mittel zur Besiegung der Türken gewähren, und dann könnten sie endlich die Protestanten zum Gehorsam zwingen. Der Reichstag trat am 17. April 1532 in Regensburg zusammen. Der Kaiser und die altgläubigen Stände waren ganz unter sich, von den Schmalkaldischen Fürsten war keiner nach Regensburg gekommen. Der Kaiser und die in Regensburg versammelten Stände mußten sich aber doch erst mit den Protestanten einigen, ehe man den Türken entgegentreten konnte. Die Stände waren indes nicht gewillt, den Evangelischen so viel nachzugeben wie der Kaiser, dem auch Rom zu großem Entgegenkommen riet. Jetzt, da die Türken das Abendland zu überfluten im Begriffe waren, lasen die römischen Theologen die Augsburgische Konfession anders als zuvor; vieles sei darin ganz katholisch und anderes ließe sich schon noch so drehen, daß es sich mit dem rechten Glauben vertrüge. Aber die altgläubigen Stände wollten nicht nur keine ihrer früheren Rechte und Besitzungen preisgeben, sie hielten überdies den Forderungen des Kaisers mannigfache Beschwerden entgegen und widersetzten sich ihm, wie es ihm noch auf keinem Reichstag geschehen war. Sie beanstandeten seine ganze Regierungsweise, seine Verzögerung der Geschäfte, die Verwendung von Ausländern in den Kanzleien, sein Vorgehen gegen Württemberg und in den Niederlanden und anderes mehr. Zur Wiederherstellung der religiösen Einheit und zur Beseitigung der religiösen Mißstände verlangten jetzt auch die katholischen Stände die Einberufung eines Nationalkonzils, wenn der Papst das allgemeine Konzil noch weiter hinausschiebe. Es stellte sich auch heraus, daß der Kaiser auf die Türkenhilfe der Evangelischen unbedingt angewiesen war, vor allem auf die Artillerie der Städte. So führte denn hauptsächlich der Kaiser selbst die Verhandlungen mit den erst in Schweinfurt, dann in Nürnberg tagenden Protestanten. Das von ihnen verlangte Recht des freien Religionsübertritts ließ er sich allerdings aus Gewissensbedenken nicht abringen. Immerhin verstand er sich im Nürnberger Religionsfrieden vom 23. Juli 1532 zu Zugeständnissen, mit denen die Protestanten sich schließlich begnügten. Das Übereinkommen wurde in Form eines Privatvertrages zwischen dem Kaiser und den Schmalkaldnern abgeschlossen: bis zum Konzil wurde die Duldung der evangelischen Religionsübung den bisherigen Mitgliedern des Schmalkaldischen Bundes zugesagt. Der Kaiser verkündete den Religionsfrieden am 3. August in der Form eines Mandates; der Reichsabschied selbst war bereits am 27. Juli zustandegekommen. Zum guten Ende hatte der Reichstag dem Kaiser und Reich doch noch eine stattliche Türkenhilfe bewilligt, den Evangelischen in den Ländern und Städten der Schmalkaldner bis auf weiteres freie Religionsübung gebracht und in der Carolina ein Gesetzbuch geschaffen, das eine Kulturleistung von hohem Range darstellt.

Türkenkrieg 1532

Abendland und Morgenland glaubten im Sommer 1532 vor einer der größten Schicksalswenden aller Zeiten zu stehen. Wird es Soliman, der als Herrscher in der ehemaligen oströmischen Kaiserstadt Konstantinopel thronte, gelingen, den römischen Kaiser Karl zu bezwingen, in dessen Reich die Sonne nicht unterging? Wo werden am Ende des Jahres die Grenzen zwischen Kreuz und Halbmond sein? Der Sultan stand mit seinem gewaltigen Heer bereits wieder in Ungarn. Aber diesmal sollte er nicht bloß auf eine kleine Streitmacht stoßen. Das Reich rüstete mit einem Eifer wie schon seit langem nicht mehr. Es stellte 4000 Reiter und 20000 Landsknechte. Der Kaiser und König Ferdinand warben in Böhmen, Italien und Spanien 7000 Reiter und 45000 Mann Fußtruppen an. Der Papst schickte 100000 Goldgulden zum Solde für 10000 Ungarn und italienische Truppen. Als der Kaiser Ende September im Lager vor Wien Heerschau hielt, zählten seine Kriegsvölker etwa 80000 Mann. Inzwischen hatten die Türken schon eine Schlappe erlitten, die ihnen die erste Kriegsbegeisterung nahm. Ungefähr hundert Kilometer südlich Wien, unweit der letzten Ausläufer der Ostalpen kamen sie am 7. August vor das Städtchen Güns. In der kleinen Feste lag der kroatische Hauptmann Nikolaus Jerusitsch mit 700 Mann, meist Bewohner des Ortes und zusammengelaufene Bauern. Immer wieder vergebens stürmte die riesige Übermacht, umsonst wendeten die Türken ihre Minier- und Sprengkünste an. Am 28. August waren die Janitscharen endlich daran, in die Stadt einzudringen, da erhoben die Weiber, Greise und Kinder ein solches Verzweiflungsgeschrei, daß die Krieger des Sultans das blasse Entsetzen ergriff. Sie wichen in abergläubischer Furcht zurück;

die Verteidiger hätten Güns keine Stunde mehr halten können. Soliman „schenkte" nun Jerusitsch die Stadt mit allem, was darin war und marschierte weiter, nicht nördlich gen Wien, wo sich die christlichen Truppen um den Kaiser scharten, sondern südwestlich vor Graz. Nur etwa 15000 Mann leichte Truppen sandte er aus, das kaiserliche Heer zu beunruhigen. Sie wurden im Wiener Wald fast völlig von den Deutschen aufgerieben. Der Sultan machte keine großen Anstrengungen mehr, Graz zu erobern; unter fürchterlichen Verwüstungen durchzog er noch Kärnten und Krain und kehrte dann in seine Lande zurück. Mit echt orientalisch-bombastischen Redensarten hatte Soliman der Prächtige seine Heerfahrt aller Welt angekündigt, doch nun, da er nicht, wie er erwartet hatte, in ein durch den Glaubenshader wehrlos gewordenes Reich kam, sondern Katholiken und Protestanten in gleicher Weise darauf brannten, sich dem gemeinsamen Feinde zu stellen, gelüstete es ihn nicht mehr, sich mit dem Kaiser zu messen. Außerdem versetzten die Erfolge des Seehelden Andrea Doria im Mittelmeer der Zuversicht des Sultans einen harten Schlag. Der kühne Genuese verjagte die türkische Flotte aus dem ionischen Meere und eroberte mehrere feste Plätze auf dem Peloponnes.

Der Vertreibung der Türken aus Ungarn schien nun nichts mehr im Wege zu stehen. Der in vielen Kriegen erprobte Landsknechtshauptmann Schertlin von Burtenbach meinte, die Hälfte des christlichen Heeres würde dazu ausreichen. König Ferdinand drang in seinen kaiserlichen Bruder, der eben noch hoch und heilig versichert hatte, er werde, um den türkischen Hund aus der Welt zu schaffen, nach Ungarn vorrücken. Aber es kam so, wie der wackere Schertlin am 30. September an den Augsburger Bürgermeister schrieb: „Meines Verstands werden wir kriegen, wie dieser Kaiser allewegen krieget hat und wie ein Ochs oder Stier, der in einer guten Weide geht. So er voll und gefüttert ist, setzt er sich und mumlet als lang, bis ihn der Hunger auftreibt, dann zeucht er allgemach wieder für sich zu weiden. Wir warten also auf der kaiserlichen Majestät weiter Zumuten, aber es sieht mir nicht aus, daß wir lang beieinander bleiben werden." Zur grenzenlosen Erbitterung Ferdinands, der dadurch die Rückgewinnung seines Königreiches Ungarn auf unabsehbare Zeiten verschoben sah, reiste der Kaiser am 4. Oktober von Wien nach Italien ab, um dort mit dem Papste zu verhandeln (vgl. S. 419). Karl tat damit aber doch nicht gleich einem satten Ochsen, wie Schertlin und viele andere meinten. Die fremden Hilfsvölker, namentlich die Italiener, hausten in dem christlichen Lande mit Morden, Plündern und Sengen so schlimm wie die Türken. Die vom Reich aufgestellten Truppen wollten außerhalb der Reichsgrenzen nicht kämpfen. Vor allem dachten die evangelischen Fürsten nicht daran, Ungarn für Ferdinand zu erobern, damit er sie dann zum Papsttum zurückzwinge. Und womit sollte der Sold für weitere Unternehmungen gezahlt werden? Verlief aber ein mit ungenügenden Mitteln ausgeführter Feldzug nach Ungarn ergebnislos, dann waren auch die Erfolge dieses Türkenkrieges wieder zunichte. Daß die Furcht vor den deutschen Kriegsrüstungen und die Überlegenheit der Christen, wo seine Truppen mit den ihren zusammenstießen, den Sultan nun zum zweiten Male zum Rückzuge bewogen hatten, war doch ein großer Gewinn. Der Kaiser hatte allen Grund zu der Befriedigung, die er in einem Briefe an den Papst mit den Worten aussprach: „Gottes Gnade hat uns die Ehre und das Glück verliehen, daß wir den gemeinschaftlichen Feind der Christenheit zur Flucht genötigt und das Unglück verhütet haben, das er uns zuzufügen im Sinne hatte".

Auflösung des Schwäbischen Bundes. Herzog Ulrich erhält Württemberg zurück

Seit seiner Gründung im Jahre 1488 beherrschte der Schwäbische Bund das überterritoriale politische Leben Südwestdeutschlands. Mit seiner Förderung der Wahl Karls V., seinem Kampfe gegen die aufständischen Bauern, seinem Eintreten für die alte Kirche in den ersten Jahren der Reformation hatte er auch auf die Gestaltung allgemein reichswichtiger Angelegenheiten einen großen Einfluß ausgeübt. Am 2. Februar 1534 war wieder einmal die Vertragsfrist abgelaufen. Kaiser Karl und König Ferdinand machten die größten Anstrengungen zur Erneuerung des Bundes, der nun schon Jahre lang eine Hauptstütze der Habsburger Politik gewesen war. Aber gerade das hatte seinen inneren Zusammenhalt immer mehr gelockert. Eines seiner mächtigsten und eifrigsten Mitglieder, Baiern, stand im schärfsten Gegensatz zu den Habsburgern. Die Belehnung Ferdinands mit dem Herzogtum Württemberg verstimmte zahlreiche Fürsten. Waren sie auch mit der Vertreibung Herzog Ulrichs einverstanden gewesen, so wünschten sie doch nicht, daß seinem Geschlecht Württemberg für immer verloren gehe, und schon gar nicht, daß es das Haus Habsburg immer behalte. Auch den Städten, die dem Schmalkaldischen Bunde beigetreten waren, lag nicht mehr viel am Fortbestand des Schwäbischen Bundes. Dessen Auflösung und „die Entreißung Württembergs aus den Händen König Ferdinands" war deshalb von Anfang an das Ziel der Mitglieder, die im Dezember 1533 zur Beratung in Augsburg zusammenkamen. An der Tagung nahm auf Veranlassung Hessens und Baierns auch ein französischer Gesandter teil. Über die Aufhebung war man sich bald einig. Größere Schwierigkeiten bereitete die Regelung der Württembergischen Frage. Philipp von Hessen wollte das Herzogtum an Ulrich zurückgeben, die Wittelsbacher an Ulrichs Sohn Christoph, außerdem verlangten sie die Aufrechterhaltung der katholischen Religion in Württemberg. Während der Augsburger Verhandlungen trafen sich Franz I. und Landgraf Philipp zu Bar-le-Duc in Lothringen und schlossen am 27. Januar 1534 einen Geheimvertrag. Der Franzosenkönig versprach hier und bei der Erneuerung des Scheierer Vertrages mit Baiern seinen Bundesgenossen eine große Summe für einen Krieg zur Wahrung der „deutschen Freiheit". Im April 1534 begann Landgraf Philipp den Krieg gegen König Ferdinand. Am 13. Mai besiegte er bei Lauffen am Neckar die österreichischen Truppen. Ferdinand, von keiner Seite unterstützt, schloß am 29. Juni zu Kaaden in Böhmen mit Philipp und Kurfürst Johann Friedrich von Sachsen, der den Frieden vermittelt hatte, einen Vertrag. Herzog Ulrich erhielt Württemberg zurück, allerdings als österreichisches Lehen, aber doch als Reichsfürst mit Sitz und Stimme auf den Reichstagen. Ferdinand erneuerte den Nürnberger Religionsfrieden, und die evangelischen Fürsten erkannten jetzt Ferdinand als römisch-deutschen König an. Philipp von Hessen beteiligte sich nun alsbald an der Niederwerfung des durch die Wiedertäufer in Münster hervorgerufenen Aufruhrs (vgl. S. 405 f.). Aber erst in der Nacht vom 24. zum 25. Juni 1535 konnten die Belagerer in Münster eindringen und die Täufer überwältigen.

Jürgen Wullenwever

Noch ehe die Wiedertäuferbewegung in Münster niedergeschlagen war, brach der Versuch des ihr nahe stehenden Jürgen Wullenwever zusammen, eine große nordische Demokratie mit dem Vorort Lübeck zu errichten. Der Schwager Kaiser Karls, König Christian II. von Dänemark, Norwegen und Schweden, hatte für Dänemark verschiedene, den deutschen Handel empfindlich schädigende Gesetze erlassen. Deshalb unterstützte Lübeck Gustav Erichson Wasa, der seit 1520 den Kampf der Schweden gegen die Dänen leitete. Als Gustav Wasa nach Christians Vertreibung 1523 den schwedischen Königsthron bestieg, verlieh er zum Danke Lübeck Handelsprivilegien. Im gleichen Jahre wurde Christian auch von den dänischen Großen verjagt. Der neue König von Dänemark und Norwegen Friedrich I. war auf auswärtige Hilfe angewiesen und suchte deshalb ebenfalls an Lübeck einen Rückhalt. So schienen für die größte Handelsstadt an der Ostsee die alten glanzvollen Zeiten wiedergekommen. Da erhob sich 1530 der gemeine Mann gegen den Rat, der neue Abgaben einführen wollte. Dabei tat sich besonders der von auswärts zugewanderte Kaufmann Jürgen Wullenwever hervor. Er gewann auf einen neu eingesetzten Bürgerausschuß maßgebenden Einfluß. Die alte Religion und die bisherige Verfassung Lübecks wurden abgetan. Die Stadt trat dem Schmalkaldischen Bunde bei. Die Umwandlung ging unter großen Unruhen vor sich. Die Klöster wurden 1530, die Häuser reicher Patrizier 1531 geplündert. Seit Mai 1533 beherrschte Wullenwever als Bürgermeister zusammen mit zwei Hamburgern, dem hochbegabten Oldendorp und dem verwegenen ehemaligen Ankerschmied, nunmehr lübischen Kriegshauptmann Markus Meyer die Stadt und trieb eine weitausgreifende Außenpolitik. Am 10. Mai 1533 starb König Friedrich I. Dänemark war ein Wahlreich, der holsteinische, schleswigsche und dänische Adel erkor Friedrichs ältesten Sohn, Christian III., zum Könige. Hatte Friedrich den lübischen Handel gefördert, so begünstigte der auf die Hilfe des Adels angewiesene Christian III. die niederländischen Kaufleute. Daraufhin knüpfte Wullenwever mit dem abgesetzten Christian II. an, wandte sich durch Markus Meyer an König Heinrich VIII. von England und wußte auch Albrecht von Mecklenburg und Christian von Oldenburg für sich zu gewinnen. Es gelang Wullenwever schließlich noch, eine mächtige Volksbewegung in Dänemark gegen das Adelsregiment zu entfesseln. Christian III. wurde jedoch von Gustav Wasa, von Herzog Albrecht von Preußen und Landgraf Philipp von Hessen tatkräftig unterstützt und hatte an Johann Rantzau einen tüchtigen Feldherrn. Im Dezember 1534 gehorchte Jütland bereits wieder Christian III. Am 11. Juni 1535 besiegte Rantzau in der Schlacht von Assens auf Fünen die lübischen Truppen, in denselben Tagen wurden die Schiffe der Lübecker bei Bornholm zersprengt und großenteils genommen. Nachdem die Entscheidung mit den Waffen gefallen war, nahm sich auch das Reichskammergericht der Sache an. Es verfügte, der alte Rat müsse wieder eingesetzt werden. Die Schmalkaldischen Fürsten vermittelten zwischen Lübeck und Christian III. den Frieden, der am 14. Februar 1536 zu Buxtehude geschlossen wurde. Lübeck kam dabei glimpflich weg, doch war nun seine Macht gebrochen, und damit hatte auch die Hanse als zwischenstaatliche und politische Großmacht ihren letzten Stoß erhalten. Wullenwever war außerhalb Lübecks gefangen genommen worden; am 24. Sepember 1537 starb er durch Henkershand.

Die protestantischen Stände konnten beim Kaiser jeweils nicht mehr als die Duldung ihrer Religionsübung bis zum nächsten Konzil durchsetzen. Das sollte eine kurz bemessene Frist sein, weil ja die katholischen Stände ebenso wie die evangelischen immer wieder die Eröffnung des Konzils in spätestens einem oder anderthalb Jahren verlangten. Ganz besonders untersagten der Kaiser und König Ferdinand bei ihren mancherlei Abkommen mit den Evangelischen die weitere Ausbreitung ihres Glaubens und des Schmalkaldischen Bundes. Trotzdem machte der Protestantismus bis fast zur Mitte des 16. Jahrhunderts große Fortschritte, und der Schmalkaldische Bund gewann ständig neue Mitglieder, weil die beiden habsburgischen Brüder nach wie vor keine freie Hand zur Bekämpfung der Anhänger der neuen Lehre hatten. Selbst ihr natürlicher Bundesgenosse in dieser Angelegenheit, Papst Clemens VII., dem die Vernichtung des Protestantismus noch mehr als ihnen am Herzen liegen mußte, ließ sie im Stiche. Im Interesse seiner Familienpolitik sprang er abermals zu den Franzosen ab. Paul III., der ihm am 13. Oktober 1534 auf dem römischen Stuhle nachfolgte, nahm zwar die Vorbereitung eines allgemeinen Konzils in Angriff und bemühte sich mit Rücksicht auf die Türkengefahr gelegentlich um einen Ausgleich zwischen Karl und Franz I.; doch ließen diesen seine Verbindung mit den Türken und mit deutschen Fürsten immer wieder hoffen, daß er endlich die Oberhand über den Kaiser gewinne. Denn auch dessen siegreicher Sommerfeldzug 1535 gegen den Beherrscher von Algier und Eroberer von Tunis Dschereddin, genannt Barbarossa, brachte wohl Tausenden gefangener Christen die Freiheit und Karl großen Ruhm, hinderte aber nicht, daß Dschereddin bereits im September seine Seeräuberfahrten wieder aufnahm. Den Schmalkaldnern und dem vorwärtsdrängenden Protestantismus vermochte nur eines einen schweren Schlag zu versetzen: Uneinigkeit in den eigenen Reihen.

Siebentes Kapitel

Ausbau und Ausbreitung der Reformation. Zwingli. Täufertum. Katholische Gegenbewegung

Von der alten zur neuen Kirche

Schon vor seinem Thesenanschlag im Jahre 1517 hatte sich Luther mit seiner Auffassung von Sündenfall und Erlösung, also in dem Kernpunkte des dogmatischen Christentums, von der alten Lehre weit entfernt. Seine innere Loslösung von der Papstkirche als der die abendländische Christenheit umfassenden Organisation war im Jahre 1520 zum Abschluß gelangt, die äußere Trennung besiegelten noch im gleichen Jahre die Bannbulle und ihre Verbrennung. Die Humanisten bezeichneten bereits seit einiger Zeit die Anhänger des Doktor Martinus Luther als „Martinianer". Auf dem Wormser Reichstag 1521 erklärte Luther vor „dem Reiche", er widerrufe nichts von dem Inhalt seiner Schriften und begründete damit seine Führerstellung als der Reformator. Trotzdem waren noch große Schwierigkeiten zu überwinden bis zu einer klaren Scheidung des Neuen vom Alten und bis zur Vollendung des inneren und äußeren Aufbaus der evangelischen Kirche oder richtiger Kirchen.

Die römisch-katholische Kirche hatte sich in tausendjähriger Arbeit und Entwicklung ein festgefügtes Glaubens-, Rechts- und Verwaltungssystem geschaffen. Aber verschiedene der für die Praxis wichtigen Lehren, wie etwa über die Gnade und die Ablässe, über Einzelheiten der Heiligenverehrung, über die Rechte der Konzilien gegenüber dem Papsttum, waren nicht so eindeutig gefaßt, daß darüber keine ernsteren Meinungsstreitigkeiten entbrennen konnten. Wenn ferner z. B. ohne Mitwirkung eines Priesters abgeschlossene Ehen als gültig angesehen wurden, dann blieb auch das nicht ohne Rückwirkung auf die Vorstellungen im Volke über das Verhältnis der Kirche zu den Sakramenten, und ähnliches gilt für die Lossprechung von Sünden durch Laien, auch wenn die Kirche dies nicht anerkannte. In vielem brachte da erst die Auseinandersetzung mit dem Protestantismus, namentlich auf dem Konzil von Trient, Klarheit und genauere Bestimmungen. Vor allem zweifelte niemand an der Notwendigkeit umfassender Reformen. Nun kam man aber damit seit Jahrhunderten nicht vorwärts, nicht etwa nur wegen der Pflichtvergessenheit und Saumseligkeit der obersten Kirchenleitung. Bei der engen Verflechtung von Geistlichem und Weltlichem verletzte man wohlerworbene Rechte, wenn man irgendwo entschieden vorgehen wollte. So nahm denn das Reden und Schreiben über Reformen kein Ende, die Vorschläge zur Verbesserung waren mehr und mehr zu Angriffen auf die Kirche geworden. Sie hatten allmählich eine ungeheure Schärfe angenommen. Schriften wie des Erasmus „Lob der Torheit" fanden selbst bei hohen und höchsten kirchlichen Würdenträgern Anklang und zwar weniger, weil darin Wunden, um sie zu heilen, bloßgelegt wurden, als weil auch die Spitzen der Hierarchie zu gerne mit den Spöttern lachten, wenn sie es nur verstanden, den Zuhörer und Leser mit Witz und elegantem Latein zu ergötzen. Als nun Luther mit schwerem sittlichen Ernst gegen die Verspotteten und die Spötter zugleich losbrach, gerieten zahllose der Kirche treu Ergebene in Zweifel, wie weit sie nun dem folgen sollten, der es mit unerhörtem Mut unternahm, die alten Übel auszubrennen oder jenen, die ihn verketzerten. Was sollte der Bannstrahl eines Papstes, der seine Vorgänger als Söhne der Venus und des Mars und der sich selbst als Sohn der Athene feiern ließ, gegenüber einem Manne, der nur eines kannte und anerkannte: das Evangelium? Aber Luther hatte bei seinem Auftreten, abgesehen von seiner für viele in ihren letzten Tiefen kaum verständlichen Rechtfertigungslehre, noch kein scharf umrissenes Programm (vgl. S. 270). Die von Melanchthon verfaßten „loci communes rerum theologicarum", die Hauptbegriffe der Theologie, gaben in ihren ersten Auflagen bis 1525 nur den damaligen Stand von Luthers Entwicklung wider. Dabei übergingen die „loci" einiges, was für die Allgemeinheit weniger geeignet schien, wodurch zwar der Zugang zu der neuen Lehre erleichtert, aber auch der Gegensatz von alt und neu etwas verwischt wurde.

Infolge der Unklarheiten und Unbestimmtheiten auf beiden Seiten und der Macht des Herkommens kam es weithin zu einem Gemisch von Altem und Neuem, das in einem auffallenden Gegensatz zu der Heftigkeit stand, mit der sich die feindlichen Lager bekämpften. Im Gottesdienst, bei der Spendung der Sakramente und selbst in der Lehrverkündigung gab es alle nur denkbaren Übergangsstufen. Viele katholische Priester benutzten reformatorische Schriften, weil sie die christliche Lehre packender und volkstümlicher darstellten als die bisherige geistliche Literatur, andere verwendeten wahllos, was ihnen gerade in die Hände kam, weil sie bei mangelhafter theologischer Ausbildung nicht imstande waren, die Glaubensunterschiede zu erkennen. Geistliche, die ihren Beruf hauptsächlich zum Broterwerb ausübten, oder die sich zu keiner eindeutigen Stellungnahme durchringen konnten, richteten sich nach den Wünschen ihrer Gemeinde oder ihres Patronats- oder Landesherren und wechselten mit ihnen oder bei einer Ortsveränderung den Glauben. Noch im späteren 16. Jahrhundert war es nicht selten, daß ein Pfarrer in der einen Kirche die Messe las, in einer anderen, die ebenfalls in seinen Amtsbereich gehörte, aber im Gebiet eines evangelischen Landesherren lag, lutherisch predigte. Die protestantischen Geistlichen der ersten Reformationszeit hatten zum weitaus größten Teil ausschließlich oder längere Zeit die katholische Theologie studiert. Bewußt oder unbewußt behielten sie von ihr mehr oder weniger bei, zumal da die katholische und die evangelische Lehre in manchen wesentlichen Punkten übereinstimmten, und die protestantische Theologie von der katholischen in großem Umfange die Sachsprache übernahm. Bei einer Reihe von Begriffen, die nicht im Vordergrunde des Streites der Bekenntnisse standen, dauerte es geraume Zeit, bis sie durchweg von den protestantischen Predigern und Gläubigen rein im Sinne der neuen Lehre aufgefaßt wurden. Luther und seine Freunde vermieden es, Ängstliche oder solche, die sich von den gewohnten äußeren Formen nicht sofort losreißen konnten, durch zu plötzliche Änderungen der Zeremonien oder sonstiger kirchlicher Einrichtungen abzuschrecken. So schrieb Melanchthon im Herbst 1522 an den ehemaligen Benediktiner Ambrosius Blarer, er solle seine Kutte nicht vor der Zeit ablegen und auf die Torheit der Menge Rücksicht nehmen. Der Gute mache von seinen Rechten so wenig wie möglich Gebrauch und hüte sich davor, Ärgernis zu erregen. So halte es auch Martinus. Soweit es das Evangelium erlaubt, wolle er niemanden auch nur in der geringsten Zeremonie kränken. Auf evangelischer Seite ließen besonders die Abkehr von der Vorstellung, die Christenheit bestehe aus einem äußerlich sichtbaren Reich, und der grundsätzliche Verzicht auf eine Zentralstelle, welche der ganzen protestantischen Welt, wie das Papsttum der katholischen, Vorschriften und Gesetze geben könne, sowohl den auf einen Ausgleich mit dem Alten Bedachten als auch den von der Papstkirche leidenschaftlich Wegstrebenden einen weiten Spielraum.

Die Zusammenhänge des Neuen mit dem Alten und die mancherlei Übergangserscheinungen hat man sich immer wieder vor Augen zu halten, um ein der Wirklichkeit möglichst nahekommendes Bild von den tatsächlichen kirchlichen Zuständen in Deutschland bis zum Vordringen der Gegenreformation zu gewinnen und um zu begreifen, weshalb trotz des lauten Kampfgetöses viele auf eine friedliche Beilegung des Glaubenszwistes hofften. So suchte Erasmus von Rotterdam selbst noch zu einer Zeit, da er sich über Luthers Abweichen von Hauptdogmen der römischen Kirche klar sein mußte, die streitenden Parteien zu versöhnen. Die jahrzehntelang fortgesetzten Bemühungen um das Zustandekommen eines allgemeinen Konzils bezweckten ebenfalls, wenigstens von deutscher Seite aus, durch Annahme des Guten, was Luthers Schriften auch nach der Ansicht überzeugter Katholiken enthielten, also durch Vermittlung der Gegensätze, den kirchlichen Frieden herbeizuführen.

Wittenberg und Kursachsen. Melanchthon. Bugenhagen in Norddeutschland

Wäre der Protestantismus nur Protest gegen die herrschenden Mißstände gewesen, dann hätten sich ihm nicht Millionen auf die Dauer angeschlossen, und es hätte ihm die wichtigste Voraussetzung für die Gründung einer neuen Kirche gefehlt: die gemeinschaftsbildende Kraft, die niemals dem bloßen Verneinen innewohnt. Nicht der Angriff auf das Alte, mochte er auch vielfach im Vordergrunde stehen, sondern die innere Ergriffenheit von dem großen Neuen bewirkte, daß die von zahllosen Flugschriften, von Wanderpredigern und von ortsansässigen Prädikanten ausgestreute Saat im Volke Wurzeln faßte. Nun drohte aber schon sehr bald die Gefahr, daß das, was so verheißungsvoll begonnen hatte, durch die Uneinigkeit in den eigenen Reihen wieder vernichtet würde. Es war deshalb für den weiteren Bestand der reformatorischen Bewegung von größtem Werte, daß sie in Wittenberg und Kursachsen einen festen Mittelpunkt hatte. Seit Luthers Rückkehr von der Wartburg konnte hier die Ausbildung seiner Lehre verhältnismäßig ungestört vor sich gehen. Unzählige holten sich bei einem Aufenthalt in Wittenberg oder brieflich Rat bei Luther und den Männern seiner Umgebung. Bald gab es in den meisten Gauen Deutschlands einen oder mehrere Geistliche, die längere oder kürzere Zeit die Wittenberger Universität besucht und in dem ersten evangelischen Lande Einblick in das neue kirchliche Leben gewonnen hatten.

Die engeren Mitarbeiter Luthers, zwar keineswegs immer unter sich einig, ergänzten sich gegenseitig doch aufs glücklichste. Der 1484 zu Spalt geborene Georg Burkhardt, genannt Spalatin, erst Erzieher des sächsischen Kurprinzen Johann, dann Hofkaplan und seit 1525 Oberpfarrer und Superintendent in Altenburg, war als weltkluger, in allen höfischen Dingen erfahrener Berater Friedrichs des Weisen ein vorzüglicher Vermittler zwischen dem vorwärtsstürmenden Reformator und dem allem Ungestüm abholden Kurfürsten. Sein Organisationstalent und seine Frömmigkeit befähigten ihn, auch beim Ausbau der sächsischen Landeskirche führend mitzuwirken. — Als humanistischer Gelehrter, als Theologe und Kirchenpolitiker nimmt Melanchthon neben seinem Meister in der Reformation lutherischer Prägung die erste Stelle ein. Obwohl er sich unter dem überwältigenden Einfluß Luthers nicht ganz frei entfaltete, ist Melanchthon doch eine eigene geistesgeschichtliche Größe. Der einundzwanzigjährige Sohn des Waffenschmiedes Georg Schwarzerd hatte unter den Humanisten bereits einen guten Namen, als er im August 1518 in Wittenberg eintraf, um die Professur für die griechische Sprache zu übernehmen. Seine Antrittsrede „Über die Umgestaltung des Universitätsunterrichts" machte auf Luther großen Eindruck. Bald umschlang beide trotz ihrer verschiedenen Wesensart ein inniges, für Mit- und Nachwelt ungemein fruchtbares Freundschaftsband. Bis zu seinem Tode am 19. April 1560 geschah ohne Melanchthons Mitwirkung nichts von allgemeiner Bedeutung im lutherischen Protestantismus. Der geborene Pädagoge hat sich um die Reform der Universitäten und um das Schulwesen die größten Verdienste erworben (vgl. S. 478); daß er es ganz auf den Humanismus, allerdings auch unter nachdrücklicher Betonung der Naturwissenschaften, gründete, lag ebenso in der Zeit wie in seinen persönlichen Überzeugungen. Noch höher ist eine zweite erzieherische Leistung zu werten. Sollte Luthers kämpferische Glaubensverkündigung lehr- und schulmäßig ausgeformt werden, dann war ihr „sachlicher Kern herauszuschälen" und ihr Inhalt systematisch darzustellen. Daß „diese Arbeit geleistet wurde, ist vor allem Melanchthons Werk, und tatsächlich war er auch der einzige, der imstande gewesen ist, eine derartige Aufgabe zu lösen". Sie war nicht nur ungemein schwierig, sondern auch, ebenso wie die großenteils von ihm geführte Auseinandersetzung mit den Vertretern der alten Lehre in Schriften und auf Tagungen vielfach recht undankbar (vgl. S. 363). Die Rolle des Vermittlers zwischen der allem Rationalismus feindlichen Haltung Luthers und der bei einer systematischen Zusammenfassung des Glaubensgutes doch nicht ganz zu vermeidenden rationalen Beweisführung, zwischen Alt- und Neugläubigen und vor allem zwischen den verschiedenen Richtungen des lutherischen Protestantismus läßt Melanchthon oft in einem ungünstigen Zwielicht erscheinen. Doch man wird Melanchthon nicht gerecht, wenn man zu sehr bei Einzelheiten verweilt. Er gewinnt um so mehr, je tiefer man in das Gesamtwerk und in die Gesamtpersönlichkeit des Mannes eindringt, der sein ganzes Leben unablässig an sich gearbeitet hat, so daß aus dem von Natur jähzornigen und reizbaren, der „milde" Melanchthon und aus dem von Haus aus rationalistisch veranlagten Humanisten der trotz allem klassische Ausleger des evangelischen Glaubens wurde. „Nach Leibesform eine kleine, magere, unachtbare Person, vermeintest, er wäre ein Knabe, nicht über achtzehn Jahre", ist er „nach Verstand, Gelehrsamkeit und Kunst ein großer, starker Riese und Held, so daß einen verwundern möcht, wie in einem so kleinen Leib so ein großer und unübersehbarer Berg Kunst und Weisheit verschlossen liegen". Dieses Urteil eines Zeitgenossen, des schlichten Schweizers Keßler, kommt der Wahrheit jedenfalls näher, als die Urteile derjenigen, welche auf einen Mann geringschätzig herabsehen, dem ein Luther seine Freundschaft schenkte und aufrichtige Bewunderung zollte.

Ein Mann so recht nach Luthers Herzen war der 1485 zu Wollin in Pommern geborene Bugenhagen. Ein guter Humanist, leitete er zunächst sechszehn Jahre die Schule zu Treptow an der Rega und brachte sie zu hoher Blüte. Er verfaßte in jener Zeit auch eine für die in Pommern herrschenden Sitten und Gebräuche aufschlußreiche Geschichte seines Heimatlandes. Nachdem er Schriften Luthers gelesen hatte, zog er 1521 nach Wittenberg, hörte an der Universität Vorlesungen und hielt dann selbst, zuerst in seiner Wohnung, Vorträge über die heilige Schrift. Er wurde einer der vertrautesten Freunde und Mitarbeiter Luthers. Den Teufel bekämpfte er mit ebenso drastischen Mitteln wie dieser. Praktischer und volkstümlicher als Melanchthon, war er für die Seelsorge und Kirchenorganisation besonders geeignet. Im Jahre 1528 übernahm er die Leitung der braunschweigischen Kirche und verfaßte für sie eine „Ordnung", die in vielen norddeutschen Städten eingeführt wurde. Noch im gleichen Jahre folgte er einem Rufe nach Hamburg, wo er durch seine einfachen, kraftvollen Predigten und durch die Einrichtung von Schulen die Sache des Evangeliums nachhaltig förderte. Ebenso regelte Bugenhagen auch die Kirchen- und Schulverhältnisse in Lübeck. Luther drängte fortwährend auf die Rückkehr seines Freundes nach Wittenberg, aber erst 1533 traf er dort wieder ein und reiste 1534 bereits wieder ab, diesmal nach Pommern. Vom Sommer 1537 bis Juni 1539 reformierte er die dänische Kirche. Im Jahre 1542 brachte er die zerfahrenen Verhältnisse in Braunschweig-Wolfenbüttel und in der Stadt Hildesheim in Ordnung. Dies war seine letzte auswärtige Mission. Bereits im Jahr 1533 hatte ihn Kurfürst Johann zum Generalsuperintendenten des Kurkreises ernannt. Bis gegen sein Lebensende, er starb am 20. April 1558, war er unermüdlich im engeren Kreise seiner Wahlheimat Kursachsen als Prediger und Seelsorger tätig. Außerdem nahm er in regem Briefwechsel und in Verhandlungen an den allgemeinen Angelegenheiten der Evangelischen regen Anteil. Dabei blieb auch ihm in seinen späteren Jahren nicht erspart, in leidige Streitigkeiten verwickelt zu werden, die ihn und Melanchthon gehässigen Angriffen aussetzten. Unwiederbringlich war damals bereits die große und erhebende Zeit Wittenbergs entschwunden, in der sich um Luther zu ernster Arbeit und in gemütlich fröhlichen Stunden vertraute Freunde und Schüler geschart hatten: der eifrige und eifernde Nikolaus von Amsdorf, Justus Jonas, ein emsiger und tüchtiger Helfer, der auch Aufträge, die eine gewisse Selbständigkeit verlangten, auszuführen verstand, der versöhnliche, feinsinnige und gelehrte Leipziger Kaspar Cruciger, um neben Melanchthon und Bugenhagen auch noch einige Männer geringeren Ranges zu nennen, die ebenso wie manche andere Luther bei seinem Werke treu zur Seite standen und für ihn mehr bedeuteten, als sich im einzelnen heute noch feststellen läßt. Dem Kurfürsten Friedrich dem Weisen aber war es zu verdanken, daß Papst und Kaiser dem Wittenberger Kreis in den ersten, für den Weiterbestand der neuen Lehre entscheidenden Jahren nichts anzuhaben vermochten.

Kurfürst Friedrich der Weise

Der bedächtige und in seinem ganzen Wesen ungemein zurückhaltende Wettiner trat weder als begeisterter Anhänger Luthers auf, noch zeigte er an dem gewaltigen religiösen Geschehen in seinem Lande eine besondere Anteilnahme. Er war lange ein sehr eifriger Reliquiensammler gewesen und wohnte noch bei seinem Kölner Aufenthalt im Jahre 1520 mehreren Messen an einem Tage bei. In seinem ganzen Leben hatte er keine persönliche Aussprache mit Luther. Dessen Freunden war er in der Durchführung kirchlicher Reformen viel zu lässig, das Abendmahl nahm der Kurfürst nur einmal in beiderlei Gestalt: in seinen letzten Stunden. Er tat für Luther immer nur gerade soviel, daß dieser sein Werk fortführen konnte. Die Neuerungen in seinem Lande störte Friedrich zwar nicht, er sah sie aber nicht gerne. Für den Beistand, den er Luther und seiner Sache gewährte, werden deshalb vielfach Beweggründe außerhalb des rein Religiösen angegeben. Wie er, einer der ersten Renaissancefürsten in Deutschland, darauf ausging, die Künste zu fördern und große Künstler an seinen Hof zu ziehen (vgl. S. 51), so habe es auch seinen Ehrgeiz befriedigt, daß die von ihm gestiftete Universität Wittenberg durch Luther einen seine kühnsten Hoffnungen übersteigenden Aufschwung nahm. Ließ er Luther fallen, dann war es mit dem Glanz seiner Hochschule vorbei. Außerdem seien die maßgebenden Räte des Kurfürsten Anhänger Luthers gewesen. Auch auf die strenge Rechtlichkeit Friedrichs des Weisen wird hingewiesen: er habe Luther zu seinem guten Rechte verhelfen wollen und sei so in den lutherischen Handel verwickelt worden, worauf dann ein Schritt den anderen nachgezogen habe.

So viel von all dem im einzelnen zutrifft, das Verhalten eines Friedrichs des Weisen zu Luther wird dadurch nicht ausreichend erklärt. Der Kurfürst war nicht der Mann, der sich von seinen Räten gängeln und in schwere Gefahren bringen ließ, deren Größe meist unterschätzt wird: wer einen Geächteten unterstützte, verfiel selbst der Reichsacht. Nun unternahm man damals wegen einer Glaubenssache noch keinen Feldzug; aber sie ließ sich doch gut als Vorwand für politische Ziele gebrauchen. Im Jahre 1523 tauchte am Hofe des Erzherzogs und Reichsstatthalters Ferdinand der Plan auf, Friedrich den Weisen abzusetzen, weil er Luther immer noch schütze. Der Erzherzog wollte auf diese Weise Friedrichs Land an sich bringen und Herzog Georg von Sachsen wenigstens die Kurwürde erlangen. Im nächsten Jahr lag Papst Clemens VII. mit diesen Dingen dem Kaiser in den Ohren, der allerdings von der Vermehrung der Unruhe in Deutschland nichts wissen wollte. Der Kurfürst ließ sich doch wohl hauptsächlich deshalb die Angelegenheit Luthers die viele Arbeit und Mühe langwieriger Verhandlungen mit der Kurie und dem Kaiser kosten und schreckte für Luther auch vor ernsten Gefahren nicht zurück, weil er ihm und seinen religiösen Bestrebungen näher stand, als es nach außen hin schien. Am Abend nach Luthers großer Rede auf dem Wormser Reichstag bemerkte der Kurfürst Spalatin gegenüber: „Gut hat der Pater Doktor Martinus geredet vor dem Herrn Kaiser und allen Fürsten und Ständen in Latein und Deutsch. Er ist mir viel zu kühn". Diese Worte gelten auch sonst für das Verhältnis des Kurfürsten zu Luther. In der Sache stimmte er ihm bei, sein Auftreten dagegen war ihm zu stürmisch. Trotz aller Verschiedenheit des Temperamentes bestanden zwischen ihnen Berührungspunkte und zwar gerade darin, worauf es in ihrem Falle besonders ankam. Beide wahrten ihre Ehre und ihr gutes Recht bis zum äußersten und beharrten zäh und hartnäckig auf ihren Überzeugungen. Sie wußten aber auch Zeit und Umstände wohl zu beachten und zu ihren Gunsten zu nutzen: der eine mit einer Meisterschaft, die ihm den Ruf des damals gewandtesten, den Geschäftsgang der höchsten Reichs- und Kirchenbehörden völlig beherrschenden deutschen Politikers und Diplomaten einbrachte, der andere aus der Erfahrung einer sich ständig mit den alltäglichen Widerwärtigkeiten des Lebens herumschlagenden Volksschicht, in der die Art und Weise, ihnen zu begegnen, als Erbgut weitergegeben wird und zugleich mit der Überlegenheit des sich auch in den Dingen dieser Welt zurechtfindenden Genies.

Wichtiger als alles andere aber war es, daß die Luthers Lehre zugrunde liegende natürliche Lebensphilosophie wohl kaum einen anderen deutschen Fürsten so unmittelbar ansprach wie Friedrich den Weisen. Er hatte einst Pläne gehegt, die bei ihrem Gelingen die Wettiner neben die Habsburger gestellt hätten (vgl. S. 282).

Vergegenwärtigt man sich zu diesem Machtstreben noch Friedrichs rege Mitwirkung bei Berthold von Hennebergs Versuch einer ständischen Reichsreform und die Renaissancebegeisterung des Kurfürsten, dann erscheint er als einer der hochgemutesten deutschen Fürsten mit offenem Sinn für die neuen geistigen und künstlerischen Strömungen seiner Zeit. Aber die Untreue der Habsburger vereitelte seine politischen Hoffnungen, und ein Dürer und Reuchlin weigerten sich, an seinen Hof überzusiedeln. Auch in seinem Privatleben scheint er eine schwere Enttäuschung erlitten zu haben. Es heißt, ihretwegen habe er, ein großer Verehrer der Frauen, auf die Ehe verzichtet. Wenn es dann, wie einer seiner Zeitgenossen sagt, sein einziger Fehler war, daß er „sich mit dem Weibsbild zu sehr belustigt hat", so mag den frommen und gewissenhaften Mann das in manchen Stunden beunruhigt haben. Er konnte aber auch zur Zeit, da Luthers Auftreten ihn vor schwierige Aufgaben und Entscheidungen stellte, mit Stolz und Befriedigung auf sein bisheriges Leben zurückschauen. Unter allen Reichsfürsten genoß er das höchste Ansehen, groß war sein Einfluß auf den Reichstagen. Melanchthon und Lukas Cranach, die er als viel verheißende junge Talente nach Wittenberg berufen hatte, rechtfertigten die in sie gesetzten Erwartungen, sie zählten zu den ersten Humanisten und Künstlern Deutschlands, Luthers Ruhm und Bedeutung stieg von Tag zu Tag; des Kurfürsten Land blühte, das er heiß liebte und das ihm so schön dünkte wie nur irgend eines auf dem Erdenrund. Er hatte also doch recht behalten mit seiner Friedensliebe, die ihn jeden noch so verlockenden Rat, gleich den übrigen Fürsten mit Waffengewalt seinen Besitz zu mehren, ablehnen und ihn auf den Vorschlag, sich Erfurts zu bemächtigen, weil ihm das höchstens fünf Mann koste, antworten ließ, schon einer wäre zu viel. Was hatten die anderen von ihren Erwerbungen, wenn sie doch vor Geldnot und Schulden nicht ein und aus wußten und jede Fehde einen Rattenschwanz von anderen nach sich zog? So hatten den Kurfürsten seine vielen Lebenserfahrungen recht skeptisch gestimmt, aber doch auch in der Überzeugung gefestigt, daß das redliche Tun und Wollen eines ganzen Menschenlebens immerhin ein leidliches Ergebnis zeitige, ein günstigeres, als viele mit all ihrem Hasten und gewaltsamen Vorgehen erzielten. Damit deckten sich Luthers Schriftprinzip und seine Kreuzestheologie. In einer Welt, in der so vieles, selbst in heiliges Gewand Gehüllte, trog, war es ungemein tröstlich, eine unverrückbare Wahrheit, einen festen Halt zu besitzen: das Evangelium. Die in der Bibel niedergelegte göttliche Offenbarung, das Christentum als solches, waren dem Kurfürsten wie Luther über jeden Zweifel erhaben; Menschenworten jeglicher Art zu mißtrauen, hatte sie das Leben sattsam gelehrt. So sorgfältig der Kurfürst es sonst, auch in Luthers Sache, vermied, sich mit mündlichen oder schriftlichen Äußerungen oder mit Handlungen festzulegen, hier trat er aus seiner Zurückhaltung heraus. Er machte sich in aller Öffentlichkeit Luthers Standpunkt zu eigen: nur wenn dieser aus der Schrift überwunden werde, könne und dürfe er widerrufen. Friedrich der Weise mußte wissen, zumal nach all dem, was in dieser Angelegenheit schon geredet und geschrieben worden war, daß er sich damit gegen das altkirchliche Traditionsprinzip für das Schriftprinzip des vom Papste gebannten Ketzers entschied. Es ist schwer zu sagen, wie weit ein Mann, der einst so hochfliegende Pläne gehegt hatte und zeitlebens in der inneren Reichspolitik sehr tätig war, infolge seines Temperamentes oder seiner Klugheit, seiner Erfahrungen und Enttäuschungen auf Gewaltanwendung verzichtete, wo die Mittel seiner Politik versagten. Jedenfalls hatte er sich die Ergebung in Gottes Willen und die lutherische Kreuzesreligion ganz zu eigen gemacht, und er wirkte in ihrem Sinne auch auf seinen Bruder und Mitregenten ein, als sich die Bauern seines Gebietes erhoben: die Obrigkeiten hätten sie oft hart und ungerecht bedrückt und sich durch die Verhinderung der Ausbreitung von Gottes Wort versündigt. Wolle Gott, daß der gemeine Mann regiere, dann werde es auch so kommen, sei aber die Bauernsache nicht zu Gottes Lob vorgenommen, werde sich auch dabei das Blatt bald wieder wenden. „Laßt uns Gott bitten um Vergebung unserer Sünden und es ihm heimsetzen."

Den kirchlichen Neuerungen in seinem Lande sah der Kurfürst allerdings mit einem gewissen Mißvergnügen zu. So starke Eingriffe mochten ihm übereilt erscheinen, da ja die Reformation nichts weniger als die Trennung der Christenheit in zwei Lager bezweckte. Ihm wäre es lieber gewesen, wenn man einer ruhigen, langsamen Entwicklung überlassen hätte, die mit dem Evangelium unvereinbaren alten Einrichtungen abzustoßen. Jede größere Änderung in der Organisation der Kirche und im Gottesdienst mußte die Kluft zwischen Alt- und Neugläubigen vertiefen und schließlich unüberbrückbar machen. Als Friedrich der Weise im Mai 1525 die Augen schloß, hatte freilich die evangelische Lehre schon eine so weite Verbreitung gefunden und lag die sich aus ihr ergebende Notwendigkeit der Umgestaltung des Gottesdienstes und des ganzen religiösen Gemeinschaftslebens so offen zutage, daß eine grundlegend neue Regelung der kirchlichen Verhältnisse nicht mehr zu umgehen war. Daß der sich in der reformatorischen Bewegung im Hintergrunde haltende Fürst dies nicht so recht erkannte, verringert nicht im mindesten seine weltgeschichtliche Bedeutung. Ohne sein kluges und vorsichtiges Vorgehen in der Sache Luthers und ohne seine durch nichts zu erschütternde Treue, die er dem Reformator in den schwierigsten Lagen hielt, hätte der Wittenberger Mönch sein Werk nicht bis zu dem Punkte führen können, da es keine Macht der Welt mehr zu vernichten vermochte.

Begründung des Landeskirchentums

In mehreren 1523 und 1524 erschienenen Schriften hatte Luther Anweisungen und Ratschläge für ein christliches Gemeindeleben gegeben (vgl. S. 307). In einer von ihnen, der berühmten „Leisniger Kastenordnung" heißt es, „die Bestellung des gemeinen Pfarramtes mit Berufung, Erwählung, Ein- und Absetzung unserer Seelsorger" solle nach der Verordnung der göttlichen biblischen Schriften vorgenommen werden. Nun waren aber die für das kirchliche Leben weitgehend bestimmenden allgemeinen Kulturverhältnisse von denen der ersten christlichen Zeiten zu verschieden, als daß man die obendrein in seinen Einzelheiten nicht hinreichend überlieferte Ordnung des Frühchristentums ohne weiteres wieder einführen konnte. Wurde die Neuregelung vollständig den einzelnen Gemeinden überlassen, dann ergaben sich, wie sich bald zeigte, größere Mißstände, als vordem geherrscht hatten. Die breite Masse folgte nur allzu bereitwillig Schwarmgeistern wie Thomas Münzer, und konnte sie nach ihrem Ermessen die Pfarrer ernennen und wegschicken, dann hieß dies, die Kirche der wildesten Demokratie ausliefern. Die Bischöfe, welche die Nächstberufenen zur Leitung der notwendigen organisatorischen Maßnahmen gewesen wären, hielten großenteils an der alten Kirche fest, auch hätten sie höchst wahrscheinlich ihre gewohnten, ihnen so große Vorrechte und Vorteile einräumenden hierarchischen Auffassungen auf die neue Kirche übertragen. Eine allgemeine Regelung von Reichswegen war, abgesehen davon, daß der Kaiser die Reformation ablehnte, schon wegen des das ganze öffentliche Leben beherrschenden Partikularismus ausgeschlossen. So lag es durchaus nahe, daß das Landesfürstentum, als die Macht, welche alles und jedes in ihre Verwaltung einzubeziehen trachtete, auch das Kirchenwesen in seine Obhut nahm, zumal da die Landesherrschaften schon seit langem stärkeren Einfluß darauf gewonnen hatten (vgl. S. 164).

Luthers Auffassung von der weltlichen Obrigkeit und vom Wesen der Kirche legte ebenfalls die Übertragung kirchlicher Aufgaben an die Fürsten nahe. Ihnen hat Gott die Leitung aller irdischen Dinge anheimgegeben; die Kirche ist an sich eine unsichtbare Gemeinschaft, soweit es sich aber bei ihr um Sichtbares, um die äußere Organisation handelt, ist auch sie der Obrigkeit untertan. Eine Behinderung der Verkündigung des Evangeliums durch die weltliche Obrigkeit hat Luther allerdings stets scharf abgelehnt. Wenn er in seinen früheren Schriften von der Aufstellung der Pfarrer durch die Gemeinden sprach, so meinte er damit nicht, daß Wahlen mit allgemeinem Stimmrecht vorgenommen werden sollten. Die Patronatsgewalt der Obrigkeit hat er nie grundsätzlich angetastet. Unter Gemeinde verstand Luther höchstwahrscheinlich „in echt mittelalterlicher Weise nicht die Gesamtheit aller einzelnen, sondern ihre korporative Repräsentation, das heißt die Ortsobrigkeit". Diese bewies jedoch sehr oft keine Widerstandskraft gegen die Schwarmgeister und überließ vielfach die Ausübung des geistlichen Amtes hierfür Ungeeigneten; daher wollte Luther die Regelung der kirchlichen Angelegenheiten schließlich hauptsächlich den staatlichen Obrigkeiten anheimstellen, ohne freilich in einem Kirchenregiment der weltlichen Obrigkeit das Ideal zu sehen.

Für eine geordnete Ausbreitung des evangelischen Christentums empfahl sich am meisten die Einrichtung der Visitationen. Sie waren schon in der alten Kirche besonders für die Einführung von Reformen üblich und wurden auch da häufig unter Aufsicht der weltlichen Obrigkeiten vorgenommen. Nach Friedrichs des

Weisen Tod wurden für die kursächsischen Lande Visitationsordnungen ausgearbeitet, die dann auch anderen Landesherren zum Vorbild dienten. Aus Theologen und Juristen zusammengesetzte Kommissionen bereisten das Land und entfernten Anhänger der alten Lehre oder untaugliche Prediger und Lehrer aus den Kirchen und Schulen. Das geistliche Pfründenwesen wurde stark beschnitten und die kirchlichen Einrichtungen für jede Gemeinde auf ein Pfarr- und Predigtamt beschränkt, wozu in größeren Orten noch ein oder mehrere Diakonate kamen. Alle geistlichen Güter und Einkünfte wurden genau verzeichnet. Was nicht für die Pfarr- und Diakonatspfründen nötig war, floß nach Anweisung der von Luther ausgearbeiteten „Kastenordnung" in die gemeindlichen Armenkassen. Aus dem Vermögen der größeren Klöster und Stifter wurden die Ausgaben für kirchliche Bauten bestritten und Schulen dotiert. Einzelne Klöster wandelte man in adlige Fräuleinstifte um, in denen vor allem die Mitglieder der einstigen Gründerfamilien des betreffenden Klosters Aufnahme fanden. Das übrige diente gemeinnützigen Zwekken oder fiel an die landesfürstliche Kasse, die nicht selten den Löwenanteil erhielt. An Stelle der bisherigen bischöflichen Aufsichtsbehörden wurden nach einem Vorschlage Melanchthons in den fürstlichen Amtsstädten „Superintendenten" eingesetzt.

Zwingli und die Schweizer Reformation. Marburger Religionsgespräch

Alsbald nach Luthers Auftreten fand die reformatorische Bewegung Eingang in die Schweiz. Von Basel aus wurden die Schriften Luthers und seiner Anhänger verbreitet, in Sankt Gallen trat für die neue Lehre der Humanist Vadian, der Verfasser des „Karsthans" (vgl. S 322), ein. Der eigentliche Träger der Reformation in den Landen der Eidgenossen wurde Ulrich Zwingli. Er gab der evangelischen Glaubensauffassung und Kirche in vielem ein eigenes Gepräge. Für Zwingli und sein Werk treffen die landläufigen Vorstellungen von der Reformation mehr zu als für Luther. Allerdings war auch der Schweizer von der Scholastik nicht so unabhängig, wie er selbst meinte, und er hielt gleich Luther an den Schriften des Alten und Neuen Testamentes als übernatürlicher Offenbarung, ebenso am Teufels- und Hexenwesen fest. Während aber Luthers Glaube nach unerhörten Seelenqualen der mittelalterlichen Religiosität und Denkweise gegenüber als etwas grundstürzend Neues durchbrach und dem Verstande, je tiefer er in ihn einzudringen sucht, nur um so größere Rätsel aufgibt, hat sich Zwingli vom Kritiker öffentlicher Mißstände und vom Humanisten folgerichtig zum religiösen Reformator entwickelt, der Natur und Übernatur, Vernunft und Glauben nicht von vornherein zueinander in Gegensatz stellte. Obwohl der Zwinglianismus bis zu einem gewissen Grade als eigener religiöser Typus neben dem Luthertum steht, gliedert er sich doch im großen und ganzen der von Wittenberg hervorgerufenen reformatorischen Bewegung ein, zumal wenn man mehr auf das Luther und Zwingli gegen

Rom Gemeinsame und auf die allgemeine geschichtliche Bedeutung beider sieht, als auf Glaubensunterschiede, die längst nicht mehr so wie früher die Geister trennen.

Ulrich Zwingli ist am 1. Januar 1484 in dem toggenburgischen Dorfe Wildhaus als Sohn begüterter Bergbauern geboren. Sein Vater war Gemeinde-Ammann, ein Onkel Dekan und zwei andere Verwandte wurden Klosteräbte. Seine Studienjahre verbrachte Ulrich unbeschwert von materiellen Sorgen. Er hörte in Wien Celtes, 1502 bis 1506 besuchte er die Basler Hochschule und wurde dann Pfarrer in Glarus. Zweimal begleitete er als Feldprediger Glarner Söldner nach Italien. Er gewann dabei tiefen Einblick in die sittlichen Schäden des „Reislaufens", des Kriegsdienstes in fremdem Sold. Sein Kampf dagegen brachte die französischen Parteigänger unter seinen Landsleuten gegen ihn auf, es gelang ihnen, Zwingli aus Glarus zu verdrängen. Er nahm 1516 eine Stelle als Leutpriester in Einsiedeln an, verschaffte sich 1516 den Titel und die Bezüge eines päpstlichen Hofkaplans, im Januar 1519 wurde er Pfarrer am Züricher Groß-Münster. „Nach Leibsform eine schöne, stattliche Person, ziemlicher Länge, mit einem freundlichen und rotfarbenen Angesicht", hatte er bis dahin nicht gerade ein ausschweifendes Leben geführt, aber wie so viele andere das Zölibat nicht allzu ängstlich gehalten, wodurch sein Ansehen jedoch weder bei den kirchlichen Behörden noch beim Volke litt. Unter großem Beifall wetterte er von seiner Kanzel herab gegen die sittliche und politische Verwilderung in Zürich, dem „schweizerischen Korinth". Er trug dabei auch Ansichten vor, welche sich mit der katholischen Lehre nicht mehr völlig deckten. Im Jahr 1522 veröffentlichte er seine erste reformatorische Schrift „Von Erkiesen und Freiheit der Speisen" und ließ ihr noch im gleichen Jahre mehrere andere folgen, von denen der „Archeteles" die bedeutendste war. „Von Klarheit und Gewisse oder Unbetrogliche des Worts Gottes" machte die mehr fachtheologisch gehaltenen Ausführungen des „Archeteles" dem Volke mundgerecht. Zwingli forderte freie Predigt, die Priesterehe, die unbedingte Geltung des Schriftprinzips und arbeitete auf eine vom Bischof unabhängige Kirchengemeindebildung hin. In zwei weiteren Abhandlungen regte er die Änderung des Abendmahlsgottesdienstes an. „Der Hirt" und „De vera et falsa religione commentarius" geben eine Zusammenfassung von Zwinglis Ansichten in dieser Zeit. Seit 1523 griff er auch offen die Bilder in den Kirchen und die Messe an.

Des jungen Glarner Pfarrers höchster geistiger Genuß war die Lektüre der alten Klassiker und Philosophen gewesen, dann auch die der Kirchenväter und neuer humanistischer Bücher. Seine Freunde nannten ihn damals einen Philosophen. Im Jahre 1516 besuchte er Erasmus von Rotterdam in Basel, dessen Reformchristentum er sich zu eigen machte: die Ablehnung der Scholastik und übertriebener Werkheiligkeit und die Hochschätzung der Heiligen Schrift als unmittelbare Richtschnur für Glauben und Leben. Seit dem Herbst 1519 wird der Einfluß lutherischer Schriften bei Zwingli deutlich erkennbar. Er verschmolz nun humanistischerasmische mit lutherischen Gedankengängen. Es kam dabei nicht etwas so ursprünglich Neues heraus wie bei Luther, aber doch etwas von den übrigen Gestaltungen des Christentums Verschiedenes. Von Erasmus trennte Zwingli nicht bloß der Mut zur Tat, sondern vor allem „die Umsetzung der Religion aus dem Intellekte in den Willen, aus dem Rationalen ins Irrationale". Diesen echt reformatorischen Durchbruch verdankte Zwingli Luther. Ein Lutheraner wurde Zwingli trotzdem nicht. „Ihr habt einen anderen Geist als wir", stellte der Wittenberger Reformator gelegentlich des Marburger Religionsgespräches fest. Die Einbeziehung des antiken Gedankengutes und der Ideen des Humanismus in die christliche Lehre verlieh dem Zwinglianismus den anderen Charakter. Dabei entfernte sich Zwingli noch weiter als das Luthertum von der alten Kirche, die von jeher antike Überlieferungen in großem Umfange verwertet hatte. Seine Stellung zu Antike und Humanismus und die Art, wie er aus ihnen für die Ausgestaltung seiner Glaubenslehre geschöpft hat, sind der offensichtlichste Beweis für die geistige Selbständigkeit des Begründers der reformierten Kirche. Seine Leistung ist allerdings dadurch, daß er als Besiegter aus dem Leben schied, und daß er in Calvin einen Nachfolger fand, welcher der reformierten Kirche erst die weltgeschichtliche Bedeutung verlieh, mehr als billig in den Hintergrund gerückt worden.

Obwohl Zwingli auf die Antike und auf die humanistische Bildung hohen Wert legte und dazu neigte, den Geist-Inhalt der Bibel gegenüber dem Wortlaut zu betonen und damit den spiritualistischen Bewegungen seiner und der folgenden Zeit ungewollt Vorschub leistete, hat er sich doch alles in allem keine größere geistige Bewegungsfreiheit bewahrt als Luther. Denn dieser war von seinem Glaubensstandpunkt aus gewissermaßen Herr auch über die Bibel (vgl. S. 259); Zwingli dagegen machte sie wieder zu einer Art Gesetzbuch trotz theoretischer Überordnung des Geistigen über alles Buchstabenwesen. Das wirkte sich dahin aus, daß, was nicht aus der Bibel zu begründen war, in seiner Kirche keinen Platz mehr hatte. So kam in sie ein radikaler, puritanischer Zug. Zwingli und seine Anhänger wurden zu Bilderstümern nicht in gelegentlicher Aufwallung über die verpönte Heiligenverehrung, sondern weil man wie die alten Juden jedes Bildwerk als Götzenzeug zerschlagen müsse. Der Radikalismus und der Spiritualismus der reformierten Kirche beeinflußten auch sonst den Gottesdienst und die Auffassung von den Sakramenten. Für Zwingli haben die in der Bibel enthaltenen Gesetze und Vorschriften eine ungleich positivere Bedeutung als für Luther, für den sie vor allem dazu da sind, den Menschen seine Sündhaftigkeit erkennen zu lassen und so die Bußgesinnung und das alleinige Vertrauen auf Christus zu wecken. Das biblische Gesetz und auch die sittlichen Naturgesetze bekunden nach Zwingli den ewigen, unwandelbaren Willen Gottes. Die Gesetze der Bibel verpflichten den Menschen unmittelbar, die Heilige Schrift ist die Richtschnur, nach der die Menschen alle ihre Angelegenheiten zu ordnen verpflichtet sind. Daraus ergibt sich für Zwingli eine andere Einstellung zur Obrigkeit als die Luthers. Der weltlichen Obrigkeit obliegt zwar auch bei Zwingli der „Schirm des Rechten"; aber sie hat sich der Oberhoheit des Rechtes zu beugen und — das Entscheidende — sie ist vom Volke zur Einhaltung von Gottes Gesetz zu zwingen. Damit hebt Zwingli die lutherische Trennung von Religion und Politik großenteils wieder auf. Die sündige und ungerechte Obrigkeit hat keine Gewalt über die „Frommen", verfährt eine Obrigkeit „untreulich und außer der Schnur Christi, dann ist sie mit Gott" vom Volke abzusetzen. In einer der wichtigsten Fragen der menschlichen Gesellschaft, in dem Verhältnis von Religion und Politik, von Obrigkeit und Untertanen, ging die reformierte Kirche von Anfang an grundsätzlich andere Wege als die lutherische und wird dadurch auch in den weltlichen Dingen unmittelbar aktiv im Gegensatz zum Luthertum, das alles mehr Gottes Fügung überlassend sich zu ihnen an und für sich passiv verhielt und nur mittelbar durch die ganze Art seiner Geistes- und Seelenhaltung einen freilich kaum minder großen, wenn auch nicht so in die Augen springenden Einfluß ausübte.

Die starke Hinwendung Zwinglis zum Politischen ist in erster Linie durch seine allgemeine reformatorische Veranlagung und durch seine Auffassung von dem biblischen Gesetz bedingt, doch haben daran auch die besonderen Schweizer Verhältnisse einen großen Anteil. Die Schicht der Eidgenossen, der Zwingli von Haus aus angehörte, war gewohnt, sich politisch zu betätigen; die Verfassung der Eidgenossenschaft, der Kantone und Gemeinden bot ihnen hierzu mannigfache Gelegenheit. Für Zwingli, der sich schon in Glarus mit öffentlichen Angelegenheiten beschäftigt hatte, war es gewissermaßen das natürlich Gegebene, die Sache des Evangeliums auch auf dem Wege der Politik vorwärts zu bringen und zugleich die Politik unter das Zeichen des Evangeliums zu stellen. Als der Bischof von Konstanz, in dessen Sprengel Zürich lag, die „Tagsatzung", die Versammlung der eidgenössischen Kantone, bewog, gegen die Verkündigung der neuen Lehre einzuschreiten, regte Zwingli eine Disputation in Zürich an. Sie fand am 29. Januar 1523 statt. Der Rat der Stadt sagte sich daraufhin vom Konstanzer Bischof los, übernahm selbst das ganze Kirchenwesen und erkannte die „67 Schlußreden" Zwinglis als Reformplan an. Nach einem zweiten Religionsgespräch im Oktober wurde ein Ausschuß mit der Durchführung der Reformation beauftragt. Ohne auf die Drohungen der eidgenössischen Stände zu achten, wurde alles, was man für papistisch hielt, abgeschafft. Von Ostern 1525 an feierten die Zwinglianer das Abendmahl an weißgedecktem Tisch mit Brotbrechen und Kelchnehmen. Im Jahre 1528 gaben sie sich eine Synodalverfassung; die Gesamtheit der Pfarrer, Vertreter des Stadtregiments und Abgeordnete der Pfarrgemeinden bildeten die Synode. Die Kantone, in denen das Bürgertum ausschlaggebend war, hielten sich an das Beispiel Zürichs; der Adel und die bäuerlichen Kantone schlossen sich dagegen im März 1524 zur Bekämpfung der Reformation zusammen. Im Juni 1529 schien es nach verschiedenen Zwischenfällen zur kriegerischen Auseinandersetzung zu kommen. Die Reformierten und die Altgläubigen griffen zu den Waffen, doch endete der erste Kappeler Feldzug ohne Schlacht mit einem friedlichen Vergleich.

Da die katholischen Kantone an Österreich einen festen Rückhalt hatten, suchte Zwingli bei süddeutschen reformfreundlichen Städten Unterstützung. Er fand bei ihnen schon deshalb Anklang, weil sie als freie Gemeinwesen und als Mittelpunkte des Humanismus manchen seiner Auffassungen leicht zugänglich waren, andererseits standen sie aber auch unter dem Einfluß Wittenbergs. Eine Klärung zwischen den beiden Richtungen mit dem Ziele, wenn nicht ihrer Verschmelzung, so doch der Zusammenarbeit zur Abwehr gemeinsamer Feinde war an und für sich eine der vordringlichsten Aufgaben aller Anhänger der Reformation. Die Schweizer stießen jedoch bei Luther auf geringe Gegenliebe. Er stellte sie wegen ihres Radikalismus und ihrer Abendmahlslehre, die sich zum Teil mit der Karlstadts berührte, ungefähr auf eine Stufe mit den von ihm erbittert bekämpften Schwärmern und Wiedertäufern. Luther wollte auch von den weitausgreifenden politischen und kriegerischen Plänen Zwinglis nichts wissen, die auf offenen Widerstand gegen Kaiser und Reich hinausliefen. Das Vordringen der zwinglischen Abendmahlslehre in Süddeutschland erzürnte die Wittenberger noch besonders, und manche von ihnen, so Bugenhagen, verschärften mit ihren Streitschriften die Gegensätze unnötig. Die Hauptsache aber war, daß Luther von seinem Standpunkte aus mit Recht im Zwinglianismus einen „anderen Geist" verkörpert sah. Nun widerstrebte es Luther durchaus, sich mit ihm Wesensfremdem einzulassen, mochte es für oder gegen den Papst sein.

Landgraf Philipp von Hessen wünschte aus politischen und religiösen Gründen eine Verständigung zwischen Luther und Zwingli. Es gelang ihm auch, beide Parteien an den Verhandlungstisch zu bringen. Als Philipps Gäste hielten Luther, Melanchthon, Brenz, Johann Agricola, Osiander, von der anderen Seite Zwingli, Oekolampad, Jakob Sturm, Butzer, Hedio vom 2. bis 4. Oktober 1529 das Marburger Religionsgespräch ab. In einer Reihe wichtiger Punkte wurde eine Übereinstimmung erzielt, auch in der Abendmahlslehre schien man zuerst gut vorwärts zu kommen. Zwingli erkannte, daß die Lutheraner das Abendmahl nicht so materiell, nicht als ein Zerbeißen des Leibes Christi auffaßten, wie ihnen vorgeworfen worden war, und Luther, daß es den Zwinglianern doch mehr als eine bloße Gedächtnisfeier bedeutete. Man war schon nahe daran, sich auf eine Formel zu einigen, die für beide Richtungen sachlich tragbar war, da lehnte Zwingli ab. Er fürchtete, die vorgeschlagene Formel würde in der Schweiz die Stellung der Reformation gefährden, außerdem hatte er sein politisches Ziel erreicht; der Landgraf erklärte sich bereit, dem „Züricher Burgrecht" beizutreten, in dem sich mehrere Schweizer Städte, ferner Konstanz und Mühlhausen zu einem Bunde zusammengeschlossen hatten. Aber die auf Zürich eifersüchtigen Berner waren gegen die Aufnahme Philipps in das Burgrecht. Die Wittenberger, die sich schon von vornherein mit Zwinglis politischen Plänen nicht befreunden konnten, hielten sich ihm nun erst recht wieder fern. Das praktische Ergebnis des Marburger Religionsgespräches war die Verfestigung des Gegensatzes in der Abendmahlslehre zwischen der reformierten und der lutherischen Kirche, doch war zugleich einer Verständigung außerhalb der Schweiz vorgearbeitet worden. Die von Zwingli zurückgewiesene Formel: „Leib und Blut Christi sind im Abendmahl wahrhaftiglich, das ist substanzlich und wesentlich, nicht aber quantitativ und qualitativ oder localiter gegenwärtig" wurde 1534 bei der Reformation Württembergs angenommen, ebenso 1536 in der Wittenberger Konkordie, die endlich den Ausgleich zwischen den mehr oder weniger zum Zwinglianismus hinneigenden oberdeutschen Städten und den Wittenbergern brachte. Oberdeutschland war damit endgültig der religiösen Gemeinschaft des Luthertums eingegliedert.

Zwingli setzte nach dem Marburger Religionsgespräch seine Bemühungen um einen Zusammenschluß der reformierten Schweizer, oberdeutscher Städte und Philipps von Hessen fort. Trotz mancherlei Vereinbarungen kam kein schlagkräftiges Bündnis zustande. Ob dies für Deutschland wirklich ein großes Unglück war, ist sehr fraglich. Ohne Zweifel hat der Gedanke viel Bestechendes an sich, daß auf diese Weise die Schweiz dem Reiche wieder mehr angenähert worden wäre, und die Reformation politisch eine nicht mehr zu erschütternde Machtstellung gewonnen hätte. An diese Vorstellung lassen sich großartige Zukunftsaussichten für Deutschland anknüpfen. Doch Zwinglis Absichten waren wohl gut schweizerisch-patriotisch, er fühlte aber nicht allgemein national-deutsch. Er wollte eine gewaltige Weltliga gegen die Habsburger auf die Beine bringen und geriet damit auf gefährliche internationale Bahnen. Einst ein erbitterter Feind der französischen Partei in der Schweiz arbeitete er jetzt auf ein Bündnis der reformierten Eidgenossen mit der französischen Krone hin, auch mit Venedig, Dänemark und Geldern suchte er Verbindung. Es dünkt uns wenig wahrscheinlich, daß ein mit zahllosen außen- und innenpolitischen Verwicklungen belasteter Glaubenskrieg damals für Deutschland nicht dieselben furchtbaren Folgen heraufbeschworen hätte wie hundert Jahre später der Dreißigjährige Krieg. Nun, die Venetianer und die Franzosen ließen sich ebenso wie die deutschen Reichsstädte und die lutherischen Fürsten auf die Pläne Zwinglis und des hessischen Landgrafen nicht ein. Dänemark versprach nur ein paar hundert Reiter, und so mußte Zwingli seine politische Wirksamkeit auf die Schweiz beschränken. Aber da wurde ihm seine Verquickung von Religion und Politik erst recht zum Verhängnis. Er wollte die Bundesverfassung der Eidgenossenschaft zugunsten von Bern und Zürich umstoßen, um das Übergewicht der katholischen Kantone bei Abstimmungen auf den Tagsatzungen zu beseitigen. Damit waren aber nicht einmal alle reformierten Städte einverstanden, in Basel und in Bern bildete sich eine Friedenspartei gegen Zwingli. Das ermutigte die katholischen Kantone, Zwingli den Krieg zu erklären. Die Züricher wurden mit ihren 2000 Mann von der vierfachen feindlichen Übermacht am 11. Oktober 1531 bei Kappel besiegt. Zwingli, der inmitten seiner Landsleute im Schlachtgetümmel stand, wurde schwer verwundet. Gegner fanden ihn noch lebend am Kampfplatz liegen und forderten ihn auf, einem katholischen Priester zu beichten. Zwingli lehnte ab, worauf ihm ein Unterwaldner Hauptmann den Todesstoß gab. Die Züricher rückten zwar schnell wieder, diesmal mit einer größeren Zahl, ins Feld und erhielten auch von Bern Zuzug, doch war mit Zwinglis Tod ihre Widerstandskraft gebrochen. Die Reformierten erlitten am 24. Oktober am Zuger Berg nochmals eine Niederlage.

Im zweiten Kappeler Landfrieden vom 31. Januar 1532 wurde den reformierten Städten ihre religiöse Selbständigkeit belassen, auch durften Orte, die evangelischen und katholischen Kantonen gemeinsam gehörten, bei dem von ihnen gewählten Bekenntnis bleiben, doch mußten die Evangelischen auf weitere Ausbreitung verzichten. Infolge des Fehlschlagens ihrer politischen Bestrebungen verlegten sich nun auch die Schweizer Reformierten vor allem auf den Ausbau ihrer Lehre und Kirche. Darüber rissen die anfangs zwischen den Schweizer und den deutschen, namentlich oberdeutschen Protestanten geknüpften Fäden vollends ab, und so kam zu den alten politischen Spannungen auch noch die Loslösung des geistig lebendigsten Teiles der Eidgenossen von der deutschen Reformation. Am 30. Januar 1536 vereinbarten die Staatskirchen Zürich, Bern, Basel und Schaffhausen die erste helvetische Konfession, ein Schritt weiter in der Entfremdung der Eidgenossen vom Reich.

Verbreitung des Protestantismus auf landesfürstlicher Grundlage

In ähnlicher Weise wie Kursachsen wurden noch während der zwanziger Jahre des 16. Jahrhunderts von ihren Landesherren reformiert: Hessen, wo Landgraf Philipp aus den eingezogenen Kirchengütern vier große Hospitäler und die Universität Marburg stiftete, Preußen (vgl. S. 353), die Markgrafschaft Ansbach-Bayreuth, das Herzogtum Braunschweig-Zelle, die Grafschaft Mansfeld und die Gebiete von Hadersleben und Tondern in Schleswig-Holstein. In Mecklenburg begann Herzog Heinrich 1533 mit der Einführung des Protestantismus. Große Fortschritte machte seine Ausbreitung im Jahre 1534. Anhalt erhielt durch den von Georg von Anhalt-Dessau berufenen Nikolaus Haußmann eine straffe Kirchenorganisation. In Pommern nahm der Landtag die von Bugenhagen ausgearbeitete Kirchenordnung an. Die Fürstentümer Liegnitz und Brieg wurden dem Luthertum gewonnen. Ulrich von Württemberg bekam sein Land zurück (vgl. S. 372) und berief den mit seinen Ansichten zwischen Luther und Zwingli stehenden Ambrosius Blarer und den streng lutherisch gesinnten Erhart Schnepf. Der zwischen den verschiedenen Richtungen in Württemberg vollzogene Ausgleich leitete zu der Wittenberger Konkordie über (vgl. S. 389). Tübingen wurde nun neben Wittenberg und Marburg die dritte evangelische Landesuniversität. Die Reformation Württembergs stärkte außerdem die evangelische Bewegung in den oberdeutschen Städten. Der Nachfolger Herzog Georgs von Sachsen, des ehrlich derben Luthergegners und unermüdlichen Vorkämpfers für eine katholische Reformation, führte 1539 das Herzogtum Sachsen dem Luthertum zu. Damit zog der Protestantismus auch in die Universität Leipzig ein. Im gleichen Jahre erhielt Brandenburg auf Veranlassung Kurfürst Joachims II. eine Kirchenordnung, die Lutherisches, wie die Rechtfertigung allein aus dem Glauben und das Abendmahl unter beiderlei Gestalt, mit Reformvorschlägen des Erasmus in sich vereinigte, praktisch aber doch auf eine Protestantisierung des Landes hinauslief. Die Äbtissin des Stiftes Quedlinburg reformierte ihr Gebiet ebenfalls im Jahre 1539. Streitigkeiten des Herzogs Heinrich von Braunschweig-Wolfenbüttel, der bereits mit Landgraf Philipp von Hessen verfeindet war, mit den evangelischen Städten Braunschweig und Goslar veranlaßten die Schmalkaldner 1542, Herzog Heinrich zu vertreiben und in seinem Lande die neue Lehre einzuführen. Dem Erzbischof Albrecht von Mainz handelten die Stände seiner beiden anderen Bistümer Magdeburg und Halberstadt 1541 gegen Steuerbewilligungen das Recht zur Reformation ab; vom Mainzischen Stiftsgebiet ging das Eichsfeld zum Protestantismus über. Von dem Hildesheimer Bischof erzwang 1542 die Stadt Hildesheim für sich und einen großen Teil des Bistums die Erlaubnis, sich zum evangelischen Glauben zu bekennen. Franz von Waldeck, Inhaber von drei Bistümern, gab aus politischen Gründen seine Zustimmung zur Protestantisierung Osnabrücks. Herzog Moritz von Sachsen reformierte die Bistümer Merseburg und Meißen, Kurfürst Johann Friedrich von Sachsen das Bistum Naumburg. Bei der Säkularisation dieser Bistümer veruneinigten sich die beiden Wettiner. Mit knapper Not konnte Landgraf Philipp von Hessen durch seine Vermittlung den Ausbruch eines Krieges um das zu Meißen gehörige Amt Wurzen verhindern. Bernhard von Baden-Baden nahm für seinen Teil der Markgrafschaft die Reformation an. Die Wittelsbacher Ott-Heinrich von Pfalz-Neuburg und Kurfürst Friedrich II. von der Kur- und Oberpfalz begannen 1542 und 1544 in ihren Ländern die deutsche Messe und das Abendmahl unter beiderlei Gestalt einzuführen. Kurz vor Ausbruch des Schmalkaldischen Krieges schloß sich noch eine Reihe kleinerer Territorien, Oldenburg, Öttingen in Schwaben, Wertheim, Henneberg, die schlesischen Fürstentümer und andere dem Protestantismus an. Als aber auch noch die Erzbistümer Köln und Mainz nahe daran waren, ihm zuzufallen, holte der Kaiser zum Gegenschlage aus (vgl. S. 439).

Die Reichsstädte

Der Humanismus aller Schattierungen, der altkirchliche eines Brant und Wimpfeling kaum weniger als der weltfrohe eines Celtes und der reform-katholische des Kreises um Erasmus, die Laienfrömmigkeit, die sich auf mystische und andere das unmittelbare kirchliche Leben wenig betonende oder ihm abgeneigte Erbauungsschriften stützte, sozialreformerische Bewegungen und wirtschaftliche Gegensätze zu Weltklerus und Klöstern und der Fortschritt der allgemeinen Bildung in den bürgerlichen Schichten hatten in den süddeutschen Reichsstädten günstige Voraussetzungen für die Verbreitung der Reformation geschaffen. In Nürnberg war der theologische Vorstreiter der Reformation Andreas Osiander, der eigensinnige, volkstümlich-derbe und hochgelehrte Prediger an der Lorenzkirche. Wie so mancher seiner süddeutschen Amtsgenossen mußte auch er nach dem Augsburger Interim von 1548 auswandern. In Königsberg fand er eine neue Heimat. Der Humanist Pirkheimer, der allerdings später wieder eigene Wege ging, der Künstler Dürer und der Handwerker Hans Sachs, der Luther in dem Lied von der Wittenberger Nachtigall feierte, können auch für die übrigen großen Reichsstädte als Wortführer der verschiedenen Bevölkerungsschichten gelten, welche die Reformation mit Begeisterung aufnahmen. Der Nürnberger Rat kümmerte sich um die gegen Luther und seine Schriften erlassenen Mandate nicht; ein Religionsgespräch während der Passionszeit von 1525 brachte die endgültige Entscheidung für die Durchführung der Reformation, die im Rat an dem tüchtigen, in allen öffentlichen Geschäften sehr erfahrenen Stadtschreiber Lazarus Spengler einen einflußreichen Führer hatte. Die Organisation der Nürnberger evangelischen Kirche wurde in engem Anschluß an die kirchlichen Verhältnisse in der Markgrafschaft Ansbach-Bayreuth vorgenommen.

Augsburg konnte sich von der alten Lehre erst 1534 in aller Form lossagen, als es ein Eingreifen des Schwäbischen Bundes, der sich soeben aufgelöst hatte, zugunsten des Bischofs und des Domkapitels nicht mehr zu fürchten brauchte, doch hatte die Reformation hier schon lange zuvor festen Fuß gefaßt. Der Domprediger Oekolampadius, den der päpstliche Gesandte Aleander als eines der größten Häupter der deutschen Gelehrtenrepublik bezeichnete, verteidigte Luther 1519 in einer anonymen Schrift gegen Eck. Im nächsten Jahre wurde Oekolampad zum Erstaunen seiner humanistischen und seiner reformatorisch gesinnten Freunde Mönch. Auch im Kloster, das er nach fast zweijährigem Aufenthalt wieder verließ, sprach er sich offen für Luther aus. Im Jahre 1522 übersiedelte er nach Basel, beteiligte sich hier an der Einführung der Reformation und schloß sich Zwingli an. Urban Rhegius, des Oekolampads Nachfolger als Augsburger Domprediger, bekannte sich in Wort und Schrift zu Luther. Später wurde Rhegius Superintendent in Celle.

In Ulm wirkte vorübergehend Johann Eberlin von Günzburg, neben Luther einer der volkstümlichsten Männer aus der Frühzeit der Reformation. Auf die breiten Massen übte er besonders durch seine sozial-revolutionären Ideen eine große Anziehungskraft aus. Fünfzehn seiner Flugschriften faßte er unter dem Titel „Fünfzehn Bundesgenossen" zusammen. Sie enthalten unter anderem fast alle später in den „Zwölf Hauptartikeln" der Bauern aufgestellten Forderungen. In einer kleinen Schrift: „Mich wundert, daß kein Geld im Land ist" widmet er den Buchdruckern und Buchhändlern einen eigenen Abschnitt: sie gäben sich als Freunde Gottes aus, wollten aber nur Geld verdienen, daher das schlechte Papier, die schlechten Typen, der schlechte Druck und die närrischen Buchtitel. Heinrich von Kettenbach, der wie Eberlin Franziskaner in einem Ulmer Kloster gewesen war, wetteiferte mit seinem ehemaligen Ordensbruder im Predigen und in Flugschriften. Er verfaßte auch eine Ermahnung, die „Practica", an die Reichsstädte, den Adel gegen die Fürsten zu unterstützen; er und Eberlin standen dem Kreis um Hutten und Sickingen nahe. Johann Brenz, einer der bedeutendsten württembergischen Theologen, war seit 1522 Prediger in Schwäbisch-Hall. Die acht Foliobände seiner gesammelten Schriften enthalten nur einen Teil seiner zahlreichen Veröffentlichungen, die außer dem theologischen Streit und der Erbauung in vorzüglicher Weise der Kirchenorganisation und praktischen Fragen dienten, wie etwa „Ob ein Hausvater mag mit gutem Gewissen unchristlich und päpstlich Ehehalten gedulden". Gleich Schwäbisch-Hall tritt noch eine Reihe anderer schwäbischer Städte durch die in ihren Mauern wirkenden Prediger in der Reformationsgeschichte hervor, so Konstanz durch Ambrosius Blarer. Von Memmingen als evangelischer Stadt war schon gelegentlich des Bauernkrieges zu sprechen.

In Straßburg gebot der Rat am 1. Dezember 1523, nur noch das Evangelium zu predigen. Protestanten aller Richtungen fanden hier im ersten Jahrzehnt der Reformation eine Zufluchtsstätte. Nach Straßburg wandten sich 1523 auch Capito, ein gebürtiger Elsässer, als er Mainz verlassen mußte, und Butzer, der Freund Sickingens und Huttens. Capito war zuvor Domprediger in Mainz gewesen und hatte Erzbischof Albrecht und seine Umgebung der Reformation wenigstens soweit günstig gestimmt, daß im Mainzer Erzbistum das Wormser Edikt gegen Luther einige Jahre wenig beachtet wurde. Capito und noch mehr Butzer entfalteten eine vielseitige Tätigkeit. Bei der Reformation Straßburgs stand zuerst Capito, dann Butzer im Vordergrund. Von den Schriften Capitos erlangte die „responsio de missa, matrimonio et iure magistratus in religionem" große Bedeutung durch die grundsätzlichen Ausführungen über die Befugnisse der Landesobrigkeit in kirchlichen Angelegenheiten. Butzer führte in Straßburg und dann in Hessen eine straffe Kirchenzucht ein und gewann die Zwingli zuneigenden oberdeutschen Städte nach dessen Tod für das Luthertum. Er hatte auf den Kölner Erzbischof Hermann von Wied großen Einfluß und beteiligte sich 1549 bis zu seinem Tode am 27. Februar 1551 als Mitarbeiter des Erzbischofs Cranmer an der Reformierung Englands. Bis zum Beginn des Schmalkaldischen Krieges waren mit Ausnahme Kölns sämtliche deutsche Reichsstädte entweder ganz dem Protestantismus beigetreten oder es hatte sich in ihnen eine starke evangelische Partei gebildet.

Baiern

Unbildung, Üppigkeit und Unzucht waren im bairischen Klerus zum mindesten nicht weniger verbreitet als sonstwo unter der deutschen Geistlichkeit. In einzelnen großen Abteien, z. B. in Tegernsee, herrschten wohl ein ernstes wissenschaftliches Streben und geordnete Zustände, immerhin übertrieben die bairischen Herzöge

Wilhelm IV. und Ludwig in ihrem Bericht vom Herbst 1521 nach Rom nicht, wenn sie sagten, in ihren Landen „seien sehr viele geistliche Anstalten, welche an Haupt und Gliedern, im Geistlichen wie im Weltlichen eine Visitation und Reformation erforderten, da ihre Mitglieder unter Hintansetzung der Ordensregel ... sich zu enormen und verabscheuenswerten Lastern hinreißen ließen". Auch in Baiern drohte der gemeine Mann, namentlich die Bauernschaft, sie würden noch alle Pfaffen totschlagen. Die Bevölkerung war vor allem über die Habsucht der Pfarrgeistlichkeit aufgebracht, verkauften doch die Beichtväter die Lossprechung vom Ehebruch „oder von sonst einem trefflichen Stück" um Geld. Drei Wittelsbacher Prinzen hatten die Bistümer Freising, Regensburg und Passau inne; Johann und Ernst walteten ihres Amtes, der eine in Regensburg, der andere in Passau, nur als Administratoren, weil sie die Weihen nicht empfangen wollten, um jederzeit zum weltlichen Leben zurückkehren zu können. Besonderer kirchlicher Eifer war von diesen geistlichen Fürsten nicht zu erwarten. Die beiden regierenden Herzöge wollten von einem Vorgehen gegen Luther nichts wissen, ehe seine Sache auf dem Wormser Reichstag entschieden worden sei und beschwerten sich am 11. März 1521 bei den Bischöfen ihres Landes über die Seelsorger, welche den Besitzern von lutherischen Büchern in der Beichte die Lossprechung verweigerten. Als sich aber die Herzoge davon überzeugten, daß Luther nicht nur wie sie selbst gegen die kirchlichen Mißstände eiferte, sondern zum grundsätzlichen Bruche mit Rom bereit war und an seinen mit dem kirchlichen Dogma unvereinbaren Lehren festhielt, nahmen sie entschieden gegen ihn Stellung. Sie wiesen ihre Behörden in einem vom 5. März 1522 datierten Religionsmandat an, gegen die Anhänger Luthers einzuschreiten. Unter ihnen machte besonders Frau Argula von Grumbach von sich reden. Am 2. Oktober 1524 folgte ein zweites Mandat, in dem Änderungen im Gottesdienst und der Druck und die Verbreitung lutherischer Schriften verboten wurden. Wegen des lutherischen Glaubens wurden während der nächsten Jahre allerdings nur zwei oder drei hingerichtet; aber der Zwang zum Widerruf, Gerichtsverhöre unter Anwendung der Folter und Geldstrafen verleideten vielen den Aufenthalt in der Heimat. Sie wanderten hauptsächlich nach Augsburg, Österreich, Sachsen und in die Schweiz aus, nicht wenige wurden auch zur Strafe Landes verwiesen.

Wie man bei den Fürsten, die zum Protestantismus übertraten, oft allzu schnell mit dem Vorwurf des Eigennutzes zur Hand ist, so wird als Ursache der Gegnerschaft der bairischen Herzöge zur neuen Lehre mitunter angenommen, sie hätten sich dadurch Vorteile von Rom und vom Kaiser zu verschaffen versucht. Nun waren sie zwar bestrebt, aus ihrer romfreundlichen Politik Gewinn zu ziehen; aber den Ausschlag für ihr Festhalten an der alten Lehre haben sicher nicht materielle Beweggründe gegeben. Den beiden Wittelsbachern lag es ihrer ganzen Art nach ferne, sich um Lehren wie die Rechtfertigung aus dem Glauben zu erregen. Wie jedermann in Deutschland wünschten sie Reformen und klagten, daß aus ihrem Lande soviel Geld nach Rom fließe; aber, von Haus aus konservativ, verabscheuten sie tiefergreifende Änderungen des Altüberlieferten und vor allem die Unruhe und die Unordnung, welche den Umbruch des Überkommenen begleiteten. Es wäre jedoch falsch, von den beiden Fürsten auf ihre Untertanen zu schließen. Wo sich die Baiern für die neue Lehre entscheiden konnten, haben sie es getan. Die einzige Reichsstadt im bairischen Stammesgebiet, Regensburg, nahm das Luthertum an. Zeitweilig war fast der ganze bairische Adel protestantisch. Herzog Albrecht V. machte 1555 in Rom große, freilich vergebliche Anstrengungen, die päpstliche Erlaubnis für den Gebrauch des Laienkelches, zur Verheiratung der Priester und zur Milderung der Fastengebote zu erwirken, „um gegenüber dem ungestümen Verlangen in diesen drei Punkten Nachgiebigkeit zu zeigen, weil dadurch allein der gänzliche Abfall verhindert werden könne". Als um diese Zeit in den wenigen vom bairischen Herzogtum eingeschlossenen reichsunmittelbaren Grafschaften: Haag, Ortenburg und Hohenwaldeck, die Landesherren lutherische Prädikanten predigen ließen, fanden sie nicht nur bei den Bewohnern dieser Gebiete williges Gehör, auch aus den umliegenden bairischen Gegenden strömte die Bevölkerung in Scharen herbei. Wenn dann schließlich die Gegenreformation eine Entwicklung abzuschneiden vermochte, die bei ungestörtem Fortschreiten offensichtlich zur Protestantisierung des ganzen Landes geführt hätte, so lag dieses nicht an den bairischen Stammeseigentümlichkeiten. Denn größere Opfer als die ebenfalls dem bairischen Stamme angehörenden Österreicher, die einmal zu mindestens zwei Dritteln evangelisch waren, haben mit Ausnahme der Niederlande die Bewohner keines anderen deutschen Gebietes für den evangelischen Glauben gebracht.

Österreich und Salzburg

In den österreichischen Alpenländern war zur Zeit des Großen Bauernkrieges die religiöse Erregung kaum geringer als die soziale. Die Gleichgültigkeit des höheren, in Wohlleben versunkenen und teilweise nicht einmal geweihten Klerus, die Unzufriedenheit der sehr schlecht bezahlten und meist ebenfalls nur sehr mangelhaft gebildeten niederen Geistlichen und die politischen und wirtschaftlichen Nöte (vgl. S. 146) machten Stadt und Land gerade in diesen Gegenden für die neue Lehre besonders aufnahmebereit. Nach der Niederlage der Bauern hoffte König Ferdinand, durch scharfe Mandate den Protestantismus und das Täufertum ausrotten zu können. Auf Abweichung von der altkirchlichen Lehre, auf die Unterlassung der Beichte und das Übertreten der Fastengebote, auf Verunehrung der Heiligenbilder und ähnliches wurden hohe Strafen gesetzt: Gefängnis, Landesverweisung und selbst Hinrichtung mit Feuer oder Schwert. Aber Ferdinand fand nur geringen Gehorsam, seine Erlasse wurden vielfach überhaupt nicht durchgeführt. Mit Ausnahme von Tirol, wo sich vor allem das Täufertum breit machte, fand der Protestantismus seinen stärksten Rückhalt am Adel, der also die Reformation keineswegs als einen Nährboden bäuerlicher Unruhen betrachtete. Die adligen Herren reformierten ihre Gutsgebiete wie die Landesherren im Reiche ihre Territorien. Und wie der Kaiser in den religiösen Angelegenheiten aus allgemein politischen Gründen sich immer wieder mit den Fürsten und Reichsstädten vertragen mußte, so auch Ferdinand mit dem österreichischen Adel. Auf einem von Vertretern aus Niederösterreich, Oberösterreich, Steiermark, Kärnten, Krain, Görz und Tirol besuchten Landtag zu Prag im Dezember 1541 wurde Ferdinand eine Bittschrift überreicht, welche von 24 Herren und Rittern und von 10 Städten, darunter Wien, Linz, Graz und Laibach, unterzeichnet war. Die Türkennot wurde darin als die Strafe für die Verachtung von Gottes Wort und für die durch die Heiligenverehrung verübte Abgötterei hingestellt, und von dem Könige wurde verlangt, er solle die Bischöfe anhalten, daß „das Evangelium nach rechtem christlichen Verstande und die Sündenvergebung nach der protestantischen Rechtfertigungslehre gepredigt und das Altarsakrament jenen, die es begehrten, unter beiderlei Gestalt gereicht werde." Ferdinand erfüllte diese Wünsche natürlich nicht, doch schritt er auch nicht gegen die protestantisch gesinnten Stände ein, weil er auf ihren guten Willen in den Kämpfen gegen die Türken angewiesen war. Bis zur Mitte des 16. Jahrhunderts hatte der Protestantismus in den österreichischen Erblanden mit Ausnahme Tirols und des schwäbischen Vorderösterreich so viele Anhänger in allen Schichten der Bevölkerung gewonnen, daß seine Unterdrückung durch Gewaltmaßregeln aussichtslos schien.

Als der ehemalige Geheime Rat Kaiser Maximilians, Matthäus Lang, im Jahre 1519 Erzbischof von Salzburg wurde, hatte das Luthertum bereits am erzbischöflichen Hofe, in der Stadt und besonders auf dem Lande Verbreitung gefunden. Lang war ursprünglich der reformatorischen Bewegung nicht abgeneigt. Er stand in regem Verkehr mit Berthold Pirstinger, dem Verfasser der Schrift „onus ecclesiae", welche die Schäden rücksichtslos bloßlegte, und mit Luthers Ordensoberen und väterlichem Freund Johann von Staupitz, den er zum Stiftsprediger am Dome ernannte und dessen Wahl zum Abte des Benediktinerklosters Sankt Peter in Salzburg er 1522 durchsetzte. Seitdem aber Luthers Abkehr von der alten Kirche offenkundig wurde, trat Lang auf den Reichstagen den Lutheranern schroff entgegen und verfolgte sie in seinem Erzbistum. Doch weder Lang noch seine Nachfolger vermochten den Protestantismus in ihrer Diözese auszurotten. Trotz Anwendung der üblichen gegenreformatorischen Mittel und Mittelchen, trotz grausamster Zwangsmaßregeln weigerten sich die Bewohner des Salzburger Berglandes, welche dem Luthertum anhingen, zum Papsttum zurückzukehren. Erst als im Jahre 1732 unter dem durch nichts gerechtfertigten Vorwande, die Evangelischen wären Aufrührer und Hochverräter, 32000 Männer, Frauen und Kinder zur Auswanderung gezwungen worden waren, wurde das ganze Erzbistum Salzburg wieder ein katholisches Land. Allein schon die Geschichte des Protestantismus im Salzburgischen müßte alle jene nachdenklich stimmen, welche eine innere Verwandtschaft des bairischen Stammes oder der Bewohner einstmals von den Römern beherrschter Gebiete mit dem Katholizismus behaupten.

Ungarn und Böhmen

In seinem ungarischen und böhmischen Reiche konnte König Ferdinand das Vordringen des Protestantismus ebensowenig verhindern wie in Österreich. In Ungarn und Siebenbürgen saßen zahlreiche Deutsche als Kolonisten, die Städte waren großenteils überhaupt deutsch. Diese Auslandsdeutschen nahmen die lutherischen Schriften und Lehren mit derselben Begeisterung auf wie das deutsche Volk innerhalb der Reichsgrenzen. Die magyarischen Nationalisten und Zapolya verfolgten zuerst in ihrem Haß gegen das Deutschtum die Lutheraner. Nach der Schlacht bei Mohacz, in der die zwei Erzbischöfe und fünf Bischöfe Ungarns gefallen waren, verwendeten Ferdinand und Zapolya, obwohl sie beide 1527 Strafgesetze gegen die Neugläubigen erließen, einen Teil des Kirchengutes zur Gewinnung der einflußreichsten Adelsgeschlechter, außerdem wagten der König und der Gegenkönig nicht, auf die Einhaltung ihrer Ketzermandate zu dringen, um ihre Parteigänger nicht vor den Kopf zu stoßen und ins feindliche Lager zu treiben. So kam es wohl zu einigen Hinrichtungen; aber die angesehensten Magnaten und Feldhauptleute konnten ungestört zum Protestantismus übergehen und ihn in ihren Herrschaften einführen. Auch die meisten Niederadligen wurden evangelisch. Nachdem der Gegensatz alt- und neugläubig seine Bedeutung im politischen Leben verloren hatte, führten die nationalen Spannungen zu einer Spaltung des Protestantismus. Von den Magyaren schlossen sich immer mehr der zwinglisch-calvinischen Richtung an. Die zahlreichen deutschen Städte Oberungarns und Siebenbürgens, die ähnlich wie die Reichsstädte ihr Gemeinwesen selbständig verwalteten und deren Freiheiten Ferdinand mit Rücksicht auf die Türken und die magyarische Opposition nicht zu beschneiden wagen durfte, bekannten sich zum Luthertum. Im Jahre 1549 arbeiteten fünf oberungarische Städte die confessio pentapolitana aus, im nächsten Jahre einigten sich die Siebenbürger auf eine eigene evangelisch-lutherische Kirchenordnung.

In Böhmen hatten bereits die Hussitenkriege und die ihnen nachfolgenden religiösen Auseinandersetzungen die mittelalterliche kirchliche Einheit zerstört. Zur Zeit von Luthers Auftreten gab es hier drei kirchliche Gruppen. Die Utraquisten oder Kalixtiner, welche das Abendmahl unter beiderlei Gestalt nahmen, hatten sich in einem Aufstand unter Wladislaw (1471—1516) eine gewisse religiöse Selbständigkeit gewahrt. Die böhmischen Brüder, denen vor allem die untersten Schichten, aber auch manche Adlige, anhingen, beriefen sich für ihre Lehren auf die Bibel und lehnten die Bilder in den Kirchen, die Heiligenverehrung, das Fegfeuer und die Ablässe ab. Auch sie empfingen das Abendmahl unter beiderlei Gestalt, glaubten aber, daß man Christus nur geistig genieße. Nur die von einem sittenreinen Priester gespendeten Sakramente waren ihrer Ansicht nach wirksam. Die böhmischen Brüder lehrten die völlige Trennung von Staat und Kirche, ein frommes, einfaches Leben und das geduldige Ertragen aller Leiden und Verfolgungen. Um 1525 zählten sie etwa 150000 Mitglieder. Aus den böhmischen Brüdern sind später die Herrnhuter hervorgegangen. Die Deutschen in Böhmen gehörten bis zur Reformation zwar der römischen Kirche an, doch blieben auch auf sie die religiösen Bewegungen mit ihren mannigfachen Sektenbildungen — Utraquisten wie böhmische Brüder zerfielen in mehrere Richtungen — nicht ohne Einfluß. Luther fand sofort bei allen drei Gruppen großen Anklang. Die Utraquisten und die böhmischen Brüder, die alsbald Verbindung mit ihm suchten, zog sein Kampf wider Rom und verschiedene seiner Lehren an. Die Deutschen wurden hier wie überall von den Schriften des Reformators mächtig ergriffen. Bis zum Schmalkaldischen Krieg machte das Luthertum in Böhmen große Fortschritte; dann gelang es Ferdinand, auch hier dem Katholizismus einen Teil des verlorenen Bodens zurückzugewinnen. Immerhin konnten sich die Lutheraner in beträchtlichem Umfange als „Neuutraquisten" behaupten. Das alte Utraquistentum verschwand, und die böhmischen Brüder mußten sich der evangelischen Kirche anschließen, betonten aber immer wieder der „deutschen Religion" gegenüber ihre Selbständigkeit. — In Mähren wurde Iglau, durch seinen Bergbau ein Mittelpunkt des wirtschaftlichen Lebens, eine Hochburg des deutschen Protestantismus.

In **Livland** breitete sich seit den zwanziger Jahren des 16. Jahrhunderts das Luthertum aus. Als 1539 Wilhelm von Brandenburg, der Bruder Albrechts, der Preußen bereits 1525 dem Protestantismus zugeführt hatte (vgl. S. 353), Erzbischof von Riga wurde, nahm das ganze Land die Augsburgische Konfession an. In den an Polen gefallenen volksdeutschen Gebieten (vgl. S. 172, 197) drang das Luthertum von Preußen und Livland her ein. — **So bekannte sich** um die Mitte des 16. Jahrhunderts **das gesamte Auslandsdeutschtum**, wo es immer im Osten geschlossen siedelte, **vom finnischen Meerbusen bis Siebenbürgen zur Religion Luthers**, zur „deutschen Religion", wie sie in diesen Ländern hieß. Sie blieb auch später da, wo sie sich behaupten konnte, die stärkste Stütze des Deutschtums.

Niederrhein, Westfalen und die Niederlande

Bei der gebildeten Bevölkerung des Niederrheins fanden die Reformgedanken des Erasmus von Rotterdam viel Anklang. Ihnen war auch der mächtigste Territorialfürst jener Gegenden, Herzog Johann III. der Friedfertige, der seit 1511 in **Jülich-Berg** und seit 1521 in **Kleve-Mark** herrschte, zugetan. Durch die von ihm 1525 und 1532 erlassenen Kirchenordnungen wollte er nach den Grundsätzen des Erasmus die kirchlichen Mißstände abstellen und die Religion mit edler Humanität erfüllen, zugleich aber auch die neuen Lehren seinen Ländern fernhalten. Die Halbheiten und Unklarheiten des erasmischen Reformchristentums erleichterten jedoch dem Luthertum und noch mehr dem Täufertum die Ausbreitung in den Gebieten des Herzogs. Auch seine Nachfolger blieben bei dem katholischen Bekenntnis und hielten in den Glaubensstreitigkeiten eine mittlere Linie ein, so daß der Protestantismus in den einzelnen Teilen der Jülisch-Klevischen Lande je nach der Stellungnahme der Stände und den Rückwirkungen der politischen Ereignisse auf die konfessionelle Frage verschiedene Fortschritte machte.

Der Ulmer Bürgermeister berichtete vom Speirer Reichstag 1526 in seine Heimat, die Vertreter der verschiedenen Reichsstädte hätten einmal mit dem Landgrafen Philipp von Hessen darüber eine Unterhaltung gehabt, wie es mit der Sache des Evangeliums bei ihnen stünde. Da habe der Abgeordnete von Köln bemerkt: „Wir fragen nit viel nach dem Glauben, hätten wir nur Geld!" So gleichgültig wie es nach diesem Ausspruch scheinen möchte, verhielt sich die größte Stadt des Reiches in der Glaubensfrage nun doch nicht. Die Bevölkerung zeigte sich auch hier während des ganzen 16. Jahrhunderts Glaubensneuerungen keineswegs unzugänglich. Nur die entschlossene Haltung des Rates und das Scheitern des Versuches, das Erzbistum Köln in ein protestantisches Fürstentum zu verwandeln (vgl. S. 436ff.), verhinderte die Stadt Köln, dem Beispiel der übrigen Reichsstädte zu folgen. Im Gebiete der heutigen Provinz Westfalen setzten in den Städten Minden, Herford, Lemgo, Soest, Lippstadt, Münster, Höxter und Osnabrück die Bürger gegen die Patrizier und die Geistlichkeit die Annahme der Reformation durch. Im übrigen richtete sich die Ausbreitung der evangelischen Bewegung nach dem mancherlei Wechseln unterworfenen Verhalten der Landesherrschaften. In Münster und Paderborn erstarkte später unter Führung der Bischöfe der Katholizismus wieder. Das Endergebnis der erst 1676 abgeschlossenen Glaubensauseinandersetzung in Westfalen war ein geringes Überwiegen des katholischen Teiles.

In den Niederlanden hatten die von den Brüdern des Gemeinsamen Lebens in die Bürgerkreise hineingetragenen Frömmigkeitsideale und das Wirken eines Wessel Gansfort und ihm Gleichgesinnter der Reformation in vielem vorgearbeitet. Luthers Bücher wurden schon im Frühjahr 1518 zu Löwen und Antwerpen begeistert aufgenommen und die Prediger der neuen Lehre, unter ihnen zwei Ordensbrüder Luthers, der Antwerpener Prior Jakob Spreng und der Dortrechter Prior Heinrich von Zütphen, hatten sofort große Erfolge. Die Anhänger der neuen Lehre wurden hier aber auch früher als sonstwo verfolgt. War doch in den meisten niederländischen Grafschaften und Herzogtümern Karl V. seit 1515 Landesherr. Am 1. Juli 1523 erduldeten in Brüssel zwei Augustinermönche aus Antwerpen, Heinrich Voes und Johannes Esch, als erste Blutzeugen für den Protestantismus den Märtyrertod. Sie sangen dabei auf dem Scheiterhaufen das Te deum, als stünden sie im Chore ihrer Kirche. Luther verherrlichte sie in einem Liede, das also schließt:

„Der Sommer ist hart vor der Tür. / Der Winter ist vergangen. / Die zarten Blümlein gehn herfür. / Der das hat angefangen, / Der wird es wohl vollenden. Amen." Unsägliches mußten die Protestanten und namentlich die Täufer in den Niederlanden noch leiden, bis das Werk der Reformation vollendet war. Die Geschichte der Evangelischen war hier fast ein halbes Jahrhundert lang eine Geschichte von Märtyrern. Schließlich empörten sich die Niederländer doch gegen den Glaubenszwang und den damit verbundenen politischen Druck. Im Jahre 1566 erschien das Volk in Scharen bewaffnet zu den „Heckenpredigten", und der in Jahrzehnten aufgestaute Grimm entlud sich in wilden Bilderstürmen. Dann folgte der Heldenkampf gegen Alba und dessen Nachfolger. Unter den verschiedenen Richtungen des niederländischen Protestantismus errang allmählich der Calvinismus die Oberhand. Mit dem am 6. April 1609 auf zwölf Jahre abgeschlossenen Waffenstillstand erlangten die Niederlande endlich ihre Freiheit. Sie umfaßten jedoch nicht mehr das ganze niederländische Volk. Im Jahre 1579 hatten sich die wallonischen Provinzen zu einem katholischen Bund vereinigt; sie blieben beim alten Glauben und bei Spanien, dem „großen Henker". Es hielt nach den Worten des katholischen flämischen Dichters Timmermans „das Volk klein, dumm, gefesselt und geknebelt, quetschte es aus, errichtete Galgen und Scheiterhaufen, — und das Volk verfiel in eine dumpfe Ergebung, verlor endlich jede Widerstandskraft und jede Selbstachtung: in allen Schichten der Bevölkerung fand der Feind eine blöde Bereitwilligkeit und Knechtschaft". Die freien Niederlande aber nahmen alsbald nach den furchtbaren Opfern des Religionskrieges einen einzigartigen politischen, wirtschaftlichen und kulturellen Aufschwung. Die evangelische Bewegung in den Niederlanden hatte auch in Deutschland Unterstützung gesucht. Aber die lutherischen Deutschen versagten sich den Calvinern. Die Herzöge von Braunschweig und Holstein kämpften in spanischen Diensten gegen das ihnen blutsverwandte niederdeutsche Volk, im übrigen hielten die protestantischen Fürsten ja nicht einmal im Reiche gegen die Habsburger und die katholischen Stände fest zusammen. So besiegelte der Glaubenskrieg vollends die Entfremdung der Niederlande vom gesamtdeutschen Volke, die schon seit Jahrhunderten im Gange war (vgl. S. 173, 196). Die südlichen Provinzen wurden auch innerlich den Spaniern hörig und die nördlichen waren in ihrem heldenhaften Ringen ein eigenes Staatsvolk geworden.

Das Täufertum und die Wiedertäufer in Münster

Lehren der Wiedertäufer. Ihr Gegensatz zur alten und zu den neuen Kirchen

Uralte, im Christentum nie ganz erloschene und während unruhiger Zeiten immer wieder hell aufflackernde Hoffnungen auf das unmittelbar bevorstehende tausendjährige Gottesreich, Prophezeiungen über eine von vollkommener Liebe erfüllte Menschheit, wie sie vor mehr als 300 Jahren Abt Joachim von Floris in

Ain Sermon geprediget vom Pawren zů Werdt/bey Nürmberg/am Sontag vor Faßnacht/von dem freyen willen des menschen/auch von antrůf-fung der hailigen.

Faksimile des Titels einer Predigt von dem Bauern von Wöhrd

Tafel 16

Landsknecht vom Anfang des 16. Jahrhunderts.' Faksimile des Holzschnitts in Vegetii Renati vier Bücher der Rytterschaft
Erfurt 1511

seinem süditalischen Kloster verkündet hatte, Einwirkungen des Waldensertums, Gedanken des erasmischen Reformchristentums, Luthers Abkehr von Rom und von der Hierarchie, Auffassungen von der Bibel als Gesetzbuch nach zwinglischer Art und sozialrevolutionäre Strömungen überkreuzten sich im Täufertum. Lange sah man in ihm einseitig eine revolutionäre, vor keiner Gewalttat zurückschreckende und Wahngebilden verfallene Umsturzbewegung; dann hieß es, die Täufer wären in Grunde nur fromme, stille Leute gewesen, bereit, jegliches Leid für ihren Glauben geduldig zu ertragen, man dürfe sie keineswegs nach der Münsterer Verirrung beurteilen. In Wahrheit aber gingen reinstes Märtyrertum und kriegerischer Fanatismus längere Zeit nebeneinander her, wie ja das Täufertum überhaupt keinen einheitlichen Ursprung und Ideengehalt und keine einheitliche Organisation hatte. Die Altgläubigen, die Lutheraner und die Zwinglianer verfolgten die Täufer mit gleicher Grausamkeit. Die Neugläubigen wüteten gegen sie, weil die Täufer, meist Gesellen und kleine Handwerker, als Feinde jeglicher gesellschaftlicher, staatlicher und kirchlicher Ordnung galten. Dabei wurden sie von den katholischen Obrigkeiten vielfach den Protestanten schlechthin zugerechnet oder als deren Frucht bezeichnet. Es hieß, erst würde das niedere Volk lutherisch oder zwinglisch, dann täuferisch. So waren denn Luther und Zwingli mit ihren Anhängern darauf bedacht, durch ihr Vorgehen gegen die Täufer zu beweisen, daß sie nichts mit ihnen zu tun hätten. In der Speirer Protestation erklärten die evangelischen Fürsten ausdrücklich, daß sie mit dem Artikel des Reichsabschiedes gegen die Wiedertäufer einverstanden seien. Außerdem wüteten die Lutheraner und Zwinglianer gegen die Täufer wegen ihrer Lehren. Der Grimm Luthers und Zwinglis ist um so begreiflicher, als die Täufer tatsächlich zum nicht geringen Teil aus ihren Reihen hervorgingen und die wunden Punkte der Evangelischen schonungslos bloßlegten.

Die Täufer hatten, wie schon erwähnt, keine gemeinsame Wurzel, sie unterschieden sich auch in ihren Lehren wesentlich von den Evangelischen, gehören aber doch in mehrfacher Hinsicht zum Protestantismus. Ohne die von Luther hervorgerufene Bewegung wäre es wohl nicht zur Entstehung des Täufertums gekommen. Von der allgemeinen reformatorischen Bewegung übernahmen sie unter anderem auch den Grundsatz, daß sich die in der Bibel niedergelegte göttliche Offenbarung jedermann ohne die päpstliche Lehrautorität zu eigen machen könne, doch waren sie der Meinung, daß viele, auch wichtige Bibelstellen einer autoritären Erklärung bedürften. Gott teilt sie dem von ihm hierzu Erwählten durch unmittelbare Offenbarung mit, die sich nicht auf den Inhalt der Heiligen Schrift beschränkt, sondern auch neue Wahrheiten kundgibt. So wurden die Täufer zu den allen evangelischen und katholischen Theologen verhaßten Schwarmgeistern. Sie riefen den Zorn der Lutheraner und Zwinglianer noch besonders dadurch hervor, daß sie deren Sittenlehre ebenso heftig wie die Altgläubigen angriffen.

Wie einst Sokrates als die natürliche Folge der Wahrheitserkenntnis das Rechttun gelehrt hatte, so war Luther davon überzeugt, daß wer den rechten Glauben habe, notwendig das Gute tue; infolge der durch die Erbsünde verderbten Natur falle zwar der Mensch immer wieder in Sünden, doch erhebe er sich schnell immer wieder dank Gottes Gnade. Das Ergebnis dieses Wechselspiels von menschlicher Schwäche und göttlicher Gnade hätte die sittliche Höherführung der Rechtgläubigen sein müssen. Die Wiedertäufer hatten jedoch nicht den Eindruck, daß sich die sittlichen Zustände unter den Evangelischen merklich besserten, und so lehnten sie die lutherische Rechtfertigungslehre ab. Die Täufer betonten, ähnlich wie Erasmus, die natürliche Veranlagung des Menschen zum Guten noch stärker als die katholische Kirche; die Stimme des Gewissens und das religiöse Gefühl sind nach den Täufern der Ausgangspunkt aller Religion. Nach dem Bibelwort: „Wenn du zum Leben eingehen willst, so halte die Gebote", legten sie wieder großes Gewicht auf die guten Werke. Mit der alten, von der Kirche gelenkten und ausgebauten, zum Teil formalistischen Werkheiligkeit hatte das allerdings schon deshalb nichts zu tun, weil die Täufer gegen jegliches offizielle Kirchenamt waren und von den Kirchen als Götzenhäusern überhaupt nichts wissen wollten. Die Hinneigung zum Kommunismus im Gesellschaftsleben und zum Anarchismus im Staate entsprang zwar ihrem Radikalismus auf allen Gebieten, verfestigte sich aber doch wohl erst durch die furchtbaren Verfolgungen, denen sie mehr als jede andere religiöse Gruppe jener Zeit ausgesetzt waren. In Tirol und Görz wurden z. B. allein etwa Tausend hingerichtet.

Die Wiedertäufer in Mittel- und Oberdeutschland

Während Luther auf der Wartburg weilte, erschienen in Wittenberg Zwickauer Propheten (vgl. S. 306). Ihr Haupt, der Tuchmacher Nikolaus Storch, berief sich auf Offenbarungen, die er durch den Erzengel Gabriel erhalte, lehnte jede weltliche und geistliche Obrigkeit ab, umgab sich mit Aposteln und Jüngern, lehrte Kommunismus und Weibergemeinschaft, wie sie im Naturzustand der Menschen geherrscht hätten. Er verwarf die Kindertaufe, weil vor Gott nur die sittliche Selbstleistung gelte. Storch und die späteren Anabaptisten wollten nicht eine eigentliche „Wieder-" taufe, sondern nur e i n e Taufe, die aber erst der für sein Tun verantwortliche Erwachsene empfangen könne. Sie nannten sich auch nicht Wiedertäufer, sondern „christliche Brüder". Storch und sein ihm geistig weit überlegener Gesinnungsgenosse Thomas Münzer (vgl. S. 343 ff.) traten bereits für die Anwendung von Waffengewalt zur Erreichung des Gottesreiches ein. Die Zwickauer Propheten verschwanden nach der Niederwerfung des Thüringer Bauernaufstandes. Münzers Kampf gegen das „viehische Affenspiel" der Kindertaufe erlangte über die Schweiz für ganz Süd- und Westdeutschland große Bedeutung. In der Schweiz hatten sich bei Beginn der Reformation zahlreiche Zirkel gebildet, welche gemeinsam die Bibel lasen und ihre Meinung hierüber austauschten. Diese „Lesene" pflegten hauptsächlich Laien, die zum Teil mit dem Gedankengut des Erasmus von Rotterdam vertraut waren und sich in die Bibel ohne theologische Voreingenommenheit vertieften. Sie verlangten eine Reform der öffentlichen Zustände nach dem in der Bibel niedergelegten Gesetz und einen Zusammenschluß der „Frommen" nach Art der Urkirche zu einer eigenen Gemeinde unter Ausschluß der Gottlosen. Was nicht in der Bibel stand, wie etwa die Messe oder die Kindertaufe, sollte aufgegeben werden. Diese in der Schweiz stark verbreitete und von Zwingli heftig bekämpfte Bewegung wies von Anfang an verschiedene Berührungspunkte mit der Münzers auf.

Das Verbindungsglied zwischen den thüringischen und den Schweizer Wiedertäufern wurde der Baier Balthasar Hubmayer. Er war 1516 in Regensburg Pfarrer und Domprediger geworden, hatte dort durch seine Predigten gegen den Judenwucher die Bevölkerung zur Zerstörung der Synagoge angefeuert und die Wallfahrt zur „Schönen Maria" mitbegründet (vgl. S. 30). Im Frühjahr 1521 wurde er Pfarrer in Waldshut nahe der Schweizer Grenze, machte sich im folgenden Jahr mit Luthers Schriften vertraut und knüpfte dann Beziehungen zu den Schweizer Reformatoren an. Als sich Thomas Münzer im Spätherbst 1524 einige Zeit in der Nähe von Waldshut aufhielt, geriet Hubmayer unter dessen Einfluß. Zu Ostern 1525 ließ er sich in Zürich taufen und wurde nun einer der Führer des Wiedertäufertums, das er besonders auch gegen Zwingli verteidigte. Hubmayers Beteiligung am Bauernkrieg (vgl. S. 331 und S. 338) läßt erkennen, daß er zuerst für bewaffnete Erhebung gegen die „sündige" Obrigkeit eintrat. Nach seiner Flucht aus Waldshut und dem unglücklichen Ausgang des Bauernkrieges verwarf er jegliche Gewaltanwendung in Glaubenssachen. Die Schrift „Ordnung Gottes und der Kreaturen Werk" eines anderen Baiern, des Hans Denck, der als junger Nürnberger Schulrektor bei den Lutheranern Anstoß erregte, zeugt von einer seltenen sittlichen Höhe und von einem für jene Zeit erstaunlichen Geist religiöser Duldung. In Sankt Gallen wurde er mit dem Täufertum bekannt, bald darauf ließ er sich in Augsburg taufen, das ein Mittelpunkt dieser Bewegung war. Zu Pfingsten 1526 taufte er dort den Franken Hans Hut, der sich im Gegensatz zu Denck der radikalen Richtung anschloß. In Baiern, Tirol, Österreich, Böhmen und Schlesien griff das Täufertum schnell um sich. Ähnlich wie Augsburg wurde dafür auch Straßburg ein Ausgangspunkt. In Mähren bot die Familie Liechtenstein auf ihren Gütern zu Nikolsburg den christlichen Brüdern eine Zuflucht. Hier bekämpfte Hubmayer nachdrücklich die neu erstarkende, auf den Umsturz der bestehenden Ordnung hindrängende Partei Huts, die „Schwertler". Hubmayer gewann zwar mit seinen „Stäblern" über sie die Oberhand, doch hingen den blutrünstigen „Nikolsburger Artikeln" der Schwertler nach wie vor viele der Täufer an. Hubmayer wurde 1528 zu Wien verbrannt, seine tapfere Frau in der Donau ertränkt. Von den durch Jakob Huter neu organisierten Wiedertäufern flohen viele aus den österreichischen Ländern nach Polen, Preußen und Schlesien.

Melchior Hoffmann

Der schwäbische Kürschnergeselle Melchior Hoffmann lernte 1523 in Livland Luthers Schriften kennen und trat hierauf in Livland, Schweden, Dänemark, Lübeck und Holstein als Laienprediger auf. Durch Luther auf die Bibel aufmerksam geworden, vertiefte sich Hoffmann vor allem in die Propheten und in die Offenbarung Johannis. Der Zusammenbruch der römischen Kirche in den Ländern, in denen er sich aufhielt, rief in ihm eine Untergangsstimmung hervor; er sah das Ende aller Dinge kommen, zugleich wuchs in ihm aber auch die Überzeugung, daß der Christus-Messias alsbald erscheinen werde, sein Reich auf Erden aufzurichten, wie bei den Propheten und in der Offenbarung zu lesen ist. Mit dieser Lehre und seiner Auffassung vom Abendmahl geriet Hoffmann überall zu der lutherischen Geistlichkeit in Gegensatz und wurde immer wieder vertrieben. So fühlte er sich denn als der verfolgte Prophet. Von Holstein begab er sich nach Straßburg, wo er bei seinen volkstümlichen Predigten gewaltigen Zulauf hatte und mit den Wiedertäufern bekannt wurde. Er fand unter ihnen starken Anhang. Als er aber verkündigte, Luther, der „Apostel des Anfangs" sei zum Judas geworden, und er als „der Apostel der letzten Tage" prophezeie, daß 1533 das Endgericht kommen werde, und obendrein vom Rat für sich und die Täufer eine eigene Kirche verlangte, konnte er sich im Mai 1530 nur durch Flucht der Verhaftung entziehen. Noch im gleichen Jahre kam er nach Emden, ließ sich dort taufen und taufte selbst. Im nächsten Jahre zog er für kurze Zeit nach Amsterdam. In den Niederlanden hatten blutige Verfolgungen die evangelischen Gemeinden fast ganz vernichtet, ebenso waren mehrere Wiedertäufer seit 1524 hingerichtet worden. Mit Hoffmanns Erscheinen nahm das Täufertum einen gewaltigen Aufschwung. Er prophezeite auch hier, das Gottesreich würde 1533 seinen Anfang nehmen, doch würde er zuvor in Gefangenschaft geraten, bald aber wieder frei werden. Bei einem zweiten Aufenthalt zu Straßburg im Frühjahr 1533 wurde er dort vom Rat eingekerkert. So war nun der erste Teil seiner Voraussagung eingetroffen und zwar unter Begleitumständen, die ebenfalls als die Erfüllung seiner Weissagung gedeutet werden konnten. Überall in den Niederlanden sprach man von dem gefangenen Propheten, Tausende reisten nach Straßburg, um bei dem zweiten Akt, bei der Befreiung, zugegen zu sein. Diese Hoffnung täuschte allerdings. Der Rat hielt den Propheten bis zu seinem Tode im Jahre 1543 im Kerker fest. Hoffmann verharrte auch hier bei seinen Lehren und Prophezeiungen. Seine Anhänger in den Niederlanden waren zunächst niedergeschlagen, doch schöpften sie bald wieder Mut. Der Bäcker Johann Matthys aus Haarlem gab sich Ende 1533 als der verheißene Henoch aus, der vor der Wiederkunft des Herrn auferstehen werde. Die Tatkraft des Matthys brachte die Zweifler schnell zum Schweigen. Er sandte seine Apostel aus, die je zwei und zwei zu den überall verstreuten Brüdern zogen, sie zu taufen und ihnen kund zu tun, daß kein Christenblut mehr vergossen werden sollte, und daß alle Gottlosen von der Erde zu vertilgen seien. Damit nahm die von Melchior Hoffmann ausgebildete friedliche Form des Wiedertäufertums, der „Melchioritismus", die Wendung zum Gewaltsamen.

Die Wiedertäufer in Münster

Im Januar 1534 kamen zwei von des Matthys Aposteln, Johann Bockelson aus Leiden und Gert tom Kloster, nach Münster. Sie trafen die Stadt voll politischer, sozialer und religiöser Unruhe. Die katholische Minderheit wurde vom Bischof unterstützt, der sich mit der Stadtverwaltung und dem Domkapitel veruneinigt hatte; Bürgermeister und Rat förderten hauptsächlich die lutherische Partei, die Zünfte neigten am meisten den 1532 aus Jülich eingewanderten Melchioriten zu, denen sich auch der volkstümlichste Prediger Münsters, Bernt Rothmann, angeschlossen hatte. Johann von Leiden gewann alsbald entscheidenden Einfluß auf die bis dahin unpolitischen Taufgesinnten und nach der Verheiratung mit der Tochter Knipperdollings, eines Gildenmeisters, auch auf die Zünfte. Bischof und Rat vermochten wider die Täufer nichts auszurichten, deren Gegner im Februar größtenteils die Stadt verließen. Dafür begab sich Jan Matthys jetzt selbst nach Münster, um dort alle Gottlosen zu vertreiben, Gütergemeinschaft einzuführen, alle Bücher außer der Bibel zu verbrennen und so das himmlische Jerusalem zu errichten, wozu Gott offensichtlich die Westfalenstadt auserkoren habe. Sie wurde nun freilich von dem Münsterer Bischof und dem Landgrafen Philipp von Hessen belagert, doch dem Matthys verhießen seine Gesichte einen baldigen Sieg. Zu Ostern zog er mit zwanzig Mann zum Ludgeritor hinaus, weil ihm Gott geboten habe, die Feinde zu vertreiben. Diese waren mit dem Propheten und seiner Handvoll Leute schnell fertig, seinen Kopf steckten die Landsknechte auf einen Spieß und riefen den auf den Wällen des Ausgangs harrenden Wiedertäufern zu, sie sollten sich doch ihren Bürgermeister holen. Die erschreckten Brüder beruhigte des Matthys einstiger Apostel Johann Bockelson. Erst als Schneider, dann als Kaufmann hatte er von Lübeck bis Lissabon ein gutes Stück Welt gesehen und sich hierauf in Leiden als Wirt niedergelassen. Der jetzt Fünfundzwanzigjährige wußte nach des Matthys Tod die unbedingte Herrschaft in Münster an sich zu reißen. Vom September 1534 an nannte er sich „Johann, der gerechte König im neuen Tempel", die Vielweiberei hatte er bereits im Juli eingeführt, wobei er sich auf das biblische „Vermehret euch" und auf das Beispiel der Heiligen des Alten Testamentes berief. Das Königtum des Johann von Leiden war eine seltsame Mischung von Wahnwitz, von Grausamkeit zur Befriedigung seines Fanatismus und Wohllebens und von großartiger Prunkentfaltung. Es endete am 25. Juni 1535, als das völlig ausgehungerte Münster durch Verrat in die Hände der Belagerer fiel. Die Vorgänge in Münster veranlaßten allerorts die Obrigkeiten zu erneuter, blutiger Verfolgung der Wiedertäufer, aber auch deren grundsätzliche Abkehr von jeder Art der Gewaltanwendung. In den nach ihrem Gründer Menno Simons aus der niederländischen Provinz Friesland benannten Mennoniten leben die Wiedertäufer noch heute fort.

Ungeheure Blutopfer haben die Täufer, auch noch die Mennoniten, für ihre Überzeugung gebracht. Ihr Schicksal ist neben dem der Bauern im Großen Bauernkrieg die erschütterndste Tragödie der Reformationszeit. Obwohl sich dem Täufertum gelegentlich auch Adlige und reiche Bürger anschlossen, war es doch hauptsächlich die reformatorische Bewegung des kleinen Mannes in den Gegenden, deren Landesherren der Errichtung einer evangelischen Landeskirche widerstrebten. Daraus erklären sich größtenteils die abstoßenden Erscheinungen des Täufertums, welche das ehrliche Streben und den Heroismus seiner Anhänger für die Mitlebenden und die Nachwelt allzu sehr verdunkelten. Die große sittliche Kraft des Mennonitentums hat auch deshalb nicht annähernd eine so tiefe und weitreichende Wirkung wie das Luthertum und der Calvinismus auf die Welt ausgeübt, weil die Mennoniten den Verkehr mit allen mieden, die nicht zu den Ihrigen zählten, und sie sich wegen Kleinigkeiten in viele Sondergruppen spalteten. Aber wenn sich auch die von allen verfolgten Täufer nicht auf die Dauer durchzusetzen vermocht haben, sind doch ihr einzigartiger Opfermut und ihre mitreißende Anziehungskraft besonders in den durch Zwang am Katholizismus festgehaltenen Gebieten ein offensichtlicher Beweis, wie sehr sich das deutsche Volk nach einer von Grund auf neuen Gestaltung seines religiösen Lebens sehnte.

Katholische Gegenbewegungen. Auseinandersetzung mit dem Humanismus

Der Grundsatz, der Fürst habe die Religion seiner Untertanen zu bestimmen, hat sich erst im Laufe der Zeit durchgesetzt; doch beeinflußte die Stellungnahme der Landesherrschaften zur religiösen Frage von Anfang an weitgehend den Verlauf der Reformation. Wie die katholischen Fürsten auf den Reichstagen, durch politische Bündnisse und durch Maßnahmen innerhalb ihrer Landesgrenzen der Ausbreitung des Protestantismus entgegenwirkten, haben wir, ebenso wie das Eingreifen Karls V. und Roms, bereits an verschiedenen Stellen erwähnt. Den wissenschaftlichen und literarischen Kampf gegen die Reformation führten fast ausschließlich Geistliche. Erst die Forschung des letztvergangenen Halbjahrhunderts hat nachgewiesen, daß die Zahl dieser Glaubensstreiter nicht so gering war, wie früher angenommen wurde, und daß einzelne von ihnen als Gelehrte umfassendes Wissen besaßen wie etwa Johannes Eck, der von der Leipziger Disputation bis zu seinem Tode im Jahre 1543 im Kampfe gegen Luther nicht erlahmte, und der 1552 gestorbene Dekan an der Frankfurter Liebfrauenkirche Cochläus, der in dem reformatorischen Schrifttum außerordentlich belesen war. Eine beträchtliche Anzahl von Luthergegnern stellten die Dominikaner. Viele katholische Verfasser von Streitschriften ergingen sich wie die protestantischen in gehässigen persönlichen Angriffen und warteten mit allerlei Greuelmärchen auf; doch fehlte es auch auf katholischer Seite nicht an Theologen, welche, beseelt von aufrichtiger Friedensliebe, auf einen Ausgleich der konfessionellen Gegensätze hinarbeiteten. Die Art, wie das deutsche Volk die katholischen Streitschriften aufnahm, ist ein Beweis mehr dafür, daß seine leidenschaftliche Anteilnahme dem Neuen und nicht mehr dem Alten gehörte. Des Johann Eck gelehrtes, lateinisches „Enchiridion locorum communium adversus Lutherum et alios hostes ecclesiae", das Handbuch der theologischen Hauptbegriffe gegen Luther und andere Feinde der Kirche, brachte es allerdings auf eine größere Zahl von Auflagen, dagegen erzielte die für die breitesten Volkskreise bestimmte und ganz im damaligen Volkston gehaltene Satire Murners „Vom großen Lutherischen Narren" (vgl. S. 324) nur eine verhältnismäßig geringe Verbreitung. Der Buchhandel, mit dem, was er suchte und ablehnte, schon damals ein treues Spiegelbild der öffentlichen Meinung, wollte von katholischen Streitschriften in deutscher Sprache nicht viel wissen; sie fanden, wie ihre Verfasser klagten, keine Verleger, keine Buchhändler, keine Käufer und keine Leser.

Unter den Wegbereitern der Reformation standen die deutschen Humanisten mit in erster Reihe. Eine Besserung der religiösen Zustände wünschten sie alle, und viele von ihnen waren begeisterte Nationalisten. Als Luther wie keiner vor ihm die Schäden der Kirche bloßlegte und die Deutschen wider die römischen Zwingherren der Gewissen und Ausbeuter aufrief, da jubelten ihm die Humanisten als ihrem Wortführer zu (vgl. S. 269). Und denen, welchen die religiöse Erneuerung nicht gerade das wichtigste Anliegen war, wurde die Reformation zunächst wenigstens die große Mode. Selbst Hutten strich bei der letzten Durchsicht eines Teiles seiner Schriften die Götter und den Herkules und verbesserte sie in den „Einen Gott" und den Herrn Christus: das stilistische Heidentum des Humanismus wurde unter dem Einfluß der Reformation als anstößig empfunden. Aber zwischen dem Humanismus, namentlich dem der Hochblüte, und dem Protestantismus, zumal dem lutherischer Prägung, bestand in einer der wichtigsten weltanschaulichen Fragen ein unüberbrückbarer Gegensatz.

Die Humanisten, allen voran Erasmus von Rotterdam, schwuren auf die von Natur gute und edle sittliche Veranlagung des Menschen und auf die Willensfreiheit. Nach Luther aber war diese mit der christlichen Gottesauffassung unvereinbar und jene, wenigstens innerhalb des religiösen Bereiches, durch die Erbsünde vollständig zerstört. Dieser Gegensatz, über den sich Luther zum mindesten schon seit 1517 klar war, wurde jedoch von den Anhängern der Reformation in der ersten Kampfbegeisterung nicht beachtet. Sie glaubten vielmehr, gerade in Erasmus einen Gesinnungsgenossen sehen zu dürfen, da er kaum weniger als sie die kirchlichen Übelstände gegeißelt, religiöse Forderungen aufgestellt, die sich in vielem mit den ihren deckten, und sich wohlwollend über Luther geäußert hatte. Capito und andere drangen deshalb in Erasmus, offen für Luther und seine Sache einzutreten. Doch auch von katholischer Seite legte man großes Gewicht darauf, den gefeiertsten Humanisten zu einer offenen Erklärung für die alte Kirche zu bewegen. Diesem lag nun freilich seiner ganzen Natur nach das Vermitteln näher als bestimmt Partei zu ergreifen, doch war er wegen mancher seiner theologischen Ansichten und seiner Ausfälle gegen verschiedene kirchliche Einrichtungen streng kirchlichen Kreisen bereits in hohem Grade verdächtig geworden, so daß er nicht mehr länger schweigen durfte, wenn er nicht als Lutheraner gelten und sich denselben Verfolgungen wie diese aussetzen wollte. Als nun König Heinrich VIII. von England eine Schrift gegen Luther erscheinen ließ, und dieser 1522 mit seinem „Gegen König Heinrich von England" in den gröbsten Ausdrücken antwortete, bestürmten den Erasmus seine englischen Freunde und Herzog Georg von Sachsen, wider den Erzketzer zu schreiben. Erasmus ging 1523 an die Arbeit, im Herbst 1524 kam seine „Diatribe de libero arbitrio", die Abhandlung über den freien Willen, heraus. Er traf damit den Kernpunkt, in dem er sich als Humanist und Katholik wesentlich von Luther unterschied (vgl. S. 257). Der stellte 1525 dem Buche „Vom freien Willen" sein gewaltiges Werk gegenüber „De servo arbitrio", vom geknechteten Willen oder „Daß der freie Wille nichts sei", wie Justus Jonas seine Übersetzung betitelte.

Diese beiden Schriften zogen den Trennungsstrich zwischen Humanismus und Luthertum. Zahlreiche Humanisten schwenkten daraufhin in das Lager der Reformationsgegner über. Für die Rückkehr vieler ehemals lutherfreundlicher Humanisten zur römischen Kirche wurden und werden die verschiedensten Gründe angegeben: Anhänglichkeit an die Gemütswerte der Religion ihrer Kindheit, persönliche Verärgerung und Enttäuschung über die Anhänger und die Auswirkungen der neuen Lehre, materielle Vorteile, da die alte Kirche in vielen Gegenden immer noch mehr und bessere Pfründen zu vergeben hatte; aber wenn auch von all dem mehr oder weniger für den einzelnen zutreffen mag, den eigentlichen Ausschlag gab doch, daß der Humanismus dem Katholizismus und namentlich dessen Auffassungen von der menschlichen Natur, von der Vernunft und von dem freien Willen ungleich näher stand als dem Luthertum. Ernstlichen Abbruch hat indes Erasmus weder mit dieser noch mit anderen Schriften der protestantischen Bewegung getan. Keiner der entschlossenen Anhänger Luthers, die vom Humanismus her zu ihm gekommen waren, ging deshalb zu Erasmus über, auch Melanchthon nicht, der in diesen Dingen seiner ganzen Veranlagung nach mehr Erasmus zuneigte. Selbst die Katholiken, so sehr sie zuerst des Erasmus Buch über die Willensfreiheit begrüßten, rückten später von ihm ab, weil er dem Menschen gegenüber der Gnade ein größeres Maß von Freiheit zuerkannte, als mit der kirchlichen Lehre vereinbar war. Die Zeit des Erasmus schien überhaupt vorüber zu sein. Die Täufer, welche manche seiner Ideen aufgenommen hatten, wurden blutig unterdrückt. Herzog Georg von Sachsen, Johann III. von Jülich-Kleve und Joachim II. von Brandenburg, die eine kirchliche Reform auf erasmischer Grundlage anstrebten, erlitten damit Schiffbruch. Als 1538 auf katholischer Seite die Frage erörtert wurde, ob man mit den Evangelischen einen dauernden Frieden schließen sollte, um gegen Frankreich im Westen und die Türken im Osten freie Hand zu bekommen, drangen die auf einen solchen Ausgleich hinarbeitenden Erasmusschüler, die in den fürstlichen und bischöflichen Kanzleien saßen, nicht durch. Völlig überwunden war indes der große Humanist nicht. Melanchthon hat im Verlaufe seiner späteren Entwicklung nicht Unwesentliches von dem Gedankengut des Erasmus in das Luthertum eingeführt. Auch sonst hatte Erasmus unter Katholiken und Protestanten im 16. und 17. Jahrhundert eine bald größere, bald geringere Gefolgschaft, die freilich gegenüber den streng am Dogma Festhaltenden eine kleine Minderheit bildete und nicht offen hervortrat. Zur Zeit der Aufklärung lebten, wenn nun auch stärker abgewandelt, seine Ideen wieder auf; sie befruchteten dann auch Männer wie Rousseau, Herder, Pestalozzi und englische und amerikanische Denker. Die Katastrophen des 20. Jahrhunderts lenken jedoch die Blicke und Gemüter wieder mehr auf die ursprüngliche Lehre Luthers, die ihren schärfsten und wuchtigsten Ausdruck in seinem Buche vom geknechteten Willen gefunden hat.

Der von Fürsten, Bischöfen, von humanistischen und nicht humanistischen Gelehrten und Schriftstellern geführte Kampf gegen den Protestantismus hatte nur geringe Erfolge. Die zeitgenössischen Beispiele melden allerdings manche rührende Beispiele von treuer Anhänglichkeit an die alte Kirche, besonders auch von Mönchen und Nonnen. Das Volk trennte sich großenteils nur ungern von den überkommenen Zeremonien. Selbst in Wittenberg ging man erst 1542 daran, das von der katholischen Messe her übliche Hochheben des Kelches und Brotes beim Abendmahl abzuschaffen. Man kam vom Alten vielfach schon deshalb schwer los, weil man sich innerhalb des Protestantismus nur schwer auf Neuerungen einigte. „Es machen uns die heillosen Zeremonien mehr zu tun, denn sonst große, nötige Artikel" schrieb Luther am 6. Januar 1543 in einem Briefe. Daraus folgt nun freilich nicht, daß das Volk überhaupt am liebsten bei der alten Kirche geblieben wäre. Zu einer großen katholischen Volksbewegung gegen den Protestantismus kam es nicht einmal da, wo der Landesherr bei gegenreformatorischen Maßnahmen sich auf so ausgezeichnete Helfer stützen konnte wie König Ferdinand auf den Wiener Bischof Johann Faber und auf den hervorragenden Kanzelredner Johann Nausea. Die Schwerfälligkeit der katholischen Abwehr zeigt sich auch darin, daß sie erst spät und dann noch in viel zu geringem Umfange dazu überging, den Geistlichen ein den neuen Verhältnissen angepaßtes Rüstzeug zur Lehrverkündigung in die Hand zu geben, das sich mit den lutherischen Katechismen und Postillen messen konnte. Vor allem aber haben die ungeheuren Stürme der Reformation bis zum Auftreten der Jesuiten in Deutschland den Katholizismus nicht zu neuem Leben erweckt. Die kirchlichen Zustände besserten sich auch in jenen Gegenden nicht, in denen die Landesherrschaften für die Aufrechterhaltung der alten Lehre sorgten, ja es wurde hier vielfach schlimmer als es je gewesen war.

Hat Luther Schuld an der konfessionellen Spaltung Deutschlands?

Die Reformation ist das Werk Luthers. Die Zeitumstände haben sie nicht erzeugt. Diese Worte stellten wir an die Spitze des dem Reformationszeitalter gewidmeten Buches. Nicht alle Deutschen sind evangelisch geworden, etwa ein Drittel der Bevölkerung innerhalb der jetzigen Reichsgrenzen bekennt sich zum Katholizismus und von dem geschlossen siedelnden Auslandsdeutschtum gehört mehr als die Hälfte der römisch-katholischen Kirche an. Deutschland ist also seit der Reformation konfessionell gespalten. Trotzdem kann zu dem Urteil, Luther trage die Schuld an dem furchtbaren Unheil der konfessionellen Zerrissenheit des deutschen Volkes, nur eine oberflächliche Geschichtsbetrachtung kommen, die rein formal schließt: zuerst war Einheit, dann kam Luther, seitdem herrscht Zwietracht, also hat dieser sie verursacht. Denn wenn man nicht von der römischen Kirche ausgeht, für die Luther allerdings ein Erzsektierer ist, weil sie durch ihn den größten Teil der germanischen Welt verloren hat, sondern, worauf es uns hier einzig ankommt, vom deutschen Volke, und zwar vom Volke als einer organischen Einheit, dann trat die Spaltung nicht mit und durch Luther, sondern durch seine Gegner ein. Wie wir sahen, nahmen alle Stämme, alle Stände, die Bewohner aller deutschen Gegenden, ob ehemaliges römisches Kulturland oder ob sie nie von Römern beherrscht waren, mit derselben einhelligen Begeisterung die Reformation an. Katholische zeitgenössische Stimmen bestätigen dies mindestens ebenso wie die evangelischen. Es war dies keineswegs eine Überrumpelung oder bloße Augenblicksstimmung. Durch Jahrzehnte entschied sich das deutsche Volk fast überall, wo es Gelegenheit hierzu hatte, für die Reformation, wenn auch nicht einhellig für die lutherischer Prägung. Die Reichstage mit ihren katholischen Mehrheiten geben im ganzen 16. Jahrhundert nichts weniger als ein richtiges Bild von der konfessionellen Lage Deutschlands (vgl. S. 287 f.). Um 1555 überwog von all den vielen deutschen Ländern mit weltlicher Herrschaft einzig im Herzogtum Baiern der Katholizismus und zwar nur deshalb, weil hier anders als etwa in Österreich die Herzöge das Land fest in der Hand hatten und schon sehr früh entschlossen gegen Protestantismus und Täufertum vorgegangen waren, und selbst hier war es der Regierung schwer genug geworden, sie zu überwinden. Auch in den geistlichen Territorien waren die Bewohner der Gesinnung nach nicht geschlossen katholisch. In dieser Zeit wurden die Anhänger des Protestantismus in Deutschland auf neun Zehntel der Bevölkerung geschätzt. Noch im Jahr 1633, als schon weite Gebiete der alten Kirche mit Gewalt wieder zugeführt worden waren, stellte ein von den Räten Kaiser Ferdinands II. ausgearbeitetes Gutachten fest, daß es „im Reiche“, das heißt außerhalb der österreichischen Erblande, die nur mit Mühe und ebenfalls unter Gewaltanwendung dem alten Glauben zurückgewonnen worden waren, fast sechs mal mehr Unkatholische als Katholische gäbe.

So hat sich denn in der Reformationszeit das deutsche Volk nicht selbst religiös gespalten, sondern es wurde gegen seinen Willen mit Gewalt gehindert, sich eine neue religiöse Einheit zu schaffen. Wenn man hier überhaupt von Schuld sprechen will und darf, so ist es die der Habsburger und der bairischen Wittelsbacher, daß das deutsche Volk nicht wie die übrigen germanischen Völker konfessionell einig ist.

Achtes Kapitel

Der Friede von Madrid. Zweiter Krieg Karls mit Franz I. Eroberung Roms. Dritter und vierter französischer Krieg

Der Friede von Madrid

Den ersten Krieg Kaiser Karls mit Franz I. beendete nach fünfjähriger Dauer am 24. Februar 1525 die Schlacht von Pavia (vgl. S. 302). Das glänzende französische Heer war vernichtet und König Franz gefangen. Der Kaiser ließ ihn nach Spanien bringen, um in aller Ruhe die Frucht dieses von aller Welt wie ein Wunder bestaunten Erfolges reifen zu lassen. Man solle von ihm nicht wie von Hannibal sagen, meinte Karl, daß er zwar zu siegen, aber den Sieg nicht zu nutzen verstehe. Der Kanzler Gattinara riet dem Kaiser, Franz ein für allemal unschädlich zu machen, denn der werde ja doch nicht halten, wozu er sich verpflichte. König Heinrich VIII. von England war derselben Ansicht. Karl solle Franz nicht freilassen und unverzüglich Frankreich von Spanien aus angreifen, er, Heinrich, werde von England her vorstoßen. Sie würden sich dann in Paris treffen. Heinrich gedachte sich da als Erbe der Ansprüche seines Hauses auf Frankreich zum Könige krönen zu lassen, und Karl werde auf diese Weise am sichersten alles gewinnen und behalten, was jemals zum römischen Reich gehört habe, und was ihm als dem Urenkel Karls des Kühnen von Burgund zukomme. Karl V. glaubte jedoch, er werde sein Ziel auch ohne Absetzung des französischen Königs erreichen. Franz, dem die zeitweise sehr strenge Haft und eine lebensgefährliche Krankheit hart zugesetzt hatten, nahm denn auch in dem am 14. Januar 1526 zu Madrid geschlossenen Friedensvertrag die Bedingungen des Kaisers an: die Aufgabe aller Forderungen auf burgundische, niederländische und italienische Gebiete gegen seine Freilassung. Das Übereinkommen wurde durch feierliche Eide und die Verlobung des Königs Franz mit Karls Schwester Eleonore bekräftigt. Außerdem mußte der König seine zwei ältesten Söhne dem Kaiser als Geiseln nach Spanien schicken. Der Kaiser hat sicher gut daran getan, daß er auf die Vorschläge Heinrichs VIII. und Gattinaras nicht einging. Im Verlauf des Krieges hatte es sich wiederholt gezeigt, daß die Großen und das Volk Frankreichs treu zu ihrem Könige standen und die schwersten Opfer für ihn zu bringen bereit waren. Einem Lande wie Frankreich einen fremden Monarchen und gar einen Engländer aufzuzwingen, wäre ein wenig aussichtsreiches Unternehmen gewesen. Und wäre es wirklich geglückt, dann war Heinrich VIII.

im Besitz von England und Frankreich für den Kaiser von Deutschland und König von Spanien kein angenehmerer Nachbar als Franz I. Dagegen war es eine völlige Verkennung des Franzosenkönigs, wenn Karl glaubte, Franz werde den zu Madrid eingegangenen Verpflichtungen nachkommen. Auch wenn sie weit geringer gewesen wären, hätte dieser jede Gelegenheit benutzt, das Verlorene zurückzugewinnen und seine alten Pläne wieder aufzunehmen.

Die Versuchung des Pescara

Italien brachten die Schlacht von Pavia und der Friede von Madrid keine Erleichterung. Statt sich der italienischen Angelegenheiten tatkräftig anzunehmen und alle verfügbaren Mittel für die Stärkung seiner Armee zu verwenden, verließ sich der Kaiser auf die von König Franz geleisteten Eide, traf in aller Ruhe die Vorbereitungen zur Vermählung mit Isabella von Portugal und vergeudete große Summen bei den Hochzeitsfeierlichkeiten. Die kaiserlichen Truppen in Italien mußten in dem durch die vorausgegangenen Kriegsjahre hart mitgenommenen Lande selbst für ihren Unterhalt sorgen. Sie bedrückten die Einwohner aufs schwerste, litten trotzdem bittere Not und verwilderten immer mehr. In diesem Elende flammte der italienische Nationalismus wieder einmal hoch auf. Weite Kreise hielten die Stunde für gekommen, die Fremdherrschaft ein für allemal zu brechen und zwar nicht nur in Oberitalien. Auf den Beistand des gedemütigten Frankreich konnten die Italiener sicher rechnen. Heinrich VIII. zürnte, weil der Kaiser nicht auf seine Vorschläge eingegangen war, in Ober-Deutschland wütete der Bauernkrieg, und das zuchtlos gewordene kaiserliche Heer in Italien schien einem entschlossenen Widerstande nicht mehr gewachsen. Der mailändische Kanzler Morone, ein Meister der verschlagenen italienischen Politik und Diplomatie, wollte den Stein ins Rollen bringen. Karl hatte seinen Feldherrn Pescara, dem er in erster Linie den Sieg von Pavia verdankte, gekränkt. Nun stammte Pescara zwar von väterlicher und mütterlicher Seite von vornehmen spanischen Geschlechtern ab, doch war er in Neapel geboren und mit der ersten Frau Italiens, Vittoria Colonna, vermählt. Morone glaubte, der über seinen Kaiser erzürnte General werde leicht für die Sache seines Geburtslandes zu gewinnen sein, wenn ihm ein Angebot gemacht werde, das seine Rache und seinen Ehrgeiz zugleich befriedige. Morone schlug deshalb Pescara vor, sich an die Spitze der italienischen Bewegung zu stellen und sich für seine Person des Königreichs Neapel-Sizilien zu bemächtigen. Pescara erklärte sich scheinbar bereit, „als Unzufriedener und Italiener" dem Bündnis gegen Karl beizutreten. Er wurde in alle Pläne der Verschwörung eingeweiht, hielt jedoch seinem Kaiser die Treue und teilte ihm alles mit. Schließlich lockte er Morone nach Pavia und ließ ihn dort verhaften. Bald darauf, im Dezember 1525 starb Pescara. So sehr es ihn ehrt, daß er dieser „Versuchung" widerstand, waren doch die Mittel, mit denen er den Anschlag auf seinen Herrn vereitelte, wenig ehrenvoll.

Die Liga von Cognac

Papst Clemens VII. hatte noch im Frühjahr 1525 mit dem Kaiser und Heinrich VIII. ein Schutz- und Trutzbündnis geschlossen, dann aber, als die Unzufriedenheit gegen den Kaiser und die fremden Truppen immer mehr anschwoll, ängstlich zwischen den Parteien hin und her geschwankt. Er haderte mit dem Kaiser verschiedener Ursachen halber, den Ausschlag gab schließlich, daß dieser ihm eine weitere Ausdehnung der päpstlichen Macht gegen Ferrara nicht zugestehen wollte. Clemens bahnte nun zuerst die Versöhnung zwischen Frankreich und England an und schloß darauf am 22. Mai 1526 mit Franz I., Venedig, Florenz und dem Herzog Sforza von Mailand die heilige Liga von Cognac, die der König von England mit allen Mitteln zu fördern versprach. An den Kaiser wurde das Ansinnen gestellt, die Söhne des französischen Königs gegen ein Lösegeld freizugeben und die italienischen Staaten auf den Stand vor Kriegsbeginn 1521 zu bringen. Außerdem solle Karl zur Kaiserkrönung nur mit soviel Truppen in Italien erscheinen, wie ihm der Papst und Venedig gestatteten. Gehe Karl auf diese Bedingungen nicht ein, dann werde ein großes Heer der Verbündeten den Krieg beginnen, und der Papst über das Königreich Neapel-Sizilien als ein der Kirche gehöriges Lehen verfügen. Der Kaiser war über den Eidbruch des französischen Königs und noch mehr über den Papst empört. Er hielt ihm in einem Briefe vor, Clemens habe sich zum Haupt der kaiserfeindlichen Verschwörung gemacht. Es sei kaum zu glauben, daß der Statthalter Christi auf Erden auch nur einen einzigen Tropfen Blut um weltliche Besitztümer vergießen wolle. Durch sein Vorgehen schädige der Papst die christliche Religion aufs schwerste; die Türken könnten nicht bekämpft werden, und die Ketzer gewännen immer mehr an Boden. Handle der Papst nicht als Vater sondern als Parteihaupt, nicht als Hirt sondern als Räuber, dann appelliere er, der Kaiser, an das Urteil eines allgemeinen Konzils. Zu diesem kam es nun freilich nicht; immerhin hat der Papst dadurch, daß er sich in jene Kriegshändel einließ, dem Protestantismus den denkbar größten Dienst erwiesen. Ohne den Zwist zwischen Kaiser und Papst wäre der für die Evangelischen sehr günstige Reichsabschied von 1526 wohl kaum zustande gekommen, und das evangelische Landeskirchentum hätte sich in den dafür entscheidenden Jahren nicht so ruhig entwickeln können.

Die Eroberung Roms

Während des Sommers 1526 wurde in Italien mit wechselndem Erfolge gekämpft. Die päpstlichen Verbündeten waren zahlenmäßig weitaus in der Übermacht, doch führten sie den Krieg allzu lässig, als daß sie entscheidende Erfolge hätten erringen können. Im Spätherbst warb im Auftrage des Kaisers und Ferdinands Frundsberg ein Landsknechtsheer und hatte schnell 15000 Mann beisammen. Die Deutschen betrachteten die Heerfahrt als einen Rachezug wider das papistische Rom. Der Kaiser drückte sich in seinem Mahnschreiben „auf eine Weise aus, deren sich kein Anhänger Luthers zu schämen gehabt hätte" (Ranke). Der Feldherr Frundsberg und seine Landsknechte waren gut lutherisch gesinnt. Im November überstiegen die deutschen Truppen die Alpen, im Februar vereinigten sie sich mit Bourbon, der die Spanier befehligte. Der haßte den Papst womöglich noch glühender als Frundsberg, wollte ihn doch Clemens an der Besitznahme des ihm vom Kaiser zugesagten Herzogtums Mailand hindern, und seine Spanier verachteten Rom als die Latrine der Welt. Der grimmigste Feind des Papstes aber war wohl der Herzog Alfons von Ferrara, dem sein Herzogtum entrissen werden sollte. Die Deutschen, Spanier und die zum kaiserlichen Heer gestoßenen Italiener zählten jetzt ungefähr 20000 Mann. Am 22. Februar brachen sie nach Rom auf, alle gleicherweise von leidenschaftlicher Begier erfüllt, es zu erobern und gründlich auszuplündern. Doch unterwegs litten sie bitterste Not. Frundsberg und Bourbon hatten kein Geld, um den Sold auszuzahlen.

Mitte März meuterten zuerst die Spanier. Seit acht Monaten schuldete ihnen der Kaiser den Sold. Mit dem Geschrei: Lanz, Lanz, Geld, Geld! wiegelten sie alsbald auch die deutschen Landsknechte auf. Bourbon entfloh, sein Zelt wurde geplündert. Frundsberg aber ließ die Trommeln rühren und einen Ring schließen, in dessen Mitte er mit den vornehmsten Hauptleuten trat. Der kaiserliche Feldhauptmann war jetzt vierundfünfzig Jahre alt. Seit 1500 war er in führenden Stellungen in kaiserlichen Heeren tätig, 1512 hatte er den Befehl über die kaiserlichen Truppen in Italien, 1519 über die des Schwäbischen Bundes, 1521—1525 stand er wieder in Italien, an den Siegen von Bicocca und Pavia hatte er hervorragenden Anteil. Anders als die meisten Landsknechtsführer war er Kaiser und Reich in unbedingter Treue ergeben und „innerlich erfaßt von der Schönheit freien Soldatentums". Er besaß ungeheure Muskelkraft, man erzählte sich von ihm, er habe in jüngeren Jahren den stärksten Gegner mühelos mit einem Finger vor sich her geschoben. Die Landsknechte verehrten den uneigennützigen schwäbischen Edelmann als ihren Vater. Oft und oft hatte er die schwierigen und zu Meuterei neigenden Gesellen durch sein furchtloses, ruhig bestimmtes Wesen und durch gütliches Zureden beschwichtigt. Und so hob er auch diesmal an, wie er immer für sie gesorgt, sie in guten und bösen Tagen nicht verlassen habe, er werde auch jetzt bei ihnen ausharren, bis sie alle bezahlt und befriedigt wären. Doch sie jubelten ihm nicht wie sonst zu, sie schrieen nur rasend Geld, Geld! und senkten ihre Spieße gegen ihn. Da verlor er die Sprache, die Sinne schwanden ihm, bewußtlos sank er auf eine Trommel, der Schlag hatte ihn getroffen. Erst am vierten Tage konnte er wieder reden. Als siecher Mann kehrte er in seine Heimat, auf seine Burg bei Mindelheim zurück, wo er am 20. August 1528 starb.

Das Heer zog weiter gen Rom. Es duldete Bourbon wieder bei sich, doch wagten die Führer nicht mehr, sich dem Willen ihrer Leute zu widersetzen. Im Morgengrauen des 6. Mai begann der Sturm auf die ewige Stadt, am Abend war sie mit Ausnahme der Engelsburg, in die sich der Papst flüchtete, in der Hand ihrer Feinde. Zuerst hatte der „verlorene Haufen" der Deutschen ein Stück Wall und Schanzen genommen. Bourbon war inmitten der Spanier, als er eine Leiter hinaufstieg, von einer Kugel tödlich getroffen worden. Um Mitternacht lösten sich die Reihen zur Plünderung. Ein gewaltiger Reichtum an Geld, Edelmetallen und Kostbarkeiten war in dem päpstlichen Rom aufgehäuft. Aus den Kirchen und den Privathäusern holten sich die ausgehungerten und abgerissenen Truppen eine riesige Beute. Am findigsten zeigten sich dabei die Spanier, sie spürten das Verborgenste auf und verstanden sich am besten darauf, durch Quälerei die Römer zur Herausgabe ihres Geldes und ihrer Schätze zu zwingen. Am grausamsten und bösartigsten benahmen sich die Italiener im kaiserlichen Heer. Die Deutschen waren auch nicht blöde im Zugreifen und gingen mit der Bevölkerung, namentlich mit hohen kirchlichen Würdenträgern nichts weniger als glimpflich um; aber ihre Gutmütigkeit verleugneten sie selbst da nicht völlig, wenn sie nicht auf Widerstand stießen. Ihrem Übermut und ihrer Erbitterung gegen das papistische Rom machten sie in allerlei Aufzügen Luft. So zog ein mit der Tiara geschmückter bairischer Landsknecht als Papst mit seiner Rotte vor die Engelsburg, in der Clemens belagert wurde. In Kardinalsgewänder gekleidete Landsknechte erwiesen ihrem Kameraden päpstliche Ehren. Der gab ihnen mit einem Weinglas den Segen und trank dem Clemens oben zu, worauf alle schrien, sie wollten den Luther zum Papste machen. Allenthalben, auch bei den Katholiken, wurde die Plünderung Roms, der sacco di Roma, als ein nur allzu wohl verdientes Strafgericht Gottes aufgefaßt. In Rom selbst sah man darin die Erfüllung der Prophezeiung eines halb Irrsinnigen, der kurz vor der Ankunft des kaiserlichen Heeres nackt auf eine Statue des Apostels Paulus geklettert war und über den Papst Wehe gerufen hatte: „Sodomitischer Bastard, durch deine Sünden wird Rom zugrunde gehen; bereue und bekehre dich!" Mit dem sacco di Roma nahm die Renaissance-Epoche des Papsttums ein Ende.

Clemens saß auf seiner Engelsburg und hielt Ausschau nach dem von dem Herzog von Urbino geführten Ersatzheer der Liga. Aber der von den Mediceern aus seinem Lande verjagte Herzog hatte keine Lust, etwas für einen Mediceer-Papst zu wagen und marschierte von Rom wieder ab, an das er nahe herangekommen war. So blieb Clemens nichts anderes übrig, als sich dem kaiserlichen Heere zu ergeben und die gestellten Bedingungen anzunehmen. Im Juni erhielt der Kaiser die ersten Nachrichten über die Vorgänge in Rom. Statt sich selbst sofort nach Italien zu begeben, überlegte er nach seiner Art lange, was nun zu tun sei und beschloß endlich, dem Papste die zu seiner geistlichen Amtsführung notwendige Freiheit wiederzugeben. Bei dem Vertragsabschluß am 26. November 1527 erhielt Clemens auch die weltliche Gewalt zurück gegen das Versprechen, auf den Frieden hinzuwirken und ein allgemeines Konzil einzuberufen, das kirchliche Reformen durchführen und der lutherischen Ketzerei ein Ende bereiten sollte.

Verlauf des zweiten französischen Krieges. Frieden mit dem Papst und mit Franz I.

Inzwischen hatte das kaiserliche Heer in Italien durch Krankheiten und den Aufenthalt in Rom fast seine ganze Schlagkraft eingebüßt. Auch die allgemeine politische Lage hatte sich zu ungunsten des Kaisers verändert. Am 18. August 1527 hatten Frankreich und England Frieden geschlossen, schon schienen sich zwischen den ehemaligen Gegnern engere Beziehungen anzubahnen. Französische Truppen waren in Norditalien eingedrungen. Mehrere lombardische Städte, auch Genua, nahmen sie auf. Im Februar 1528 hatte das kaiserliche Heer endlich Rom verlassen und war nach Süden gezogen. Daraufhin marschierte das französische Heer unter Lautrec nach Neapel und belagerte es Ende April von der Landseite her. Auf dem Meer wurde es von der genuesischen Flotte unter dem berühmten Seehelden Andrea Doria eingeschlossen. Da retteten den Kaiser wieder einmal einige glückliche Zufälle. Den größten Teil der französischen Truppen und ihren Heerführer raffte die Pest hinweg. Andrea Doria ging zum Kaiser über, weil ihm Franz I. seine Dienste ungenügend belohnte und seiner Vaterstadt Genua Savona nicht zurückgab. Heinrich VIII. von England war jetzt hauptsächlich mit der Scheidung von seiner spanischen Gemahlin beschäftigt und dann, als er Anna Boleyn geheiratet hatte, mit der kirchlichen Umgestaltung in seinem Lande. Im September und Oktober 1528 nahm Doria Genua und die Riviera für den Kaiser ein; am 21. Juni 1529 erfocht Antonio Leyva mit deutschen und spanischen Truppen einen entscheidenden Sieg über die Franzosen bei Landriano. Der Kaiser beherrschte jetzt wieder sein Königreich Neapel und hatte in der Lombardei völlig das Übergewicht. Seine Mittel waren indes kaum weniger erschöpft als die seiner Gegner, außerdem ließen ihn die Türkengefahr und die Zustände im Reiche eine Beendigung des italienisch-französischen Krieges höchst wünschenswert erscheinen. So waren denn im Sommer 1529 alle Parteien reif für eine friedliche Regelung.

Dem Papste wurde es nicht leicht, sich als Besiegter mit dem Kaiser zu einigen. Aber Clemens war in steter Sorge vor einem neuen Angriff der kaiserlichen Truppen oder vor einer Verständigung des Kaisers mit den italienischen Gegnern des Papstes, welche dann die dem Kirchenstaat entrissenen Gebiete nicht mehr zurückgeben würden, und vor der Einberufung eines allgemeinen Konzils durch den Kaiser. Clemens lockte ferner die Aussicht, nach der Versöhnung mit dem Kaiser an den Gegnern in seiner Vaterstadt Florenz Rache nehmen zu können. Der Kaiser wollte den Papst, abgesehen von den allgemein politischen und kirchlichen Gründen, auch deshalb für sich gewinnen, damit er nicht die Ehe König Heinrichs VIII. mit Katharina, einer Tante Karls, für ungültig erkläre. Im Vertrag von Barcelona erneuerte der Papst am 29. Juni 1529 die Belehnung des Kaisers mit Neapel und verzichtete auf den Zins, den die Könige von Neapel bis dahin dem päpstlichen Stuhl zu entrichten gehabt hatten. Die kaiserlichen Truppen erhielten freien Durchzug von Neapel nach Toskana oder in die Lombardei. Dem Papste wurden die ihm von Venedig und Ferrara genommenen Gebiete zugesprochen, und die Mediceer sollten Florenz zurückerhalten. Der Papst ließ den von ihm begünstigten ungarischen Gegenkönig Zapolya (vgl. S. 356) fallen und sagte die Erfüllung der spanischen Wünsche in der englischen Ehesache zu. Der Kaiser erklärte die Ausrottung der verpestenden Krankheit des neuen Glaubens in Deutschland als eine seiner wichtigsten Aufgaben und versprach, wenn sich die Irrenden nicht in Güte bekehren ließen, würden er und sein Bruder Ferdinand alles daransetzen, das Christo zugefügte Unrecht zu rächen — diesen Irrenden, den lutherischen Ketzern aber verdankte der Kaiser in erster Linie seinen Sieg über den Papst.

Der Kaiser und König Franz hatten sich gegenseitig derart beschimpft, daß sie nicht gut miteinander in Unterhandlungen treten konnten. Dafür knüpften Luise, die Mutter von Franz, schon auch um ihre Enkel aus der harten spanischen Gefangenschaft zu befreien, und die Statthalterin der Niederlande, Margarete, Unterhandlungen an. Karl und Franz hatten zwar allerlei Einwendungen gegen die Vorschläge der beiden Fürstinnen. Ihre Besprechungen zeitigten am 5. August 1529 aber schließlich doch ein leidliches Ergebnis, den sogenannten Damenfrieden von Cambrai. Im wesentlichen blieben die Bedingungen des Madrider Vertrages bestehen. Franz zahlte die dort vereinbarte Kriegsentschädigung, verzichtete auf alle seine italienischen Ansprüche und auf die Lehenshoheit über Flandern und Artois, Karl auf die Eroberung von Burgund. Wie vor zwei Jahren in Madrid erklärte auch jetzt der Franzosenkönig in einem geheimen Protest den Frieden für erzwungen und darum für ungültig, Genua, Asti und Mailand könne er nicht für immer aufgeben. Karl behielt sich offen ausdrücklich die weitere Verfolgung seiner burgundischen Ansprüche auf dem Rechtswege vor. Immerhin war durch diesen Frieden der französische Krieg fürs erste beendet.

Krönung Karls in Bologna

Der Kaiser landete im August 1529 mit einem starken kriegerischen Aufgebot in Genua. Er versöhnte sich mit dem Herzog Sforza und belehnte ihn mit Mailand. Am 5. November begab sich Karl nach Bologna, wo der Papst bereits auf ihn wartete. Hier kam zunächst ein Friede mit Venedig zustande, der dem Kaiser, ebenso wie die Wiedereinsetzung der Sforza, eine schöne Summe einbrachte. Da Karl nach seiner langen Abwesenheit möglichst bald nach Deutschland ziehen wollte, ließ er sich nicht in Rom, sondern in Bologna am 22. Februar zum lombardischen Könige und zwei Tage später an seinem Geburtstage und am Jahrestage der Schlacht von Pavia vom Papste zum Kaiser krönen. Zum letzten Male setzte damals ein Papst einem römisch-deutschen Kaiser die Ehrenkrone der Christenheit aufs Haupt. Daß dies nicht in Rom geschah, worauf man früher so großes Gewicht gelegt, zeigte, wenn auch unbeabsichtigt, den grundlegenden Wandel in Karls Kaisertum.

Einst hatte er bei seiner Wahl seine deutsche Abstammung und damit die innige Verbundenheit des römischen Kaisertums mit der deutschen Nation aufs stärkste betont. Nun aber war nur ein einziger deutscher Fürst zugegen, Pfalzgraf Philipp. An Stelle der deutschen Ritter, die einst den Kaiser bei der Krönung umgaben, standen 3000 erlesene Landsknechte, doch unter dem Befehl des Spaniers Leyva. Das Zepter trug der Markgraf von Montferrat, das Schwert der Herzog von Urbino, die Krone der Herzog von Savoyen, nur den Reichsapfel der deutsche Pfalzgraf Philipp. Den Zug eröffneten spanische Edelknaben, gefolgt von Herren des spanischen Adels in spanischem Prunk und Pomp.

Die Kurfürsten waren hoch erstaunt, daß man, ohne sie zu fragen, die ihnen zustehenden Kronämter anderen übertragen hatte. Sie beschwerten sich später, daß sie zur Krönung nicht berufen und zur Regelung der italienischen Verhältnisse nicht herangezogen worden wären, obwohl diese Verträge, wenigstens soweit sie Oberitalien berührten, Reichsangelegenheiten betrafen. In aller Form protestierten die Kurfürsten: sei in jenen Verträgen etwas festgelegt, was jetzt oder künftig dem heiligen römischen Reiche zum Abbruch oder Nachteil gereichen könne, so wollten sie nicht darein gewilligt haben. Wohl sahen die Deutschen, auch die Lutheraner, in Karl nach wie vor ihren Kaiser, und die Fürsten erwiesen ihm nach seiner Ankunft in Deutschland nicht bloß äußerlich die altüberkommenen Ehren des Reichsoberhauptes; aber wenn dem Pochen Karls auf sein deutsches Blut jemals mehr als politische Berechnung zugrunde gelegen hatte, so war er jedenfalls zu dieser Zeit bereits völlig in seinen universalistischen, von allem Deutschen losgelösten Herrscherideen aufgegangen.

Dritter französischer Krieg

Bald nach der Krönung zürnte der Papst wieder dem Kaiser. Das Drängen auf ein Konzil kam Clemens höchst ungelegen; war doch sicher zu erwarten, daß es die Einkünfte der Kurie stark schmälern würde. Bei der Verleihung kirchlicher Pfründen berücksichtigte Karl nicht die Wünsche des Papstes für seinen Neffen. In der Sache des Herzogtums Ferrara entschied der Kaiser zu ungunsten des Papstes. So ging dieser mit Freuden auf den Vorschlag des immer auf die Rückgewinnung der Lombardei bedachten Königs Franz ein, Katharina Medici, eine Nichte von Clemens, mit seinem zweiten Sohn Heinrich zu vermählen. Am 9. Juni 1531 vereinbarte der Papst mit dem französischen König die Errichtung eines großen italienischen Fürstentums mit Pisa, Livorno und anderen Städten, bei gegebener Gelegenheit sollten Genua und Mailand ebenfalls diesem Fürstentum einverleibt werden. Diese Umtriebe bewogen den Kaiser, sofort nach dem Abzuge der Türken aus Österreich (vgl. S. 370) nach Italien abzureisen. Er besprach sich am 12. Dezember 1532 zu Bologna mit dem Papste, der aber von der Einberufung eines Konzils nichts wissen wollte und seine Verbindung mit Frankreich nicht aufgab; erst bei einem zweiten Zusammentreffen im Februar 1533 verpflichtete er sich zur Förderung der Konzilsangelegenheit (vgl. S. 429). Im Herbst 1533 schmiedeten Clemens und Franz bei einer Zusammenkunft in Marseille Pläne gegen den Kaiser, doch verhinderte der Tod des Papstes am 25. September 1534 deren Ausführung. Clemens hatte bis zuletzt durch seine kaiserfeindlichen Umtriebe die Protestanten in Deutschland entlastet.

Am 1. November 1535 starb Franz Sforza, Herzog von Mailand. Franz I. machte daraufhin seine alten Ansprüche auf das Herzogtum geltend. Während der Verhandlungen mit dem Kaiser fiel er im März 1536 plötzlich in Savoyen ein, um die angeblichen Rechte seiner Mutter, einer Tochter Philipps II. von Savoyen, zu wahren, in Wirklichkeit aber, um sich den Zugang nach Italien zu sichern, außerdem verbündete er sich mit den Türken. Der Kaiser bemächtigte sich Piemonts und rückte in die Provence ein, sein Heer mußte sie aber im September wieder verlassen. Ein zweites kaiserliches Heer konnte die Festung Péronne, südlich von Lille, nicht nehmen. Im Frühjahr 1537 eroberten die französischen Truppen, in deren Reihen Tausende deutscher Landsknechte und der junge Herzog Christoph von Württemberg kämpften, mehrere niederländische Orte. Im Oktober drängte ein starkes französisches Heer die Kaiserlichen in Oberitalien zurück. Die türkischen Bundesgenossen des Franzosenkönigs besiegten den Feldherrn König Ferdinands bei Esseg an der Drau und setzten den Venetianern übel zu. Papst Paul III., der Nachfolger von Clemens, vermittelte zwischen dem Kaiser und König Franz, um die Christenheit gegen die Türken zu einen. Da die Mittel der beiden Herrscher in den zwei Kriegsjahren wieder einmal aufgezehrt waren, hatten die Bemühungen des Papstes Erfolg. Am 18. Juni 1538 unterzeichneten die Gegner zu Nizza einen Friedensvertrag auf zehn Jahre, in dem sie gegenseitig im wesentlichen den derzeitigen Besitzstand anerkannten. Bei einer Zusammenkunft Mitte Juli tauschten der Kaiser und der König so herzliche Freundschaftsbezeugungen aus, daß nun endlich aller Hader zwischen ihnen beigelegt schien. Als im Herbst 1539 Unruhen in Gent ausbrachen, bot der König dem Kaiser freien Durchzug durch Frankreich an. Karl ging darauf ein, zur allgemeinen Verwunderung hielt der Franzosenkönig sein Wort, und der Aufstand konnte schnell niedergeworfen werden. In den nächsten Jahren begannen allerdings die Verhältnisse im Nordwesten eine Wendung zu nehmen, die dazu beitrug, das gute Einvernehmen zwischen dem Kaiser und König Franz wieder zu trüben.

Lage in Geldern. Türkenkriege

Herzog Karl von Geldern, der letzte des Hauses Egmont-Geldern, hatte 1534 aus Haß gegen die Habsburger sein Land Franz I. überlassen wollen. Die Stände des Herzogtums waren jedoch damit nicht einverstanden und hatten sich Kleve angeschlossen. Als Herzog Karl im Jahre 1538 starb, nahm Wilhelm von Kleve Besitz von Geldern und von Zütphen. Im nächsten Jahre trat er nach dem Tode seines Vaters Johann III. auch die Jülich-Klevesche Herrschaft an. Einst hatte Kaiser Maximilian unter Nichtachtung der Rechte der Wettiner die Vereinigung von Jülich und Kleve veranlaßt (vgl. S. 282), um in der unmittelbaren Nachbarschaft der Niederlande keine den Habsburgern bedrohliche große Fürstenmacht aufkommen zu lassen; nun war der Herzog von Jülich-Kleve ein mächtiger Landesherr geworden. Heinrich VIII. heiratete 1540 dessen Schwester Anna als vierte Gemahlin. Wilhelm ließ den Evangelischen in seinen Landen mehr Freiheit, und Heinrich VIII. stellte sich freundlicher zum deutschen Protestantismus. Schon verhandelten Dänemark, Kleve und die protestantischen deutschen Fürsten über ein Bündnis, dem auch die Freundschaft Kleve-England sehr zu statten gekommen wäre. Aber Heinrich VIII. schickte bereits im Juli 1540 Anna wieder heim, und im folgenden Jahre schloß der tatkräftigste der protestantischen Fürsten, Philipp von Hessen, einen Vertrag mit dem Kaiser (vgl. S. 455). Für die Niederlande brauchte Karl infolgedessen vorerst nichts zu befürchten. Er wendete sich nun gegen die Türken.

In Tunis saß immer noch sein alter Feind Dschereddin Barbarossa. Gemeinsam mit Hassan Aga von Algier beherrschte er im Einverständnis mit Frankreich das westliche Mittelmeer. Im Oktober 1541 stach der Kaiser in See, um Algier zu erobern. Als er am 24. Oktober einen Teil seiner Truppen gelandet hatte, verhinderte die mit fürchterlichen Unwettern hereinbrechende schlechte Jahreszeit, die übrigen Truppen und das Geschütz auszuschiffen. Mit knapper Not entkam der Kaiser mit seiner kleinen, schlecht ausgerüsteten Schar den Feinden. Das algerische Unternehmen war gescheitert. Im Osten errangen die Türken noch wichtigere Erfolge. Als Zapolya im Jahre 1540 gestorben war, rückte Soliman in Ungarn ein und besetzte es. Im Sommer 1542 führte Kurfürst Joachim II. von Brandenburg als oberster Feldhauptmann ein Heer gegen ihn. Es zählte etwa 25000 Mann zu Fuß und 5000 Reiter. Aber das Geld fehlte, und so riß unter den Truppen eine große Zuchtlosigkeit ein. Die von den Ungarn erwartete Hilfe blieb aus, sie wollten nicht für Ferdinand kämpfen. Im Felde zeigten sich die Deutschen wie immer den Türken überlegen. Als aber Joachim vor Pest rückte, und die Landsknechte zum Sturm antreten sollten, verweigerten sie den Gehorsam. Höhnisch riefen sie, ob man sie mit dem Sturm bezahlen wolle. Sie bedrohten die Kriegsräte und den Pfennigmeister und selbst ihren Heerführer Kurfürst Joachim. Daraufhin zog dieser unverrichteter Dinge nach Deutschland zurück.

Vierter französischer Krieg. Unterwerfung von Jülich-Kleve

Franz I. hatte den Zug des Kaisers gegen Algier nicht gestört. Doch hatte damals infolge verschiedener Zwischenfälle in Italien und in den Niederlanden und infolge der Verhandlungen des Franzosenkönigs mit deutschen Fürsten die Spannung zwischen beiden Herrschern bereits wieder einen derartigen Grad erreicht, daß der Ausbruch neuer Feindseligkeiten nur noch eine Frage der Zeit schien. Frankreich rüstete eifrig. Wer im Gegensatz zum Kaiser stand, nahm Fühlung mit König Franz. Er schloß wieder ein Bündnis mit den Türken und gewann nun auch den Herzog Wilhelm von Kleve für sich. König Christian III. von Dänemark, der dem Kaiser zürnte, weil er die Ansprüche der pfälzischen Wittelsbacher auf Dänemark unterstützt hatte, erbot sich, Frankreich zu helfen, ebenso König Gustav Wasa von Schweden, da es hieß, die aufrührerischen Bauern seines Landes stünden im Einvernehmen mit dem Kaiser. Im Sommer 1542 griff ein französisches Heer an der spanischen Grenze an, ein zweites fiel in Luxemburg ein. Der Feldherr des Herzogs Wilhelm, Martin von Roßheim, stieß mit seinen klevisch-dänisch-französischen Truppen in die Niederlande vor und verheerte auch im nächsten Jahre das offene Land, während dänische Schiffe die Küsten beunruhigten. Soliman rückte in die bisher von den Türken noch nicht eroberten Teile Ungarns vor und nahm das feste Gran. Die türkisch-französische Flotte beherrschte das Mittelmeer. Paul III., der als ausgesprochener Franzosenfreund galt, suchte zwar zwischen König Franz und dem Kaiser zu vermitteln, tat es aber auf eine dem Frieden wenig dienliche Weise.

Herzog Wilhelm baute vor allem auf die Unterstützung Frankreichs und der protestantischen Fürsten. Er nahm 1543 das Abendmahl unter beiderlei Gestalt, worauf sein Schwager Kurfürst Johann Friedrich von Sachsen die Aufnahme Kleves in den Schmalkaldischen Bund betrieb. Aber die evangelischen Fürsten waren jetzt mehr denn je von blindem Vertrauen zu dem Kaiser beseelt. Sie meinten, seine steten Mißhelligkeiten mit den Päpsten müßten ihn doch endlich auch innerlich ihrer Sache günstig stimmen. Und Karl verstand es nur allzu gut, sie in diesem Glauben zu bestärken. Als gelegentlich eines Huldigungsaktes die Eidesformel verlesen wurde, unterblieb die übliche Anrufung der Heiligen, einzig Gott der Allmächtige wurde genannt, worüber viele der anwesenden Evangelischen Freudenzähren vergossen. So waren denn auch die evangelischen Fürsten durchaus der Ansicht, der Herzog von Kleve habe sich innerhalb der ihm vom Kaiser gesetzten Frist zu unterwerfen. Doch der Herzog lehnte, des Beistandes der Franzosen sicher, die Aufforderung des Kaisers ab. Mit 35000 Mann, darunter 4000 Spaniern und 4000 Italienern, zog Karl den Rhein hinunter in die Gebiete Wilhelms. Die Franzosen kamen aber dem Herzog nicht zu Hilfe, und so verließ er sich auf seine Festungen. Als aber die stärkste von ihnen, Düren, gefallen war, begab er sich in das Lager des Kaisers, leistete ihm fußfällig Abbitte, trat ihm Geldern und Zütphen ab, sagte sich von Frankreich und Dänemark los und verpflichtete sich zur Aufrechterhaltung des Katholizismus in den Ländern, die ihm die Gnade des Kaisers ließ. Für Geldern ernannte Karl den Prinzen von Oranien zu seinem Verweser.

Ehe der Kaiser nach der Niederwerfung des Herzogs zum entscheidenden Schlage gegen Frankreich ausholte, versöhnte er sich mit Dänemark und schloß mit

Heinrich VIII. ein Bündnis. Der englische König hatte wieder einmal eine vollständige Schwenkung seiner Politik vorgenommen. Er war gegen Franz I. aufgebracht, weil dieser den Absichten Englands auf die Erwerbung Schottlands widerstrebte. Da Heinrich sich in dogmatischen Fragen der katholischen Kirche wieder mehr annäherte und das Erbrecht der Tochter seiner verstoßenen ersten Gemahlin Katharina, der späteren „blutigen" Maria, anerkannte, stand einer Vereinigung des Kaisers mit dem englischen Könige nichts mehr im Wege. Aber auch mit dessen Hilfe vermochte Karl im Jahre 1543 nicht viel gegen Frankreich auszurichten. Er suchte deshalb die Reichsstände auf dem Speirer Reichstag von 1544 (vgl. S. 433) für die Beteiligung an dem Kriege gegen Frankreich zu gewinnen. Für die Austragung der burgundischen Streitigkeiten des Habsburgers hätten die Stände nun freilich nichts bewilligt, aber Karl schob geschickt den Türkenkrieg in den Vordergrund der Verhandlungen. In dem Wunsche, die Christenheit endlich einmal von der Osmanengefahr zu befreien, waren sich Katholiken und Protestanten einig. Wollte man aber des Türken Herr werden, dann mußte man erst seinen Bundesgenossen, den König von Frankreich, aufs Haupt schlagen. Mit dieser Ansicht drang der Kaiser wegen seiner Streitigkeiten mit dem Papste vor allem bei den Protestanten durch, zumal da der päpstliche Legat Farnese die Stände zur Vermittlung zwischen dem Kaiser und König Franz aufforderte, und einige besonders eifrige katholische Fürsten Farnese in seinen Bemühungen unterstützten. Obendrein äußerte der kaiserliche Vizekanzler in vertraulichen Gesprächen Evangelischen gegenüber, seinem Herrn liege es ferne, jemanden wegen seiner Religion zu kränken, auch durchschaue er immer mehr des Papstes Hinterlist. Offensichtlich füge Gott all das so, damit sein Wort gefördert werde. So stimmten denn die Stände dem Kaiser bei, daß man gegen den Franzosenkönig, den „allerchristlichsten" König, der türkisch geworden sei, zu Felde ziehe und ihn so züchtige, daß sich „jeder andere Potentat ähnlicher unchristlicher Handlungen enthalte".

Im Juni 1544 marschierte der Kaiser mit ungefähr 35000 Mann gegen Frankreich. Mit besonderer Umsicht war diesmal für die Verproviantierung gesorgt. Zum Großmarschall hatte der Kaiser den vielerprobten lutherischen Söldnerführer Sebastian Schertlin bestellt. Die Engländer belagerten Boulogne. König Franz wich einer Schlacht aus; nach seinem Unglück von Pavia wollte er von Entscheidungen nichts mehr wissen, die, wie er sagte, dem Kaiser höchstens ein Heer, ihm aber eine Provinz oder das Reich kosten könnten. Die kaiserlichen Truppen stießen tief nach Frankreich hinein vor. Am 8. September besetzten sie Château Thierry, ungefähr achtzig Kilometer östlich von Paris. Franz I. zeigte sich jetzt zu Verhandlungen bereit. Auch der Kaiser wollte die bisherigen Erfolge nicht durch die Fortsetzung des Krieges aufs Spiel setzen, stand er doch einem zahlreichen, frischen französischen Heere und stark befestigten Orten mitten im Feindesland gegenüber. Er bewilligte deshalb am 18. September zu Crépy Franz einen günstigen Frieden. Der dritte Sohn des französischen Königs sollte entweder eine Tochter des

Kaisers oder seines Bruders Ferdinand heiraten und entweder die Niederlande oder Mailand als Mitgift erhalten, für den zweiten Fall sicherten nähere Bedingungen die Machtstellung der Habsburger in Oberitalien. König Franz verpflichtete sich außerdem, an einer Heerfahrt gegen die Türken teilzunehmen, die deutschen Protestanten nicht weiter zu unterstützen und die Konzilspläne des Kaisers zu fördern.

Dank der Mithilfe des Reiches, namentlich auch der evangelischen Stände, waren im Herbste 1544 die Gefahren überwunden, welche das Haus Habsburg im Westen vor etwas mehr als einem Jahre aufs schwerste bedroht hatten. Herzog Wilhelm von Jülich-Kleve war gedemütigt, Geldern mit Zütphen dem Kaiser gewonnen, und der letzte Versuch Franz I., die Macht der Habsburger zu brechen, war abgeschlagen. Doch teilten jetzt auch Geldern und Zütphen das Schicksal der Niederlande, sie wurden wie diese dem Reiche entfremdet. Die Stände von Geldern hatten das schon längst geahnt, es war dies einer der Gründe, weshalb sie sich im Jahr 1538 nicht den Kaiser sondern den Herzog von Kleve zum Herrn wählten, unter dem sie „geldrisch" und beim Reiche zu bleiben hofften. Die Protestanten hatten auf dem Speirer Reichstag von 1544 für ihre wichtigen Dienste vom Kaiser wohl manches erreicht, sich mit ihrer Annahme, Karl wäre ihnen nun wirklich wohlgesinnt, indes bös getäuscht. Der Herzog von Kleve mußte in den ihm verbliebenen Gebieten die Reformation rückgängig machen, für die Protestanten ein schwerer Schlag, auch deshalb, weil dadurch die Kölner Reformation (vgl. S. 436 ff.) behindert wurde. Vor allem aber hatte das Verhalten der evangelischen Fürsten in dieser Zeit den Kaiser von ihrer politischen Unfähigkeit überzeugt und ihn in dem Vorhaben bestärkt, die deutsche Ketzerei auszurotten. „Die Beobachtung dessen, was sich hier zutrug", schrieb Karl in seinen Denkwürdigkeiten, „öffnete mir die Augen und erleuchtete meinen Verstand dermaßen, daß es mir nicht mehr bloß nicht unmöglich schien, mit Gewalt solchen Hochmut zu bändigen, sondern sogar leicht, wenn es nur zur rechten Zeit und mit geeigneten Mitteln unternommen würde".

Neuntes Kapitel

Vom Nürnberger Religionsfrieden bis zum Ausbruch des Schmalkaldischen Krieges Luthers Tod

Auseinandersetzungen und Verhandlungen der evangelischen und katholischen Stände. Die Konzilsfrage

„Ich erkläre dir, hätte ich Vater, Mutter, Bruder, Schwester, Frau oder Kind, die von Luthers Ketzerei angesteckt wären, ich würde sie für meine größten Feinde halten." Diese Worte richtete Kaiser Karl am 7. Oktober 1531 an seine Schwester, die Königin-Witwe Maria von Ungarn, die der 1530 gestorbenen Margarete als Statthalterin der Niederlande nachgefolgt war und im Rufe stand, Luther einigermaßen günstig gesinnt zu sein. In der grundsätzlichen Ablehnung Luthers hat Karl nie geschwankt, und die Vernichtung des Protestantismus hat er immer für eine seiner heiligsten Pflichten gehalten. Wenn er trotzdem lange von Gewaltanwendung gegen die Evangelischen absah, gelegentlich sogar in einzelnen Städten und Orten der Niederlande und, wie im Nürnberger Religionsfrieden von 1532, zu weitergehenden Zugeständnissen bereit war als manche katholische Heißsporne, so vor allem deshalb, weil er auch in der religiösen Frage seiner Politik des Abwartens eines günstigen Zeitpunktes treu blieb und seine großen Endziele für den Augenblick zurückstellte, wenn ihm vordringliche Aufgaben und plötzlich eingetretene Schwierigkeiten ein Ausbiegen oder Nachgeben rätlich scheinen ließen. Außerdem hielt es der Kaiser bis gegen Ende seiner Regierung nicht für ausgeschlossen, daß es ihm doch noch gelingen werde, die evangelischen Stände oder wenigstens den größeren Teil von ihnen wieder für die alte Kirche zu gewinnen. In seiner Verkennung der religiösen Grundkräfte des Protestantismus war er der Ansicht, daß sehr viele, vielleicht die große Mehrzahl, nur deshalb Luther anhingen, weil sie die Abschaffung von Mißständen in der Kirche wünschten, und daß die übrigen, verbohrte, hartnäckige Ketzer oder zuchtlose, nur auf ihren Eigennutz Bedachte, nach der Versöhnung der Wohlmeinenden unschwer mit Gewalt niedergehalten und schließlich ausgemerzt werden könnten. Mit der Kirchenreform meinte es der Kaiser selbst durchaus ehrlich, nicht nur, weil er persönlich fromm war, sondern auch wegen seines Ehrgeizes. Er wollte in der alten erhabenen Auffassung Weltkaiser sein, dessen höchste Aufgabe der Kampf für den christlichen Glauben und die Sorge für die Aufrechterhaltung der Kirchenzucht war. Lag ihm dabei auch nichts ferner als die Abschaffung des Papsttums und der römischen Hierarchie, so war er doch wenigstens zeitweilig bereit, scharf gegen sie vorzugehen. Ihre politischen Händel und Kriege, die Verschwörungen und offenen Feindseligkeiten eines Clemens VII. gegen ihn, die oft mehr als zweifelhafte Haltung Pauls III. und die Beziehungen beider zu seinen Feinden, der Vorteil, den davon die Türken und die deutschen Protestanten hatten, stachelten Karls religiösen und sittlichen Reformwillen noch besonders an. Aus der Anfrage des Bartolomäus di Gattinara, eines Vetters des Großkanzlers, an den Kaiser nach der Gefangennahme Clemens VII.: „Wir erwarten die schleunigen Anordnungen Euer Majestät über die Regierung Roms, ob nämlich in dieser Stadt irgend eine Art von apostolischem Stuhl bleiben soll oder nicht", mag man ersehen, mit welchen Plänen damals ein Teil der Umgebung des Kaisers sich trug, und was sie ihm zutraute. Die öffentliche Meinung Spaniens war allerdings entsetzt über die Haft des Papstes und hat zum Einlenken Karls in dieser Angelegenheit beigetragen.

Die Evangelischen glaubten nur allzuleicht, der Kaiser werde ein Konzil, etwa von der Art der Basler Kirchenversammlung (vgl. S. 214), einberufen und sich vom Papsttum lossagen, wenn er den baldigen Beginn eines Konzils in Aussicht stellte, und wenn ihnen abfällige Äußerungen Karls über Clemens VII. und Paul III. zugetragen wurden. Nicht dem Kaiser sondern den böswilligen Feinden des Evangeliums maßen die Protestanten die Schuld zu, daß das Papsttum immer noch sein Unwesen treiben konnte und das Konzil so lange nicht zustande kam. „Zwar der Kaiser", schrieb selbst Luther noch am 30. Juni 1530, „ist ein frommes Herz, aller Ehren und Tugend wert, dem seiner Person halben nicht mag zuviel Ehre geschehen; aber lieber Gott! was kann ein Mensch wider so viel Teufel, wo nicht Gott gewaltiglich hilft?" Die Protestanten wünschten ferner nicht weniger als die Katholiken die Aufrechterhaltung der christlichen Einheit. Verschiedene evangelische Theologen, allen voran Melanchthon, bemühten sich eifrig, ihrer Lehre eine Form und, soweit wie möglich, auch einen Inhalt zu geben, die für die Katholiken noch einigermaßen tragbar wären, was diese erst recht wieder in der Hoffnung auf die Rückkehr der Lutheraner zur alten Kirche bestärkte. Andererseits versteiften sich gleichzeitig hüben und drüben die Gegensätze. Die Katholiken waren darüber bestürzt, daß sich immer mehr Reichsstände zum Luthertum bekannten, und betonten in ihren Streitschriften immer schärfer die Glaubensunterschiede; die Evangelischen kamen trotz der Zurückstellung ihrer mit der alten Lehre völlig unvereinbaren Auffassungen von Willensfreiheit, Erbsünde und guten Werken immer mehr zu einer von der katholischen stark verschiedenen Geisteshaltung und zu stetig fortschreitender Aufgabe der alten Zeremonien und religiösen Gebräuche. — Aus diesen Verhältnissen erklären sich die immer wieder neu aufgenommenen Vermittlungsversuche und ihr Scheitern. Schließlich mußte es zu einer gewaltsamen Auseinandersetzung mit den Waffen kommen. Die Protestanten ließen sich weder das Recht auf ihren Glauben nehmen, noch verzichteten sie auf dessen weitere Ausbreitung; der Kaiser sann immer darauf, sie mit allen Mitteln zu vernichten, wenn sie nicht zur alten Kirche zurückkehren wollten.

Am 27. Februar 1531 war in Schmalkalden die Bundesurkunde der evangelischen Reichsstände unterzeichnet worden (vgl. S. 367). Der unermüdliche Widersacher Luthers und des Luthertums, Herzog Georg von Sachsen, gründete dagegen im November 1533 mit einigen norddeutschen Fürsten den Hallischen Bund. Doch weder dieser noch seine Erneuerung im Sommer 1538, die „christliche Einung", die sich eine dem Schmalkaldischen Bunde nachgebildete Verfassung gab, erlangten größere Bedeutung. Um so rühriger und erfolgreicher waren die Schmalkaldner. Sie legten den im Juni 1534 mit König Ferdinand geschlossenen Friedensvertrag (vgl. S. 372) auf einer Tagung im Dezember 1535 dahin aus, daß alle Reichsstände ihrem Bunde beitreten dürften, welche sich zur Augsburger Konfession bekannten oder noch bekennen würden. Daraufhin nahmen auf einem im April 1536 zu Frankfurt abgehaltenen Bundestag die Schmalkaldner Württemberg, Pommern, Anhalt, Frankfurt, Hamburg, Hannover und Kempten als neue Mitglieder auf. Gelegentlich einer Bundesversammlung im Februar 1537 erklärte der kaiserliche Bevollmächtigte Held den Frieden von Kaaden und die Neuaufnahmen für ungültig. Die darüber unter den Protestanten entstandene Erbitterung besänftigte etwas der „Frankfurter Anstand" von 1539, in dem zwar der Nürnberger Religionsfriede nicht auf die seit 1532 übergetretenen Stände ausgedehnt, diesen aber doch eine vorläufige, allerdings kurz befristete Ausübung ihrer Religion zugestanden wurde. Außerdem sollten alle Kammergerichtsprozesse über das Kirchengut und die geistliche Jurisdiktion vorerst in der Schwebe bleiben. Die Vereinbarung kam zustande, weil keine der beiden Parteien ernstlich einen Krieg wünschte, der Kaiser und Ferdinand bei der allgemeinen politischen Lage auf das Entgegenkommen aller Reichsstände angewiesen waren, die Protestanten bisher aus Vertagungen Gewinn gezogen hatten und sich in ihren Reihen allerlei Gegensätze störend bemerkbar machten. Der Kaiser bestätigte zwar den von seinem Unterhändler, dem vertriebenen Erzbischof von Lund, herbeigeführten „Anstand" nicht, ging aber auch nicht selbst gegen die Protestanten vor.

Während sich so der Kaiser mit den katholischen Ständen und die Schmalkaldner Waffen bei Fuß gegenüber standen, begann die Konzilsangelegenheit die Gemüter noch stärker zu erregen. Vertagung bis zum nächsten Konzil, das war bisher der Weisheit letzter Schluß gewesen, wenn man immer wieder bei den konfessionellen Ausgleichsverhandlungen zu keinem befriedigenden Ergebnis kam. Die ganzen Jahre her hatte der Kaiser bei allen seinen Zugeständnissen betont, sie sollten nur bis zum nächsten Konzil gelten. Die Einberufung oblag in erster Linie dem Papste. Nun saß aber seit den Konzilien von Konstanz und Basel den Päpsten der Schrecken vor einer allgemeinen Kirchenversammlung in den Gliedern. Es lockte sie natürlich nicht, sich vor der ganzen Kirche gewissermaßen als Angeklagte hinzustellen, über ihre Amtshandlungen und Lebensführung Rede und Antwort zu stehen und sich Rechte und Einkünfte beschneiden zu lassen. Denn das sollte doch zum guten Teil den Gegenstand des Reformkonzils bilden, wenigstens nach dem, was man nun seit einem Jahrhundert darunter verstand. Und selbst wenn ein Papst selbstlos genug gewesen wäre, seine persönlichen Interessen ganz außer acht zu lassen, mußte er doch ernstlich besorgen, daß ein solches Konzil in diesen stürmischen Zeitläuften schwerste Gefahren für den Bestand der Kirche heraufbeschwören würde, deren Aufrechterhaltung Sinn und Inhalt des Papsttums war. Ein Konzil unter diesen Voraussetzungen hätte für den Papst leicht dasselbe werden können, was später die von Ludwig XVI. nach Versailles berufene Versammlung seiner Reichsstände für die französische Monarchie wurde. So kann man wohl verstehen, daß Clemens VII. gelegentlich eher dazu bereit war, den Wünschen der Protestanten nach Religionsfreiheit ziemlich weit entgegenzukommen, als ein Konzil einzuberufen. Dagegen war Kaiser Karl davon überzeugt, daß eine Regelung der religiösen Frage in Deutschland, ja innerhalb der gesamten abendländischen Christenheit ohne Konzil unmöglich sei, und daß die Ausbreitung der Protestanten um so größere Fortschritte mache, je länger man es verschiebe; auch hatte er sich in der Konzilsangelegenheit den deutschen Reichsständen gegenüber wiederholt unausweichlich festgelegt. Er war deshalb entschlossen, selbst für das Zustandekommen eines Konzils zu sorgen, falls sich der Papst nicht dazu aufraffe. Ein Konzil unter dem Vorsitz des Kaisers und gar noch in Deutschland wäre aber vom Standpunkt der Kurie fast ebenso schlimm gewesen wie einst das Basler Konzil. Der Papst mußte nun wohl oder übel Schritte zur Einberufung einer allgemeinen Kirchenversammlung tun. Für Paul III. schien dies um so näher zu liegen, als er im Gegensatz zu seinem Vorgänger die Kirchenreform ernstlich betrieb, und ein Konzil von jeher als eines der besten Mittel zur Klärung von Glaubensfragen und zur Beratung über wichtige kirchliche Gesetze betrachtet wurde. Es ist nun allerdings wiederholt behauptet worden, Paul III. sei nur zum Schein auf die Forderung eines Konzils eingegangen, um es so erst recht hintertreiben und durch die von ihm zur Kirchenreform eingesetzte Kommission, unbeeinflußt von außerrömischen Kreisen, ihm genehme Maßnahmen durchführen zu können. Von der hier kurz geschilderten Sachlage aus dürfte indes das Verhalten Pauls III. nicht allzu undurchsichtig sein. Ein Konzil von der Art des Baslers oder ein „kaiserliches" war für das Papsttum bei den damaligen Verhältnissen untragbar. Dagegen konnte eine vom Papst beherrschte Kirchenversammlung zu einer Reform im römisch-katholischen Geiste und zur Stärkung des Papsttums viel beitragen. Kein Reformkonzil im Sinne des 15. Jahrhunderts und der deutschen Protestanten, aber eine Kirchenversammlung, die nach seinem Willen und unter seiner Leitung Reformen beschließe und den Religionsstreit entscheide, das war Pauls III. Ziel. Dies zu erreichen, bedurfte es freilich großer Umsicht, entschlossener Tatkraft und vieler Vorbereitungen.

Trotz seiner Abneigung gegen eine allgemeine Kirchenversammlung hatte Clemens VII. nach den am 24. Februar 1533 dem Kaiser gegenüber eingegangenen Verpflichtungen wenigstens eine Gebärde machen müssen, die seinen guten Willen in der Konzilsangelegenheit bekunden sollte. Er schickte den Nuntius Hugo Rangoni an den sächsischen Kurfürsten Johann Friedrich, um mit ihm über die päpstlichen Bedingungen für das Konzil zu verhandeln: es solle so abgehalten werden, wie es vor alters die Väter der Kirche zu tun pflegten. Die Teilnehmer müßten von vornherein erklären, sich den Konzilsbeschlüssen zu fügen, weil sonst die Entscheidungen der Kirchenversammlung zwecklos wären. Als Konzilsort schlage der Papst Mantua, Piacenza oder Bologna vor. Sechs Monate, nachdem von den maßgebenden Persönlichkeiten zustimmende Antworten eingelaufen seien, werde der Papst das Konzil ausschreiben und hierauf nach Jahresfrist eröffnen. Der Kurfürst erwiderte, er müsse sich über die Annahme dieser Artikel erst mit seinen „Glaubensverwandten" beraten. Für sich selbst forderte er Luther, Justus Jonas, Bugenhagen und Melanchthon zur Abfassung von Gutachten auf. Diese vertraten mit Ausnahme Melanchthons, der dem Papst das Recht der Einberufung und des Vorsitzes zuerkannte, aber die bedingungslose Unterwerfung unter das Konzil ablehnte, die Ansicht, daß die Zustimmung zu diesen Artikeln dem Widerruf und der Verleugnung der Augsburger Konfession und der Bestätigung aller päpstlichen Greuel gleichkäme. Die gemeinsame Antwort der evangelischen Stände lehnte dann auch die päpstlichen Bedingungen ab: „Die Schrift müsse auf dem Konzil herrschen und entscheiden. Sollte man ein Konzil auf solche verstrickte Weise, wie der Papst angekündigt habe, abhalten, und sie dazu berufen, so würden sie, w e n n e s i n D e u t s c h l a n d g e h a l t e n w e r d e und zu Gottes Ehre zu gereichen das Ansehen trage, erscheinen, aber mit der Freiheit, die Entscheidungen anzunehmen oder zu verwerfen, je nachdem sie diese in Übereinstimmung oder in Widerspruch mit der Schrift befinden würden." Da auch Franz I., dieser im Einvernehmen mit dem Papst, sich gegen die Einberufung eines Konzils erklärte, weil hierfür die gegenwärtig so verwirrten Zustände in der Christenheit nicht geeignet seien, war Clemens seiner Konzilssorgen ledig: es fehlten die von ihm für die Einberufung zur Bedingung gemachten Zustimmungen. Dieser päpstliche Versuch hatte, obwohl er von vorneherein nicht redlich gemeint war, immerhin zu einer klaren Stellungnahme der Evangelischen in der Konzilsfrage beigetragen.

Noch in seinem ersten Pontifikatsjahre entsandte Paul III. in verschiedene Länder Legaten, welche die Fürsten auffordern sollten, seine Konzilsbestrebungen zu unterstützen. Für Deutschland wurde Vergerio mit dieser Aufgabe betraut. Am 7. November 1535 besuchte er auch Luther in Wittenberg und lud ihn zu einem Frühstück ein. „Ich habe während des ganzen Tisches den wahren Luther herausgekehrt, was ich für Reden getan, kann kein Mensch schreiben", berichtete einige Tage später der Reformator seinem Freunde Jonas. Nach Vergerios Mitteilung sagte Luther bei dieser Gelegenheit: „Wir brauchen kein Konzil für uns und die unsrigen, denn wir haben schon die feste evangelische Lehre und Ordnung; aber die Christenheit braucht das Konzil, damit sie Irrtum und Wahrheit kennen lerne, soweit sie noch im Irrtum befangen ist." Trotz des im März 1536 zwischen dem Kaiser und Franz I. offen ausgebrochenen Krieges schrieb Paul III. am 2. Juni für den Mai 1537 ein Konzil nach Mantua aus. Um dafür auch die Protestanten zu gewinnen, begab sich der neu ernannte Nuntius Peter van der Vorst nach Schmalkalden, wo im Februar 1537 die evangelischen Stände wohl ihre glänzendste Tagung abhielten. Außer dem Kurfürsten von Sachsen und dem Landgrafen von Hessen waren zwölf Fürsten und Grafen, Gesandte des Königs von Dänemark, der allerdings erst 1538 in den Bund aufgenommen wurde, die Herzöge von Mecklenburg, Liegnitz, Zweibrücken, die Markgrafen Georg und Hans von Brandenburg, Abgesandte von 29 Städten und über 40 Theologen und Professoren erschienen, unter diesen auch Luther, Melanchthon und Bugenhagen. Melanchthon war auch hier mit anderen Gelehrten der Meinung, man solle nicht von vorneherein die Teilnahme am Konzil verweigern, doch konnte er sich trotz des ihn darob „verzehrenden Kummers und Schmerzes" dem Auftrage der einmütig das Konzil ablehnenden Fürsten nicht entziehen, die ihren Standpunkt darlegende Schrift abzufassen: Der Papst habe ihre Lehre schon vor dem Konzil verurteilt, würden sie ihn falscher Lehre und der Gottlosigkeit anklagen, dann würde er mit den ihm durch Eide verpflichteten Bischöfen in eigener Sache Richter sein wollen. Mantua erscheine ihnen für sie kein sicherer Ort. Ihre Lehre sei ohne Zweifel die einhellige Lehre der katholischen Kirche Christi. Sie hätten keine Schuld an dem gegenwärtigen Zwiespalt, sie hätten nur die Lehre der wahren katholischen Kirche erneuert und gedächten sich niemals von ihr zu trennen. Mit dieser Antwort fertigten die Schmalkaldner den päpstlichen Nuntius und den kaiserlichen Vizekanzler Matthias Held ab, außerdem legten sie sich darauf fest, daß auch in Zukunft alle Stände wie ein Mann in der Konzil sache zusammenzustehen hätten. Die Absage der Protestanten, die Fortdauer des Krieges zwischen Karl und Franz I. und die Rücksicht, die Karl eben jetzt wieder aus politischen Gründen auf die Evangelischen nehmen mußte, veranlaßten den Papst, den Beginn des Konzils auf den 1. November 1537 zu verschieben, dann weiter auf den 1. Mai 1538, und zwar sollte es nun in Vicenza stattfinden; schließlich wurde es auf unbestimmte Zeit vertagt. Dagegen führte die von Paul eingesetzte Reformkommission ihre Gutachtertätigkeit fort und leistete damit, selbstverständlich in rein katholischem Sinne, für das kommende Konzil wichtige Vorarbeiten.

Trotz des Scheiterns der bisherigen Konzil pläne hatten der Kaiser und friedliebende katholische und evangelische Kreise die Hoffnung auf einen gütlichen Ausgleich nicht aufgegeben. Auf katholischer Seite glaubte man, der vom Papste bekundete ernstliche Reformwille müsse doch auch auf manche Protestanten Eindruck machen, zumal wenn man ihnen durch Zugeständnisse in unwesentlichen

Dingen entgegenkomme. Melanchthon hatte wiederholt nicht nur das Recht des Papstes, das Konzil einzuberufen, anerkannt, sondern auch erklärt, daß man dem Papste die Superiorität über die Bischöfe „iure humano", wenn auch nicht, wie er beanspruchte, nach göttlichem Recht, zugestehen könne. Ebenso war Melanchthon bereit, den Bischöfen „iure humano" gewisse Rechte einzuräumen und auch in der Formulierung der Rechtfertigungslehre der katholischen Auffassung etwas entgegenzukommen. Zwei im Sommer 1540 und im Winter 1540/41 zu Hagenau und zu Worms abgehaltene Religionsgespräche verliefen allerdings völlig ergebnislos, dagegen ließen sich die Religionsverhandlungen auf dem am 5. April 1541 eröffneten Regensburger Reichstag zunächst verheißungsvoll an. Der Kaiser betraute mehrere Theologen, die größtenteils, wie Johannes Gropper, zu den katholischen Vermittlungstheologen zählten, mit der Ausarbeitung von Vergleichsvorschlägen für den Reichstag. Auch der päpstliche Legat, Kardinal Contarini, beteiligte sich eifrig dabei. Nachdem bei fünf Artikeln, sogar in der Rechtfertigungslehre, eine Einigung erzielt war, schieden sich bei dem Artikel über die Eucharistie wegen der Lehre von der Brotverwandlung die Geister. Hier gab Melanchthon nicht nach, und Contarini konnte das katholische Dogma nicht preisgeben. Am 22. Mai wurden die Beratungen aufgegeben; den Artikel über die Autorität der Kirche hatte man überhaupt nicht zu behandeln gewagt. Karl versuchte noch, die vereinbarten Artikel als einstweilige Reichsreligion verkünden zu lassen und verlangte für die übrigen Duldung bis zum Konzil, aber sowohl Luther als auch Contarini lehnten ab.

Unter diesen Umständen zeigten sich die Protestanten in der zweiten Hauptfrage dieses Reichstages, in der Türkenhilfe, sehr schwierig, dabei rückten die Türken in Ungarn ständig vor. Die evangelischen Stände gewährten nur eine „eilende" Hilfe. In dem Reichsabschied vom 29. Juli wurde bis auf weiteres der Nürnberger Religionsfriede auf die seither evangelisch gewordenen Stände ausgedehnt, und in einer den Protestanten gesondert gegebenen Deklaration genehmigte der Kaiser im Hinblick auf die Türkengefahr, ebenfalls nur vorläufig, künftige Übertritte und in solchen Fällen Ansprüche auf die Kirchengüter. Unmittelbar anschließend an den Reichstag verfaßten die Schmalkaldner und die gesamten Protestanten noch zwei Sonderabschiede. In ihnen wurde die dem nächsten Reichstag vorbehaltene Zustimmung zu einer „währenden" Hilfe davon abhängig gemacht, daß den Evangelischen endlich ein beständiger Frieden und gleiches Recht zuerkannt würde. Vor Beginn des Reichstages hatte der Kaiser den bairischen Herzögen mitteilen lassen, dies sei der letzte Einigungsversuch; anfangs Juli war ihm während des Reichstages die Bemerkung entschlüpft: er würde nie zugeben, daß diese Sekte noch weitere Verbreitung finde, lieber wolle er sich köpfen und vierteilen lassen, als noch einmal in solchen Irrtum in Bezug auf sie zu verfallen. Beides war ihm bitter ernst. Und wenn er sich auch diesmal in seiner Deklaration für die Protestanten zum Nachgeben gezwungen sah, stand doch jetzt hinter allem, was er unternahm, mehr als früher der Wille zum Losschlagen. Die Deklaration hatte obendrein für die Protestanten nicht viel Wert; sie war, wie der Kurfürst von Sachsen einmal bemerkte, ein Schwert, das man nicht gebrauchen dürfe, weil derartige Deklarationen, die im Reichsrecht nicht vorgesehen waren, als gewissermaßen private Willenskundgebung des Kaisers ohne Einfluß auf das Reichskammergericht waren, das also nach wie vor gegen die Evangelischen vorgehen konnte; zur Ausführung von Urteilen gegen die Protestanten fehlte ihm allerdings die Macht. Auf dem Speirer Reichstag von 1542 wollten die Schmalkaldner die Aufnahme der Deklaration des vergangenen Jahres in den Reichsabschied erzwingen, wodurch sie reichsgesetzliche Geltung erhalten hätte, doch waren alle ihre Anstrengungen hierfür vergebens.

Der Reichstag von 1544 sah den Kaiser als den Sieger über den Herzog von Kleve (vgl. S. 422 f.). Karl schrieb diesen Erfolg großenteils der politischen Kurzsichtigkeit der evangelischen Fürsten zu. Er kam ihnen zum Schlusse nochmals weit entgegen, da er ihres Beistandes noch für seinen Feldzug nach Frankreich bedurfte. Die Protestanten erreichten hier die Aufnahme der Hauptpunkte der Regensburger Deklaration in den Reichsabschied, die Anerkennung aller Säkularisationen vor 1541 und die Zusage weiterer gütlicher Verhandlungen in den Religionsangelegenheiten. Der Papst tobte in einem Breve gegen den Kaiser als einen Nero und Domitian; die Protestanten versprachen ihre Hilfe gegen Frankreich und die Türken. Daß der Kaiser für die Beratungen des nächsten Reichstages Glaubensfragen, über die man sich doch nie einigte, auszuschalten bereit war und nur die Erörterung von Verwaltungsmißbräuchen, über die Katholiken und Evangelische gleichermaßen klagten, ankündigte, faßten diese ebenfalls als ein Zeichen der wohlwollenden Gesinnung des Kaisers auf, auch bot ihm dies, falls er ihre Hilfe noch länger benötigte oder sonst aus einem Grunde die Entscheidung abermals verschieben wollte, Gelegenheit zu weiteren unverbindlichen Verhandlungen und Versprechungen. In Wirklichkeit hatte sich auch diesmal nichts zu gunsten der Evangelischen geändert, ihre Stellung beruhte immer noch auf ihrer Macht, nicht auf einer reichsrechtlichen Regelung. Die Aufnahme der Deklaration in den Abschied hatte nicht viel zu bedeuten, weil ihr die katholischen Stände die Zustimmung versagt hatten, auch hatte der Kaiser, wie immer, dem kommenden Konzil die Bestätigung seiner Zugeständnisse ausdrücklich vorbehalten und vor den katholischen Ständen erklärt, er werde, sobald er mit Frankreich fertig sei, „auf andere Wege gedenken", d. h. dieser von ihm nur mit Rücksicht auf den französischen Krieg genehmigte Reichsabschied solle keineswegs ständig in Kraft bleiben. Die katholischen Stände kamen also mit ihrem Widerstand gegen den Abschied nur den Wünschen des Kaisers entgegen und verhinderten, daß er sich die Hilfe der Protestanten auch nur vorübergehend mehr als schöne Worte kosten zu lassen brauchte.

Die Aussöhnung des Kaisers mit Frankreich zu Crépy im September kam früher, als irgend jemand erwartet hatte, und erfüllte die Evangelischen mit großer Besorgnis. Nun hatte Karl freie Hand, den entscheidenden Schlag gegen sie zu führen. Aber auch jetzt noch ging der Kaiser mit größter Vorsicht und Umsicht zu Werke. Der Wormser Reichstag vom 15. Dezember 1544 bis zum 4. August 1545 mit seinen langwierigen und ergebnislosen Verhandlungen und Beratungen über Münze, Polizei, Türkenhilfe, Reichskammergericht und die religiöse Frage diente ihm nur dazu, seine Gegner hinzuhalten und den Krieg für das nächste Jahr vorzubereiten. Der Friede von Crépy hatte auch die Konzilsangelegenheit soweit gefördert, daß sie sich neben anderem vom Kaiser zu einem ihm genehmen Zeitpunkt als Anlaß für ein gewaltsames Vorgehen gegen die Protestanten benützen ließ. Paul III. hatte im Jahre 1542 das Konzil nach Trient ausgeschrieben, doch war es auch diesmal wegen des französischen Krieges nicht dazu gekommen. Unter den verschiedenen Versprechungen, welche der Kaiser auf dem Speirer Reichstage von 1544 den Protestanten machte, hatte Paul besonders erbittert, daß Karl ihnen, ohne auch nur den Namen des Papstes zu nennen, ein allgemeines, oder, wenn dieses nicht zustande käme, ein deutsches Nationalkonzil in Aussicht stellte. Im Frieden von Crépy hatte sich Karl dann noch die Unterstützung seiner Konzilspläne vom Franzosenkönig ausbedungen. Daraufhin legte nun Paul im November 1544 den Konzilsbeginn auf den 15. März 1545 fest. Es wurde am 13. Dezember 1545 zu Trient eröffnet. Diese Stadt lag zwar noch in Deutschland, aber, abgesehen davon, daß sich hier der italienische Einfluß bereits ziemlich stark fühlbar machte, konnten die Protestanten nach den für dieses Konzil getroffenen Vorbereitungen nicht erwarten, daß es auch nur einigermaßen dem entsprach, was sie unter einer allgemeinen Kirchenversammlung verstanden, was sie dafür gefordert, und wie sie die Zusage des Kaisers auf dem Speirer Reichstage von 1544 aufgefaßt hatten. Erkannte aber der Kaiser das Trienter Konzil an und die Beschlüsse, welches dieses „päpstliche" Konzil fassen würde, dann waren alle Hoffnungen der Protestanten auf eine „christliche" Reformation in ihrem Sinne gescheitert, und dann waren alle bisherigen Zugeständnisse des Kaisers in den kirchlichen Angelegenheiten hinfällig, denn sie sollten ja nur bis zum Konzil gelten. Für Karl dagegen bestanden gegen das Trienter Konzil keinerlei grundsätzliche Bedenken. Er schob die Entscheidung nur noch in der Hoffnung hinaus, daß sich bis zum nächsten Jahre seine politische und militärische Lage noch weiter bessern würde und ihm dann der Sieg über die Ketzer sicher sei. Der päpstliche Nuntius Verallo war zwar über die neuerliche Verzögerung sehr ungehalten, hatte doch der Papst im Juni 1546 seine Bereitwilligkeit zum Protestantenkrieg und Truppen und Gelder dafür in Aussicht gestellt, doch beruhigten die Kurie die sonstigen Vorbereitungen des Kaisers, zum Beispiel seine Bemühungen, den polnischen König zur Hilfeleistung im kommenden Religionskrieg zu bewegen, und die blutigen Verfolgungen der Protestanten in den Niederlanden und in den Gebieten König Ferdinands.

Der Wormser Reichstag endete wenigstens äußerlich nocheinmal friedlich. Die Evangelischen bewilligten den Abschied und verbanden damit nur eine Protestation, in der sie hervorhoben, daß sie vergebens die Anerkennung des Speirer Abschiedes von 1544 verlangt hätten und daß sie dem Konzil von Trient widersprächen. Drei Tage später, am 7. August 1545, einigten sich die Schmalkaldner auf einen eigenen Abschied. Es hieß darin, ein neues, von dem Kaiser auf dem eben verflossenen Reichstag angesetztes Religionsgespräch, sei zwecklos, weil die katholischen Stände es ablehnten und die Erledigung der Religionsfrage dem Trienter Konzil vorbehielten. Zu dem kurz vor dem nächsten Reichstag nach dem Willen des Kaisers nun doch abgehaltenen Religionsgespäch entsandte dieser keine Vermittlungstheologen mehr, sondern hitzige Vertreter der kirchlichen Ansprüche, die evangelischen Abgesandten führten keine weniger heftige Sprache. Beim Schluß der Auseinandersetzungen erleichterte der evangelische Theologe Brenz sein Herz mit den Worten: „Herr, dich loben wir, daß du gelöst hast die Banden der unsrigen, welche durch den Trug und die Bosheit der Gottlosen, des Papstes und seiner Genossen in Regensburg verstrickt waren." Der Kaiser schob geschickt die Schuld am Mißlingen des Gespräches den Evangelischen zu, sie wären „ganz geschwinder unversehener Dinge von hinnen gerückt und abgewichen". Etwas über zwei Monate später, am 5. Juni 1546, eröffnete der Kaiser den Reichstag zu Regensburg. Die Proposition war so friedlich gehalten, daß die in Karls Pläne nicht näher eingeweihten Katholiken ganz bestürzt waren. Am 13. Juni überreichten die Protestanten ihre Antwort auf die Proposition. Sie wiederholten ihren früheren Vorschlag, ein gemeines freies Konzil auf deutschem Boden einzuberufen. Ginge das jetzt nicht an, dann solle auf der Grundlage der Speirer Deklaration der Friede erneuert und das Kammergericht neu besetzt werden. Ferner wiesen sie den Vorwurf zurück, daß sie die Schuld an der Erfolglosigkeit des letzten Religionsgespräches trügen. Der Kaiser lachte während der Verlesung dieses Schriftstückes hellauf, bei der sonstigen Zurückhaltung Karls ein böses Zeichen für die Evangelischen. Immer mehr Nachrichten von den Kriegsrüstungen des Kaisers in Italien, Spanien, in den Niederlanden und im Reiche liefen in Regensburg ein. In bescheidener Form wurden deshalb die Protestanten bei dem Kaiser vorstellig. Obwohl er bereits auch alle diplomatischen Trümpfe in der Hand hatte, vermied er in seiner Antwort eine offene Kriegserklärung, er sprach nur von dem Ungehorsam, gegen den er einschreiten müsse.

An demselben Tage, an dem er den Protestanten diesen unklaren Bescheid gab, ließ Karl seinen festen Entschluß, Sachsen und Hessen zum Gehorsam zu zwingen, einigen Kirchenfürsten mitteilen und forderte sie auf, Kirchenkleinodien zur Vermehrung des Kriegsschatzes einzuschmelzen. Nach langem Zögern und Schwanken konnten sich die Protestanten der Erkenntnis, der Kaiser habe es ernstlich auf sie abgesehen, nicht mehr entziehen. Sie verließen größtenteils den Reichstag oder beriefen ihre Vertreter ab und begannen ebenfalls zu rüsten. Den wenigen noch anwesenden Protestanten teilte der Kaiser am 11. Juli seine „Resolution" über Religion, Frieden und Recht mit. Die Evangelischen hätten sich am Trienter Konzil zu beteiligen und seine Beschlüsse anzuerkennen, das Kammergericht werde nach der alten Weise besetzt. Auf dieser Grundlage sei er bereit, als gnädigster und gütiger Kaiser und Liebhaber des Rechtes einen ständigen Frieden mit den gehorsamen Ständen aufzurichten, denjenigen aber, welche ihm nicht zu Willen seien, werde er mit Gebühr zu begegnen und sie von ihrem unbilligen Vornehmen abzuwenden wissen. Die Protestanten erwiderten darauf, da die meisten von ihnen bereits abgezogen seien, vermöchten sie eine weitere Antwort nicht zu geben. Am 24. Juli wurde der Reichstag geschlossen.

Der Reformationsversuch des Kölner Erzbischofs

Bei der ganzen Art der kaiserlichen Politik faßten die Evangelischen bis zum Sommer 1546 immer wieder einmal Hoffnung, Karl werde sie nicht mit Krieg überziehen, und Paul III. argwöhnte immer wieder, der Kaiser werde einer Entscheidung mit den Waffen ausbiegen. Auch Karl hat es vielleicht bis gegen Kriegsbeginn wenigstens zeitweilig nicht für völlig ausgeschlossen gehalten, daß er der Protestanten ohne Gewaltanwendung Herr werden und sie unter Gewährung einiger ihrer mit der katholischen Lehre vereinbaren Wünsche zur alten Kirche zurückführen könne. Eifrig bemühte er sich durch Sonderverhandlungen protestantische Fürsten, namentlich Süddeutschlands, und die evangelischen oberdeutschen Städte für sich zu gewinnen. Bei Herzog Moritz von Sachsen hatte er mit seinem Anerbieten wirklich Erfolg (vgl. S. 447 f.), und selbst Philipp von Hessen verlor noch zur Zeit des Regensburger Reichstages von 1546 vorübergehend den Mut. Den evangelischen Fürsten lag eben auch damals noch „die alte Zaghaftigkeit und Scheu vor des Kaisers geheiligter Majestät im Blute"; auch war Karl bisher derart vom Glück begünstigt gewesen und hatte solch mächtige Feinde überwunden, daß er in manchen Stunden glauben mochte, die Schmalkaldner würden sich in ihrer Mehrzahl nicht offen gegen ihn zu erheben wagen. Solche Stimmungen fanden gelegentlich in seinen Äußerungen und Briefen einen Niederschlag, ebenso wie die auf Irreführung des Gegners abzielenden Kundgebungen in den Akten. Verschiedene Forscher haben daraus den Schluß gezogen, der Kaiser sei auch noch nach dem Regensburger Reichstag von 1541 mehr auf Frieden als auf Krieg bedacht gewesen. Vergegenwärtigt man sich jedoch die stete Ausbreitung des Protestantismus und des Schmalkaldischen Bundes, dazu des Kaisers offenen Blick für das Realpolitische und seinen zähen Willen, die Evangelischen, wenn es nicht anders ginge, mit Gewalt zur alten Kirche zurückzuzwingen, dann wird man wohl annehmen müssen, daß bei ihm, abgesehen von Augenblicksstimmungen, seit dem ergebnislosen Regensburger Religionsgespräch von 1541, die Vorbereitung des Entscheidungskampfes gegen die Evangelischen durchaus im Vordergrunde seiner Religionspolitik stand, zumal da ja auch die protestantischen Stände unbekümmert um die Reichsabschiede in ihren Ländern und den von ihnen gewonnenen Gebieten die Reformation durchführten. Sie erklärten dies für ihr gutes Recht und für ihre Pflicht; Abgötterei und öffentliches heidnisches Wesen zu strafen, sei in der Schrift vom Heiligen Geiste geboten. Auf evangelischer Seite hoffte und auf katholischer fürchtete man allgemein, die alte Kirche werde in Deutschland bald völlig verschwinden, wenn der bisherigen Entwicklung nicht Einhalt geboten würde. Drohte doch selbst Köln dem Katholizismus verloren zu gehen und damit Karl und den Habsburgern das Kaisertum.

Seit dem Jahre 1515 war Hermann, aus dem Hause der Grafen von Wied, Erzbischof und Kurfürst von Köln. Nach Art der meisten seiner Standesgenossen führte er lange Zeit das Leben eines großen Herrn, nahm an der Reichspolitik, wie es dem Interesse seines Landes entsprach, und nach seinem Gutdünken Anteil und kümmerte sich wenig um geistliche Dinge. Er ermahnte gelegentlich die Kölner Ratsherren, gegen die Lutheraner einzuschreiten, ohne sich jedoch selbst in ihrer Verfolgung hervorzutun. Einige der angesehensten Männer seines Hofes, so der Dompropst Hermann von Neuenaar, ein begeisterter Humanist, standen in Verbindung mit Erasmus von Rotterdam, der Kurfürst wechselte selbst mit ihm Briefe und suchte ihn zur Übersiedlung nach Köln zu bewegen. Als Herzog Johann von Kleve, das unter der geistlichen Jurisdiktion von Köln stand, seine Kirchenordnung erließ, traf auch der Erzbischof einige Maßregeln im Geiste des erasmischen Reformkatholizismus. An der Niederwerfung der Wiedertäufer in Münster nahm Kurfürst Hermann tätigen Anteil, doch veranlaßte ihn im Gegensatz zu vielen anderen Obrigkeiten dieser Aufruhr, den Reformfragen größere Aufmerksamkeit zuzuwenden. Er berief 1536 eine Synode nach Köln, auf der eine Reihe von Artikeln des Vermittlungstheologen Gropper, des Verfassers eines umfänglichen dogmatischen Handbuches, angenommen wurde. Die Verordnungen dieser Synode wandten sich nicht bloß gegen zahlreiche Einzelmißbräuche, sie wollten darüber hinaus einer allgemeinen Reformation der Kirche in Leben und Lehre vorarbeiten. Noch im gleichen Jahre reiste Hermann von Wied zu Kurfürst Joachim II. nach Berlin und hierauf mit diesem zu Johann Friedrich von Sachsen. Wir hören zwar nur von den Jagden der drei Kurfürsten in der Lochauer Heide, doch tauschten sie sicher auch über die religiösen und politischen Angelegenheiten der Nation ihre Meinung aus, bekannten sich doch viele Mitglieder der rheinischen Grafenhäuser, welche die meisten Kölner Domherren stellten, zum evangelischen Glauben, und manche der adligen Kölner Geistlichen gehörten nur noch äußerlich der alten Kirche an. Auch durch diese Domherren hatte der Erzbischof mancherlei Beziehungen zu den Evangelischen und zu den Schmalkaldnern. Im Frühjahr 1537 kam der päpstliche Nuntius van der Vorst zu dem Kölner Kurfürsten nach Bonn. Der Nuntius hatte ein Verzeichnis und eine kurze Charakteristik der von ihm zu besuchenden Fürsten, worin über Hermann von Wied stand: „Von Natur gut, und einst dem apostolischen Stuhl sehr gehorsam, hat er später von den Seinen verführt, in vielem gegen das Recht verstoßen oder verstoßen lassen; doch dürfte er durch gütiges Entgegenkommen unseres allerheiligsten Herrn wieder zum Gehorsam gegen den heiligen Stuhl zurückzuführen sein". Durch diese Auskunft schon mißtrauisch gemacht, fand Vorst an der Amtsführung des Kirchenfürsten vieles auszusetzen, am meisten ärgerte aber den Nuntius die Bemerkung, die Abhaltung des Konzils außerhalb Deutschlands werde Anstoß erregen. Der Gesandte des Papstes erwiderte darauf scharf, bisher hätten nur Lutheraner solche Bedenken erhoben.

Während des Religionsgespräches von 1540 fand sich auch der Kölner Erzbischof, begleitet von Gropper, in Hagenau ein und unterhielt sich vertraulich mit den evangelischen Theologen Hedio, Capito und Butzer. Der Kurfürst verfolgte dann auch im nächsten Jahre die Religionsgespräche von Worms und Regensburg mit großer Anteilnahme. Im Jahre 1542 berief er Butzer nach Köln, um gemäß dem Regensburger Reichsabschied von 1541 die kirchliche Verwaltung zu reformieren, allerdings unter Benützung protestantischer Gedanken. Butzer war bei seinem hervorragenden Geschick für Verhandlungen und bei seinen organisatorischen Fähigkeiten für diese heikle Aufgabe auf dem schwierigen Kölner Boden wie kein anderer geeignet. Er entwarf eine Kirchenordnung von wesentlich evangelischem Charakter. Die Priesterehe und der Laienkelch wurden gestattet, lutherische Prediger verkündeten die neue Lehre. Zur Unterstützung Butzers kamen Melanchthon aus Wittenberg, Hedio aus Straßburg und noch andere namhafte Theologen nach Köln. Butzer und Melanchthon arbeiteten einen großen Reformationsentwurf, das „Bedenken", aus. Luther war allerdings mit dem Inhalt dieses umfangreichen Buches nicht zufrieden, es war ihm in der Abendmahlslehre nicht bestimmt genug, er unterließ es aber schließlich doch, öffentlich dagegen Stellung zu nehmen. Im Juli 1543 erklärten sich die weltlichen Stände des Erzstiftes mit der Einführung der Reformation nach den Vorschlägen des „Bedenkens" einverstanden. Dagegen ließen die adligen Domherren den Erzbischof im Stiche. Das Erzstift Köln war schwer verschuldet. Die kirchliche Neuordnung forderte beträchtliche finanzielle Opfer, zu denen die „Junker Gottes" keinerlei Lust hatten. Nach wie vor kümmerten sie sich nicht um die Verwaltung und überließen alle Geschäfte den sieben „Priesterkanonikern", welche hier wie an anderen Domstiften die eigentlich den hohen Pfründeninhabern zukommenden Arbeiten erledigten. Nun hingen aber die Priesterkanoniker mit großer Überzeugungstreue der alten Lehre an und hemmten, unterstützt von den ersten Jesuiten in Deutschland, Faber und Canisius, auf alle Weise das Werk des Erzbischofs. Dazu forderten Kaiser und Papst den konservativen Rat der Stadt Köln auf, sich allen Neuerungen zu widersetzen, und fanden bei ihm williges Gehör.

Trotz dieser Widerstände hatte Hermann von Wied die besten Aussichten, sein Ziel zu erreichen. Überall, wo evangelische Predigten gehalten wurden, strömte das Volk in Scharen zu ihnen: in Bonn, in Andernach, in Linz, in Kempen und in Deutz, wo der lutherische Prädikant auch aus Köln großen Zulauf hatte. Da der Kurfürst nicht daran dachte, sich zu verehelichen und wie Albrecht von Preußen ein weltliches, erbliches Herzogtum zu errichten, sondern die alte Kapitelverfassung des Erzstiftes aufrecht erhalten wollte, hätte er auch ferner die Reformation ruhig Schritt für Schritt ohne plötzliche Veränderung einführen können. Doch alles scheiterte schließlich an der politischen Kurzsichtigkeit der Schmalkaldner und an der Unentschlossenheit des Kölner Kurfürsten. Schon der mit Hilfe der Protestanten errungene Sieg Karls über den Herzog Wilhelm von Kleve war ein empfindlicher, nicht mehr zu überwindender Schlag für den Kölnischen Reformationsversuch. Die jülisch-klevischen Lande waren der wichtigste Teil der Erzdiözese Köln. Nach dem Frieden des Kaisers mit Herzog Wilhelm wurde hier die evangelische Bewegung völlig unterdrückt (vgl. S. 422). Außerdem ermutigte die Niederlage Wilhelms die Gegner Hermanns zu offenem Vorgehen. Im Herbst 1544 appellierten sie an den Papst und an den Kaiser „als den Schützer der heiligen Religion und Kirche". Daraufhin berief der Papst den Erzbischof nach Rom, um sich zu verantworten, und der Kaiser ließ ihn wissen, der Verlust des Erzbistums würde notwendig auch den des Kurfürstentums nach sich ziehen. Die Schmalkaldner, mit denen Hermann seit einiger Zeit rege Verhandlungen führte, waren sich über die Bedeutung der Kölner Angelegenheit für ihre Sache völlig klar. Wohl alle teilten die Ansicht des sächsischen Kanzlers, daß sie den Kurfürsten nicht verlassen dürften. Ein Prozeß gegen ihn biete noch mehr als das Konzil dem Papste Gelegenheit, sich zum Herrn und Richter in deutschen Religionsachen aufzuwerfen und Luthers Lehre auszurotten. Gelänge Papst und Kaiser das Spiel mit Köln, dann gingen sie in gleicher Weise gegen die „religionsverwandten Stände" mit Prozessen vor. Philipp von Hessen war wieder ganz Feuer und Flamme: man müsse rüsten, vorstoßen, es sei für die Protestanten ungleich vorteilhafter, dem Gegner zuvorzukommen. Die weltlichen Stände des Erzbistums traten ebenfalls für eine Verbindung mit den Schmalkaldnern ein. Zu dem Frankfurter Bundestag Ende 1545 schickte der Erzbischof Boten. Hier gingen die Wogen der Begeisterung für den Bedrohten hoch. Die Schmalkaldner faßten den Beschluß, ihm im Falle eines Angriffs unverzüglich zu Hilfe zu eilen. Es kam jedoch nicht zu genaueren Abmachungen, wieviel Geld und Truppen die einzelnen Stände hierfür aufzubringen hätten. So bot die Frankfurter Abrede dem Kölner keine greifbare Sicherheit, zumal da auch seine Räte auf die Frage der Schmalkaldner, was sie sich als Gegenleistung von ihren Kölner Freunden erwarten dürften, nur mit allgemeinen Beteuerungen des besten Willens ihres Herrn und der weltlichen Stände antworteten.

Am 16. April 1546 verhängte Paul III. den großen Kirchenbann über den Erzbischof und entband seine Untertanen vom Treueid gegen ihn. Der päpstliche Spruch wurde Hermann erst im November bekannt. Inzwischen war der schmalkaldische Krieg entbrannt. Der Kaiser war mit kluger Berechnung nicht sofort nach dem päpstlichen Urteil gegen Kurfürst Hermann vorgegangen, so daß dieser immer noch auf ein gütliches Entgegenkommen Karls rechnete und die Aufforderung seiner evangelischen Freunde ablehnte, sie mit Truppen zu unterstützen, ja seine

Untertanen anwies, die durch das Land ziehenden kaiserlichen Abteilungen gut aufzunehmen. Erst im Dezember erließ Karl ein Mandat an die Kölner Stände, worin ihnen befohlen wurde, am 24. Januar 1547 auf einem Landtag in Köln zu erscheinen. Hier solle der bisherige Koadjutor die Regierung des Erzstiftes übernehmen, wenn nötig mit Hilfe des kaiserlichen Feldherrn, Graf von Büren. Der Landtag fand zu dem festgesetzten Termin statt. Die Stände wollten zwar ihrem alten Herrn die Treue halten, unterwarfen sich aber dann doch, der Gewalt weichend, dem kaiserlichen Gebot. Um seinen Untertanen weitere Schwierigkeiten zu ersparen, verzichtete Hermann am 25. Februar auf die erzbischöfliche Würde. Unter den Gebeten eines evangelischen Predigers starb der ehemalige Kölner Erzbischof und Kurfürst zu Wied am 15. August 1552, nachdem er sich einen Monat zuvor nochmals ausdrücklich zur Augsburgischen Konfession bekannt hatte.

Ohne Eingreifen des Kaisers wäre das Erzstift Köln, zu dem auch ein beträchtlicher Teil Westfalens gehörte, sicher evangelisch geworden, ebenso das Bistum Paderborn, dessen Administrator Hermann von Wied seit 1532 war. Franz von Waldeck, der die Bistümer Münster, Osnabrück und Minden inne hatte, war schon daran, dem Beispiel des Erzbischofs Hermann zu folgen, zunächst für die Bistümer Osnabrück und Minden; er stand im besten Einvernehmen mit dem Schmalkaldischen Bund. Ebenso neigte der Bischof von Straßburg, Erasmus Schenk von Limburg, der evangelischen Lehre zu. Es ist anzunehmen, daß bei dem Gelingen der Pläne des Kölner Erzbischofs außer diesen Kirchenfürsten noch andere ihre Gebiete der Reformation geöffnet hätten, und daß sich der Protestantismus fast aller Kurstühle bemächtigt hätte. Von den vier weltlichen waren um diese Zeit bereits drei den Katholiken verloren gegangen, nur über den böhmischen verfügten sie noch durch König Ferdinand. In Mainz war am 20. Oktober 1545 Sebastian von Heusenstamm Erzbischof und Kurfürst geworden. Philipp von Hessen erzählte, der Mainzer habe ihm vor der Wahl versichert, daß er dem Evangelium günstig gesinnt sei und Priesterehe und Laienkelch einführen wolle. Selbst wenn diese Angabe nicht ganz wahrheitsgetreu sein sollte, hätte der in seiner Politik auch sonst recht weltlich eingestellte Kirchenfürst sich der Einführung des Protestantismus in seinen Landen kaum ernstlich widersetzt, wenn Hermann von Wieds Reformationsversuch geglückt wäre, und die Schmalkaldner weitere Fortschritte gemacht hätten. Der Kurfürst von Trier, Johann von Hagen, starb am 23. März 1547. Bei einem Vordringen und Sieg der Schmalkaldner hätte auch dieser Kurstuhl bei der Neubesetzung den Katholischen verloren gehen können. Philipp von Hessen übertrieb also nicht, wenn er 1547 an Butzer schrieb, die „kölnische Sache" habe dem Kaiser besondere Ursache zum Kriege gegeben und ihn gegen die Schmalkaldner „sehr erhitzt". Karl habe gefürchtet, von Köln aus könne der evangelische Glaube auch in seine Erblande, in die Niederlande, eindringen, ferner möchten nach dem Kölner auch andere Bischöfe die evangelische Religion annehmen. Wären dann alle Kurfürsten protestantisch geworden, dann hätten sie vielleicht den Kaiser abgesetzt und einen anderen gewählt. Der Hesse vergaß nur dieser an sich richtigen Geschichtsbetrachtung einzuflechten, daß er mit seiner üblen Ehegeschichte und ihren politischen Folgen (vgl. S. 455) sehr viel dazu beigetragen hatte, daß es in Wirklichkeit so ganz anders kam.

Luthers Tod. Rückschau auf sein Leben

Graf Albrecht von Mansfeld lag mit seinem Bruder und seinen Neffen wegen Bergwerkseinkünften und anderen Rechtsansprüchen in Streit. Dabei die Rolle eines Vermittlers zu spielen, war eine höchst undankbare Aufgabe, doch unterzog sich ihr auf Bitten Albrechts Luther, damit er sich, wie er schrieb, mit Freuden in seinen Sarg legen möge, wenn er zuvor seine lieben Landesherren freundlichen und einmütigen Herzens gesehen habe. Luther sprach damals auch sonst viel von seinem nahe bevorstehenden Tode; doch ahnte er nicht, als er im Januar 1546 zum dritten Male in diesen Angelegenheiten nach Eisleben reiste, daß er nun hier seine Augen für immer schließen sollte, wo er vor 63 Jahren das Licht der Welt erblickt hatte. Am 28. Januar traf er in Eisleben ein, predigte trotz der langwierigen und zum Teil recht ärgerlichen Einigungsverhandlungen viermal und empfing zweimal das Abendmahl. Die Abende verbrachte er fröhlich inmitten seiner Freunde. Speise und Trank „schmeckten ihm wohl in seinem Vaterlande". Bei seiner Ankunft hatte ihn noch im Wagen vor den Toren der Stadt bei heftigem kaltem Winde große Schwäche mit Schwindel und Atemnot befallen, er erholte sich aber schnell wieder. Am 17. Februar fühlte er sich unwohl, er blieb den Vormittag über in „seinem Stüblein", ging darin auf und ab, „sah je zu Zeiten zum Fenster hinaus und betete so emsig, daß wir's, die bei ihm in der Stube gewesen, gehört; doch ist er dabei immer fröhlich gewesen und ließ zu Zeiten ein Wort hören wie: ‚Doktor Jonas und Herr Michl, ich bin hier zu Eisleben geboren und getauft, wie wenn ich hier bleiben sollte?'" Abends speiste er wie gewöhnlich mit seinen Freunden und war dabei guter Dinge. Nach Tische belästigte ihn abermals Atemnot, doch schlief er gegen elf Uhr ruhig ein. Sein Diener Ambrosius, Jonas, der Prediger Coelius aus Mansfeld und seine zwei kleinen Söhne lagen bei ihm in der Kammer. Um ein Uhr erwachte er und wandte sich an Jonas: „O, Herr Gott, Doktor Jonas, wie ist mir so übel, mich drückts so hart um die Brust, o, ich werde zu Eisleben bleiben!" Schnell wurden zwei Ärzte herbeigeholt, auch Graf Albrecht und die Gräfin eilten herzu. Verschiedene Mittel wurden angewendet, Luther zu helfen. Doch alles war vergebens. Als der Tod herannahte, begann Luther zu beten: „Mein himmlischer Vater, ewiger barmherziger Gott, du hast mir deinen lieben Sohn, unsern Herrn Jesum Christum offenbart, den hab ich gelehrt, den hab ich bekannt, den liebe ich und ehre ich als meinen lieben Heiland und Erlöser, welchen die Gottlosen verfolgen, schänden und schelten, nimm meine Seele zu dir", und dann noch dreimal: „in manus tuas commendo spiritum meum, redemisti me deus veritatis", in deine Hände befehle ich meinen Geist, du Gott der Wahrheit hast mich erlöst, „ja, also hat Gott die Welt geliebt". Als er kaum noch seiner Sinne und Stimme mächtig war, riefen ihn Jonas und Coelius an: „Allerliebster Vater, ihr bekennt ja Christum den Sohn Gottes, unsern Heiland und Erlöser", Luther sagte vernehmlich „Ja". Dann erkalteten ihm Stirne und Angesicht. Kurz darauf tat er seinen letzten Atemzug. Seine Leiche wurde über Halle nach Wittenberg gebracht. Am Elstertor erwarteten sie die Universität, der Rat und die Bürgerschaft. Bestattet wurde Luther in der Schloßkirche, wo seine Gebeine noch heute ruhen.

„Es ist doch ja dies (seit dem ersten Sündenfall) verfluchte Leben nichts anderes denn ein rechtes Jammertal, darin man je länger je mehr Sünde, Bosheit, Plage und Unglück sieht und erfährt; und es ist des alles kein Aufhören noch Abnehmen da, bis man uns mit der Schaufel nachschlägt, da muß es doch aufhören und uns zufrieden in der Ruhe Christi schlafen lassen, bis er kommt und weckt uns mit Fröhlichsein wieder auf." Luther schrieb diese Worte am 15. Februar 1530 seinem Vater nicht bloß, um dem schwer kranken Manne den Abschied vom Leben zu erleichtern, sondern sie bekunden wie viele ähnliche Äußerungen, was der Reformator im Grunde von dieser Welt hielt. Er hatte einen ungemein scharfen Blick für das Unzulängliche und Böse, das ihm bei seiner einzigartigen Vorstellungskraft zu einer unermeßlichen, die ganze Erde verschlingenden Flut von Elend, Leid, Schmerz und Sünde anschwoll, und den so Reizsamen in vielen schweren Stunden das eigene Leben als drückende Last empfinden ließ. Die Jugend hatte für ihn nichts von jenem heiteren Glanze an sich, der vielen noch die spätesten Jahre erhellt. Die Erinnerung an seine Klosterjahre erfüllte ihn mit Bitternis. Von seinen ersten, so erfolgreichen Kampfjahren sagte er wiederholt, er sei wider Willen, wie ein blindes Pferd in diese Sache hineingeraten, hätte er gewußt, was dies für Folgen für ihn haben würde, hätte er nie derartiges unternommen. Wenn er auf der Kanzel, im Hörsaal oder in seiner Schreibstube gegen das Papsttum wetterte, dann fühlte er sich als der Kämpfer, der er von Natur aus war, in seinem Lebenselement, aber er litt doch sehr unter den Begleiterscheinungen dieser wie seiner übrigen Kämpfe: „Ich halte, daß die Welt in tausend Jahren niemandem so feind gewesen sei wie mir. Ich bin ihr auch feind, und weiß nichts im ganzen Leben, dazu ich Lust hätte", sagte er dann wohl in einer müden Stunde. Weit mehr als die Angriffe aus dem katholischen Lager setzten ihm innerlich die Streitigkeiten der Protestanten untereinander zu und die unerfreulichen allgemeinen Zustände auch in den Ländern, deren Fürsten die evangelische Lehre angenommen hatten.

Mit den schwersten Besorgnissen sah Luther der deutschen Zukunft entgegen: Deutschland muß, weil es Gottes Wort verachtet und unschuldig Blut vergießt, eine Torheit begehen. „Es wird einmal ineinander fallen und leider groß Jammer werden." „Es mag der Türke herrschen oder die unseren, mit Deutschland wird es übel stehen. Adel und Fürsten sinnen nur darauf, seine Freiheit zu vernichten ... Laß laufen, wie es lauft! Freilich kann ich's noch nicht so völlig laufen lassen, denn meine Seel seufzt aus allen Tiefen, Deutschland, mein Vaterland zu retten, das vor meinen Augen untergeht." Kaum weniger düster beurteilt Luther die Zukunft der christlichen Religion: drei Dinge werden sie verderben: „Das Vergessen der Wohltaten, die wir vom Evangelium empfangen haben. Zweitens die Sicherheit, die überall schon herrscht. Drittens die Weltweisheit, die alles auf sicherer Ordnung umfassen will und allgemeinen Frieden schaffen mit gottlosen Plänen." Die Weisheit der Welt, die Vernunft, das ist überhaupt das Grundübel. Über sie gießt Luther noch in seiner letzten Wittenberger Predigt am 17. Januar 1546 die Schale seines Zornes aus: „Wo Hurerei, Sauferei, Ehebruch sind, das kann man merken. Wenn aber des Teufels Braut, die Ratio, die schöne Metze hereinfährt und will klug sein und meint, was sie sagt, sei der heilige Geist, wer will da helfen? Kein Jurist, kein Arzt, kein König und Kaiser, weil sie die höchste Hure ist, die der Teufel hat." Je älter Luther wird, desto grimmiger tobt er wider seine alten und die neueren Feinde: gegen den Papst und die Papisten, gegen die Schwarmgeister und wider seine eigenen Freunde, wenn sie gegen die lautere Lehre verstoßen oder sie aus irgendwelchen Rücksichten verschleiern. Der alte Kämpe wird manchen im eigenen Lager lästig: seine Hartnäckigkeit schaffe innerhalb des Protestantismus Schwierigkeiten über Schwierigkeiten, verhindere jeden noch so nützlichen Ausgleich und mit den maßlosen Zornausbrüchen in seinen Kampfschriften schade er mehr seinem als der Gegner Ansehen. Von diesen Neunmalklugen aber droht die größte Gefahr: „So sind wir nun schon sicher und sehen nicht, wie entsetzlich der Gott dieser Welt, der Teufel, uns durch den Papst, den Kaiser und unsere Gelehrten nachstellt, die da sagen: Was schadets, daß man in dem und jenem nachgibt? Wir sollen nicht ein Haar breit nachlassen! Wollen sie es mit uns halten, gut, wenn nicht, laßt sie fahren! ... Bittet Gott, daß er euch das Wort lasse, denn es wird wunderlich zugehen. Unser Herrgott helfe, daß wir uns getrost wehren gegen diese Versuchung ... Troll dich mit deinem Dünkel, mit deiner Ratio auf das heimliche Gemach! Höre auf, verfluchte Hure, die du Meisterin des Glaubens sein willst!" Dabei klagte Luther auch noch zuweilen in seinen späteren Jahren, daß ihm die rechte Glaubenszuversicht und Glaubensinbrunst fehlten. Seit seinen Klosterjahren setzten ihm außerdem mancherlei körperliche Übel zu, langwierige Kopfschmerzen und ein qualvolles Steinleiden. Wiederholt sehnte er den Tod herbei, am meisten, weil er die Welt immer „ärger" werden sah. Hatte er früher über die zahlreich umlaufenden Prophezeiungen vom Ende der Welt gespottet, schließlich schien ihm selbst der „liebe jüngste Tag" unmittelbar bevorzustehen: „Das Ende, das Ende naht, Gott sei Dank!"

„Gott will uns fröhlich, er haßt die Traurigkeit. Wünschte er uns traurig, gäbe er uns nicht die Sonne, den Mond und die Früchte der Erde, die er uns alle zu unserer Freude spendet. Finsternis würde er ausbreiten, die Sonne nicht mehr aufgehen, den Sommer nimmer wiederkehren lassen." Nicht nur die Aussprüche, in denen Luther ausdrücklich die Freude preist, verraten einen heiteren Sinn. Der feine und der grobkörnige, der stille und der laut aufdröhnende Humor, davon seine Schriften, Briefe, Predigten und Gespräche überquellen, kann unmöglich aus einem matten, unfrohen Herzen kommen. So wie Luther vermag nur der zu trösten, dem viel Leid widerfuhr und der darüber den Frohmut des Lebens nicht verlor. Durch seinen Glauben überwand Luther immer wieder die finsteren Mächte in seiner Brust. Bis in die Gegenwart hinein ist er mit diesem seinem Glauben Millionen ein Führer zu froher, in Gott gegründeter Zuversicht geworden. Der Geschichtsschreiber, der nun einmal bei seinen Versuchen, ein Abbild der Wirklichkeit zu geben, auf irgendwie greifbare Zeugnisse angewiesen ist, vermag ja nur einen winzigen Bruchteil des wie vom Christentum überhaupt, so besonders auch von Luthers Glauben ausgegangenen und ihnen immer noch entströmenden Lebensmutes zu erfassen: das stete Sich-Erheben aus der Niedergeschlagenheit über das eigene Versagen und aus der Betäubung nach schweren Schicksalsschlägen, das Hochhalten des Guten und Edlen aller Gemeinheit und Erbärmlichkeit der Welt, allen Teufeln zum Trotz.

Der Glaube hielt die dunklen Schatten in Luthers Wesen soweit nieder, daß sich sein großes Menschentum frei entfalten konnte. Den Zugang zu ihm finden allerdings viele nicht, obwohl es sich in Luthers riesigem Schrifttum, namentlich in seinen Tausenden von Briefen offen genug ausspricht. Wem das Papsttum heilig ist, den müssen Luthers wütende und grobe Ausfälle dagegen stören, und der Schluß, sie seien der Ausfluß eines wenigstens großenteils unerfreulichen Charakters, liegt dann nur allzu nahe. Den strenggläubigen Katholiken ist es außerdem unvorstellbar, daß ein Mann, der sein Kloster verließ, heiratete und der das, was er einst selbst verehrt hatte, aufs heftigste bekämpfte, frohen und lauteren Gemütes sein konnte. Von zahllosen Erbauungsbüchern über den Gottesmann Luther gilt, was der Nachfolger Zwinglis in Zürich, Bullinger, von einem unmittelbar nach Luthers Tod erschienenen Schriftchen sagte: „Ich habe die acht Seiten über den Heimgang von Luther, seligen Andenkens, gelesen. Dieser Nachruf kann mir nicht gefallen. Wer auch der Verfasser sein mag, die Feder dieses Betschwesterchens oder zartbesaiteten Männleins ist allzu lendenlahm und weich. Wenn er auch Fehler hatte, hätte Luther doch Kräftigeres und Wuchtigeres verdient. Denn er war groß, getreu, eifrig und gewaltig im Hause des Herrn." Die Rationalisten sämtlicher Schattierungen wissen mit dem, was nun einmal Stern und Kern von Luthers Leben war, mit seinem Glauben, nichts anzufangen. Menschen mit einem Luthers Art entgegengesetzten Wesen reizt der kantige Mann, gleichviel, wie sie zu seinem Werke stehen, zu heftigen Ausfällen. Im übrigen teilt Luther das Schicksal der Großen, an denen kaum jemand gleichgültig vorübergehen kann. Manche wollen die Selbständigkeit ihres Urteils und ihre Forschheit durch Herabsetzung des von der Allgemeinheit Gefeierten in helles Licht stellen, größer ist die Zahl derer, die ihn, unbekümmert um den wahren Tatbestand, zum Zeugen für ihre eigenen Meinungen und die eben vorherrschende Geistesrichtung aufrufen.

Am wenigsten haben die Streitigkeiten der Konfessionen, die Verharmlosung des Gottesmannes durch Erbauungsschriften der „beguttae" (Beghinen) und „delicatuli", wie diese Schreiberlein der wackere Schweizer Bullinger genannt hat, die jeweiligen Modernisierungen, die literatenhaften und geisteswissenschaftlichen Klügeleien und vor allem die große Schwierigkeit, welche den meisten das Eindringen in das Wesen eines Mannes aus einer von der unseren so verschiedenen Welt bereitet, den gewaltigen Kämpfer Luther verdecken können. Der Streiter, der sich in der Klosterzelle zu seinem Glauben durchringt, der die Geistes- und Rechtswelt des kirchlichen Mittelalters, die ratio Romana, durchbrach, der zu Worms vor Kaiser und Reich seinen Glauben bekannte, der bis zu seinem Tode im Kampfe ausharrte, ist eine allgemein anerkannte weltgeschichtliche Größe. Aber auch da, wo Luther seinen Zeitgenossen und noch mehr der Nachwelt sich in theologischem Gezänk zu verlieren scheint, ist er größer als die meisten ahnen. Sicher haben ihn auch seine konservative Art, sein Gemüt, die Erinnerung an die heiligen Schauer und die unermeßlichen inneren Tröstungen bei dem Empfang des Abendmahls an dem Buchstaben der Einsetzungsworte Christi festhalten lassen. Wenn er aber bei den Versuchen der Zwinglianer und Schwärmer, das „ist" zu einem „das bedeutet" abzuschwächen, noch mehr wütet, als wenn die katholischen Theologen mit scholastischen Künsten das Geheimnis Gottes in feste Begriffe einspannen wollen, dann zürnt er doch im tiefsten Grunde deshalb, weil er in der vom Wortlaut wegführenden Auslegung seinen Todfeind, die Ratio, des Teufels oberste Hure, die „in der Taufe ersäuft" ist, wittert. Die einzelnen Gegenstände und Auffassungen, um die gekämpft wird, wechseln im Laufe der Jahrhunderte, aber für den tiefer Blickenden geht es Luther auch in solchen Dingen doch immer wieder um dieselben letzten Entscheidungen.

Auch der Luther des täglichen Lebens ist wenigstens bei dem evangelischen Teil des deutschen Volkes nicht vergessen. Der Wittenberger Professor hielt es für seine Person mit dem Bibelspruch: „Armut und Reichtum gib mir nicht, laß mich aber mein bescheiden Teil Speise dahinnehmen"; den kommunistischen Bestrebungen, die sich in Reformschriften seiner Zeit finden, und die auch in einigen Wiedertäuferkreisen auftauchten, war er ebenso abhold, wie dem Großkapitalismus. Mit Behagen genoß er die Annehmlichkeit eines einfachen bürgerlichen Daseins. Mochten seine Schriften den Buchdruckern und Buchhändlern schweres Geld eintragen, er war es zufrieden, daß Gottes Wort in alle Welt hinausging, und dachte nicht daran, für sich daraus irgendwelchen materiellen Vorteil zu ziehen. Dabei hatte er Freunde, die, wie Lukas Cranach, sich sehr gut aufs Verdienen und auf gewinnbringende Anlage des Geldes verstanden, und die ihm in solchen Dingen sicher gern an die Hand gegangen wären. Von den Künsten schätzte er die Musik als die große Trösterin in aller Trübsal am höchsten: „Hier kann nicht sein ein böser Mut, / wo da singen Gesellen gut. / Hier bleibt kein Zorn, Zank, Haß noch Neid, / Weichen muß alles Herzeleid." Vor allem aber stellte er die Musik, das herrliche Gottesgeschenk, das der Theologie am nächsten komme, in den Dienst des Glaubenslebens und der Jugenderziehung. Durch die von ihm gedichteten und vertonten Lieder, so klagten seine Gegner, singe sich das Volk in den neuen Glauben hinein, und die Jugend wollte er „an diese Kunst gewöhnen, weil sie feine, geschickte Leute macht". Um die von ihm erstrebte Wirkung des Kirchenliedes zu erzielen, verwendete er dafür auch die einfachen Mittel des Volksliedes: die dialog-szenische Form, altüberlieferte Wendungen, die Wiederholung bestimmter Worte. In seinen Gelegenheitsdichtungen ließ er gerne seinem Frohmut und seiner Lust zum Spott die Zügel schießen. An Leid und Freud seiner Freunde nahm er herzlichen Anteil, half ihnen unermüdlich mit Rat und Tat und bereitete ihnen in seinem Hause bei heiterem und ernstem Tischgespräch zahllose frohe und anregende Stunden. Für das geistige und leibliche Wohl seiner Wittenberger Studenten war er unablässig besorgt, er unterstützte sie und seine Freunde oft über seine Verhältnisse hinaus. Mit seinen Briefen, auf die er trotz seiner großen Arbeitslast außerordentlich viel Zeit verwendete, spendete er ihm Nahe- und Fernerstehenden unermeßliche geistige Wohltaten, hierin wie in allem ein Verschwender seiner selbst. Die Briefe an seine Frau und seine Kinder und die Erzählungen seiner Freunde geben Einblick in sein christlich-deutsches und gesund-natürliches Familienleben. Erstaunlich ist es, wie sich dieser vielbeschäftigte Mann seinen Kindern widmet und sich um die Einzelheiten ihrer Erziehung bekümmert. Das Weihnachtslied „Vom Himmel hoch da komm ich her" hat er zunächst für seine Kinder geschaffen. Seinem Hänschen schickte er im Juni 1530 von der Feste Koburg einen Brief, der die väterlichen Ermahnungen in ein Paradies-Märchen kleidet. Als dann der dreizehnjährige Hans in dem unruhigen Lutherhaus zu Wittenberg nicht richtig lernte, gab er ihn nach Torgau in eine strenge Schule und ließ den an Heimweh Leidenden auch beim Tode seines Schwesterchens nicht nach Haus kommen: „Sieh zu, daß du diese Tränen männlich unterdrückst und deiner Mutter nicht neuen Schmerz und schwere Gedanken verursachst." Seine „herzliebe Hausfrau" ließ er die großen Sorgen um sein Werk miterleben, neckte sich mit „dem lieben Herrn Käthe" in den kleinen täglichen Dingen und wußte ihr im Großen wie im Kleinen Dank, daß „sie ihm nicht nur Gemahlin, sondern auch Helferin" war.

Der Glaubensheld und gewaltige Streiter Luther, der treue und gesellige Freund, der allzeit rat- und tatbereite Helfer, der liebevolle Gatte und Hausvater wird in Wort und Schrift gefeiert. Wer kennt aber den Weisen von Wittenberg? Luther hat wie nur wenige gelitten, davon zeugen die Vorgeschichte seines Glaubenserlebnisses, die späteren Anfälle von trüben Stimmungen und seine düsteren Urteile über Vergangenheit, Gegenwart und Zukunft. Trotzdem hat es kaum einen frohgemuteren Mann gegeben als Luther. Seine ungeheure Arbeitsleistung ist ohne einzigartigen Lebensmut unbegreiflich; einem trübseligen und verbitterten Luther hätten nicht so viele ihre Herzen eröffnet und grenzenloses Vertrauen geschenkt. Ein Mensch, der selbst mit dem Leben nicht fertig wurde, hätte nicht

Angehörigen aller Stände in allen Lebenslagen ein so gütiger und kluger Berater sein können. Einfacher, natürlicher, verständiger als Luther konnte man sich nicht zu allen nur erdenklichen Fragen und Nöten des Lebens stellen. Da ist nichts verstiegen, übertrieben, verkrampft, alles ist durchwürzt von einem kraftvollen Humor, der nichts von Resignation an sich hat, sondern einem selbstsicheren Gefühl der Überlegenheit über Menschen und Dinge entspringt. Das deutsche Volk erkennt nur deshalb so wenig, daß ihm in Luther einer der größten Meister der Lebensweisheit gegeben ward, weil er, der Zeit seines Lebens mit den finstersten Mächten zu ringen hatte, der die Ratio, die klügelnde Vernunft als das Urböse verachtete und, wie er von sich sagte, seine Widersacher nicht mit Pfriemen und Nadeln, sondern mit Schweinsspießen anging, sich so sehr von allen anderen unterscheidet, welche die Welt als Weise verehrt. Und dennoch entströmt ein unerschöpflicher Lebensquell der aus Leid, Not, Kampf, Zorn, Haß, Freude und Liebe geborenen, in felsenfestem Glauben Zweifel und Verzweiflung besiegenden und der Bosheit und Gemeinheit aller Teufel dieser Welt trotzenden Weisheit des Weisen von Wittenberg.

Zehntes Kapitel

Schmalkaldischer Krieg. Augsburger Interim

Schmalkaldischer Krieg

Der Kaiser hatte für den Krieg gegen die Schmalkaldner umfassende Vorbereitungen getroffen. Geheimartikel zum Frieden von Crépy verpflichteten Franz I., seine Verbindung mit den deutschen Protestanten aufzugeben und dem Kaiser je nach Umständen auch Waffenhilfe gegen sie zu leisten. König Ferdinand bewog im Herbst 1545 die Türken, gegen Tributzahlungen von weiteren Angriffen abzustehen. Der Papst bewilligte für den Ketzerkrieg eine große Geldsumme, 12000 Mann zu Fuß und 500 Reiter. Paul III. war jedoch für den Kaiser zunächst ein sehr unbequemer Bundesgenosse. Karl wollte nämlich möglichst viele Evangelische zu sich herüberziehen, um die übrigen leichter überwältigen zu können und vielleicht sogar dermaßen einzuschüchtern, daß sie sich ohne größere Kriegshandlungen unterwarfen; der Papst dagegen drängte auf eine kriegerische Entscheidung, um nach völliger Niederwerfung des Protestantismus freie Hand für die Durchführung der Gegenreformation in Deutschland zu haben. Schließlich setzte sich aber doch Karl mit seiner Politik gegenüber der Kurie durch und erreichte damit den Anschluß des Herzogs Moritz von Sachsen an die kaiserliche Sache. Zwischen den beiden sächsischen Linien, der kurfürstlichen ernestinischen und der herzoglichen albertinischen, bestanden seit der Teilung Sachsens im Jahre 1483 mancherlei Spannungen. Moritz war 1541 mit zwanzig Jahren Herzog im albertinischen Sachsen geworden. Zu Anfang des Jahres 1541, noch als Prinz, hatte er die Tochter des Landgrafen Philipp von Hessen geheiratet. Moritz hielt zwar viel auf seinen Schwiegervater, kam jedoch bald nach seinem Regierungsantritt unter den Einfluß Georgs von Carlowitz, der schon unter Herzog Georg ein hoher Regierungsbeamter gewesen war und nach dessen Tod der Einführung der lutherischen Lehre im Herzogtum Sachsen widerstrebt hatte. Nun war zwar Moritz von scharfem Verstand und schneller Entschlußkraft, doch lockten den jungen Mann Krieg, Jagd, Wein und Weib ungleich mehr als die kleinen täglichen Geschäfte der Landesverwaltung und vor allem als religiöse und geistige Angelegenheiten. Gelang es, ihn davon zu überzeugen, daß er für seine Person von einem Anschluß an den Kaiser mehr als von der Verbindung mit Philipp und den Schmalkaldnern zu erwarten hätte, dann war damit zu rechnen, daß sich der Herzog auf die kaiserliche Seite schlagen und sich auch entschlossen zu ihr halten würde, denn wo er einmal „seinen Kopf hinstreckte, da war er nicht wohl zu wenden". Carlowitz zweifelte nie daran, daß der Kaiser bei einem Kriege mit den Protestanten siegen werde und suchte deshalb seinen Landesherrn den Schmalkaldnern zu entfremden. Karls Minister Granvella bemühte sich seit 1542 ebenfalls, den jungen Herzog in das kaiserliche Lager herüberzuziehen. Zu einem Vertrag zwischen dem Sachsen und Karl kam es allerdings erst auf dem Regensburger Reichstag von 1546. Der Kaiser versprach Moritz, ihm die Besitzungen der ernestinischen Linie zu überlassen, die er in dem kommenden Krieg erobern würde. Er sollte außerdem in seinen Ländern und in den Bistümern Magdeburg und Halberstadt, worüber ihm die Schutzherrschaft zugesagt wurde, die Priesterehe, den Laienkelch und die evangelische Rechtfertigungslehre beibehalten dürfen, im übrigen aber sich den Konzilsbeschlüssen fügen. Durch ähnliche religiöse Zugeständnisse gewann der Kaiser noch einige andere protestantische Fürsten. Auch mit Baiern wurde er nach langwierigen Verhandlungen einig, es sollte Truppen und Geschütz stellen, das Abkommen aber möglichst lange geheim halten, um die Schmalkaldner in Sicherheit zu wiegen.

Am 7. Juni 1546 entschloß sich der Kaiser loszuschlagen, vier Tage später gab er den für die deutschen Fußtruppen ernannten Obersten den Befehl, in den katholischen Gebieten Süddeutschlands 20000 Mann anzuwerben; ebenso ließ der Papst in Italien rüsten. Mit den deutschen, italienischen und den von Spanien, Neapel, Genua, Ungarn und den Niederlanden erwarteten Kriegsvölkern hoffte Karl, im Verlauf eines Monats ein Heer von 45 bis 50000 Mann zu Fuß und 6 bis 8000 Reitern aufbringen zu können. Am 22. Juni ließ Landgraf Philipp in Hessen die Werbetrommel rühren, am 4. Juli, an dem Tage, da Paul III. seinem Enkel, Ottavio Farnese, das Banner des heiligen Petrus zum Kampfe wider die deutschen Ketzer überreichte, trafen sich Landgraf Philipp und Kurfürst Johann Friedrich von Sachsen zu Ichtershausen und vereinbarten, bis zum 20. Juli 8000 Mann zu Fuß und 2500 Reiter aufzustellen. Die oberdeutschen Städte und Herzog Ulrich von Württemberg beschlossen am 6. Juli zu Ulm, aus Augsburg und Ulm ungefähr je 6000 Mann unter dem Oberbefehl des alterprobten Landsknechtsführers und damaligen Augsburger Feldhauptmanns Sebastian Schertlin ausrücken zu lassen. Dieser hatte auch schon einen guten Plan bereit. Zur „Verteidigung kaiserlichen und heiligen Reiches Landfriedens", der durch die am 11. Juni von Karl befohlenen Truppenwerbungen verletzt würde, wollte Schertlin die kaiserlichen Musterungsplätze um Füssen und Nesselwang überfallen, die dort schon in Karls Dienste genommenen Mannschaften zersprengen oder für sich gewinnen, dann die Ehrenberger Klause besetzen und dem aus Italien anmarschierenden Heere den Weg verlegen. Da aber die Ulmer Abteilung wegen Ausbleibens der Württemberger und Straßburger zu spät kam, konnten die Kaiserlichen, etwa 7000 Mann, nach Baiern entkommen. Dagegen gelang Schertlin am 10. Juli die Einnahme der Ehrenberger Klause. Er beabsichtigte nun, wie er in seiner Lebensbeschreibung erzählt, bis Triest vorzustoßen, und erließ an die Stände des damals großenteils protestantischen Tirols einen Aufruf: sie sollten mit seiner Hilfe das fremde Kriegsvolk am Einmarsch nach Tirol verhindern und damit das deutsche Vaterland vor Verderben und Elend bewahren. Der Kriegsrat der oberdeutschen Schmalkaldner in Augsburg befahl jedoch Schertlin, sich aus Tirol zurückzuziehen. Dieser mußte sich fügen, so wütend er darüber auch war. Der schwäbische Kriegshauptmann hatte zwar das Ziel, das er sich gesteckt hatte, nicht erreicht, — der Kriegsrat hatte wohl darin recht, daß Schertlin mit seinen geringen Kräften sich zu großes vorgenommen habe —, aber die Einnahme der Klause wertete die öffentliche Meinung doch als einen Sieg der Protestanten, zu Beginn des Krieges ein nicht zu unterschätzender Erfolg.

Der Kaiser verlebte inzwischen in Regensburg sorgenvolle Wochen. Er fürchtete, die vereinigten Verbündeten würden sich noch vor Eintreffen des päpstlichen Heeres gegen Regensburg wenden. Er verließ deshalb am 3. August mit seinen Truppen die Stadt, die er einem überlegenen Feinde gegenüber kaum hätte halten können, und zog in Eilmärschen nach Landshut, wo endlich am 13. August die päpstliche Armee ankam. Hier entstanden bald große Verpflegungsschwierigkeiten. Sie erzeugten eine gefährliche Stimmung unter den deutschen Landsknechten des kaiserlichen Heeres. Auf offener Straße schmähten sie einen Dominikanerprior: er und seinesgleichen hätten den Kaiser in diesen Krieg gehetzt und die fremde Soldateska ins Land gerufen. Die Pfaffen seien die wahren Rebellen und Feinde Christi. Am 14. August erschienen vor Landshut zwei Reiter, welche den Fehdebrief der evangelischen Fürsten überbrachten. Der Kaiser ließ ihn den Abgesandten, entgegen dem noch immer üblichen deutschen Ritterbrauch, ungeöffnet zurückgeben und zugleich die Ächtungsbriefe gegen die protestantischen Fürsten überreichen, die er schon am 20. Juli unterzeichnet, aber noch nicht veröffentlicht hatte. Nun mußte der Kaiser mit seiner angedrohten Strafexpedition sofort beginnen, wollte er nicht sein ganzes Ansehen einbüßen. Anfangs August hatten der Landgraf von Hessen und der Kurfürst von Sachsen ihre Lager vor Donauwörth aufgeschlagen. Sie verloren hier eine kostbare Woche; der Baiernherzog Wilhelm, der immer noch den Neutralen spielte, hatte es gut verstanden, sie in diesen wichtigen Tagen hinzuhalten. Das nächste Ziel der Protestanten war jetzt, die Vereinigung der unter dem Grafen von Büren aus den Niederlanden heranziehenden Truppen mit dem Heere Karls zu verhindern. Dieser bezog am 27. August ein Lager im Schutze der bairischen Festung Ingolstadt. Die Evangelischen beschossen zwei Tage später zwölf Stunden lang mit ihrer Artillerie die Stellung des Kaisers, doch dieser hielt, ohne zum Angriff vorzugehen oder zu weichen, dem furchtbaren Feuer stand. Einen Sturm auf das gut verschanzte Lager konnten die Verbündeten nicht wagen, zumal da der Kaiser an der Festung Ingolstadt einen guten Rückhalt hatte. Am 4. September zogen sie nach Donauwörth ab. Am 26. August war Büren bereits vor Mainz angelangt. Daß er den Rhein fast ungestört hatte überschreiten können und am 16. September ungehindert zum Kaiser stoßen konnte, war die Schuld des Landgrafen Philipp, der zum Schutze Hessens die in seinem Lande verbliebenen Truppen nicht gegen Büren marschieren ließ, und der sich der Forderung des Kurfürsten, mit ihm gegen Büren zu ziehen, widersetzte. Dafür bewahrte Philipp am 3. Oktober durch sein schnell entschlossenes und umsichtiges Handeln die Verbündeten vor schweren Verlusten, als sich Büren unweit Nördlingen auf ihre Nachhut werfen wollte.

Die Truppen des Kaisers nahmen das von den Schmalkaldnern verlassene Donauwörth und eine Reihe weiterer Orte donauaufwärts, dann wollte der Kaiser Ulm überrumpeln, wurde aber auf dem Marsche am 14. Oktober bei Giengen an der Brenz von den Feinden überrascht, worauf er sich in ein festes Lager bei Sontheim zurückzog. Er hatte durch Seuchen, Verluste in den Kämpfen und Fahnenflucht fast die Hälfte seiner Leute verloren. Alle Unternehmungen gegen den auf einem Höhenzug in der Nähe liegenden Feind schlugen fehl. Der Kaiser war verzagt wie noch kaum je in seinem Leben. Am 31. Oktober gab er seine Stellung im Brenztale auf und bezog ein neues Lager bei Lauingen; alles deutete darauf hin, daß er für dieses Jahr keine größeren Kriegshandlungen mehr im Sinn hatte. Die Schmalkaldner verdankten dies in erster Linie der Beständigkeit und dem Opfermut des sächsischen Kurfürsten. Obwohl ein Einfall König Ferdinands und Herzogs Moritz von Sachsen in das Kurfürstentum drohte, verließ er seine Bundesgenossen nicht. Zu ihrem Heere stieß jetzt ein württembergisches Aufgebot von 7500 Mann, Schertlin stand mit seinen gut ausgerüsteten Truppen zum Losschlagen bereit. Doch nun versagte der Hesse. Er fürchtete für sein Land, als er hörte, der Kaiser lasse in Geldern neue Truppen anwerben. Schon sprach Philipp zum Herzog Ulrich von Württemberg davon, man solle mit dem Kaiser wegen eines Waffenstillstandes verhandeln.

In der Nacht vom 8. auf den 9. November erscholl aus dem kaiserlichen Lager gewaltiger Geschützdonner. Karl ließ Viktoria schießen. Er hatte die Nachricht erhalten, daß König Ferdinand und Herzog Moritz in die Lande des Kurfürsten einrückten. Der Kaiser war fest überzeugt, daß Johann Friedrich schleunigst heim eilen werde, und legte sich selbst mit Alba und einem starken Aufgebot in den Hinterhalt, um den Abziehenden zu überfallen. Doch der Sachse harrte bei seinen Bundesgenossen aus. Nachdem Karl einige Tage gewartet hatte, verließ er das durch Regengüsse grundlos gewordene Lager. Am 14. November erschien zu seiner Überraschung in dem neuen Lager bei Wittislingen ein Beauftragter des Landgrafen, um Waffenstillstandsverhandlungen einzuleiten. Philipp hatte, da den Verbündeten das Geld zur Fortsetzung des Krieges ausging, nun doch seinen Willen durchgesetzt. Als der Kaiser merkte, weshalb seine Feinde den Frieden suchten, brach er die Verhandlungen schnell wieder ab: mit Ungehorsamen und Rebellen des Reiches, ließ er den Fürsten sagen, wolle er nichts zu tun haben, wenn sie sich ihm nicht auf Gnade und Ungnade ergäben. An Unterwerfung dachten nun freilich Philipp und Johann Friedrich noch nicht. Am 22. November brachen sie ihr Lager ab, jeder begab sich in seine Heimat. Der Kaiser griff mit seiner gesamten Reiterei die Nachhut der Abziehenden an, bei der sich Philipp und Johann Friedrich befanden. Der Hesse manövrierte so geschickt, daß der Kaiser nicht weiter nachzurücken wagte. Durch seine Unentschlossenheit versäumte Karl die Gelegenheit, den Krieg hier mit einem Schlage zu beenden.

Nach dem Abzug Philipps und Johann Friedrichs waren die oberdeutschen Schmalkaldner für sich allein nicht stark genug, dem Kaiser noch weiterhin Widerstand zu leisten. Wohin er kam, öffneten ihm die Städte ihre Tore: Bopfingen, Nördlingen, Dinkelsbühl, Rothenburg, Hall und Heilbronn. Ulm ließ ihn durch Boten um Gnade bitten. In Hall suchte ihn Kurfürst Friedrich von der Pfalz auf und erlangte Verzeihung. Dem Herzog Ulrich von Württemberg ließ der Kaiser sein Land, obwohl König Ferdinand die Besitzergreifung für das Haus Österreich wünschte, das es schon von 1519—1534 innegehabt hatte (vgl. S. 285). Der Württemberger mußte nur eine beträchtliche Summe für Kriegskosten zahlen, sich verpflichten, an der Vollziehung der Reichsacht gegen Sachsen und Hessen teilzunehmen und einige seiner festen Plätze als Unterpfand seiner Treue kaiserlichen Truppen einzuräumen. Auch in der religiösen Frage zeigte sich der Kaiser vorerst sehr entgegenkommend. Er wollte eben im Süden keinen Anlaß zur Unzufriedenheit geben, ehe er den Hessen und den Sachsen vernichtend geschlagen hatte. Im Kurfürstentum Sachsen nahmen die Dinge allerdings bald eine von Karl völlig unerwartete Wendung. Ende Oktober 1546 hatten König Ferdinand von Böhmen und Herzog Moritz von Sachsen aus die Feindseligkeiten gegen das Kurfürstentum eröffnet und große Fortschritte gemacht. Moritz hatte Halle und den größten Teil des Landes fast ohne Schwertstreich besetzten können; Wittenberg, auf das er keinen Sturm wagte, schloß er ein und schnitt ihm die Zufuhr ab.

Das Blatt wendete sich jedoch schnell bei der Ankunft Johann Friedrichs. Auf seinem Rückzug hatte er Aschaffenburg, Frankfurt, den Abt von Fulda und den Kurfürsten von Mainz ergiebig gebrandschatzt, und so in den „papistischen Ländern" seine Kriegskasse fürs erste wieder etwas aufgefüllt. Um sein eigenes Gebiet zu verschonen, trug er am 24. Dezember den Krieg in die Länder des Herzogs Moritz. In wenigen Tagen war ganz Thüringen in der Hand des Kurfürsten. Auch Halles konnte er sich, ohne auf Widerstand zu stoßen, wieder bemächtigen, dagegen lag er vom 5. bis zum 27. Januar vergebens vor Leipzig. Der Herzog wandte sich in seiner Not an König Ferdinand um Hilfe. Aber dieser konnte ihm nur geringe Verstärkungen senden. Die protestantischen Stände Böhmens, voran der Rat der Stadt Prag, bereiteten ihm die größten Schwierigkeiten und forderten sogar den Kurfürsten auf, mit ihnen gemeinsam gegen den Habsburger, ihren König, vorzugehen. Dafür schickte der Kaiser auf Ferdinands Bitten den Markgrafen Albrecht Alcibiades von Brandenburg-Kulmbach mit 5000 Mann zu Fuß und 2000 Reitern nach Sachsen. Dem Kurfürsten gelang es, in der Morgenfrühe des 2. März den Brandenburger in

Rochlitz zu überraschen und einen vollen Erfolg zu erringen. Albrecht selbst wurde auf der Flucht gefangen genommen. Noch an demselben Tag erschien Moritz mit zwei Abteilungen bei Rochlitz, mußte sich aber unverrichteter Dinge zurückziehen, weil die beiden Haufen zusammen nicht stärker waren als die zersprengten und außer Gefecht gesetzten Truppen Albrechts. So ging Moritz auch noch Chemnitz verloren. Er verlegte sein Hauptquartier nach Freiberg; Ferdinand war mit seinen Reitern seit dem 1. März in Dresden. Der Herzog und der König waren jetzt zu größeren Unternehmungen nicht imstande. Der Kurfürst hätte unbehindert in Böhmen, wo inzwischen ein förmlicher Aufstand ausgebrochen war, einfallen und sich mit den dortigen Protestanten vereinigen können. Johann Friedrich war damit eine einzigartige Gelegenheit geboten, für sich und die evangelische Sache eine entscheidende Wendung herbeizuführen, aber er war nun einmal kein Mann weitausschauender Pläne und kühner Entschlüsse, sondern beschränkte sich darauf, mit den aufständischen Böhmen freundliche Briefe zu wechseln und nur einen Ort jenseits der Grenze, Joachimsthal, zu besetzen.

Der Aufstand in Böhmen und die Niederlage des Markgrafen Albrecht bewogen im März den Kaiser, der eben in Nördlingen verweilte, selbst nach Sachsen zu ziehen. In Tirschenreut vereinigte er seine 5000 Spanier, 12000 deutsche Landsknechte und mehr als 2000 Reiter mit den 4000 Reitern und etwa 6000 Mann Fußtruppen Ferdinands und des Herzogs. Diese hatten einen äußerst beschwerlichen Marsch durch Nordböhmen hinter sich. Böhmen stellte ein Kriegsvolk von etwa 10000 Mann auf. Ihr Feldhauptmann, Pflug von Rabenstein, dachte daran, nach Sachsen vorzurücken, wie es nun der Kurfürst sehnlichst wünschte. Die Böhmen blieben aber schließlich doch in ihrem Lande, weil sie nicht wußten, ob der Kaiser sich nicht vielleicht zuerst gegen sie wenden würde; die Zeit zu einem Zusammengehen mit den Böhmen war eben für Johann Friedrich vorbei. Überdies hatte er seine Kriegskräfte über sein und des Herzogs Land hin ziemlich planlos verzettelt. Am 11. April brachen Alba und Herzog Moritz von Eger aus auf, zwei Tage später folgte ihnen der Kaiser. Langsam rückten die Truppen vor und entwaffneten die Besatzungen, die der Kurfürst in die Städte gelegt hatte. Johann Friedrich war von dem Vorstoß des Kaisers höchlich überrascht und verließ Meißen, um sich auf das feste Wittenberg zurückzuziehen. Karl marschierte am 24. April bei Mühlberg an die Elbe heran, um den Kurfürsten anzugreifen, noch ehe er Wittenberg erreicht habe. Johann Friedrich war eben in der Kirche beim sonntäglichen Gottesdienst, als ihm gemeldet wurde, am anderen Ufer zeigten sich Feinde. Trotz seiner günstigen Stellung war er nur darauf bedacht, mit seinem Heere nach Wittenberg oder wenigstens nach Torgau zu entkommen, traf aber doch hinreichende Anordnungen für einen geregelten Abzug seiner Truppen und seines Geschützes. Die Kaiserlichen überschritten bei einer Furt die Elbe, plünderten Mühlberg und steckten es in Brand. Zwischen ein und zwei Uhr mittags machten sie sich an die Verfolgung.

Der Kurfürst strebte der Lochauer Heide mit ihren weitausgedehnten Wäldern zu. Gegen sieben Uhr langte er dort an. Seine Reiter erhielten Befehl, die nun nahe herangekommenen Feinde abzuwehren, während die Kriegsknechte und die Geschütze ihren Weg fortsetzen sollten. Die Reiter unternahmen jetzt auf eigene Faust einen Vorstoß gegen den nachdrängenden kaiserlichen Vortrab, warfen auch die leichte spanische auf die schwere neapolitanische Reiterei zurück, von der nun die kurfürstlichen Reiter zum Weichen gebracht wurden. Alba setzte daraufhin seine gesamte Reiterei ein, die sächsische sprengte in wilder Flucht in das eigene Fußvolk. Es geriet in völlige Verwirrung. Bis auf 500 Landsknechte, die nach Wittenberg entkamen, wurden alle Kurfürstlichen niedergemetzelt, gefangen oder zersprengt. Johann Friedrich erhielt in tapferer Gegenwehr einen Hieb ins Gesicht und mußte sich ergeben. Alba führte ihn dem Kaiser vor. An ihn wandte sich der Sachse mit den Worten: „Gnädigster Herr und Kaiser, ich bin Euer Majestät, die wollen mich halten als einen gefangenen Fürsten". Karl antwortete darauf höchst ungnädig in deutscher Sprache: „Bin ich nun euer Kaiser? Ich will euch halten nach Gelegenheit und nach eurem Verdienst. Geht hinweg von mir!" Der Kaiser ließ dann durch einen von ihm eingesetzten Gerichtshof den Kurfürsten als überführten Rebellen zum Tode verurteilen. Mehrere in der Umgebung Karls verlangten auch die Hinrichtung, doch war er bereit, Johann Friedrich am Leben zu lassen, wenn dieser einem ihm diktierten Vertrag zustimme. Der Kurfürst hatte zwar zuerst den Todesspruch gefaßt und würdig hingenommen, beugte sich aber nun doch dem Willen des Kaisers, weil er sonst seine Familie in eine noch schlimmere Lage gebracht hätte. In einem blieb der Gefangene allerdings unerschütterlich fest: das Trienter Konzil anzuerkennen, war er auch um den Preis seines Lebens nicht bereit. Wegen dieses einen Punktes übergab ihn der Kaiser jedoch nicht dem Henker. Herzog Moritz erhielt die sächsische Kurwürde und den größten Teil der ernestinischen Lande, Johann Friedrich sollte Zeit seines Lebens der Gefangene des Kaisers bleiben.

Philipp von Hessen gedachte erst, den Kampf allein fortzusetzen. Seine Aussichten, sich gegen den Kaiser zu behaupten, waren freilich äußerst gering. Joachim II. von Brandenburg und Moritz von Sachsen glaubten auf Grund langwieriger Verhandlungen mit König Ferdinand und dem kaiserlichen Rat Granvella dem Jüngeren, Bischof von Arras, dem Landgrafen, wenn er sich freiwillig unterwerfe, Friedensbedingungen in Aussicht stellen zu können, wie sie Ulrich von Württemberg zuteil geworden waren, und sicherten dem Hessen in ihrer Verkennung der Willensmeinung des Kaisers freies Geleit zu. Daraufhin begab sich Philipp nach Halle, kniete mit seinem Kanzler Gunderode vor dem Kaiser nieder und ließ durch den Kanzler eine Abbitte vorlesen. Dann verlas der kaiserliche Vizekanzler Seld die Antwort Karls. Die Reichsacht wurde darin aufgehoben und dem Landgrafen versprochen, ihn weder an seinem Leib, noch an seinen Gütern, noch mit „immerwährendem" Gefängnis zu bestrafen. Hierauf lud Alba ihn, Granvella, Moritz und

Joachim zum Abendessen ein. Als man sich von der Tafel erhoben hatte, wurde Philipp in ein Gemach allein geführt und einer spanischen Wache übergeben. Moritz und Joachim tobten, so hätten sie den Kaiser nicht verstanden. Man hielt ihnen entgegen, es handle sich ja nicht um ein „immerwährendes", sondern nur um Gefängnis auf zunächst unbestimmte Zeit; grollend erwiderten die Fürsten, sie seien keine Gelehrten, um über Worte zu streiten. Der Kaiser dachte jedoch nicht daran, Philipp freizugeben, ehe er die Verhältnisse in Deutschland nach seinem Willen geregelt habe, und ließ Moritz und Joachim wissen, von einem durch ihn hervorgerufenen Mißverständnis könne keine Rede sein, der Ausdruck „immerwährendes Gefängnis" sei in jenes Schriftstück auf ihren eigenen Vorschlag hin aufgenommen worden; wenn ein Fehler unterlaufen sei, dann trügen sie selbst die Schuld daran. — Den Aufstand in Böhmen konnte Ferdinand nach diesem Erfolg des Kaisers schnell dämpfen. Dagegen vermochte Karl eine neue Vereinigung von Hamburg, Bremen, Braunschweig und Magdeburg nicht zu sprengen. Sein Kriegsschatz war jetzt erschöpft, diese Städte aber hatten reichlich Geld und waren bereit, das Letzte zur Abwehr des Habsburgers und zur Verteidigung ihres Glaubens einzusetzen. Vor allem wollte Karl nicht mehr durch weitere militärische Unternehmungen die Durchführung der ihm besonders am Herzen liegenden Pläne verschieben. Sie zu verwirklichen, erschien ihm jetzt nach der Unterwerfung der oberdeutschen protestantischen Stände und der Gefangennahme Johann Friedrichs und Philipps die Zeit gekommen.

Philipp von Hessen

Der Kaiser mochte sich der Verwirklichung seiner Absichten besonders auch deshalb sicher wähnen, weil er Philipp von Hessen mattgesetzt hatte. Denn der durch scharfen Verstand, Mutterwitz und Selbständigkeit gegenüber seinen Landständen und Räten ausgezeichnete Landgraf war der rührigste, in der Wahl seiner Mittel unbedenklichste und neben seinem, erst seit kurzem hervorgetretenen Schwiegersohn Moritz von Sachsen der politisch fähigste evangelische Fürst mit weitreichenden Beziehungen im In- und Auslande. Auch im Kriegswesen besaß Philipp reiche Erfahrungen, die ihn in Verbindung mit seiner schnellen Entschlußkraft zu einem gefährlichen militärischen Gegner machten. Ein eifriger Bibelleser, legte er sich bei seiner Weltoffenheit und seinem politischen Sinn doch nicht ängstlich auf eine bestimmte Lehrmeinung innerhalb des Protestantismus fest. Die Evangelischen hatten seinem rastlosen Kampf für die neue Lehre mit den Waffen der Politik und des Krieges und den von ihm geschaffenen mustergültigen Einrichtungen, wie der Universität Marburg, viel, sehr viel zu verdanken. Im Verhältnis zu seiner religiösen und politischen Veranlagung war jedoch die ethische gering entwickelt. Es handelt sich dabei nicht um seine Haltlosigkeit Wein und Weib gegenüber als seine Privatangelegenheit, darin trieb er es nicht anders als so manche seiner Standesgenossen, und er hatte obendrein das Gefühl, daß dies keineswegs ganz in der Ordnung sei, weshalb er jahrelang nicht zum Abendmahl ging, sondern um die Verantwortungslosigkeit, mit der er zum schweren Schaden der von ihm mit Feuereifer vertretenen Sache einen heillosen Skandal, den Skandal des Reformationszeitalters anrichtete.

Seiner Gemahlin längst überdrüssig, hatte sich Philipp in seinem ausschweifenden Leben mit zahlreichen Dirnen eine schwere Krankheit geholt. Da lernte er im Sommer 1539 Margarete von der Sale, die Tochter der Hofmeisterin seiner verwitweten Schwester, kennen. In einem festen Liebesbunde mit ihr dachte er in geordnetere, seinem Körper und seiner Seele zuträgliche Verhältnisse zu kommen. Margaretes Mutter verlangte jedoch die regelrechte Heirat. Nun lag in jener Zeit, in der man sich bei allen Gewissensbedenken Rat aus der Bibel holte, der Gedanke an eine Mehrehe nahe, er spielte z. B. schon in den Eheangelegenheiten Heinrichs VIII. eine gewisse Rolle. Der geschmeidige Butzer war ohne weiteres für eine zweite Ehe nach alttestamentlichem Vorbilde. Frau von der Sale bestand aber auch noch auf der Zustimmung Luthers und anderer Theologen. Butzer wußte, wie man eine solche Sache bei Luther anfangen müsse. Dieser hatte schon 1520 theoretisch erklärt, eine Mehrehe wäre besser als Ehescheidung, und auch sonst die Ansicht vertreten, wenn Aussatz der Frau oder ein ähnlicher Fall vorliege, dürfe ein Mann eine zweite Frau nehmen. Gemeinsam mit Butzer schilderte nun Philipp in beweglichen Worten Luther seine Seelennot. Dieser und Melanchthon arbeiteten daraufhin einen „Beichtrat" aus, worin sie zwar im Interesse des allgemeinen Wohles grundsätzlich an der Einehe festhielten, aber dem Landgrafen zur Behebung seiner Gewissensnot die Dispens erteilten, heimlich noch ein zweites Eheweib zu haben. Die Trauung fand am 4. März 1540 statt, wurde bald allgemein bekannt und erregte ungeheures Aufsehen. Die Wittenberger gerieten in die größte Verlegenheit. Die früheren Mitteilungen Butzers erklärte Luther als Beichtgeheimnis, das er vor der Öffentlichkeit geheim zu halten habe, und riet Philipp, die zweite Frau als Konkubine auszugeben, wodurch das Ärgernis erst recht gemehrt wurde.

Auf Doppelehe stand nach Reichsrecht Todesstrafe, doch Karl V., der oberste Hüter des Rechtes, sicherte Philipp gegen dessen Versprechen, die kaiserliche Politik zu unterstützen, Straffreiheit zu. Dadurch erhielt Karl V. 1543 freie Hand, gegen Kleve vorzugehen, wodurch der Protestantismus den empfindlichsten Schlag während des Reformationszeitalters erlitt (vgl. S. 422 u. 438). Auch während des Schmalkaldischen Krieges hatte, wie wir sahen, Philipps Charakterschwäche den Verbündeten geschadet und in der Gefangenschaft zeigte er im Gegensatz zu Johann Friedrich eine wenig würdevolle Haltung. Aber innerlich gebrochen haben Philipp die fünf harten Jahre doch nicht. Nach seiner Freilassung im Jahre 1552 nahm er wieder regen Anteil am Leben der evangelischen Kirche. Die französischen Hugenotten unterstützte er im Jahre 1562 mit Geld und Truppen. Als er am 31. März 1567 starb, hinterließ er seinen Söhnen sein Land in gutem Zustande; durch tüchtige Verwaltung hatte er die Folgen der Niederlage im Schmalkaldischen Kriege völlig behoben. Die Geschichte hat ihm den Beinamen der Großmütige gegeben. Wenn auch nicht in jeder Beziehung, so hat er ihn doch durch seinen hochgemuten Unternehmungsgeist verdient.

Der Augsburger Reichstag 1547—1548 und das Interim

Der Verfall und die Auflösung des Schwäbischen Bundes (vgl. S. 371) war für die Habsburger ein schwerer Schlag gewesen. Der Kaiser wollte nun eine neue Reichsliga gründen, die noch weit mehr als der Schwäbische Bund unter kaiserlichem Einfluß stehen sollte. In dieser Liga war den vom Kaiser mehr als die großen Fürsten abhängigen kleineren Reichsständen eine maßgebende Stellung zugedacht. Den Tagungen der Liga, die nunmehr „das Reich" repräsentieren sollte, würde es dann obliegen, Reichsgesetze zu erlassen, wie es bisher den Reichstagen zugekommen war, auf denen die größeren Fürsten den Ausschlag gegeben hatten. Auf dieser Grundlage hoffte der Kaiser, die Innen- und Außenpolitik des Reiches ganz nach seinem Willen gestalten zu können. Ferner sollten jetzt die Protestanten zur Beteiligung am Trienter Konzil gezwungen werden. Um den Widerstand der Evangelischen gegen dieses Konzil zu überwinden, verlangte er von dessen Teilnehmern, vor der Ankunft der Protestanten keine Beschlüsse über die Glaubenslehren zu fassen. Andererseits hatte Karl von allen protestantischen Ständen, die sich ihm während des Schmalkaldischen Krieges ergeben oder angeschlossen hatten, gefordert, daß sie sich den Beschlüssen des nächsten Reichstages fügen würden. Er erleichterte den Protestanten damit die Unterwerfung, weil er ihnen zunächst keine Änderung in religiösen Dingen zumutete, und glaubte, ihnen auf diese Weise seinen Willen auch in der religiösen Frage aufzwingen zu können, weil er überzeugt war, er werde einen Reichsabschied durchsetzen, nach dem auch die Evangelischen auf dem Konzil zu erscheinen hätten und dessen Beschlüsse annehmen müßten.

Die Gründung der Reichsliga vermochte Karl auf dem am 1. September 1547 in Augsburg eröffneten Reichstag nicht zu erreichen, obwohl hierüber auf „Bundestagungen" zu Ulm und Augsburg im Frühjahr und Sommer verheißungsvolle Verhandlungen im Sinne des Kaisers stattgefunden hatten. Die kleineren Reichsstände und die geistlichen Fürsten wären wohl für Karls Pläne zu gewinnen gewesen, die ersteren, weil sie dadurch an Geltung gewonnen hätten, die geistlichen Fürsten, weil sie sich nach den Erfahrungen des Schmalkaldischen Krieges gegenüber den weltlichen Fürsten schutzbedürftig fühlten. Aber noch tagte man zu Augsburg auf die alte Weise. Im Fürstenrat wurde die Angelegenheit an einen Ausschuß verwiesen, der die Vorlage des Kaisers zwar nicht formell ablehnte, aber so verschleppte, daß es darüber zu keiner Beschlußfassung in einer Vollversammlung kam. Vor allem arbeitete gegen das Zustandekommen der Liga Baiern, das einer derartigen Machtstellung der Habsburger durchaus abgeneigt war, und es fand bei den übrigen, über ihre „Libertät" eifersüchtig wachenden weltlichen Fürsten williges Gehör. Immerhin war die Stellung Karls nach seinem Siege im Reich so stark — stärker als sie seit dem Sturze der Hohenstaufen je ein König besessen hatte —, daß die Stände seine sonstigen Einzelforderungen nicht abzuschlagen und sich auch nicht wegen der Verletzung der von ihm beschworenen Wahlkapitulationen, so vor allem wegen der Verwendung ausländischer Truppen in Deutschland, ernstlich zu beschweren wagten. Gegen die Absetzung der Kurfürsten Hermann von Köln und Johann Friedrich von Sachsen und die vom Kaiser vorgenommene Neubesetzung dieser Kurstühle wurde kein Widerspruch laut. Die Stände erkannten dem Kaiser die Ernennung der Beisitzer am Kammergericht zu; damit hatte Karl die Verfügung über die Rechtspflege in den wichtigsten Reichsangelegenheiten. Auch die Schlichtung aller Streitigkeiten über die Rückgabe der den geistlichen Ständen entzogenen Güter und Rechte wurde ihm übertragen. Die Wahlkapitulation, der Kaiser dürfe nur nach einem ordentlichen Verfahren die Reichsacht verhängen, wurde aufgehoben. Kein Untertan des Reiches sollte von nun ab ohne Einwilligung des Kaisers bei einer fremden Macht Kriegsdienste leisten dürfen. Er erhielt ferner den „Vorrat" zugebilligt, einen Kriegsschatz zu seiner freien Verfügung. Die niederländischen Provinzen löste der Kaiser durch den zwischen ihnen und dem Reiche abgeschlossenen „burgundischen Vertrag" vom 26. Juni 1548 für immer aus der Gerichtsbarkeit und Steuerhoheit des Reiches, doch blieb dieses verpflichtet, die Niederlande zu schützen, und ihrem Erb- und Oberherrn wurde Sitz und Stimme auf den Reichstagen ausbedungen. Selber Einfluß auszuüben, aber keine Rückwirkung zu erfahren, ist, wie Ranke zu diesem Vertrage bemerkt, allezeit die Politik der vorwaltenden Mächte gewesen. Die Habsburger dünkten sich bei der Anwendung des Grundsatzes auf das Verhältnis ihrer deutschen Länder zum Reiche sicher sehr klug. Es störte Karl V. und dann seine Nachfolger nicht, daß sie, die doch als Kaiser den Bestand des Reiches zu wahren sich eidlich verpflichtet hatten, auf diese Weise dem Reiche die Niederlande schließlich völlig entfremdeten.

Papst Paul III., der aus den von uns bereits dargelegten Gründen (vgl. S. 428), Herr des Konzils sein wollte, hatte die Forderung des Kaisers, mit der Beschlußfassung über Glaubenslehren bis zum Eintreffen der Protestanten zu warten, rundweg abgelehnt. Im Laufe des Jahres 1546 war zu Trient das katholische Dogma von der Rechtfertigung festgelegt worden. Um jedem weiteren Eingreifen des Kaisers in diesem Punkte vorzubeugen, ließ der Papst dieses Dogma am 13. Januar 1547 feierlich verkündigen, ferner am 3. März die Lehren von den Sakramenten im allgemeinen und von der Taufe und Firmung im besonderen. Einige Tage darauf wurde das Konzil nach Bologna verlegt, weil in Trient eine ansteckende Krankheit ausgebrochen war. Karl befahl den spanischen Bischöfen, in Trient zu bleiben. Da hier die Seuche bald wieder erlosch, faßte der Kaiser die Verlegung als Quertreiberei gegen seine Pläne auf. Zu diesen Gegensätzen zwischen Papst und Kaiser in Religionsfragen kamen noch politische. Paul wollte den Kaiser nach seinem Siege über die deutschen Protestanten zu einem Kriege gegen den ketzerischen Heinrich VIII. von England veranlassen. Karl antwortete, er wolle nicht den Hauptmann eines Mannes machen, der ihn mitten im letzten Feldzug verlassen habe; die päpstlichen Truppen waren nämlich im Januar 1547 aus dem kaiserlichen Lager abgezogen. Ein Zwischenfall bald nach Eröffnung des Reichstages führte vollends zum Bruche zwischen Kaiser und Papst. Dieser war eifrigst auf eine glänzende Versorgung seiner Nachkommen bedacht, wobei er mit der Italienpolitik des Kaisers in Zwiespalt geriet. Pauls Sohn, Pier Luigi Farnese, setzte sich in Piacenza fest, auf das Karl als Reichsoberhaupt nie seine Ansprüche aufgegeben hatte. Ferrante Gonzaga, der kaiserliche Befehlshaber in Mailand, zettelte in Piacenza gegen den Farnese eine Verschwörung an. Der Kaiser war damit einverstanden, wollte aber das Leben von Pauls Sohn geschont wissen. Gonzaga erklärte jedoch den Verschworenen, sie würden wegen eines bei einem Aufstande begangenen Mordes nicht vor Gericht gezogen werden, und so töteten sie Pier Luigi. Der Papst verlangte hierauf wenigstens die Herausgabe Piacenzas, weil es der römischen Kirche gehöre. Karl schlug ihm sein Begehren ab: die Stadt sei von Rechts wegen dem Reiche untertan. Das Verhalten Pauls in der Konzilsangelegenheit und seine politische Gegnerschaft bestimmten den Kaiser, obwohl er für seine Person das vom Trienter Konzil festgelegte Dogma über die Rechtfertigung als „sehr katholisch und heilig" anerkannte, in der religiösen Frage auf dem Reichstag ohne Rücksicht auf den Papst vorzugehen.

Im Auftrage Karls verfaßten der Naumburger Bischof Julius Pflug, ein zur Vermittlung neigender Erasmianer, der Mainzer Weihbischof Michael Helding und der evangelische Theologe und Hofprediger Joachims II., Johann Agricola, eine Reihe von Artikeln, welche die hauptsächlichsten Streitpunkte behandelten wie: Rechtfertigungslehre, Abendmahl, Messe, Priesterehe, Kirche. Die Priesterehe und das Abendmahl unter beiden Gestalten boten keine dogmatischen Schwierigkeiten, seien also, wo sie sich eingebürgert hätten, weiterhin zu dulden. Die übrigen Artikel waren so gehalten, daß sie gegen die überkommene Lehre der römischen Kirche nicht ausdrücklich verstießen, aber, soweit nur möglich, eine der Auffassung der Evangelischen nahekommende Deutung zuließen. Das war nun freilich das gerade Gegenteil von dem, was das Trienter Konzil bezweckte. Es zielte auf genaueste Formulierung der Dogmen ab, weil man in den bisherigen Unklarheiten eine der Ursachen für die Glaubensneuerungen sah, und weil künftigen Abweichungen von der streng kirchlichen Lehre vorgebeugt werden sollte. Nun beabsichtigte zwar der Kaiser auch jetzt noch, nur eine vorläufige Regelung bis zur Beendigung des Konzils zu treffen. Aber es war klar, daß eine „Interreligio imperialis", eine kaiserliche Zwischenreligion oder ein „Augsburger Interim", wie diese

Artikel genannt wurden, die Endentscheidungen des Konzils beeinflussen würde, wenn es nach dem Willen des Kaisers ging. Schon jetzt stellte ja das Interim dem Trienter Rechtfertigungsdogma eine verschwommene Fassung gegenüber. Die katholischen Stände zeigten deshalb wenig Neigung, dem Interim zuzustimmen. Der Kaiser beruhigte sie einigermaßen durch die Zusicherung, es gehe nicht die Katholiken an, es sei „in keiner anderen Meinung gestellt worden, denn daß durch die darin begriffenen Mittel und Wege die abgefallenen Stände zu der heiligen Religion wieder gezogen und gebracht würden". So konnte denn am 15. Mai 1548 auf dem Reichstag das Interim in Form eines Ediktes veröffentlicht werden. Mit Ausnahme des Brandenburger Markgrafen Hans von Küstrin, des gefangenen sächsischen Kurfürsten und seiner Söhne, des Pfalzgrafen Wolfgang von Zweibrücken und des Städtemeisters Jakob Sturm von Straßburg nahmen alle evangelischen Stände das Interim an. Bei Reichstagsschluß, am 30. Juni, wurden noch das innerkirchliche Leben berührende Vorschläge des von Bischof Pflug ausgearbeiteten Entwurfes als „kaiserliche Reform" verkündet. Dieses Reichsgesetz schrieb die Einberufung von Provinzialsynoden vor, welche den katholischen Klerus zu strenger Zucht anhalten sollten, und ging gegen die Anhäufung geistlicher Pfründen in einer Hand und andere Mißbräuche vor, welche seit langem Gegenstand der deutschen „Beschwerden" waren.

Zunächst schien es, als sollte das Interim tatsächlich größere religiöse Umwälzungen in den Städten und Ländern der evangelischen Stände zur Folge haben. Die Fürsten, allen voran Joachim von Brandenburg, der sich zu Augsburg sehr für das Interim eingesetzt hatte, versicherten den Kaiser ihres guten Willens. In Sachsen wurde das, in den Lehren allerdings mehr lutherisch gehaltene, von Melanchthon und anderen Theologen ausgearbeitete „Leipziger Interim" angenommen. In verschiedenen Reichsstädten verhalf der kaiserliche Vizekanzler an Stelle der evangelischen Zünfte den mehr dem Katholizismus zuneigenden Geschlechtern zur Herrschaft, eine Reihe früherer Klöster und Stifter wurde wieder instand gesetzt und auch später nicht mehr beseitigt. In Wirklichkeit waren die Erfolge des Katholizismus, abgesehen von verhältnismäßig wenigen Orten, jedoch ziemlich gering, schon weil ihm bei dem damaligen Zustand der Geistlichkeit für die dauernde Zurückgewinnung des Verlorenen geeignete Persönlichkeiten fehlten. Im allgemeinen kam es über die Wiedereinführung verschiedener katholischer Zeremonien zu keinen erheblichen Änderungen. Mehrere der bekanntesten evangelischen Geistlichen, die sich dem Interim in keiner Weise fügen wollten, verließen allerdings ihre bisherige Wirkungsstätte und wanderten nach Gegenden aus, in denen es keine Geltung hatte; im übrigen ging es mehr oder weniger, wie eine gleichzeitige Chronik zum Jahr 1549 bemerkt: „Der mehrere Teil derer, so das Interim hatten angenommen, ist wieder in die Lutherei gefallen ... Die vormals selbstgewachsenen (nicht von einem Bischof geweihten) Pfaffen haben sich nach altem Brauch der Kirchen lassen weihen, damit sie bei ihrer Pfründe blieben; aber keiner hat eine

Messe dem Interim gemäß gehalten. Der Herzog von Württemberg hat seine lutherischen Prädikanten, die er nach Publizierung des Interims von den Kirchen getrieben, alle wieder eingesetzt. In Summa, die Sache ist in der Kirche übler denn vor gestanden, ehe kaiserliche Majestät obgesiegt hat."

Über Magdeburg war wegen seiner Widersetzlichkeit die Reichsacht vom Kaiser ausgesprochen worden, doch fehlten ihm immer noch die Mittel, es zum Gehorsam zu zwingen. Nun sammelten sich in der Elbestadt viele der mit dem Interim unzufriedenen oder der von den Obrigkeiten vertriebenen Lutheraner. Sie entfalteten eine ungemein rege Tätigkeit gegen das „teuflische Interim". Von Magdeburg, der „Kanzlei Gottes", wurden zahlreiche Flugschriften verbreitet: Schmähschriften, Spottlieder, Schandbilder. Unter dem Druck der von den Magdeburger Glaubensstreitern hervorgerufenen öffentlichen Meinung nahm in den umliegenden Ländern, in Kursachsen, Hessen, Brandenburg, deren Fürsten aus politischen Gründen das Interim begünstigten, die Geistlichkeit immer entschiedener dagegen Stellung. Die Magdeburger, besonders Matthias Flacius, ein ehemaliger Wittenberger Professor, und seine Freunde, die Flacianer, griffen, unter Berufung namentlich auf die heftigen, papstfeindlichen Schriften des alten Luther, jene Theologen leidenschaftlich an, die wie Melanchthon dem Interim auch nur in seiner abgeschwächten Leipziger Form zustimmten. In den Kirchen wurden Verse gesungen wie: „Der Türk hat seinen Alchoran, / Das Interim führt auf dieselbe Bahn, / Christus, sein Wort und Belial (der Teufel) / Sollen eins sein im Glauben überall."

Der Kaiser schrieb schon vier Monate nach Beendigung des Augsburger Reichstages, den man den „geharnischten" nannte, weil hier Karl nach seinem Siege, umgeben von welschen Truppen, den vor seiner Macht zitternden Ständen mit Ausnahme der von ihm gewünschten Reichsliga, seinen Willen aufzuzwingen vermocht hatte, von Brüssel aus seinem Bruder Ferdinand, es sei zu befürchten, daß die bisherigen Anstrengungen, die Angelegenheiten des Reiches zu ordnen, vergeblich wären, wenn man nicht alle Kraft an die Fortsetzung des Begonnenen wende. Und der venetianische Gesandte Mocenigo warf, ebenfalls bereits im Jahre 1548, die Frage auf, ob Karl V. durch seinen Sieg über den Schmalkaldischen Bund mehr gewonnen oder verloren habe. Es kann nun freilich kein Zweifel darüber bestehen, daß der Kaiser durch die Niederlage der Schmalkaldner einen außerordentlichen Machtzuwachs erlangt hatte. Das beweist der ganze Verlauf des Augsburger Reichstages, besonders die Bereitwilligkeit der Stände, die von Karl für sich und König Ferdinand verlangten Geldhilfen zu genehmigen. Aber schon das Schicksal des Interims lehrte den Kaiser, daß auch jetzt noch in Deutschland die Macht, Beschlüsse durchzusetzen, keine Gewähr für ihre Durchführung bot.

Elftes Kapitel

Rückgang der kaiserlichen Macht. Fürstenaufstand Karls Krieg gegen Heinrich II. Augsburger Religionsfrieden Abdankung Karls V.

Unzufriedenheit der Reichsstände mit dem Kaiser. Das Konzil von Trient

Die Zeit des Augsburger Reichstages vom 1. September 1547 bis zum 30. Juni 1548 wird allgemein als der Höhepunkt der Macht Kaiser Karls V. bezeichnet. Aber die Mittel, die er anwendete, sie zu befestigen, ließen sie ihm bald wieder unter den Händen zerrinnen. Die katholischen Stände hatten für ihre Hilfe, die sie dem Kaiser zur Niederwerfung der Protestanten leisteten, fast ebensoviel aufwenden müssen wie die Schmalkaldner für ihren Krieg. Nun aber sollten Katholiken und Evangelische zum „Vorrat“ dasselbe beitragen, und die Rechte, die sich Karl auf dem Reichstage hatte zubilligen lassen, schränkten die „Libertät“ der Stände ohne Rücksicht auf ihr Bekenntnis ein. Karl, der einst so sehr auf sein „edles deutsches Blut“ gepocht hatte, übergab die ersten Stellen in seinem Rat Ausländern und verletzte das deutsche Ehrgefühl dadurch, daß er sich auch da, wo er als Reichsoberhaupt auftrat, vor allem in fremdländischer Umgebung zeigte. Die von ihm widerrechtlich nach Deutschland geführten Kriegsvölker hausten in den Gebieten der Gegner des Kaisers und auch in denen der katholischen Stände ärger als deutsche Landsknechte. Seit der Niederlage der Schmalkaldner traten die Spanier vollends auf, als wären sie die Herren von Deutschland. Vergebens beklagten sich Evangelische und Katholiken beim Kaiser über die „welsche Politik“ und die welschen Mordbrenner, Plünderer und Frauenschänder. Er schritt zwar gelegentlich scharf gegen zuchtlose Söldner ein; aber dem Unwesen der wilden Kriegsvölker war damit nur wenig gesteuert. Mit großer Besorgnis erfüllten die Deutschen Karls Pläne in der Nachfolgefrage. Er wollte, wenn auch nicht sofort, die Kaiserwürde seinem Sohne Philipp verschaffen. An sich ist es nicht erstaunlich, daß der Vater dem einzigen legitimen Sohne die Erbschaft alles dessen, was er selbst besaß, zudachte. Außerdem ließ sich nur auf diese Weise das Weltkaisertum, das nun einmal das Ziel Karls von Jugend auf war, erhalten und weiter ausbauen. Wem die Niederlande gehörten, wer über die wichtigsten oberitalienischen Städte gebot, wer König von Neapel-Sizilien und von Spanien mit dem nun immer reicheren Goldsegen spendenden Amerika war, und zugleich die Kaiserkrone mit ihrer Oberhoheit über ganz

Mitteleuropa trug, der durfte sich mit Recht als den Herrn der Welt betrachten, dem wohl auch noch die Reiche des Islam zufallen würden. Für Deutschland aber hätte der Spanier Philipp, der allem Deutschen von vorneherein noch ferner stand als sein Vater, die völlige Verknechtung unter eine Fremdherrschaft bedeutet. Schon brüsteten sich die Spanier, sie würden mit ihrem Gelde und mit ihrer Macht jeden Versuch der Kurfürsten, ihr freies Wahlrecht geltend zu machen, mühelos vereiteln. All das bewog die Stände, die sich in eine katholische und eine protestantische Partei gespalten hatten, den konfessionellen Hader, wenn nicht völlig zu begraben, so doch gegenüber der Bedrohung ihrer Freiheiten und Rechte durch den Kaiser zurücktreten zu lassen.

Zu dieser allgemeinen Mißstimmung gegen Karl kam noch die persönliche Unzufriedenheit der drei für die Festigung seiner Macht zur Zeit wichtigsten Fürsten: des Herzogs Wilhelm von Baiern, des Kurfürsten Moritz von Sachsen und des eigenen Bruders, König Ferdinands. Karl hatte Herzog Wilhelm für seine Beteiligung am Kriege gegen die Schmalkaldner die Übertragung der pfälzischen Kurwürde und die Belehnung mit dem Lande des zum Protestantismus übergetretenen Wittelsbachers Ott Heinrichs von Pfalz-Neuburg in Aussicht gestellt. Aber der Kaiser ließ Friedrich II. von der Pfalz nach seiner Unterwerfung das Kurfürstenamt, und das während des Krieges eroberte Pfalz-Neuburg, so erklärte Karl, werde er erst dann Wilhelm herausgeben, wenn dieser die Schulden Ott-Heinrichs bezahle, wozu der Baier nicht imstande war. Moritz hatte allerdings die sächsische Kurwürde und den größten Teil der ernestinischen Lande erhalten, aber der Kaiser ließ den Ernestinern doch so viel, daß er sie gegebenen Falls gegen Moritz ausspielen konnte, der außerdem über die Gefangenhaltung seines Schwiegervaters Philipp von Hessen empört war. Sie wurde dem Kaiser auch sonst allgemein verübelt. Ferdinand war seit 1531 römischer, das heißt deutscher König. Er weilte nun schon über fünfundzwanzig Jahre in Deutschland und war allmählich seinem ganzen Wesen nach ein deutscher Fürst geworden, dessen offnere und lebhaftere Art die Deutschen ungleich mehr ansprach, als die des verschlossenen Karl. Wenn nun bei dessen Kränklichkeit die Frage der Nachfolge schon jetzt aufgeworfen wurde, und wenn die Kaiserkrone, wie es bei der damaligen Lage garnicht anders sein konnte, bei den Habsburgern bleiben sollte, dann kam hierfür, da Deutschland immer noch nicht eine eigentliche Erbmonarchie war, in erster Linie der österreichisch-deutsche Zweig Ferdinands und nicht der burgundisch-spanische Karls in Betracht. Nun gelang es zwar der kaiserlichen Hausdiplomatie in langwierigen Verhandlungen, Ferdinand zur Einwilligung in die von Karl ausgeklügelte Regelung zu bewegen, wonach zunächst Ferdinand das Kaisertum erhalten, zum römischen König aber nicht dessen Sohn Maximilian, sondern Philipp von Spanien mit der Anwartschaft auf die Nachfolge Ferdinands im Kaisertum gewählt werden sollte. Zu diesem Verzicht für seine Nachkommenschaft ließ sich Ferdinand jedoch nur deshalb herbei, weil er das Widerstreben der Kurfürsten gegen die spanische Kandidatur kannte.

Immerhin verstimmten ihn die Machenschaften seiner Bruders so sehr, daß er mehr als früher dazu neigte, sich mit den deutschen Fürsten ohne Rücksicht auf Karl zu verständigen.

Auf dem am 26. Juni 1550 zu Augsburg eröffneten Reichstag mußte sich der Kaiser davon überzeugen, daß sich seine Lage in den beiden letzten Jahren erheblich verschlechtert hatte. Nur vier geistliche und zwei weltliche Fürsten kamen persönlich nach Augsburg; auch die Kurfürsten Moritz von Sachsen und Joachim von Brandenburg blieben dem Reichstag ferne, obwohl sie der Kaiser dringend dazu eingeladen hatte. Die Gesandten der weltlichen Kurfürsten erklärten, trotz des besten Willens ihrer Herren lasse sich das Interim nicht durchführen, ihre Untertanen hielten es für unvereinbar mit der Heiligen Schrift. Wollte man sie zu seiner Einhaltung zwingen, sei offener Aufruhr und allgemeines Verderben zu befürchten. Schon wurde auch die Kehrseite des „burgundischen Vertrages" sichtbar. Zwischen der niederländischen Regierung und dem Kurfürstentum Trier war es zu Streitigkeiten gekommen. Trier konnte seine Rechte nicht durchsetzen, weil die Niederlande die Zuständigkeit des Reichskammergerichtes für sich ablehnten. Als der Kaiser von den Ständen die Vollziehung der Reichsacht gegen Magdeburg verlangte, suchten sie zuerst auszuweichen und forderten dann hierfür den „Vorrat", den Karl für andere Zwecke verwenden wollte. Nach dem letzten Reichstag hatte der Kaiser seinen Sohn Philipp nach Deutschland und Ferdinands Sohn Maximilian nach Spanien kommen lassen. Nun weigerten sich aber Ferdinand und seine Räte, ohne Maximilians Anwesenheit auf dem Reichstag weiter an den Verhandlungen teilzunehmen. Der Sohn Ferdinands hatte bei seinem Aufenthalt in Kastilien tiefen Widerwillen gegen das spanische Wesen gefaßt und schrieb eine Krankheit, die ihn befallen hatte, Vergiftungsversuchen zu. Nach seiner Ankunft in Deutschland steigerte sich die Mißstimmung zwischen den beiden habsburgischen Brüdern, zumal da die deutschen Fürsten Maximilian offensichtlich mehr als Philipp zuneigten, und Karl auf verschiedene Wünsche Ferdinands nicht einging. — Dagegen erreichte der Kaiser diesmal das Einverständnis der Protestanten zur Beteiligung am Konzil. Der Nachfolger Pauls III., Julius III., hatte es wieder nach Trient verlegt und stand zu Beginn seiner Regierung mit dem Kaiser in bestem Einvernehmen. Als aber den Konzilsvätern am 24. Januar 1552 die württembergischen Bevollmächtigten eine von Brenz verfaßte evangelische Konfession zur Beratung vorlegten, der Abgesandte des Kurfürsten Moritz in einer Rede die alten Forderungen der Protestanten wiederholte: freie Teilnahme der Theologen, Entbindung der Bischöfe von dem dem Papste geleisteten Eid, Unterwerfung des Papstes unter das Konzil, die Bibel als einzige Richtschnur in Glaubensangelegenheiten, und als die spanischen Teilnehmer der Kirchenversammlung Miene machten, dem Papste das Recht der Übertragung von kirchlichen Pfründen in Spanien stark zu beschneiden, da rief Julius aus, eher wolle er alles Unglück erwarten, eher die Welt zugrunde gehen lassen, als solche Dinge und die Schmälerung seiner Autorität hinnehmen. Doch auch der Kaiser verzichtete nicht darauf, auf den Gang des Konzils maßgebenden Einfluß zu nehmen. Er hielt daran fest, daß alles geschehen müsse, den Evangelischen jeden Vorwand zur Verwerfung des Konzils zu nehmen. Ehe indes die Meinungsverschiedenheiten zwischen dem Kaiser und dem Papste ausgetragen wurden, trat ein Ereignis ein, das diesem die erwünschte Gelegenheit bot, das Konzil am 28. April 1552 bis auf weiteres zu vertagen.

Der Fürstenaufstand

Herzog Johann Albrecht von Mecklenburg, Markgraf Hans von Küstrin und Herzog Albrecht von Preußen, auf dessen Land der Deutschmeister, Wolfgang Schutzbar von Milchling, für den Deutschritterorden Anspruch erhob, schlossen im Februar 1550 zu Königsberg ein Bündnis zur Verteidigung gegen den Kaiser, falls er auch ihnen das Interim aufnötigen wolle. Im Laufe des Sommers traten dieser Vereinigung noch einige andere norddeutsche Reichsstände bei. Moritz von Sachsen hatte sich auf dem Augsburger Reichstag von 1550 die Durchführung der Reichsacht gegen Magdeburg übertragen lassen. Das gab ihm Gelegenheit, eine größere Truppenmacht zusammenzuziehen. Er einigte sich dann aber gütlich mit Magdeburg, das er dauernd für sich zu gewinnen hoffte. Um sich den Besitz der Stadt zu sichern, und in seiner Mißstimmung gegen den Kaiser näherte er sich dem Fürstenbund. Er hatte ferner inzwischen wie dieser und wie Schertlin von Burtenbach die Verbindung mit Frankreich aufgenommen. Hier herrschte seit 1547 König Heinrich II., der nicht nur die alte Feindschaft seines Vaters Franz I. gegen Karl übernommen hatte, sondern ihn auch persönlich wegen der jahrelangen harten Gefangenschaft in Spanien (vgl. S. 412) haßte. Hans von Küstrin und Albrecht von Preußen ließen sich allerdings nicht auf einen Angriff gegen den Kaiser ein, dafür beteiligten sich an dem groß angelegten Unternehmen der Sohn Philipps von Hessen, Wilhelm, und Markgraf Albrecht Alcibiades von Brandenburg-Kulmbach, der sich vom Kaiser für seine während des Schmalkaldischen Krieges geleisteten Dienste ebenfalls ungenügend belohnt sah. Heinrich II. verpflichtete sich in einem am 15. Januar 1552 auf Schloß Chambord unterzeichneten Vertrag, für die drei ersten Kriegsmonate je 80000 und für die folgenden je 70000 Goldkronen beizusteuern. Dafür möge der König die seit alters zum Reich gehörenden Städte, die nicht deutscher Sprache seien: Kammerich (Cambrai), Toll (Toul) in Lothringen, Metz, Verdun und was derselben mehr wären, unverzüglich einnehmen, sie als ein Vikarius des Reiches innehaben und behalten, zu welchem Titel wir seine königliche Majestät zukünftig zu befördern geneigt sind. Dem heiligen Reiche sollen jedoch seine Rechte, die es auf diese Städte hat, vorbehalten bleiben. Kurfürst Moritz und seine Freunde versprachen in jenem Vertrag ferner, sich bei einer Kaiserwahl nach den Wünschen König Heinrichs zu richten und ihm selbst, wenn er „eine solche Würde und Dignität auf sich zu nehmen und zu tragen gedenke", die Kaiserkrone zukommen zu lassen.

Mitte März hatten der Kurfürst und die mit ihm verschworenen Fürsten ihre Rüstungen beendet, am 4. April ergab sich ihnen Augsburg. Dagegen verschloß ihnen das evangelische Ulm seine Tore. Vor der Stadt, welche die Verbündeten vergebens belagerten, trennte sich Markgraf Albrecht Alcibiades von ihnen, um auf eigene Faust einen Plünderungs- und Eroberungskrieg zu führen, „den heiligen, evangelischen Krieg", wie er ihn nannte, gegen die Bischöfe von Bamberg und Würzburg, aber auch gegen das protestantische Nürnberg mit „seinem übermütigen Krämervolk". Der Kaiser saß hilflos in Innsbruck. Die Verschwörung war ihm nicht unbekannt geblieben, doch glaubte er nicht, daß seine Feinde etwas Ernstliches unternehmen würden, außerdem leistete ihm bei der gegen ihn herrschenden Mißstimmung niemand Beistand. Herzog Albrecht von Baiern, der 1550 seinem Vater Wilhelm in der Regierung gefolgt war, und Herzog Christoph von Württemberg, ließen den Markgrafen Albrecht Alcibiades in ihren Gebieten Truppen anwerben, König Ferdinand stand mit den Verschworenen in Verbindung. Am 19. Mai nahm Moritz die Ehrenberger Klause. Hätte er sofort nach Innsbruck vorstoßen können, wäre der Kaiser in seine Hände gefallen. Aber die Landsknechte meuterten wieder einmal, und so konnte Karl nach Kärnten entfliehen. Nun wurde Johann Friedrich von Sachsen aus der Gefangenschaft entlassen. Bei einem Zusammentreffen vor Villach reichte ihm der Kaiser freundlichst die Hand, entblößte sein Haupt und bemerkte huldvoll: „des Dankes bedürfe es nicht, er habe ihn gerne freigelassen und wolle hinfüro seiner Liebden, wie ihrem Sohne und Landschaft gnädigster Kaiser sein und bleiben". Das klang anders als am Tage von Mühlberg.

Kurfürst Moritz war mit hochfliegenden Plänen in den Krieg gezogen. Alle geistlichen Reichsfürstentümer sollten aufgehoben, die Kirchengüter eingezogen und der alte Glaube in Deutschland ausgerottet werden. Melanchthon hatte ihn bereits vor solchen Plänen gewarnt. Merke Frankreich, daß der ganze Bischofsstand ausgetilgt werden solle, dann würden sich Papst, Kaiser und Frankreich bald einigen. Das Verhalten König Heinrichs und zahlreicher Reichsstände überzeugte Moritz, daß er nicht so weit gehen dürfe. Er war deshalb zu Verhandlungen bereit, die zu Passau zwischen ihm, König Ferdinand, dem Herzog von Baiern, Abgesandten sämtlicher Kurfürsten und verschiedener anderer Fürsten geführt wurden. Ihr Ergebnis war der Passauer Stillstand. Er lief, abgesehen von dem Friedensschluß der kriegführenden Parteien, von dem sich nur Markgraf Albrecht Alcibiades ausschloß, darauf hinaus, daß die vom Kaiser 1548 geschaffene Ordnung der deutschen innenpolitischen Verhältnisse wieder aufgehoben wurde. Die großen Fürsten erhielten durchaus wieder das Übergewicht, die kleineren Reichsstände, die Karl zur Stützung seiner zentralistischen Bestrebungen zu stärken versucht hatte, wurden zurückgedrängt. Das Interim wurde abgeschafft, Landgraf Philipp von Hessen frei gelassen. Obwohl Moritz bei seinem Aufstand in erster Linie politische Ziele verfolgt hatte, galt er nun doch als Erretter des Protestantismus. „Der Verräter von 1546 war jetzt der Held und Vorkämpfer des Evangeliums, seine Stellung zu seinen strenglutherischen Landesständen war wesentlich gebessert, eine protestantische Erhebung gegen ihn war nunmehr ausgeschlossen." Dabei konnte er doch den Gewinn für seine Beteiligung am Schmalkaldischen Krieg festhalten. Die Kurwürde und die ihm vom Kaiser überlassenen Gebiete von Kursachsen blieben ihm, dazu erhielt er die ehemals sächsischen Bistümer mit Magdeburg. Am schwersten war Karl seine Zustimmung zu der Vereinbarung gefallen, daß nach dem Scheitern eines nochmaligen Versuches, Katholiken und Protestanten gütlich zu vergleichen, ein dauernder Religionsfriede mit der reichsrechtlichen Gleichstellung von Katholiken und Protestanten geschaffen werden solle. Besonders kränkte den Kaiser, daß ihm auch Erzbischöfe und Bischöfe zur Annahme dieses Punktes dringend rieten. Da aber die endgültige Regelung des Religionsfriedens erst auf dem nächsten Reichstage vorgenommen werden sollte, und dessen Abhaltung nach Lage der allgemeinen Verhältnisse nicht so bald zu erwarten war, unterschrieb er schließlich den Passauer Vertrag. Karl hoffte zuversichtlich, daß er bis zum kommenden Reichstag seine Feinde besiegt haben würde, und dann, mehr noch als in den Jahren 1547 und 1548, den Reichsständen seinen Willen aufzwingen könne.

Karls Feldzug gegen Frankreich. Heidelberger Bund

König Heinrich war am 13. März 1552 mit starker Heeresmacht in Lothringen eingerückt. Die Reichsstädte Toul und Verdun wagten keinen Widerstand. Metz öffnete Heinrichs Feldherrn Montmorency die Tore, der hoch und heilig versichert hatte, er wolle nur durch die Stadt ziehen, sie dann aber doch besetzte. Der französische König gedachte nun seine Herrschaft bis zum Rhein auszudehnen. Zunächst stieß er gegen das Elsaß vor, doch das feste Straßburg ließ sich nicht wie Metz überlisten, und so zog sich der König nach Weißenburg zurück. Im Herbst brach der Kaiser auf, um die Landschaften und Städte zurückzuerobern, die Heinrich an sich gerissen hatte. Am 20. November langte Karl bei seinen Truppen an, die seit einem Monate vor Metz lagen. Durch Vermittlung Albas ging Albrecht Alcibiades zu ihm über. Noch kurz zuvor hatte er die Gegenden um Frankfurt und Mainz fürchterlich verheert und war in Mainz eingedrungen, wo er, wie er sich rühmte, „in dem verfluchten Pfaffennest einen recht fürstlichen Mordbrand" angerichtet hatte. Doch auch mit Hilfe seines Bundesgenossen vermochte der Kaiser nicht, das von Herzog Franz von Guise verteidigte Metz einzunehmen. Karl mußte Anfangs Januar die Belagerung aufgeben und sein von Seuchen geschwächtes Heer großenteils aus Geldmangel entlassen. Die drei Bistümer Metz, Toul und Verdun blieben im Besitz Frankreichs, das Herzogtum Lothringen wurde jedoch nicht vom Reiche getrennt. König Heinrich setzte seine Verhandlungen mit Kurfürst Moritz fort, unterließ aber nach dessen Tode weitere Angriffe auf das Reichsgebiet. Der Markgraf fiel abermals in die Bistümer Bamberg und Würzburg ein und trieb auch sein Unwesen wieder in der Umgebung von Nürnberg. Als er dann auch Norddeutschland, Sachsen und Böhmen bedrohte, schlossen sich Kurfürst Moritz, König Ferdinand und andere Fürsten gegen Albrecht zusammen. Nachdem dieser die Bistümer Hildesheim und Minden gebrandschatzt hatte, stieß Kurfürst Moritz am 9. Juli 1553 bei Sievershausen auf ihn. Albrecht wurde geschlagen und Moritz so schwer verwundet, daß er zwei Tage später starb. Nach einigen weiteren Niederlagen flüchtete Albrecht Alcibiades im Sommer 1554 nach Frankreich, wo er von König Heinrich ein Jahrgeld erhielt.

Im März 1553 hatte zu Heidelberg auf Veranlassung des Kaisers eine Tagung stattgefunden, auf der sich Albrecht Alcibiades und die Bischöfe von Bamberg und Würzburg vergleichen sollten. Infolge der maßlosen Forderungen des Markgrafen scheiterte der Versöhnungsversuch. Dafür schlossen sich die als Vermittler erschienenen Fürsten zusammen, um sich gegen jeden, der sie angreifen würde, zu verteidigen. Dieser am 29. März gegründete Heidelberger Bund umfaßte Mainz, Trier, Kurpfalz, Baiern, Württemberg und Jülich. Wenn er auch nicht sofort in die durch Albrecht Alcibiades hervorgerufenen Kriegswirren einzugreifen vermochte, so gewann diese Vereinigung mit ihren auf einen allgemeinen Landfriedensschutz abzielenden Bestrebungen doch in der deutschen Innenpolitik der nächsten Jahre großes Gewicht. In Sachsen beseitigte der Nachfolger des Kurfürsten Moritz, sein Bruder August, durch Abtretung einiger Gebiete wenigstens für die nächste Zeit die Spannungen zwischen der albertinischen und der ernestinischen Linie; auch die alte brandenburgisch-sächsisch-hessische Erbeinung wurde erneuert, was ebenfalls zur Beruhigung Deutschlands viel beitrug. Die katholischen Reichsstände, die schon immer wenig geneigt waren, den völligen Sieg der alten Lehre um den Preis eines die fürstliche „Libertät" ausschaltenden kaiserlichen Zentralismus zu erkaufen, hatten sich infolge der Ereignisse der letzten Jahre zu der Überzeugung durchgerungen, daß es besser sei, sich mit den derzeitigen Verhältnissen abzufinden und einem dauerndem Religionsfrieden zuzustimmen, als sich den Gefahren und den Schädigungen neuer innerdeutscher Kriege aus religiösen Gründen oder unter dem Vorwand der Religion auszusetzen. Dreißig Jahre lang hatte Karl allen Widerwärtigkeiten und Rückschlägen zum Trotz seine beiden großen Ziele, die Errichtung eines Weltkaisertums und die Rückführung ganz Deutschlands zum Katholizismus, fest im Auge behalten. Den zuversichtlichen Glauben, sie zu erreichen, erschütterte ihm erst sein Mißerfolg vor Metz. Sich einfach auf den Boden der Tatsachen zu stellen und den veränderten Verhältnissen seine Ideale zu opfern, war jedoch Karl nicht der Mann, so oft und so sehr er immer wieder je nach Zeit und Umständen in Einzelfällen nachgegeben hatte und entscheidenden Maßnahmen ausgewichen war. Je stärker sich nun der Partikularismus der größeren Reichsfürsten und der Wille zu einem dauernden Religionsfrieden durchsetzten, desto mehr zog sich der Kaiser von den deutschen Regierungsgeschäften zurück. Schließlich übertrug er im Juni 1554 seinem Bruder Ferdinand die Einberufung und die Leitung des nächsten Reichstages mit der Weisung, nicht im Namen und als Stellvertreter des Kaisers, sondern aus eigener Macht als römischer König zu handeln.

Reichstag, Religionsfriede und Landfriede von Augsburg 1555

Der Augsburger Reichstag wurde am 5. Februar 1555 eröffnet. Ferdinand hatte es vor allem auf eine Beruhigung im Reiche zum Zwecke der Abwehr der neuerdings vordringenden Türken abgesehen. Noch weniger als sein Bruder erkannte er die tieferen Gründe des religiösen Zwistes, noch immer glaubte er, ihn durch Religionsgespräche zugunsten des Katholizismus beilegen zu können. Außerdem wollte er einem weiteren Vordringen des Protestantismus vorbeugen, einmal aus seiner katholischen Überzeugung heraus, und dann weil er dies als eine große Gefahr für die Machtstellung der Habsburger in Deutschland betrachtete. Wäre es nach König Ferdinand gegangen, dann hätte dieser Reichstag wohl einen ähnlichen Verlauf wie die früheren genommen. Nun waren aber die Kurfürsten Joachim von Brandenburg und August von Sachsen, der Landgraf von Hessen und einige andere Fürsten nicht in Augsburg erschienen. Sie tagten in Naumburg, einigten sich mit den übrigen protestantischen Fürsten und schrieben am 11. März an Ferdinand, von Verhandlungen über die gespaltene Religion wäre nichts Ersprießliches zu erwarten, bevor nicht ein unbedingter Friede in der Religion aufgerichtet sei. Für das Zustandekommen eines solchen Friedens möge der König gemäß seinem im Passauer Stillstand gegebenen Versprechen wirken. Den Katholiken kam dieser Antrag höchst unerwünscht, aber die drei geistlichen Kurfürsten wagten in Erinnerung an die Kriegszüge des Markgrafen Albrecht keinen ernstlichen Widerspruch. Dem Herzog Wilhelm von Jülich-Kleve lag es ferne, sich für katholische Interessen einzusetzen, und Herzog Albrecht von Baiern war damals noch keineswegs ein Jesuitenfreund und scharfer Gegner der Protestanten. So drangen die evangelischen Fürsten mit ihrer Forderung durch, daß über den Religionsfrieden an erster Stelle beraten werden müsse.

Natürlich häuften sich die Schwierigkeiten bei der Erledigung von Fragen, welche das deutsche Volk nun schon seit so langer Zeit in Atem gehalten hatten, und die auch für die einzelnen Reichsstände von größter wirtschaftlicher Tragweite waren. Aber man hatte doch nicht umsonst während eines Menschenalters so „vielfältig beratschlagt, etliche allgemeine und partikulare Friedstände verabredet und beschlossen", wie es im Entwurf eines Ausschusses hieß. Man kannte nun die Klippen, woran die bisherigen Abmachungen immer wieder gescheitert waren, und hatte auf den früheren Tagungen mancherlei Vorarbeiten geleistet, die sich jetzt verwerten ließen. Eine allgemein befriedigende Lösung konnte freilich nicht gefunden werden, man mußte sich auch, sollten die Bemühungen um den Frieden nicht wiederum vergebens sein, in verschiedenen Artikeln mit unklaren Bestimmungen zufrieden geben, aus denen später neue Streitigkeiten erwuchsen und schließlich der Dreißigjährige Krieg entstand. Aber bei dem allgemeinen redlichen Friedenswillen einigte man sich immerhin in den Hauptpunkten so weit, daß Deutschland auf zwei Menschenalter hinaus von Glaubenskriegen verschont blieb.

Der Augsburger Religionsfriede verlieh jedem Reichsstand das Recht, sich zur alten Lehre oder zur Augsburgischen Konfession zu bekennen. Sekten wie die Wiedertäufer wurden nicht geduldet, auch der bisher im Reiche verhältnismäßig wenig verbreitete Calvinismus nicht anerkannt; der Religionsfriede erstreckte sich lediglich auf Katholiken und Lutheraner. Untertanen andersgläubiger Obrigkeiten durften auswandern, nur in den kaiserlichen Erbländern war ihnen dies Recht versagt, hier konnten die Protestanten zur Annahme des Katholizismus gezwungen werden. Den Evangelischen wurden die Kirchengüter überlassen, die sie seit 1552 besaßen. Kirchengüter, die Katholiken und Protestanten noch gemeinsam gehörten, durften diese für ihre religiösen Zwecke verwenden, was dann noch an Reineinkünften aus diesen Gütern übrig blieb, war an die katholischen Mitbesitzer abzuführen. Auf Grund seiner königlichen Machtvollkommenheit gebot Ferdinand durch „den geistlichen Vorbehalt", daß Bischöfe, Äbte und andere Kleriker beim Übertritt zum Protestantismus auf ihre Ämter verzichten müßten. Dadurch sollten alle noch bestehenden geistlichen Herrschaften dem Katholizismus erhalten bleiben. Hierzu verweigerten allerdings die evangelischen Stände ihre Einwilligung. Diese Angelegenheit blieb also noch in der Schwebe. Eine königliche Deklaration sagte den evangelischen Ritterschaften und Städten in geistlichen Gebieten Religionsfreiheit zu, doch wurde die Deklaration den Reichsgerichten nicht angezeigt, außerdem war die Rechtswirksamkeit solcher kaiserlicher und königlicher Deklarationen sehr umstritten. Katholische Stifte in protestantischen Reichsstädten durften nicht aufgehoben werden.

Im Reichsabschied erscheint der Religionsfriede als ein Teil des **allgemeinen Landfriedens**, dessen „die Teutsch Nation, unser geliebt Vaterland" zur Verhütung von immerwährender Zertrennung und von Untergang bedürfe. Schon auf dem Wormser Reichstag von 1495 war der „ewige Landfriede" verkündet worden, der alle Fehden im Reiche verbot und die Reichsstände für die Beilegung ihrer Zwistigkeiten auf den Rechtsweg verwies. Aber wenn auch der Reichslandfriede ein für allemal festgesetzt war, so war damit seine Durchführung noch lange nicht gesichert. Nur zu oft kümmerten sich einzelne Reichsstände und Ritter überhaupt nicht um ihn und gingen nach ihrem Belieben gewaltsam vor. Die Wahrung des Friedens im Reiche oblag von jeher dem Reichsoberhaupte, dem deutschen Könige oder Kaiser. Aber nur wenn er wirklich Herr im Reiche war, vermochte er den Frieden aufrecht zu erhalten. Der Satz läßt sich auch umkehren: hatte der Kaiser die Macht, allen Reichsständen Frieden zu gebieten und aufzuzwingen, dann war er tatsächlich Herr im Reiche. Aus diesem Grunde widerstrebten die Fürsten allen Versuchen der Krone, das Friedensgebot und die Reichsexekutive dem Kaiser zu überlassen. Die Erfahrung hatte aber bewiesen, daß die Reichs-, Kurfürsten-, und Fürstentage dem Reiche den Frieden nicht zu geben vermochten, von dessen unbedingter Notwendigkeit jetzt alle mehr denn je überzeugt waren. Auch hier brachte der Augsburger Reichstag die Entscheidung: der Kaiser wurde bei der Reichsexekutive fast ganz ausgeschaltet, sie wurde den Reichskreisen (vgl. S. 193) übertragen. Das Amt des Kreisobersten wurde geschaffen, das in jedem Kreise der vornehmste weltliche Fürst erhielt. Mußte in einem Kreise mit bewaffneter Hand für Frieden gesorgt werden, so hatten die einzelnen Kreisstände hierfür Truppen zu stellen. Sollte bei einem großen Friedensbruch die Aufbietung aller Kreise notwendig werden, dann oblag es dem Kurfürsten von Mainz, einen Deputationstag nach Frankfurt einzuberufen, zu dessen Mitgliedern die Kurfürsten, sechs Fürsten und ein geistlicher Fürst, ein Graf und zwei Vertreter der Städte ernannt wurden, der Kaiser durfte nur Kommissare schicken. Auch das Reichskammergericht kam jetzt wieder in die Hände der Stände, und die Protestanten erhielten das Recht, Beisitzer hierfür zu stellen. Es war gewiß keine vollkommene, aber immerhin eine lange dauernde Ordnung, die der Augsburger Reichstag mit dem Religionsfrieden und der Regelung der Reichsexekution dem Reiche gab.

Abdankung und Tod Karls V.

Am letzten Tage der Reichsversammlung, am 25. September, traf in Augsburg ein Gesandter ein, König Ferdinand die Abdankung seines Bruders mitzuteilen. Der Kaiser übertrug seinem Sohne Philipp im Juli 1554 die Krone von Neapel, im Oktober 1555 die Regierung der Niederlande, und im Januar 1556 Spanien. Im September 1556 fuhr Karl von Seeland aus nach Spanien ab. Kurz vor seiner Abreise fertigte er für die Kurfürsten eine Urkunde aus, worin er erklärte, er trete seinem Bruder das heilige Reich und römische Kaisertum frei, vollkommen und unwiderruflich ab mit dessen Titel, Hoheit, Verwaltung und allen Rechten; von dem Spanier Philipp als deutschem König und künftigem Kaiser war nicht mehr die Rede. Karl hatte sich in einer durch seine gesunde Lage berühmten Gegend in der Provinz Estremadura bei dem Kloster San Yuste ein stattliches Wohnhaus bauen lassen. Hier erholte sich der schwer gichtleidende Mann noch einmal. Die herrliche landschaftliche Umgebung, eine zahlreiche Dienerschaft und gelegentliche Beschäftigung mit der hohen Politik, wenn sich sein Sohn Philipp in schwierigen Angelegenheiten bei ihm Rat holte, Muße für gelehrte Unterhaltung und vor allem zum Besuche des Gottesdienstes, den die Mönche für den Liebhaber feierlicher Formen und guter Musik reich ausgestalteten, boten dem früh Gealterten alles, woran sein Herz noch hing: ein einfaches und doch behagliches, seiner Würde angemessenes Leben, Verbindung mit der großen Welt, ohne von ihrem Lärm und Getriebe gestört zu werden, und die Pflege ernster Frömmigkeit. Doch nicht einmal ganz zwei Jahre dieses ihn so sehr befriedigenden Daseins waren ihm beschieden. Die außerordentliche Hitze des Sommers 1558, die auch mehrere von seiner niederländischen Umgebung dahinraffte, zehrte seine letzten Kräfte auf; am 21. September schloß er für immer die Augen.

Deutsch ist Karl V. nie gewesen. Er hatte wohl zu Anfang seiner Regierung in Erinnerung an sein deutsches Bluterbe und an die altüberlieferte Verbindung von

Kaisertum und deutscher Nation den guten Willen, als Kaiser dem deutschen Wesen gerecht zu werden, auch dem Reiche, und damit den Deutschen, ihre seit Jahrhunderten verlorene politische Machtstellung zurückzugewinnen. Aber wie er für seine Person die französisch-niederländischen, die burgundischen, Lebensgewohnheiten beibehielt, in denen er aufgewachsen war, so auch das zwischen den Nationen stehende Herrschertum der burgundischen Herzöge, nur daß es sich ihm, dem Träger so vieler Kronen und des Kaisertums, zur Idee einer übernationalen Weltherrschaft ausweitete. Der Widerstand, auf den er in Deutschland bei seinen zentralistischen und außerdeutschen Bestrebungen fortwährend stieß, und der Gehorsam, den er nach einigen Jahren in Spanien fand, führten überdies dazu, daß sich der Schwerpunkt von Karls Regierung immer mehr nach Spanien verlagerte. Es wird ihm dies vielfach vom deutschen Standpunkt und auch von allgemeingeschichtlichen Erwägungen aus zum Vorwurfe gemacht. Während die übrigen Herrscher nationale Ziele verfolgt hätten, habe Karl dem Traumbild eines übernationalen Kaisertums nachgejagt, dessen Zeit längst vorüber war. Die Beschränkung auf ein Volk und Reich und der Verzicht auf Weltherrschaft waren jedoch keineswegs ein Verdienst jener Könige. Wir sahen im Verlauf unserer Darstellung, wie Karl VIII. und Franz I. von Frankreich Ober- und Süditalien, wie Heinrich VIII. von England fast ganz Frankreich zu gewinnen trachteten. Wäre ihnen dies gelungen, dann hätte ihr Erobererwille sie sicher noch weiter getragen. Und kein Herrscher hätte die Länder und Reichtümer der neuen Welt verschmäht, wenn sie ihm so wie Karl ohne jede Anstrengung in den Schoß gefallen wären. Er unternahm nur seinen Versuch zur Errichtung einer Weltherrschaft unter besseren Voraussetzungen als andere und war in vielem auch tüchtiger, und deshalb ist er ihr auch verhältnismäßig nahe gekommen. Daß er in seiner Person, nicht, wie viele mittelalterliche Kaiser oder wie etwa Franz I. und Heinrich VIII., ein bestimmtes Volkstum, in seinem Fall das deutsche, verkörperte, war nicht seine eigene Schuld, sondern das Ergebnis der Heiratspolitik seines Großvaters Maximilian.

Vergleicht man die Persönlichkeit Karls V. mit den gleichzeitigen Fürsten, dann erscheint der burgundische Habsburger, abgesehen von dem Fehlen einer volkhaften Verwurzelung, in günstigerem Lichte als die meisten. Den Freuden des Lebens keineswegs abgeneigt, ließ er doch seinen Leidenschaften nicht so hemmungslos die Zügel schießen wie die Mehrzahl der Fürsten seiner Zeit. An der Ausübung des Waffenwerkes war er durch seine Kränklichkeit stark behindert, aber er widmete dem Kriegswesen große Aufmerksamkeit und bewies auf Feldzügen Tapferkeit und Umsicht. Von seinen Herrscherpflichten hatte er die höchste Auffassung und bemühte sich redlich, dem auch in seinen Taten nachzukommen. An politischer Klugheit und Zähigkeit übertraf er fast alle seine Zeitgenossen. Natürlich klagten diejenigen, welche das Opfer seiner Politik wurden, über ihre Hinterhältigkeit und Falschheit. Tatsächlich war der verschlossene Mann ein Meister in der Verhehlung seiner wahren Absichten und wußte mit allen Mitteln der diplomatischen Kunst, seine

Gegner hinzuhalten und in die Irre zu führen. Er pflegte sich auch mit Beratern und Staatsmännern entgegengesetzter Richtungen zu umgeben. Wollte er zum Beispiel von den Protestanten in Güte etwas erreichen, dann verhandelte er mit ihnen durch Gesandte, welche der neuen Lehre nicht allzu feind und vor allem keine Freunde der römischen Kurie waren. Mit der Wahrheit haben es jedoch seine Gegenspieler in der Regel nicht genauer genommen als er. Da er es aber so gut verstand, sie zu überlisten, kam er in den Ruf besonders unehrlicher Verschlagenheit.

Trotz dieser Eigenschaften und trotz glänzender Erfolge, die ihm fast während seiner ganzen Regierung den Ruf eines vom Glück auffallend Begünstigten einbrachten, zählt Karl V. nicht zu den großen Herrschern der Weltgeschichte. Es fehlte ihm das Gefühl und der Blick für das eigentlich Lebensträchtige. Darum hat er, so überlegen er in den einzelnen Fällen seinen Widersachern war: den Päpsten, Franz I., den auf ihre „Libertät" bedachten deutschen Fürsten und den Protestanten, das Ganze doch immer irgendwie verkehrt angepackt und gegen keinen von ihnen das Endziel, das er sich steckte, erreicht. Deshalb hat nicht er dem Zeitalter, in dem er lebte und regierte, und das mit dem Reichsabschied vom 25. September 1555 sein Ende nahm, den Namen gegeben, sondern die ungleich lebensmächtigere Reformation. Immerhin offenbarte er eine bei gekrönten Häuptern nicht allzu häufige menschliche Größe in der Art und Weise, wie er vor dem über einen großen Teil seines Lebenswerkes entscheidenden Reichstag erkannte, daß dieser den Sieg des Fürstenpartikularismus über den von ihm erstrebten kaiserlichen Zentralismus und die Anerkennung des Protestantismus bringen würde, und wie er infolgedessen auf ein Herrschertum verzichtete, das seinem Ideale und seinem Gewissen widerstritt.

Rückschau und Ausblick

Geistige und sittliche Antriebe haben während des ganzen Mittelalters auf das politische und kulturelle Leben einen großen, oft den entscheidenden Einfluß ausgeübt. Kaisertum, Rittertum, bäuerliches und städtisches Gemeinschaftsleben waren durchtränkt von religiösen Vorstellungen und Zielsetzungen. Aber deren Ausformung erfolgte ganz überwiegend durch die einzelnen Stände, sodaß die ständischen Auffassungen und Einrichtungen weithin die mittelalterliche Geisteshaltung und das mittelalterliche Ethos bestimmten. Dies gilt sogar für die Kirche und für das Kaisertum, welche sich am meisten über die Stände erhoben und sie zu einer organischen Einheit zusammenfaßten. Wir nannten deshalb die beiden ersten Bände unserer Deutschen Geschichte nach den jeweils den einzelnen Epochen ihr Gepräge gebenden Ständen. Gegen Ende des Mittelalters kam es, wie wir im zweiten und im Anfang dieses Bandes ausführten, zu den Ansätzen einer allgemeinen Volkskultur, an der, anders wie etwa an der Kultur des aristokratischen oder des ritterlichen Zeitalters, sämtliche Stände Anteil hatten und nahmen. Dem Inhalte nach war diese Kultur zunächst noch überwiegend mittelalterlich. Sie unterscheidet sich aber von der des vorausgegangenen Halbjahrtausends durch eine auffallende innere Unruhe, durch die Sehnsucht nach der Umwandlung der herrschenden Zustände und des ganzen Lebens. Noch hatte aber die Überlieferung eine solche Macht über die abendländische Menschheit, daß sich ihr Wille zum Neuen in das Gewand der Rückkehr zu dem Alten, einem ewig gültigen Alten, hüllte, das nur durch Mißverstehen und durch Mißbräuche verschüttet worden sei. Reformatio, Rückbildung, renascentia, Wiedergeburt, renovatio, Erneuerung, zur unvergänglichen Schönheit und Weisheit der Antike und zu der von Gott geoffenbarten Wahrheit und von Gott gesetzten Sittlichkeit der ersten christlichen Zeit wurden deshalb die Losung. Unter ihr gingen verschiedene, auch einander ganz entgegengesetzte Strömungen und Richtungen. Zunächst schien es, als ob die bedeutendste und umfassendste von ihnen der Humanismus werden sollte. Doch nicht er, sondern die von Luther hervorgerufene Bewegung erwies sich schließlich als die stärkste geistige, sittliche und religiöse Macht. Mit Luther, der fast für den ganzen germanischen Bereich, sei es selbst, sei es durch den von ihm ausgegangenen Anstoß, die Vorherrschaft der ratio Romana, der römisch-mittelalterlichen Denkweise, und der katholisch-mittelalterlichen Ordnung zerbrach, begann eine neue Zeit. Nun gewann auch, zumal für

Deutschland, das Wort Reformation einen ganz bestimmten Inhalt, für die Nachwelt noch mehr als für die Mitlebenden, und die Epoche, in der die unmittelbaren Voraussetzungen für die Möglichkeit der lutherischen Reformation geschaffen wurden und in der dann diese selbst ihre Stellung im deutschen Volke und Reiche erkämpfte, erhielt die Bezeichnung Reformationszeitalter. Seinen wesentlichen Inhalt hat ihm ein Einzelner, Luther, gegeben, und von der reformatorischen Bewegung im Sinne Luthers oder doch von einer der ihm verwandten Richtungen wurde nahezu das ganze deutsche Volk ergriffen. In diesen beiden Punkten unterscheidet sich das Zeitalter der Reformation schon von vorneherein von den Epochen, die ihren Ursprung und ihre Ausgestaltung hauptsächlich einem einzelnen Stande verdanken.

Als Luther seine Stimme erhob, stand das deutsche Volk in voller Kraft. Am reinsten offenbarte sie sich in der Kunst. Das Geistesleben brachte zwar keine so vollkommenen Früchte wie diese hervor, immerhin zeugen auch hier das ernste Mühen um hohe Ziele, das heitere Spiel mit Witz und Satire, die kernige, oft recht grobkörnige Sprache der deutsch und lateinisch Sprechenden und Schreibenden, das überreich anschwellende Schrifttum, vor allem die überraschend große Zahl der aus allen Schichten für geistige Dinge Aufgeschlossenen und der Aufstieg so vieler Bauern- und Bürgersöhne, selbst aus ärmsten Verhältnissen, zu wissenschaftlicher Bildung von der aufstrebenden Kraft der Deutschen, die sich nun des Wertes ihrer Eigenart immer mehr bewußt wurden und mit emsigem Eifer ihrer germanischen Vergangenheit als der Wurzel ihrer sittlichen Überlegenheit über die welsche Welt nachspürten. Im Wirtschaftsleben bedrückten den Bauern die Reste überkommener Abhängigkeit und neue Ansprüche seiner Herren, den Handwerker und kleinen Kaufmann die Auswüchse des eben hochkommenden Kapitalismus. Aber die zahlreichen Bauernaufstände waren nicht nur die Folge von Mißständen, der Bauer erhob sich auch deshalb, weil er, pochend auf seinen Wert und seine Leistung, an Freiheiten und Rechten nicht mehr hinter den übrigen Ständen zurückstehen wollte. Und wenn auch der Frühkapitalismus die Schattenseiten einer hartherzigen und gewinnsüchtigen Gründerzeit aufweist, verschaffte er doch Hunderttausenden Arbeitsgelegenheit, nicht wenigen auch die Möglichkeit, zu einem guten Auskommen und zu geachteter Stellung sich heraufzuarbeiten. Das Fürstentum nahm einen gewaltigen Aufschwung, und die größeren städtischen Gemeinwesen besaßen immer noch, auch politisch, eine gewisse Macht, wenn sie auch von mancherlei Krisen erschüttert und von den Fürsten oft hart bedrängt wurden. Wo es freilich um das große Ganze, um das Reich ging, da versagte nun schon seit Jahrhunderten die Kraft der Deutschen. Doch noch bitterer als die politischen, empfand das Volk die religiösen Nöte. Das ganze Leben stand unter dem Zeichen der Religion; aber sowohl die Laien als auch die berufsmäßigen Künder und Wächter der Religion lebten vielfach in nur allzu großem Widerspruch zu ihren Idealen. Dabei hatte das

Volk gelernt und sich daran gewöhnt, auf solche Dinge zu achten; Kritik an den kirchlichen Zuständen übten alle Kreise, nicht nur die Humanisten, in ungeheurem Ausmaße und oft mit verbissener Schärfe. Da die obersten Hüter von Religion und Kirche in Rom saßen, und da sie der Kritik die breiteste Angriffsfläche boten, verbreitete sich die Mißstimmung gegen das päpstliche Rom im deutschen Volke immer mehr und steigerte sich bei vielen zu Verachtung und Haß. So wurde die religiöse Not *die* Not der Zeit.

Hier setzte Luther ein. Er begann seinen Kampf um die religiöse Reform in der breiteren Öffentlichkeit mit einem Angriff gegen die Ablaßpraxis. Doch Luther ging es nicht bloß um die Abstellung von Mißbräuchen. Wäre er dabei, wie so viele andere, stehen geblieben, dann hätte er auch nicht mehr als sie ausgerichtet, das heißt, auf das große Ganze gesehen, nichts. Daß in seinen Schriften das, wovon alle Welt sprach, einen so breiten Raum einnahm, öffnete ihm freilich die Ohren des Volkes, von hoch und nieder, von Gelehrten und Ungelehrten. Aber nur weil er bereits auf einem Punkte außerhalb der bisherigen Welt stand, vermochte er sie aus den Angeln zu heben. Dieser Punkt war sein Glaube. Andere Richtungen des Protestantismus haben sich zwar in manchem, zum Beispiel in ihren gottesdienstlichen Formen, auch in einzelnen Dogmen, noch weiter als das Luthertum vom Katholizismus und von der mittelalterlichen Religiosität entfernt. Aber Luthers Glaube steht mit seiner geistigen Grundhaltung zur römisch-katholischen Religion in dem innerhalb des abendländischen Christentums größtmöglichen Gegensatz. Darauf vor allem beruht die einzigartige, gewaltige Wirkung von Luthers Auftreten, die sich keineswegs nur auf das religiöse Gebiet erstreckt.

Eine aus solchen Tiefen kommende und kühn gegen die geistigen Grundlagen eines Jahrtausends anstürmende Bewegung wie Luthers Reformation oder richtiger Revolution mußte naturnotwendig das Gefüge aller bisherigen Ordnungen aufs schwerste erschüttern und so manches von dem überkommenen Guten zerstören oder wenigstens geraume Zeit zurückdrängen. Sammelt man die Stimmen der die Verwüstung des Alten beklagenden Gegner des Neuen und der mit so manchen Ergebnissen ihrer Bemühungen unzufriedenen Kämpfer für das Neue, dann könnte es fast scheinen, die Reformation habe Deutschland als ein mit Trümmern übersätes Schlachtfeld hinterlassen. Die konfessionelle Spaltung des deutschen Volkes wurde ein furchtbares nationales Unglück. Daß es dazu kam, ist zwar, wie wir gesehen haben, nicht eigentlich die Schuld der Reformation, weil sich ihr ja das ganze deutsche Volk hatte anschließen wollen und nur mit Gewalt daran gehindert werden konnte; aber das ändert nichts an der für Deutschland so verhängnisvoll gewordenen Tatsache des Glaubenshaders. Doch wer will im Ernste mit solchen Fügungen des Schicksals rechten? Die Auseinandersetzung mit ihnen verschärft meist nur die Gegensätze. Etwas anderes ist die Tilgung der aus solchen Fügungen hervorgehenden Übel. In ihrer Überwindung trotz der Fortdauer des vom Schicksal Gewirkten erweist sich nicht zuletzt die innere Gesundheit und Kraft eines Volkes.

In fast allen übrigen wesentlichen Dingen sind für die allgemeingeschichtliche Betrachtung die Folgen der Reformation entweder zeitbedingt, oder es trat an die Stelle des Beseitigten Gleichwertiges, nicht selten auch Besseres. Dies gilt in beträchtlichem Umfange sogar für die katholische Kirche. Keiner der im vorausgegangenen Jahrhundert unternommenen Reformversuche hatte auch nur annähernd Ergebnisse wie das Konzil von Trient und die Gegenreformation erzielt, die ja mindestens ebenso in der Erneuerung des Katholizismus in den ihm verbliebenen Gebieten wie in der Rückgewinnung verlorener Länder bestand.

Mit der reichen Ausstattung der Gotteshäuser und dem Prunk des Gottesdienstes war es nun allerdings für den größeren Teil Deutschlands vorbei. Wie weit dies als ein Verlust oder Gewinn für das eigentliche religiöse Leben zu werten ist, läßt sich nicht allgemeingültig entscheiden. Erfahrungsgemäß stößt hier sehr oft den einen ab, was den anderen anzieht, führt den einen in den Mittelpunkt des Heiligen, was den anderen davon ablenkt. Mit dem Tode der großen Meister, eines Dürer, Grünewald und anderer, nahm eine der glänzendsten Kunstepochen des deutschen Volkes ein Ende. Eine gewisse Entseelung der bildenden Künste, die nun trotz aller virtuosen Geschicklichkeit und einer überaus emsigen Kunstbetätigung eintrat, wird meist als die Folge der Reformation hingestellt. Nachdem für die Kunstübung ihr bisher weitaus reichstes Wirkungsfeld, die Kirche, und ihre höchste Aufgabe, die Darstellung des Religiösen, größtenteils weggefallen waren, habe sich die Kunst naturnotwendig veräußerlicht. Aber im Zeitalter Dürers hatte sie ja nicht nur auf kirchlich-religiösem Gebiet Überragendes geschaffen. Sie hätte, wäre ihr Rückgang lediglich durch die Reformation verursacht gewesen, dann doch im Weltlichen erst recht aufblühen müssen, außerdem hat ja auch der katholische Bereich keine Namen wie Dürer, Holbein oder auch nur Altdorfer mehr aufzuweisen. So stehen wir auch in diesem Falle vor der rätselhaften Erscheinung des Abbruches einer Kunstepoche, wie er auch wiederholt bei der Dichtung und der Musik zu beobachten ist. Ein derartiger Umschwung läßt sich nicht aus den Zeitverhältnissen allein erklären. Dagegen hat die Reformation offensichtlich die spätmittelalterliche Verbindung des Volkes mit den bildenden Künsten gelöst, indem sie aus dem Dienst der allen zugänglichen Kirche traten und ganz überwiegend nur noch für die Fürsten und das wohlhabende Bürgertum schufen.

Doch was die Reformation dem Auge des deutschen Volkes nahm, schenkte sie seinem Ohr. Auch in den katholischen Kirchen war gepredigt und waren vom Volke Lieder gesungen worden; aber daß nun Predigt und Lied der Gemeinde zum Mittelpunkt des Gottesdienstes wurden, mußte auf die Seele des deutschen Volkes einen starken, wenn auch im einzelnen natürlich nicht genau festzustellenden Einfluß ausüben. Durch das gesprochene und das in der Sprache des eigenen Volkes gesungene Wort werden Geist und Gemüt anders beeinflußt und werden andere Eigenschaften und Fähigkeiten geweckt und gesteigert als durch den Anblick von reich mit Zeremonien ausgestatteten kultischen Handlungen und von Bildern und Figuren, zumal da bis weit in die neuere Zeit der Kirchenbesuch bei den Angehörigen aller Konfessionen eine uns heute kaum noch vorstellbare Rolle spielte. Das erste deutsche Gesangbuch Luthers von 1524 enthielt 25 Lieder, das letzte von ihm 1545 herausgegebene hatte bereits 105 Nummern, von ihm selbst und von seinen Freunden gedichtet und vertont, zum Teil aus dem Lateinischen übersetzt oder nach älteren deutschen geistlichen und weltlichen Liedern umgearbeitet. Die Zahl der Lieder stieg weiterhin rasch. Im 16. Jahrhundert heben sich unter ihnen die beiden Gruppen der Psalmendichtung und der Kampflieder gegen Papst, Türken und die Widersacher im eigenen Lager hervor. Das evangelische Kirchenlied ist Gebrauchslyrik, bei weitem nicht alle Erzeugnisse sind dichterische Hochleistungen, doch fehlen auch diese nicht; seine eigentliche Bedeutung beruht jedenfalls auf seiner unmittelbar religiösen Wirkung, durch sie wurde es zu einem der größten religiösen Erzieher des deutschen Volkes. Vom evangelischen gingen alsbald Anregungen auf das katholische Kirchenlied aus. Das 1537 erschienene „Neu Gesangbüchlein deutscher Lieder" des Michael Vehe brachte die alten Kirchenlieder zum Teil in der Fassung, die ihnen die Protestanten gegeben hatten. Einen größeren Aufschwung nahm das katholische Kirchenlied von der Gegenreformation an, doch hat es in der katholischen Liturgie nie offizielle Anerkennung gefunden, der katholische liturgische Gesang war und blieb lateinisch, deutsche Lieder fanden nur als Einlagen privaten Charakters und in den sogenannten Volksandachten Eingang. — Das lyrische Volkslied wurde in der alten Weise gepflegt, das historische nahm mengenmäßig außerordentlich zu und wurde durch Flugblätter viel verbreitet. Das Inhaltsverzeichnis einer neueren Sammlung geschichtlicher Volkslieder jener Zeit liest sich wie ein Abriß der Reichsgeschichte und eine Auswahl der mannigfaltigsten örtlichen Begebenheiten. — Die Renaissance rechnete die Musik zu den edelsten Genüssen. Luther pries sie als ein köstliches Geschenk Gottes. Humanismus und Reformation bereiteten die große Musikepoche vor, die unmittelbar im Anschlusse an das Reformationszeitalter über Italien in Deutschland ihren Einzug hielt. Kaiser Maximilian hatte eine vorzügliche Hofkapelle, doch wurde die Wiener bald von der des Herzogs Wilhelm IV. von Baiern unter dem Kapellmeister Ludwig Senfl, einem vorzüglichen Komponisten von Motetten, übertroffen. Der Nürnberger Hans Leo Haßler, der Komponist des „O Haupt voll Blut und Wunden" leitet dann zu der glänzenden Musikgestaltung und Musikübung des Frühbarock über. In der Musik kamen die Deutschen zuerst über den konfessionellen Hader hinaus. Luther sandte am 4. Oktober 1530 Senfl einen Brief und pries darin die Wittelsbacher Herzöge, obwohl sie ihm nicht günstig gesinnt wären, vor anderen gar sehr als Gönner und Verehrer der Musik.

Das Schulwesen hatte während des Spätmittelalters in den Städten und zum Teil auch auf dem offenen Lande, gemessen an früheren Zuständen, eine beachtliche Höhe erreicht. Zu einem lesenden und schreibenden Volke begannen die Deutschen jedoch erst im Reformationszeitalter zu werden. Die Buchdruckerkunst und der Buchhandel hatten ihre Anfangsschwierigkeiten überwunden und waren jetzt imstande, Bücher und namentlich Flugschriften in verhältnismäßig kurzer Zeit und in großer Zahl ins Volk zu tragen. Der Humanismus schuf eine ziemlich breite Bildungsschicht, die gerne Bücher kaufte und las. Die Reformation weckte durch den Wert, den sie auf das Bibellesen legte, und durch ihre Kampfschriften in allen Kreisen die Freude am Buche. Luther und namentlich Melanchthon taten viel für die Hebung des Schulwesens. Die von Melanchthon, dem „Präzeptor Germaniens", 1528 entworfene kursächsische Schulordnung wurde für zahlreiche Anstalten maßgebend, und die von ihm verfaßten Grammatiken fanden weite Verbreitung. Neben den städtischen Schulen entstanden nun in Sachsen, Hessen, Württemberg und der Pfalz eine Reihe von Fürstenschulen, wofür ehemalige Klostergebäude und säkularisiertes Klostergut verwendet wurde. Die blühendste der evangelischen Mittelschulen war die von Johannes Sturm geleitete Straßburger Ratsschule. Das Ziel der Erziehung war die „sapiens atque eloquens pietas", die gut unterrichtete und des Wortes mächtige Frömmigkeit in streng konfessionellem Sinne. Auf die Erlernung der alten Sprachen zur Vorbereitung für das Bibelstudium und als Mittel zur humanistischen Bildung wurde das größte Gewicht gelegt. Den Schülern war streng untersagt, unter sich und mit den Lehrern anders als lateinisch zu reden. Die Kehrseite dieser vorzüglichen humanistischen Bildung war die vollständige Vernachlässigung der deutschen Sprache. Luthers Bibel und Katechismen und das Kirchenlied hielten die Evangelischen trotzdem immer vertraut mit edlem deutschen Sprachgut. Luther trat auch für Schüleraufführungen in deutscher Sprache ein, und so wurde in den protestantischen Schulen neben dem lateinischen, von den Humanisten überkommenen und seit 1530 aus pädagogischen Gründen eifrig gepflegten Schuldrama auch das deutsche geübt. Unter humanistischem Einfluß behauptete sich auch das katholische Schulwesen in einzelnen Gegenden in gutem Zustande, doch vermochte es in größerem Umfange erst im Zeitalter der Gegenreformation den Wettbewerb mit dem evangelischen aufzunehmen und es teilweise zu überflügeln. Die Hochschulen gingen bei Beginn der Reformation zunächst großenteils zurück, immerhin wurde in den philosophischen Fakultäten eine Reihe der von den Humanisten aufgestellten Forderungen erfüllt (vgl. S. 82). Auch hier wirkte Melanchthon in vielem bahnbrechend und übte unmittelbar und mittelbar auf verschiedene Universitäten einen großen Einfluß aus.

Im allgemeinen deutschen Geistesleben überwog bei allen Schichten und Ständen bei weitem die Beschäftigung mit der religiösen Frage. Zuerst tobte der Kampf um die Loslösung von Rom und die Begründung der neuen Lehre, bald kamen dazu die Auseinandersetzungen der Lutheraner, Zwinglianer, Wiedertäufer und schließlich der verschiedenen lutherischen Gruppen untereinander. Sehr vieles von diesem geistigen Ringen gehört einer toten Vergangenheit an, doch der damalige Kampf um Rom bleibt ein weltgeschichtliches Ereignis und bei der Beurteilung der uns heute großenteils nicht mehr berührenden theologischen Streitigkeiten dürfen wir nicht vergessen, daß es den daran Beteiligten um ihre höchsten Ideale ging, und daß sie dafür alle ihre Kraft und oft auch ihre ganze Existenz einsetzten. Trotz des ungeheuren religiösen Ringens bewegte sich das übrige geistige Leben in den gewohnten Gleisen weiter. Aber je tiefer und plötzlicher die Tat eines einzelnen in ein seit Jahrhunderten bestehendes geistiges Gefüge eingreift, wie Luther mit seiner Abkehr von der ratio Romana, desto länger währt es in der Regel, bis die Umkehr und Umwertung des Altüberlieferten alle Lebensgebiete erfaßt. Und weil dies dann vielfach in anderer Form und mit anderem Inhalt geschieht, bleibt den meisten der ursprüngliche Ansatz der Umwandlung verborgen. So ist es nicht allzu erstaunlich, daß nach Luther ungezählte Deutsche in der Humanistenart lateinisch weiterdichteten, zumal da verschiedene der führenden Humanisten weit in das Reformationszeitalter hineinreichten: Erasmus von Rotterdam starb 1536, Eoban Hesse 1540, Beatus Rhenanus 1547, Peutinger 1557, Melanchthon 1560. Stofflich setzte sich das Neue allerdings großenteils durch, so in der von Melanchthon geführten älteren Wittenberger Poetenschule und dem unter seinem Einfluß stehenden jüngeren Wittenberger Dichterkreis. Die neue Religiosität brach hier wie überhaupt innerhalb des ganzen protestantischen Bereichs in der Lyrik, den umfangreichen biblischen Epen und in anderen Zweigen der lateinischen Dichtung durch, doch wurden nach wie vor auch weltliche Liebeslieder, Epen und Epigramme verfaßt. Ebenso führte die deutschsprachige Literatur trotz Aufnahme reformatorischer und reformationsfeindlicher Gegenstände und Gedanken die mittelalterlichen und humanistischen Formen fort. Einige Gattungen, wie die Legende und die Passionsspiele, verschwinden natürlich bei den Protestanten. Das biblische Drama mit fast nur alttestamentlichen Stoffen, aber getragen von reformatorischem Ethos, das evangelische Kirchenlied und die Reformationssatire von evangelischer und katholischer Seite empfindet man bei aller Anlehnung an alte Vorbilder als etwas Neuartiges.

So viel Treffliches im einzelnen während des Reformationszeitalters in deutscher Sprache geschrieben wurde, hat es doch keine einzige große Dichterpersönlichkeit hervorgebracht. Männer von überragender dichterischer Begabung wie Luther sahen ihren Lebenszweck nicht im Verfassen poetischer Erzeugnisse. Der 1576 gestorbene Hans Sachs, dessen Wirken noch zum guten Teil in die nächste Epoche fällt, und den wir deshalb erst im folgenden Bande eingehender würdigen, zeichnete sich neben seinem begeisterten Eintreten für die Reformation dadurch aus, daß er in allen volkstümlichen Gattungen der damaligen Dichtkunst: im Meistersang, im Schwank, im Fastnachtsspiel, im Spruchgedicht und im Lied an erster Stelle steht. Der eben aufwuchernde Grobianismus mit seinen Unflätereien hält sich bei ihm im allgemeinen in erträglichen Grenzen. Am Ende dieser Periode leitet Jörg Wickram mit seinen Romanen einen neuen Abschnitt in der Kunst der deutschen Prosa ein. Zunächst bewegten sich seine Erzählungen noch in der herkömmlichen Ritterromantik, dann aber wandte er sich sozialen Problemen zu. In seinem „Knabenspiegel“ steht dem mit allen Tugenden ausgestatteten Bürgerkind der böse Rittersohn gegenüber, der schließlich doch den rechten Weg findet. Aber eher noch wichtiger als die erzieherische Tendenz ist bei Wickram die künstlerische, dem Grobianismus abholde Form, mit ihrer gepflegten, freilich zum Teil auch schon überfeinerten Sprache eine wichtige literarische Neuerung. Volksbücher mit Erzählungen von zuweilen märchenhaftem Charakter wie „Fortunatus und seine Söhne“ mit dem unerschöpflichen Geldbeutel und dem Wunschhütlein, Sagen und Schwänke wurden in zahlreichen Auflagen gedruckt und drangen in alle Kreise. Außerhalb der Kirchen entsteht eine neue Geistigkeit und Religiosität. Sie findet ihren Niederschlag in eigenartigen Werken wie denen des Geschichtsdenkers und Kulturkritikers Sebastian Franck, der als erster in Deutschland auch auf Kultur- und Geistesgeschichte eingeht, und in Gemeindebildungen wie der des Kaspar Schwenckfeld, in denen ein neuartiger Mystizismus lebt. In Johann Philippson aus Schleiden, genannt Sleidanus, hat die Reformation ihren klassischen Geschichtschreiber gefunden. Er benutzte zuverlässige Quellen und bemühte sich ernstlich um die Wahrheit, doch schrieb er wie fast alle Gelehrten lateinisch. Humanisten und Reformatoren waren eifrige Briefschreiber, und schon griff nun auch der Handwerker zur Feder, um Angehörigen in der Heimat von seinem täglichen Leben zu erzählen, und, wenn es ihm in der Fremde gut geriet, den Eltern zu danken, daß sie ihn zur Schule angehalten und etwas Tüchtiges hatten lernen lassen. Adlige, Gelehrte, Bürger zeichnen ihre Erinnerungen auf, schreiben Tagebücher und forschen ihrer Familiengeschichte nach.

Die sozialen Unruhen wurden von der Reformation weder verursacht noch in ihrem Ausgang entscheidend beeinflußt; sie erhielten von ihr nur starke geistige Antriebe. Von den wirtschaftlichen Schäden ihrer schweren Niederlage erholten sich die Bauern wieder einigermaßen; doch war es für die ganze Nation ein Unglück, daß es ihnen nicht gelungen war, sich für eine selbständige Entwicklung freien Raum zu schaffen. Das Rittertum schied jetzt als eigener politischer Machtfaktor aus, immerhin wahrte es seine gesellschaftliche Stellung. Die Aufstände in den Städten verliefen meist ohne größere Nachwirkungen. Einzelne Ereignisse, wie Wullenwevers Versuch, in Lübeck ein demokratisches Regiment aufzurichten, beschleunigten nur den in den allgemeinen Zeitverhältnissen liegenden Niedergang der großen Handelsmittelpunkte mit ihrer politischen Macht oder machen ihn deutlicher sichtbar. Das reichste Geschäftshaus Deutschlands, das der Fugger, büßte Unsummen durch die Kriege Karls V. ein, die sie großenteils finanzierten. Schlimmer noch war es für die Fugger und überhaupt für die oberdeutschen Städte, daß sich das Schwergewicht des europäischen Wirtschaftslebens mehr und mehr nach dem Westen zu verlagern begann, als der Ozean die Haupthandelsstraße für den Güteraustausch mit Indien wurde und die Reichtümer der neuen Welt in steigendem Maße nach Europa strömten. Die norddeutschen Seestädte hatten vorerst von dem Aufblühen des überseeischen Handels nur geringen Gewinn. England und Dänemark waren nicht mehr wie früher auf sie angewiesen. Die Niederlande nahmen die für den Westen wichtigsten Wasserstraßen, Rhein und Schelde, in ihrem Mündungsgebiet für sich in Beschlag. Die Ostseestädte litten unter dem Verschwinden der reichen Heringsschwärme aus der Ostsee, war doch der gesalzene Hering in großen Massen bis Oberdeutschland verfrachtet worden. Die von König Eduard VI. von England (1547—1553) zum letzten Male erneuerten Londoner Stalhof-Privilegien wurden 1552 widerrufen und 1579 durch die Königin Elisabeth schließlich ganz aufgehoben. Die kleineren Städte gerieten den Fürsten gegenüber immer mehr ins Hintertreffen. Aber wenn nun auch die große Zeit der mittelalterlichen Reichsstädte und die Blütezeit des Frühkapitalismus vorüber waren, so verarmte Deutschland und verfiel die deutsche Kultur deswegen doch nicht. Vieles, sehr viel von dem, was wir an kunstreichem und geschmackvollem Hausrat, an Zier- und Schmuckstücken in alten Familien und in den Museen bewundern, stammt aus dem Reformationszeitalter und den ihm folgenden Jahrzehnten. Fürsten, reiche Bürger und große Stadtgemeinden ließen prunkvolle Bauten, zum Teil bereits im Renaissancestil, aufführen. Manche der uns heute selbstverständlichen Einrichtungen, wie zum Beispiel die Post, nahmen damals ihren Anfang; bis dahin hatte es keine regelmäßige Beförderung von Briefschaften und Paketen gegeben, wie sie sich nun allmählich unter Führung des Hauses Thurn und Taxis ausbildete. Die landesfürstliche Verwaltung bekümmerte sich zur Hebung ihrer Einkünfte, oft auch aus ideellen Gründen, um Landwirtschaft, Handel und Gewerbe, um das Verkehrswesen und die öffentliche Sicherheit und Sittlichkeit und bemühte sich auf allen diesen Gebieten um sachliche und organisatorische Verbesserungen.

Die Aufhebung des Zölibates durch die Reformation wurde für das deutsche Volk von großer Tragweite. Gleichviel, wie hoch man auf der einen Seite den Verzicht von Geistlichen, Mönchen und Nonnen auf die Ehe und auf der anderen den Einfluß des evangelischen Pfarrhauses als Kulturfaktor einschätzen mag, vom volksbiologischen Standpunkt aus bedeutet das Ende des Zölibates jedenfalls einen außerordentlichen Fortschritt. Erheblich mehr als zehn vom Hundert schieden im Mittelalter durch das Zölibat als Väter und Mütter in regelrechter Ehe aus. Und wenn es auch zeitweilig nicht wenig Priesterkinder gegeben hat, so kam ihre Zahl sicher bei weitem nicht an die heran, welche bei der Erlaubnis zur Ehe erreicht worden wäre. Dabei waren die Priesterkinder, schon infolge ihrer rechtlichen Stellung in der Gesellschaft, meist nicht gerade ein wertvoller Zuwachs für die Volksgemeinschaft, und denjenigen, die sich, wie etwa Erasmus von Rotterdam, trotzdem hocharbeiteten, haftete von ihrer Geburt her ein für ihre innere Entwicklung ungünstiger Makel an, außerdem verschwanden die Begabteren zum guten Teil in den Klöstern oder wurden selbst wieder Priester. Schädlicher noch als der mengenmäßige war der qualitative Ausfall. Die katholische Kirche läßt grundsätzlich Männer mit schweren oder stark auffallenden körperlichen Fehlern nicht zum Priestertum zu. Und wenn sich auch zu ihm und zu den Klöstern bald mehr, bald weniger minderwertige Elemente drängten, so war doch jederzeit die Zahl der geistig und sittlich Hochstehenden im Verhältnis zum Volksganzen nicht gering. Vor allem aber verschlang das Zölibat neben so manchen Adels- und Bürgergeschlechtern einen sehr großen Teil der vorwärtsstrebenden Träger wertvollsten geistigen und charakterlichen Erbgutes aus den unteren Schichten. Der großen Mehrzahl von ihnen stand bei Beginn ihrer Studienlaufbahn Priestertum oder Kloster als Ziel vor Augen, wofür sie von den verschiedensten Seiten unterstützt wurden. Schon oft ist die Frage aufgeworfen worden, wie es wohl kam, daß die protestantischen Länder und Gegenden geraume Zeit die katholischen überflügelten. Sicher trug hierzu wesentlich bei, daß der begabte katholische Knabe im geistlichen Berufe oder im Kloster wohl für seine Person hoch aufsteigen und für die Allgemeinheit Gutes wirken konnte, mit seinem Tode aber sein biologisches Erbgut für immer erlosch; während der evangelische Theologe seine überkommene Erbmasse in der Regel an eine meist recht stattliche Nachkommenschaft weitergab, der die deutsche Nation außerordentlich viel tüchtige Männer und Frauen in allen Berufen, darunter auch überragende Offiziere, Dichter, Künstler und geistige Führer wie York, Lessing, Schinkel, Nietzsche verdankt.

Während der zweiten Hälfte des 15. Jahrhunderts schwebte Deutschland jahrzehntelang in Gefahr, in einzelne Teile zu zerfallen. Die über ein halbes Jahrhundert fortgesetzten Verhandlungen zwischen den Kaisern und den Reichsständen und dieser untereinander brachten schließlich im Augsburger Reichstag von 1555 eine Ordnung der innerdeutschen politischen Verhältnisse zustande, die das Reich noch ein Vierteljahrtausend zusammenhielt. Welchen Schaden ein völliges Mißlingen dieser Bemühungen dem deutschen Volkstum zugefügt hätte, sehen wir an der Schweiz und an den Niederlanden, welche in diese Regelung nicht einbezogen wurden. Das Ergebnis der Neuordnung des Reiches war freilich sehr dürftig, zumal wenn wir auf die Fortschritte in Frankreich und England und auf die unter und durch Maximilian verpaßten Gelegenheiten hinblicken. Für die Ausgestaltung der Reichsverfassung war, abgesehen von den sich unmittelbar auf die Religion beziehenden Punkten, die Reformation ohne Belang. Das Hauptproblem war das Verhältnis der Zentralgewalt zu den Reichsständen. So lange der Streit um die rechtliche Anerkennung des Protestantismus dauerte, konnte allerdings Karl V. die Katholi en gegen die Evangelischen ausspielen. Aber in diesen Wirren drohte das Reich völlig zugrunde zu gehen. Der Religionsfriede war eine staatspolitische Notwendigkeit; doch machte sich, sobald er hergestellt war, das auf einer jahrhundertelangen Entwicklung beruhende Schwergewicht des Partikularismus wieder geltend. Das Recht, die konfessionelle Zugehörigkeit ihres Landes zu bestimmen, stärkte die Macht der Fürsten, doch wurde nicht erst dadurch ihr Sieg über den kaiserlichen Zentralismus entschieden; außerdem hat die Niederlage des Bauerntums ihre Stellung ungleich mehr befestigt.

An Kämpfen nach außen und im Innern hat es dem deutschen Volke kaum je gefehlt. Nun aber wurden für lange Zeit Kampfziele, Kampfführung und Kampfergebnisse derart zwiespältig, daß derjenige, dem das deutsche Volk unendlich mehr als Regierungsformen bedeutet, beim Anblick der deutschen Geschichte zwischen Bewunderung und Zorn, Freude und Ekel hin und hergerissen wird. Die Habsburger tragen die Kaiserkrone. Dank ihrer Macht vermögen sie die Feinde des Reiches in Ost und West besser abzuwehren als jedes andere deutsche Fürstenhaus. Aber die Kriege der Habsburger, in denen deutsches Blut fließt, sind nicht nur deutsche Kriege. Gegen alles Recht überließ Karl V. den oberitalischen Reichsbesitz seinem Sohne Philipp, als er ihn mit Heinrichs VIII. Tochter Maria, der späteren „blutigen Maria" von England verlobte, und durch die Zusammenfassung von Spanien, Italien, England und den Niederlanden in der Hand der spanischen Habsburger das Mißlingen seiner Pläne in Deutschland wettzumachen hoffte. Bei seinen Verfügungen über die Niederlande hatte Karl lediglich die Interessen des spanischen Zweiges der Habsburger im Auge. Die deutsche Linie der Habsburger löste die österreichischen Länder möglichst aus der engen Verbindung mit dem Reich; bereits beginnen Österreicher wenigstens dem Sinne nach vom „Reich draußen" zu sprechen. Es wurden ihm zwar im Süden nur, im Westen zum Teil nichtvolksdeutsche Gebiete entzogen, aber die Rechte im Süden waren politisch nicht wertlos, und manche der im Westen verlorenen Besitzungen waren als Vorgelände einem Feinde gegenüber, der es immer auch auf volksdeutsche Lande absah, wichtig. Übel war vor allem das Vorbild, das Karl mit seinen unbekümmerten Tauschverhandlungen mit auswärtigen Mächten über dem Reiche gehörende Gebiete, selbst das Elsaß zog er einmal hinein, den deutschen Fürsten gab. Schon kündet sich im Schmalkaldischen Krieg und noch mehr in dem von Moritz von Sachsen geführten Fürstenaufstand die Tragik des Dreißigjährigen Krieges an. Den Evangelischen blieb kein anderes Mittel, um ihren Glauben und das Reich vor der spanischen Fremdherrschaft zu retten, als Frankreich reichsdeutsches Gebiet, darunter Metz, das Einfallstor nach Deutschland, preiszugeben. Daß es dem deutschen Volke als Ganzes versagt geblieben war, sich der Religion anzuschließen, zu der es während des Reformationszeitalters mit jeder Faser seines Herzens hinstrebte, lähmte dem Deutschen nur zu oft bei seinen auswärtigen Unternehmungen den Arm. Aber in jenem halben Jahrhundert hat das deutsche Volk doch die alte tüchtige Art bewahrt und viel Wesensfremdes abgestoßen. Viele ihm ureigentümliche geistige und sittliche Kräfte waren wieder geweckt und damit die Grundlagen geschaffen worden für die spätere politische Erneuerung des deutschen Volkes und für seinen einzigartigen geistigen Aufschwung.

Anmerkungen

Vorbemerkung: In diesem Bande ist das deutsche Reformationszeitalter: die Zeit vom Ausgang des Mittelalters bis zum Abschluß des Augsburger Religionsfriedens dargestellt. Calvin, Calvinismus und Jesuiten werden nur gelegentlich erwähnt, weil sie bis 1555 auf Deutschland noch keinen größeren Einfluß ausgeübt haben. Aus diesem Grunde sind auch keine Literaturangaben über sie aufgenommen.

Werden Bücher, die nicht bei den unten folgenden Abkürzungen stehen, wiederholt zitiert, dann finden sich der vollständige Titel, Ort und Jahr des Erscheinens bei der ersten Nennung, auf die bei der späteren Anführung verwiesen wird; die dieser in Klammern beigefügte Zahl bezieht sich auf die Seite bzw. die Anmerkung, welche die erste Nennung enthält; z. B. Andreas (S. 484) oder Huth (zu S. 7) besagen, daß sich die genauen bibliographischen Angaben zu dem Werke von Andreas S. 484 oder die zu Huth in der Anmerkung zu S. 7 finden.

Verzeichnis der Bibliographien und allgemeinen Werke (mit ihren Abkürzungen): Friedrich von Bezold „Geschichte der deutschen Reformation" Berlin 1890 (Bezold). — Johannes Bühler „Deutsche Geschichte 1. B. Urzeit, Bauerntum und Aristokratie bis um 1100" Berlin 1934, 2. B. „Fürsten, Ritterschaft und Bürgertum von 1100 bis 1500" Berlin 1935 (Bühler D. G.). — Dahlmann-Waitz: Quellenkunde der deutschen Geschichte, 9. Aufl. Leipzig 1931/32. — Georg Dehio „Geschichte der deutschen Kunst" 2. B. 4. Aufl. Berlin 1930, 3. B. 2. Aufl. 1931, (Dehio). — Deutsche Vierteljahrsschrift für Literaturwissenschaft und Geistesgeschichte, (D. V.). — G. Egelhaaf „Deutsche Geschichte im 16. Jahrhundert bis zum Augsburger Religionsfrieden" 2 Bände Stuttgart 1887. 1892. (Egelhaaf). — Gebhardts „Handbuch der deutschen Geschichte" 1. B. 7. Aufl. hgg. von R. Holtzmann Stuttgart 1930 (Gebhardt). — Jos. Hergenröther-Joh. Kirsch „Handbuch der allgemeinen Kirchengeschichte" 3. B. 5. Aufl. Freiburg 1915. — Johannes Janssen-Ludwig von Pastor „Geschichte des deutschen Volkes seit dem Ausgang des Mittelalters", Freiburg i. Br. 20. Aufl. 1. B. 1913, 2. B. 1915, 3. B. 1917 (Janssen). — Deutscher Kulturatlas hgg. von G. Lüdtke und L. Mackensen, Gruppe Kirchengeschichte der Reformationszeit, Berlin 1934 (K. A.). — Wilh. Maurer-Heinrich Hermelink „Reformation und Gegenreformation" Handbuch der Kirchengeschichte Teil III, Tübingen 1931 (Maurer-Hermelink). — Propyläen-Weltgeschichte 5. Band „Das Zeitalter der religiösen Umwälzung. Reformation und Gegenreformation". Einleitung von Walter Götz, das Zeitalter der Reformation von Paul Joachimsen. Berlin 1930. — Leopold von Ranke „Deutsche Geschichte im Zeitalter der Reformation" Ausgabe der deutschen Akademie, 6 Bände München 1925 26 (Ranke). — Reallexikon der deutschen Literaturgeschichte" hgg. Paul Merker-Wolfgang Stammler Berlin 1. B. 1925/26, 2. B. 1926 28, 3. B. 1928 29, 4. B. 1931 (R. D. L.). — Franz Schnabel „Deutschlands geschichtliche Quellen und Darstellungen in der Neuzeit. 1. Teil. „Das Zeitalter der Reformation" Leipzig 1931. — Karl Schottenloher „Bibliographie zur deutschen Geschichte im Zeitalter der Glaubensspaltung 1517—1585" bisher erschienen 1. B. Personen A—L, Leipzig 1933, 2. B. Personen M—Z, Orte 1935, 3. B. Reich und Kaiser, Territorien, Landesherren 1936. 4. B. (bis Pasquille) Gesamtdarstellungen. Stoffe. — Gustav Wolf „Quellenkunde der deutschen Reformationsgeschichte" Gotha 1. B. 1915, 2. B. 1. Hälfte 1916, 2. B. 2. Hälfte 1922, 3. B. 1923 (Wolf).

Erstes Buch

Vom Mittelalter zur Reformation

Die geistigen, staatlichen, gesellschaftlichen und wirtschaftlichen Zustände und die Kunst am Ausgang des Mittelalters behandelt mit kritischer Stellungnahme zu der neueren Literatur über diese Gebiete Willy Andreas „Deutschland vor der Reformation", 2. Aufl. Stuttgart 1934.

Erstes Kapitel

S. 5 Über die spätmittelalterliche **Volkskultur** s. Bühler D. G. II S. 233 ff.

S. 6 Über die **Astrologie** in der Kunst des Spätmittelalters und des Reformationszeitalters s. Heinz Artur Strauß „Der astrologische Gedanke in der deutschen Vergangenheit", München 1926. — Sehr beachtenswert sind die Ausführungen von Karl Neumann „Ende des Mittelalters?" D. V. 12. Band, 1934 S. 125 ff., mit ihrer starken Betonung, daß die **Renaissance** für Deutschland damals keine Epoche, kaum eine Episode gewesen sei und überhaupt erst die Spätrenaissance europäische Geltung gewonnen habe.

S. 7 Die **Bevölkerungszahl** von Köln und Braunschweig ist entnommen Josef Kulischer „Wirtschaftsgeschichte des Mittelalters und der Neuzeit", 1. Band München 1928, S. 169, die von Erfurt ist errechnet aus Heinrich Bechtel „Wirtschaftsstil des deutschen Spätmittelalters", München 1930, S. 76; die Zahl der Kirchen in Erfurt und die der Kirchen und Klöster in Köln und Braunschweig bei Janssen I S. 742. — Wie sehr die **Kunst dem Handwerk eingefügt** war, weist eingehend nach Hans Huth „Künstler und Werkstatt der Spätgotik", Augsburg 1923. — Auch noch in „Des Johann Neudörfer, Schreib- und Rechenmeister zu Nürnberg, Nachrichten von Künstlern und Werkleuten daselbst aus dem Jahr 1547", hgg. von G. W. K. Lochner Wien 1875, erscheinen Künstler von höchstem Range und Handwerker einander gleichgeordnet.

S. 8 Die Forderungen für ein **Maler-Meisterstück** in Straßburg 1516 sind abgedruckt in Johannes Bühler „Bauern, Bürger und Hanse", Leipzig 1929, S. 402. — Zum **bartlosen Adam** Riemenschneiders s. Bechtel (zu S. 7) S. 283. Über die große Bedeutung der Auftraggeber für die Gestaltung der Kunstwerke s. ebenda S. 276 Anm. 19. — A. **Dürer „Briefe**, Tagebücher und Reisen" hgg. von Hans Wolff, Voigtländers Quellenbücher Band 25, S. 30 f. — **Sandrarts** Bemerkung ist entnommen Huth (zu S. 7) S. 93 Anm. 54.

S. 10 Über Namen von **Dombaumeistern** s. Bechtel (zu S. 7) S. 284. Meister Erwin wird fälschlich „von Steinebach" genannt. — Otto Kletzl „**Titel und Namen von Baumeistern deutscher Gotik**" München 1935.

S. 11 Die Inschrift **Ensingers** bei Bechtel (zu S. 7) S. 284; die übrigen Signaturen bei Huth (zu S. 7) S. 69.

S. 13 Die Schilderung des Erzbischofs **Kuno von Trier** in „Die Limburger Chronik" hgg. von Otto H. Brandt, Jena 1922, S. 30 f.; über **Wilhelm von Herle** ebenda S. 60. — Die Stellen über **Kaiser Sigmund** s. Bühler D. G. II S. 373.

S. 16 Kurt Gerstenberg „Hans **Multscher**", Leipzig 1928. Gerstenberg weist dem Künstler sehr viele Werke zu, dagegen wendet sich Dehio II. S. 215 Anm. und S. 218. Das Zitat im Texte **S. 17** über Multscher ist Gerstenberg S. 14 entnommen.

S. 21 Über **Baldung-Grien** als Darsteller religiöser Innerlichkeit s. Curt Glaser „Zwei Jahrhunderte deutscher Malerei", München 1916, S. 254; über den märchenhaften Charakter so mancher Holzschnitte von **Weiditz** s. Dehio III. S. 105.

S. 22 Eine gute Abbildung der Evangelisten in der Predella des **Breisacher Altares** bietet Eugen Lüthgen „Gotische Plastik in den Rheinlanden", Bonn 2. Aufl. 1924, Tafel 79.

S. 27 A. Burkhard „Hans **Burgkmair**" Leipzig 1934; über Burgkmairs Holzschnitte als Spiegelbild der Augsburger Frührenaissance Ernst Heidrich „Die altdeutsche Malerei", Jena 1909, S. 46 f.

S. 28 f. Gute Abbildungen von **Pachers** Werken bietet Johannes von Allesch „Michael Pacher", Leipzig 1931. Das Zitat über „das absolut Neue" in Pachers Malerei ist Glaser (zu S. 21) S. 160 entnommen.

S. 29 Die **Madonna von Thyrnau** gehört dem Passauer Kunstkreis an; über ihn s. Wilhelm Pinder „Die deutsche Plastik vom ausgehenden Mittelalter bis zum Ende der Renaissance", Berlin 1914/28, S. 375.

S. 30 Hans Tietze „Albrecht **Altdorfer**", Leipzig 1923 (mit guten Abbildungen). — Über die **Juden in Regensburg** s. W. Grau „Antisemitismus im Mittelalter. Das Ende der Regensburger Judengemeinde 1450—1519", München 1934.

S. 35 f. Die zu Peter **Vischer** angeführten Zitate sind entnommen Simon Meller „Peter Vischer der Ältere und seine Werkstatt", Leipzig 1925.

S. 36 ff. Aus der überreichen Literatur zu **Dürer** seien hier nur angeführt Dehio III S. 36—89 und Wilhelm Waetzoldt „Dürer und seine Zeit", Große illustrierte Phaidon-Ausgabe, 3. Aufl., Wien 1936, hier S. 339—346 ein ausführliches, übersichtlich geordnetes Literaturverzeichnis. — Für Dürers **Familien- und Jugendgeschichte** s. Dürers „Briefe und Tagebücher" (zu S. 8) S. 9—12.

S. 42 **Dürers Selbstbildnis mit der Jahreszahl 1500** ist nach Waetzoldt (zu S. 36) S. 36—38 tatsächlich 1500, und zwar zwischen dem 1. Januar und 20. Mai gemalt worden. Es handelt sich bei diesem Bild nicht um eine Konstruktion nach strengen Proportionsgesetzen, sondern um eine Symmetrie, die „stets eine Nebenfrucht des Symmetrischen ist". Das schließt aber nicht aus, daß Dürer nach seiner Begegnung mit Pirkheimer das humanistische Schönheitsideal verkörpern will, beginnen doch auch in dieser Zeit, in den letzten Jahren vor 1500, Dürers theoretische Studien (Dehio III S. 40). — Dürer hat sich auch noch nach 1500 wiederholt gemalt; seine echten und fraglichen Selbstbildnisse bei Waetzoldt Abbildungen Nr. 1, 5—7, 10—15, 18—20, aber diese sogenannten „Assistenzbilder", Darstellungen der eigenen Person oder Anspielungen auf sie auf figurenreichen Altarbildern, Entwürfe für Medaillen, die Aktzeichnung, auf der er mit dem Finger auf die schmerzende Stelle zeigt, und ähnliches verfolgen andere Zwecke als die früheren Selbstdarstellungen.

S. 44 Zur Geschichte der Erklärung des Stiches **Melancholie** s. Waetzoldt (zu S. 36) S. 117ff.

S. 48 Zu **Grünewald und die Liturgie** s. Josef Bernhart „Die Symbolik im Menschwerdungsbild des Isenheimer Altares", München 1921. — Zum Leben Grünewalds s. R. Hünicken „Der historische Matthias Grünwald", Forschungen und Fortschritte 13. Jahrg. 1937 Nr. 32. G. schied 1525 aus dem Dienst Erzbischof Albrechts, woraus auf seinen Übertritt zur neuen Lehre geschlossen wird, und starb als städtischer Wasser-Kunstmacher zu Halle. — Der Brief der heiligen **Hildegard** über ihre Lichtvisionen ist übersetzt bei Johannes Bühler „Schriften der heiligen Hildegard von Bingen", Leipzig 1922, S. 34f.

S. 51ff. Curt Glaser „Lukas Cranach", Leipzig 1921. Dieses Buch wird auch dem späteren Schaffen des Meisters wieder gerecht.

Zweites Kapitel

S. 56f. Zur **Renaissance im allgemeinen** s. Gustav Schnürer „Kirche und Kultur im Mittelalter" Band III, Paderborn 1929, S. 306—407; S. 446ff. Literaturangaben. — Einen guten **Überblick über den Humanismus in Deutschland** bietet Georg Ellinger im R. D. L, Band I S. 525—672; sorgfältige und reichliche Literaturnachweise bei Wolfgang Stammler „Von der Mystik zum Barock, 1400—1600", Stuttgart 1927. — Über **Begriff und Beginn von Renaissance und Humanismus** s. Ellinger a. a. O. S. 526ff.; Konrad Burdach „Reformation, Renaissance, Humanismus", 2. Aufl., Berlin 1926. Gegen Burdach, zum Teil mit durchschlagenden Gründen: Paul Joachimsen „Vom Mittelalter zur Reformation", Historische Vierteljahrsschrift 20. Band, 1922 S. 426ff.

S. 57—61 Über das **Verhältnis der Renaissance und der Humanisten zur Antike und zur Kirche** s. den ausgezeichneten Aufsatz von Ernst Walser „Studien zur Weltanschauung der Renaissance", Basler Zeitschrift für Geschichte und Altertumskunde, 19. Band, 1921 S. 130ff. — Über die **Averroisten** s. Bühler D. G. II S. 207 und Walser a. a. O. S. 153f. — Zu **Otto III. und Konstantinische Schenkung** s. Bühler D. G. I S. 305 und S. 387; zu dem die Bußprediger verspottenden deutschen Fürsten s. Johannes Bühler „Das deutsche Geistesleben im Mittelalter", Leipzig 1927, S. 421. Über „Weltlinge" unter den mittelalterlichen Fürsten überhaupt s. Justus Hashagen „Staat und Kirche vor der Reformation. Eine Untersuchung des vorreformatorischen Laieneinflusses in der Kirche", Essen 1931, S. 46ff.

S. 62 Zu **Petrarcas Dichterkrönung** s. Karl Brandi „Die Renaissance in Florenz und Rom", Leipzig 1927, S. 48.

S. 63 Alois Bernt und Konrad Burdach **„Der Ackermann aus Böhmen"**, Kritische Textausgabe und Kommentar, Berlin 1917; Burdach „Der Dichter des Ackermann aus Böhmen und seine Zeit", Berlin 1926 32; s. auch die Ausgabe (zugleich Übertragung in unser heutiges Deutsch) von Bernt, Insel-Bücherei Nr. 198. Gegen die Einseitigkeiten von Burdach s. den Aufsatz von Joachimsen (zu S. 56) S. 459ff.

S. 64 Über **Okkamismus** und Universalienstreit (ganz kurz) Bühler D. G. II S. 256f. und S. 406. — Über die **Brüder vom Gemeinsamen Leben** s. Wolf I S. 219ff. und K. A. Karte 128; über die devotio moderna J. Huizinga „Erasmus" (deutsch von Werner Kägi), Basel 1936 S. 9ff. und Justus Hashagen „Die Devotio moderna in ihrer Einwirkung auf Humanismus, Reformation, Gegenreformation und spätere Richtungen". Zeitschrift für Kirchengeschichte, 55. Band, 1936 S. 523ff. — Zu **deutschem Humanismus und Religion** überhaupt s. Hans Baron „Religiöse Reformbewegungen des deutschen Humanismus", Historische Zeitschrift 132. Band, 1925 S. 415ff.

S. 65f. Der Hinweis auf die **Abstammung der** meisten führenden **Humanisten** steht bei Friedrich von Bezold „Konrad Celtes, der deutsche Erzhumanist" in „Aus Mittelalter und Renaissance, kulturgeschichtliche Studien", München 1918 S. 82—152. Dieser Aufsatz ist eine der besten Arbeiten über den deutschen Humanismus. Nikolaus von Kues und Celtes waren Winzersöhne, Brant und Aventin Gastwirtssöhne, Wimpfeling war Sohn eines Sattlers, Melanchthon eines Waffenschmiedes, Bebels Vater bäuerlicher Verwalter, Thomas Platter Bauernsohn (Auswahl aus seiner Jugendgeschichte in Gustav Freytag „Bilder aus der deutschen Vergangenheit"), Rudolf Agricola und Johannes Butzbach (seine Jugendgeschichte unter dem Titel „Des Johannes Butzbach Wanderbüchlein" Insel-Bücherei Nr. 26) stammten aus sehr bescheidenen Verhältnissen, um nur einige Beispiele zu erwähnen.

S. 69—72 Peter Menniken **„Nikolaus von Kues"**, Leipzig 1932. — Die Heidelberger Akademie der Wissenschaften gibt im Verlag Felix Meiner-Leipzig die Werke des N. v. K. heraus, ebenda erscheinen die philosophischen Schriften in deutscher Übersetzung hgg. von Ernst Hoffmann. Die Schrift „Vom Glaubensfrieden" ist bisher weder im Urtext noch in Übersetzung neu herausgegeben; ich benützte dafür die gekürzte Übertragung von Ludwig von Bertalanffy „Nikolaus von Kues", München 1928 S. 71ff. — Zur Philosophie des N. v. K. s. für eine erste Einführung Richard Hönigswald „Die Philosophie von der Renaissance bis Kant", Berlin 1923, S. 10ff.; über die Mystik des N. v. K. im R. D. L. IV S. 86f.

S. 73—75 Friedrich von Bezold **„Rudolf Agricola,** ein deutscher Vertreter der italienischen Renaissance", München 1884; Georg Ihm „Der Humanist Rudolf Agricola, sein Leben und seine Schriften", Paderborn 1893; Justus Hashagen „Hauptrichtungen des rheinischen Humanismus", Annalen des historischen Vereins für den Niederrhein 107. Heft, 1923 S. 1ff. — Über A. als Philosoph und seine Stellung zur mittelalterlichen Überlieferung s. August Faust „Die Dialektik R. A.s, ein Beitrag zur Charakteristik des deutschen Humanismus", im Archiv für Geschichte der Philosophie 34. B. 1922, S. 118ff. Die Ausgaben von Agricolas Schriften und die Literatur zu A. verzeichnet Wolfgang Stammler (zu S. 56) S. 477. — Der Vereinfachung der Unterrichtsmethoden sollten hauptsächlich die **neuen Lehrbücher** dienen. Die bis dahin allgemein gebrauchte Grammatik war das um 1200 in lateinischen Hexametern abgefaßte „Doctrinale" des Alexander de Villa Dei; nun verfaßte eine ganze Reihe von Humanisten neue Grammatiken. Sehr berühmt wurde z. B. des Murmellius „Pappa puerorum", das 1513 gedruckt wurde und bis um die Mitte des Jahrhunderts in mindestens 30000 Exemplaren über Deutschland, Holland und die Schweiz verbreitet war. Es enthielt ein Vokabularium, Gespräche, Sitten- und Anstandsregeln, Sprichwörter und Konjugationstabellen, alles mit deutscher Übersetzung. Unter den Gesprächen steht manches, was uns in einem Lehrbuch erstaunt: „Hüte dich, daß du nicht soviel saufst, daß du unsere Betten bespeist", oder eine Reihe deftiger Schimpfwörter. Über die Schulbücher allgemein s. R. D. L. I S. 536; über Murmellius s. D. Reichling „Johannes Murmellius", Freiburg i. Br. 1880.

S. 75—78 Josef Knepper „Jakob **Wimpfeling.** Sein Leben und seine Werke", Freiburg i. Br. 1902; Josef Freundgen „J. W.s pädagogische Schriften, übersetzt, erläutert und mit einer Einleitung versehen", Paderborn 1892. Die Ausgaben von W.s Werken und die Literatur über W. bei Stammler (zu S. 56) S. 477f. — Über Thomas **Murner** als Mensch, Prediger und Dichter urteilt sehr günstig Stammler S. 197ff., dort S. 485 auch die Ausgaben von Murners Werken und die Literatur über ihn; s. auch Fl. Landmann „Th. M. als Prediger", Archiv für elsässische Geschichte, 10. B. 1935 S. 295ff.

S. 78—80 Die Werke von **Brant** verzeichnet F. Bobertag in seiner Ausgabe des Narrenschiffs, Berlin 1889, S. XIXff.; dazu Ergänzungen bei Stammler (zu S. 56) S. 192. Eine Übertragung des Narrenschiffs in heutiges Deutsch bietet Karl Simrock „S. Br.s Narrenschiff, ein Hausschatz zur Ergötzung und Erbauung", Berlin 1872. Ein von Brant verfaßtes juristisches Handbuch erschien in zehn Auflagen (Bobertag S. XXI).

S. 81 Zu den **Dichterkrönungen** in Deutschland s. Karl Schottenloher „Kaiserliche Dichterkrönungen im heiligen römischen Reich deutscher Nation" in „Papsttum und Kaisertum" (Festschrift Paul Kehr) München 1926, S. 645ff.

S. 83 Zur **humanistischen Lyrik** s. Georg Ellinger „Geschichte der neulateinischen Literatur Deutschlands im 16. Jahrhundert" Band I „Italien und der deutsche Humanismus in der Lyrik" Berlin 1929.

S. 84 Über **Celtes** s. Bezold (zu S. 65). — „Briefwechsel des Konrad Celtes" hgg. von Hans Rupprich, München 1934.

S. 87 Ludwig Geiger „Johann **Reuchlin,** sein Leben und seine Werke" Leipzig 1871; weitere Literaturangaben bei Stammler (zu S. 56) S. 470f. und 476f.

S. 93—96 Fritz Halbauer **„Mutianus Rufus** und seine geistesgeschichtliche Stellung" Leipzig 1929. — **Dunkelmännerbriefe,** Ausgabe Alois Bömer „Epistolae virorum obscurorum", 2 Bände Heidelberg 1925. — **Ortuinus Gratius** war nicht so ungebildet wie er in den Dunkelmännerbriefen erscheint, sondern ein Vertreter des biblisch-christlichen Humanismus der Erasmianer; s. hierüber und über die Stellung der Kölnischen Universität überhaupt Hashagen (zu S. 73); über den Rückgang der **Kölner Universität** s. Franz Eulenburg „Die Frequenz der deutschen Universitäten von ihrer Gründung bis zur Gegenwart", Leipzig 1904, S. 287f.

S. 99—102 Emil Reicke „Wilibald **Pirkheimer**, Leben, Familie und Persönlichkeit", Jena 1930. Zu den von P. verfaßten Schriften s. Stammler (zu S. 56) S. 477.

S. 102—112 In Huizinga (zu S. 64), hat **Erasmus von Rotterdam** einen kongenialen Biographen gefunden, der seinem Landsmann nur etwas zu viel von der ihm trotz seiner Friedfertigkeit innewohnenden bissigen Schärfe nimmt und ihn wohl etwas weicher hinstellt, als er war. Dort auch S. 240f. eine knappe, das Wichtigste enthaltende Bibliographie. Auf einige neuere, hauptsächlich ausländische Veröffentlichungen macht F. Schalk „Die Erasmusforschung" in „Geistige Arbeit" 1935 Nr. 13 aufmerksam. Vom „Lob der Torheit" ist eine deutsche Übersetzung von Heinrich Hersch in Reclams Universalbibliothek erschienen.

S. 112f. Über **Humanismus und Naturwissenschaften** bietet einen kurzen, über das Tatsächliche gut unterrichtenden Überblick Hermann Schelenz „Humanisten als Naturwissenschaftler und Arzneikundige" in Deutsche Geschichtsblätter 9. B. 1908, S. 1ff. — Zu den verschiedenen **Grundhaltungen des naturwissenschaftlichen Denkens** s. den Aufsatz von Karl Lothar Wolf und Rembert Ramsauer „Zur Geschichte der Naturanschauung in Deutschland", Zeitschrift für die gesamte Naturwissenschaft 1. Jahrgang 1935, S. 129ff. Über die Rolle der Magie in der Naturphilosophie der Renaissance und über die „Denkform der Astrologie" kurz Reuthe-Fink „Magisches und naturwissenschaftliches Denken der Renaissance", Darmstadt 1933, S. 15ff.

S. 113—115 **Thomas von Aquin** über die Macht der Gestirne: Summa theologiae, Teil I, Abteilung I, Quaestio (Frage) 115, Artikel 3 und 4. — Zu **Regiomontan** s. Ernst Zinner „Zum 500. Geburtstage Regiomontans" in „Forschungen und Fortschritte", 12. Jahrgang 1936 Nr. 16. — Über **Kopernikus** s. L. Prowe „Nikolaus Coppernicus", 2 Bände, Berlin 1883 84 und Ernst Zinner „Neue Ergebnisse der Koppernick-Forschung", „Forschungen und Fortschritte", 13. Jahrgang 1937 Nr. 31.

S. 115—117 Seit 1922 erscheint im Verlag Oldenbourg-München „Theophrast von Hohenheim, genannt **Paracelsus**" Sämliche Werke, hgg. von Karl Sudhoff. Die Auswahl „Schriften Th. v. H. gen. P." von Hans Kayser, Leipzig 1921, leistet für eine erste Einführung gute Dienste. Franz Strunz „Th. P., Idee und Problem seiner Weltanschauung", Salzburg 1937. Persönlichkeit, Werk und Umwelt des P. zeichnet G. Kolbenheyer in künstlerisch vollendeter Form in seinem dreibändigen bei Georg Müller-München (jetzt Langen-Müller Berlin) erschienenen Paracelsus-Roman. — Über **Trithemius** s. Paul Joachimsen „Geschichtsauffassung und Geschichtsschreibung in Deutschland unter dem Einfluß des Humanismus", 1. Teil, Leipzig 1910, S. 51ff. und 55. — Das „Faustbuch" gehört erst der folgenden Epoche an, Literatur über **Faust** s. Stammler (zu S. 56) S. 521. — Von **Agrippa von Nettesheim** hat Fritz Mauthner übersetzt „Die Eitelkeit und Unsicherheit der Wissenschaften. Die Verteidigungsschrift", München 1913. Eine Ehrenrettung des A. versucht E. Metzke in der D. V., 13. B. 1935 S. 407ff. A. stehe mit seiner Betonung des „verbum dei, deus verax, homo mendax" auf einer Linie mit Calvin und Luther; Hashagen (zu S. 73) S. 43 glaubt A. „in religiöser Beziehung doch der großen Erasmischen Gemeinde zurechnen zu dürfen".

S. 119 Zu **Humanismus und deutsche Sprache** s. W. Stammler „Zur Sprachgeschichte des 15. u. 16. Jahrhunderts" in „Vom Werden des deutschen Geistes" (Festschrift Ehrismann), Berlin 1925 S. 171ff.

S. 120f. Angaben über das **Zahlenverhältnis der lateinischen zu den deutschen Schriften** stehen bei Otto Behaghel „Geschichte der deutschen Sprache", 5. Aufl., Berlin 1928, S. 147. — Alois Bernt „Die Entstehung unserer **Schriftsprache**", Berlin 1934. Ernst Schwarz gibt wichtige Aufschlüsse über „Die Grundlagen der neuhochdeutschen Schriftsprache" in „Forschungen und Fortschritte" 12. Jahrg. 1936 Nr. 19, wo auf die ausschlaggebende Bedeutung der mitteldeutschen Ostkolonisation für die Ausbildung der deutschen Sprache hingewiesen wird. Darnach ist die Sprache der kursächsischen Kanzlei in der obersächsischen Mundartlandschaft verankert.

S. 123 Der **Übersetzer** des Buches über den „Streit zwischen Christus und Belial schreibt in seiner Vorrede: „Auch will ich nit so sehr darauf achten, daß ich dies Buch Wort für Wort ins Deutsche übertrage, sondern ich will mehr darnach trachten, daß ich einen jeglichen Sinn also schreib, und in solchen Worten, wie man im Deutschen gewöhnlich sagt"; nach der Münchner Handschrift germ. 48 abgedruckt bei Bühler „Geistesleben" (zu S. 57) S. 320. — Paracelsus hielt seine **Vorlesungen** 1526—28 in Basel in deutscher Sprache. Schon 1501 erklärte Tilemann Heverlingh zu Rostock den Juvenal deutsch s. Schelenz (zu S. 112) S. 9.

S. 123—126 Die Stellen aus der Reiseerzählung (Evagatorium) des Felix **Fabri** sind entnommen Janssen I S. 403 und Joachimsen (zu S. 115) S. 46. — Josef Knepper „Nationaler Gedanke und Kaiseridee bei den **elsässischen Humanisten**", Freiburg i. Br. 1898; Paul

Thierse „Der nationale Gedanke und die Kaiseridee bei den **schlesischen Humanisten**", Breslau 1908. Thierses Buch ist eine gute Gesamtdarstellung des schlesischen Humanismus.

S. 126 Die **Geschichtschreibung** des Humanismus behandelt grundlegend Joachimsen (zu S. 115).

S. 130 E. König **„Peutingerstudien"**, Freiburg 1914, weitere Literatur bei Stammler (zu S. 56) S. 477. — Auch Mutian trat für das Studium der „germanischen Antike" ein, s. Halbauer (zu S. 93).

S. 132 Über **Aventin** s. Sigmund Riezler „Geschichte Baierns" 6. B., Gotha 1889, S. 389ff. und Georg Leidinger „Johannes Aventinus. Bairische Chronik. Auszug und Einleitung", Jena 1926.

Drittes Kapitel

S. 135—140 Zur **Bevölkerungszahl** Deutschlands s. Bechtel (zu S. 7) S. 34f. — Über das **Bauerntum** in den ostelbischen Gebieten s. Andreas (S. 484) S. 419ff., in Ostpreußen E. Weise „Der Bauernaufstand in Preußen" Elbing 1935, mit einem Überblick über die Rechtslage vor dem Aufstand. — Zur Lage des Bauerntums in **Altdeutschland** bis um 1100 s. Bühler D. G. I S. 138ff.; während des Spätmittelalters: Bühler D. G. II S. 228ff.; im Rheinland: Andreas S. 428. — **„Die Reformation Kaiser Sigmunds,** eine Schrift des 15. Jahrhunderts zur Kirchen- und Reichsreform" hgg. von Karl Beer, Stuttgart 1933.

S. 141—142 Literatur über die bäuerlichen **Weistümer** s. Bühler D. G. II S. 404; — **Klagen der Bauern** (von 1472) verzeichnet in großer Zahl Günter Franz „Der deutsche Bauernkrieg. Aktenband", München 1935.

S. 143—151 Die **Bauernaufstände** vor dem Großen Bauernkrieg behandelt Günter Franz „Der deutsche Bauernkrieg", München 1933, S. 7—134; s. auch W. Andreas „Der Bundschuh. Die Bauernverschwörungen am Oberrhein", Köln 1936. — Nach Knapp Savigny-Zeitschrift. Germ. Abteilung 54. B. 1934 (in der Besprechung zu Franz) S. 424 gehörten die Obervögte und die Forstmeister nicht der bürgerlichen **Ehrbarkeit** sondern dem Adel an.

S. 152f. Über die **Stadt** im Mittelalter s. Bühler D. G. II S. 176ff. und S. 216ff. Zur **Verschuldung** der Städte s. J. Kulischer (zu S. 7) B. I S. 338f.

S. 153—157 Zu **Spannungen und Kämpfe in den Städten** s. Kurt Kaser „Politische und soziale Bewegungen im deutschen Bürgertum zu Beginn des 16. Jahrhunderts", Stuttgart 1899. — Zum **Aufstieg der Fugger** s. Jakob Strieder „Jakob Fugger der Reiche", Leipzig 1926.

S. 158—161 Über die **Kapitalbildung** s. Jakob Strieder „Zur Genesis des modernen Kapitalismus", 2. Aufl. bearbeitet von Franz Freiherr Karaisl von Karais, München 1935. — Über den **Bergbau** s. Jakob Strieder „Die deutsche Montan- und Metallindustrie im Zeitalter der Fugger", Berlin 1931. — Zu dem **Aufschwung verschiedener Industriezweige** s. Häpke „Der nationalwirtschaftliche Gedanke zur Reformationszeit", Historische Zeitschrift 134. B. 1926, S. 350ff. — Über die **Ausfuhr** s. Strieder „Die deutsche Montan- und Metallindustrie" S. 9ff. und Janssen I S. 452ff., hier auch Näheres über die Beteiligung der Welser am Indienhandel. Zu der unter Führung der Welser um 1530 von Deutschen gegründeten, 155[illegible] aber an Spanien gekommenen Kolonie Venezuela s. Karl Lamprecht „Deutsche Geschichte" 5. B. 5. Aufl. Berlin 1922, S. 491f. — Der **Bankrott der Höchstetter** bei Janssen I 494 und II 511.

S. 163 Das **römische Recht** gewann hauptsächlich auf das Privatrecht und auf die höhere Gerichtsbarkeit, vor allem auf die Appellationsgerichte, Einfluß. In Baiern, Sachsen und Schleswig-Holstein hielt sich das deutsche Recht bis weit in die Neuzeit hinein; auf die bäuerlichen „Weistümer" gewann das römische Recht überhaupt keinen Einfluß, s. Cl. von Schwerin „Der Geist des altgermanischen Rechts" in H. Nollau „Germanische Wiedererstehung" Heidelberg 1926.

S. 164 Heinrich Werner gibt in „Landesherrliche Kirchenpolitik bis zur Reformation" Deutsche Geschichtsblätter 9. B. 1908, S. 143ff. einen guten Überblick über die Entwicklung des **weltlichen Kirchenregimentes** vom 12. Jahrhundert an; eingehend behandelt ist es von Hashagen (zu S. 57). Weitere Literatur s. bei Wolf I S. 289ff.

S. 165f. Die im Texte angeführten Äußerungen zu dem **patriarchalischen Verhalten der Fürsten** s. Johannes Bühler „Fürsten und Ritter", Leipzig 1928, dort noch zahlreiche ähnliche Stellen.

S. 168f. Literatur über die **Reichsritterschaft** s. bei Wolf I S. 378f. — **Der Meistersang über das Kaisertum** bei J. Bühler „Die Hohenstaufen" Leipzig 1925, S. 463 und 532.

Viertes Kapitel

S. 170—176 Zur Bezeichnung **Römisches Reich** s. K. Zeumer „Heiliges römisches Reich deutscher Nation", Weimar 1910. — Die Angaben über die **Reichsgrenzen** sind entnommen Fritz Hartung „Deutsche Verfassungsgeschichte vom 15. Jahrhundert bis zur Gegenwart", 3. Aufl. Leipzig 1928, S. 5. — Zur **deutschen Reichsgeschichte** von 1461—1486 s. Adolf Bachmann „Deutsche Reichsgeschichte im Zeitalter Friedrichs III. und Maximilians I.", 2 Bände, Leipzig 1884 und 1894.

S. 177f. Zu Kaiser **Maximilian** s. Ranke I S. 55—260; Janssen I S. 625—684; Gebhardt I S. 538—547 mit Angabe der wichtigsten Quellen und Literatur; Heinrich Ulmann „Kaiser Maximilian I.", 2 Bände Stuttgart 1884 und 1891; Max Jansen „Kaiser M. I.", München 1905, ist für das Politische unzureichend, besser für das Kulturgeschichtliche. — Über die burgundische Kultur s. Otto Cartellieri „Am Hofe der Herzöge von Burgund", Basel 1926.

S. 188 Über die **Landsknechte** s. das grundlegende Werk von Eugen von Frauenholz „Das Heerwesen in der Zeit des freien Söldnertums", 2. Teil „Das Heerwesen des Reiches in der Landsknechtszeit", München 1937.

S. 190 Über die **Reichsreform und das Reichsregiment** unter Maximilian s. Hartung (zu S. 170) S. 12—16 mit reichen Literaturangaben.

S. 198f. Über **Kreuzzugsgelder,** die zum Schaden Deutschlands verwendet wurden s. Bühler D. G. II S. 328. — Die von uns angeführten Stellen aus der Rede des **päpstlichen Gesandten** auf dem Augsburger Reichstag sind entnommen Janssen I S. 666f.

S. 201f. Das Recht des Papstes, den **erwählten römischen Kaiser** später tatsächlich zu krönen, erkannte Maximilian übrigens ausdrücklich an.

S. 203—207 Für die Beurteilung des politischen **Ergebnisses von Maximilians Regierung** s. besonders Andreas Walther „Die neue Beurteilung Kaiser Maximilians". Mitteilungen des Instituts für österreichische Geschichtsforschung 33. B., 1912 S. 320ff. Neben manch Ausgezeichnetem enthält der Aufsatz allerdings auch einige unhaltbare Thesen, z. B.: Maximilian hätte Burgund, Venedig, Ungarn und Mailand zu Pufferstaaten machen sollen; aber Venedig hätte sich mit dieser Rolle nicht zufrieden gegeben, Ungarn wäre auf diese Weise vor den Türken nicht zu retten gewesen und für Frankreich wäre der Anreiz, sich Mailands und westdeutschen Gebietes zu bemächtigen nicht geringer geworden. Das Ergebnis für Österreich sieht Otto Brunner „Österreich, das Reich und der Osten im späteren Mittelalter", „Österreich, Erbe und Sendung im deutschen Raum" hgg. von Josef Nadler und Heinrich von Srbik, Salzburg 1936, S. 82f. in der Auseinandersetzung mit Baiern, dem M. das nordwestliche Tirol abgewann, mit Venedig, gegen das die 1500 erworbene Erbschaft Görz mit Lienz behauptet, dagegen Friaul nicht gewonnen werden konnte, und mit der Schweiz, wobei sich herausstellte, daß „Graubünden, ein altes Ziel habsburgischer Ausdehnungspolitik, unerreichbar blieb".

S. 208 Über die **kirchlichen Zustände** im Spätmittelalter s. Bühler D. G. II S. 256—263 und die hierzu S. 406f. angegebene Literatur.

S. 210 Über den revolutionären Charakter der **Kirchenreform des 11. Jahrhunderts** s. Bühler D. G. II S. 10f.

S. 211 Die **Evangelienparodien** bei Paul Lehmann „Parodistische Texte. Beispiele zur lateinischen Parodie im Mittelalter", München 1923, S. 7ff. — **Die römische Kirche als Antichrist** unter Johann XXII. bei E. Benz „Ecclesia spiritualis", Stuttgart 1934, S. 307.

S. 212ff. Über die **konziliare Bewegung** s. Schnürer (zu S. 56) III und J. Wollnsteiner „Das Konstanzer Konzil in der Geschichte der christlichen Kirche" 11. Ergänzungsband der Mitteilungen des österreichischen Instituts für Geschichtsforschung Innsbruck 1929, S. 395ff. — Die Literatur zum Basler Konzil s. bei Wolf I S. 89ff.

S. 215—216 Über die **Renaissancepäpste** s. Ludwig von Pastor „Geschichte der Päpste seit dem Ausgang des Mittelalters", Freiburg i. Br. I 7. Aufl. 1925; II 4. Aufl. 1904; III 1. u. 2., 7. Aufl. 1924; IV_1 1906; IV_2 1907; V 1909; VI 1913.

S. 217—224 Über die **Gegensätze zur Kirche in Deutschland** s. Bruno Gebhardt „Die Gravamina der deutschen Nation gegen den römischen Hof", 2. Aufl., Breslau 1895. Anton Störmann „Die städtischen Gravamina gegen den Klerus am Ausgang des Mittelalters und in der Reformationszeit" Münster i. W. 1916 und Hashagen (zu S. 57), bieten reiches Tatsachenmaterial fast zu allen von uns hier behandelten Punkten, ebenso für ein engeres Gebiet A. O. Meyer „Studien zur Vorgeschichte der Reformation aus schlesischen Quellen", München 1903, und Otto R. Redlich „Jülisch-Bergische Kirchenpolitik am Ausgang des Mittelalters und in der Reformationszeit", Bonn B. I 1907, II, 1 1911, II, 2 1915. — **Der Brief der Ritter** an Alexander VI. ist abgedruckt in Bühler „Geistesleben" (zu S. 57) S. 269f.

S. 227 Über den Wandel im **Landschaftsgefühl in der Kunst** s. J. Böheim „Das Landschaftsgefühl des ausgehenden Mittelalters", Leipzig 1934. — Über die **Entdeckungsfahrten der Portugiesen** s. G. Schnürer „Katholische Kirche und Kultur in der Barockzeit", Paderborn 1937, S. 114f. — Ernst Zinner „Kolumbus und die deutsche Astronomie" in „Forschungen und Fortschritte" 11. Jahrgang 1935 Nr. 29.

Zweites Buch

Das Reformationszeitalter

Von den im Texte angeführten **Lutherzitaten** sind hier nur die uns sachlich besonders wichtig erscheinenden berücksichtigt. Zu den Stellen aus Lutherbriefen sind bereits im Text Empfänger und Datum angegeben, so daß sie ohne weiteres in einer der verschiedenen Ausgaben zu finden sind. Im übrigen zitiere ich nach „Luthers Werken in Auswahl", 8 Bände Berlin, 1. B. hgg. von Otto Clemen 1933, 2. u. 3. B. hgg. von Clemen 1929, 4. B. hgg. von Clemen 1930, 5. B. hgg. von Erich Vogelsang 1933, 6. B. hgg. von Hanns Rückert 1933, 7. B. hgg. von Emanuel Hirsch 1932, 8. B. hgg. von Clemen 1930. Diese Ausgabe ist ungleich leichter zugänglich als die große Erlanger oder Weimarer, enthält verschiedentlich diesen gegenüber einen verbesserten Text, einen bei aller Kürze vorzüglichen wissenschaftlichen Apparat und alle die für uns hier in Betracht kommenden entscheidenden Stellen. Sind im folgenden nur Zahlen angegeben, dann beziehen sie sich auf diese Ausgabe; z. B. 4, 422, 21 heißt 4. Band dieser Ausgabe S. 422 Zeile 21.

Erstes Kapitel

S. 232 Das **Bauerngeschlecht, dem Luther entstammte,** gehörte zu den Erbzinsleuten, deren Zinsverpflichtung am Bauerngute, nicht wie bei den Leibeigenen an der Person des Inhabers haftete. Die Erbzinser konnten über ihren Grundbesitz verfügen und zählten wirtschaftlich oft zu der gehobenen Bauernschicht; s. Heinrich Böhmer „Der junge Luther", Gotha 1925, S. 21.

S. 235 Zu Luthers **Bibelauslegung** s. Karl Holl „Luthers Bedeutung für den Fortschritt der Auslegungskunst", Gesammelte Aufsätze zur Kirchengeschichte B. I Luther, 6. Aufl. Tübingen 1932, S. 544ff.

S. 237—239 Belege zu Luthers **methodischen Grundsätzen** 3, 225, 5; 3, 182, 5; 3, 293, 3; über seine **Berufung** 2, 61, 35; 2, 28, 26; über seine Stellung zur **Tradition** 3, 130, 29; über seine **Bescheidenheit** s. Karl Holl „Luthers Urteile über sich selbst" (zu S. 235) S. 381ff.

S. 240 Luther über seine **Kampfesweise** 2, 3, 1.

S. 242f. Luther über die **Sprache** 7, 159, 25; über **Rhetorik** 6, 374, 19; 3, 217, 12, in ähnlichem Sinne ist 8 Nr. 143 zu verstehen.

S. 245 Luther über seine **Schelten gegen die Päpste** 4, 220f.

S. 246 **Luthers Äußere:** die erste Stelle von dem Humanisten Mosellanus bei Karl Kaulfuß-Diesch „Das Buch der Reformation, geschrieben von Mitlebenden", Leipzig 1917, S. 168, ebenda S. 239 die Äußerung Aleanders, die Cajetans bei Böhmer (zu S. 232) S. 222. Johannes **Keßler** „Sabbata, mit kleineren Schriften und Briefen" hgg. von E. Egli und R. Schoch, St. Gallen 1902, S. 65. — Von Luthers zahlreichen **Bildnissen** besitzt nach Waetzoldt (zu S. 38) S. 234 den meisten „Wirklichkeitsgehalt" die Federzeichnung von Luthers Schüler und Tischgenossen Wilhelm Reifenstein (Abbildung bei Rudolf Thiel „Luther" 2. B. Berlin 1935 bei S. 336). Vergleicht man diese Federzeichnung mit dem von uns aufgenommenen Stich des Lukas Cranach (Tafel IX), so sieht man, daß dieser trotz des großen Altersunterschiedes des Dargestellten und einer gewissen künstlerischen Idealisierung der Wirklichkeit sehr nahe kommt.

S. 248 Über den **Teufelsglauben im Mittelalter** s. Johannes Bühler „Die Kultur des Mittelalters", 2. Aufl. Leipzig 1934, S. 55 ff., die Zahl der Verdammten S. 64.

S. 251—253 Zu Luthers **Haßanwandlungen wider Gott** s. Böhmer (zu S. 232) S. 101. Der von uns aus Böhmer angeführte Satz gründet sich auf verschiedene Belegstellen z. B. 4, 427, 26. — Die Stelle über Luthers **Seelenqualen** 1, 57. — Über Luthers **religiöses Schreckgefühl** s. Gerhard Ritter „Luther der Deutsche", München 1933, S. 27. — **Gottes Ungerechtigkeit** 3, 290, 15 und 291, 12. — Luthers Bericht über seine **Erlösung durch den Glauben** 4, 427 f. — Die **Römerbriefvorlesung** ist ins Deutsche übersetzt von Eduard Ellwein „M. Luther. Vorlesung über den Römerbrief 1515/16", 3. Aufl. München 1935. Dieses Buch ist für die Glaubensauffassung Luthers sehr aufschlußreich. — Die **Entdeckung der** evangelischen **Rechtfertigungslehre** von Luther verlegt Holl (zu S. 235) S. 197 in das Jahr 1511 oder 1512.

S. 256 f. Daß die **Vernunft dem Glauben widerstreitet** sagt Luther unzählige Male. Der Glaube der Türken vernünftiger: 8 Nr. 4915; Erasmus hat den Kernpunkt angepackt: 3, 292, 11.

S. 258 f. **Klarheit und Gewißheit der Bibel:** 2, 64, 22. — **Unterordnung der Bibel unter den Glauben:** Friedrich Wiegand „Dogmengeschichte" III „Geschichte des Dogmas im Protestantismus", Berlin 1929, S. 43.

S. 260 Die Zitate über **Luther und das Gebet** sind entnommen Friedrich Heiler „Das Gebet", 3. Aufl. München 1921, S. 399 und 404.

S. 261 Mit der Erklärung seines **Wappens** in dem Brief vom 8. Juli 1530 an Lazarus Spengler verbindet Luther in aller Kürze den Hinweis auf einige Grundgedanken seiner **Kreuzestheologie.** Eingehender behandelt sie Eduard Ellwein „Die Entfaltung der Theologia crucis in Luthers Hebräerbriefvorlesung" in „Theologische Aufsätze", München 1936, S. 382 ff.

S. 262 Über die Etymologie von **Vernunft** s. Friedrich Kluge-Alfred Goetze „Etymologisches Wörterbuch der deutschen Sprache" 11. Aufl. Berlin 1934.

S. 263 Die bisherigen Hauptthesen und Hauptwerke über **Luthers weltgeschichtliche und kulturgeschichtliche Bedeutung** verzeichnen z. B. Maurer = Hermelink S. 5 ff., 237 ff. und Heinrich Günter „Deutsche Kultur in ihrer Entwicklung", Leipzig 1932, S. 161—177 und 310—314; s. auch Walter Köhler „Luther und das Luthertum in ihrer weltgeschichtlichen Auswirkung", Leipzig 1933. — Das Gesamtproblem Luther und der Beginn eines neuen Zeitalters ist kaum zu lösen durch die Beantwortung von Einzelfragen wie etwa: wieviel Bibelübersetzungen hat es vor Luther gegeben, wie stand es vor ihm mit der sozialen Fürsorge und der Berufsethik, wie haben sich von Luther an die Freiheit des Gewissens und der wissenschaftlichen Forschung, der Kulturstaat und das Verhältnis zu Diesseits und Jenseits gestaltet. Der Anteil einer Einzelpersönlichkeit läßt sich aus einem sich über Jahrhunderte erstreckenden Kulturgeschehen deshalb sehr schwer herausschälen, weil es so viel aus den verschiedenen Schichten des Früheren in sich schließt, und weil es trotz der in ihm enthaltenen Gegensätze und der immer wieder hinzukommenden neuen Kräfte ein organisch gewachsenes Gebilde ist. Dagegen ist die völlig neue Grundlegung für eine von der bisherigen wesensverschiedenen Geisteshaltung durch einen einzelnen — ein in der Weltgeschichte freilich seltenes Ereignis — deutlich zu erkennen. Wir stellten deshalb die Frage, ob Luther solch eine Grundlegung vollzogen hat, und sahen sie in seinem „Dennoch" des Glaubens für das Christentum und das gesamte abendländische Geistesleben verwirklicht.

Zweites und Drittes Kapitel

S. 270 Über Luthers **Fernhalten des Laienvolkes** vom theologischen Streit: 1, 148, 4 und Böhmer (zu S. 232) S. 326.

S. 273 Zu **Luther und die weltliche Obrigkeit** s. den 5. B. der Münchner Lutherausgabe 1936 „Von der Obrigkeit in Familie, Volk und Staat". — Kirche und weltliche Obrigkeit: Holl „Luther und das landesherrliche Kirchenregiment" (zu S. 235) S. 326 ff.; nach Holl S. 375 ff. war Luthers Wunschziel immer die Selbständigkeit der Kirche und ihre Verwaltung durch evangelische Bischöfe; ähnlich mit eingehender Begründung H. Sasse „Kirchenregiment und weltliche Obrigkeit nach lutherischer Lehre" München 1935. — Hashagen (zu S. 57) S. 560 ff. — Luther und Staat überhaupt: Holl S. 479 ff.; E. Kohlmeyer „Staat und Kirche in der deutschen Reformation" Bonn 1935; Arno Deutelmoser „Luther, Staat und Glaube" Jena 1937. — S. auch oben Text S. 307, 326 ff., 357, 367, 383 und Anm. zu S. 324f.

S. 275 f. Zur **Verbrennung des Kanonischen Rechtes** und der Bannbulle s. Böhmer (zu S. 232) S. 335 ff., dort auch die von uns angeführten Stimmen zu diesem Ereignis.

S. 277—283 Über **Franz I.** s. Francis Hackett „Franz I." Berlin 1936; über **Karl V.** Hermann Baumgarten „Geschichte Karls V." (bis 1539) 3 Bände Stuttgart 1885—1892. — Nach Pastor IV (zu S. 215) S. 175 hat **Leo X.** auch die **Wahl** von **Franz I.** nicht wirklich gewünscht, sondern die eines nicht besonders mächtigen deutschen Fürsten wie Friedrichs des Weisen. Nach außen hin war der Papst immerhin am meisten für Franz eingetreten. Wie weit das nun bloß politische Taktik war und wie weit für Leo die von uns im Texte angegebenen Gründe maßgebend waren, ist nicht einwandfrei nachzuweisen, doch ist soviel sicher, daß die Päpste von jeher der Verbindung der Kaiser- und der sizilischen Königskrone mit allen Mitteln widerstrebten und der Türkengefahr tatkräftig zu begegnen suchten.

S. 284 Für die Abschnitte **„Von Karls Wahl bis zum Wormser Reichstag"** und **„Luther in Worms"** ist das grundlegende Quellenwerk „Deutsche Reichstagsakten unter Kaiser Karl V." 2. B. bearbeitet von A. Wrede Gotha 1896, von uns im folgenden zitiert R. A.

S. 285 f. Über die **„teutschen Franzosen"** s. R. A. S. 28 Anm. 3.

S. 294 f. Die **Schlußworte Luthers vor dem Reichstage** lauteten wie die von uns zitierte Quellenstelle angibt. Das bekannte „hier stehe ich, ich kann nicht anders" ist ein späterer Zusatz, s. R. A. S. 555 f. — Über die mit dem Wormser Reichstag in Zusammenhang stehenden **Flugschriften** s. Karl Schottenloher „Flugblatt und Zeitung", Berlin 1922, S. 64 ff.

S. 296—298 Die **Liste über die Leistungen der Stände**: R. A. S. 427 ff. — Die für die kirchlichen Zustände sehr aufschlußreichen **Schriftstücke zu den Beschwerden der deutschen Nation**: R. A. S. 662—718.

S. 299—303 Zu **Karls V. ersten Krieg mit Frankreich** s. Ranke II. S. 199—252. — Über das englisch-französische, das **angevinische Reich** der Anjou-Plantagenet s. W. Kienast „Der anglo-normannische Staat" Historisches Jahrbuch 1934 S. 64 ff. — Zeitgenössische Berichte über die Schlachten von **Bicocca** und **Pavia** bei Frauenholz (zu S. 188) S. 93 ff. — Das Landsknechtslied über die **Beute in Genua** Ranke II S. 432.

Viertes und Fünftes Kapitel

S. 304 **Übersetzungen** einzelner Teile und des ganzen Textes **der Bibel** in die deutsche Sprache, auch gedruckte deutsche Bibeln, hat es schon vor Luther in beträchtlicher Zahl gegeben, vgl. K. A. Karte 159; zu dem durch Jahrhunderte im deutschen Volke meistgelesenen Buche hat jedoch erst Luther die Bibel gemacht und ihr im Protestantismus eine grundlegend andere Stellung verliehen, als sie in der mittelalterlichen Kirche hatte.

S. 306 f. Über die **Beweggründe zur Annahme der Reformation** s. Georg von Below „Ursachen der Reformation", Freiburg i. Br., Rektoratsrede 1916, und Heinrich Finke „Die Auffassung des ausgehenden Mittelalters" Beilage zur Allgemeinen Zeitung 1900 Nr. 32 und 33. — „Andreas **Karlstadt** von Abtuhung der Bilder und das kein Bettler unter den Christen sein sollen 1522 und die Wittenberger Beutelordnung" hgg. von Hans Lietzmann („Kleine Texte") Bonn 1911. — „Die Wittenberger und Leisniger **Kastenordnung**" hgg. von Lietzmann („Kleine Texte") 2. Aufl. Berlin 1935.

S. 308—321 Die beste Darstellung von **Sickingen und Hutten** bietet David Friedrich Strauß „Ulrich von Hutten" in Verbindung mit dem Geleitwort und den Anmerkungen, die Otto Clemen seiner Ausgabe dieses Werkes (Leipzig 1927) S. 502 ff. angefügt hat. — Für Sickingen s. außerdem Albert Becker „Das Hutten-Sickingen-Bild im Zeitwandel", Blätter für Pfälzische Kirchengeschichte 11. Jahrg. 1935, S. 97 ff. Zu Hutten s. ferner: Paul Held „Ulrich von Hutten. Seine religiös-geistige Auseinandersetzung mit Katholizismus, Humanismus und Reformation", Leipzig 1928; Fritz Walser „Die politische Entwicklung Ulrich von Huttens während der Entscheidungsjahre der Reformation", München 1928; Siegfried Szamatólski „Ulrichs von Hutten Deutsche Schriften", Straßburg 1891 und weitere Literatur bei Stammler (zu S. 56) S. 479, 481, 496. — Unsere Zitate, auch die Übersetzungen aus Huttens Werken, sind dem oben genannten Buch von Strauß entnommen; der Brief des Robert von der Mark bei Szamatólski S. 155. — Die Werke von Hutten sind herausgegeben von E. Böcking 5 B.de Leipzig 1859—1862 s. auch die Ausgabe der Dunkelmännerbriefe von Bömer (zu S. 93).

S. 322 f. Literatur zum **Karsthans** s. Stammler (zu S. 56) S. 497; über weitere Flugschriften von der Art des Karsthans s. Schottenloher (zu S. 294) S. 82 ff. — Das bauernfeindliche **Lied der fränkischen Ritter** bei Bezold S. 422. — Flugschriften für und gegen **Sickingen** bei Schottenloher S. 95.

S. 324 f. Die Drohungen **Luthers gegen die Fürsten** in seiner Schrift „Von weltlicher Obrigkeit, wie weit man ihr Gehorsam schuldig sei" 1523. — Literatur über die **Zwölf Hauptartikel der Bauern**: 3, 47 (Einleitung).

S. 330 Für den **Verlauf des Bauernkrieges** s. das sorgfältig gearbeitete, sich auf ausgebreitete archivalische Studien stützende Werk von Franz (zu S. 141). Im übrigen wird man in manchem anderer Ansicht sein können; so halten wir es z. B. nicht für richtig, daß „sich über die wirtschaftliche Lage der Bauern keine unwiderleglichen Feststellungen treffen lassen", vgl. Bühler D. G. II S. 229. Auch der Schluß (Franz S. 474 f.), die Höhe der von den Bauern bezahlten Strafgelder nach dem Kriege beweise, daß es den Bauern vor dem Kriege wirtschaftlich nicht schlecht gegangen sein könne, scheint uns keineswegs stichhaltig, brauchten die Bauern doch mitunter Jahrzehnte, um die 6—10 Gulden, die sie für jede Herdstatt bezahlen mußten, in kleinsten Raten aufzubringen. Wenn in verschiedenen Gegenden die Bauern klagten, jetzt seien sie erst arm geworden, so heißt das noch lange nicht, daß zuvor die Mehrzahl von ihnen gut gestellt gewesen wäre. Anschauliche Schilderungen enthält „Der große Bauernkrieg. Zeitgenössische Berichte, Aussagen und Aktenstücke" übertragen und eingeleitet von Otto H. Brandt, Jena 1925.

S. 337 Riemenschneider wurde wochenlang in harter Haft gehalten, weil er angeblich das Gerücht verbreitet hatte, der Würzburger Bischof habe heimlich Geschütz und Reisige in die Stadt gebracht; s. Franz (zu S. 141) S. 337.

S. 343 Zu **Münzer** s. Holl (zu S. 235) S. 451 ff. — „Thomas Münzer. Revolution als Glaube. Eine Auswahl aus den Schriften Th. Münzers und M. Luthers zur religiösen Revolution und zum deutschen Bauernkrieg" hgg. von Michael Freund, Potsdam 1936; Münzer wird hier stark überschätzt.

Sechstes und Siebtes Kapitel

Ranke II—IV; Janssen II und III; Gebhardt I S. 581—616, bei diesem und Janssen zahlreiche Literaturangaben zu den Einzelheiten.

S. 351—360 Für den **Speirer Reichstag von 1529** s. Johannes Kühn „Die Geschichte des Speirer Reichstages 1529", Leipzig 1929; hier weist K. nach, daß die Speirer Protestation keineswegs das Ergebnis eines plötzlichen Zusammenpralls der alt- und der neugläubigen Stände war, sondern daß langwierige Auseinandersetzungen vorausgingen. — „Deutsche Reichstagsakten unter Kaiser Karl V." 7. B., 1526—1529 bearbeitet von Kühn, Stuttgart 1935; hier S. 1348 im Appellationsinstrument vom 25. April der 1. von uns zitierte Satz, der 2. aus der Protestation vom 19. 4. ebenda S. 1263.

S. 364 Die von uns zu **Melanchthon, Rechtfertigung und Prädestination** angeführten Stellen bei W. Elert „Morphologie des Luthertums" 1. B. München 1931 S. 85 f., 114. — Hans Engelland „Melanchthon, Glauben und Handeln" München 1931, S. 152 f. kommt zu dem Ergebnis: M. rückt um diese Zeit „die Prädestinationslehre gegenüber der conscienta perterrefacta in ihrer Not und Verzweiflung in den Hintergrund, bejaht sie aber grundsätzlich im vollen Umfang der Urkonzeption, ist sich also treu geblieben. Dann ist der Ansicht nicht zuzustimmen, daß die Apologie in dieser Frage ein Übergangsstadium bilde."

S. 369 Über die **Carolina**: „Kaiser Karls V. und des heiligen römischen Reichs peinlich Gerichtsordnung", eine Strafprozeßordnung, in welche die Bestimmungen über das materielle Strafrecht eingefügt waren und die „das deutsche Recht zwei Jahrhunderte lang beherrschte", s. Schröder-Künßberg „Lehrbuch der deutschen Rechtsgeschichte", 7. Aufl. Berlin 1932, S. 972; s. den auch für Nichtjuristen sehr lesenswerten Aufsatz von Eberhard Schmidt „Die Carolina", Zeitschrift der Savigny-Stiftung 53. Band germ. Abteilung 1933.

S. 377 f. Über **Melanchthon** s. (allgemein) Georg Ellinger „Philipp Melanchthon, ein Lebensbild" Berlin 1902; (als Theologe) Engelland (zu S. 364), weitere Literatur Stammler (zu S. 56) S. 483 f.

S. 382—384 Zur **Begründung des Landeskirchentums** s. Karl Holl (zu S. 235) S. 326 ff. Zum **landesherrlichen Kirchenregiment** s. Anm. zu S. 273. Auf die Auffassung von der **Gemeinde als korporative Repräsentation** machte Hermelink „Zu Luthers Gedanken über Idealgemeinden und von weltlicher Obrigkeit", Zeitschrift für Kirchengeschichte 29. B. 1908, S. 267 ff. und 479 ff. aufmerksam. Andererseits hat freilich auch gerade die reformatorische Bewegung bewirkt, daß sich die Bürgergemeinde als „Grund- und Hauptorgan der Stadtverfassung" fühlte und der Rat daneben nur als das ausführende Gemeindeorgan erscheint, Holl S. 357 Anm. 1, doch dürften zum mindesten anfänglich derartige reichsstädtische Entwicklungsmöglichkeiten außerhalb des Gesichtskreises Luthers gelegen haben. — „Der Unterricht der Visitatoren 1528", eine Art lutherischer Lehr-, Kirchen- und Schulordnung ist hgg. von Hans Lietzmann (Kleine Texte) Bonn 1912.

S. 384—390 Unsere Ausführungen über **Zwingli** stützen sich hauptsächlich auf Walter Köhler „Die Geisteswelt Ulrich Zwinglis. Christentum und Antike" Gotha 1920. — Über Zwingli überhaupt s. W. Köhler „Huldreich Zwingli" Leipzig 1923 und K. A. Karte 215 c. — Zum **Marburger Religionsgespräch** s. W. Köhler „Das M. R. Versuch einer Rekonstruktion" Leipzig 1929 und „Anlaß und Verlauf des M. R." Tübingen 1929.

S. 390 Zur **Verbreitung des Protestantismus** s. K. A. Karte 215 und 216.

S. 392 f. Das Lied von der **Wittenberger Nachtigall**, ein in der Originalausgabe 12 Quartblätter füllendes Spruchgedicht verfaßte Hans Sachs im Sommer 1523, es machte den Verfasser mit einem Schlage in ganz Deutschland bekannt. Im nächsten Jahre folgte als weiteres Bekenntnis des Hans Sachs zur Reformation die „Disputation zwischen einem Chorherrn und Schuhmacher", abgedruckt in „Hans Sachsens ausgewählte Werke", 2. B. Leipzig 1924, S. 277 ff. — Zu den Flugschriften des **Eberlin von Günzburg** und **Heinrich von Kettenbach** s. Schottenloher (zu S. 294) S. 68 ff.

S. 393—395 Über **Baiern** und die Reformation s. S. Riezler „Geschichte Baierns", 4. B., Gotha 1899, S. 52 ff.

S. 395 f. Über **Österreich**, Ungarn und Böhmen und die Reformation s. Alfons Huber „Geschichte Österreichs", 4. B., Gotha 1892, S. 93 ff. und Johannes Loserth „Die Reformation und Gegenreformation in den innerösterreichischen Ländern", Stuttgart 1898. Die späteren Schicksale des Protestantismus in Österreich behandeln wir im 4. B. unserer D. G. — Zu **Salzburg** s. Josef Schmid „Des Kardinals und Erzbischofs Matthäus Lang Verhalten zur Reformation" Fürth i. B. 1901 und Adolf Bühler „Salzburg und seine Fürsten", 4. Aufl. Salzburg 1923.

S. 398 Karl Völker „Luther und der **Osten** Europas", Luther-Jahrbuch, 15. Jahrg. 1933, S. 113 ff.

S. 399 f. H. Kampschulte „Geschichte der Einführung des Protestantismus im Bereich der jetzigen Provinz **Westfalen**", Paderborn 1866. — C. P. Hofstede de Groot „Hundert Jahre aus der Geschichte der Reformation in den **Niederlanden** 1518—1619", aus dem Holländischen von O. Greeven, Gütersloh 1893. — Umwelt und Persönlichkeit **Heinrichs von Zütphen** und der Reformation von Dithmarschen schildert sehr gut der historische Roman von Adolf Bartels „Die Dithmarscher" 2. Buch „Herr Heinrich", Hamburg, Hanseatische Verlagsanstalt; das Zitat aus Felix Timmermans in „Pieter Bruegel", Leipzig, Inselverlag S. 314.

S. 400—406 Zu den **Wiedertäufern** s. K. A. Karte 215 b. — Über **Joachim von Floris** s. Bühler D. G. II. S. 276, 408. — Zur **Lehre der Wiedertäufer** s. „Pilgram Marbecks Antwort auf Kaspar Schwenckfelds Beurteilung des Buches der Bundesbezeugung von 1542" hgg. von J. Loserth Wien 1929; das umfangreiche Werk ist gewissermaßen eine täuferische Theologie; S. 193 f. und S. 213 zeigen, daß die Täufer die unvernünftigen Kinder als frei von der Erbsünde betrachteten. — Zu **Melchior Hoffmann** s. Hofstede de Groot (zu S. 399). — „Die **Wiedertäufer in Münster**, Berichte, Aussagen und Aktenstücke von Augenzeugen und Zeitgenossen" ausgewählt und übersetzt von Klemens Löffler, Jena 1923. — Die Lieder der Wiedertäufer zeugen von ihrer innigen, kindlichen Frömmigkeit und von den furchtbaren Qualen, die sie erdulden mußten; s. Rudolf Wolkan „Die Lieder der Wiedertäufer" Berlin 1903.

S. 406—409 Zu den **katholischen Gegenbewegungen** s. Wolf II, 2 S. 206 ff. — **Klagen katholischer Autoren über Buchdrucker** verzeichnet Stammler (zu S. 56) S. 496; s. auch „Kilian Leibs Briefwechsel und Diarien", hgg. von J. Schlecht Münster 1909, S. XII und S. 33. — **Luther und Erasmus** 3, 94 ff.; Huizinga (zu S. 64) S. 192 ff. Für Luthers Stellung zu Erasmus s. z. B. Luthers Brief vom 1. März 1517 an Johannes Lange; für Erasmus ist die Bemerkung bezeichnend, er wolle aus Luthers „Mist das Gold herauslesen". Erasmi Opera hgg von Le Clerc 3. Band, Brief Nr. 661. —

S. 410 f. Katholische Stimmen aus den ersten Jahren der Reformation über die **Zahl der Anhänger Luthers** s. Text S. 276 und 351. Die Angaben für 1555 bei M. Ritter „Deutsche Geschichte im Zeitalter der Gegenreformation und des Dreißigjährigen Krieges", 1. Band, Stuttgart 1889, S. 76 und Egelhaaf II S. 599, hier nach dem Bericht des Venetianers Badoëro: während auf dem Augsburger Reichstage von 1555 die alte Kirche die Mehrheit behauptete, kamen im Volke 7 Zehntel auf die Lutheraner, 2 Zehntel auf die Sekten und nur ein Zehntel auf die Römisch-Katholischen. Das Gutachten von 1633 s. bei Josef Pekař „Wallenstein", 1. B. Berlin 1936, S. 246. — **Gewaltanwendungen,** besonders gegen Geistliche, Mönche und Nonnen fehlten auch auf evangelischer Seite nicht, doch kamen sie hier mehr der allgemeinen Volksstimmung entgegen, waren also nicht Zwangsmaßnahmen gegen den Willen des Volkes, wie auch schon daraus hervorgeht, daß bei der Rekatholisierung protestantischer Gebiete jeweils ein starkes Abströmen der evangelischen Bevölkerung stattfand, während im entgegengesetzten Falle Katholiken in größerer Zahl nicht auswanderten, s. Holl (zu S. 235) S. 372 Anm. 1.

Achtes und Neuntes Kapitel

S. 413 Eine auch geschichtlich wertvolle Darstellung der Zustände in Italien bietet die Novelle von C. F. Meyer **„Die Versuchung des Pescara"**.

S. 414 f. Über **Frundsberg** s. Frauenholz (zu S. 188) S. 20 ff.

S. 424 Über **Karls V. Denkwürdigkeiten** s. Wolf I. S. 423. Karls im Text angeführter Ausspruch bezieht sich zunächst auf die Klevesche Angelegenheit, zeigt aber auch, was er jetzt allgemein von den protestantischen Fürsten hielt.

S. 425 f. Karls Worte an seine Schwester sind zitiert von Hofstede de Groot (zu S. 399) S. 71; die **Anfrage Granvellas** bei Baumgarten (zu S. 277) II S. 625.

S. 429—432 Die **Antwort der Evangelischen** an Rangoni s. Janssen III. S. 410 f. — Über **Vergerio und Luther** s. Hartmann Grisar „Luther", 2. Band, Freiburg i. Br. 1911,

S. 354 ff. — Zur **Schmalkaldischen Tagung** s. Janssen III. S. 420 ff. — Über die **Religionsgespräche** von Hagenau, Worms und Regensburg s. Gebhardt S. 612 f. — Für die **Reichstage** von 1541 bis 1546 s. Paul Heidrich „Karl V. und die deutschen Protestanten am Vorabend des Schmalkaldischen Krieges", Frankfurt a. M. 1. Teil „Die Reichstage der Jahre 1541 bis 1543" 1911; 2. Teil „Die Reichstage der Jahre 1544 bis 1546" 1912.

S. 433 Über die von **Franz I.** zu Crépy eingegangene **Verpflichtung zum Protestantenkrieg** s. A. Hasenclever „Die Geheimartikel zum Frieden von Crépy" Zeitschrift für Kirchengeschichte 45. B. 1927, S. 418 ff.

S. 435—439 C. Varrentrapp „Hermann von Wied und sein **Reformationsversuch in Köln**", Leipzig 1878; s. auch Janssen III S. 623 ff., 681 ff.

S. 440 f. „Authentische Berichte über **Luthers letzte Lebensstunden**" hgg. von Jakob Strieder (Lietzmanns Kleine Texte) Berlin 1930.

S. 441—446 **Luther über Deutschland**: 8, Nr. 3836; Brief vom 7. März 1543 an Justus Jonas und Thiel (zu S. 246) 2. B. S. 350; **gegen die Vernunft**: 7, 412, 34; 7, 416, 34; 7, 414; über die **Fröhlichkeit**: 8, Nr. 124. — **Bullinger** über den Nachruf auf Luther in „Briefwechsel der Brüder Ambrosius und Thomas Blaurer" bearbeitet von Traugott Schieß, 2. B. Freiburg 1908 S. 429. — **Luther über die Musik**: 8, Nr. 3815.

Zehntes und Elftes Kapitel

Fritz Hartung „Karl V. und die deutschen Reichsstände von 1546 bis 1555", Halle a. S. 1910. — Erich Brandenburg „Herzog und Kurfürst Moritz von Sachsen", 1. B. Leipzig 1898.

S. 448—451 Alfred Schüz „Der **Donaufeldzug** Karls V. im Jahre 1546" Tübingen 1930.

S. 455 Zu **Philipps von Hessen** Doppelehe und ihren politischen Folgen s. Ludwig Cardauns „Von Nizza bis Crépy", Rom 1923, S. 55 ff. und 229.

S. 458—460 Zur Durchführung des **Interims** s. Janssen III S. 774 ff.; „Georg Widmanns **Chronica**", hgg. von Chr. Kolb Stuttgart 1904, S. 337; Schottenloher (zu S. 294) S. 207.

S. 464 Den **Vertrag von Chambord** s. in „Briefe und Akten zur Geschichte des 16. Jahrhunderts 3. B. Beiträge zur Reichsgeschichte 1546—1552" bearbeitet von August von Druffel, München 1882, S. 340 ff.

S. 467 Über den **Heidelberger Bund** s. K. Brandi „Passauer Vertrag und Augsburger Religionsfrieden", Historische Zeitschrift 95. B. 1905, S. 206 ff.

S. 469 K. Brandi „Der **Augsburger Religionsfriede** 25. 9. 1555" (Textausgabe), Göttingen 1927. — „Die **Bedeutung des Religionsfriedens** 1555 besteht zwar nicht in der formalen Gleichberechtigung zweier christlicher Religionen vor dem Reichstag, vielmehr besteht juristisch die religiöse Grundlage von Kaisertum und Reichsgedanken bis zum Westfälischen Frieden fort. Nur aus praktischen Gründen wird einer Häresie Duldung gewährt und zugleich die Religionsvergleichung in Aussicht genommen ... aber tatsächlich ist die kirchliche Zwangseinheit von nun an durchbrochen. Und dieser Erfolg rechtfertigt schließlich die anfechtbaren Schwächen des Friedens und der protestantischen Konzessionen", Maurer-Hermelink S. 172.

Rückschau und Ausblick

S. 477 ff. Über das **Kirchenlied** s. R. D. L. II mit Angabe der wichtigeren Literatur, katholisches S. 72 ff.; evangelisches S. 82 ff.; über das evangelische Kirchenlied s. auch K. A. Karte 221, ferner P. Gabriel „Das deutsche evangelische Kirchenlied" Leipzig 1935 und R. A. Schröder „Dichter und Dichtung der Kirche" Berlin 1936. — Über das **historische Lied** s. R. D. L. I. S. 510 ff. — Welchen Wert die wittenbergischen Reformatoren auf die **Musik** als Erziehungsmittel legten, zeigt auch „Der Unterricht der Visitatoren 1528" (zu S. 382); besonders sei noch hingewiesen auf Wilibald Gurlitt „Johannes Walter und die Musik der Reformationszeit", Luther-Jahrbuch, 15. Jahrgang München 1933 S. 1—112. Walter war der musikalische Berater Luthers. — Der **Niedergang der Hochschulen** setzte bereits 1515, also unabhängig von der Reformation ein, den geringsten Besuch wiesen die Universitäten 1530 auf, von da an erfolgte ein rascher Aufstieg, s. Eulenburg (zu S. 93) S. 49 und 76, Kurven der jährlichen Inskriptionen.

S. 479 f. Über die **lateinische Dichtung** nach Luther s. R. D. L. II. S. 469 ff. — Zu Jörg **Wickram** und Sebastian **Franck** s. Stammler (zu S. 56).

S. 481 Adolf Korzendorfer „Bildliche Darstellung der Einführung der **Post in Deutschland** aus dem Jahre 1518", Archiv für Postgeschichte in Baiern 8. Jahrgang 1932 S. 118 ff., mit reichhaltigen Literaturangaben zur Frühgeschichte der Post.

Personen=, Orts= und Sachverzeichnis.

B. = Bischof; Eb. = Erzbischof; Gr. = Graf; H. = Herzog; K. = König; Kf. = Kurfürst.

Abbildungsnachweis:

Bezold, Geschichte der Reformation. Berlin 1890, Histor. Verlag Baumgärtel. Tafel 15 und 16
Brandenburg, Moritz von Sachsen. Leipzig 1898. B. G. Teubner. Tafel 12b
Dehio, Gesch. d. deutschen Kunst. III. 2. Aufl. Berlin 1931. W. de Gruyter & Co. Tafel 8a und 9
Deutsche Kunst II. Bremen 1936. Angelsachsen-Verlag. Tafel 1a
Franz, Der deutsche Bauernkrieg. München 1933. R. Oldenbourg. Tafel 14
Germanisches Museum, Nürnberg. Tafel 4b
Kunstmuseum Basel. Tafel 2a, 5b und 6a
Lippmann-Winkler, Die Zeichnungen Albrecht Dürers. Berlin G. Grote. Tafel 2b, 5a und 11a
Christof Müller, Phot. Kunstverlag. Nürnberg. Tafel 4a
F. Nitzsche, Berlin. Tafel 1b, 3, 6b, 7a, 10, 11b, 12a und 13
Pagel, Deutsche Geschichte in Bildern. Stuttgart 1928. Deutsche Verlags-Anstalt. Tafel 7b
Dr. F. Stoedtner, Berlin. Tafel 8b

Johannes Bühler

Deutsche Geschichte

Band 1: Urzeit, Bauerntum und Aristokratie bis um 1100. Groß-Oktav. VII, 413 Seiten. Mit 16 Tafeln und 4 Karten. 1934. Geb. RM 7.20.

Band 2: Fürsten, Ritterschaft und Bürgertum von 1100 bis 1500. Groß-Oktav. IX, 440 Seiten. Mit 8 Tafeln. 1935. Geb. RM 7.20.

Georg Dehio

Geschichte der deutschen Kunst

Band 1: Das frühe Mittelalter bis zum Ausgang der Staufer: Die Kunst des romanischen Stils. 4., durchgearbeitete Auflage. 1930.

Band 2: Das späte Mittelalter von Rudolf von Habsburg bis zu Maximilian I.: Die Kunst der Gotik. 4., durchgearbeitete Auflage. 1930.

Band 1 und 2, je Band (Text- und Abb.-Teil) RM 27.—, in Leinen RM 35.—, in Halbleder RM 42.—, in Ganzleder RM 70.—.

Band 3: Die Neuzeit von der Reformation bis zur Auflösung des Alten Reichs: Renaissance und Barock. 2., durchgearbeitete Auflage. 1931. RM 32.—, in Leinen RM 40.—, in Halbleder RM 47.—, in Ganzleder RM 75.—.

Band 4: Das 19. Jahrhundert. Von Gustav Pauli. RM 30.—, in Leinen RM 36.—, in Halbleder RM 42.—, in Ganzleder RM 65.—.

Luthers Werke

In Auswahl. Unter Mitwirkung von Albert Leitzmann herausgegeben von Otto Clemen. 4 Bände. Oktav. Neudruck 1929—1933. Neue Folge. Bd. 5—8. 1930—1933. Jeder Band in Leinen geb. RM 8.—. Serienpreise: Band 1—4 zus. geb. RM 25.— / Band 5—8 zus. geb. RM 25.— / Band 1—8 zus. geb. RM 40.—.

VERLAG WALTER DE GRUYTER & CO., BERLIN W 35

FSC
www.fsc.org
MIX
Papier | Fördert
gute Waldnutzung
FSC® C083411

Kolibri 360 GmbH
Ferdinand-Jühlke-Straße 7
99095 Erfurt, Deutschland
produktsicherheit@kolibri360.de